Solid Edge ST5

with Synchronous Technology

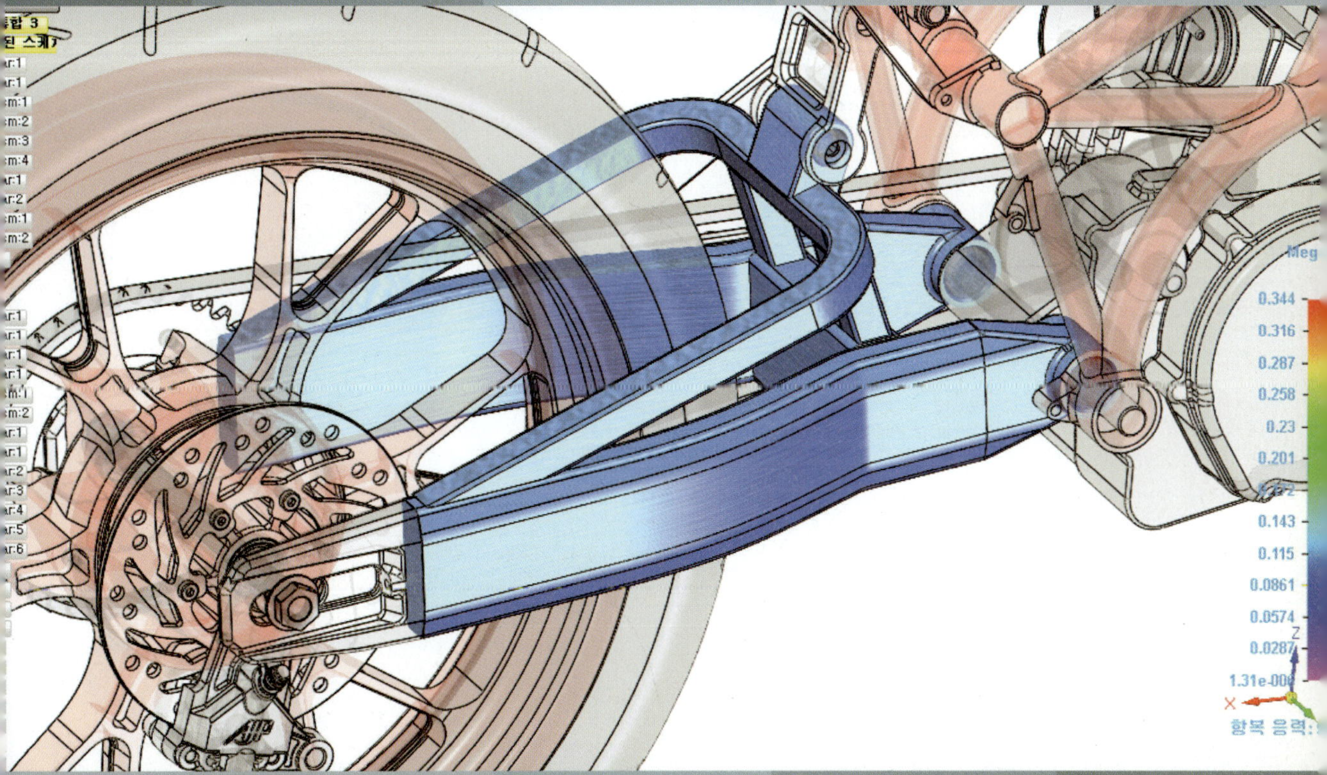

권재수, 심진희 공저

Preface

　2010년 Solid Edge ST3에 이어 2013년에 두 번째 교재를 쓰게 되었습니다. 이번에는 Solid Edge ST5을 기준으로 보다 업그레이드 된 내용을 가지고 독자 여러분들께 다가갈 수 있게 되어 너무나도 기쁘게 생각하고 있습니다.

　동기식 기술이 적용된 Solid Edge는 직접 모델링의 속도 및 유연성과 치수 기반 설계의 정밀한 제어 기능을 결합하여 가능이 빠르고 유연한 설계 경험을 제공합니다. 동기식 기술이 적용된 Solid Edge는 뛰어난 부품 및 어셈블리 모델링, 도면 작성, 투명한 데이터 관리 기능 및 내장된 유한 요소 해석(FEA) 기능을 제공하여 점점 더 복합해지는 제품 설계를 간단하게 수행할 수 있도록 하는 Velocity Series 포토폴리오의 핵심 구성 요소입니다.

　기업의 엔지니어링 팀은 Solid Edge 모델링 및 조립 도구를 사용하여 단일 부품부터 수천 개의 컴포넌트를 포함하는 조립품에 이르기까지 광범위한 제품을 쉽게 개발할 수 있습니다. 또한 맞춤형 명령 및 구조화된 워크플로를 통해 보다 빠르게 특정 업계의 공통 형상을 설계할 수 있으며, 어셈블리 모델 내에서 부품을 설계, 해석 및 수정하여 부품의 정확한 맞춤 및 기능을 유지할 수 있습니다.

　새롭게 출시된 Solid Edge ST5에는 많은 변화가 있습니다. 먼저, 가장 큰 변화는 멀티바디 모델의 지원으로 더 많은 종류의 설계 방법론을 제시할 수 있으며 이전 버전보다 그래픽 처리 능력과 대용량 데이터 처리 속도가 향상되어 복잡한 형상 모델링 시간을 단축할 수 있습니다. 수많은 사용자들의 개선 요청을 Solid Edge ST5에 적용한 결과입니다.

　본 교재는 사용자들이 보다 쉽게 프로그램의 사용 방법을 습득하고 활용하는데 목적을 두고 있습니다. Solid Edge을 처음 접하거나 이전 버전을 사용해 본 사용자 모두 쉽게 접근할 수 있도록 기초 개념부터 반드시 익혀야 할 옵션까지 다루었습니다. 이해를 돕기 위하여 명령 별로 "따라하기"와 "사용방법" 등의 실습 과정을 수록하였습니다.

　기술서적이라는 제약이 필자의 생각을 독자들에게 이해할 수 있는 문장으로 표현하는 것이 무척 어렵습니다. 같은 설명이라도 "혹시 이렇게 쓰면 독자들이 혼란스러워 하지는 않을까?", "이렇게 쓰면 독자들이 더 잘 이해할 수 있을텐데…"라며 같은 문장을 여러 번 수정하였지만 많은 부분을 좀 더 쉽게 설명하지 못한 아쉬움이 남습니다. 출판에 이르러 부족하지만 독자들에게 좀 더 쉬운 책으로 다가갈 수 있으면 하는 바램이 간절합니다.

3차원 설계 소프트웨어는 사실 쉽지는 않습니다. 그러나 책의 내용을 집중적이고 반복적으로 학습한다면 어느 새 Solid Edge가 여러분의 친숙한 프로그램으로 자리 잡게 될 것입니다.

마지막으로 교재가 집필될 수 있도록 도움을 주신 ㈜아이에스엠에스 김기헌 사장님이하 모든 직원 분들에게 감사의 말씀을 드립니다. 그리고 본 교재를 같이 집필하고 여러 도움을 주신 ㈜아이에스엠에스의 가족 심진희씨에게 감사드립니다. 또한 부족한 내용을 충실한 교재로 탈바꿈시켜 주신 도서출판 청담북스 임직원 여러분께 진심으로 감사의 말씀을 전하면서 모쪼록 본 교재로 Solid Edge의 기능을 사용하여 여러분의 설계 생산성이 향상되길 기원합니다.

2013년 3월
권재수, 심진희 공저
이메일 : kwonjaesoo@gmail.com
연락처 : 070-4685-7177

Contents

Chapter 01　Solid Edge 시작하기　　　19

01　Solid Edge 소개　　　20
- 1.1　Solid Edge 제품군 및 모듈　　　21
- 1.2　Solid Edge 작업 환경　　　22

02　Solid Edge 설치와 실행　　　24
- 2.1　Solid Edge 설치환경　　　24
- 2.2　Solid Edge 설치　　　25
- 2.3　Solid Edge 시작　　　27
- 2.4　Solid Edge 도움말, 자습서 및 온라인 자가 학습　　　28

03　Solid Edge 사용자 인터페이스　　　31
- 3.1　Solid Edge 시작 화면　　　31
- 3.2　Solid Edge 화면 구성　　　33
- 3.3　Solid Edge 도킹 윈도우　　　37
- 3.4　Solid Edge 마우스 사용 방법　　　39
- 3.5　빠른 실행 도구 모음 사용자 정의　　　41

04　Solid Edge View 제어　　　44
- 4.1　방향(Orient)　　　44
- 4.2　뷰 방향(View)　　　47
- 4.3　뷰 스타일(Views Styles)　　　47

05　단품 색상 및 속성 설정　　　51
- 5.1　단품 및 어셈블리 색상 설정　　　51
- 5.2　재질 설정　　　52
- 5.3　파일 등록 정보 설정　　　56

06　Solid Edge 저장　　　57
- 6.1　이미지 저장　　　57
- 6.2　이종 데이터 저장 / 열기　　　58
- 6.3　태블릿 데이터 저장　　　59

Chapter 02 기본 스케치 기법 61

01 참조 평면 62
  1.1 참조 평면 생성 62
  1.2 기본 참조 평면 수정 69
  1.3 전역 참조 평면 수정 70
  ➡ 참조 평면 생성 및 수정 따라하기__72

02 2D 스케치 그리기 74
  2.1 IntelliSketch 74
  2.2 스케치 요소 82
  2.3 스케치 요소 편집 94
  2.4 2D 스케치 요소 도구 104

03 형상 구속조건(지오메트리 관계) 117

04 치수 구속조건 128

05 기타 스케치 명령 131
  5.1 스케치 관계 상태 표시 131
  5.2 텍스트 및 이미지 입력 135

Chapter 03 Part Modeling(단품) 141

01 솔리드 모델링 워크플로 142
  1.1 기본 형상 생성 142
  1.2 명령 모음(Command Bar) 144
  1.3 형상 편집 145

02 솔리드 모델링 명령 147
  2.1 돌출(Extrude) 147
  2.2 컷아웃(Cutout) 152
  2.3 회전(Revolve) 153
  2.4 회전 절삭(Revolve Cut) 156

03 솔리드 모델링 형상 다듬기 157
  3.1 구멍(Hole) 157
  3.2 나사(Thread) 162

    3.3 슬롯(Slot)   163
    3.4 라운드(Round)   164
    3.5 모따기(Chamfer)   167
    3.6 드래프트(Draft)   168

04 솔리드 모델링 특수 형상 다듬기   171
    4.1 셸(Thin Wall)   171
    4.2 부분 셸(Thin Region)   172
    4.3 리브(Rib)   173
    4.4 웹 네트워크(Web Network)   175
    4.5 립(Lib)   176
    4.6 벤트(Vent)   177
    4.7 장착보스(Mounting Boss)   178

05 패턴   180
    5.1 사각형 패턴(Rectangular Pattern)   180
    5.2 원형 패턴(Circular Pattern)   184
    5.3 곡선 패턴(Curved Pattern)   186

06 미러   187
    6.1 미러 복사 형상(Mirror Copy Feature)   187
    6.2 미러 복사 파트(Mirror Copy Part)   188
    ➡ 단품 모델링 따라하기__189
    ➡ 특수 형상 모델링 따라하기__193

07 고급 솔리드 모델링   198
    7.1 스위핑 돌출(Swept Extrusion)   198
    7.2 로프팅 돌출(Lofted Protrusion)   202
    7.3 나선형 돌출(Helical Protrusion)   205
    7.4 법선 돌출(Normal Protrusion)   208
    7.5 두께 추가(Thicken)   208

08 다중 바디 모델링   209
    8.1 바디 추가(Add body)   210
    8.2 다중 바디 게시(Multi-body Publish)   212
    8.3 통합(Union)   214

8.4 빼기(Subtract) ... 215
8.5 교차(Intersect) ... 216
8.6 분할(Split) ... 217
➡ 다중 바디 따라하기__218

09 파트간 연동을 이용한 모델링 ... 223
9.1 파트 복사(Part Copy) ... 223
9.2 파트 간 복사(Inter-Part Copy) ... 225

10 형상 직접 수정 ... 226
10.1 면 이동(Move Faces) ... 226
10.2 면 회전(Rotate Faces) ... 228
10.3 면 옵셋(Offset Faces) ... 229
10.4 면 삭제(Delete Faces) ... 229
10.5 영역 삭제(Delete Regions) ... 230
10.6 구멍 삭제(Delete Hole) ... 231
10.7 라운딩 삭제(Delete Rounds) ... 231
10.8 구멍 크기 조정(Resize Holes) ... 232
10.9 라운드 크기 조정(Resize Rounds) ... 232
10.10 면 일치(Match Faces) : Sheet Metal Only ... 233
10.11 굽힘 각도(Bend Angle) : Sheet Metal Only ... 234
10.12 굽힘 반경(Bend Radius) : Sheet Metal Only ... 235

11 PMI(Product Manufacturing Information) ... 236
11.1 평면 잠금(Lock Plane) ... 236
11.2 치수 축(Dimension Axis) ... 237
11.3 치수 이동(Move Dimension) ... 237
11.4 PMI에 복사(Copy To PMI) ... 238
11.5 PMI 치수(PMI Dimension) ... 239
11.6 단면(Section) ... 240
11.7 뷰(View) ... 242
11.8 PMI 모델 뷰 조작 ... 243

12 2D, 3D 측정 ... 245
12.1 스마트 측정(Smart Measure) ... 245
12.2 요소 문의(Inquire Element) ... 245

12.3	거리(Distance)	246
12.4	최소 거리(Minimum Distance)	247
12.5	법선 거리(Measure Normal Distance)	248
12.6	각도(Measure Angle)	248

13 PathFinder 조작 **249**

Chapter 04 Sheet Metal Modeling(판금) 255

01 판금 시작 256
- 1.1 Sheet Metal 개요 — 256
- 1.2 Sheet Metal 설정 — 257

02 판금 모델링 명령 259
- 2.1 탭(Tab) — 259
- 2.2 플랜지(Flange) — 261
- 2.3 윤곽 플랜지(Contour Flange) — 265
- 2.4 로프팅 플랜지(Lofted Flange) — 269
- 2.5 헴(Hem) — 271

03 판금 모델링 형상 다듬기 274
- 3.1 딤플(Dimple) — 274
- 3.2 루버(Louver) — 276
- 3.3 드로운 컷아웃(Drawn Cutout) — 280
- 3.4 비드(Bead) — 280
- 3.5 거셋(Gusset) — 282
- 3.6 크로스 브레이크(Cross Brake) : Ordered Only — 286
- 3.7 에칭(Etching) — 287
- 3.8 2굽힌 코너 닫기(Close 2-Bend Corner) — 288
- 3.9 3굽힌 코너 닫기(Close 3-Bend Corner) — 290
- 3.10 코너 리핑(Rip Corner) — 292
- 3.11 구멍(Hole) — 293
- 3.12 법선의 컷아웃(Normal Cutout) — 293
- 3.13 컷아웃(Cutout) — 294
- 3.14 슬롯(Slot) — 295

3.15 굽힘(Bend) ·· 295
3.16 굽힘 취소(UnBend) ·· 297
3.17 다시 굽힘(Rebend) ·· 299
3.18 조그(Jog) ·· 299
3.19 코너 분할(Break Corner) ·· 301
3.20 모따기(Chamfer) ··· 302
3.21 중간 곡면(Mid-Surface) ·· 302

04 전개장, 굽힘테이블, 파트로 전환 ·· 303
4.1 전개장(Flat Pattern) ·· 303
4.2 굽힘 테이블(Bend Table) ··· 305
4.3 파트로 선환(Switch to part) ··· 306
4.4 전개하여 저장(Save As Flat) ··· 306

Chapter 05 Assembly Modeling(조립품) 309

01 어셈블리 시작 ··· 310
1.1 하향식(Top-Down), 상향식(Bottom-Up) 설계 및 두 방식의 결합 310
1.2 어셈블리(Assembly)에 부품 배치 ·································· 312

02 어셈블리 조립 조건 ·· 316
2.1 메이트(Mate) ··· 320
2.2 평면형 정렬(Planar Align) ·· 322
2.3 축 정렬(Axial Align) ··· 324
2.4 삽입(Insert) ··· 326
2.5 각도(Angle) ··· 328
2.6 중심 평면(Center-Plate) ·· 331
2.7 경로(Path) ·· 337
2.8 연결(Connect) ··· 341
2.9 평행(Parallel) ·· 342
2.10 접선(Tangent) ··· 343
2.11 캠(Cam) ··· 344
2.12 기어(Gear) ·· 349
2.13 좌표계 일치(Match Coordinate Systems) ······················· 350
2.14 빠른 구속(FlashFit) ·· 350

2.15 강성 세트(Rigid Set) 352
2.16 고정(Ground) 352
2.17 어셈블리 관계 도우미(Assembly Relationship Assistant) 352
2.18 캡처 맞춤(Capture Fit) 357
2.19 파트 간 관계 생성(Create Inter-Part Relationships) 363
➡ 어셈블리 조립 따라하기 1__365
➡ 어셈블리 조립 따라하기 2__369
➡ 어셈블리 조립 따라하기 3__372

03 어셈블리 수정 … 375

3.1 그 자리에 파트 생성(Create Part In-Place) 375
3.2 컴포넌트 드래그(Drag Component) 379
3.3 컴포넌트 이동(Move Components) 382
3.4 파트 교체(Replace Part) 386
3.5 이전(Transfer) 388
3.6 분해(Disperse) 391
3.7 파트 패턴(Pattern Part) 392
3.8 컴포넌트 대칭(Mirror Components) 396
3.9 어셈블리 복사본 삽입(Insert Assembly Copy) 400
3.10 모터(Motor) 401
3.11 모터 시뮬레이션(Simulate Motor) 403
3.12 시스템 라이브러리(Create System Library) 407
3.13 패스너 시스템(Fastener System) 407
3.14 어셈블리 형상(Assembly Features) 408

04 어셈블리 PathFinder 조작 … 411

05 어셈블리 간섭검사 … 423

06 파트 및 어셈블리 물리적 특성 … 431

6.1 물리적 특성(Physical Properties) 431
6.2 물리적 특성 관리자(Physical Properties Manager) 434

07 어셈블리 화면 제어 & 구성 … 435

7.1 화면 구성(Display Configurations) 435
7.2 화면 영역(Display Zone) 437
7.3 화면 클리핑(Display Clipping) 440

08 Explode-Render-Animate(ERA) — 443
- 8.1 분해(Explode) — 443
- 8.2 랜더링(Render) — 460
- 8.3 에니메이션(Animation) — 462

09 효율적 대규모 어셈블리 관리 — 464

Chapter 06 Drafting(도면작성) — 469

01 도면 시작 — 470
- 1.1 도면(Draft) 개요 — 470
- 1.2 도면(Draft) 시작하기 — 471
- 1.3 3D 모델을 도면으로 불러오기 — 472

02 도면 시트 구성 — 475
- 2.1 2D 모델 시트(2D Model Sheet) — 476
- 2.2 작업 시트(Working Sheet) — 476
- 2.3 배경 시트(Background Sheet) — 477
- 2.4 작업 시트 및 배경 시트 제어 — 478

03 도면 뷰 생성 — 479
- 3.1 뷰 마법사(View Wizard) — 479
- 3.2 뷰 업데이트(Update Views) — 483
- 3.3 주 뷰(Principal View) — 484
- 3.4 보조 뷰(Auxiliary View) — 486
- 3.5 상세 뷰(Detail View) — 488
- 3.6 절단 평면(Cutting Plane) — 490
- 3.7 단면 뷰(Section Views) — 491
- 3.8 분할 단면(Broken-Out) — 495
- 3.9 분할 선 추가(Add Break Lines) — 498
- 3.10 도면 뷰 깊이 설정(Set Drawing View Depth) — 502

04 도면 뷰 조작 — 503
- 4.1 도면 뷰 배율 조정 — 503
- 4.2 뷰 위치 복사 및 이동 — 504

  4.3 도면 뷰 쉐이딩 ·· 505
  4.4 도면 뷰 잠금 ·· 506
  4.5 도면 뷰 크로핑 ·· 507

05 도면 뷰 다듬기 ·· 509
  5.1 모서리 속성 변경하기 ··· 509
  5.2 도면 뷰 정렬 ·· 511
  5.3 드래프트 환경에서 3D 도면 뷰 수정하기 ································ 513

06 중심선 작성하기 ·· 514
  6.1 자동 중심선(Automatic Center Lines) ······································ 514
  6.2 중심선(Center Line) ··· 516
  6.3 중심 마크(Center Mark) ··· 518
  6.4 볼트 구멍형 원(Bolt Hole Circle) ·· 520

07 치수 작성하기 ·· 521
  7.1 스마트 치수(Smart Dimension) ·· 521
  7.2 요소간 거리(Distance Between) ·· 528
  7.3 요소간 각도(Angular Between) ·· 529
  7.4 좌표 치수(Coordinate Dimension) ·· 530
  7.5 각도 좌표 치수(Angular Coordinate Dimension) ······················ 531
  7.6 대칭 직경(Symmetric Diameter) ·· 532
  7.7 모따기 치수(Chamfer Dimension) ·· 533
  7.8 치수 연결(Attach Dimension) ··· 534
  7.9 치수 검색(Retrieve Dimensions) ·· 534
  7.10 속성 복사기(Prefix Copier) ··· 535
  7.11 텍스트 줄 맞춤(Line Up Text) ·· 535

08 주석 작성하기 ·· 536
  8.1 콜아웃(Callout) ··· 536
  8.2 풍선(Balloon) ·· 543
  8.3 곡면 질감 심볼(Surface Texture Symbol) ······························· 545
  8.4 용접 심볼(Weld Symbol) ·· 548
  8.5 모서리 조건(Edge Condition) ·· 549
  8.6 데이텀 프레임(Datum Frame) ··· 550
  8.7 형상 프레임(Feature Control Frame) ······································ 551

8.8 데이텀 대상(Datum Target) ······ 553
8.9 지시선(Leader) ······ 555
8.10 커넥터(Connector) ······ 556
8.11 텍스트(Text) ······ 558
8.12 이미지(Image) ······ 561

09 여러 종류의 테이블 작성하기 ······ 562
9.1 파트 목록(Part List) ······ 562
9.2 구멍 테이블(Hole Table) ······ 579
9.3 굽힘 테이블(Bend Table) ······ 586

Chapter 07 Surface Modeling(곡면) ······ 589

01 곡면 모델링 시작 ······ 590
1.1 곡면 모델링 개요 ······ 590
1.2 곡면 모델링 장점 ······ 591
1.3 곡면 모델링 워크플로 ······ 592
1.4 점, 곡선 및 곡면 사용하기 ······ 593
1.5 곡면 평가 ······ 594

02 곡선 작성과 편집 ······ 595
2.1 곡선(Curve) ······ 595
2.2 곡률 그래프(Curvature Comb) ······ 597

03 BlueDot 작성과 키포인트 곡선 ······ 601
3.1 BlueDot ······ 601
3.2 키포인트 곡선(Keypoint Curve) ······ 606
3.3 테이블을 사용해 곡선 생성(Curve By Table) ······ 612

04 곡면 생성 명령 ······ 613
4.1 돌출 곡면(Extruded Surface) ······ 613
4.2 회전 곡면(Revolved Surface) ······ 615
4.3 스위핑 곡면(Swept Surface) ······ 617
4.4 BlueSurf ······ 619
4.5 바운딩 곡면(Bounded Surface) ······ 625

05 곡면 수정 명령 627

- 5.1 곡면 연장(Extruded Surface) 627
- 5.2 옵셋 곡면(Offset Surface) 628
- 5.3 곡면 복사(Copy Surface) 629
- 5.4 곡면 트리밍(Trim Surface) 629
- 5.5 스티칭 곡면(Stitched Surface) 631
- 5.6 스티칭 안된 모서리 표시(Show Non-Stitched Edges) 632
- 5.7 면 교체(Replace Face) 632
- 5.8 면 분할(Split Face) 633
- 5.9 파팅 분할(Parting Split) 634
- 5.10 파팅 곡면(Parting Surface) 635
- 5.11 모서리 옵셋(Offset Edge) 635
- 5.12 파트 분할(Divide Part) 636

➡ 곡면(Surface) 수정 명령 따라하기__637

06 간접 곡선 생성 명령 640

- 6.1 투영 곡선(Project Curve) 640
- 6.2 교차 곡선(Intersection Curve) 641
- 6.3 교차 곡선(Cross Curve) 642
- 6.4 윤곽 곡선(Contour Curve) 643
- 6.5 파생 곡선(Derived Curve) 644
- 6.6 곡선 분할(Split Curve) 644
- 6.7 교차 점(Intersection Point) 645
- 6.8 스케치 감기(Wrap Sketch) 646

Chapter 08 Synchronous Technology(동기식 기술) 649

01 동기식 기술 모델링 650

- 1.1 동기식 모델링 개요 650
- 1.2 동기식 모델링의 특징 651

02 참조 평면 653

- 2.1 스케치 평면 잠금 653
- 2.2 스케치 평면 생성 656

03 2D 스케치 그리기 · · · · · · · 657
- 3.1 좌표계   657
- 3.2 스케치 영역   659
- 3.3 스케치 편집   660
- 3.4 스케치 소비 및 치수 마이그레이션   662

04 솔리드 모델링 워크플로 · · · · · · · 665

05 솔리드 모델링 명령 · · · · · · · 667
- 5.1 돌출(Extrude)   667
- 5.2 회전 돌출(Revolved Extrusion)   670

06 솔리드 모델링 형상 다듬기 · · · · · · · 673
- 6.1 구멍(Hole)   673
- 6.2 나사(Thread)   676
- 6.3 슬롯(Slot)   678
- 6.4 구멍 인식(Recognize Holes)   680
- 6.5 라운드(Round)   682
- 6.6 블렌드(Blend)   684
- 6.7 모따기 같은 셋백(Chamfer Equal Setbacks)   685
- 6.8 모따기 다른 셋백(Chamfer Unequal Setbacks)   685
- 6.9 드래프트(Draft)   687
- 6.10 라이브 단면(Live Section)   689
- 6.11 나선형 돌출(Helical Protrusion)   691

07 솔리드 모델링 특수 형상 다듬기 · · · · · · · 694
- 7.1 셸(Thin Wall)   694
- 7.2 리브(Rib)   695
- 7.3 웹 네트워크(Web Network)   696

08 패턴 · · · · · · · 698
- 8.1 직사각형 패턴(Rectangular Pattern)   698
- 8.2 원형 패턴(Circular Pattern)   703
- 8.3 채우기 패턴(Fill Pattern)   706

09 동기식 모델링 제어 · · · · · · · 710
- 9.1 동기식 모델 수정   710

9.2 조종 휠(Steering Wheel) ··· 715
9.3 QuickBar 개요 ··· 725
9.4 면 관계 생성 ··· 731
9.5 라이브 규칙(Live Rule)개요 ·· 738
9.6 솔루션 관리자(Solution Manger)개요 ······································· 743
9.7 선택 관리자(Selection Manager)개요 ······································· 746
9.8 형상 세트 분리 및 분할 ·· 751
9.9 동기식 또는 순서 지정식 전환 ··· 753

10 동기식 판금 ··· 755
   10.1 판금의 조종 휠 동작 ··· 755
   10.2 동기식 판금 설계 ·· 756
   10.3 동기식 판금 모델링 명령 ·· 758

Chapter 09 AutoCAD 파일 및 외부 데이터 사용   775

01 AutoCAD 파일 불러오기 및 저장하기 ·· 776
02 AutoCAD 파일 3D로 만들기 ·· 783
03 외부 데이터 사용하기 ·· 787

Chapter 10 Solid Edge Options   793

01 응용프로그램 버튼 ··· 794
02 파트 환경 ··· 805
03 판금 환경 ··· 821
04 어셈블리 환경 ··· 825
05 도면 환경 ··· 828
06 도면 치수 스타일 설정 ·· 834

Chapter 11 부 록   849

01 리비전 관리자 사용하기 ··· 850
   1.1 리비전 관리자 시작 ··· 850
   1.2 리비전 관리자 화면 구성 ··· 852

1.3	리비전 관리자를 이용한 파일 이름 변경	854
1.4	리비전 관리자를 이용한 파일 복사	856
1.5	리비전 관리자를 이용한 파일 교체	858

02 Solid Edge 무료 45일 평가판 다운로드 ··································· 860

03 Solid Edge 관련 프로그램 및 교재 예제파일 다운로드 ··································· 866

Solid Edge 시작하기

01 Solid Edge 소개
02 Solid Edge 설치와 실행
03 Solid Edge 사용자 인터페이스
04 Solid Edge View 제어
05 단품 색상 및 속성 설정
06 Solid Edge 저장

01 Solid Edge 소개

 Solid Edge는 3D 디지털 시제품의 제작 및 관리를 위한 놀라운 기능을 갖춘 업계 선두의 기계 설계 시스템입니다. 탁월한 핵심 모델링 및 프로세스 워크플로를 제공하고, 특정 산업군의 요구사항에 중점을 두고 완전 통합 설계 관리를 제공하는 Solid Edge 모델링 및 어셈블리 기능들은 기업의 엔지니어링 팀이 단품에서부터 수천개의 컴포넌트들을 포함한 조립품들에 이르기까지 모든 부문의 제품들을 보다 쉽게 개발할 수 있도록 해 줍니다. 또한 맞춤형 명령 및 구조화된 워크플로를 통해 보다 빠르게 특정 업계의 공통 형상을 설계할 수 있으며, 어셈블리 모델 내에서 부품을 설계, 해석 및 수정하여 부품의 정확한 맞춤 및 기능을 유지할 수 있습니다. Solid Edge를 사용하면 항상 한 번에 완벽하게 제품을 조립할 수 있습니다.

 Solid Edge는 일반적인 기계 시스템 위에 유일하게 쉽게 관리 기능과 설계자들이 매일 사용하는 CAD 도구를 결합한 시스템입니다. Solid Edge의 고객은 여러 가지 확장 가능한 PDM(Product Data Management) 솔루션을 선택하여 설계를 생성하는 즉시 관리할 수 있습니다. 또한, 실용적인 협업 관리 도구를 통해 보다 효율적으로 설계팀의 활동을 조정하고 잘못된 의사소통으로 인한 오류를 줄일 수 있습니다.

1.1 Solid Edge 제품군 및 모듈

1. Solid Edge 2D Draft(Free)

Solid Edge 2D Draft을 이용하여 AutoCAD처럼 쉽게 도면을 제작할 수 있으며, 무료로 다운로드 받아 사용하실 수 있습니다.

2. Solid Edge Classic

Solid Edge Classic은 기본 모듈로서 3D 설계를 작업할 수 있습니다.

3. Solid Edge Premium

Solid Edge Premium은 Classic 모듈과 해석 그리고 배관 및 와이어 하네스 모듈이 포함되어 있습니다.

4. Solid Edge Premium TcX

Solid Edge Premium TcX은 Premium 모듈과 PDM 솔루션 프로그램 Teamcenter와 연동할 수 있는 모듈이 포함되어 있습니다.

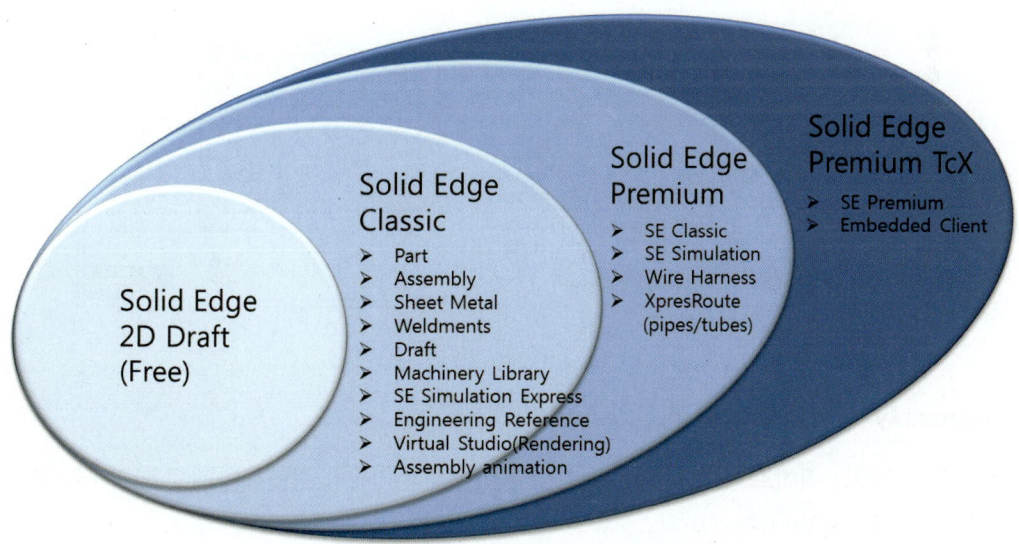

1.2 Solid Edge 작업 환경

Part : 파트 환경 (*.par)

파트 모델링 프로세스는 파트 모델을 생성하기 위해 파트 형상 작성의 토대가 될 블록이나 원기둥 같은 기본 형상을 만드는 것으로 시작됩니다.

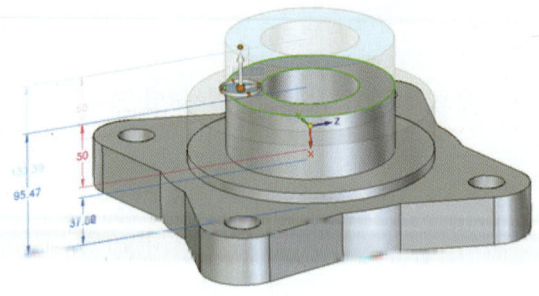

Sheet Metal : 판금 환경 (*.psm)

판금 환경에는 평면 단면, 간단한 플랜지 또는 복잡한 플랜지, 모따기나 라운드 같은 모서리 분할이 될 수 있으며, 완성된 판금 파트는 산업 표준 공식 또는 사용자가 정의한 고유한 프로그램을 사용하여 신속하게 전개장을 표현할 수 있습니다.

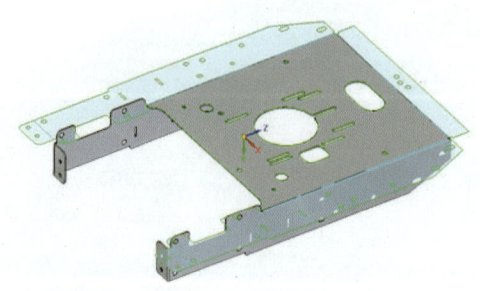
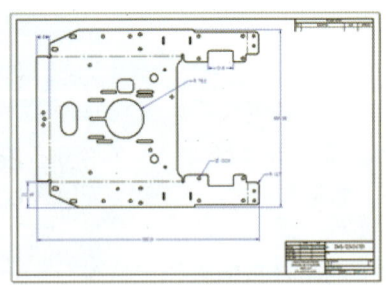

Assembly : 어셈블리 환경 (*.asm)

어셈블리 환경에는 메이트 및 정렬 같은 일반적인 어셈블리 기술을 비롯하여 파트를 맞추는 데 필요한 명령이 포함되어 있습니다.

chapter 01 Solid Edge 시작하기

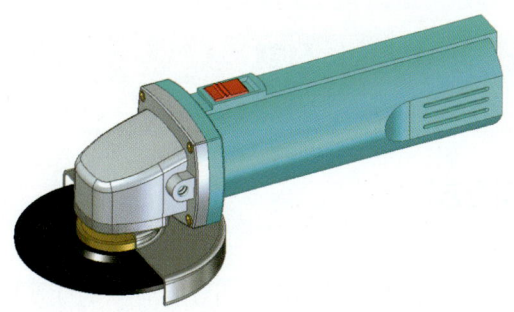

Weldment : 용접 어셈블리 환경 (*.pwd)

용접 환경에는 필렛 용접, 그루브 용접 등과 같은 용접 명령이 활성화하여 사용할 수 있습니다.

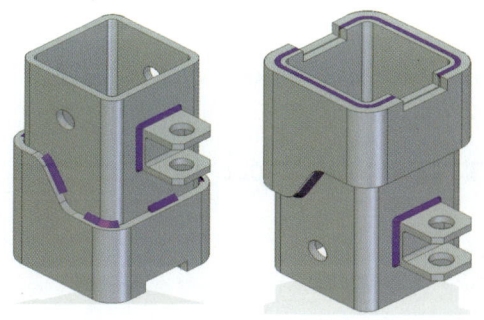

Draft : 도면 환경 (*.dft)

3D 파트 또는 어셈블리 모델을 통해 직접 엔지니어링 도면을 작성하기 위한 별도의 드래프트 환경을 제공하며, 3D 모델에 연관되므로 설계가 전개됨에 따라 모델의 변경 사항이 도면에 반영됩니다.

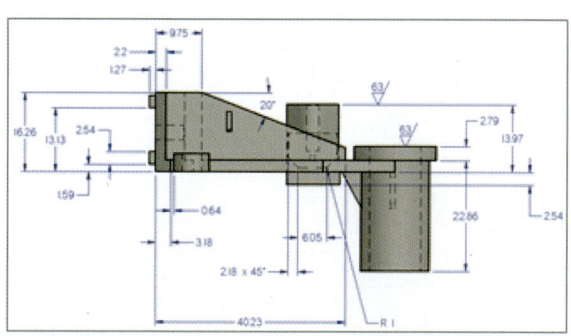

23

02 Solid Edge 설치와 실행

2.1 Solid Edge 설치환경

Solid Edge를 사용하기 위해서는 Intel 또는 AMD 기반의 CPU를 가진 PC가 필요합니다. 또한 Solid Edge 64bit 버전을 사용하기 위해서는 Windows 7 64bit 운영 체제가 필요하며 인텔 EM64T 및 AMD64를 지원하는 CPU가 필요합니다.(**Solid Edge ST5는 Windows XP에 설치가 불가능합니다.**)

1. Solid Edge 설치 최소사양

- 운영체계 : Windows Vista(32bit or 64bit) Service Pack 2
- 프로세서 : 32bit (x86) or 64bit (x64) Processor
- 메인 메모리 : 2GB RAM 이상
- 그래픽 카드 해상도 및 메모리 : 1280 X 1024 이상 (1GB)

2. Solid Edge 설치 권장사양

- 운영체제 : Windows 7 (64bit) Service Pack 1
- 프로세서 : 64bit (x64) Processor
- 메인 메모리 : 8GB RAM 이상
- 그래픽 카드 해상도 및 메모리 : 1920 X 1200 이상 (2GB)

2.2 Solid Edge 설치

❶ Windows 7 제어판에서 사용자 계정 컨트롤 설정을 기본 값에서 알리지 않음으로 변경합니다.
(컴퓨터를 다시 재부팅합니다.)

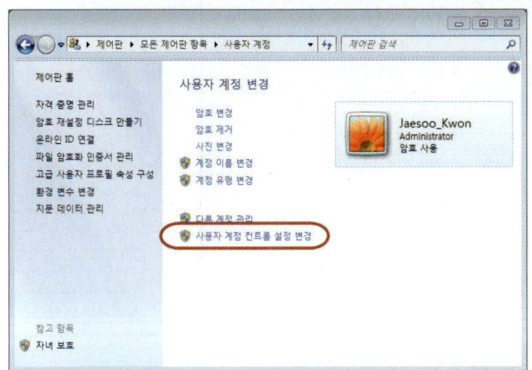 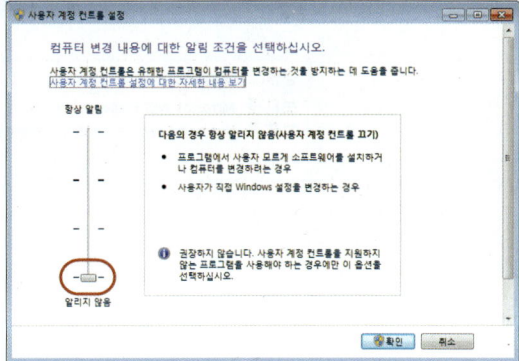

❷ Solid Edge ST5 CD를 DVD-ROM 드라이브에 넣으면 자동으로 실행됩니다.(Solid Edge는 32bit & 64bit DVD 타이틀이 별도로 있습니다.)

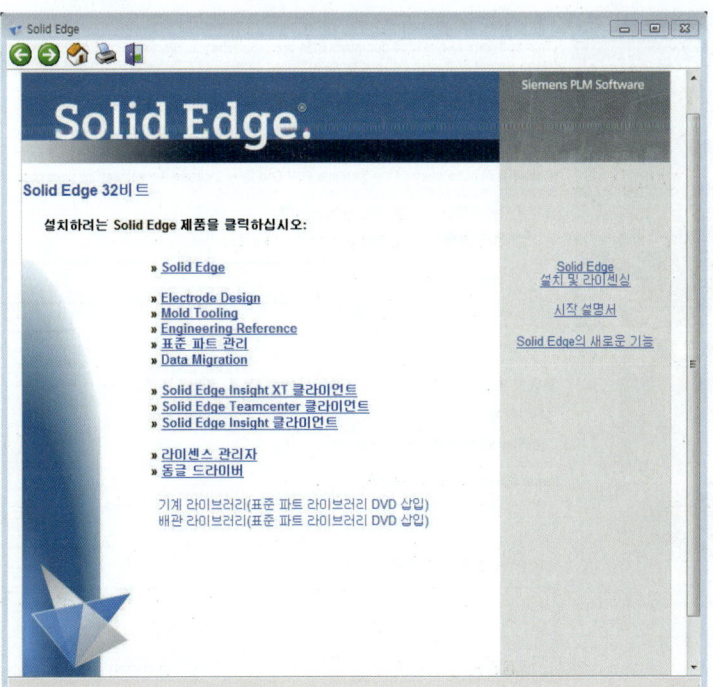

❸ Solid Edge을 선택합니다. 만약 Microsoft .NET 4.0과 Microsoft DirectX가 설치되어 있지 않으면 아래 그림과 같이 자동으로 설치 후 Solid Edge 설치 화면으로 이동됩니다. 화면 이동 후 설치 버튼을 클릭합니다.

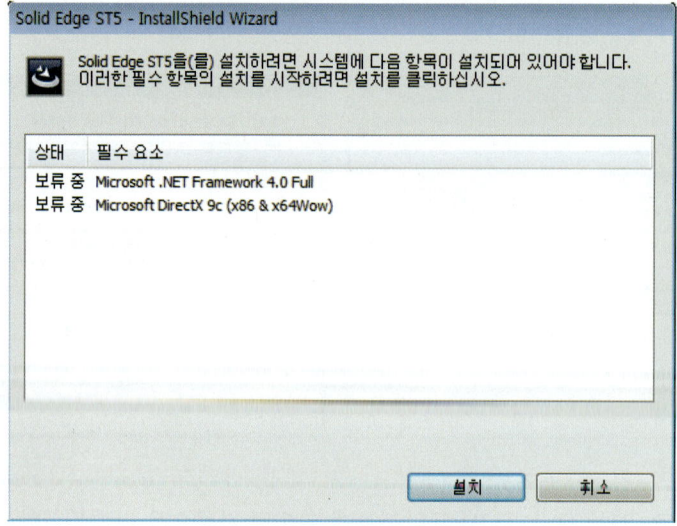

Microsoft .NET 4.0 & DirectX 설치

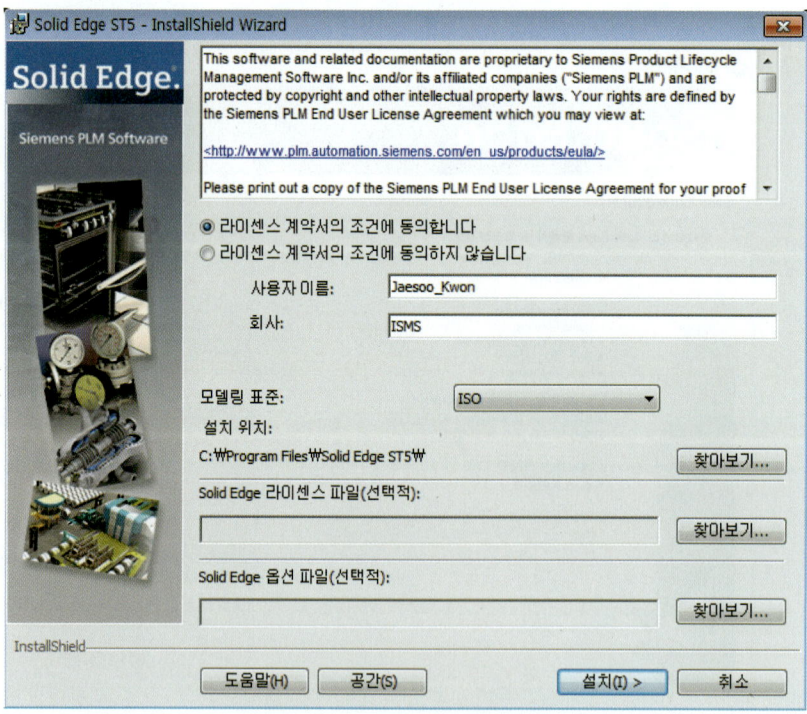

Solid Edge ST5 설치 시작 화면

chapter 01 Solid Edge 시작하기

❹ Solid Edge 설치가 끝나면 마침 버튼을 선택합니다.

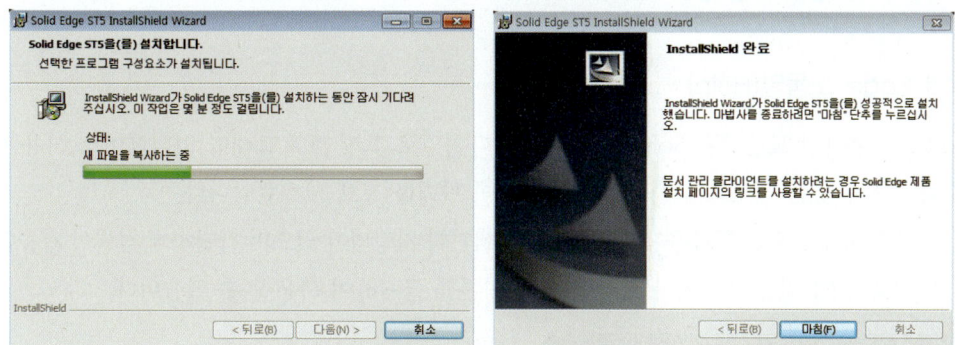

Solid Edge ST5 설치 종료 화면

2.3 Solid Edge 시작

Solid Edge를 시작하려면 바탕화면에서 Solid Edge 아이콘을 찾아 두 번 클릭하거나, 윈도우 시작 버튼 → 모든 프로그램 → Solid Edge ST5 → Solid Edge ST5를 클릭합니다. 버전 번호는 릴리스마다 변경됩니다.

Tip

Solid Edge ST5 구동 라이센스가 없으면 그림과 같이 창이 실행됩니다. Solid Edge 정식 라이센스는 Solid Edge 리셀러를 통해 구매하실 수 있습니다.(체험판 라이센스 요청은 부록을 참조하세요.)

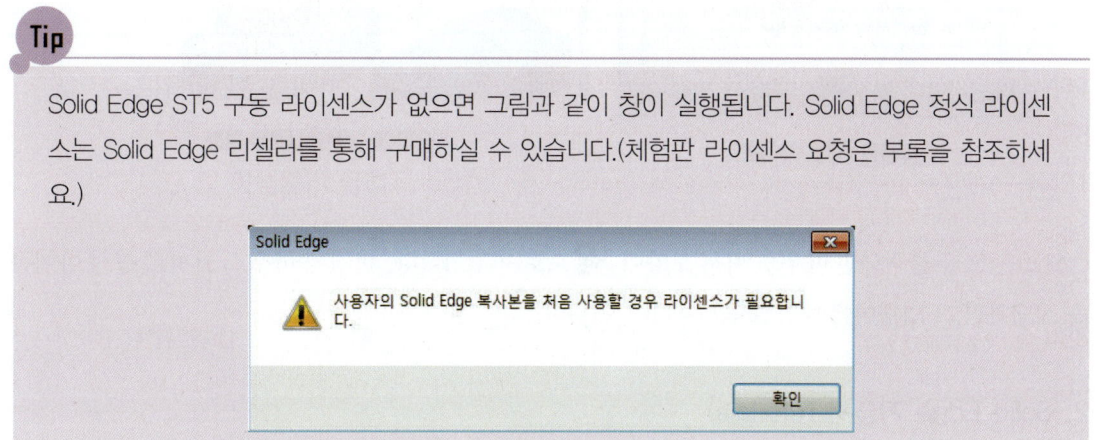

2.4 Solid Edge 도움말, 자습서 및 온라인 자가 학습

1. Solid Edge 도움말(Help)

Solid Edge 온라인 도움말은 Solid Edge 명령, 다이얼로그 및 프로그래밍 인터페이스 사용 방법을 손쉽게 확인할 수 있는 정보로 구성되었으며 탐색이 편리한 정보 시스템입니다.

목차는 필요 시에 필요한 항목을 찾을 수 있도록 색인이 지정되어 있으며 간단하게 검색이 가능합니다.

도움말 실행은 F1 키를 누르거나 도움말 색인 버튼을 클릭하여 사용할 수 있습니다.

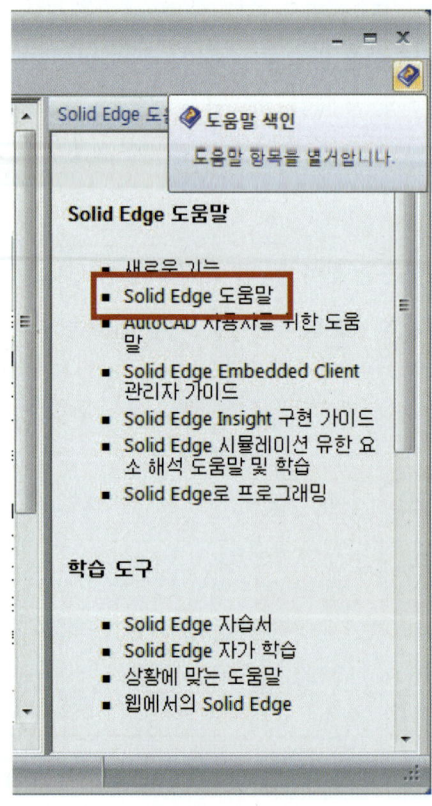

도움말 색인 아이콘

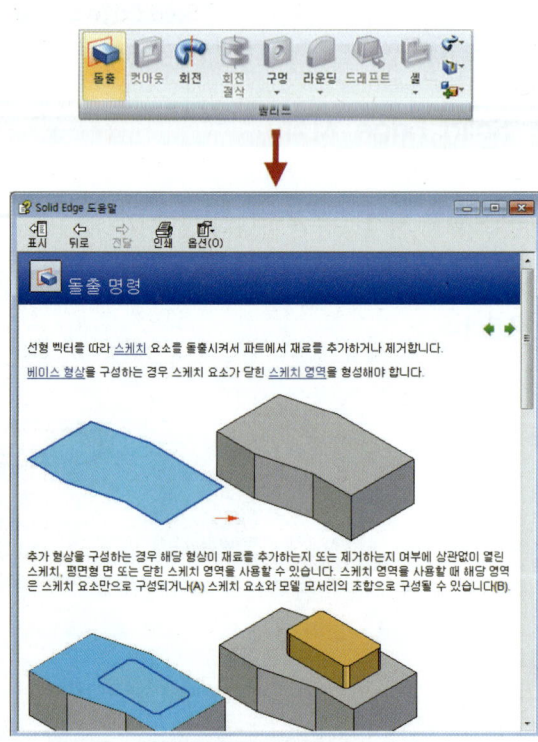

(상황에 맞는)도움말 명령

Shift + F1을 클릭하면 마우스 커서 모양이 으로 변경됩니다. 변경된 마우스 커서로 활성 아이콘을 선택하면 그 명령어에 대한 도움말이 표시됩니다.

2. Solid Edge 자습서(Tutorials)

Solid Edge 자습서는 Solid Edge로 수행하는 여러 작업의 일반적인 워크플로를 따라하기 형태로 소

chapter 01 Solid Edge 시작하기

개합니다.

Solid Edge 자습서는 Solid Edge 시작 화면 또는 도움말 색인에서 실행이 가능합니다.

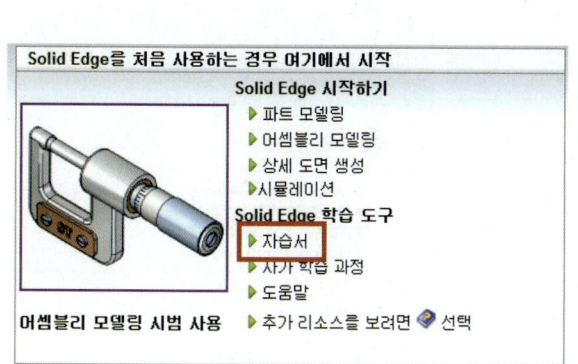 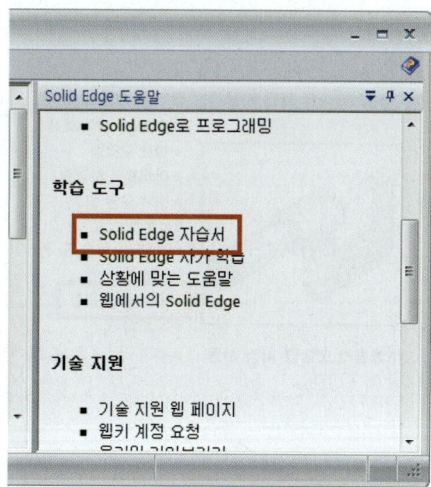

Solid Edge 자습서 실행

Solid Edge 자습서 시작

3. 온라인 자가 학습

온라인을 통하여 파트, 어셈블리 모델링 및 드래프트와 같은 전반적인 Solid Edge 기능을 배울 수 있

29

습니다. 또한 PDF 파일로 자가 학습 내용을 다운로드 할 수 있습니다.

온라인 자가 학습은 Solid Edge 시작 화면 또는 도움말 색인에서 실행이 가능합니다.

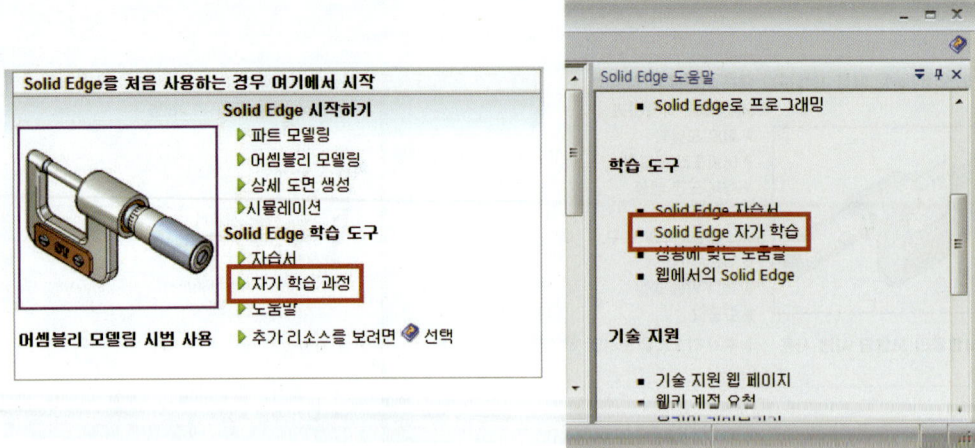

Solid Edge 자가 학습 실행

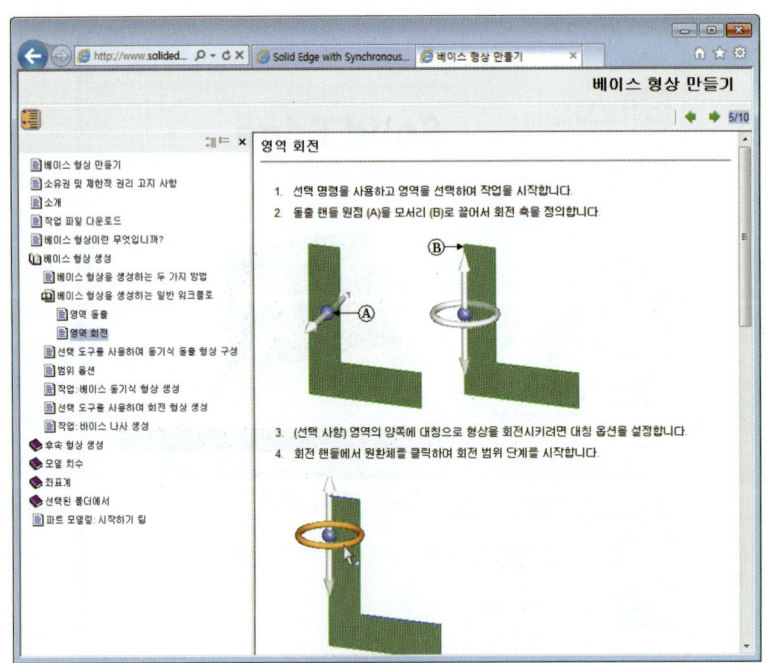

Solid Edge 자가 학습 시작

chapter 01 Solid Edge 시작하기

03 Solid Edge 사용자 인터페이스

3.1 Solid Edge 시작 화면

Solid Edge 시작 화면에서 파일 생성 및 열기와 같은 기본 작업에 액세스할 수 있습니다. 또한 시작 화면에서 자습서에 액세스할 수도 있습니다.

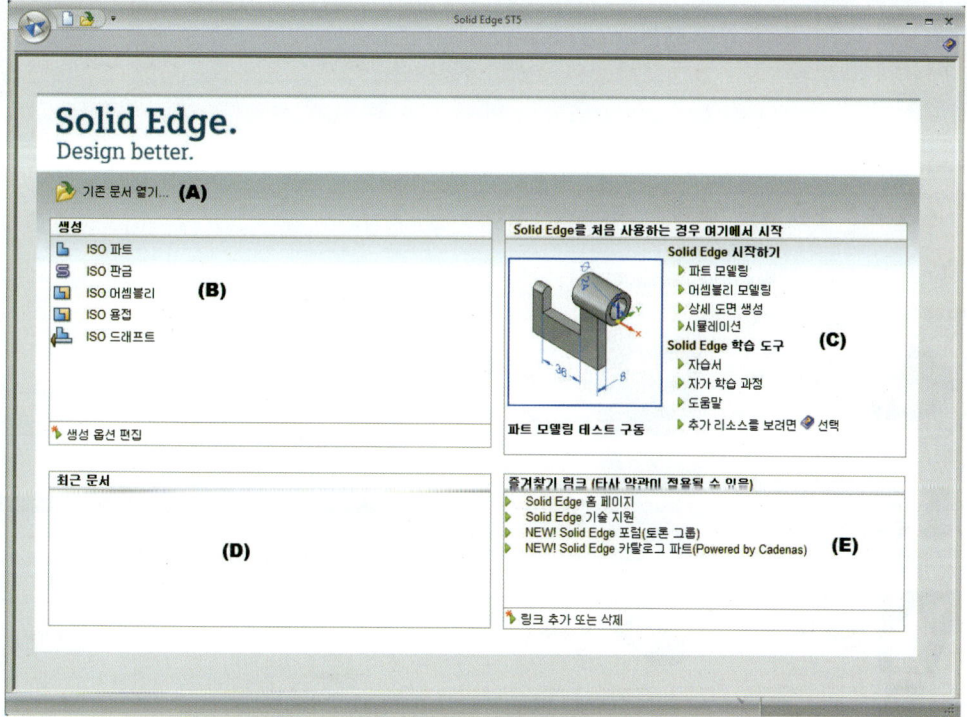

- **(A) 기존 문서 열기(Open Existing Document)** : Solid Edge에서는 마지막으로 작업한 문서를 계속 추적하므로 이를 빠르게 열 수 있습니다.
- **(B) 생성(Create)** : 파트, 판금, 어셈블리, 용접 어셈블리, 도면의 새 문서를 생성합니다.
- **(C) Solid Edge를 처음 사용하는…(New to Solid Edge? Start Here)** : Solid Edge 자습서를 시작할 수 있습니다.
- **(D) 최근 문서(Recent Documents)** : 최근 사용된 문서의 목록을 표시됩니다. Solid Edge Options (Solid Edge 옵션)에서 리스트 수량을 최대 9개까지 조절할 수 있습니다.
- **(E) 즐겨찾기 링크(Favorite Links)** : Internet Explorer에 있는 즐겨찾기와 동일한 기능으로 설계자

가 자주 들어가는 인터넷 사이트 또는 회사 인트라넷 등의 웹페이지를 추가하여 사용합니다.

> **Tip**
>
> **Solid Edge 카탈로그 파트(Powered by Cadenas)**
>
> 카탈로그 파트 사이트(Cadenas)는 Solid Edge 소프트웨어 사용자들을 위한 설계용 부품 카탈로그를 무료로 제공하는 포털 사이트 입니다. 이 포털 사이트는 3D Solid Edge에 기반한 다양한 설계 부품 카탈 로그를 제공합니다. 또한 2D 설계 부품도 제공됩니다.
>
>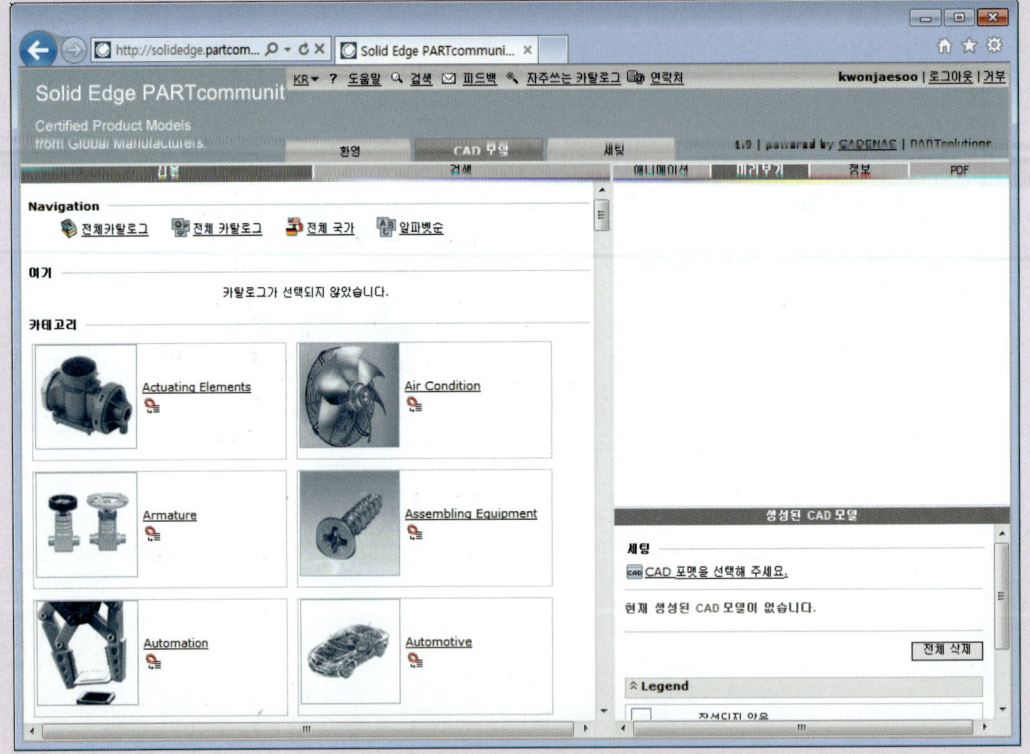
>
> Solid Edge 카탈로그 파트(Powered by Cadenas)

chapter 01 Solid Edge 시작하기

3.2 Solid Edge 화면 구성

Solid Edge 응용프로그램 윈도우는 다음과 같은 영역으로 구성됩니다.

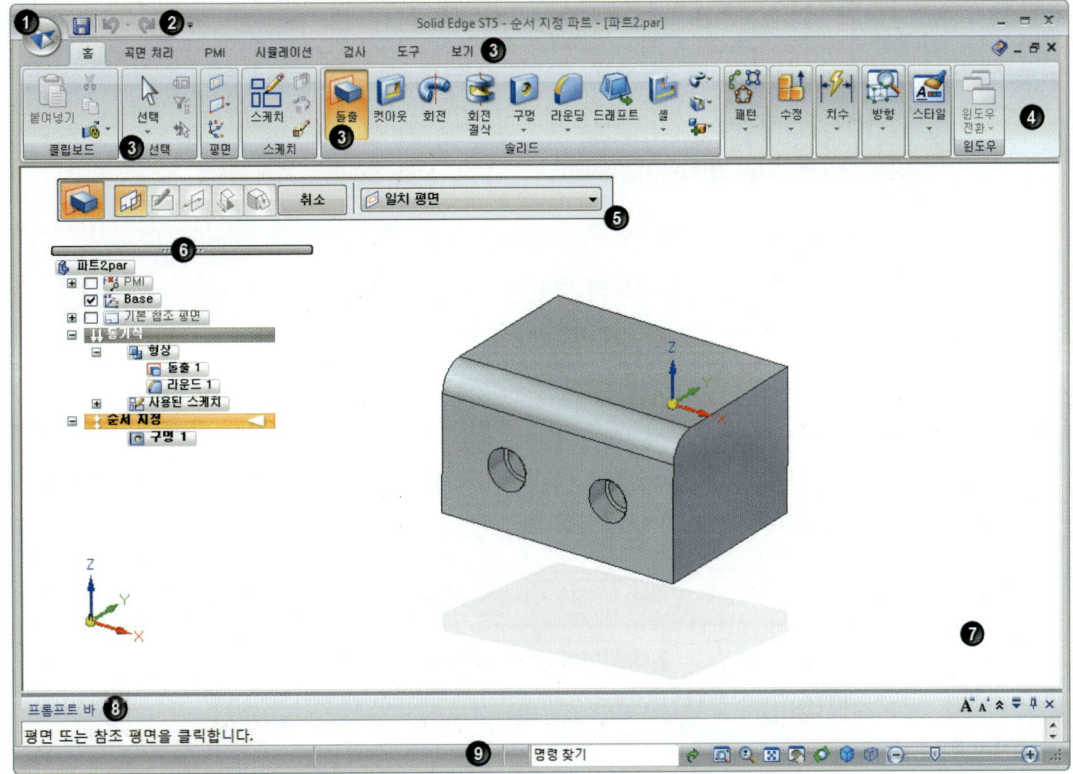

❶ 응용프로그램 버튼(Application Button) : 문서 생성, 열기, 저장, 관리와 같은 모든 문서 단계 기능에 접근할 수 있는 응용프로그램 메뉴를 표시합니다. 응용프로그램 메뉴는 Solid Edge 옵션을 포함하고 있습니다.

❷ 빠른 액세스 도구 모음(Quick Access Toolbar) : 자주 사용되는 명령 아이콘 또는 그룹을 표시합니다.

❸, ❹ 탭에 명령 그룹이 있는 리본(Ribbon with commands grouped on tabs) : 리본(Ribbon)은 모든 명령이 포함되어 있는 영역입니다. 명령은 탭에 기능 그룹으로 구성됩니다. 일부 탭은 특정 환경에서만 사용할 수 있습니다. 일부 명령 버튼에는 하위 메뉴와 팔레트를 표시하는 컨트롤이 포함되어 있습니다.

33

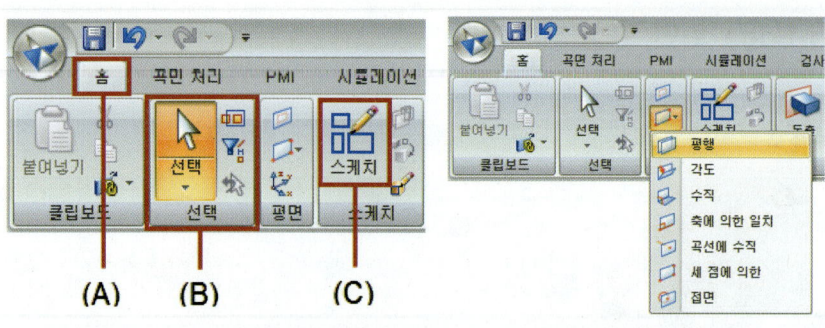

리본 메뉴(탭, 그룹, 명령 아이콘 포함)   드롭다운 메뉴(하위 메뉴)

(A) 탭(Tap) : 명령 그룹을 포함하는 영역입니다.
(B) 그룹(Group) : 비슷한 기능의 명령들의 집합입니다.
(C) 명령 아이콘 : 명령을 실행시키는 아이콘입니다.

❺ **명령 바(Command Bar)** : 선택 도구 또는 처리 중인 명령에 대한 명령 옵션 및 데이터 항목 필드를 표시하는 부동바입니다. 명령 바는 Solid Edge의 모델링 환경이 동기식(Synchronous) 또는 순서 지정식(Ordered)에 따라 형태가 변경됩니다.

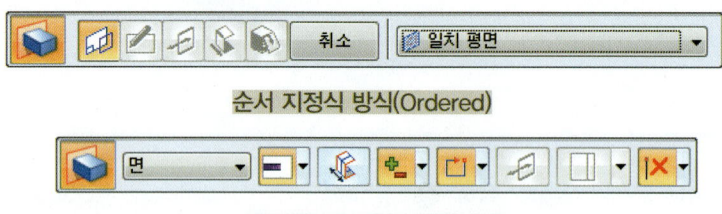

순서 지정식 방식(Ordered)

동기식 방식(Synchronous)

Tip

명령 바는(Command Bar)두 가지 형태로 표현할 수 있습니다. 응용프로그램 버튼 → Solid Edge 옵션 → 도우미 탭 → 명령 사용자 인터페이스 → 수평 또는 수직 선택

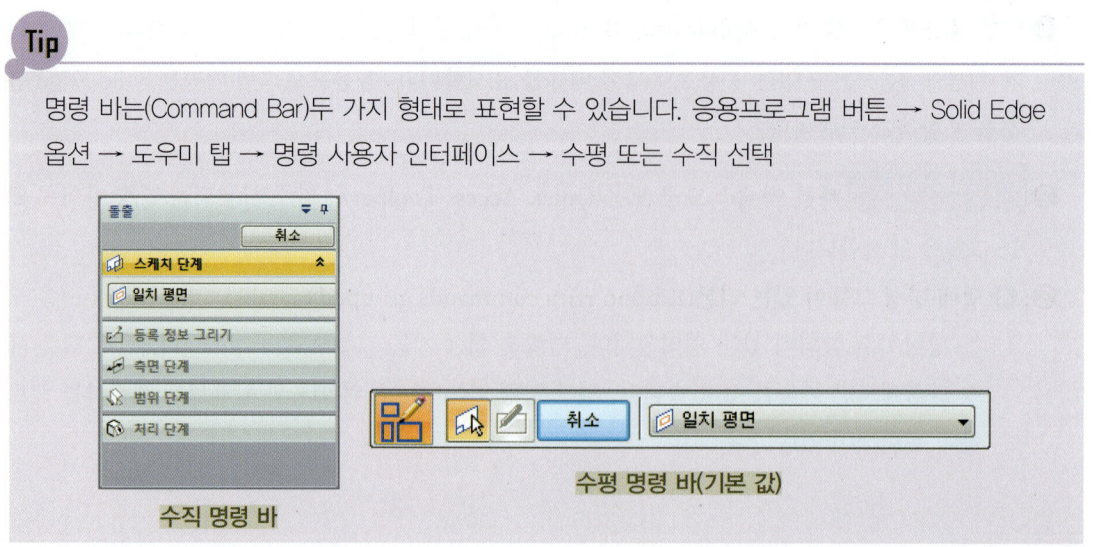

수직 명령 바   수평 명령 바(기본 값)

chapter 01 Solid Edge 시작하기

❻ **PathFinder** : PathFinder는 모델을 구성하는 형상, 면 세트, 스케치, 참조 평면, 치수 등의 모델링 정보를 표시해줍니다. 동기식 환경에서는 PathFinder 트리의 정렬이 가능합니다.

Tip

PathFinder는 두 가지 형태로 표현할 수 있습니다.
응용프로그램 버튼 → Solid Edge 옵션 → 도우미 탭 → 문서 뷰에 PathFinder 표시 → 체크(Ⓐ) 또는 체크 안함(Ⓑ)

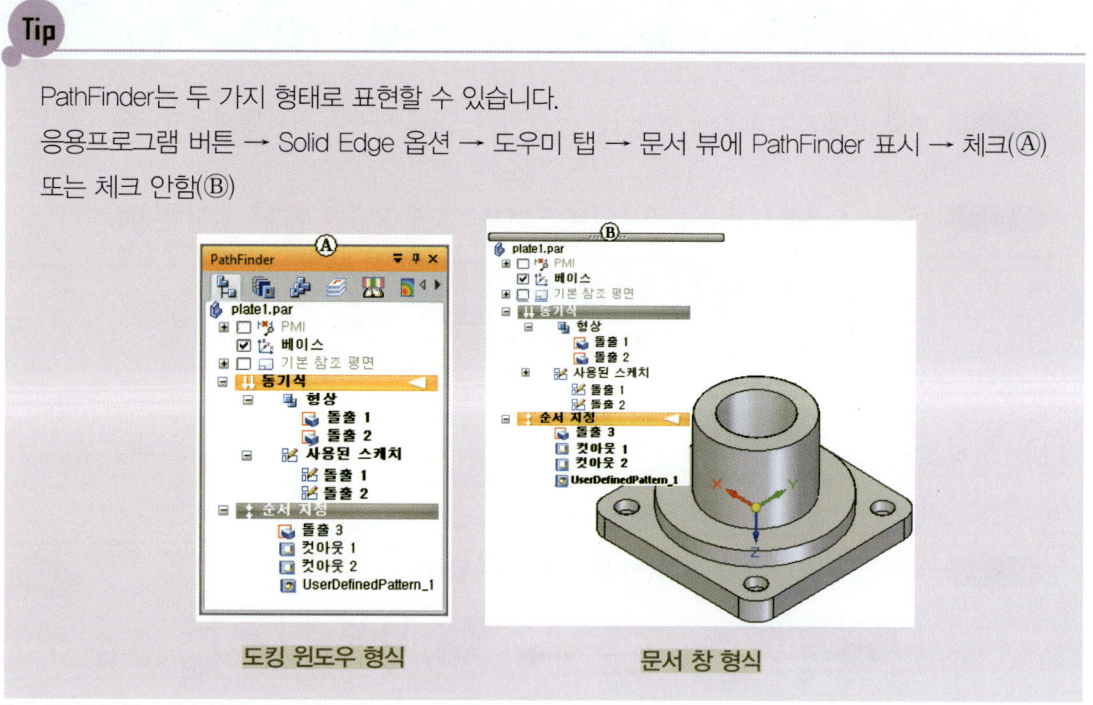

도킹 윈도우 형식   문서 창 형식

❼ **그래픽 윈도우(Graphics Window)** : 3D 모델 또는 2D 도면과 연결된 그래픽을 표시합니다.

❽ **PromptBar** : 선택된 명령과 관련된 메시지를 표시해줍니다.

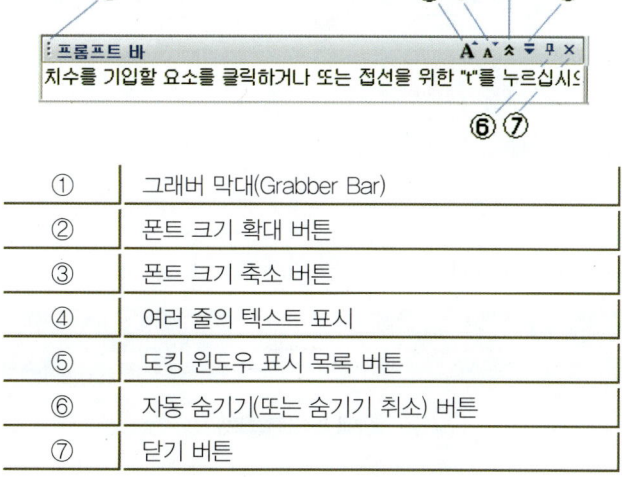

①	그래버 막대(Grabber Bar)
②	폰트 크기 확대 버튼
③	폰트 크기 축소 버튼
④	여러 줄의 텍스트 표시
⑤	도킹 윈도우 표시 목록 버튼
⑥	자동 숨기기(또는 숨기기 취소) 버튼
⑦	닫기 버튼

❾ **상태 바(Status Bar)** : 응용프로그램 자체와 관련된 메시지를 표시합니다. 확대/축소, 맞춤, 초점 이동, 회전, 뷰 스타일, 저장된 뷰 등과 같은 뷰 제어 명령에 빠르게 액세스할 수 있습니다.

빠른 실행 도구 모음(Quick Access Toolbar)에 명령 추가/삭제하기

step1 빠른 실행 도구 모음에 추가하고 싶은 아이콘으로 마우스 커서를 이동합니다.

step2 마우스 오른쪽 버튼을 클릭하여 빠른 액세스 도구 모음에 추가를 클릭합니다.

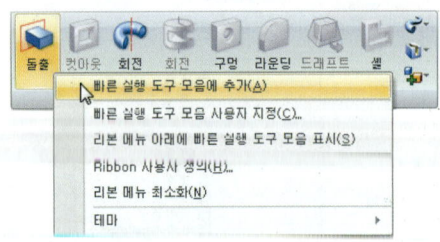

step3 빠른 실행 도구 모음 선택한 아이콘이 추가됩니다.

선택 아이콘 추가

step4 빠른 실행 도구 모음에 추가된 아이콘을 선택합니다. 마우스 오른쪽 버튼을 클릭하여 빠른 실행 도구 모음에서 제거를 클릭합니다.

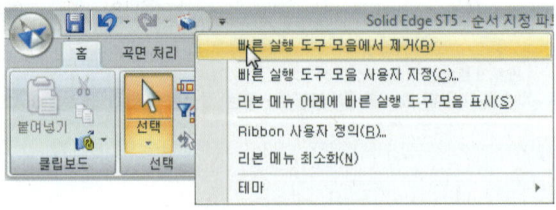

step5 빠른 실행 도구 모음에서 아이콘이 삭제됩니다.

선택 아이콘 삭제

※ 빠른 실행 도구 모음에는 그룹도 추가/삭제 할 수 있습니다. 마우스 커서를 그룹 이름에 놓고 동일한 방법으로 추가/삭제할 수 있습니다.

3.3 Solid Edge 도킹 윈도우

도킹 윈도우는 다른 윈도우에 추가될 수도 있고 다른 윈도우에 결합될 수도 있습니다. 또한 이동 가능하므로 독립적으로 표시될 수도 있습니다.

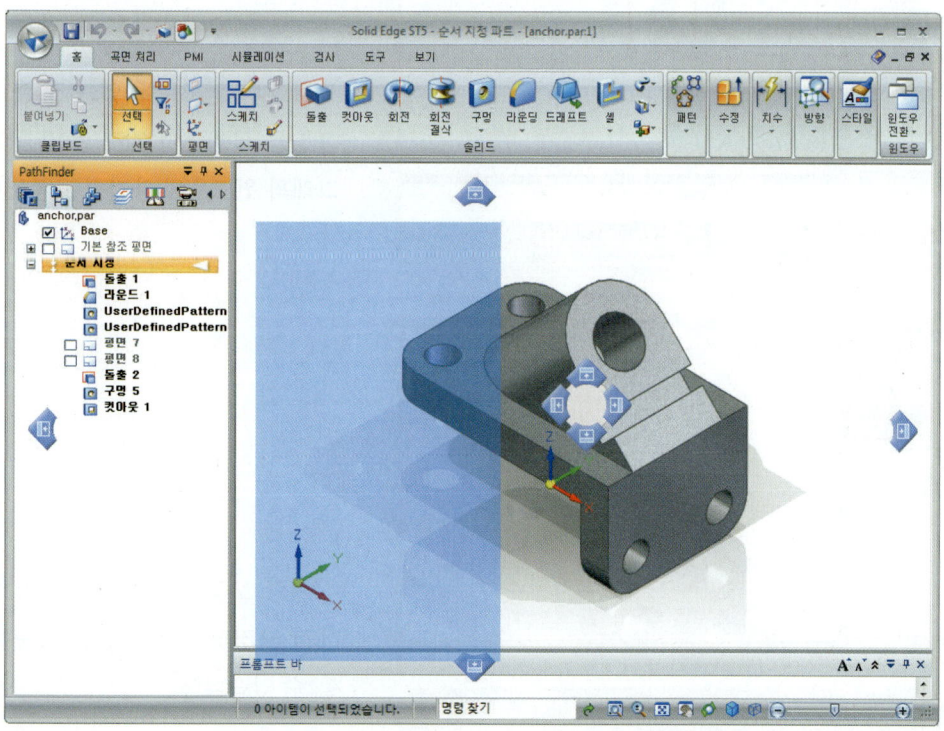

도킹 스티커는 도킹 윈도우를 다른 도킹 윈도우나 그래픽 윈도우로 끌 때 커서의 위치에 응답하여 나타납니다.

둘레 도킹 스티커를 사용할 경우 이동하는 윈도우가 응용프로그램 윈도우의 전체 높이(또는 폭)로 확장됩니다.

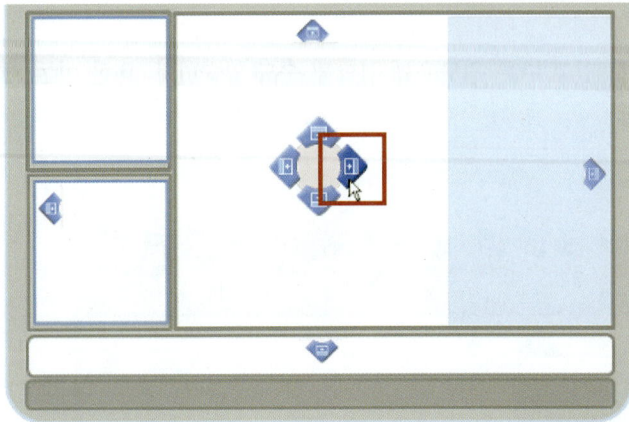

그래픽 윈도우에 있는 도킹 화살표 그룹을 사용하여 결과 도킹 윈도우가 그래픽 윈도우에 완전히 포함됩니다.

명령 모음을 포함하는 도킹 윈도우에서 도킹 스티커 그룹을 사용하여 얻을 수 있습니다.

chapter 01 Solid Edge 시작하기

윈도우를 선택하여 커서의 위치를 이동하면 윈도우 도킹이 분리됩니다.

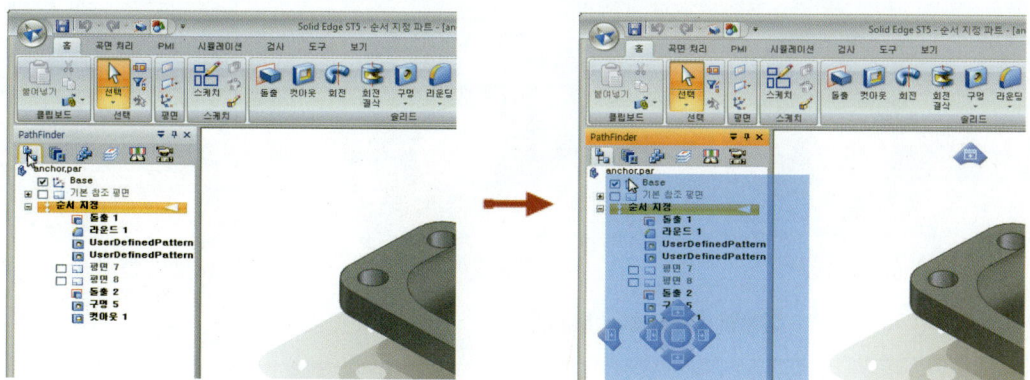

윈도우 도킹 분리

3.4 Solid Edge 마우스 사용 방법

1. 마우스 왼쪽 버튼 사용 방법

- 요소를 클릭하여 선택합니다.
- 커서를 끌어 여러 요소를 둘러싸고 이를 선택합니다.
- 선택된 요소를 끕니다.
- 클릭하거나 끌어 요소를 그립니다.
- 명령을 선택합니다.
- 포함된 개체 또는 연결된 개체를 두 번 클릭하여 활성화합니다.

2. 마우스 오른쪽 버튼 사용 방법

- 바로 가기 메뉴를 표시합니다. 이 메뉴의 명령은 커서 위치 및 선택된 요소에 따라 달라집니다.
- 명령을 다시 시작합니다.
- 일부 명령에서는 Enter 키의 기능을 대신합니다.
- 마우스 오른쪽 단추를 계속 누르고 있으면 현재 작업 중인 환경과 관련된 명령이 포함된 Radial Menu(방사형 메뉴)를 표시할 수 있습니다.

39

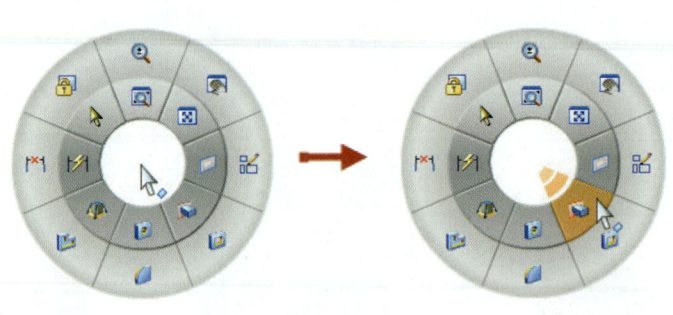

방사형 메뉴(Radial Menu)

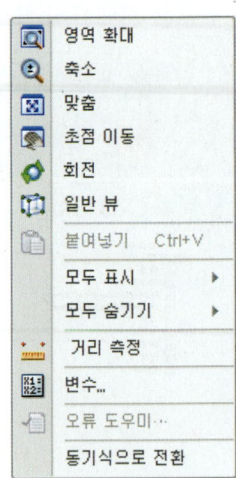

바로 가기 메뉴

3. 마우스 가운데 버튼 사용 방법

- 뷰를 회전합니다. 가운데 마우스 버튼을 누른 상태에서 끌어 뷰를 모델 범위 가운데
를 중심으로 회전합니다.
  - 빈 공간 클릭 : 이전 점이나 축을 지웁니다.
  - 정점 클릭: 해당 위치를 회전점으로 지정합니다.
  - 선형 모서리 클릭: 해당 모서리를 회전축으로 지정합니다.
  - 면 클릭: 면에 투영된 점을 회전점으로 지정합니다.
  - 원형, 원호형 또는 원뿔형 모서리 클릭: 회전 또는 원호의 중심에 대해 법선으로 정의된 회전축을 지정합니다.
  - 다른 모서리 클릭: 모서리에 투영된 점을 회전점으로 지정합니다.

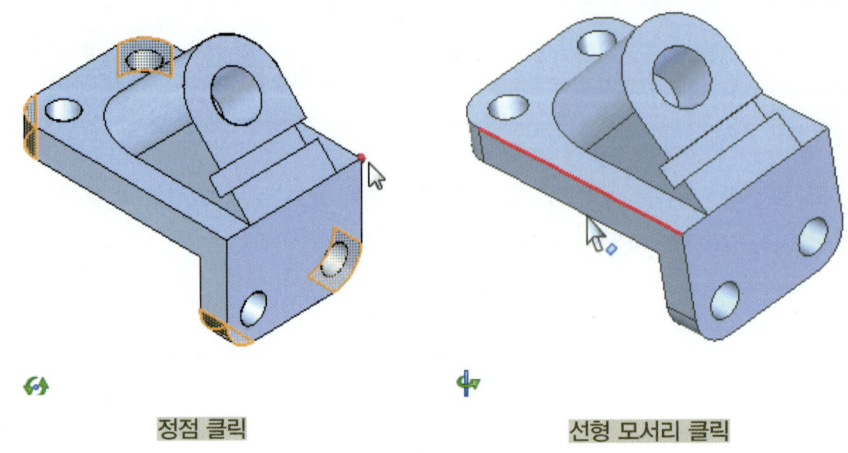

정점 클릭　　　　　　　선형 모서리 클릭

chapter 01 Solid Edge 시작하기

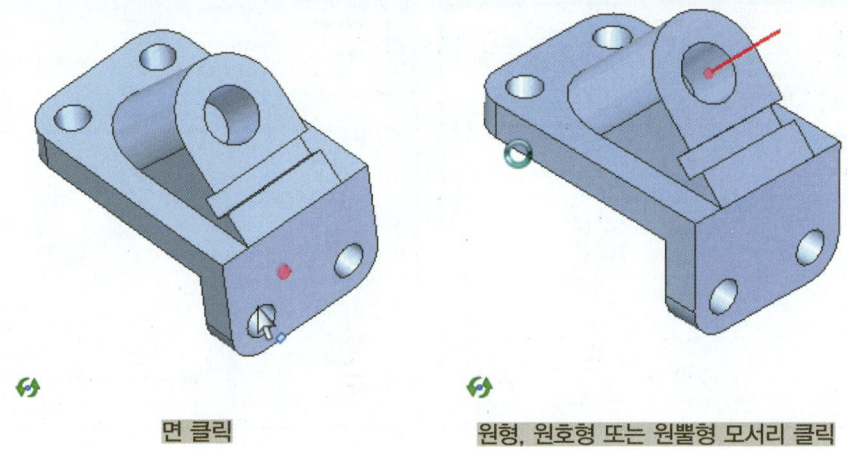

면 클릭　　　　　　원형, 원호형 또는 원뿔형 모서리 클릭

3.5 빠른 실행 도구 모음 사용자 정의

빠른 실행 도구 모음 사용자 정의를 이용하여 작업을 보다 효과적으로 수행할 수 있습니다.

빠른 실행 도구 모음 사용자 정의는 아래와 같이 네 가지 페이지로 구성되어 있습니다.

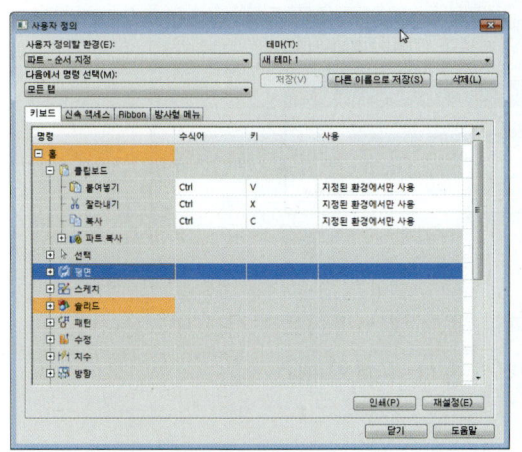　　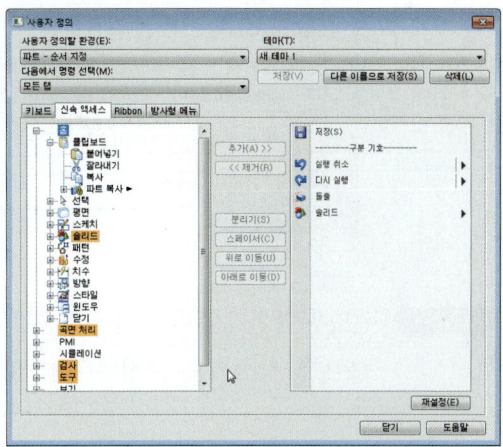

키보드 단축 버튼 추가/삭제 페이지　　신속 액세스(빠른 실행) 추가/삭제 페이지

41

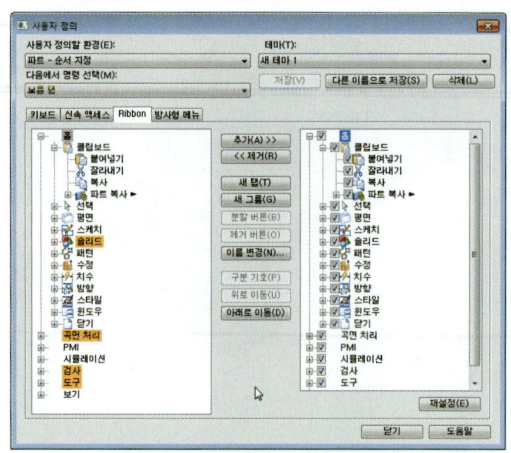
리본 메뉴 추가/삭제 페이지

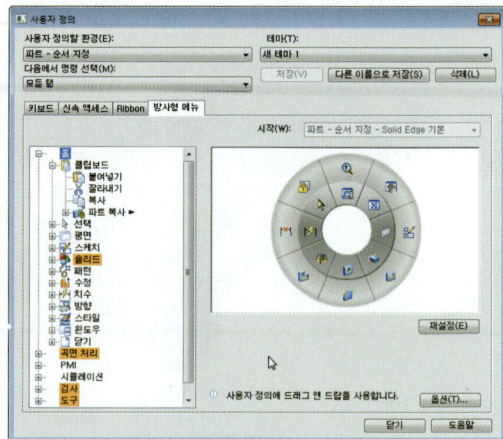
방사형 메뉴 추가/삭제 페이지

빠른 실행 도구모음 사용자 정의 파일로 저장하기

step1 빠른 실행 도구 모음에 사용자 정의에서 값을 변경 후 다른 테마 영역에서 다른 이름으로 저장 버튼을 클릭합니다.

step2 새 테마 이름을 사용자 정의로 기입 후 확인을 선택합니다.

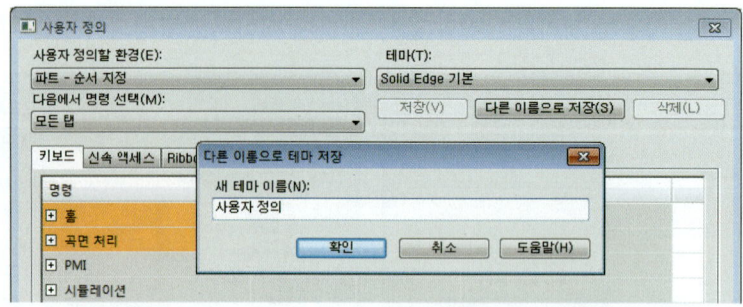

step3 윈도우 탐색기 폴더 옵션에서 숨김 파일, 폴더 및 드라이브 표시를 체크합니다.
(윈도우 탐색기 → 구성 → 폴더 및 검색 옵션 → 보기 탭)

chapter 01 Solid Edge 시작하기

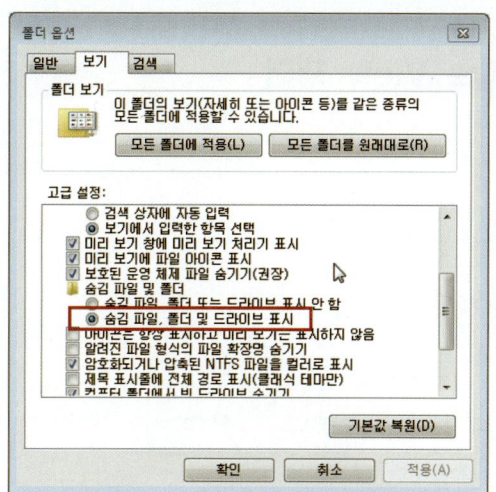

step4 아래와 같은 경로로 이동하여 사용자 정의 폴더가 있는지 확인합니다.
C:₩Users₩Jaesoo_Kwon(사용자 계정)₩AppData₩Roaming₩Unigraphics Solutions₩Solid Edge₩Version 105₩Customization

step5 사용자 정의 폴더 안에는 키보드, 빠른 실행, 리본 및 방사형 메뉴의 파일이 저장됩니다.

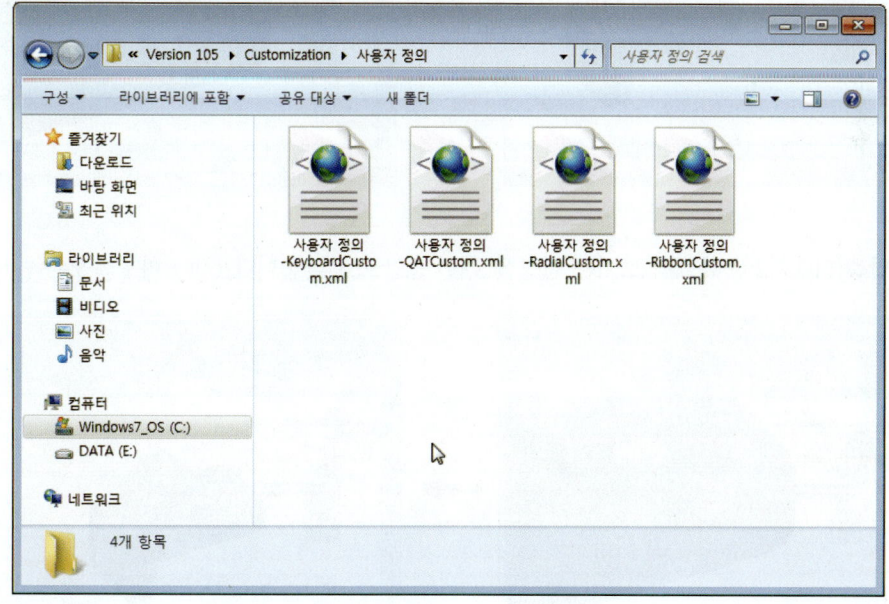

04 Solid Edge View 제어

4.1 방향(Orient)

Solid Edge 모델의 방향을 제어합니다.

- 영역 확대(Zoom Area) : 활성 창에서 형상 디스플레이 영역을 확대합니다. (Alt + 마우스 오른쪽 버튼 드래그)

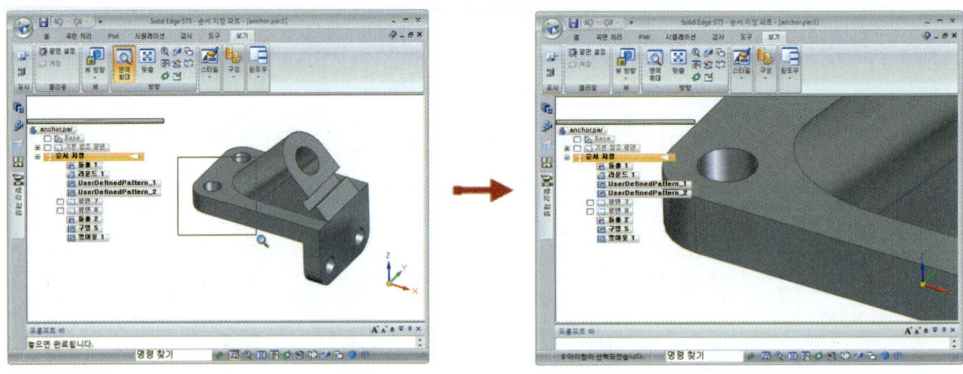

- 맞춤(Fit) : 활성 뷰에서 보이는 형상을 화면 중앙으로 맞춥니다. (Alt + 마우스 오른쪽 버튼 클릭)

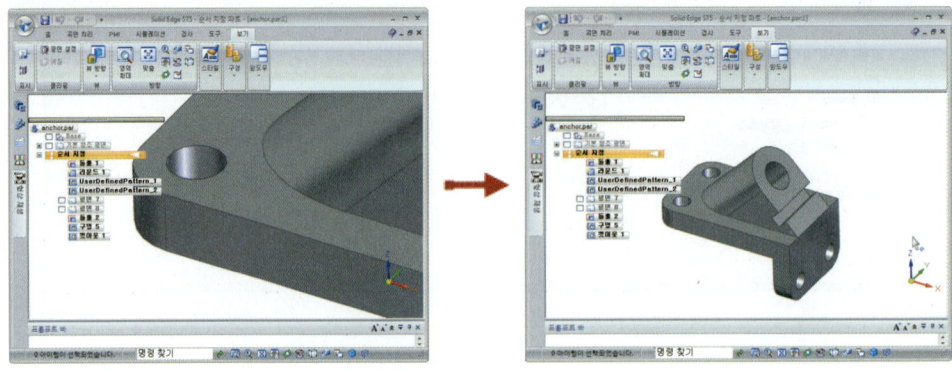

chapter 01 Solid Edge 시작하기

- 🔍 **확대/축소(Zoom)** : 활성 창에서 지정한 점을 기준으로 디스플레이를 축소하거나 확대합니다.(Ctrl + 마우스 오른쪽 버튼 드래그)

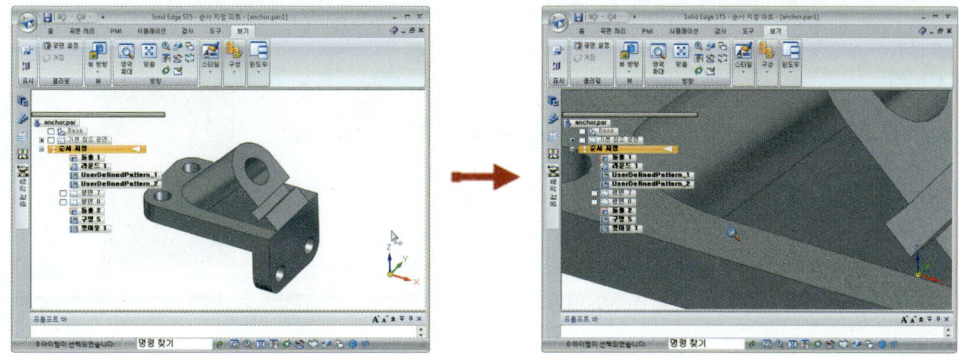

- 🖐 **초점 이동(Pan)** : 커서를 끌어서 뷰 영역을 이동합니다. (Shift + 마우스 오른쪽 버튼 드래그)

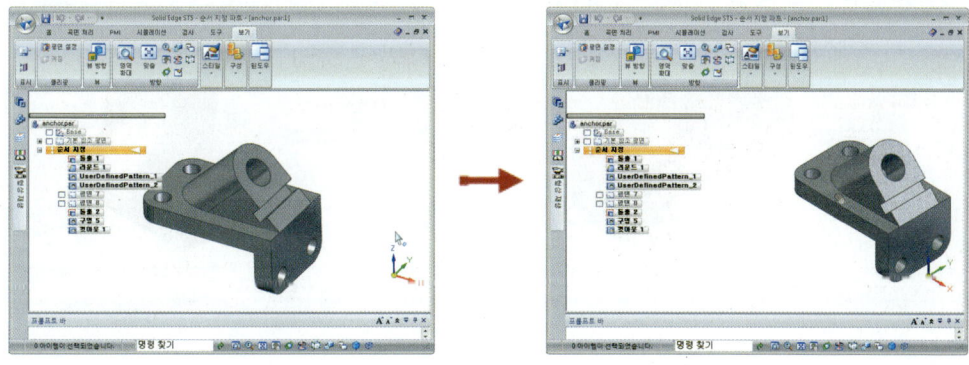

- 🔄 **회전(Rotate)** : 뷰를 자유롭게 회전합니다. 또한 좌표 축 이용도 가능합니다.(Shift + 마우스 오른쪽 버튼 드래그, 마우스 가운데 버튼 드래그).

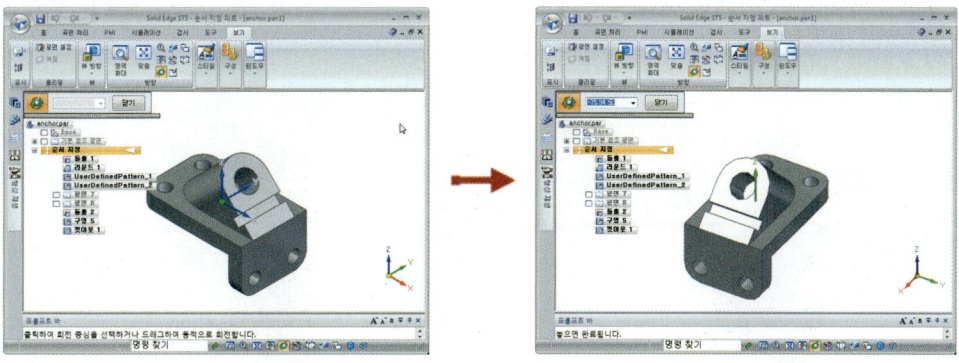

45

- 면 보기(Look at Face) : 평면형 면이나 참조 평면을 사용하여 뷰 향을 정의합니다.

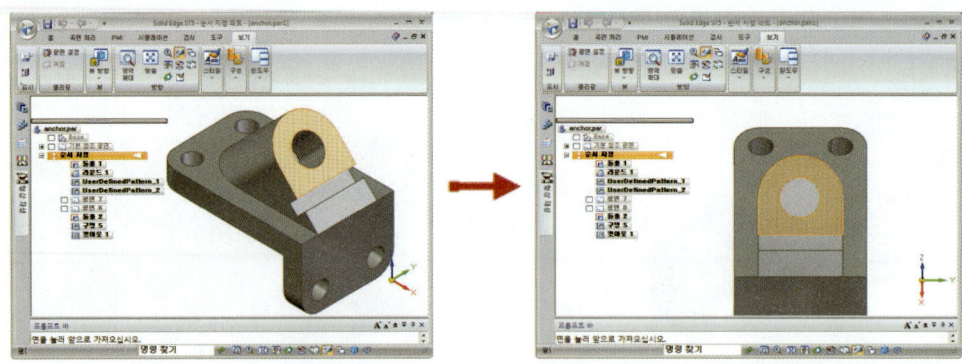

- 회전 중심(Spin About) : 선택한 면이 뷰를 회전시킵니다.

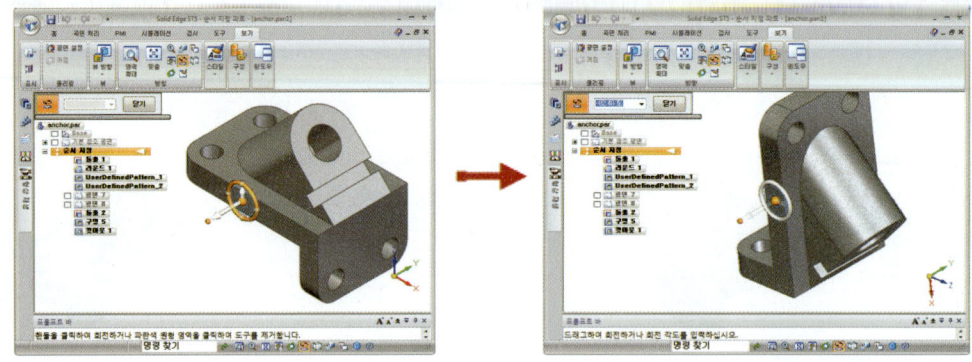

- 뷰 새로 고침(Refresh View) : 활성 창의 디스플레이를 업데이트 합니다.(F5)
- 이전 뷰(Previous) : 현재 뷰가 이전 뷰로 돌아갑니다.(Alt+F5)
- 일반 뷰(Common View) : 3D 육면체에 커서를 이용하여 면 및 코너를 선택하면 현재 뷰가 지정한 방향으로 회전을 합니다.

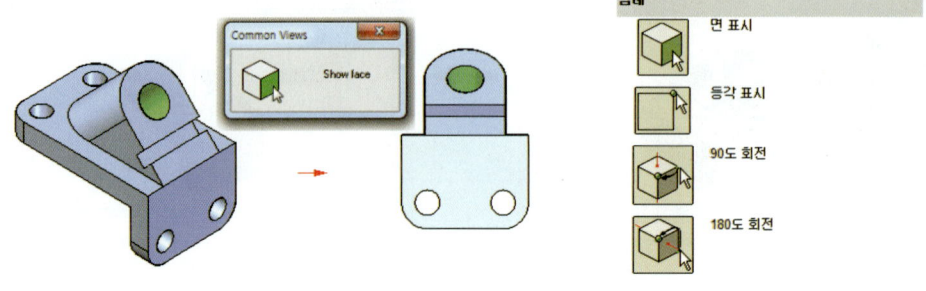

4.2 뷰 방향(View)

뷰 방향을 변경하고 정의한 이름에 따라 뷰를 저장하거나 검색할 수 있도록 팔레트를 표시합니다.

(A) : 모델의 뷰 방향을 변경할 수 있는 실시간 갤러리입니다.

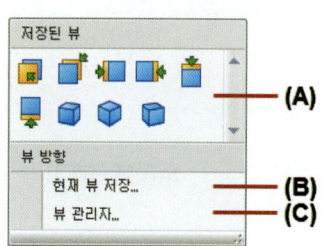

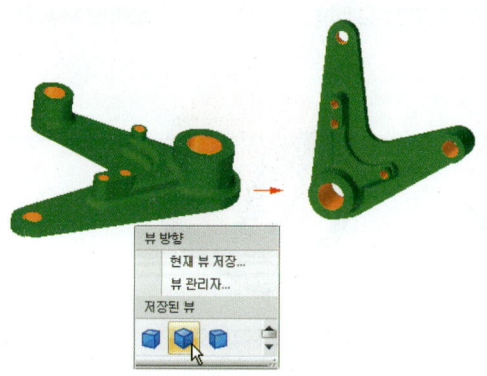

(B) : 새로 저장된 뷰의 이름과 설명을 입력합니다.

(C) : 저장된 뷰의 정의하고 관리합니다.

※ 명명된 뷰는 어셈블리에서 애니메이션에 대한 카메라 경로를 정의할 수 있습니다.
※ Draft(드래프트)에서는 도면 뷰로 사용할 수 있습니다.

4.3 뷰 스타일(Views Styles)

파트 또는 어셈블리의 3D 뷰 형식을 지정할 수 있습니다.

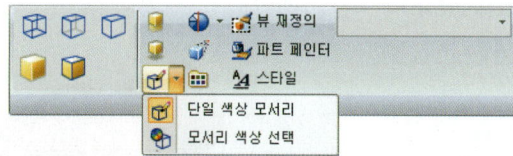

- 와이어 프레임(Wire Frame)
- 보이는/숨겨진 모서리(Visible and Hidden Edges)
- 보이는 모서리(Visible Edges)
- 쉐이딩(Shaded)
- 보이는 모서리 쉐이딩(Shaded with Visible Edges)

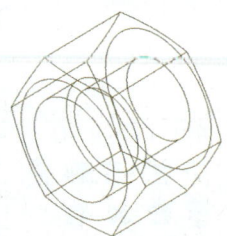
와이어 프레임

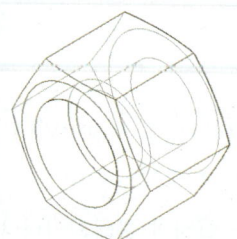
보이는/숨겨진 모서리

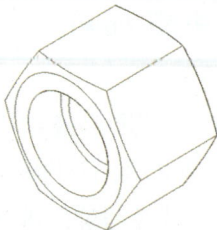
보이는 모서리

쉐이딩

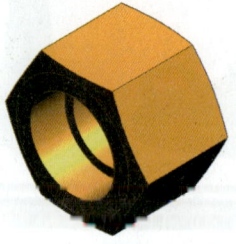
보이는 모서리 쉐이딩

- 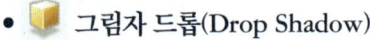 그림자 드롭(Drop Shadow)

명령어(Off)

명령어(On)

- 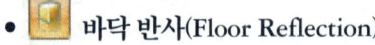 바닥 반사(Floor Reflection)

명령어(Off)

명령어(On)

chapter 01 Solid Edge 시작하기

-  단일색상 모서리(Single-Color Edges)

  명령어(Off)   명령어(On)

- 모서리 색상 선택(Select Edge Color) : 단일색상 모서리에 사용할 표준 또는 사용자 정의 색상을 선택할 수 있습니다.

- 선명화(Sharpen) : 그래픽 디스플레이 품질을 선택할 수 있습니다. 숫자가 높을수록 품질이 향상됩니다.

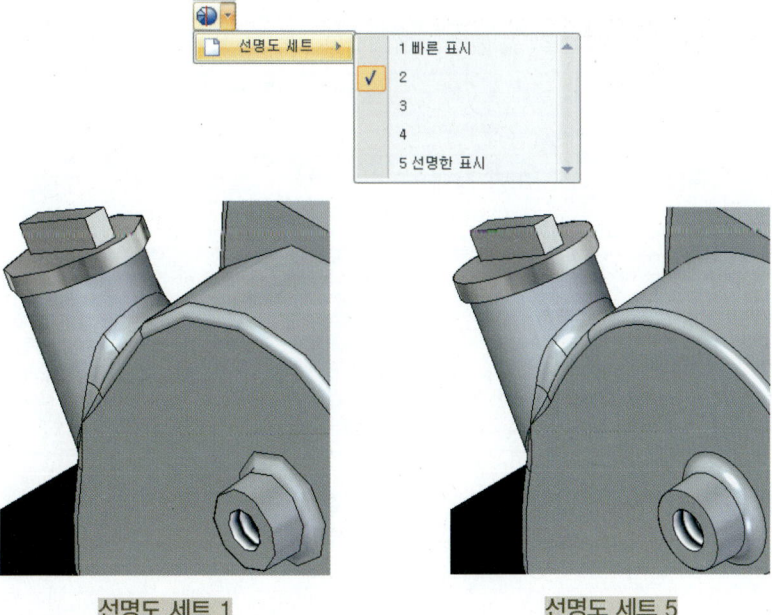

선명도 세트 1   선명도 세트 5

- 🔲 **원근감(Perspective)** : 활성 그래픽 창에 원근감을 표현합니다.

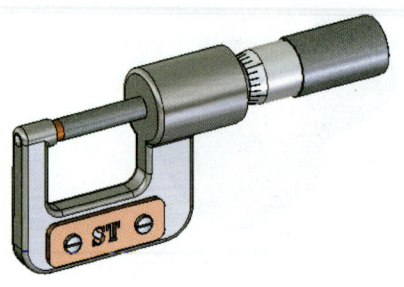
원근감(Off)

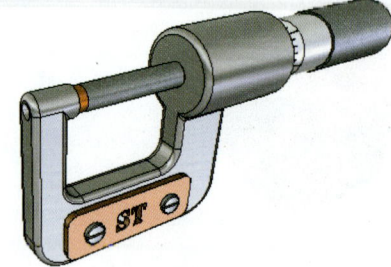
원근감(On)

> **Tip**
>
> **Solid Edge 뷰 단축키**
> - Ctrl + 마우스 오른쪽 버튼 드래그 ⇒ Zoom In/Out(확대/축소)
> - Ctrl + 방향키 ⇒ Zoom In/Out(확대/축소)
> - ALT + 마우스 오른쪽 버튼 클릭 ⇒ Zoom Fit(대상물 최대화)
> - Shift + 마우스 가운데 버튼 & Shift + Ctrl + 방향버튼 ⇒ Pan기능
> - Ctrl + I & F8 ⇒ Isometric View(등각 뷰)
> - Ctrl + J & F7 ⇒ Dimetric View(이방 정계 뷰)
> - Ctrl + M ⇒ Trimetric View(사방 정계 뷰)
> - Ctrl + F ⇒ Front View(정면 뷰)
> - Ctrl + R ⇒ Right View(우측 뷰)
> - Ctrl + L ⇒ Left View (좌측 뷰)
> - Ctrl + K ⇒ Back View(배면 뷰)
> - Ctrl + T ⇒ Top View(평면 뷰)
> - Ctrl + B ⇒ Bottom View(밑면 뷰)

chapter 01 Solid Edge 시작하기

05 단품 색상 및 속성 설정

5.1 단품 및 어셈블리 색상 설정

1. 파트 페인터(Part Painter) : 단품 색상 설정

    파트 페인터를 이용하여 개별 면 및 형상에 대한 스타일을 재정의하여 파트에 색상을 설정 할 수 있습니다.

    ➡ 보기 탭 ⇒ 스타일 그룹 ⇒ 파트 페인터
    ➡ View Tap ⇒ Style Group ⇒ Part Painter

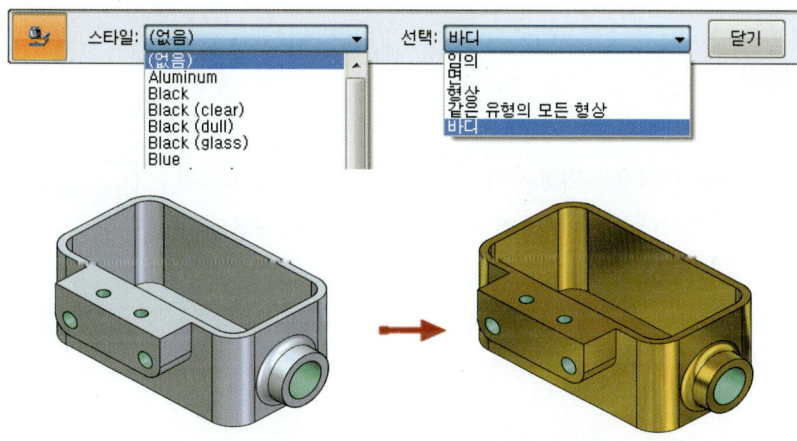

파트 패인터 실행(스타일 : Gold / 선택 : 바디)

2. 면 스타일(Face Style) : 어셈블리 색상 설정

    어셈블리 환경에서 하나 이상의 파트를 선택하여 색상을 부여할 수 있습니다.

51

➡ 보기 탭 ⇒ 스타일 그룹 ⇒ 면 스타일
➡ View Tap ⇒ Style Group ⇒ Face Style

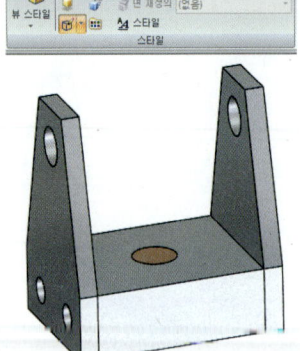
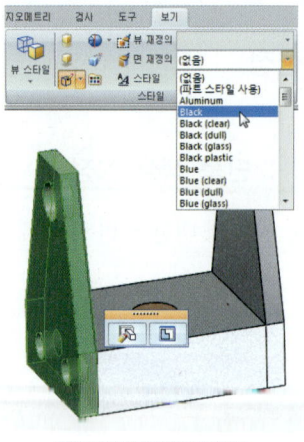
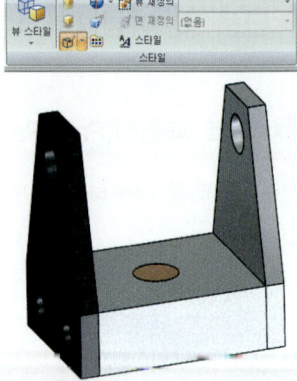

면 스타일 파트 선택

5.2 재질 설정

　재료 테이블(Material Table)을 이용하여 파트 및 판금에 대한 재료와 기계 등록 정보를 정의합니다. 또한 목록에서 재료를 선택하면 재료에 대한 면 스타일, 채우기 스타일, 밀도, 팽창 계수 등과 같은 정보가 할당됩니다.

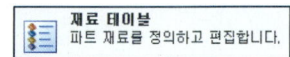

　판금 파트 환경에서 작업하는 경우에는 재료 테이블을 사용하여 사용 중인 판금물에 대해 재료 굵기, 굽힘 반경 등과 같은 등록 정보를 정의할 수 있습니다.

➡ 응용프로그램 버튼 ⇒ 등록 정보 ⇒ 재료 테이블
➡ Application Button ⇒ Properties ⇒ Material Table

※ 재료 테이블(Material Table)의 사용자 지정 값은 Material.mtl 파일에 저장됩니다. 이 파일을 공유하여 회사 표준으로 사용할 수 있습니다.

C:₩Program Files₩Solid Edge ST5₩Program₩Material.mtl

chapter 01 Solid Edge 시작하기

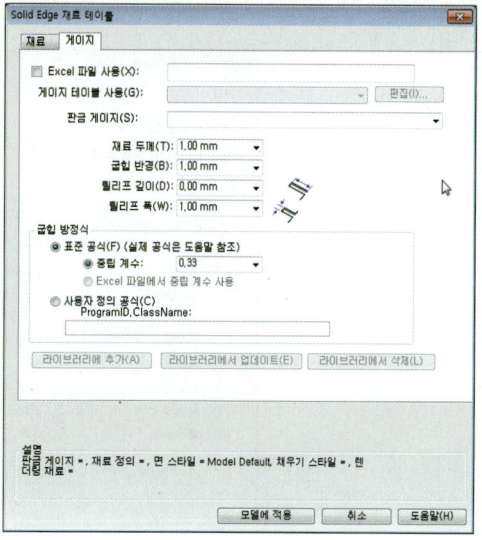

파트 및 판금 환경(재료)　　　판금 환경만 지원(게이지)

파트에 재질 설정하기

step1 파트 환경에서 3D 모델링을 완료합니다.

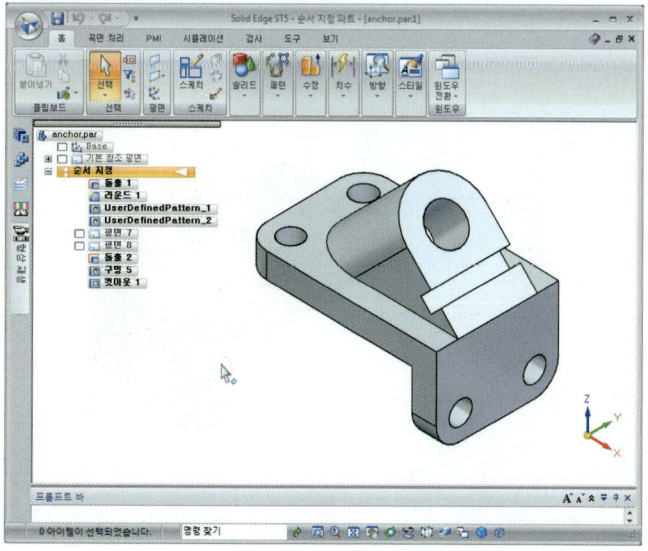

53

step2 응용프로그램 버튼 → 등록 정보 → 재료 테이블을 실행 후 재료를 Gold로 선택합니다.

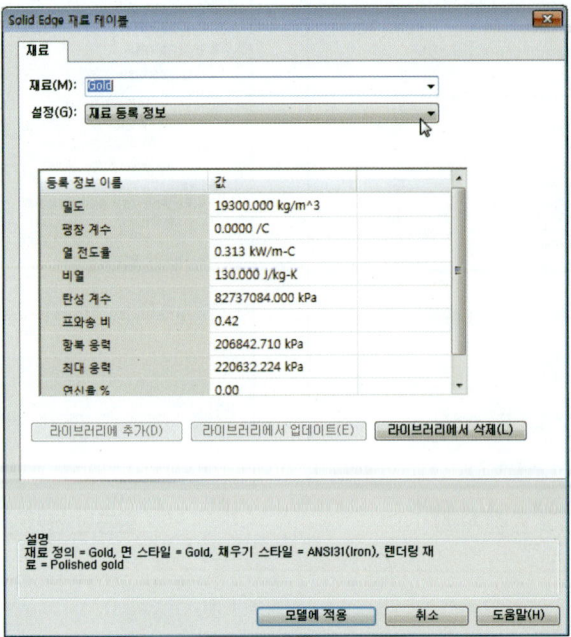

step3 파트가 변경된 걸 확인합니다.

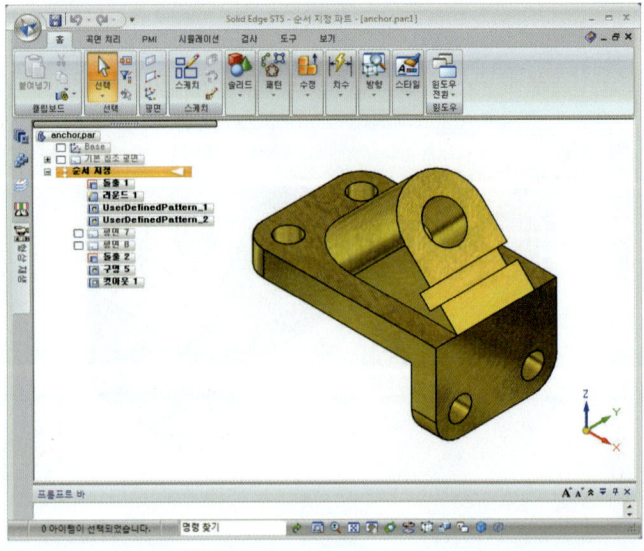

chapter 01 Solid Edge 시작하기

> **Tip**
>
> 재료 테이블에 재질을 입력하면 파트 및 판금의 질량, 체적, 표면적, 질량중심등과 같은 여러 종류의 물리적 특성을 확인할 수 있습니다.

물리적 특성 확인하기

step1 검사 탭 → 물리적 특성 그룹 → 등록 정보를 실행합니다.

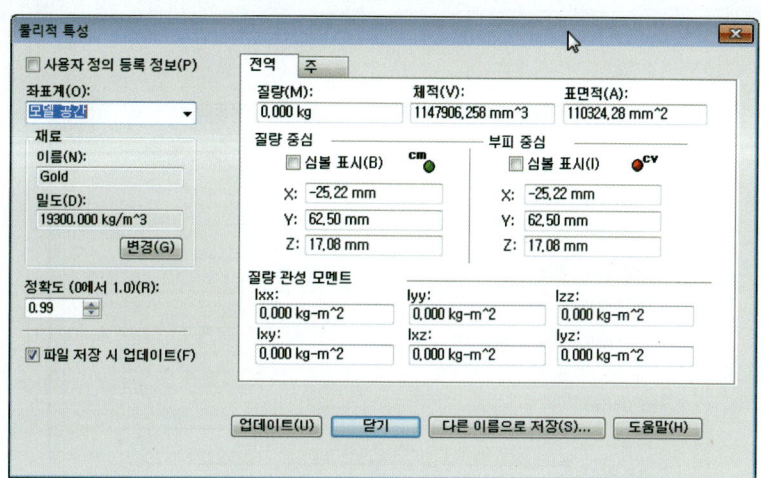

step2 업데이트 버튼을 클릭하여 물리적 특성을 확인합니다.

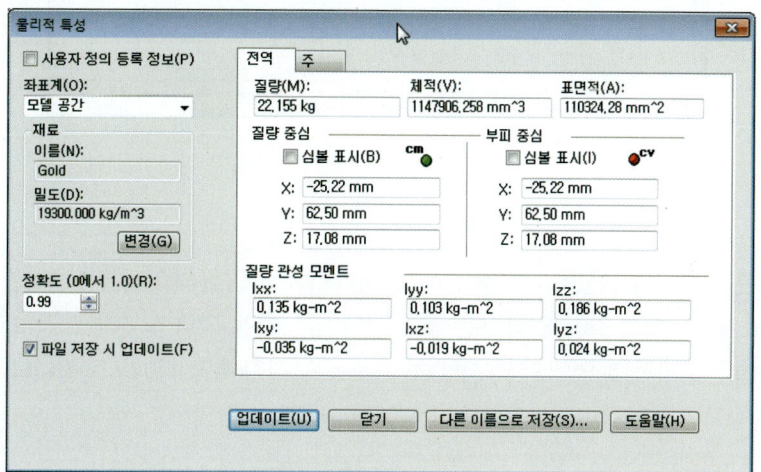

5.3 파일 등록 정보 설정

파일의 등록 정보는 문서를 관리하기 위한 중요한 부분입니다. 파일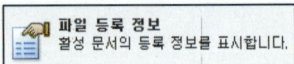
등록 정보를 사용하면 별도의 데이터베이스가 아닌 문서 자체에 해당
문서의 정보를 저장할 수 있습니다. 이렇게 하면 문서 및 문서 관련 정보를 쉽게 찾을 수 있습니다. 파일 등록 정보 명령을 사용하여 문서에 대한 등록 정보를 보기, 편집 및 저장할 수 있습니다.

➡ 응용프로그램 버튼 ⇒ 등록 정보 ⇒ 파일 등록 정보
➡ Application Button ⇒ Properties ⇒ File Table Properties

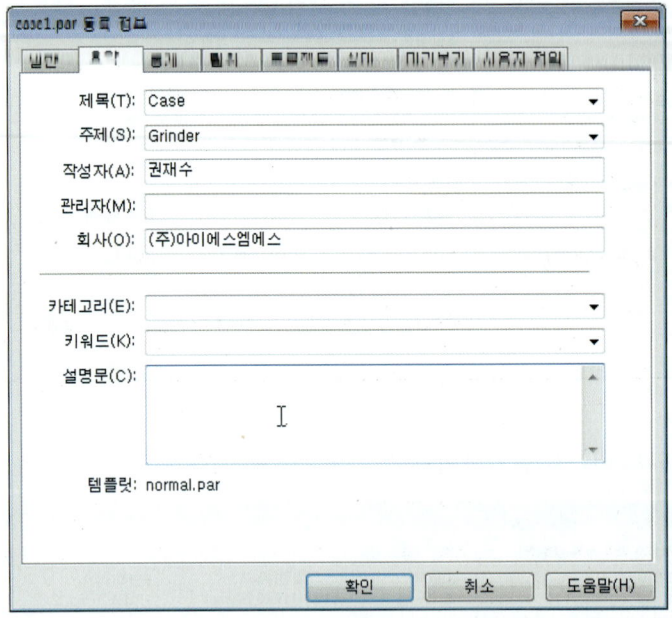

Tip

Solid Edge 문서의 단위 설정은 파일 등록 정보 대화 상자의 단위 페이지에서 설정합니다.
- Solid Edge 문서에서의 길이, 영역 또는 각도 값에 대한 측정 단위 및 정밀도 정보. 단위 탭에서 설정한 옵션은 물리적 및 영역 등록 정보 계산, 요소의 길이 측정 등에 사용됩니다.
- 인쇄 대화 상자 및 도면 시트 설정 대화 상자에서 사용되는 단위

chapter 01 Solid Edge 시작하기

파일 등록 정보(단위 페이지)   고급 단위(단위 페이지)

06 Solid Edge 저장

활성 문서를 현재 정의된 이름, 폴더 및 형식으로 저장합니다. 문서를 처음 저장하는 경우에는 이름을 정하고 문서를 저장할 폴더와 형식을 지정할 수 있는 다른 이름으로 저장 대화 상자가 표시됩니다.

6.1 이미지 저장

활성 창에 표시된 문서를 .bmp, .tif, .jpg, .emf 또는 .wrl과 같은 이미지 파일 형식으로 저장할 수 있습니다. 분해-렌더링-애니메이션(Explode-Render-Animate) 응용프로그램에서 이미지를 저장할 때 파일에 렌더링된 이미지 또는 활성 뷰 스타일 이미지를 저장할 것인지 제어할 수 있습니다. 이미지의 사이즈 및 해상도 설정은 이미지 옵션 다이얼로그에서 제어합니다.

➠ 응용프로그램 버튼 ⇒ 다른 이름으로 저장 ⇒ 이미지로 저장
➠ Application Button ⇒ Save As ⇒ Save As Image

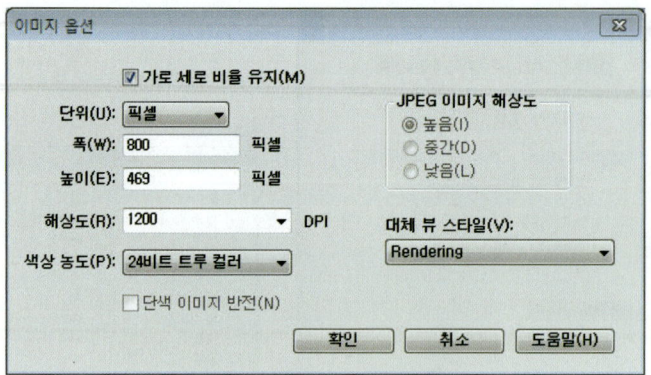

이미지 저장 옵션 다이얼로그

6.2 이종 데이터 저장 / 열기

1. 활성 문서를 Solid Edge가 아닌 문서로 저장합니다.

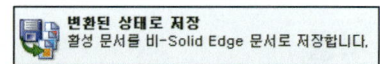

➡ 응용프로그램 버튼 ⇒ 다른 이름으로 저장 ⇒ 변환된 상태로 저장
➡ Application Button ⇒ Save As ⇒ Save As Translated

- **Solid Edge ST5 저장 지원 확장자**

Parasolid Document (*.x_b, *.x_t)   JT Document (*.jt)
XGL Document (*.xgl)   ACIS Document (*.sat)
Catia V4 Document (*.model)   Catia V5 Part Document (*.catpart)
IGES Document (*.iges, *.igs)   STEP Document (*.step, *.stp)
STL Document (*.stl)   XML Document (*.plmxml)
Adobe Acrobat Document (*.pdf)   3D Adobe Acrobat Document (*.pdf)
Universal 3D (*.u3d)   Viewer Document (*.sev)
KeyShot (*.bip)   UG Bookmark (*.bkm)
MicroStation Document (*.dgn)   AutoCAD Document (*.dwg)
AutoCAD Document (*.dxf)

2. 특정(이종)유형의 문서를 Solid Edge에서 엽니다.

➡ 응용프로그램 버튼 ⇒ 열기(Ctrl+O)
➡ Application Button ⇒ Open

● **Solid Edge ST5 열기 지원 확장자**

Parasolid Document (*.x_b, *.x_t)   JT Document (*.jt)
NX Document (*.pat)   ACIS Document (*.sat)
Catia V4 Document (*.model)   Catia V5 Part Document (*.catpart)
Catia V5 Assembly Document (*.catproduct)   IGES Document (*.iges, *.igs)
Inventor Part Document (*.ipt)   Inventor Assembly Document (*.iam)
Pro/E Part Document (*.prt.*)   Pro/E Assembly Document (*.asm.*)
SDRC Package Document (*.xpk, *.plmxpl)   SolidWorks Part Document (*.sldprt)
SolidWorks Assembly Document (*.sldasm)   STEP Document (*.step, *.stp)
STL Document (*.stl)   XML Document (*.plmxml)
MicroStation Document (*.dgn)   AutoCAD Document (*.dwg)
AutoCAD Document (*.dxf)

6.3 태블릿 데이터 저장

Solid Edge ST5는 iPad와 같은 모바일 뷰 장치에서 Solid Edge 설계를 볼 수 있는 응용프로그램제공 합니다.

모바일 뷰어를 사용하여 설계의 뷰를 회전, 확대/축소 및 초점 이동할 수 있으며 설계의 컴포넌트를 선택적으로 숨기고 표시할 수 있습니다. 생성하는 뷰의 스냅샷을 저장하고 전자 메일로 보낼 수 있습니다.

Solid Edge 뷰어 파일 이름에 *.sev 확장자가 사용되며, 모바일 뷰어는 Apple 앱 스토어에서 무료로 다운받으실 수 있습니다.

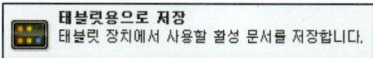

➡ 응용프로그램 버튼 ⇒ 다른 이름으로 저장 ⇒ 태블릿용으로 저장
➡ Application Button ⇒ Save As ⇒ Save for Tablet

Apple iTunes 에서 Solid Edge 검색

모바일 뷰어 실행

chapter 02

기본 스케치 기법

01 참조 평면
02 2D 스케치 그리기
03 형상 구속조건(지오메트리 관계)
04 치수 구속조건
05 기타 스케치 명령

01 참조 평면

1.1 참조 평면 생성

Solid Edge 응용프로그램 윈도우는 다음과 같은 영역으로 구성됩니다. 참조 평면(Reference Plane)은 일반적으로 3D 공간에서 2D 프로파일을 그릴 때 사용하는 평면입니다. 참조 평면의 크기는 이론적으로 무한하지만 쉽게 선택하고 시각적으로 확인할 수 있도록 고정된 크기로 표시됩니다.

참조 평면은 다음과 같이 두 가지 종류가 있습니다.

- 기본 참조 평면(Base Reference Plane)

새 파트 또는 어셈블리 문서의 원점에서 직교하는 세 개의 참조 평면입니다. 각 참조 평면은 위쪽(xy), 오른쪽(yz) 및 정면(xz) 주 평면을 정의합니다. PathFinder를 사용하여 개별적으로 또는 통합적으로 표시하거나 숨길 수 있습니다.

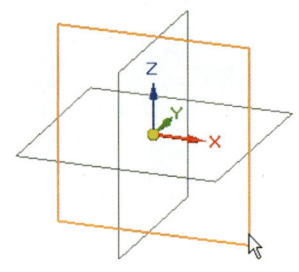

- 전역 참조 평면(Global Reference Plane)

새 참조 평면의 방향과 위치를 파트의 기존 참조 평면이나 평면형 면을 기준으로 지정합니다. 예를 들어, 새 참조 평면이 파트 면(A)에 일치하도록 지정할 수 있습니다.

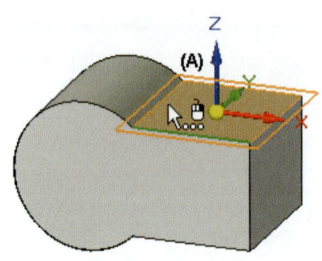

전역 참조 평면을 사용하여 여러 스케치가 필요한 복잡한 형상(예: 로프트 형상)을 구성하거나 어셈

chapter 02 기본 스케치 기법

블리에서 파트의 위치를 설정할 수 있습니다. PathFinder를 사용하여 개별적으로 또는 통합적으로 표시하거나 숨길 수 있습니다.

1. 일치 평면(Coincident Plane)

선택한 파트 면 또는 기존 참조 평면과 일치하는 새 참조 평면을 만듭니다.

➠ 홈 탭 ⇒ 평면 그룹 ⇒ 일치 평면
➠ Home Tap ⇒ Planes Group ⇒ Coincident Plane

- 기존 참조 평면을 기반으로 새 참조 평면을 생성(A)
- 파트 면을 기반으로 새 참조 평면을 생성(B)

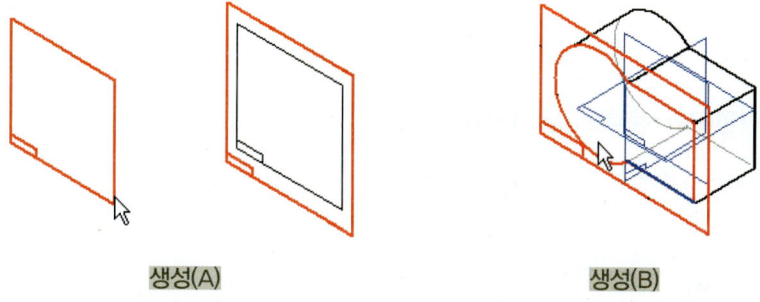

생성(A)   생성(B)

2. 평행 평면(Parallel Plane)

사용자가 정의한 옵셋 값에 따라 파트 면 또는 기본 참조 평면에 평행한 참조 평면을 생성합니다.

➠ 홈 탭 ⇒ 평면 그룹 ⇒ 더 많은 평면 ⇒ 평행 평면
➠ Home Tap ⇒ Planes Group ⇒ More Planes ⇒ Parallel Plane

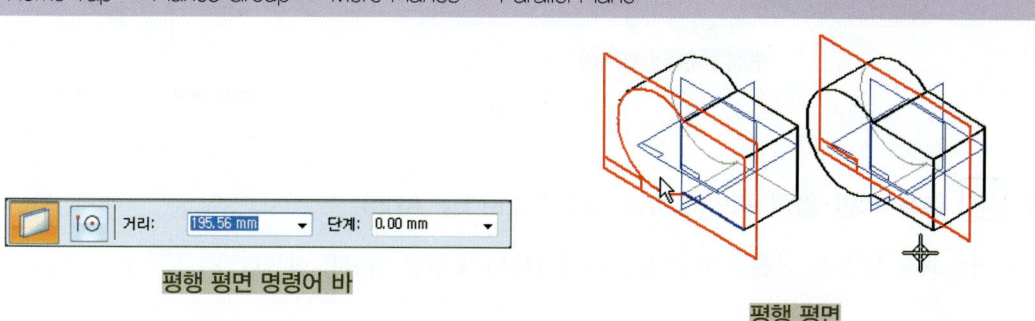

평행 평면 명령어 바   평행 평면

3.  각도 평면(Angled Plane)

파트 면 또는 참조 평면에 지정한 각도로 참조 평면을 만듭니다.

> ➡ 홈 탭 ⇒ 평면 그룹 ⇒ 더 많은 평면 ⇒ 각도 평면
> ➡ Home Tap ⇒ Planes Group ⇒ More Planes ⇒ Angled Plane

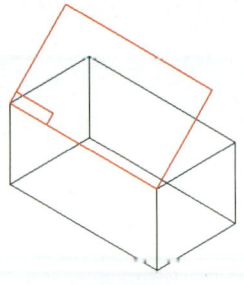

각도 평면 명령어 바

각도 평면

4. 수직 평면(Perpendicular Plane)

파트 면 또는 평면에 수직인 참조 평면을 생성합니다.

> ➡ 홈 탭 ⇒ 평면 그룹 ⇒ 더 많은 평면 ⇒ 수직 평면
> ➡ Home Tap ⇒ Planes Group ⇒ More Planes ⇒ Perpendicular Plane

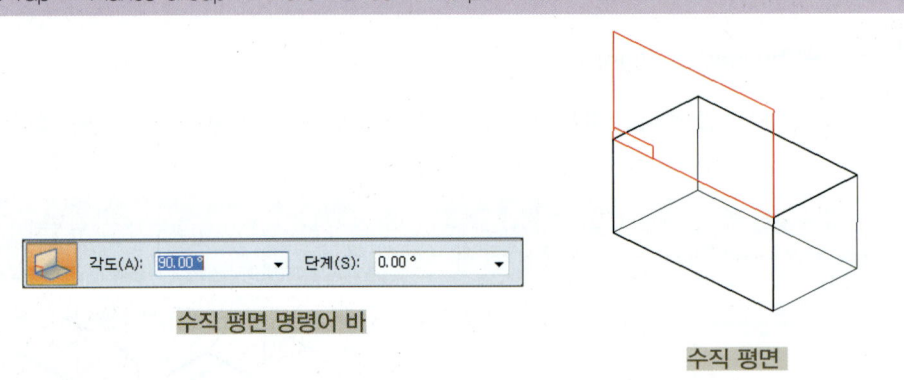

수직 평면 명령어 바

수직 평면

5. 축에 의한 일치 평면(Coincident Plane by Axis)

선택한 파트 면 또는 기존의 참조 평면과 일치하는 새 참조 평면을 만듭니다.

> ➡ 홈 탭 ⇒ 평면 그룹 ⇒ 더 많은 평면 ⇒ 축에 의한 일치 평면
> ➡ Home Tap ⇒ Planes Group ⇒ More Planes ⇒ Coincident by Axis Plane

chapter 02 기본 스케치 기법

예 ❶ 파트 면을 선택하여 새 참조 평면을 정의합니다.(A)
❷ 파트 모서리를 선택하여 X축을 지정합니다.(B)
❸ X축 끝 부분에 커서를 놓아 X축의 원점과 방향을 지정할 수 있습니다(C)

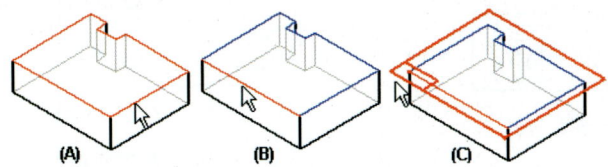

6. Normal to Curve : 곡선에 수직 평면

곡선 또는 파트 모서리에 수직인 참조 평면을 생성합니다.

➡ 홈 탭 ⇒ 평면 그룹 ⇒ 더 많은 평면 ⇒ 곡선에 수직 평면
➡ Home Tap ⇒ Planes Group ⇒ More Planes ⇒ Normal to Curve Plane

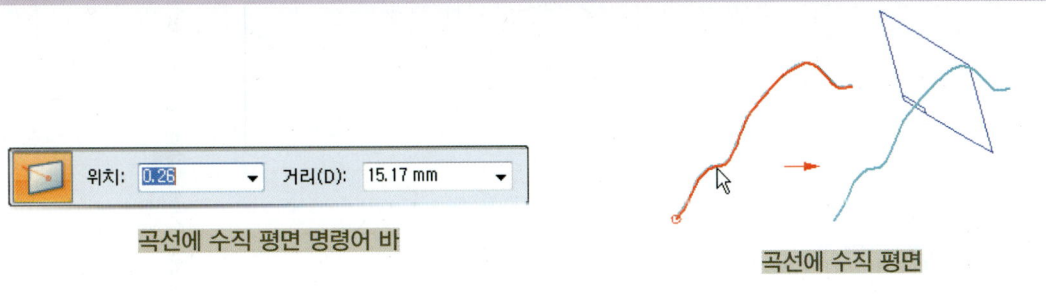

곡선에 수직 평면 명령어 바   곡선에 수직 평면

곡선에 수직 평면은 평면의 방향을 재설정할 수 있는 키보드 단축키(R)가 있습니다.

7. 세 점에 의한 평면(By 3 Points)

세 점 기준 참조 평면을 만듭니다.

➡ 홈 탭 ⇒ 평면 그룹 ⇒ 더 많은 평면 ⇒ 세 점에 의한 평면
➡ Home Tap ⇒ Planes Group ⇒ More Planes ⇒ By 3 Points Plane

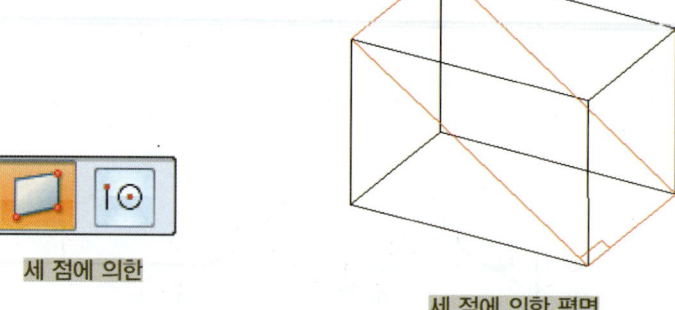

세 점에 의한

세 점에 의한 평면

예
① 세 점에 의한 평면 명령어를 선택 후 순서대로 A, B, C를 포인트를 선택합니다.(A)
② 평면이 생성된 것을 확인할 수 있습니다.(B)

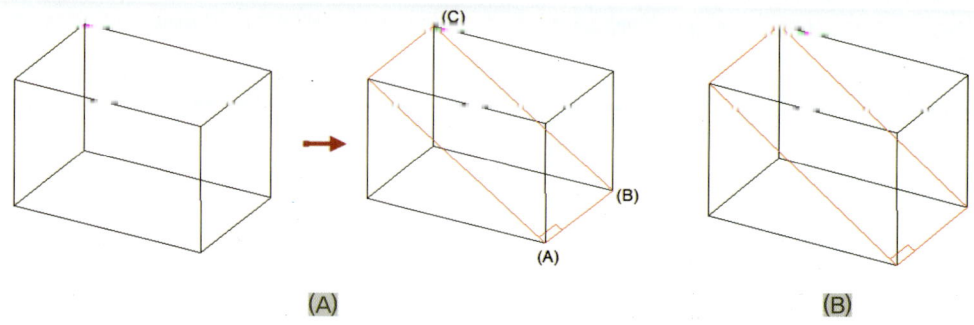

(A)   (B)

8. 접면 평면(Tangent Plane)

면에 접한 참조 평면을 생성합니다.

> 홈 탭 ⇒ 평면 그룹 ⇒ 더 많은 평면 ⇒ 접면 평면
> Home Tap ⇒ Planes Group ⇒ More Planes ⇒ Tangent Plane

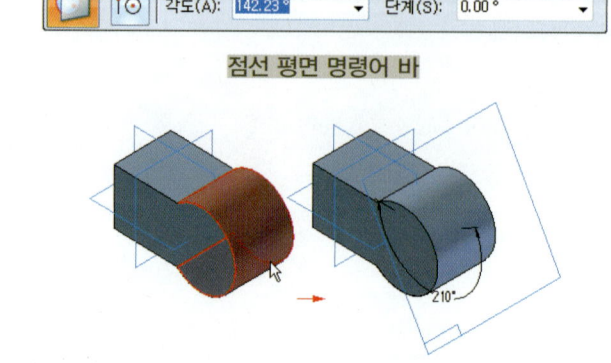

점선 평면 명령어 바

chapter 02 기본 스케치 기법

접선 참조 평면을 작성하는 경우 다음 면 유형을 사용할 수 있습니다.

- 원기둥 / 원뿔 / 구 / 원환체 / B 스플라인 곡면

곡면에 접선 참조 평면을 작성하는 경우 참조 평면을 연결할 곡면에서 키포인트를 선택해야 합니다.

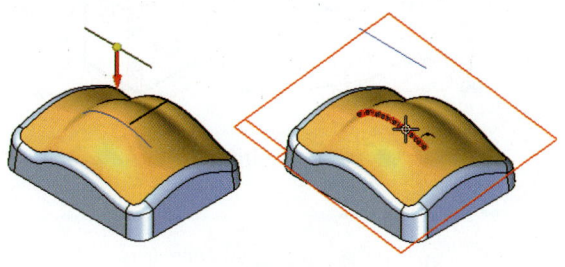

접선 참조 평면

Tip

파트 면을 사용하여 새 참조 평면을 생성할 때는 다음과 같은 바로 가기 키를 사용하여 다른 X 축 방향을 정의할 수 있습니다.(키보드 : N, B, T, F, P)

- 키보드 : N

  X축 방향을 A~C까지 시계 반대 방향으로 회전

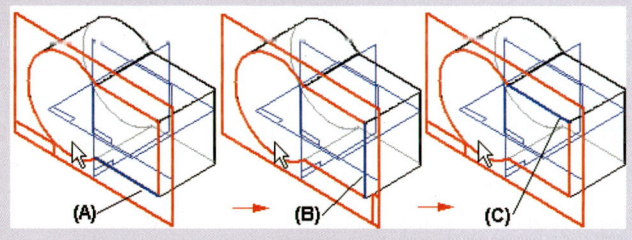

X축 시계 반대 방향 (N)

- 키보드 : B

  X축 방향 A~B까지 시계 방향으로 회전

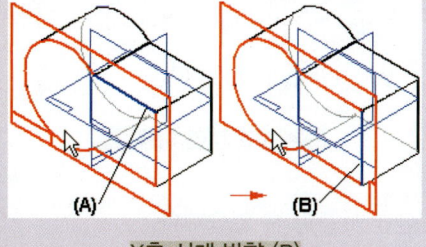

X축 시계 방향 (B)

67

- 키보드 : T

  현재 선형 모서리 (C)의 반대(대각선)쪽 끝으로 x 축 방향 (A), (B)를 전환합니다.

  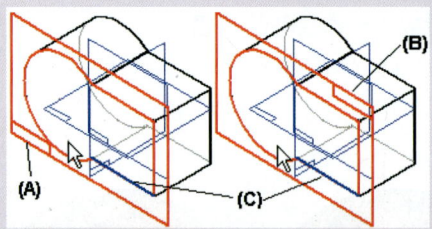

  X축 반대(대각선) 방향 (T)

- 키보드 : F

  참조 평면의 법선 방향을 뒤집습니다. X축 방향이 변경됩니다.

  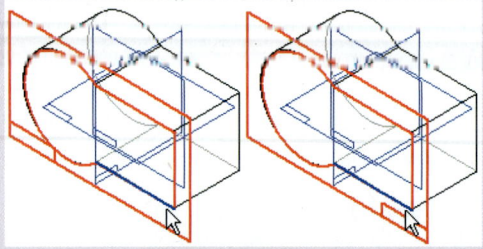

  X축 방향 뒤집기 (F)

- 키보드 : P

  기본 참조 평면을 이용하여 X축 방향을 변경합니다.

예
1. P 키를 누르면 교차하는 기본 참조 평면 중 하나가 자동으로 선택됩니다. (A)
2. 다른 기본 참조 평면을 사용하려면 P 키를 다시 누릅니다. (B)
3. X축 방향이 일정하게 유지됩니다.

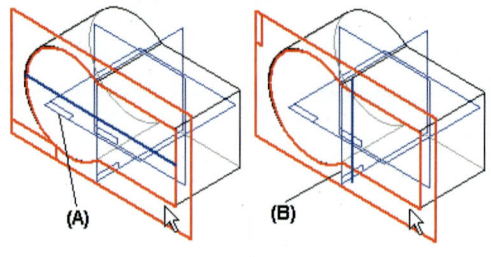

기본 참조 평면 이용 (P)

※ 어셈블리 환경에서는 P 옵션을 사용할 수 없습니다.

chapter 02 기본 스케치 기법

1.2 기본 참조 평면 수정

1. 모든(X, Y, Z)참조 평면 크기 수정

응용 프로그램 버튼 → Solid Edge 옵션 → 일반 탭 → 참조 평면 크기의 숫자를 변경하면 기본 참조 평면 X, Y, Z 모두 변경됩니다.

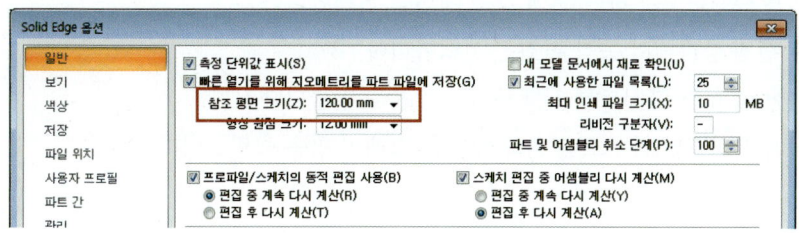

2. 개별 참조 평면 크기 수정

크기를 변경하고 싶은 기본 참조 평을 선택하여 선택한 참조 평면의 크기를 개별 조절할 수 있습니다.

예
❶ 크기를 변경하고자 하는 기본 참조 평면을 선택합니다.(A)
❷ 오른쪽 버튼을 클릭 후 동적 편집을 선택합니다.(B)
❸ 명령어 바 또는 포인트를 선택하여 크기를 조절합니다.(C)
❹ 조절이 끝났으면 마우스 오른쪽 버튼을 그래픽 창을 클릭합니다.(D)

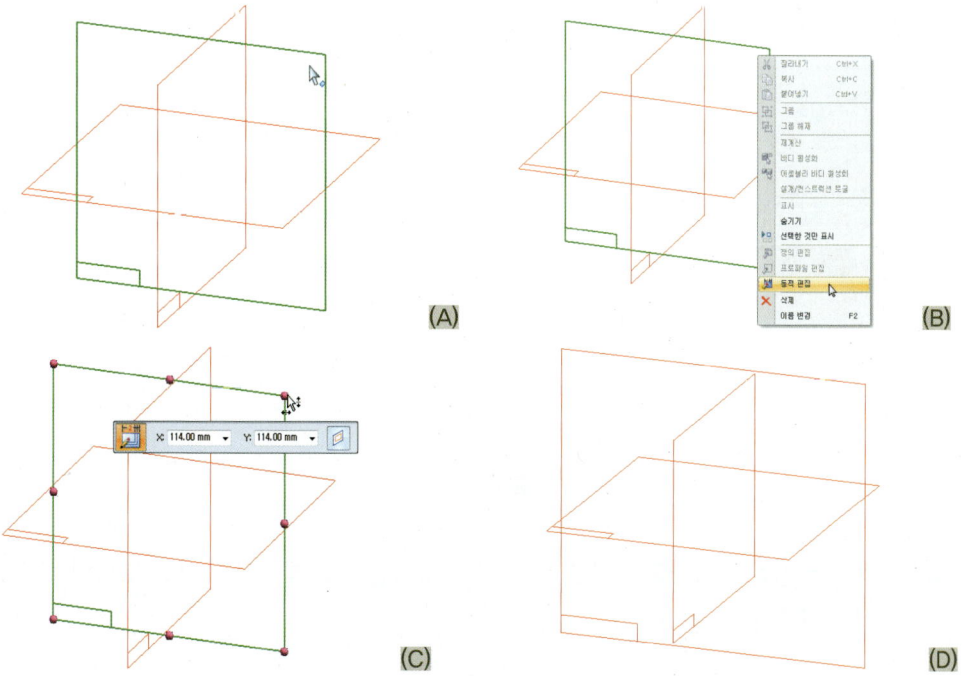

1.3 전역 참조 평면 수정

파트의 기존 참조 평면이나 파트의 어떠한 면을 기준으로 생성된 전역 참조 평면의 크기를 조절 할 수 있습니다.

예
① 크기를 변경하고자 하는 전역 참조 평면을 선택합니다.(A)
② 형상 편집 상자에서 동적 편집을 선택합니다.(B)
③ 명령어 바 또는 포인트를 선택하여 크기를 조절합니다.(C)
④ 조절이 끝났으면 마우스 오른쪽 버튼을 그래픽 창을 클릭합니다.(D)

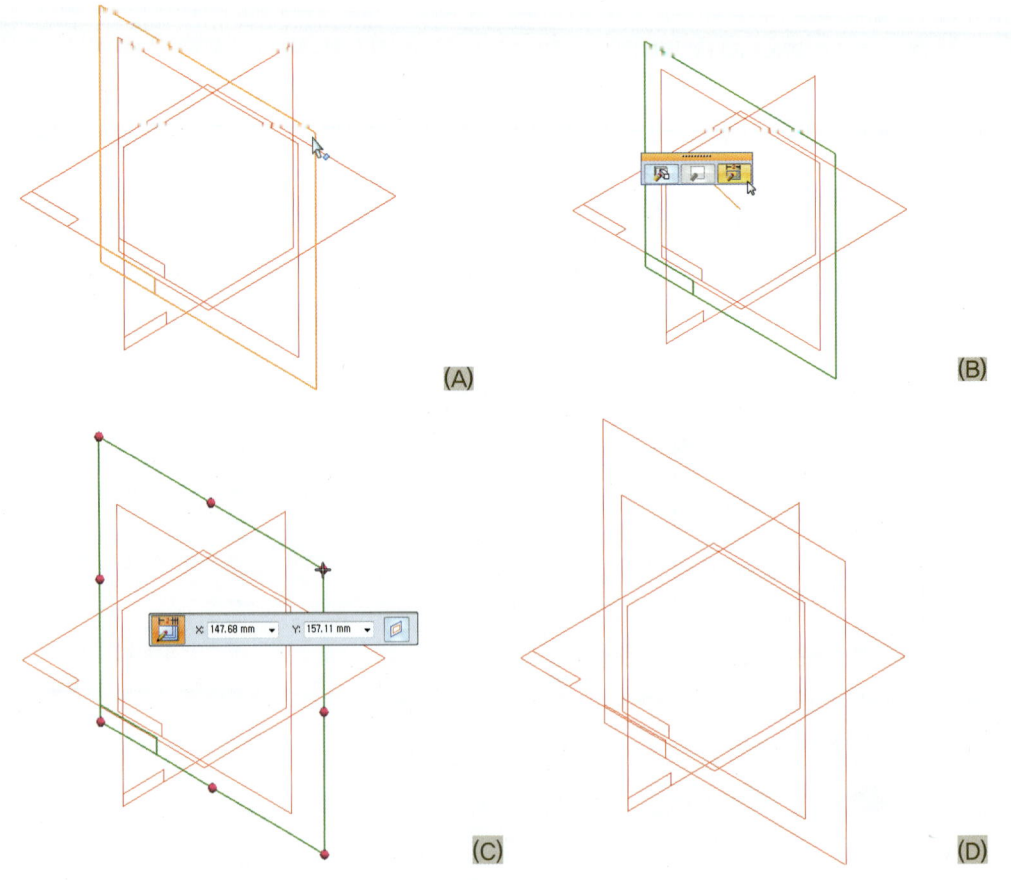

다른 방법으로는 크기를 변경하고자 하는 전역 참조 평면을 더블 클릭하면 바로 명령어 바 또는 포인트를 선택하여 수정할 수 있습니다.

chapter 02 기본 스케치 기법

선택할 수 있는 키포인트의 유형을 설정하여 형상 범위를 정의하거나 새 참조 평면의 위치를 지정합니다. 이렇게 하면 다른 기존 지오메트리의 키포인트를 사용하여 형상 범위 또는 참조 평면의 위치를 정의할 수 있습니다.

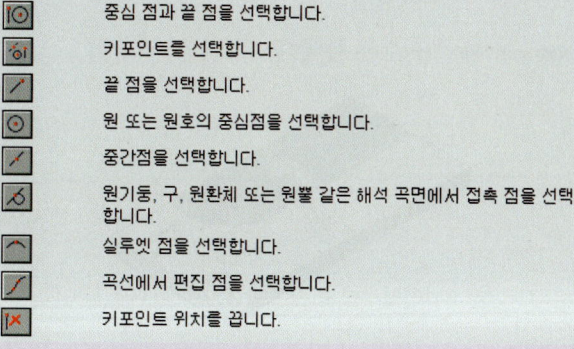

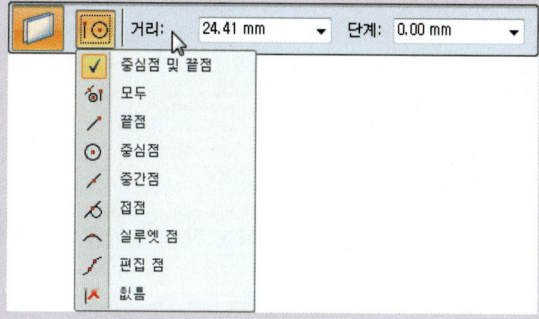

평행 평면 명령의 키포인트

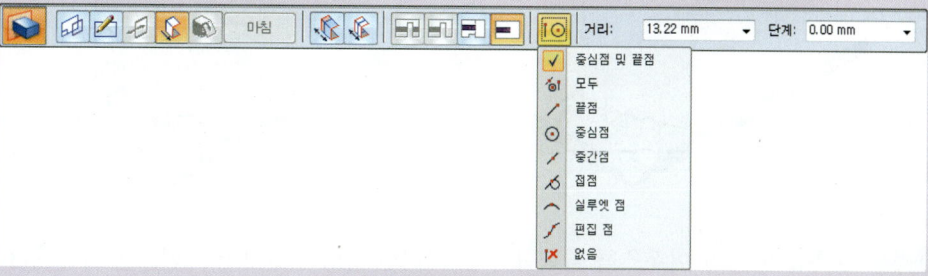

돌출 명령의 키포인트

71

참조 평면 생성 및 수정 따라하기

내용 : 1. 평행 평면 생성 및 수정
2. 생성된 참조 평면 크기 변경

예제 파일 : rp_orientbox.par

- **step1** rp_orientbox.par 파일을 오픈 합니다.

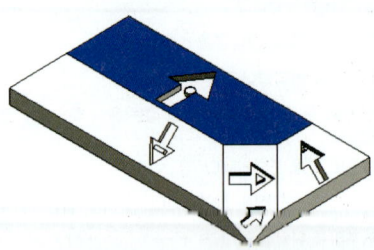

- **step2** 홈 탭 → 평면 그룹 → 더 많은 평면 명령어 → 평행 평면 명령어를 선택합니다.

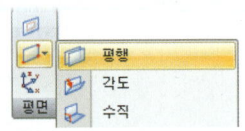

- **step3** 마우스 커서를 파란색 면으로 이동 후 키보드 N을 선택하여 X축(A)의 기준을 이동합니다.

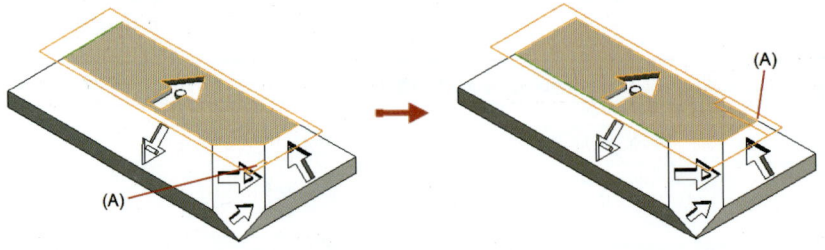

- **step4** X축을 변경 후 마우스를 클릭합니다. 그러면 명령어 바와 키포인트를 이용하여 평행 평면의 거리 값을 제어할 수 있습니다. (거리 값 : 30)

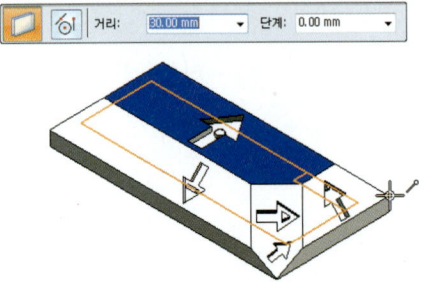

chapter 02 기본 스케치 기법

step5 생성된 참조 평면을 클릭 후 동적 편집을 선택하여 참조 평면의 크기를 조절합니다.

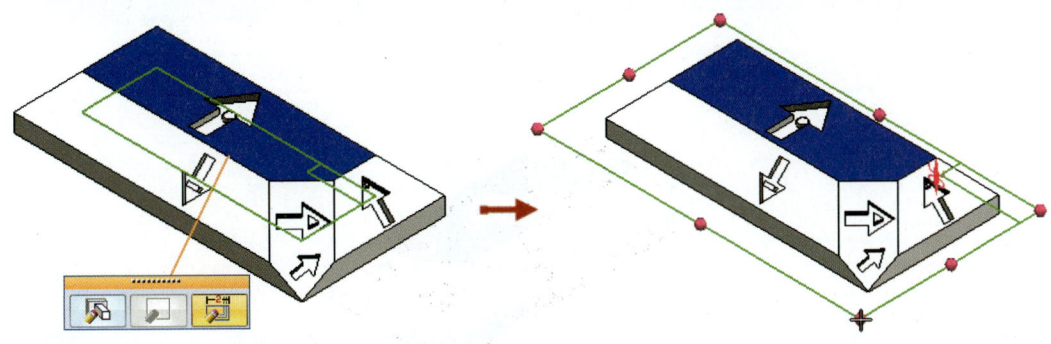

step6 다시 생성된 참조 평면을 클릭 후 정의 편집을 선택합니다.

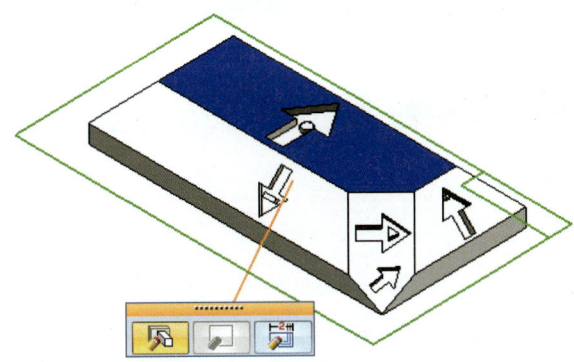

step7 키포인트 또는 명령어 바의 값을 이용하여 위치 또는 다른 참조 평면을 선택할 수 있습니다.(거리 값 : 60)

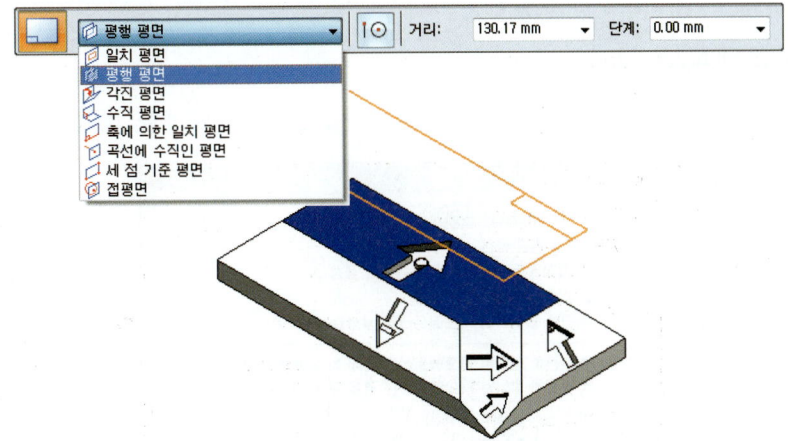

73

> step7 변경을 확인 후 저장합니다.

02 2D 스케치 그리기

2.1 IntelliSketch

IntelliSketch는 그리기 작업을 하는 동안 커서 동작 및 자동 치수 측정 옵션을 설정하고, 인식 할 관계를 지정할 수 있습니다. IntelliSketch는 스케치 환경에서 사용하는 옵션이며,  아이콘을 클릭하면 자동 치수 측정, 관계 그리고 커서를 옵션을 제어할 수 있습니다.

1. 자동 치수 측정(Auto-Dimension)

새로 그린 지오메트리(스케치)에 대한 자동 치수 지정을 설정하고 해제합니다.

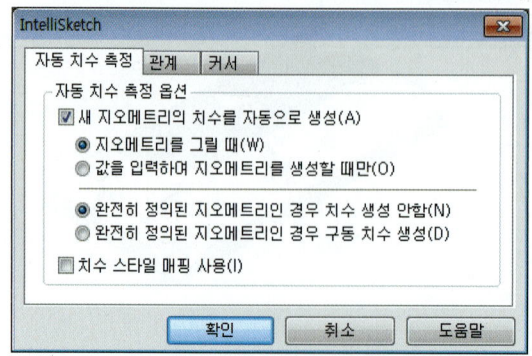

chapter 02 기본 스케치 기법

- **새 지오메트리의 치수를 자동으로 생성** : 새 지오메트리에 대한 치수를 자동으로 생성하도록 지정합니다.
  - 지오메트리를 그릴 때 : 값을 입력할 때와 반대로 지오메트리를 그릴 때에만 치수를 자동으로 생성합니다.
  - 값을 입력해서 지오메트리를 생성할 때만 : 치수 값을 입력할 때만 치수를 자동으로 생성합니다.
  - 완전히 정의된 지오메트리인 경우 치수 생성 안함 : 완전히 정의된 지오메트리에 대해서는 치수를 생성하지 않습니다.
  - 완전히 정의된 지오메트리인 경우 구동 치수 생성 : 완전히 정의된 지오메트리인 경우 구동 치수를 자동을 배치합니다.
- **치수 스타일 매핑 사용** : 자동으로 배치한 치수가 옵션 다이얼로그의 치수 스타일 페이지의 설정을 상속하도록 지정합니다.

자동 치수 측정 옵션 비교하기

step1 파트 환경으로 들어갑니다.

step2 홈 탭 → 스케치 그룹 → 스케치 명령 아이콘 → 참조 평면 옵션 선택(일치 평면) → XZ 기본 참조 평면 선택을 합니다.

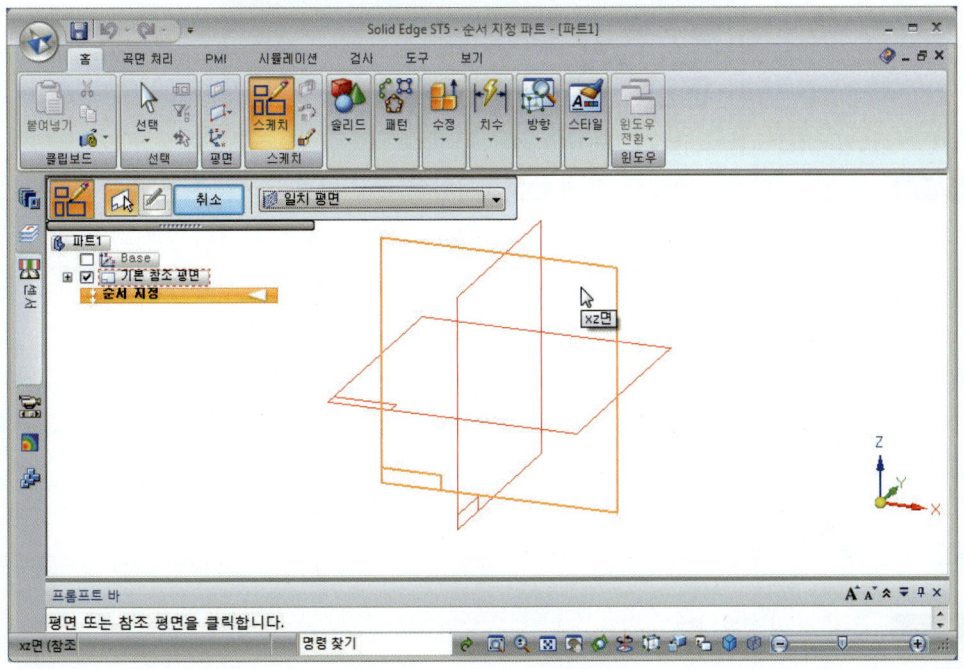

75

- step3 홈 탭 → IntelliSketch 그룹 → IntelliSketch 명령 아이콘을 선택 후 새 지오메트리의 치수를 자동으로 생성 체크 박스를 선택하지 않습니다.

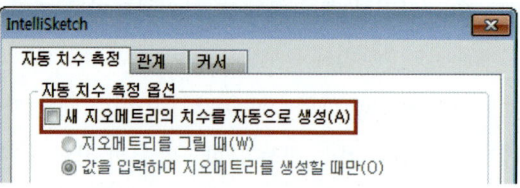

- step4 홈 탭 → 그리기 그룹 → 중심으로 직사각형 생성 명령 아이콘을 선택 후 아래의 그림과 같이 그립니다.

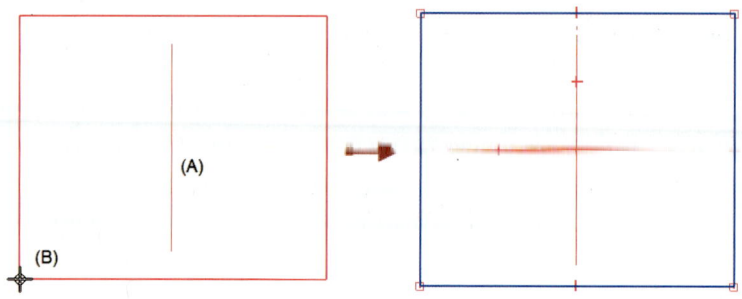

- step5 그려진 스케치를 삭제합니다.
- step6 홈 탭 → IntelliSketch 그룹 → IntelliSketch 명령 아이콘을 선택 후 새 지오메트리의 치수를 자동으로 생성 체크 박스를 선택합니다.

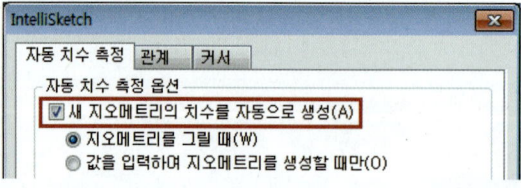

- step7 홈 탭 → 그리기 그룹 → 중심으로 직사각형 생성 명령 아이콘을 선택 후 아래의 그림과 같이 그립니다.

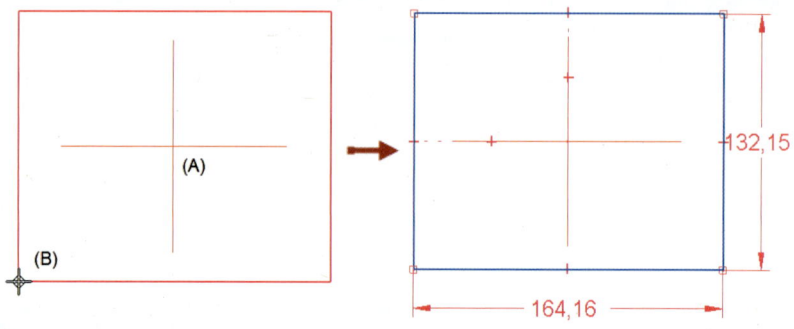

- step8 옵션을 비교합니다.

chapter 02 기본 스케치 기법

Tip

IntelliSketch옵션의 새 지오메트리의 치수를 자동으로 생성 명령어의 On/Off는 치수 그룹에 있는 자동-치수 명령어를 이용하여 제어할 수 있습니다.

2. 관계(Relationships)

사용자가 스케치를 그림에 따라 지오메트리 관계를 표시하고 배치합니다. 스케치가 완성되면 다양한 관계 명령 및 관계 도우미를 사용하여 지오메트리 관계를 추가로 적용할 수 있습니다.

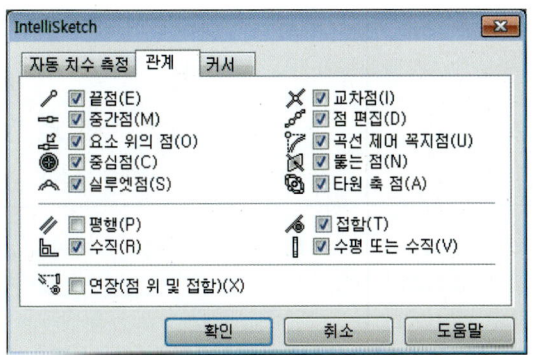
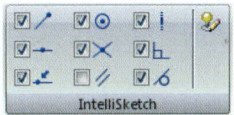

관계 명령어	관계 내용	관계 형상
끝점(✏)	요소의 끝점을 인식합니다.	
중간점(—)	선의 중간점과 같이 요소의 중간점을 인식합니다.	
요소 위의 점(✐)	요소를 따라서 점을 인식합니다.	

관계 명령어	관계 내용	관계 형상
중심점(⊕)	원호 또는 원의 중심점을 인식합니다.	
실루엣점(⌒)	원호, 원 또는 타원의 실루엣 점을 인식합니다.	
교차점(✕)	두 선 또는 원호와 선 등과 같이 두 요소 간의 교차를 인식합니다	
편집 점(∫)	곡선의 편집 점을 인식합니다.	
곡선 제어 꼭지 점(▽)	곡선의 제어 꼭지 점을 인식합니다.	
뚫는 점(⋈)	3D 곡선, 스케치 또는 모서리가 스케치 평면을 통과하는 지점을 인식합니다.	
타원 축 점(⊘)	타원 또는 부분 타원의 축 점을 인식합니다.	
평행(∥)	선이 다른 선에 평행하도록 인지를 인식합니다.	
수직(⊥)	선이 다른 선과 수직하는지 또는 선이 원호나 원에 수직하는지 인식합니다.	

chapter 02 기본 스케치 기법

관계 명령어	관계 내용	관계 형상
접선	요소가 선, 원호 또는 원과 같은 인접한 요소에 접하는지를 인식합니다.	
수평 또는 수직	선이 프로파일 평면의 X축을 기준으로 수평인지 또는 수직인지를 인식합니다.	
연장 (점 위 및 접선)	다른 요소와의 점 위 또는 접선 관계를 생성하는 연장선을 표시할 수 있습니다.	

3. 커서(Cursor)

커서 주변 IntelliSketch 위치 영역 및 의도 영역의 크기를 설정합니다.

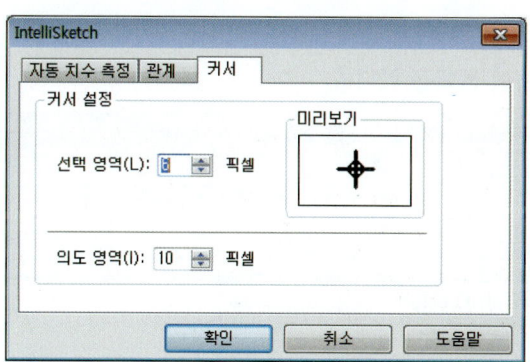

- **선택 영역** : IntelliSketch 위치 영역 반경의 크기를 설정합니다. 요소의 일부가 선택 영역 내에 있으면 IntelliSketch는 지점 관계를 인식합니다.

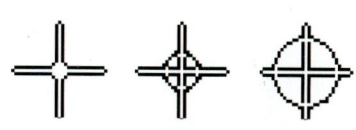

위치 영역

- **의도 영역** : 의도 영역 반경의 크기를 설정합니다. 그리기 작업을 할 때 그리기 명령은 의도 영역을 통해 사용자의 의도를 해석합니다.

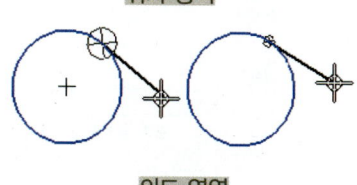

의도 영역

- **미리 보기** : 선택 영역의 크기를 표시합니다.

> **Tip**
>
> 스냅 단축 키를 사용하여 중심점, 중간점, 끝점 또는 교차점의 좌표를 선택하고 진행 중인 명령에 적용할 수 있습니다.(2D 도면 또는 스케치 요소 작성, 치수, 3D 돌출형상 및 컷아웃 생성 또는 선택한 모델 면이동 시 단축 키를 사용할 수 있습니다.)
> - 중간점 : M 키를 누릅니다.
> - 교차점 : I 키를 누릅니다.
> - 중심점 : C 키를 누릅니다.
> - 끝점 : E 키를 누릅니다.
> - 스냅 단축 키 사용 On/Off : K 키를 누릅니다.(3D 환경에서만 사용)

스냅 단축 키 사용하기

step1 홈 탭 → 스케치 그룹 → 스케치 명령 아이콘 → 참조 평면 옵션 선택(일치 평면) → XZ 기본 참조 평면 선택을 합니다.

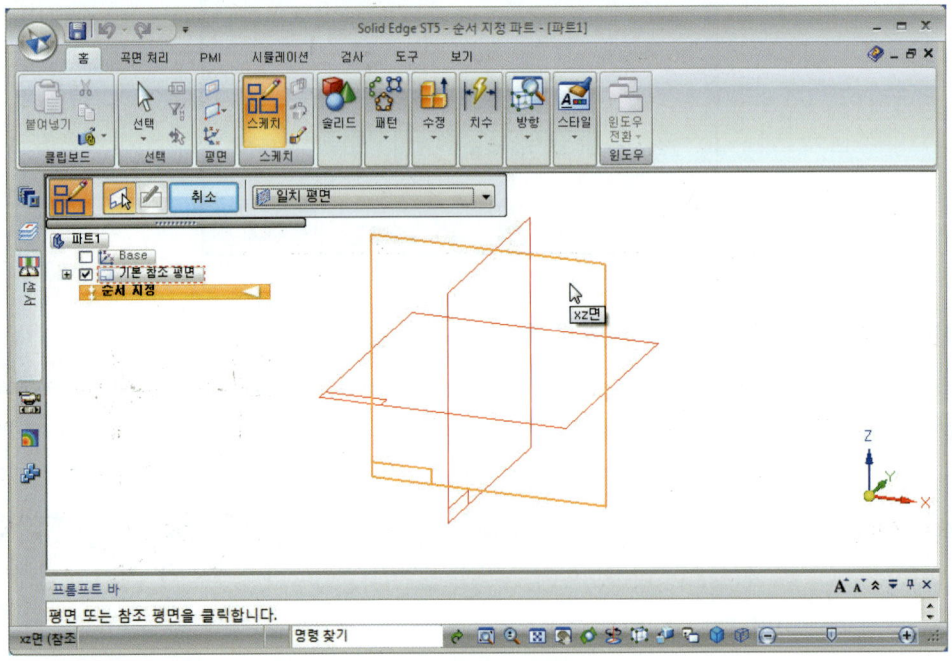

chapter 02 기본 스케치 기법

- step2 PathFinder에서 기본 참조 평면은 체크 박스를 모두 Off 합니다.

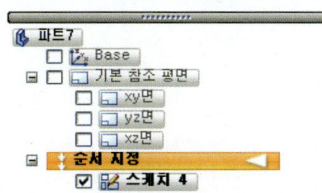

- step3 홈 탭 → 그리기 그룹 → 선 명령 아이콘을 선택 후 아래의 그림과 같이 그립니다.

- step4 홈 탭 → 그리기 그룹 → 선 명령 아이콘을 선택 후 마우스 커서를 그림과 같이 스케치 형상 위로 이동합니다.

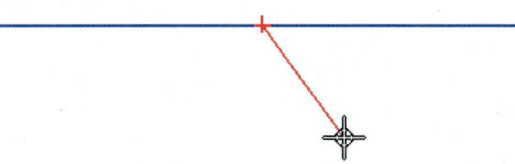

- step5 키보드에서 (M)을 선택합니다. 그 후 마우스를 움직이면 선의 중간점을 인식합니다.

- step6 아래 그림과 같이 스케치를 그릴 수 있습니다.(마우스 오른쪽 버튼을 클릭하면 연결된 요소를 끊을 수 있습니다.)

2.2 스케치 요소

1. 선(Line)

> ➡ 홈 탭 ⇒ 그리기 그룹 ⇒ 선
> ➡ Home Tap ⇒ Draw Group ⇒ Line

서로 직교하거나 접할 수 있는 연속하는 여러 선 및 원호를 그릴 수 있습니다. 또한 마우스 커서를 수직으로 움직이면 수직 ( ), 수평으로 움직이면 수평 ( ) 관계핸들이 보임으로 설계자는 정확한 수직, 수평을 그릴 수 있습니다.

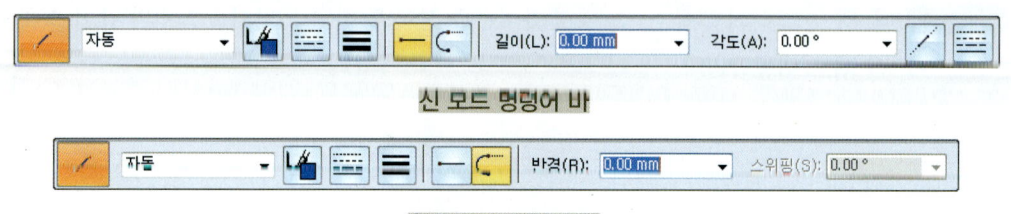

신 모드 명령어 바

원호 모드 명령어 바

- **스타일(Style)** : 활성 스타일을 설정합니다.
- **선 색상(Line Color)** : 활성 스타일에 선 색상을 재정의합니다.
- **선 유형(Line Type)** : 활성 스타일에 선 유형 재정의합니다.
- **선 굵기(Line Width)** : 활성 스타일에 선 굵기를 재정의합니다.
- **선(Line)** : 생성 모드를 선으로 설정하려면 아이콘을 클릭하거나 L 키를 누릅니다.
- **원호(Arc)** : 생선 모드를 원호로 설정하려면 아이콘을 클릭하거나 A 키를 누릅니다.
- **길이(Length)** : 선의 길이를 지정합니다.(선 모드로 그릴 때 표시됩니다.)
- **각도(Angle)** : 선의 각도를 지정합니다.(선 모드로 그릴 때 표시됩니다.)
- **투영 선(Projection Line)** : 투영선을 On/Off 시킵니다.
- **투영 선 유형(Projection Line Type)** : 투영 선 유형을 설정합니다.
- **반경(Radius)** : 원호의 반경을 지정합니다.(원호 모드로 그릴 때 표시됩니다.)
- **스위프** : 스위프 각도를 설정합니다.(원호 모드로 그릴 때 표시됩니다.)

chapter 02 기본 스케치 기법

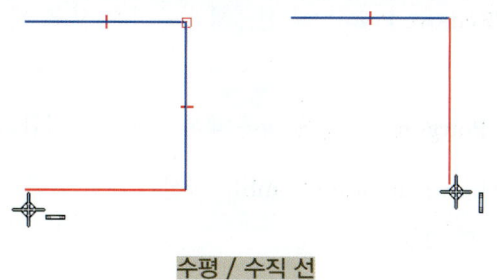
수평 / 수직 선

선 명령을 선택 후 원호를 그려 작업을 시작 하려면 키보드 "A"를 누르거나 명령어 바에서 원호를 클릭합니다. 다시 키보드 "L"를 누르거나 명령어 바에 선을 클릭하면 선 작업이 실행됩니다. 원호 작업 시 마지막으로 클릭한 지점에 4개의 의도 영역에 따라 형상이 다르게 표현됩니다.

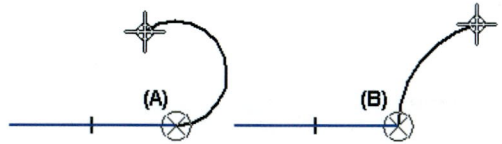

2. 곡선(Curve)

➡ 홈 탭 ⇒ 그리기 그룹 ⇒ 선 ⇒ 곡선
➡ Home Tap ⇒ Draw Group ⇒ Line ⇒ Curve

점으로 부드러운 B-스플라인 곡선을 그립니다. 클릭하고 끌어서 자유 곡선을 그리거나 클릭하여 곡선 정의를 위한 편집 점을 생성할 수 있습니다. 편집 점을 클릭한 경우 곡선을 생성할 때 최소 3개의 점을 정의해야 합니다.

곡선을 생성할 때 곡선 모양을 편집하고 제어하도록 돕기 위해 편집 점(1)과 곡선 제어 꼭지점(2)이 생성됩니다.

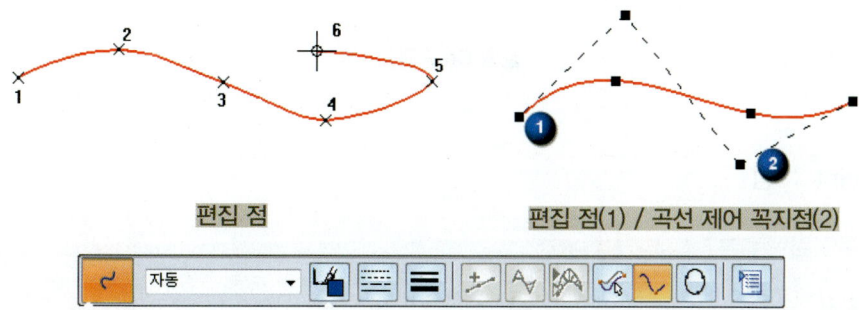
편집 점 / 편집 점(1) / 곡선 제어 꼭지점(2)

- 점 추가/제거(Add/Remove Point) : 곡선에서 점을 추가 또는 제거합니다(Alt 키 누른 채 버튼을 선택하면 제거됩니다).
- 다각형 표시(Show Polygon) : 곡선에 대한 제어 다각형 표시합니다.
- 곡률 그래프 표시(Show Curvature Comb) : 곡선에 대한 곡률 조합 표시를 제어합니다(곡률 조합 옵션을 선택한 경우만 가능).
- 모양 편집(Shape Edit) : 곡선의 점을 이동할 때 전체 곡선의 모양을 변경합니다.
- 로컬 편집(Local Edit) : 편집 점 주위에 있는 곡선의 모양을 변경합니다.
- 닫힘(Closed) : 곡선이 열렸거나 닫혔음을 지정합니다.
- 곡선 옵션(Curve Option) : 곡선 옵션 다이얼로그 표시합니다.

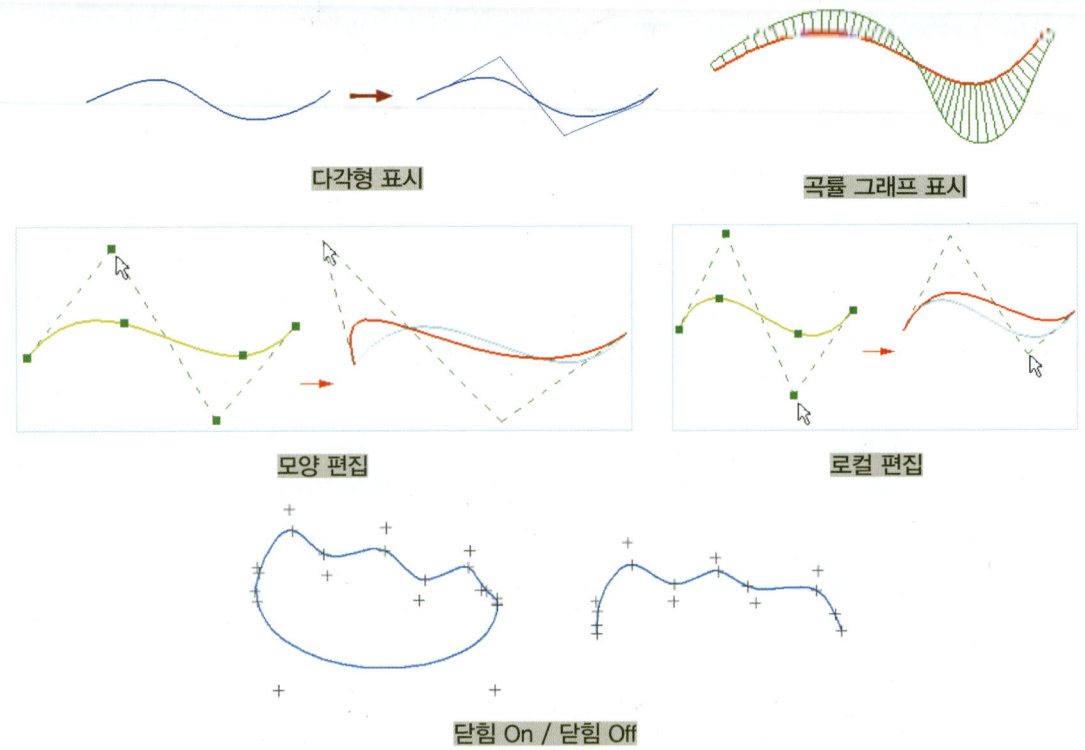

다각형 표시   곡률 그래프 표시

모양 편집   로컬 편집

닫힘 On / 닫힘 Off

3. Point : 점

➡ 홈 탭 ⇒ 그리기 그룹 ⇒ 선 ⇒ 점
➡ Home Tap ⇒ Draw Group ⇒ Line ⇒ Point

chapter 02 기본 스케치 기법

스케치 환경에서 점을 그릴 수 있습니다.

- **X 좌표** : 점의 X좌표를 지정합니다.
- **Y 좌표** : 점의 Y좌표를 지정합니다.

4. FreeSketch

➠ 홈 탭 ⇒ 그리기 그룹 ⇒ 선 ⇒ FreeSketch
➠ Home Tap ⇒ Draw Group ⇒ Line ⇒ FreeSketch

스케치를 정밀 드로잉으로 변환하여 선, 원호, 사각형 및 원으로 그립니다. 이 명령은 "순서 지정" 환경에서만 사용할 수 있습니다.

- **FreeSketch 켜기** : FreeSketch 기능을 사용할 수 있습니다.
- **FreeSketch 끄기** : FreeSketch 기능을 사용할 수 없습니다.
- **FreeSketch 선** : FreeSketch 선 기능을 On/Off 시킵니다.
- **FreeSketch 원호** : FreeSketch 원호 기능을 On/Off 시킵니다.
- **FreeSketch 원** : FreeSketch 원 기능을 On/Off 시킵니다.
- **FreeSketch 직사각형** : FreeSketch 직사각형 기능을 On/Off 시킵니다.

FreeSketch 명령으로 드래그를 하여 정밀 드로잉 작성

5. 직사각형 명령 모음

1)  중심에서 직사각형 생성(Rectangle by Center)

➡ 홈 탭 ⇒ 그리기 그룹 ⇒ 중심에서 직사각형 생성
➡ Home Tap ⇒ Draw Group ⇒ Rectangle by Center

중심과 모서리를 정의하여 직사각형을 그립니다. 첫 번째 점은 직사각형의 중심을 정의하고 두 번째 점은 높이와 폭을 정의합니다.

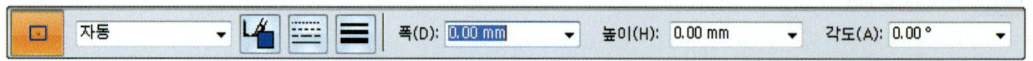

- **폭(Width)** : 사각형의 너비를 설정합니다.
- **높이(Height)** : 사각형의 높이를 설정합니다.
- **각도(Angle)** : 요소의 방향 각도를 설정합니다.

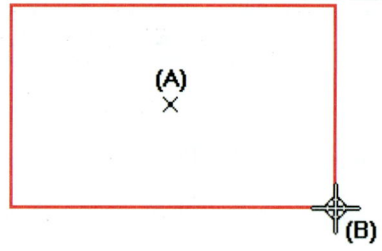

예
① 중심으로 직사각형 생성 명령을 선택합니다.
② 클릭하여 직사각형(A)의 중심을 정의합니다.
③ 클릭하여 직사각형(B)의 모서리를 정의합니다.

2) 2점으로 직사각형 생성(Rectangle by 2 Points)

➡ 홈 탭 ⇒ 그리기 그룹 ⇒ 중심에서 직사각형 생성 ⇒ 2점으로 직사각형 생성
➡ Home Tap ⇒ Draw Group ⇒ Rectangle by Center ⇒ Rectangle by 2 Point

두 점을 사용하여 사각형을 그립니다. 두 점은 사각형의 폭과 높이를 정의합니다.

chapter 02 기본 스케치 기법

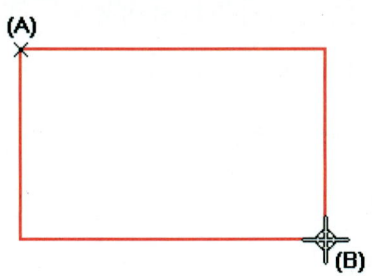

> ① 2점으로 직사각형 생성 명령을 선택합니다.
> ② 사각형에서 원하는 모서리 위치를 클릭합니다.(A)
> ③ 클릭하여 직사각형(B)의 대각선 모서리를 정의합니다.

3) 3점으로 직사각형 생성(Rectangle by 3 Points)

➡ 홈 탭 ⇒ 그리기 그룹 ⇒ 중심에서 직사각형 생성 ⇒ 3점으로 직사각형 생성
➡ Home Tap ⇒ Draw Group ⇒ Rectangle by Center ⇒ Rectangle by 3 Point

세 점을 사용하여 사각형을 그립니다. 처음 두 점은 사각형의 폭과 회전 각도를 정의하고 세 번째 점은 높이를 정의합니다.

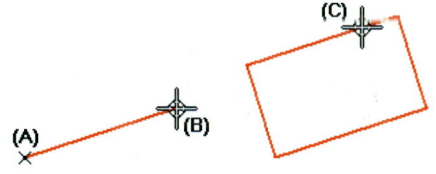

> ① 3점으로 직사각형 생성 명령을 선택합니다.
> ② 사각형에서 원하는 모서리 위치를 클릭합니다.(A)
> ③ 클릭하여 회전 각도와 사각형의 너비를 정의합니다.(B)
> ④ 클릭하여 사각형의 높이를 정의합니다.(C)

6. 중심으로 다각형 생성(Polygon by Center)

➡ 홈 탭 ⇒ 그리기 그룹 ⇒ 중심에서 직사각형 생성 ⇒ 중심으로 다각형 생성
➡ Home Tap ⇒ Draw Group ⇒ Rectangle by Center ⇒ Polygon by Center

두 개의 점을 사용하여 2D 다각형을 그립니다. 첫 번째 점은 다각형의 중심(A)을 정의하고 두 번째 점은 다각형 변의 꼭지점 또는 중간점(B)을 정의합니다.

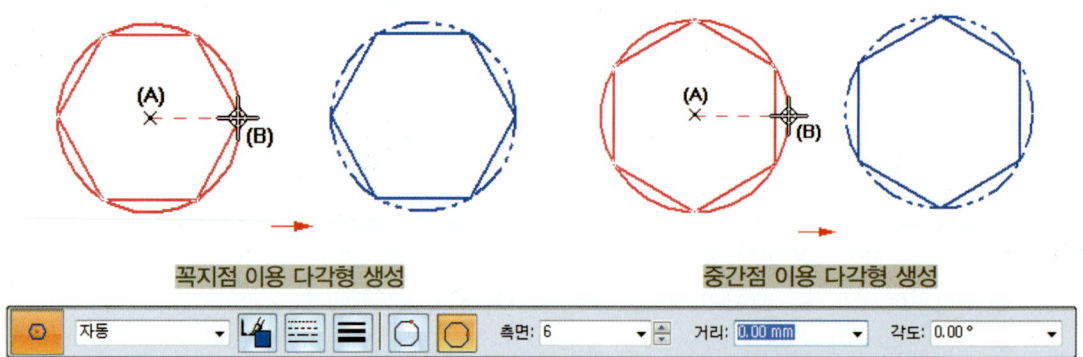

꼭지점 이용 다각형 생성   중간점 이용 다각형 생성

- 꼭지점 이용(Polygon by Vertex) : 꼭지점으로 다각형을 그리도록 지정합니다.
- 중간점 이용(Polygon by Midpoint) : 측면의 중간점으로 다각형을 그리도록 지정합니다.
- 측면(Sides) : 다각형의 측면 수를 지정합니다.
- 거리(Distance) : 다각형의 중심과 꼭지점 또는 중간점 사이의 거리를 지정합니다.
- 각도(Angle) : 다각형의 각도를 지정합니다.

다각형이 생성되면 측면 수를 변경할 수 없으며, 다각형은 원에 구속된 일련의 연결된 선으로 구성됩니다.

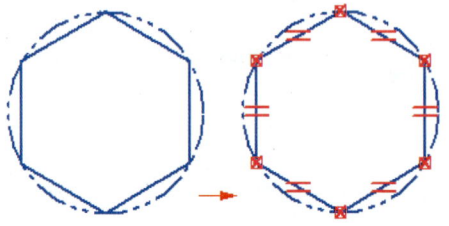

7. 원형 명령 모음

1) 중심점 이용 원(Circle by Center Point)

➠ 홈 탭 ⇒ 그리기 그룹 ⇒ 중심점 이용 원
➠ Home Tap ⇒ Draw Group ⇒ Circle by Center Point

chapter 02 기본 스케치 기법

중심점과 반경을 사용하여 원을 그립니다.

- **직경**(Diameter) : 원의 직경을 설정합니다.
- **반경**(Radius) : 원의 반경을 설정합니다.

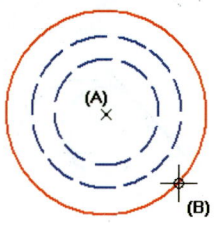

> ❶ 중심점 이용 원 명령을 선택합니다.
> ❷ 원하는 중심점의 위치를 클릭합니다.(A)
> ❸ 마우스를 클릭하여 반경을 정의합니다.(B)

2) 3점에 의한 원(Circle by 3 Points)

➡ 홈 탭 ⇒ 그리기 그룹 ⇒ 중심점 이용 원 ⇒ 3점에 의한 원
➡ Home Tap ⇒ Draw Group ⇒ Circle by Center Point ⇒ Circle by 3 Point

원주를 정의하는 3점을 사용하여 원을 그립니다.

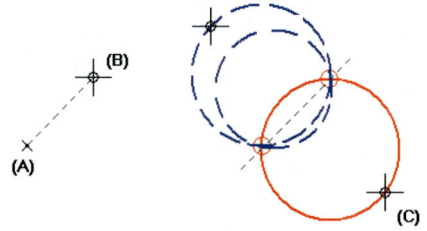

> ❶ 3점에 의한 원 명령을 선택합니다.
> ❷ 원의 원주에서 세 점을 클릭합니다.

89

3) 접선 원(Tangent Circle)

➡ 홈 탭 ⇒ 그리기 그룹 ⇒ 중심점 이용 원 ⇒ 접선 원
➡ Home Tap ⇒ Draw Group ⇒ Circle by Center Point ⇒ Tangent Circle

하나 또는 두 요소에 접하는 원을 그립니다.

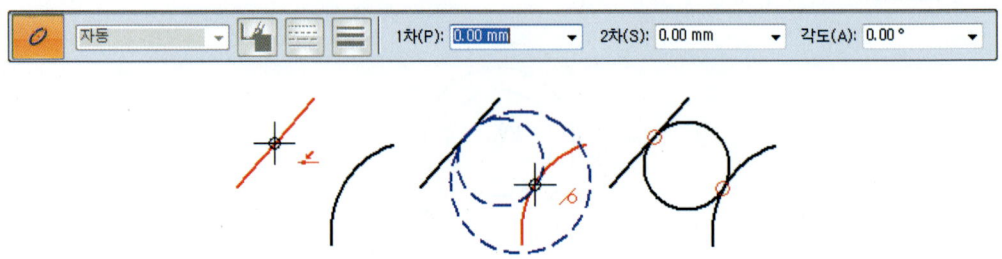

예 ❶ 접선 원 명령을 선택합니다.
❷ IntelliSketch가 요소 관계 또는 키포인트에서 점을 인식할 때까지 요소를 따라 마우스 커서를 움직입니다.

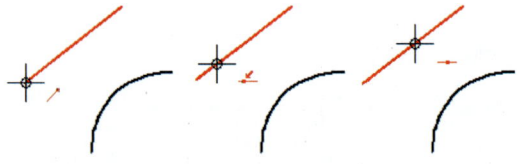

❸ 클릭하여 원 접선을 만듭니다.
❹ 다음 중 하나를 수행하여 반경을 정의합니다.
- 커서를 움직여서 원을 원하는 위치에 배치한 다음 클릭합니다.
- 커서를 이동하여 IntelliSketch가 다른 요소와의 접선 또는 키포인트 관계를 인식하면 클릭합니다.

8. 타원형 명령 모음

1) 중심점 이용 타원(Ellipse by Center Point)

➡ 홈 탭 ⇒ 그리기 그룹 ⇒ 중심점 이용 원 ⇒ 중심점 이용 타원
➡ Home Tap ⇒ Draw Group ⇒ Circle by Center Point ⇒ Ellipse by Center Point

중심점과 두 점을 사용하여 타원을 그립니다. 중심점과 그 다음 점은 주 축 길이의 1/2과 회전 각도를 정의합니다. 마지막 점은 보조 축을 정의합니다.

chapter 02 기본 스케치 기법

- **1차(Primary)** : 첫 번째 축의 길이를 설정합니다. 타원 방향은 첫 번째 축을 기반으로 합니다.
- **2차(Secondary)** : 두 번째 축의 길이를 설정합니다. 두 번째 축은 첫 번째 축과 직교합니다.
- **각도(Angle)** : 타원의 첫 번째 축에 대한 각도를 설정합니다. 0도는 x 축과 수평 방향입니다. 각도는 시계 반대 방향으로 증가합니다.

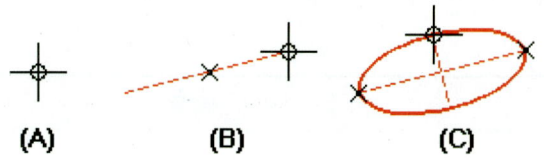

예 ❶ 중심점 이용 타원 명령을 선택합니다.
❷ 기본 축의 중심 위치 (A)를 클릭합니다.
❸ 첫 번째 축을 끝낼 위치를 클릭합니다.(B) 그러면 기본 축의 길이와 회전 각도가 정의됩니다.
❹ 첫 번째 축의 한 측면 위의 위치를 클릭합니다.(C) 그러면 두 번째 축이 정의됩니다.

2) 3점에 의한 타원(Ellipse by 3 Points)

➡ 홈 탭 ⇒ 스케치 그룹 ⇒ 중심점 이용 원 ⇒ 3점에 의한 타원
➡ Home Tap ⇒ Draw Group ⇒ Circle by Center Point ⇒ Ellipse by 3 Points

세 점을 사용하여 타원을 그립니다. 처음 두 점은 주 축의 길이와 회전 각도를 정의합니다. 마지막 점은 보조 축을 정의합니다.

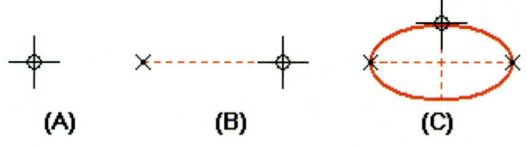

예 ❶ 3점에 의한 타원 명령을 선택합니다.
❷ 기본 축의 시작 위치 (A)를 클릭합니다.
❸ 첫 번째 축을 끝낼 위치를 클릭합니다(B). 그러면 기본 축의 길이와 회전 각도가 정의됩니다.
❹ 첫 번째 축의 한 측면 위의 위치를 클릭합니다(C). 그러면 두 번째 축이 정의됩니다.

9. 호 명령 모음

1) 접선 호(Tangent Arc)

➡ 홈 탭 ⇒ 그리기 그룹 ⇒ 접선 호
➡ Home Tap ⇒ Draw Group ⇒ Tangent Arc

하나 이상의 요소에 접하거나 직각인 원호를 그립니다. 첫 번째 점으로 원호의 한쪽 끝을 정의합니다. 원호를 접하거나 직각이 되게 할 요소의 키포인트에 첫 번째 점을 배치한 다음 두 번째 점으로 스위프를 정의합니다.

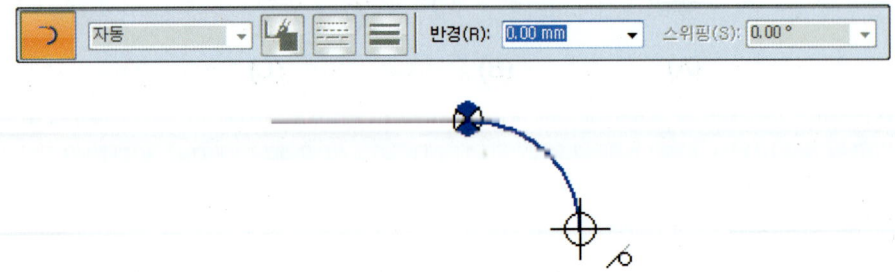

- **반경(Radius)** : 반경을 설정합니다.
- **스위핑(Sweep)** : 스위핑 각도를 설정합니다.

예

❶ 1. 접선 호 명령을 선택합니다.
❷ 새 원호가 접할 요소를 클릭합니다. 선 또는 곡선 요소의 끝점이나 요소에서 임의의 점을 클릭할 수 있습니다.
❸ 방금 클릭한 위치에 표시된 의도 영역 중 하나에 커서를 댑니다.
❹ 동적 명령에서 기존 요소에 수직인 원호를 표시하면 커서를 원하는 영역으로 다시 이동하여 다른 4분원에서 종료합니다.
❺ 동적 명령에서 첫 번째 요소에 접선인 원호를 표시하면 IntelliSketch가 다른 요소와의 접선 관계를 인식하는 위치로 마우스 커서를 이동한 다음 클릭합니다.

2) 3점에 의한 호(Arc by 3 Points)

➡ 홈 탭 ⇒ 그리기 그룹 ⇒ 접선 호 ⇒ 3점에 의한 호
➡ Home Tap ⇒ Draw Group ⇒ Tangent Arc ⇒ Arc by 3 Point

3점을 사용하여 원호를 그립니다. 그런 다음 원호상의 점을 정의하고 나서 끝점을 정의하거나 끝점

chapter 02 기본 스케치 기법

을 정의하고 나서 원호상의 점을 정의할 수 있습니다. 끝점은 다른 요소에 접하거나 직각이 아닙니다.

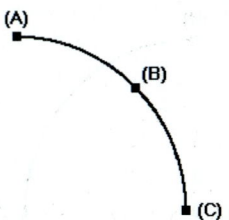

예 ❶ 1. 3점에 의한 호 명령을 선택합니다.
❷ 원호의 스위핑 시작 지점을 클릭합니다.(A)

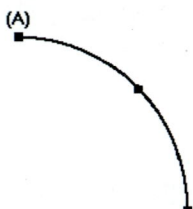

❸ 다음 중 하나를 수행합니다.
- 원호의 중간점 위치(B)를 클릭한 다음 원호의 스위핑을 끝낼 위치(C)를 클릭합니다.

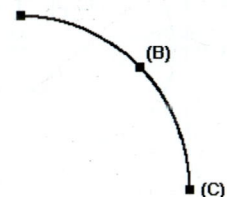

- 원호의 스위핑을 끝낼 위치(B)를 클릭한 다음 원호의 중간점 위치(C)를 클릭합니다.

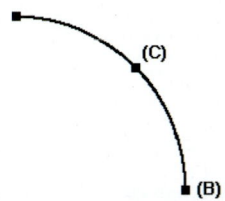

3) 중심점 이용 원(Arc by Center Point)

➡ 홈 탭 ⇒ 그리기 그룹 ⇒ 접선 호 ⇒ 중심점 이용 원
➡ Home Tap ⇒ Draw Group ⇒ Tangent Arc ⇒ Arc by Center Point

3점을 사용하여 원호를 그립니다. 첫 번째 점으로 원호의 중심을 정의하며 다음 두 점으로 스위프를

93

정의합니다.

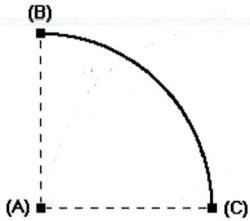

예
❶ 1. 중심점 이용 원호 명령 을 선택합니다.
❷ 원하는 중심점의 위치를 클릭합니다.(A)
❸ 원하는 원호의 스위핑 시작 위치(B) 및 끝 위치(C)를 클릭합니다.

Tip

스케치 환경에서 직사각형, 원 및 타원을 그릴 때는 첫 번째 점에서 클릭한 후 드래그하여 그리는 방식이 있습니다.

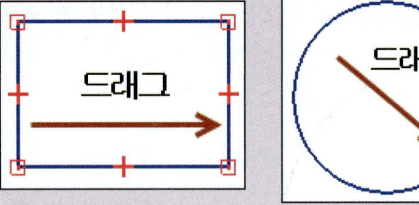
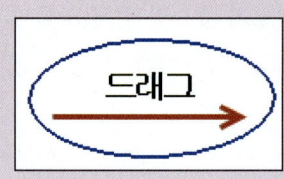

2.3 스케치 요소 편집

1.  필렛(Fillet)

➡ 홈 탭 ⇒ 그리기 그룹 ⇒ 필렛
➡ Home Tap ⇒ Draw Group ⇒ Fillet

요소 사이에 필렛을 그립니다. 원호, 선, 원, 타원 또는 곡선이 요소가 될 수 있습니다.

chapter 02 기본 스케치 기법

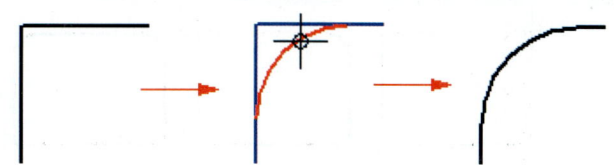

-  **트리밍 없음(No Trim)** : 선택된 요소를 트리밍하지 않고 필렛을 배치합니다.
- **반경(Radius)** : 필렛을 생성하는 데에 사용할 두 요소 사이의 반경을 지정합니다.

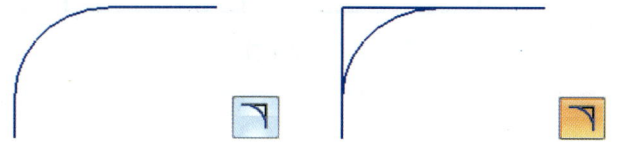

예
① 필렛 명령을 선택합니다.
② 필렛 명령 모음의 반경 상자에 반경을 입력합니다.
③ 필렛을 그리는 데 사용할 요소 중 하나를 클릭합니다. 원호, 선, 원, 타원 및 곡선 사이에 필렛을 그릴 수 있습니다.
④ 나머지 한 요소를 클릭합니다.
⑤ 클릭하여 필렛을 그립니다.

필렛 예제

A. 반경을 입력하지 않고도 필렛을 그릴 수 있습니다.
B. 사용하려는 요소가 서로 교차하는 경우 임의의 사분면에 필렛을 그릴 수 있습니다.

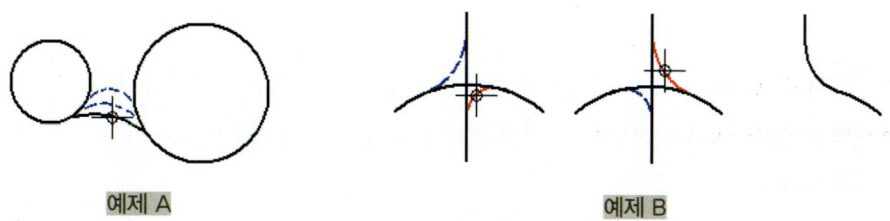

예제 A   예제 B

C. 한 번의 클릭만으로 모서리에서 필렛을 그릴 수 있습니다.
D. 필렛을 그리는 데 사용할 두 요소를 커서로 끌어 필렛을 그릴 수 있습니다.

95

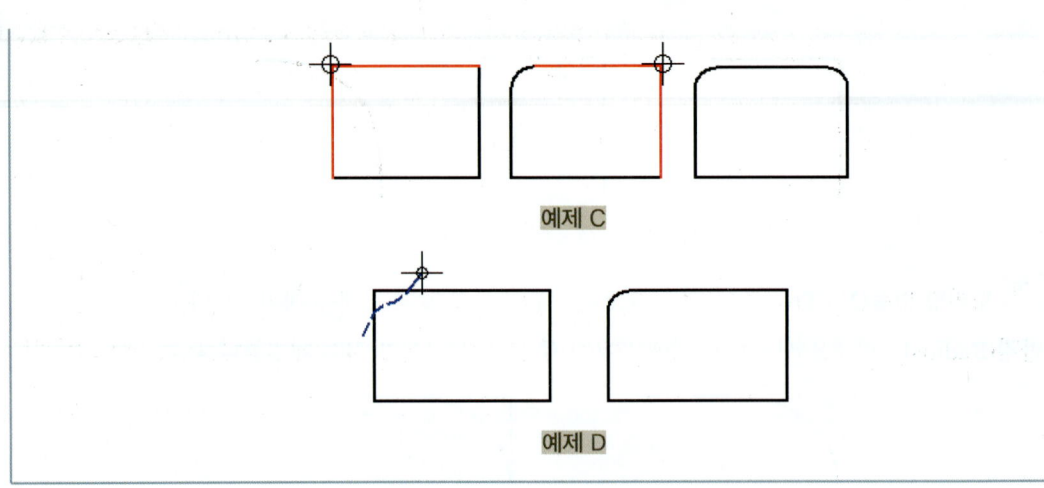

2. 모따기(Chamfer)

> ➡ 홈 탭 ⇒ 그리기 그룹 ⇒ 필렛 ⇒ 모따기
> ➡ Home Tap ⇒ Draw Group ⇒ Fillet ⇒ Chamfer

두 선형 요소 사이에 모따기 또는 베벨을 그립니다. 모따기 각도와 두 요소에 대한 셋백 거리를 제어할 수 있습니다.

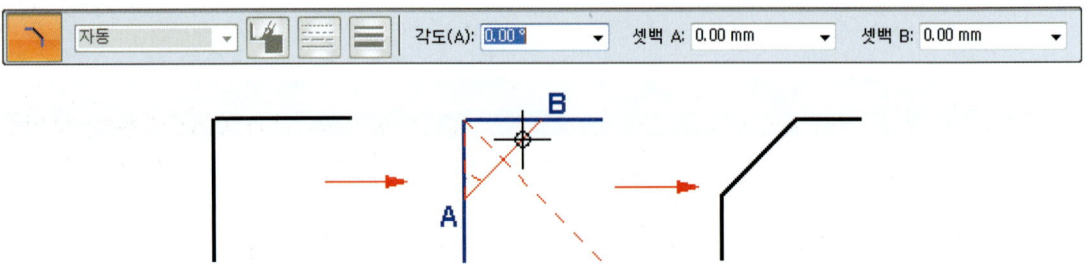

- 각도(Angle) : 모따기와 첫 번째 선형 요소 사이의 각도를 측정합니다.
- 셋백 A(Setback A) : 선택한 첫 번째 선형 요소 위의 모서리에서 모따기의 시작 부분까지의 거리를 지정합니다.
- 셋백 B(Setback B) : 선택한 두 번째 선형 요소 위의 모서리에서 모따기의 시작 부분까지의 거리를 지정합니다.

chapter 02 기본 스케치 기법

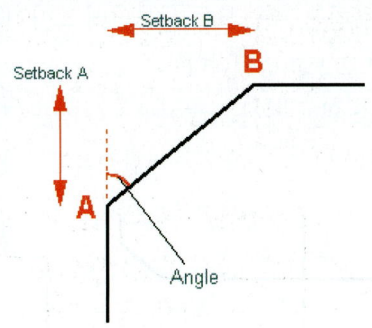

> 예
>
> ❶ 모따기 명령을 선택합니다.
> ❷ 스케치 탭→그리기 그룹→모따기 명령을 선택합니다.
> ❸ 모따기 명령 모음에서 셋백 A 상자에 거리 값을 입력합니다. 첫 번째 선형 요소가 모서리에서 이 거리만큼 셋백됩니다.
> ❹ 다음 중 하나를 수행합니다.
>   - 두 번째 선형 요소의 셋백 거리를 정의하려면 명령 모음의 셋백 B 상자에 값을 입력합니다.
>   - 모따기 각도를 정의하려면 명령 모음의 각도 상자에 값을 입력합니다.
> ❺ 셋백 A 값을 적용하려는 선형 요소를 클릭합니다.
> ❻ 셋백 B 값 또는 모따기 각도 값을 적용하려는 선형 요소를 클릭합니다.
> ❼ 클릭하여 모따기를 그립니다.

모따기 예제

A. 동일한 모따기 각을 사용하여 모따기를 그릴 수 있습니다.
B. 서로 다른 모따기 각을 사용하여 모따기를 그릴 수도 있습니다. 그리고 선형 요소의 셋백 값을 전환할 수 있습니다.

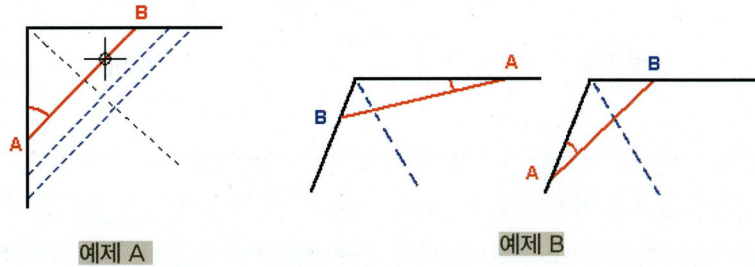

C. 사용하려는 요소가 서로 겹치는 경우 모든 사분원에 모따기를 그릴 수 있습니다. 남은 요소는 모따기의 끝점에서 자동으로 트리밍됩니다.

D. 모따기를 그리려는 두 요소 위에 커서를 끌어서 모따기를 그릴 수 있습니다. 이 방법을 사용할 경우 명령 모음의 셋백 거리 및 각도 상자는 비활성화됩니다.

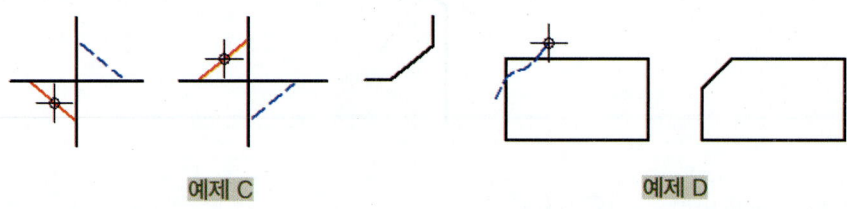

예제 C   예제 D

3. 다음 지점으로 확장(Extend To Next)

➡ 홈 탭 ➡ 그리기 그룹 ➡ 다음 지점으로 확장
➡ Home Tap ⇒ Draw Group ⇒ Extend To Next

하나 이상의 열린 요소를 활성 창에서 선택한 요소 또는 가장 가까운 요소와 교차할 때까지 확장합니다.

다음 지점으로 확장 예제

A. 요소를 한 번에 하나씩 확장하려면 확장할 요소의 끝 부분을 클릭합니다. 선택한 요소가 가장 가깝게 인접한 요소까지 확장됩니다.

B. 동시에 여러 요소를 확장하려면 확장하려는 요소의 끝 지점 위로 커서를 드래그합니다.

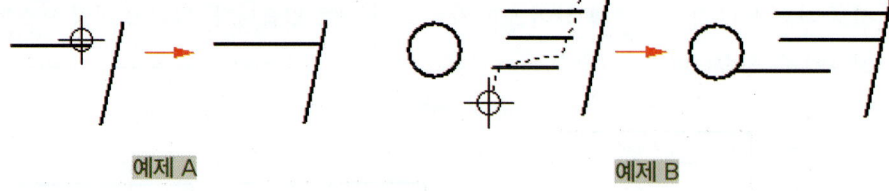

예제 A   예제 B

C. 확장할 요소가 가장 근접한 요소가 아닐 경우에는 Ctrl 키를 누른 상태로 요소를 먼저 선택함으로써 확장할 요소를 지정할 수 있습니다. 예를 들어, 수평선(A)을 경사진 선(B)까지 확장하려면 Ctrl 키를 누르고 선(B)을 선택합니다. Ctrl 키를 놓은 다음 선(A)을 선택합니다.

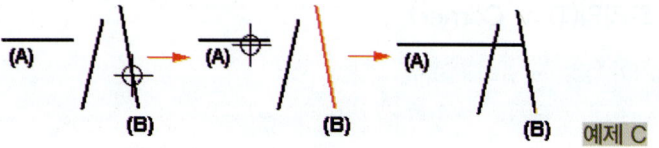

4.  트리밍(Trim)

➡ 홈 탭 ⇒ 그리기 그룹 ⇒ 트리밍
➡ Home Tap ⇒ Draw Group ⇒ Trim

열린 요소 및 닫힌 요소를 양쪽 방향으로 가장 가까운 교차 지점이나 선택된 요소에 트리밍합니다.

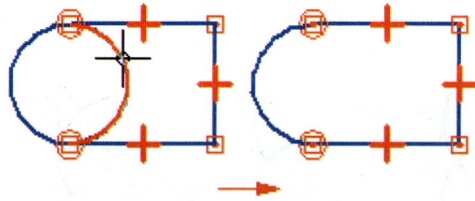

트리밍 예제

A. 한 번에 한 요소를 트리밍하려면 트리밍할 각 요소를 클릭합니다.

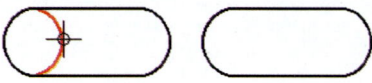

B. 동시에 여러 요소를 트리밍하려면 커서를 요소 위로 끌어옵니다. 마우스 버튼을 놓으면 모든 요소가 트리밍됩니다.

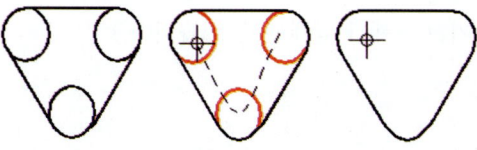

C. Ctrl 키를 눌러 선택 범위 안에 요소를 트리밍할 수 있습니다.

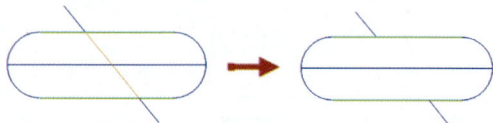

5.  코너 트리밍(Trim Corner)

> ➠ 홈 탭 ⇒ 그리기 그룹 ⇒ 코너 트리밍
> ➠ VHome Tap ⇒ Draw Group ⇒ Trim Corner

선택한 두 열린 요소를 확장하거나 트리밍하여 코너를 그립니다.

코너 트리밍 예제

A. 코너 트리밍 할 각 요소를 클릭합니다.
B. 커서를 하나 이상의 요소 위로 끈 다음 마우스 버튼을 놓습니다. 마우스를 끌어 놓은 요소 부분은 남아 있습니다. 요소의 다른 부분은 필요에 따라 트리밍되거나 확장됩니다.

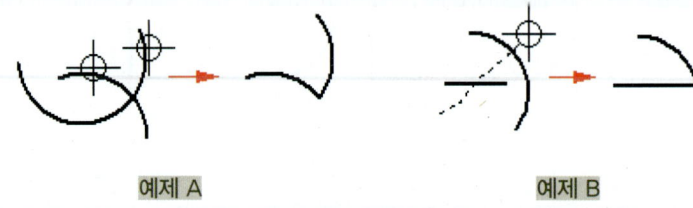

예제 A   예제 B

6. 분할(Split)

> ➠ 홈 탭 ⇒ 그리기 그룹 ⇒ 분할
> ➠ Home Tap ⇒ Draw Group ⇒ Split

지정한 위치에서 열린 요소와 닫힌 요소를 분할합니다. 프로파일, 스케치, 절단 평면 선 등과 같은 2D 요소로 작업할 때 이 명령을 사용하여 2D 와이어프레임 요소를 두 개의 개별 요소로 분할할 수 있습니다.(요소를 분할할 때 기존 관계가 삭제될 수 있습니다.)

chapter 02 기본 스케치 기법

분할 예제

A. 치수가 적용된 원호를 분할할 때(A) 치수는 방향 화살표가 시작되는 위치(C)의 원호 부분(B)에 다시 연결됩니다.

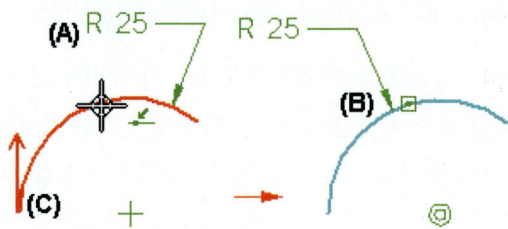

B. 열린 요소를 분할하면 방향 화살표가 원본 요소(A)의 시작점에 표시됩니다.

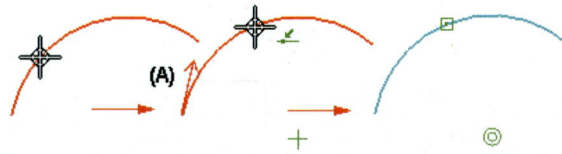

C. 닫힌 요소를 분할하는 경우 두 개의 분할 점(A) (B)를 정의해야 합니다. 방향 화살표는 정의된 첫 번째 분할 점(C)에 표시됩니다.

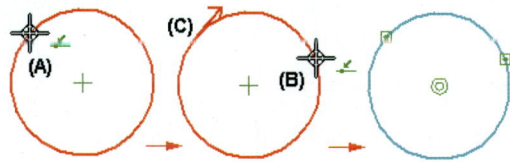

7. 옵셋(Offset)

➡ 홈 탭 ⇒ 그리기 그룹 ⇒ 옵셋
➡ Home Tap ⇒ Draw Group ⇒ Offset

2D 요소의 옵셋 복사본 또는 연결된 2D 요소의 연속 집합을 그립니다. 이 명령을 사용하면 원호와 원의 중심점 및 선의 각도 같은 특징을 유지하면서 요소를 복사할 수 있습니다.

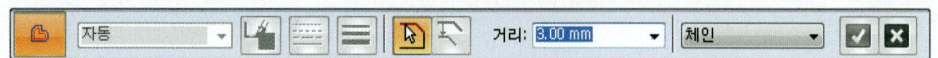

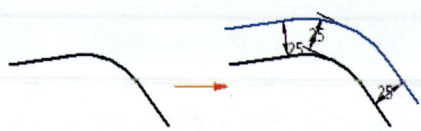

-  선택 단계(Select Step) : 옵셋하려는 요소를 선택할 수 있습니다.
- 측면 단계(Side Step) : 새 요소를 배치할 원본 요소의 측면을 선택합니다.
- 옵셋 거리(Distance) : 기본 요소에서 옵셋 복사본까지의 거리를 설정합니다.
- 선택(Select) : 옵셋하거나 포함시킬 요소를 선택하는 방법을 지정합니다.
  - ▶ 단일(Single) : 한 번에 요소를 하나씩 강조하며, 강조 표시된 요소를 클릭하여 선택할 수 있습니다.
  - ▶ 체인(Chain) : 요소의 연속 체인을 강조하며, 한 번의 클릭으로 이들 요소를 모두 선택할 수 있습니다. 체인은 다음에 강조 표시할 요소에 대한 결정이 필요한 시점에서 끝납니다.

❶ 옵셋 명령을 선택합니다.
❷ 옵셋할 요소를 하나 이상 클릭합니다.
❸ 명령 모음에서 선택된 요소를 옵셋할 거리를 입력합니다.
❹ 명령 모음에서 측면 단계 버튼을 클릭합니다.
❺ 마우스 버튼을 클릭하여 요소를 옵셋할 방향을 정의합니다.

8. 대칭 옵셋(Symmetric Offset)

➡ 홈 탭 ⇒ 그리기 그룹 ⇒ 옵셋 ⇒ 대칭 옵셋
➡ Home Tap ⇒ Draw Group ⇒ Offset ⇒ Symmetric Offset

선택한 중심선을 기준으로 대칭적으로 지오메트리 옵셋을 그립니다.

chapter 02 기본 스케치 기법

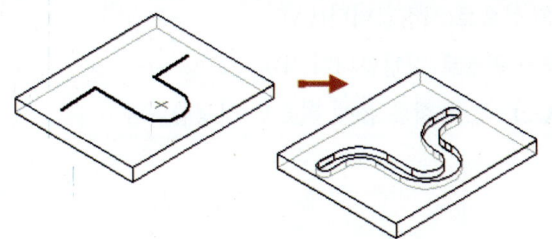

- 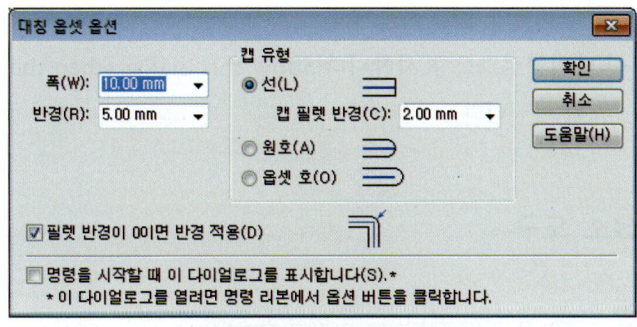 **대칭 옵셋 옵션(Symmetric Offset Option)** : 대칭 옵셋 옵션 다이얼로그를 표시합니다.
- **Select Step(선택 단계)** : Offset(옵셋)을 생성할 요소를 선택합니다.
- **선택(Select)** : 요소 선택하기 위한 방법을 설정합니다.
  - ▶ **단일(Single)** : 한 번에 요소를 하나씩 강조 표시합니다.
  - ▶ **체인(Chain)** : 요소의 연속된 집합을 강조 표시합니다.

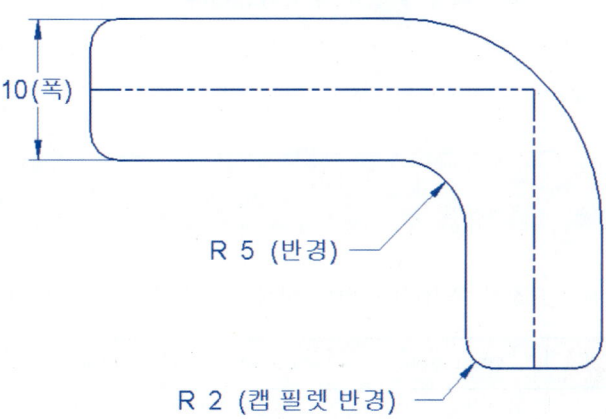

대칭 옵셋 옵션 다이얼로그

- **폭(Width)** : 슬롯의 너비를 지정합니다.
- **반경(Radius)** : 슬롯의 오목한 모서리에 적용할 반경을 지정합니다.
- **캡 유형(Cap Type)**

- **선(Line)** : 캡 유형을 선으로 지정합니다.(A)
- **원호(Arc)** : 캡 유형을 원호로 지정합니다.(B)
- **옵셋 원호(Offset Arc)** : 캡 유형을 옵셋 원호로 지정합니다.(C)

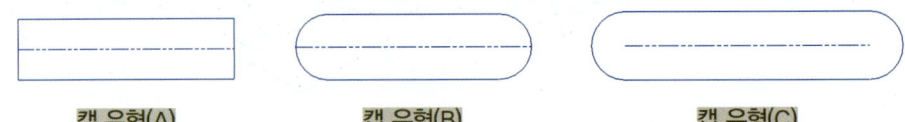

캡 유형(A)　　　　캡 유형(B)　　　　캡 유형(C)

- **캡 필렛 반경(Cap Fillet radius)** : 평면 캡 모서리에 적용할 반경을 지정합니다(이 옵션은 캡 유형이 선으로 설정된 경우에만 사용할 수 있습니다).

필렛 반경이 0이면 반경 적용(Apply radii if fillet radius = 0)

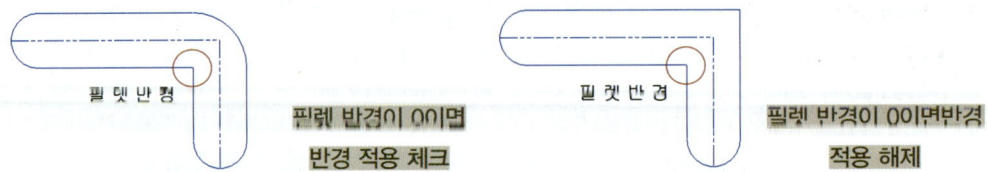

- **명령을 시작할 때 이 다이얼로그를 표시합니다(Show this dialog when the command begins)** : 대화상자 표시를 On/Off 시킵니다.

2.4 2D 스케치 요소 도구

스케치 지오메트리를 조작하기 위한 2D 명령이 있는 목록이 두 개 있습니다.
조작 명령에는 이동, 회전, 대칭, 배율 및 늘이기가 있습니다.

1. 이동(Move)

▸ 홈 탭 ⇒ 그리기 그룹 ⇒ 이동
▸ Home Tap ⇒ Draw Group ⇒ Move

한 위치에서 다른 위치로 요소를 옮깁니다. 하나 이상의 요소를 한 번에 옮길 수 있습니다.

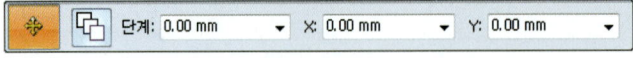

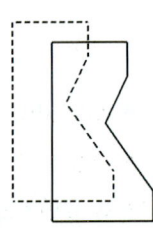

- **복사(Copy)** : 선택 집합의 요소를 복사 합니다.
- **단계(Step)** : 거리 단계 값으로 설정합니다.
- **X 좌표(X Coordinate)** : 이동할 점의 X 좌표를 지정합니다.

- **Y 좌표(Y Coordinate)** : 이동할 점의 Y 좌료를 지정합니다.

예
1. 이동 명령을 선택합니다.
2. 요소를 복사하려면 이동 명령 모음에서 복사 버튼을 클릭합니다.
3. 마우스를 클릭하여 시작점을 정의합니다.
4. 마우스를 클릭하여 끝점을 정의합니다.

2. 회전(Rotate)

➡ 홈 탭 ⇒ 그리기 그룹 ⇒ 이동 ⇒ 회전
➡ Home Tap ⇒ Draw Group ⇒ Move ⇒ Rotate

하나 이상의 2D 요소를 지정된 점을 중심으로 정확한 거리나 각도로 회전시킵니다.

- **회전 각도(Angle)** : 회전 참조 축을 기준으로 회전 각도를 표시하는 임시 선입니다.
- **위치 지정 각도(Position)** : 회전 중심과 회전 시작점으로 정의되는 임시 선입니다.

예
1. 요소를 하나 이상 선택합니다.
2. 회전 명령을 선택합니다.
3. 요소를 복사 및 회전하려면 회전 명령 모음에서 복사 버튼을 클릭합니다.
4. 회전 중심의 위치 (A)를 클릭합니다.(회전의 동적 참조 축이 표시됩니다.)

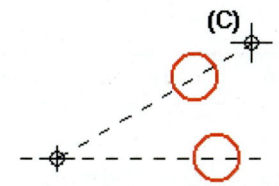

5. 마우스를 움직이면 회전축과 회전할 요소가 동적으로 표시됩니다. 클릭하여 회전축의 다른 쪽 끝을 정의합니다.(참조 축의 위치는 회전 시작 점(B)을 정의합니다.)
6. 원하는 위치에 요소를 배치하고 마우스를 클릭하여 회전 끝점(C)을 정의합니다.

3. 미러(Mirror)

- 홈 탭 ⇒ 그리기 그룹 ⇒ 미러
- Home Tap ⇒ Draw Group ⇒ Mirror

사용자가 정의한 선 또는 축을 중심으로 하나 이상의 선택된 요소를 대칭 복사 또는 이동합니다.

- **각도(Angle)** : 미러 선 위치 각도를 지정합니다.

예
1. 요소를 하나 이상 선택합니다.
2. 미러 명령을 선택합니다.
3. 미러링된 요소를 복사하려면 미러 명령 모음에서 복사 버튼을 클릭합니다.
4. 마우스를 사용하여 미러 축을 강조 표시합니다. 미러링된 요소가 미러 축의 반대쪽에 동적으로 표시됩니다.

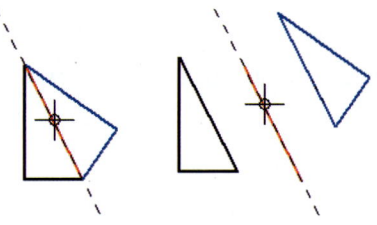

5. 미러링된 요소가 원하는 위치에 배치되도록 커서를 위치 지정한 다음 클릭합니다.

4. 배율(Scale)

- 홈 탭 ⇒ 그리기 그룹 ⇒ 미러 ⇒ 배율
- Home Tap ⇒ Draw Group ⇒ Mirror ⇒ Scale

선택한 요소를 정의한 배율만큼 축소 또는 확대합니다. 배율 조정이 가능한 요소에는 텍스트 상자와 같이 프레임이 지정된 요소입니다.

- **배율(Scale)** : 요소가 축소 또는 확대되는 양을 지정합니다.

chapter 02 기본 스케치 기법

- **참조(Reference)** : 배율 인수를 1로 만들기 위해 배율 원점에서 마우스 커서까지의 동적 선 길이를 어느 정도로 할 것인지 지정합니다.

예
1. 요소를 하나 이상 선택합니다.
2. 배율 명령을 선택합니다.
3. 배율이 지정된 요소를 복사하려면 명령 모음에서 복사 버튼을 클릭합니다.
4. 원하는 배율 원점의 위치를 클릭합니다(A). 배율 원점에 십자선이 표시되고 배율 원점과 커서 사이에 선이 동적으로 표시됩니다.

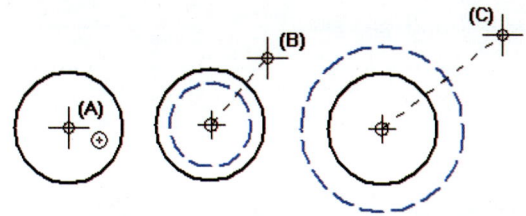

5. 요소가 원하는 크기(B, C)가 될 때까지 마우스 커서를 이동한 후 클릭합니다.

5. 늘리기(Stretch)

➡ 홈 탭 ⇒ 그리기 그룹 ⇒ 미러 ⇒ 늘리기
➡ Home Tap ⇒ Draw Group ⇒ Mirror ⇒ Stretch

선택 영역의 내용을 이동시켜서 지오메트리를 확장시킵니다.

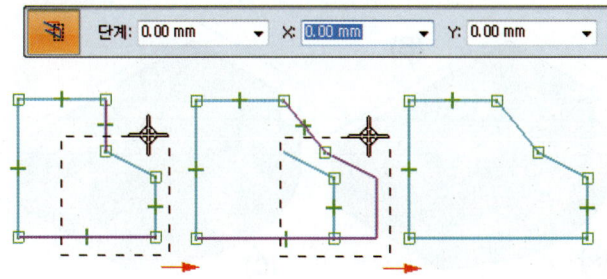

- **단계 거리(Step distance)** : 단계 거리 값을 설정합니다.
- **X 좌표(X Coordinate)** : 이동할 점의 X좌표를 지정합니다.
- **Y 좌표(Y Coordinate)** : 이동할 점의 Y좌표를 지정합니다.

예
1. 스케치 명령을 선택합니다.

❷ 마우스를 클릭하여 펜스의 첫 번째 모서리를 정의합니다.
❸ 마우스를 클릭하여 펜스의 두 번째 모서리인 대각 모서리를 정의합니다.
❹ 마우스를 클릭하여 늘리기 시작점을 정의합니다.
❺ 마우스를 클릭하여 늘리기 끝점을 정의합니다.

> **Tip**
> 이동, 회전, 미러, 배율 명령을 실행 시 Ctrl 키를 누른 상태에서 명령어를 실행하면 복사가 진행 되면서 명령어가 실행됩니다.

6. 포함(Include)

➡ 홈 탭 ⇒ 그리기 그룹 ⇒ 포함
➡ Home Tap ⇒ Draw Group ⇒ Include

파트 모서리 또는 스케치 요소를 현재 프로파일 평면에 복사합니다. 요소를 연관적 또는 비연관적으로 포함시킬 수 있습니다.

프로파일 윈도우에 요소를 배치할 수 있을 뿐만 아니라, 3D 윈도우에 파트 모서리를 배치할 수도 있습니다.

예를 들어, 파트 모서리(A)를 선택하여 현재 프로파일 평면(B)에 포함시킬 수 있습니다. 그런 다음 포함된 모서리를 현재 프로파일에 사용할 수 있습니다.

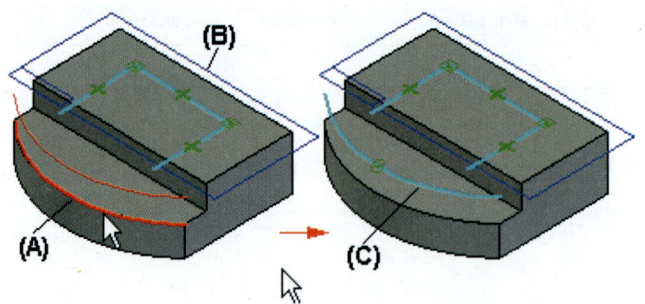

1) 포함된 요소 및 연결성

특수한 관계 핸들을 사용하여 요소가 다른 요소에 연관적으로 연결되었음을 나타낼 수 있습니다. 핸들은 요소가 같은 문서(로컬) 또는 다른 문서(피어 간)의 요소에 연관적으로 연결되었는지 여부를 나타냅니다.

chapter 02 기본 스케치 기법

연결(로컬)	
연결(피어 간)	

링크 관계 심볼을 삭제하여 포함된 요소에서 연관된 링크를 끊을 수 있습니다.

2) 다른 문서의 요소 포함

다른 파트의 요소를 포함시키면 두 파트가 공통 특징을 공유할 때 유용합니다. 예를 들어, 포함 명령으로 기존 파트의 모서리를 복사하여 새 파트의 기본 형상을 정의하는 데 필요한 2D 지오메트리를 생성할 수 있습니다.

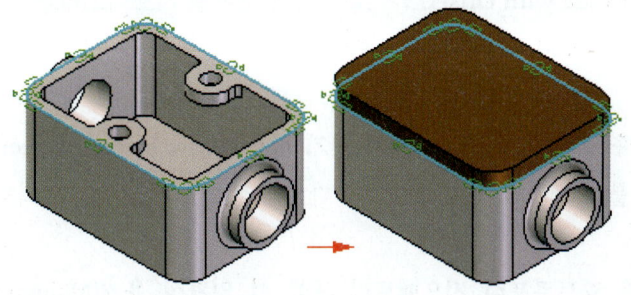

새 지오메트리를 연관적으로 생성하는 경우 원본이 부모 지오메트리를 수정하면 자식 지오메트리도 함께 업데이트됩니다. 부모 파트의 크기를 변경하면 베이스 형상에 대해 포함된 자식 지오메트리도 업데이트됩니다.

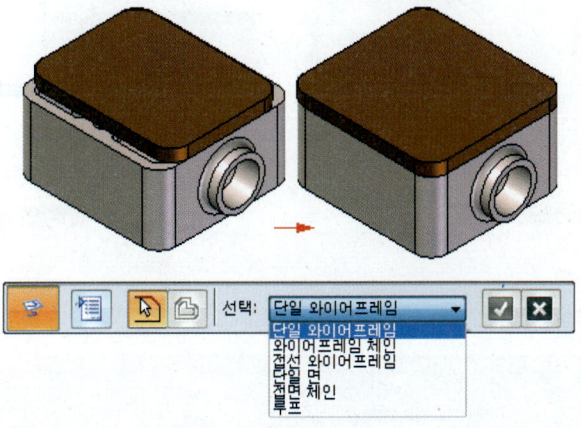

- **포함 옵션(Include Options)** : 포함 옵션 다이얼로그 표시합니다.
- **선택(Select)** : 명령의 선택 단계를 활성화합니다.

- 옵셋(Offset) : 명령의 옵셋 단계를 활성화합니다.
- 선택 유형(Select) : 포함 작업을 위해 선택하려는 요소의 유형을 지정합니다.

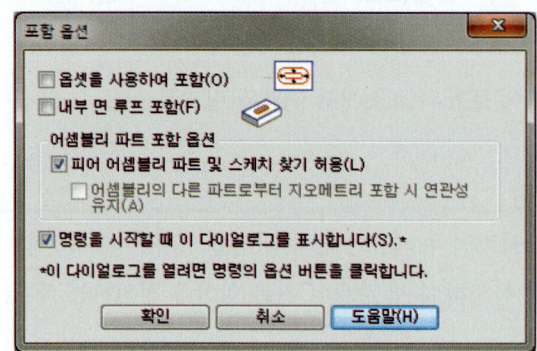

- 옵셋으로 포함(Include with Offset) : 부모 형상의 포함된 지오메트리를 옵셋하도록 지정합니다.
- 내부 면 루프 포함(Include internal face loops) : 면을 선택할 때 함께 포함시킬 내부 가장 자리를 지정합니다.
- 피어 어셈블리 파트 및 어셈블리 스케치 찾기 허용(Allow locate of peer assembly parts and sketches) : 어셈블리 스케치 및 어셈블리의 다른 파트를 통해 지오메트리를 찾고 선택할 수 있습니다.
- 어셈블리의 다른 파트로부터 지오메트리 포함 시 연관성 유지(Maintain associativity when including geometry from other parts in the assembly) : 포함된 지오메트리가 피어 파트 또는 어셈블리 스케치에 연결되도록 지정합니다. 지오메트리에 연관적으로 연결되어 있음을 나타내기 위해 특수 관계 심볼 이 사용됩니다.

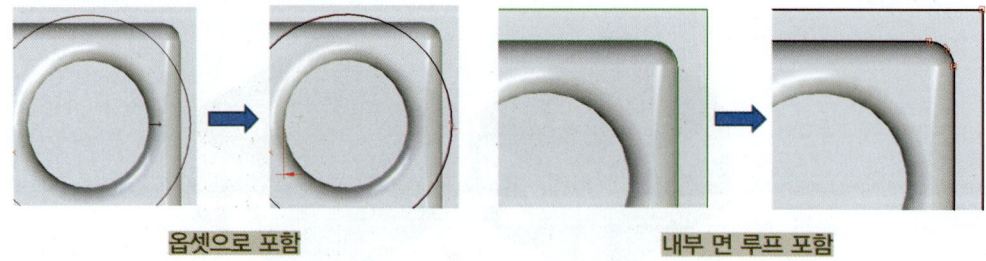

옵셋으로 포함   내부 면 루프 포함

7. 컨스트럭션(Construction)

➡ 홈 탭 ⇒ 그리기 그룹 ⇒ 컨스트럭션
➡ Home Tap ⇒ Draw Group ⇒ Construction

스케치 요소를 컨스트럭션 요소로 변경합니다. 컨스트럭션 요소를 사용하면 프로파일을 그리거나 구속조건을 부여하는데 유용하게 사용됩니다. 형상이 생성되면 컨스트럭션 지오메트리는 무시됩니다.

chapter 02 기본 스케치 기법

- 컨스트럭션 요소는 이중 체인 선 스타일을 사용하기 때문에 다른 요소와 쉽게 구별할 수 있습니다.

- 오른쪽 그림과 같이 45도 컨스트럭션 선을 사용하여 프로파일 또는 스케치에 있는 탭의 위치를 제어할 수 있습니다.

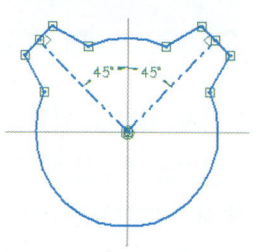

- 컨스트럭션 선을 사용하면 탭의 위치를 쉽게 편집할 수 있습니다. 그러나 컨스트럭션 선은 완성 모델을 만드는 데 사용되지 않습니다.

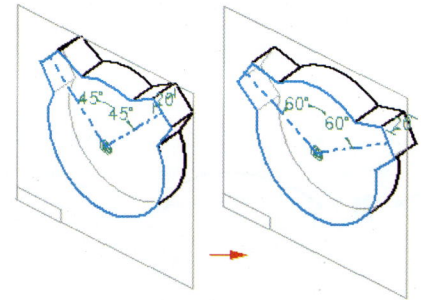

- 그림(A)과 같이 중심선을 기준으로 두 개의 원을 그릴 경우 중심선도 스케치 요소로 인식하여 프로파일 오류가 발생합니다. 컨스트럭션을 선택하여 그림(B)과 같이 중심선을 컨스트럭션 요소로 변경하면 그림(C)과 같은 형상을 만들 수 있습니다.

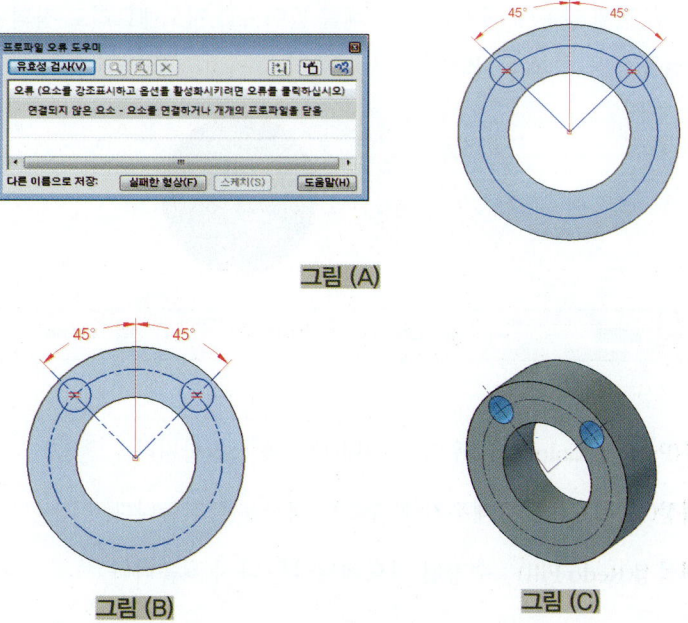

111

8.  곡선으로 변환(Convert To Curve)

➡ 홈 탭 ⇒ 그리기 그룹 ⇒ 곡선으로 변환
➡ Home Tap ⇒ Draw Group ⇒ Convert To Curve

선형, 사각형, 원형을 B 스플라인 곡선으로 변환합니다.

곡면을 생성할 때에는 곡선 편집이 매우 중요합니다. B스플라인으로 변환하면 초기 모델을 편집하기 쉬워집니다.(B 스플라인 곡선을 분석 지오메트리로 변환할 수 없습니다.)

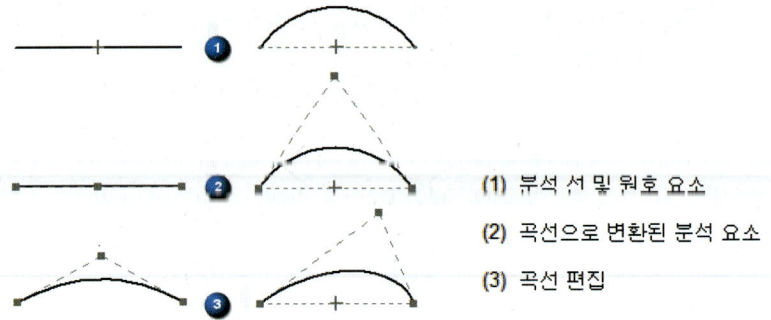

(1) 분석 선 및 원호 요소
(2) 곡선으로 변환된 분석 요소
(3) 곡선 편집

9. 채우기(Fill)

➡ 홈 탭 ⇒ 그리기 그룹 ⇒ 채우기
➡ Home Tap ⇒ Draw Group ⇒ Fill

채우기 명령은 닫힌 경계 안쪽에 배치합니다. 예를 들어, 2D 지오메트리로 정의된 영역을 채우고 도면 뷰에 표시된 파트를 채울 수 있습니다.

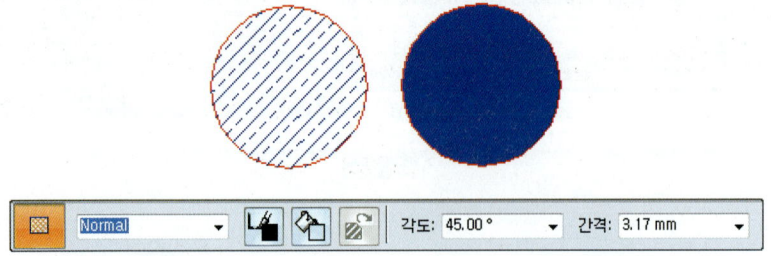

- 패턴 색상(Pattern Color) : 채우기의 패턴 색상을 설정합니다.
- 솔리드 색상(Solid Color) : 채우기에 솔리드 색상을 설정합니다.
- 채우기 재설정(Redo Fill) : 수정된 지오메트리를 다시 채웁니다.

- **각도(Angle)** : 채우기의 각도를 설정합니다.
- **간격(Spacing)** : 채우기에서 패턴 선의 간격을 조정합니다.

(A) 오브젝트의 내부를 클릭하여 채울 때 커서 위치가 채우기 삽입 점이 됩니다.
(B) 또한 채우기 삽입 점이 채우기 핸들입니다. 채우기 핸들을 선택한 다음 채우기를 다른 개체로 끌 수 있습니다.
(c) 채우기 재실행 옵션을 사용하여 새 경계를 기반으로 영역을 다시 채울 경우 삽입 점은 개체의 다시 채울 면을 나타냅니다.

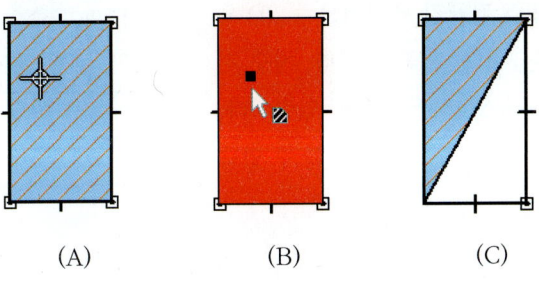

(A)　　　　(B)　　　　(C)

10. 회전축(Axis of Revolution)

➡ 홈 탭 ⇒ 그리기 그룹 ⇒ 회전축
➡ Home Tap ⇒ Draw Group ⇒ Axis of Revolution

회전시킬 형상의 회전축을 정의합니다. 이 명령은 회전된 형상의 프로파일 단계에 있을 때만 사용할 수 있습니다. 요소, 파트 모서리, 참조축 또는 수직 참조 평면의 모서리를 회전축으로 정의할 수 있습니다.

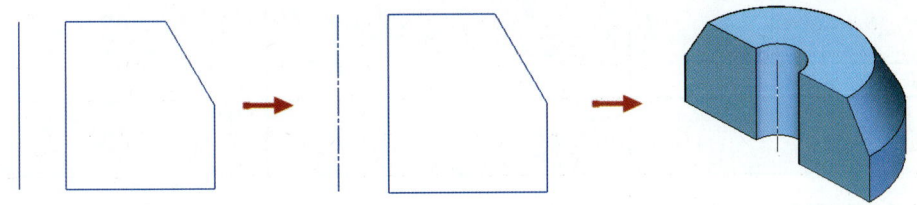

11. 스케치 지우기(Clean Sketch)

➡ 홈 탭 ⇒ 그리기 그룹 ⇒ 스케치 지우기
➡ Home Tap ⇒ Draw Group ⇒ Clean Sketch

DXF 및 DWG 파일 형식으로 생성된 데이터와 같이 Solid Edge로 가져온 비기본 지오메트리중 중복 및 겹치는 지오메트리를 이동하거나 삭제하는 데 사용됩니다.

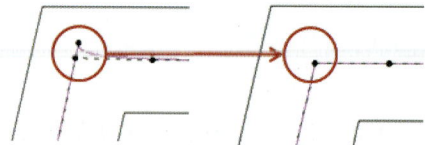

12. 눈금 사용(Working with grids)

눈금을 사용하면 작업 윈도우에서 알려진 위치를 기준으로 요소를 그리고 수정할 수 있습니다. 또한 일련의 교차선 또는 교차점과 X 및 Y 좌표가 표시되므로, 2D 요소를 정밀하게 그릴 수 있습니다. 모든 스케칭, 치수 지정 및 주석 기능에서 눈금을 사용할 수 있습니다. IntelliSketch 및 선택 명령에서도 눈금을 사용할 수 있습니다.

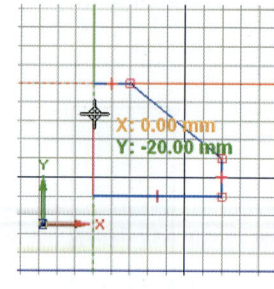

1) 눈금 표시 및 설정 옵션

눈금 옵션 명령을 사용하여 눈금 모양을 지정하고 눈금 표시 옵션을 설정 및 해제할 수 있는 눈금 옵션 다이얼로그를 열 수 있습니다.

수행 가능 작업	다이얼로그에서 이러한 옵션 사용	리본에서 이 명령 선택
눈금 표시	눈금 표시 및 다음 중 하나 수행 • 선으로 • 점으로	눈금 표시
정렬 선 설정 및 해제	정렬 선 표시	없음
눈금에 스냅 설정 및 해제	눈금 표시 및 다음 중 하나 수행 • 선으로 • 점으로	눈금에 스냅
좌표 표시 설정 및 해제	리드아웃 표시	없음
눈금 간격 변경	각도 주 선 간격 주 선 당 보조 공간	없음
다음 점에 대해 X 및 Y 좌표 입력	키 입력(X, Y)활성화	XY 키 입력
X 및 Y 정렬 선 표시	정렬 선 표시	없음
눈금선 색상 변경	주 선 색상 보조 선 색상	없음
눈금 원본 선 색상 변경	Solid Edge 옵션 다이얼로그의 색상 탭에서 선택 및 강조 표시 색상을 변경합니다.	없음

2) 눈금 단축 키

눈금에 대해 작업하는 동안 단축 키를 사용할 수 있습니다.

chapter 02 기본 스케치 기법

수행 가능 작업	단축키 사용
현재 커서 위치로 눈금 위치 재지정	F8
눈금에 스냅 설정 및 해제	F9
눈금 원점을 0으로 재설정	F12
X 상자의 커서와 함께 X 및 Y 좌표 입력 상자 표시	Alt + X
Y 상자의 커서와 함께 X 및 Y 좌표 입력 상자 표시	Alt + Y

3) 눈금이 작동하는 방법

2D 요소를 그리고, 치수 지정 및 주석 처리할 때 눈금이 드래프트에 프로파일 및 스케치 모드로 표시됩니다. 표시되는 X 및 Y 좌표는 윈도우에서 임의의 위치에 배치할 수 있는 원점(A)을 기준으로 합니다. 원점은 X 원점 선과 Y 원점 선의 교차로 표시됩니다.

커서를 움직이면 커서 위치와 원점 간의 수평 및 수직 거리(B)가 동적으로 표시됩니다.

치수 및 주석을 추가할 때 눈금에 스냅 옵션이 설정되어 있으면 해당 치수와 주석이 눈금선 및 눈금점에 스냅됩니다.

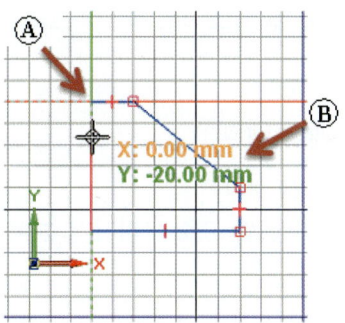

4) ⌐ 0 원점(Zero Origin)

0 원점 명령은 원점을 다음과 같이 자동으로 재설정합니다.

- 드래프트에서 도면 눈금 원점이 도면 시트 (0,0) 좌표로 재설정됩니다.

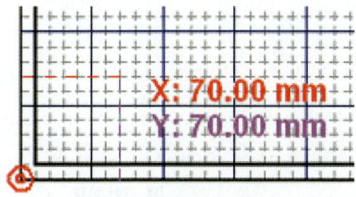

- 프로파일 및 스케치에서 도면 눈금 원점이 현재 참조 평면 중심의 (0,0) 좌표로 재설정됩니다.트에서 도면 눈금 원점이 도면 시트 (0,0) 좌표로 재설정됩니다.

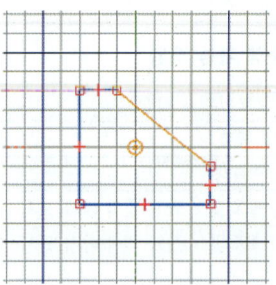

- 동기식 모델링에서는 도면 눈금과 스케치 평면 원점이 모두 현재 잠겨진 스케치 평면 중심의 (0,0,0) 좌표와 방향으로 재설정됩니다.

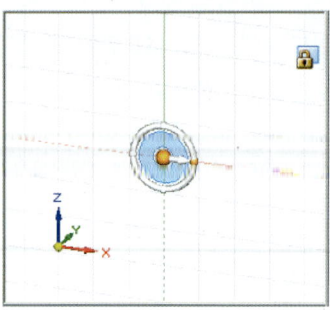

5) 원점 위치 재지정(Reposition Origin)
- 정확한 위치에 2D 요소 그리기 또는 배치.
- 다른 요소를 기준으로 정확한 거리에 2D 요소 그리기 또는 배치.
- 눈금 각도를 변경합니다.
- 다른 요소에 수평 및 수직으로 유지할 치수 및 구속조건을 추가합니다.

6) 눈금 옵션(Grid Options)
다이얼로그의 모든 옵션은 서로 독립적으로 설정될 수 있습니다.

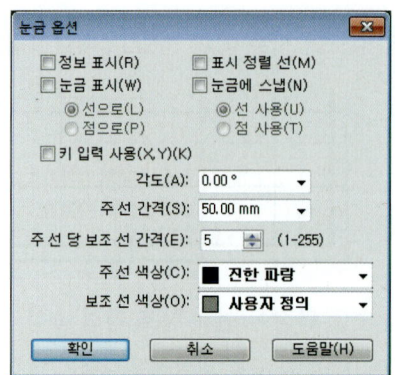

- **정보 표시(Show readouts)** : 커서 근처에 X 및 Y 좌표 값을 표시합니다.
- **표시 정렬 선(Show alignment lines)** : 커서에 연결된 X 및 Y 정렬 선을 표시합니다.
- **눈금 표시(Show grid)** : 선 또는 점으로 격자를 표시합니다.
- **눈금에 스냅(Snap to grid)** : 커서가 커서의 정확한 위치가 아닌 눈금에 스냅되도록 지정합니다.
- **키 입력 사용(Enable key-ins)** : 그래픽 윈도우의 왼쪽 하단에 X 및 Y 데이터 항목 상자를 표시합니다.
- **각도(Angle)** : 눈금 각도를 지정하여 눈금을 원하는 각도로 회전할 수 있습니다.
- **주 선 간격(Major line spacing)** : 주 선 사이의 거리를 지정합니다.
- **주 선당 보조 선 간격(Minor spaces per major)** : 주 선 사이의 보조 공간 수를 지정합니다(1~255).
- **주 선 색상(Major line color)** : 주 선의 색상을 지정합니다.
- **보조 선 색상(Minor line color)** : 보조 선 색상을 지정합니다.

03 형상 구속조건(지오메트리 관계)

지오메트리 관계에서는 다른 요소 또는 참조 평면에 대한 요소의 방향을 제어합니다. 예를 들어, 선과 원호 사이에 접함 관계를 정의할 수 있습니다. 인접한 요소가 변경되어도 두 요소 사이의 접함 관계는 계속 유지됩니다.

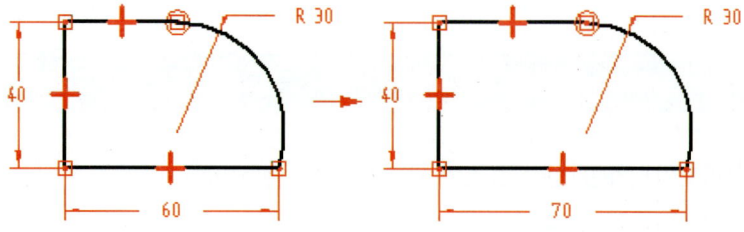

지오메트리 관계는 편집 시 스케치가 변경되는 방식을 제어합니다. IntelliSketch에서는 사용자가 스케치를 그림에 따라 지오메트리 관계를 표시하고 배치합니다. 스케치가 완성되면 다양한 관계 명령 및 관계 도우미를 사용하여 지오메트리 관계를 추가로 적용할 수 있습니다.

관계	핸들		대칭	) (
동일 선상에 배치	○		대칭	) (
연결(자유 각도 1도)	×		평행	//
연결(자유 각도 2도)	⊡		수직	⌐
동심	◎		필렛	⌒
동일	=		모따기	⌐
수평/수직	┼		연결(로컬)	⊗
접함	○		연결(피어 간)	
접함(접함 + 동일 곡률)	○		연결(스케치 간)	
접함(평행 접선 벡터)	♀		고정 세트(2-D 요소)	□
접함(평행 접선 벡터 + 동일 곡률)	♀			

관계 핸들(지오메트리 관계를 나타내는 데 사용되는 심볼)

1. ⌐ 연결(Connect) : ×, ⊡

   ➡ 홈 탭 ⇒ 관계 생성 그룹 ⇒ 연결
   ➡ Home Tap ⇒ Relate Group ⇒ Connect

두 요소를 연결합니다.(끝점 연결 관계와 점 연결 관계의 관계 심볼이 다릅니다.)

연결 예제

A. 한 요소의 키포인트가 또 다른 요소의 키포인트와 연결됩니다.

B. 한 요소의 키포인트가 또 다른 요소의 임의의 점과 연결됩니다.

예제(A)   예제(B)

예 ❶ 홈 탭→관계 그룹→연결을 선택합니다.
❷ 키포인트에서 요소를 클릭합니다.

chapter 02 기본 스케치 기법

❸ 또 다른 요소 또는 키포인트를 클릭합니다.(A) 한 요소가 이동하여 요소가 연결됩니다.(B)

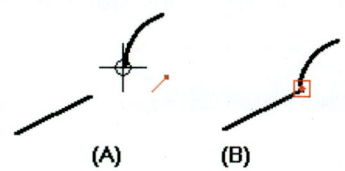

2. 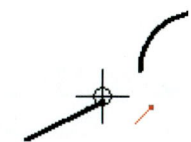 수평/수직(Horizontal/Vertical) :

➡ 홈 탭 ⇒ 관계 생성 그룹 ⇒ 가로/세로
➡ Home Tap ⇒ Relate Group ⇒ Horizontal/Vertical

선 또는 키포인트를 수평 또는 수직으로 만듭니다.

수평/수직 예제

A. 선을 수평 또는 수직으로 만듭니다.
B. 키포인트를 수평 또는 수직으로 정렬(원의 중심점 사이에 수평 및 수직 관계을 적용)합니다.

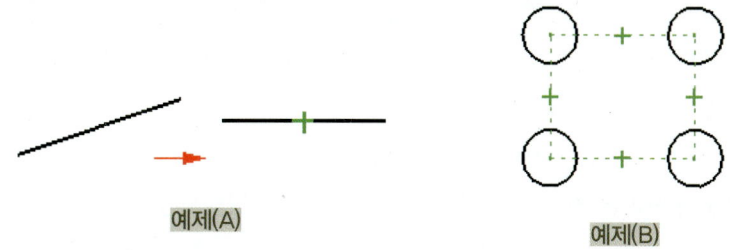

예 ❶ 홈 탭→관계 그룹→수평/수직을 선택합니다.
❷ 선을 선택(A)하여 수평으로 변경합니다.(B)

3. 접선(Tangent)

⇒ 홈 탭 ⇒ 관계 생성 그룹 ⇒ 접선
⇒ Home Tap ⇒ Relate Group ⇒ Tangent

두 요소를 접하게 만듭니다. 예를 들어, 직선과 원호 사이의 끝점에 접선 관계를 적용합니다.

명령어 바의 유형에는 다음과 같은 종류가 있습니다.
- **접선**(Tangent) : 두 요소가 접하도록 지정합니다.
- **접선+동일한 곡률**(Tangent+Equal Curvature) : 두 요소가 접하고 동일한 곡률 반경을 갖도록 지정합니다.
- **평행 접선 벡터**(Parallel Tangent Vectors) : 두 요소의 접선 벡터가 평행하도록 지정합니다.
- **평행 접선 벡터+동일 곡률**(Parallel Tangent Vectors+Equal Curvature) : 두 요소의 접선 벡터가 평행하고 동일한 곡률 반경을 갖도록 지정합니다.

범례	
○	접선
ō	접함 + 동일 곡률
♀	평행 접선 벡터
♀̄	평행 접선 벡터 + 동일 곡률

예 두 요소를 끝점에서 접하게 하기
❶ 홈 탭 → 관계 그룹 → 접선을 선택합니다.
❷ 두 끝점이 만나는 점을 클릭합니다.(A) 두 요소가 접도록 요소가 조정됩니다.(B)

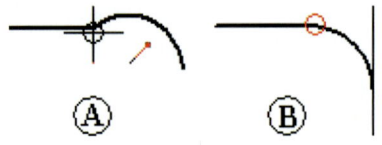

한 요소를 끝점이 연결된 일련의 요소에 접하게 하기
❶ 홈 탭→관계 그룹→접선을 선택합니다.
❷ 요소를 클릭합니다.(A)

chapter 02 기본 스케치 기법

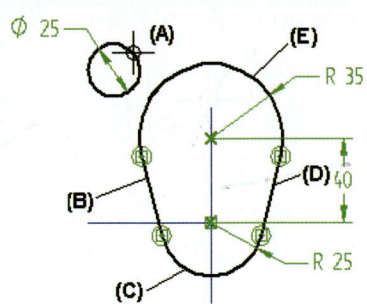

❸ Shift 키를 누른 채로 (B)에서 (E)까지의 요소를 클릭합니다. Shift 키를 놓으면 접선관계가 적용됩니다.(F)

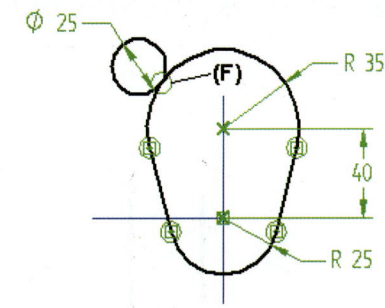

4. 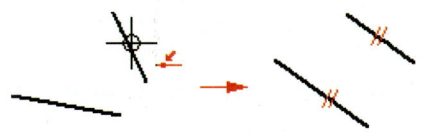 평행(Parallel) :

▸ 홈 탭 ⇒ 관계 생성 그룹 ⇒ 평행
▸ Home Tap ⇒ Relate Group ⇒ Parallel

두 선을 평행하게 만듭니다.

예 ❶ 홈 탭→관계 그룹→평행 관계를 선택합니다.
❷ 선을 클릭합니다.

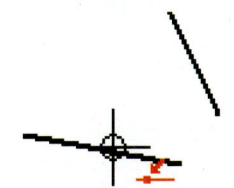

❸ 또 다른 선을 클릭합니다.(A) 한 선이 이동하여 두 선이 서로 평행이 됩니다.(B)

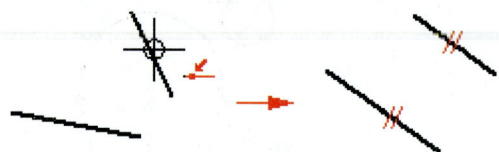

5. 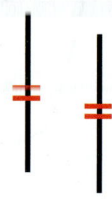 동일(Equal) : =

> ⇒ 홈 탭 ⇒ 관계 생성 그룹 ⇒ 같음
> ⇒ Home Tap ⇒ Relate Group ⇒ Equal

요소를 동일하게 만듭니다. 선의 길이, 원호 및 원의 반경에 동일 관계를 적용할 수 있습니다.

예 ❶ 홈 탭→관계 그룹→같음을 선택합니다.
❷ 요소를 클릭합니다.

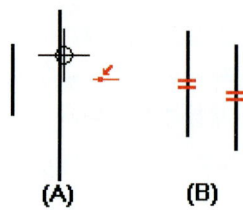

❸ 또 다른 요소를 클릭합니다.(A) 선택한 요소가 동일하게 됩니다.(B)

chapter 02 기본 스케치 기법

6. 동심(Concentric) :

➡ 홈 탭 ⇒ 관계 생성 그룹 ⇒ 동심
➡ Home Tap ⇒ Relate Group ⇒ Concentric

원호 또는 원을 다른 원호 또는 원과 동심이 되게 만듭니다.

예 ❶ 홈 탭→관계 그룹→동심을 선택합니다.
❷ 원호 또는 원을 클릭합니다.(A)

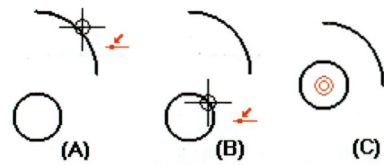

❸ 또 다른 원호 또는 원을 선택합니다.(B) 한 요소가 이용하여 두 요소가 동심을 이룹니다.(C)

7. 수직(Perpendicular) :

➡ 홈 탭 ⇒ 관계 생성 그룹 ⇒ 수직
➡ Home Tap ⇒ Relate Group ⇒ Perpendicular

두 요소가 수직이 되게 만듭니다. 두 개의 선, 선과 원호 또는 선과 원을 서로 수직이 되게 만들 수 있습니다.

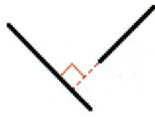

예 ❶ 홈 탭→관계 그룹→ 직교를 선택합니다.
❷ 선을 클릭합니다.

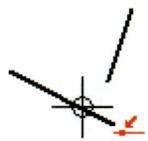

❸ 선, 원호, 원을 클릭합니다(A). 한 선이 이동하여 두 선이 서로 수직이 됩니다(B).

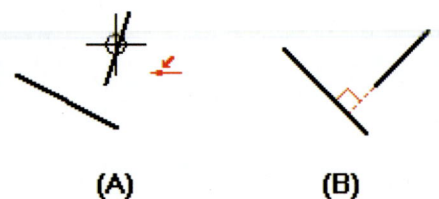

8. 동일 직선상(Collinear) :

➡ 홈 탭 ⇒ 관계 생성 그룹 ⇒ 동일 직선상
➡ Home Tap ⇒ Relate Group ⇒ Collinear

두 선을 동일 선상에 배치되게 합니다.

예 ❶ 홈 탭→관계 그룹→동일 직선상을 선택합니다.
❷ 한 선(A)을 클릭한 다음 또 다른 선(B)을 클릭합니다. 한 선이 이동하여 다른 한 선과 같은 선 위에 배치됩니다(C)

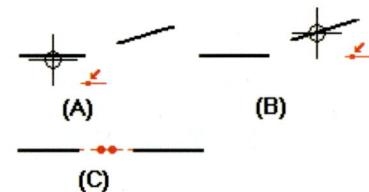

9. 대칭(Symmetric) :

➡ 홈 탭 ⇒ 관계 생성 그룹 ⇒ 대칭
➡ Home Tap ⇒ Relate Group ⇒ Symmetric

요소를 축을 중심으로 대칭을 이루게 만듭니다. 축 양쪽에 있는 요소의 특징(예: 크기, 위치 등)은 대칭 관계에 의해서 그대로 유지됩니다. 이 명령을 사용하는 경우 대칭 축으로 사용할 기존 선을 선택할 수 있습니다.

chapter 02 기본 스케치 기법

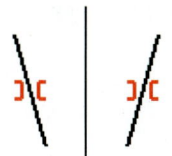

예 ❶ 대칭 명령 을 선택합니다.
❷ 대칭 축(A)으로 사용할 기존 선을 클릭합니다.
❸ 축을 중심으로 대칭을 이룰 첫 번째 요소를 클릭합니다. (B)

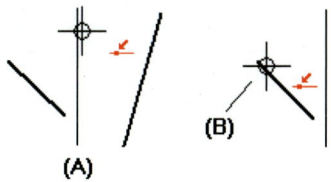

❹ 축(C)을 중심으로 대칭을 이룰 다른 요소를 클릭합니다. 두 요소가 지정한 축을 중심으로 대칭이 되었습니다(D).

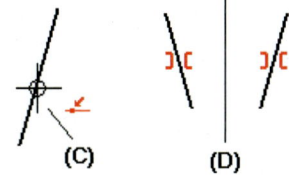

10. 대칭 축(Symmetry Axis)

➡ 홈 탭 ⇒ 관계 생성 그룹 ⇒ 대칭 축
➡ Home Tap ⇒ Relate Group ⇒ Symmetric Axis

    대칭 축 명령은 대칭 명령에서 대칭 축으로 사용할 선을 활성화합니다. 대칭 명령을 실행하면 선택한 요소가 대칭 축을 중심으로 대칭을 이루며 배치됩니다. 대칭 축이 활성화되어 있지 않은 상태에서 대칭 명령을 사용하면 대칭 축으로 사용할 선을 선택하라는 메시지가 나타납니다.

11. 잠금(Lock) :

➡ 홈 탭 ⇒ 관계 생성 그룹 ⇒ 잠금
➡ Home Tap ⇒ Relate Group ⇒ Lock

    특정 작업을 수행하는 동안 요소 및 키포인트를 수정할 수 없도록 제어합니다. 치수 값 변경 또는 새 위치로 끌기 같은 재계산이 필요한 작업을 수행하는 동안에는 잠금 관계가 적용된 키포인트를 수정할 수 없습니다. 그러나 조작 명령(이동, 회전, 미러, 배율, 늘이기)으로 이동할 수 있으며 조작이 끝난 후 새 위치에서 수정됩니다.

키포인트에 잠금 관계를 추가할(A) 경우 키포인트에서 만나는 요소는 해당 키포인트를 사용하여 수정할 수 없습니다. 그러나 다른 키포인트에서는 자유롭게 이동할 수 있습니다. 요소에 잠금 관계를 추가할(B) 경우에는 전체 요소를 수정할 수 없습니다.

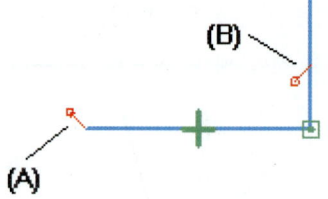

12. 강성 세트(Rigid Set) :

➡ 홈 탭 ⇒ 관계 생성 그룹 ⇒ 강성 세트
➡ Home Tap ⇒ Relate Group ⇒ Rigid Set

2D 요소 집합에 고정 설정 관계를 추가합니다.

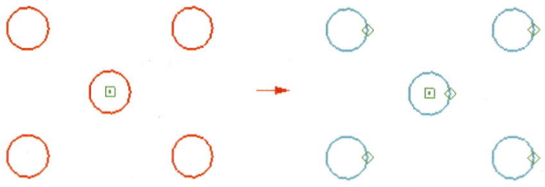

강성 세트는 다음과 같은 작업을 수행할 수 있습니다.

A. 요소 집합을 클릭하여 이동합니다.
B. 요소 집합 클릭하여 회전합니다.
C. 요소 집합과 다른 요소 또는 참조 평면 사이에 관계를 적용합니다.

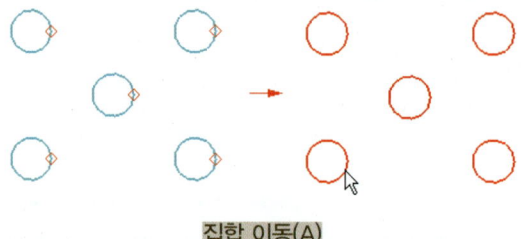

집합 이동(A)

chapter 02 기본 스케치 기법

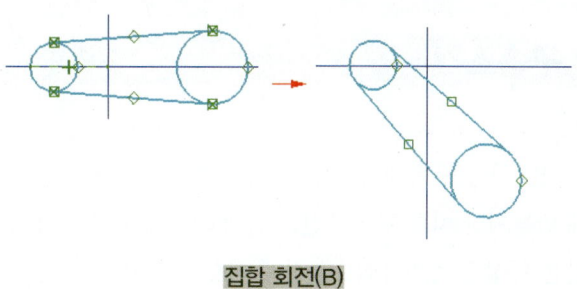

집합 회전(B)

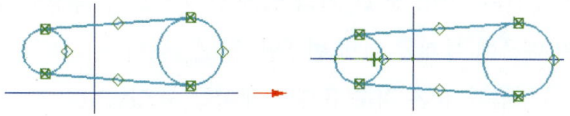

집합과 다른 요소 또는 참조 평면 사이에 관계 적용(C)

13. 관계 유지(Maintain Relationships)

➧ 홈 탭 ⇒ 관계 생성 그룹 ⇒ 관계 유지
➧ Home Tap ⇒ Relate Group ⇒ Maintain Relationships

적용된 지오메트리 관계를 기억합니다. 이 옵션을 설정하면 IntelliSketch에서 인식하는 관계 및 관계 명령을 사용하여 적용하는 관계에 대한 2D 와이어프레임 지오메트리의 관계 핸들을 배치하고 기억합니다.

14. 관계 핸들(Relationship Handles)

➧ 홈 탭 ⇒ 관계 생성 그룹 ⇒ 관계 핸들
➧ Home Tap ⇒ Relate Group ⇒ Relationship Handles

2D 요소의 관계 핸들을 표시하거나 숨깁니다.

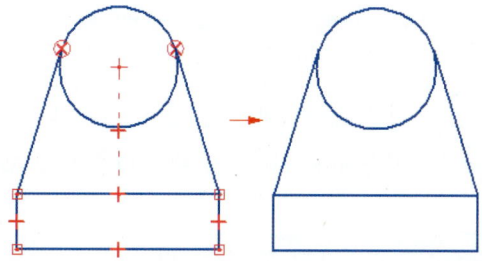

04 치수 구속조건

스케치 치수 사용은 2D 형상 구속에 중요한 부분을 차지합니다. 형상 구속조건은 스케치를 안정화시키고 예측 가능하게 만들지만 치수 구속조건은 설계 의도에 따라 스케치 크기를 지정합니다. 요소의 크기, 위치 및 방향 같은 특성을 측정하여 2D 설계 지오메트리에 치수를 추가할 수 있습니다. 수평 또는 수직 방향을 기준으로 선의 길이, 점 간 거리 또는 선의 각도를 측정할 수 있습니다. 치수가 참조되는 2D 요소에 연결되기 때문에 설계를 쉽게 변경할 수 있습니다.

치수 명령을 사용하여 다음과 같은 치수 유형을 배치할 수 있습니다.

- 선형 치수(A)
- 각 치수(B)
- 직경 치수(C)
- 방사형 치수(D)
- 치수 그룹(E)

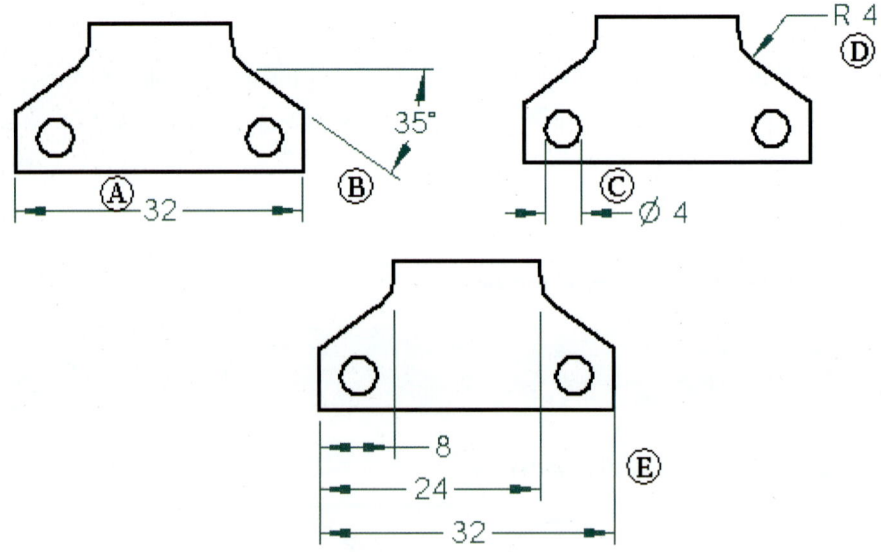

설계에서 개별 형상의 치수들이 서로 관련되어 있는 경우가 많습니다. 수식을 통해 이러한 유형의 설계 관계를 정의하여 자동화할 수 있습니다. 치수를 선택한 다음 도구 탭의 변수 명령을 사용하여 공식을 입력할 수 있습니다.

다음과 같은 경우에 치수를 수식으로 사용할 수 있습니다.

- 다른 치수로 치수를 구동할 경우: 치수 A = 치수 B

chapter 02 기본 스케치 기법

- 공식으로 치수를 구동할 경우: 치수 A = pi * 3.5
- 공식 및 다른 치수로 치수를 구동할 경우: 치수 A = pi * 치수 B

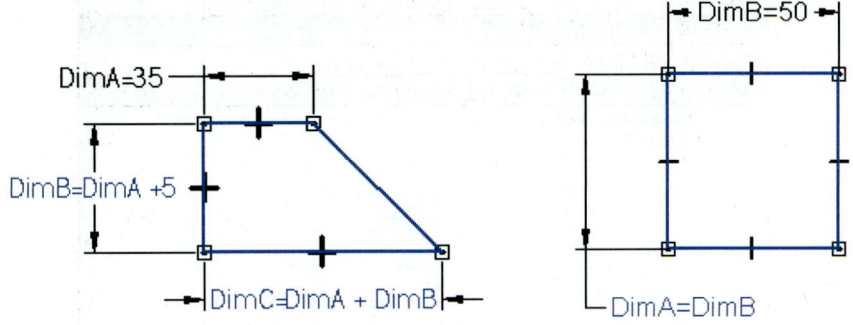

1. 스마트 치수(Smart Dimension)

➡ 홈 탭 ⇒ 치수 그룹 ⇒ Smart Dimension
➡ Home Tap ⇒ Dimension Group ⇒ Smart Dimension

단일 요소의 치수나 두 개의 요소 사이 또는 같은 모델의 다른 도면 뷰에 있는 요소 사이의 치수를 배치합니다.

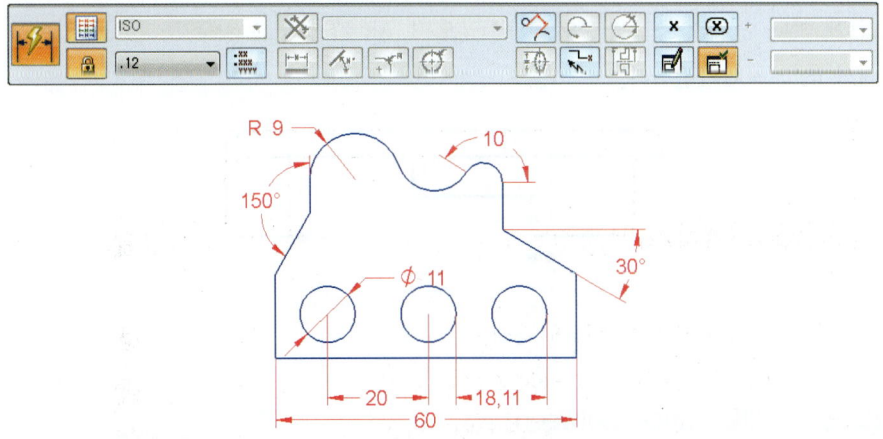

1) 키보드 단축키 사용

치수를 기입하기 위해 클릭하기 전에 다음 키를 사용할 수 있습니다.

수행 가능 작업	단축키 사용
선형 치수와 각노 치수 간에 변경합니다.	A
PMI의 경우 순서에 따라 치수 방향을 이전 치수 평면으로 다시 변경합니다.	B
반경 치수와 직경 치수 간에 변경합니다.	D
PMI의 경우 교차점을 선택합니다.	I
PMI의 경우 순서에 따라 치수 방향을 다음 치수 평면으로 변경합니다.	N
요소(A) 간의 수평 또는 수직 거리 입니다. 최소 거리(B)입니다.	Shift
방사형 또는 직경 치수의 경우 치수에 투영선 연장이 추가됩니다.	Alt
자동 찾기가 꺼지고 다른 요소를 선택하여 치수를 지정할 수 있습니다.	Q

2) 조그 추가

 Alt + 클릭을 사용하여 스마트 치수 명령으로 생성된 선형, 직경 및 치수 간 거리의 수평 또는 수직 치수 투영 선에 하나 이상의 조그를 추가할 수 있으며, Alt 키를 누른 채로 조그 키포인트를 클릭하여 기존 치수에서 조그를 제거됩니다.

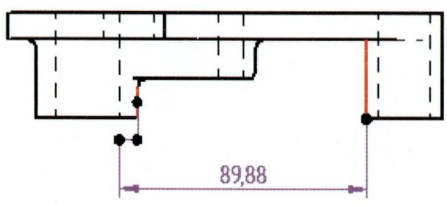

2. 요소간 거리(Distance Between)

➡ 홈 탭 ⇒ 치수 그룹 ⇒ 요소간 거리
➡ Home Tap ⇒ Dimension Group ⇒ Distance Between

 요소 또는 키포인트 간의 거리를 측정하는 선형 치수를 배치합니다. 스택(A) 또는 체인 치수 그룹(B)에 선형 치수를 배치할 수 있습니다. 선형 치수를 기존 선형 치수 그룹에 추가할 수도 있습니다.

chapter 02 기본 스케치 기법

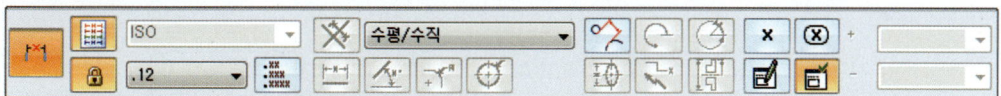

- **스틱** : 가장 작은 값에서부터 가장 큰 값까지 서로 다른 수준으로 배열된 일련의 개별치수 입니다. 스틱 치수 그룹은 공통 원점에서 위치를 측정합니다.
- **체인** : 직선 위에 정렬된 일련의 치수입니다. 연결된 치수 그룹은 요소에서 요소까지의 위치를 측정합니다.

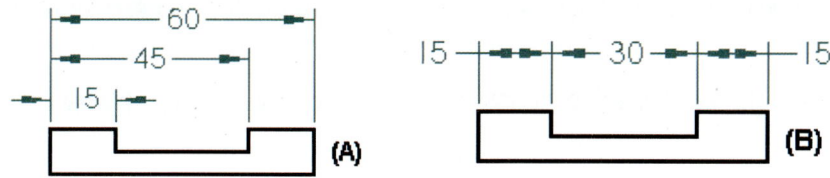

※ 치수 관련 자세한 내용은 Draft에서 자세하게 다루겠습니다.

05 기타 스케치 명령

5.1 스케치 관계 상태 표시

1. 관계 색상(Relationship Colors)

➡ 검사 탭 ⇒ 계산 그룹 ⇒ 관계 색상
➡ Inspect Tap ⇒ Evaluate Group ⇒ Relationship Colors

 Solid Edge 순서 지정 환경 스케치를 편집할 대 이 명령이 요소에 대한 자유도를 기반으로 요소의 색상을 표시합니다. 예를 들어, 완전히 구속된 요소의 색은 완전히 구속되지 않은 요소의 색상과 다르게 표시됩니다.

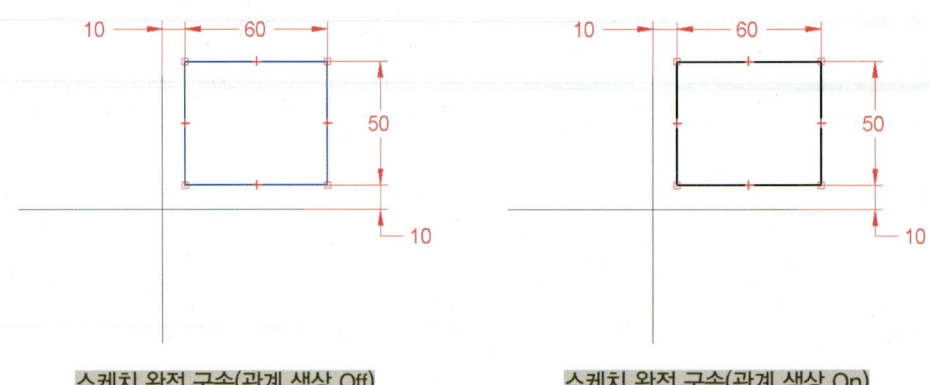

스케치 완전 구속(관계 색상 Off)   스케치 완전 구속(관계 색상 On)

Solid Edge 옵션의 색상 탭에서 완전 구속 및 불완전 구속 색상을 제어할 수 있습니다.

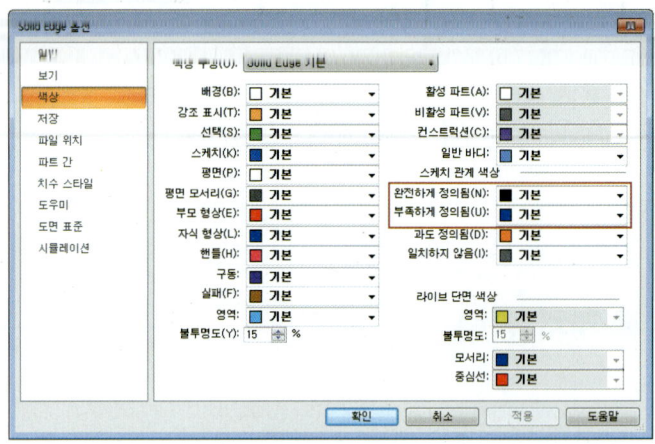

2. 관계 도우미(Relationship Assistant)

➡ 홈 탭 ⇒ 관계 생성 그룹 ⇒ 관계 도우미
➡ Home Tap ⇒ Relate Group ⇒ Relationship Assistant

선택한 요소에 치수 및 관계를 자동으로 배치합니다. 관계 도우미 다이얼로그를 사용하여 어떤 치수와 관계를 적용할 것인지 지정할 수 있습니다.

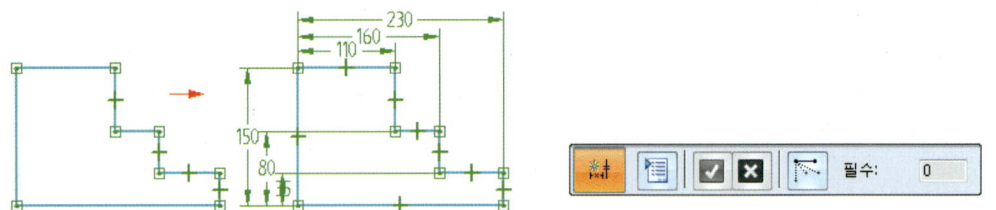

chapter 02 기본 스케치 기법

- 관계 도우미 옵션(Relationship Assistant Option) : 관계 도우미 옵션을 제어합니다.
  - ▶ 지오메트리 페이지(Geometry Page) : 관계 도우미 명령에 의해 배치될 관계의 종류를 설정합니다.
  - ▶ 치수 페이지(Dimension Page) : 관계 도우미 명령에 의해 배치될 치수의 종류를 지정합니다.

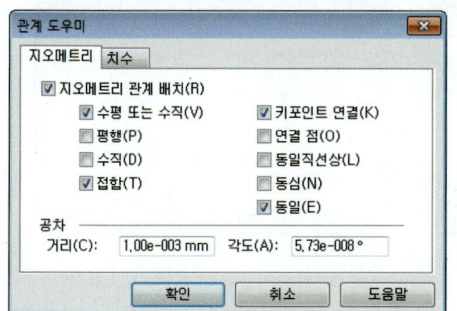 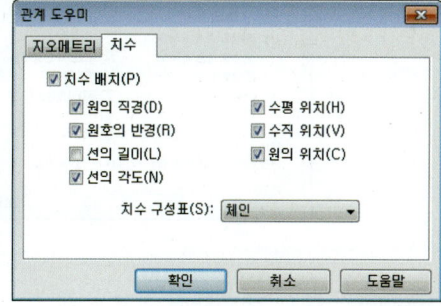

지오메트리 페이지　　　　　　　치수 페이지

- 관계 도우미 - 가변성 표시(Relationship Assistant-Show Variability) : 형상을 완전히 구속하는 데 필요한 관계 수를 계산하고 그래픽 윈도우에서 형상이 변경되는 방법을 확인할 수 있습니다.

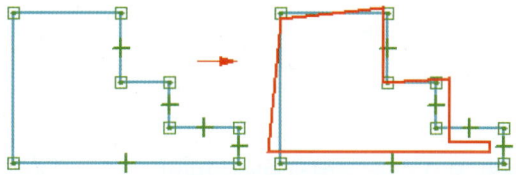

관계 도우미 옵션 사용하기

step1 관계 도우미.par을 Open합니다.

step2 PathFinder에서 스케치2를 선택 후 프로파일 편집을 선택합니다.

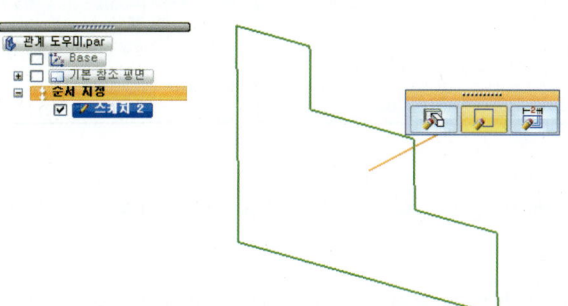

133

● step3 관계 도우미 명령을 선택합니다. 아래와 같이 옵션을 선택합니다.

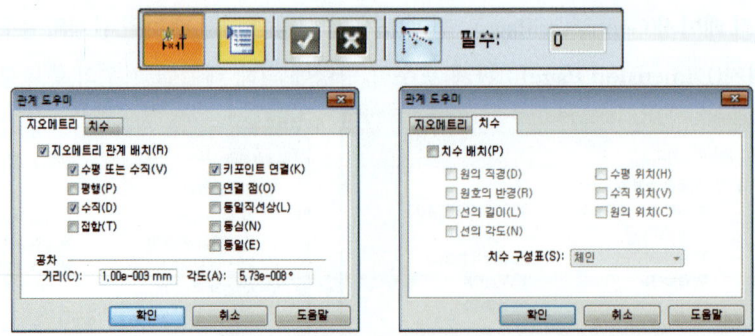

● step4 확인 → 스케치 전체 드래그 →수용 버튼 또는 마우스 오른쪽 버튼 클릭합니다.

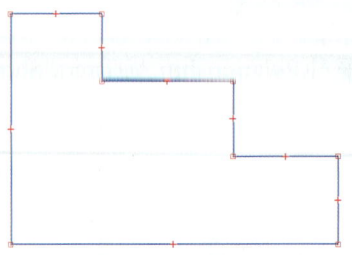

● step5 옵션에 선택한 형상 구속 조건이 입력됩니다.

● step6 관계 도우미 명령을 선택합니다. 아래와 같이 옵션을 선택합니다.

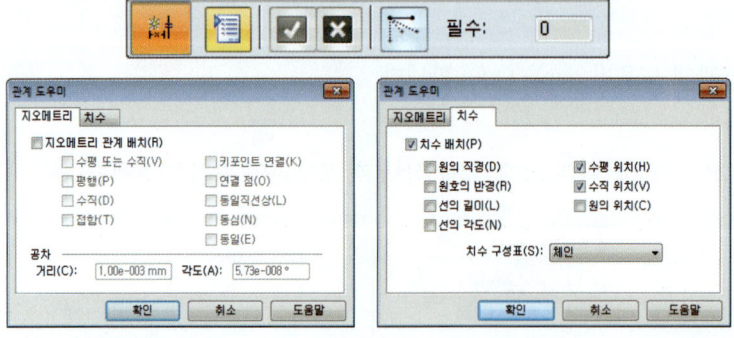

● step7 확인 → 스케치 전체 드래그 → 수용 버튼 또는 마우스 오른쪽 버튼 클릭합니다.

● step8 수평 치수 원점(A)과 수직 치수 원점(B)을 선택합니다.

chapter 02 기본 스케치 기법

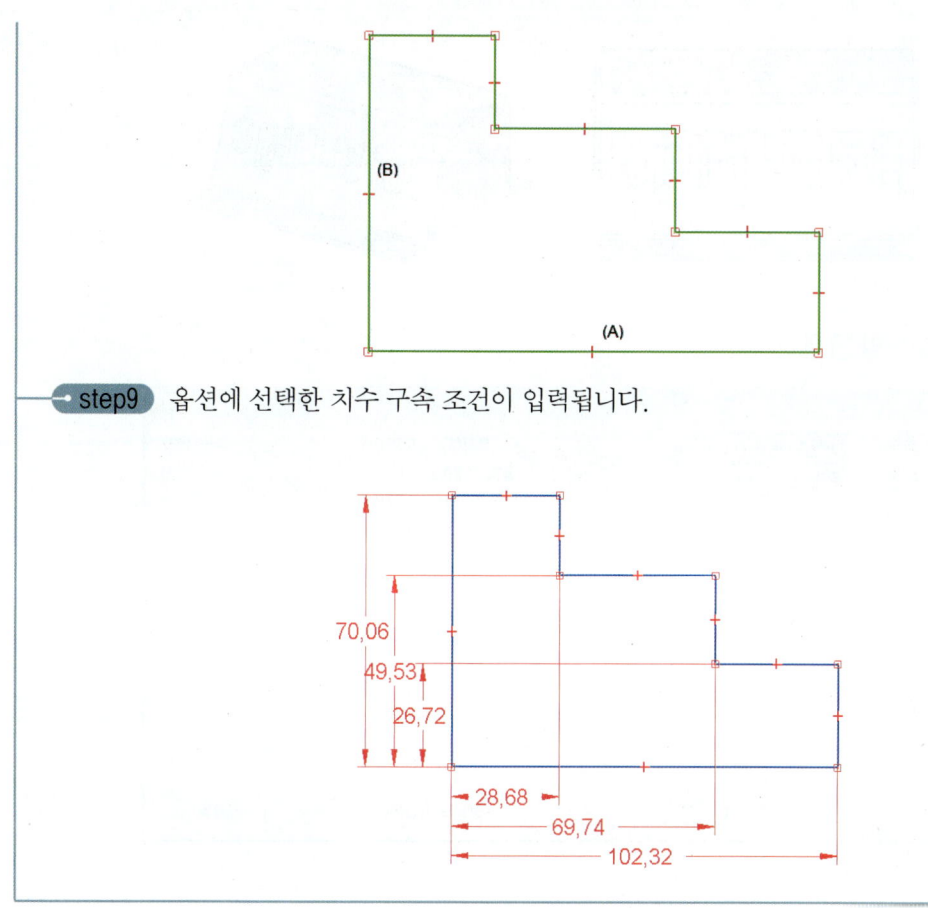

step9 옵션에 선택한 치수 구속 조건이 입력됩니다.

5.2 텍스트 및 이미지 입력

1. 텍스트 프로파일(Text Profile)

➡ 도구 탭 ⇒ 삽입 그룹 ⇒ 텍스트 프로파일
➡ Tools Tap ⇒ Insert Group ⇒ Text Profile

텍스트를 스케치 요소로 만들고 배치합니다. 이 기능으로 파트에 레이블이나 스탬프 번호와 같은 텍스트를 나타내는 형상을 만들 수 있습니다. 텍스트 프로파일을 볼록 효과 텍스트 형상으로 사용할 수도 있습니다.

텍스트 프로파일을 배치하면 기본적으로 상자에 다음과 같이 표시됩니다.

135

1) 텍스트 프로파일 옵션

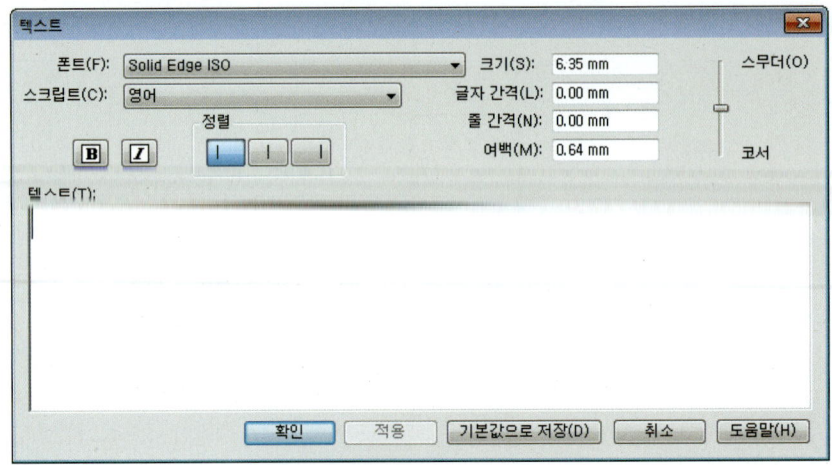

- **폰트**(Font) : 텍스트 프로파일 폰트를 설정합니다. 컴퓨터에 설치된 폰트를 불러옵니다. (Solid Edge Stencil 폰트를 사용하는 것이 좋습니다. 이 폰트를 제조용으로 고안되었습니다.)
- **스크립트**(Script) : 사용 가능한 스크립트를 나열합니다.

- **굵게**(Bold) : 텍스트를 굵게 표시합니다.
- **기울임꼴**(Italic) : 텍스트를 기울림꼴로 표시합니다.

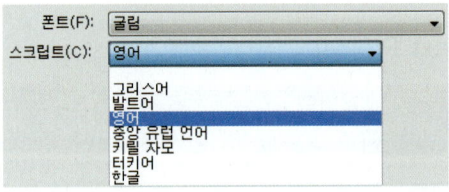

- **정렬**(Alignment) : 텍스트 프로파일 상자 내에서 수평 텍스트 정렬을 지정합니다.
- **크기**(Size) : 텍스트 크기를 적용합니다.
- **글자 간격**(Letter Spacing) : 글자 간격을 나열하고 적용합니다.

chapter 02 기본 스케치 기법

- **줄 간격(Line Spacing)** : 텍스트 줄 사이의 수직 공간 크기를 나열하고 적용합니다.

- **여백(Margin)** : 텍스트와 텍스트 상자 테두리 사이의 여백을 지정합니다.

- **다듬기(Smoothing)** : . 슬라이더를 위나 아래로 이동하여 텍스트의 부드러운 정도를 조정할 수 있습니다.

2) 텍스트 배치 옵션

마우스를 클릭하여 텍스트 프로파일을 배치하기 전에 T 키를 눌러 텍스트 방향을 변경할 수 있습니다.

3) 텍스트 방향 및 위치 지정

텍스트에서 아홉 개의 고정 점 중 하나를 지정하고 그래픽 윈도우에서 배치 점을 클릭하여 텍스트 프로파일을 배치합니다.

앵커 점	텍스트 프로파일 모양	앵커 점	텍스트 프로파일 모양
위쪽 왼쪽	solid edge	오른쪽 중간	solid edge
위쪽 중간	solid edge	아래쪽 왼쪽	solid edge
위쪽 오른쪽	solid edge	아래쪽 중간	solid edge
왼쪽 중간	solid edge	아래쪽 오른쪽	solid edge
중심	solid edge		

2. 이미지(Image)

➡ 도구 탭 ⇒ 삽입 그룹 → 이미지
➡ Tools Tap ⇒ Insert Group ⇒ Image

문서에 이미지를 삽입합니다.

- Windows 비트맵 이미지 파일(.bmp)
- JPEG 이미지 파일(.jpg)
- TIFF 이미지 파일(.tif)

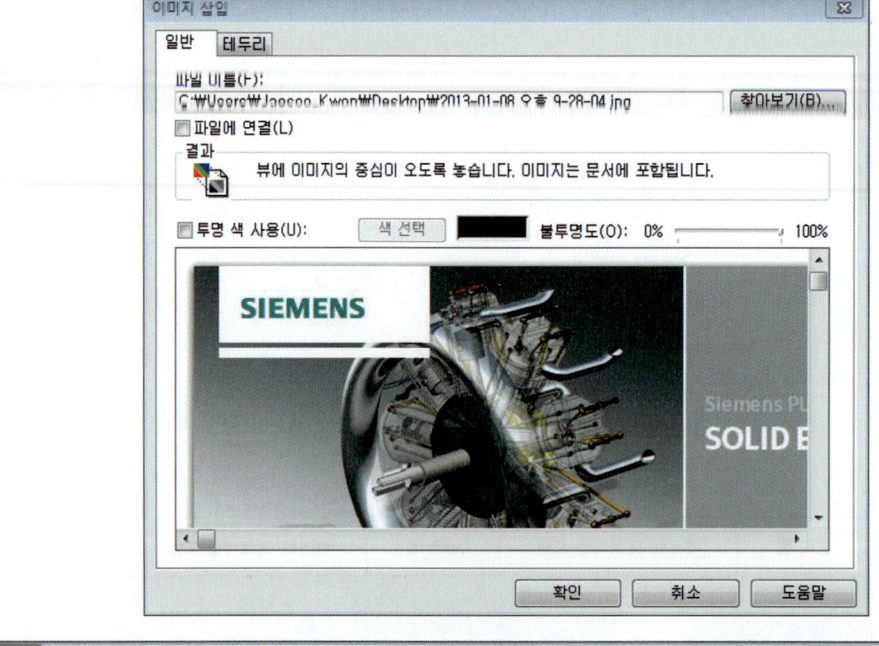

이미지 명령어 바

- **폭(Width)** : 이미지의 폭을 설정합니다.
- **높이(Height)** : 이미지 높이를 설정합니다.
- **각도(Angle)** : 이미지의 방향 각도를 설정합니다.(0도는 X축과 수평 방향입니다.)
- **이미지 등록정보(Image Properties)** : 이미지 테두리 및 기타 등록 정보를 변경할 수 있습니다.
- **수평으로 뒤집기(Flip Horizontal)** : 이미지를 수평으로 뒤집습니다.
- **수직으로 뒤집기(Flip Vertical)** : 이미지를 수직으로 뒤집습니다.

- **가로 세로 비율 잠금**(Lock Aspect Ration) : 이미지의 가로 세로 비율을 잠급니다.
- **가로 세로 비율 재설정**(Reset Aspect Ration) : 이미지 원래 비율로 다시 설정합니다.
- **테두리 표시 토글**(Toggle Border Display) : 이미지 테두리를 표시하거나 숨깁니다.

chapter 03

Part Modeling(단품)

01 솔리드 모델링 워크플로
02 솔리드 모델링 명령
03 솔리드 모델링 형상 다듬기
04 솔리드 모델링 특수 형상 다듬기
05 패턴
06 미러
07 고급 솔리드 모델링
08 다중 바디 모델링
09 파트간 연동을 이용한 모델링
10 형상 직접 수정
11 PMI(Product Manufacturing Information)
12 2D, 3D 측정
13 PathFinder 조작

Solid Edge ST5

01 솔리드 모델링 워크플로

1.1 기본 형상 생성

Solid Edge에서 3D 모델을 만드는 경우 다음과 같이 생각해 보는 것이 좋습니다.
- 어떤 참조 평면에 그려야 하는가?
- 파트의 첫 번째 형상에 대한 최적의 프로파일은 무엇인가?
- 파트에 대칭 형상이 있는가?

1. 참조평면

참조 평면은 일반적으로 3D 공간에서 2D 프로파일을 그릴 때 사용하는 평면 입니다.

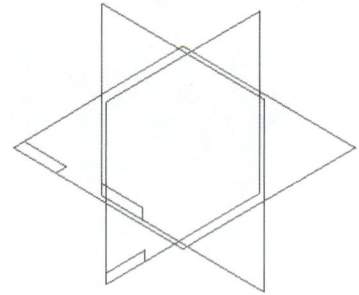

2. 기본 형상 만들기

파트 또는 판금 모델에 대해 생성하는 첫 번째 형상을 기본 형상이라고 합니다. 기본 형상을 만드는 데 여러 가지 명령을 사용할 수 있으나 공통적으로는 프로파일 기반 형상을 기본으로 합니다.

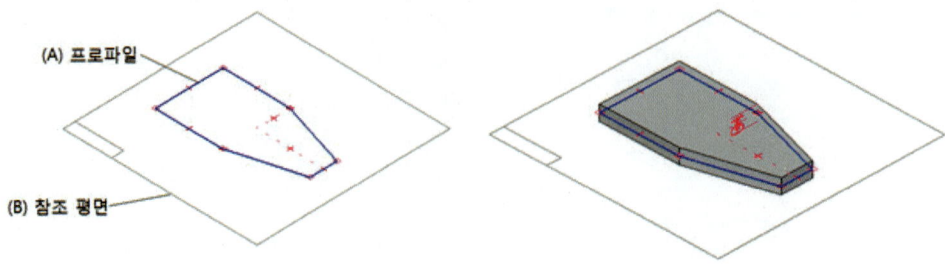

chapter 03 Part Modeling(단품)

3. 기본 형상에 대한 최적의 프로파일 선택

다음과 같이 3가지 프로파일을 사용하여 기본 형상을 만들 수 있습니다.

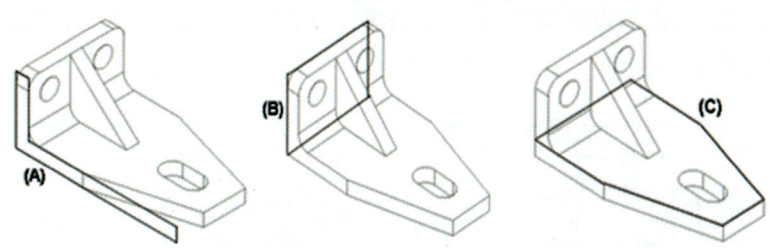

- **프로파일 C (이 모델에서 최적의 프로파일)**

이 프로파일은 모델의 기본 길이와 폭을 정의하고 테이퍼 끝 모양을 포함합니다. 두 개의 추가적인 돌출 형상은 파트의 기본 모양을 완성합니다. 구멍 형상, 컷아웃 형상 및 라운드 형상으로 파트가 완성됩니다.

- **프로파일 A**

L자 모양 프로파일은 적절하지만 모델의 테이퍼 끝을 정의하기 위해 다른 형상이 필요 합니다. 대부분의 경우에 이는 올바른 선택이 될 수 있습니다. 특히 표준 모양 및 돌출로 작업하는 경우에 그렇습니다.

- **프로파일 B (이 모델에서 최하의 프로파일)**

사각형 프로파일을 사용하면 리브 및 테이퍼 주변 재료를 제거하기 위해 다른 여러 형상이 필요합니다.

4. 참조 평면 선택

형상에 사용할 수 있는 윗면 뷰, 정면 뷰, 오른쪽 뷰 총 세 가지 기본 참조 평면이 있습니다. 세 개의 기본 참조 평면은 모델 공간의 정 가운데, 즉 전역 원점에 교차합니다. (그래픽 윈도우의 기본 뷰 방향은 등각 뷰입니다.)

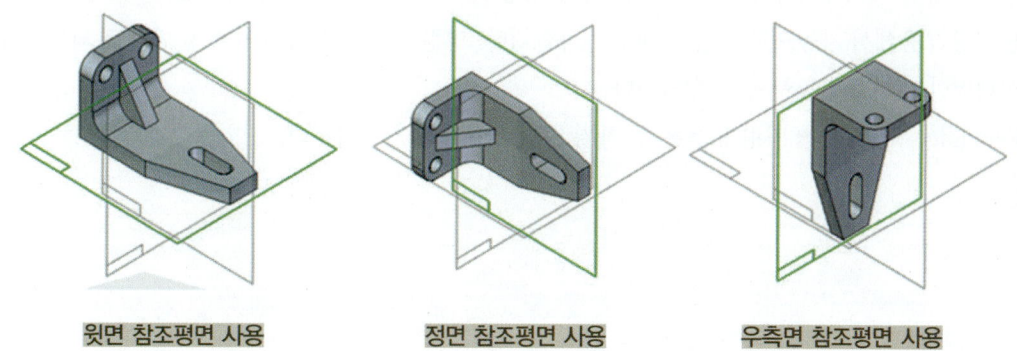

윗면 참조평면 사용　　　정면 참조평면 사용　　　우측면 참조평면 사용

5. 파트 대칭 활용

파트를 모델링할 때는 기본 참조 평면을 사용하여 파트의 대칭 형상을 활용하는 것이 좋습니다. 기본 형상을 위한 프로파일을 그리는 경우 치수 및 관계를 사용하여 정면(A) 및 오른쪽(B) 참조 평면을 기준으로 프로파일의 방향을 대칭으로 지정하는 것이 좋습니다.

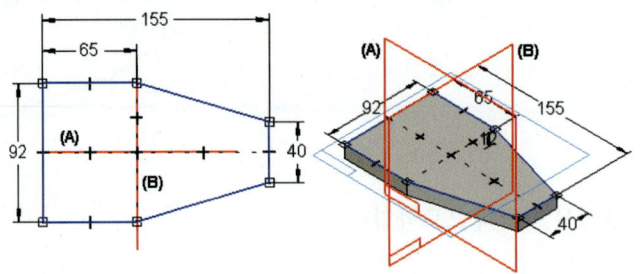

기본 참조 평면을 기준으로 기본 형상에 대한 프로파일 방향을 대칭으로 지정하면 기본 참조 평면을 사용하여 이후 형상의 방향을 대칭으로 지정할 수 있으므로 나머지 모델을 쉽게 만들 수 있습니다.

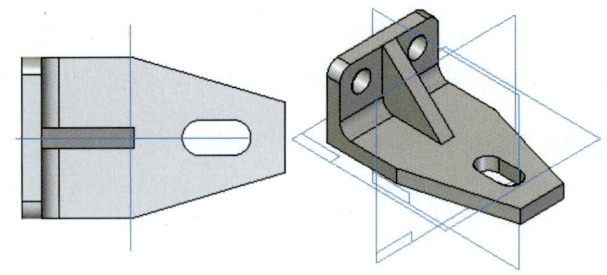

1.2 명령 모음(Command Bar)

형상 생성 워크플로에서의 진행 상황은 형상 명령 모음에 의해 추적됩니다. 필요한 각 단계를 완성하면 명령 모음에서 자동으로 다음 단계로 이동합니다. 명령 모음을 사용하여 이전 단계로 되돌아가거나 선택적인 단계로 이동할 수도 있습니다.

Solid Edge ST5에서는 명령 모음은 두 가지 형태로 표현이 가능합니다.

chapter 03 Part Modeling(단품)

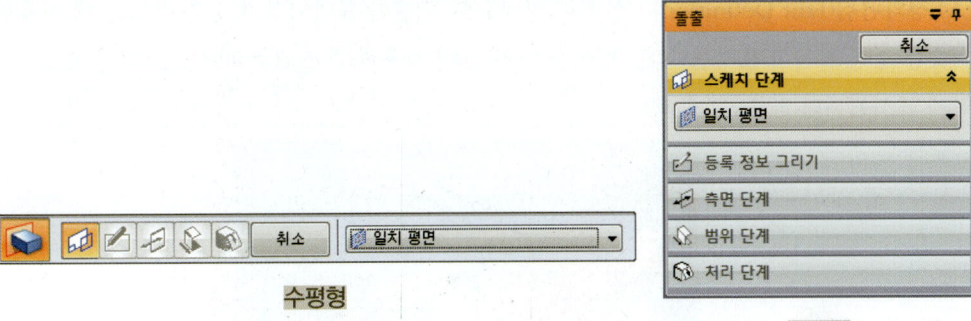

수평형   수직형

명령 모음 변경 방법

응용 프로그램 버튼 > Solid Edge 옵션 > 도우미 탭 > 명령 사용자 인터페이스

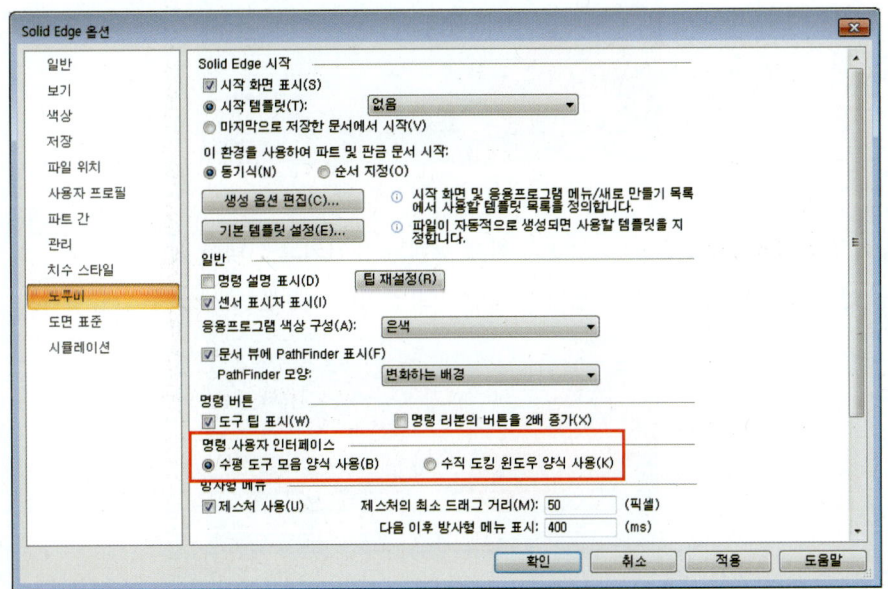

1.3 형상 편집

형상 생성과 동일한 기본 인터페이스가 형상 편집에서 사용됩니다. 형상을 선택하면 선택 명령 모음에 다음과 같은 옵션이 표시됩니다.

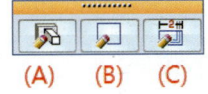

(A)   (B)   (C)

145

- **(A) 정의편집(Edit Definition)** : 선택한 형상으로 모델이 롤백되고 형상을 만드는 데 사용한 것과 비슷한 명령 모음이 표시됩니다. 형상을 만드는 데 사용한 참조 요소와 컨스트럭션 요소도 그래픽 창에 표시됩니다.

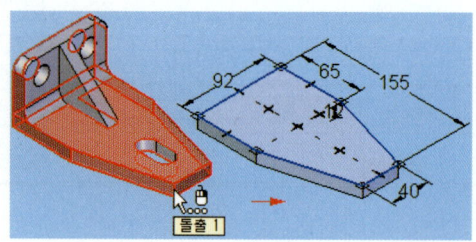

- **(B) 프로파일 편집(Edit Profile)** : 프로파일 뷰가 표시되어 프로파일 요소를 추가, 제거 또는 수정할 수 있게 됩니다.

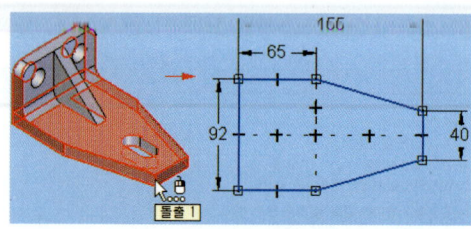

- **(C) 동적 편집 (Dynamic Edit)** : 모델의 현재 상태가 유지되고 선택한 형상의 치수가 표시됩니다. 치수를 선택한 다음 치수 값을 편집하여 형상의 모양이나 위치를 수정할 수 있습니다.

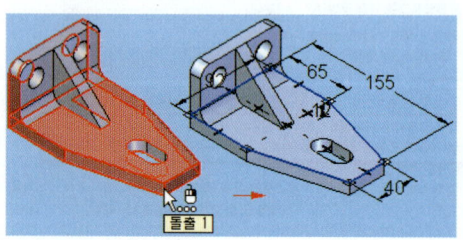

chapter 03 Part Modeling(단품)

02 솔리드 모델링 명령

2.1 돌출(Extrude)

➠ 홈 탭 ⇒ 솔리드 그룹 ⇒ 돌출
➠ Home Tap ⇒ Solid Group ⇒ Extrude

직선 경로를 따라 프로파일을 돌출시킵니다.

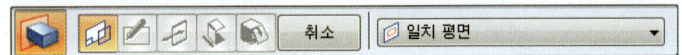

- 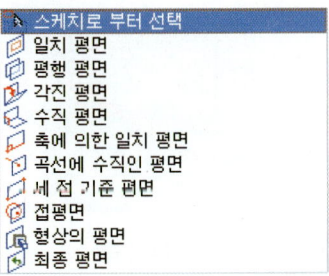 평면 단계(Sketch Step) : 형상을 만들 때 참조 평면에 새 프로파일을 그릴지 또는 기존 스케치를 사용할지 여부를 지정할 수 있습니다.

스케치로부터 선택은 PathFinder에 스케치 히스토리가 있어야 표현됩니다.

- 프로파일 그리기 단계(Draw Profile Step) : 형상을 생성하기 위해 2D 스케치 도구를 이용하여 형상의 단면을 스케치 합니다.

- 측면 단계(Side Step) : 열린 프로파일의 형상을 추가하거나 제거하기 위한 방향을 설정합니다. (프로파일이 닫혀 있는 경우에 측면 단계는 생략됩니다.)

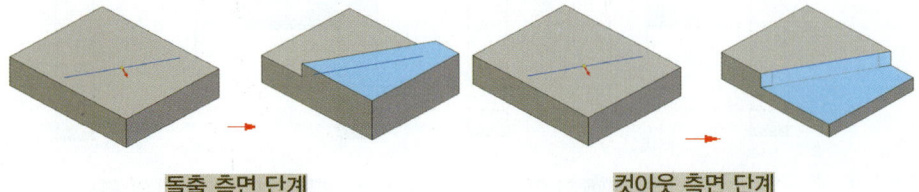

돌출 측면 단계   컷아웃 측면 단계

- 범위 단계(Extent Step) : 형상을 만들기 위한 형상 깊이 또는 프로파일의 확장 길이를 정의합니다.

범위 유형은 다음과 같습니다.

▶ 모두 통과 (Through All) : 프로파일이 평면에서 시작하여 파트의 모든 면에서 돌출하도록 형상 범위를 설정합니다. 프로파일 평면의 한쪽 면 또는 양쪽 면 모두에서 프로파일을 돌출시킬 수 있습니다.

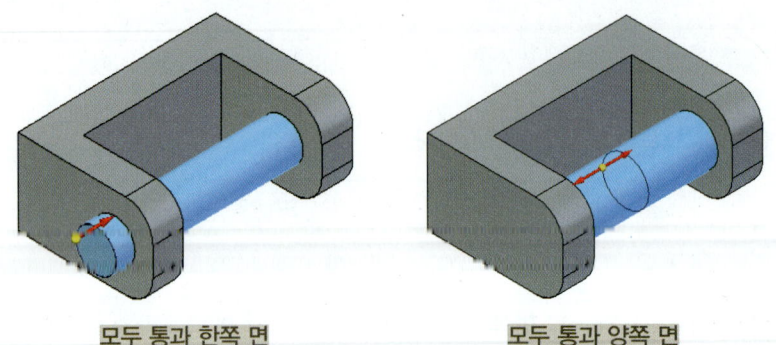

모두 통과 한쪽 면   모두 통과 양쪽 면

마우스 커서를 화살표 노란색 점에 위치하면 양쪽 면으로 화살표가 표시됩니다.

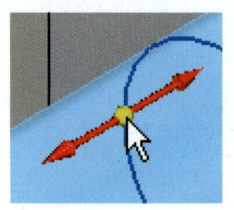

화살표 방향

▶ 다음까지 통과 (Through Next) : 선택된 측면의 파트와 교차하는 그 다음 번 닫힌 교차까지만 통과하여 프로파일이 돌출되도록 형상 범위를 설정합니다. 프로파일 평면의 한 면 또는 양 면 모두에서 프로파일을 돌출시킬 수 있습니다.

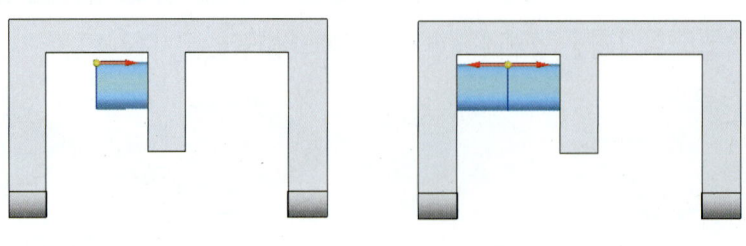

다음 까지 통과 한 면   다음 까지 통과 한 양 면

▶ 시작/끝 범위 (From/To Extent) : 지정된 면이나 참조 평면에서 다른 지정된 면이나 참조 평면까지 프로파일이 투영되도록 형상 범위를 설정합니다.

chapter 03 Part Modeling(단품)

시작/끝 범위 유형은 다음과 같습니다.

- "시작"곡면 : 형상의 시작될 곡면을 지정합니다.
- "끝"곡면 : 형상의 끝날 곡면을 지정합니다.
- 옵셋 : 시작/끝 범위 옵션이 설정된 경우 형상 범위를 옵셋 할 거리를 지정합니다.

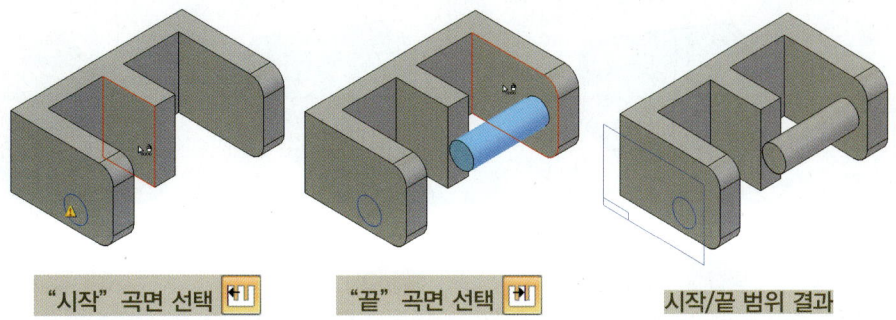

▶ **한정 범위 (Finite Extent)** : 프로파일이 평면의 어느 한 면에 또는 양 면에 대칭적으로 한정된 거리만큼 투영되도록 형상 범위를 설정합니다. 명령 모음의 거리 상자에 거리를 입력할 수 있습니다. 또한 키포인트를 이용하여 형상 범위를 정의할 수 있습니다.

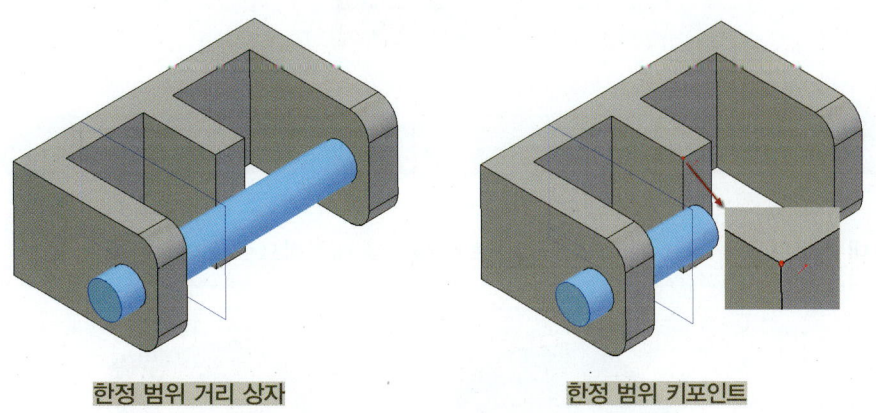

● **비대칭 범위(Non-Symmetric Extent)** : 방향1 및 방향2 옵션이 명령 모음에 추가되어 각 방향에 대해 원하는 범위 옵션을 지정할 수 있게 됩니다.

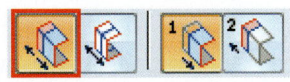

비대칭 범위 사용 방법

- **방향** 1 : 방향 1에 대한 원하는 범위 옵션을 설정합니다.
- **방향** 2 : 방향 2에 대한 원하는 범위 옵션을 설정합니다.

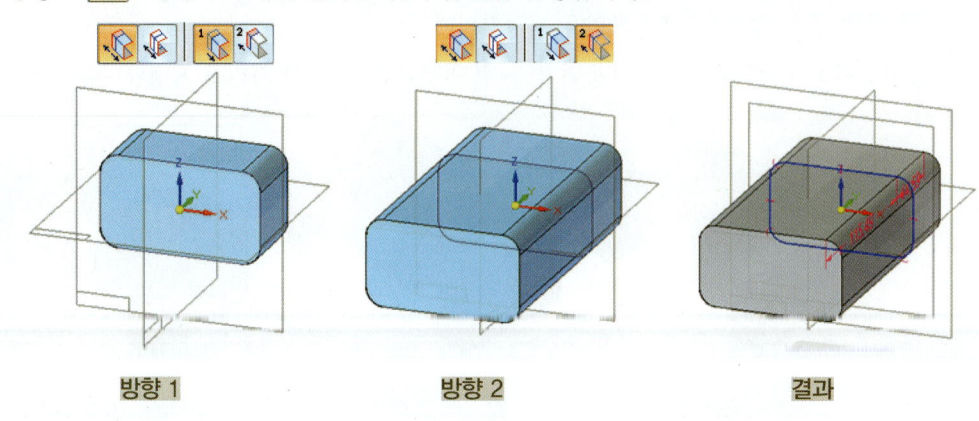

- 대칭 범위(Symmetric Extent) : 형상 범위가 프로파일 면에 대해 대칭적으로 적용되도록 합니다.

대칭 범위 사용 방법

- 대칭 범위 : 프로파일 면을 기준으로 형상을 대칭적으로 표현합니다.

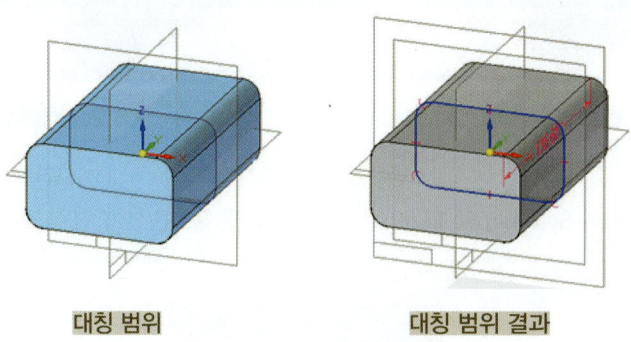

chapter 03 Part Modeling(단품)

-  처리 단계(Treatment Step) : 형상을 만든 후 드래프트(구배) 각도 또는 크라운을 정의 할 수 있습니다.

- 처리 옵션(Treatment Options) : 형상을 만드는 동안 처리 매개 변수에 관한 프롬프트를 표시할지 여부를 지정할 수 있습니다.
- 처리 없음(No Treatment) : 형상을 만든 후 드래프트 또는 크라운을 표현하지 않습니다.
- 드래프트(Draft) : 돌출에 드래프트(구배)를 추가 합니다.
- 드래프트 옵션 :

  ▸ 각도 : 범위 방향에 대한 구배 각도를 설정합니다.
  ▸ 뒤집기 : 범위 방향의 구배 각도 방향을 뒤집습니다.

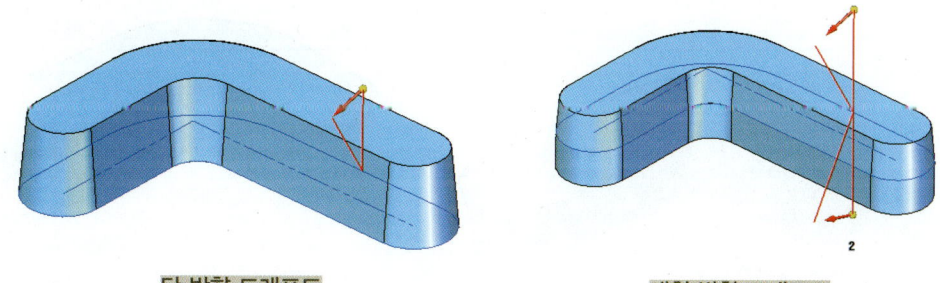

단 방향 드래프트   대칭 방향 드래프트

- 크라운(Crown) : 돌출에 크라운을 추가 합니다. 프로파일 면에 대해 대칭적으로 돌출 할 경우 각각의 방향으로 드래프트를 추가할 수 있습니다.
- 크라운 옵션(Crown Options)
  ▸ 크라운 매개변수(Crown Options) : 크라운 매개변수 다이얼로그를 표시합니다.
  ▸ 크라운 유형(Crown Type) : Direction 1, 2에 적용될 크라운의 유형을 정의합니다.
  ▸ 크라운 없음(No Crown) : 크라운을 적용하지 않습니다.
  ▸ 반경(Radius) : 반경 값으로 크라운 정의합니다.
  ▸ 반경 및 테이크오프(Radius and Take-Off) : 반경 및 테이크오프 값으로 크라운 정의합니다.
  ▸ 옵셋(Offset) : 옵셋 값으로 크라운을 정의합니다.

▶ **옵셋 및 테이크오프(Offset and Take-Off)** : 옵셋 및 테이크오프 값으로 크라운 정의합니다.

▶ 측면 대상(Flip Side) : 크라운이 적용된 측면을 뒤집습니다.

▶ 곡률 대칭(Flip Curvature) : 곡률이 적용된 측면을 뒤집습니다.

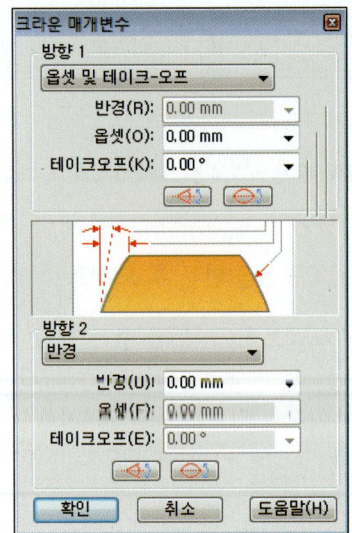

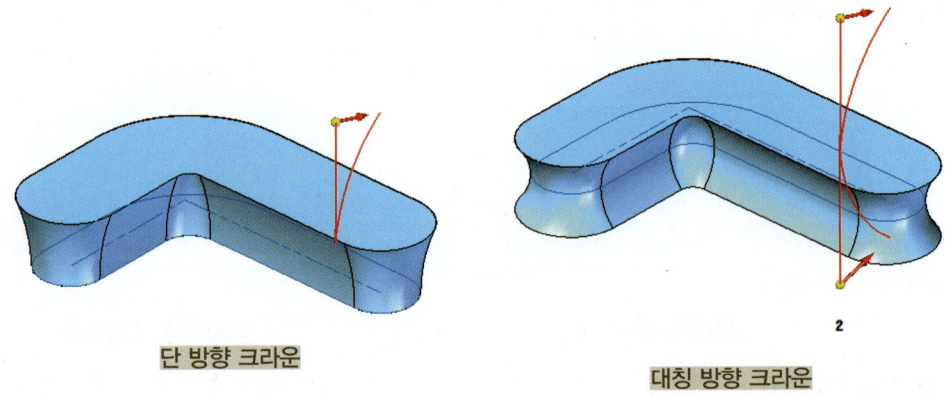

단 방향 크라운   대칭 방향 크라운

2.2 컷아웃(Cutout)

➡ 홈 탭 ⇒ 솔리드 그룹 ⇒ 컷아웃
➡ Home Tap ⇒ Solid Group ⇒ Cutout

돌출과 반대로 직선 경로를 따라 형상을 잘라냅니다. 모든 진행 방식과 옵션은 돌출 명령과 유사합니다. 자세한 내용은 돌출 명령을 참조하기 바랍니다.

열린 프로파일 잘라내기

닫힌 프로파일 잘라내기

여러 개의 프로파일을 사용하여 잘라내기를 만드는 경우 모든 프로파일은 닫혀 있어야 합니다.

2.3 회전(Revolve)

➡ 홈 탭 ⇒ 솔리드 그룹 ⇒ 회전
➡ Home Tap ⇒ Solid Group ⇒ Revolve

프로파일을 회전축을 중심으로 회전하여 돌출을 만듭니다.

- **스케치 단계(Sketch Step)** : 형상을 만들 때 참조 평면에 새 프로파일을 그릴지 또는 기존 스케치를 사용할지 여부를 지정할 수 있습니다.
- **프로파일 그리기 단계(Draw Profile Step)** : 형상을 생성하기 위해 2D 스케치 도구를 이용하여 형상의 단면을 스케치 합니다. 회전 돌출은 스케치 한 후 그리기 그룹에 회전 축 을 선택해야 합니다.

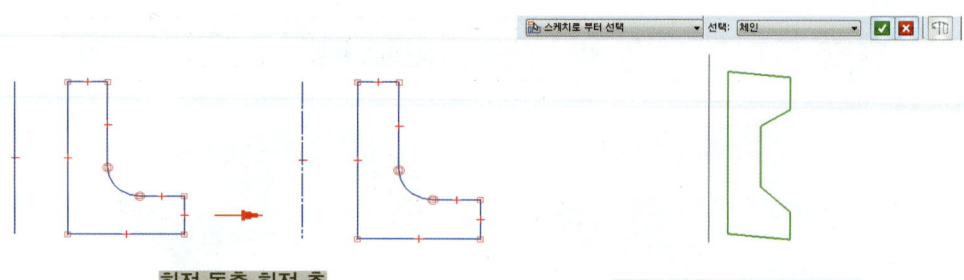

| 회전 돌출 회전 축 | 스케치에서 선택 회전 돌출 |

참조평면도 회전축으로 사용이 가능합니다.

- 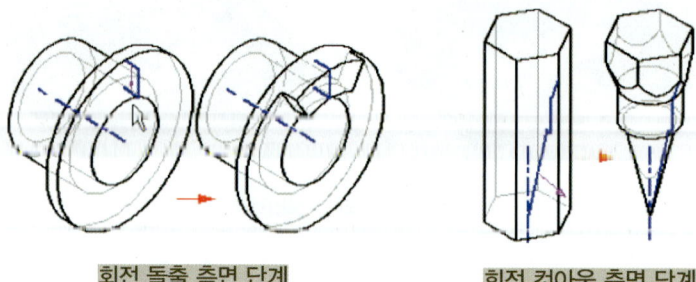 **Side Step(측면 단계)** : 열린 프로파일의 형상을 추가하거나 제거하기 위한 방향을 설정합니다.

| 회전 돌출 측면 단계 | 회전 컷아웃 측면 단계 |

- **범위 단계(Extent Step)** : 형상을 만들기 위한 형상 깊이 또는 프로파일의 확장 길이를 정의합니다.

- **비대칭 범위(Non-Symmetric Extent)** : 형상 범위가 방향 1 및 방향2 옵션이 명령 모음에 추가되어 각 방향에 대해 원하는 범위 옵션을 지정할 수 있게 됩니다.

비대칭 범위 사용 방법

- **방향 1** : 방향 1에 대한 원하는 범위 옵션을 설정합니다.
- **방향 2** : 방향 2에 대한 원하는 범위 옵션을 설정합니다.

| 방향 1 | 방향 2 | 결과 |

chapter 03 Part Modeling(단품)

-  **대칭 범위(Symmetric Extent)** : 형상 범위가 프로파일 면에 대해 대칭적으로 적용되도록 지정합니다.

대칭 범위 사용 방법

- 대칭 범위 : 프로파일 면을 기준으로 형상을 대칭적으로 표현합니다.

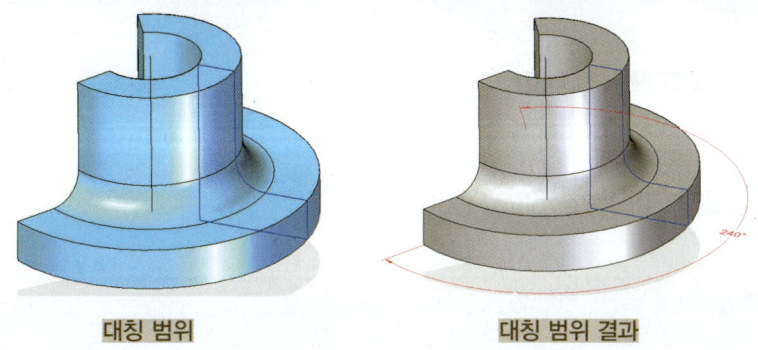

대칭 범위   대칭 범위 결과

- **Keypoints(키포인트)** : 기존 지오메트리의 키포인트를 사용하여 형상 범위 또는 참조평면의 위치를 정의할 수 있습니다.

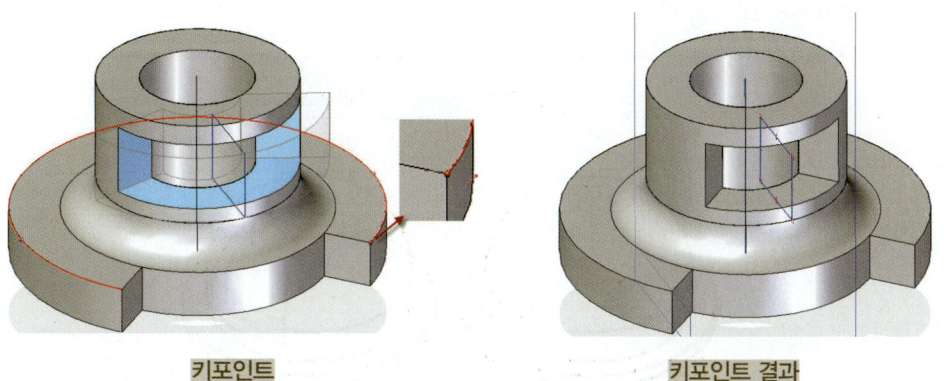

키포인트   키포인트 결과

- **360도 회전(Revolve 360°)** : 회전축을 중심으로 360도 프로파일이 회전하도록 형상 범위를 설정합니다.
- **한정 범위(Finite Extent)** : 프로파일이 해당 프로파일 평면의 어느 한쪽으로 한정거리만큼, 프로파일 평면의 양쪽으로 대칭적으로, 또는 프로파일 평면의 양쪽으로 비대칭적으로 회전할 수

155

있게 형상 범위를 설정합니다.

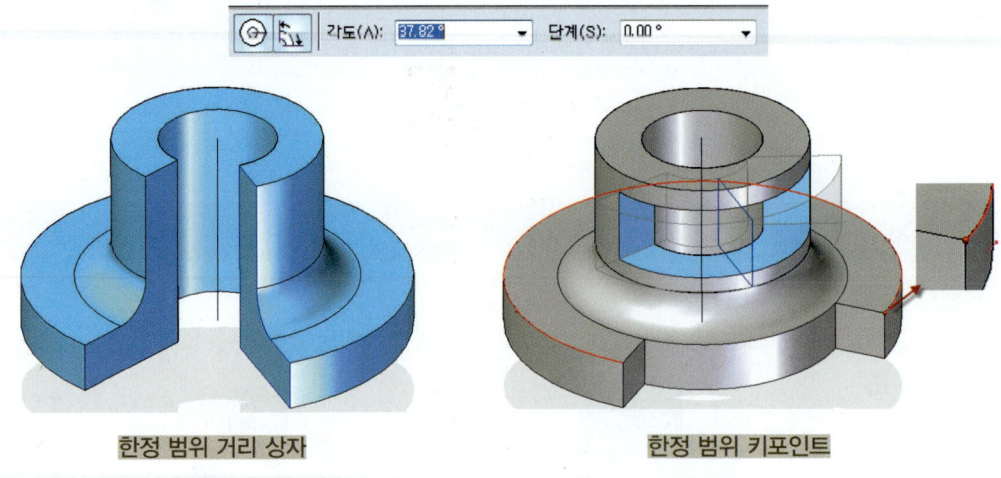

한정 범위 거리 상자   한정 범위 키포인트

2.4 회전 절삭(Revolve Cut)

➡ 홈 탭 ⇒ 솔리드 그룹 ⇒ 회전 절삭
➡ Home Tap ⇒ Solid Group ⇒ Revolve Cut

- 회전 돌출과 반대로 프로파일을 회전축을 중심으로 회전하여 형상을 잘라냅니다.
- 모든 명령어의 진행 방식과 옵션은 회전 돌출 명령어와 거의 비슷합니다.
- 명령어의 자세한 내용은 회전 돌출 명령어를 참조하기 바랍니다.

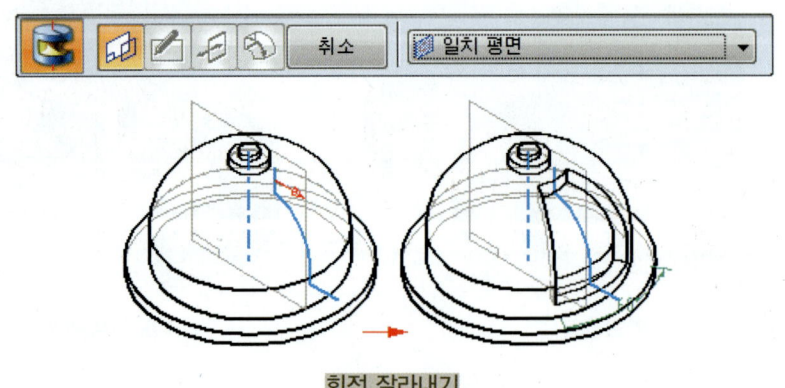

회전 잘라내기

chapter 03 Part Modeling(단품)

03 솔리드 모델링 형상 다듬기

3.1 구멍(Hole)

➟ 홈 탭 ⇒ 솔리드 그룹 ⇒ 구멍
➟ Home Tap ⇒ Solid Group ⇒ Hole

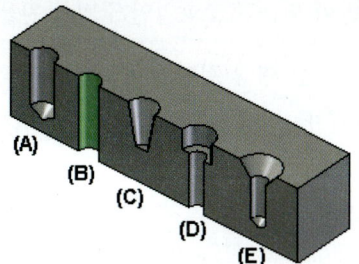

- (A) 단순형 구멍
- (B) 스레드 구멍
- (C) 테이퍼 구멍
- (D) 카운터보어 구멍
- (E) 카운터싱크 구멍

생성된 형상에 구멍 명령을 사용하여 드릴(단순형 구멍), 스레드(나사), 테이퍼, 카운터보어 및 카운터싱크 구멍을 만들 수 있습니다.

- 📋 **구멍 옵션 (Hole Options)** : 구멍 컨스트럭션 옵션을 설정할 수 있도록 옵션 다이얼로그를 표시합니다.

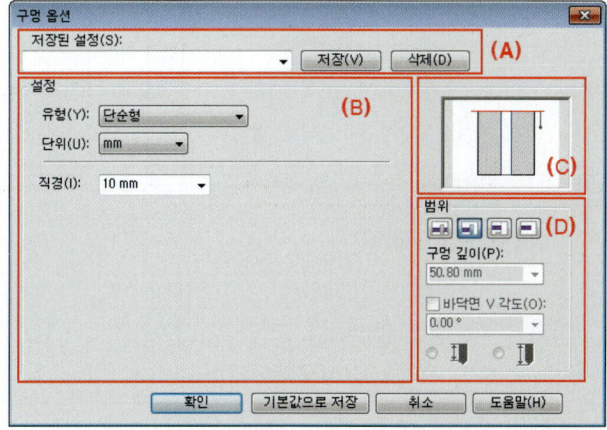

▶ (A) 저장된 설정 : 구멍의 종류, 크기, 깊이들을 설정하여 대화 상자에 이름을 입력하여 설정 그

157

룹에 이름을 저장 또는 지정할 수 있습니다. 대화 사장에 저장된 데이터는 Custom.XML 이라는 외부 파일에 저장됩니다.

▶ (B) 설정 : 구멍 유형을 지정하고 만들고 있는 구멍 유형에 대한 매개 변수를 정의합니다.
▶ (C) 미리보기 : 설정을 적용하기 전에 설정 결과를 표기합니다.
▶ (D) 범위 : 만들고 있는 구멍의 범위 또는 깊이를 지정합니다. 또한 구멍 아래 V형으로 만들 수 있습니다.

- 평면 단계(Plane Step) : 기존 평면을 선택하거나 새 평면을 정의합니다.
- 구멍 단계(Hole Step) : 구멍 형상의 기반이 되는 프로파일인 구멍형 원을 배치할 수 있습니다.
- 범위 단계(Extent Step) : 형상을 만들기 위한 형상 깊이 또는 프로파일의 확장 길이를 정의합니다. 범위 옵션에는 모두 통과, 다음 통과, 시작/끝 및 한정 범위가 있습니다.

Tip

Hole Type

- 단순형 구멍(Simple Type) : 표준 드릴 구멍 원기둥을 작성할 수 있습니다.

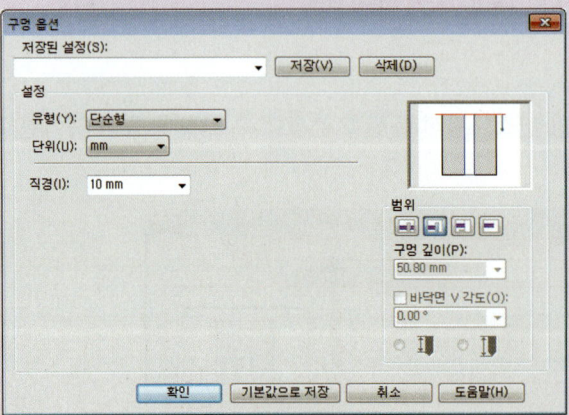

단순형 구멍(드릴)

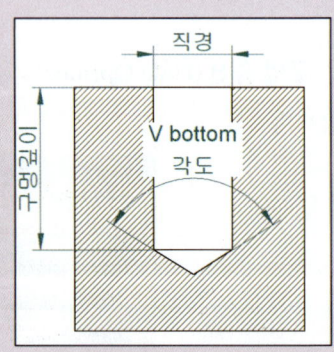

- 직경(Diameter) : 드릴의 직경을 설정합니다.
- 구멍 깊이(Hole depth) : 드릴 구멍의 깊이를 설정합니다.
- 바닥면 V 각도(V bottom angle) : V bottom 각도를 설정합니다.

chapter 03 Part Modeling(단품)

- 스레드 구멍(Threaded Type) : 나사 구멍 원기둥을 작성할 수 있습니다.

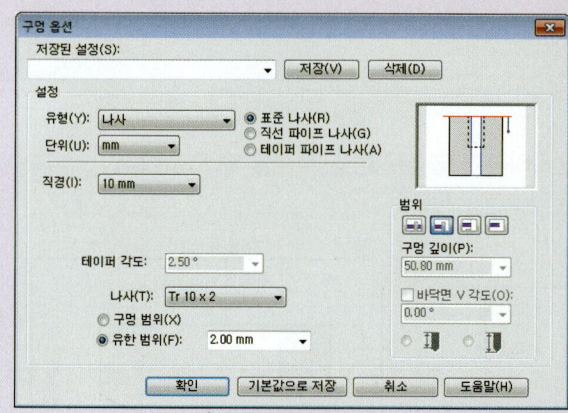 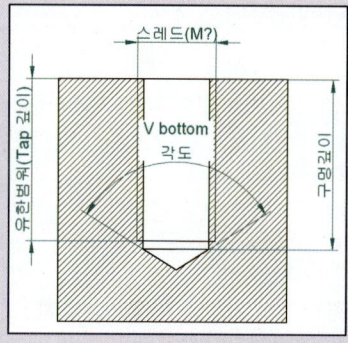

스레드 구멍(나사)

- 표준 나사(Standard thread) : 표준 구멍을 사용하도록 지정합니다.
- 직선 파이프 나사(Straight pipe thread) : 표준 파이프 스레드를 사용하도록 지정합니다.
- 테이퍼 파이프 나사(Tapered pipe thread) : 테이퍼 파이프 스레드를 사용하도록 지정합니다.
- 직경(Diameter) : 나사의 직경을 설정(스레드의 규격을 설정하면 자동으로 설정됨)합니다.
- 테이퍼 각도(Taper angle) : 테이퍼 파이프 스레드를 선택 했을 경우에 테이퍼 각도를 설정합니다.
- 나사(Thread) : 나사의 크기와 유형을 설정합니다.
- 구멍 범위(To hole extent) : 나사의 깊이를 드릴 깊이와 동일하게 설정합니다.
- 유한 범위(Finite extent) : 나사의 깊이를 설정합니다.

- 테이퍼 구멍(Tapered Type) : 테이퍼 원기둥을 작성할 수 있습니다.

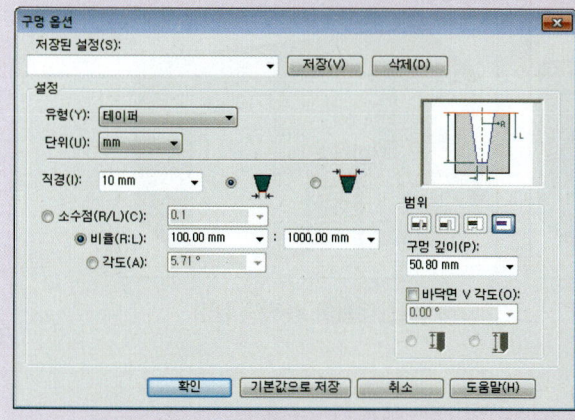 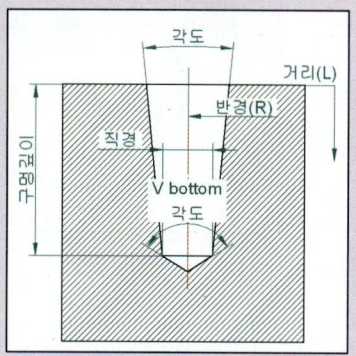

테이퍼 구멍

- 직경(Diameter) : 아래쪽 직경 또는 위쪽 직경 을 설정합니다.
- 소수점(Decimal R/L) : 테이퍼 생성하는데 소수점 방법을 사용하도록 지정합니다.

159

- 비율(Ratio R/L) : 테이퍼 생성하는데 비율 방법을 사용하도 지정합니다.
- 각도(Angle) : 테이퍼 생성하는데 각도 방법을 상용하도록 지정(90도의 값은 지정할 수 없습니다)합니다.

- 카운터보어 구멍(Counterbore Type) : 자리파기 홀 원기둥을 작성할 수 있습니다.

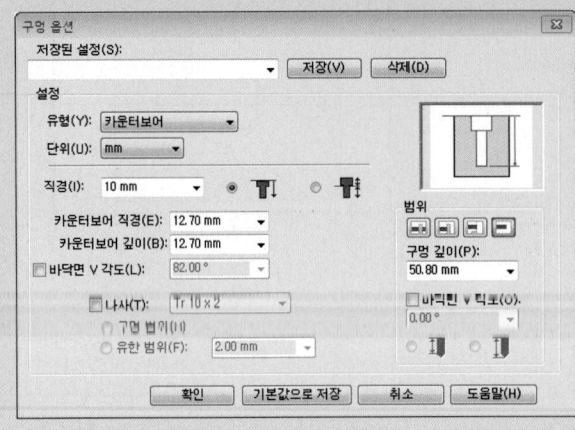 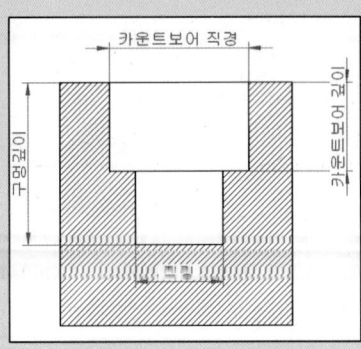

카운터보어

- 직경(Diameter) : 드릴의 직경을 설정합니다.
- 카운터보어 직경(Counterbore diameter) : 카운터보어 구멍의 카운터보어 직경을 설정합니다.
- 카운터보어 깊이(Counterbore depth) : 카운터보어 구멍의 카운터보어 깊이를 설정합니다.
- 바닥면 V 각도(V bottom angle) : 카운터 보어 바닥면에 V bottom 각도를 설정합니다.
- 스레드(Thread) : 카운터보어 드릴을 스레드로 설정합니다.
- 구멍 범위(To hole extent) : 나사의 깊이를 드릴 깊이와 동일하게 설정합니다.
- 유한 범위(Finite extent) : 나사의 깊이를 설정합니다.

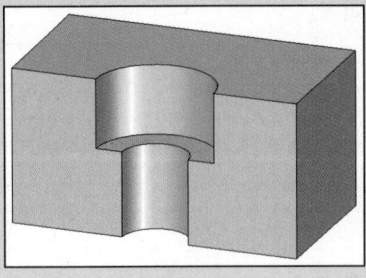 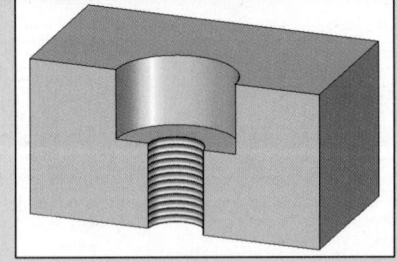

카운터보어   카운터보어 스레드 설정

chapter 03 Part Modeling(단품)

● 카운터싱크 구멍(Countersink Type) : 각도 자리파기 홀 원기둥을 작성할 수 있습니다.

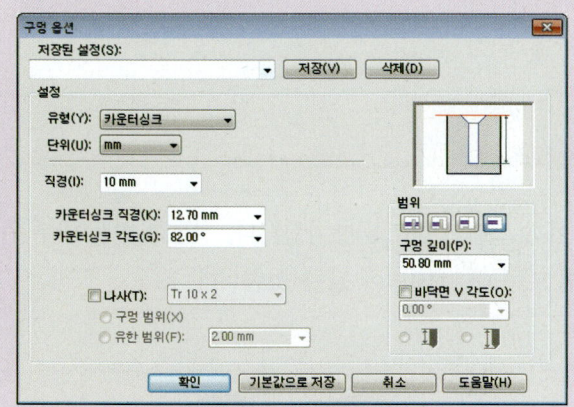 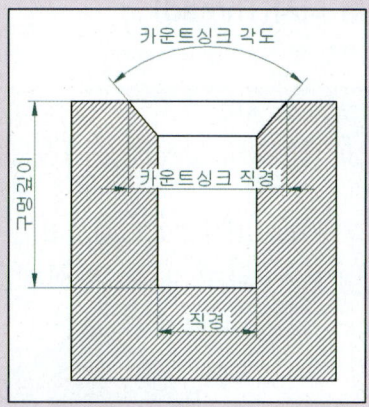

카운터싱크 구멍

- 직경(Diameter) : 드릴의 직경을 설정합니다.
- 카운터싱크 직경(Countersink diameter) : 카운터싱크 구멍의 카운터싱크 직경을 설정합니다.
- 카운터싱크 각도(Countersink angle) : 카운터싱크 구멍의 카운터싱크 각도를 설정합니다.
- 나사(Thread) : 카운터싱크 드릴을 스레드로 설정합니다.
- 구멍 범위(To hole extent) : 나사의 깊이를 드릴 깊이와 동일하게 설정합니다.
- 유한 범위(Finite extent) : 나사의 깊이를 설정합니다.

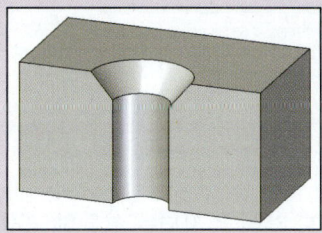 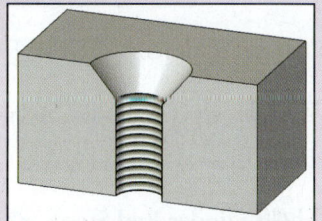

카운터싱크   카운터싱크 스레드 설정

※ 바닥면 V 각도(V bottom angles) : 한정 범위 옵션을 사용하여 구멍을 만들 경우 V 아래쪽 각도 옵션을 사용하여 구멍의 아래쪽 모양을 평면형 또는 V모양으로 지정할 수 있습니다. 깊이 치수를 V 아래쪽 각도가 시작하는 구멍의 평면 부분에 적용되도록(A) 지정하거나, 구멍 깊이 치수가 구멍의 V 아래쪽에 적용되도록(B) 지정할 수 있습니다.

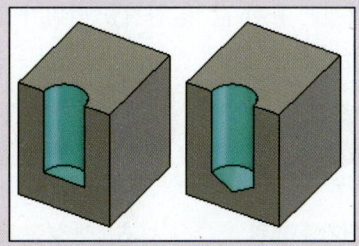 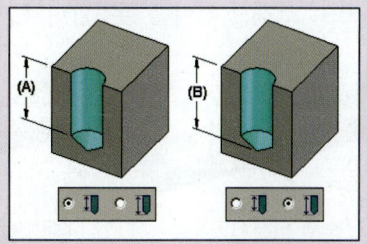

V 아래쪽 각도   깊이 치수 옵션

3.2 나사(Thread)

➡ 홈 탭 ⇒ 솔리드 그룹 ⇒ 나사
➡ Home Tap ⇒ Solid Group ⇒ Thread

기존 원통형 면에 직선 스레드 참조 또는 테이퍼 스레드 참조를 추가합니다. 원통형 면은 내부 원기둥 또는 전체 원기둥이 될 수 있으며, 외부(A)면 또는 내부(B)면이 될 수 있습니다.

직선 나사   테이퍼 나사

- 나사 옵션(Thread options) : 직선 또는 테이퍼 나사를 지정합니다.
- 원기둥 선택 단계(Select Cylinder Step) : 스레드 참조를 추가할 원통형 면을 지정합니다. 부분 또는 전체 원통형 면을 선택할 수 있습니다.
- 원기둥 끝 단계(Cylinder End Step) : 스레드 값이 측정되는 원통형 모서리를 지정합니다.
- 매개 변수 단계(Parameters Step) : 만들고 있는 형상에 대한 스레드 형식, 스레드 깊이 등을 지정합니다.

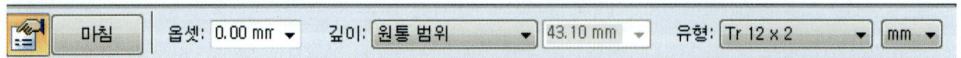

▸ 옵셋(Offset) : 선택한 원기둥 끝에서 얼마만큼 스레드가 옵셋 되는지를 지정합니다.
▸ 깊이(Depth) : 스레드 깊이를 결정합니다. 방법에는 유한 값 및 원기둥 범위가 있습니다.

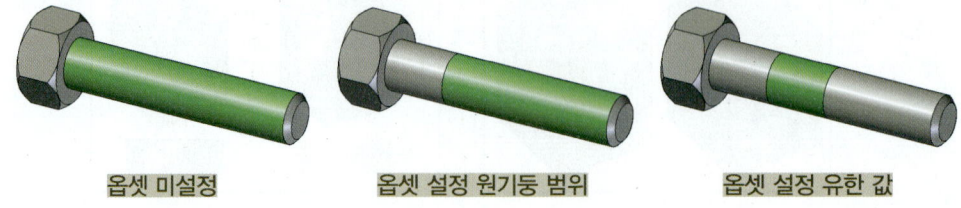

옵셋 미설정   옵셋 설정 원기둥 범위   옵셋 설정 유한 값

chapter 03 Part Modeling(단품)

3.3 슬롯(Slot)

> ➡ 홈 탭 ⇒ 솔리드 그룹 ⇒ 슬롯
> ➡ Home Tap ⇒ Solid Group ⇒ Slot

연속 접선 스케치를 따라 슬롯 형상을 생성합니다.

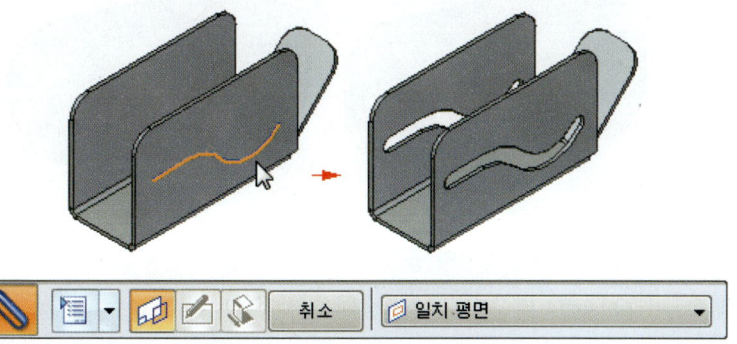

- 슬롯 옵션(Slot Options) : 슬롯에 대한 등록정보를 정의합니다.

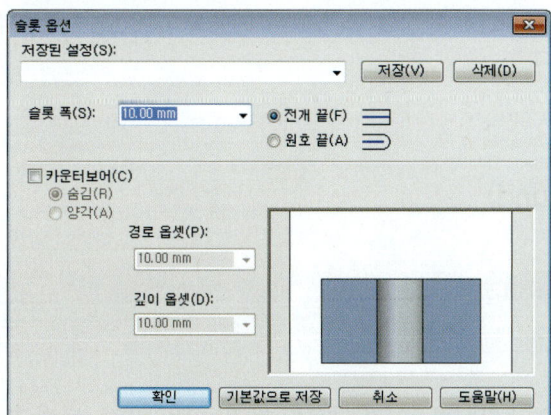

▸ 저장된 설정(Saved Settings) : 저장된 슬롯 설정을 표시합니다.

▸ 슬롯 폭(Slot Width) : 슬롯의 너비를 지정합니다.

▸ 전개 끝(Flat End) : 전개에서 슬롯의 끝을 지정합니다.

▸ 원호 끝(Arc End) : 원호에서 슬롯의 끝을 지정합니다.

전개 끝

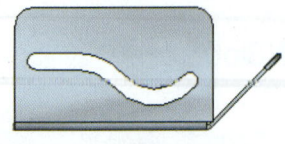
원호 끝

- 음각(Recessed) : 완전히 들어간 카운터보어 슬롯을 만듭니다.
- 양각(Raised) : 드러난 카운터보어 슬롯을 만듭니다.

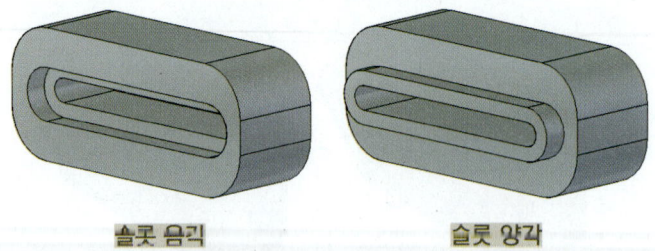
슬롯 음각   슬롯 양각

- 경로 옵셋(Path Offset) : 슬롯에서의 옵셋 너비를 지정합니다.
- 깊이 옵셋(Depth Offset) : 카운터보어의 범위를 지정합니다.
- **평면 단계(Plane Step)** : 프로파일을 그릴 평면을 정의합니다.
- **프로파일 그리기 단계(Draw Profile Step)** : 스케치는 열린 스케치로 생성합니다.
- **돌출 단계(Extrude Step)** : 형상을 만들기 위한 형상 깊이 또는 프로파일의 확장 길이를 정의합니다.

3.4 라운드(Round)

➡ 홈 탭 ⇒ 솔리드 그룹 ⇒ 라운드
➡ Home Tap ⇒ Solid Group ⇒ Round

파트의 가장자리를 라운딩 합니다. 일정 라운딩 반경, 가변 반경, 둘을 조합하여 사용할 수 있습니다. 가장자리 사이, 면 사이 또는 이 두 가지의 조합 사이에 블렌드를 생성할 수도 있습니다.

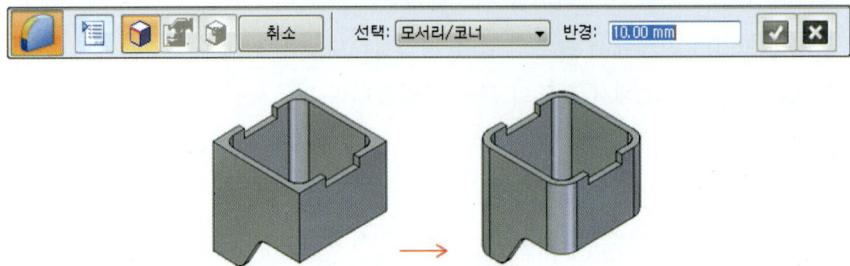

chapter 03 Part Modeling(단품)

- 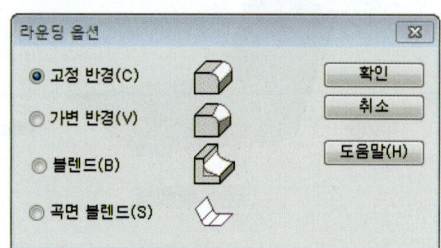 **옵션(Option)** : 라운딩 유형을 고정이나 가변으로 설정합니다.

▶ 고정 반경(Constant radius) : 라운드가 일정 반경 값을 가지도록 지정합니다.

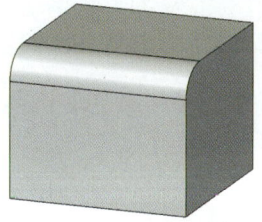 

▶ 가변 반경(Variable radius) : 라운딩 가장자리가 가변 반경 값을 가지도록 지정합니다.

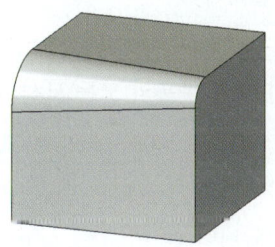 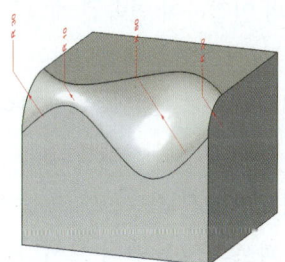

▶ 블렌드 (Blend) : 선택한 두 곡면 사이에서 라운드를 블렌드가 되도록 지정합니다.(선택한 곡면 중 하나가 접선으로 연결된 곡면 체인 가운데 일부이면 곡면의 체인에 적용)

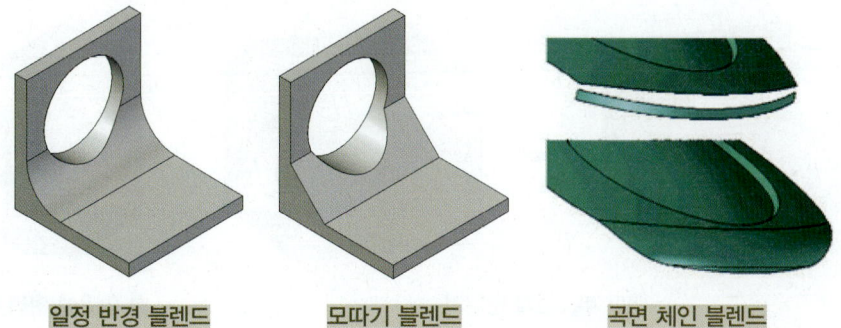

일정 반경 블렌드   모따기 블렌드   곡면 체인 블렌드

▶ 곡면 블렌드 (Surface Blend) : 선택한 두 곡면 사이에서 라운드 형식이 블렌드가 되도록 지정합니다.

165

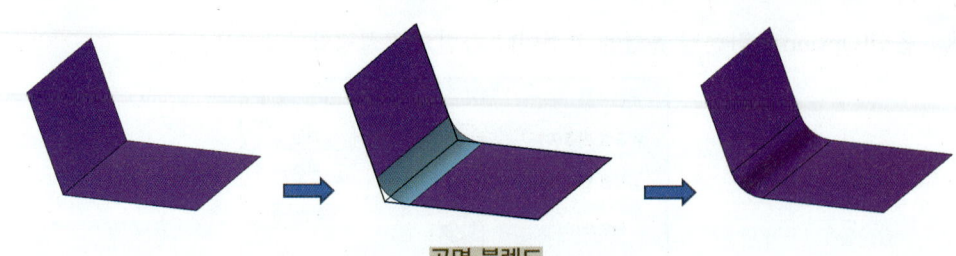

곡면 블렌드

- ⬛ **모서리 선택(Select Step)** : 라운딩할 모서리를 설정합니다.
- 🔧 **라운딩 매개변수(Round Parameters)** : 라운드 매개 변수 대화상자를 표시합니다.
- ⬛ **코너 부드럽게 만들기(Soft Corner Step)** : 세 개 이상의 모서리가 만나는 지점을 더욱 정밀하게 제어합니다.
- **선택(Select)** : 요소 선택에 사용될 방법을 결정합니다.
  - ▶ 모서리/코너 : 개별 모서리를 선택하거나 코너에 인접한 모든 모서리 선택합니다.
  - ▶ 체인 : 모서리의 인접하여 연속된 체인을 선택합니다.
  - ▶ 면 : 면의 모든 모서리를 선택합니다.
  - ▶ 루프 : 면을 선택한 다음 루프를 선택하여 면의 개별 루프의 모든 모서리 선택합니다.
  - ▶ 형상 : 형상의 모든 모서리 선택합니다.
  - ▶ 모든 필렛 : 파트의 모든 오목 모서리를 선택합니다.
  - ▶ 모든 라운드 : 파트의 모든 볼록 모서리를 선택합니다.
- **반경 (Radius)** : 작업에 필요한 값을 입력이 가능하며, 또한 하나의 명령에 여러 가지 값을 동시에 입력이 가능합니다.

코너 부드럽게 만들기   한 명령에 여러 값 입력

chapter 03 Part Modeling(단품)

3.5 모따기(Chamfer)

➡ 홈 탭 ⇒ 솔리드 그룹 ⇒ 모따기
➡ Home Tap ⇒ Solid Group ⇒ Chamfer

공통 모서리를 따라 있는 두 면 사이에 모따기를 만듭니다.(모델이 거의 완성 될 무렵에 모따기를 만드는 것이 좋습니다.)

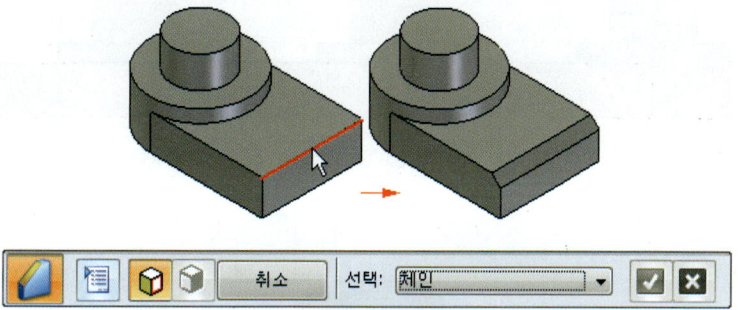

- 옵션(Option) : 모따기 셋백 유형을 설정할 수 있도록 옵션 다이얼로그를 표시합니다.

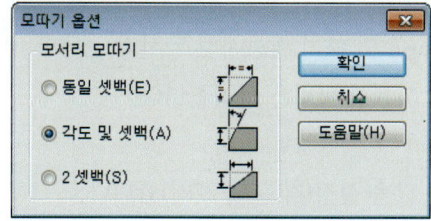

▶ 동일 셋백 (Equal setbacks) : 동일한 셋백 값을 가진 경우 한 번의 작업에서 여러 모서리를 모따기 할 수 있습니다.

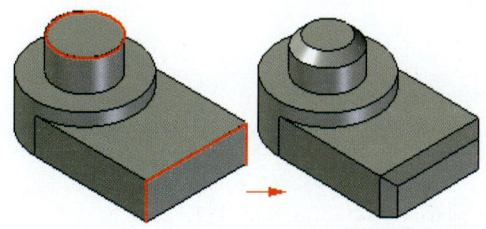

167

▶ 각도 및 셋백(Angle and setback) : 각도 및 셋백 옵션을 사용하여 모따기를 만들 수 있습니다.

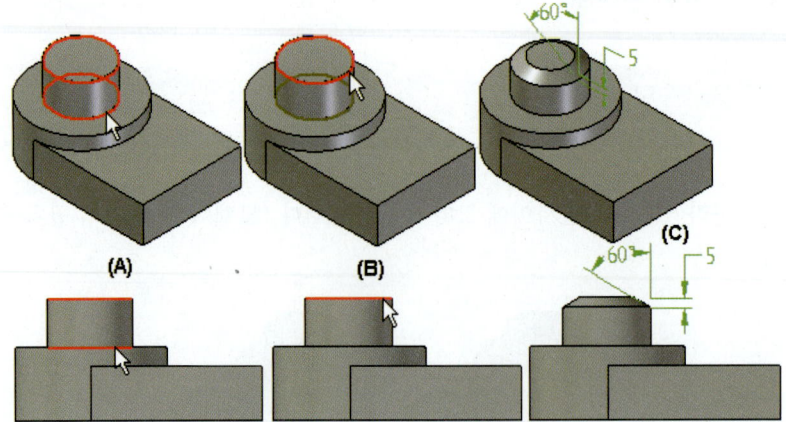

▶ 2 셋백 (2 Setbacks) : 2개의 다른 거리 값을 이용하여 모따기 형상을 만들 수 있습니다.

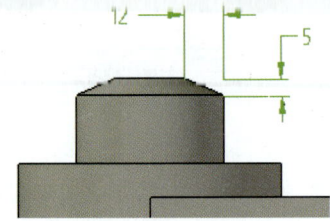

- **모서리 선택(Select Step)** : 모따기 적용시킬 모서리 선택합니다.
- **선택(Select)** : 요소 선택에 사용할 방법을 설정합니다.
- **셋백(Setback)** : 모따기 거리 값을 설정합니다.
- **각도(Angle)** : 모따기 각도 값을 설정(각도 및 셋백)합니다.

3.6 드래프트(Draft)

➡ 홈 탭 ⇒ 솔리드 그룹 ⇒ 드래프트
➡ Home Tap ⇒ Solid Group ⇒ Draft

하나 이상의 파트 면에 드래프트 각도를 추가합니다.

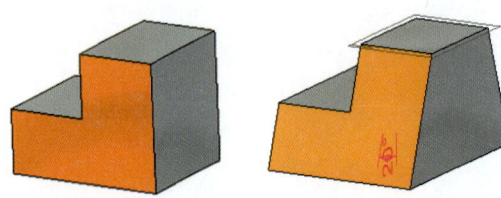

chapter 03 Part Modeling(단품)

- 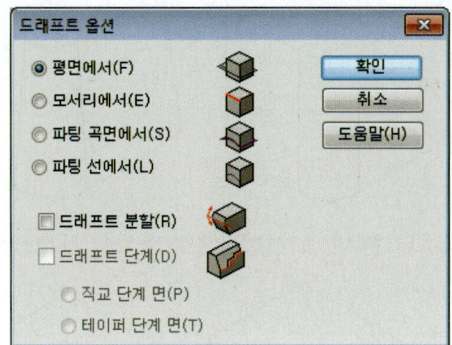 **옵션(Options)** : 구배 컨스트럭션 옵션을 설정할 수 있도록 옵션 다이얼로그를 표시합니다.

▶ 평면에서(From plane) : 참조 평면 또는 평면형 면에서 드래프트 각도가 정의 되도록 지정합니다.

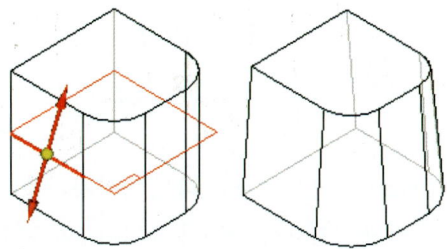

▶ 모서리에서(From Edge) : 파트 가장자리(A)에서 드래프트 각도가 정의되도록 지정합니다.

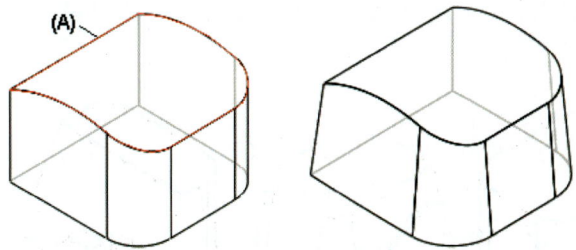

▶ 파팅 곡면에서(From Parting Surface) : 컨스트럭션 곡면에서 드래프트 각도가 정의 되도록 지정합니다. (A) : 파팅 곡면

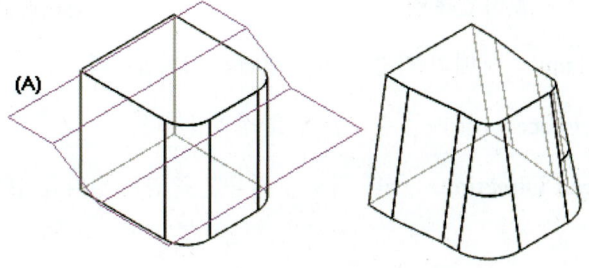

169

▶ 파팅 선에서(From parting line) : 컨스트럭션 곡선에서 드래프트 각도가 정의되도록 지정합니다.(A) : 파팅 곡선

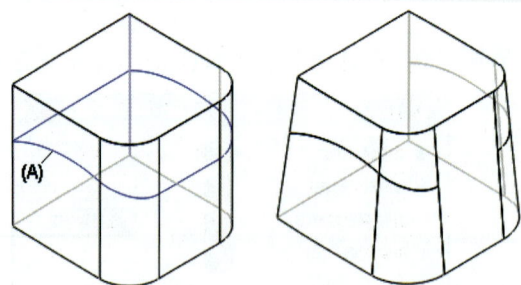

▶ 드래프트 분할(Split Draft) : 한 번에 두 방향으로 파트를 드래프트하도록 지정합니다.

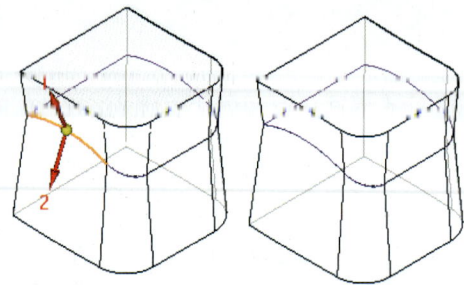

▶ 단계 드래프트 (Step Draft) : 파팅 선 또는 파트 가장자리를 따라서 드래프트가 추가될 때 필요에 따라 간격을 채워서 일정 드래프트 각도가 유지되도록 지정합니다.
  - 수직 단계 면(Perpendicular Step Faces) : 단계 면이 드래프트 면에 수직이 되도록 지정합니다.
  - 테이퍼 단계 면(Taper Step Faces) : 단계 면이 테이퍼가 되도록 지정합니다.(수직인 단계 면과 테이퍼 단계 면)

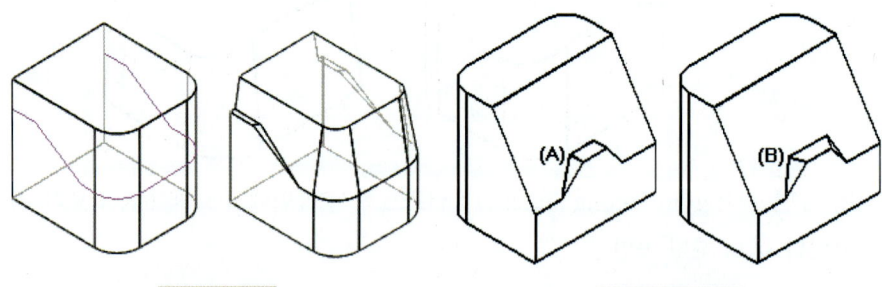

수직 단계 면   테이퍼 단계 면

- 평면(Draft Plane) : 구배의 기준이 되는 평면을 정의합니다.
- 면 선택(Select Faces) : 구배를 추가할 면을 정의합니다.
- 구배 방향(Draft Direction) : 구배 각도를 적용할 측면을 정의합니다.

chapter 03 Part Modeling(단품)

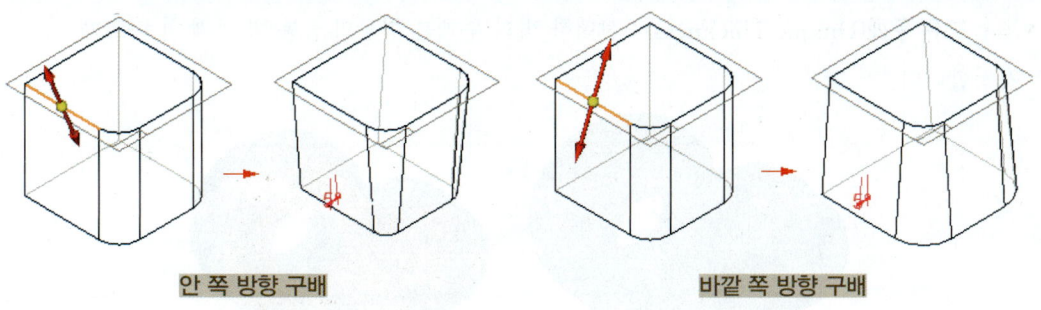

안 쪽 방향 구배   바깥 쪽 방향 구배

04 솔리드 모델링 특수 형상 다듬기

4.1 셸(Thin Wall)

➡ 홈 탭 ⇒ 솔리드 그룹 ⇒ 셸
➡ Home Tap ⇒ Solid Group ⇒ Thin Wall

열린 면이 있거나 없는 한정 두께를 가진 셸 솔리드 파트를 만듭니다.

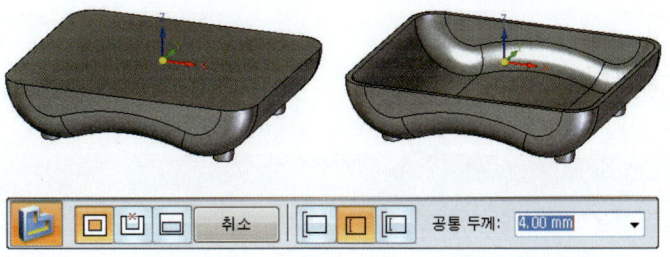

- 공통 두께(Common Thickness) : 공통 벽 두께를 지정합니다.
- 열린 면(Open Faces) : 열릴 면을 지정합니다.

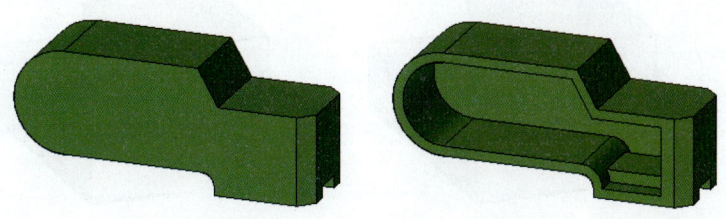

171

- 🔲 고유 두께(Unique Thickness) : 선택한 벽의 두께를 형상의 공통 벽 두께 와 다르게 지정합니다.

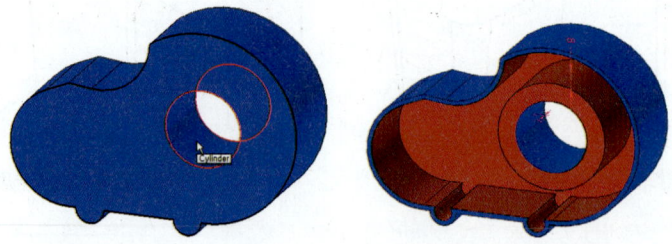

- 🔲 바깥쪽으로 옵셋(Offset Outside) : 전체 벽 두께를 솔리드의 바깥쪽으로 적용합니다.
- 🔲 안쪽으로 옵셋(Offset Inside) : 전체 벽 두께를 솔리드의 안쪽으로 적용합니다.
- 🔲 대칭(Symmetrical) : 전체 벽 두께를 솔리드의 대칭적으로 적용합니다.

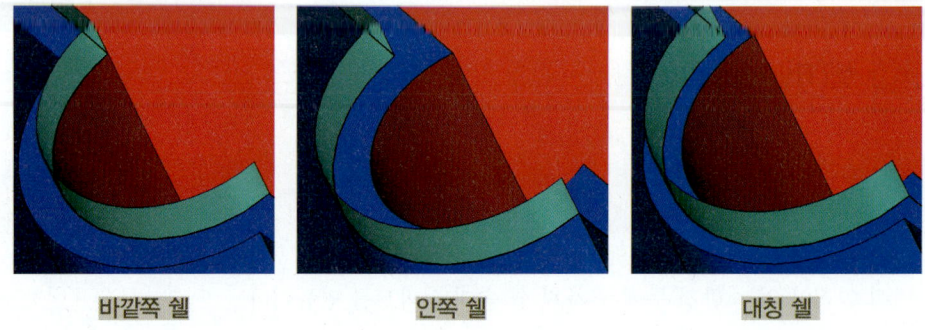

바깥쪽 쉘   안쪽 쉘   대칭 쉘

4.2 부분 셸(Thin Region)

➡ 홈 탭 ⇒ 솔리드 그룹 ⇒ 부분 셸
➡ Home Tap ⇒ Solid Group ⇒ Thin Region

파트에서 선택한 영역의 셸 형상을 만듭니다.(부분 셸은 사용자가 선택한 면의 집합을 기반으로 합니다.)

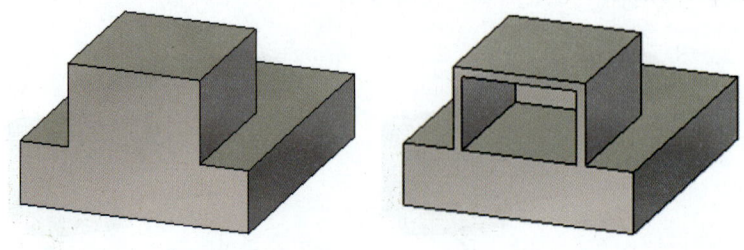

chapter 03 Part Modeling(단품)

- 부분 셸 면(Face to Thin) : 부분 셸 형상의 면을 선택합니다.
- 열린 면(Open Faces) : 부분 셸 형상의 열린 면을 선택합니다.
- 캐핑 면(Caping Face) : 부분 셸 형상의 캐핑 면을 정의합니다.
- 고유 두께(Unique Thickness) : 선택한 벽의 두께를 형상의 공통 벽 두께와 다르게 정의합니다.

부분 셸(Thin Region) 사용 방법

부분 셸 선택 〉 부분 셸 할 형상의 면 선택(A) 〉 열린 면 선택(B) 〉 캐핑 면 선택(C) 〉 완료(D)

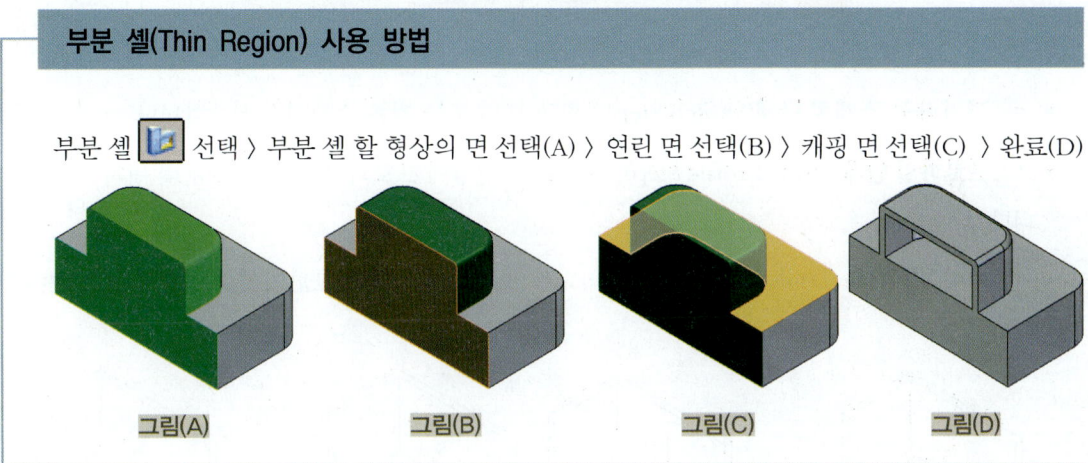

그림(A)   그림(B)   그림(C)   그림(D)

캐핑 면은 파트의 면 또는 컨스트럭션 곡면을 사용할 수 있습니다. 또한 면으로 정의된 캐핑 면은 옵셋을 할 수 있지만 컨스트럭션 곡면으로 정의된 캐핑 면은 옵셋할 수 없습니다.

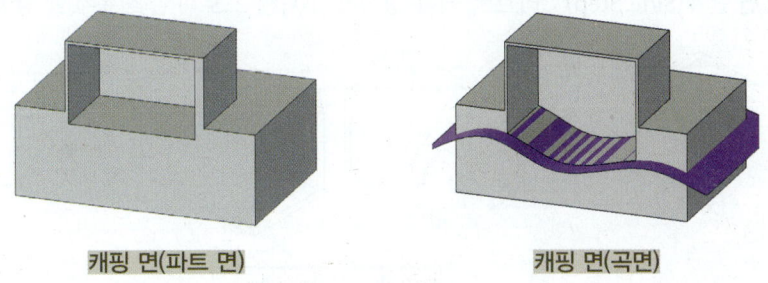

캐핑 면(파트 면)   캐핑 면(곡면)

4.3 리브(Rib)

➡ 홈 탭 ⇒ 솔리드 그룹 ⇒ 리브
➡ Home Tap ⇒ Solid Group ⇒ Rib

프로파일을 돌출하여 보강대를 만듭니다. 방향 단계와 측면 단계에서 리브의 모양을 제어할 수 있습니다.

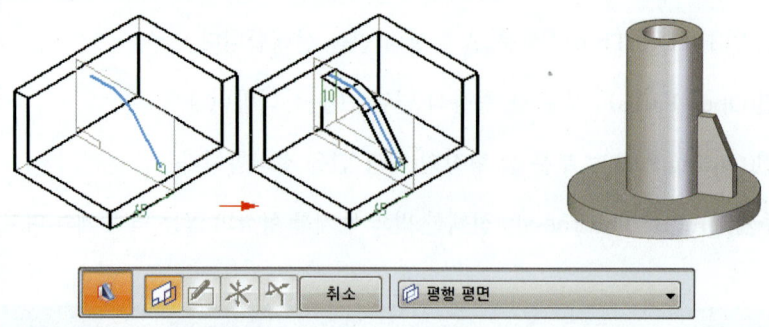

- 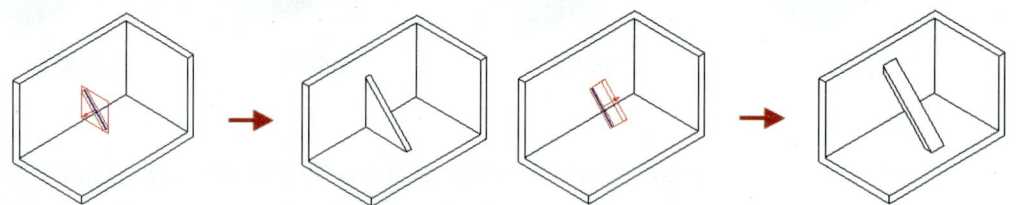 평면 또는 스케치 단계(Sketch Step) : 참조 평면 또는 기존 스케치를 선택합니다.

- 프로파일 단계(Draw Profile Step) : 선택한 평면상에 프로파일 형상의 모양 및 위치를 정의합니다.

- 방향 단계(Direction Step) : 리브의 바디를 형성하기 위해 프로파일이 투영될 방향을 지정합니다.

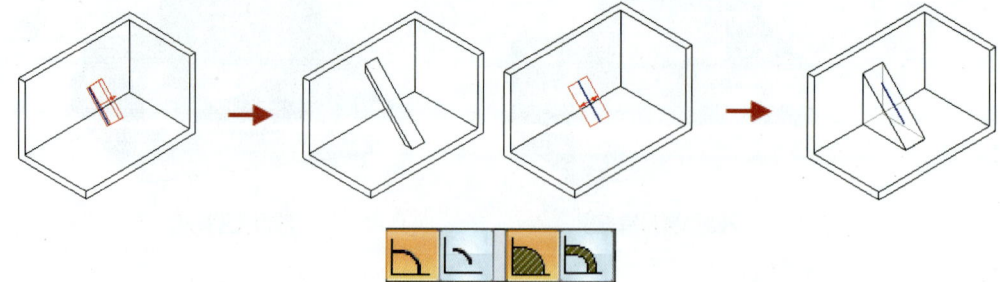

- 측면 단계(Side Step) : 리브 두께를 생성하기 위해 프로파일을 옵셋할 방향을 설정합니다.

- 프로파일 확장(Extend Profile) : 파트를 교차할 때까지 프로파일의 끝을 확장합니다.

- 확장 안함(No Extend) : 프로파일의 끝을 확장하지 않습니다.

- 다음 지점으로 확장(Extend to Next) : 프로파일이 파트 면에 투영되도록 리브 범위를 설정합니다.

chapter 03 Part Modeling(단품)

- ■ 제한 깊이(Finite Depth) : 지정한 거리만큼 투영되도록 리브 범위를 설정합니다.

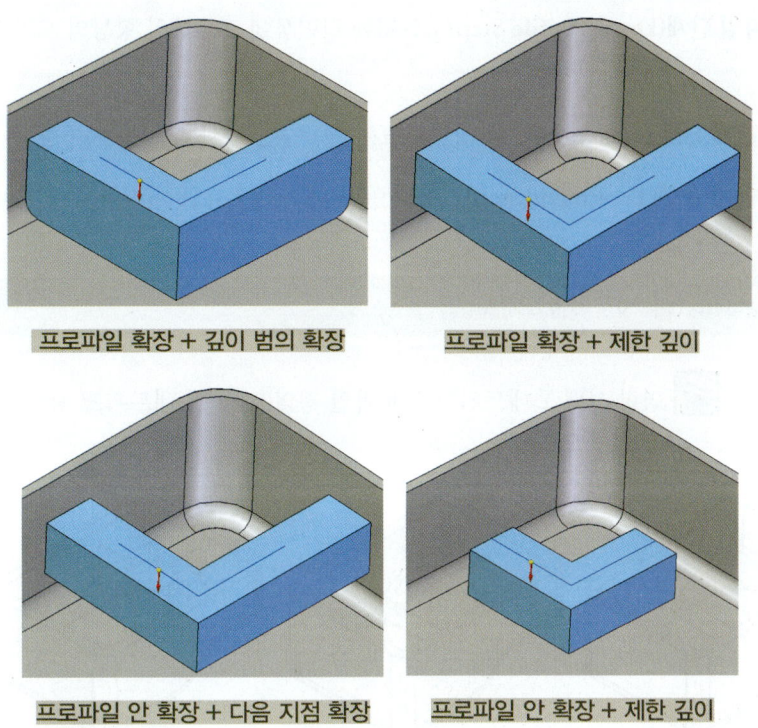

프로파일 확장 + 깊이 범의 확장   프로파일 확장 + 제한 깊이

프로파일 안 확장 + 다음 지점 확장   프로파일 안 확장 + 제한 깊이

4.4 웹 네트워크(Web Network)

➡ 홈 탭 ⇒ 솔리드 그룹 ⇒ 웹 네트워크
➡ Home Tap ⇒ Solid Group ⇒ Web Network

한 번의 작업에서 만든 모든 웹은 단일 웹 네트워크 형상의 일부가 됩니다.

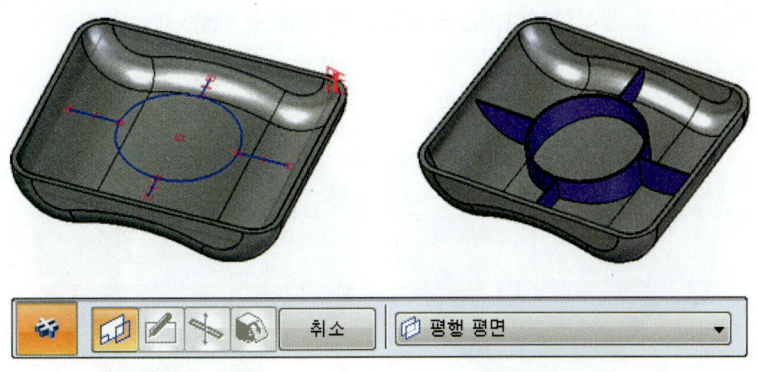

175

- 평면 또는 스케치 단계(Sketch Step) : 참조 평면 또는 기존 스케치를 선택합니다.
- 프로파일 단계(Draw Profile Step) : 선택한 평면상에 프로파일 형상의 모양 및 위치를 정의합니다.
- 방향 단계(Direction Step) : 웹 네트워크를 만들 프로파일 평면을 지정할 수 있습니다.
- 처리 단계 옵션(Treatment Step) : 처리 안함 과 드래프트를 지정할 수 있습니다.

Web Network(웹 네트워크) 사용 방법

웹 네트워크 명령 선택 > 네트워크 프로파일 정의(A) > 웹 네트워크 방향 정의(B) > 웹 네트워크 투영(C)

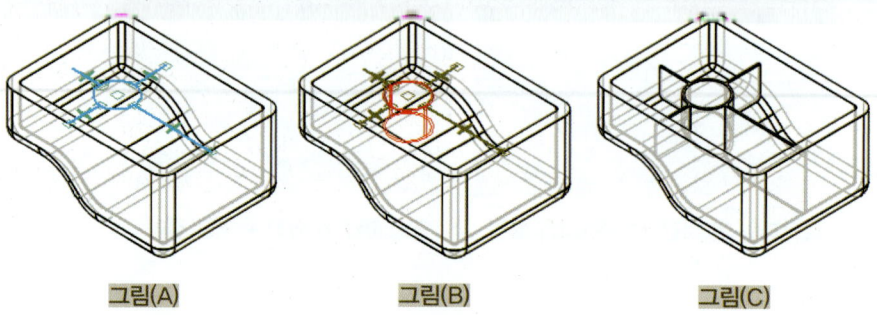

그림(A) 그림(B) 그림(C)

4.5 립(Lib)

➡ 홈 탭 ⇒ 솔리드 그룹 ⇒ 립
➡ Home Tap ⇒ Solid Group ⇒ Lib

파트에 립 또는 그루브를 생성합니다.(단면 모양은 변경할 수 없습니다. 사각형 단면의 크기를 제어하는 치수만 수정 가능 합니다.)

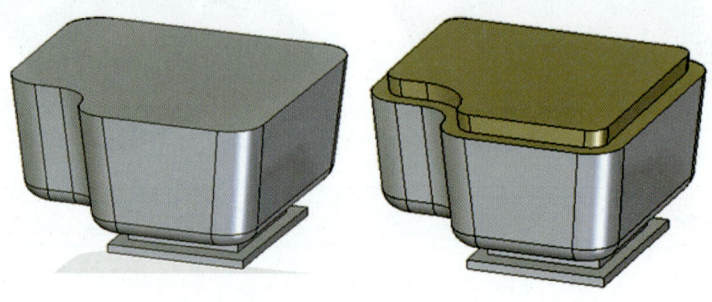

chapter 03 Part Modeling(단품)

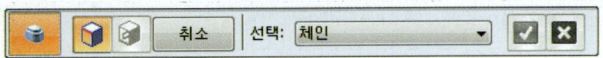

- **모서리 선택(Select Edge Step)** : 립 또는 그루브의 모서리를 선택합니다.
- **방향 단계(Direction Step)** : 립 또는 그루브의 크기와 방향을 선택합니다.

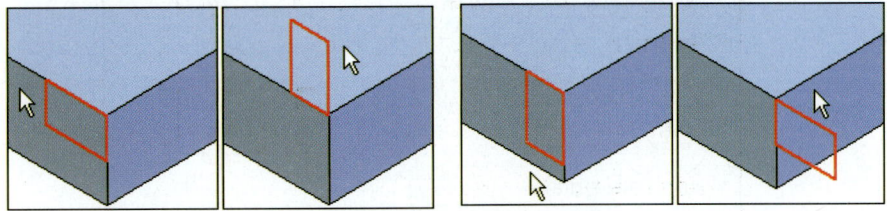

립과 그루브 방향

4.6 벤트(Vent)

➡ 홈 탭 ⇒ 솔리드 그룹 ⇒ 벤트
➡ Home Tap ⇒ Solid Group ⇒ Vent

하나의 기존 스케치에서 요소를 선택하여 벤트 형상을 만듭니다.

(A) : 벤트 형상의 외부 경계 요소(외부 경계는 닫힌 프로파일)
(B) : 리브
(C) : 스파

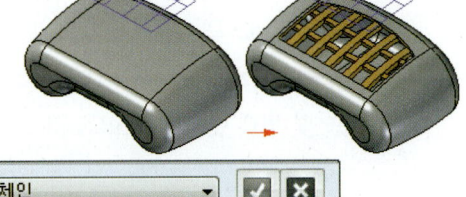

- **옵션(Vent Options)** : 벤트 옵션 다이얼로그를 표시합니다.
- **경계 선택 단계(Select Boundary Step)** : 기존 스케치에서 벤트의 경계를 정의합니다.
- **리브 선택 단계(Select Ribs Step)** : 기존 스케치에서 벤트의 리브를 정의합니다.
- **스파 선택 단계(Select Spars Step)** : 기존 스케치에서 벤트의 스파를 정의합니다.
- **범위 단계(Extent Step)** : 형상을 만들기 위한 형상 깊이 또는 프로파일의 확장 길이를 정의합니다.

177

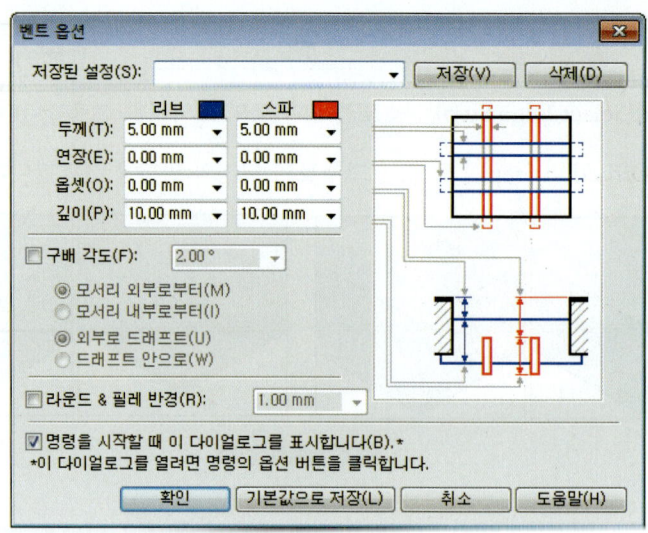

- 두께(Thickness) : 리브와 스파의 두께 값을 정의합니다.
- 연장선(Extension) : 리브와 스파는 입력한 값만큼 벤트 외부 경계를 지나 확장 합니다.
- 옵셋(Offset) : 리브와 스파는 입력한 값만큼 벤트 입구 곡면 아래에서 옵셋 됩니다.
- 깊이 : 리브와 스파의 깊이를 정의합니다.
- 구배 각도 : 설정된 경우 리브와 스파에 드래프트를 추가하도록 지정합니다.
  - 모서리 외부로부터 : 각도가 스케치에 가까운 면에서 측정되도록 합니다.
  - 모서리 내부로부터 : 각도가 스케치에 먼 면에서 측정되도록 합니다.
  - 외부로 드래프트 : 드래프트가 재료를 추가하도록 지정합니다.
  - 드래프트 안으로 : 드래프트가 재료를 제거하도록 지정합니다.
- 라운드 및 필렛 반경(Round & filet radius) : 형상에 필렛과 라운드를 추가합니다.

4.7 장착보스(Mounting Boss)

➡ 홈 탭 ⇒ 솔리드 그룹 ⇒ 장착보스
➡ Home Tap ⇒ Solid Group ⇒ Mounting Boss

간단한 원통형 보스, 중심 구멍, 강화 리브, 구배 각도 및 라운딩 매개변수를 지정할 수 있습니다.

chapter 03 Part Modeling(단품)

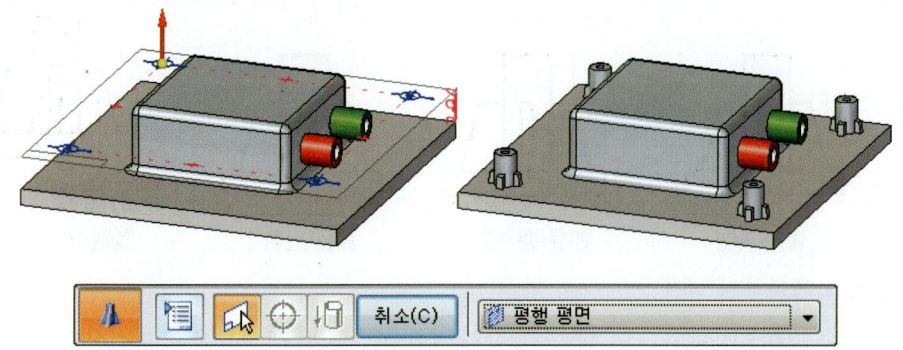

- 📋 **옵션(Mounting Boss Options)** : 장착 보스 옵션 다이얼로그를 표시 합니다.
- 🔲 **평면 단계(Plane Step)** : 장착 보스 프로파일을 배치할 참조 평면을 정의합니다.
- ⊕ **장착 보스 단계(Mounting Boss Step)** : 프로파일 형상의 모양 및 위치를 정의합니다.
- 📐 **범위 단계(Extent Step)** : 프로파일을 확장할 방향을 정의합니다.

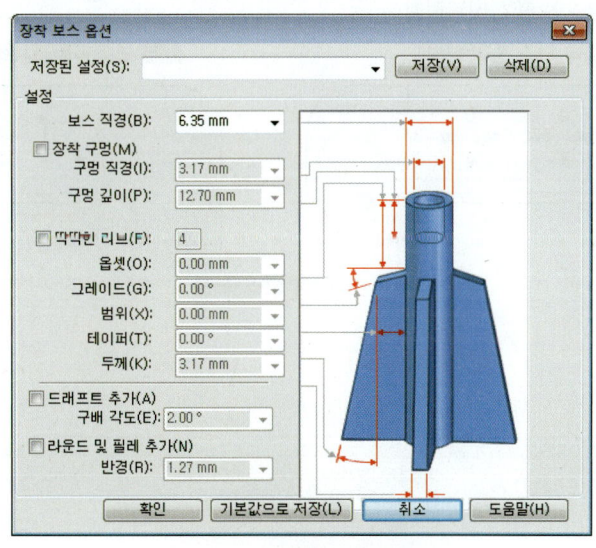

장착 보스 옵션 다이얼로그

▶ 리브 옵션
 - 옵셋 : 리브 옵셋 값을 설정합니다. 옵셋 값이 0이면 보스의 윗면과 같은 평면상에 있게 됩니다.
 - 경사도 : 리브 경사도 값을 설정합니다. 옵셋 값이 0이면 보스의 윗면과 평행하게 됩니다.
 - 범위 : 보스의 윗면에서 볼 때 리브가 보스의 측면으로부터 돌출되는 정도를 지정합니다.
 - 테이퍼 : 리브 테이퍼 값을 설정합니다.
 - 두께 : 리브의 두께를 지정합니다.

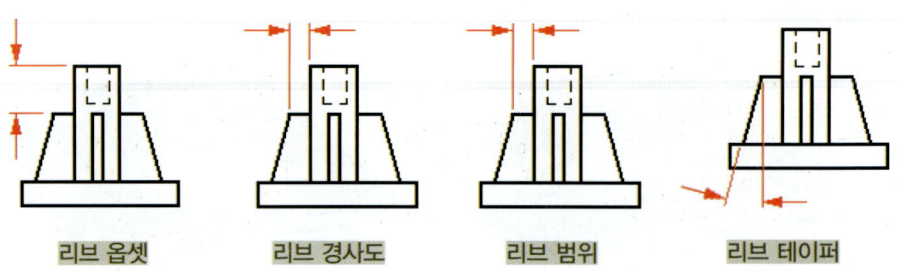

▶ 장착 보스 프로파일 회전

장착 보스 등록정보 다이얼로그를 사용하여 장착 보스를 다른 방향으로 회전시킬 수 있습니다.

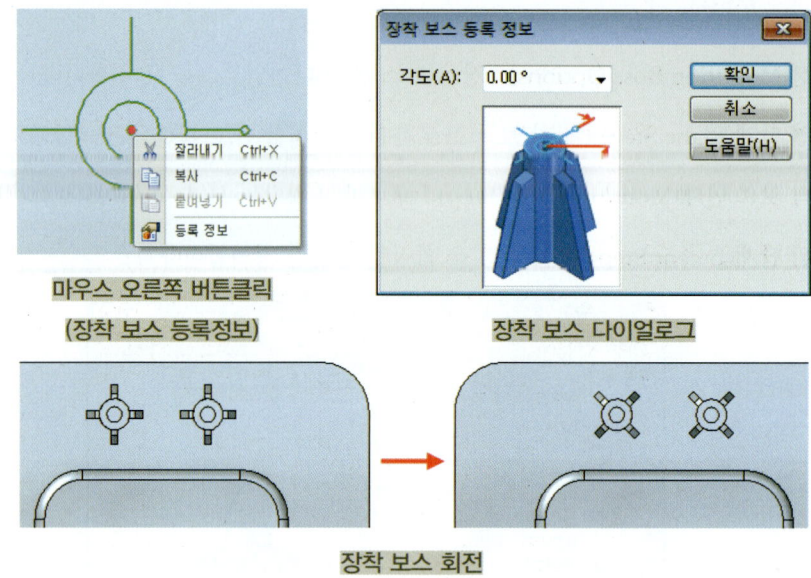

05 패턴

5.1 사각형 패턴(Rectangular Pattern)

➡ 홈 탭 ⇒ 패턴 그룹 ⇒ 직사각형 패턴
➡ Home Tap ⇒ Pattern Group ⇒ Rectangular Pattern

파트 형상, 어셈블리 형상, 모서리, 곡면 또는 설계 바디를 선택하여 사각형 패턴을 만듭니다.

chapter 03 Part Modeling(단품)

파트 형상 패턴   어셈블리 형상 패턴

- **선택 단계(Select Step)** : 패턴 처리할 요소를 정의합니다. 형상, 모서리, 곡면 및 디자인 바디를 선택할 수 있습니다.
- **평면 또는 스케치 단계(Plane or Sketch Step)** : 패턴 프로파일을 그리거나 선택할 수 있습니다.
- **프로파일 그리기 단계(Draw Profile Step)** : 기존 형상의 프로파일을 편집할 수 있습니다.
- **선택 단계 옵션(Select Step Options)** : 형상에 따라 스마트와 고속을 선택할 수 있습니다.

  ▶ **스마트(Smart)** : 스마트는 처리 시간은 오래 걸리지만 보다 많은 작업을 처리 할 수 있습니다. 스마트 선택을 사용하는 경우는 패턴 설정 형상이 원본과 다른 평면, 불규칙한 평면 이거나 다른 지오메트리가 있을 때 사용해야 합니다.

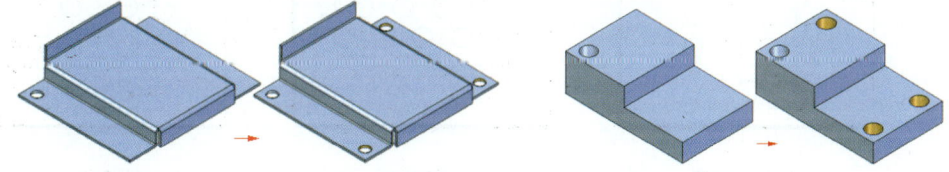

  ▶ **고속(Fast)** : 고속은 처리 속도는 빨라지지만 구성원에서 다른 지오메트리가 있는 경우에는 사용할 수 없습니다.

- **스태거 옵션(Stagger Options)** : 패턴 구성원을 직선 매트릭스에 정렬할지 또는 모든 행 또는 열을 기본 위치에 옵셋할지 여부를 제어합니다.
  - ▶ 스태거 종류(Stagger Type) : 없음(None), 행(Row), 열(Column)
    - 스태거(Stagger) : 행 또는 열 스태거 거리를 지정된 거리로 설정합니다.
    - 스태거=1/2옵셋(Stagger=1/2 offset) : 행 또는 열 스태거 거리를 X 옵셋 또는 Y옵셋 값의 절반으로 설정합니다.
    - 마지막 열 포함(Include last column) : 패턴에 마지막 스태거 열을 포함할지 여부를 제어합니다.

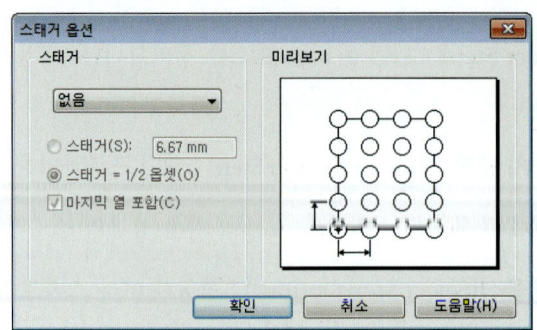

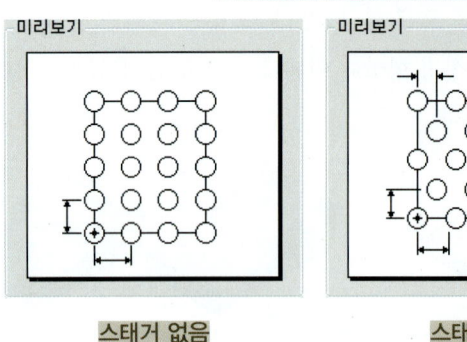
스태거 없음

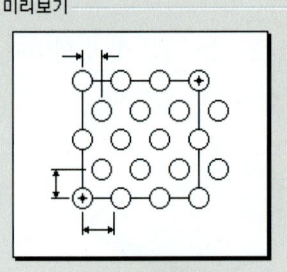
스태거 행

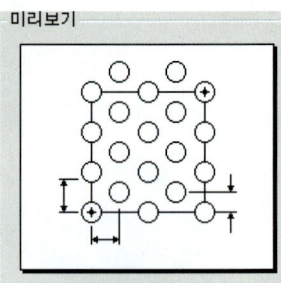
스태거 열

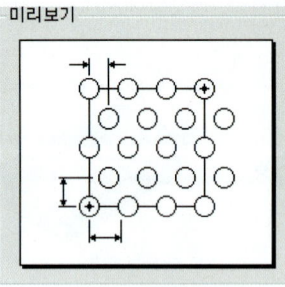
마지막 열 포함

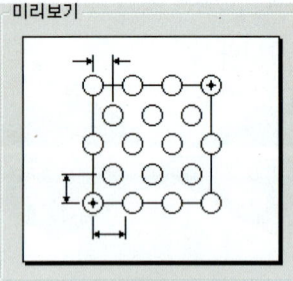
마지막 열 미포함

chapter 03 Part Modeling(단품)

- ⋮⋮⋮ **참조 점(Reference Point)** : 기본 참조 점을 이동할 수 있습니다.(처음으로 클릭한 점이 기본 참조점이 됩니다.)

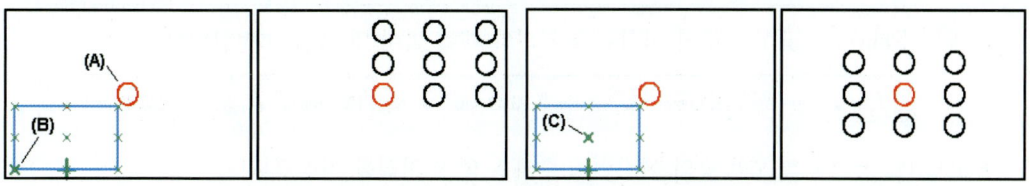

B : 최초 참조 점 / A : B 참조 점의 구멍 / C : 이동 참조 점

- ⋮⋮⋮ **어커런스 억제(Suppress Occurrence)** : 사각형 패턴에서 패턴 어커런스를 억제할 수 있습니다. 프로파일 윈도우에서 패턴 프로파일을 선택한 다음 어커런스 심볼을 클릭 하거나 드래그하여 어커런스를 억제할 수 있습니다.

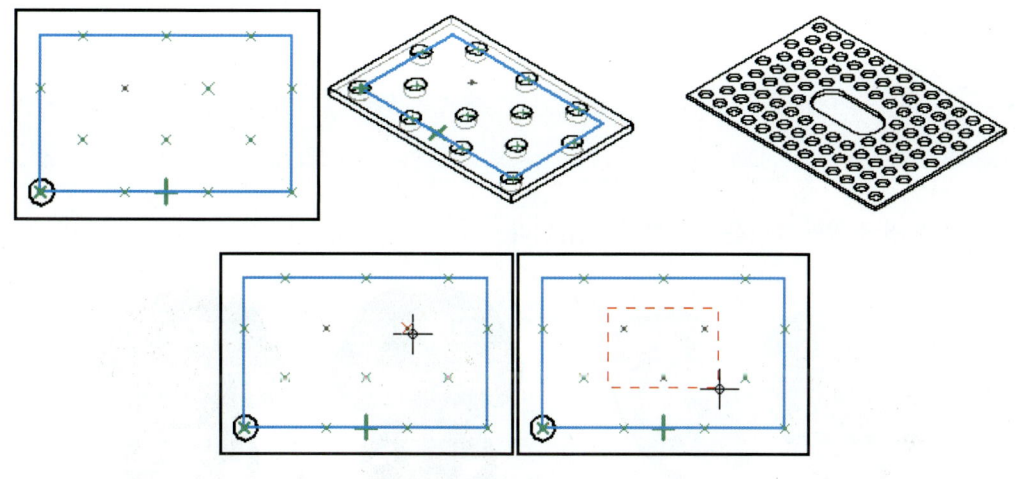

어커런스 억제 (클릭 또는 드레그)

억제 후 어커런스를 다시 표시하기 위해서 억제된 어커런스를 다시 클릭하면 표시됩니다.

- ⋮⋮⋮ **어커런스 영역 억제(Suppress Regions)** : 닫힌 스케치를 선택하여 스케치 안에 있는 어커런스를 억제할 수 있습니다.

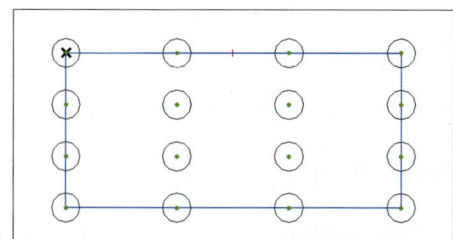 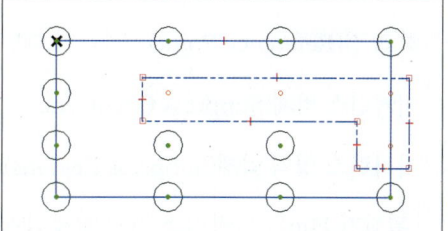

- Flip **뒤집기(Flip)** : 어커런스 영역 억제 내부 또는 외부에 억제된 어커런스를 뒤집을 수 있습니다.
- **Pattern Type(사각형 패턴 구성)** : 맞춤, 채우기, 고정

▶ 맞춤(Fit) : X 및 Y 방향의 어커런스 수와 패턴의 높이 및 폭을 지정합니다.

▶ 채우기(Fill) : X 및 Y 방향의 어커런스 거리와 패턴 높이 및 폭을 지정합니다.

▶ 고정(Fixed) : X 및 Y 방향의 어커런스 수와 X 및 Y 거리를 지정합니다.

5.2 원형 패턴(Circular Pattern)

➡ 홈 탭 ⇒ 패턴 그룹 ⇒ 직사각형 패턴 ⇒ 홈탭 ⇒ 형상 그룹 ⇒ 원형 패턴
➡ Home Tap ⇒ Pattern Group ⇒ Rectangular Pattern ⇒ Home Tap ⇒ Feature Group ⇒ Circular Pattern

부분 또는 전체 원형 패턴을 구성할 수 있습니다.

- 참조 점(Reference Point) : 사각형 패턴과 동일합니다.
- 어커런스 억제(Suppress Occurrence) : 사각형 패턴과 동일합니다.
- 어커런스 영역 억제(Suppress Regions) : 사각형 패턴과 동일합니다.
- 뒤집기(Flip) : 어커런스 영역 억제 내부 또는 외부에 억제된 어커런스를 뒤집을 수 있습니다.
- 부분 원(Partial Circle) : 부분 원을 생성합니다.

chapter 03 Part Modeling(단품)

- ⊙ **정원(Full Circle)** : 정원을 생성합니다.

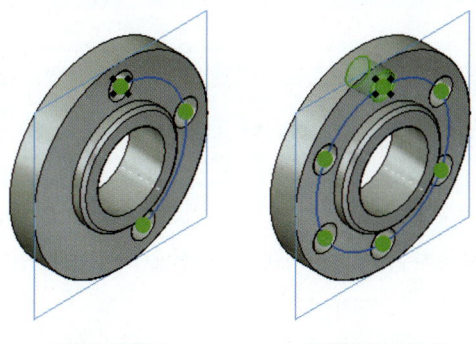

부분 원 패턴   전체 원형 패턴

- **원형 패턴 구성(Pattern Type)** : 맞춤, 채우기, 고정
  - ▶ 맞춤(Fit) : 어커런스 수와 패턴 프로파일의 반경을 지정합니다.

  - ▶ 채우기(Fill) : 각도 간격 및 패턴 프로파일의 반경을 지정합니다.

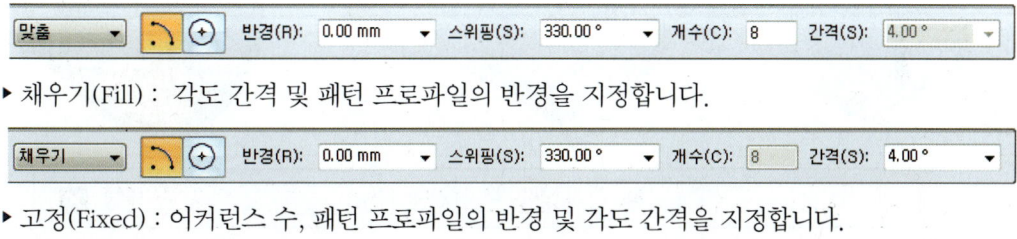

  - ▶ 고정(Fixed) : 어커런스 수, 패턴 프로파일의 반경 및 각도 간격을 지정합니다.

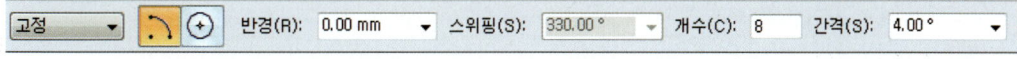

> **Tip**
>
> 스마트 패턴으로 구성할 때 패턴 어커런스를 삭제할 수도 있습니다. 커서를 삭제할(A) 패턴 위에 올려 놓습니다. QuickPick을 사용하여 패턴 어커런스를 선택한 후 Delete키를 눌러 삭제할 수 있습니다.
>
>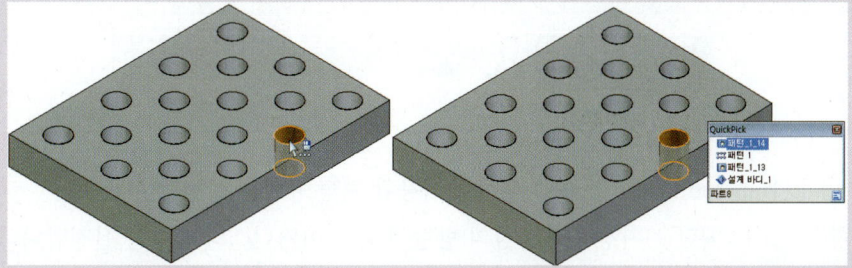
>
> 삭제된 어커런스를 복원하려면 어커런스 억제를 다시 표시하기 위한 작업을 동일하게 진행하면 됩니다.

5.3 곡선 패턴(Curved Pattern)

➡ 홈 탭 ⇒ 패턴 그룹 ⇒ 곡선 패턴
➡ Home Tap ⇒ Pattern Group ⇒ Curved Pattern

지정한 곡선을 따라 요소의 패턴을 만듭니다. 시작점 및 변형 유형과 같은 매개 변수 뿐만 아니라 어커런스 수, 간격 및 방향을 사용자 정의하여 패턴이 곡선을 따르는 방법을 제어할 수 있습니다.

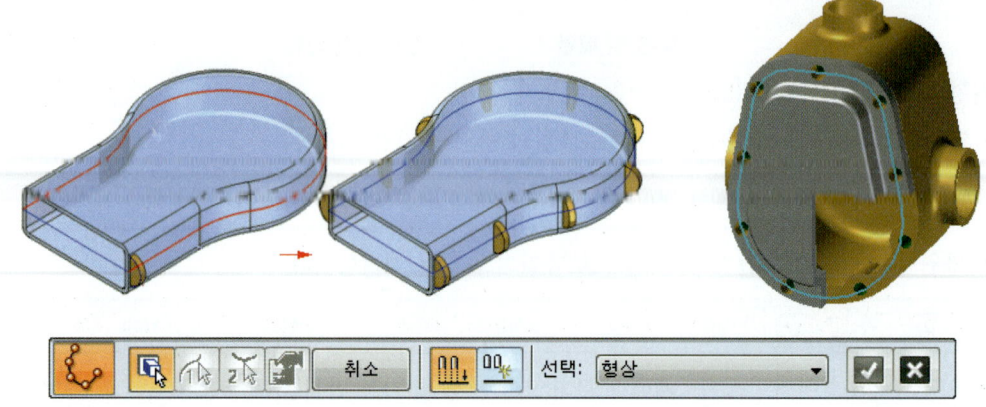

- 선택 단계(Select Step) : 패턴 설정할 형상 또는 지오메트리를 정의합니다.
- 곡선 선택 단계(Select Curve Step) : 선택한 요소에 대한 패턴을 설정할 때 곡선을 지정합니다.
- 경로 곡선 단계(Path Curve Step) : 패턴에 대해 따른 곡선을 지정합니다.
- 고급 정의 단계(Advanced Definition Step) : 패턴의 고급 정의를 지정합니다. 이 단계에서 어커런스 동작을 제어할 뿐만 아니라 변형 및 회전 유형을 지정할 수 있습니다.

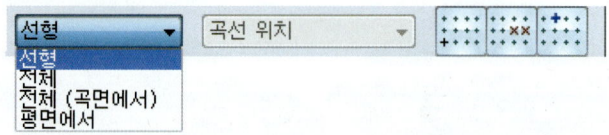

▶ 변형 유형(Transformation Type) : 패턴에 사용할 변형 유형을 설정합니다.
  - 선형(Linear) : 패턴을 지정하는 형상의 방향에 따라 어커런스의 방향을 설정합니다.
  - 전체(Full) : 입력 곡선에 따라 어커런스의 방향을 설정합니다.
  - 평면에서(From Plate) : 측정된 각도에 의해 어커런스 방향이 정의되는 평면에 대한 초기 어커런스 및 대상 어커런스의 방향을 설정합니다.

chapter 03 Part Modeling(단품)

변형 유형(선형)　　　　변형 유형(전체)　　　　변형 유형(평면에서)

▶ 회전 유형(Rotation Type) : 패턴에서 사용할 회전 유형을 설정합니다. 회전 유형은 변형 유형을 전체 또는 평면에서 설정한 경우만 사용할 수 있습니다.
  - 곡선 위치(Curve Position) : 경로 곡선의 위치에 따라 어커런스를 배치합니다.
  - 형상 위치(Feature Position) : 초기 어커런스의 위치에 따라 어커런스를 배치합니다.

06 미러

6.1 미러 복사 형상(Mirror Copy Feature)

➡ 홈 탭 ⇒ 패턴 그룹 ⇒ 미러 복사 형상
➡ Home Tap ⇒ Pattern Group ⇒ Mirror Copy Feature

선택한 형상의 미러 복사를 만듭니다.(원본 형상이 변경되거나 삭제되면 복사본이 업데이트됩니다. 복사본은 직접 편집할 수 없습니다)

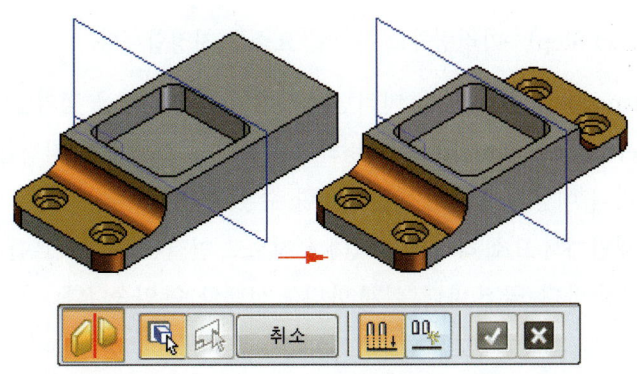

187

- 📋 **형상 선택(Select Features)** : 복사할 형상을 정의합니다.
- 📋 **평면 단계(Plane Step)** : 복사본을 미러링 할 기준이 되는 평면을 정의합니다.
- 📋 **스마트(Smart)** : 스마트 옵션은 처리 시간이 오래 걸리지만 보다 많은 작업을 처리할 수 있습니다.
- 📋 **고속(Fast)** : 고속 옵션을 사용하면 처리 속도가 빨라지지만 구성원에 패턴 설정 또는 미러링 중인 형상과 다른 지오메트리가 있는 경우에는 사용할 수 없습니다.

6.2 미러 복사 파트(Mirror Copy Part)

➡ 홈 탭 → 패턴 그룹 → 미러 복사 피드
➡ Home Tap → Pattern Group → Mirror Copy Part

사용자가 선택한 평면을 중심으로 선택된 요소를 미러링하고 복사합니다. 디자인 모델, 컨스트럭션 바디, 하나 이상의 면, 스케치 등을 미러링 할 수 있습니다.

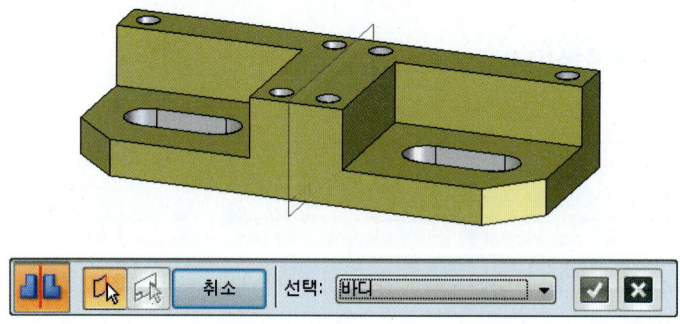

- 📋 **선택 단계(Select Step)** : 미러링하고 복사할 요소를 지정합니다.
- 📋 **평면 단계(Plane Step)** : 복사본을 미러링할 기준이 되는 평면을 정의합니다.
- **선택 단계 옵션(Select Step Option)** : 미러링하고 복사할 요소 유형을 지정합니다.
    ▶ 단일(Single) : 하나 이상의 개별 요소를 선택할 수 있습니다.
    ▶ 체인(Chain) : 체인에서 요소 하나를 선택해 끝점으로 연결된 요소 세트를 선택할 수 있습니다.
    ▶ 바디(Body) : 곡선 바디, 곡면 바디, 설계 바디를 선택할 수 있습니다.

chapter 03 Part Modeling(단품)

단품 모델링 따라하기

step1 홈 탭 > 솔리드 그룹 > 돌출 명령어를 선택합니다.

step2 XY평면을 선택 후 아래 그림과 같이 스케치를 그립니다.

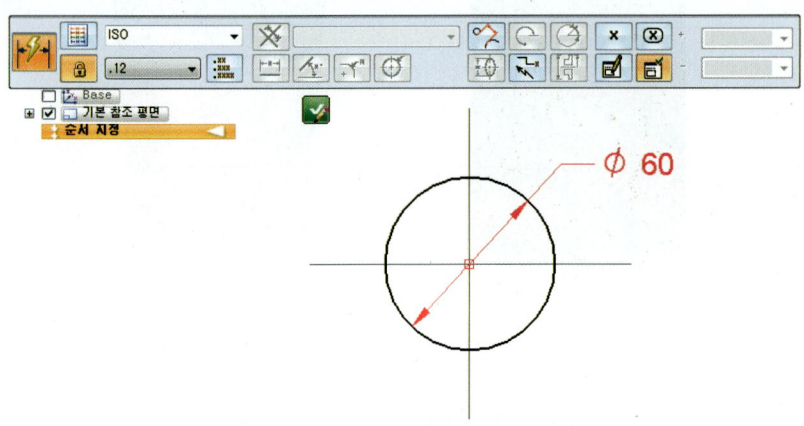

step3 스케치 완료 후 아래 그림과 같이 돌출 명령모음을 설정합니다.(대칭 돌출 / 거리 : 60mm)

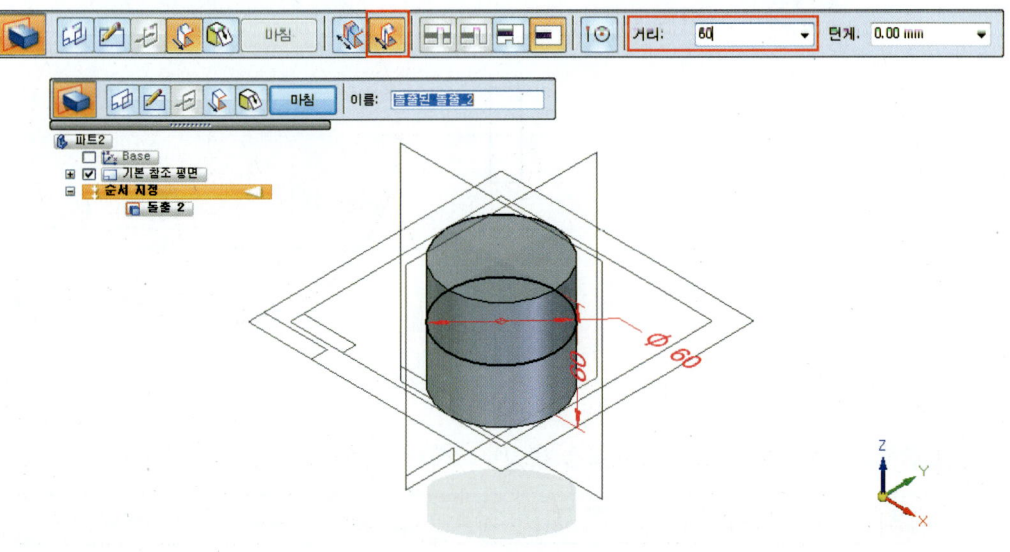

189

▸ step4   홈 탭 〉 솔리드 그룹 〉 드래프트 명령어를 선택 후 원 기둥 윗면을 기준으로 선택하여 5도 구배를 줍니다.

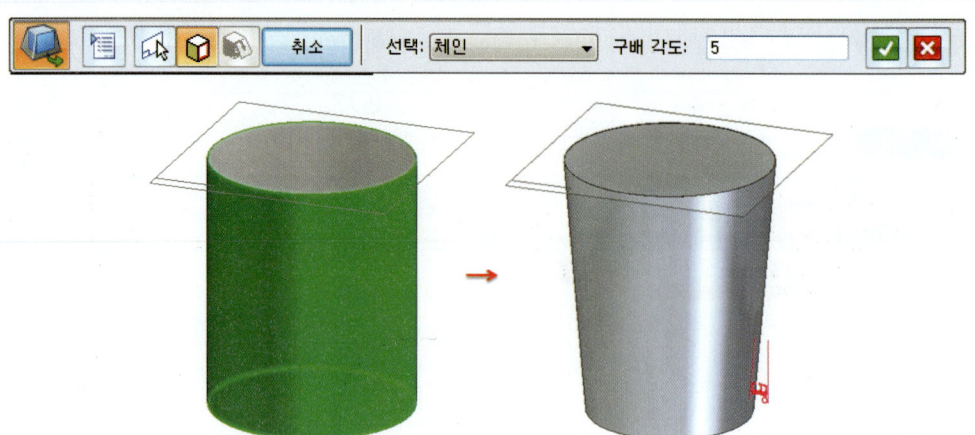

▸ step5   홈 탭 〉 솔리드 그룹 〉 회전 명령어를 선택 후 XY 편면을 선택합니다. 그리고 아래 그림과 같이 스케치를 그립니다. 그리고 회전 축 선택 시 (A)를 선택합니다.

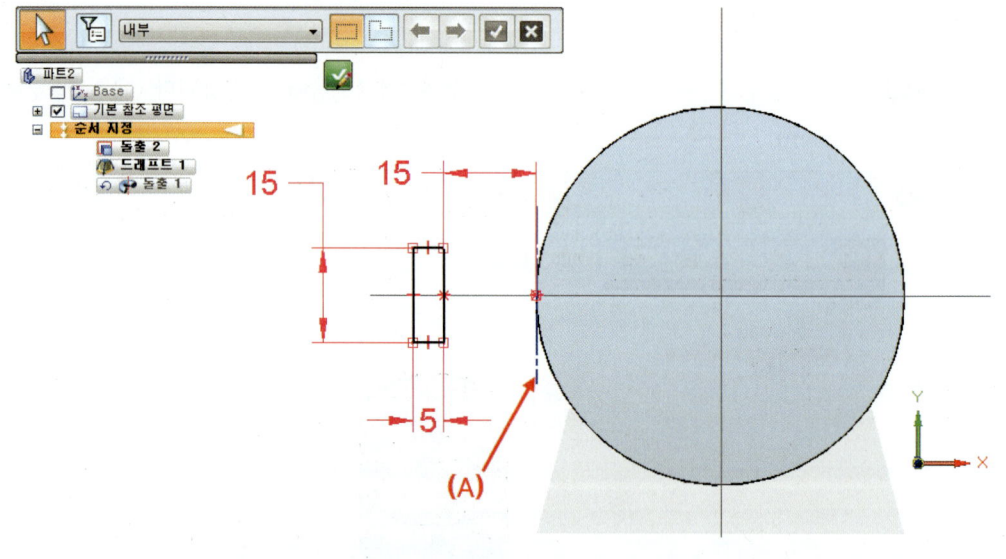

▸ step6   스케치를 닫은 후 회전 돌출 명령모음에서 360도 회전 옵션을 선택합니다.

chapter 03 Part Modeling(단품)

step7 완료 후 형상을 확인 합니다.

step8 홈 탭 > 솔리드 그룹 > 셸 명령어 선택 하고 공통 두께 3mm 입력 한 후 열린 면을 아래 그림과 같이 선택합니다.

step9 수용 버튼을 클릭 후 마침 아이콘을 클릭합니다. 그리고 형상을 확인합니다.

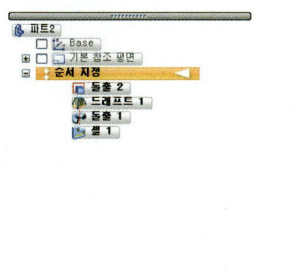 

191

step10 홈 탭 > 솔리드 그룹 > 라운드 명령어 선택 후 반경을 1mm 입력 후 아래 그림처럼 모서리를 선택합니다.

step11 수용 버튼을 클릭 후 마침 아이콘을 클릭합니다. 그리고 형상을 확인합니다.

특수 형상 모델링 따라하기

step1 홈 탭 > 솔리드 그룹 > 돌출 명령어를 선택합니다.

step2 XY평면을 선택 후 아래 그림과 같이 스케치를 그립니다.

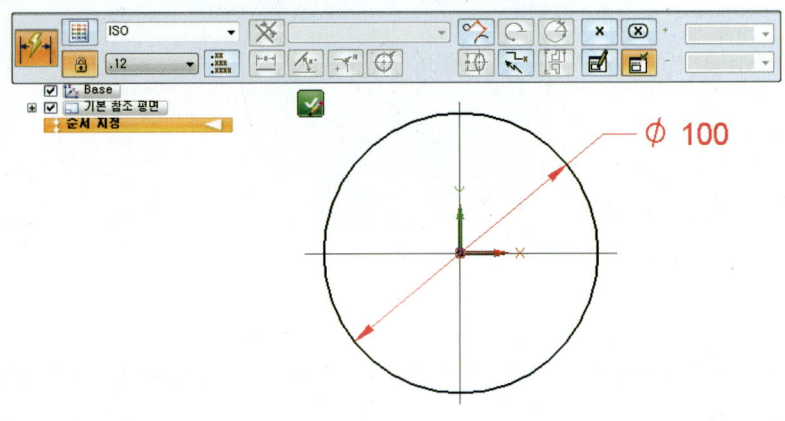

step3 스케치 완료 후 아래 그림과 같이 돌출 명령모음을 설정합니다.(대칭 돌출 / 거리 : 10mm)

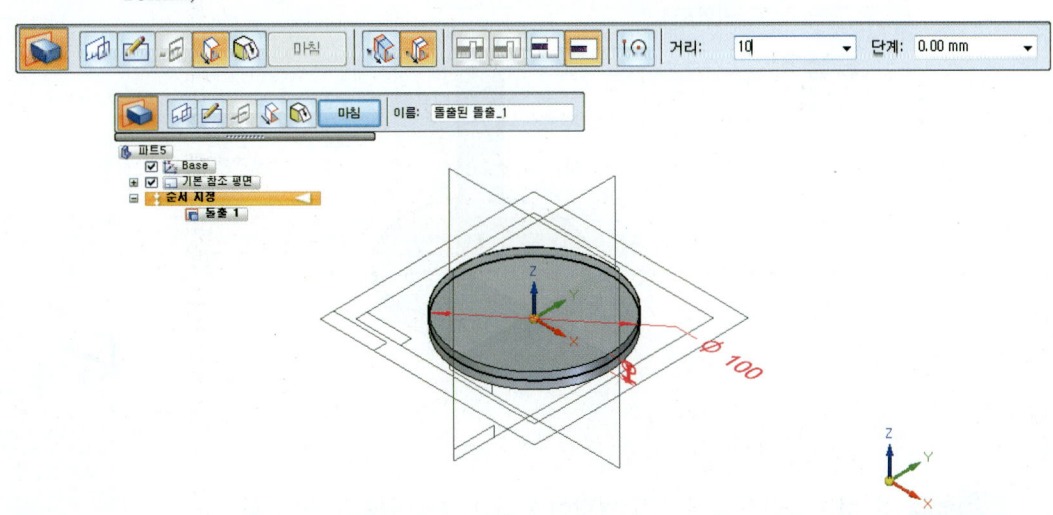

step4 홈 탭 > 솔리드 그룹 > 돌출 명령어를 선택합니다.

step5 돌출 1 형상의 윗면을 선택 후 아래 그림과 같이 스케치를 그립니다.

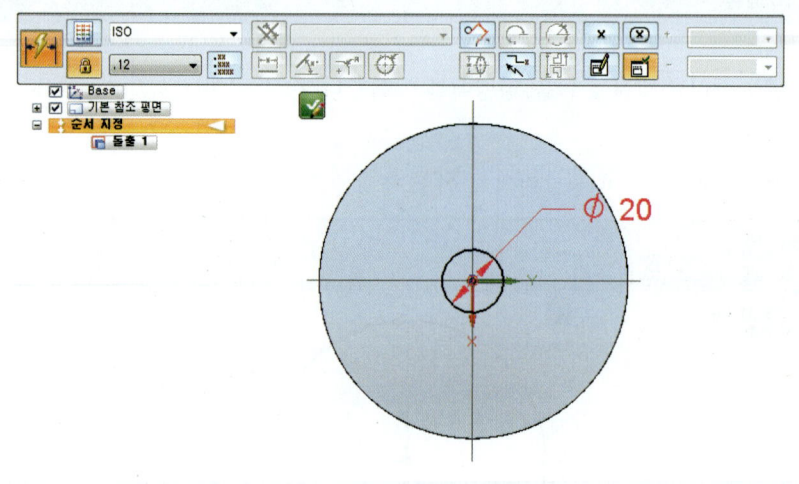

step6 스케치 완료 후 아래 그림과 같이 돌출 명령모음을 설정합니다.(대칭 돌출 / 거리 : 100mm)

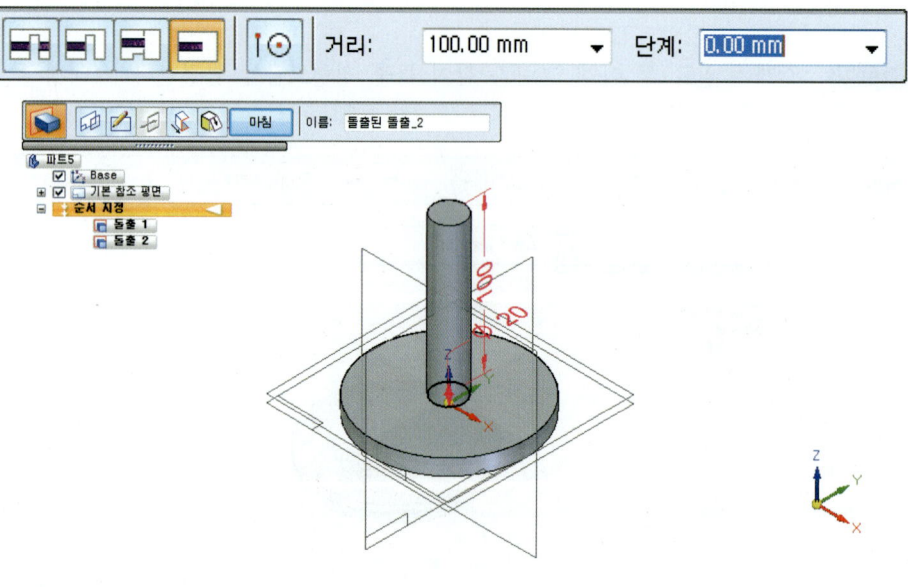

step7 홈 탭 > 솔리드 그룹 > 셸 명령어 > 리브 명령어를 선택합니다.

chapter 03 Part Modeling(단품)

step8 XZ평면을 일치 명면으로 선택 후 아래 그림과 같이 스케치를 그립니다.

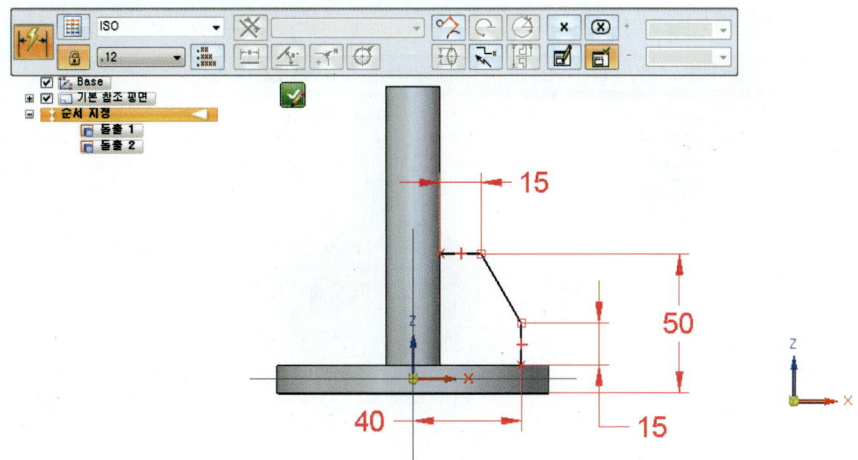

step9 스케치 완료 후 셸 두께 값과 방향을 아래 그림과 같이 설정합니다.(두께 : 10mm)

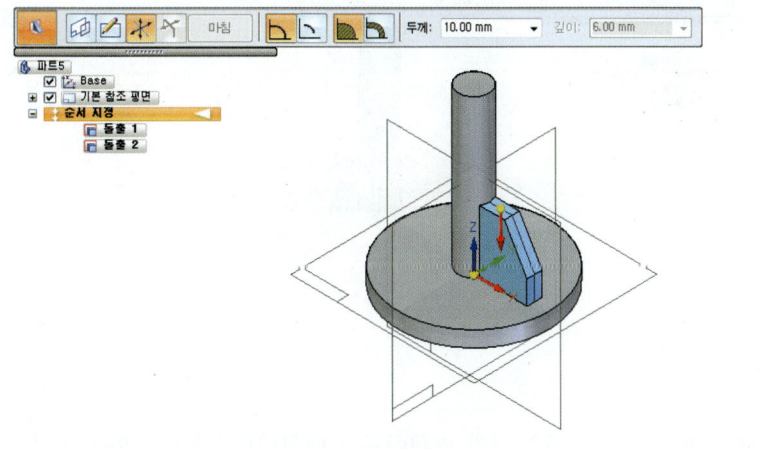

step10 마침을 누른 후 형상을 확인합니다.

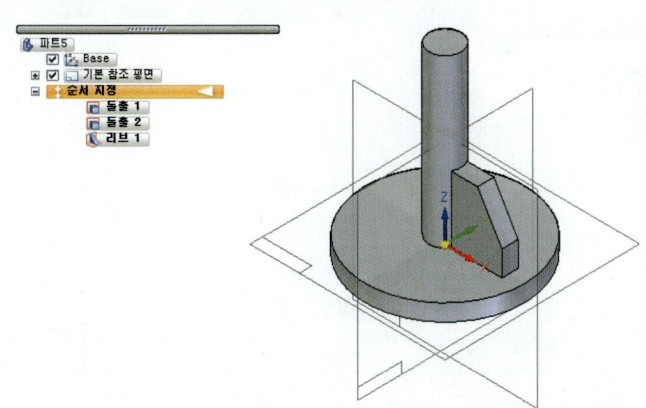

195

- **step11** 홈 탭 〉 패턴 그룹 〉 직사각형 패턴 명령어를 선택합니다. 그리고 리브 형상을 선택 후 수용 버튼을 클릭합니다.

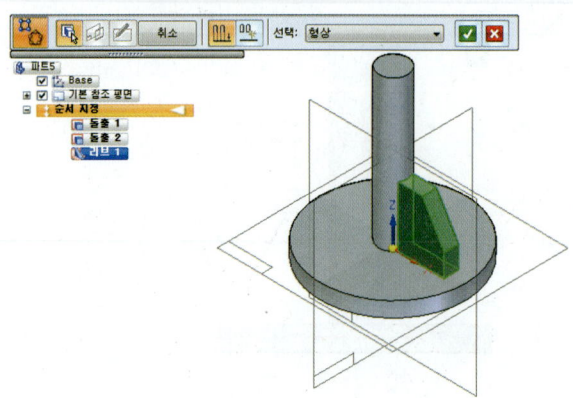

- **step12** 아래 그림과 같이 평면을 선택합니다.

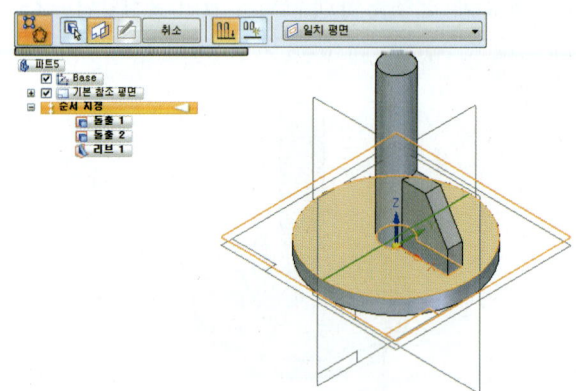

- **step13** 홈 탭 〉 형상 그룹 〉 원형 패턴 명령어를 선택합니다. 그리고 원호의 중심점(1)을 선택 후 원호의 시작점(2)을 클릭합니다.

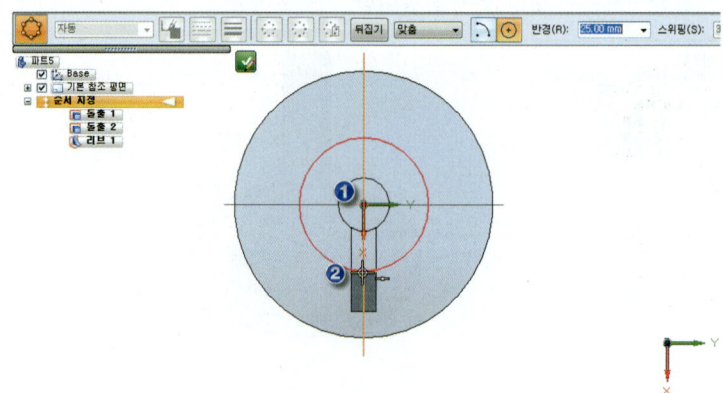

chapter 03 Part Modeling(단품)

step14 원호의 시작점 방향은 오른쪽으로 선택 후 마우스 왼쪽 버튼을 클릭합니다.

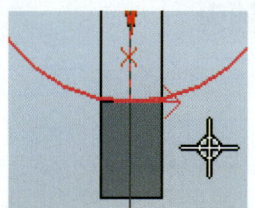

step15 패턴 수량은 4개로 입력합니다. 그리고 스케치 닫기 버튼을 클릭합니다.

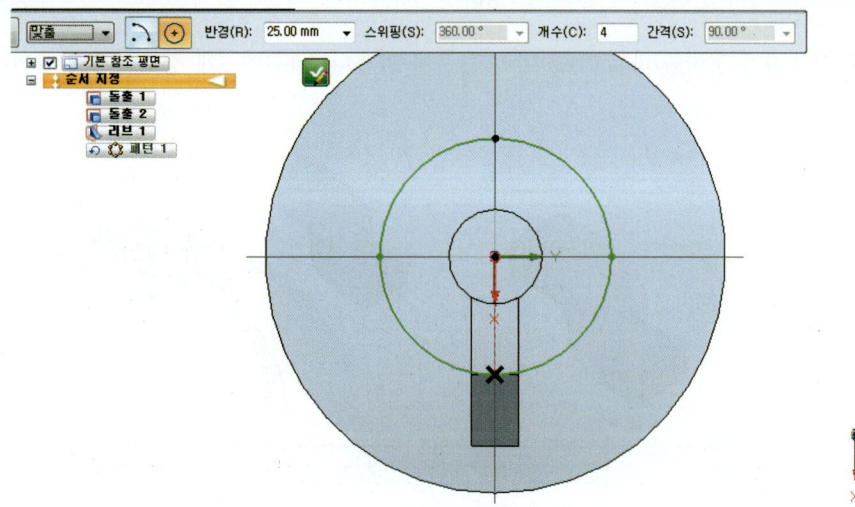

step16 형상을 확인합니다.

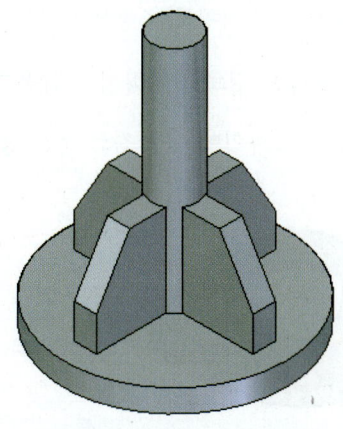

197

07 고급 솔리드 모델링

7.1 스위핑 돌출(Swept Extrusion)

➡ 홈 탭 ⇒ 솔리드 그룹 ⇒ 스위프
➡ Home Tap ⇒ Solid Group ⇒ Swept

단면 (A)를 사용자가 정의한 파트(B)를 따라 돌출을 만듭니다.(최대 3개 경로와 여러개의 단면 정의 가능)

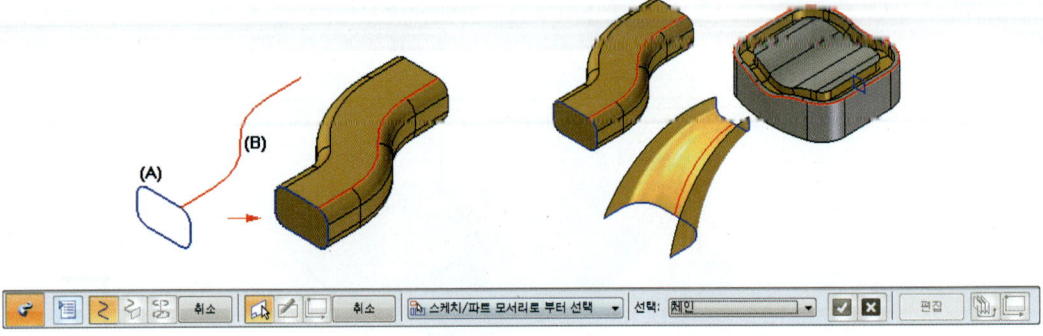

- 옵션(Option) : 단일 또는 다중 단면/경로 스위핑을 제어하는 다이얼로그 표시합니다.
- 경로 단계(Path Step) : 단면을 스위핑하여 형상을 만들 경로를 정의합니다.(최대3개)
- 단면 단계(Cross Section Step) : 경로를 따라서 스위핑 하려는 단면 프로파일을 정의합니다.
- 축 단계(Axis Step) : 단면 프로파일에 대한 잠금 축을 정의합니다. (잠금 축 사용 하여 스위핑 형상의 비틀림 제어 가능)

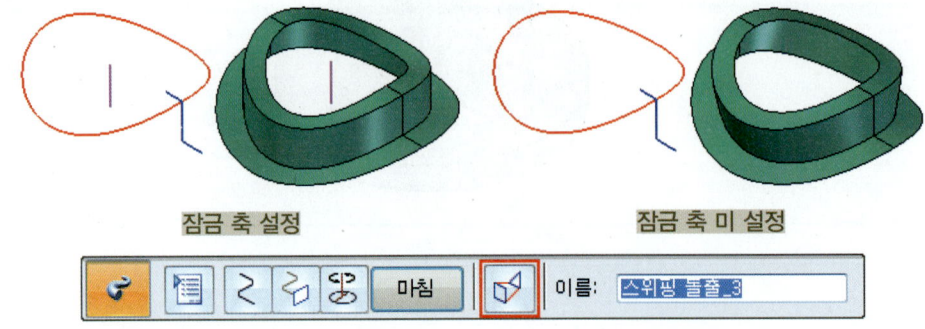

잠금 축 설정   잠금 축 미 설정

chapter 03 Part Modeling(단품)

꼭지점 매핑 대화상자를 이용하여 기본 꼭지점 맵 설정을 편집하거나, 추가 꼭지점 맵 설정을 정의할 수 있습니다.(스위핑에 단면이 여러 개 있는 경우에만 사용할 수 있습니다.)

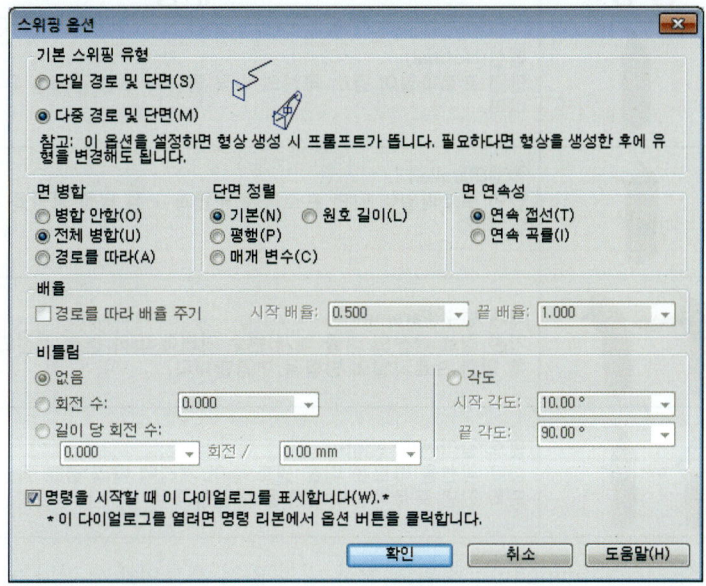

▶ 스위핑 옵션 (Sweep Options)
  - 단일 경로 및 단면(Single path and cross section) : 단일 경로와 단일 단면을 사용하여 스위프 형상을 생성하도록 지정합니다.
  - 다중 경로 및 단면(Multiple path and cross section) : 다중 경로와 단면을 사용하여 스위프 형상을 생성하도록 지정합니다.(최대 3개경로와 여러개 단면 가능)
  - 면 병합(Face Merging) : 원하는 면 병합 옵션을 지정합니다.

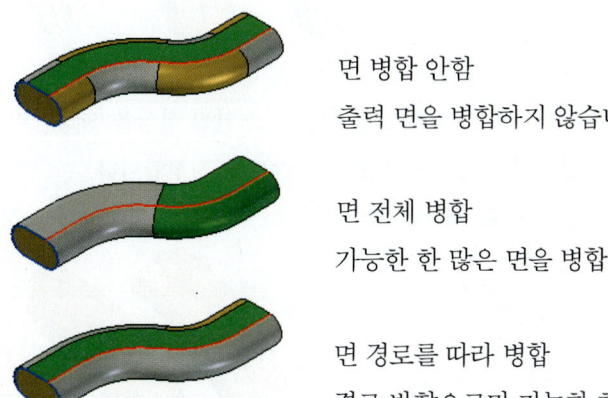

면 병합 안함
출력 면을 병합하지 않습니다.

면 전체 병합
가능한 한 많은 면을 병합니다.

면 경로를 따라 병합
경로 방향으로만 가능한 한 많은 면을 병합합니다.

- 단면 정렬(Section Alignment) : 경로 곡선을 기준으로 단면 프로파일의 방향을 지정합니다.

형 상	내 용
	법선(Normal) 단면 프로파일이 경로 곡선의 수직 평면과 고정 관계를 유지하도록 지정합니다.
	평행(Parallel) 단면 프로파일이 단면 프로파일 평면과 고정 평행 방향을 유지하도록 지정합니다.
	매개 변수(Parametric) 기본 경로 곡선의 비율 매개 변수 거리에 따라 경로 곡선의 점이 일치하도록 단면 프로파일의 방향을 변경합니다.
	원호 길이(Arc Length) 경로 곡선을 따르는 비율 원호 길이 거리에 따라 경로 곡선의 점이 일치하도록 단면 프로파일의 방향을 변경합니다

- 면 연속성(Face Continuity) : 스위프 형상 내의 인접 세그먼트가 만나는 면 연속성의 정도를 지정합니다.
- 배율(Scale) : 경로 곡선을 따라 단면 곡선을 배율 조정하여 스위핑 형상을 생성합니다.
  (A) : 배율 없음
  (B) : 배율 시작 배율 1 및 종료 배율 1.5
  (C) : 시작 배율 0.5 및 종료 배율 1.5

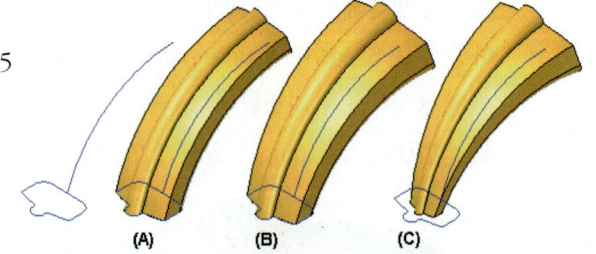

- 비틀림(Twist) : 경로 곡선 주위의 단면 프로파일을 비틀어 스위핑 형상을 생성합니다.
- 생성되는 치수 없음(None) : 형상에 비틀림을 적용하지 않도록 지정합니다.
- 회전 수(Number of Turns) : 전체 경로 곡선을 따라 단면이 비틀리는 회전수를 지정하여 비틀림을 적용합니다.
  (A) 비틀림 없음
  (B) 0.25회전
  (C) -0.25 회전

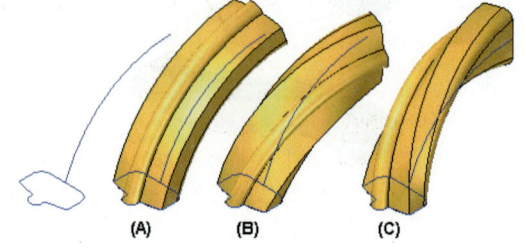

길이 당 회전 수 비틀림

- 길이 당 회전 수(Turns per Length) : 경로 곡선의 길이 단위 당 단면의 비틀림 회전수를 지정하여 형상에 비틀림을 적용합니다.
  (A) 비틀림 없음
  (B) 경로 곡선42mm당 0.10회전
  (C) 경로 곡선42mm당 -0.10회전

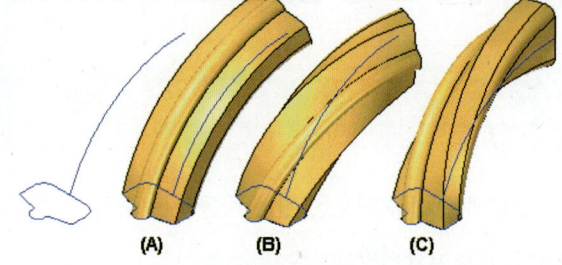

길이 당 회전 수 비틀림

- 각도(Angle) : 경로 시작점과 경로 끝점에서 비틀림 각도를 지정하여 형상에 비틀림을 적용합니다.
  (A) 비틀림 없음
  (B) 시작점0° 비틀림 및 끝점90°
  (C) 시작점0° 비틀림 및 끝점-90°

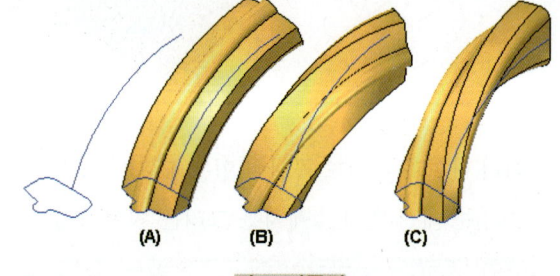

각도 비틀림

- 배율 옵션과 비틀림 옵션을 결합할 수 있습니다.
  (A) 배율
  (B) 비틀림
  (C) 배율+비틀림

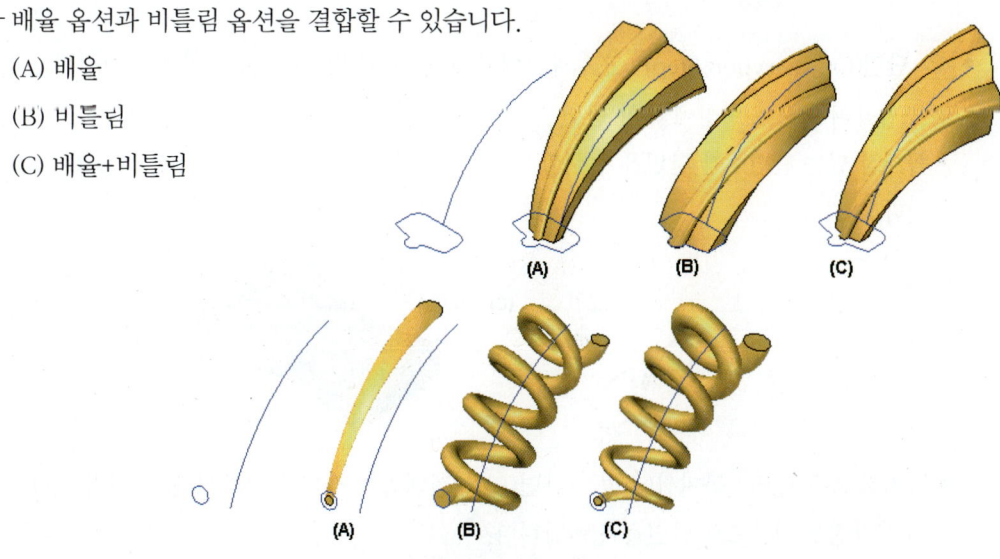

배율과 비틀림 결합

201

7.2 로프팅 돌출(Lofted Protrusion)

➡ 홈 탭 ⇒ 솔리드 그룹 ⇒ 로프팅
➡ Home Tap ⇒ Solid Group ⇒ Lofted

단면과 단면을 서로 연결하여 돌출을 구성합니다.(안내 곡선(A),(B)을 정의하여 형상의 모양을 재지정할 수도 있습니다.)

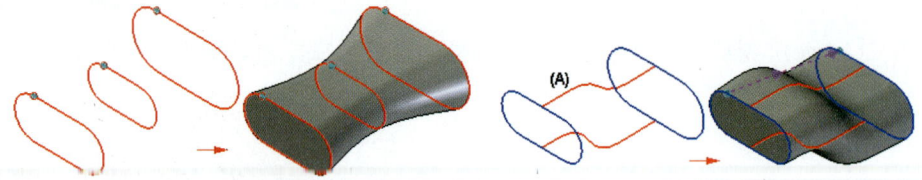

여러 단면과 가이드 곡선이 있는 로프트 형상을 사용하여 작업하는 경우 형상을 만들면서 프로파일을 그리는 대신 먼저 스케치를 그리는 것이 좋습니다.

- **단면(Cross Section Step)** : 프로파일에서 생성된 단면과 파트 모서리에서 생성된 단면을 임의로 조합하여 로프트 형상에 대한 단면 프로파일을 선택합니다.

  ▸ 꼭지점 있는 단면 : 각 단면을 선택할 때 꼭지점 위에 커서를 놓고 시작점 (A),(B),(C)를 정의합니다.

  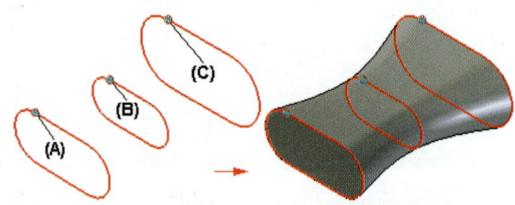

  ▸ 꼭지점 없는 단면 : 꼭지점이 없는 단면(B)을 선택하는 경우 꼭지점이 있는 인접한 단면 (A),(C)의 시작점을 기준으로 단면을 평가합니다.

  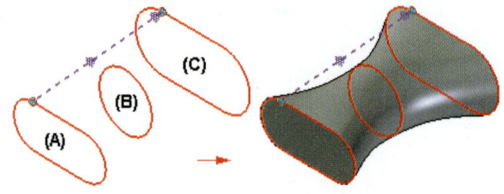

chapter 03 Part Modeling(단품)

▶ 점을 사용한 단면 : 명령 모음의 선택 옵션을 점으로 설정하여 점(A)을 단면으로 사용할 수 있습니다.

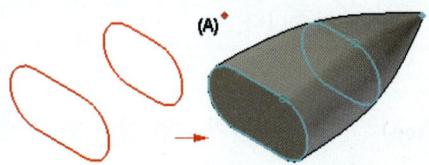

- **가이드 곡선 단계(Guide Cure Step)** : 로프트에 대해 따라가려는 가이드 곡선을 정의합니다. 가이드 곡선은 모든 단면에 접촉해야 합니다. 가이드 곡선(A) (B)을 사용하면 단면 사이에서 로프트 또는 스위프 곡면의 모양을 제어할 수 있습니다.

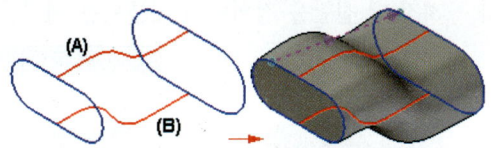

동일한 단면 요소를 가진 로프트 곡면의 모양은 가이드 곡선이 없는지, 가이드 곡선이 하나인지 또는 여러 개인지 여부에 따라 달라집니다.

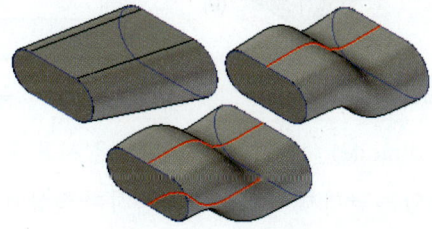

스케치를 가이드 곡선으로 사용하는 경우 스케치를 편집하여 형상의 모양을 변경할 수 있습니다.

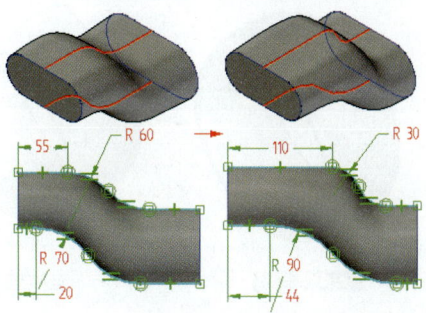

● **가이드 곡선 지침**
❶ 모든 가이드 곡선은 로프트의 모든 단면과 접촉해야 합니다.
❷ 가이드 곡선은 로프트의 한쪽 끝을 지나 연장될 수 있습니다.
❸ 모든 가이드 곡선은 닫힌 로프트에 대해 닫혀 있어야 합니다.

❹ 가이드 곡선은 첫 번째 단면 또는 마지막 단면의 단일 점에서는 만날 수 있지만, 내부 단면에서는 만날 수 없습니다.

❺ 가이드 곡선은 서로 교차할 수 없습니다.

- **확장 단계(Extent Step)** : 형상을 만들기 위한 깊이 또는 프로파일의 확장 길이를 정의합니다.

▶ **꼭지점 매핑(Vertex Mapping)** : 꼭지점을 매핑하면 로프트 형상의 단면 사이에 맵 점의 집합을 정의할 수 있습니다. 삼각형 스케치와 사각형 스케치 사이의 단순한 로프트로 인해 비틀림(A)이 생깁니다. 추가 꼭지점 맵 집합을 정의하면 비틀림을 제거할 수 있습니다.(B)

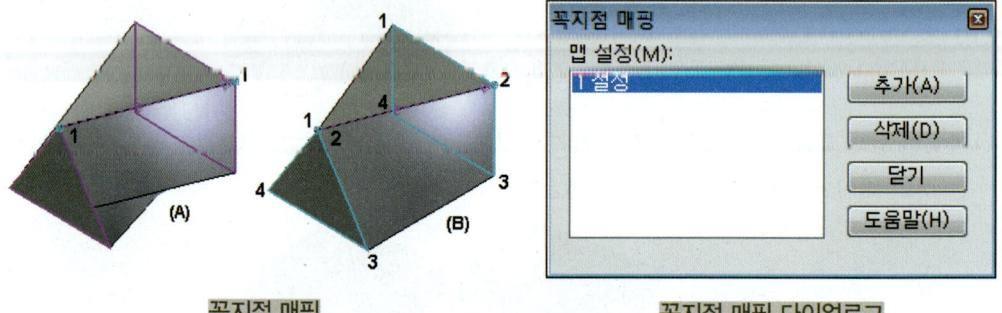

꼭지점 매핑   꼭지점 매핑 다이얼로그

▶ **로프트 닫기(Closed range)** : 세 개 이상의 단면을 사용하여 로프트 형상을 만드는 경우 범위 단계의 명령 모음에 있는 닫힌 범위 옵션을 사용하여 형상이 자체적으로 닫히게 만들 수 있습니다.

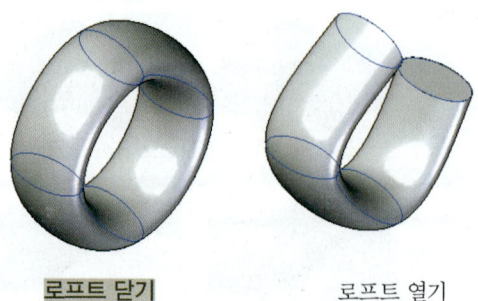

로프트 닫기   로프트 열기

▶ **끝 조건(End Conditions)** : 로프트 형상이 첫 번째 단면 및 마지막 단면과 만나는 위치의 로프트 형상 모양인 끝 조건을 여러 가지 옵션을 사용하여 제어할 수 있습니다.

chapter 03 Part Modeling(단품)

형 상	내 용
	자연(Natural) 끝에 강제적인 구속 조건이 없습니다.
	기울기 연속(Tangent Continuous) 파트 모서리와 컨스트럭션 곡선을 사용해 끝 단면은 접선을 지원합니다.
	곡률 연속(Curvature Continuous) 파트 모서리, 컨스트럭션 곡선 곡면을 사용해 끝 단면을 조건을 지원합니다.
	내부 접선(Tangent Interior) 파트 모서리와 컨스트럭션 곡면을 사용해 끝 단면은 내부 접선 조건을 지원합니다.
	단면에 수직(Normal to Section) 스케치를 사용해 정의된 끝 단면은 단면 끝에 수직 조건을 지원합니다.
	단면에 평행(Parallel to Section) 끝 단면은 단면에 평행 끝 조건을 지원하는 점을 사용하여 정의합니다.

7.3 나선형 돌출(Helical Protrusion)

➡ 홈 탭 → 솔리드 그룹 → 나사선
➡ Home Tap ⇒ Solid Group ⇒ Helical

단면 (A)를 사용자가 정의한 나선형 경로(B)를 따라서 스위핑 하여 돌출을 만듭니다.

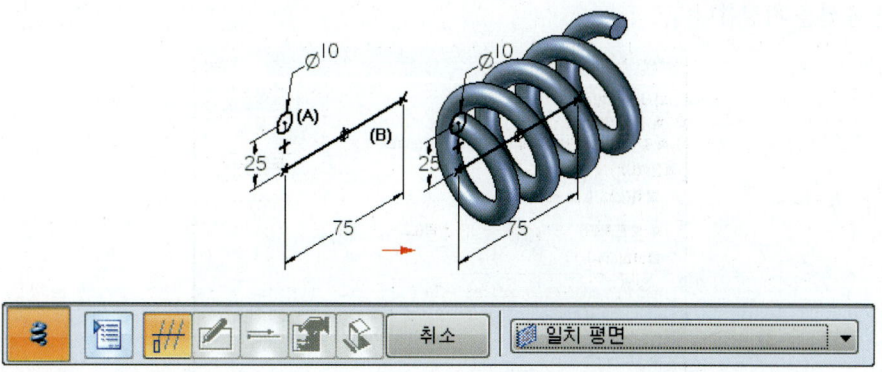

- **나사선 옵션(Helix Options)** : 원하는 나사선 컨스트럭션 방법을 지정할 수 있는 나사선 옵션 다이얼로그를 표시합니다.

205

▶ 평행(Parallel) : 나사산 축을 통하여 평행인 평면에 단면을 배치하도록 지정합니다.

▶ 수직(Perpendicular) : 나사산 축의 끝에 수직으로 단면을 배치하도록 지정합니다.

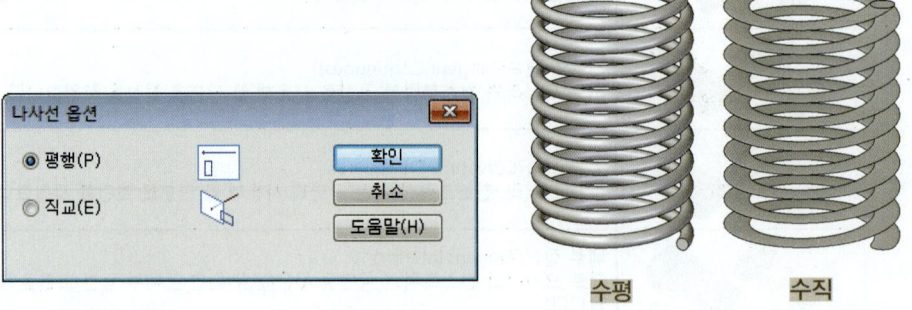

- **축 및 단면 단계**(Cross Section & Axis Definition) : 나사선 축을 정의하고 나사선을 만들기 위한 단면을 생성합니다.

- **축 및 단면 그리기 단계**(Draw Axis & Cross Section Step) : 기존 형식의 프로파일을 편집할 수 있습니다.

- **시작 지점 단계**(Start End Step) : 나사선 축의 시작 지점을 지정합니다. 평행 옵션을 선택한 경우에만 사용 가능합니다.

- **매개 변수 단계**(Parameters Step) : 나선형 형상에 대한 매개 변수를 지정합니다.

- **범위 단계**(Extent Step) : 형상을 만들기 위한 형상 깊이 또는 프로파일의 확장 길이를 정의합니다.

※ 나선형 매개변수 다이얼로그(Helix Parameters dialog box) : 나선형 돌출 또는 컷아웃 생성하기 위한 옵션을 지정합니다.

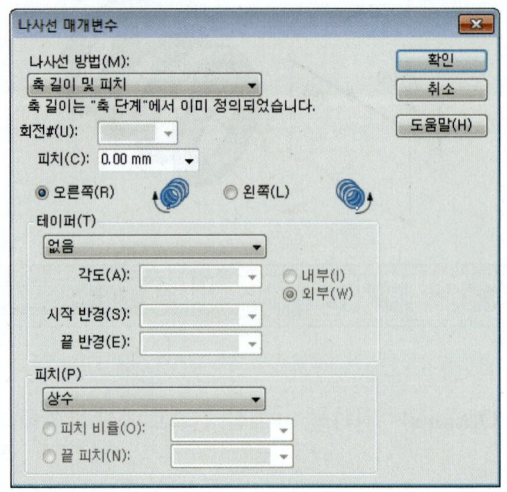

- ▶ 나사선 방법(Helix Method) : 나사선 매개 변수를 정의하는 데 사용할 방법을 지정합니다.
  - – 축 길이 및 피치(Axis Length & Pitch)
  - – 축 길이 및 회전(Axis Length & Turns)
  - – 피치 및 회전(Pitch & Turns)
- ▶ 회전(Turns) : 나사선의 회전수를 지정합니다.
- ▶ 피치(Pitch) : 나사선의 피치를 지정합니다.
- ▶ 오른쪽 방향(Right-handed) : 오른쪽 방향 방식으로 나사산이 회전하도록 지정합니다.
- ▶ 왼쪽 방향(Left-handed) : 왼쪽 방향 방식으로 나사산이 회전하도록 지정합니다.

나사산 오른쪽 방향

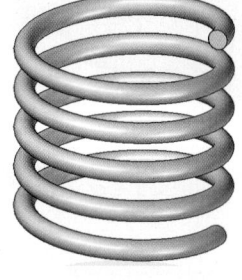
나사산 왼쪽 방향

- ▶ 테이퍼(Taper) : 나사산 테이퍼에 관한 정보를 지정합니다.
  - – 각도(Angle) : 테이퍼 각도를 지정합니다.
  - – 반경(Radius) : 테이퍼 반경으로 지정합니다.

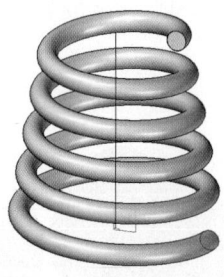
테이퍼 각도

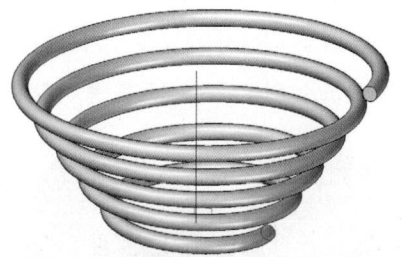
테이퍼 반경

- ▶ 피치(Pitch) : 나사산의 피치가 일정인지 가변인지를 지정합니다.

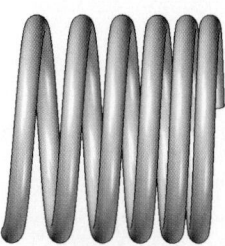
가변 피치

7.4 법선 돌출(Normal Protrusion)

➡ 홈 탭 ⇒ 솔리드 그룹 ⇒ 법선 돌출
➡ Home Tap ⇒ Solid Group ⇒ Normal Protrusion

면 위에 놓인 닫힌 곡선을 돌출시켜 파트 면에 수직인 돌출을 만듭니다. (텍스트 프로파일, 다른 스케치 요소를 사용해 비평면형 면에서 만드는데 유용합니다.)

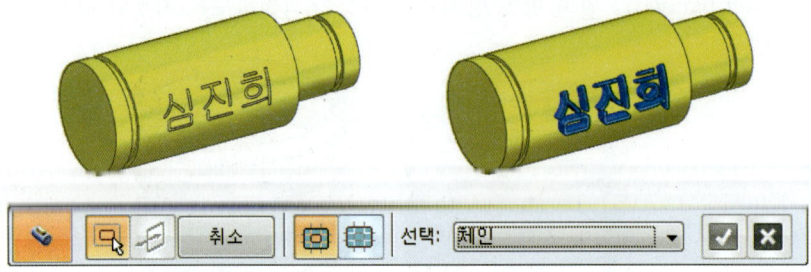

- 곡선 선택 단계(Select Curve Step) : 파트 면에 있는 스케치 또는 닫힌곡선을 선택 합니다.
  ▶ 곡선 접촉 면(Faces Touching Curves) : 곡면과 교차하는 면만 수정되도록 지정합니다.
  ▶ 모든 면(All Faces) : 곡면 안쪽의 모든 면을 수정하도록 지정합니다.
- 측면 단계(Side Step) : 재료를 추가할 프로파일의 측면과 형상의 높이를 정의합니다.
  ▶ 와이어프레임 요소 내에서 재료를 추가합니다(A).
  ▶ 와이어프레임 요소 외부에서 재료를 추가합니다(B).

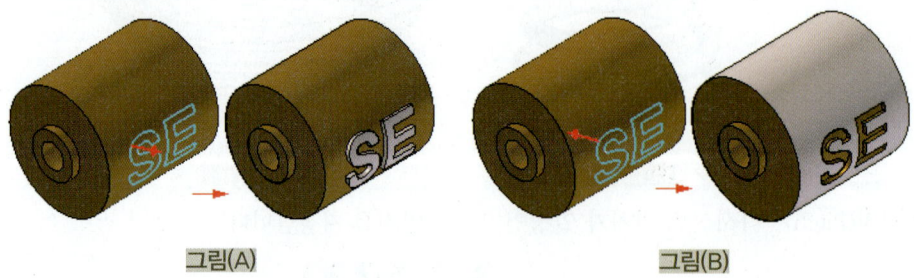

그림(A)　　　　　　　　　그림(B)

7.5 두께 추가(Thicken)

➡ 홈 탭 ⇒ 솔리드 그룹 ⇒ 두께 추가
➡ Home Tap ⇒ Solid Group ⇒ Thicken

하나 이상의 면을 옵셋하여 파트의 두께를 추가합니다. 이 명령어를 사용하면 컨스트럭션 곡면에서 솔리드를 만들거나 기존의 솔리드를 수정할 수 있습니다.

- 선택 단계(Select Step) : 옵셋할 면을 지정하고 굵기 추가 형상을 만듭니다.
- 옵셋 단계(Offset Step) : 옵셋 거리와 방향을 정의합니다.

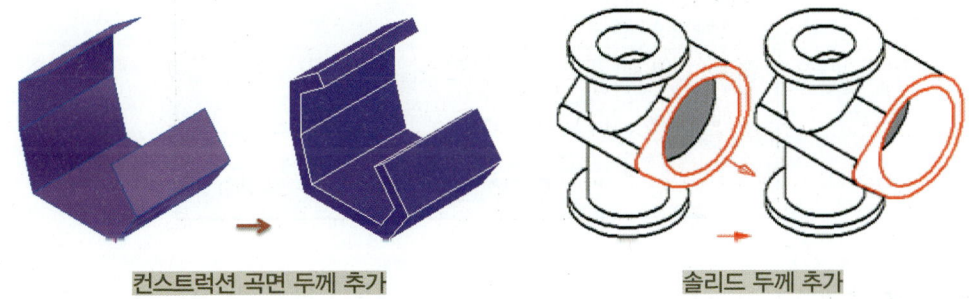

컨스트럭션 곡면 두께 추가   솔리드 두께 추가

※ 스위핑 컷아웃, 로프팅 컷아웃, 나선형 컷아웃, 법선 컷아웃은 돌출과 사용 방식이 모두 동일하기 때문에 따로 설명하지 않습니다.

08 다중 바디 모델링

다중 바디 모델링은 단일 파일에서 둘 이상의 솔리드 설계 바디를 사용하는 설계 방법입니다. 다중 바디 모델링에서 동일한 규칙 집합에 따라 동일한 공간에 여러 별도의 모델을 설계할 수 있습니다. 이 모델링 방법은 여러 어셈블리 컴포넌트를 단일 파트 또는 판금 파일로 모델링하는 기능을 제공합니다.

8.1 바디 추가(Add body)

➡ 홈 탭 ⇒ 솔리드 그룹 ⇒ 바디 추가
➡ Home Tap ⇒ Solid Group ⇒ Add body

단일 파일에서 둘 이상의 솔리드 설계 바디를 사용하는 설계 방법입니다.

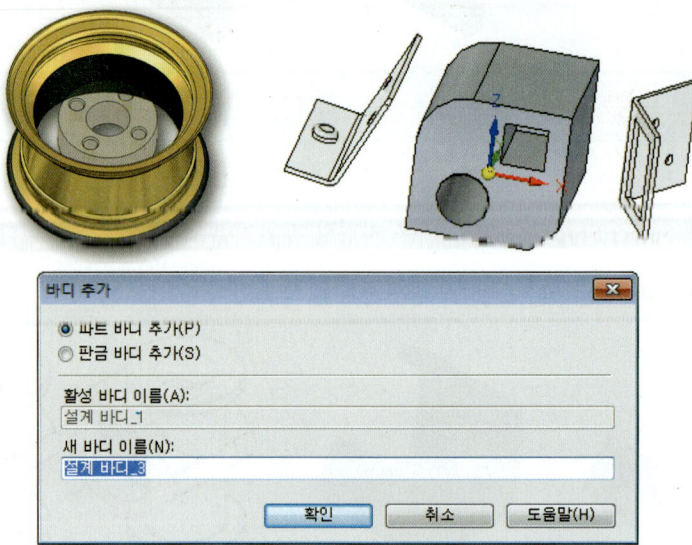

- **파트 바디 추가**(Add Part body) : 추가된 설계 바디가 파트 유형이 되도록 지정합니다.
- **판금 바디 추가**(Add Sheet Metal body) : 추가된 설계바디가 판금 유형이 되도록 지정합니다.
- **초기 바디 이름**(Initial body name) : 초기 설계 바디의 이름을 지정합니다. 기본 초기 바디 이름은 Design Body_1입니다.
- **추가된 바디 이름**(New body name) : 새 설계 바디의 이름을 지정합니다. 이름을 입력하지 않는 경우 초기 기본 설계 바디 이름에서 기본 이름이 증가됩니다.

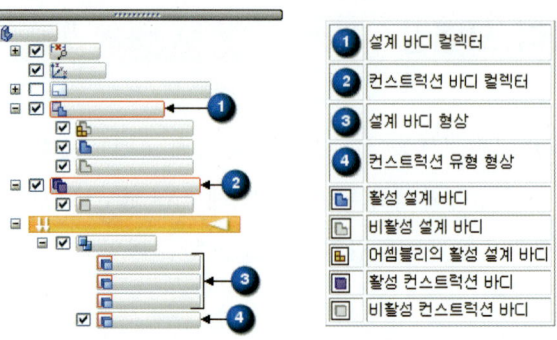

chapter 03 Part Modeling(단품)

▶ 설계 바디(Design body)

　파트 또는 판금 모델 유형일 수 있음

　파트 설계 바디에 단일 솔리드, 분리된 솔리드를 포함할 수 있음

　판금 설계 바디에서는 분리된 솔리드를 지원하지 않음

　새 설계 바디에서 초기 설계 바디의 기존 재료 등록 정보 공유

▶ 컨스트럭션 바디(Construction body)

　설계 바디를 컨스트럭션 바디로 전환할 수 있습니다.

　기본적으로 어셈블리 또는 드래프트 환경에서 바디가 표시되지 않음

　다중 바디 게시가 지원되지 않음

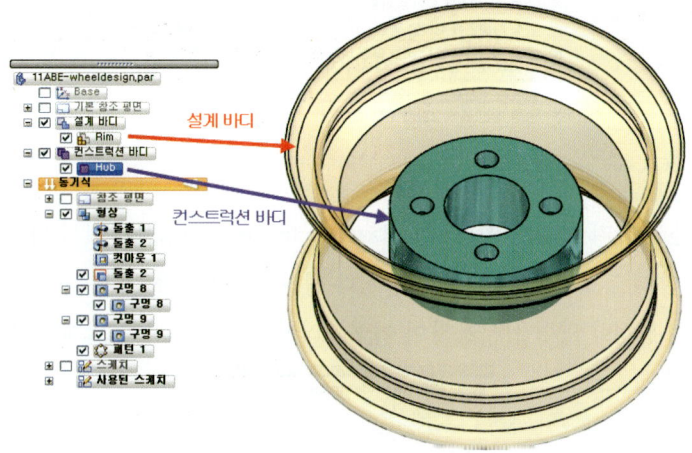

▶ 　바디 활성화(Body activate) : 활성 솔리드 바디에서만 형상을 추가하거나 제거할 수 있습니다. 형상 모델링을 수행하는 동안 모든 비활성 솔리드 바디가 무시됩니다. 형상 편집을 수행하려면 파트 바디 활성화 명령을 사용하여 솔리드 바디를 활성화합니다.

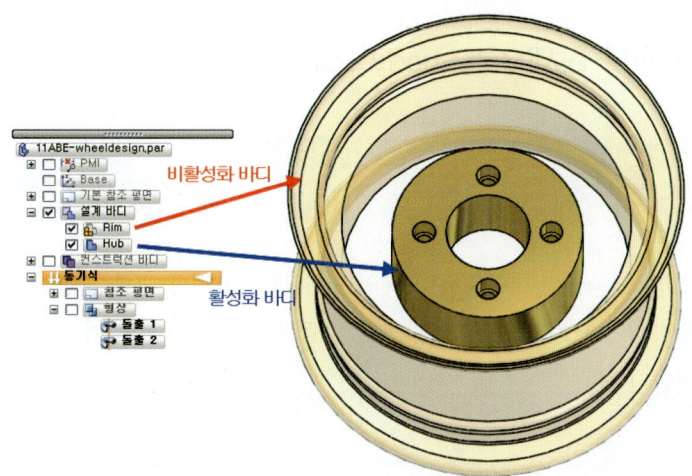

비활성화 솔리드 바디 불투명도 제어방법

응용 프로그램 버튼 〉 Solid Edge 옵션 〉 보기 탭

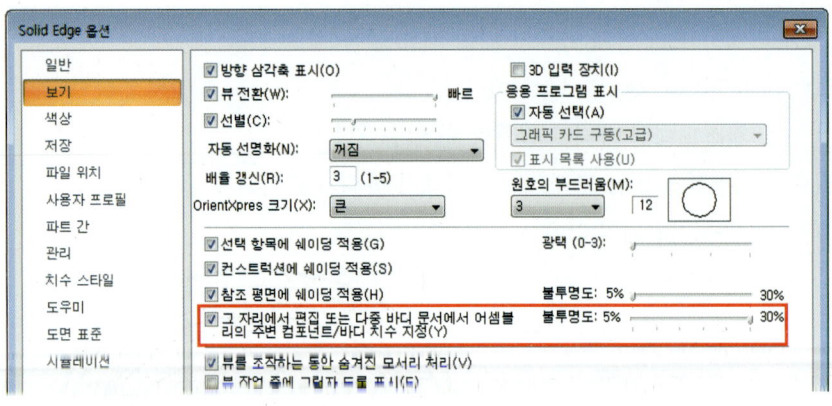

▶ 어셈블리 바디 활성화(Assembly body activate) : 어셈블리에서 다중 바디 파트를 사용할 때 다중 바디 파트 중 어셈블리 바디 활성화 형상을 적용한 설계 바디를 제어할 수 있습니다. 어셈블리 바디 활성화 명령을 사용하여 어셈블리에 형상을 적용할 설계 바디를 지정합니다.

8.2 다중 바디 게시(Multi-body Publish)

➡ 홈 탭 ⇒ 솔리드 그룹 ⇒ 바디 추가 ⇒ 다중 바디 파트
➡ Home Tap ⇒ Solid Group ⇒ Add body ⇒ Multi-body Publish

다중 바디 게시 명령을 사용해 다중 바디 파일에 각 설계 바디에 대한 개별 파일을 생성합니다. 다중 바디 파일의 설계 바디가 모두 게시됩니다. 파일에 둘 이상의 설계 바디가 포함되어 있는 경우에만 명령을 사용할 수 있습니다.

chapter 03 Part Modeling(단품)

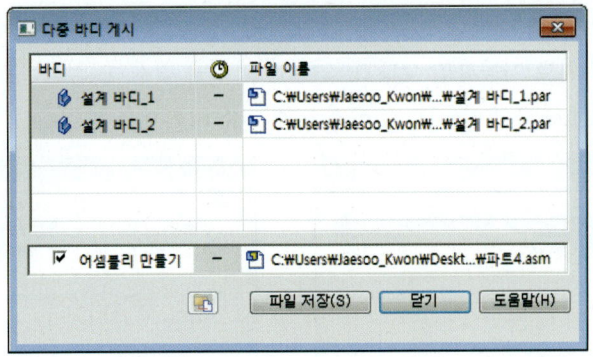

- **바디(Body)** : 다중 바디 파일에서 찾은 설계 바디를 나열합니다.
- **파일 이름(File name)** : 게시된 파일 폴더 위치, 파일 이름을 나열합니다.
- **어셈블리 만들기(Create assembly)** : 설계 바디가 게시되면 어셈블리를 생성합니다.
- **결로 설정** : 처음 게시할 때 및 다시 만들기를 수행할 때 파일 경로를 설정합니다.
- **파일 저장(Save Files)** : 파일을 게시하고 저장합니다.

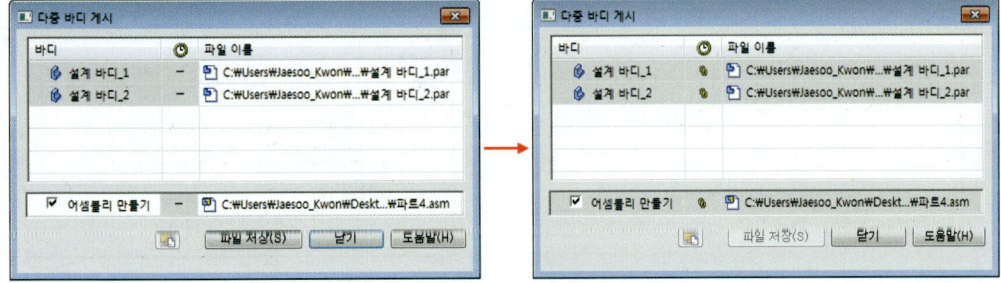

다중 바디 게시

게시된 파일에는 다중 바디 파일의 설계 바디에 링크되는 파트 복사본 형상이 포함됩니다. 게시된 파일은 다중 바디 파일의 설계 바디와 동일한 문서 유형(파트 또는 판금)입니다.

- **게시된 파일 이름 변경**

다중 바디 게시 다이얼로그에서 파일 이름을 마우스 오른쪽 버튼으로 클릭하고 이름 변경을 선택합니다.

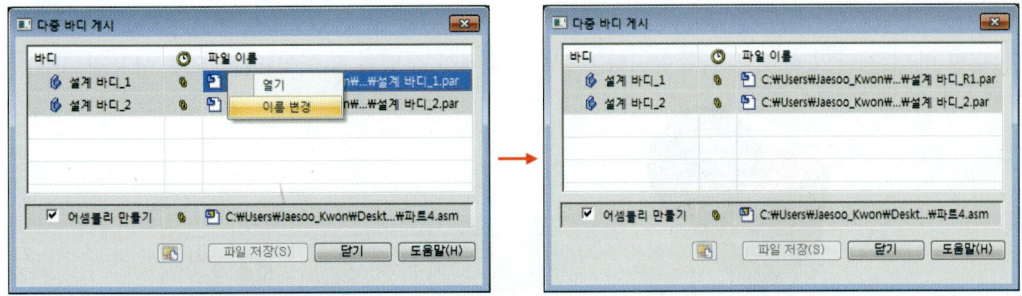

• 게시된 파일 누락 시 해결

게시된 파일을 새 위치로 이동하면 상태가 "연결된 파일을 찾을 수 없음" ? 으로 전환됩니다. 다중 바디 게시 다이얼로그에서 파일 이름을 마우스 오른쪽 버튼으로 클릭하고 찾기를 선택합니다.

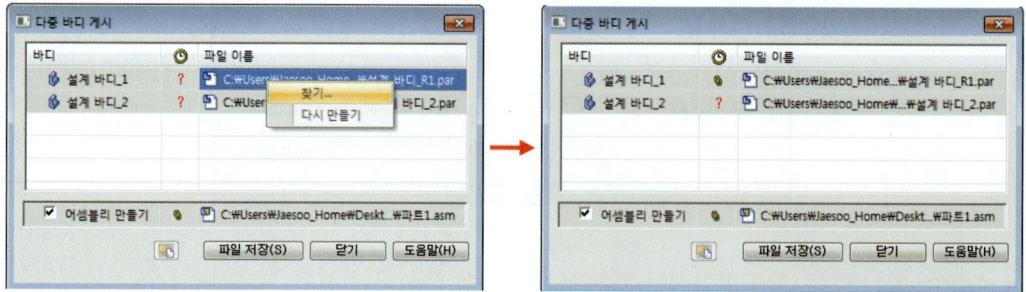

• 게시된 파일 형상 업데이트

게시된 파일에 형상이 업데이트 시 파일 상태에 ⏰ 가 표시됩니다. 파일을 업데이트하려면 파일 이름을 마우스 오른쪽 버튼으로 클릭하고 열기를 선택 후 모든 링크 업데이트를 합니다.

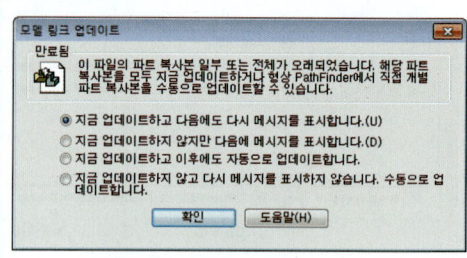

모든 링크 업데이트 다이얼로그

8.3 통합(Union)

➡ 홈 탭 ⇒ 솔리드 그룹 ⇒ 바디 추가 ⇒ 통합
➡ Home Tap ⇒ Solid Group ⇒ Add body ⇒ Union

선택한 바디를 단일 바디에 결합합니다. 대상 바디에서 선택한 도구 바디를 모두 사용합니다.

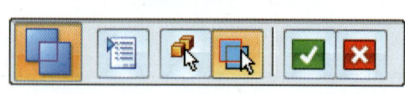

214

chapter 03 Part Modeling(단품)

- **출력 옵션(Output Option)** : 통합 옵션 다이얼로그를 표시합니다.

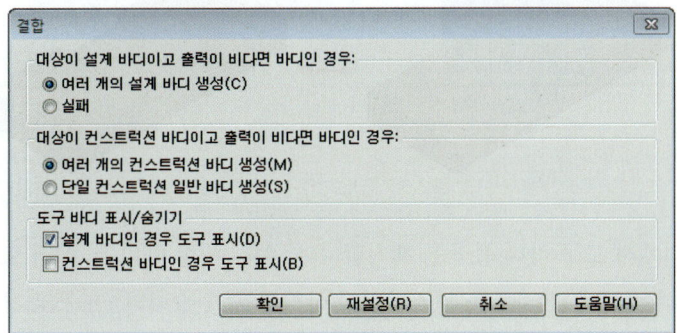

▶ 대상이 설계 바디이고 출력이 비단면 바디인 경우
  - 여러 개의 설계 바디 생성(Create multiple Design bodies) : 대상이 설계 바디이고 솔루션이 비단면 바디인 경우 여러 설계 바디를 생성합니다. 대상이 활성 파트 바디인 경우 최상위 볼륨이 있는 바디가 활성 파트 바디가 되고 나머지 바디가 설계 바디가 됩니다.
  - 실패(Fail) : 작업이 실패하고 오류 메시지가 표시됩니다.
▶ 대상이 컨스트럭션 바디이고 출력이 비단면 바디인 경우
  - 여러 개의 컨스트럭션 바디 생성(Create multiple Construction bodies) : 대상이 컨스트럭션 바디이고 솔루션이 비다면 바디인 경우 여러 컨스트럭션 솔리드를 생성합니다.
  - 단일 컨스트럭션 일반 바디 생성(Create a single Construction general body) : 대상이 컨스트럭션 바디이고 솔루션이 비다면 바디인 경우 여러 컨스트럭션 일반 바디를 생성합니다.
▶ 도구 바디 표시/숨기기
  - 설계 바디인 경우 도구 표시(Show tools if they are Design bodies) : 도구 바디가 설계 바디인 경우 명령 완료 시 도구 바디를 표시합니다.
  - 컨스트럭션 바디인 경우 도구 표시(Show tools if they are Construction bodies) : 도구 바디가 컨스트럭션 바디인 경우 명령 완료 시 도구 바디를 표시합니다.

- **대상 바디 선택(Select target step)** : 작업을 수행할 대상 바디를 선택합니다.
- **도구 선택 단계(Select tool step)** : 작업에 대한 도구로 사용할 바디를 선택합니다.

8.4 빼기(Subtract)

➡ 홈 탭 ⇒ 솔리드 그룹 ⇒ 바디 추가 ⇒ 빼기
➡ Home Tap ⇒ Solid Group ⇒ Add body ⇒ Subtract

215

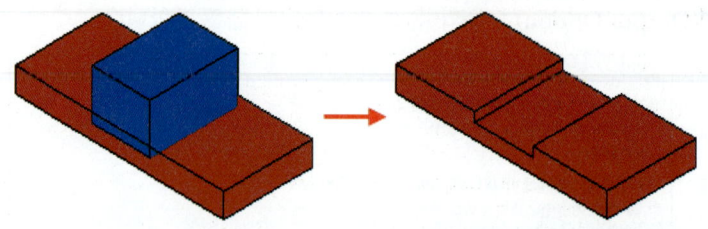

선택한 대상 바디에서 도구 바디 볼륨을 제거합니다. 여러 대상 바디 및 여러 도구 바디를 선택할 수 있습니다. 도구 바디는 설계 바디 또는 컨스트럭션 바디일 수 있습니다.(도구로 참조 평면 또는 곡면을 선택할 수도 있습니다.)

- 출력 옵션(Output Option) : 통합 옵션 다이얼로그를 표시합니다.
- 대상 바디 선택(Select target step) : 작업을 수행할 대상 바디를 선택합니다.
- 선택 도구 단계(Select tool step) : 작업에 대한 도구로 사용할 바디, 곡면 또는 평면을 선택합니다.

8.5 교차(Intersect)

➠ 홈 탭 ⇒ 솔리드 그룹 ⇒ 바디 추가 ⇒ 교차
➠ Home Tap ⇒ Solid Group ⇒ Add body ⇒ Intersect

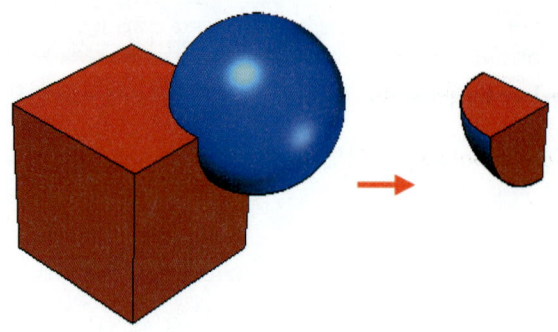

새 볼륨이 선택한 두 개의 바디에서 공유하는 볼륨이 되도록 바디를 수정합니다.

chapter 03 Part Modeling(단품)

- 출력 옵션(Output Option) : 통합 옵션 다이얼로그를 표시합니다.
- 대상 바디 선택(Select target step) : 작업을 수행할 대상 바디를 선택합니다.
- 선택 도구 단계(Select tool step) : 작업에 대한 도구로 사용할 바디, 곡면 또는 평면을 선택합니다.

8.6 분할(Split)

➡ 홈 탭 ⇒ 솔리드 그룹 ⇒ 바디 추가 ⇒ 분할
➡ Home Tap ⇒ Solid Group ⇒ Add body ⇒ Split

대상 바디를 도구 바디로 분할합니다. 도구 바디는 솔리드 바디, 참조 평면 또는 곡면이 될 수 있습니다. 결과는 하나 이상의 추가 바디가 될 수 있습니다. 참조 평면 또는 곡면 바디를 사용하여 대상 바디를 분할하는 경우 결과는 두 개의 바디입니다.((1) 대상 바디, (2) 도구 바디, (3) 6개의 설계 바디로 분할된 대상 바디, (4) 단일 설계 바디)

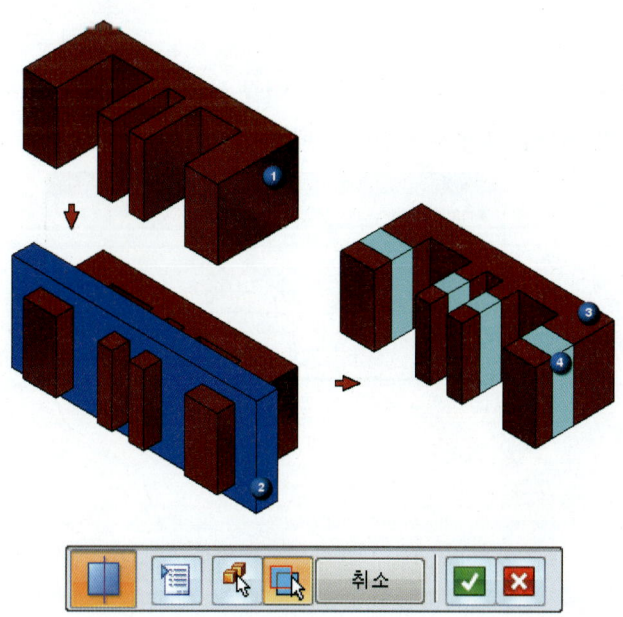

- ▤ **출력 옵션(Output Option)** : 통합 옵션 다이얼로그를 표시합니다.
- ▨ **대상 바디 선택(Select target step)** : 작업을 수행할 대상 바디를 선택합니다.
- ▨ **선택 도구 단계(Select tool step)** : 작업에 대한 도구로 사용할 바디, 곡면 또는 평면을 선택합니다.

다중 바디 따라하기

step1 wheel_design.par 파일을 오픈합니다.

 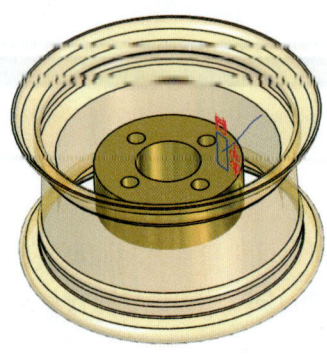

step2 홈 탭 〉 솔리드 그룹 〉 바디 추가 명령어를 선택합니다. 그리고 아래 그림과 같이 바디 추가 대화 상자를 설정 후 확인을 선택합니다.

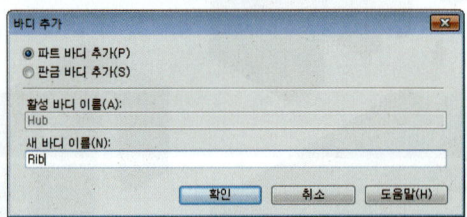

chapter 03 Part Modeling(단품)

step3 홈 탭 〉 솔리드 그룹 〉 스위핑 명령어를 선택합니다. 그리고 아래 그림과 같이 대화 상자를 설정 후 확인을 선택합니다.

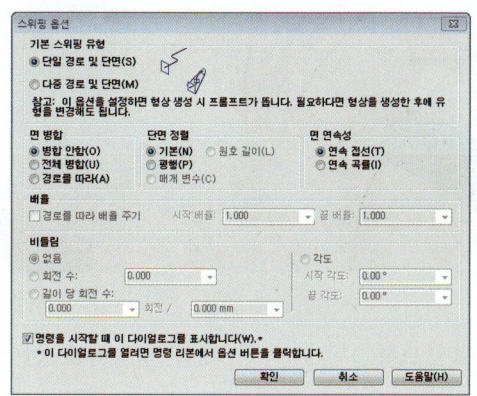

step4 형상을 만들 후 확인을 합니다.

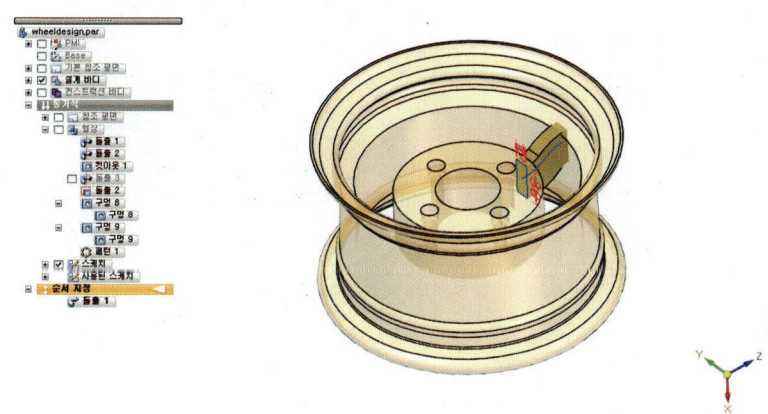

step5 곡면 처리 탭 〉 곡면 그룹 〉 면 교체 명령어를 선택합니다. 면 선택 단계에서(A) 면을 선택 하고 면 교체 단계에서(B) 면을 선택합니다.

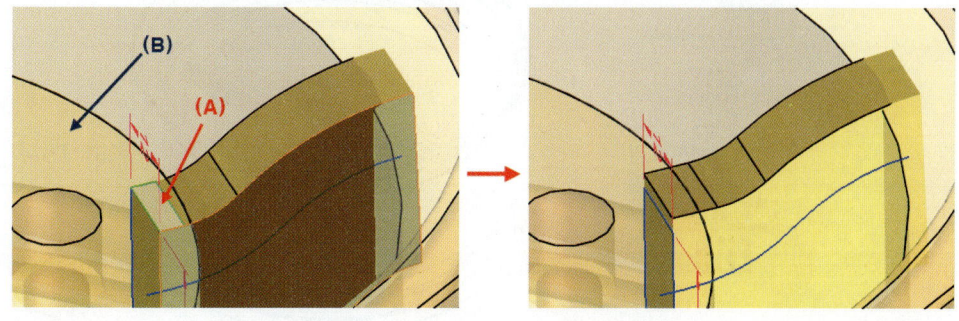

219

> **step6** 곡면 처리 탭 〉 곡면 그룹 〉 면 교체 명령어를 선택합니다. 면 선택 단계에서(A) 면을 선택 하고 면 교체 단계에서(B) 면을 선택합니다.

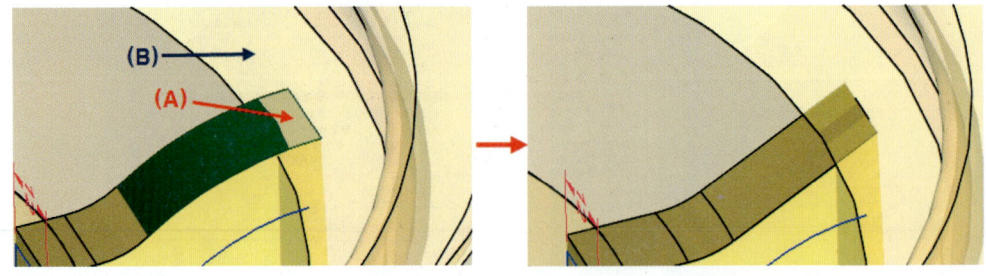

> **step7** 홈 탭 〉 패턴 그룹 〉 직사각형 패턴 명령어를 선택합니다. 그리고 아래 그림처럼 PathFinder에서 형상을 선택 후 수용 버튼을 클릭합니다.

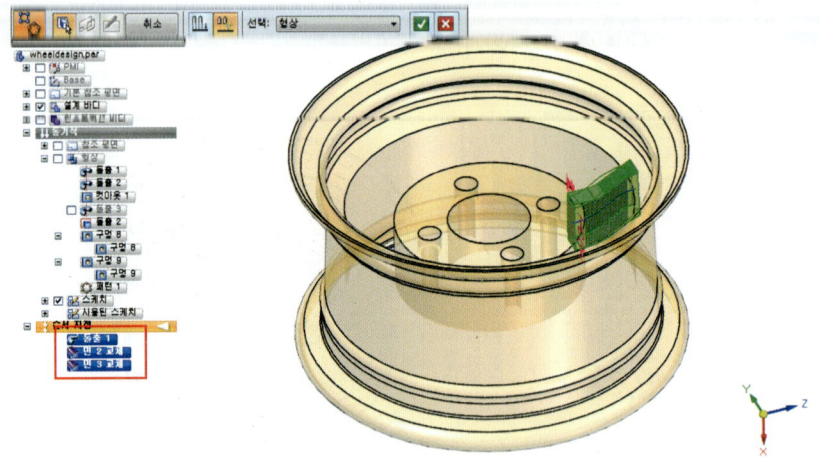

> **step8** 아래 그림과 같이 평면을 선택합니다.

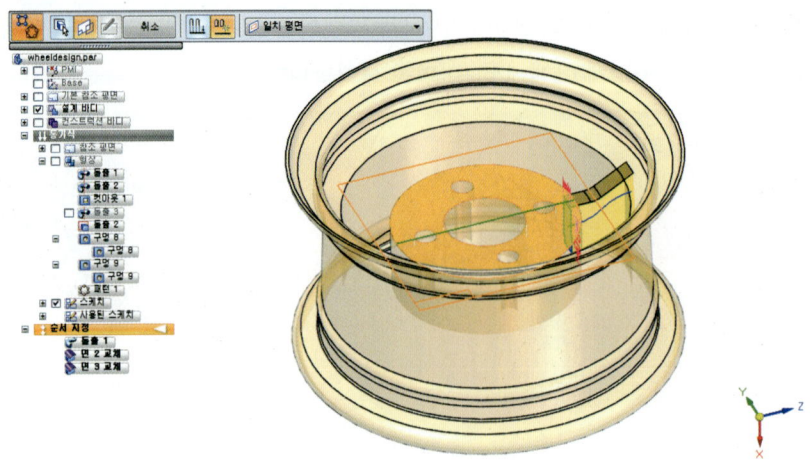

chapter 03 Part Modeling(단품)

step9 홈 탭 〉 형상 그룹 〉 원형 패턴 명령어를 선택합니다. 그리고 원호의 중심점(1)을 선택 후 원호의 시작점(2)을 클릭합니다.

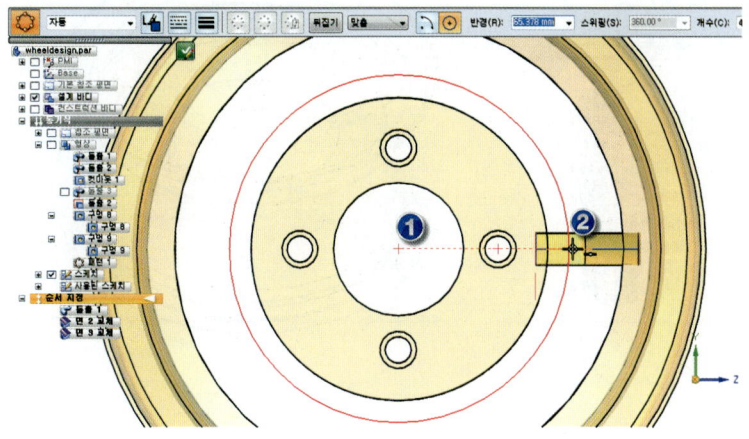

step10 원호의 시작점 방향은 위쪽으로 선택 후 마우스 왼쪽 버튼을 클릭합니다.

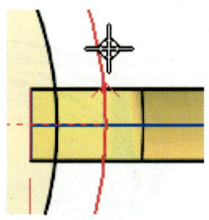

step11 패턴 수량은 5개로 입력합니다. 그리고 스케치 닫기 버튼을 클릭합니다.

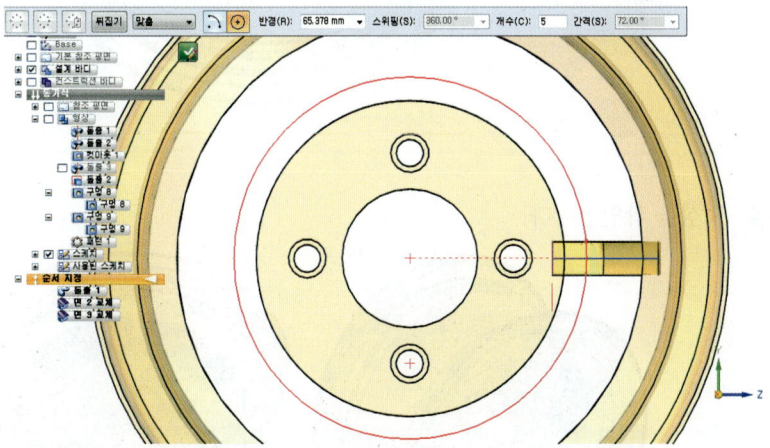

step12 형상을 확인합니다.

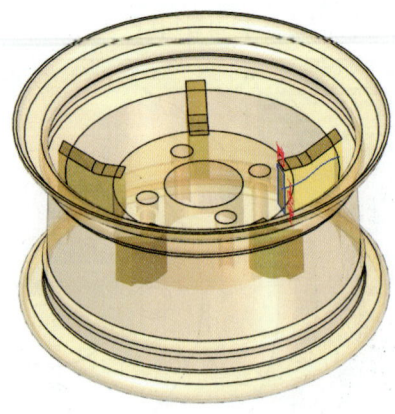

step13 홈 탭 〉 솔리드 그룹 〉 바디 추가 〉 통합 명령어를 선택합니다. 그리고 전체 바디를 선택합니다.

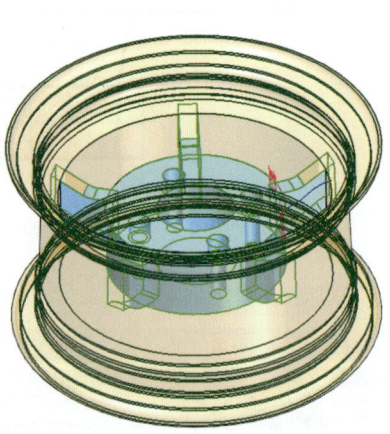

step14 형상을 확인합니다.

222

chapter 03 Part Modeling(단품)

09 파트간 연동을 이용한 모델링

9.1 파트 복사(Part Copy)

> ➠ 홈 탭 ⇒ 클립보드 그룹 ⇒ 파트 복사
> ➠ Home Tap ⇒ Clipboard Group ⇒ Part Copy

다른 문서의 지오메트리를 현재 파트 또는 판금 문서에 삽입합니다. 지오메트리는 Parasolid 바디로 삽입되며 연관적(순서 지정식) 또는 비연관적으로 배치될 수 있습니다. 파트 복사 매개 변수 다이얼로 그를 사용하여 복사할 지오메트리를 지정하고 복사된 지오메트리를 미러링, 배율 조정 또는 전개할지 여부를 지정합니다.

다음 파일 유형에서 지오메트리를 복사할 수 있습니다.

- Solid Edge 파트(.par)
- Solid Edge 판금(.psm)
- Solid Edge 어셈블리(.asm)
- Unigraphics 파트(.prt)
- Parasolid 문서(.X_B, .X_T)
- DirectModel(.jt)

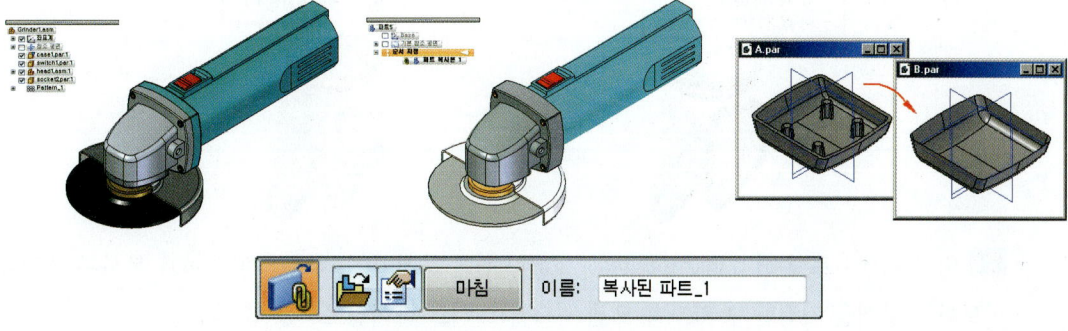

- 선택 단계 Select step) : 파트, 어셈블리 문서를 선택하는데 사용할 수 있는 파트 복사본 선택 다이얼로그가 열립니다.
- 매개 변수 단계(Parameters step) : 배치 옵션을 설정하는데 사용할 수 있는 파트 복사 매개 변 수 다이얼로그가 열립니다.

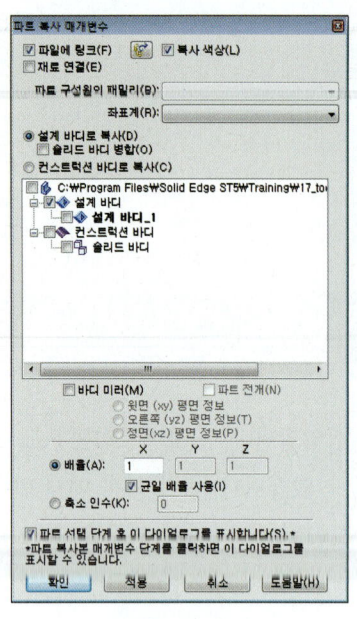

파트 복사(파트)   파트 복사(어셈블리)

▶ 파일에 링크(Link to file) : 파트 복사본을 생성하는 데 사용된 파일에 대한 연관 링크를 생성합니다. 원본 파일이 변경되면 바로가기 메뉴의 링크 업데이트 명령을 사용하여 파트 복사본을 업데이트 할 수 있습니다.

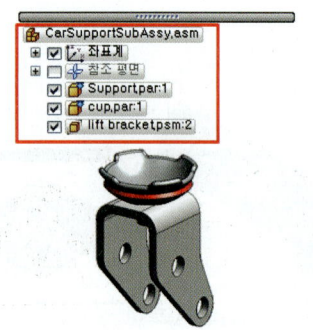 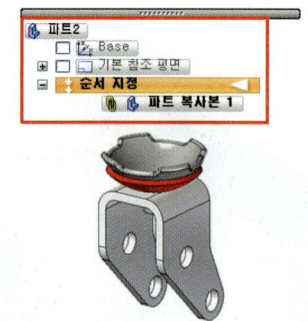

▶ 링크 업데이트 옵션 (Link update option) : 원본 문서가 수정되는 경우 파트 복사본을 업데이트하는 방식을 지정할 수 있도록 모델 링크 업데이트 다이얼로그를 엽니다.

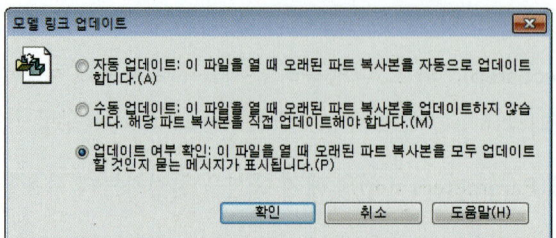

chapter 03 Part Modeling(단품)

- ▶ 복사 색상(Copy colors) : 원본 문서에 사용된 색상을 복사하도록 지정합니다.
- ▶ 재료 연결 : 파트 복사본이 부모 문서에 지정된 재료에 연결되도록 지정합니다.
- ▶ 파트 구성원의 패밀리(Family of parts member) : 삽입하려는 파트에 대한 파트 패밀리의 개별 구성원을 나열합니다.
- ▶ 좌표계 : 사용자가 정의한 좌표계를 기준으로 파트 복사본을 위치 지정합니다.
- ▶ 설계 바디로 복사(Copy as Design body) : 복사본을 설계 바디로 만듭니다.
- ▶ 컨스트럭션 바디로 복사(Copy as Construction body) : 복사본을 컨스트럭션 바디로 만듭니다.
- ▶ 형상 트리 목록 : 복사할 파일의 설계 및 컨스트럭션 바디 목록을 표시합니다. 복사할 바디 옆의 확인 표시를 설정하여 원하는 바디를 지정합니다. 바디 유형 옆의 확인 표시를 설정하여 특정 유형의 모든 바디를 복사하도록 지정할 수도 있습니다.
- ▶ 바디 미러(Mirror body) : 선택한 바디를 지정한 평면에 대해 미러링 하도록 지정합니다.
- ▶ 배율(Scale) : 파트 복사본을 축소 또는 확대 하는 정도를 지정합니다.
- ▶ 균일 배율 사용 : X, Y 및 Z 축으로 동일하게 파트의 배율이 조절됩니다.
- ▶ 축소인수 (Shrink factor) : 파트 복사본의 축소 인수를 설정합니다.(입력하는 값은 0.00보다 크거나 같고 1.00보다 작아야 합니다.)

9.2 파트 간 복사(Inter-Part Copy)

➡ 홈 탭 ⇒ 클립보드 그룹 ⇒ 파트 간 복사
➡ Home Tap ⇒ Clipboard Group ⇒ Inter-Part Copy

기존 파트의 연관 복사본을 파트 또는 판금 문서에 삽입합니다. 파트 또는 전체 파트의 개별 면을 복사할 수 있습니다.(어셈블리를 통해 그 자리에서 활성화된 문서의 파트 간 복사본만 생성할 수 있습니다.)

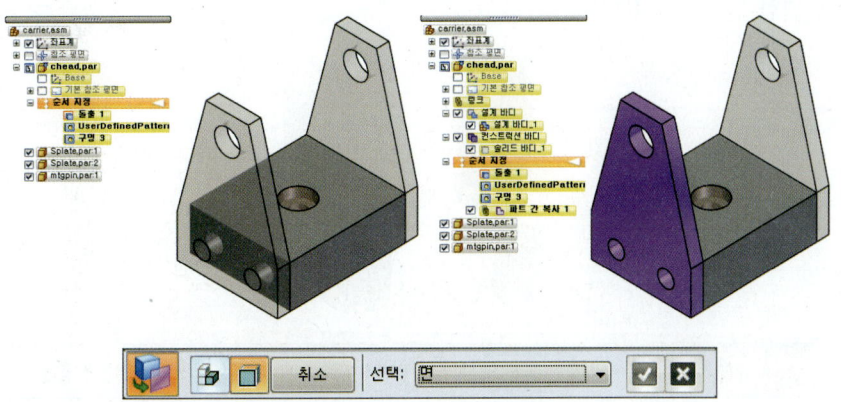

-  파트 선택 단계(Select part step) : 포함시킬 면이 있는 파트를 선택합니다.
- 면 선택 단계(Select Faces step) : 파트에서 면을 선택합니다.

▶ 면 : 한 번에 면을 하나씩 강조 표시합니다.
▶ 바디 : 곡면바디, 디자인바디 같은 전체 바디를 선택할 수 있습니다.
▶ 체인 : 접선으로 연결된 일련의 면을 강조 표시합니다.
▶ 형상 : 형상을 구성하는 면의 집합을 강조 표시합니다.

10 형상 직접 수정

Solid Edge에서 직접 편집 명령을 사용하면 형상 트리가 없는 다른 응용 프로그램에서 가져온 모델을 수정하거나 현재 형상 트리에 액세스하지 않고 원본 Solid Edge 설계 모델을 수정할 수 있습니다.

10.1 면 이동(Move Faces)

➟ 홈 탭 ⇒ 수정 그룹 ⇒ 면 이동
➟ Home Tap ⇒ Modify Group ⇒ Move Faces

파트에서 선택한 면을 이동합니다.

chapter 03 Part Modeling(단품)

- 면 선택 단계(Select Faces) : 단일 면을 이동할지 형상을 이동할지 전체 바디를 이동할지를 지정합니다.
- 이동 단계(Movement) : 면을 이동할 방법을 저장합니다.
  - ▶ 2점 벡터를 따라(Along a two point vector) : 2점 벡터를 따라 옵션을 사용하면 2점 ②, ③을 사용하여 정의한 벡터를 따라 하나 이상의 면 ①을 이동할 수 있습니다.

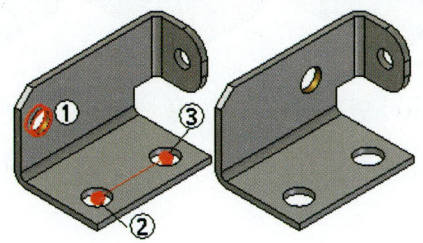

  - ▶ 모서리를 따라(Along an edge) : 모서리를 따라 옵션을 사용하면 선택한 모서리 ②를 따라 하나 이상의 면 ①을 이동 할 수 있습니다. 선택한 모서리의 방향이 나중에 변경되면 면 이동 형상도 함께 업데이트 됩니다.

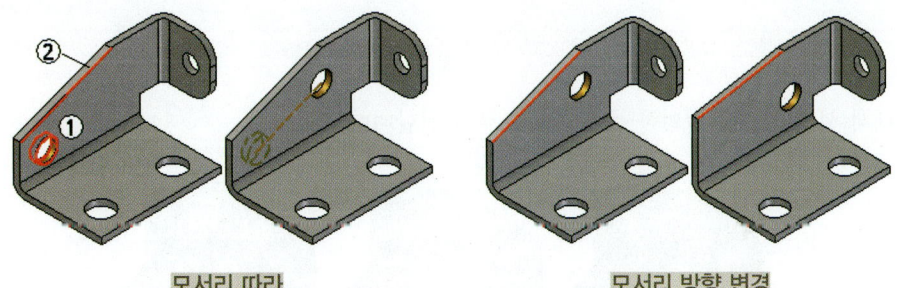

모서리 따라　　　　　　　　　모서리 방향 변경

  - ▶ 면에 법선(Normal to a face) : 평면형 면 또는 참조 평면에 법선인 하나 이상의 면을 이동할 수 있습니다.

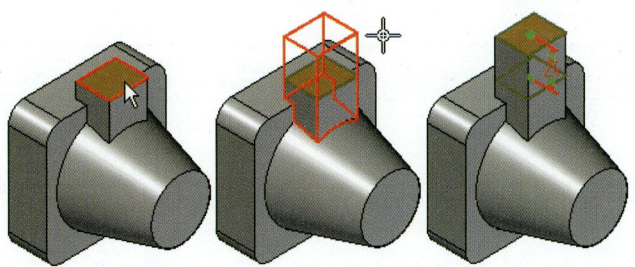

227

▸ 평면에(Within a plane) : 평면형 면 ②을 기준으로 하나 이상의 면 ①을 새 위치로 이동할 수 있습니다.

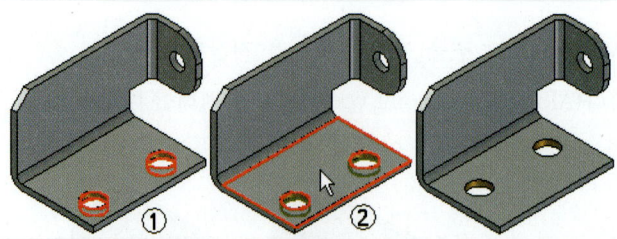

- ⬚ **출발 단계(From Point)** : 면을 이동할 거리를 정의하는 첫 번째 점을 지정합니다.
- ⬚ **도착점 단계(To Point)** : 면을 이동할 거리를 정의하는 두 번째 점을 지정합니다.

10.2 면 회전(Rotate Faces)

➡ 홈 탭 ⇒ 수정 그룹 ⇒ 면 회전
➡ Home Tap ⇒ Modify Group ⇒ Rotate Faces

파트에서 선택한 면을 정의한 축을 기준으로 회전합니다.

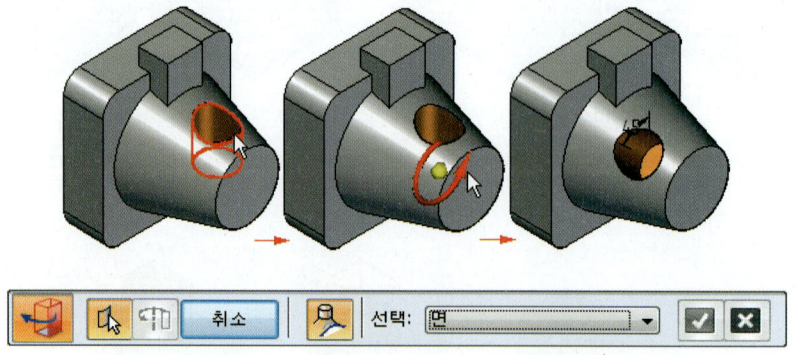

- **면 선택 단계(Select Faces)** : 단일 면을 회전할지 형상을 회전할지 전체 바디를 회전할지를 지정합니다.
- **축 선택 단계 (Select Axis)** : 면을 회전할 기준 축을 정의합니다.
  ▸ 지오메트리 기준(By Geometry) : 모델에서 면을 선택하여 회전 축을 정의합니다.
  ▸ 점 기준(By Points) : 키포인트를 사용하여 회전 축을 정의합니다.

10.3 면 옵셋(Offset Faces)

➠ 홈 탭 ⇒ 수정 그룹 ⇒ 면 옵셋
➠ Home Tap ⇒ Modify Group ⇒ Offset Faces

파트에서 선택한 면을 옵셋합니다.(면을 선택된 면의 법선 벡터를 사용하여 옵셋됩니다.)

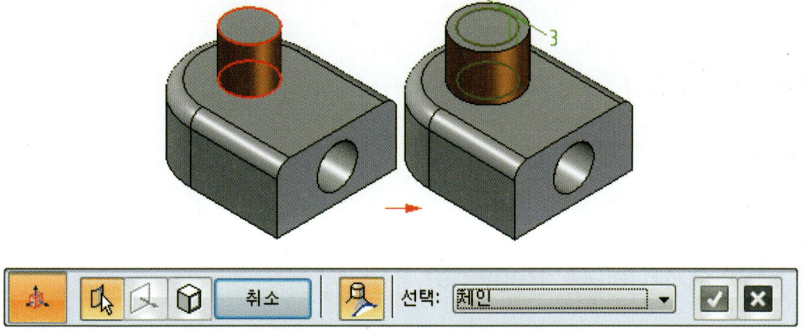

- **면 선택 단계(Select Faces)** : 옵셋 하려는 면을 지정합니다.
- **옵셋 단계(Offset)** : 옵셋 거리와 방향을 정의합니다. 키포인트를 사용하여 옵셋 거리를 정의할 수 있습니다.
- **참조 면 단계(Reference Face)** : 사용할 참조 면을 지정합니다.(참조 면은 옵셋하도록 선택한 면 중 하나여야 합니다.)

10.4 면 삭제(Delete Faces)

➠ 홈 탭 ⇒ 수정 그룹 ⇒ 면 삭제
➠ Home Tap ⇒ Modify Group ⇒ Faces

모델에서 면을 삭제합니다.

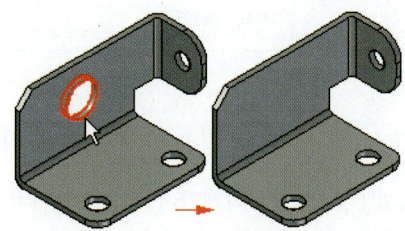

이 명령을 사용하여 수행할 수 있는 작업은 다음과 같습니다.
- 설계 모델에서 면을 제거하여 설계를 변경합니다.
- 어셈블리에서 사용할 때 더 빠르게 처리할 수 있도록 모델 단순화 환경에서 모델을 단순화 합니다.
- 평면 패턴 환경에서 작업하는 경우 판금 파트에서 면을 제거합니다.
- 컨스트럭션 바디에서 면을 제거합니다.

- 면 선택(Select Faces) : 모델에서 삭제할 면을 선택할 수 있습니다.
- 힐링(Heal) : 곡면을 삭제하여 형성된 간격을 닫습니다.

10.5 영역 삭제(Delete Regions)

➡ 홈 탭 ⇒ 수정 그룹 ⇒ 영역 삭제
➡ Home Tap ⇒ Modify Group ⇒ Regions

삭제할 영역을 둘러싸는 닫힌 모서리 세트를 선택하여 삭제할 영역을 정의합니다.

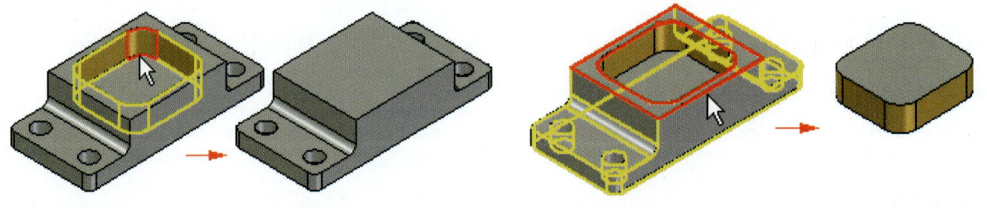

이 명령을 사용하여 수행할 수 있는 작업은 다음과 같습니다.
- 설계 모델에서 면을 제거하여 설계를 변경합니다.
- 어셈블리에서 사용할 때 더 빠르게 처리할 수 있도록 모델 단순화 환경에서 모델을 단순화 합니다.
- 컨스트럭션 바디에서 면을 제거합니다.

- 모서리 선택 단계(Select Edges) : 모델에서 삭제할 영역을 둘러싸고 있는 모서리를 정의합니다.
- 면 선택 단계(Select Faces) : 모델에서 삭제할 면을 정의합니다.

chapter 03 Part Modeling(단품)

10.6 구멍 삭제(Delete Hole)

➠ 홈 탭 ⇒ 수정 그룹 ⇒ 구멍 삭제
➠ Home Tap ⇒ Modify Group ⇒ Holes

모델에서 원통형 또는 원뿔형 면을 삭제합니다.

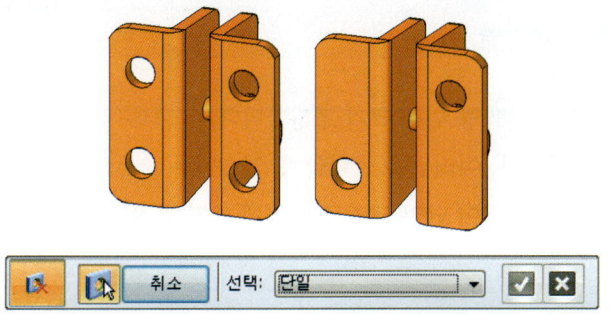

- **구멍 선택 단계(Select Holes)** : 삭제할 구멍을 선택할 수 있습니다.
- **선택(Select)** : 형상을 만들거나 편집하기 위한 선택 방법을 설정합니다.
  ▶ 단일(Single) : 하나 이상의 개별 면을 선택할 수 있습니다.
  ▶ 연산자 기준(By operator) : 크기 범위 및 삭제하려는 구멍의 유형을 정의할 수 있습니다.

10.7 라운딩 삭제(Delete Rounds)

➠ 홈 탭 ⇒ 수정 그룹 ⇒ 라운드 삭제
➠ Home Tap ⇒ Modify Group ⇒ Rounds

모델에서 라운딩을 삭제합니다.

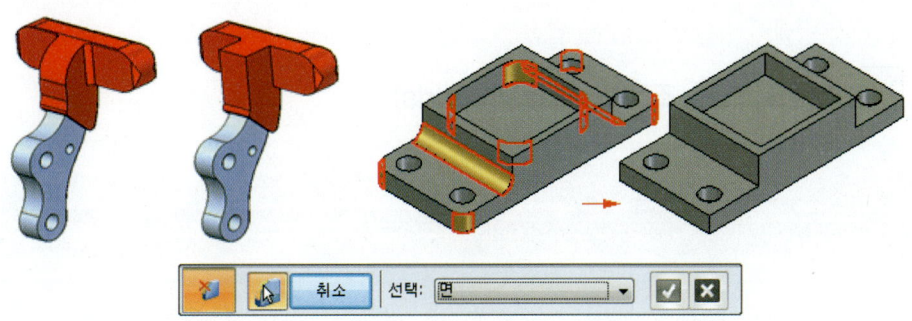

231

- 라운드 선택 단계(Select Round) : 모델에서 삭제할 라운드를 지정합니다. (면을 선택 취소하려면 Ctrl 키를 누릅니다.)

10.8 구멍 크기 조정(Resize Holes)

➡ 홈 탭 ⇒ 수정 그룹 ⇒ 구멍 크기 조정
➡ Home Tap ⇒ Modify Group ⇒ Resize Holes

- 하나 이상의 원통형 또는 원뿔형 면을 크기 조정합니다.
- 면을 개별적으로 선택하거나, 여러면을 선택할 수 있습니다.
- 직경이 다른 여러 면을 선택하여 단일 크기로 한번에 크기 조정할 수 있습니다.

하나 이상의 원통 크기 조정 　　 직경이 다른 여러 면 단일 크기 수정

- 구멍 선택 단계(Select Holes) : 크기 조정할 원통형 또는 원뿔형 면을 선택할 수 있습니다.(구멍을 선택 취소하려면 Ctrl 키를 누릅니다.)
- 직경 단계(Diameter) : 선택한 면에 대한 새 크기를 지정할 수 있습니다.
- 선택(Select) : 형상을 만들거나 편집하기 위한 선택 방법을 설정합니다.
    ▶ 면(Face) : 하나 이상의 개별 면을 선택합니다.
    ▶ 형상(Feature) : 형상을 선택하여 형상의 모든 원통형 면을 선택합니다.

10.9 라운드 크기 조정(Resize Rounds)

➡ 홈 탭 ⇒ 수정 그룹 ⇒ 라운드 크기 조정
➡ Home Tap ⇒ Modify Group ⇒ Resize Rounds

하나 이상의 원통형 원호 곡면을 크기 조정합니다.(면을 개별적으로 선택하거나 펜스를 끌어 여러면을 선택할 수 있습니다.)

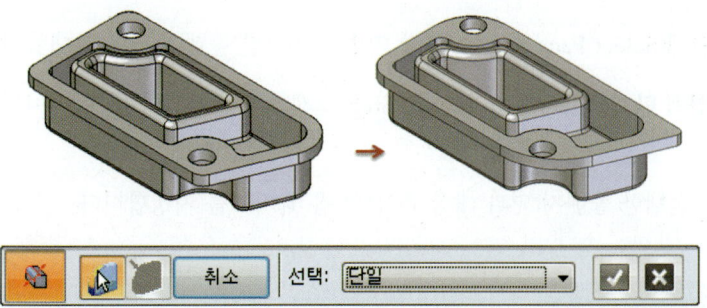

-  **라운드 선택(Select Rounds)** : 크기 조정할 원통형 원호 곡면을 선택할 수 있습니다.
- **반경 지정 단계(Specify Radius)** : 원하는 새 반경 크기를 지정합니다.
- **선택(Select)** : 형상을 만들거나 편집하기 위한 선택 방법을 설정합니다.
  ▶ 단일(Single) : 하나 이상의 개별 면을 선택합니다.
  ▶ 체인(Chain) : 면의 인접하여 연속된 체인을 선택합니다.
  ▶ 형상(Feature) : 형상을 선택하여 형상의 모든 라운드 면을 선택합니다.

10.10 면 일치(Match Faces) : Sheet Metal Only

➡ 홈 탭 ⇒ 수정 그룹 ⇒ 면일치
➡ Home Tap ⇒ Modify Group ⇒ Match Faces

선택한 플랜지를 대상 면에 일치시킵니다. (대상 면은 반드시 평면이어야 합니다. 스플라인곡면, 곡선곡면은 대상면으로 선택할 수 없습니다.)
- 동일 모델의 다른 면, 참조 평면, 다른 모델의 면에 플랜지를 일치시킬 수 있습니다.
- 대상 면과 일차하는 플랜지는 대상 면에 연결이 되기에 대상면을 변경하면 일치시킨 면에 업데이트가 반영됩니다.

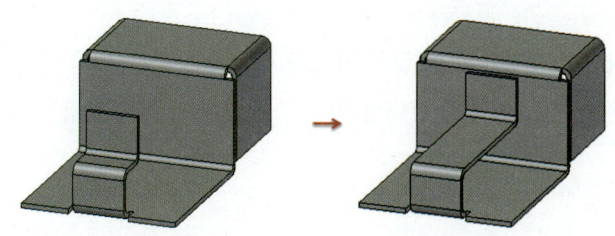

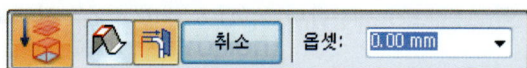

- 면 선택 단계(Select Face Step) : 대상 면으로 연장할 플랜지 면을 선택합니다.
- 일치 면 선택 단계(Select Match Face Step) : 선택한 플랜지 면을 일치시킬 대상 면을 선택합니다.
- 옵셋(Offset) : 선택한 플랜지 면과 대상 면 간의 옵셋 거리를 지정합니다.

플랜지 면 일치 일치 예제

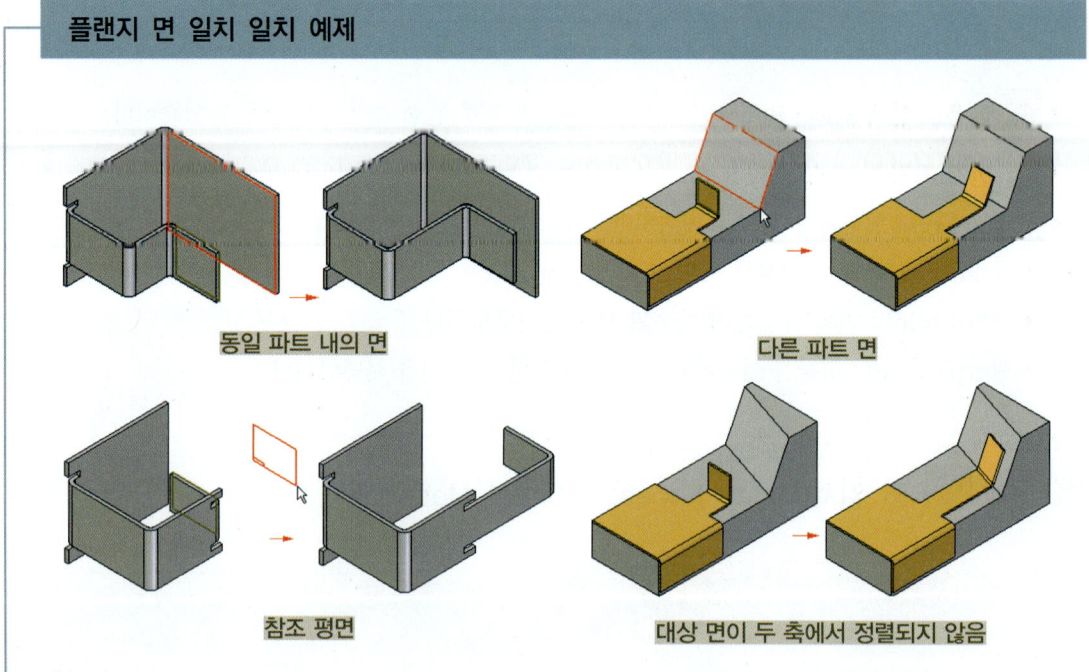

동일 파트 내의 면   다른 파트 면

참조 평면   대상 면이 두 축에서 정렬되지 않음

10.11 굽힘 각도(Bend Angle) : Sheet Metal Only

➡ 홈 탭 ⇒ 수정 그룹 ⇒ 굽힘 각도
➡ Home Tap ⇒ Modify Group ⇒ Bend Angle

판금 파트의 굽힘 각도를 수정합니다. 굽힘 각도를 수정하는 경우 먼저 편집할 굽힘(A)을 선택한 다음 고정 상태로 유지할 평면형 면(B)을 선택합니다. 그러면 고정 상태로 유지할 면과 이동할 면이 결정됩니다.

chapter 03 Part Modeling(단품)

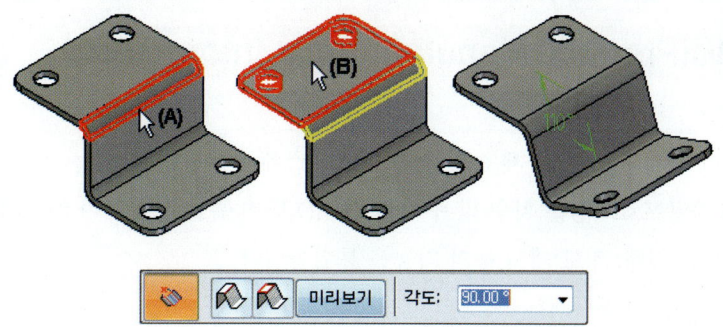

- 굽힘 선택(Select Bend) : 각도를 변경할 굽힘을 지정합니다.
- 고정 면 단계(Fixed Face) : 고정 상태로 유지할 면 세트를 지정합니다.
- 각도(Angle) : 새 굽힘 각도를 정의합니다.

10.12 굽힘 반경(Bend Radius) : Sheet Metal Only

➡ 홈 탭 ⇒ 수정 그룹 ⇒ 굽힘 반경
➡ Home Tap ⇒ Modify Group ⇒ Bend Radius

판금 파트에서 선택한 하나 이상의 굽힘에 대한 굽힘 반경을 수정합니다.

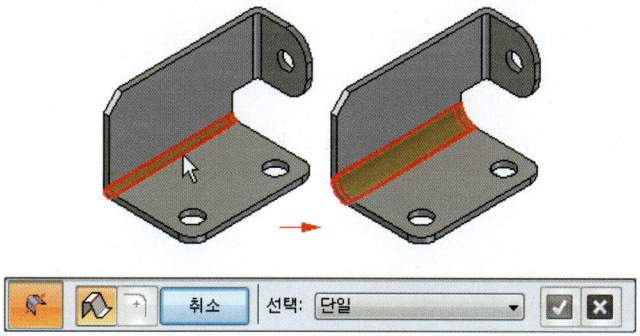

- 굽힘 선택 단계(Select bend step) : 수정할 굽힘을 지정합니다.(하나 이상의 굽힘을 택할 수 있습니다.)
- 반경 단계(Radius step) : 새 반경 크기를 지정합니다.
  ▶ 단일(Single) : 편집할 하나 이상의 개별 요소를 선택할 수 있습니다.

235

11 PMI(Product Manufacturing Information)

PMI는 3D 모델에 추가되고 검토, 제조 및 검사 프로세스에서 사용될 수 있는 치수 및 주석으로 구성됩니다. 또한 PMI 응용프로그램은 치수 및 주석 추가, 3D 단면 뷰를 포함하여 완전히 렌더링된 3D 모델 뷰 생성, 도면 서식 지정, 정보 게시 등의 기능을 통합합니다.

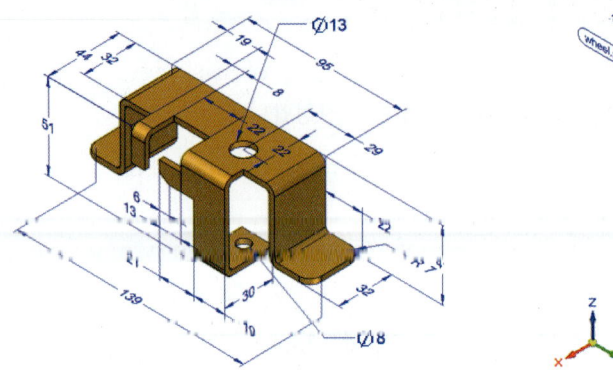
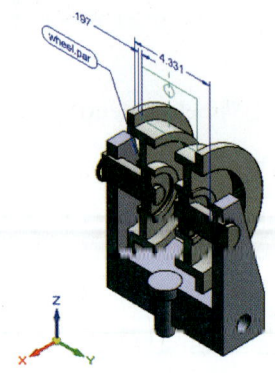

● **PMI와 뷰 표현 및 생성**
- 치수 : 스마트 치수, 거리, 각도, 좌표 치수, 각도 좌표 치수, 대칭 치수
- 주석 : 지시선, 풍선 주석, 콜아웃, 표면 질감 심볼, 용접 심볼, 모서리 조건, 형상 제어 프레임, 데이텀 프레임, 데이텀 타겟.
- 3D 단면 뷰 : 어셈블리, 파트 또는 판금 모델의 일부를 잘라내어 모델에서의 재료 제거를 시뮬레이션하는 방법으로 내부 형상을 볼 수 있게 해 줍니다.
- 3D 모델 뷰 : 모델 뷰를 사용하여 PMI 워크플로 내에서 파트, 판금 또는 어셈블리 모델의 표시를 관리할 수 있습니다.

11.1 평면 잠금(Lock Plane)

➡ PMI 탭 ⇒ 도구 그룹 ⇒ 평면 잠금
➡ PMI Tap ⇒ Tools Group ⇒ Lock Plane

PMI 치수 및 주석을 생성하기 위한 활성 치수 평면을 설정합니다. 치수 평면은 치수 값이 계산되고 치수 및 주석 텍스트가 표시되는 방식을 제어합니다.(치수 평면 잠금 명령을 사용해 PMI 요소가 평행하게 놓이는 평면을 변경할 수 있습니다.)

chapter 03 Part Modeling(단품)

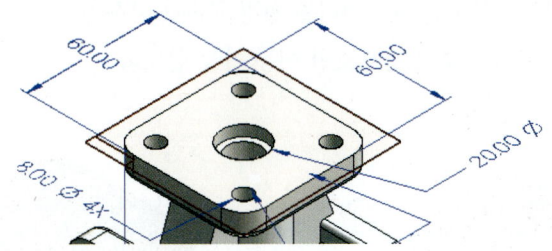

치수 또는 주석명령을 선택하면 평면이 갈색으로 강조 표시 됩니다.

- **활성 치수 및 주석 평면선택 종류** : 일치평면, 평행 평면, 각도 평면, 수직 평면, 축에 따른 일치 평면, 곡선에 수직인 평면 세 점에 의한 평면, 형상의 평면

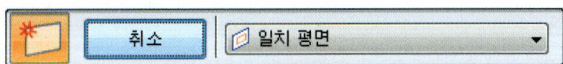

3D 치수 또는 주석을 배치할 때 명령 모음에서 치수 평면 설정 버튼으로 설정할 수 있습니다.

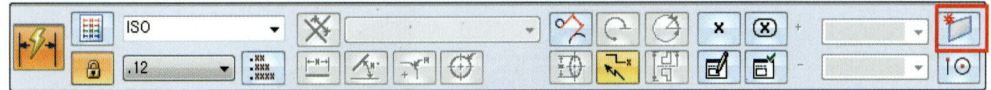

11.2 치수 축(Dimension Axis)

➡ PMI 탭 ⇒ 도구 그룹 ⇒ 치수 축
➡ PMI Tap ⇒ Tools Group ⇒ Dimension Axis

치수 축을 사용하여 치수 텍스트, 치수 요소에 대해 평행 또는 수직으로 배치할 수 있습니다. (도면의 기본 축은 도면 시트의 수평 축에 수직이거나 평행합니다.)

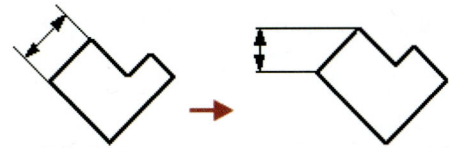

11.3 치수 이동(Move Dimension)

➡ PMI 탭 ⇒ 도구 그룹 ⇒ 치수 이동
➡ PMI Tap ⇒ Tools Group ⇒ Move Dimension

237

활성 치수 평면에서 선택한 치수의 옵셋거리를 변경해 PMI 치수 또는 주석을 이동합니다. (항상 치수, 주석이 있는 옵셋 평면에서 Z 축 방향으로만 이동 가능 합니다.)

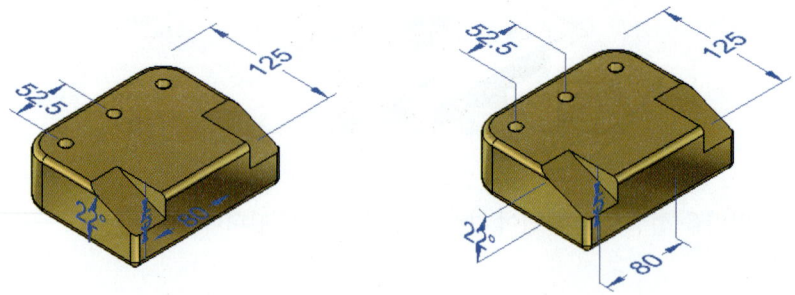

키 포인트를 이용해서 치수를 배치할 수 있습니다.

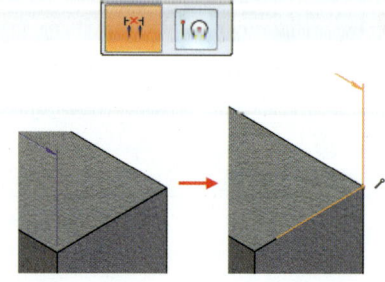

11.4 PMI에 복사(Copy To PMI)

➡ PMI 탭 ⇒ 도구 그룹 ⇒ PMI에 복사
➡ PMI Tap ⇒ Tools Group ⇒ Copy To PMI

프로파일 기반 형상 또는 스케치에서 선택한 2D 주석, 치수를 PMI 모델로 복사합니다.(3D 모델에 복사된 2D 주석 및 치수는 PMI 요소가 됩니다. 이들은 복사 원본인 부모 지오메트리에 연관되어 있습니다.)

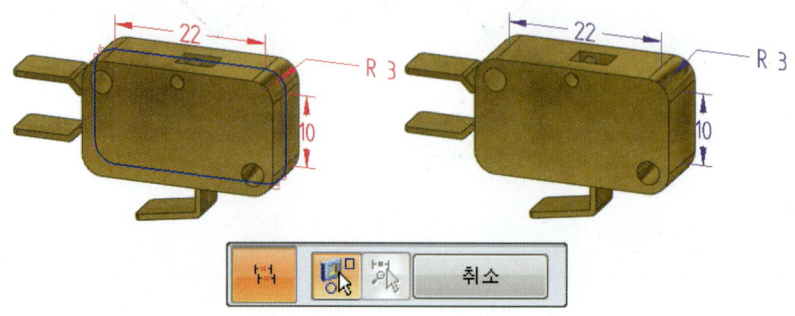

chapter 03 Part Modeling(단품)

-  **형상과 스케치 선택(Select Features And Sketches)** : 2D 치수 및 주석을 복사해 올 프로파일 기반 형상 또는 스케치를 지정합니다.(Pathfinder에서 선택 가능)
- **치수 및 주석 선택 (Select Dimensions And Annotations)** : 강조 표시된 형상 또는 스케치에서 3D 모델에 복사할 개별 치수 및 주석을 지정합니다.

11.5 PMI 치수(PMI Dimension)

➡ PMI 탭 ⇒ 치수 그룹
➡ PMI Tap ⇒ Dimension Group

PMI 치수 방법은 스케치 환경의 사용 방법과 동일합니다.

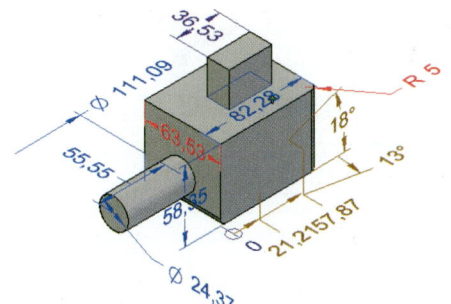

PMI 치수 색상 코드				
색상	조건 해석	동적 편집	연결 대상
파랑	자유	가능	동기식 요소
빨강	잠김, 치수 제약	가능	동기식 요소
자주색	다른 치수, 변수에 의해 변경됨	불가능	순서 지정식 요소 또는 편집할수 없는 PMI
갈색	사용할 수 없음	불가능	요소에 적절하게 연결되지 않음

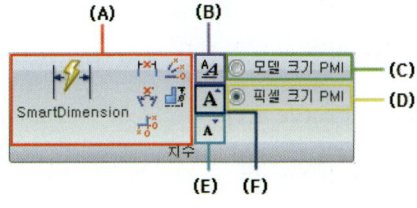

- **(A) 치수(Dimension)** : 치수 입수 방법은 Draft와 동일합니다. 자세한 내용은 Draft을 참조하세요.
- **(B) 스타일 명령(Style)** : 스타일 다이얼로그를 사용하여 스타일의 수정, 생성, 삭제합니다.
- **(C)** 모든 PMI 요소의 텍스트 크기를 현재 활성 스타일과 동일한 크기로 표시합니다.
- **(D)** 모든 PMI 요소의 텍스트 크기를 상대 모델 크기가 아닌 고정 픽셀 크기를 사용하여 표시합니다.
- **(E) PMI 폰트 감소(Decrease PMI Font)** : PMI 폰트 감소 버튼을 이용하여 텍스트를 더 작게 표시합니다.(1 픽셀 감소 최대 6픽셀)
- **(F) PMI 폰트 증가(Increase PMI Font)** : PMI 폰트 증가 버튼을 이용해 텍스트를 더 크게 표시합니다.(1픽셀 증사 최대 100픽셀)

11.6 단면(Section)

➡ PMI 탭 ⇒ 모델 뷰 그룹 ⇒ 단면
➡ PMI Tap ⇒ Model view Group ⇒ Section

어셈블리, 파트 또는 판금 모델의 일부를 잘라내어 모델에서의 재료 제거를 시뮬레이션하는 방법으로 내부 형상을 볼 수 있습니다.

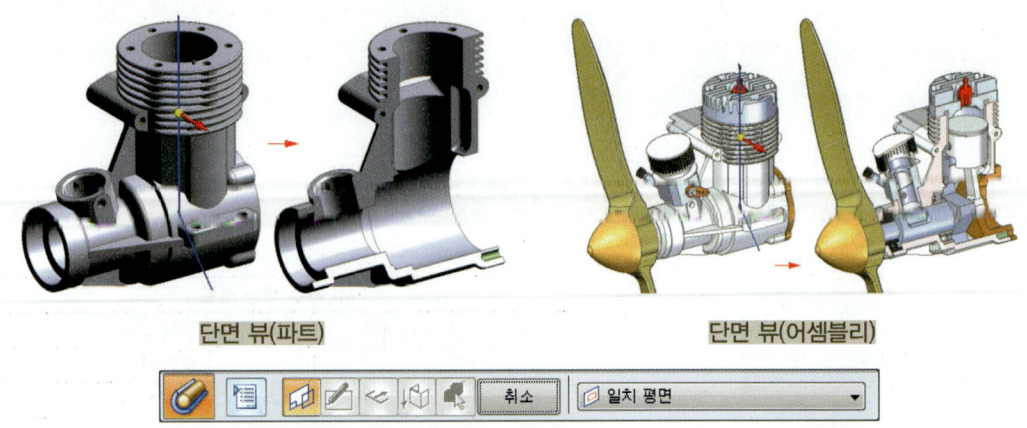

단면 뷰(파트)   단면 뷰(어셈블리)

- 옵션(Options) : 절단 평면 주석, 치수 스타일, 캡션 등에 대한 기본 등록 정보를 편집할 수 있는 단면 옵션 대화상자 표시
- 평면단계(Plane Step) : 절단 평면 프로파일을 그리려는 참조 평면 또는 면을 지정합니다.
- 프로파일 그리기 단계(Draw Profile Step) : 절단 평면 프로파일을 그리거나 편집합니다.
- 측면 단계(Side Step) : 프로파일의 측면 중 재료를 잘라낼 면을 정의합니다.
- 범위 단계(Extent Step) : 잘라낸 모양 뷰의 프로파일을 확장할 거리를 정의합니다.

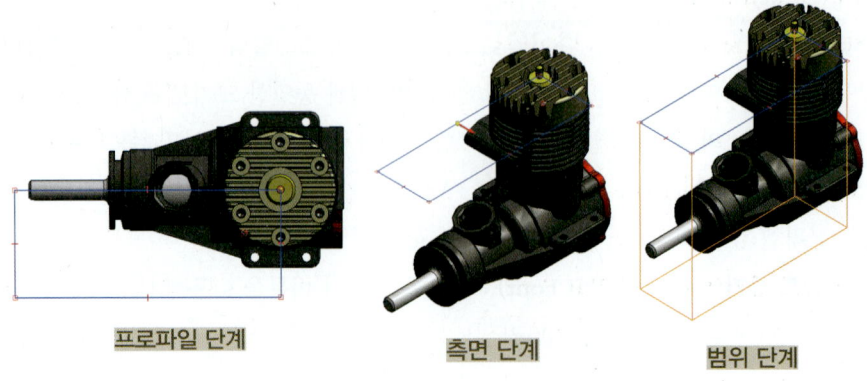

프로파일 단계   측면 단계   범위 단계

240

chapter 03 Part Modeling(단품)

- 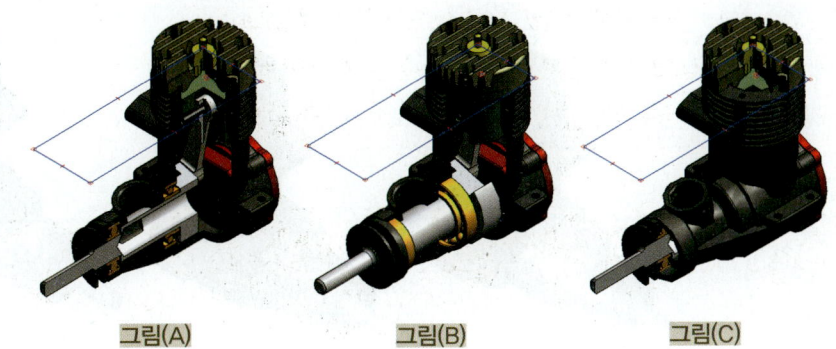 파트 선택 단계(Select Parts Step) : 절단될 파트를 지정합니다.
  - ▶ 모두 절단(Cut all parts) : 그림(A)
  - ▶ 선택한 파트만 절단(Cut only selected parts) : 그림(B)
  - ▶ 선택 취소된 파트만 절단(Cut only unselected parts) : 그림(C)

그림(A)　　　　　　　그림(B)　　　　　　　그림(C)

  - ▶ 단면 표시 옵션 다이얼로그

  단면 표시 옵션은 활성 문서의 모든 단면 뷰에 적용됩니다. 이 다이얼로그를 열려면 PathFinder에 표시된 단면 이름을 마우스 오른쪽 버튼으로 클릭하고 바로가기 메뉴에서 단면 표시 옵션을 클릭합니다.

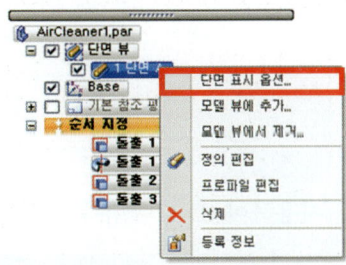

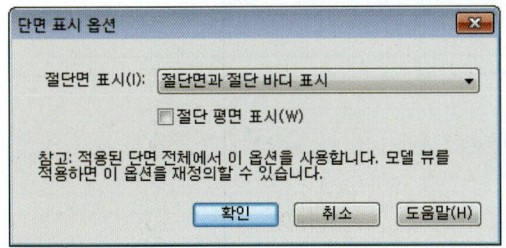
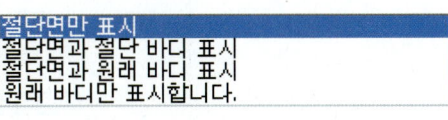

※ 절단면 표시 옵션
A. 절단면만 표시(Show Only Cut Faces) : 결과 절단면만 표시합니다.
B. 절단면과 절단 바디 표시(Show Cut Faces and Cut Bodies) : 결과 전단면과 잘라낸 바디를 표시합니다.

241

C. 절단면과 원래 바디 표시(Show Cut Faces with Original Bodies) : 절단면과 잘라내지 않은 바디를 표시합니다.

D. 원래 바디만 표시(Show Only Original Bodies) : 단면 주석은 표시하고 결과 절단 지오메트리는 표시하지 않습니다.

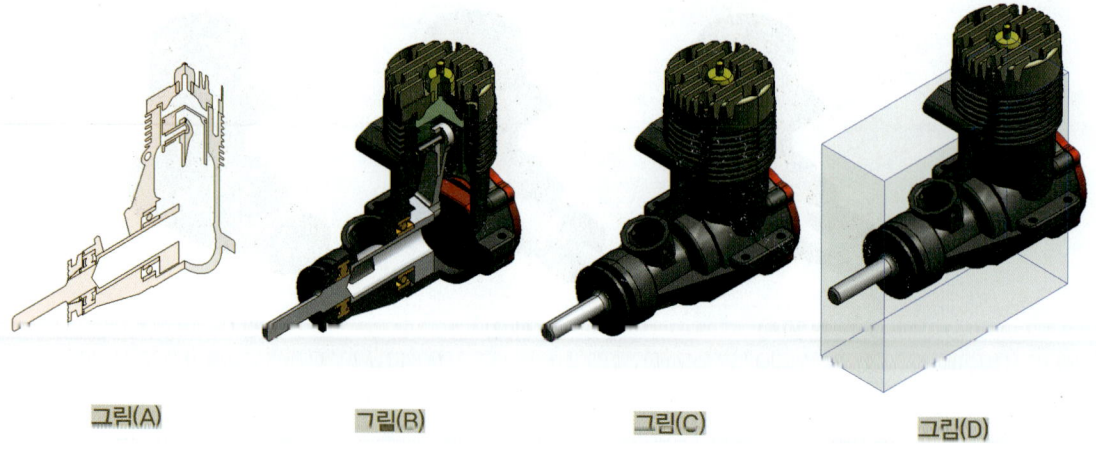

그림(A)   그림(B)   그림(C)   그림(D)

11.7 뷰(View)

➠ PMI 탭 ⇒ 모델 뷰 그룹 ⇒ 뷰
➠ PMI Tap ⇒ Model view Group ⇒ View

그래픽 창의 현재 표시 설정을 사용하여 3D 모델 뷰를 생성합니다.

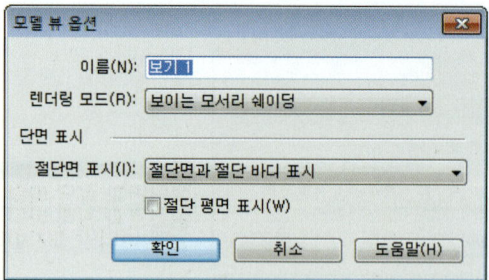

- **이름(Name)** : 모델 뷰 이름을 지정합니다.
- **렌더링 모드(Render mode)** : 모델 뷰를 보거나 편집할 때 사용할 렌더링 모드를 지정합니다.

chapter 03 Part Modeling(단품)

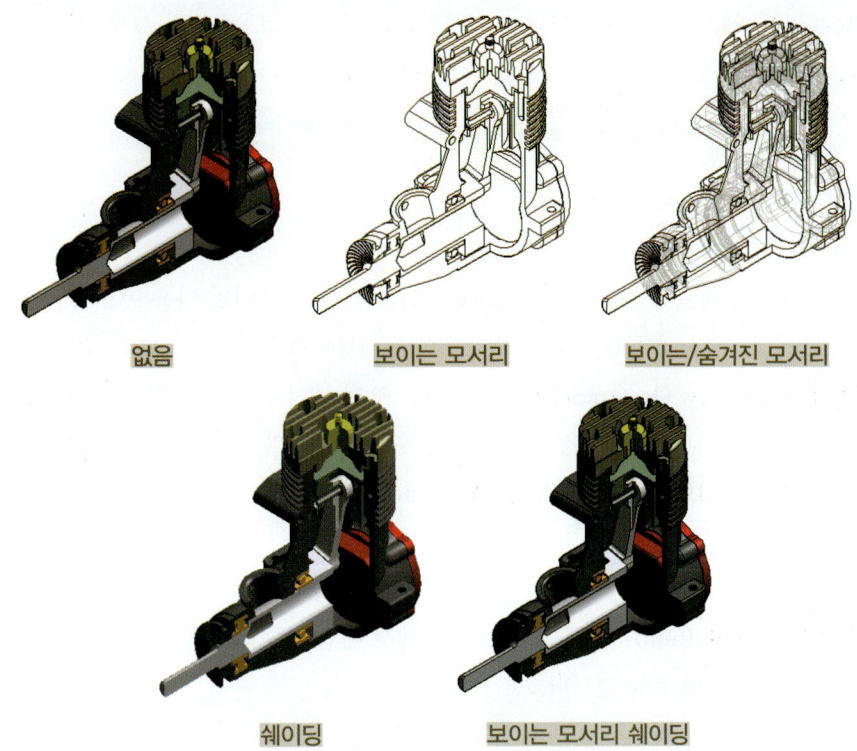

없음　　　　　　　보이는 모서리　　　　　보이는/숨겨진 모서리

쉐이딩　　　　　　　보이는 모서리 쉐이딩

● **단면 표시(Section Display)** : 모델 뷰에서 3D 단면 뷰 정의가 있으면 단면 표시 옵션이 적용됩니다.

11.8 PMI 모델 뷰 조작

PathFinder에서 마우스 오른쪽 버튼을 클릭하여 바로 가기 메뉴 명령을 사용하여 3D 모델 뷰의 측정 측면에 액세스하고 조작할 수 있습니다.

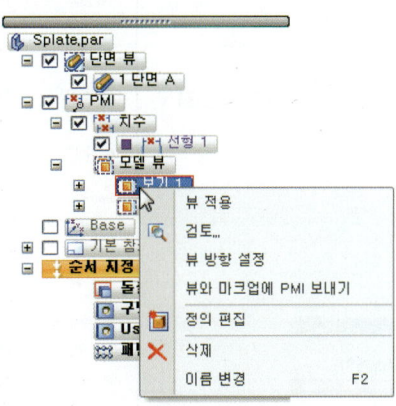

● **뷰 적용(Apply View)** : 선택한 3D 모델 뷰를 활성 윈도우에 표시합니다.

243

- **검토(Review)** : PathFinder에 정의된 3D 모델 뷰 목록을 스크롤하거나 모델 뷰 목록에서 특정 뷰 이름을 선택 할 수 있습니다.

▸ A. 모델 뷰 목록(Model View List) : 이름으로 특성 PMI 모델 뷰를 선택하여 그래픽 윈도우에 표시합니다.

▸ B. 이전/다음 모델 뷰(Previous/Next Model View) : 목록의 이전/다음 PMI 모델 뷰를 선택하여 관련된 치수 및 주석과 함께 그래픽 윈도우에 표시합니다.

- **뷰 방향 설정(Set View Orientation)** : 선택한 3D 모델 뷰의 뷰 방향을 활성 윈도우의 뷰 방향으로 설정합니다. 현재 확대/축소, 배율 및 범위 설정도 적용됩니다.
- **뷰와 마크업에 PMI 보내기(Send PMI to View and Markup)** : 뷰와 마크업에 열려 있는 .pcf 파일에 모든 모델 뷰의 관련 PMI 데이터를 보냅니다. (3D 단면 뷰를 포함하는 모델 뷰는 뷰와 마크업에 보낼 수 없습니다.)
- **정의 편집(Edit Definition)** : 모델 뷰 편집 모드에서 편집할 수 있도록 현재 디스플레이 및 방향 설정과 함께 선택한 모델 뷰를 엽니다.
- **삭제(Delete)** : 선택한 모델 뷰 정의를 삭제합니다.
- **이름 바꾸기(Rename)** : 선택한 모델 뷰의 이름을 변경합니다.

Tip

PathFinder에 사용되는 PMI 관련 아이콘

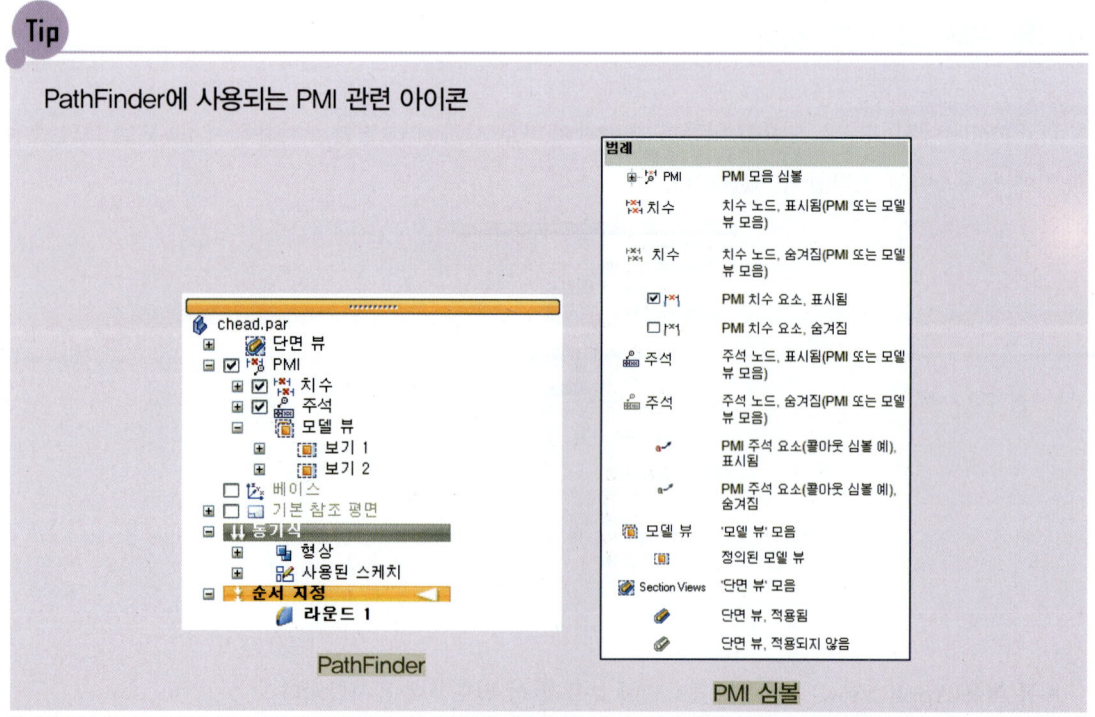

chapter 03 Part Modeling(단품)

12 2D, 3D 측정

12.1 스마트 측정(Smart Measure)

➡ 검사 탭 ⇒ 2D 측정 그룹 ⇒ 스마트 측정
➡ Inspect ⇒ 2D Measure Group ⇒ Smart Measure

도면 및 스케치에서 2D 요소를 측정할 수 있으며, 모델 문서에서 3D 형상을 단일요소, 두 요소간의 거리, 각도를 측정할 수 있습니다.(사용자가 선택한 요소에 따라 측정 방법이 달라집니다.)

• 수행할 수 있는 작업

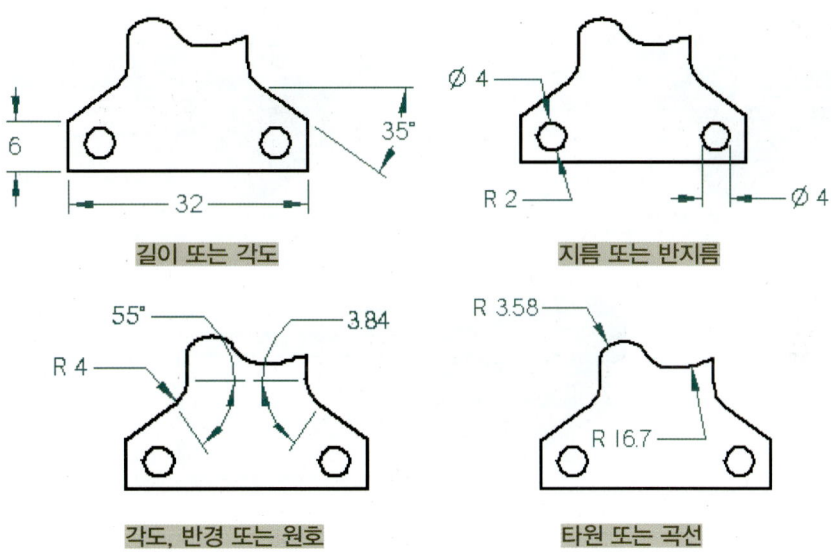

길이 또는 각도   지름 또는 반지름

각도, 반경 또는 원호   타원 또는 곡선

12.2 요소 문의(Inquire Element)

➡ 검사 탭 ⇒ 3D 측정 그룹 ⇒ 요소 문의
➡ Inspect ⇒ 3D Measure Group ⇒ Inquire Element

문서의 x,y 및 z 원점을 기준으로 요소의 지오메트리 구조를 출력합니다.(어셈블리의 경우 활성 파트에 대해서만 작동합니다.)

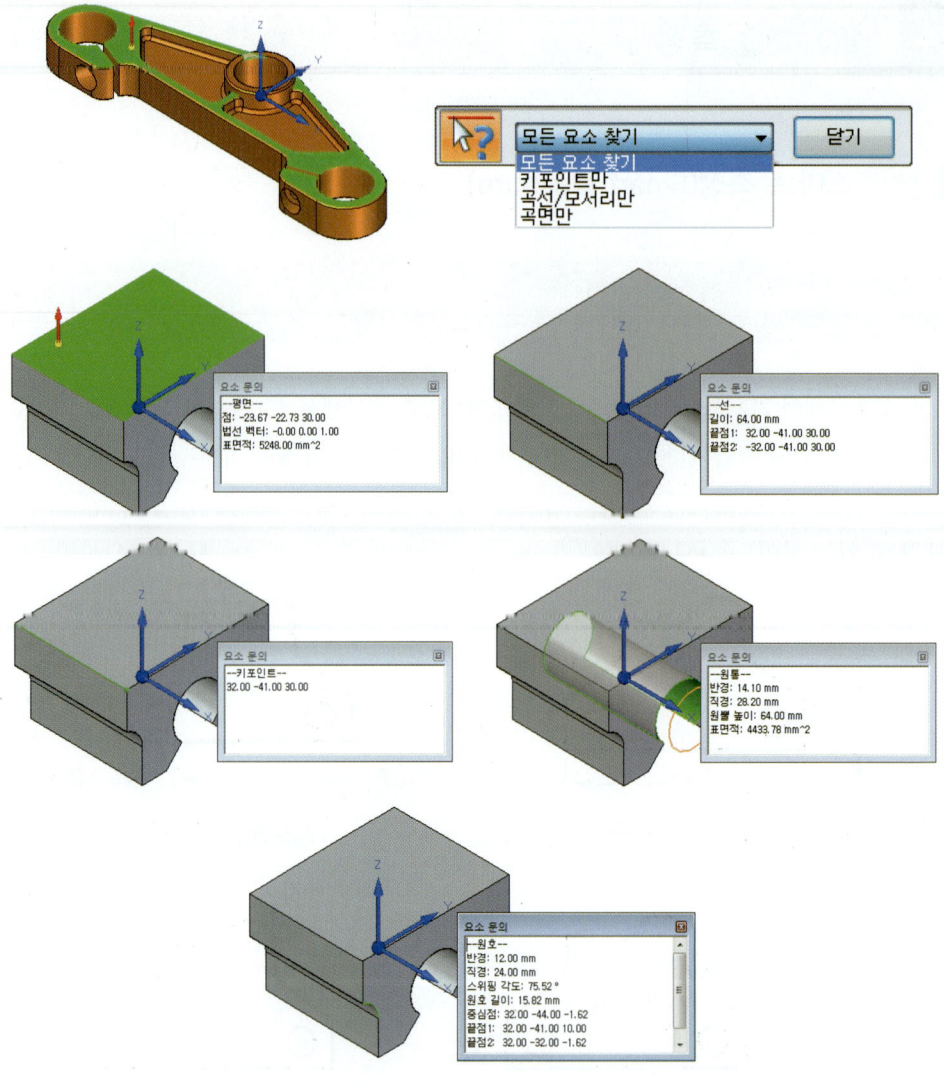

12.3 거리(Distance)

➡ 검사 탭 ⇒ 3D 측정 그룹 ⇒ 거리
➡ Inspect ⇒ 3D Measure Group ⇒ Distance

파트, 판금, 어셈블리 환경에서 거리 측정 명령은 점 사이의 선형 거리를 측정합니다. 또한 세 개의 점 또는 두 면으로 정의된 각도 거리를 측정할 수도 있습니다.

chapter 03 Part Modeling(단품)

-  파트 활성화(Activate Part) : 선택한 파트 활성화합니다.(Assembly Only)
- 요소 유형(Element Types) : 모델을 찾으려는 요소 유형을 지정합니다.
- 키포인트(KeyPoint) : 모델에서 측정을 위해 선택할 키포인트 유형을 지정할 수 있습니다.
- 좌표계(Coordinate System) : 측정하려는 좌표계를 선택합니다.
- 공통 원점 측정(Common Origin Measurement) : 각 요소를 같은 공통 원점에서 측정합니다.(원점은 첫 번째로 선택하는 요소입니다.)

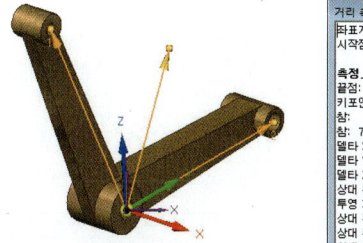 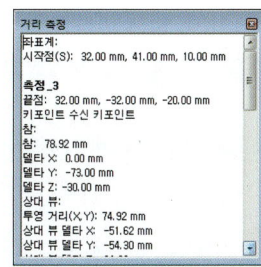

- 측정 변수(Measurement Variable) : 변수 테이블에서 측정 변수를 생성합니다.

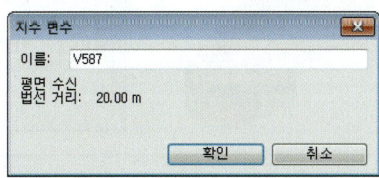

- 재설정(Reset) : 명령을 원래 상태로 되돌립니다.

12.4 최소 거리(Minimum Distance)

➡ 검사 탭 ⇒ 3D 측정 그룹 ⇒ 최소 거리
➡ Inspect ⇒ 3D Measure Group ⇒ Minimum Distance

선택된 두 요소 사이의 최소 거리를 측정합니다.(파트, 판금, 어셈블리 모델에서 사용할 수 있습니다.)

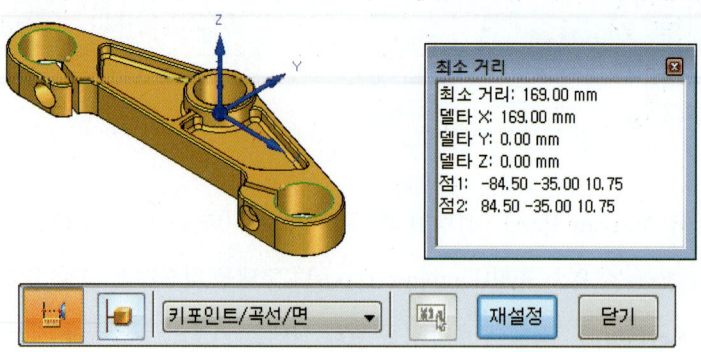

12.5 법선 거리(Measure Normal Distance)

➡ 검사 탭 ⇒ 3D 측정 그룹 ⇒ 법선 거리
➡ Inspect ⇒ 3D Measure Group ⇒ Measure Nomal Distance

평면형 요소 또는 선에서 키포인트까지의 법선 거리를 측정합니다.

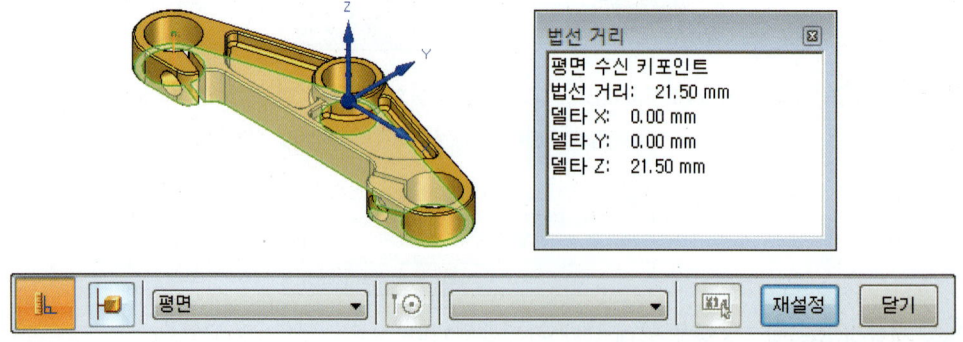

12.6 각도(Measure Angle)

➡ 검사 탭 ⇒ 3D 측정 그룹 ⇒ 각도
➡ Inspect ⇒ 2D Measure Group ⇒ Measure Angle

원점을 나타내는 세 번째 점을 사용해 사용가능한 요소 쌍 또는 두 점간의 각도를 측정합니다. (명령 모음은 법선거리와 동일합니다.)

chapter 03 Part Modeling(단품)

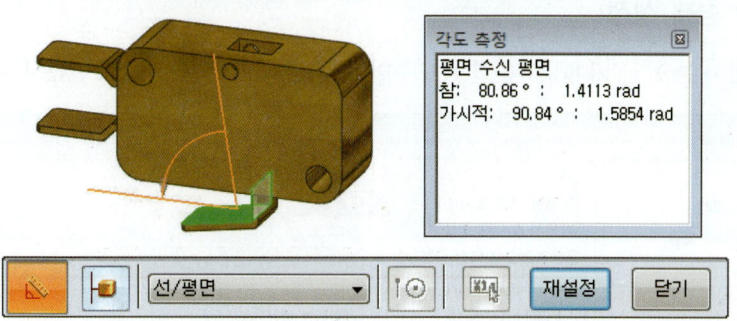

- 각도 측정 명령을 수행하는 동안 언제든지 뷰 조작 명령을 실행할 수 있습니다.
- 촘촘한 스폿에서 측정하려는 경우 다른 창에 있는 파트의 여러 영역을 확대할 수 있습니다.
- 값을 강조표시하고 Ctrl+C를 눌러 측정 값을 클립보드로 복사할 수 있습니다.

13 PathFinder 조작

파트 모델에서 작업할 경우 PathFinder를 사용하면 Solid Edge 파트를 구성하는 동기식 및 순서 지정식 형상으로 작업하는 데 도움이 됩니다. PathFinder는 모델을 구성하는 형상, 스케치, 참조 평면, 치수, 좌표계 등의 컬렉션입니다. PathFinder 트리에는 동기식 부분과 순서 시정식 부분이 있습니다.

PathFinder는 수직 도킹 윈도우 양식(A)이나 문서 윈도우에서 이동하는 부동 양식(B)으로 사용할 수 있습니다. Solid Edge 옵션의 도우미 페이지에서 PathFinder 양식을 제어합니다.

도킹 윈도우(A)

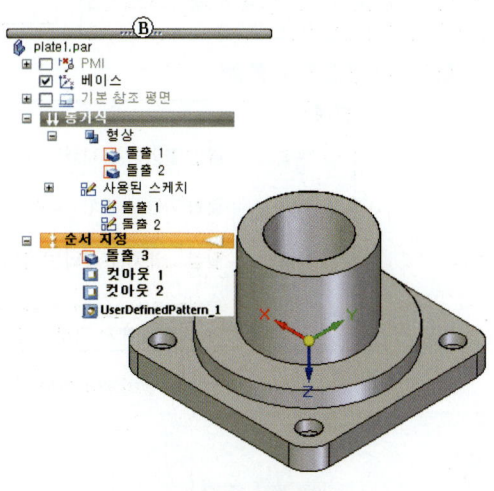

이동 부동 양식(B)

1. PathFinder 형태 설정

응용 프로그램 버튼 〉 Solid Edge 옵션 〉 도우미 탭 〉 문서 뷰에 PathFinder 표시

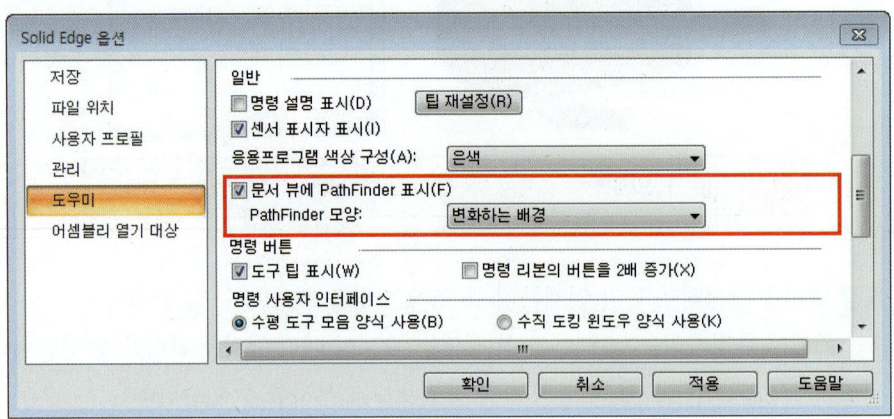

2. PathFinder 심볼

PathFinder의 왼쪽 열에 있는 심볼은 스케치 및 파트 형상 의 상태에 대한 정보를 제공합니다.

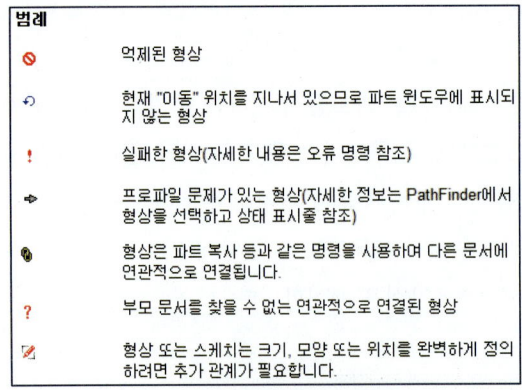

PathFinder(순차적 환경)

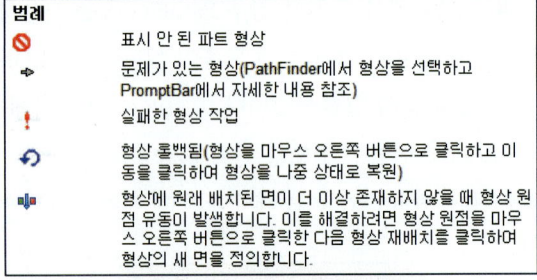

PathFinder(동기식 환경)

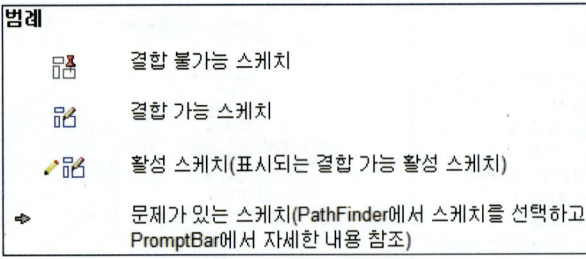

PathFinder(스케치)

3. PathFinder 기능

- **특정형상 선택** : 목록의 항목 위에 커서를 놓으면 해당 형상이 강조 표시됩니다.(형상을 선택하려면 마우스 왼쪽 버튼을 클릭합니다.)

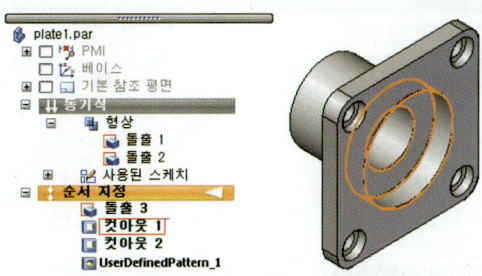

- **형상 순서 바꾸기** : PathFinder를 사용하여 선택한 형상을 목록의 다른 위치로 끌 수 있습니다. 끌 때 PathFinder는 형상을 이동할 수 있는 위치를 나타내는 화살표 를 표시합니다.

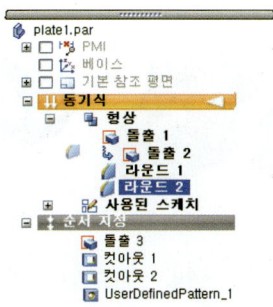

변경으로 인해 다른 형상에 문제가 발생되면 이 형상은 오류 길잡이 대화상자에 표시됩니다. 도구 탭에서 오류 명령을 사용하여 문제를 찾아서 해결할 수 있는 오류 도우미 대화상자를 표시할 수 있습니다.

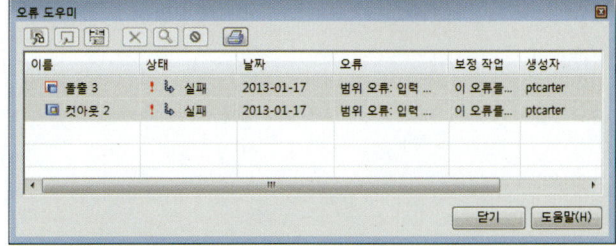

오류 대화상자(도구 탭 > 도우미 그룹 > 오류 명령어)

- **형상 이름 변경** : 기본적으로 모든 형상에 대해 이름을 제공합니다. 나중에 형상의 이름을 바꾸려면 이름을 변경할 형상을 마우스 오른쪽 버튼으로 클릭한 다음 바로 가기 메뉴에서 이름 바꾸기를 클릭합니다. PathFinder 탭에서 새 이름을 입력합니다.

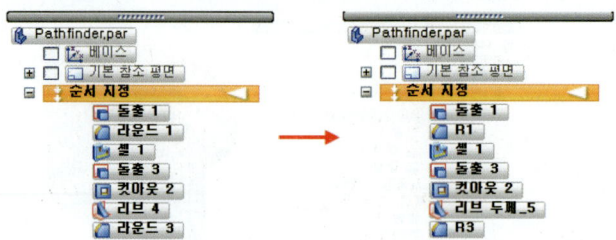

- **형상 분리 & 연결**(Synchronous Only) : PathFinder 또는 그래픽 윈도우에서 형상을 선택할 때 바로 가기 메뉴에서 분리 명령을 사용하여 솔리드 모델의 파트인 형상을 분리할 수 있습니다. 또한 연결 명령을 사용하여 솔리드 모델링 형상을 연결할 수도 있습니다.

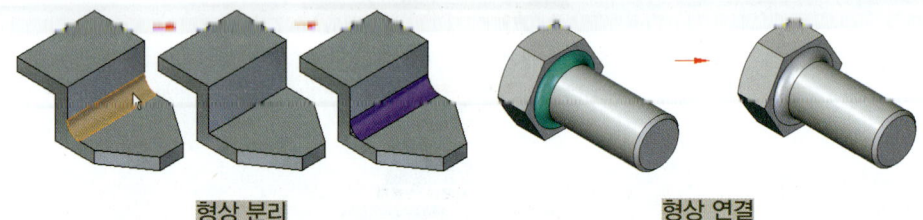

- **상위 형상으로 롤백**(Ordered Only) : PathFinder에서는 모델을 선택하는 형상으로 롤백할 수 있습니다. 형상을 선택한 다음 바로 가기 메뉴의 이동 명령을 클릭하면 PathFinder에서 파트가 해당 형상이 구성된 직후의 상태로 돌아갑니다.

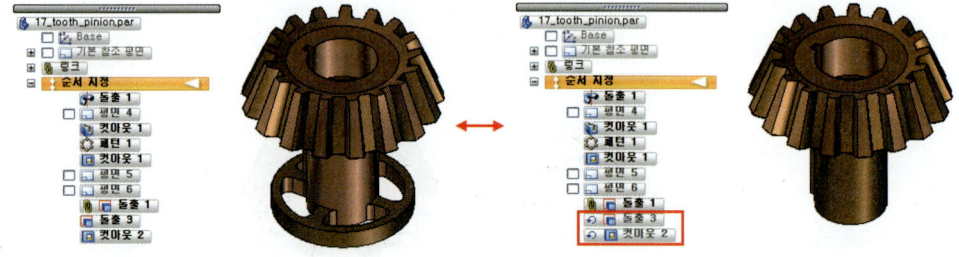

모델을 완료된 상태로 되돌리려면 PathFinder에서 마지막 형상을 선택한 다음 이동 명령을 다시 선택합니다.

- **억제** : 형상은 선택 후 마우스 오른쪽 버튼 클릭하여 억제 명령을 실행하면 선택한 형상을 잠시 억제하여 보여줍니다.(복원 : 마우스 오른쪽 버튼 억제 취소)

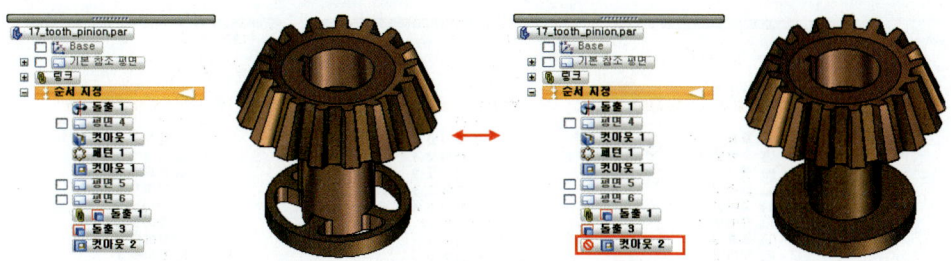

- **형상 찾기** : PathFinder에서 순서 지정 마우스 오른쪽 버튼을 클릭하여 형상 찾기를 선택하면 이름 별로 검색된 모델을 강조 표시 하여 보여줍니다.

- **항목 그룹화** : PathFinder 항목 세트에 대한 그룹을 생성하면 긴 형상 트리를 통합하고 PathFinder 항목 세트를 하나의 단위로 지정하여 항목을 보다 쉽게 찾고, 선택하고, 조작할 수 있습니다.

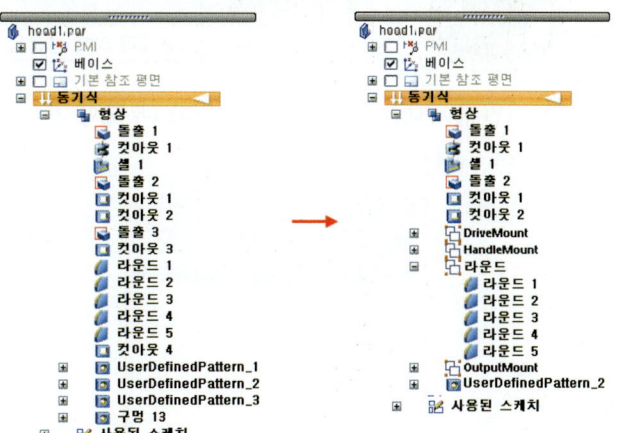

- **PathFinder 정렬(Synchronous Only)** : 정렬 명령을 사용하여 이름 또는 유형별로 컬렉션을 정렬할 수 있습니다.(A : 정렬되지 않음, B : 이름 정렬, C : 유형 정렬)

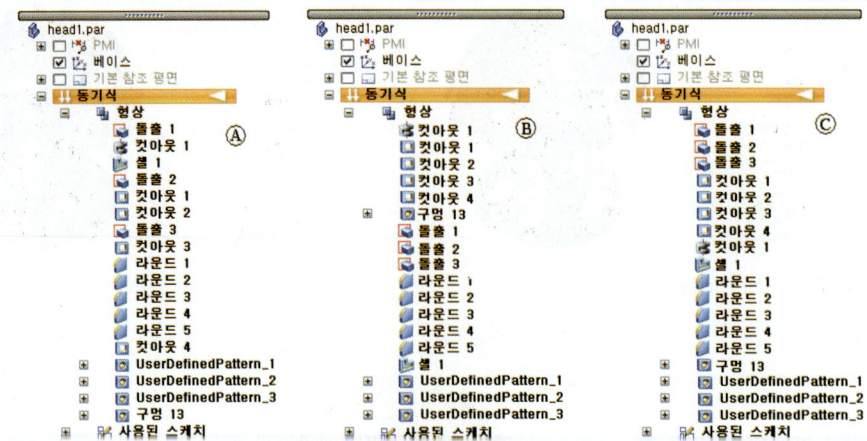

- **부모와 자식 표시** : 형상을 선택 후 마우스 오른쪽 버튼을 클릭하여 부모와 자식 명령을 선택하면 선택한 형상의 부모와 자식을 표시합니다.

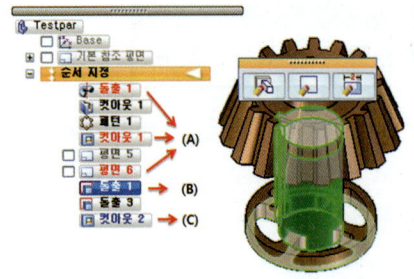

PathFinder 부모와 자식 표시			
	상 태	구 성	영 향
A	B의 부모	B는 A에 의해 생성됨	B를 수정 시 영향 없음
B	선택 형상		
C	B의 자식	C는 C에 의해 생성됨	B를 수정 시 영향 있음

- **형상 재생** : 형상이 만들어진 순서대로 형상을 보여줍니다.(부모와 자식 표시와 같이 사용하면 형상수정의 오류를 줄일 수 있습니다.

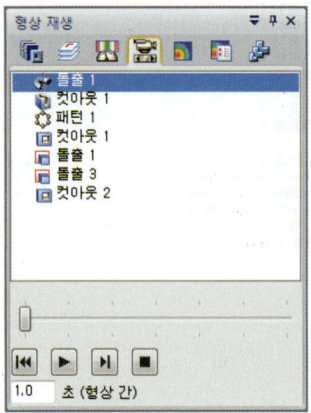

chapter 04

Sheet Metal Modeling
(판금)

01 판금 시작
02 판금 모델링 명령
03 판금 모델링 형상 다듬기
04 전개장, 굽힘테이블, 파트로 전환

01 판금 시작

판금 설계는 판금 파트를 구성하는 데 사용되는 원료가 공통 스톡이고 균일한 두께를 가지는 영역에서 제어됩니다. 판금의 굽힘 과정에서 재료의 늘이기는 재료의 두께와 사용되는 재료에 따라 다릅니다. 재료의 늘이기를 적절하게 적용하기위해 표준 굽힘 공식을 사용하여 계산합니다. 이 굽힘 공식은 각 스톡 재료에 맞게 사용자 정의할 수 있으며, 파트의 정확도를 높일 수 있습니다.

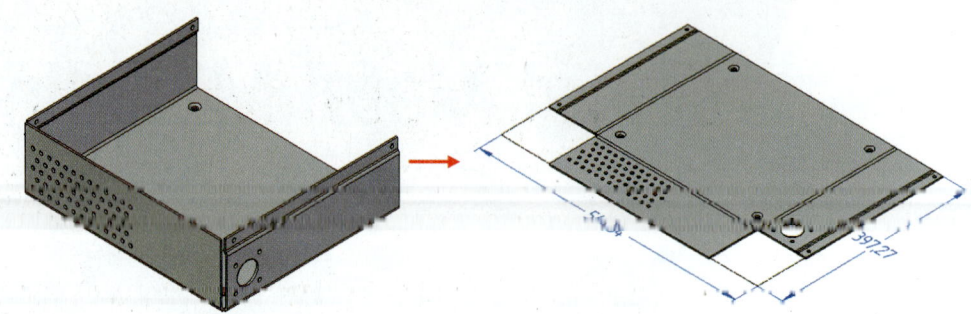

1.1 Sheet Metal 개요

Solid Edge는 판금 모델을 위한 Sheet Metal 모델링 환경을 제공합니다. 파트 환경과 동일한 UI를 제공하며 판금 전용 형상을 만들기 위한 강력한 기능을 제공합니다.

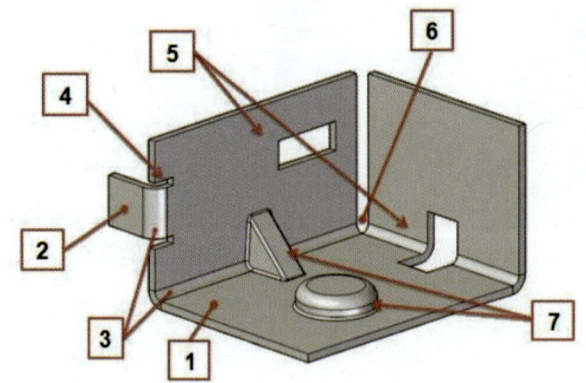

※ 판금 형상의 명칭
- **탭(Tap)** : 일정한 두께를 가지는 면입니다.
- **탭 플랜지(Tab-Flange)** : Bend로 연결된 두 개의 Plate입니다.

chapter 04 Sheet Metal Modeling(판금)

- **굽힘(Bend)** : 두 개의 탭-플랜지를 연결합니다.
- **굽힘 릴리프(Bend Relief)** : 탭을 굽히는 동안 분할을 막는 옵션입니다.
- **컷아웃(Cutout)** : 파트의 개구부입니다.
- **코너(Corner)** : 둘 또는 세 개의 굽힘이 만나는 지점입니다.
- **절차 형상(Procedural Feature)** : 딤플, 루버, 거셋과 같은 형상을 말합니다.

- **기본 형상 만들기**

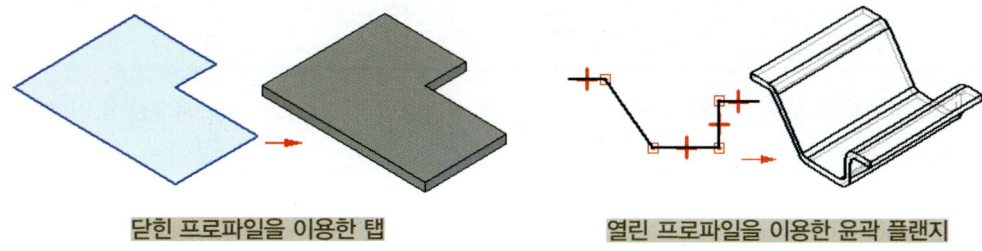

닫힌 프로파일을 이용한 탭   열린 프로파일을 이용한 윤곽 플랜지

1.2 Sheet Metal 설정

재료 테이블을 이용하여 등록 정보와 게이지를 선택하여 판금 기본 값을 지정할 수 있습니다.

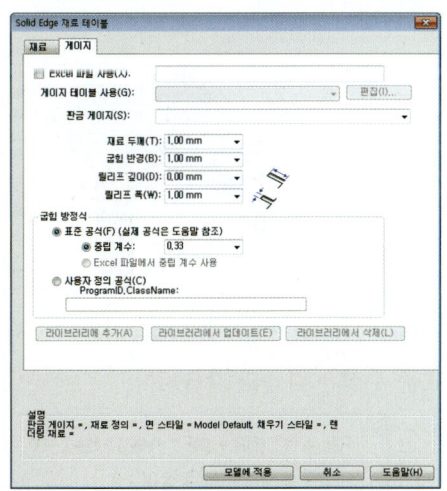

- **재료 테이블(게이지)** : 판금의 재료두께, 굽힘 반경, 릴리프 깊이 등 기본 값을 설정할 수 있습니다.(응용 프로그램 버튼 〉 등록 정보 〉 재료 테이블 〉 게이지)
  ▶ Excel 파일 사용 : Excel 파일에서 게이지 정보를 가져오도록 지정합니다.(Excel 파일 위치 : C:\Program Files\Solid Edge ST5\Program\Gagetable.xls)

257

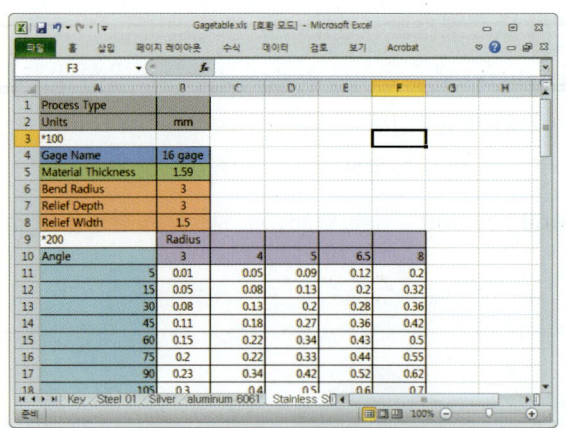

- 게이지 테이블 사용 : 게이지 테이블의 이름을 지정합니다. 편집 버튼을 사용하여 편집할 Excel 파일을 열 수 있습니다.

- 판금 게이지(Sheet Metal Gage) : 현재 게이지의 이름을 표시합니다. 목록에서 이름을 선택하면 연결된 재료 및 기계 등록 정보 집합이 표시됩니다.

- 재료 두께(Material) : 판금파트의 재료 두께를 지정합니다.

- 굽힘 반경(Bend Radius) : 판금파트의 굽힘 반경 값을 지정합니다.

- 릴리프 깊이(Relief Depth) : 판금파트의 릴리프 깊이 값을 지정합니다.

- 릴리프 폭(Relief Width) : 판금파트의 릴리프 두께 값을 지정합니다.

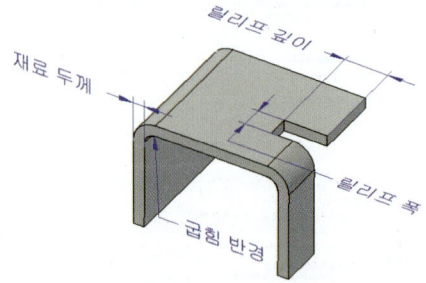

- 표준 공식(Standard Formula) : Solid Edge에서 제공되는 수식을 사용하여 평면 패턴 크기를 계산하도록 지정합니다. 표준 수식은 다음과 같습니다.

> PZL = π * (BR + (NF * THK)) * BA / 180
> PZL = 플라스틱 영역 길이
> BR = 굽힘 반경
> NF = 중립 인수
> THK = 재료 두께
> BA = 굽힘 각도

- 중립 계수(Neutral Factor) : 굽힘에 대한 기본 중립 계수를 지정합니다.

- Excel 파일의 중립 인수 사용 : 중립 인수 정보를 Excel파일에서 가져오도록 지정합니다.

▶ **사용자 정의 공식(Custom Formula)** : 사용자가 정의한 방정식을 사용하여 중립 계수를 지정합니다. (ProgramID.ClassName : 프로그램 ID와 클래스 이름을 입력하여 사용자 정의 굽힘 방정식을 정의합니다.)

> **Tip**
>
> 전개장을 간편하게 생성할 수 있도록 Solid Edge에서는 사용자가 굽힘 반경 값을 0(0.00)으로 지정한 경우에도 항상 전개할 수 있는 형상에 대한 최소 굽힘 반경을 생성합니다.
> 미터법에서 굽힘반경 0으로 지정 : 실제값은 약 0.002밀리미터로 설정됩니다.
> 인치법에서 굽힘반경 0으로 지정 : 실제값은 약 0.0000788인치로 설정됩니다.
> 굽힘 반경이 정확이 0이 되어야 하는 경우 파트 환경에서 형상을 생성해야 합니다.

02 판금 모델링 명령

2.1 탭(Tab)

➡ 홈 탭 ⇒ 판금 그룹 ⇒ 탭
➡ Home Tab ⇒ Sheet Metal Group ⇒ Tab

판금 파트에서 기본인 탭 형상을 만들거나 기존 판금파트에서 형상을 추가할 수 있습니다.

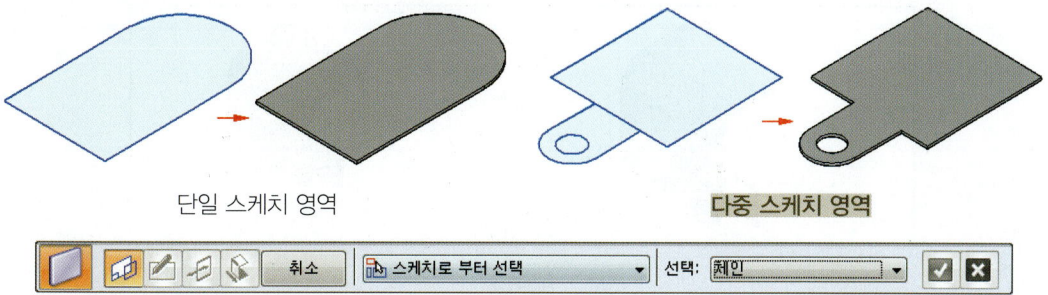

단일 스케치 영역   다중 스케치 영역

- **스케치 단계(Plane or Sketch Step)** : 프로파일이 그려질 참조 평면을 지정하거나 기존의 작성된 스케치를 선택합니다.

259

- 📝 **등록정보 그리기(Draw Profile Step)** : 기존 프로파일을 편집하거나 프로파일을 작성합니다. 기본 형상을 생성하려면 프로파일은 닫아야 합니다.
- ↪ **측면 단계(Side Step)** : 열린 프로파일의 경우, 재료를 추가할 프로파일의 방향을 정의합니다. 닫힌 프로파일의 경우, 측면 단계가 사용되지 않습니다.
- 🔲 **두께 단계(Thickness Step)** : 상의 굵기를 정의합니다. 이 단계는 판금 파트에서 기본 형상을 만드는 경우에만 사용할 수 있으며 형상을 추가하는 경우에는 사용할 수 없습니다.

> **Tip**
>
> **올바른 탭 프로파일 조건**
>
>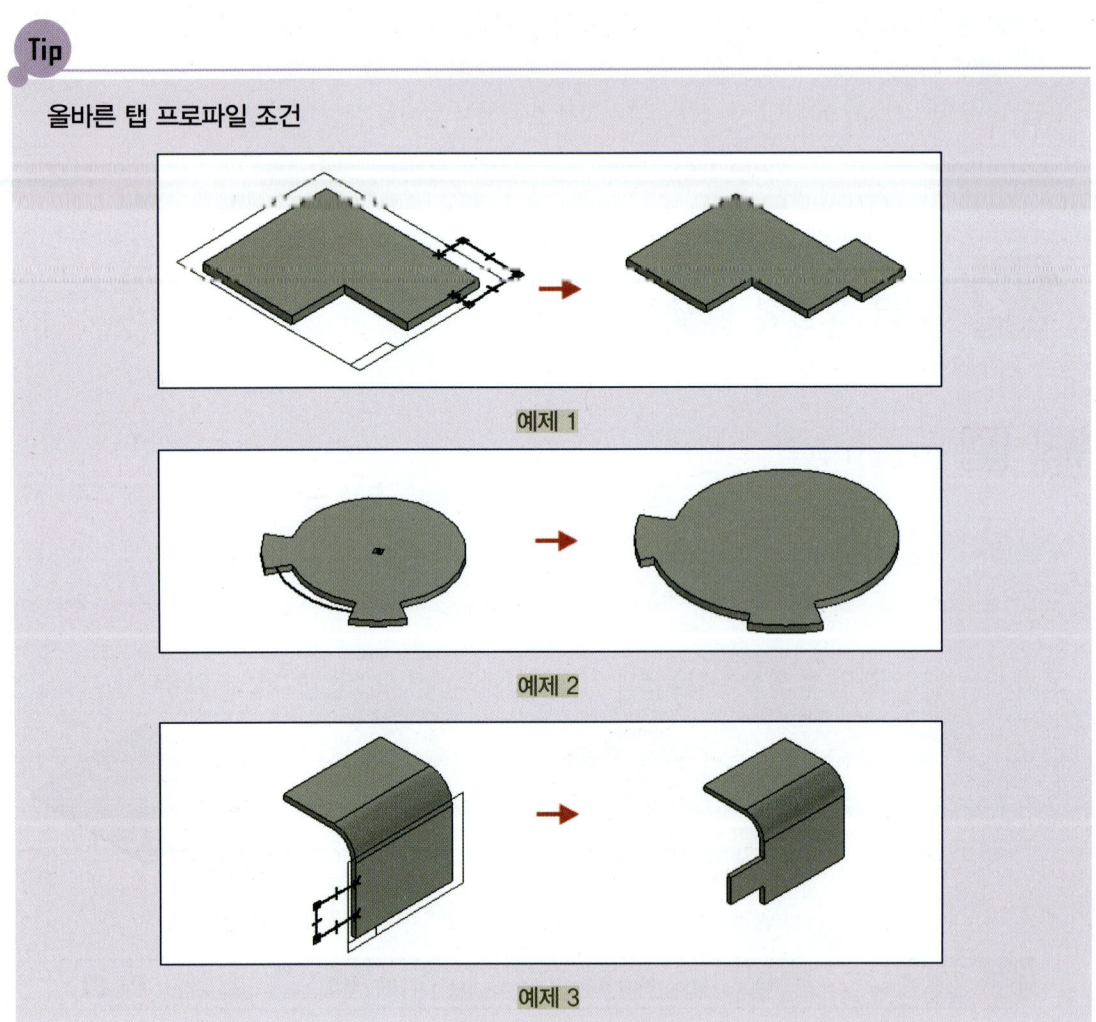
>
> 예제 1
>
> 예제 2
>
> 예제 3

chapter 04 Sheet Metal Modeling(판금)

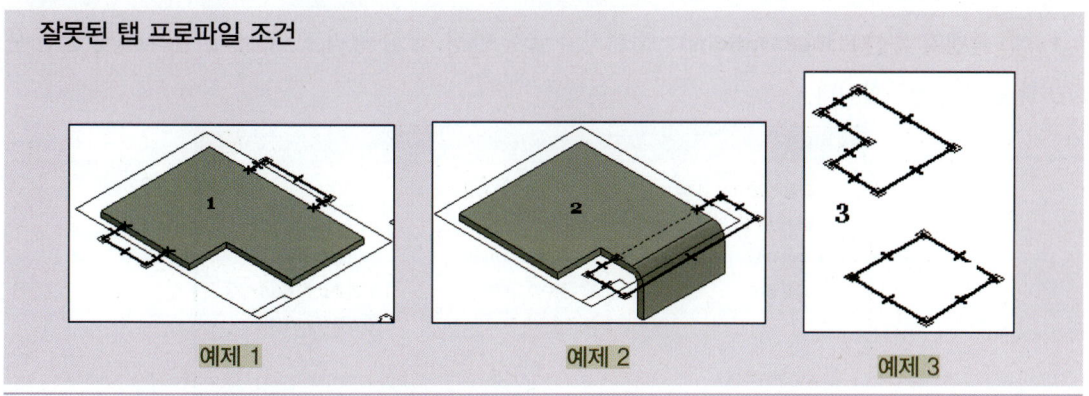

잘못된 탭 프로파일 조건

예제 1   예제 2   예제 3

2.2 플랜지(Flange)

➡ 홈 탭 ⇒ 판금 그룹 ⇒ 플랜지
➡ Home Tab ⇒ Sheet Metal Group ⇒ Flange

선형 두께 모서리를 선택하여 플랜지를 구성한 다음 커서의 위치를 다시 설정하여 플랜지 방향과 길이를 정의합니다.

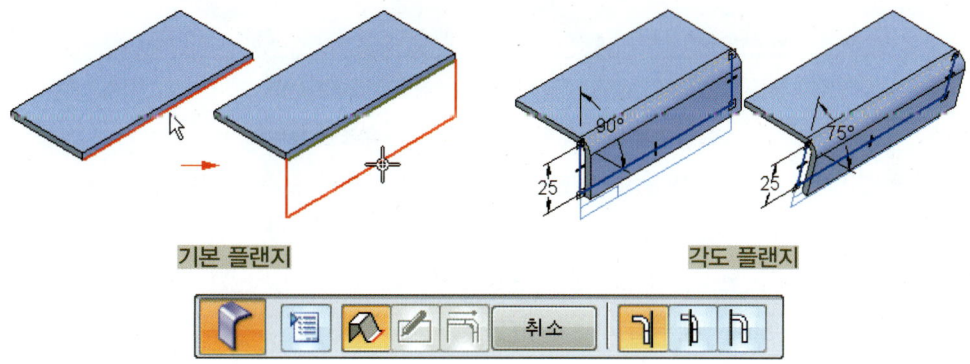

기본 플랜지   각도 플랜지

- 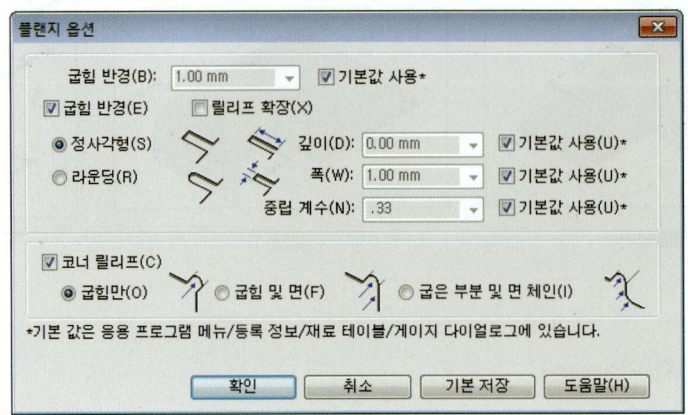 **플랜지 옵션(Flange Options)** : 플랜지의 굽힘 반경, 굽힘 릴리프, 모서리, 릴리프 및 굽힘 분할 옵션을 정의합니다.

▶ 굽힘 반경(Bend radius) : 플랜지의 굽힘 반경을 지정합니다.

▶ 기본 값 사용(Use default value) : 옵션 대화상자에 지정된 기본 값을 사용합니다.

▶ 굽힘 반경(Bend relief) : 정사각형 또는 라운딩 형상의 굽힘 반경을 모델에 적용합니다.

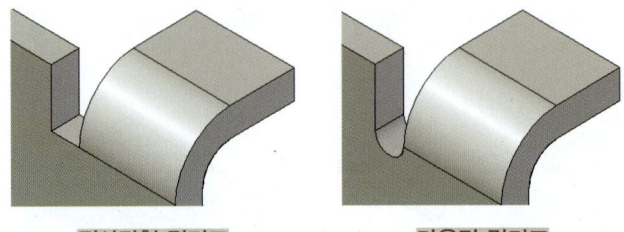

정사각형 릴리프   라운딩 릴리프

▶ 굽힘 반경(Bend radius) : 만들고 있는 형상에 대한 굽힘 반경 값을 지정합니다.

▶ 릴리프 확장(Extend relief) : 전체 면에 굽힘 릴리프가 적용됩니다.

▶ 깊이 (Depth) : 굽힘 릴리프의 깊이를 지정합니다.

▶ 폭(Width) : 굽힘 릴리프의 폭을 지정합니다.

▶ 중립 계수(Neutral Factor) : 굽힘에 대한 중립 계수를 지정합니다.

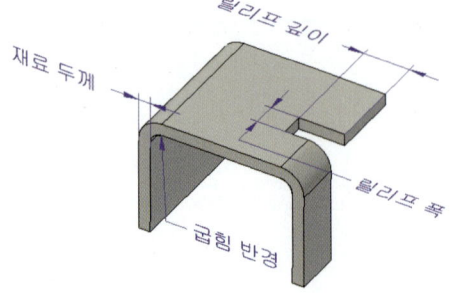

▶ 코너 릴리프(Corner relief) : 생성시킬 플랜지와 인접한 플랜지의 모서리에 릴리프를 적용 시킴

chapter 04 Sheet Metal Modeling(판금)

니다.

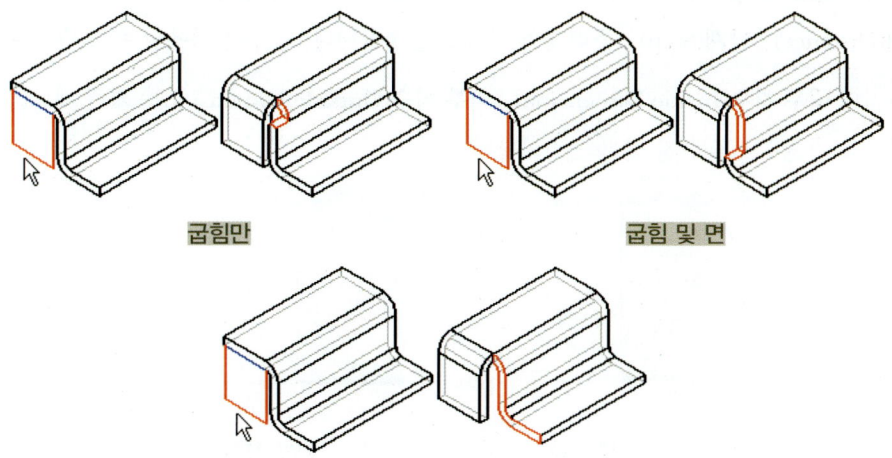

굽힘만   굽힘 및 면

굽은 부분 및 면 체인

- **모서리 단계(Edge Step)** : 플랜지를 만드는 데 사용될 모서리를 선택합니다.

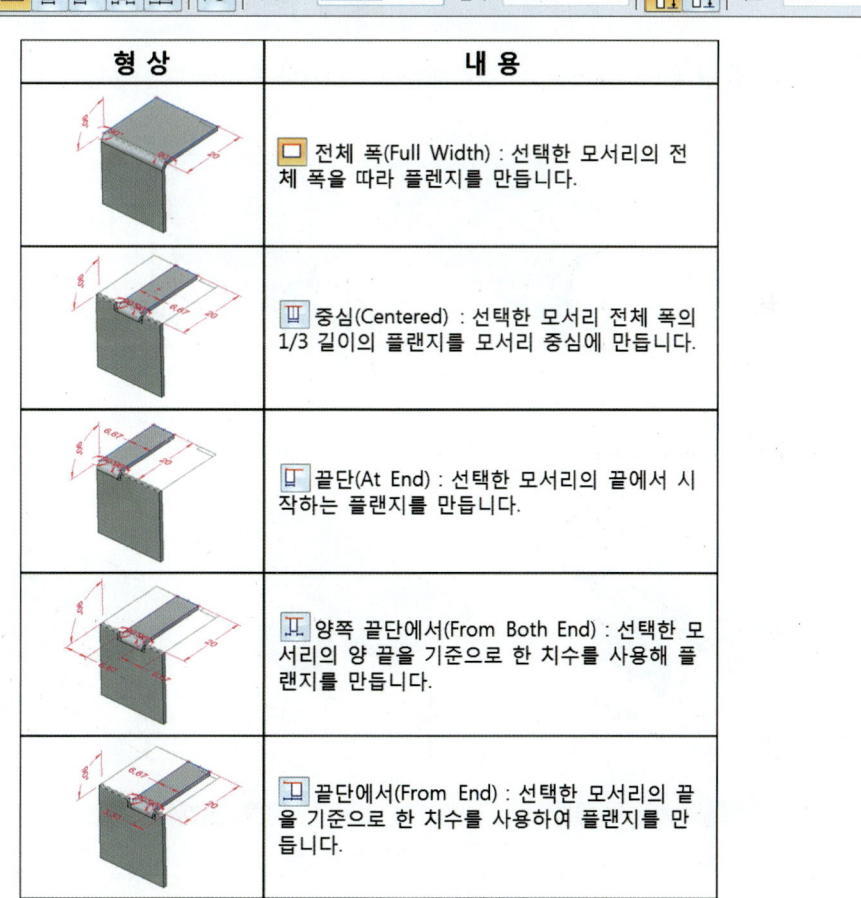

형 상	내 용
	전체 폭(Full Width) : 선택한 모서리의 전체 폭을 따라 플랜지를 만듭니다.
	중심(Centered) : 선택한 모서리 전체 폭의 1/3 길이의 플랜지를 모서리 중심에 만듭니다.
	끝단(At End) : 선택한 모서리의 끝에서 시작하는 플랜지를 만듭니다.
	양쪽 끝단에서(From Both End) : 선택한 모서리의 양 끝을 기준으로 한 치수를 사용해 플랜지를 만듭니다.
	끝단에서(From End) : 선택한 모서리의 끝을 기준으로 한 치수를 사용하여 플랜지를 만듭니다.

- **키포인트(Keypoints)** : 기존 지오메트리의 키포인트 유형을 설정하여 형상 범위를 정의합니다.
- **거리(Distance) / 단계(Step)** : 플랜지의 길이를 설정합니다. 음수는 사용할 수 없습니다.
- **내부 치수(Inside Dimension) / 외부 치수(Outside Dimension)** : 기존 재료의 안쪽 또는 바깥쪽을 기준으로 플랜지 길이를 정의합니다.

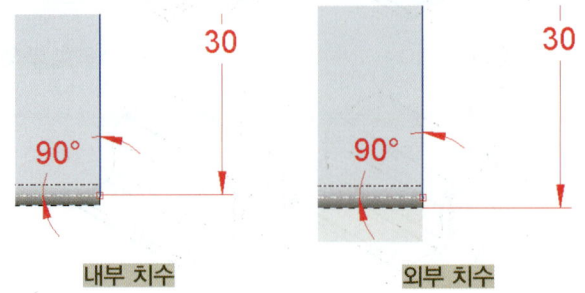

- **각도(Angle)** : 형상의 굽힘 각도를 지징합니다. 0과 180 사이의 값을 사용할 수 있습니다.

- **프로파일 단계(Profile Step)** : 프로파일을 그리거나 수정할 때 사용합니다.

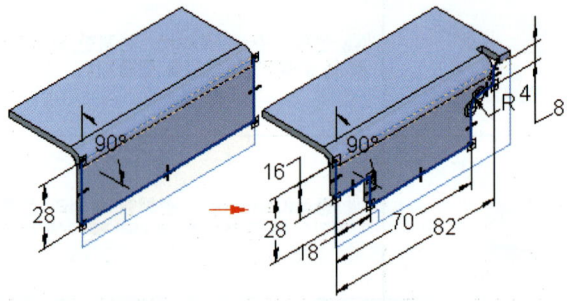

- **옵셋 단계(Offset Step)** : 선택된 모서리에서 관하여 플랜지를 옵셋을 제어합니다.

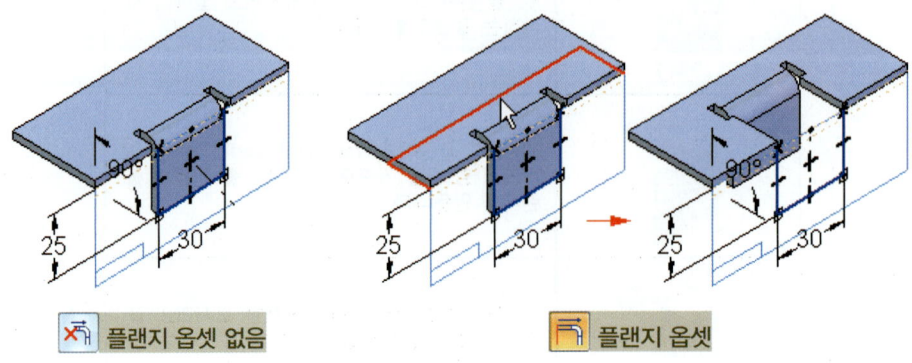

chapter 04 Sheet Metal Modeling(판금)

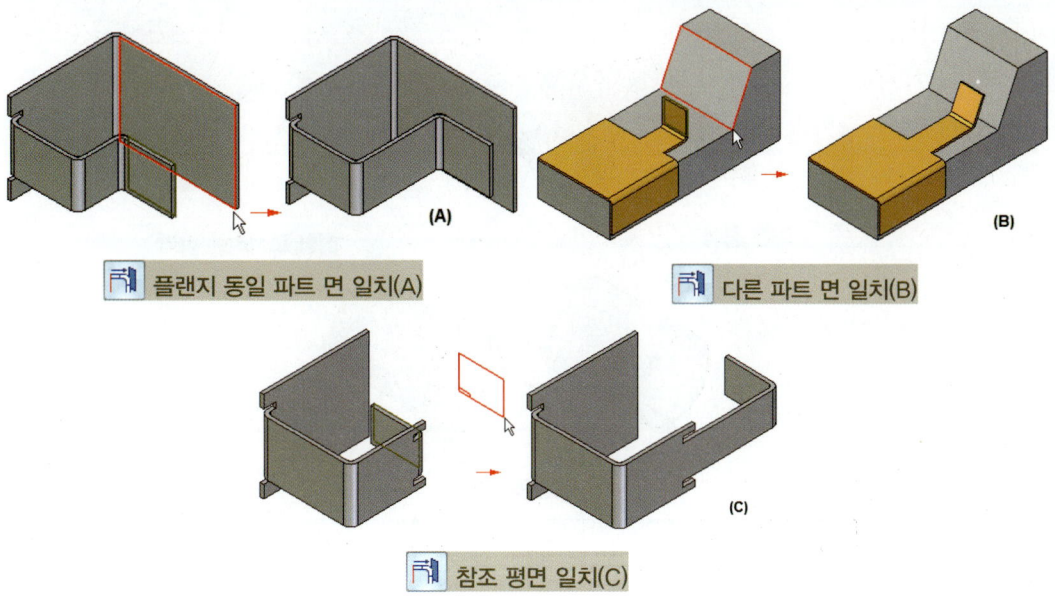

- 내부 재료(Material Inside) : 프로파일 평면의 안쪽에 플랜지를 만듭니다. 전체 길이는 동일하게 유지됩니다.
- 외부 재료(Material Outside) : 프로파일 평면의 바깥쪽에 플랜지를 만듭니다. 전체 길이는 재료 두께만큼 증가합니다.
- 외부 굽힘(Bend Outside) : 프로파일 평면의 바깥쪽에 플랜지와 굽힘을 만듭니다. 전체 길이는 재료 두께 및 굽힘 반경으로 더한 값만큼 증가합니다.

2.3 윤곽 플랜지(Contour Flange)

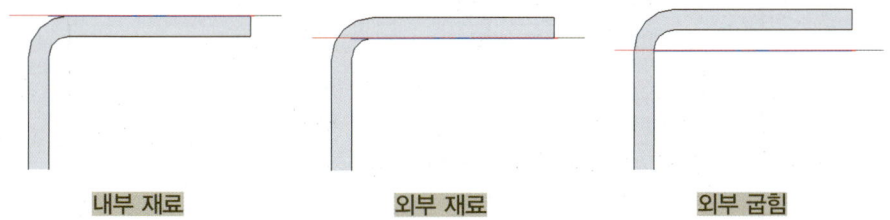

➠ 홈 탭 ⇒ 판금 그룹 ⇒ 윤곽 플랜지
➠ Home Tab ⇒ Sheet Metal Group ⇒ Contour Flange

윤곽 플랜지의 가장자리를 나타내는 프로파일을 돌출시켜 윤곽 플랜지를 만듭니다.

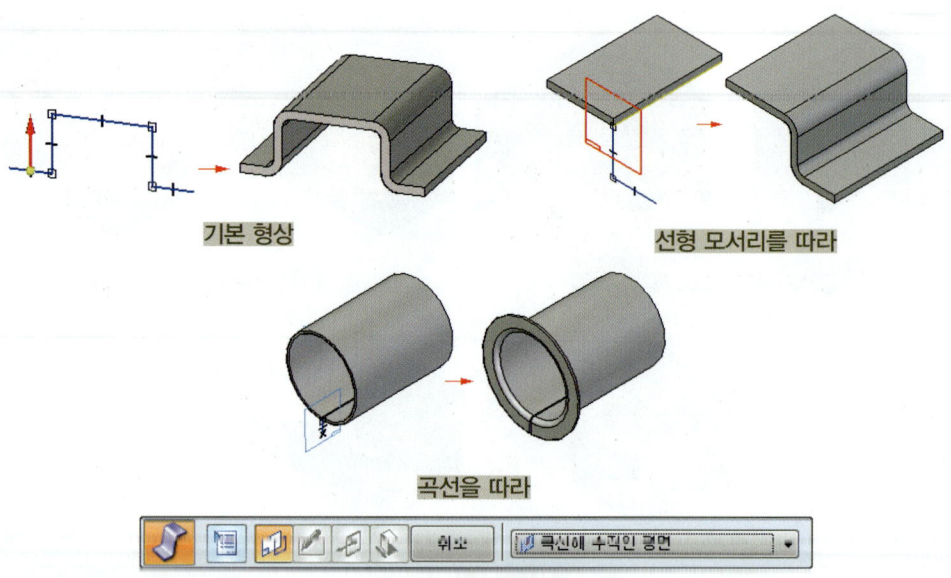

기본 형상 / 선형 모서리를 따라

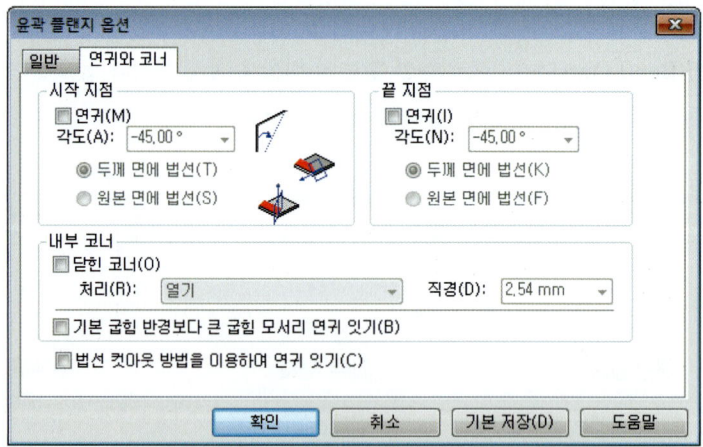

곡선을 따라

- ▦ **윤곽 플랜지 옵션(Contour Flange Options)** : 플랜지의 굽힘 반경, 굽힘 릴리프, 모서리 릴리프 등 플랜지 만들기 옵션을 설정할 수 있습니다. (일반 탭의 내용은 플랜지 옵션 대화상자와 동일합니다.)

  ▸ 시작/끝 지점(Start/Finish End) : 윤곽 플랜지의 시작과 끝 지점에 대한 연귀 옵션을 지정합니다.
  ▸ 연귀(Miter), 각도(Angle) : 음수 값을 지정하면 플랜지 안쪽으로 연귀와 연귀가 연결되며, 양수 값을 지정하면 플랜지 바깥쪽으로 연귀를 생성시켜 재료가 추가됩니다.
  ▸ 두께 면에 법선(Normal to thickness face) : 두께 면에 수직인 윤곽 플랜지의 끝을 연귀 잇기로 결합합니다.
  ▸ 원본 면에 법선(Normal to source face) : 원본 면에 수직인 윤곽 플랜지의 끝을 연귀 잇기로 결합합니다.

chapter 04 Sheet Metal Modeling(판금)

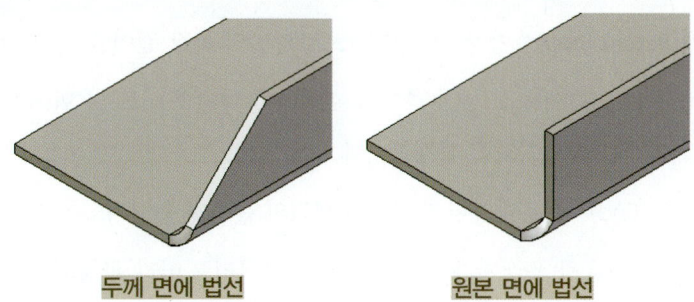

두께 면에 법선   원본 면에 법선

▸ 내부 코너(Interior Corners) : 닫힌 코너를 체크하여 내부 모서리 처리 유형을 지정합니다.

▸ 처리(Treatment) : 플랜지의 절곡 면을 처리합니다. 절곡 면에 아무런 처리도 하지 않거나, 모서리가 교차할 때까지 절곡 면을 닫거나 원 컷아웃을 적용할 수 있습니다.

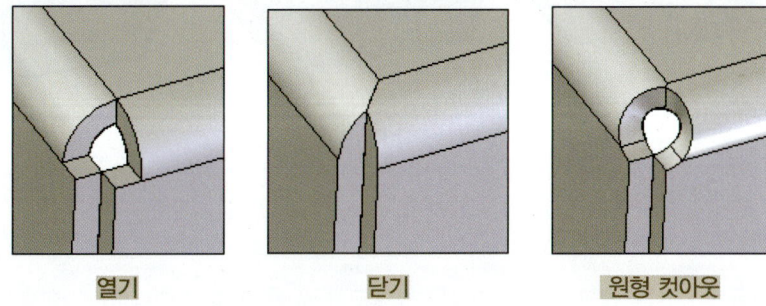

열기   닫기   원형 컷아웃

▸ 직경(Diameter) : 원형 컷아웃의 직경을 지정합니다.

▸ 기본 굽힘 반경보다 큰 굽힘 모서리를 연귀 잇기(Miter bend edges that are larger than default bend radius) : 비 기본 굽힘 반경을 가진 윤곽 플랜지의 코너가 연귀 잇기로 결합되도록 지정합니다.

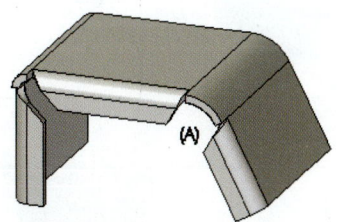

▸ 법선 컷아웃 방법을 이용하여 연귀 잇기(Miter using Normal Cutout method) : 윤곽 플랜지의 모서리가 두께 면에 법선으로 연귀 잇기가 되도록 지정합니다.

- 스케치 단계(Sketch Step) : 프로파일을 그릴 참조 평면을 선택하거나 기존 스케치를 선택합니다. 각 단계는 Part 환경과 동일합니다.

- 등록 정보 그리기 단계(Draw Profile Step) : 기존 형상의 프로파일을 편집할 수 있습니다. 이 단계는 기존 평면을 편집할 때만 사용할 수 있습니다.

- 측면 단계(Side Step) : 형상을 만들기 위해 재료를 추가할 프로파일의 측면을 정의합니다.

267

-  **범위 단계(Extent Step)** : 형상 깊이 또는 프로파일의 확장 길이를 정의합니다.
  - ▸ 한정 범위(Finite Extent) : 프로파일이 프로파일 평면의 어느 한 면에 또는 양면에 대칭적으로 한정된 거리만큼 투영되도록 설정합니다.
  - ▸ 끝까지(To End) : 프로파일이 선택된 모서리의 끝까지 투영되도록 형상 범위를 설정합니다.
  - ▸ 체인(Chain) : 윤곽 플랜지가 선택된 일련의 모서리를 따라 확장되도록 형상 범위를 설정합니다.

한정 범위   끝까지   체인

Tip

윤곽 플랜지를 만드는 경우에는 플랜지 배치 명령어를 사용할 수 없습니다. 그러나 윤곽 플랜지에 대한 프로파일을 만들 때 해당 점을 선택하여 동일한 결과를 얻을 수 있습니다.

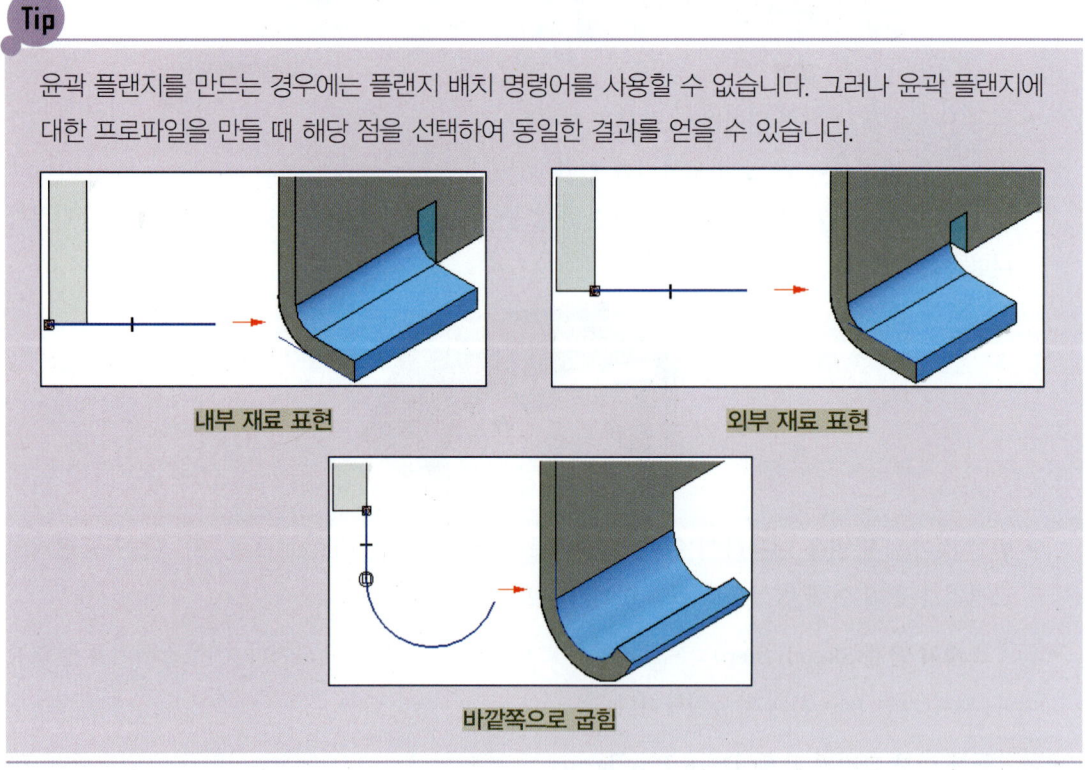

내부 재료 표현   외부 재료 표현

바깥쪽으로 굽힘

chapter 04 Sheet Metal Modeling(판금)

2.4 로프팅 플랜지(Lofted Flange)

➡ 홈 탭 ⇒ 판금 그룹 ⇒ 로프팅 플랜지
➡ Home Tab ⇒ Sheet Metal Group ⇒ Lofted Flange

두 개의 열린 프로파일을 사용하여 플랜지를 만들 때 사용합니다.(프로파일은 평행 참조 평면 에 있어야만 합니다.)

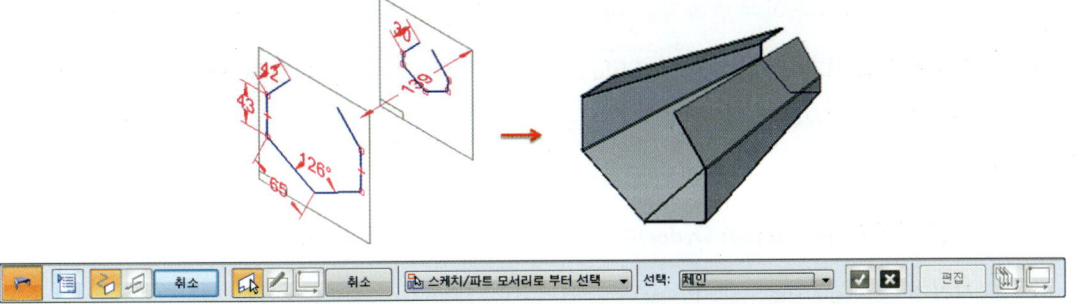

- 로프팅 플랜지 옵션(Lofted Flange Options) : 일반 탭의 옵션은 윤곽 플랜지 옵션과 동일하므로 굽힘 방법 탭 옵션만 설명하겠습니다.

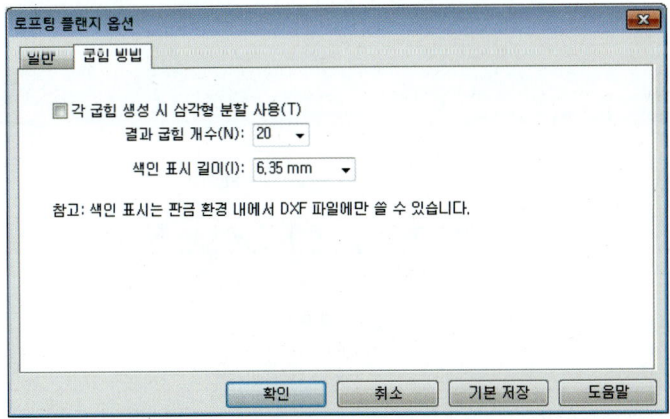

▶ 각 굽힘 생성 시 삼각형 분할 사용(Use triangulation to develop each bend) : 굽힘을 세부 분할하도록 지정합니다.

▶ 결과 굽힘 수(Number of resultant bends) : 각 굽힘에 대해 생성된 증가 굽힘의 전체 수를 지정합니다.(기본 값 20)

▶ 색인 마크 길이(Index mark length) : 전개하여 저장 명령을 사용하여 판금 파트의 평면 모델을 저장할 때 생성되는 색인 마크의 길이를 지정합니다.

269

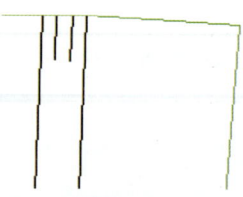

색인 마크

- 단면 단계(Cross Section Step) : 로프팅 플랜지 에 사용할 단면을 정의합니다.
- 평면 또는 스케치 단계(Sketch Step) : 참조 평면에 새 프로파일을 그려서 만들지 기존 스케치나 파트 모서리를 사용하여 만들지를 지정할 수 있습니다.
- 프로파일 그리기 단계(Draw Profile Step) : 기존 형상의 프로파일을 편집할 수 있습니다. 이 단계는 기존 프로파일을 편집할 때만 사용할 수 있습니다.
- 편집(Edit) : 기존 단면의 프로파일을 편집할 수 있습니다.
- 단면 순서(Cross Section Order) : 단면 순서 대화 상자를 통하여 순서를 조정할 수 있습니다.
- 시작점 정의(Define Start Point) : 단면의 시작점을 재정의 할 수 있습니다.
- 측면 단계(Side Step) : 재료가 추가될 프로파일의 방향을 정의합니다.
- 두께(Thickness) : 판금 모델에 대한 두께를 지정합니다.(재료 테이블 대화 상자의 게이지 탭에서 두께의 기본 값을 변경할 수 있습니다.)

로프팅 플랜지 사용 방법

step1 홈 탭 > 판금 그룹 > 로프팅 플랜지를 선택합니다.

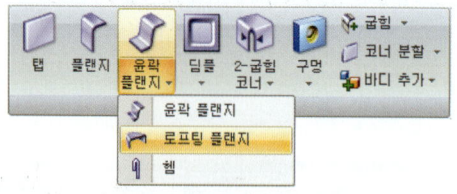

※ 명령어 실행 전 스케치를 미리 그려두면 제어하기 편합니다.

step2 평면 또는 스케치 단계에서 스케치/파트 모서리로부터 선택 선택합니다.

step3 첫 번째 단면의 시작점을 선택합니다.

step4 두 번째 단면의 시작점을 선택합니다.

chapter 04 Sheet Metal Modeling(판금)

step5 두께를 입력하고 두께를 정의할 방향을 지정합니다.

step6 마침을 클릭하여 종료합니다.

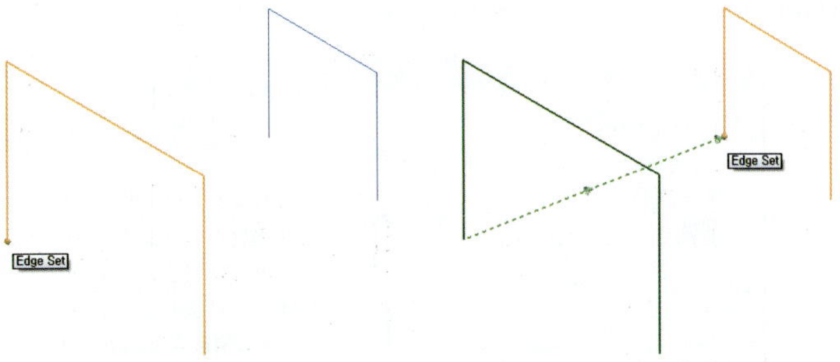

Step 3

Step 4

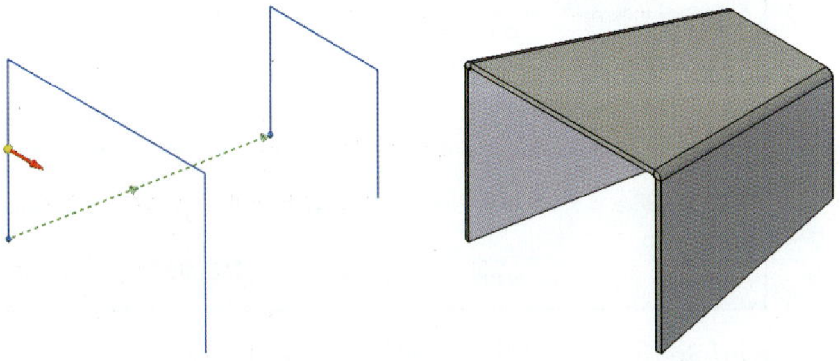

Step 5

Step 6

2.5 헴(Hem)

- 홈 탭 ⇒ 판금 그룹 ⇒ 헴
- Home Tab ⇒ Sheet Metal Group ⇒ Hem

판금 모서리를 강화하기 위한 형상으로 S-Flange(A), Loop(B) 및 Closed(C) Hem과 같은 형상을 만들 때 사용합니다.

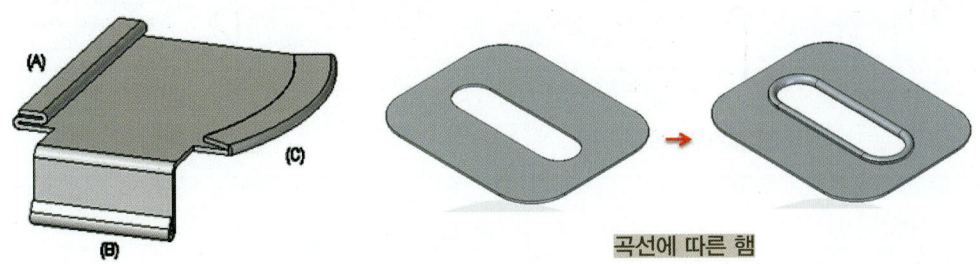

곡선에 따른 햄

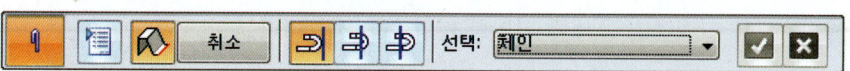

- 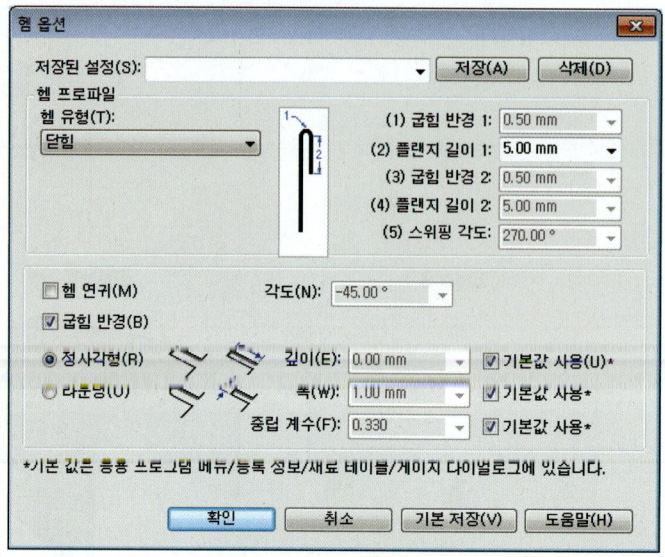 헴 옵션(Hem Options) : 헴 옵션 대화 상자를 표시합니다.

▶ 저장된 설정(Saved Settings) : 저장된 헴 설정을 표시합니다.

▶ 헴 유형(Hem type) : 생성할 헴 유형을 선택합니다.(총 7개 유형)

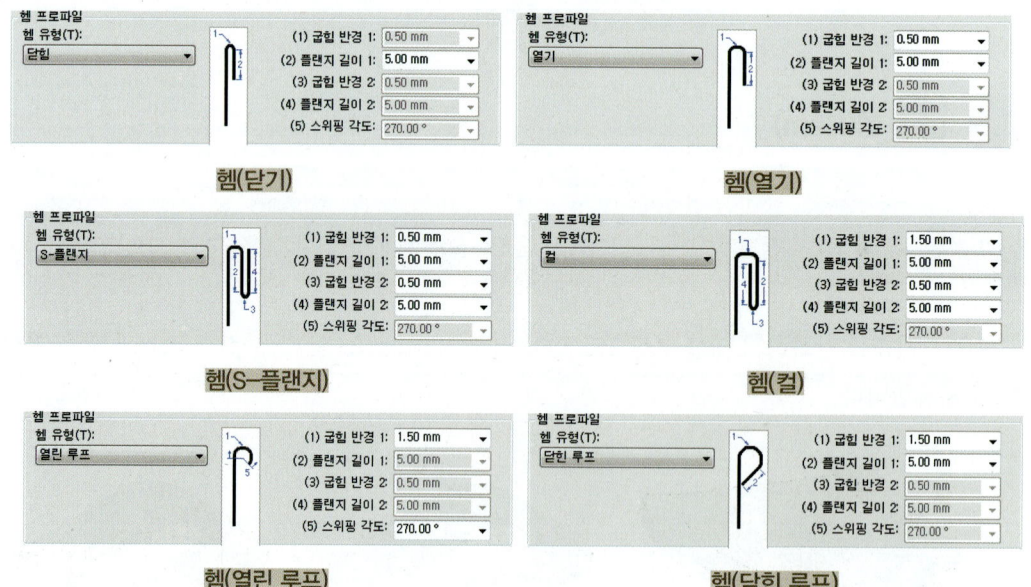

헴(닫기)   헴(열기)

헴(S-플랜지)   헴(컬)

헴(열린 루프)   헴(닫힌 루프)

chapter 04 Sheet Metal Modeling(판금)

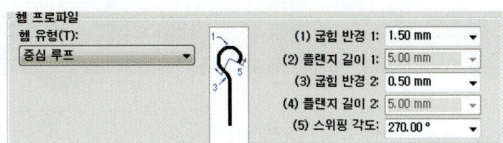

헴(중심 루프)

▶ 헴 연귀(Miter hem) / 각도(Angle) : 헴 끝 모서리에 연귀를 적용합니다. 각도에 음수를 지정하면 플랜지 안쪽으로, 양수를 입력하면 플랜지 바깥쪽으로 연귀가 적용됩니다.

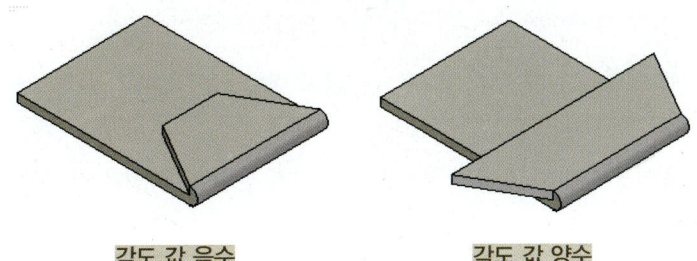

각도 값 음수   각도 값 양수

▶ 굽힘 반경(Bend Radius) : 플랜지 옵션을 참조하세요.

- 모서리 선택 단계(Select Edge Step) : 헴을 생성하는 데 사용되는 모서리를 지정합니다.

- 재료 셋백(Material Setback)

형상	내용
	내부 재료(Material Inside) : 모델의 전체 길이를 유지하면서 프로파일 평면의 안쪽으로 Hem을 생성시킵니다.
	외부 재료(Material Outside) : 재료 두께만큼 모델의 길이를 증가시키면서 프로파일 평면의 바깥쪽으로 Hem을 생성시킵니다.
	외부 굽힘(Bend Outside) : 재료 두께와 굽힘 반경만큼 모델 길이를 증가시키면서 프로파일 평면의 바깥쪽으로 Hem을 생성시킵니다.

273

헴 사용 방법

step1 홈 탭 〉 판금 그룹 〉 헴을 선택합니다.

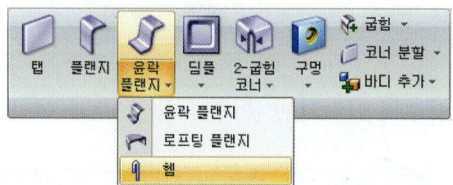

※ 헴 명령을 실행 전에 탭 또는 플랜지 명령을 이용해 기본 형상을 만듭니다.

step2 헴 옵션을 설정하고 헴을 적용할 모서리를 선택 후 확인을 클릭합니다.

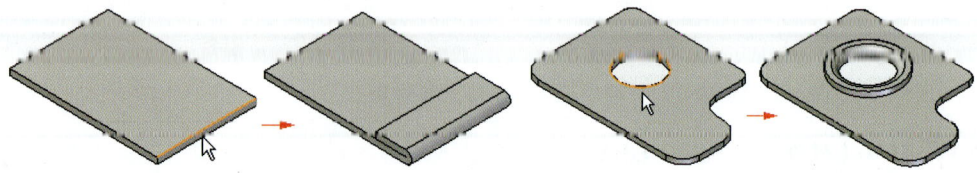

03 판금 모델링 형상 다듬기

3.1 딤플(Dimple)

➡ 홈 탭 ⇒ 판금 그룹 ⇒ 딤플
➡ Home Tab ⇒ Sheet Metal Group ⇒ Dimple

열린 또는 닫힌 프로파일을 사용하여 딤플 형상을 작성합니다. 딤플은 재료 변형이 발생하는 특수 형판 형상입니다.(열린 프로파일을 사용하는 경우 해당 프로파일의 열린 끝은 파트 모서리를 교차해야 합니다.)

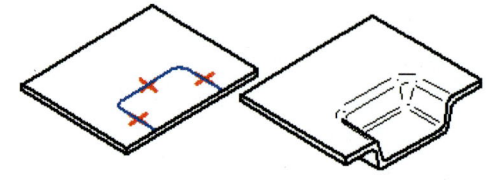

chapter 04 Sheet Metal Modeling(판금)

- 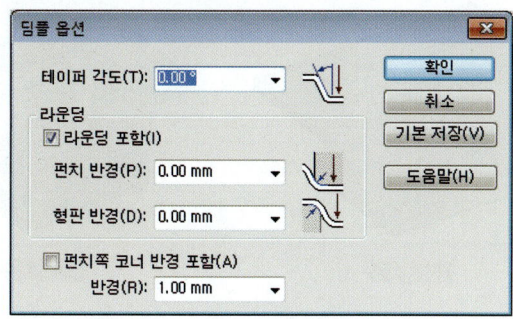 딤플 옵션(Dimple Options) : 딤플 옵션 대화 상자를 표시합니다.

▶ 테이퍼 각도(Taper angle) : 딤플에 대한 테이퍼 각도를 지정합니다.
▶ 라운딩 포함(Include rounding) : 딤플의 모서리를 라운딩 하도록 지정합니다.
▶ 펀치 반경(Punch radius) : 딤플 아래쪽의 반경 값을 지정합니다.
▶ 형판 반경(Die radius) : 딤플 위쪽의 반경 값을 지정합니다.
▶ 펀치쪽 코너 반경 포함(Include punch-side corner radius) : 프로파일의 펀치 측면 모서리에 반경을 적용하도록 지정합니다.
▶ 반경(Radius) : 반경을 설정합니다.

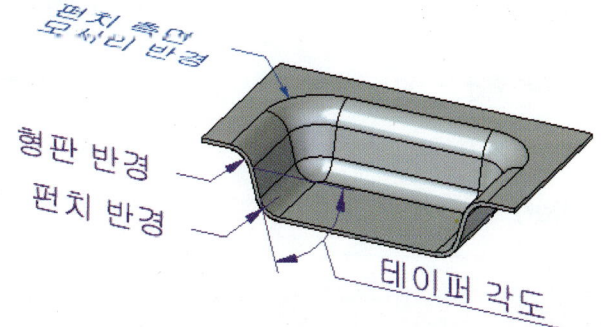

- 평면 또는 스케치단계(Sketch Step) : 참조 평면에 새 프로파일을 그릴지 또는 기존 스케치를 사용할지 여부를 지정할 수 있습니다. 각각의 옵션은 헴의 스케치 단계과 동일합니다.
- 프로파일 그리기 단계(Draw Profile Step) : 기존 형상의 프로파일을 편집할 수 있습니다
- 측면 단계(Side Step) : 형상을 만들기 위해 재료를 추가할 프로파일의 측면을 정의합니다. 프로파일이 닫혀 있는 경우에는 측면 단계가 사용되지 않습니다.
- 범위 단계(Extent Step) : 형상을 만들기 위한 형상 깊이 또는 프로파일의 확장 길이를 정의합

275

니다.
- ▶ 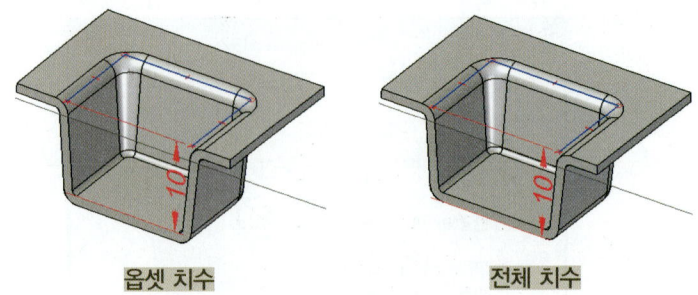 옵셋 치수(Offset Dimension) : 선택된 면에서 형상의 가까운 측면까지의 치수를 적용합니다.
- ▶ 전체 치수(Full Dimension) : 선택된 면에서 형상의 먼 측면까지의 치수를 적용합니다.

옵셋 치수 전체 치수

- 내부 측면(Profile Represents Die) : 측벽이 프로파일 내부에 놓이는 방식으로 구성되도록 지정합니다.

- 외부 측면(Profile Represents Punch) : 딤플 측벽이 프로파일 외부에 놓이는 방식으로 구성되도록 지정합니다.

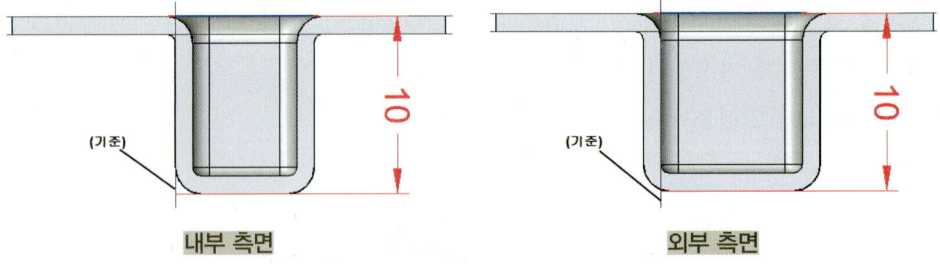

내부 측면 외부 측면

3.2 루버(Louver)

➡ 홈 탭 ⇒ 판금 그룹 ⇒ 루버
➡ Home Tab ⇒ Sheet Metal Group ⇒ Louver

피침형, 각지지 않은 끝을 사용하여 루버를 만듭니다.
- 루버 형상의 프로파일은 단일 선형 요소여야 합니다.
- 루버는 전개할 수 없습니다.
- 루버 높이(H) ≤ 깊이(D) - 재료 두께(T)

chapter 04 Sheet Metal Modeling(판금)

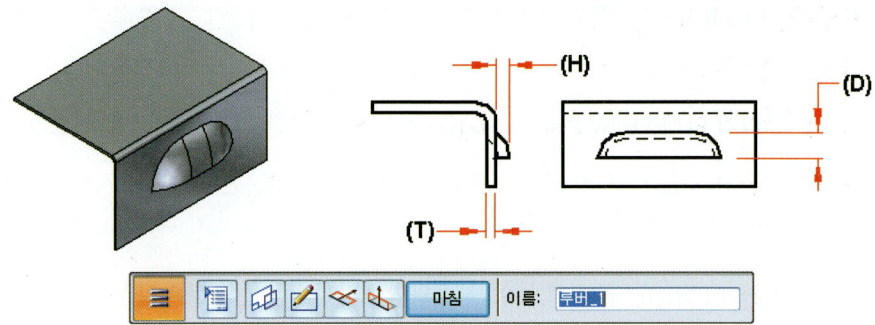

- 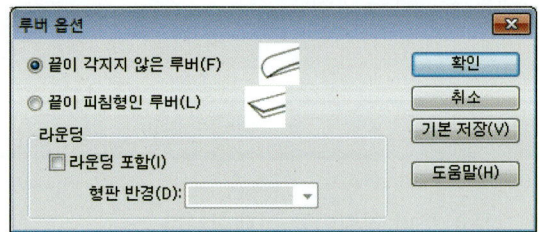 **루버 옵션(Louver Options)** : 루버 옵션 대화 상자를 표시합니다.

▶ 끝이 각지지 않은 루버(Formed-end louver) : 루버 끝을 피침형으로 만들거나 파트에서 분리되도록 만듭니다.

▶ 끝이 피침형인 루버(Lanced-end louver) : 루버 끝을 각지지 않게 만들거나 파트에 연결되도록 만듭니다.

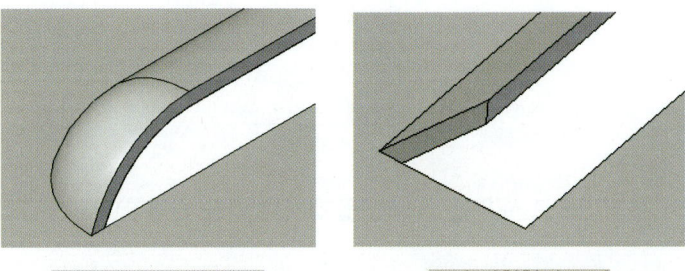

끝이 각지지 않은 루버　　　　끝이 피침형인 루버

▶ 루버에 라운딩 포함(Include Rounding On Louver) : 루버의 가장자리를 라운딩 하도록 지정합니다.

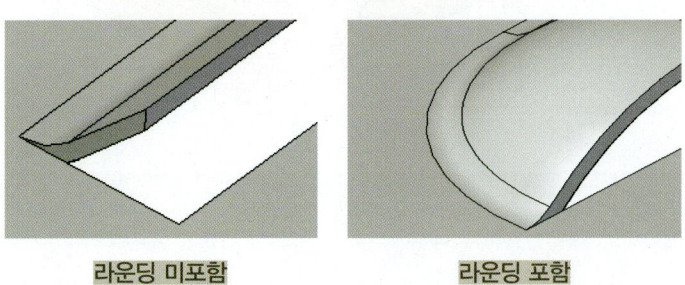

라운딩 미포함　　　　라운딩 포함

- 스치 단계(Sketch Step) : 참조 평면에 새 프로파일을 그릴지 또는 기존 스케치를 사용할지 여부를 지정할 수 있습니다.
- 프로파일 그리기 단계(Draw Profile Step) : 루버를 생성할 기본 스케치를 생성합니다.
- 깊이 단계(Depth Step) : 루버의 깊이를 정의합니다. 이 값은 프로파일 평면에 평행으로 측정됩니다.
- 높이 단계(Height Step) : 루버의 높이를 정의합니다. 이 값은 프로파일 평면에 수직으로 측정됩니다.
  - 옵셋 치수(Offset Dimension) : 선택된 면에서 형상의 가까운 측면까지의 치수를 적용합니다.
  - 전체 치수(Full Dimension) : 선택된 면에서 형상의 먼 측면까지의 치수를 적용합니다.

루버 사용 방법

step1   홈 탭 > 판금 그룹 > 루버 명령어를 선택합니다.

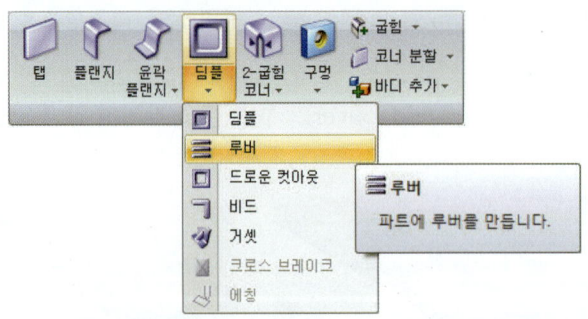

step2   스케치 평면으로 사용할 탭 또는 플랜지의 면을 클릭합니다.

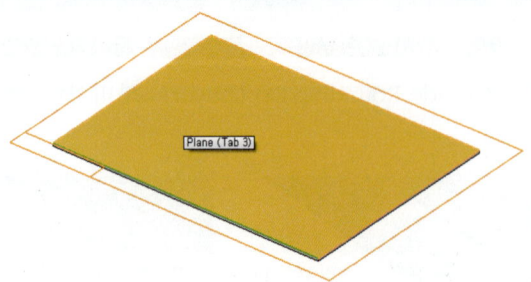

chapter 04 Sheet Metal Modeling(판금)

- step3 선 명령어를 이용하여 루버 기준 선을 그린 후 구속 조건과 치수를 부여합니다.

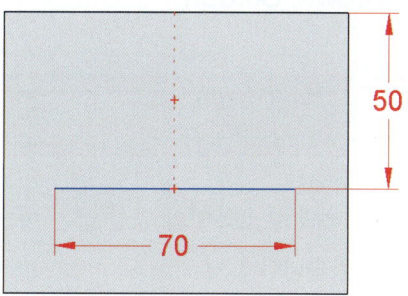

- step4 루버의 깊이를 입력하고 방향을 지정합니다.

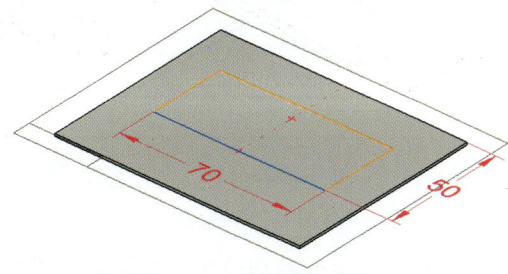

- step5 루버의 높이를 입력하고 방향을 지정합니다.

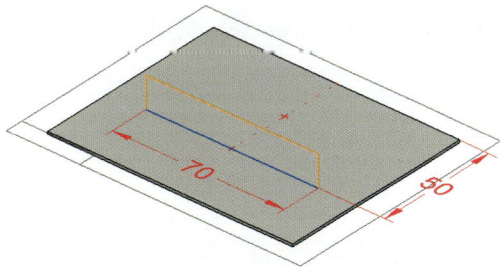

- step6 모든 값을 입력 후 마침을 클릭합니다.

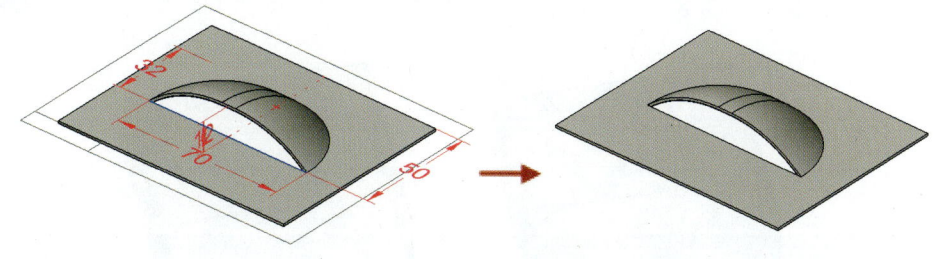

3.3 드로운 컷아웃(Drawn Cutout)

➡ 홈 탭 ⇒ 판금 그룹 ⇒ 드로운 컷아웃
➡ Home Tab ⇒ Sheet Metal Group ⇒ Drawn Cutout

열린 프로파일을 사용하는 경우 해당 프로파일의 열린 끝은 이론적으로 파트 모서리를 교차해야합니다.(드로운 컷아웃은 전개할 수 없습니다.)

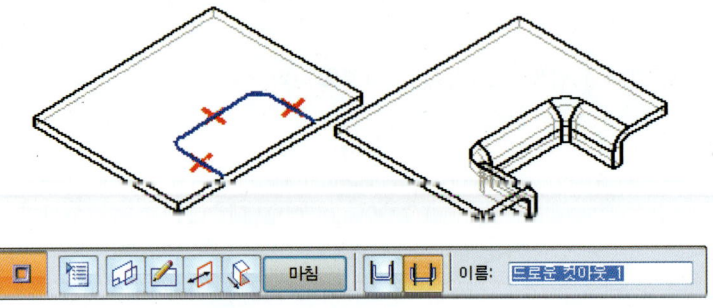

※ 드로운 컷아웃의 생성, 수정 등의 방식은 딤플과 동일합니다. 자세한 설명은 딤플을 참조하시기 바랍니다.
- **딤플(Dimple)** : 생성된 형상의 바닥 부분에 면이 있습니다.
- **드로운 컷아웃(Drawn Cutout)** : 생성된 형상의 바닥부분이 관통되어 있습니다.

3.4 비드(Bead)

➡ 홈 탭 ⇒ 판금 그룹 ⇒ 비드
➡ Home Tab ⇒ Sheet Metal Group ⇒ Bead

판금 부품 보강을 위한 형상으로 닫히거나 열린 프로파일을 사용하여 비드를 만들 수 있습니다.

chapter 04 Sheet Metal Modeling(판금)

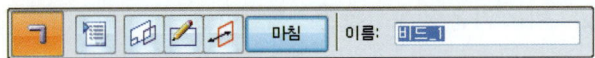

- 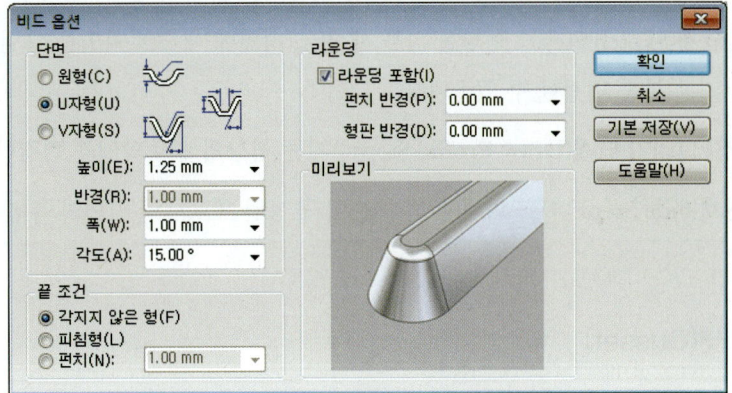 비드 옵션(Bead Options) : 비드 옵션 다이얼로그를 표시합니다.

▶ 단면(Cross Section) : 비드 단면을 원형, U자형, V자형으로 선택할 수 있습니다.
  - 높이(Height) : 비드의 높이를 지정합니다. (비드높이=맨 윗부분과 가장 가까운 평면형 면에서 비드의 맨 윗부분까지의 거리)
  - 반경(Radius) : 비드의 반경을 지정합니다. (원형, V자형 에서만 사용가능)
  - 굵기(Width) : 비드의 너비를 설정합니다. (U자형에서만 사용가능)
  - 각도(Angle) : 비드의 각도를 설정합니다. (U자형, V자형에서만 사용가능)

▶ 끝조건(End Condition) : 비드의 끝 조건옵션을 설정합니다.
  - (F : 각지지 않은 형 // L : 피침형 // N 편치)

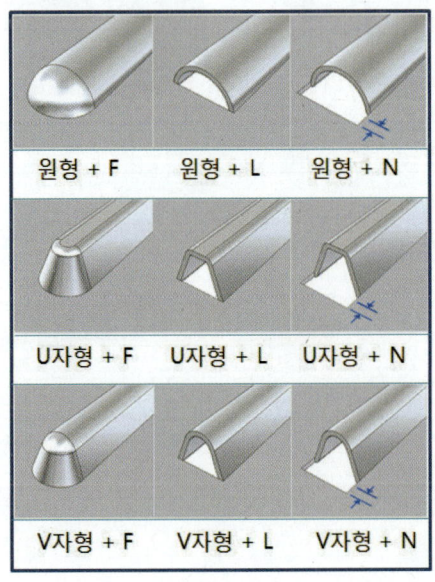

281

▶ 라운딩(Rounding) : 비드 라운딩 옵션을 설정합니다.
  - 라운딩 포함(Include rounding) : 비드의 가장자리를 라운딩하도록 지정합니다.
  - 펀치 반경(Punch radius) : 비드의 바닥 반경을 지정합니다.
  - 형판 반경(Die radius) : 비드의 가장 위쪽 반경 값을 지정합니다.
- 스케치 단계(Sketch Step) : 형상을 만들 때 참조 평면에 새 프로파일을 그릴지 또는 기존 스케치를 사용할지 여부를 지정할 수 있습니다.
- 프로파일 그리기 단계(Draw Profile Step) : 기존 형상의 프로파일을 편집할 수 있습니다.
- 측면 단계(Side Step) : 비드의 돌아진 부분이 구성될 프로파일 평면의 측면을 정의합니다.

3.5 거셋(Gusset)

➡ 홈 탭 ⇒ 판금 그룹 ⇒ 거셋
➡ Home Tab ⇒ Sheet Metal Group ⇒ Gusset

판금 부품의 절곡부 보강을 위하여 거셋을 추가합니다.(거셋은 자동 프로파일로 만들거나 사용자가 그린 프로파일에서 만들 수 있습니다.)

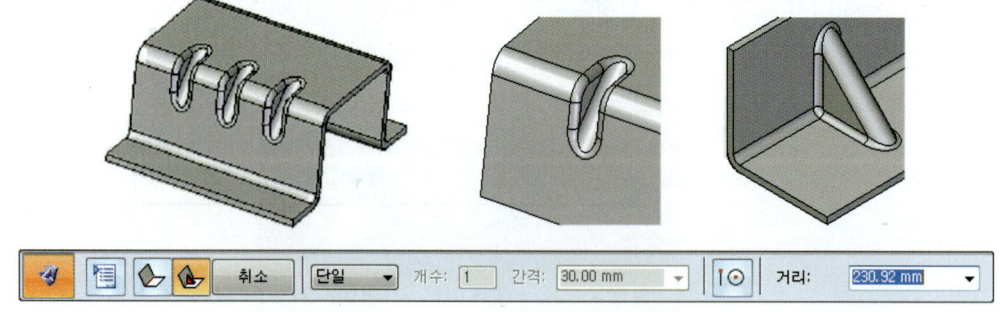

※ 자동 프로파일을 선택하는 경우

chapter 04 Sheet Metal Modeling(판금)

- 📋 **거셋 옵션(Gusset Options)** : 거셋 옵션 다이얼로그를 표시합니다.

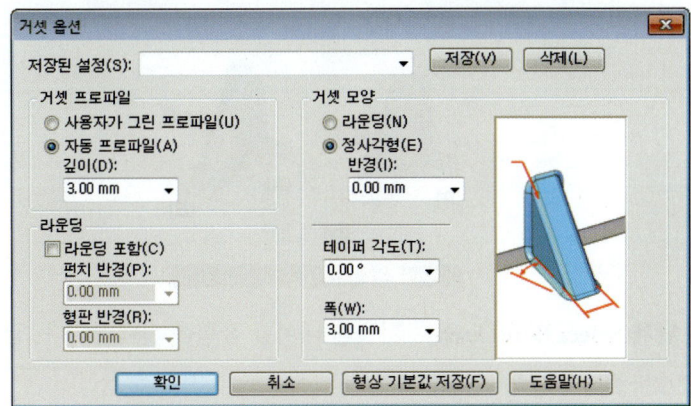

▸ 사용자가 그린 프로파일(User_drawn profile) : 프로파일을 그리거나 거셋 프로파일의 스케치를 선택하도록 지정합니다.

▸ 자동 프로파일(Automatic profile) : 거셋 프로파일을 자동으로 생성하도록 지정합니다.

▸ 깊이(Depth) : 거셋의 깊이를 지정합니다.(자동 프로파일 거셋에서만 사용가능)

▸ 원형(Round) : 거셋을 라운딩 하도록 지정합니다.

▸ 정사각형(Square) : 거셋을 정사각형이 되도록 지정합니다.

▸ 반경(Radius) : 거셋 반경을 지정합니다. 기본값은 재료 두께의 5배입니다.

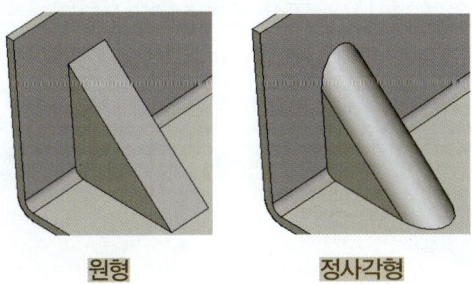

원형   정사각형

▸ 라운딩 포함(Include rounding) : 거셋의 모서리를 라운딩하도록 지정합니다.

▸ 펀치 반경(Punch radius) : 거셋의 바닥 반경 값을 지정합니다.

▸ 형판 반경(Die radius) : 거셋의 가장 위쪽 반경 값을 지정합니다.

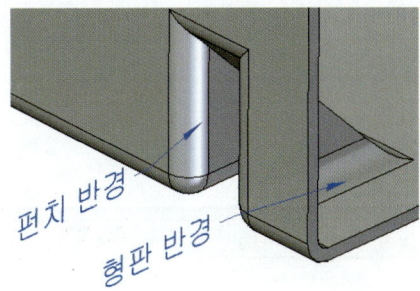

283

- 테이퍼 각도(Taper angle) : 거셋의 테이퍼 각도를 지정합니다.(A)
- 폭(Width) : 거셋의 폭을 지정합니다.(B)

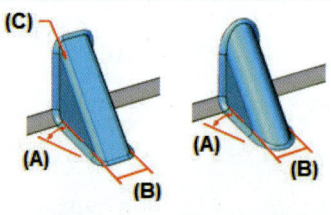

테어퍼 각도(A), 폭(B), 반경(C)

- 굽힘 선택 단계(Select Bend Step) : 거셋을 배치할 굽힘을 선택합니다. 굽힘을 선택하면 명령 모음창의 모양이 바뀝니다.

- 거셋 배치 단계(Gusset Placement Step) : 선택한 굽힘을 따라 거셋을 배치합니다.

- 패턴 유형(Pattern Type)
  - 단일(Single) : 거셋에 대해 키포인트 또는 옵셋 거리를 지정합니다.
  - 맞춤(Fit) : 거셋의 어커런스 수를 지정하며 간격은 소프트웨어에서 계산합니다.
  - 채워짐(Fill) : 사용자가 간격을 지정하며 어커런스 수는 소프트웨어에서 계산합니다.
  - 고정(Fixed) : 사용자가 어커런스 수와 간격을 지정합니다.

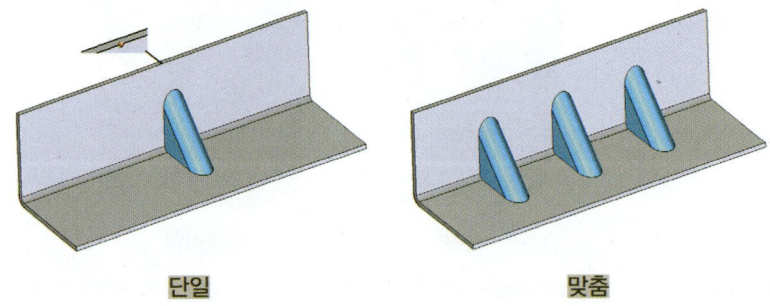

단일   맞춤

- 개수(Count) : 거셋 어커런스의 개수를 지정합니다.
- 간격(Spacing) : 거셋 패턴의 간격을 정의합니다.
- 키포인트(Keypoints) : 선택할 수 있는 키포인트의 유형을 설정하여 형상 범위를 정의하거나 새 참조 평면의 위치를 지정합니다.

※ 사용자가 그린 프로파일

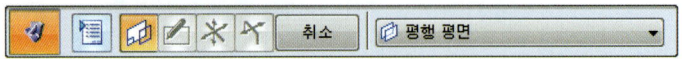

- **거셋 옵션(Gusset Options)** : 자동 프로파일을 선택하는 경우와 동일합니다.
- **스케치 단계(Sketch Step)** : 형상을 만들 때 참조 평면에 새 프로파일을 그릴지 또는 기존 스케치를 사용할지 여부를 지정할 수 있습니다.
- **프로파일 그리기 단계(Draw Profile Step)** : 기존 형상의 프로파일을 편집할 수 있습니다.
- **방향 단계(Direction Step)** : 거셋의 바디를 형성하기 위해 프로파일이 투영될 방향을 지정합니다. (수직,수평)
- **측면 단계(Side Step)** : 형상을 만들기 위해 재료를 추가하거나 제거할 프로파일의 측면을 정의합니다.

거셋 사용 방법

step1 홈 탭 〉 판금 그룹 〉 거셋 명령을 선택합니다.

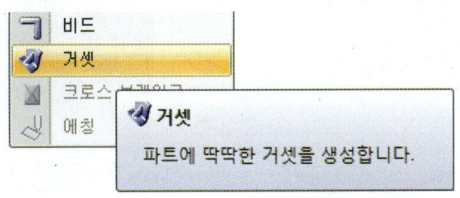

step2 거셋 옵션 버튼을 클릭합니다. 적용시킬 거셋 유형과 크기를 정의합니다.

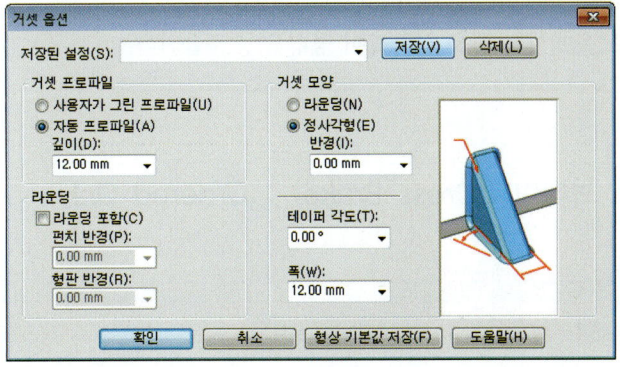

- step3 거셋을 적용할 절곡부를 클릭합니다.

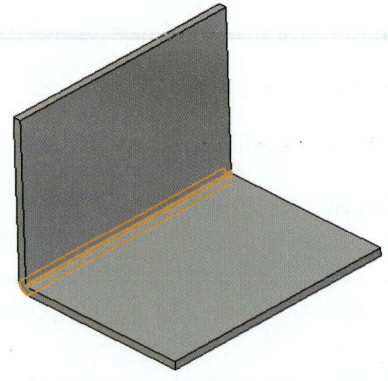

- step4 패턴 유형, 개수, 간격, 거리를 정의하고 명령모음에서 수용 버튼을 클릭합니다.

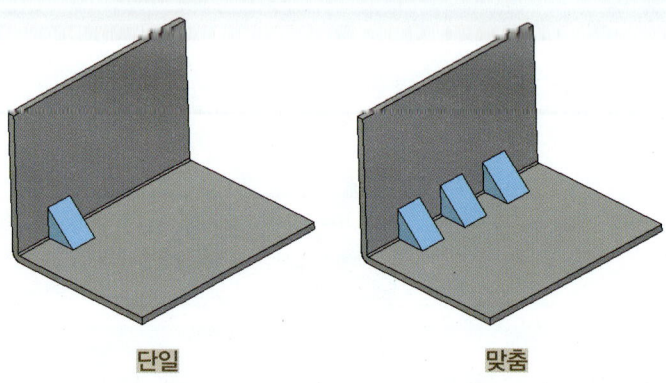

단일   맞춤

- step5 명령모음에서 마침을 클릭하여 명령을 종료합니다.

3.6 크로스 브레이크(Cross Brake) : Ordered Only

➡ 홈 탭 ⇒ 판금 그룹 ⇒ 크로스 브레이크
➡ Home Tab ⇒ Sheet Metal Group ⇒ Cross Brake

판금 평면에 작성한 스케치를 이용하여 강성을 높이기 위한 절곡 마크를 생성할 때 사용합니다. 크로스 브레이크는 3D 모델을 직접적으로 변형시키지는 않지만 절곡에 대한 속성을 모델에 추가하고 전개장이나 도면을 생성할 때 사용됩니다.(PathFinder에서 스케치가 있어야 명령어가 활성화 됩니다.)

chapter 04 Sheet Metal Modeling(판금)

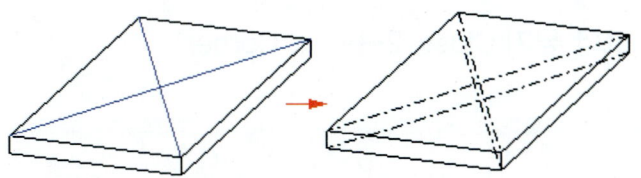

3.7 에칭(Etching)

➡ 홈 탭 ⇒ 판금 그룹 ⇒ 에칭
➡ Home Tab ⇒ Sheet Metal Group ⇒ Etching

스케치 또는 문자를 이용하여 판금 표면을 에칭합니다. 명령을 실행하기 전에 반드시 스케치가 작성되어 있어야 합니다. 에칭 명령을 사용하여 적용된 형상은 전개하여 DXF로 저장한 2D 도면에 나타납니다.

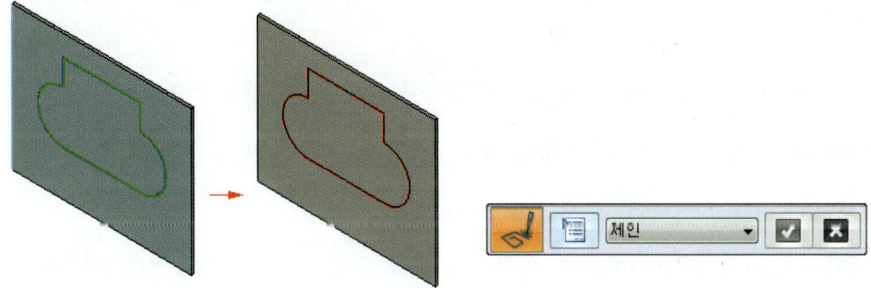

- 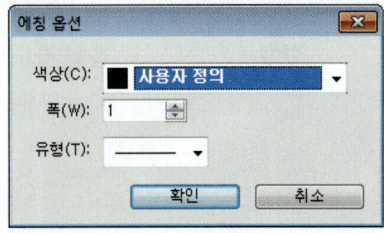 에칭 옵션(Etch Options) : 에칭 옵션 다이얼로그를 표시합니다.

  ▶ 색상(Color) : 에칭 색상을 정의합니다.
  ▶ 폭(Width) : 에칭 선 두께를 정의합니다.
  ▶ 유형(Type) : 에칭 선 유형을 정의합니다.

3.8 2굽힌 코너 닫기(Close 2-Bend Corner)

➡ 홈 탭 ⇒ 판금 그룹 ⇒ 2-굽힌-코너 닫기
➡ Home Tab ⇒ Sheet Metal Group ⇒ Close 2-Bend Corner

두 플랜지가 만나는 곳의 모서리를 닫고 모서리를 연결하지 않은 상태로 가능한 가장 작은 간격을 만듭니다.

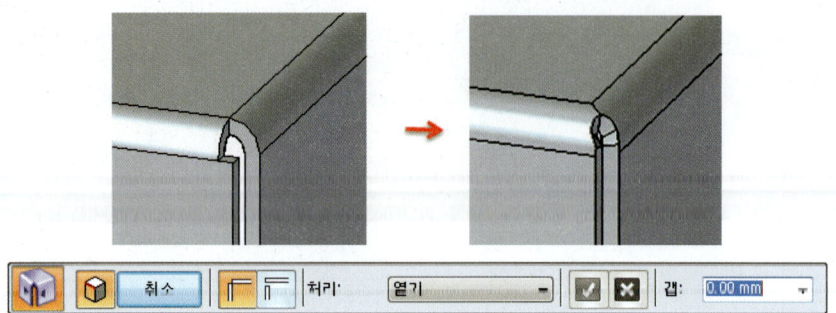

- **굽힘 선택(Select Bends)** : 닫으려는 모서리에서 만나는 굽힘을 정의합니다.
- **닫기(Close)** : 선택한 모서리를 닫습니다.
- **겹치기(Overlap)** : 선택한 모서리를 겹칩니다.
- **처리(Treatment)** : 플랜지의 굽은 면에 적용할 처리를 지정합니다.

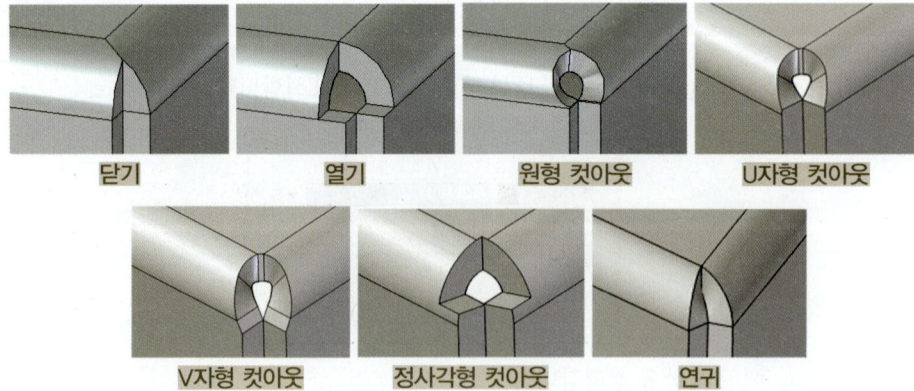

닫기   열기   원형 컷아웃   U자형 컷아웃
V자형 컷아웃   정사각형 컷아웃   연귀

- **간격(Gap)** : 닫기 옵션을 이용하여 선택한 모서리를 닫거나 겹치기 옵션을 이용해 모서리를 겹칠 때 두 면 사이의 간격을 지정합니다.
- **겹치기 비율(Overlap ratio)** : 겹치기 간격을 계산하기 위한 값을 백분율로 지정합니다.

- 직경: `1.00 mm` **직경 (Diameter)** : 원형 컷아웃, U자형 컷아웃, V자형 컷아웃의 직경을 지정합니다.

2-굽힘 모서리 닫기 사용 방법

step1 홈 탭 〉 판금 그룹 〉 2-굽힘 코너 닫기 명령어를 선택합니다.

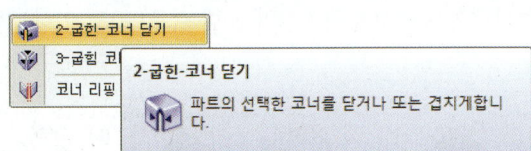

step2 첫 번째 굽힘을 선택합니다.

step3 두 번째 굽힘을 선택합니다.

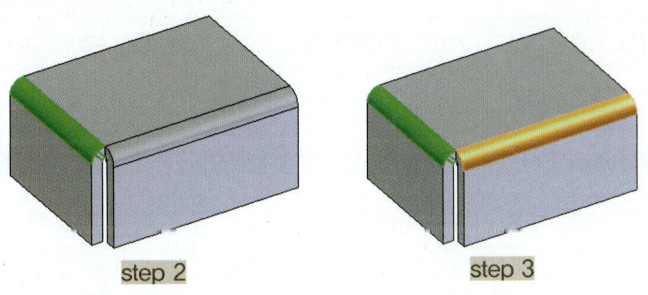

step4 명령모음의 옵션을 사용하여 모서리에 적용할 처리 유형을 설정 후 Enter 키를 눌러 명령을 종료 합니다.

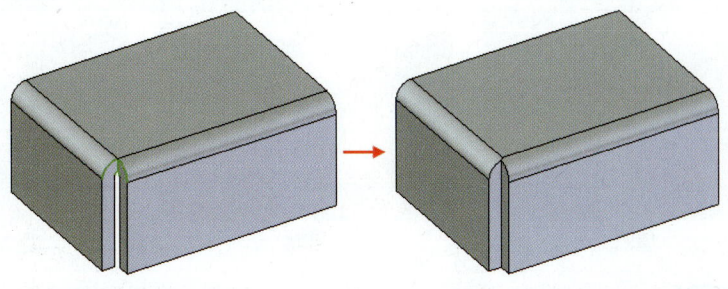

3.9 3굽힌 코너 닫기(Close 3-Bend Corner)

➡ 홈 탭 ⇒ 판금 그룹 ⇒ 3-굽힌-코너 닫기
➡ Home Tab ⇒ Sheet Metal Group ⇒ Close 3-Bend Corner

세 개의 굽힘이 만나는 모서리를 처리합니다. 모서리를 닫을 때는 모서리 (C)를 통해 연결된 두 개의 바깥쪽 굽힘 (A)와 (B)를 선택합니다. (A)와 (B)의 굽힘 각도(90도 이하) 및 굽힘 반경은 반드시 같아야 합니다.

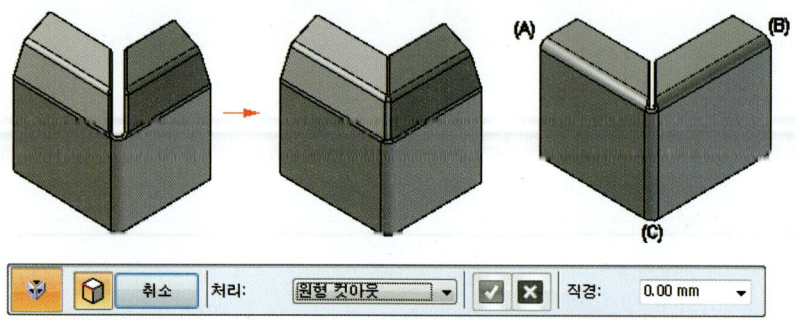

-  **굽힘 선택(Select Bends)** : 닫으려는 모서리에서 만나는 굽힘을 정의합니다.

- **처리(Treatment)** : 플랜지의 굽은 면에 적용할 처리를 지정합니다.

  ▸ 열기(Open)
  ▸ 닫기(Closed)
  ▸ 원형 컷아웃(Circular Cutout)

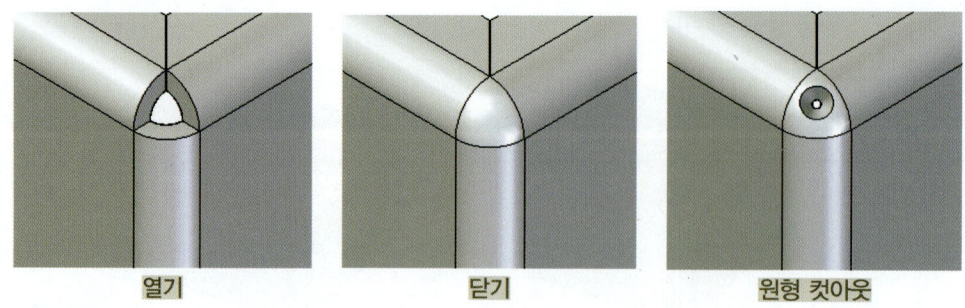

- **직경(Diameter)** : 원형 컷아웃의 직경을 지정합니다.

3-굽힘 모서리 닫기 사용 방법

step1 홈 탭 > 판금 그룹 > 3-굽힘 코너 닫기 명령을 선택합니다.

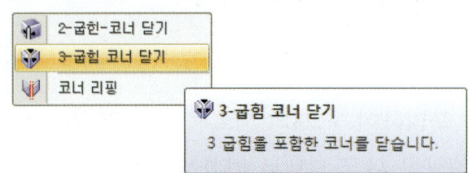

step2 첫 번째 바깥쪽 굽힘을 선택합니다.

step3 두 번째 굽힘을 선택합니다.

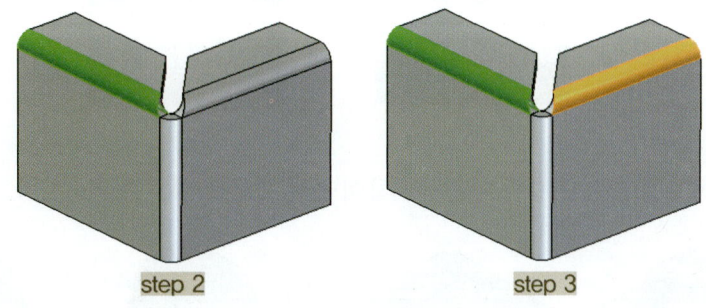

step4 명령모음의 옵션을 사용하여 모서리에 적용할 처리 유형을 열기, 닫기, 원형 컷아웃 중 하나로 설정합니다.

step5 형상을 마칩니다.

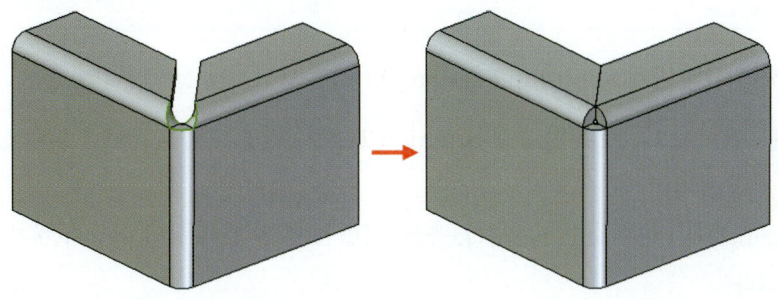

3.10 코너 리핑(Rip Corner)

> ➡ 홈 탭 ⇒ 판금 그룹 ⇒ 코너 리핑
> ➡ Home Tab ⇒ Sheet Metal Group ⇒ Rip Corner

모델, 곡선의 가장자리를 분리하여 두 개의 새로운 면을 생성하고 두 면 사이에 간격을 생성시킵니다. (파트 환경에서 생성된 모델을 판금 모델로 변환하거나 외부 데이터를 판금 모델로 변환하는 경우 유용하게 사용됩니다.)

코너리핑 명령으로 생성시킨 면은 분리되기 전 지정된 면에 항상 수직입니다.

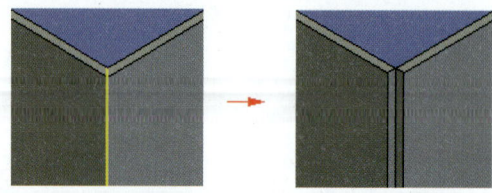

코너 리핑 명령으로 다음과 같은 면을 분리하여 판금 모델로 만들 수 있습니다.

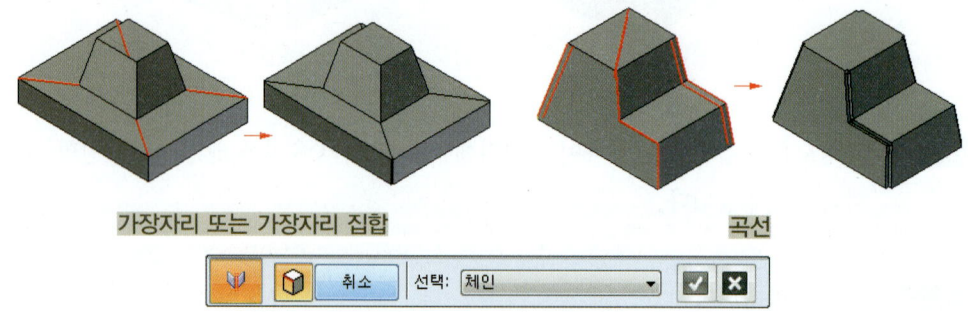

- **모서리 선택 단계(Select Rip Edge Step)** : 리핑 모서리를 선택합니다.
- **선택 유형(Selection Type)** : 리핑 모서리 작업을 위해 선택하려는 요소의 유형을 지정합니다.
  - ▶ 단일(Single) : 스케치 요소, 모서리, 곡선, 평면 또는 면 같은 하나 이상의 개별 요소를 선택할 수 있습니다.
  - ▶ 체인(Chain) : 체인에서 요소 하나를 선택하여 연결된 요소 세트를 선택할 수 있습니다.

3.11 구멍(Hole)

- 홈 탭 ⇒ 판금 그룹 ⇒ 구멍
- Home Tab ⇒ Sheet Metal Group ⇒ Hole

구멍 명령은 Part 환경과 동일합니다.

3.12 법선의 컷아웃(Normal Cutout)

- 홈 탭 ⇒ 판금 그룹 ⇒ 법선의 컷아웃
- Home Tab ⇒ Sheet Metal Group ⇒ Normal Cutout

판금에서 작업하는 동안 컷아웃의 두께 면이 시트 면에 항상 수직이 되도록 컷아웃 합니다.(법선의 컷아웃을 사용하면 컷아웃을 모델링하기 위해 굽힘을 취소하지 않아도 됩니다.)

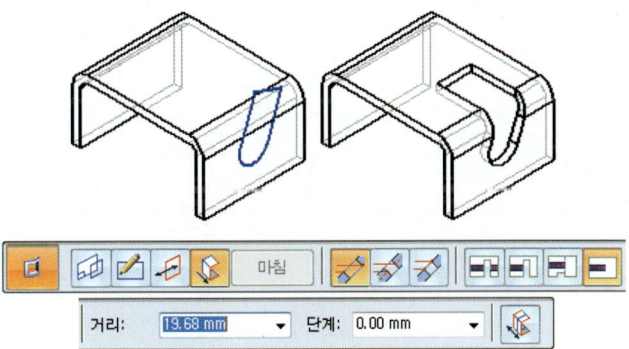

- **두께 잘라내기(Thickness Cut)** : 컷아웃이 파트의 재료 두께를 보정하도록 지정합니다.
- **중간 평면 잘라내기(Mid-Plane Cut)** : 컷아웃이 파트의 중간 평면을 기준으로 생성되도록 지정합니다.(파트의 양쪽 측면을 잘라내지 않고 판금 파트의 중간 평면에 프로파일을 투영하고, 결과 곡면의 두께를 추가하고, 파트에서 제거합니다.)
- **가장 가까운 면 잘라내기(Nearest Face Cut)** : 컷아웃이 파트의 가장 가까운 면을 기반으로 하도록 지정합니다.

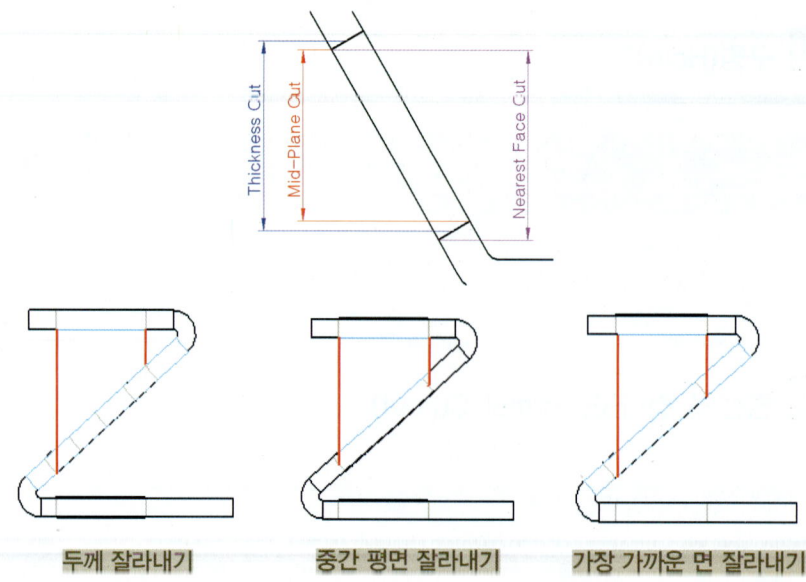

나머지 옵션은 Part의 컷아웃과 사용 방식이 동일합니다. Part를 참조하세요.

3.13 컷아웃(Cutout)

➡ 홈 탭 ⇒ 판금 그룹 ⇒ 컷아웃
➡ Home Tab ⇒ Sheet Metal Group ⇒ Cutout

Part의 컷아웃과 사용 방식이 동일합니다.

Tip
법선의 컷아웃(Normal Cutout) 과 컷아웃(Cutout) 형상의 전개장 비교

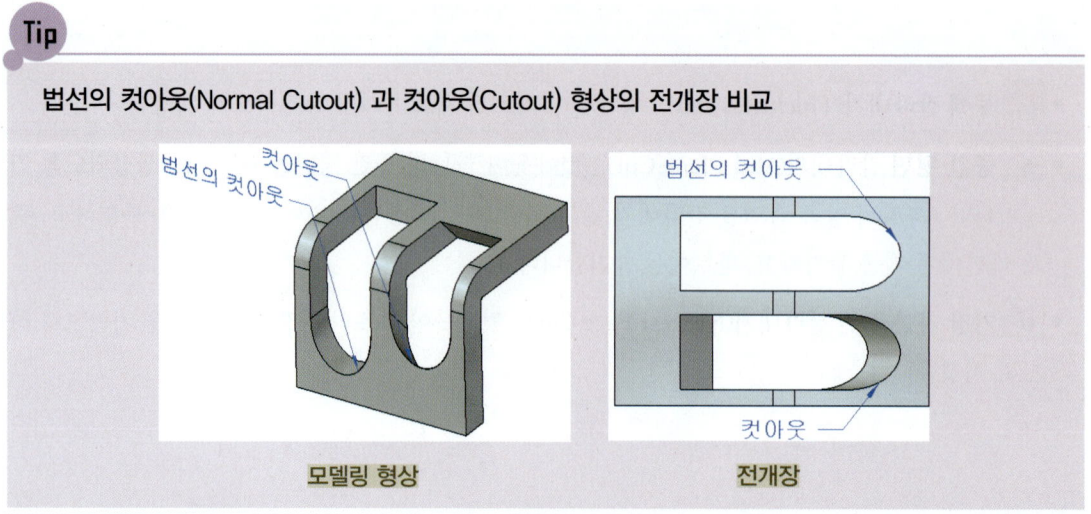

chapter 04 Sheet Metal Modeling(판금)

3.14 슬롯(Slot)

➡ 홈 탭 ⇒ 판금 그룹 ⇒ 슬롯
➡ Home Tab ⇒ Sheet Metal Group ⇒ Slot

Part의 슬롯과 사용 방식이 동일합니다.

3.15 굽힘(Bend)

➡ 홈 탭 ⇒ 판금 그룹 ⇒ 굽힘
➡ Home Tab ⇒ Sheet Metal Group ⇒ Bend

판금 면에 굽힘를 삽입합니다. 굽힘 명령을 사용하여 판금 모델에 굽힘를 추가할 수 있습니다. 굽힘 프로파일은 단일 선형 요소여야 합니다.

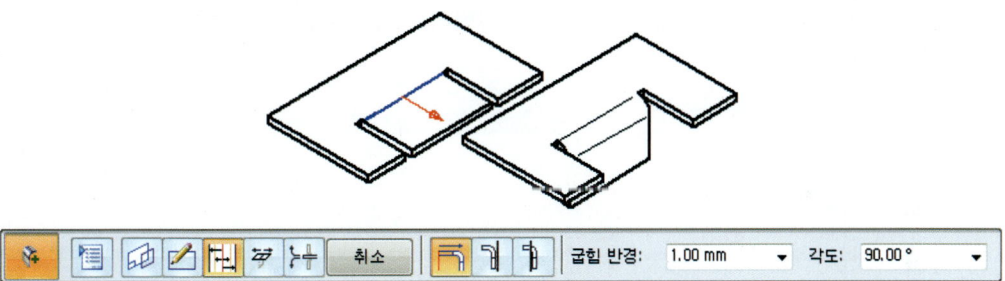

- 굽힘 옵션(Bend Options) : 굽힘 옵션 대화 상자를 표시합니다.

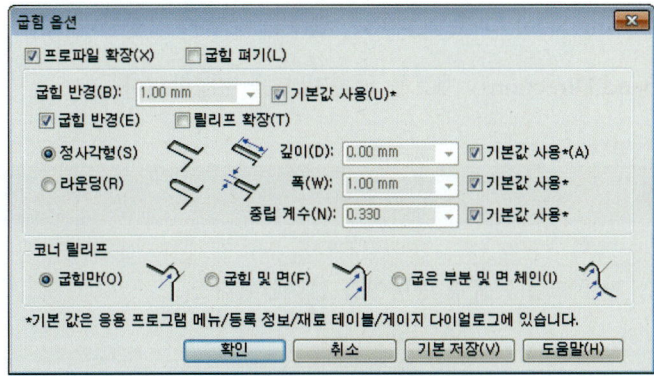

▶ 프로파일 확장(Extend profile) : 선형 요소의 끝이 판금 부품의 모서리와 연결되지 않게 그려진

295

경우에도 굽힘이 작성되도록 합니다.
- ▶ 굽힘 펴기(Flatten bend) : 굽힘을 만든 다음 이를 평면화합니다. 이 옵션은 기존의 평면 패턴 드로잉을 역순으로 작업하여 판금 파트를 만드는 경우에 유용합니다.

※ 그 밖의 옵션은 플랜지 옵션과 동일합니다.

- 스케치 단계(Sketch Step) : 참조 평면에 새 프로파일을 그릴지 또는 기존 스케치를 사용할지 여부를 지정할 수 있습니다.
- 프로파일 그리기 단계(Draw Profile Step) : 기존 형상의 프로파일을 편집할 수 있습니다. 이 형상의 프로파일은 단일 선형 요소여야 합니다.
- 굽힘 위치(Bend Location) : 굽힘 위치 결정 방식을 정의할 수 있습니다.
  - ▶ 프로파일에서(From Profile) : 작성한 프로파일 선형 요소를 굽힘의 중심으로 사용할 것인지 왼쪽 또는 오른쪽 몰드 선으로 사용할 것인지를 지정합니다.
  - ▶ 내부 재료(Material Inside) : 프로파일 평면의 안쪽에 플랜지를 배치합니다. 전체 파트 길이는 동일하게 유지됩니다.
  - ▶ 외부 재료(Material Outside) : 프로파일 평면의 바깥쪽에 플랜지를 배치합니다.

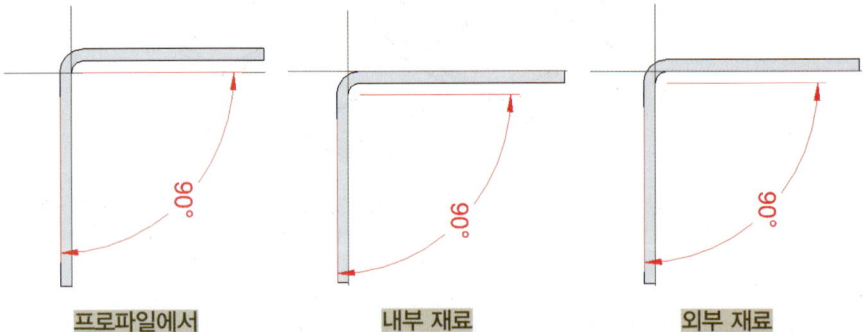

- 이동 측면(Moving Side) : 파트의 어떠한 일부를 굽힐지 지정합니다.
- 굽힘 방향(Bend Direction) : 재료를 굽힐 방향을 지정합니다.

굽힘 사용 방법

→ step1 홈 탭 〉 판금 그룹 〉 굽힘 명령어를 선택합니다.

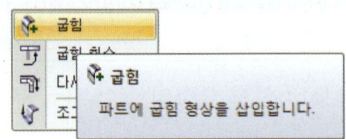

chapter 04 Sheet Metal Modeling(판금)

※ 탭 또는 플랜지 형상이 있어야 합니다.

step2 굽힘의 프로파일을 그립니다.

step3 굽힘 위치 결정 방식을 정한 후 파트의 어떠한 일부를 굽힐지 지정합니다.

step4 재료의 굽힐 방향을 지정합니다.

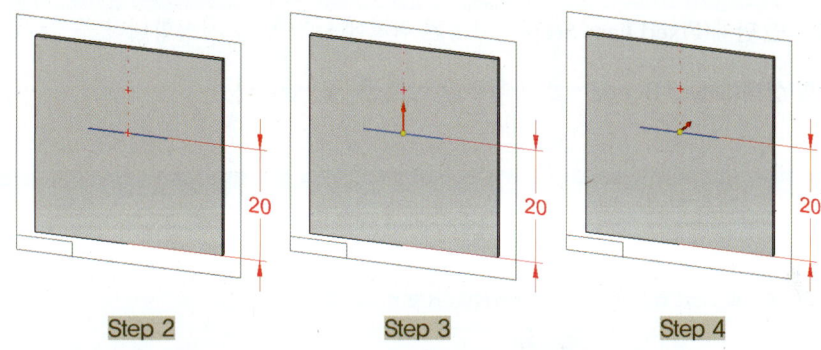

step5 마침을 눌러 형상을 마칩니다.

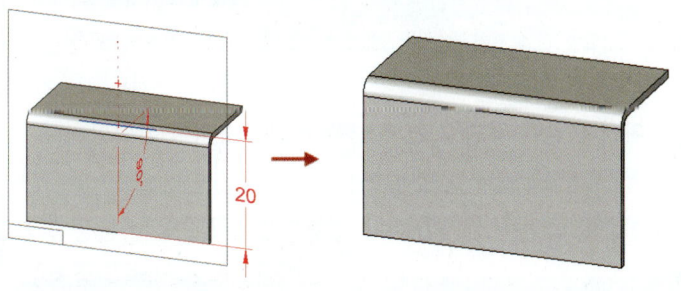

3.16 굽힘 취소(UnBend)

➡ 홈 탭 ⇒ 판금 그룹 ⇒ 굽힘 취소
➡ Home Tab ⇒ Sheet Metal Group ⇒ UnBend

파트의 일부를 굽힘 취소하여 굽힘 부분에 컷아웃이나 구멍을 만들 수 있습니다. 컷아웃 또는 구멍 형상을 적용한 후 다시 굽힘 명령을 사용하여 모델을 다시 굽힐 수 있습니다.

297

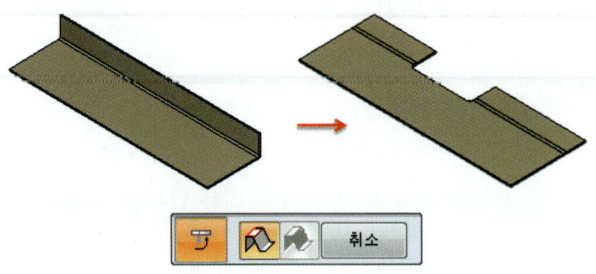

- 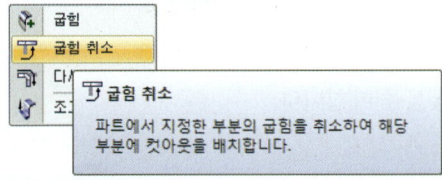 고정 면 단계(Fixed Face Step) : 고정된 위치에 남길 면을 지정합니다.
- 굽힘 선택(Select Bends) : 굽힘 취소할 굽힘을 지정합니다.

굽힘 취소 사용 방법

step1 홈 탭 〉 판금 그룹 〉 굽힘 취소 명령어를 선택합니다.

step2 고정 위치에 남길 평면형 면 또는 평면 가장자리를 선택합니다.

step3 굽힘 취소할 굽힘을 선택한 다음 명령모음에서 수용 버튼을 클릭합니다.

Step 2 Step 3

chapter 04 Sheet Metal Modeling(판금)

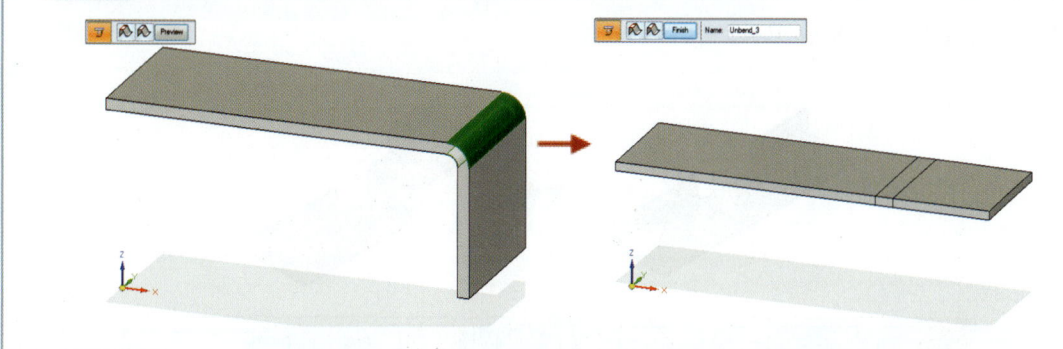

→ step4 미리보기 버튼을 클릭 후 마침을 눌러 명령을 종료합니다.

3.17 다시 굽힘(Rebend)

➠ 홈 탭 ⇒ 판금 그룹 ⇒ 다시 굽힘
➠ Home Tab ⇒ Sheet Metal Group ⇒ ReBend

파트의 굽힘을 취소한 후 다시 굽혀 컷아웃과 같은 형상의 굽힘 부분에 추가합니다.

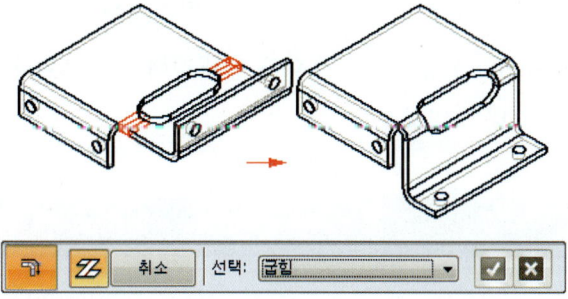

- 굽힘 선택(Select Bends) : 다시 굽힐 굽힘을 지정합니다.
- 선택(Select) : 굽힘 선택 조건을 설정합니다.

3.18 조그(Jog)

➠ 홈 탭 ⇒ 판금 그룹 ⇒ 조그
➠ Home Tab ⇒ Sheet Metal Group ⇒ Jog

299

두 개의 굽힘을 만들어 판금 파트의 평면형 면에 조그를 추가합니다. (스케치는 구부러진 면과 동일한 평면상에 있는 하나의 선이어야 합니다.)

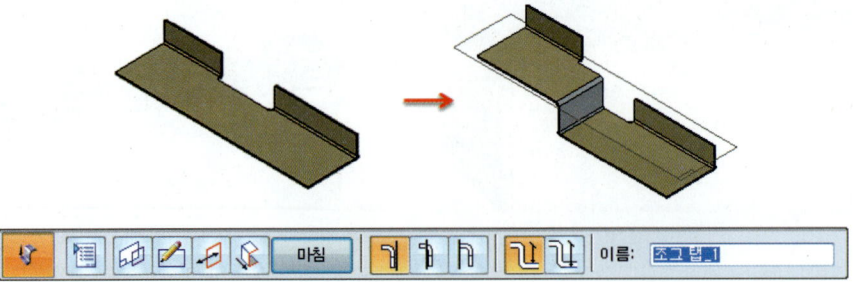

- **조그 옵션(Jog Options)** : 조그 옵션 대화 상자를 표시합니다(굽힘 명령의 옵션과 동일합니다).
- **스케치 단계(Sketch Step)** : 참조 평면에 새 프로파일을 그릴지 또는 기존 스케치를 사용할지 여부를 지정할 수 있습니다. 사용 가능한 옵션은 다른 명령과 동일합니다.
- **프로파일 그리기 단계(Draw Profile Step)** : 기존 형상의 프로파일을 편집할 수 있습니다. 사용 가능한 옵션은 다른 명령과 동일합니다.
- **측면 단계(Side Step)** : 형상을 만들 프로파일의 측면을 정의합니다.
- **범위 단계(Extent Step)** : 형상을 만들기 위한 형상 깊이 또는 프로파일의 확장 길이를 정의합니다. 사용 가능한 옵션은 다른 명령과 동일합니다.

조그 사용 방법

step1 홈 탭 〉 판금 그룹 〉 조그 명령어를 선택합니다.

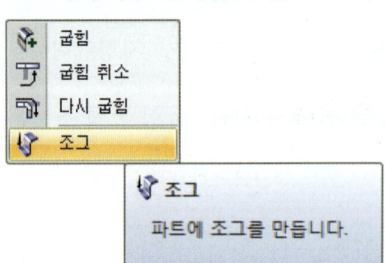

chapter 04 Sheet Metal Modeling(판금)

▶ step2 탭 또는 플랜지 평면에 조그를 생성 할 프로파일 평면을 정의 후 단일 선형 프로파일을 그립니다.

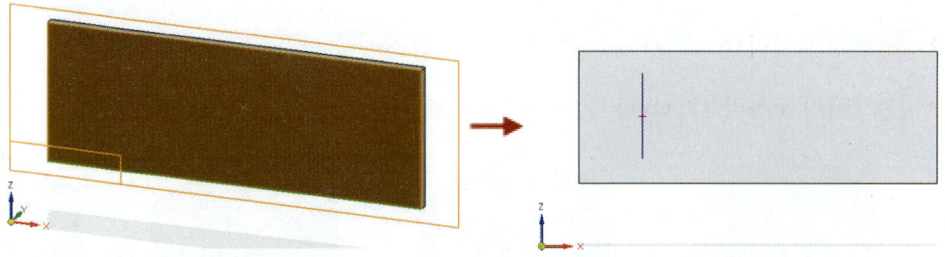

▶ step3 조그를 추가 할 측면을 정의 후 조그의 범위를 정의합니다.

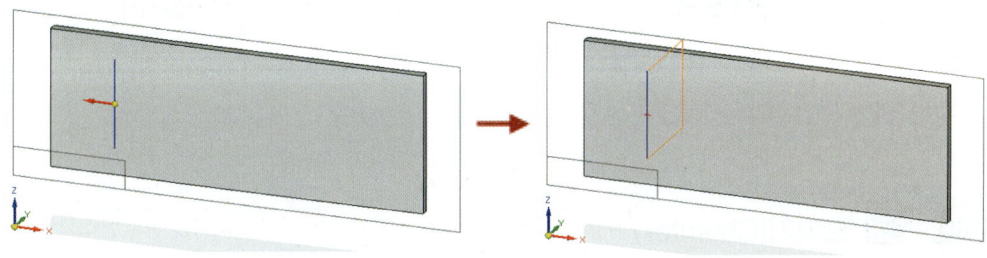

▶ step4 마침을 눌러 형상을 마칩니다.

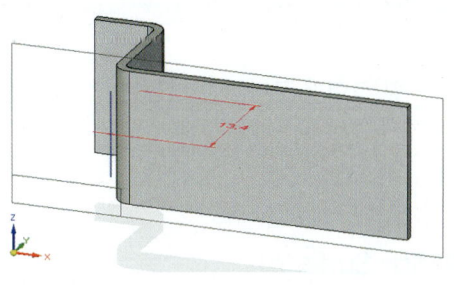

3.19 코너 분할(Break Corner)

■▶ 홈 탭 ⇒ 판금 그룹 ⇒ 코너 분할
■▶ Home Tab ⇒ Sheet Metal Group ⇒ Break Corner

판금 모델의 모서리에 모따기 또는 라운딩을 적용합니다. 작성 방법은 파트 환경과 같습니다(자세한 설명은 파트 환경을 참조하세요).

301

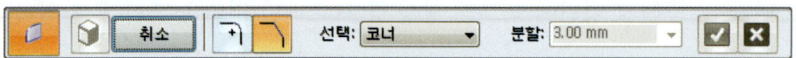

- 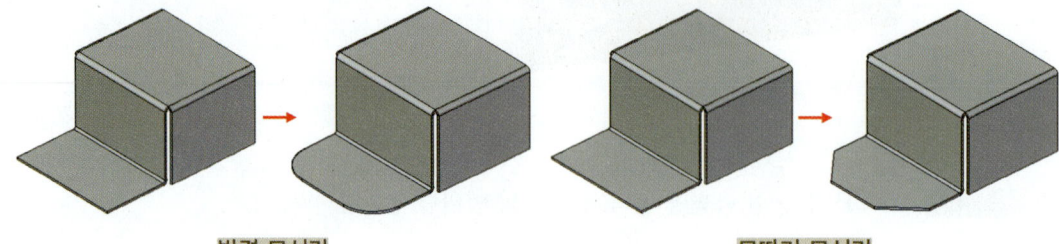 **반경 모서리**(Radius Corner) : 모서리 처리 옵션을 라운드로 설정합니다.
- **모따기 모서리**(Chamfer Corner) : 모서리 처리 옵션을 모따기로 설정합니다.

반경 모서리   모따기 모서리

- **선택**(Select) : 모서리 분할 형상을 위한 모서리 선택 방법을 설정합니다.
- **분할**(Break) : 분할 값을 설정합니다.

3.20 모따기(Chamfer)

➡ 홈 탭 ⇒ 판금 그룹 ⇒ 모따기
➡ Home Tab ⇒ Sheet Metal Group ⇒ Chamfer

공통 모서리를 따라 있는 두 면 사이에 모따기를 만듭니다.(파트 환경의 모따기와 사용 방법이 동일합니다.)

3.21 중간 곡면(Mid-Surface)

➡ 홈 탭 ⇒ 판금 그룹 ⇒ 바디 추가 ⇒ 중간 곡면
➡ Home Tab ⇒ Sheet Metal Group ⇒ Add Body ⇒ Mid-Surface

판금 모델의 면 사이에 곡면을 만듭니다. 중간 곡면는 주로 다른 소프트웨어에서 분석을 단순화하고 복잡한 판금 모델의 평면 패턴을 생성하는 데 사용됩니다.(옵셋할 파트의 측면을 지정하고 비율값을 0과 0.1사이에서 지정합니다.)

chapter 04 Sheet Metal Modeling(판금)

- **측면 선택 단계(Select Side Step)** : 중간 곡면 형상을 만들 판금 모델의 측면을 지정합니다.
- **측면 1에서 옵셋(Offset From Side 1)** : 첫 번째 측면에서 옵셋하여 중간 곡면 형상을 만들도록 지정합니다.
- **측면 2로부터의 옵셋(Offset From Side 2)** : 두 번째 측면에서 옵셋하여 중간 곡면 형상을 만들도록 지정합니다.
- **옵셋 비율(Offset ratio)** : 옵셋 비율을 정의합니다.(0과 0.1 사이의 값 입력)

04 전개장, 굽힘테이블, 파트로 전환

4.1 전개장(Flat Pattern)

➡ 도구 탭 ⇒ 모델 그룹 ⇒ 전개장
➡ Tool Tab ⇒ Model Group ⇒ Flat Pattern

판금 모델을 전개합니다. 전개된 판금 모델은 전개하기 전 판금 모델이 변경되면 변경사항이 반영됩니다.

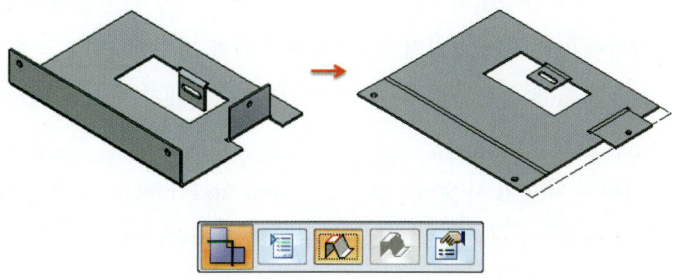

303

- 전개장 처리(Flat Pattern Treatments) : 옵션 대화 상자의 전개 패턴 처리 탭 대화상자를 표시합니다.(자세한 내용은 판금 옵션에서 설명하고 있습니다.)

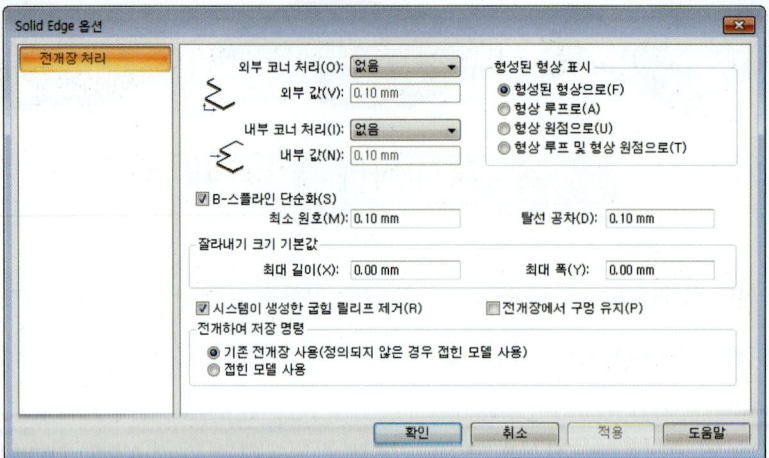

- 면 선택(Select Face) : 전개장에서 기준이 되는 면을 지정합니다.
- 방향 모서리 선택(Select Orientation) : 모서리를 지정하여 전개장의 원점과 X축을 정의합니다.
- 전개장 잘라내기 크기(Flat Pattern Cut Size) : 전개장 옵션 다이얼로그를 엽니다.

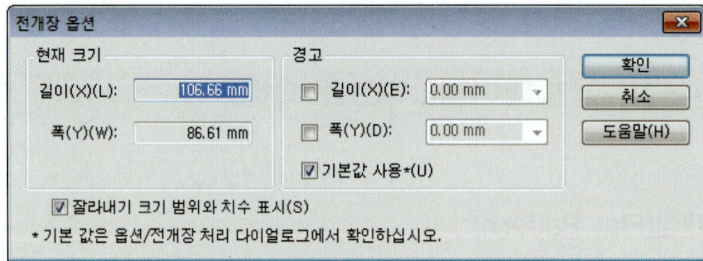

▶ 현재 크기(Current Size) : 전개장의 크기를 표시합니다.

  − 깊이(Length) : 전개장의 현재 길이를 표시합니다.

  − 폭(Width) : 전개장의 현재 폭을 표시합니다.

▶ 경고(Alarm) : 실제 잘라낸 크기가 이 길이를 초과하는 경우 PathFinder에 전개장 항목 옆에 경고 아이콘이 표시됩니다.

  − 길이(Length) : 전개장 잘라내기 크기의 길이에 대한 한계를 지정합니다.

  − 폭(Width) : 전개장 잘라내기 크기의 폭에 대한 한계를 지정합니다.

  − 기본값 사용(Use default values) : 옵션 다이얼로그의 전개장 처리 탭에서 설정한 기본 값을 사용하도록 지정합니다.

▶ 잘라내기 크기 범위와 치수 표시(Show cut size range and dimensions) : 패턴에 대한 범위 상자를 현재 전개장의 잘라내기 크기에 대한 치수와 함께 표시합니다.

chapter 04 Sheet Metal Modeling(판금)

전개장 사용 방법

step1 도구 탭 > 모델 그룹 > 전개장을 선택합니다. 전개 명령이 활성화됩니다.

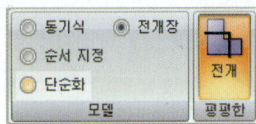

step2 전개 시에 기준이 되는 면을 지정합니다.

step3 X축 및 원점을 정의할 모서리를 클릭합니다.

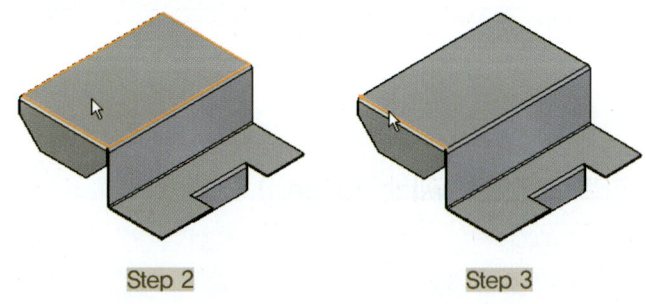

step4 클릭하여 명령을 종료합니다(전개장에 PMI 치수를 추가할 수 있습니다).

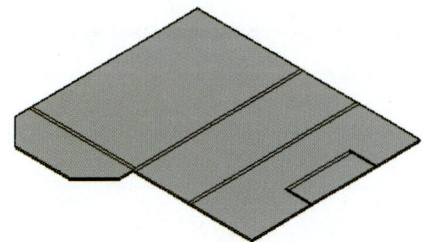

4.2 굽힘 테이블(Bend Table)

➡ 도구 탭 ⇒ 도우미 그룹 ⇒ 굽힘 테이블
➡ Tool Tab ⇒ Assistants Group ⇒ Bend Table

파트의 굽힘 순서를 설정하는 데 사용할 수 있습니다.(굽힘 테이블 다이얼로그가 열려 있으면 풍선

305

주석이 굽힘에 표시됩니다.)

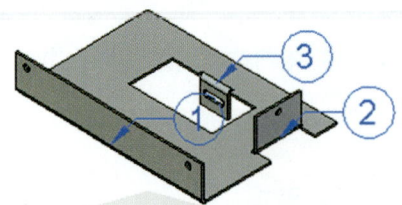
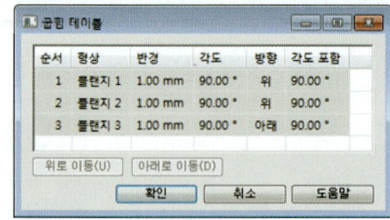

그래픽 창에서 풍선을 선택하면 풍선 주석에 대한 등록 정보를 강조 표시하고 선택 및 편집할 수 있습니다.

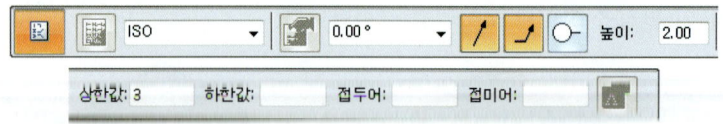

4.3 파트로 전환(Switch to part)

➡ 응용프로그램 ⇒ 전환 ⇒ 파트로 전환
➡ Application ⇒ Switch to ⇒ Switch to part

판금 환경에서 파트 환경으로 전환합니다. 이 명령을 통해 파트 환경에서 사용할 수 있는 형상을 판금(.PSM) 파트에 추가할 수 있습니다. 파트 환경에서 작업을 마친 후 판금 환경으로 다시 전환할 수 있습니다.

※ 파트 환경에서 판금 파트에 추가하는 일부 형상은 파트를 전개할 수 없게 합니다.

4.4 전개하여 저장(Save As Flat)

➡ 응용프로그램 ⇒ 다른이름으로 저장 ⇒ 전개하여 저장
➡ Application ⇒ Save as ⇒ Save As Flat

판금 파트를 전개장으로 만들어 지정한 문서 유형으로 저장합니다. 파트를 .par, .psm 또는 .dxf 파일로 지정할 수 있습니다. .dxf 파일로 저장하면 변형 형상는 형성 조건에서 표시되는 대로 와이어프레임에 나타납니다. 전개하여 저장 명령으로 만들어진 전개장을 사용하여 Draft를 만들 수 있지만 3D 모델과는 연관 관계가 없습니다.

chapter 04 Sheet Metal Modeling(판금)

-  면 선택(Select Face) : 전개장의 기준 면을 지정합니다.
- 방향 모서리 선택(Select Orientation) : 모서리를 지정하여 평면 패턴의 원점과 X축을 정의합니다.

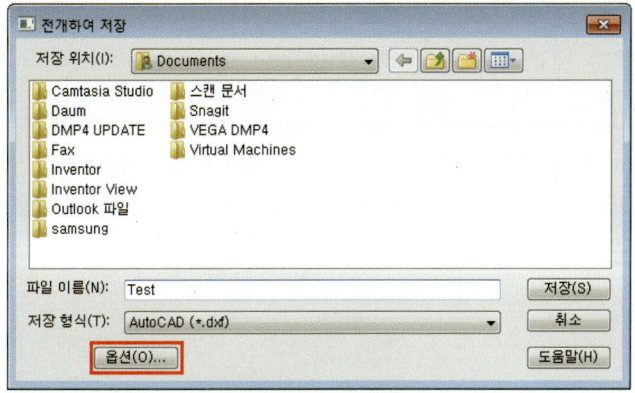

전개하여 저장 대화상자

- 옵션(O)... 전재하여 저장 옵션

  ▶ DXF 버전: 14 DXF 버전(DXF version) : Solid Edge 문서를 내보낼 AutoCAD DXF 버전을 지정합니다.

  ▶ 레이어(Layers) : 형상, 레이어 이름, 선 유형, 선 유형 이름, 색상, 레이어 표시, 레이어 잠금 및 내보내기 등을 표시 또는 제어할 수 있습니다.

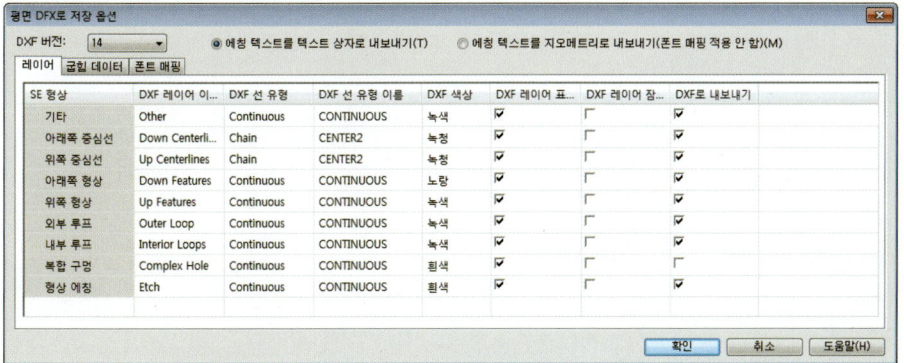

307

▶ 굽힘 데이터(Bend Data) : Solid Edge 판금 문서의 굽힘 데이터를 .dxf 파일에 씁니다.

▶ 폰트 매핑(Font Mapping) : AutoCAD와 Solid Edge간 폰트 매핑을 정의합니다.

chapter 05

Assembly Modeling
(조립품)

01 어셈블리 시작
02 어셈블리 조립 조건
03 어셈블리 수정
04 어셈블리 PathFinder 조작
05 어셈블리 간섭검사
06 파트 및 어셈블리 물리적 특성
07 어셈블리 화면 제어 & 구성
08 Explode-Render-Animate(ERA)
09 효율적 대규모 어셈블리 관리

Solid Edge ST5

01 어셈블리 시작

어셈블리(Assembly)는 의미 있는 방식으로 배치된 파트와 하위 어셈블리의 집합입니다. 파트는 최종 방향으로 배치되었을 수도 있고 자유롭게 이동하고 회전할 수 있습니다. 어셈블리에서는 다른 파트를 기준으로 파트를 배열하고 배치하는 데 필요한 도구를 제공합니다.

1.1 하향식(Top-Down), 상향식(Bottom-Up) 설계 및 두 방식의 결합

1. 하향식 어셈블리 모델링(Top-Down Assembly Modeling) :

하향식 어셈블리 모델링은 어셈블리 설계가 최상위 수준에서 시작되고 개별 파트와 하위 어셈블리가 전체 어셈블리 환경 내에 정의되는 어셈블리 중심 모델링 방법입니다.

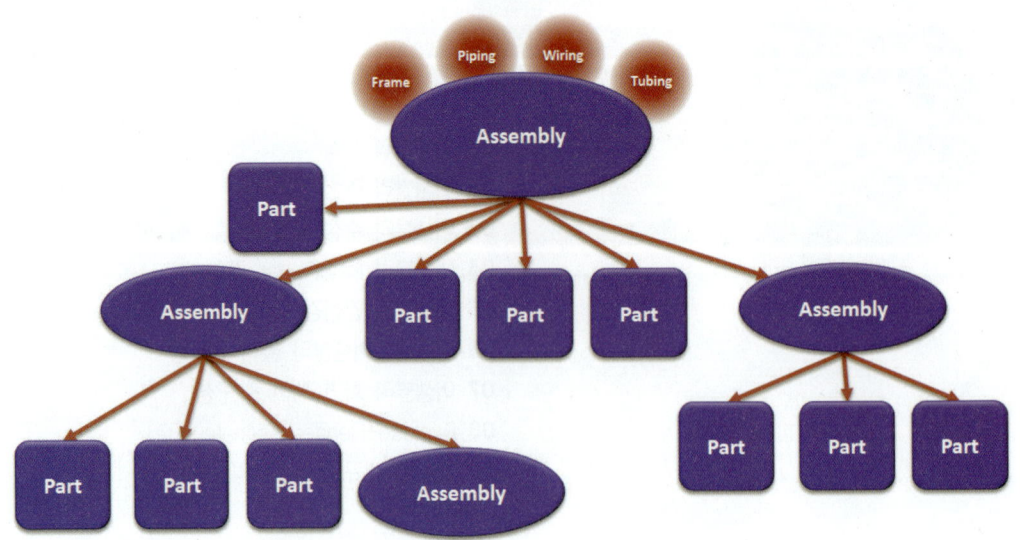

2. 상향식 어셈블리 모델링(Bottom-Up Assembly Modeling) :

상향식 어셈블리 모델링은 어셈블리 설계가 기본 구조 또는 기능 요소에서 시작하고 개별 파트가 전체 어셈블리에서 상대적으로 떨어진 위치에서 설계되는 파트 중심 모델링 방법입니다. (조립 방식에서 기본이 되는 방식입니다.)

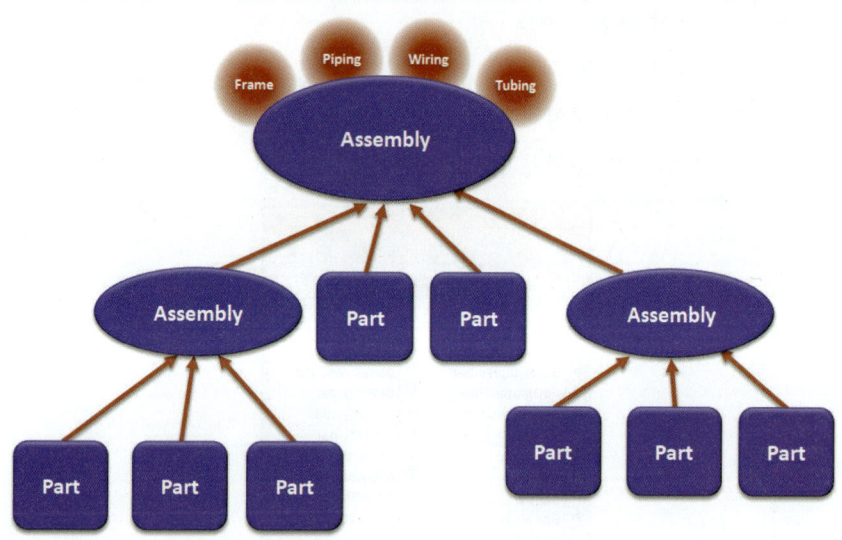

3. 두 방식의 결합(Combining Both Approaches)

Solid Edge는 필요에 따라 두 방법의 장점을 활용할 수 있는 도구를 제공합니다. 많은 조직에서는 두 방법을 조합하여 요구 사항에 가장 적합한 방법을 사용합니다.

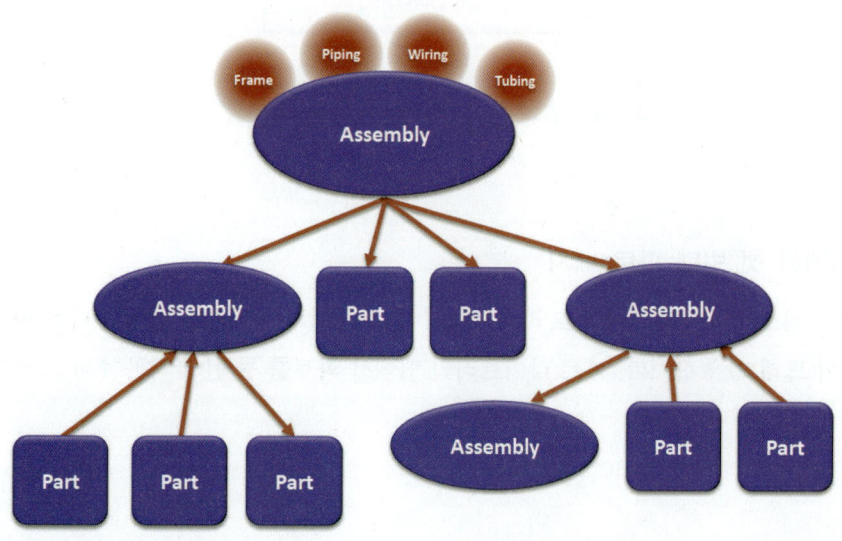

1.2 어셈블리(Assembly)에 부품 배치

파트 라이브러리 탭을 사용하여 Solid Edge 어셈블리에 다음과 같은 유형의 솔리드 파트를 배치할 수 있습니다.

- Solid Edge 파트 환경에서 생성된 파트
- Solid Edge 판금 환경에서 생성된 파트
- Solid Edge 어셈블리 환경에서 생성된 다른 어셈블리
- 드래프트 파일 이외에 Solid Edge에서 열린 모든 파일

※ 다른 CAD 형식으로 제작된 파트를 사용하려면 먼저 해당 파트를 Solid Edge 파트 파일로 변환해야 합니다.

1. 어셈블리에서 첫 번째 파트 배치

파트 배치 프로세스를 시작하려면 파트 라이브러리 탭에서 원하는 **파트를 선택한 다음 이를 어셈블리 윈도우로 끌어(드래그)** 놓습니다. 파트 라이브러리 탭에서 **파트를 두 번 클릭**하여 파트 배치 프로세스를 시작할 수도 있습니다.

chapter 05 Assembly Modeling(조립품)

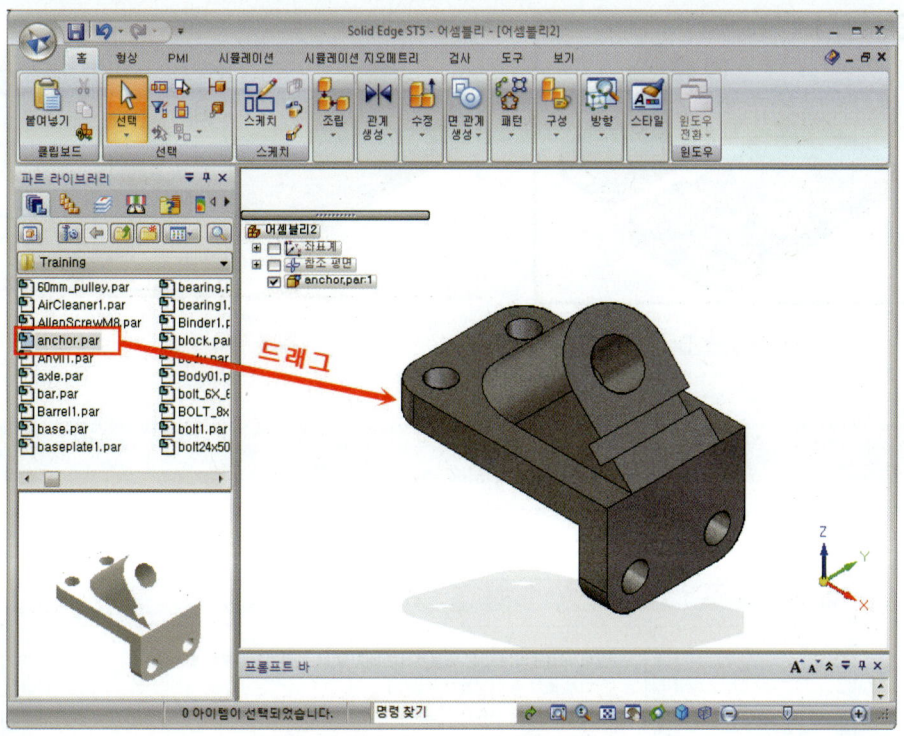

첫 번째 파트 배치 위치는 파트의 참조 평면 X, Y, Z축과 어셈블리 참조평면 X, Y, Z축이 결합됩니다. 첫 번째 파트의 위치를 다시 설정하려면 먼저 고정 관계를 삭제해야 합니다.

첫 번째 파트의 조립 조건(고정)

2. 어셈블리에 추가 파트 배치 및 어셈블리 윈도우 제어

추가 파트 배치 방식은 첫 번째 파트와 동일한 방법으로 배치합니다. 어셈블리에 이미 배치된 파트를 기준으로 새 파트의 위치를 지정할 때 조립(Assembly)명령이 자동으로 실행됩니다.

옵션 다이얼로그의 어셈블리 탭을 사용하여 이후의 파트를 일시적으로 어셈블리 윈도우(A)에 배치할지 또는 별도의 파트 배치 윈도우(B)에 표시할지 지정할 수 있습니다.

313

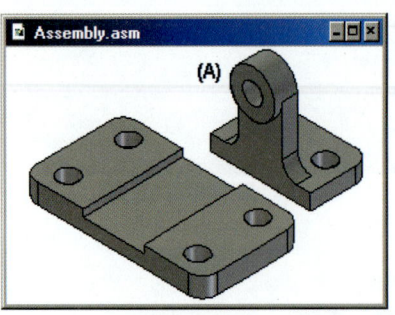
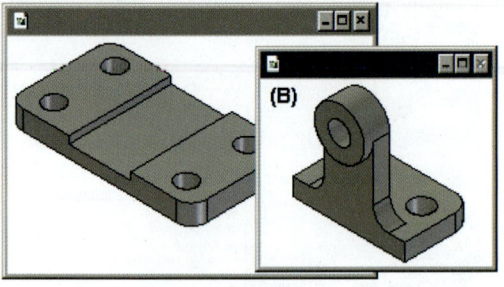

체크 박스 On　　　　　　　　　　　체크 박스 Off

어셈블리 윈도우 제어 방법

응용 프로그램 버튼 > Solid Edge 옵션 > 어셈블리 탭 > 파트 배치 중 새로운 윈도우를 만들지 않음

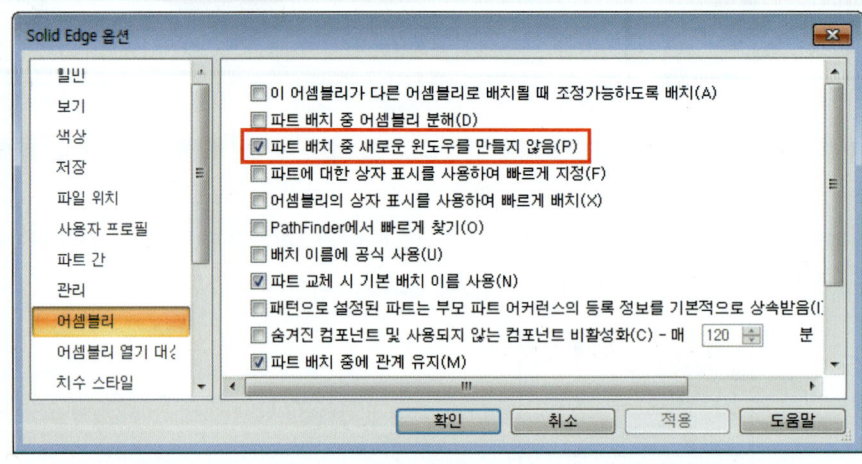

3. 파트 위치 지정

어셈블리에 이미 배치된 파트를 기준으로 새 파트의 위치를 지정할 때 어셈블리 관계를 사용합니다. 또한 전통적인 어셈블리 관계 이외에 FlashFit 옵션은 메이트, 평면형 정렬 또는 축 정렬 관계를 사용하여 파트를 배치하는 데 필요한 단계를 줄여줍니다.

빠른 구속(FlashFit)을 이용한 어셈블리 조립 방법

step1 홈 탭 〉 조립 그룹 〉 조립 명령를 선택합니다.

step2 조립 명령어에서 관계 유형을 빠른 구속으로 선택합니다.

step3 배치 파트(A)와 대상 파트(B)에 면을 선택합니다.

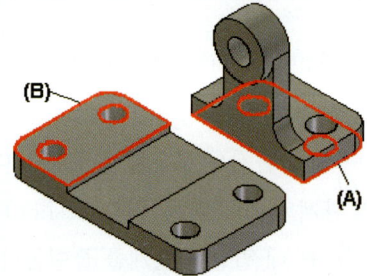

step4 첫 번째 어셈블리 관계를 적용하면 어셈블리 내에서 새 파트의 위치가 재설정됩니다.

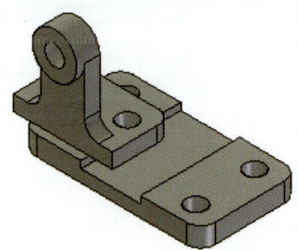

step5 나머지 면들도 아래 그림과 같이 면을 선택하면 어셈블리에서 파트의 위치와 방향이 다시 조정됩니다.

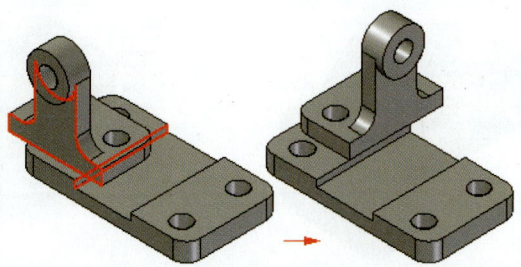

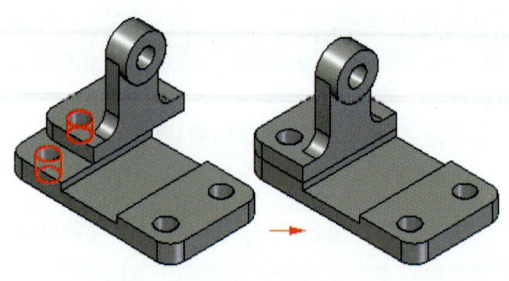

02 어셈블리 조립 조건

파트 또는 하위 어셈블리를 어셈블리에 배치할 때에는 어셈블리 관계를 적용하여 어셈블리의 다른 파트를 기준으로 파트 위치를 결정하는 방법을 정의해야 합니다. 고정, 메이트, 평면형 정렬, 방행, 연결, 각도, 캠, 기어, 접선, 중심 평면 등의 관계를 사용할 수 있습니다.

위에 나열된 전통적인 어셈블리 관계 이외에 빠른 구속(FlashFit)옵션은 메이트, 평면형 정렬 또는 축 정렬 관계를 사용하여 파트를 배치하는 데 필요한 단계를 줄여줍니다.

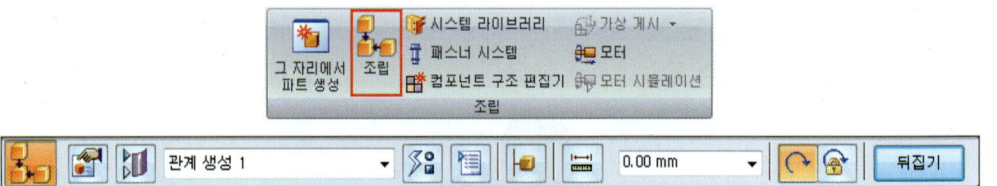

- 어커런스 등록 정보(Occurrence Properties) : 파트에 대한 어커런스 등록 정보 대화 상자를 엽니다.

- 컨스트럭션 디스플레이(Construction Display) : 어셈블리에 파트를 배치할 때 표시되는 컨스트럭션 요소를 지정합니다. 예를 들어, 파트를 위치 지정하는 데 참조 평면을 사용할 수 있도록 파트의 참조 평면을 표시할 수도 있습니다.

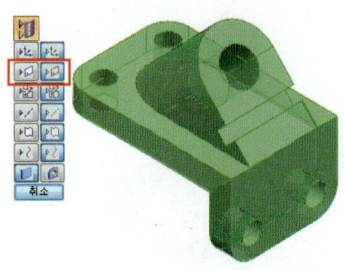

컨스트럭션 참조 평면 숨기기

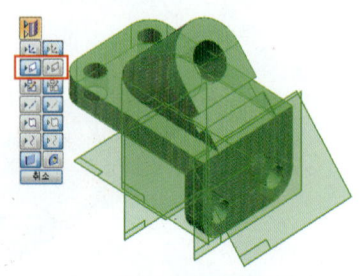

컨스트럭션 참조 평면 표시

- 관계 목록(Relationship List) : 파트에 적용된 관계를 나열합니다.
- 관계 유형(Relationship Types) : 적용할 수 있는 어셈블리 관계 유형을 나열합니다.

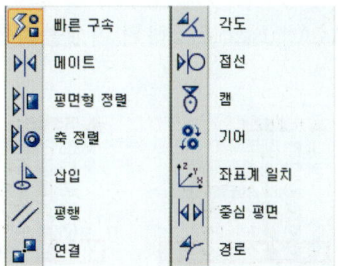

- 옵션(Options) : 옵션 대화 상자를 표시하여 사용할 파트 배치 옵션을 지정할 수 있도록 합니다.

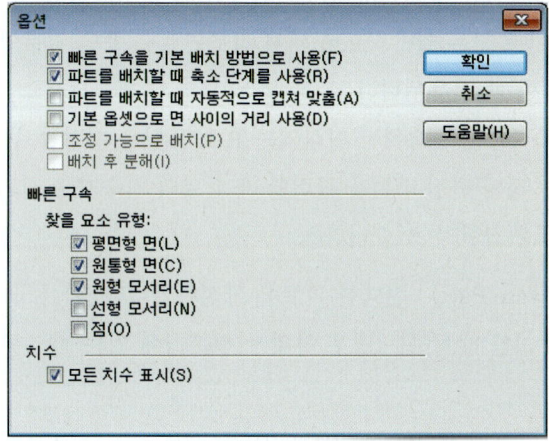

▶ 빠른 구속을 기본 배치 방법으로 사용(Use FlashFit as the Default Placement Method) : 관계 유형 목록의 FlashFit 옵션을 기본 옵션으로 사용하도록 지정합니다.

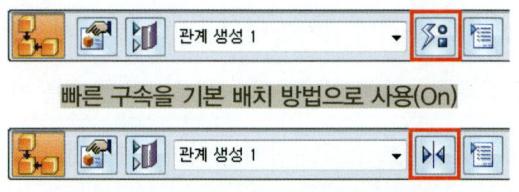

▶ 파트를 배치할 때 축소 단계 사용(Use Reduced Steps When Placing Parts) : 관계를 사용하여 파트를 위치 지정할 때 필요한 단계의 수를 줄입니다. 이 옵션을 설정하면 대상 파트 또는 배치 파트를 선택하지 않아도 됩니다. (빨간 박스 대상 및 배치 파트 선택 단계).

▶ 파트를 배치할 때 자동으로 캡처 맞춤(Automatically Capture Fit When Placing Parts) : 파트를 위치 지정하는 데 사용되는 관계가 캡처 맞춤(Capture Fit) 명령으로 자동 캡처되도록 지정합니다.

▶ 기본 옵션으로 면 사이의 거리 사용(Use Distance Between Faces as Default Offset) : 정의 편집

317

옵션을 사용할 때 면 사이의 현재 거리가 기본 옵셋 값으로 사용되도록 지정합니다.

▶ 조정 가능으로 배치(Place As Adjustable) : 하위 어셈블리를 배치 시 조정 가능한 어셈블리로 간주하도록 지정합니다.

▶ 배치 후 분해(Disperse After Placement) : 어셈블리에 배치한 하위 어셈블리를 자동으로 분해하도록 지정합니다.(이 옵션은 일반적으로 대체 컴포넌트 그룹의 일부인 컴포넌트를 포함하는 하위 어셈블리를 배치할 때 사용됩니다.)

▶ 빠른 구속(FlashFit) : 빠른 구속에서 인식되는 요소 유형을 지정할 수 있습니다.

▶ 치수(Dimensions) : 정의 편집 버튼을 클릭할 때 파트의 치수가 표시되도록 지정합니다. 치수를 클릭하여 치수 값을 편집할 수 있습니다.

- 파트 활성화(Activate Part) : 선택한 파트를 활성화합니다. 빠른 구속 또는 축소 단계 모드를 사용하여 하위 어셈블리를 배치하는 경우 하위 어셈블리에 있는 파트를 활성화해야 면을 선택할 수 있습니다.

- 관계 목록(Locate Steps) : 파트에 적용된 관계를 나열합니다.

  ▶ 배치 파트 : 어셈블리에 위치를 설정할 파트를 지정합니다.

  ▶ 배치 파트 요소 : 어셈블리에 위치를 설정 중인 파트에 사용할 요소를 지정합니다.

  ▶ 대상 파트 : 배치 파트와 함께 위치시킬 어셈블리의 파트를 지정합니다.

  ▶ 대상 파트 요소 : 배치 파트 요소와 함께 위치시킬 어셈블리의 파트 요소를 지정합니다.

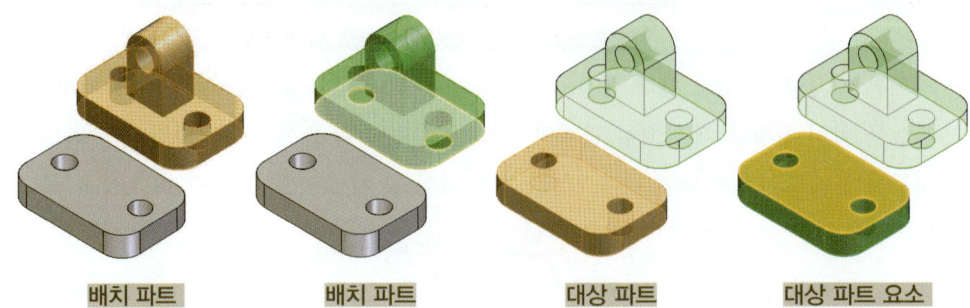

- 옵셋 유형(Offset Type) : 메이트 및 정렬 관계와 같은 일부 관계를 사용하며 파트 간의 고정, 부동 및 범위을 정의할 수 있습니다.

chapter 05 Assembly Modeling(조립품)

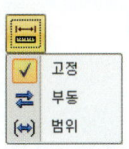

▶ 고정 : 유동 옵셋을 통해 다른 어셈블리 관계를 사용하여 옵셋 값을 정의할 수 있습니다.

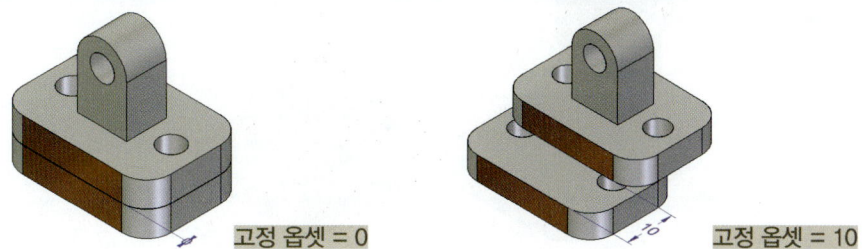

▶ 부동 : 유동 옵셋을 사용하여 파트의 회전 방향을 제어할 수 있습니다.

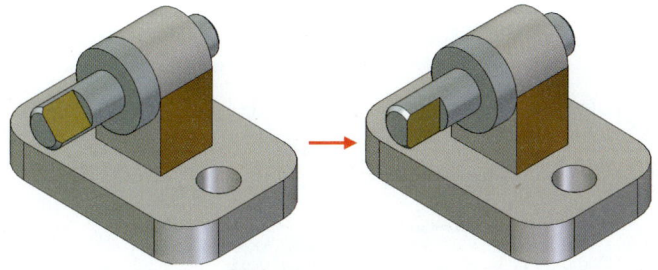

▶ 범위 : 범위 옵셋을 사용하여 파트간 거리 값을 정의하여 범위 내에서 이동할 수 있습니다.

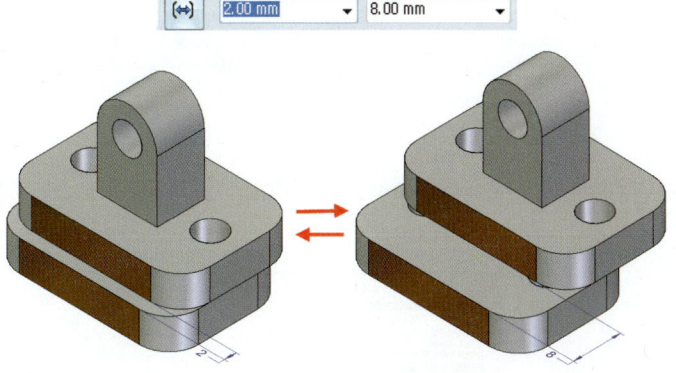

319

2.1 메이트(Mate)

메이트 관계는 어셈블리의 한 파트의 면이 다른 파트에 대해 동일 평면상에서 마주보도록 만듭니다.

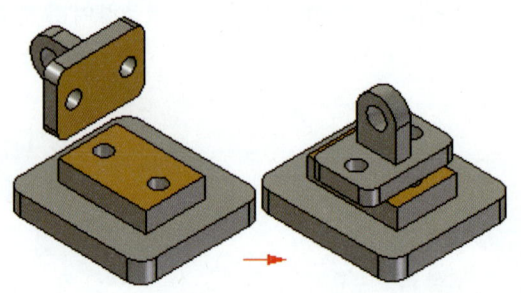

메이트를 이용한 어셈블리 조립 방법

step1 파트 라이브러리 탭에서 Mate_1.par을 어셈블리 윈도우로 드래그 합니다.

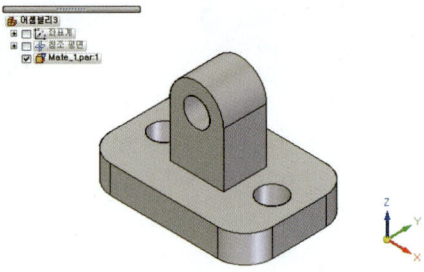

step2 파트 라이브러리 탭에서 Mate_2.par을 어셈블리 윈도우로 드래그 합니다. 그리고 조립 조건을 메이트로 선택합니다.

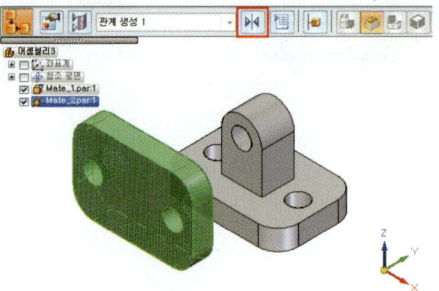

chapter 05 Assembly Modeling(조립품)

- **step3** 배치 파트(Mate_2.par)요소를 선택합니다.

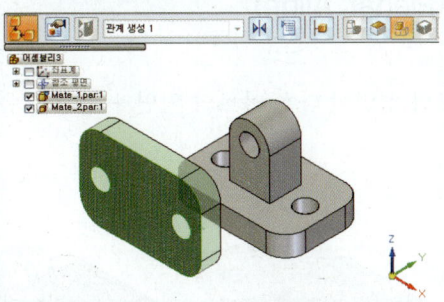

- **step4** 대상 파트(Mate_1.par)를 선택합니다.

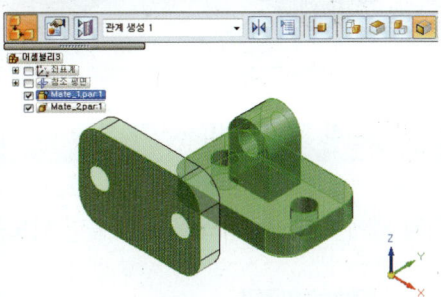

- **step5** 대상 파트(Mate_1.par)요소를 선택합니다.

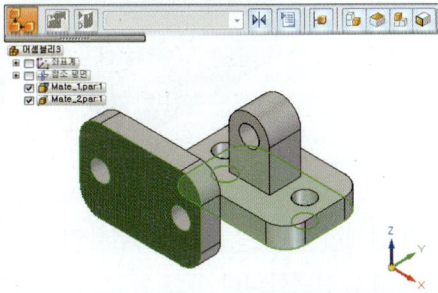

- **step6** 명령어 모음에서 확인 버튼 또는 마우스 오른쪽 버튼을 클릭합니다.

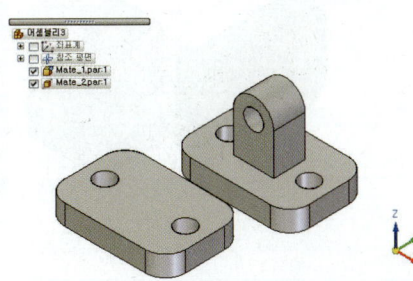

321

2.2 평면형 정렬(Planar Align)

평면 정렬 관계는 한 파트의 평면이 다른 파트의 평면과 평행을 유지하고 마주보도록 하기 위해 사용됩니다.

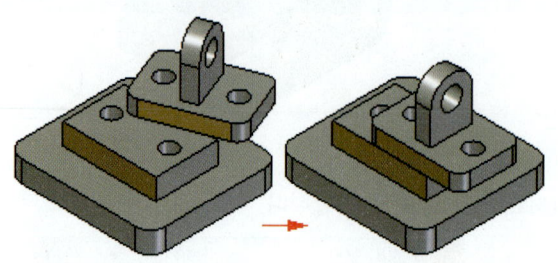

평면형 정렬을 이용한 어셈블리 조립 방법

step1 파트 라이브러리 탭에서 Mate_1.par을 어셈블리 윈도우로 드래그 합니다.

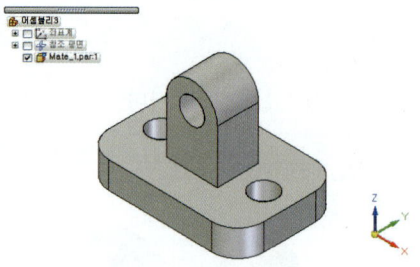

step2 파트 라이브러리 탭에서 Mate_2.par을 어셈블리 윈도우로 드래그 합니다. 그리고 조립 조건을 평면형 정렬로 선택합니다.

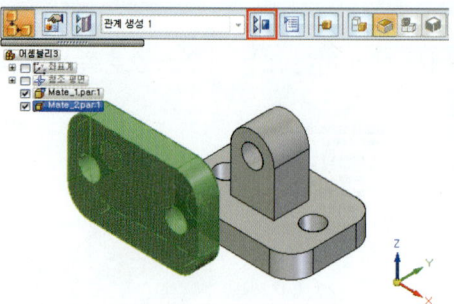

- **step3** 배치 파트(Mate_2.par)요소를 선택합니다.

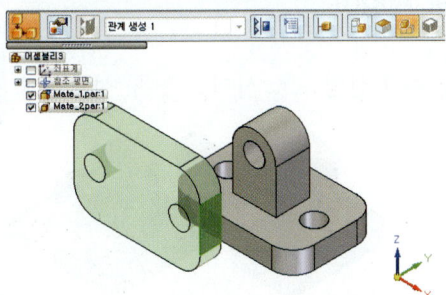

- **step4** 대상 파트(Mate_1.par)를 선택합니다.

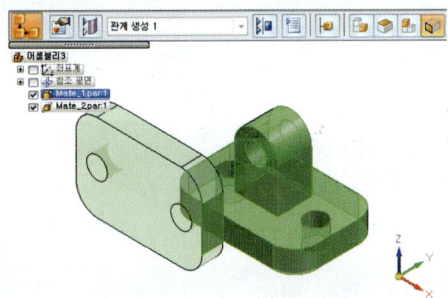

- **step5** 대상 파트(Mate_1.par)요소를 선택합니다.

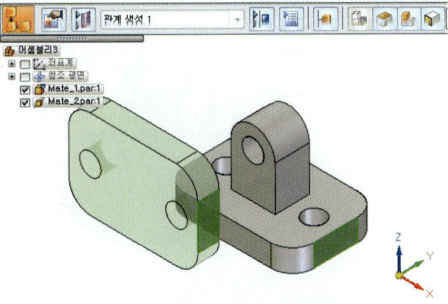

- **step6** 명령어 모음에서 확인 버튼 또는 마우스 오른쪽 버튼을 클릭합니다.

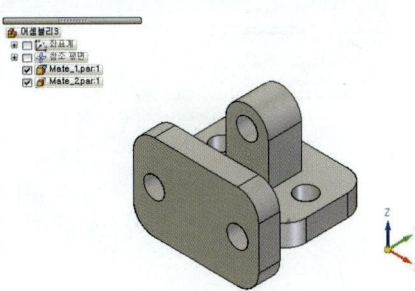

2.3 축 정렬(Axial Align)

두 원통형 축 사이, 원통형 축과 선형 요소 사이 또는 두 선형 요소 사이에 축 관계를 적용합니다.

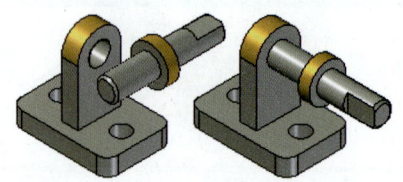

명령 모음의 회전 잠금 옵션을 설정하면 회전 방향이 임의 위치에 고정됩니다. 이 옵션은 구멍에 볼트 배치와 같이 파트의 회전 방향이 중요하지 않은 경우에 유용합니다.

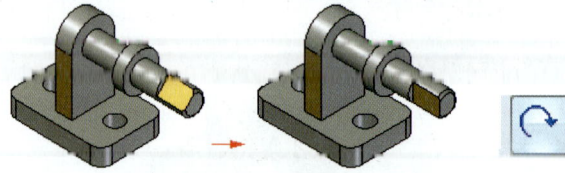

축 정렬을 이용한 어셈블리 조립 방법

- **step1** 파트 라이브러리 탭에서 Mate_1.par을 어셈블리 윈도우로 드래그 합니다.

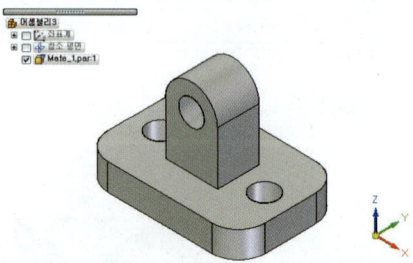

- **step2** 파트 라이브러리 탭에서 Axial_1.par을 어셈블리 윈도우로 드래그 합니다. 그리고 조립 조건을 축 정렬로 선택합니다.

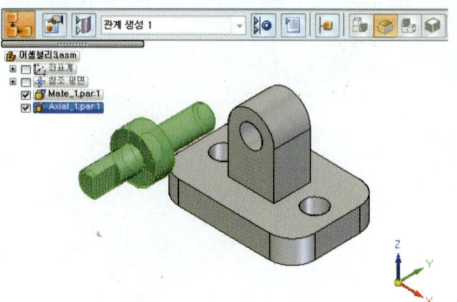

chapter 05 Assembly Modeling(조립품)

step3 배치 파트(Axial_1.par)요소를 선택합니다.

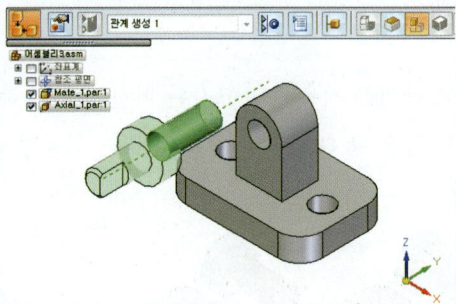

step4 대상 파트(Mate_1.par)를 선택합니다.

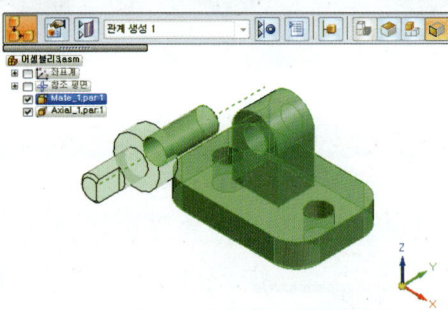

step5 대상 파트(Mate_1.par)요소를 선택합니다.

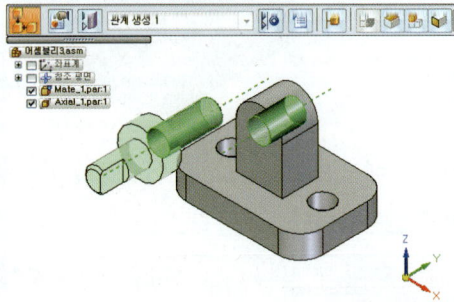

step6 명령어 모음에서 확인 버튼 또는 마우스 오른쪽 버튼을 클릭합니다.

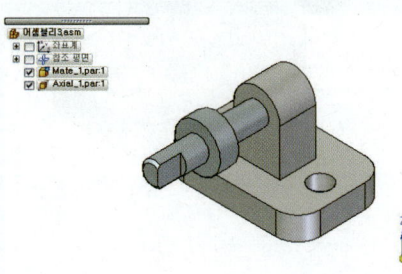

2.4 삽입(Insert)

고정된 옵셋 값으로 메이트 관계를 적용하고 고정된 회전 각도로 축 정렬 관계를 적용합니다. 일반적으로 이 명령은 너트와 볼트 같은 축 대칭 파트를 구멍 또는 원통형 돌출에 배치하는 데 사용됩니다. (메이트 명령 + 축 정렬 명령)

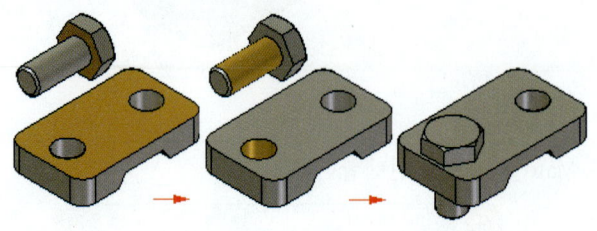

삽입을 이용한 어셈블리 조립 방법

step1 파트 라이브러리 탭에서 Mate_1.par을 어셈블리 윈도우로 드래그 합니다.

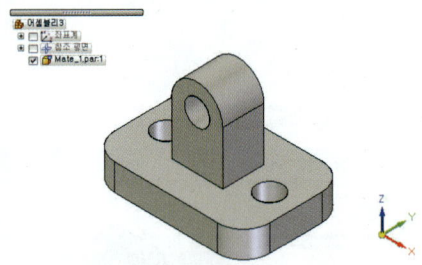

step2 파트 라이브러리 탭에서 Insert_1.par을 어셈블리 윈도우로 드래그 합니다. 그리고 조립 조건을 삽입으로 선택합니다.

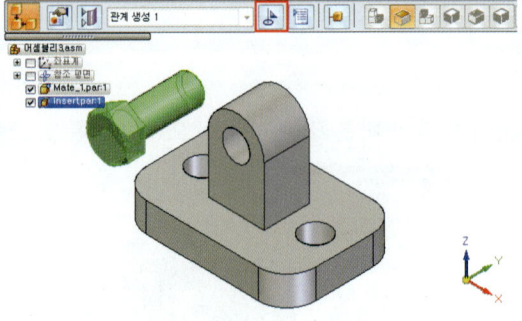

chapter 05 Assembly Modeling(조립품)

step3 배치 파트(Insert_1.par)요소를 선택합니다.

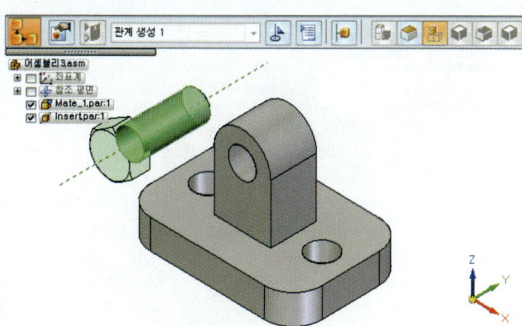

step4 대상 파트(Mate_1.par)를 선택합니다.

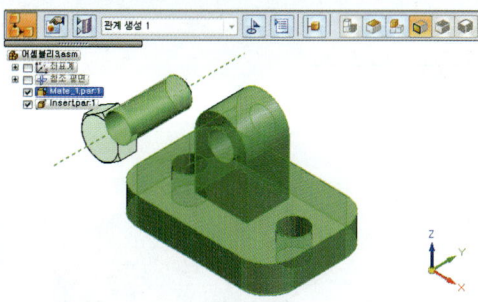

step5 대상 파트(Mate_1.par)요소를 선택합니다.

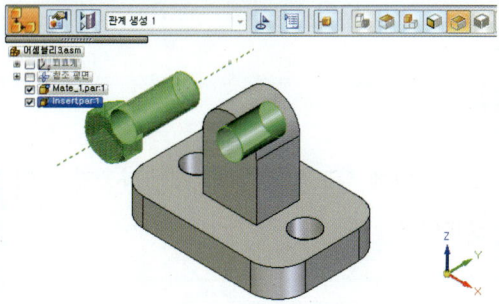

step6 배치 파트(Insert_1.par) 두 번째 요소를 선택합니다.

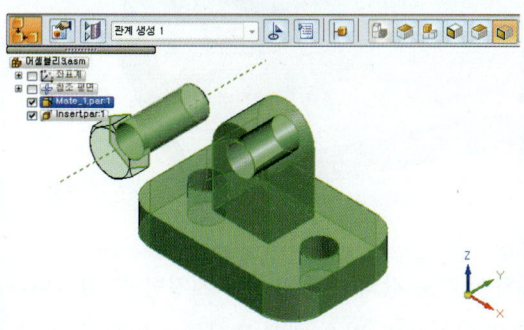

step7 대상 파트(Mate_1.par) 두 번째 요소를 선택합니다.

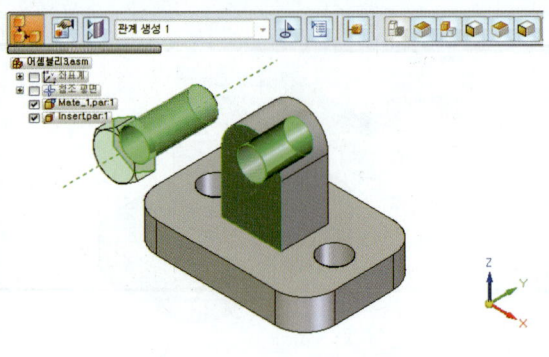

step8 명령어 모음에서 확인 버튼 또는 마우스 오른쪽 버튼을 클릭합니다.

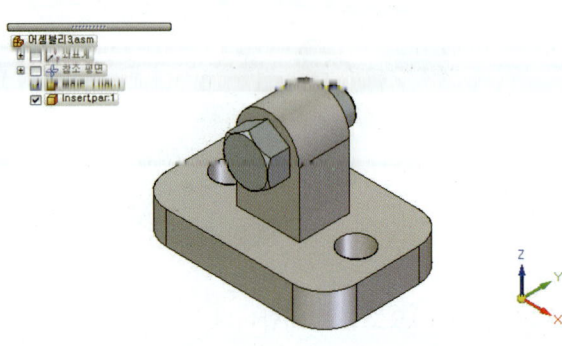

2.5 각도(Angle)

두 파트의 모서리 또는 평면 사이에 각도를 적용합니다. 사용자가 어셈블리상에서 파트를 회전하기 위해 각도 값을 변경할 수 있습니다.

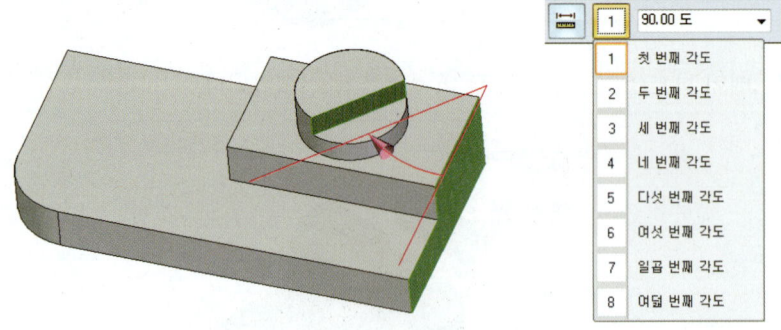

각도 형식 옵션을 사용하여 각도 값의 대체 표시를 지정할 수 있습니다. 예를 들어, 각도 값이 270도 인 경우 파트를 회전할 필요 없이 90도 같은 대체 표시를 선택할 수 있습니다.

chapter 05 Assembly Modeling(조립품)

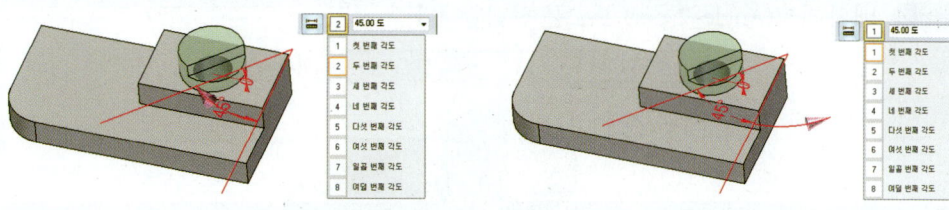

삽입을 이용한 어셈블리 조립 방법

step1 파트 라이브러리 탭에서 Angle_1.par과 Angle_2.par을 메이트와 축 정렬을 이용하여 아래 그림과 같이 어셈블리 구속 조건을 부여합니다.

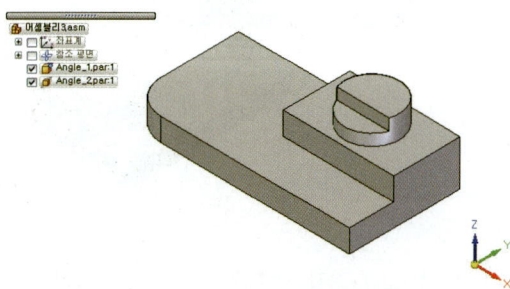

step2 홈 탭 〉 조립 그룹 〉 조립 명령어를 선택 후 조립 조건에서 각도를 선택합니다.

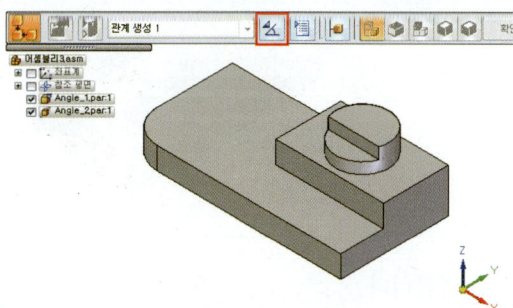

step3 배치 파트(Angle_2.par)을 선택합니다.

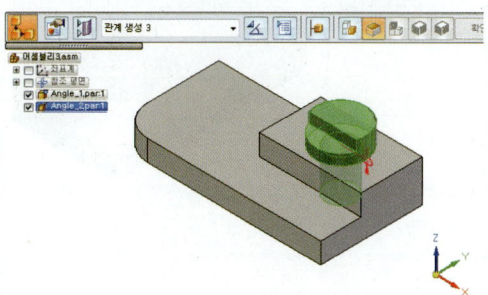

329

- **step4** 배치 파트(Angle_2.par) 요소를 선택합니다.

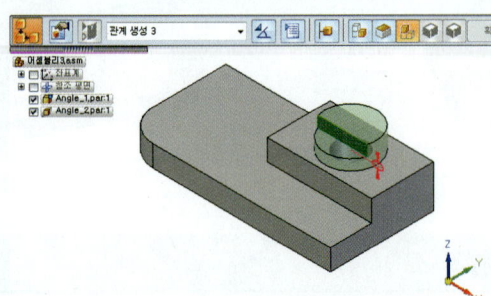

- **step5** 대상 파트(Angle_1.par)을 선택합니다.

- **step6** 대상 파트(Angle_1.par) 측정 기준요소를 선택합니다.

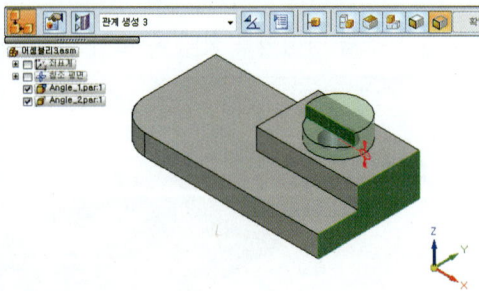

- **step7** 측정 평면을 선택합니다.

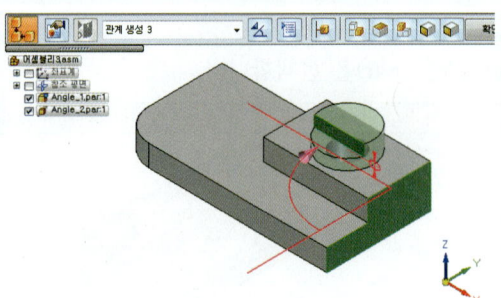

chapter 05 Assembly Modeling(조립품)

→ step8 명령 모음에 각도 값을 입력 후 확인 버튼 또는 마우스 오른쪽 버튼을 클릭합니다.

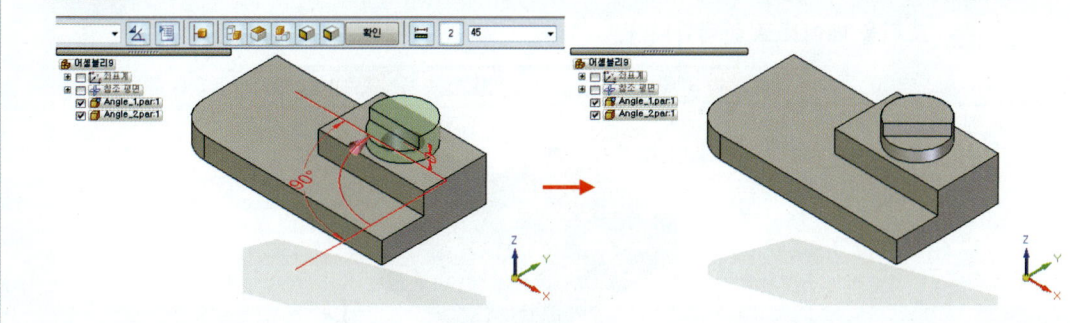

2.6 중심 평면(Center-Plate)

두 개의 중간점 간에 중심 평면 관계를 적용합니다.

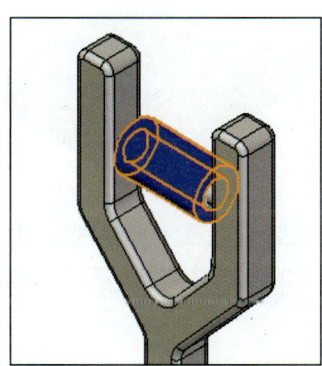

중심 평면(단일)을 이용한 어셈블리 조립 방법

→ step1 파트 라이브러리 탭에서 Center_Plate_1.par을 어셈블리 윈도우로 드래그 합니다.

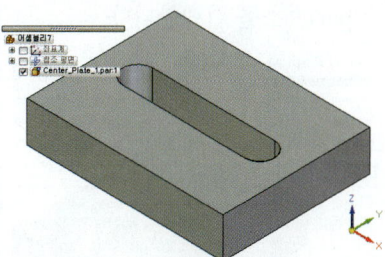

331

- step2 파트 라이브러리 탭에서 Insert_1.par을 어셈블리 윈도우로 드래그 합니다. 그리고 조립 조건을 메이트로 선택합니다.

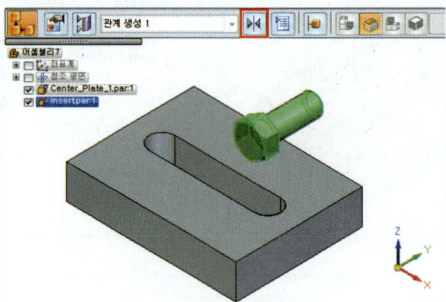

- step3 아래 그림과 같이 메이트 조립 명령을 이용하여 어셈블리를 구성합니다.

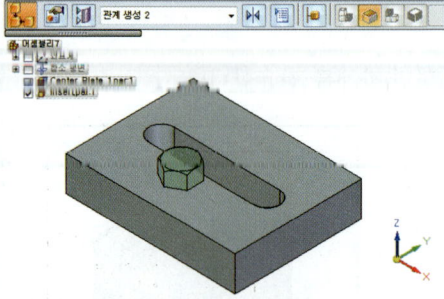

- step4 조립 명령을 중심 평면으로 선택 후 선택 유형을 단일로 변경합니다.

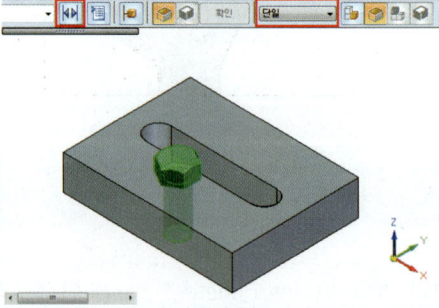

- step5 배치 파트(Insert_1.par)요소를 선택합니다.

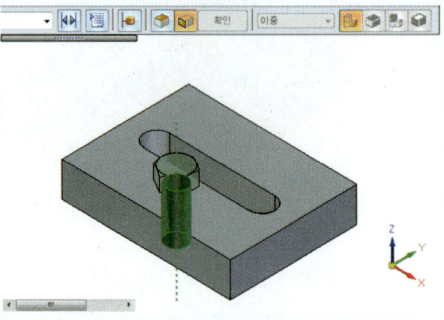

chapter 05 Assembly Modeling(조립품)

step6 대상 파트(Center_Plate_1.par)을 선택합니다.

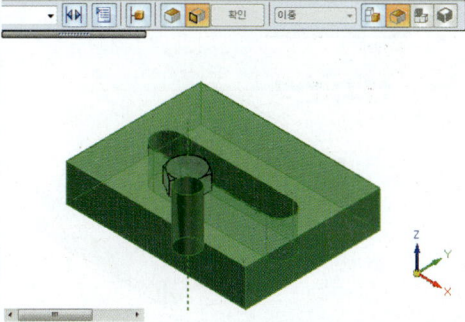

step7 대상 파트(Center_Plate_1.par)요소를 선택합니다.

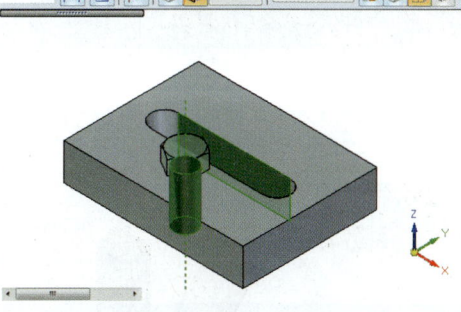

step8 두 번째 대상 파트(Center_Plate_1.par)을 선택합니다.

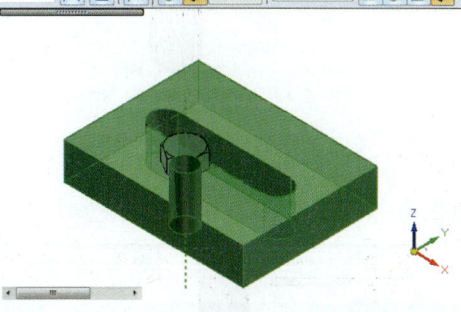

step9 두 번째 대상 파트(Center_Plate_1.par)요소를 선택합니다.

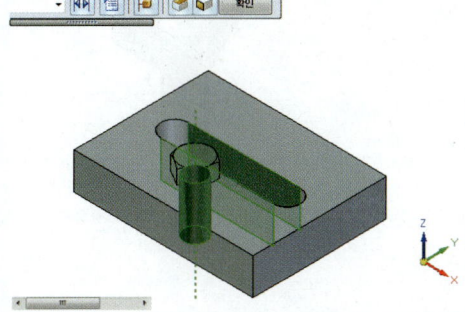

333

- step10 명령어 모음에서 확인 버튼 또는 마우스 오른쪽 버튼을 클릭합니다.

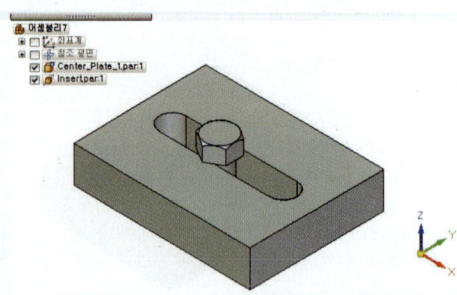

중심 평면(이중)을 이용한 어셈블리 조립 방법

- step1 파트 라이브러리 탭에서 Center_Plate_2.par을 어셈블리 윈도우로 드래그 합니다.

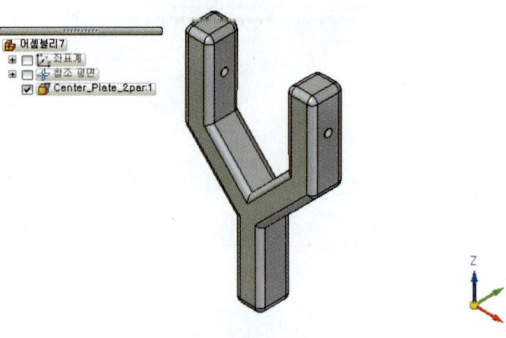

- step2 파트 라이브러리 탭에서 Center_Plate_3.par을 어셈블리 윈도우로 드래그 합니다. 그리고 조립 조건을 축 정렬로 선택합니다.

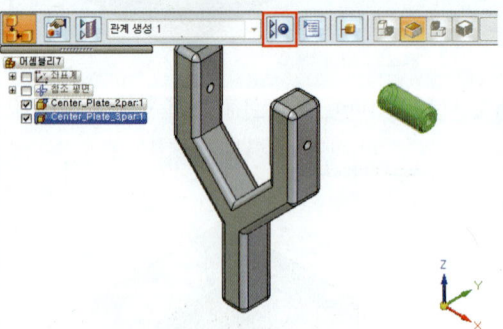

chapter 05 Assembly Modeling(조립품)

step3 아래 그림과 같이 축 정렬 조립 명령을 이용하여 어셈블리를 구성합니다.

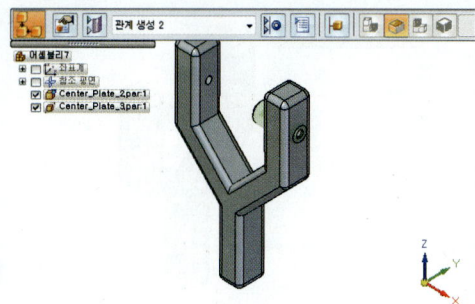

step3 조립 명령을 중심 평면으로 선택 후 선택 유형을 이중으로 변경합니다.

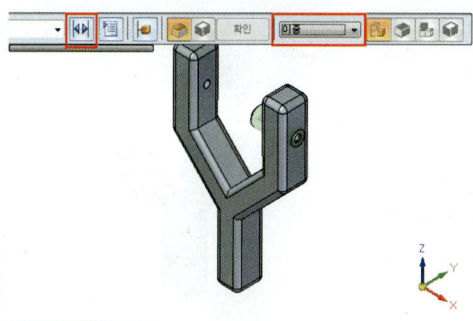

step4 배치 파트(Center_Plate_3.par)을 선택합니다.

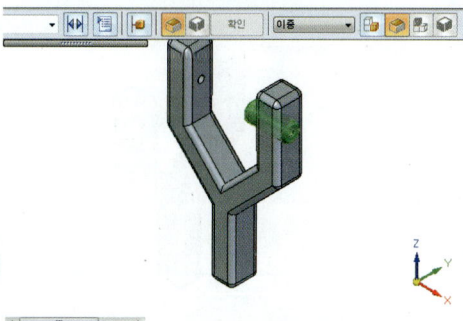

step5 배치 파트(Center_Plate_3.par)요소를 선택합니다.

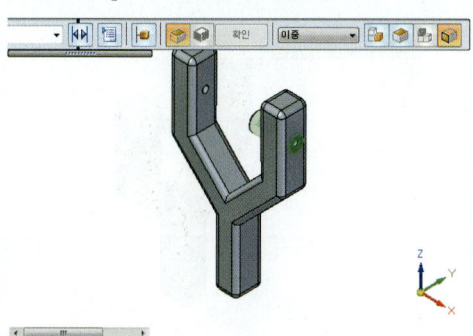

step6 배치 파트(Center_Plate_3.par)두 번째 요소를 선택합니다.

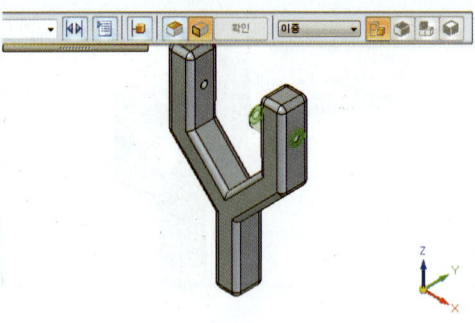

step7 대상 파트(Center_Plate_2.par)을 선택합니다.

step8 대상 파트(Center_Plate_2.par)요소를 선택합니다.

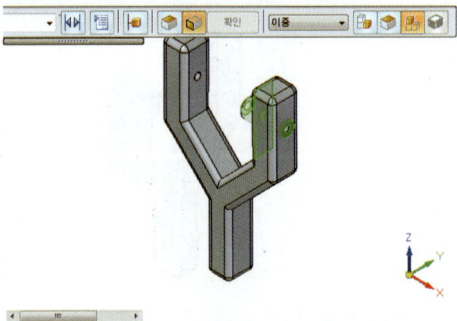

step9 두 번째 대상 파트(Center_Plate_2.par)을 선택합니다.

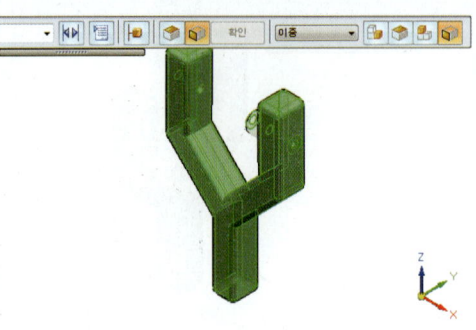

chapter 05 Assembly Modeling(조립품)

▶ step10 두 번째 대상 파트(Center_Plate_2.par)요소를 선택합니다.

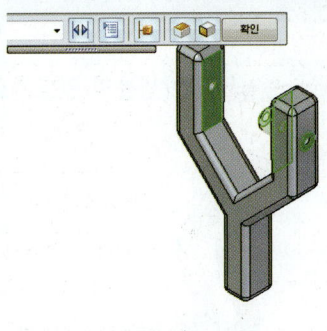

▶ step11 명령어 모음에서 확인 버튼 또는 마우스 오른쪽 버튼을 클릭합니다.

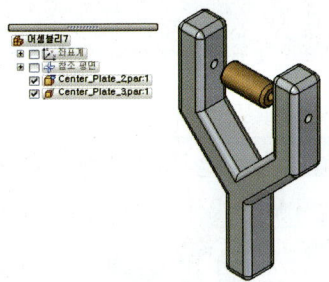

▶ step12 키보드 Ctrl + F을 선택합니다.

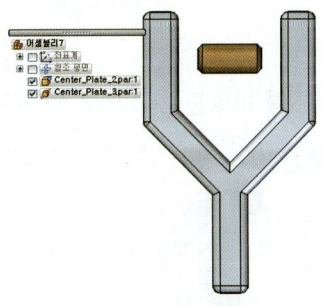

2.7 경로(Path)

경로 관계를 사용하여 한 파트가 다른 파트를 기준으로 경로를 따라 이동되는 방식을 정의합니다.

337

경로를 이용한 어셈블리 조립 방법

step1 파트 라이브러리 탭에서 path_1.par을 어셈블리 윈도우로 드래그 합니다.

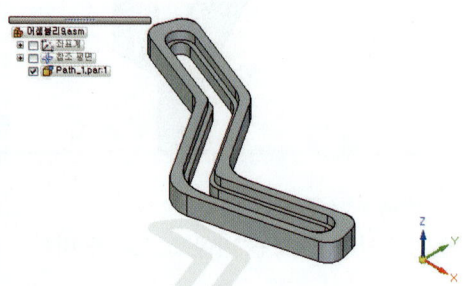

step2 파트 라이브러리 탭에서 Insert_1.par을 어셈블리 윈도우로 드래그 합니다. 그리고 조립 조건을 메이트로 선택합니다.

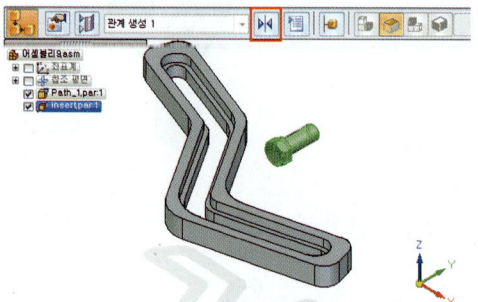

step3 아래 그림과 같이 메이트 조립 명령을 이용하여 어셈블리를 구성합니다.

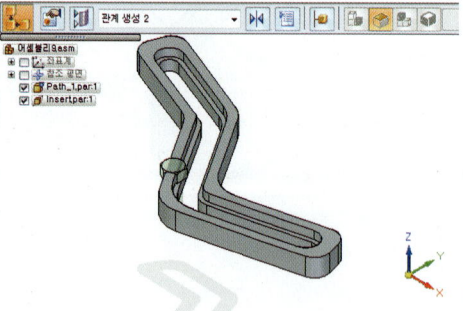

step4 조립 명령을 결로 선택 후 요소 선택 유형을 종동부로 변경합니다.

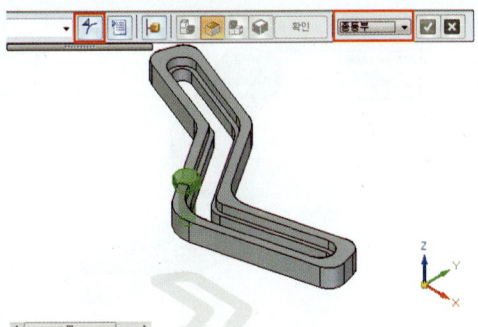

step5 배치 파트(insert.par)요소을 선택합니다.

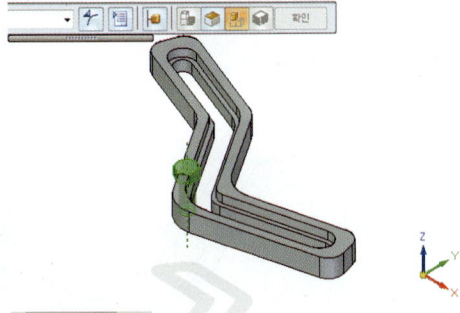

step6 대상 파트(Path_1.par)을 선택 후 요소 선택 유형을 모서리로 변경합니다.

step7 대상 파트(Path_1.par)요소를 선택합니다.

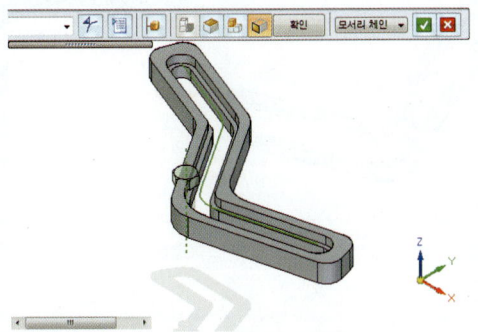

- step8 명령어 모음에서 확인 버튼 또는 마우스 오른쪽 버튼을 클릭합니다.

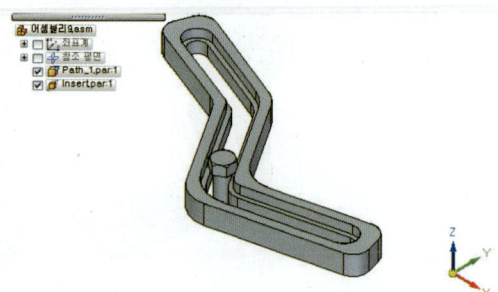

- step9 키보드 Ctrl + F을 선택합니다.

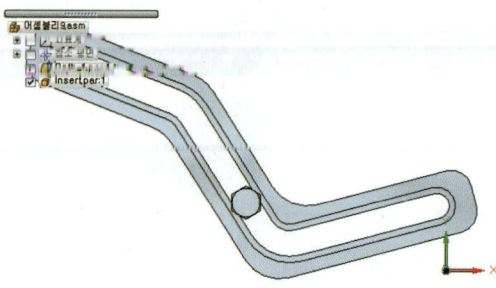

- step10 홈 탭 > 수정 그룹 > 컴포넌트 드래그 명령을 선택합니다. 그 후 확인 아이콘을 클릭합니다.

- step11 마우스 커서를 Insert.par 파트를 선택 후 드래그 합니다.

- step12 Insert.par 파트가 Path_1.par 형상의 경로를 따라서 이동됩니다.

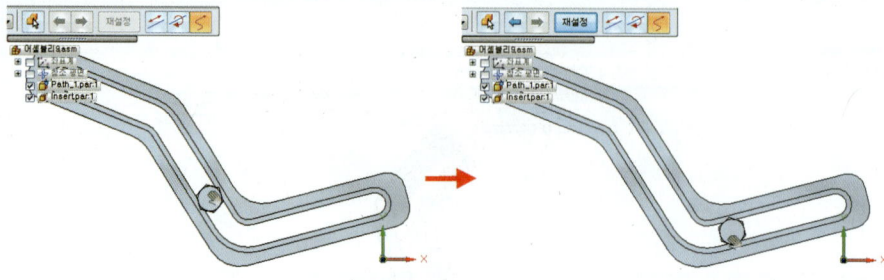

chapter 05 Assembly Modeling(조립품)

2.8 연결(Connect)

연결 관계는 메이트 또는 평면형 정렬 관계를 사용하여 파트 위치를 지정할 수 없는 경우 유용합니다. 연결 관계는 한 파트의 키포인트를 다른 파트의 키포인트, 스케치, 선 또는 면을 기준으로 위치 지정하기 위해 사용됩니다.

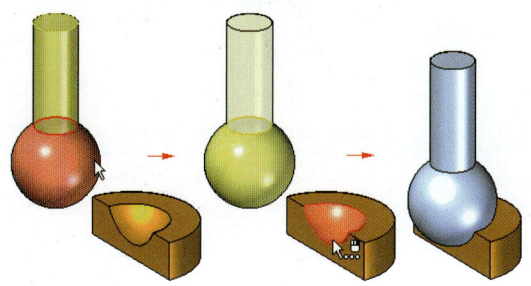

연결 조립 조건은 아래와 같은 방법을 사용하여 연결 관계를 적용할 수 있습니다.

- **점 대 점** : 파트의 연귀 모서리 사이에 연결 관계가 적용됩니다.

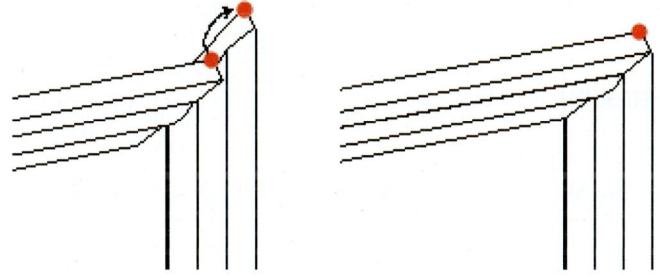

- **점 대 선** : 다음 그림에서는 두 파트의 면 사이에 메이트 관계가 적용됩니다.

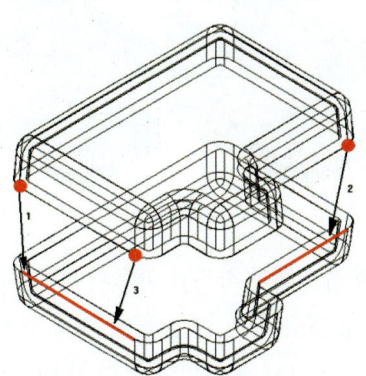

341

- **점 대 면** : 오른쪽 아래 핀이 참조 평면의 곡면과 바로 맞닿는 깊이로 위치 지정됩니다.

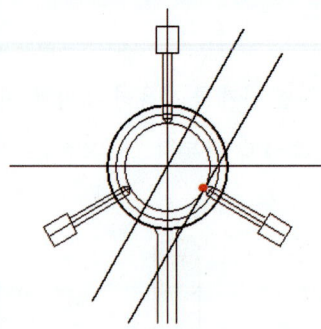

- **원뿔 대 원뿔** : 패스너에 있는 원뿔이 판의 카운터싱크 구멍에 있는 원뿔에 연결됩니다.

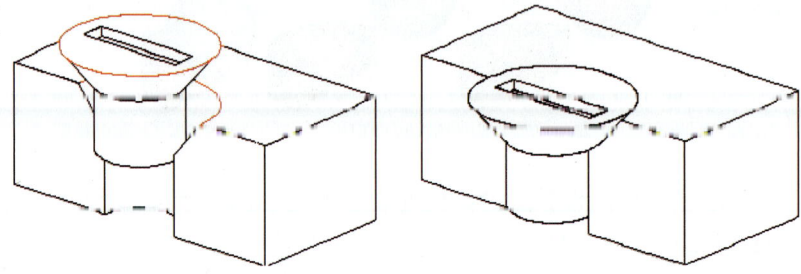

2.9 평행(Parallel)

두 개의 원통형 축, 원통형 축과 선형 요소 또는 두 개의 선형 요소 사이에 평행 관계를 적용할 수 있습니다

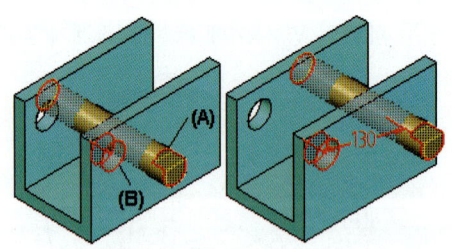

평행 관계는 알려진 반경 거리를 유지해야 하지만 파트의 최종 위치가 지정되지 않은 메커니즘의 하향식 디자인을 생성할 때 유용할 수 있습니다. 예를 들어 평행 관계(A)를 사용하여 적절한 평행 옵셋 거리에 파트를 배치할 수 있습니다. 그런 다음 평면형 정렬 관계(B)와 같은 다른 관계를 사용하여 파트 배치를 마칠 수 있습니다.

chapter 05 Assembly Modeling(조립품)

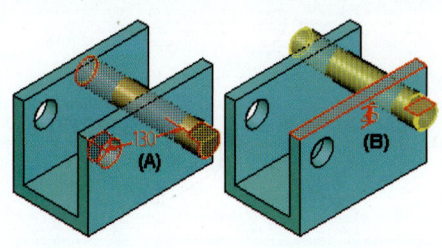

파트의 최종 위치가 결정되면 인접 파트의 디자인 과정을 마칠 수 있습니다.

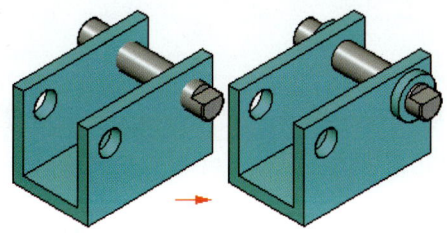

또한 위치를 지정하려는 파트의 선형 가장자리(A)와 어셈블리에 이미 배치된 파트의 선형 가장자리 (B) 사이에 평행 관계를 적용할 수 있습니다.

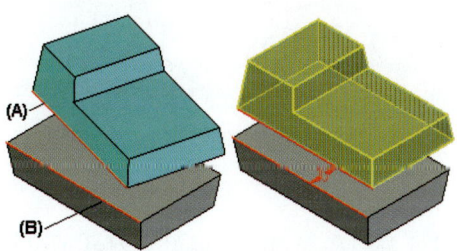

부동 옵셋 옵션을 설정하면 다른 관계를 적용하여 옵셋 거리를 제어할 수 있습니다

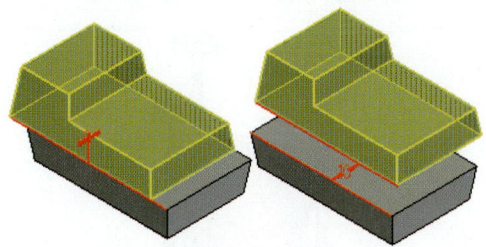

2.10 접선(Tangent)

원통형, 원뿔형 또는 원환체와 원통형, 원뿔형, 원환체 또는 평면 사이에 접선 관계를 적용할 수 있습니다.

343

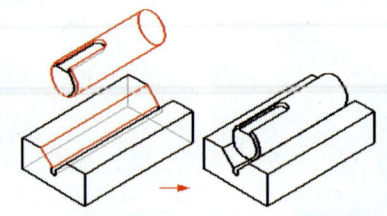

2.11 캠(Cam)

1) 접선 닫힌 루프 면

한 파트에 있는 접선 면의 닫힌 루프(A)와 또 다른 파트에 있는 종속 면(B) 사이에 캠 관계를 적용합니다. 종속 면은 평면일 수도 있고 원통형, 구, 점 등이 될 수도 있습니다.

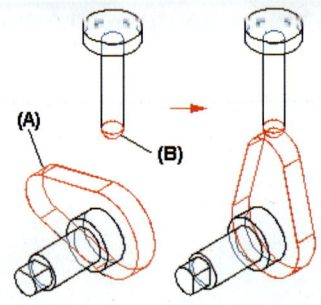

2) 배럴형 캠

캠 정의에 대한 입력으로 곡선의 체인을 선택하면 배럴형 캠이 생성됩니다. 체인에 대해 선택한 모서리가 처리를 위해 복합 곡선에 병합됩니다.

아래에 표시된 내용은 종동부(A) 및 곡선 체인(B)입니다.

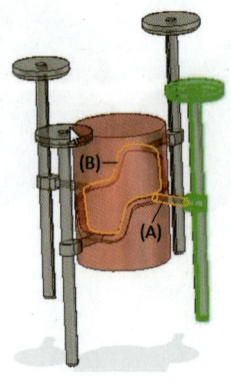

캠 및 종동부 지오메트리 입력 지오메트리가 다음에 설명되어 있습니다.

chapter 05 Assembly Modeling(조립품)

- **곡선의 체인(캠)**
  - 열린 곡선 및 닫힌 곡선
  - 원호 B 스플라인 곡선이 포함된 3D 경로가 연속 접선이어야 합니다.
  - 곡선의 체인은 스케치, 설계 바디, 컨스트럭션 곡선 또는 유사한 입력에 속하는 모서리에서 시작됩니다.
- **곡면(종동부)**
  - 원통 / 토리 / 구

캠이 원하는 위치의 반대쪽에 배치되는 경우 뒤집기 명령을 사용할 수 있습니다.

배럴형 캠을 이용한 어셈블리 조립 방법

step1 Barrel_Cam.asm 파일을 오픈합니다.

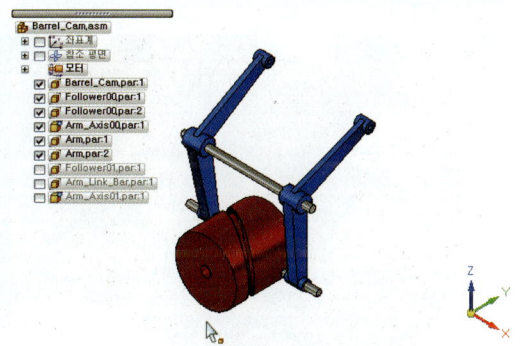

step2 홈 탭 〉 조립 그룹 〉 조립 명령어를 실행합니다. 그리고 조립 조건을 연결로 선택합니다.

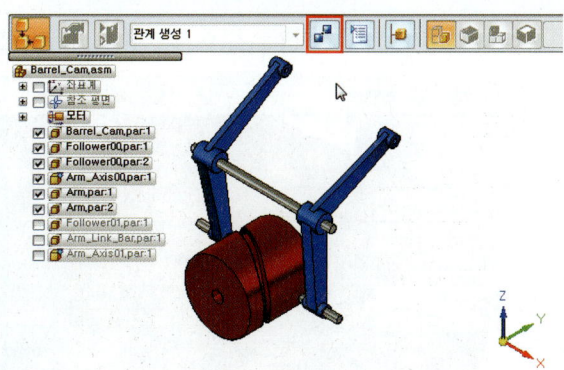

step3 배치 파트(follower00.par)을 선택합니다.

345

- step4 배치 파트(follower00.par)요소를 선택합니다.

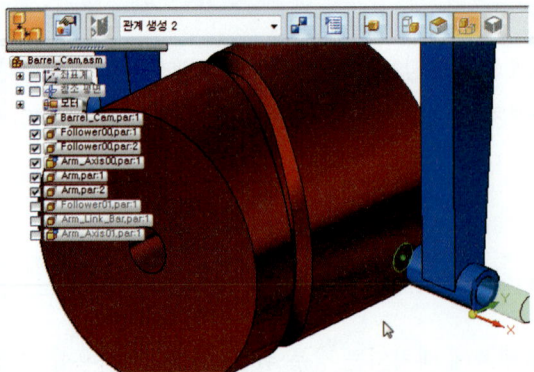

- step5 대상 파트(Barrel_Cam.par)을 선택합니다.

- step6 대상 파트(Barrel_Cam.par)요소를 선택합니다.

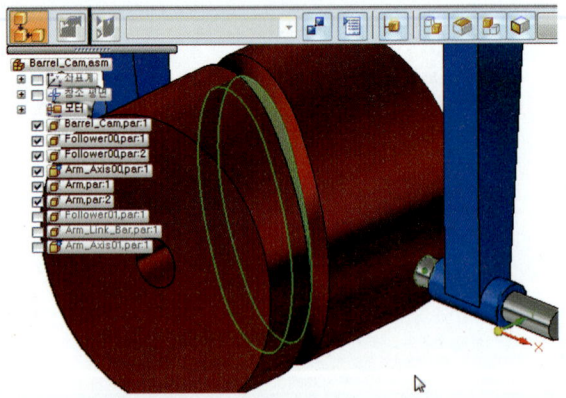

- step7 명령어 모음에서 확인 버튼 또는 마우스 오른쪽 버튼을 클릭합니다.

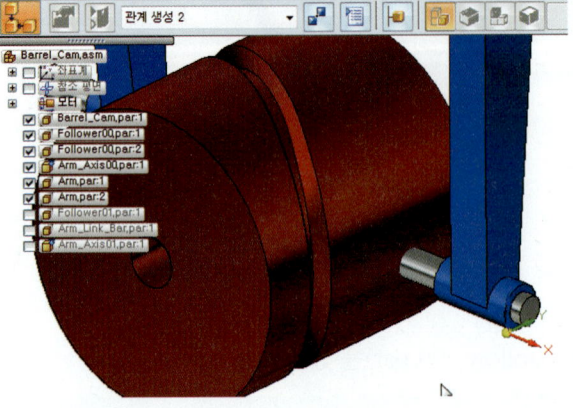

chapter 05 Assembly Modeling(조립품)

- step8 홈 탭 > 수정 그룹 > 컴포넌트 드래그 명령어를 실행합니다.

- step9 아래 그림과 옵션을 선택 후 확인을 선택합니다.

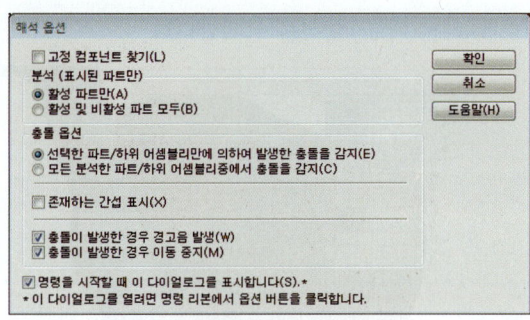

- step10 컴포넌트 드래그 명령어 모음에서 옵션을 자유 이동으로 선택합니다.

- step11 follower00.par 파트를 선택 후 아래 그림과 같이 이동합니다.

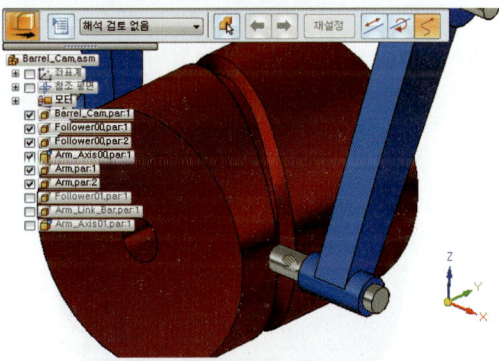

- step12 홈 탭 > 조립 그룹 > 조립 명령어를 실행합니다. 그리고 조립 조건을 캠으로 선택합니다.

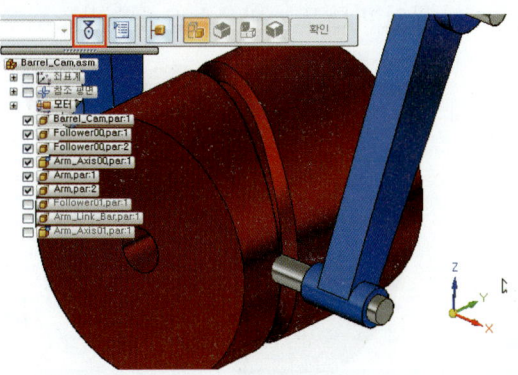

347

→ step13 배치 파트(follower00.par)을 선택합니다. 그리고 선택 옵션을 종동부를 선택합니다.

→ step14 배치 파트(follower00.par)요소를 선택합니다.

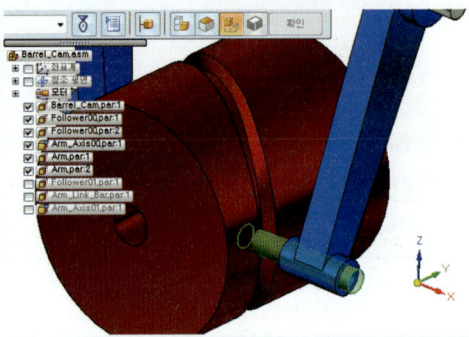

→ step15 대상 파트(Barrel_Cam.par)을 선택합니다. 그리고 선택 옵션을 모서리 체인으로 선택합니다.

→ step16 대상 파트(Barrel_Cam.par)요소를 선택합니다.

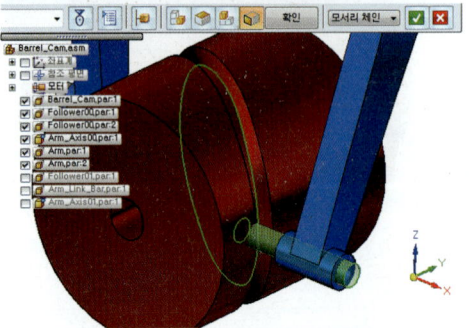

→ step17 명령어 모음에서 확인 버튼 또는 마우스 오른쪽 버튼을 클릭합니다.

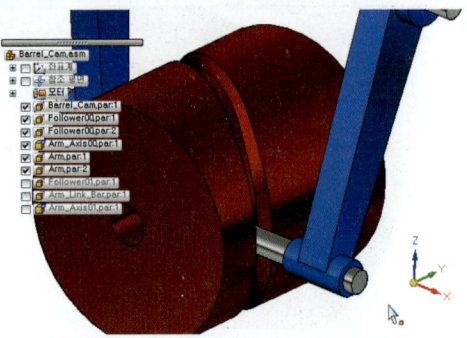

chapter 05 Assembly Modeling(조립품)

- step18 홈 탭 〉 수정 그룹 〉 컴포넌트 드래그 명령어를 실행합니다.

- step19 아래 그림과 옵션을 선택 후 확인을 선택합니다.

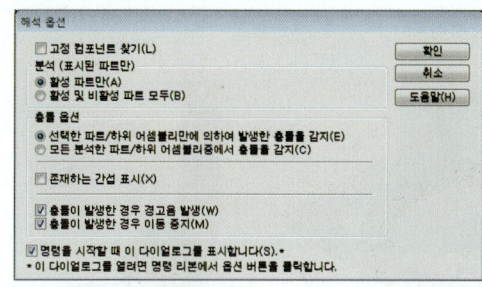

- step20 컴포넌트 드래그 명령어 모음에서 옵션을 자유 이동으로 선택합니다.

- step21 Barrel_Cam.par 파트를 선택합니다. 그리고 Y 축을 선택한 상태에서 아래 그림과 같이 움직입니다.

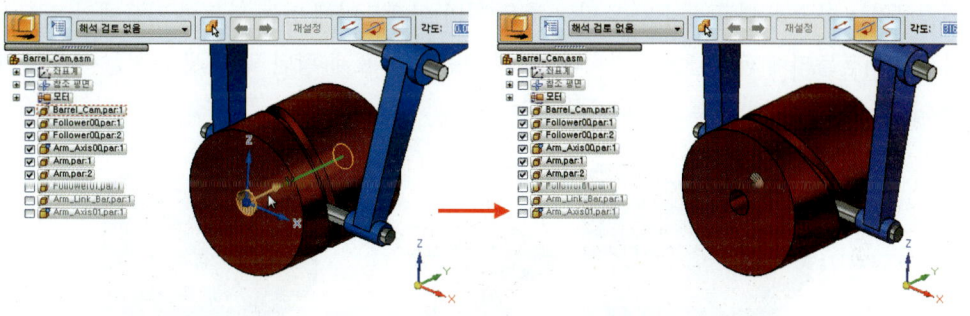

2.12 기어(Gear)

두 파트 사이에 기어 관계를 적용합니다. 기어 관계를 사용하여 한 파트가 다른 파트를 기준으로 어떻게 움직이는지를 정의합니다.

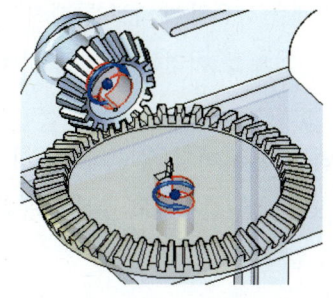

349

기어 관계 유형을 아래와 같이 정의할 수 있습니다.
- 회전-회전
- 회전-선형
- 선형-선형

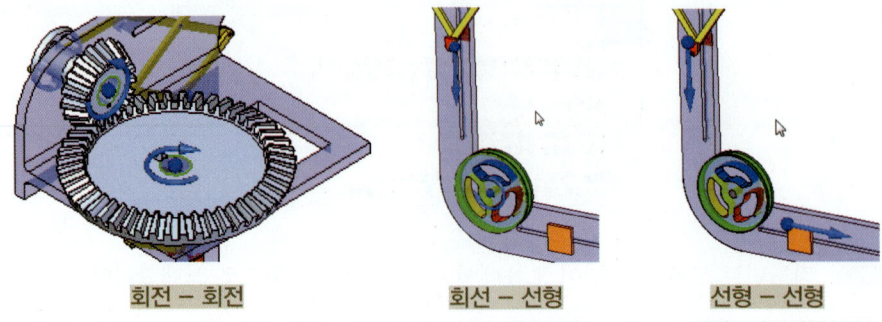

회전 – 회전   회선 – 선형   선형 – 선형

2.13 좌표계 일치(Match Coordinate Systems)

배치하려는 파트의 좌표계의 X, Y 및 Z 축을 이미 어셈블리에 있는 파트의 좌표계의 X, Y 및 Z 축에 일치시켜 어셈블리에 파트를 배치합니다. 명령 모음의 좌표계 평면 및 옵셋 옵션을 사용하여 각 좌표계 축의 옵셋 값을 정의할 수 있습니다.

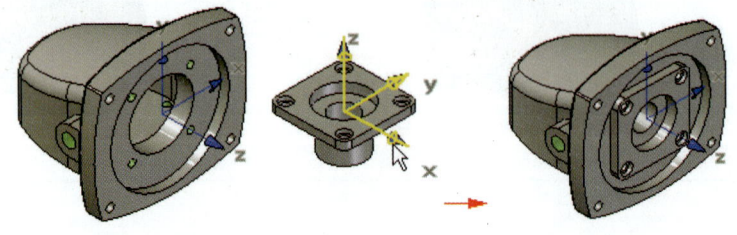

2.14 빠른 구속(FlashFit)

메이트, 평면형 정렬 및 축 정렬 관계를 사용하여 파트를 배치하는 데 필요한 단계를 전통적인 워크플로에 비해 줄일 수 있습니다. 많은 파트를 이러한 관계를 사용하여 배치하므로 대부분의 경우에 FlashFit를 사용할 수 있습니다.

FlashFit를 사용하여 파트를 배치하는 경우 먼저 배치 파트에서 면 또는 모서리를 선택합니다. 그런 다음 대상 파트에서 원하는 면이나 모서리를 선택하고 추론을 통해 Solid Edge에서 대상 파트 요소에 따라 가장 적절한 관계가 결정되도록 합니다.

chapter 05 Assembly Modeling(조립품)

- **FlashFit 배치 논리**

배치 파트	대상 파트	관계	기본 솔루션	보조 솔루션
평면형면	평면형면	메이트 또는 평면형 정렬	면 법선 비교에 기반한 최적의 솔루션	없음, 뒤집기 버튼 또는 Tab키를 사용하여 다른 관계 적용
원통형면	원통형면	축 정렬	축	없음
원형모서리	원형모서리	축 정렬 및 메이트 또는 평면형 정렬	면 법선 비교에 기반한 축 정렬 및 최적의 솔루션	없음
선형모서리	선형모서리	축 정렬	가장 가까이	반대
키포인트	키포인트	연결	연결	없음

- 선택한 두 면이 메이트 솔루션에 더 가까운 경우 메이트 관계가 적용됩니다.

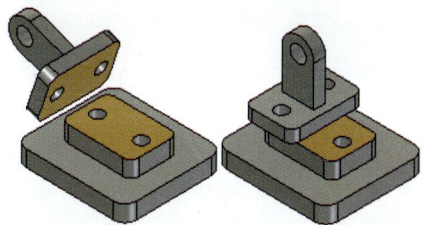

- 선택한 두 면이 평면 정렬 솔루션에 더 가까운 경우 평면 정렬 관계가 적용됩니다.

- 뒤집기(Flip) 버튼 또는 Tab 키를 사용하여 대체 솔루션을 선택할 수도 있습니다.

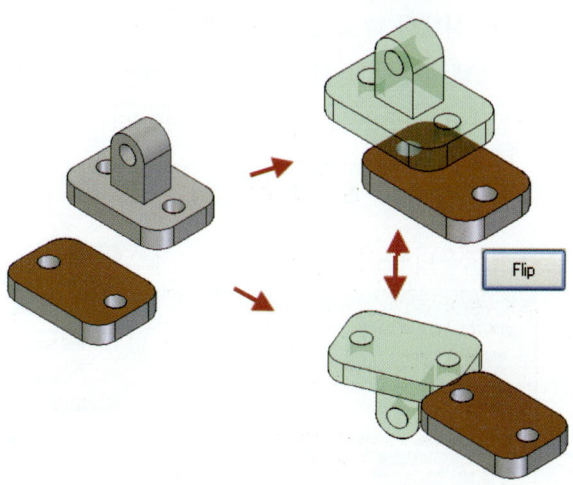

2.15 강성 세트(Rigid Set)

⇒ 홈 탭 ⇒ 관계 생성 그룹 ⇒ 강성 세트
⇒ Home Tap ⇒ Relate Group ⇒ Rigid Set

둘 이상의 컴포넌트 간에 관계가 적용되고 서로를 기준으로 고정되도록 고정합니다. 활성 어셈블리에 관계가 생성되며 하위 어셈블리가 포함될 수 있습니다.

2.16 고정(Ground)

⇒ 홈 탭 ⇒ 관계 생성 그룹 ⇒ 고정
⇒ Home Tap ⇒ Relate Group ⇒ Ground

파트를 고정하면 (어셈블리를 기준으로) 지정된 위치와 방향으로 고정된 상태를 유지합니다. 고정된 파트는 다른 파트를 위치 지정하는 데 사용할 수 있는 앵커이 역할을 수행합니다. Solid Edge에서는 어셈블리에 배치된 첫 번째 파트에 대해 고정 관계를 자동 적용합니다.

2.17 어셈블리 관계 도우미(Assembly Relationship Assistant)

⇒ 홈 탭 ⇒ 관계 생성 그룹 ⇒ 어셈블리 관계 도우미
⇒ Home Tap ⇒ Relate Group ⇒ Assembly Relationship Assistant

현재 지오메트리 방향에 따라 선택한 파트 및 하위 어셈블리 간의 어셈블리 관계를 자동으로 적용합니다. 이 명령은 다른 CAD 시스템에서 Solid Edge로 가져온 어셈블리와 같이 파트의 방향이 올바르지만 어셈블리 관계는 없는 어셈블리로 작업하는 경우에 유용합니다.

- 옵션(Options) : 관계 도우미 옵션 다이얼로그에 액세스합니다.

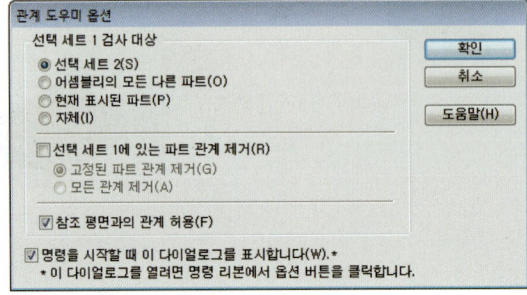

chapter 05 Assembly Modeling(조립품)

▶ 선택 세트 1 검사 대상(Check Select Set 1 Against)
  - 선택 세트2(Select Set 2) : 선택 세트 1과 선택 세트 2에 있는 파트 사이에 어셈블리 관계를 적용합니다.
  - 어셈블리의 다른 모든 파트(All Other Parts In The Assembly) : 선택 세트 1의 파트와 어셈블리의 모든 나머지 파트 사이에 어셈블리 관계를 적용합니다.
  - 현재 표시된 파트(Parts Currently Shown) : 선택 세트 1의 파트와 어셈블리에 현재 표시된 다른 파트 간에 어셈블리 관계를 적용합니다.
  - 자체(Itself) : 선택한 모든 파트에 관계를 적용합니다.

▶ 선택 세트 1에 있는 파트 관계 제거(Remove Relationships on Parts in Select Set 1) : 선택 세트 1에 있는 파트에서 제거할 관계를 지정합니다.
  - 고정된 파트 관계 제거(Remove Grounded Part Relationships) : 선택 세트 1에 있는 파트에 대한 고정된 관계를 제거합니다.
  - 모든 관계 제거(Remove All Relationships) : 선택 세트 1의 파트에 적용된 기존 관계를 모두 제거합니다.
  - 참조 평면과의 관계 허용(Allow Relationships to Reference Planes) : 기본 참조 평면에 어셈블리 관계 적용을 허용합니다.

- 세트 1 선택(Select Set One) : 첫 번째 파트 집합을 정의합니다.
- 세트 2 선택(Select Set Two) : 두 번째 파트 집합을 정의합니다.
- 관계 도우미 설정(Relationship Assistant Settings) : 관계 도우미 설정 다이얼로그에 액세스합니다.

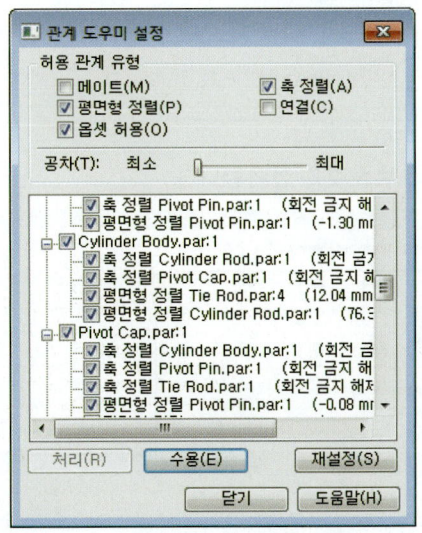

▶ 허용 관계 유형(Allowable Relationship Types) : 적용할 수 있는 어셈블리 관계 유형을 지정합니다.

▶ 공차(Tolerance) : 슬라이더를 사용하여 공차 값을 정의합니다. 이 옵션은 관계가 기본 설정으로 적용되지 않도록 하는 지오메트리 정확도를 가진, 다른 CAD 시스템에서 가져온 파트에 관계를 적용할 때 유용합니다. 이 옵션을 사용하는 경우 관계를 적용하면 파트가 살짝 움직일 수 있습니다.

▶ 처리(Process) : 정의한 파트 세트에 사용자가 지정한 관계를 적용합니다.

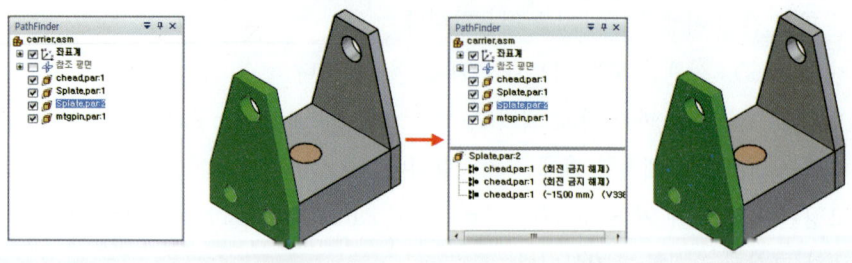

어셈블리 관계 도우미를 이용한 어셈블리 조립 방법

step1 Cylinder.x_t 파일을 오픈합니다. (파일 유형을 Parasolid 문서로 선택합니다.)

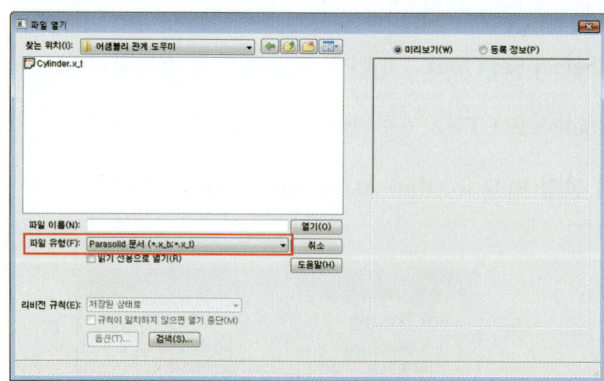

step2 iso assembly.asm 템플릿을 선택합니다.

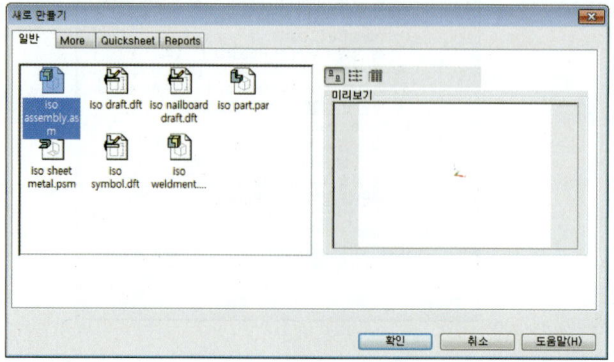

chapter 05 Assembly Modeling(조립품)

- step3 키보드 Ctrl + I를 선택합니다.

- step4 오픈된 파일을 저장합니다.

- step5 홈 탭 〉 관계 생성 그룹 〉 어셈블리 관계 도우미 명령어를 실행합니다. 그리고 아래 그림과 같이 옵션을 설정합니다.

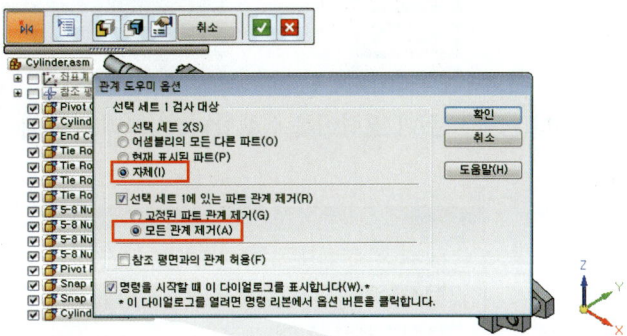

- step6 파트 전체를 선택합니다. 그리고 수용 버튼을 클릭합니다.

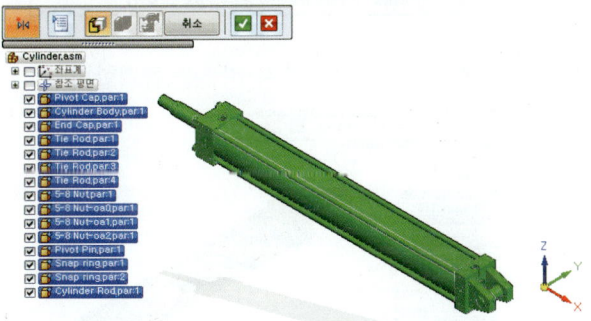

- step7 관계 도우미 설정 창이 표현되면 닫기 버튼을 클릭합니다.

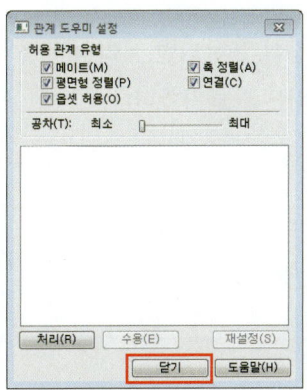

355

step8 Assembly PathFinder를 확인합니다.(모든 파트에 적용 되었던 그라운드 조립 명령어가 모두 삭제됐습니다.)

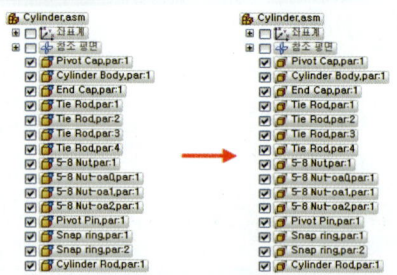

step9 다시 어셈블리 관계 도우미 명령어를 실행합니다. 그리고 아래 그림과 같이 옵션을 설정합니다.

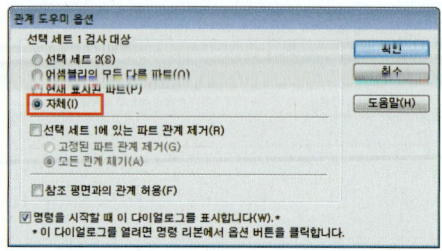

step10 파트 전체를 선택합니다. 그리고 수용 버튼을 클릭합니다.

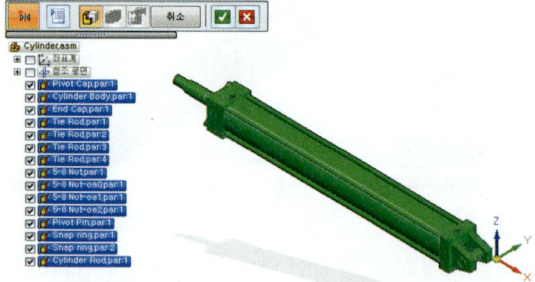

step11 관계 도우미 설정 창이 표현되면 처리 버튼을 클릭합니다. 그리고 수용 버튼을 클릭합니다.

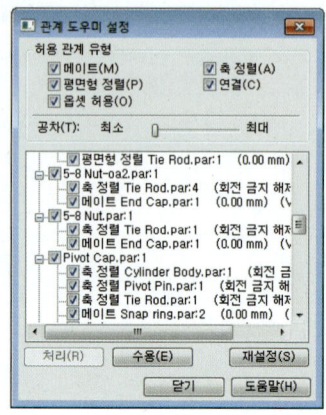

> step12 아래 창이 나올 때까지 처리와 수용 버튼을 번갈아 클릭합니다. 창이 나타나면 확인 버튼을 클릭 후 닫기 버튼을 클릭합니다.

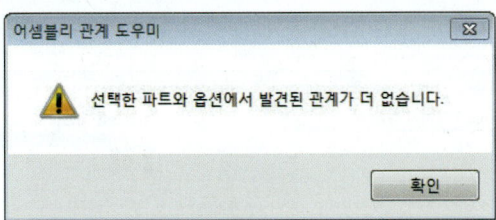

> step13 어셈블리 PathFinder창에서 Pivot Cap.par파트를 선택합니다.

> step14 홈 탭 > 관계 생성 그룹 > 고정 명령어를 실행합니다.

> step15 Assembly PathFinder을 선택하면 자동으로 파트 간 구속 조건이 부여된 것을 확인할 수 있습니다.

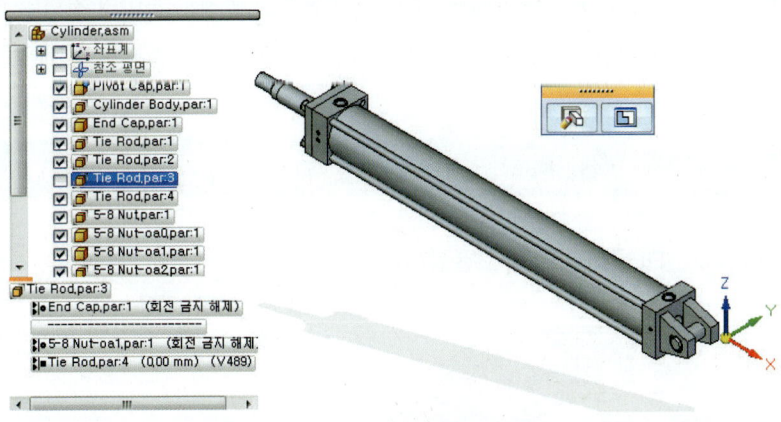

2.18 캡처 맞춤(Capture Fit)

➡ 홈 탭 ⇒ 관계 생성 그룹 ⇒ 캡처 맞춤
➡ Home Tap ⇒ Relate Group ⇒ Capture Fit

어셈블리에 이미 배치된 파트 또는 어셈블리에 사용된 어셈블리 관계 및 면을 캡처합니다. 그러면 나중에 보다 쉽고 빠르게 해당 파트와 어셈블리를 배치할 수 있습니다.

※ 캡처 맞춤(Capture Fit)명령으로 각도 관계는 캡처할 수 없습니다.

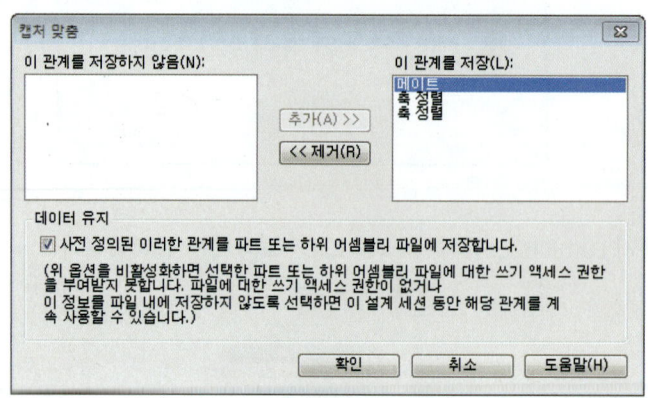

- 이 관계를 저장하지 않음(Do Not Learn These Relationships) : 파트를 배치할 때 인식하지 않으려는 관계를 나열합니다.
- 이 관계를 저장(Learn These Relationships) : 파트를 배치할 때 인식하려는 관계를 나열합니다.
- 사전 정의된 이러한 관계를 파트 또는 하위 어셈블리 파일에 저장합니다.(Save These Predefined Relationships In The Part Or Subassembly File) : 이 옵션을 설정하면 미리 정의된 관계가 파트 또는 하위 어셈블리 파일에 저장되기 때문에 또 다른 세션에서 해당 파트를 빠르게 배치할 수 있습니다.

캡처 맞춤을 이용한 어셈블리 조립 방법

step1 Capture_Fit.asm 파일을 오픈합니다.

chapter 05 Assembly Modeling(조립품)

- step2 파트 라이브러리 탭에서 M8_bolt.par을 어셈블리 윈도우로 드래그 합니다. 그리고 조립 조건을 삽입으로 선택합니다.

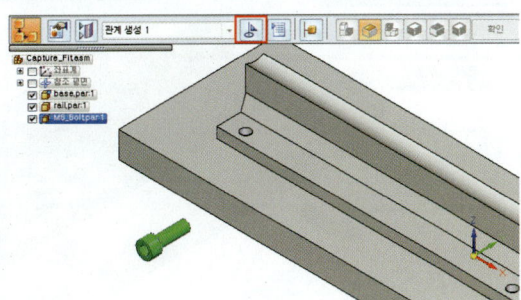

- step3 배치 파트(M8_Bolt.par)요소를 선택합니다.

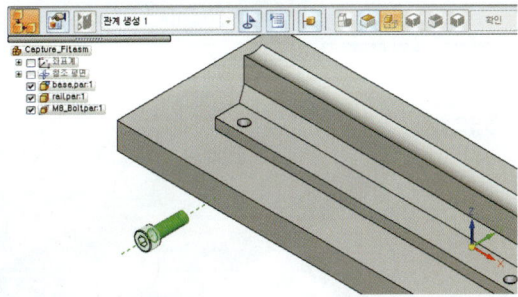

- step4 대상 파트(rail.par)를 선택합니다.

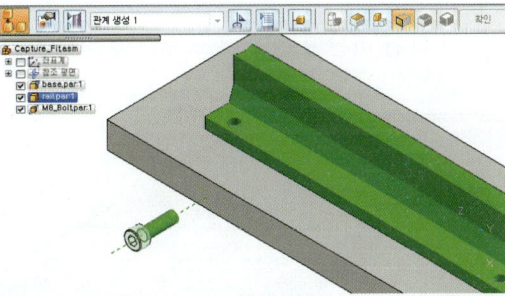

- step5 대상 파트(rail.par)요소를 선택합니다.

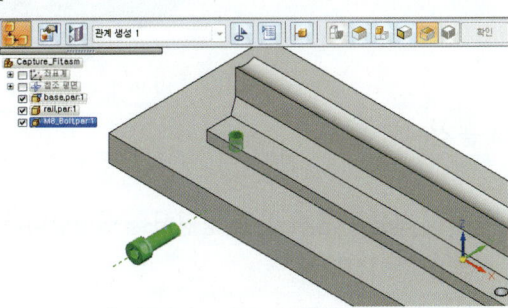

359

- step6 배치 파트(M8_Bolt.par)두 번째 요소를 선택합니다.

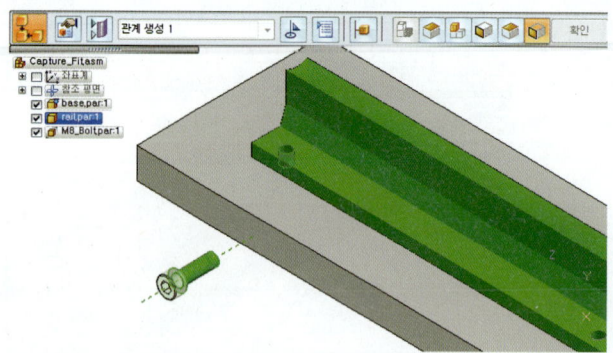

- step7 대상 파트(rail.par)두 번째 요소를 선택합니다.

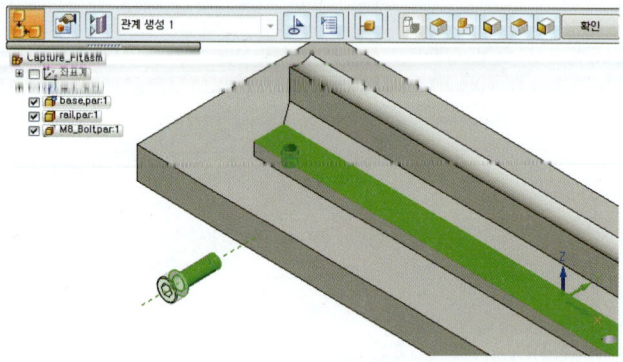

- step8 명령어 모음에서 확인 버튼 또는 마우스 오른쪽 버튼을 클릭합니다.

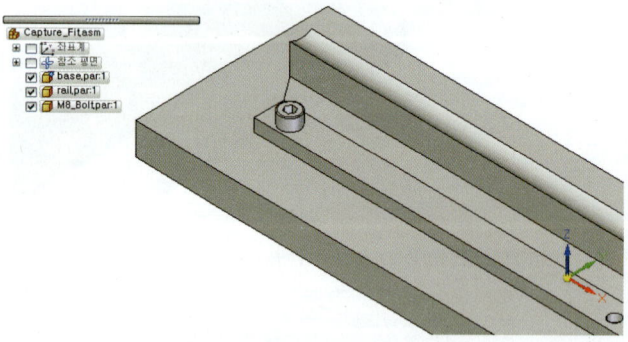

- step9 M8_Bolt.par을 선택합니다.

- step10 홈 탭 〉 관계 생성 그룹 〉 캡처 맞춤 명령어를 실행합니다. 그리고 아래 그림과 같이 설정 후 확인 버튼을 클릭합니다.

chapter 05 Assembly Modeling(조립품)

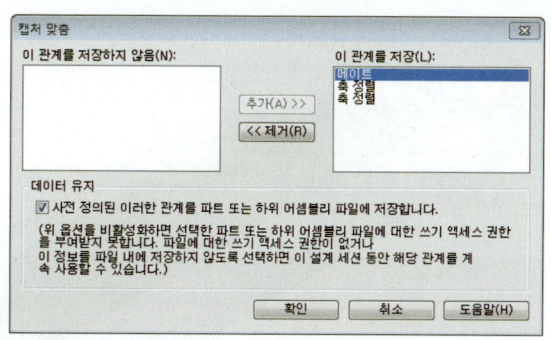

- step11 파트 라이브러리 탭에서 M8_bolt.par을 어셈블리 윈도우로 드래그 합니다. 그러면 아래 그림과 같이 자동으로 조립 조건이 선택되며, 대상 파트를 바로 선택할 수 있습니다.

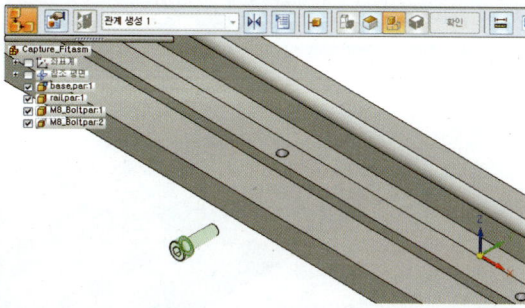

- step12 대상 파트(rail.par)를 선택합니다.

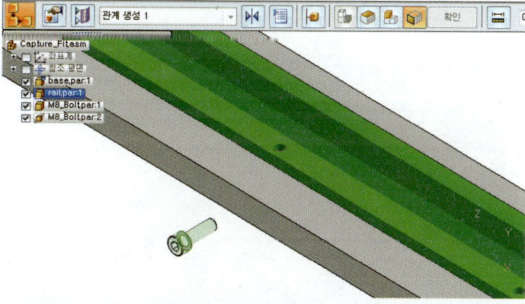

- step13 대상 파트(rail.par)요소를 선택합니다. 그리고 확인 버튼을 클릭합니다.

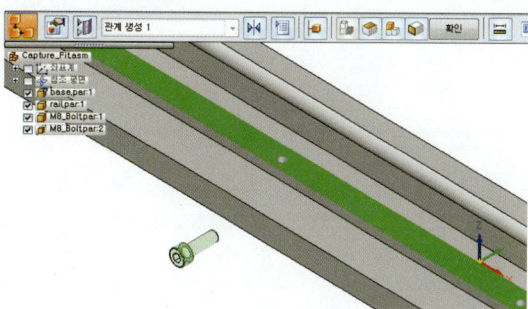

step14 대상 파트(rail.par)를 선택합니다.

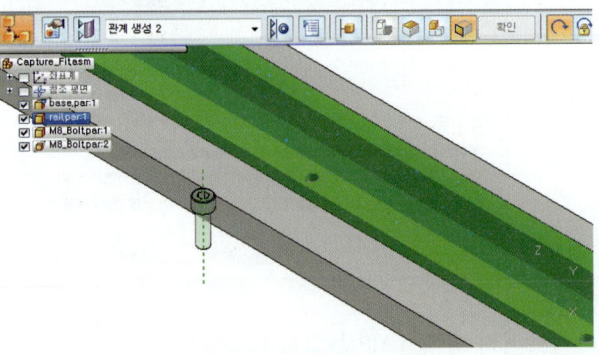

step15 대상 파트(rail.par)요소를 선택합니다.

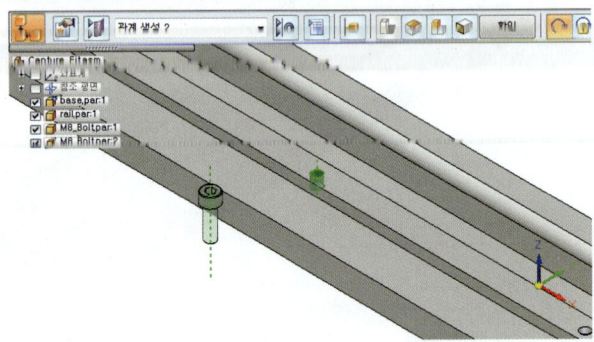

step16 명령어 모음에서 확인 버튼 또는 마우스 오른쪽 버튼을 클릭합니다.

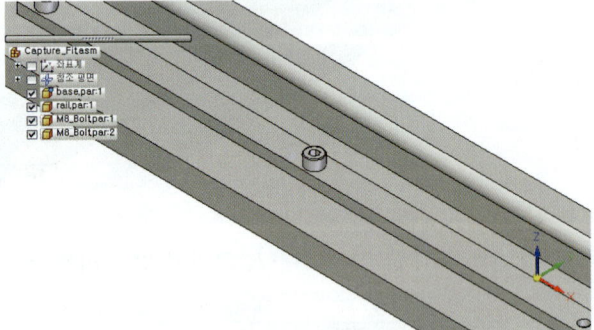

※ 1. Capture Fit을 적용한 조립 순서와 동일한 순서로 면을 선택해야 합니다.
　 2. 파트를 배치할 때 축소 단계 사용을 사용하면 더욱 빠르게 조립이 가능합니다.

chapter 05 Assembly Modeling(조립품)

2.19 파트 간 관계 생성(Create Inter-Part Relationships)

➡ 홈 탭 ⇒ 관계 생성 그룹 ⇒ 파트 간 관계 생성
➡ Home Tap ⇒ Relate Group ⇒ Create Inter-Part Relationships

설계 프로젝트의 파트 및 어셈블리를 만들 때 지오메트리나 어셈블리의 다른 파트를 사용하여 새 파트 또는 하위 어셈블리를 쉽게 만들 수 있습니다.(동기식 모드에서만 사용가능)

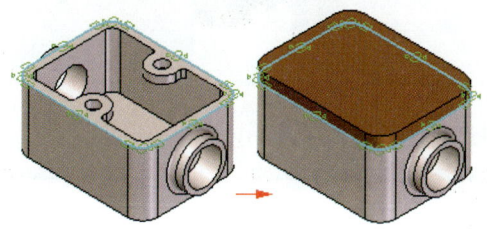

파트 간 관계 생성 사용 방법

step1 CIPR.asm 파일을 오픈합니다.

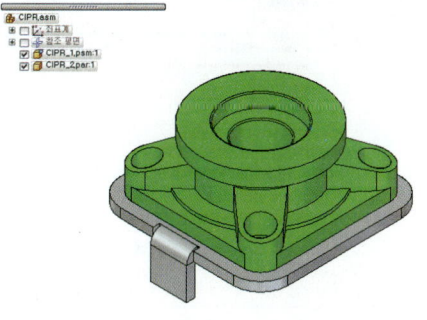

step2 홈 탭 > 관계 생성 그룹 > 파트 간 관계 생성 명령어를 실행합니다. 그리고 아래 그림과 같이 순서대로 선택합니다.

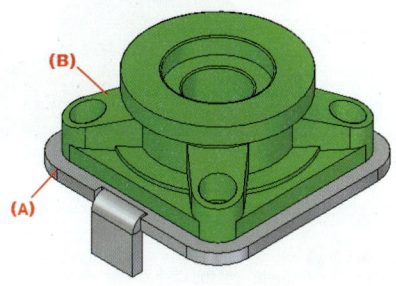

363

- step3 파트 간 관계 생성 창이 실행됩니다. 저장을 누릅니다.

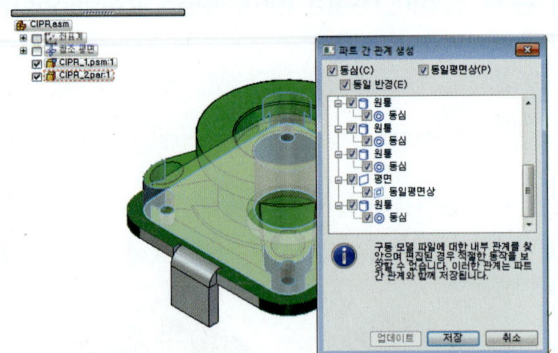

- step4 CIPR_1.psm파트에 링크가 연결됩니다.

- step5 홈 탭 > 선택 그룹 > 선택 명령어를 실행합니다. 그리고 면 우선 순위로 변경합니다.

- step6 CIPR_1.psm 홀을 선택합니다.

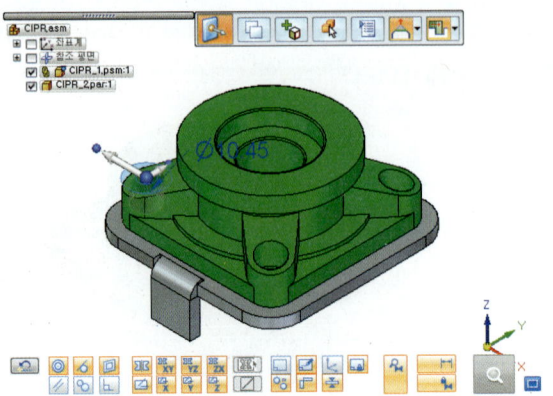

chapter 05 Assembly Modeling(조립품)

step7 스트리어링 휠을 선택합니다.

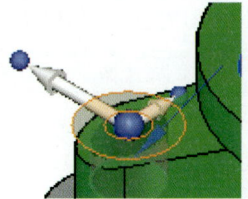

step8 아래 그림과 같이 이동합니다. 그러면 파트 CIPR_2.par가 이동하면 CIPR_1.par도 같이 이동합니다.

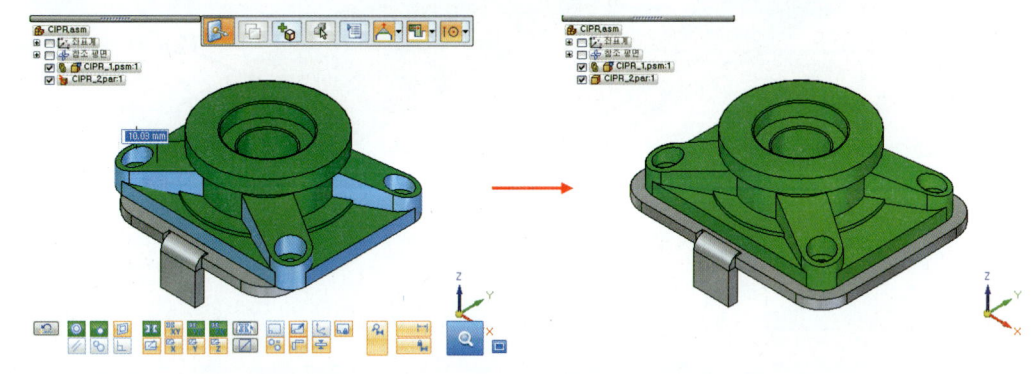

어셈블리 조립 따라하기 1

step1 Assembly 환경에서 기준 파트(base.par)를 파트 라이브러리에서 불러옵니다.

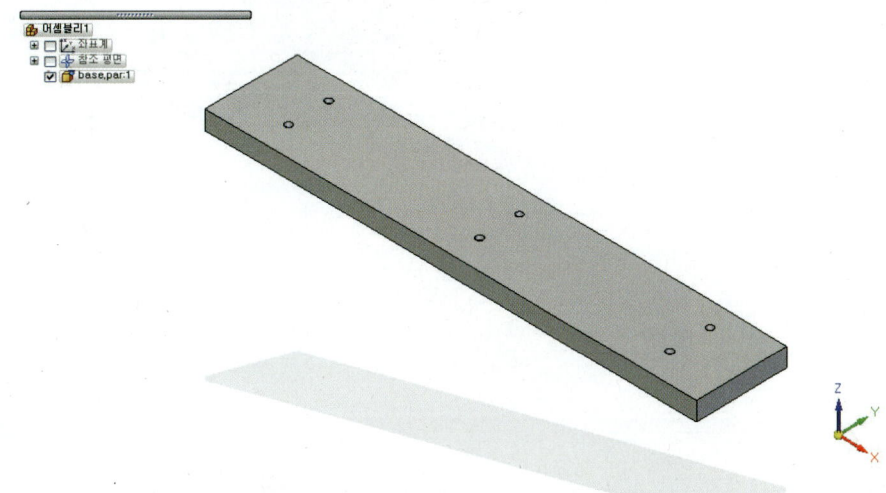

365

step2 기준 파트 다음으로 두 번째(rail.par)을 불러옵니다. 그리고 조립 조건을 메이트로 선택합니다. 그리고 (1)면과 (2)면을 선택합니다.

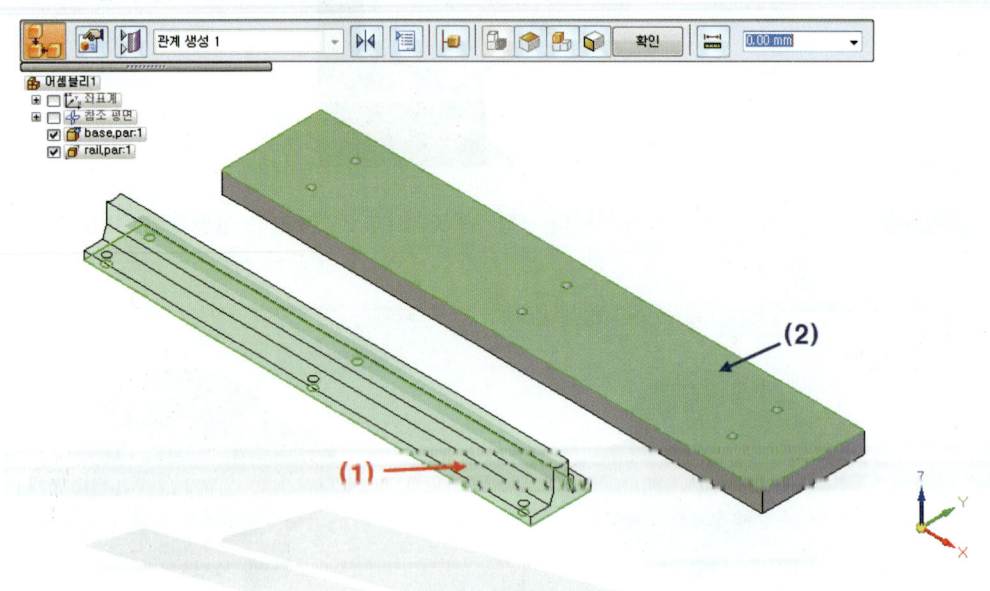

step3 다음 조립 조건은 축 정렬을 선택합니다. 그리고 (1)면과 (2)면을 선택합니다.

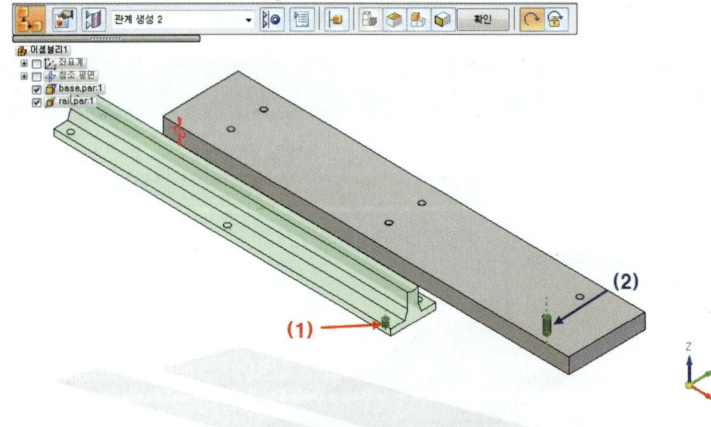

chapter 05 Assembly Modeling(조립품)

step4 다음 조립 조건은 축 정렬을 선택합니다. 그리고 (1)면과 (2)면을 선택합니다.

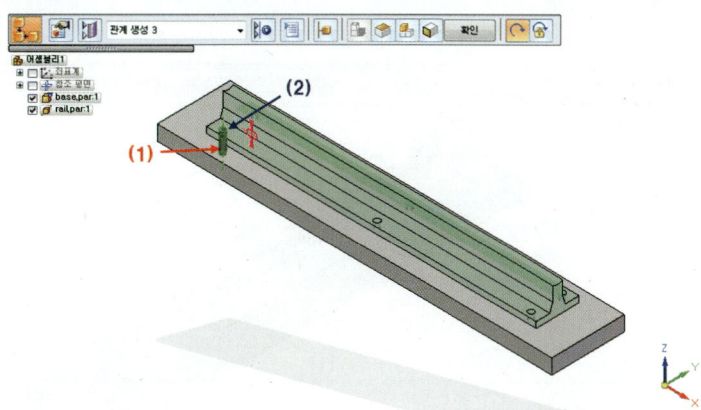

step5 파트 라이브러리에서 세 번째(bar.par) 파트를 불러옵니다. 그리고 조립 조건을 축 정렬로 선택 후 (1)면과 (2)면을 선택합니다.

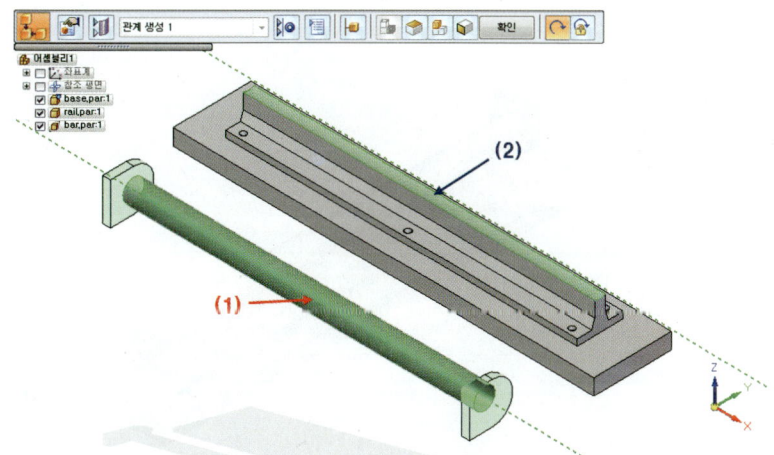

step6 다음 조립 조건은 메이트로 선택합니다. 그리고 (1)면과 (2)면을 선택합니다.

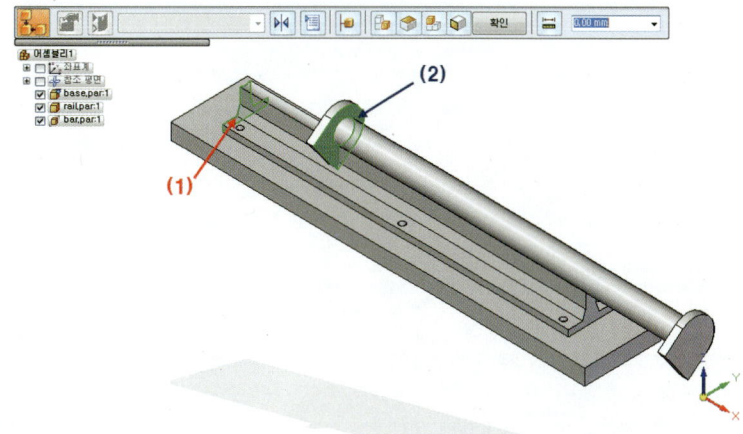

→ step7 다음 조립 조건은 평면형 정렬로 선택합니다. 그리고 옵셋 유형을 고정으로 변형 후 (1) 면과 (2)면을 선택합니다.

→ step8 조립을 완료합니다.

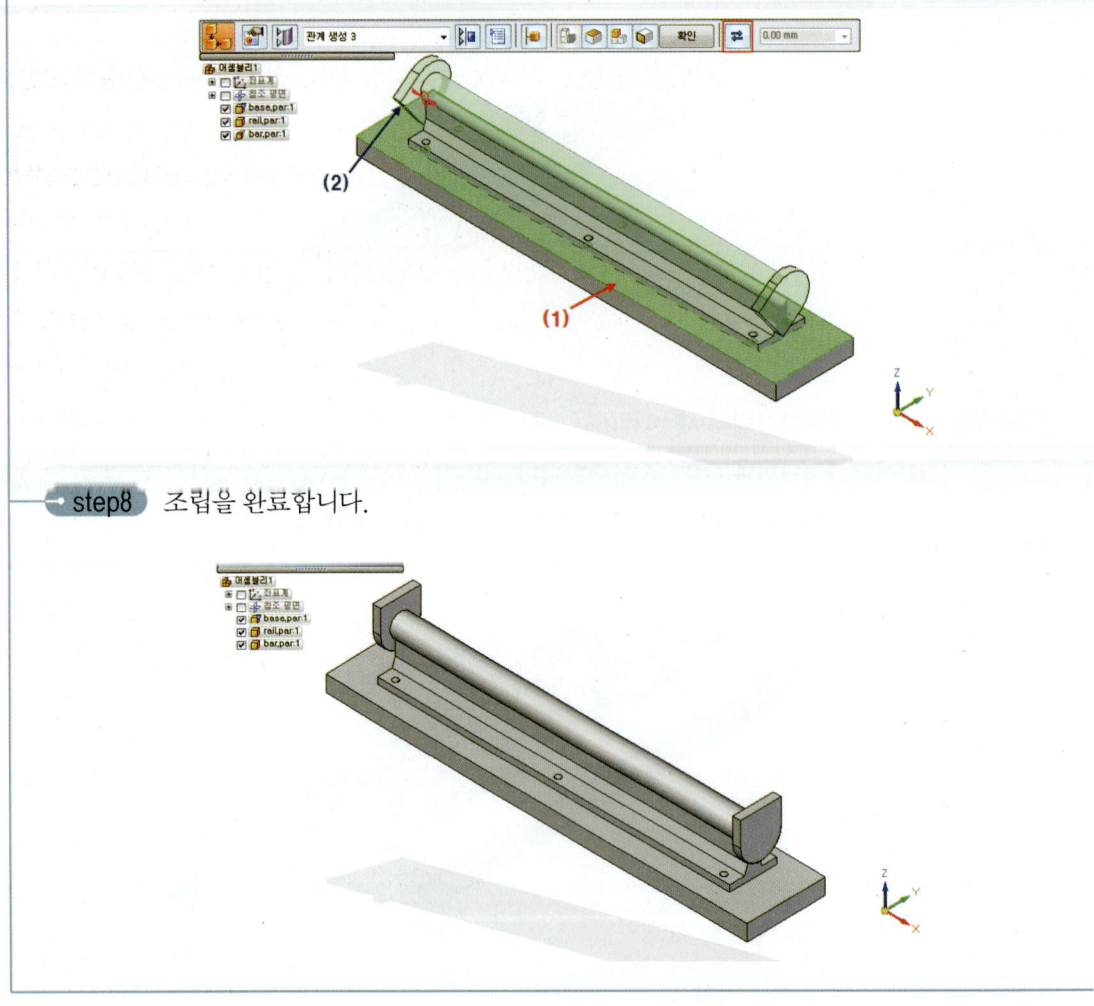

chapter 05 Assembly Modeling(조립품)

어셈블리 조립 따라하기 2

step1 2_Path.asm 파일을 오픈합니다.

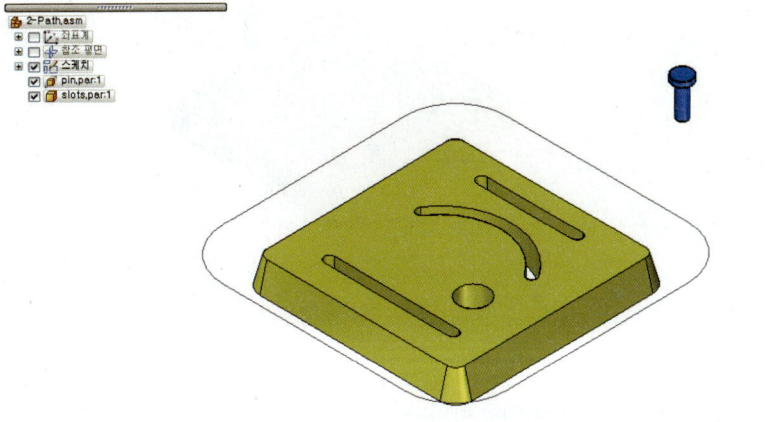

step2 홈 탭 > 조립 그룹 > 조립 명령어를 선택 후 조립 조건을 경로 조립 조건을 선택합니다.

step3 그림과 같이 Pin파트의 축(2)을 선택 후 Slots파트의 스케치(1)를 선택합니다.

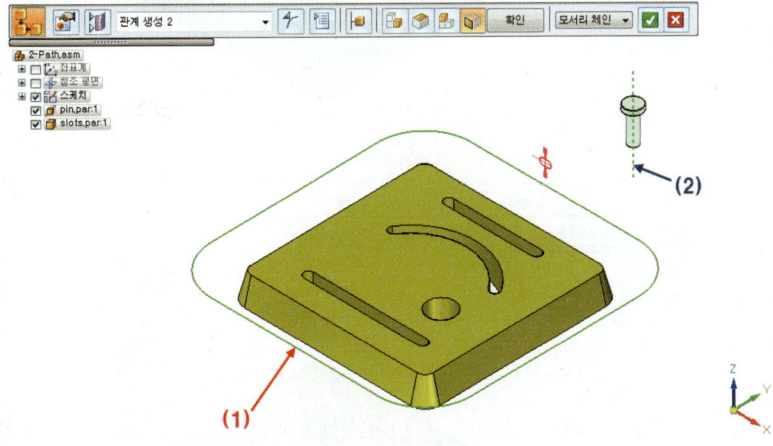

369

step4 조립을 확인합니다.

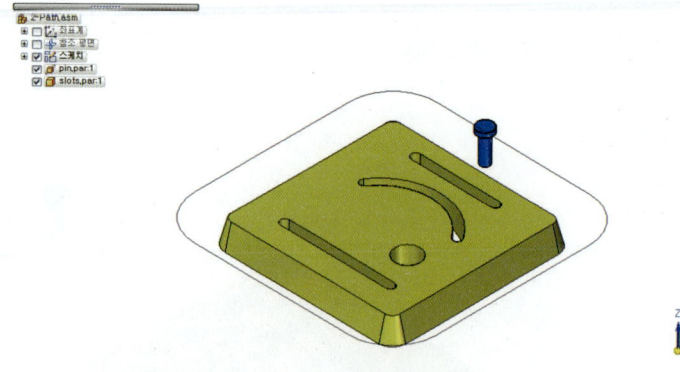

step5 홈 탭 〉 수정 그룹 〉 컴포넌트 드래그 명령어를 선택합니다. 컴포넌트 드래그 대화 상자가 나타나 확인을 선택합니다. 그리고 Pin(1)을 선택 후 마우스로 드래그 합니다. 그러면 Pin이 경로에 따라서 이동됩니다.

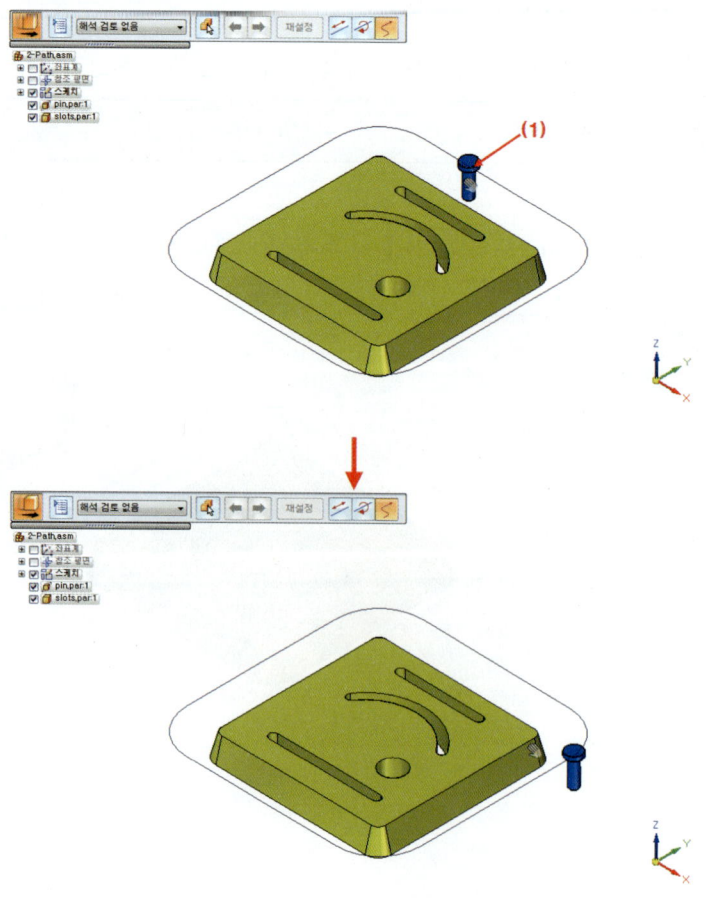

chapter 05 Assembly Modeling(조립품)

step6 어셈블리를 저장하지 말고 닫습니다.

step7 2_Path.asm 파일을 오픈합니다. 그리고 어셈블리 스케치를 숨깁니다.

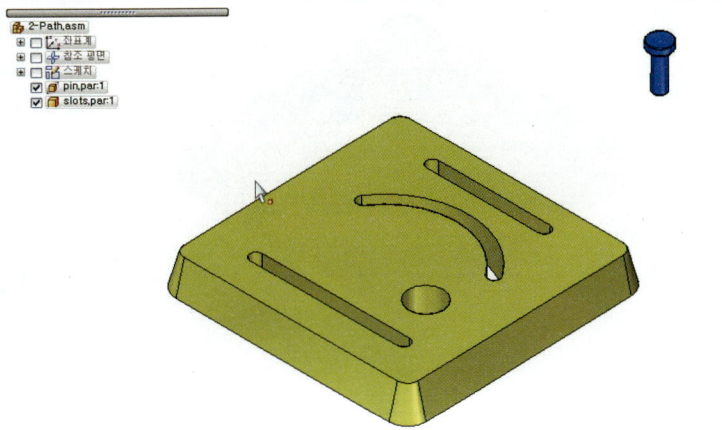

step8 홈 탭 > 조립 그룹 > 조립 명령어를 선택 후 조립 조건을 중심 축 조립 조건을 선택합니다.

step9 그림과 같이 Pin파트의 축(2)을 선택 후 Slots파트의 슬롯(1)을 선택합니다.

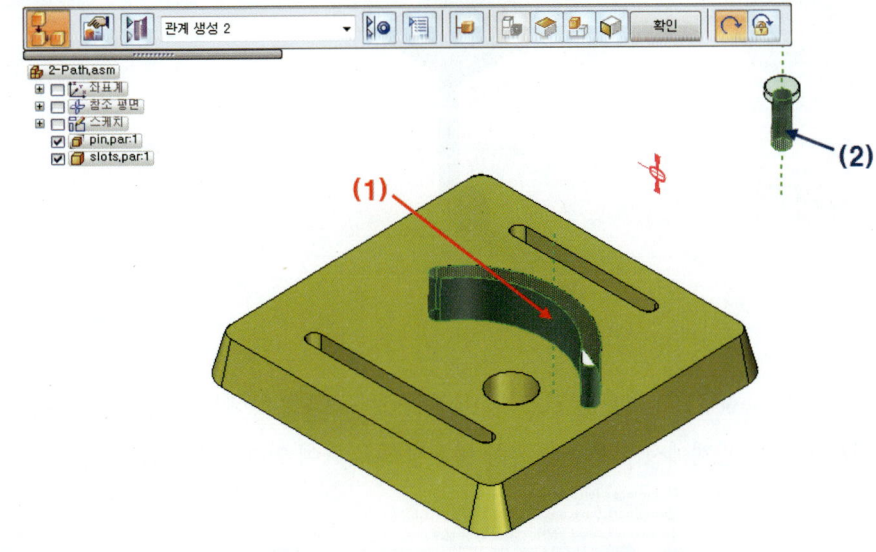

371

- step10 그림과 같이 슬롯 중심에 조립된 것을 확인 할 수 있습니다.

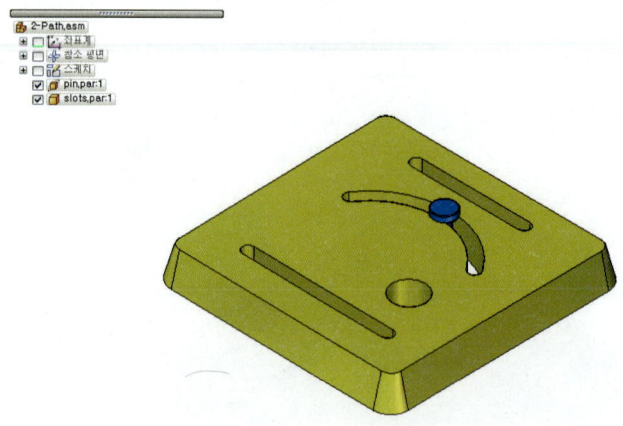

※ 파드나 판금 환경에서 슬롯 명령어를 사용했을 경우에만 가능합니다.

어셈블리 조립 따라하기 3

- step1 main_support.asm 파일을 오픈합니다.

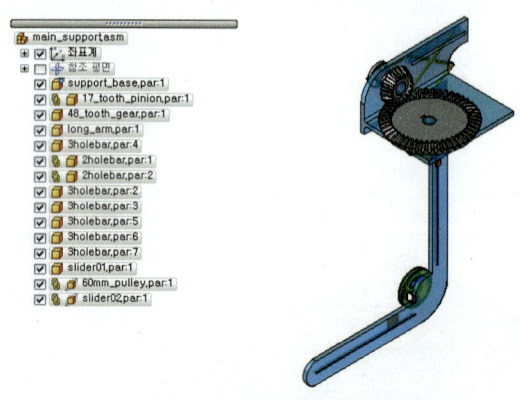

- step2 17_tooth_pinion.par 파트를 선택 후 PathFinder의 아래 창에서 support_base.par 파트와의 메이트 관계에서 마우스 오른쪽 버튼을 클릭하여 억제를 선택합니다.

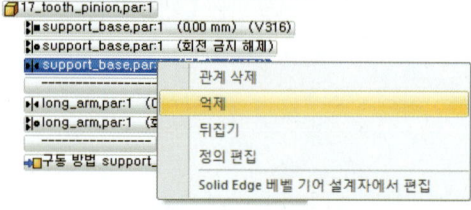

chapter 05 Assembly Modeling(조립품)

step3 48_tooth_gear.par 파트를 선택 후 PathFinder의 아래 창에서 support_base.par 파트와의 메이트 관계에서 마우스 오른쪽 버튼을 클릭하여 억제를 선택합니다.

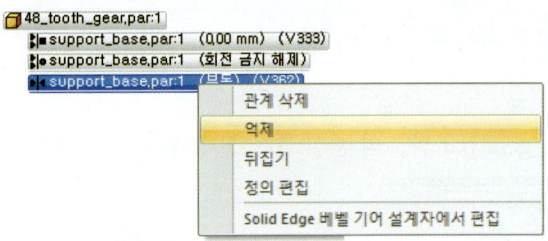

step4 홈 탭 > 조립 그룹 > 조립 명령을 선택합니다. 그리고 조립 조건에서 기어를 선택합니다. 그리고 기어 유형을 회전 - 회전으로 선택합니다.

step5 17_tooth_pinion.par 파트와 48_tooth_gear.par 파트를 선택 후 회전 방향을 그림과 같이 정의합니다.

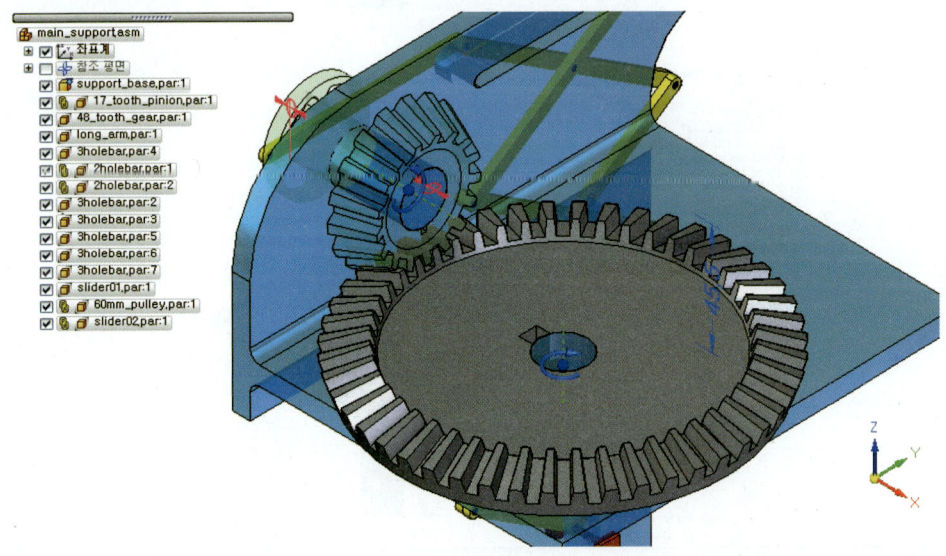

step6 기어 값 유형을 이로 변경 후 그림과 같이 값을 입력합니다. 그리고 확인 후 선택 후 명령어 밖으로 나갑니다.

373

step7 홈 탭 > 수정 그룹 > 컴포넌트 드래그 명령어를 선택합니다. 컴포넌트 드래그 대화 상자가 나타만 확인을 선택합니다. 그리고 명령어 모음에서 옵션을 회전을 선택합니다.

step8 48_tooth_gear.par 파트의 중심 축을 선택 후 마우스를 드래그 하여 형상을 회전합니다.

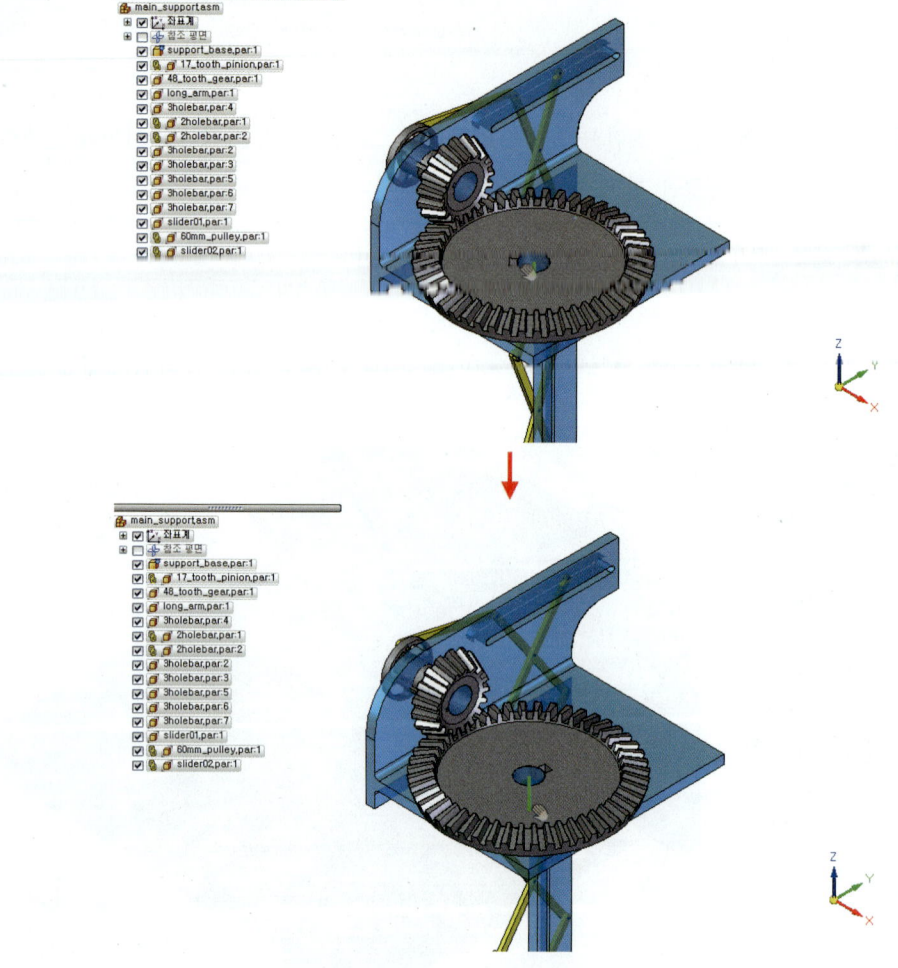

chapter 05 Assembly Modeling(조립품)

03 어셈블리 수정

3.1 그 자리에 파트 생성(Create Part In-Place)

➡ 홈 탭 ⇒ 조립 그룹 ⇒ 그 자리에 파트 생성
➡ Home Tap ⇒ Assemble Group ⇒ Create Part In-Place

그 자리에서 파트 생성 명령을 사용하여 어셈블리의 컨텍스트 내에서 새 파트 또는 어셈블리를 생성하거나 작업하는 다른 사용자를 위해 준비되는 일련의 모델 문서를 간단하게 생성할 수 있습니다.

파트 라이브러리

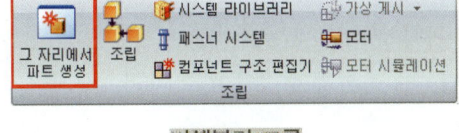

어셈블리 그룹

위의 그림은 그 자리에서 파트 생성 명령의 위치입니다.

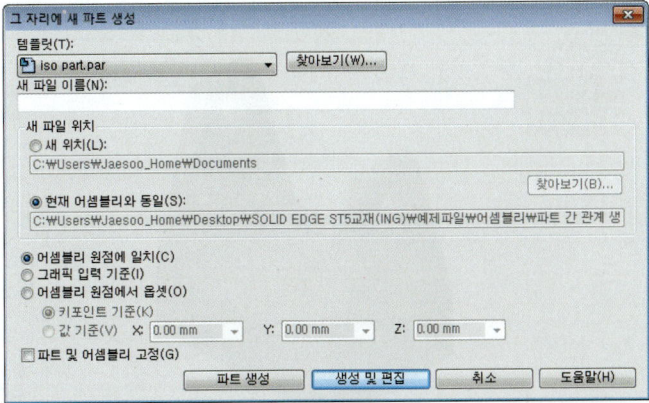

- **템플릿(Template)** : 새 문서에 사용할 템플릿을 지정합니다.

375

- **새 파일 이름(New file name)** : 새 문서의 이름을 지정합니다.
- **새 파일 위치**
  - 새 위치(New location) : 새 위치 옵션을 선택한 다음 찾아보기 버튼을 선택하여 로컬 컴퓨터 또는 네트워크에 있는 컴퓨터의 폴더에서 다른 저장 위치를 지정할 수 있습니다.
  - 현재 어셈블리와 동일(Same as current assembly) : 새 파트 파일이 어셈블리와 동일한 폴더에 자동으로 생성되도록 할 수 있습니다.
- **새 파트 좌표 설정**
  - 어셈블리 원점에 일치(Coincident with assembly origin) : 어셈블리의 원점 또는 중심에 새 파트 또는 하위 어셈블리를 배치합니다.
  - 그래픽 입력 기준(By graphic input) : 기존 파트의 가장자리 및 면을 사용하여 새 파트 또는 하위 어셈블리를 위치 지정합니다.
  - 어셈블리 원점에서 옵셋(Offset from assembly origin) ; 새 파트 또는 하위 어셈블리를 어셈블리 원점에서 옵셋하도록 지정합니다. 옵셋 값을 입력하거나 기존 파트에서 키포인트를 선택하여 새 파트 또는 하위 어셈블리를 옵셋할 수 있습니다.
- **파트 및 어셈블리 고정(Ground parts and assemblies)** : 새로 생성된 파트를 고정할지 여부를 지정합니다.
- **파트 생성** : 파트 문서만 생성합니다.
- **생성 및 편집** : 새 문서를 생성하여 그 자리에서 편집 모드로 엽니다.

그 자리에서 파트 생성 사용 방법

step1 Carrier.asm 파일을 오픈합니다.

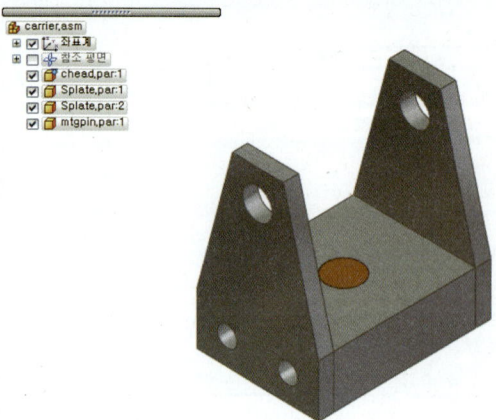

chapter 05 Assembly Modeling(조립품)

- step2 홈 탭 > 조립 그룹 > 그 자리에 파트 생성 명령어를 실행합니다. 그리고 아래 그림과 같이 옵션을 선택 후 생서 및 편집을 선택합니다.

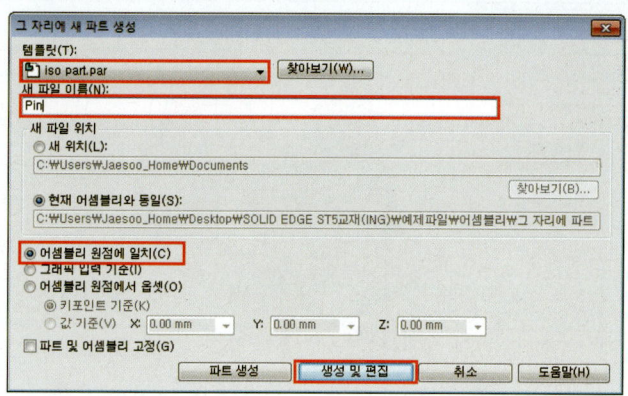

- step3 PathFinder에서 Pin.par의 기본 참조 평면을 체크합니다.

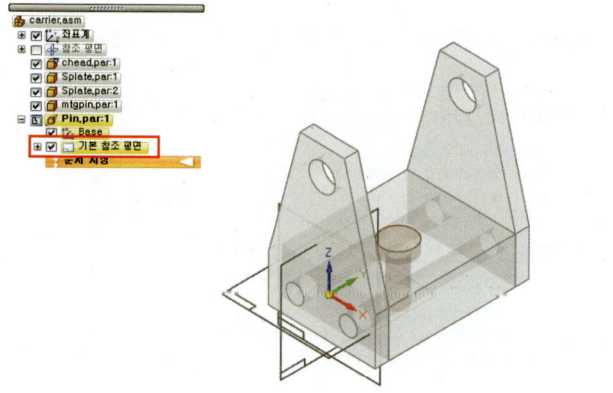

- step4 홈 탭 > 솔리드 그룹 > 돌출 명령어를 실행합니다. 그리고 명령어 그룹에서 평행 평면을 선택합니다.

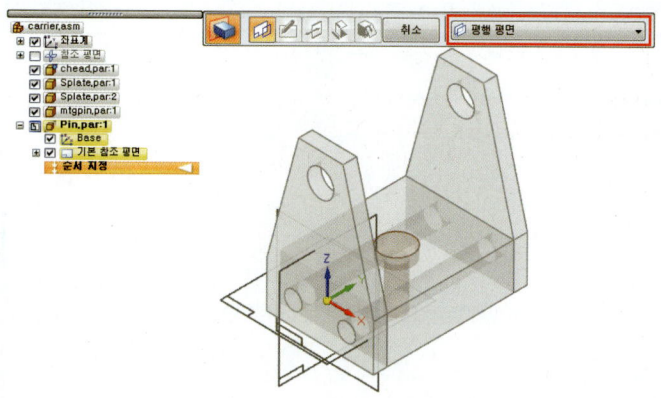

377

- step5 아래 그림처럼 키 포인트를 선택합니다.

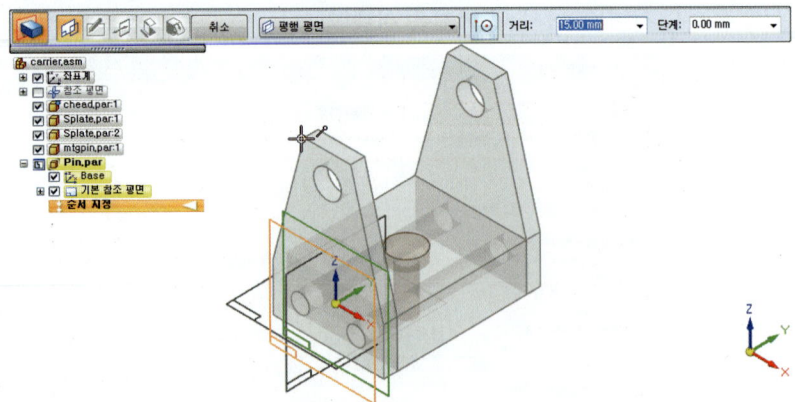

- step6 홈 탭 > 그리기 그룹 > 포함 명령어를 선택합니다. 그리고 아래 그림처럼 옵션을 선택 후 확인을 선택합니다.

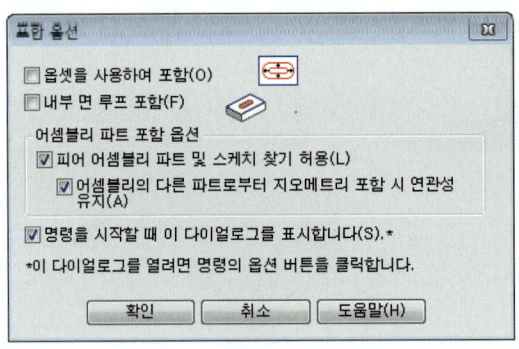

- step7 Splate.par 모서리를 선택합니다. 그리고 스케치 닫기를 선택합니다.

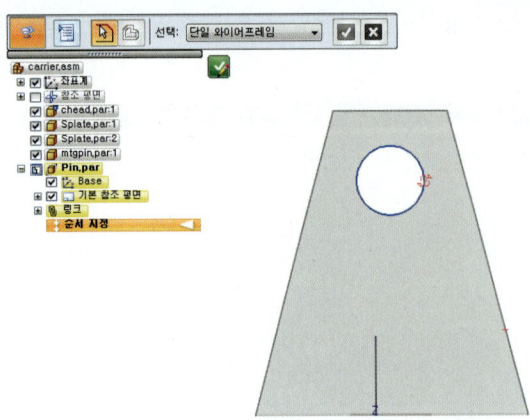

chapter 05 Assembly Modeling(조립품)

- step8 아래 그림처럼 키 포인트를 선택합니다. 그리고 마침 버튼을 클릭합니다.

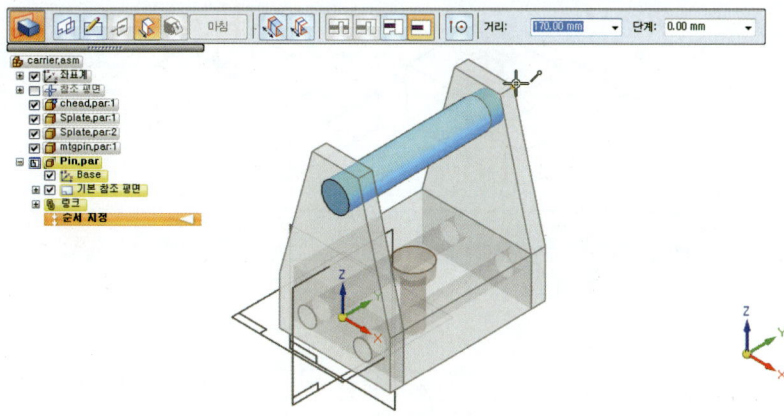

- step9 홈 탭 〉 닫기 그룹 〉 닫고 돌아가기 명령어를 선택합니다.

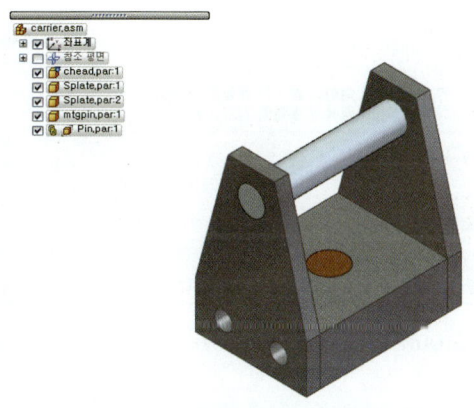

3.2 컴포넌트 드래그(Drag Component)

➡ 홈 탭 ⇒ 수정 그룹 ⇒ 컴포넌트 드래그
➡ Home Tap ⇒ Modify Group ⇒ Drag Component

어셈블리에서 파트를 이동하거나 회전시킵니다. 이동하는 파트는 고정되어 있거나 완전히 위치가 지정되지 않아야 합니다. 이 명령을 사용하여 수행할 수 있는 작업은 다음과 같습니다.
- X, Y 또는 Z 축을 따라 파트의 위치를 동적으로 다시 지정할 수 있습니다.
- 메커니즘의 물리적 동작을 해석할 수 있습니다.
- 파트 사이의 충돌을 감지할 수 있습니다.

379

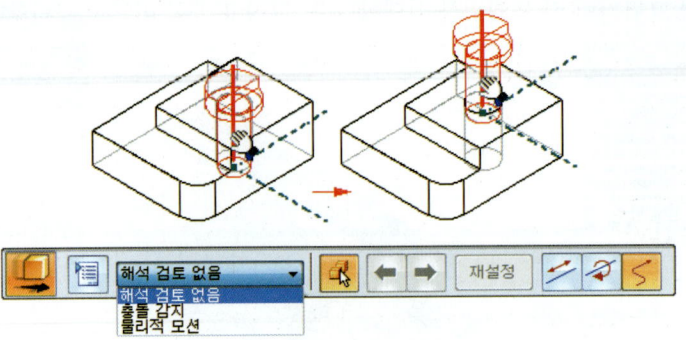

- 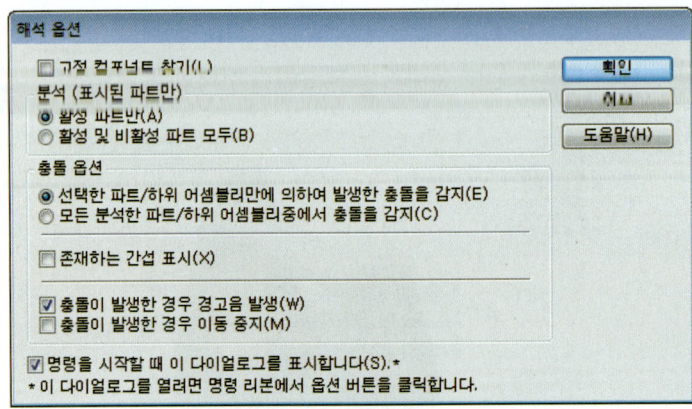 **옵션(Options)** : 사용하려는 해석 옵션을 정의할 수 있도록 해석 옵션 다이얼로그를 표시합니다.

▶ 고정 컴포넌트 찾기(Locate Grounded Components) : 고정된 파트와 하위 어셈블리를 선택할 수 있습니다.

▶ 활성 파트만(Active Parts Only) : 활성 파트만 파트 집합에 포함되도록 지정합니다.

▶ 활성 및 비활성 파트 모두(Both Active and Inactive Parts) : 활성 파트와 비활성 파트가 모두 해석에 포함되도록 지정합니다.

▶ 선택한 파트/하위 어셈블리만에 의하여 발생한 충돌을 감지(Detect Collisions Encountered by Selected Part/Subassembly Only) : 선택한 파트 또는 하위 어셈블리에 의해 발생하는 충돌만 감지하도록 지정합니다.

▶ 모든 분석한 파트/하위 어셈블리중에서 충동을 감지(Detect Collisions Among All Analyzed Parts/Subassemblies) : 모든 파트에 의해 발생하는 충돌을 모두 감지하도록 지정합니다.

▶ 기존 간섭 표시(Show Existing Interferences) : 이동이 시작되기 전의 간섭을 표시합니다.

▶ 충돌이 발생한 경우 경고음 발생(Sound Warning When Collision Occurs) : 충돌이 발생하면 경고음이 울리도록 지정합니다.

▶ 충돌이 발생한 경우 이동 중지(Stop Movement When Collision Occurs) : 충돌이 발생한 경우

chapter 05 Assembly Modeling(조립품)

사용자가 끌고 있는 파트가 일시적으로 이동 중지되도록 지정합니다.

- 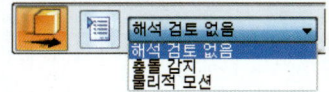 **모션 해석(Motion Analysis)** : 파트가 이동하는 동안 해석 방법을 설정합니다.

  ▶ 해석 검토 없음(No Analysis) : 불완전하게 구속된 파트를 이동하고 결과를 확인할 수 있습니다.
  ▶ 충돌 감지(Detect Collisions) : 파트를 이동할 때 충돌을 감지할 수 있습니다.
  ▶ 물리적 모션(Physical Motion) : 파트 사이의 물리적 모션을 시뮬레이트할 수 있습니다. 기어 및 연속적인 접촉 부분을 포함하는 메커니즘의 동작을 해석할 수 있습니다.

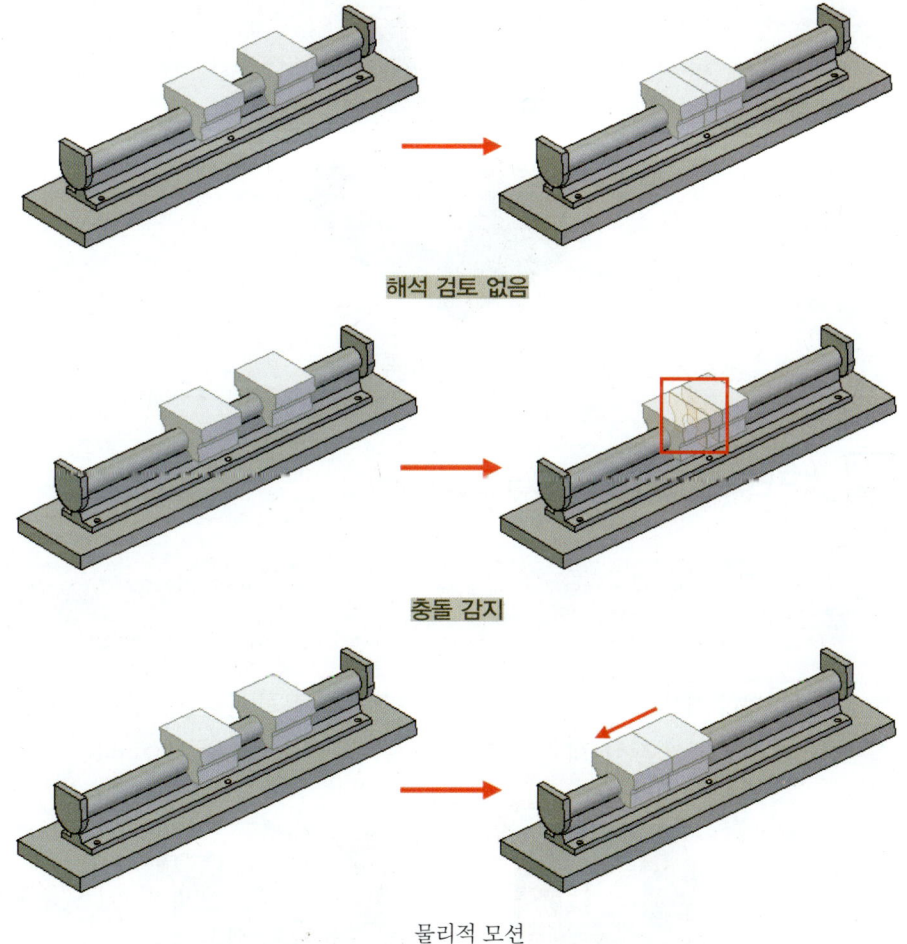

물리적 모션

- **파트 선택(Select Part)** : 이동할 파트를 지정합니다.
- **뒤로/앞으로(Back/Forward)** : 한 단계 뒤로/앞으로 이동합니다.

381

- **재설정(Reset)** : 파트를 원래 위치로 되돌립니다.
- **이동(Move)** : 선택된 축을 따라 파트를 이동시킵니다.
- **회전(Rotate)** : 선택된 축을 따라 파트를 회전시킵니다.
- **자유 이동(Freeform Move)** : 3D 공간에서 파트를 동적으로 이동시킵니다.
- **충돌 민감도 슬라이더(Collision Sensitivity Slider)** : 물리적 모션 옵션이 설정되어 있을 때 충돌 감지의 민감도를 설정합니다. 슬라이더를 낮음 쪽으로 이동하면 성능이 향상되고, 높음 쪽으로 이동하면 작은 지오메트리와의 충돌을 보다 잘 찾을 수 있습니다.

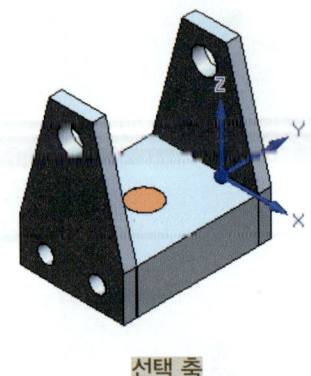

선택 축

3.3 컴포넌트 이동(Move Components)

➡ 홈 탭 ⇒ 수정 그룹 ⇒ 컴포넌트 이동
➡ Home Tap ⇒ Modify Group ⇒ Move Component

어셈블리에 있는 하나 이상의 파트, 하위 어셈블리 또는 어셈블리 바디를 이동하거나 회전시킵니다. 선택된 컴포넌트나 선택된 컴포넌트의 복사본을 이동하거나 회전시킬 수 있습니다.

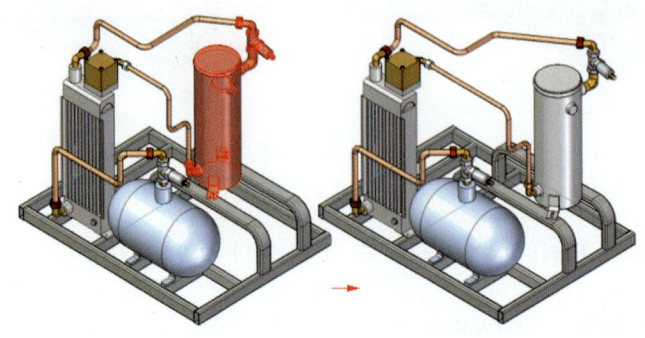

chapter 05 Assembly Modeling(조립품)

-  **이동 옵션(Move Options)** : 사용하려는 이동 옵션을 정의할 수 있도록 이동 옵션 다이얼로그를 표시합니다.

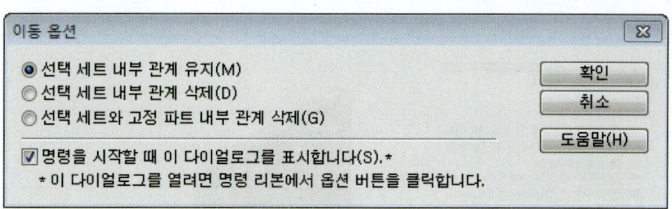

▶ 선택 세트 내부 관계 유지(Maintain Relationships Internal to the Select Set) : 선택 세트에 있는 파트 간의 기존 관계를 유지하도록 지정합니다.

▶ 선택 세트 내부 관계 삭제(Delete Relationships Internal to the Select Set) : 선택 세트에 있는 파트 간의 기존 관계를 삭제하도록 지정합니다.

▶ 선택 세트와 고정 파트 내부 관계 삭제(Delete Relationships Internal to the Select Set and Ground Parts) : 선택 세트에 있는 파트 간의 기존 관계를 삭제하고 파트를 고정하도록 지정합니다.

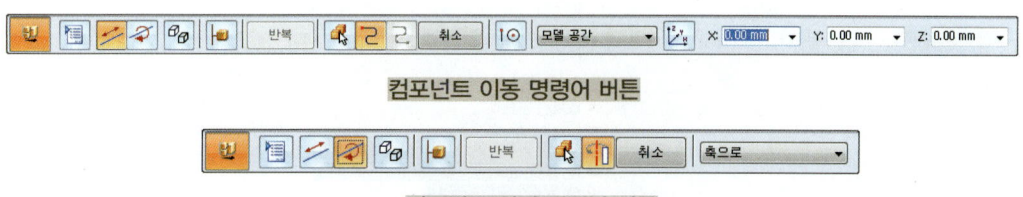

컴포넌트 이동 명령어 버튼

컴포넌트 회전 명령어 버튼

▶ 컴포넌트 이동(Move Components) : 선택한 컴포넌트를 이동하도록 지정합니다.

▶ 컴포넌트 회전(Rotate Components) : 선택한 컴포넌트를 회전하도록 지정합니다.

▶ 컴포넌트 복사(Copy Components) : 선택된 컴포넌트의 복사본을 이동하거나 회전하도록 지정합니다.

▶ 파트 활성화(Activate Part) : 활성화되지 않은 파트를 활성화합니다.

▶ 반복(Repeat) : 작업을 반복합니다. 이 기능은 동일한 선택 세트에 대해 여러 복사본을 만들 때 유용합니다.

▶ 선택(Select) : 이동하거나 복사할 컴포넌트를 선택합니다.

▶ 시작 점 선택(Select From Point) : 이동을 시작할 점을 선택합니다.

▶ 끝 점 선택(Select To Point) : 이동을 끝낼 점을 선택합니다.

▶ 축(Axis) : 컴포넌트를 회전시킬 기준이 되는 축을 선택합니다.

383

컴포넌트 이동 사용 방법

step1 Case Assemble.asm 파일을 오픈합니다.

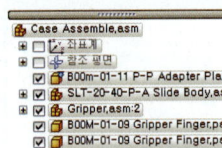
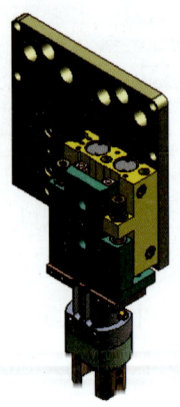

step2 어셈블리 PathFinder에서 아래 그림과 같이 선택합니다.

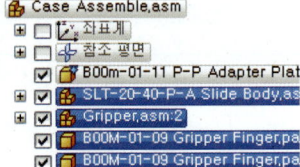

step3 홈 탭 > 수정 그룹 > 컴포넌트 이동 명령어를 선택합니다. 그리고 아래 그림과 같이 선택 후 확인 버튼을 클릭합니다.

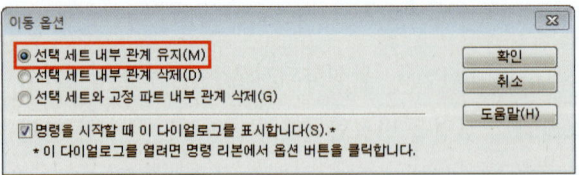

step4 명령어 모음에서 아래 그림과 같이 선택 후 수용 버튼을 클릭합니다.

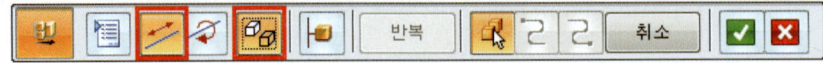

chapter 05 Assembly Modeling(조립품)

step5 아래 그림과 같이 시작 점을 선택합니다.

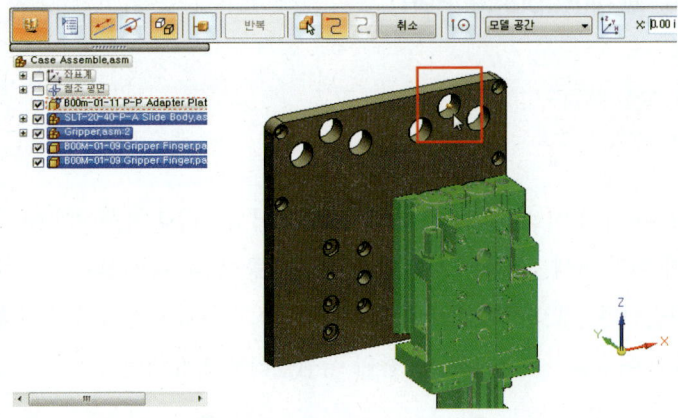

step6 아래 그림과 같이 끝 점을 선택합니다.

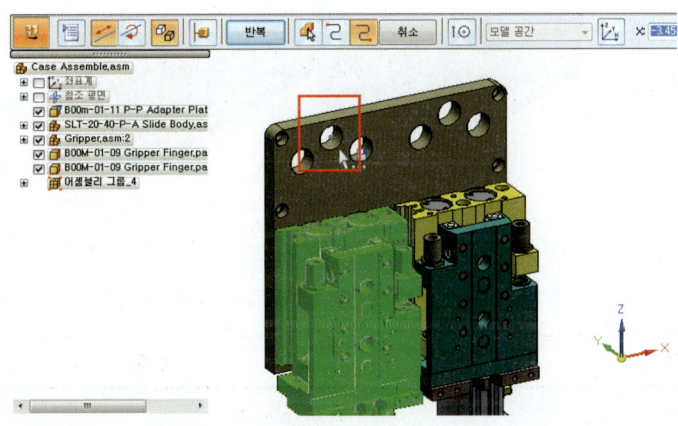

step7 취소 버튼을 클릭 후 명령어 밖으로 나갑니다.

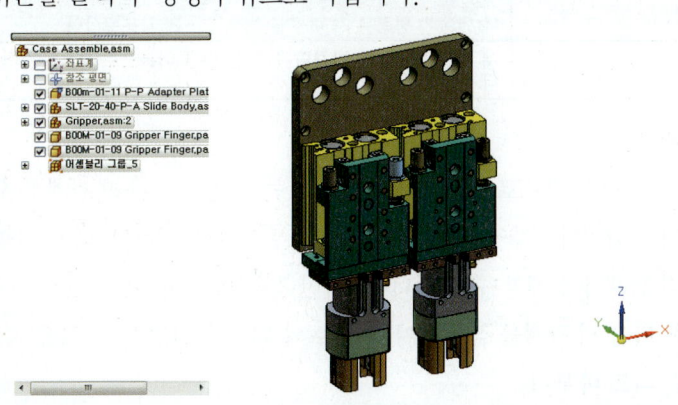

385

3.4 파트 교체(Replace Part)

➡ 홈 탭 ⇒ 수정 그룹 ⇒ 컴포넌트 이동
➡ Home Tap ⇒ Modify Group ⇒ Replace Part

어셈블리의 파트나 하위 어셈블리를 새 파트나 하위 어셈블리로 바꾸어야 하는 경우가 있습니다. 예를 들어, 한 파트가 여러 어셈블리에서 사용되는 경우 나중에 파트를 하나의 어셈블리에 대해서만 다시 설계해야 할 수 있습니다. 새 버전의 파트를 만든 후 바꾸기 명령을 사용하여 기존 파트를 교체할 수 있습니다. 파트나 하위 어셈블리를 새 파트나 하위 어셈블리로 바꿉니다.

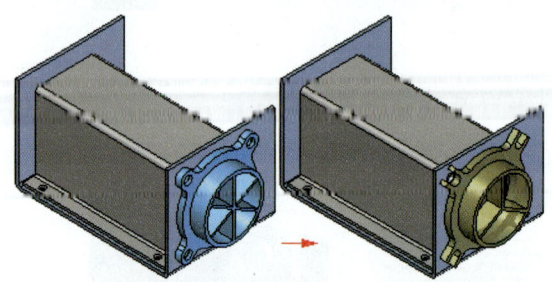

- **파트 교체 명령**

아래의 표에 특정 기능에 대해 설계된 다른 교체 파트 명령이 포함되어 있습니다.

명령어	내용
파트 교체	파트를 교체하는 데 사용됩니다.
파트를 표준 파트로 교체	기존 파트를 표준 파트로 교체하는 데 사용됩니다.
파트를 새 파트로 교체	기존 파트를 어셈블리 컨텍스트에 포함된 파트로 교체하는 데 사용됩니다. 그 자리에 만들기 명령은 새 파트를 생성하는 데 사용됩니다.
파트를 복사본으로 교체	새 파트의 이름을 변경할 수 있는 다른 이름으로 저장을 수행하여 파트를 복사합니다.

- **유사한 파트 바꾸기**

파트를 새 버전의 같은 파트로 바꿀 때 Solid Edge는 기존 어셈블리 관계를 사용하여 새 버전의 위치를 지정하려고 합니다. 그러나 파트 수정 시 일부 면이 기존 파트의 위치를 지정하는 데 사용된 경우 어셈블리 관계가 실패할 수 있습니다. 이런 경우 PathFinder를 사용하여 **영향 받는 어셈블리 관계를 삭제한 다음 새 관계를 적용**하여 새 파트의 위치를 설정할 수 있습니다.

- **유사하지 않은 파트 바꾸기**

파트를 다른 파트 즉, 교체될 파트와 개별적으로 생성된 파트로 교체하는 경우 Solid Edge는 두 파트의 지오메트리를 비교합니다. 지오메트리가 크게 일치하면 교체 파트는 제대로 배치됩니다.

chapter 05 Assembly Modeling(조립품)

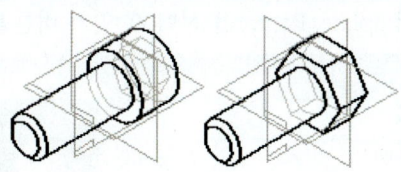

• 파트 바꾸기 시 실패한 관계

파트를 바꿀 때 어셈블리 관계가 실패할 수 있습니다. 일반적으로는 어셈블리가 기존 파트에 연결된 새 파트의 면을 찾을 수 없는 경우에 발생합니다. 이 경우 PathFinder의 아래쪽 창에서 실패한 관계 왼쪽에 심볼이 표시됩니다.

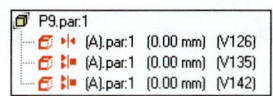

파트 교체 사용 방법

 carrier.asm 파일을 오픈합니다.

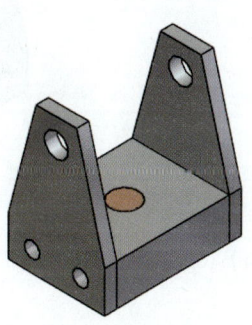

 홈 탭 〉 수정 그룹 〉 파트 교체 명령어를 선택합니다. 그리고 Splate.par:2파트를 선택 후 수용 버튼을 클릭합니다.

387

▶ step3 교체 파트 창에서 Splate_R1.par을 선택 후 열기 버튼을 클릭합니다.

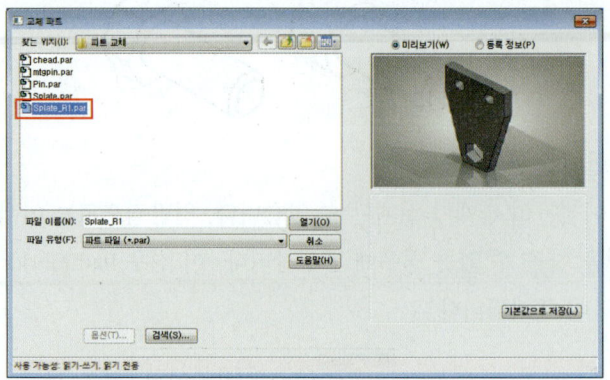

▶ step4 Splate.par가 Splate_R1.par로 변경된 것을 확인할 수 있습니다.

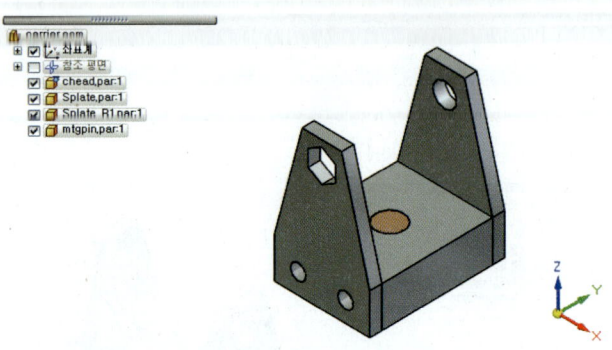

3.5 이전(Transfer)

➡ 홈 탭 ⇒ 수정 그룹 ⇒ 이전
➡ Home Tap ⇒ Modify Group ⇒ Transfer

선택한 파트를 새 어셈블리나 기존 어셈블리로 전달합니다. 전달할 파트는 하나의 어셈블리에서만 선택할 수 있습니다. 여러 어셈블리에서 파트를 선택한 경우에는 이 명령을 사용할 수 없습니다.

chapter 05 Assembly Modeling(조립품)

이전 사용 방법

step1 seaacfa.asm파일을 오픈합니다.

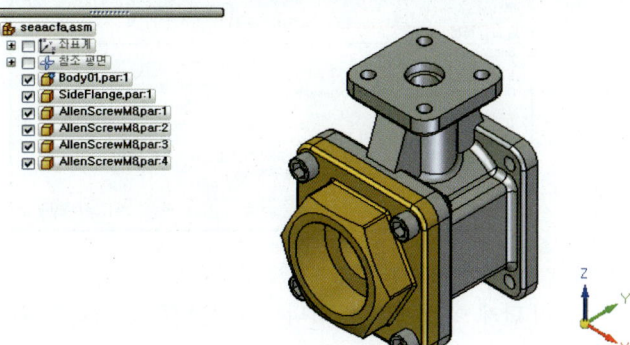

step2 어셈블리 PathFindre에서 SideFlange.par와 모든 AllenScrewM8.par을 선택합니다.

step3 홈 탭 〉 수정 그룹 〉 이전 명령어를 선택합니다. 어셈블리 단계 이전 창이 나타나면 아래 그리과 같이 순서대로 지정합니다.

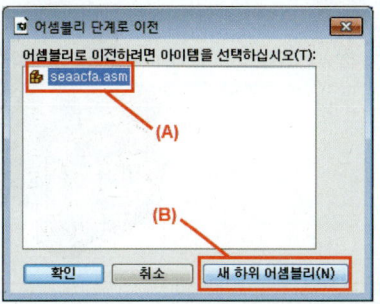

389

- step4 새 하위 어셈블리 생성 창이 나타나면 아래 그림과 같이 선택 및 입력 후 확인 버튼을 클릭합니다.

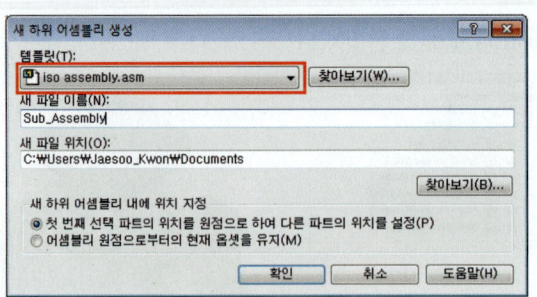

- step5 다시 어셈블리 단계 이전 창이 나타나면 확인 버튼을 클릭합니다.

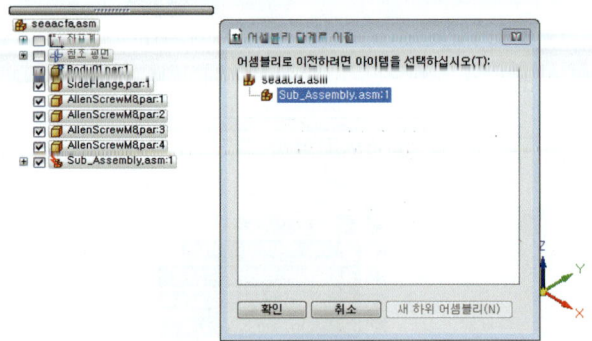

- step6 어셈블리 PathFinder에 Sub_Assembly.asm 서브 어셈블리가 생성된 것을 확인 할 수 있습니다.

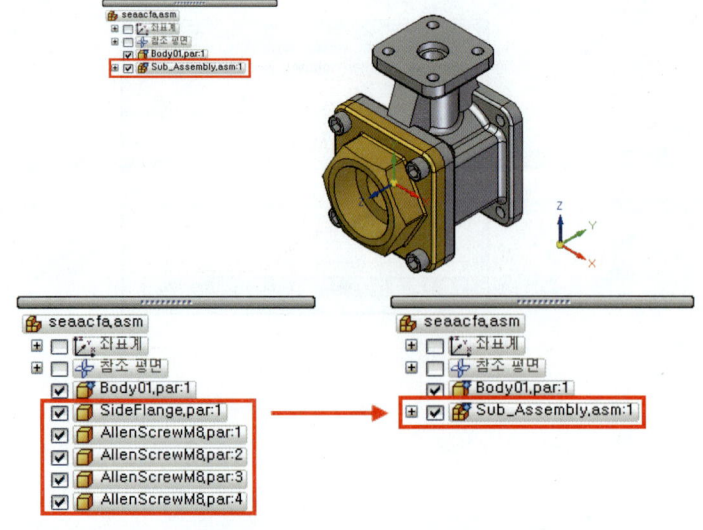

3.6 분해(Disperse)

➠ 홈 탭 ⇒ 수정 그룹 ⇒ 분해
➠ Home Tap ⇒ Modify Group ⇒ Disperse

파트를 바로 다음 수준의 하위 어셈블리에 다시 할당하고 기존 하위 어셈블리에서 참조를 제거하여 하위 어셈블리를 분해합니다. 다시 말해 하위 어셈블리에서 다음 상위 수준의 어셈블리 수준으로 이동됩니다.

분해 사용 방법

step1 head1.asm 파일을 오픈합니다.

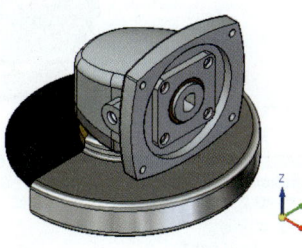

step2 어셈블리 PathFinder에서 plate1.asm을 확장합니다.

step3 plate1.asm 어셈블리 안에 속해있는 파트를 상위 레벨로 이동하겠습니다.

- step4 : 어셈블리 PathFinder에서 plate1.asm을 선택합니다. 그리고 홈 탭 〉 수정 그룹 〉 분해 명령어를 선택합니다.

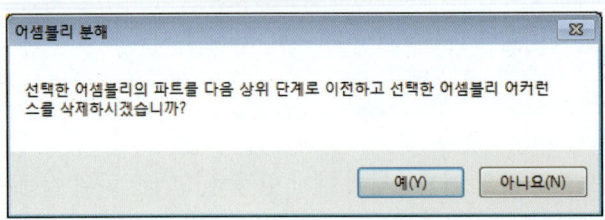

- step5 : 어셈블리 분해 창이 나타나면 "예" 선택 후 하위 어셈블리가 상위 어셈블리로 이동된 것을 확인 할 수 있습니다.

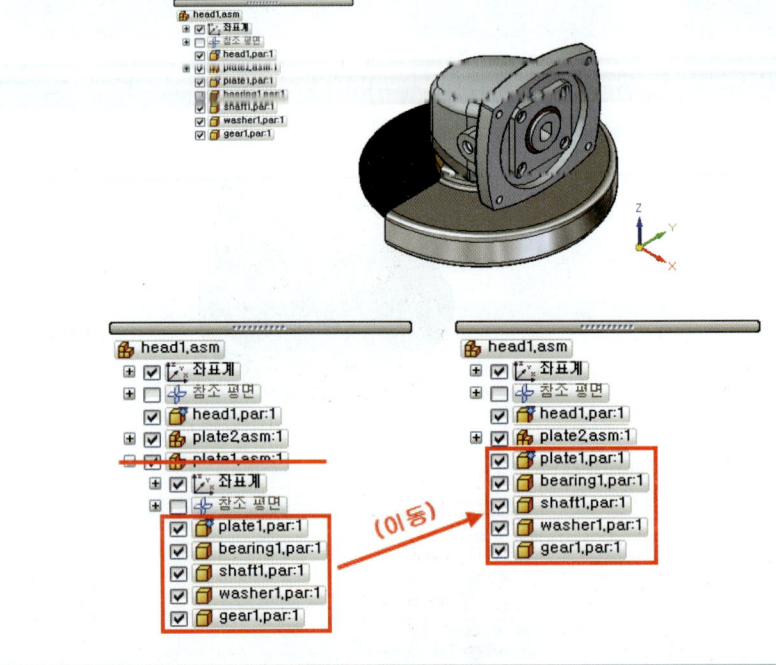

3.7 파트 패턴(Pattern Part)

➠ 홈 탭 ⇒ 패턴 그룹 ⇒ 패턴
➠ Home Tap ⇒ Pattern Group ⇒ Pattern

파트 패턴 명령을 이용하여 파트 및 하위 어셈블리를 하나 또는 여러 개의 컴포넌트를 복사합니다.

chapter 05 Assembly Modeling(조립품)

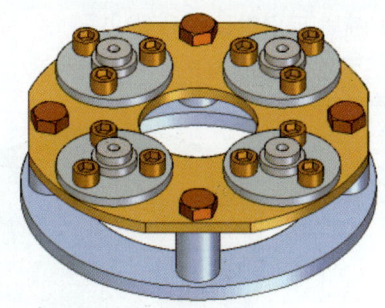

다음 유형의 컴포넌트를 선택하여 파트의 패턴을 정의할 수 있습니다.
- 활성 어셈블리의 파트
- 활성 어셈블리의 하위 어셈블리
- 활성 어셈블리에 있는 파트의 패턴

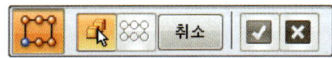

- 파트 선택(Select Parts) : 패턴 설정할 파트를 지정합니다.
- 패턴 정의(Define Pattern) : 파트 패턴이 구성되는 방법을 정의합니다.
  - ▶ 파트 선택(Select Part) : 사용할 형상 패턴을 포함하는 어셈블리의 파트를 정의합니다.
  - ▶ 패턴 형사 선택(Select Pattern Feature) : 형상 패턴을 지정합니다.
  - ▶ 참조 위치 선택(Select Reference Position) : 파트 패턴의 시작점으로 사용될 패턴의 개별 형상을 지정합니다. 대부분의 경우 패턴 설정할 파트의 원본을 배치한 형상을 선택해야 합니다.

Pattern Part(파트 패턴) 사용 방법

step1 Pattern.asm 파일을 오픈합니다.

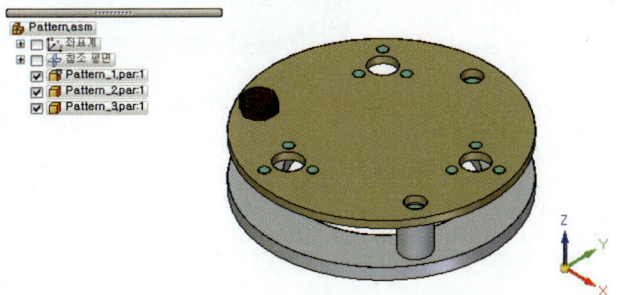

393

● step2   홈 탭 > 패턴 그룹 > 패턴 명령어를 선택합니다.

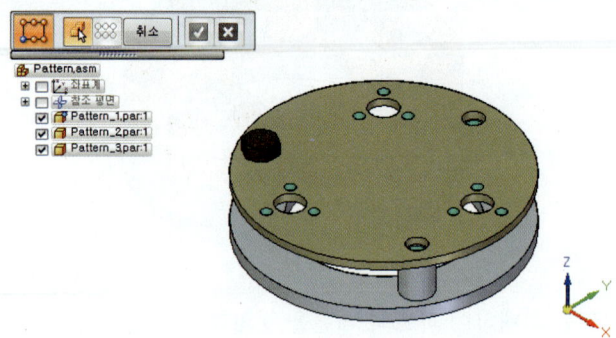

● step3   패턴으로 설정할 컴포넌트(Pattern_3.par)을 선택 후 수용 버튼 또는 마우스 오른쪽 버튼을 클릭합니다.

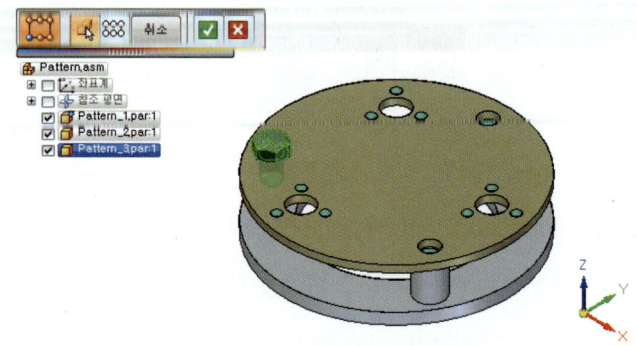

● step4   패턴 정의 단계를 통해 사용할 패턴 형상을 포함하는 파트(Pattern_2.par)을 선택합니다. (어셈블리 스케치에 2D 패턴 프로파일을 선택할 수도 있습니다.)

chapter 05 Assembly Modeling(조립품)

- step5 파트 또는 어셈블리 스케치에서 패턴 형상(Pattern_2.par)을 선택합니다.

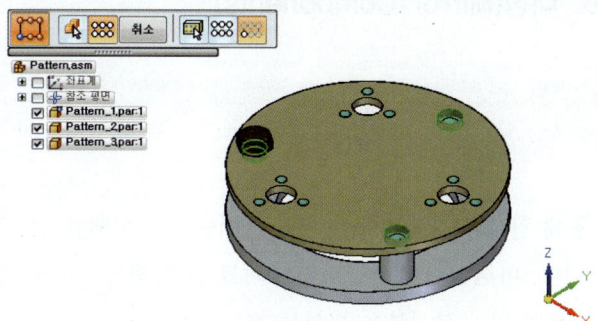

※ 다음 명령으로 작성된 패턴 형상을 선택할 수 있습니다.
- 사각형 패턴, 원형 패턴, 곡선을 따른 패턴
- 구멍
- Assembly(어셈블리) 스케치에서 2D패턴 프로파일

- step6 패턴 형상에서 참조 위치를 선택합니다. 대부분의 경우 패턴 설정할 파트의 원본을 배치한 형상을 선택해야 합니다.

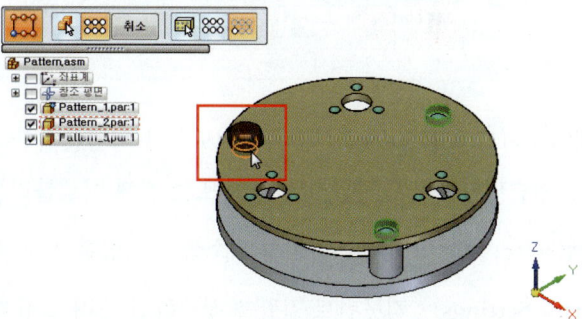

- step7 마침 또는 마우스 오른쪽 버튼을 클릭합니다.

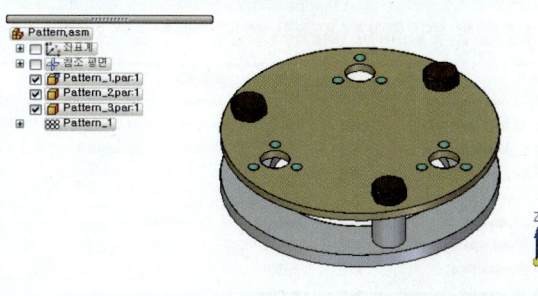

395

3.8 컴포넌트 대칭(Mirror Components)

➠ 홈 탭 ⇒ 패턴 그룹 ⇒ 컴포넌트 대칭
➠ Home Tap ⇒ Pattern Group ⇒ Mirror Components

컴포넌트 미러링을 통해 활성 어셈블리에서 평면을 기준으로 선택한 컴포넌트를 미러링할 수 있으며 이는 부모와 연관됩니다. 미러링된 컴포넌트에서 파트 간 어셈블리 복사 및 파트 간 복사 기능을 사용하여 미러링된 컴포넌트의 연관 복사본을 생성합니다.

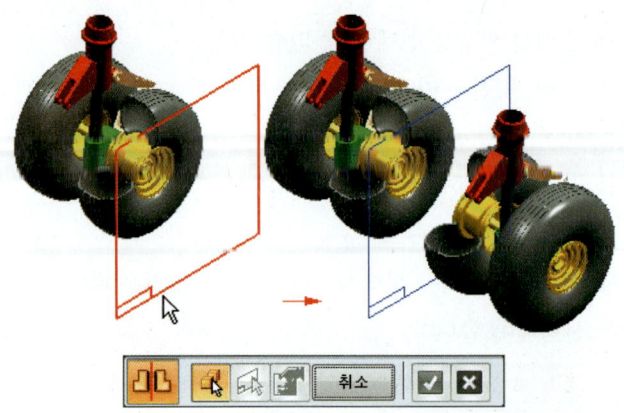

- **컴포넌트 선택(Select Components)** : 그래픽 윈도우나 어셈블리 PathFinder에서 미러링할 컴포넌트를 선택할 수 있습니다. 파트, 하위 어셈블리 또는 전체 어셈블리를 미러링할 수 있습니다.
- **미러 평면 선택(Select Mirror Plane)** : 구성 요소를 미러링할 참조 평면을 정의합니다.
- **미러 설정(Mirror Settings)** : 컴포넌트 집합을 적용하면 미러 설정 다이얼로그가 자동으로 표시되어 원하는 미러 설정을 정의할 수 있습니다.

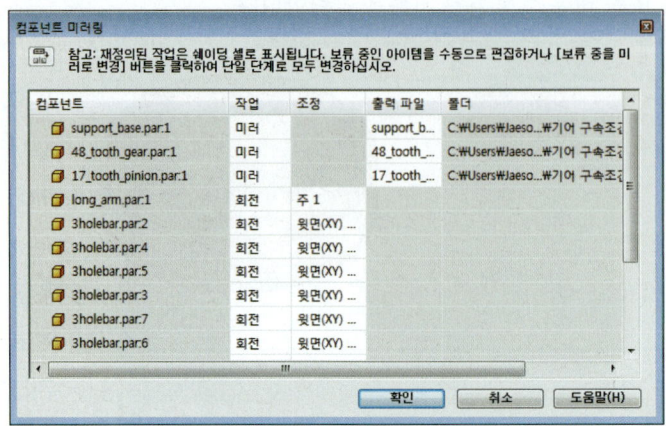

chapter 05 Assembly Modeling(조립품)

▶ 컴포넌트 : 어셈블리 복사본 삽입을 생성하는 데 사용되는 부모 어셈블리의 컴포넌트를 나열합니다.
▶ 작업 : 어셈블리 복사본 삽입에서 파트의 배치를 제어합니다.
  - 제외 : 컴포넌트가 어셈블리 복사본 삽입에 포함되지 않습니다.
  - 미러 : 미러 옵션을 설정하면 컴포넌트가 어셈블리 복사본 삽입에서 미러링됩니다.(미러링된 컴포넌트가 이름에_mir 접미어를 사용하는 새 문서에 생성)
  - 회전 : 미러링하지 않고 회전할 수 있는 대칭 컴포넌트가 회전합니다.
▶ 조정 : 대체 평면을 기준으로 컴포넌트가 미러링되도록 지정합니다
▶ 출력 파일 : 생성되는 새 파일의 이름을 지정합니다.
▶ 폴더 : 생성되는 새 파일의 경로를 지정합니다.

컴포넌트 대칭 사용 방법(미러 명령)

step1 Mirror.asm 파일을 오픈합니다.

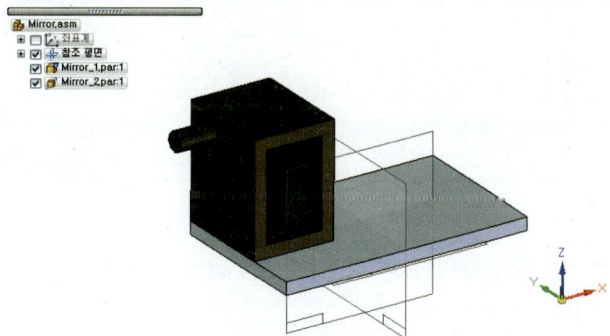

step2 홈 탭 > 패턴 그룹 > 컴포넌트 미러링 명령어를 선택합니다.

step3 미러 시킬 컴포넌트를 선택 후 소용 버튼 또는 마우스 오른쪽 버튼을 클릭합니다.

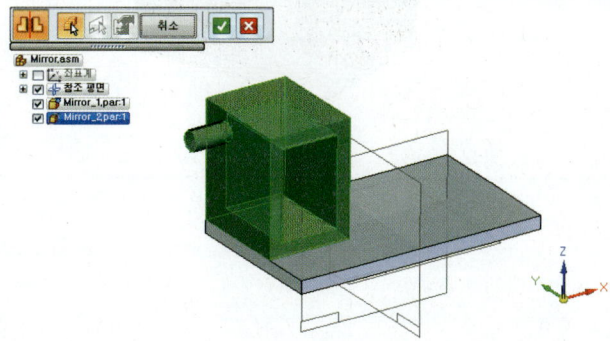

397

step4 미러 형상에 기준이 될 참조 평면을 선택합니다.

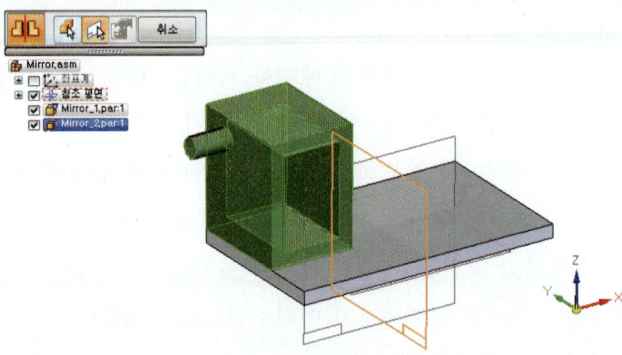

step5 컴포넌트 미러링 창이 나타나면 아래 그림과 같이 옵션을 선택 후 확인을 클릭합니다.

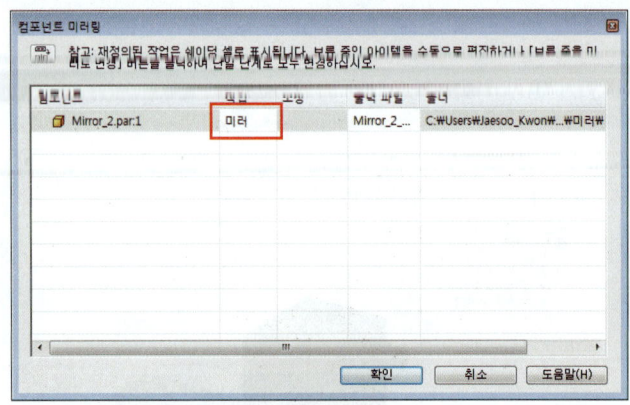

step6 최종 형상을 확인합니다. 그리고 이상이 없으면 마침 버튼 또는 마우스 오른쪽 버튼을 클릭합니다.

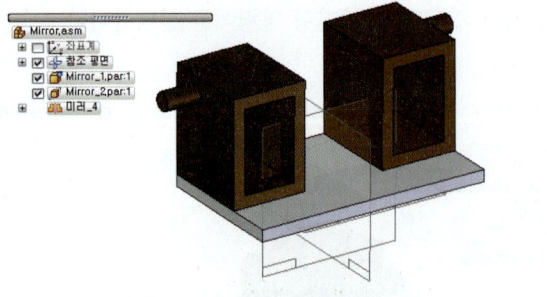

chapter 05 Assembly Modeling(조립품)

컴포넌트 대칭 사용 방법(회전 명령)

step1 Mirror.asm 파일을 오픈합니다.

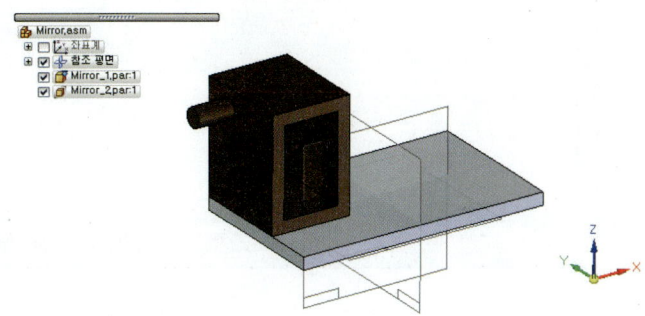

step2 홈 탭 > 패턴 그룹 > 컴포넌트 미러링 명령어를 선택합니다.

step3 미러 시킬 컴포넌트를 선택 후 소용 버튼 또는 마우스 오른쪽 버튼을 클릭합니다.

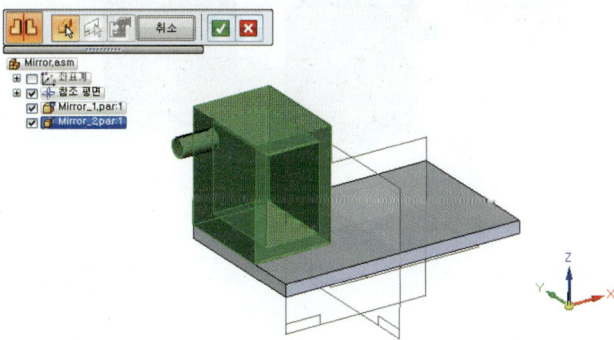

step4 미러 형상에 기준이 될 참조 평면을 선택합니다.

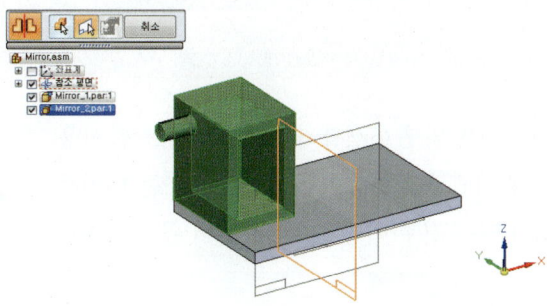

- step5 컴포넌트 미러링 창이 나타나면 아래 그림과 같이 옵션을 선택 후 확인을 클릭합니다.

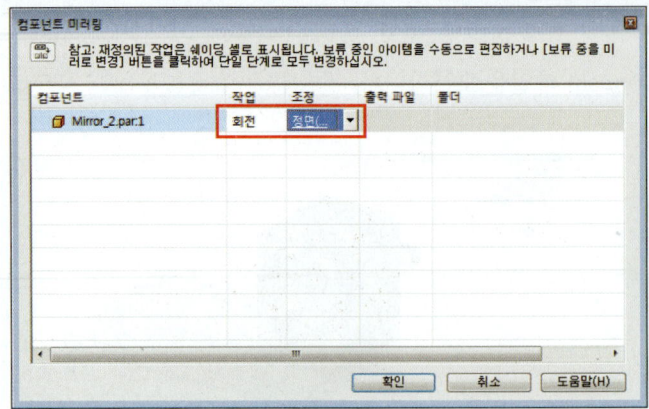

- step6 최종 형상을 확인합니다. 그리고 이상이 없으면 마침 버튼 또는 마우스 오른쪽 버튼을 클릭합니다.

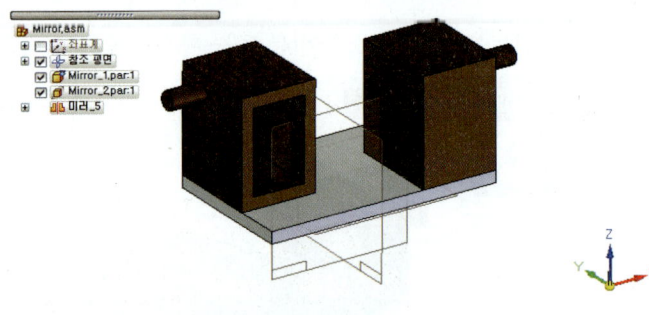

3.9 어셈블리 복사본 삽입(Insert Assembly Copy)

➡ 홈 탭 ⇒ 클립보드 그룹 ⇒ 어셈블리 복사본 삽입
➡ Home Tap ⇒ Clipboard Group ⇒ Insert Assembly Copy

어셈블리 복사본 삽입(IAC)은 외부 어셈블리 파일을 입력으로 사용하고 활성 어셈블리 문서에 어셈블리 형상으로 최상위 구조를 배치하는 명령입니다. 어셈블리가 있는 경우 어셈블리 복사본이 원본에 연관될 수 있습니다.

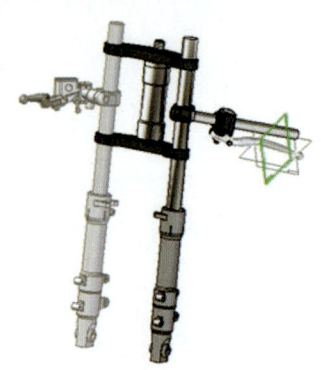

chapter 05 Assembly Modeling(조립품)

어셈블리 구조 재사용(파이프, 프레임 및 튜브)
- BOM에 부모 어셈블리의 동일한 컴포넌트가 있습니다.
- 어셈블리 프로세스 상태의 생성 및 정의
- 연관 미러가 삽입된 어셈블리 복사본을 생성합니다.
- 다중 바디 파트 파일 게시 - 설계 바디의 연관 어셈블리를 생성하려면 이 기능을 사용합니다.

3.10 모터(Motor)

➠ 홈 탭 ⇒ 조립 그룹 ⇒ 모터
➠ Home Tap ⇒ Assemble Group ⇒ Motor

선택한 파트의 요소를 사용하여 회전 또는 선형 모터를 정의합니다. 그런 다음 모터 시뮬레이션 명령을 사용하여 어셈블리에서 모션의 운동 시뮬레이션을 표시할 수 있습니다.

모터 기능을 사용하여 모터로 정의한 파트를 기준으로 불완전 구속된 일련의 파트가 어떻게 움직이는지 살펴볼 수 있습니다. 이 기능을 사용하면 상관된 일련의 파트의 움직임을 시뮬레이션해야 하는 복잡한 메커니즘을 설계 및 시뮬레이션할 수 있습니다.

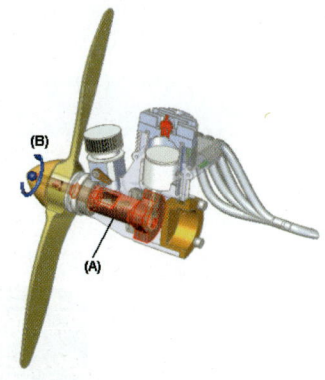

위 그림은 크랭크축 파트(A)가 지정한 축을 기준으로 회전하도록(B) 지정한 그림입니다.
- 모터 유형
  ▶ 회전
  ▶ 선형

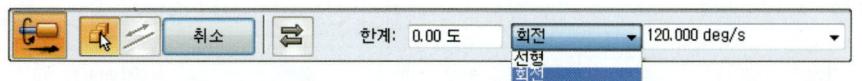

-  **이동 파트 선택(Select Moving Part)** : 모터로 이동할 파트를 지정합니다(완전 구속된 파트는 선택이 불가능 합니다).
-  **모터 축(Motor Axis)** : 파트의 회전 또는 이동 기준이 되는 축을 정의합니다.
- **방향 뒤집기(Flip Direction)** : 모터 이동의 방향을 전환합니다. 이동 방향의 그래픽 표현이 그래픽 윈도우에 표시됩니다.

- **모터 유형(Motor Type)** : 생성할 모터의 유형을 지정합니다. 선형 모터나 회전 모터를 정의할 수 있습니다.
- **모터 값(Motor Value)** : 모터가 이동할 속력을 지정합니다.
- **한계(Limit)** : 모터 이동 한계 값을 지정합니다. 예를 들어, 회전 모터의 경우 모터가 특정 각도만큼만 회전하도록 지정할 수 있습니다. 선형 모터의 경우 모터가 특정 거리만큼만 이동하도록 지정할 수 있습니다.

모터 사용 방법

step1 Engine.asm 파일을 오픈합니다.

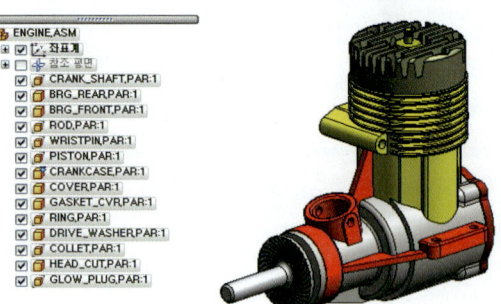

step2 홈 탭 > 조립 그룹 > 모터 명령어를 선택합니다. 그리고 모터 유형을 회전으로 선택합니다.

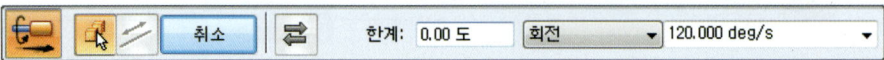

chapter 05 Assembly Modeling(조립품)

→ step3 그래픽 윈도우에서 Crank_Shaft.pat를 선택합니다. 그리고 회전 방향을 그림과 같이 정의합니다.

→ step4 정의가 완료 되었으면, 마침 버튼 또는 마우스 오른쪽 버튼을 클릭합니다. 그리고 어셈블리 PathFinder에서 모터 명령을 확인합니다.

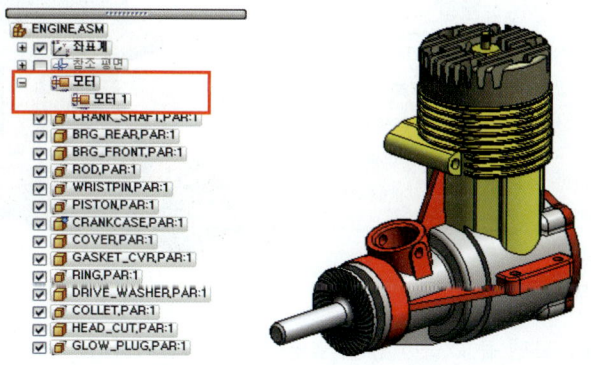

3.11 모터 시뮬레이션(Simulate Motor)

➡ 홈 탭 ⇒ 조립 그룹 ⇒ 모터 시뮬레이션
➡ Home Tap ⇒ Assemble Group ⇒ Simulate Motor

어셈블리에서 동작에 대한 운동학 시뮬레이션을 표시합니다. 모터 형상을 사용하여 연관된 파트 세트가 이동하는 방법을 정의합니다. 이는 크랭크축, 기어, 폴리, 유압 또는 수압 작동기를 포함하는 어셈블리로 작업할 때 유용합니다.

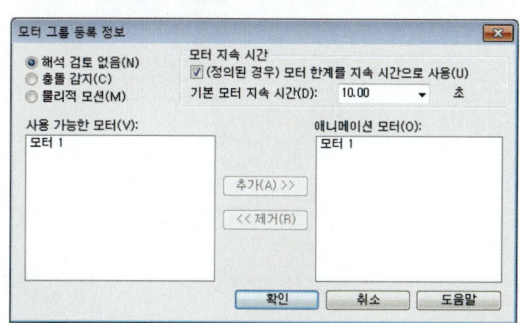

403

- **해석 검토 없음**(No Analysis) : 불완전하게 구속된 파트를 이동하고 결과를 확인할 수 있습니다.
- **충돌 감지**(Detect Collisions) : 모터 애니메이션 동안 충돌을 감지할 수 있습니다.
- **물리적 모션**(Physical Motion) : 파트 사이의 물리적 모션을 시뮬레이트할 수 있습니다.
- **모터 지속 시간**(Motor Duration) : 모터 지속 시간이 정의되는 방법을 지정합니다.
- **사용 가능한 모터**(Available Motors) : 사용 가능한 모터를 나열합니다.
- **애니메이션 모터**(Motors in Animation) : 애니메이션에 사용할 모터를 나열합니다.

모터 시뮬레이션 사용 방법

step1 모터 사용 방법에서 사용된 Engine.asm 파일을 오픈합니다.

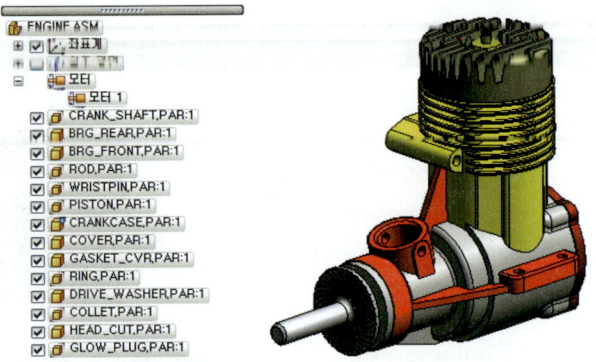

step2 PMI 탭 〉 모델 뷰 그룹 〉 단면 명령어를 선택합니다.

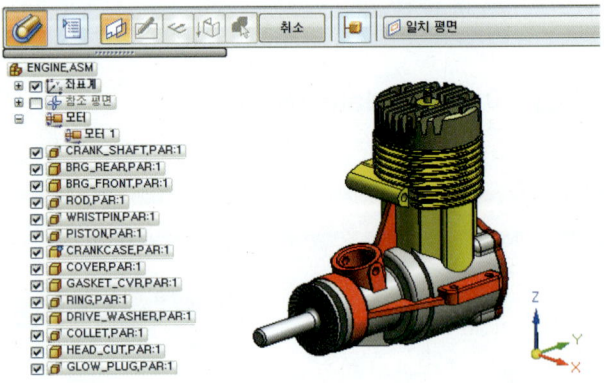

chapter 05 Assembly Modeling(조립품)

step3 아래 그림처럼 Crank_Shaft.par의 앞 면을 선택합니다.

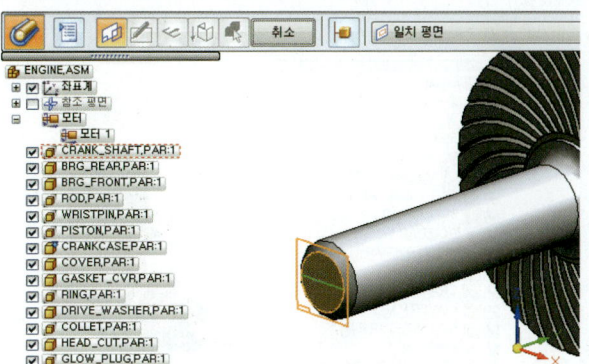

step4 홈 탭 〉 그리그 그룹 〉 2 점으로 직사각형 생성 명령어를 선택 후 아래 그림과 같이 스케치를 그립니다.

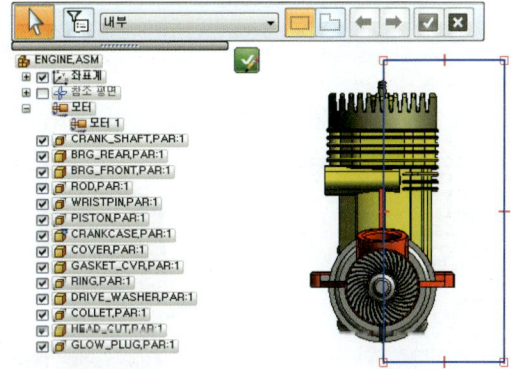

step5 홈 탭 〉 닫기 그룹 〉 스케치 닫기 명령을 클릭합니다.

step6 아래 그림과 같이 방향을 선택 후 마우스 왼쪽 버튼을 클릭합니다.

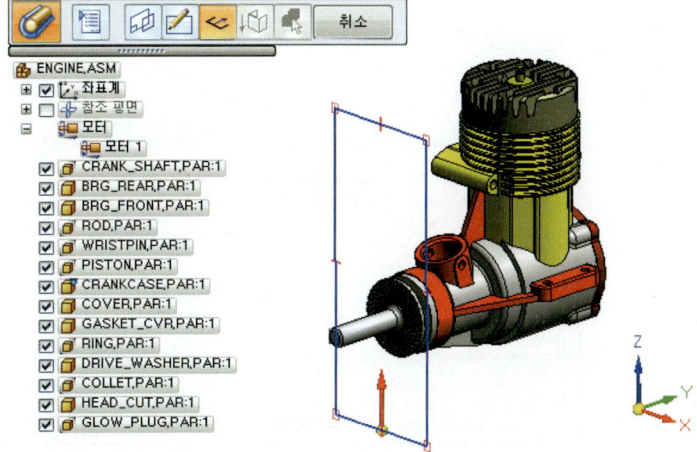

405

- step7 범위 단계에서 옵션을 전체로 선택 후 아래 그림과 같이 방향을 정의합니다.

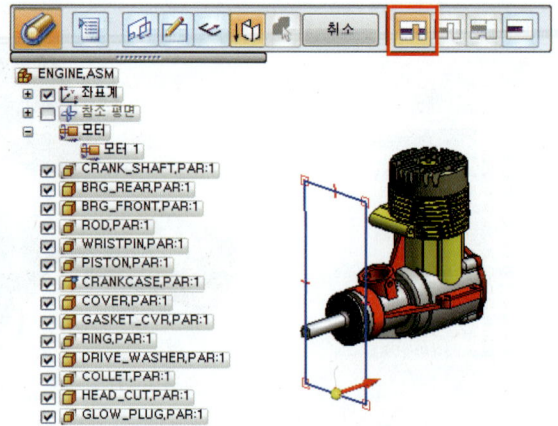

- ctop8 단면 명령어 바에서 걸터 목록을 선택한 파트만 절단으로 선택합니다.

- step9 Crankcase.par를 선택 후 수용 버튼을 클릭 하거나 마우스 오른쪽 버튼을 선택합니다.

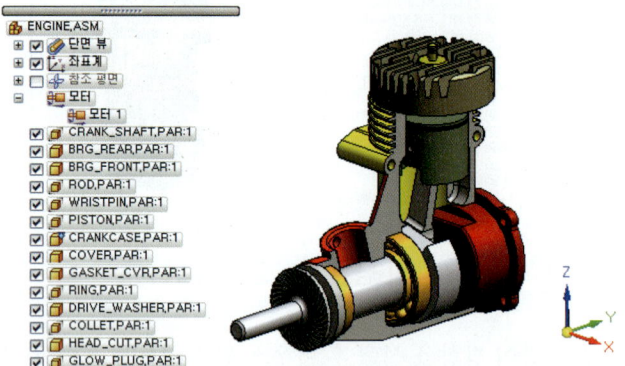

- step10 홈 탭 〉 조립 그룹 〉 모터 시뮬레이션 명령어를 실행합니다. 그리고 아래 그림처럼 옵션을 선택 후 확인을 선택합니다.

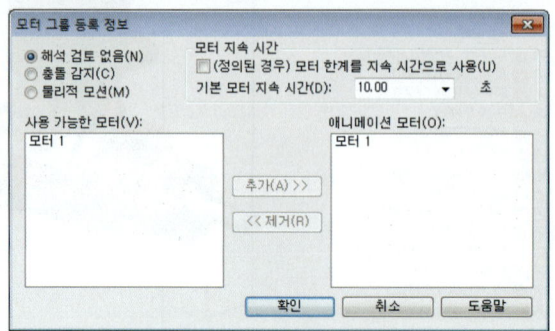

chapter 05 Assembly Modeling(조립품)

> step11 재생 버튼을 클릭하여 시뮬레이션을 확인 합니다.

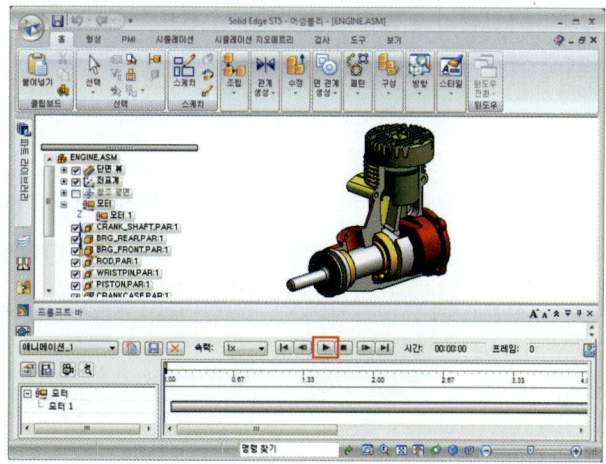

3.12 시스템 라이브러리(Create System Library)

➭ 홈 탭 ⇒ 조립 그룹 ⇒ 시스템 라이브러리
➭ Home Tap ⇒ Assemble Group ⇒ Create System Library

시스템 라이브러리 문서를 사용하여 파트 및 파트 형상 그룹을 어셈블리에 자동으로 배치할 수 있습니다. 파트 및 파트 형상을 한 문서로 그룹화하면 어셈블리에 신속하게 배치할 수 있습니다. 배치가 완료된 후 파트는 어셈블리의 다른 파트와 동일하게 동작하며, 시스템 라이브러리 문서 자체는 어셈블리에 배치되지 않고 시스템 컴포넌트를 정의하는 컨테이너로 사용됩니다.

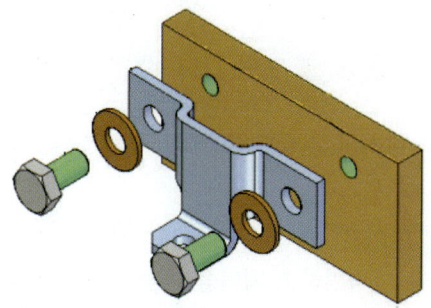

3.13 패스너 시스템(Fastener System)

➭ 홈 탭 ⇒ 조립 그룹 ⇒ 패스너 시스템
➭ Home Tap ⇒ Assemble Group ⇒ Fastener System

볼트, 와셔, 너트 등의 패스너를 어셈블리에 배치합니다. 위쪽 구멍과 아래쪽 구멍 단계에서 선택한 요소에 따라 패스너의 직경과 방향이 결정됩니다. 그러면 패스너 시스템 다이얼로그를 사용하여 패스너 데이터베이스에서 원하는 하드웨어를 선택할 수 있습니다.

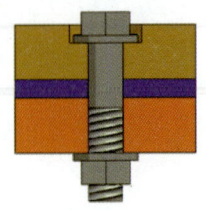

패스너 시스템 명령을 사용하려면 표준 파트 데이터베이스에 연결해야 합니다.

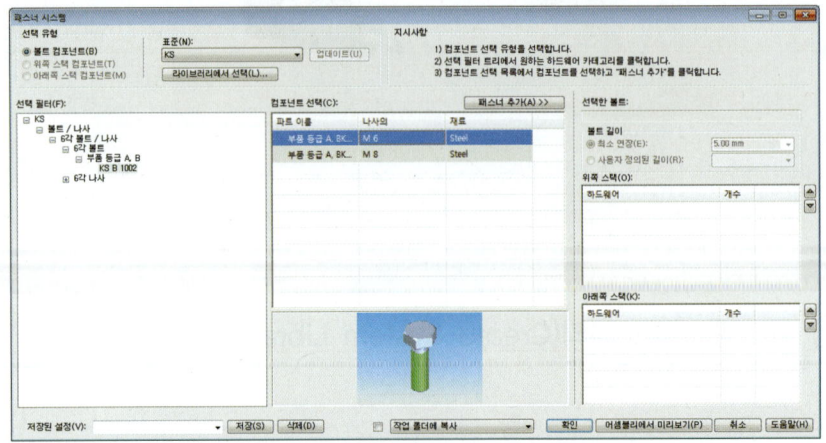

3.14 어셈블리 형상(Assembly Features)

➡ 형상 탭 ⇒ 어셈블리 형상
➡ Features Tap ⇒ Assembly Features Group

어셈블리 환경에서 형상 명령을 사용하여 컷아웃, 회전 컷아웃, 구멍, 모따기 및 스레드 같은 형상을 만들 수 있습니다. 이러한 형상을 미러링하고 패턴을 만들 수도 있습니다.

Solid Edge에서는 다음과 같은 세 가지 종류의 어셈블리 기반 형상을 만들 수 있습니다.

- 어셈블리 형상
- 어셈블리 구동 파트 형상
- 파트 형상

chapter 05 Assembly Modeling(조립품)

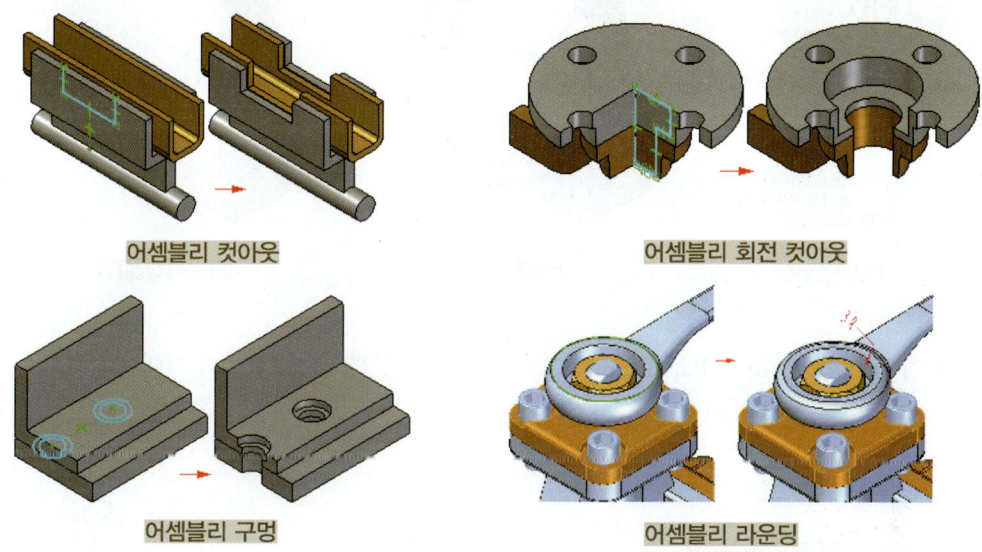

형상 옵션 다이얼로그를 사용하여 현재 만들고 있는 어셈블리 기반 형상이 선택한 파트에만 영향을 미칠지(어셈블리 형상) 또는 선택한 파트와 문서 이름이 같은 모든 파트에 영향을 미칠지(어셈블리 구동 파트 형상)를 지정할 수 있습니다.

어셈블리 컷아웃

어셈블리 회전 컷아웃

어셈블리 구멍

어셈블리 라운딩

- **어셈블리 형상**(Create Assembly Features) : 작성한 형상은 현재 어셈블리에만 적용이 됩니다. 프로파일 기반 형상의 경우, 참조 평면, 프로파일, 범위 정의 및 곡면 지오메트리는 형상이 생성된 어셈블리 문서에만 있으며 여기에서만 볼 수 있습니다. 어셈블리 하위 부품을 편집 또는 오픈을 하였을 경우에 파트에는 형상이 적용되지 않습니다.

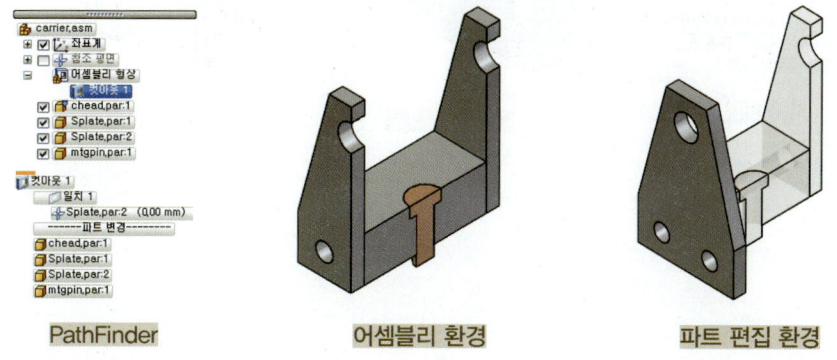

PathFinder   어셈블리 환경   파트 편집 환경

409

- **어셈블리 구동 파트 형상(Create Assembly Driven Part features)** : 작성한 형상은 현재 어셈블리와 선택한 파트의 이름이 같은 모든 파트에 영향을 미칩니다. 프로파일 기반 형상의 경우, 참조 평면, 프로파일, 범위 정의 및 곡면 지오메트리는 형상이 생성된 어셈블리 문서에만 있으며 여기에서만 볼 수 있습니다. 어셈블리 하위 부품을 편집 또는 오픈을 하였을 경우에 파트에는 형상이 적용됩니다. 어셈블리 구동 파트 형상을 만들기 위해서는 영향을 받은 파일에 대한 쓰기 권한이 있어야 합니다.

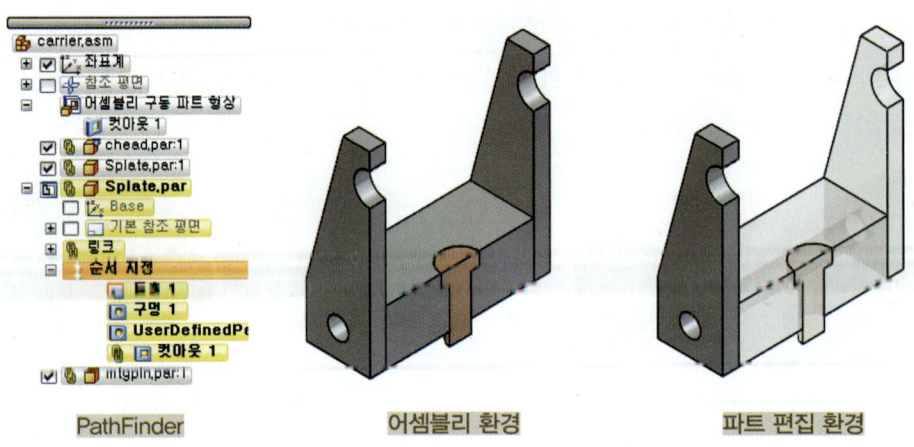

- **인클로저 파트 형상(Create Part Features)** : 작성한 형상은 현재 어셈블리와 선택한 파트의 이름이 같은 모든 파트에 영향을 미칩니다. 어셈블리 구동 파트 형상과 동일하나 어셈블리와 파트간 링크는 연결되지 않습니다.

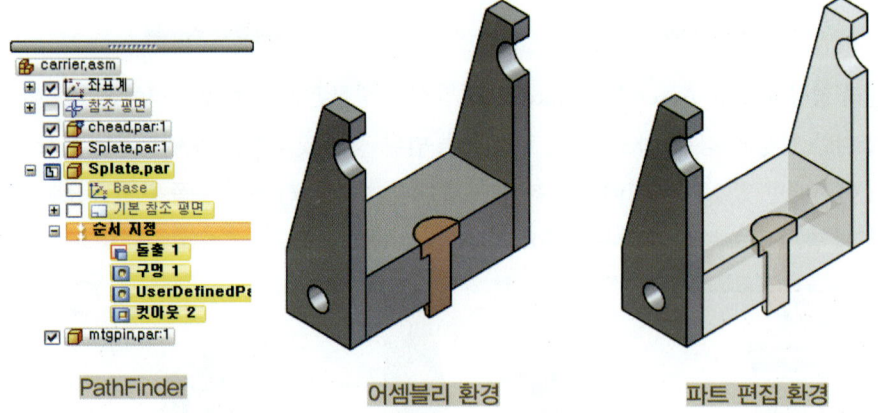

chapter 05 Assembly Modeling(조립품)

• 어셈블리 형상과 어셈블리 구동 파트 형상 PathFinder 비교

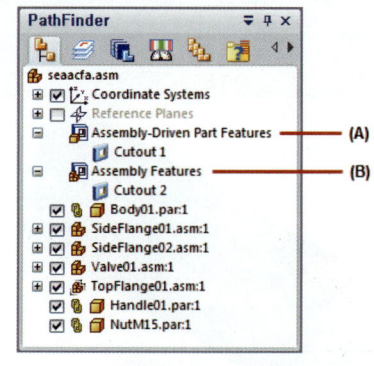
어셈블리 PathFinder

파트 PathFinder

(A) : 어셈블리 형상 만들기
(B) : 어셈블리 구동 파트

위 그림과 같이 (A)의 경우는 파트에 영향이 없으며 (B)의 경우는 파트에 링크가 걸리면서 어셈블리와 동일하게 형상에 영향을 줍니다.

04 어셈블리 PathFinder 조작

PathFinder 탭은 어셈블리를 구성하는 컴포넌트에 대한 작업을 하는 데 유용합니다. 일반 어셈블리 윈도우에서 그래픽을 보는 것과 아울러 어셈블리의 구성과 배열을 볼 수 있는 다른 방법을 제공합니다. 또한 전체 어셈블리를 보고 있는 동안 개별 어셈블리 컴포넌트를 편집할 수 있도록 PathFinder를 사용하여 파트 또는 하위 어셈블리를 그 자리에서 활성화할 수도 있습니다.

PathFinder 탭은 어셈블리 또는 활성 어셈블리 내의 하위 어셈블리에서 작업하고 있는 경우에만 사용할 수 있습니다.

어셈블리 환경에서는 PathFinder를 사용하여 파트 및 하위 어셈블리를 배치하는 데 사용된 어셈블리 관계를 보고, 수정하며, 삭제하고 어셈블리에서 파트의 순서를 변경하고 어셈블리의 문제를 진단할 수도 있습니다.

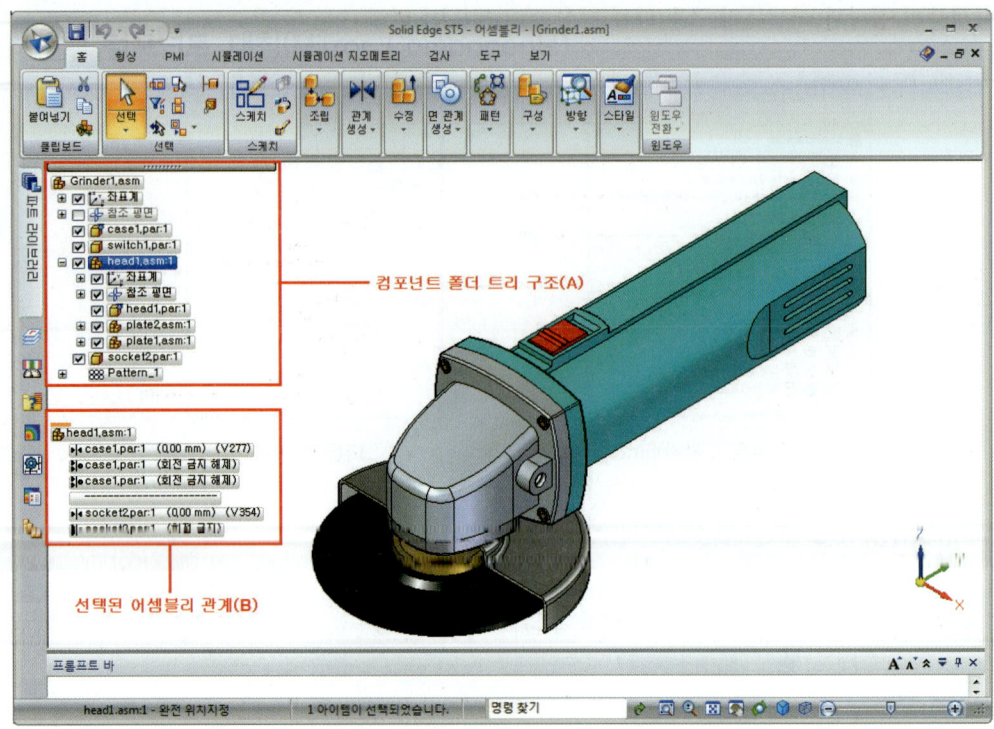

- **어셈블리 PathFinder 위쪽 창(A)**
    ▸ 컴포넌트를 축소 또는 확대된 형식으로 봅니다.
    ▸ 다음 태스크를 위해 컴포넌트를 강조 표시, 선택 및 선택 취소합니다.
    ▸ 어셈블리 내 컴포넌트의 현재 상태를 확인합니다.
    ▸ 어셈블리가 구성된 방법을 확인합니다.
    ▸ 어셈블리 내에서 파트의 순서를 바꿉니다.
    ▸ 참조면, 스케치 및 좌표계의 이름을 바꿉니다.

커서를 PathFinder의 위쪽 창에 있는 컴포넌트 위에 놓으면 해당 컴포넌트가 그래픽 윈도우에 강조 표시 색상으로 표시됩니다.

chapter 05 Assembly Modeling(조립품)

- 어셈블리 PathFinder 위쪽 창 심볼 컴포넌트 상태표시

	활성 파트		패턴 그룹
	비활성 파트		패턴 항목
	언로드된 파트		참조면
	완전하게 배치되지 않은 파트		참조면
	충돌하는 관계가 포함되어 있는 파트		스케치
	링크된 파트		조합 불가능 스케치(동기식 전용)
	단순화된 파트		조합 가능 스케치(동기식 전용)
	컴포넌트 없음		활성 스케치(동기식 전용)
	대체 컴포넌트 파트		용접
	어셈블리 스케치에서 파트 위치는 2D 관계에 의해 구동됩니다. 표시된 파트		파트 및 하위 어셈블리 그룹
			모터
	조정 가능한 파트		사용 가능
	조정 가능한 어셈블리		작업 중
	구동 참조		검토 중
	패스너 시스템		릴리스됨
	패턴 그룹		베이스라인됨
			폐기됨

- 어셈블리 PathFinder 위쪽 창 바로가기 메뉴

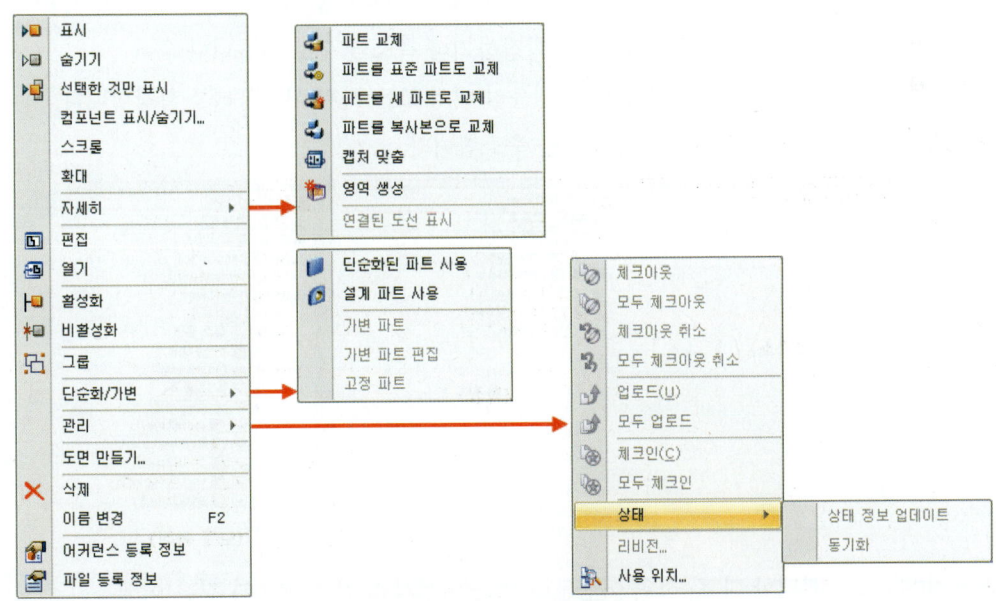

파트 선택 시 바로가기 메뉴

413

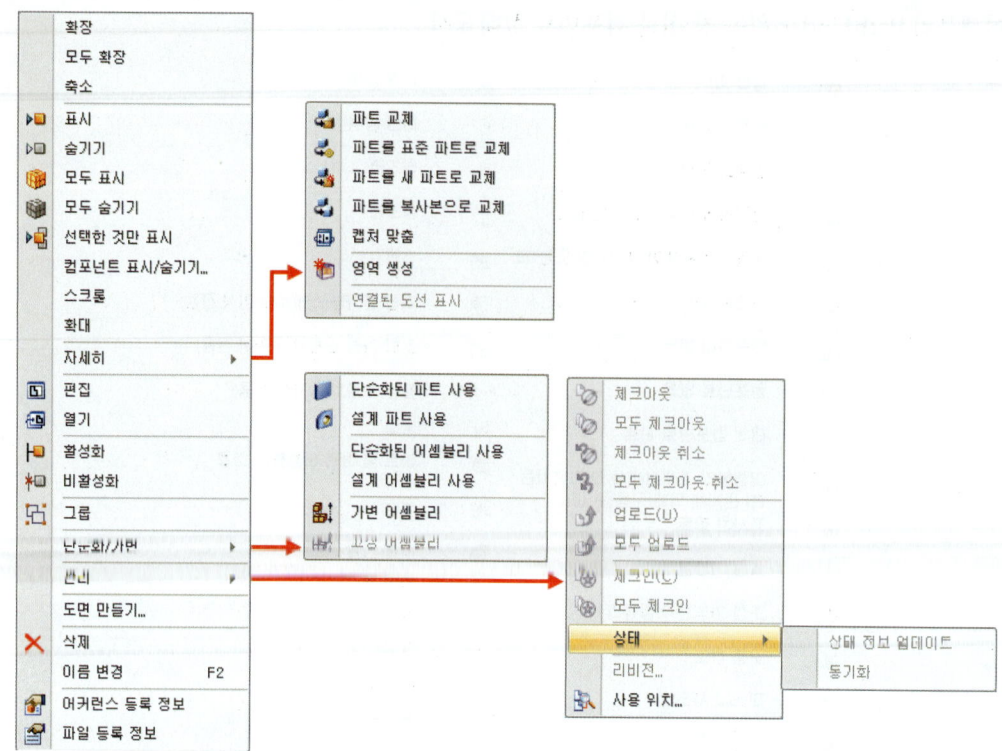

서브 어셈블리 선택 시 바로가기 메뉴

▶ 확장(Expand) : 어셈블리만 확장합니다. PathFinder에서 어셈블리 이름 옆에 있는 더하기(+) 또는 빼기(-) 심볼을 클릭하여 어셈블리를 확장하거나 축소할 수도 있습니다.
▶ 모두 확장(Expand All) : 어셈블리와 어셈블리 내의 모든 하위 어셈블리를 확장합니다.
▶ 축소(Collapse) : 선택한 하위 어셈블리를 축소합니다.

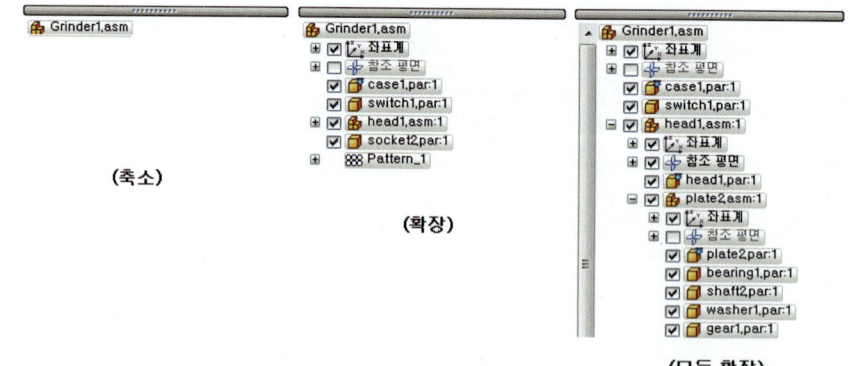

▶ 표시(Show) : 선택한 파트, 하위 어셈블리 또는 어셈블리 참조 평면과 같은 어셈블리 컴포넌트를 표시합니다.

chapter 05 Assembly Modeling(조립품)

- ▶ 숨기기(Hide) : 선택한 파트, 하위 어셈블리 또는 어셈블리 참조 평면과 같은 어셈블리 컴포넌트를 숨깁니다.
- ▶ 모두 표시(Show All) : 하위 어셈블리, 참조 평면 모음, 좌표계 모음 또는 스케치 모음을 모두 표시합니다.
- ▶ 모두 숨기기(Hide All) : 하위 어셈블리, 참조 평면 모음, 좌표계 모음 또는 스케치 모음을 모두 숨깁니다.
- ▶ 선택한 것만 표시(Show Only) : 선택한 파트, 판금 및 하위 어셈블리만 표시합니다.
- ▶ 컴포넌트 표시/숨기기(Show/Hide Component) : 선택한 파트 또는 어셈블리의 스케치, 참조평면, PMI이 등을 표시하거나 숨깁니다.

(파트 컴포넌트)

(어셈블리 컴포넌트)

- ▶ 스크롤(Scroll To) : 그래픽 윈도우에서 선택한 파트에 해당하는 항목을 PathFinder에서 찾습니다. 이 명령은 선택한 파트가 속한 하위 어셈블리를 확인하는데 유용합니다.
- ▶ 확대(Zoom To) : 파트 또는 어셈블리 선택 시 그래픽 윈도우에서 선택된 형상을 확대합니다.

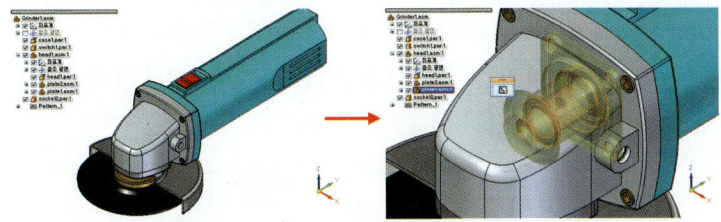

- ▶ 캡처 맞춤(Capture Fit) : 캡처 맞춤 명령을 실행합니다.
- ▶ 교체(Replace) : 교체 명령을 실행합니다.
- ▶ 편집(Edit) : 어셈블리 컴포넌트를 보면서 Solid Edge 파트 및 하위 어셈블리 문서의 형상을 작성, 편집 또는 삭제할 수 있습니다.

415

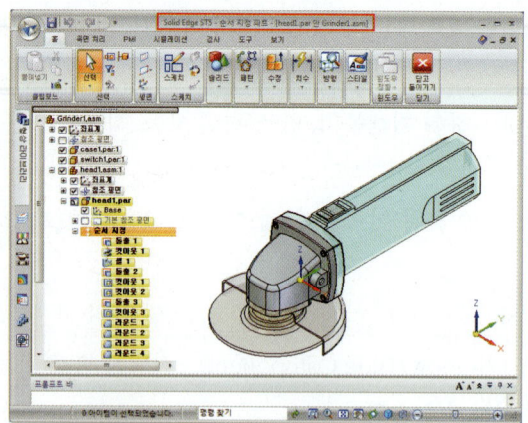

▶ 열기(Open) : 열기 명령을 사용하는 방식은 Windows 탐색기를 통해 어셈블리 또는 파트에 액세스하는 방법과 유사합니다. 열기 명령을 사용하면 선택된 컴포넌트를 수정하는 동안 어셈블리에서 다른 컴포넌트를 볼 수 없습니다.

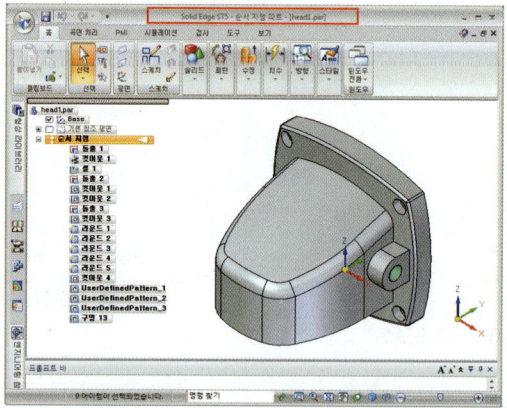

▶ 활성화(Activate) : 어셈블리에서 선택한 파트를 활성화합니다. Solid Edge가 편집을 위해서 파트 모델링 모드로 전환하면 파트는 자동으로 활성화됩니다.

▶ 비활성화(Inactivate) : 파트를 비활성화하면 형상 이력 및 산술 파트 정의가 모두 언로드되고 메모리에 로드된 파트의 그래픽 표현만 남습니다. 실제 필요한 메모리 크기가 현저하게 감소되므로 큰 어셈블리로 작업할 때 유용할 수 있습니다.

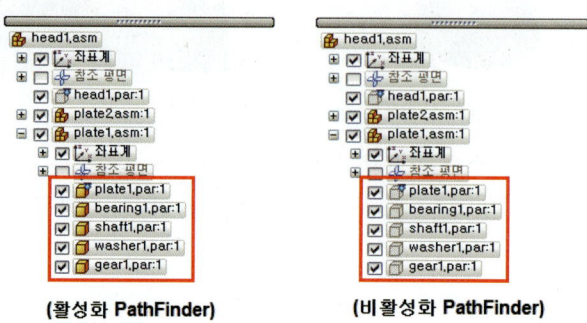

(활성화 PathFinder)　　　　(비활성화 PathFinder)

chapter 05 Assembly Modeling(조립품)

▶ 그룹(Group) : PathFinder를 사용하여 활성 어셈블리 내에서 파트 또는 하위 어셈블리 세트를 선택한 다음 바로 가기 메뉴의 그룹 명령을 사용하여 선택한 컴포넌트를 그룹으로 지정할 수 있습니다. 파트 그룹을 정의하면 파트 세트에 필요한 공간이 줄어들고 유사한 파트 세트를 논리 그룹으로 묶을 수 있습니다. 이렇게 하면 파트 세트 표시 및 숨기기 등의 다른 작업에 사용할 파트를 쉽게 선택할 수 있습니다.

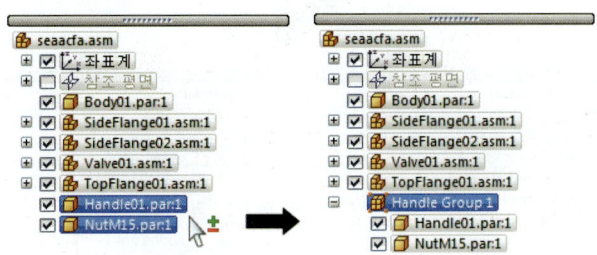

▶ 그룹 해제(Ungroup) : 어셈블리 PathFinder에서 이전에 그룹화한 그룹 항목을 그룹 취소합니다.

▶ 단순화/가변(Simplified/Adjustable) :

  - 단순화 : 파트 또는 어셈블리의 단순화 표현을 제어합니다.

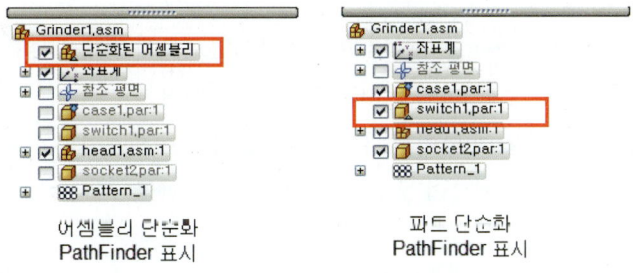

어셈블리 단순화　　　　파트 단순화
PathFinder 표시　　　　PathFinder 표시

  - 가변 파트 : 어셈블리에서 파트를 조정 가능하도록 지정합니다. 파트를 조정 가능하도록 지정하면 치수와 변수를 사용하여 파트의 크기와 모양을 제어할 수 있습니다.

  - 가변 어셈블리 : 하위 어셈블리를 조정 가능하도록 만듭니다. 하위 어셈블리를 조정할 수 있도록 지정하면 상위 수준 어셈블리에서 작업하는 동안 하위 어셈블리에 있는 파트 사이에 위치 지정 관계를 설정할 수 있습니다. 이렇게 하면 상위 수준 어셈블리에서 해당 관계를 편집할 수 있습니다.

417

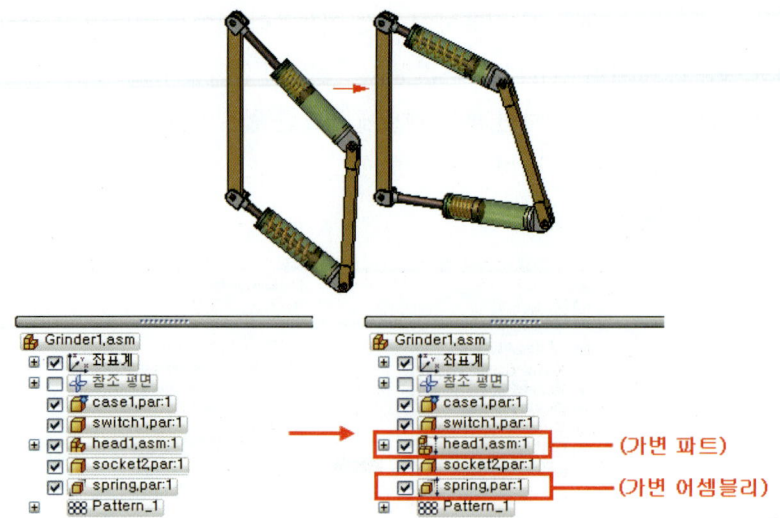

가변 파트 및 어셈블리 PathFinder 표시

- ▶ 고정 파트 & 어셈블리(Rigid Part & Assembly) : 가변 파트 및 어셈블리를 고정 파트 및 어셈블리로 변경합니다.
- ▶ 도면 만들기(Create Drawing) : 도면 만들기 다이얼로그에 지정된 템플릿을 사용하여 현재 모델(어셈블리, 파트 또는 판금)파일로부터 도면을 만듭니다.
- ▶ 삭제(Delete) : 어셈블리에 배치된 파트, 판금 및 하위 어셈블리를 삭제합니다.
- ▶ 이름 변경(Rename) : 어셈블리 참조면, 스케치, 파트, 판금, 서브 어셈블리, 그룹 및 좌표계의 이름을 변경합니다.
- ▶ 어커런스 등록 정보(Occurrence Properties) : 어셈블리에 있는 하나 이상의 파트 또는 하위 어셈블리의 특성을 지정합니다.

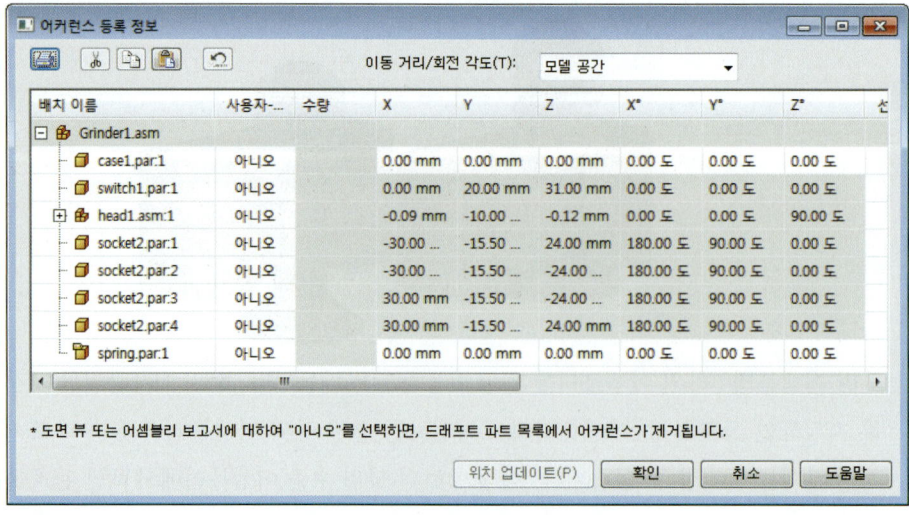

▶ 파일 등록 정보(File Properties) : 선택한 파트, 판금 및 하위 어셈블리에 대한 등록정보를 표시 및 수정을 할 수 있습니다.

▶ 사용 위치(Where Used) : 선택한 문서가 다른 문서에서 사용되는 위치를 찾습니다.
이 명령은 문서를 찾을 때 전체 데이터베이스를 검사합니다. 관리되는 라이브러리를 포함하여 네트워크의 임의의 위치에 있는 문서를 검색할 수 있습니다.

> **Tip**
>
> **어커런스 등록정보(Occurrence Properties)**
>
> 어셈블리에 있는 하나 이상의 파트 또는 하위 어셈블리의 특성을 지정합니다. 어셈블리에 파트 또는 하위 어셈블리를 배치할 때 다음과 같은 내용을 결정하는 등록 정보가 설정됩니다.
>
> - 파트 또는 하위 어셈블리의 배치 이름
> - 파트를 선택할 수 있는지 또는 선택할 수 없는지 여부
> - 파트의 수량
> - 고정된 파트 또는 어셈블리 관계가 없는 파트의 x, y 및 z 위치
> - 상위 수준의 어셈블리에서 파트가 표시되는지 여부
> - 어셈블리의 도면에서 파트가 표시되는지 여부
> - 도면 또는 파트 목록에서 파트가 참조 파트로 간주되는지 여부
> - BOM 같은 보고서에 파트가 사용되는지 여부
> - 어셈블리의 질량 등록 정보 계산에 파트가 사용되는지 여부
> - 파트가 간섭 해석 계산에서 사용되는지 여부
>
> PathFinder에서 최상위 어셈블리만 선택하는 경우 어커런스 등록 정보 다이얼로그에 전체 어셈블리 구조가 BOM 형식으로 표시됩니다. 어셈블리 구조 내에서 하위 어셈블리를 확장하거나 축소할 수 있습니다.
>
> Part(파트) 또는 하위 Assembly(어셈블리)를 배치하는 중 이러한 등록 정보를 설정하거나, 나중에 이러한 등록 정보를 변경할 수 있습니다.
>
> 고정되었거나 적용되는 어셈블리 관계가 없는 어커런스의 경우, 어커런스 원점 또는 다른 좌표계에 대하여 x, y, z 좌표를 편집하여 어커런스를 재배치하거나 회전시킬 수 있습니다. 어셈블리 관계를 사용하여 배치되었거나 어셈블리 스케치에 연결된 어커런스의 경우 좌표 값 상자는 읽기 전용입니다.

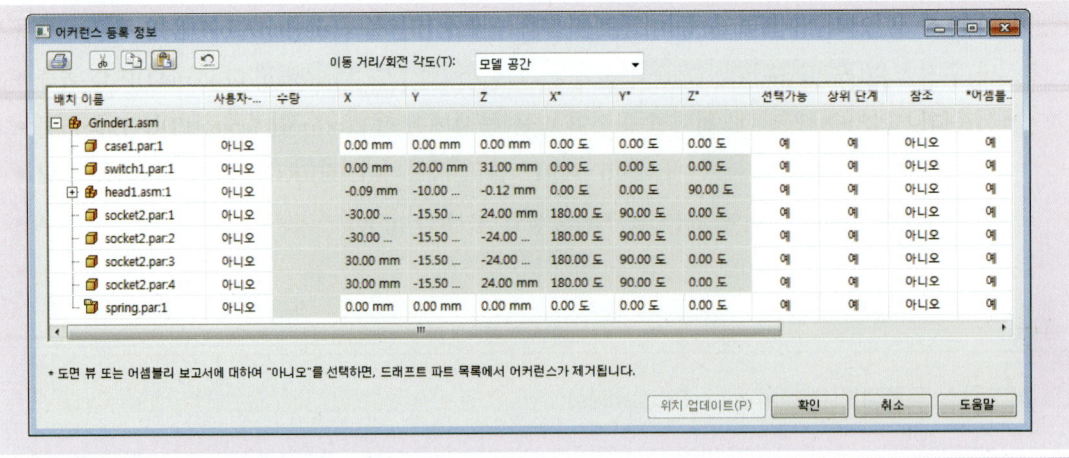

- 어셈블리 PathFinder 아래쪽 창(B)
  - 관계를 적용하는 데 사용된 🎵수를 봅니다.
  - 관계의 고정 옵셋 값을 편집합니다.
  - 관계의 옵셋 유형을 변경합니다.
  - 관계를 삭제합니다.
  - 관계를 억제합니다.

선택한 파트와 어셈블리의 다른 파트 간의 어셈블리 관계를 보고 수정할 수 있습니다.

- 어셈블리 PathFinder 아래쪽 창 심볼 컴포넌트 상태표시

명령어 심볼	명령어 내용	명령어 심볼	명령어 내용
	고정 관계		접선 관계
	메이트 관계		기어 관계
	평면형 정렬 관계		경로 관계
	축 정렬 관계		강성 세트 관계
	연결 관계		중심 평면 관계
	각도 관계		억제된 관계
	접선 관계		실패한 관계
	기어 관계		

chapter 05 Assembly Modeling(조립품)

● 어셈블리 PathFinder 아래쪽 창 바로가기 메뉴

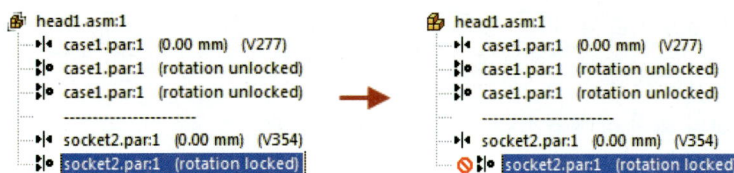

▶ 관계 삭제(Delete Relationship) : 어셈블리 관계를 삭제합니다. 키보드 Delete키와 동일합니다.
▶ 억제(Suppress) : 파트의 어셈블리 관계를 임시로 억제할 수 있습니다. PathFinder의 위쪽 창에서 파트 옆의 심볼이 변경됩니다.

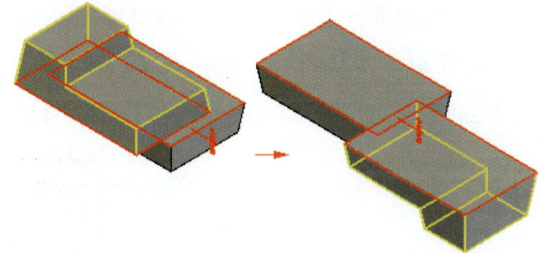

▶ 뒤집기(Flip) : 사용자가 선택한 관계의 평면 또는 축을 중심으로 파트의 방향을 다시 설정합니다.

이 명령을 사용하면 축 정렬, 평면 정렬, 메이트, 평행, 접선 또는 캠 관계를 통해 위치 지정된 파트의 방향을 다시 설정할 수 있습니다.
▶ 정의 편집(Edit Definition) : 관계를 정의하는 데 사용한 입력을 편집할 수 있도록 선택한 어셈블리 관계와 관련된 어셈블리 명령어 모음을 표시합니다.

● 어셈블리 연관성 관련 정보 표시

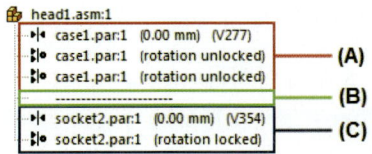

어셈블리 작업을 하면서 연관성 관계 파악은 상당히 중요합니다. 파트간 연관성 관계를 앎으로써 자동 분해도와 모터 작업을 쉽게 할 수 있습니다.
(A) : Head1이 Case1에 조립이 되어 있습니다. Case1이 기준입니다.

421

(B) : Head1을 뜻 합니다.

(C) : Socket2가 Head1에 조립이 되어 있습니다. Head1이 기준입니다.

기준이 되는 파트 또는 하위 어셈블리가 불완전 구속이 되어 있으면 기준에 조립되어있는 파트 또는 하위 어셈블리가 완전 구속이 되어 있어도 불완전 구속이 됩니다.

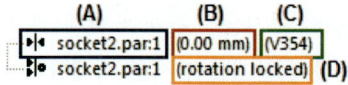

(A) : 어셈블리 조립 조건과 조립되는 파트 또는 하위 어셈블리 파일명 및 수량 표시

(B) : 고정 옵셋의 거리 표시

(C) : 변수의 이름 표시

(D) : 축 정렬의 회전 상태 표시

- **어셈블리 관계 충돌**

어셈블리에서 파트의 설계를 변경하는 경우 일부 어셈블리 관계가 더 이상 적용되지 않을 수 있습니다. 이런 경우 PahtFinder의 위쪽 창에서 파트 또는 어셈블리 옆의 심볼이 변경되어 충돌 관계가 있음을 나타내고 해당 파트는 오류 도우미 다이얼로그 목록에 배치됩니다.

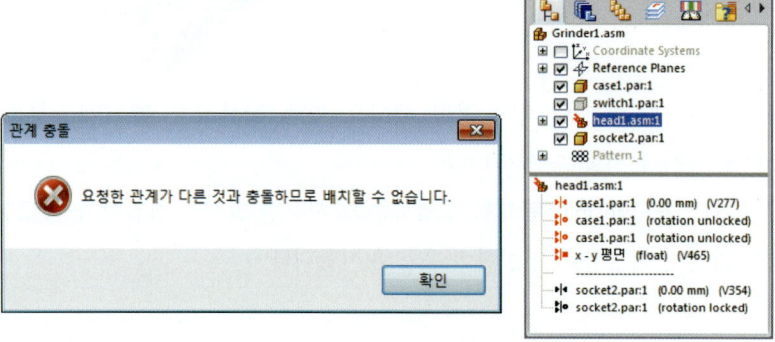

충돌 파트 또는 하위 어셈블리를 선택하면 PathFinder의 아래쪽 창에서 영향 받은 관계의 심볼이 빨간색으로 표시됩니다. 그러면 오류 도우미 표에서 어셈블리 수정 방법을 표시 및 지정할 수 있습니다.(도구 탭 〉 도우미 그룹 〉 도우미 아이콘)

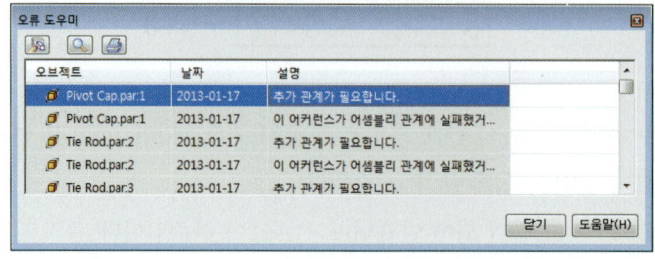

chapter 05 Assembly Modeling(조립품)

05 어셈블리 간섭검사

두 개 이상의 파트를 선택하여 간섭 여부를 검사합니다. 한 파트를 선택하고 이를 다른 파트에 대해 검사하거나, 하나 이상의 파트를 선택하고 이를 자체적으로 검사하거나, 두 번째로 선택된 파트 집합에 대해 또는 어셈블리의 모든 파트에 대해 검사할 수 있습니다.

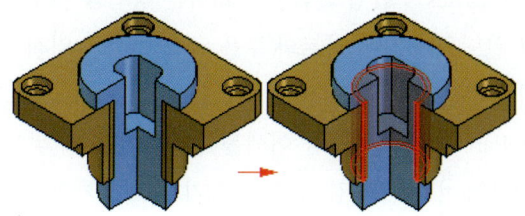

간섭 옵션 다이얼로그를 사용하면 간섭 볼륨을 그래픽으로 표시할지 파트로 저장할지 여부, 간섭 분석 중에 스레드 형상을 처리하는 방법 등과 같은 출력 옵션을 지정할 수 있습니다. 간섭 분석 데이터를 별도의 문서에 저장할 수도 있습니다.

➡ 검사 탭 ⇒ 계산 형상 ⇒ 간섭 검사
➡ Inspect Tap ⇒ Evaluate Group ⇒ Check Interference

- **옵션(Options)** : 간섭 옵션 대화 상자를 표시합니다.

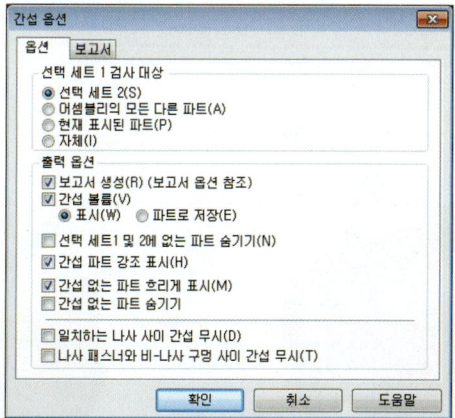

- **선택 세트 2(Select Set 2)** : 한 파트 또는 파트 집합과 다른 파트 또는 파트 집합 사이에 간섭을 검사합니다.

423

- **어셈블리의 모든 다른 파트(All Other Parts In The Assembly)** : 한 파트 또는 파트 집합과 어셈블리의 다른 모든 파트 사이에 간섭을 검사합니다.
- **현재 표시된 파트(Parts Currently Shown)** : 한 파트 또는 파트 집합과 현재 어셈블리에 표시된 모든 다른 파트 사이에 간섭을 검사합니다.
- **자체(Itself)** : 선택한 모든 파트에 간섭을 검사합니다.
- **보고서 생성(Generate Report)** : 텍스트 보고서로 분석 결과를 출력합니다.
- **간섭 볼륨(Interfering Volumes)** : 간섭 볼륨을 관리하는 방법을 지정합니다.
    - ▶ **표시(Show)** : 그래픽 윈도우에 간섭 파트의 부울 교차 지점을 임시로 표시합니다.(명령을 끝내면 간섭 표시가 더 이상 나타나지 않습니다.)
    - ▶ **파트로 저장(Save As Part)** : 간섭 볼륨을 어셈블리에 추가된 새 파트 문서로 저장합니다.(어셈블리 PathFinder를 사용하여 파트를 강조 표시, 숨기기 및 삭제할 수 있습니다.)

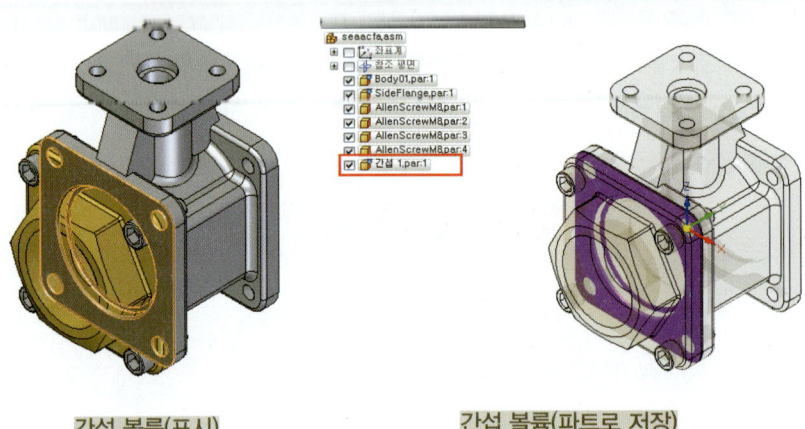

간섭 볼륨(표시)　　　　　간섭 볼륨(파트로 저장)

- **선택 세트1 및 2에 없는 파트 숨기기(Hide Parts Not In Select Sets 1 And 2)** : 어떠한 집합에도 포함되지 않고 간섭 분석의 대상이 되지 않는 파트를 숨깁니다. 선택 세트 2 옵션을 선택 했을 경우에만 가능합니다.

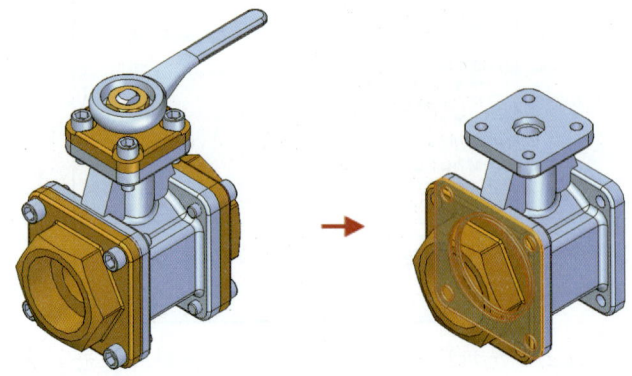

- **간섭 파트 강조 표시(Highlight Interfering Parts)** : 간섭 파트를 강조 표시합니다.

chapter 05 Assembly Modeling(조립품)

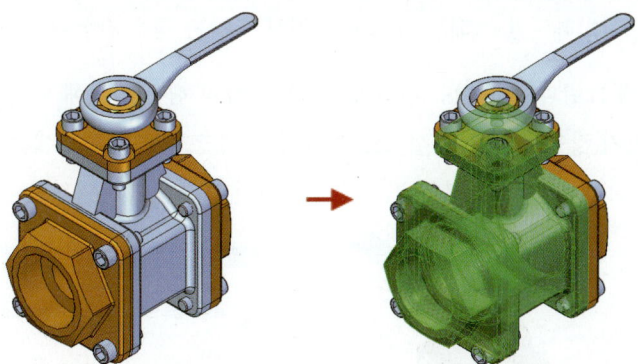

- **간섭 없는 파트를 희미하게(Dim Parts With No Interference)** : 다른 파트와 간섭하지 않는 파트는 흐리게 표시됩니다.

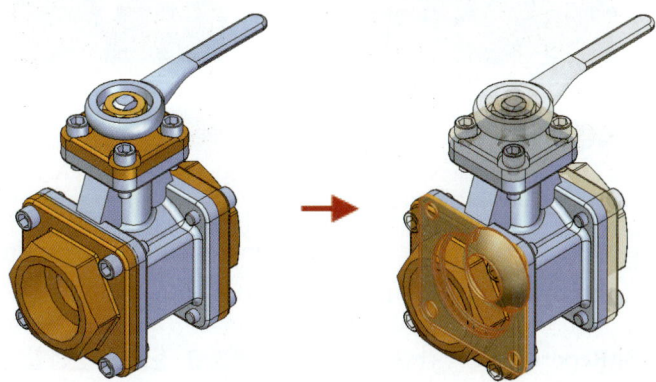

- **간섭 없는 파트 숨기기(Hide Parts With No Interference)** : 다른 파트와 간섭하지 않는 파트를 숨깁니다.

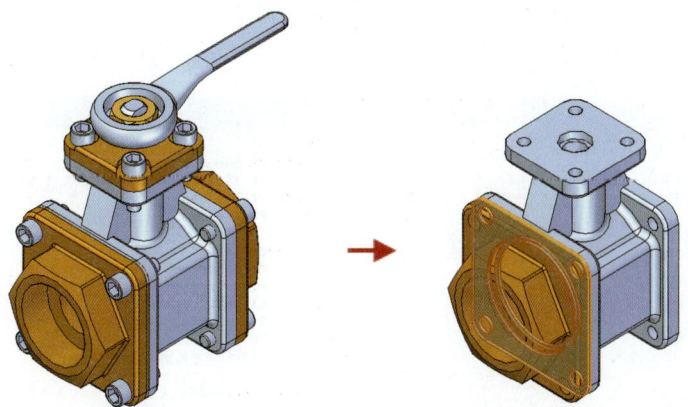

▶ **일치하는 나사 사이 간섭 무시(Ignore Interferences Between Matching Threads)** : 스레드 특징이 일치하는 스레드 원통과 스레드 구멍 간의 간섭을 보고할지 여부를 지정합니다.
 - 스레드 원통과 스레드 구멍 간에 공칭 직경과 스레드 유형이 모두 일치하면 간섭이 검색되지 않습니다.

- 공칭 직경은 일치하지만 스레드 유형은 일치하지 않는 경우 간섭이 검색됩니다.

예를 들어 아래 그림과 같이 M8Tap에 M8 Bolt를 삽입 했을 경우에 일치하는 스레드 간의 간섭 무시를 체크하지 않았을 경우 간섭으로 인정하나 체크를 했을 경우에는 간섭 처리하지 않습니다. 그러나 서로 피치가 다를 경우에는 체크를 했어도 간섭으로 인정합니다.

▶ 나사 패스너와 비-나사 구멍 사이 간섭 무시(Ignore Threaded Fasteners Interfering With Non-threaded Holes) : 나서 원통과 비 나사 구멍 사이의 간섭을 간섭 검사에서 무시됩니다.

- 보고서 페이지(Report Page) : 간섭의 보고서에 배치할 정보를 정의합니다.
  ▶ 파일 이름(File Name) : 생성되는 보고서 문서 이름을 지정합니다.
  ▶ 찾아보기(Brows) : 생성되는 보고서 위치를 지정합니다.
  ▶ 보고서에 포함할 항목(Include In Report) : 파트 이름, 파트 무게 중심, 간섭 무게 중심 및 간섭 볼륨을 보고서에 포함시킬지 선택합니다.

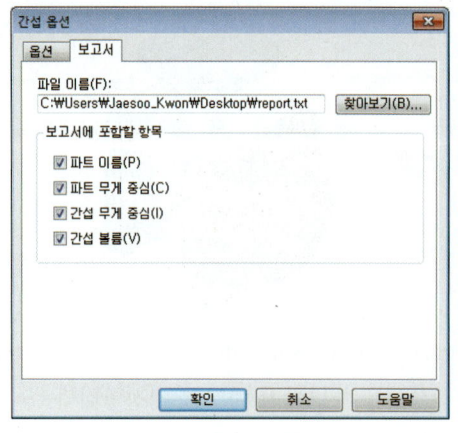

간섭 보고서 페이지

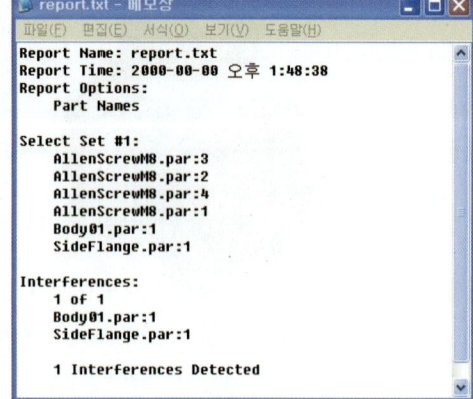

보고서 결과

chapter 05 Assembly Modeling(조립품)

-  **선택 세트 1(Select Set One)** : 간섭을 검사하는 대상으로 삼을 첫 번째 집합을 선택합니다.
- **선택 세트 2(Select Set Two)** : 간섭을 검사하는 대상으로 삼을 두 번째 집합을 선택합니다.
- **프로세스(Process)** : 간섭 분석을 시작합니다.

부울 명령을 이용한 간섭 검사 사용 방법

step1 seaacfa.asm 파일을 오픈합니다.

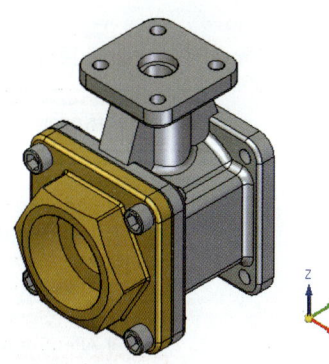

step2 검사 탭 > 계산 그룹 > 간섭 검사 명령을 선택합니다. 그리고 간섭 검사 옵션 아이콘을 선택합니다.

step3 아래 그림과 같이 간섭 검사 옵션을 선택 후 확인을 선택합니다.

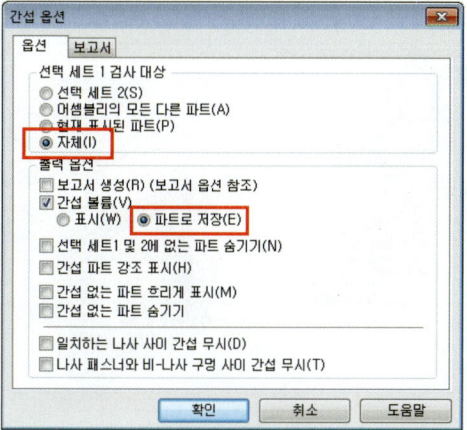

427

- step4 어셈블리 전체를 선택 후 처리 버튼을 클릭합니다.

- step5 어셈블리 PathFinder에 간섭 파트(간섭 2.par)를 확인합니다.

- step6 어셈블리 PathFinder에 간섭 파트(간섭 2.par)를 선택 후 그 자리에서 편집 아이콘을 클릭합니다.

- step7 간섭된 영역을 확인 할 수 있습니다. 확인 후 닫고 돌아가기 아이콘을 클릭합니다.

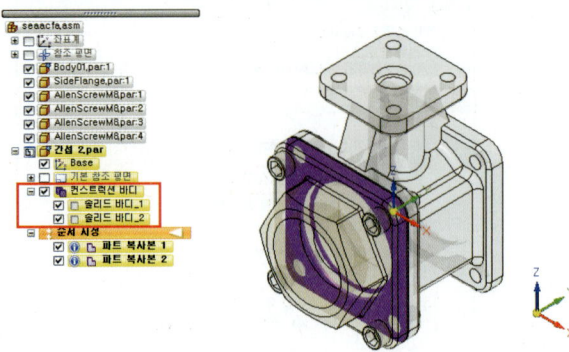

- step8 어셈블리 PathFinder에서 SideFlange.par을 선택합니다. 그리고 그 자리에서 편집 명령

어를 실행합니다.

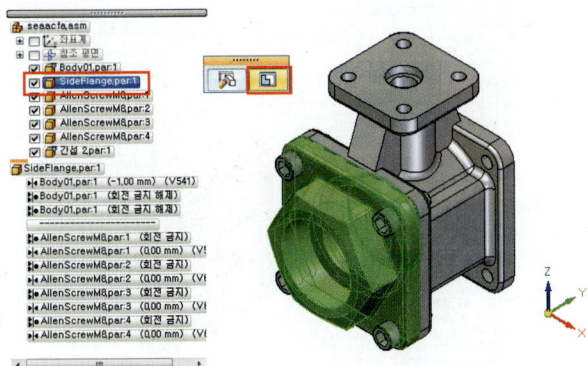

step9 홈 탭 > 클립보드 그룹 > 파트 간 복사 명령어를 선택합니다.

step10 PathFinder에서 간섭 파트(간섭 2.par)을 선택합니다. 그리고 명령어 모음에서 선택 옵션을 바디로 변경 후 그림과 같이 선택합니다.

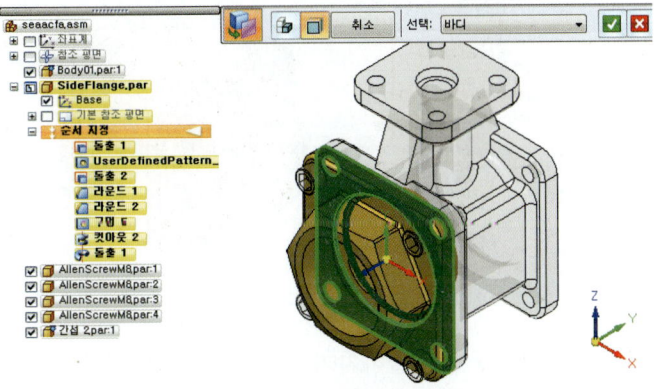

step11 수용 버튼 또는 마우스 오른쪽 버튼을 클릭합니다.

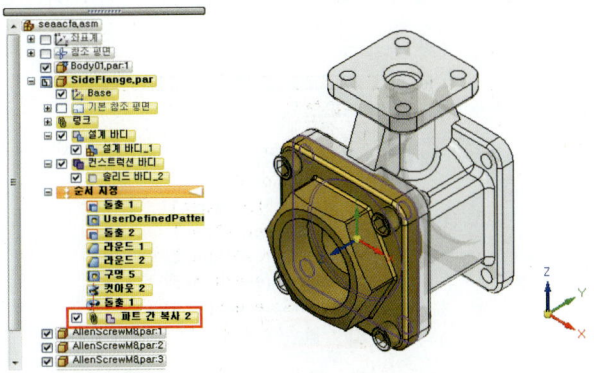

- step12 홈 탭 〉 솔리드 그룹 〉 바디 추가 〉 빼기 명령어를 선택합니다.

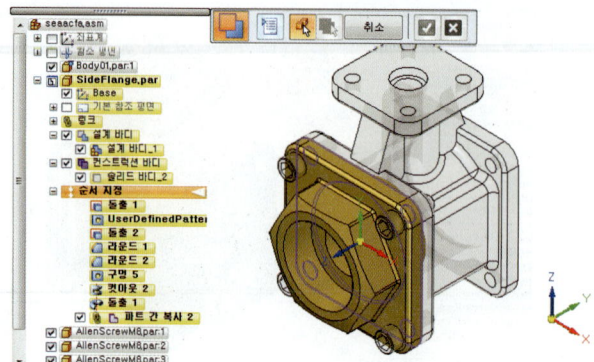

- step13 아래 그림과 같이 설계 바디_1을 선택 후 수용 버튼을 클릭합니다. 그리고 솔리드 바디_2을 선택 후 수용 버튼을 클릭합니다.

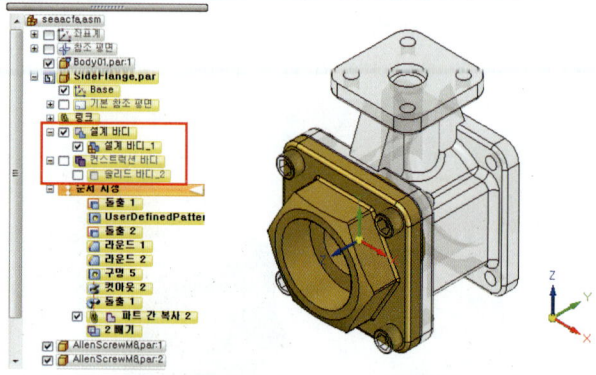

- step14 홈 탭 〉 닫기 그룹 〉 닫고 돌아가기 명령어를 선택합니다.

- step15 어셈블리 PathFinder에서 간섭된 파트(간섭 2.par)체크 박스를 오프하여 어셈블리 화면에서 숨깁니다.

chapter 05 Assembly Modeling(조립품)

→ step16 간섭된 부위가 편집된 것을 확인할 수 있습니다.

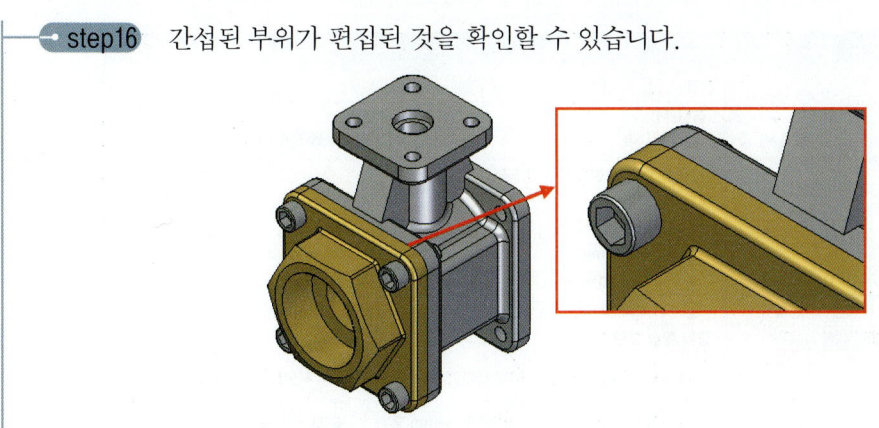

06 파트 및 어셈블리 물리적 특성

6.1  물리적 특성(Physical Properties)

➠ 검사 탭 ⇒ 물리적 계산 형상 ⇒ 등록 정보
➠ Inspect Tap ⇒ Physical Properties Group ⇒ Physical Properties

파트 또는 어셈블리의 물리적 등록 정보를 계산합니다. 데이터를 ASCII 파일로 저장할 수 있습니다.

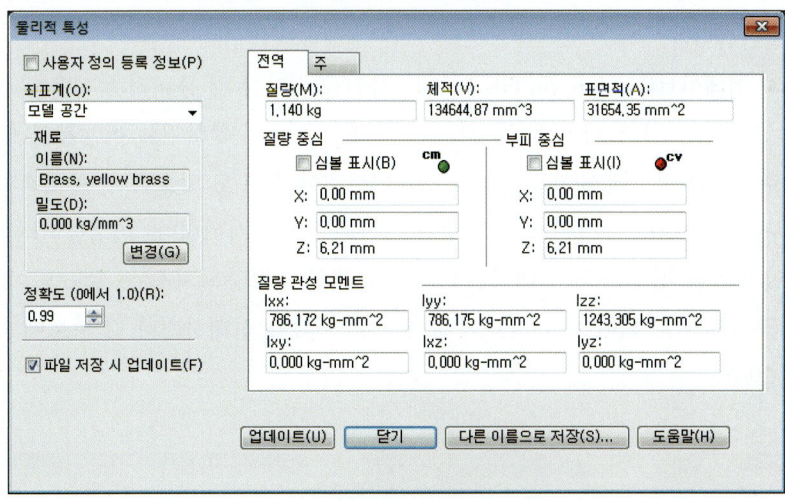

파트 물리적 특성

431

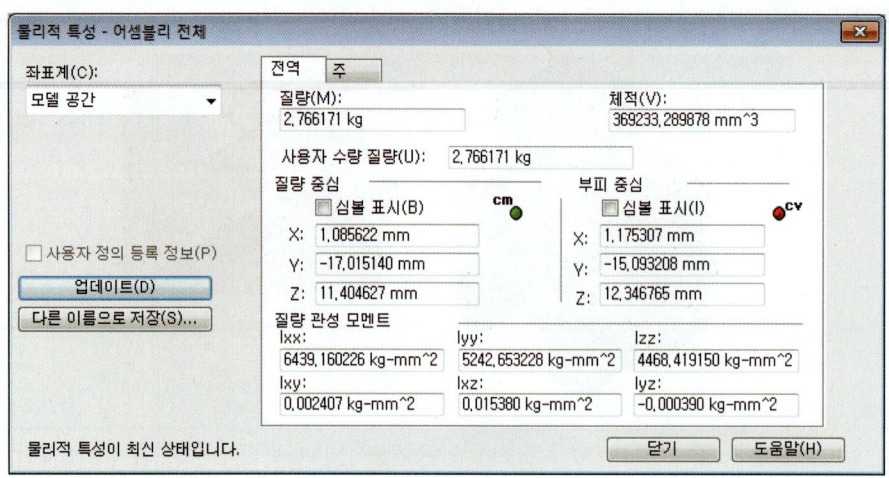

어셈블리 물리적 특성

파트 및 어셈블리의 아래와 같은 물리적 특성을 계산할 수 있습니다.

※ 부피, 질량, 부피의 중심, 질량의 중심, 곡면 영역, 주 축의 방향, 질량 관성 모멘트, 회선 반경 실량의 중심, 부피의 중심, 질량 관성 모멘트 및 주 축 좌표는 전역 좌표계를 기준으로 출력됩니다. 주 관성 모멘트 및 회전 반경은 주 축을 기준으로 출력됩니다.

- **좌표계(Coordinate System)** : 등록 정보를 계산할 때 기준으로 삼을 좌표계를 설정합니다. 드롭 목록에는 기본 좌표계와 모든 사용자 정의 좌표계가 포함됩니다.
- **재료(Material)** : 파트의 재료 이름과 밀도를 표시합니다. 이 옵션은 파트 및 판금 문서에 대해서만 사용할 수 있습니다. 또한 재료 테이블 대화 상자를 사용하여 밀도 값을 설정할 수 있습니다.
- **정확도** : 물리적 특성 계산의 정확도를 설정합니다. 값이 낮을수록 처리 속도가 빨라지지만 결과의 정확도가 떨어집니다.
- **파일 저장 시 업데이트(Update on File Save)** : 파일을 저장할 때 물리적 특성을 다시 계산합니다.
- **업데이트** : 파트 또는 용접에 대해 형상을 추가, 제거 또는 수정하거나 어셈블리에서 컴포넌트를 제거 또는 추가하는 경우에 물리적 특성을 업데이트해야 할 수도 있습니다. 물리적 특성이 최신 상태인지 여부를 나타내는 메시지가 대화 상자의 아래쪽에 표시됩니다. 어셈블리의 파트에 밀도가 지정되어 있지 않은 경우 모두 업데이트 버튼을 클릭하면 할당되지 않은 밀도 다이얼로그가 자동으로 표시됩니다. 밀도 없이 모든 파트에 대해 기본 재료를 선택하거나 각 파트에 특정 재료를 할당할 수 있습니다.

chapter 05 Assembly Modeling(조립품)

● 전역 탭(Global Tab)

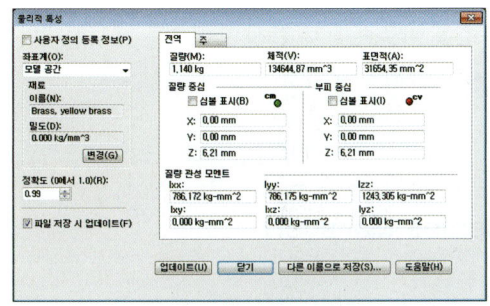
파트 물리적 특성

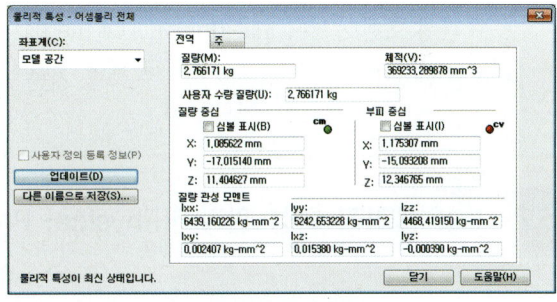
어셈블리 물리적 특성

▶ 질량(Mass) : 파트 또는 어셈블리의 질량을 활성 질량 단위로 표시합니다.

▶ 체적(Volume) : 파트 또는 어셈블리의 부피를 현재 사용 중인 부피 단위로 표시합니다.

▶ 표면적(Surface Area) : 파트의 곡면 영역을 현재 사용 중인 활성 영역 단위로 표시합니다. 이 옵션은 파트 및 판금 환경에서만 사용할 수 있습니다.

▶ 질량 중심(Center Of Mass) : 파트, 용접 또는 어셈블리 설계 영역의 정의된 원점(좌표계)을 기준으로 질량의 중심에 대한 좌표를 표시합니다.

▶ 심볼 표시(Display Symbol) : 질량 및 부피의 중심 심볼을 창에 표시합니다.

▶ 부피 중심(Center Of Volume) : 파트, 용접 또는 어셈블리 설계 영역의 정의된 원점(좌표계)을 기준으로 부피의 중심에 대한 좌표를 표시합니다.

▶ 질량 관성 모멘트(Mass Moments Of Inertia) : 파트, 용접 또는 어셈블리 설계 영역의 정의된 원점(좌표계)을 기준으로 여섯 개의 주 질량 관성 모멘트를 표시합니다.

- 주 택(Principal Tab)

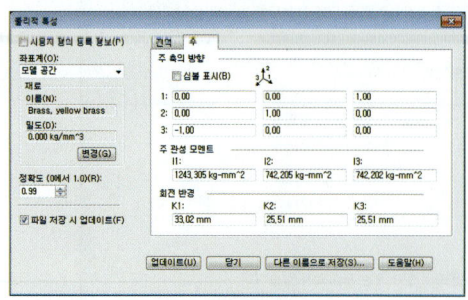
파트 물리적 특성

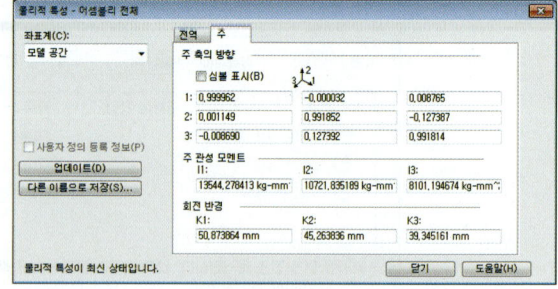
어셈블리 물리적 특성

▶ 주 축의 방향(Orientation Of Principal Axes) : 정의된 원점(지정된 좌표계) 및 방향을 기준으로 주 축의 코사인을 표시합니다.

▶ 심볼 표시(Display Symbol) : 주 축 심볼을 창에 표시합니다

▶ 주 관성 모멘트(Principal Moments Of Inertia) : 주 축을 기준으로 주 관성 모멘트를 표시합니다.

▶ 회전 반경(Radii Of Gyration) : 주 축을 기준으로 회전 반경을 표시합니다.

6.2 물리적 특성 관리자(Physical Properties Manager)

➠ 검사 탭 ⇒ 물리적 계산 형상 ⇒ 물리적 특성 관리자
➠ Inspect Tap ⇒ Physical Properties Group ⇒ Physical Properties Manager

활성 어셈블리의 모든 파트에 대한 물리적 특성을 표시, 편집 및 관리할 수 있습니다. 이 명령을 사용하면 물리적 특성을 보거나 편집하기 위해 각 파트 문서를 따로 열지 않고 모든 파트에 대한 물리적 특성을 한 번에 보거나 편집할 수 있기 때문에 유용합니다.

물리적 특성 관리자 다이얼로그의 옵션을 사용하여 재료, 밀도 등에 대한 파트 등록 정보를 할당하거나 편집할 수 있습니다. 또한, 기존 등록 정보, 인쇄 등에서 열, 정렬, 검색 등을 추가할 수 있습니다. 모두 업데이트 버튼을 클릭하면 파트 및 어셈블리에 대한 물리적 특성 변경 사항이 계산됩니다.

어셈블리 문서를 저장할 때 파트에 대한 물리적 특성 편집 사항이 파트 문서에 저장됩니다.

물리적 특성 관리자를 사용하여 파트에 재료를 할당하면 Solid Edge에서는 재료 테이블에서 재료에 대한 재료 등록 정보를 조회하고, 재료에 대한 밀도가 정의되어 있는 경우 밀도 열에 밀도 값이 자동으로 할당됩니다.

chapter 05 Assembly Modeling(조립품)

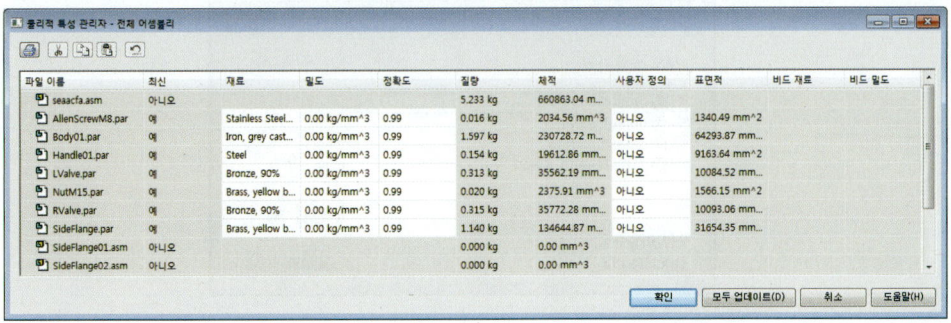

물리적 등록 정보 관리자 다이얼로그는 어셈블리 또는 파트 문서의 물리적 속성을 편집할 수 있습니다.

눈금의 현재 행에서 마우스 오른쪽 버튼을 클릭하여 바로 가기 메뉴를 표시한 다음 폰트 변경, 등록 정보 정렬, 텍스트 찾기와 바꾸기 및 열 형식 지정과 같은 작업을 할 수 있습니다.

열 분리선 부근을 두 번 클릭하면 눈금선에 맞추어 자동으로 조정됩니다. 열에 대한 변경 사항은 향후 세션을 위하여 저장됩니다.

읽기 전용 셀은 다른 배경 색상을 이용하여 표시합니다.

07 어셈블리 화면 제어 & 구성

7.1 화면 구성(Display Configurations)

➡ 홈 탭 ⇒ 구성 그룹
➡ Home Tap ⇒ Configurations Group

어셈블리의 디스플레이 구성과 어셈블리의 분해도를 저장할 수 있습니다. 디스플레이 구성 명령으로 디스플레이 구성을 저장하면 현재 디스플레이 상태가 나중에 사용할 수 있도록 저장됩니다.

- **디스플레이 구성(Display Configurations)** : 어셈블리의 디스플레이 구성을 저장, 적용 또는 삭제합니다. 디스플레이 구성은 어셈블리의 파트, 어셈블리, 어셈블리 스케치, 용접 비드 및 참조 평면의 표시 상태를 포착합니다.

435

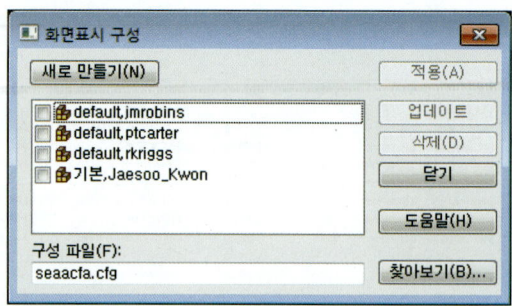

- 🗂 **디스플레이 구성 저장(Save Display Configurations)** : 현재 그래픽 창 윈도우 화면을 저장합니다.

- 📋 **구성 관리자(Configurations Manager)** : 활성 어셈블리에서 화면표시 구성을 편집하고 하위 어셈블리에서 변경 사항을 검색합니다.

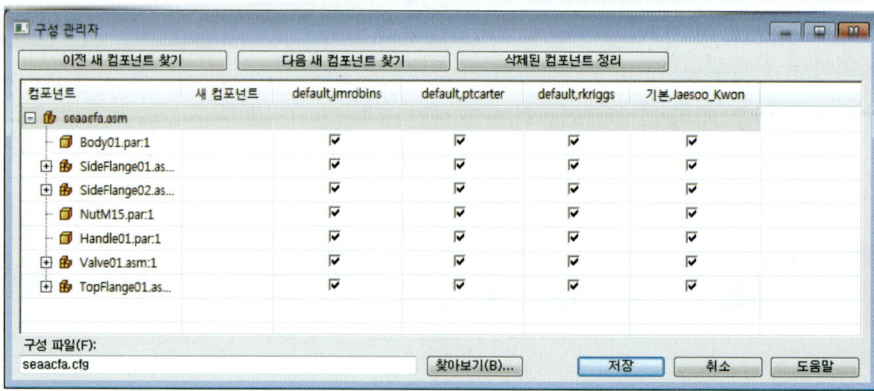

- 📄 **구성 옵션(Configurations Options)** : 어셈블리의 디스플레이 구성과 어셈블리의 분해도를 저장할 수 있습니다. 디스플레이 구성 명령으로 디스플레이 구성을 저장하면 현재 디스플레이 상태가 나중에 사용할 수 있도록 저장됩니다.

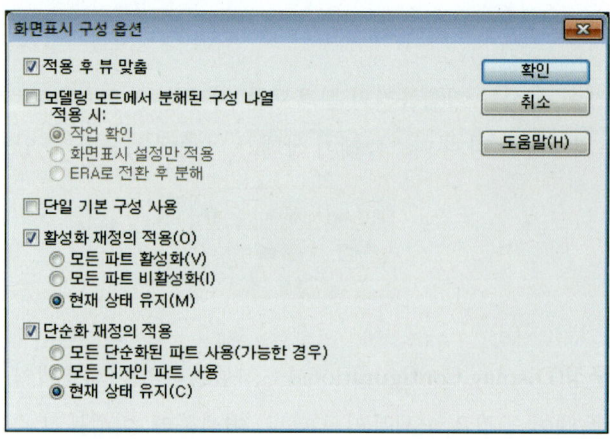

chapter 05 Assembly Modeling(조립품)

- 현재 화면 복사 (Copy current Display) : PathFinder 또는 그래픽 창에서 하나 이상의 파트를 선택하여 다른 디스플레이 구성으로 복사합니다.

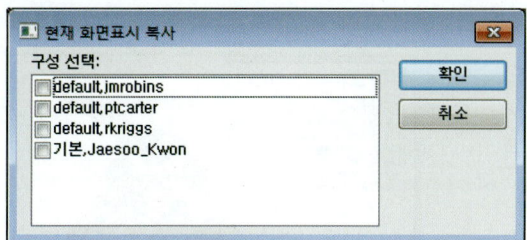

- 스냅샷 만들기(Take Snapshot) : 그래픽 윈도우 화면을 순간 촬영하여 저장합니다.
- 스냅샷 복원(Restore Snapshot) : 순간 촬영한 화면을 복원합니다.
- 숨겨진 파트 로드 취소(Unload Hidden Parts) : 메모리에서 숨겨진 파트를 언로드합니다. 숨겨진 파트를 언로드하면 성능이 향상되며 보다 큰 어셈블리를 작성할 수 있습니다.

7.2 화면 영역(Display Zone)

➡ 선택 도구 탭 ⇒ 영역 생성
➡ Select Tools Tap ⇒ Create Zone

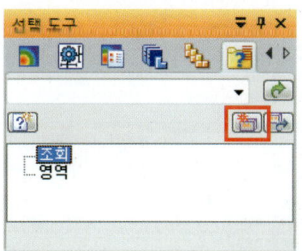

파트가 차지하는 공간 볼륨을 기준으로 어셈블리에서 컴포넌트의 세트를 정의하는 것이 유용할 수 있습니다. 선택한 하나 이상의 어셈블리 컴포넌트를 기반으로 사각형의 공간 볼륨을 정의할 수 있습니다. 그런 다음 명명된 해당 영역을 사용하여 영역의 경계 내에 포함된 모든 어셈블리 컴포넌트를 선택하고 표시하고 숨길 수 있습니다.

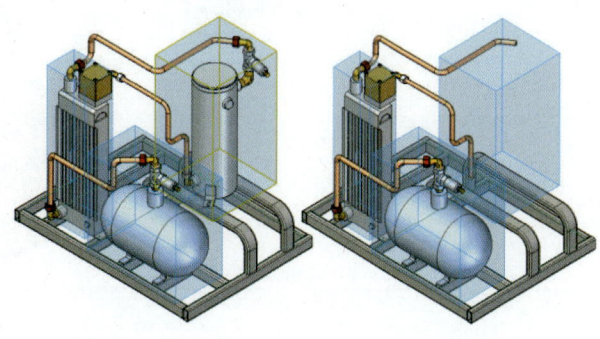

437

부울 명령을 이용한 간섭 검사 사용 방법

step1 seaacfa.asm 파일을 오픈합니다. 선택 도구 탭의 영역 생성 버튼을 클릭합니다.

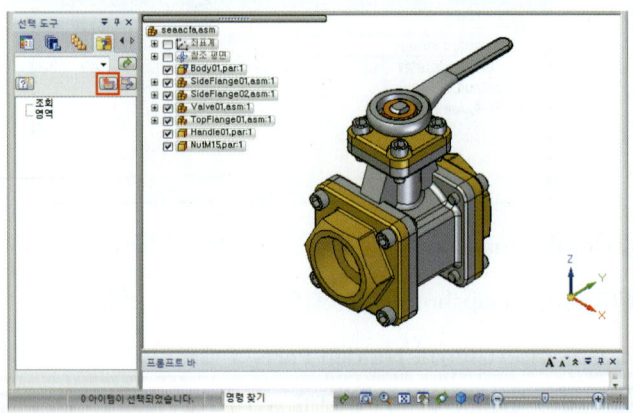

step2 영역 생성 창이 생성되면 확인을 선택합니다.

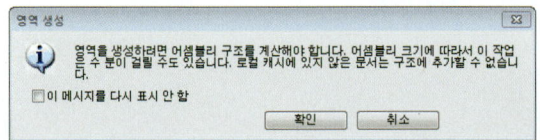

step3 파트 선택 단계에서 Handle01.par 파트를 선택 후 수용 버튼 또는 마우스 오른쪽 버튼을 클릭합니다.

chapter 05 Assembly Modeling(조립품)

- step4 크기 수정 단계에서 아래 그림과 같이 박스를 선택하여 영역을 정의합니다.

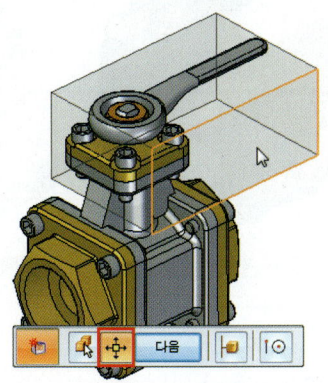

- step5 영역 필터 옵션을 겹치기로 설정합니다.

- step6 컴포넌트 표시를 누른 후 형상을 확인합니다. 그리고 선택 도구 탭에도 역시 영역이 생성된 것을 확인합니다.

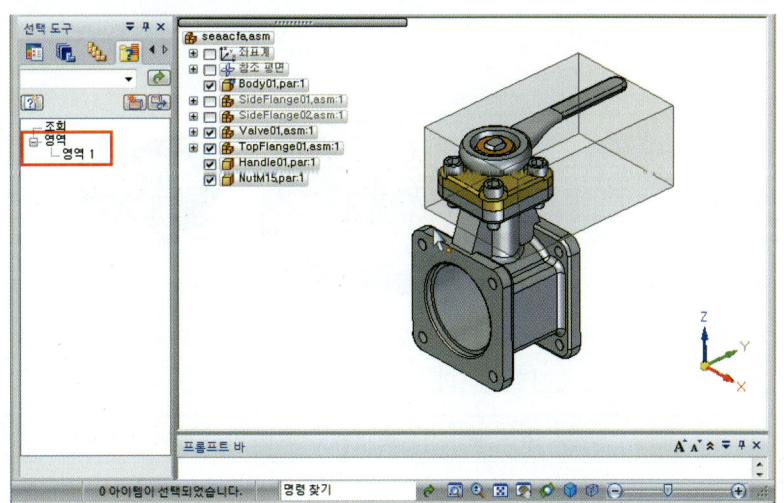

- step7 마우스 오른쪽 버튼을 클릭합니다. 그러면 영역 바로가기 메뉴를 이용하여 여러 가지 기능을 사용할 수 있습니다.

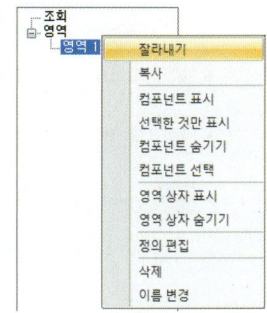

439

7.3 화면 클리핑(Display Clipping)

■ 보기 탭 → 클리핑 그룹
■ View Tab → Clip Group

-  **평면 설정(Set Planes)** : 클리핑 깊이를 설정합니다. 클리핑 깊이를 복잡한 파트 또는 어셈블리의 좁은 부분으로 제한하여 현재 타스크를 보다 쉽게 완료할 수 있습니다. 예를 들어 두 평면 (A)와 (B)를 배치하여 클리핑 깊이를 설정합니다. 그러면 표시 범위가 정의됩니다.

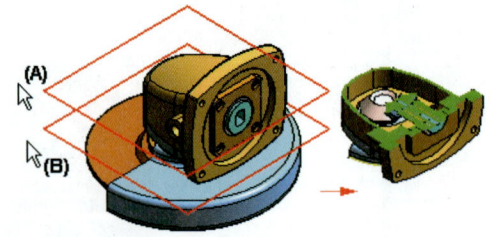

명령어 모음에서 동적 클리핑 옵션을 설정한 경우 두 번째 평면 설정 단계 중에 커서를 이동하면 클리핑 깊이가 동적으로 업데이트됩니다.

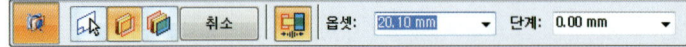

▶ 기본 평면 선택(Select Base Plane) : 정의하려는 클리핑 깊이의 방향을 설정하는 평면형 면 또는 참조 평면을 선택합니다. 클리핑 깊이는 선택하는 평면과 평행이 됩니다.

▶ 첫 번째 평면 설정(Set Plane 1) : 원하는 클리핑 깊이의 첫 번째 경계를 지정합니다.

▶ 두 번째 평면 설정(Set Plane 2) : 원하는 클리핑 깊이의 두 번째 경계를 지정합니다.

▶ 동적 클리핑(Dynamic Clipping) : 커서를 움직여서 클리핑 평면의 위치를 조정할 때 뷰 표시를 동적으로 클리핑 합니다. 동적 클리핑은 평면 2의 위치를 정의하는 경우에만 사용할 수 있습니다.

chapter 05 Assembly Modeling(조립품)

- ▶ 옵셋: `31.06 mm` 거리(Distance) : 선택한 클리핑 평면을 옵셋할 거리를 설정합니다.
- 클리핑 켜짐(Clipping On) : 설정된 클리핑 값을 On/Off 합니다.
- 클리핑 색상 옵션(Clipping Color Option) : 클리핑 평면의 색상 및 투명도를 설정할 수 있습니다.
  (응용 프로그램 버튼 〉 Solid Edge 옵션 〉 보기 탭)

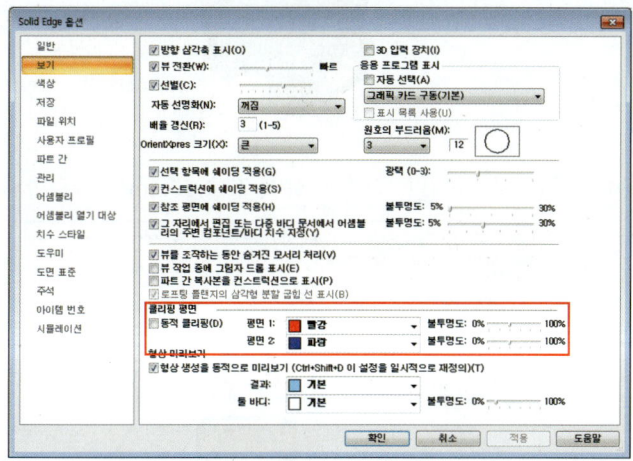

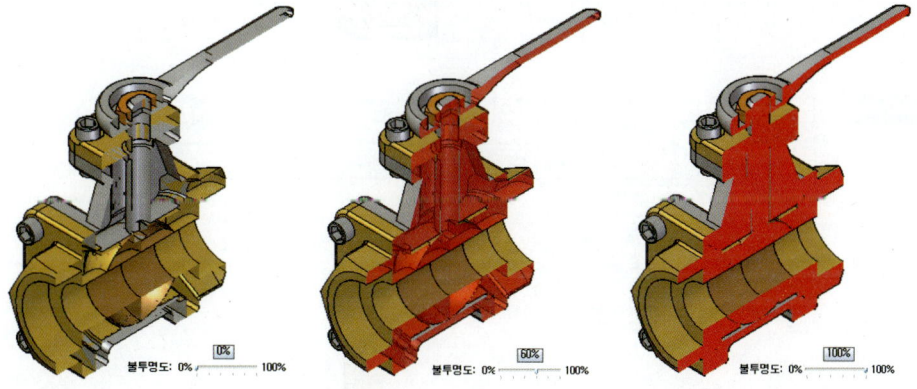

어셈블리 클리핑 사용 방법

step1 seaacfa.asm 파일을 오픈합니다.

step2 보기 탭 〉 클리핑 그룹 〉 평면 설정 명령 아이콘을 선택합니다.

441

▶ step3   아래 그림과 같이 마우스 커서로 면을 선택합니다.

▶ step3   키보드 Ctrl + F을 누릅니다. 그리고 옵셋 값을 50mm로 입력합니다.

▶ step4   마우스 커서를 아래 그림과 같이 이동 후 왼쪽 버튼을 클릭합니다.

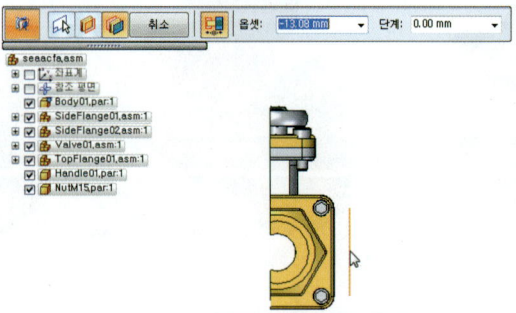

▶ step5   마우스 커서를 움직여 생성된 뷰를 관찰합니다.

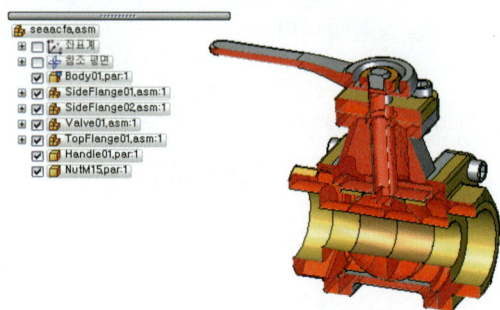

chapter 05 Assembly Modeling(조립품)

08 Explode-Render-Animate(ERA)

Solid Edge 어셈블리 환경에 포함된 분해(Explode)-렌더링(Render)-애니메이션(Animate) 응용프로그램은 여러 가지 유형의 Solid Edge 어셈블리 프리젠테이션을 생성하기 위한 도구입니다.

어셈블리를 분해하면 파트 및 하위 어셈블리의 이동, 순서 지정 및 그룹화를 제어할 수 있습니다.

뷰를 렌더링하면 질감, 조명, 그림자, 배경 및 다른 등록 정보를 정의하여 프리젠테이션 스타일의 이미지를 생성할 수 있습니다. 애니메이션을 사용하면 이전에 생성한 분해순서와 사용자 정의 카메라 이동을 조합하여 애니메이션을 생성할 수 있습니다.

8.1 분해(Explode)

> ➡ 도구 탭 ⇒ 환경 그룹 ⇒ ERA
> ➡ Tools Tap ⇒ Environs Group ⇒ ERA

Solid Edge를 사용하면 어셈블리의 분해도를 쉽게 만들 수 있습니다. 어셈블리 환경에서 정의한 분해도를 사용하여 드래프트 환경에서 분해된 어셈블리 도면을 생성할 수 있습니다. 분해된 어셈블리의 프레젠테이션 품질 렌더링 및 애니메이션을 생성할 수도 있습니다.

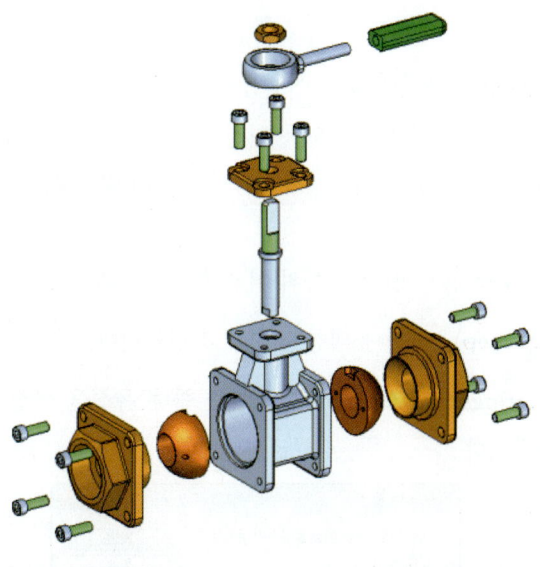

1. 자동 분해(Auto Explode)

➠ 홈 탭 ⇒ 분해 그룹 ⇒ 자동 분해
➠ Home Tap ⇒ Explode Group ⇒ Auto Explode

파트 사이의 전개 거리를 적용하여 활성 어셈블리를 자동으로 분해합니다.

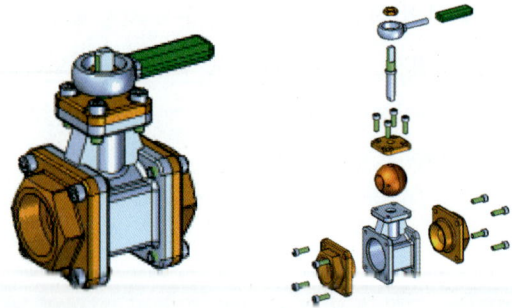

자동 분해 명령은 파트간에 적용된 관계를 기반으로 어셈블리를 분해합니다. 메이트 또는 축 정렬 관계를 사용하여 컴포넌트의 위치가 지정된 어셈블리에서 자동 분해 명령을 사용하면 최상의 결과를 빠르게 얻을 수 있습니다.

※ 고정된 파트 또는 파이프 컴포넌트를 분해할 수는 없습니다.

- ▨ **선택 단계(Select Step)** : 자동 분해할 어셈블리를 선택합니다. 최상위 어셈블리 또는 최상위 어셈블리 아래의 하위 어셈블리를 분해하도록 지정할 수 있습니다.
  - ▶ 최상위 어셈블리(Top-Level Assembly) : 최상위 어셈블리 및 아래의 모든 하위 어셈블리를 분해 하도록 지정합니다.
  - ▶ 하위 어셈블리(Subassembly) : 선택한 하위 어셈블리만 분해하도록 지정합니다.
- ▨ **설정 단계(Settings Step)** : 분해에 대한 옵션을 지정합니다.
- ▨ **자동 분해 옵션(Settings Step Options)** : 원하는 분해 옵션을 설정할 수 있도록 자동 분해 옵션 다이얼로그를 표시합니다.

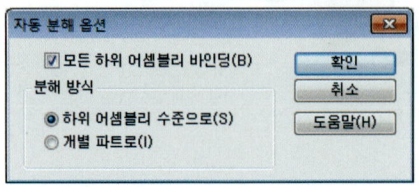

chapter 05 Assembly Modeling(조립품)

▶ **모든 하위 어셈블리 바인딩(Bind All Subassemblies)** : 하위 어셈블리의 파트를 분해할지(A) 또는 하위 어셈블리의 파트를 단일 단위로 분류할지(B) 여부를 지정할 수 있습니다.

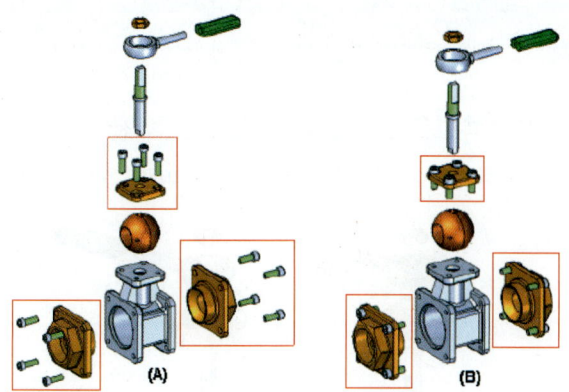

▶ **하위 어셈블리 수준으로(By Subassembly Level)** : 각 하위 어셈블리를 고유한 분해로 간주하도록 지정합니다. 이 옵션은 분해 시 하위 어셈블리의 파트 간 거리를 인접하게 유지하도록 합니다.(A)

▶ **개별 파트로(By Individual Part)** : 파트를 분해할 때 하위 어셈블리 구조를 무시하도록 지정합니다. 파트는 파트 간 인접도를 기반으로 분해됩니다. 그러면 개별 하위 어셈블리의 파트가 서로 혼합되지 않도록 할 수 있습니다.(B)

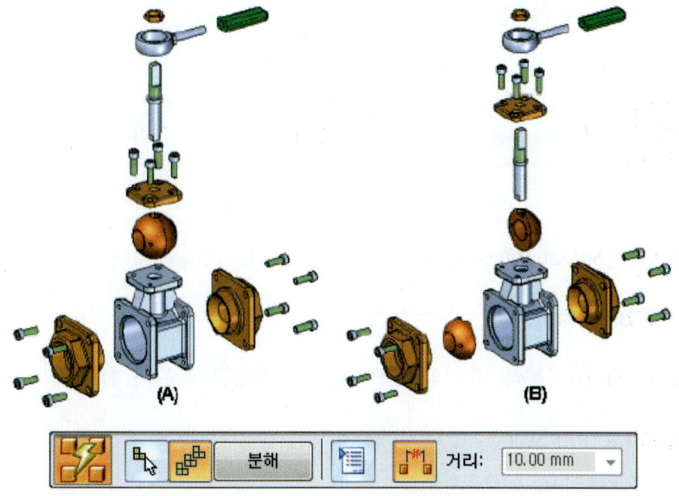

- **자동 전개 거리(Automatic Spread Distance)** : 분해의 전개 거리가 자동으로 결정됩니다.
- **거리(Distance)** : 분해된 파트의 전개 거리를 지정합니다. 원하는 값을 입력하고 분해 버튼을 클릭하여 결과를 볼 수 있습니다.

2.  분해(Explode)

> ➡ 홈 탭 ⇒ 분해 그룹 ⇒ 분해
> ➡ Home Tap ⇒ Explode Group ⇒ Explode

특정 방향에서 하나 이상의 파트를 분해합니다. 분해하도록 선택한 파트(A)는 기본 혹은 참조 파트 (B)에서 면이나 참조 평면을 선택하여 정의한 분해 벡터를 따라 옵셋됩니다.

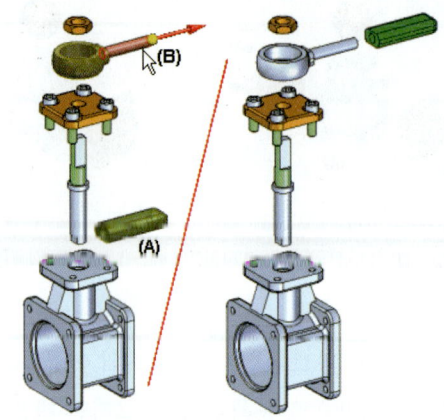

단일 파트, 다중 파트 및 하위 어셈블리를 직접 분해할 수 있습니다. 명령 모음의 거리 상자를 사용하여 옵셋 거리를 정의합니다.

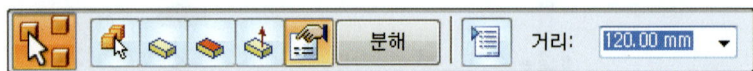

- 파트 선택 단계(Select Parts Step) : 분해할 파트를 지정합니다.
- 베이스 단계(Base Step) : 분해할 기본 파트를 지정합니다.
- 면 단계(Face Step) : 분해 벡터를 정의하는데 사용할 면이나 참조 평면을 지정합니다.
- 방향 단계(Direction Step) : 분해 방향 벡터를 정의합니다. 커서를 이용하여 벡터 화살표를 원하는 방향으로 위치시킬 수 있습니다.
- 설정 단계(Settings Step) : 분해하기 위한 설정을 지정합니다.
- 분해 옵션(Explode Options) : 분해 옵션을 설정할 수 있도록 직접 분해 옵션 대화상자를 표시합니다.

chapter 05 Assembly Modeling(조립품)

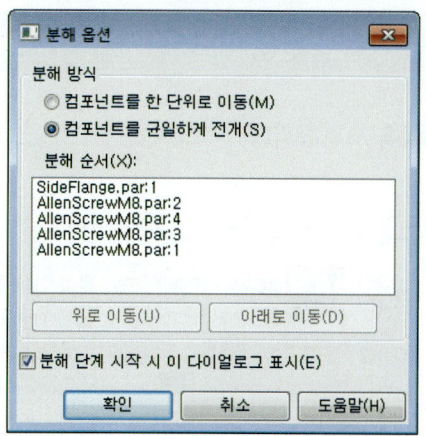

▶ 컴포넌트를 한 단위로 이동(Move Components as a Unit) : 지정한 방향으로 모든 컴포넌트를 단위로 이동시킵니다. 이 옵션은 분해하려는 다중 컴포넌트를 선택할 때 사용할 수 있습니다. 이 옵션은 기본 파트 바깥 쪽의 파트 세트를 하나로 묶는 데 유용합니다.(A)

▶ 컴포넌트를 균일하게 전개(Spread Components Evenly) : 모든 컴포넌트를 균등하게 전개합니다. 이 옵션은 분해하려는 다중 컴포넌트를 선택할 때 사용합니다. 이 옵션을 설정하면 분해 순서 목록을 사용하여 컴포넌트를 분해할 순서를 정의할 수 있습니다.(B)

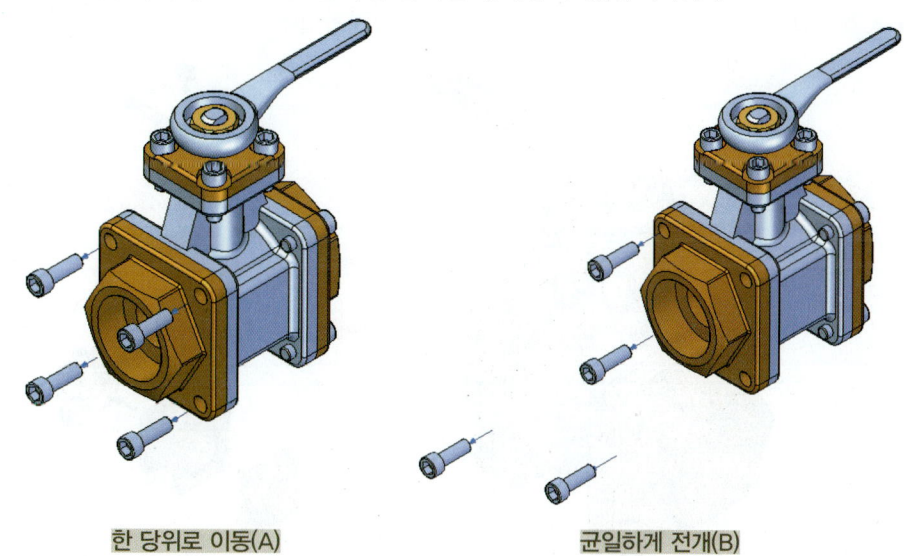

한 당위로 이동(A)   균일하게 전개(B)

● 거리(Distance) : 분해된 파트의 전개 거리를 지정합니다.

447

분해 사용 방법(자동)

step1 seaacfa.asm 파일을 오픈합니다.

step2 도구 탭 〉 환경 그룹 〉 ERA 명령어를 실행합니다.

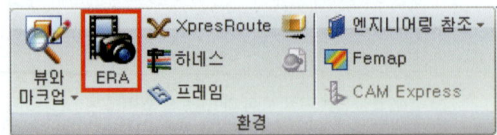

step3 홈 탭 〉 분해 그룹 〉 자동 분해 명령어를 실행합니다. 그리고 수용 버튼을 클릭합니다.

step4 자동 분해 명령 모음에서 분해 명령어를 선택합니다.

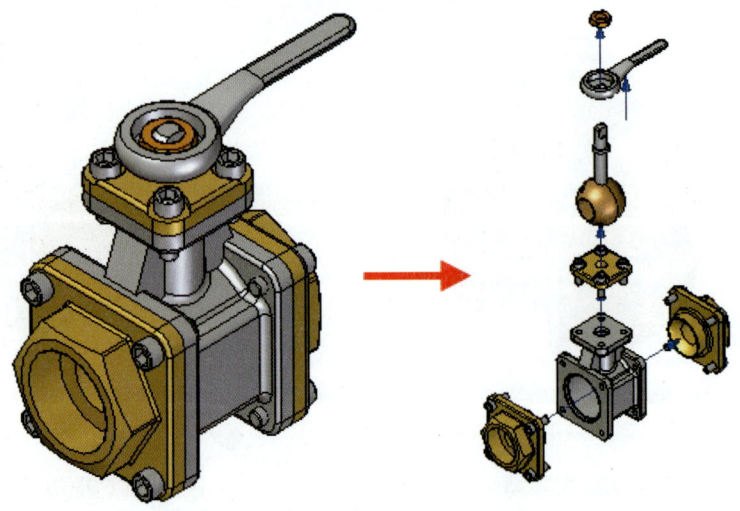

chapter 05 Assembly Modeling(조립품)

분해 사용 방법(수동)

step1 seaacfa.asm 파일을 오픈합니다.

step2 도구 탭 > 환경 그룹 > ERA 명령어를 실행합니다.

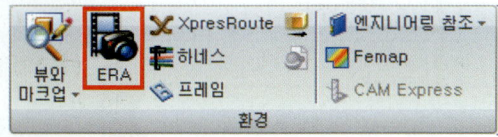

step3 홈 탭 > 분해 그룹 > 분해 명령어를 실행합니다. 그리고 수용 버튼을 클릭합니다.

step4 아래 그림과 같이 파트를 선택합니다.

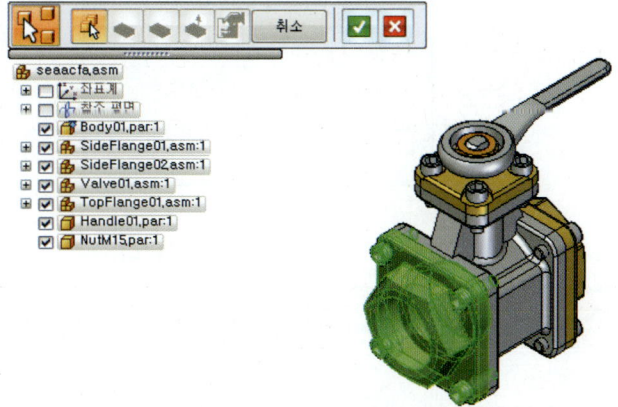

449

- step5 아래 그림처럼 기준 파트(Body01.par)를 선택 후 면을 선택합니다. 그리고 방향을 설정합니다.

- step6 분해 옵션 창에서 컴포넌트를 한 단위로 이동을 선택합니다. 그리고 확인을 클릭합니다.

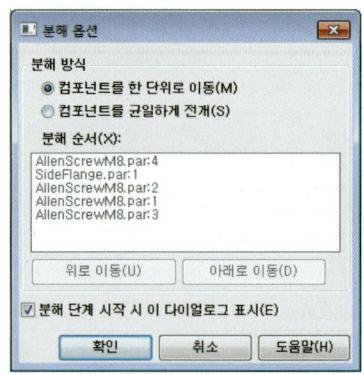

- step7 거리 값(120mm)을 입력 후 분해 버튼을 클릭합니다.

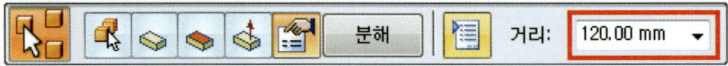

- step8 마침 버튼을 클릭하여 분해를 마무리 합니다.

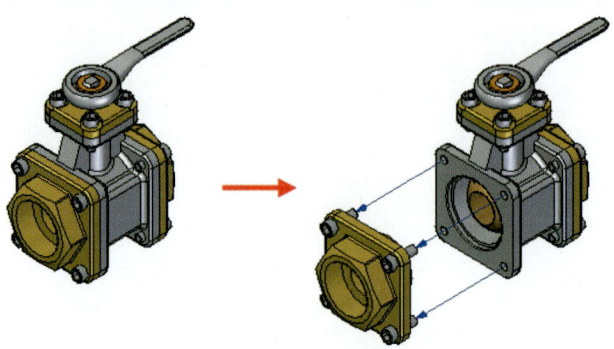

3. 위치 재설정(Reposition)

➠ 홈 탭 ⇒ 수정 그룹 ⇒ 위치 재설정
➠ Home Tap ⇒ Modify Group ⇒ Reposition

분해도에서 다른 참조 파트를 기준으로 파트의 위치를 지정합니다. 이는 자동 분해 명령을 사용한 다음 파트의 위치를 변경하려는 경우에 유용할 수 있습니다.

파트의 위치를 재지정하려면 위치를 재지정할 파트를 선택하고(A) 참조 파트 위에 커서를 놓습니다.(B) 참조 파트가 강조 표시되고 참조 파트 위에 화살표가 표시되어 선택한 파트의 위치를 재지정할 참조 파트의 측면을 나타냅니다.

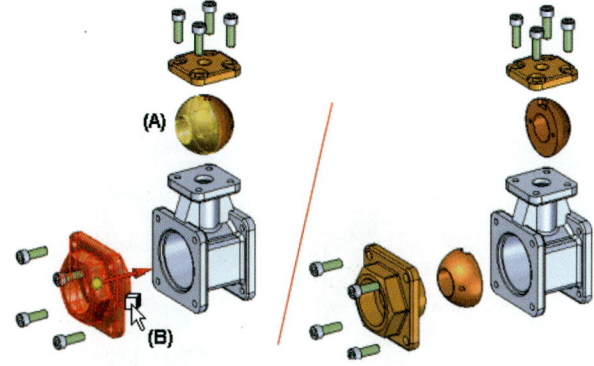

선택한 파트가 바인딩 하위 어셈블리 내에 있으면(A) 하위 어셈블리에 있는 모든 파트의 위치가 재지정됩니다.(B)

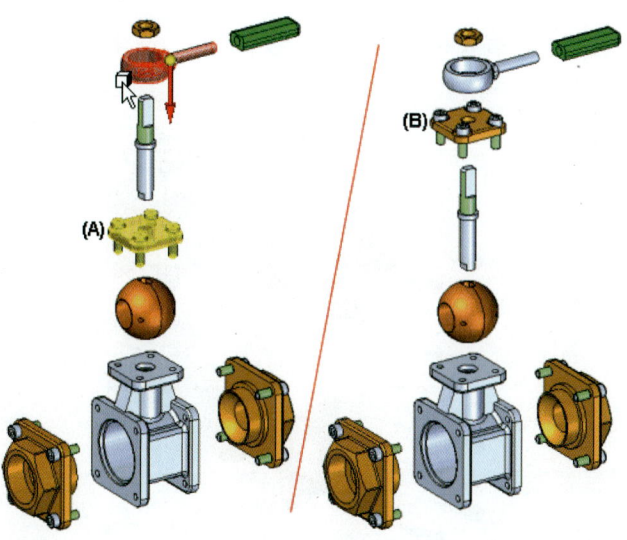

4. 컴포넌트 드래그(Drag Component)

➡ 홈 탭 ⇒ 수정 그룹 ⇒ 컴포넌트 드래그
➡ Home Tap ⇒ Modify Group ⇒ Drag Component

어셈블리의 분해도에서 파트를 이동하거나 회전시킵니다. 이 명령을 사용하여 수행할 수 있는 작업은 다음과 같습니다.

- 원본 분해 벡터 또는 정의한 새 벡터를 기준으로 하나 이상의 파트를 이동합니다.
- 원본 분해 벡터 또는 정의한 새 벡터를 기준으로 하나 이상의 파트를 회전시킵니다.
- 정의한 평면 내에서 하나 이상의 파트를 이동합니다.

하나의 파트, 일련의 파트 또는 파트와 모든 종속 파트를 이동하거나 회전시킬 수 있습니다.

- 하나의 파트를 선택한 다음 새 위치로 끌어다 놓습니다.

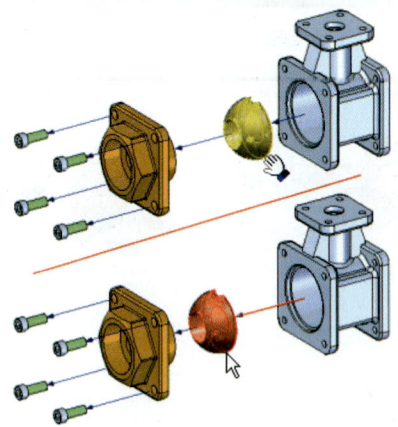

- 파트를 선택 후 확인 버튼을 클릭하면 삼각축이 표시됩니다. 삼각축을 이용하여 새 위치로 끌어다 놓습니다.

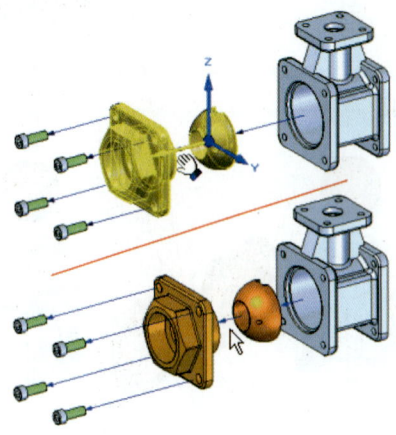

chapter 05 Assembly Modeling(조립품)

- 파트 및 모든 종속 파트를 이동하려면 명령 모음에서 종속 파트 이동 옵션을 설정하고 이동할 파트를 선택합니다. 파트 및 모든 종속 파트가 강조 표시됩니다. 확인 버튼을 클릭하면 방향 삼각축이 표시됩니다. 커서를 끌어 새 위치로 일련의 파트를 이동합니다.

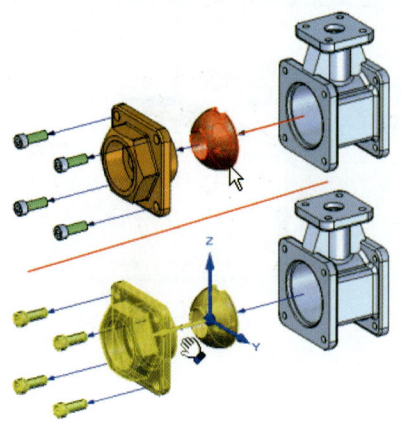

- 다른 분해 백터를 따라 파트를 이동 가능합니다. 파트를 선택 후 확인 버튼을 클릭하면 삼각축이 표시됩니다. 삼각축을 이용하여 새 위치로 끌어다 놓습니다. 흐름선에 조글이 자동으로 추가됩니다.

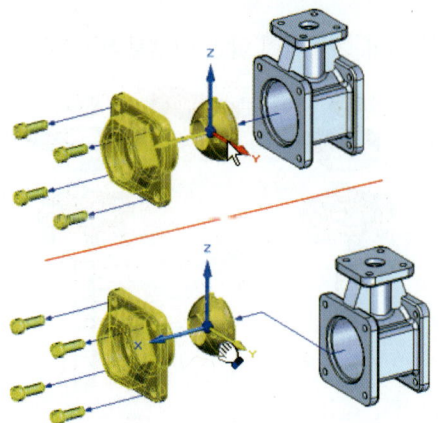

- 파트 회전이 가능합니다. 파트의 선택 세트를 정의한 다음 회전 기준으로 삼을 축에 커서를 대고 커서를 새 위치로 끕니다.

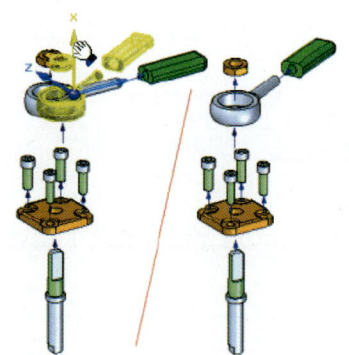

- 평면 내에서 파트 이동이 가능합니다. 이동할 파트를 정의한 다음(A) 파트를 이동할 평면을 정의합니다. 이동 평면은 X 축(B) 및 사용자가 선택한 다른 축으로 정의됩니다. X 축 및 Z 축(C)으로 정의된 평면 내에서 파트를 이동할 수 있습니다. 그런 다음 커서를 새 위치로 이동합니다.(D)

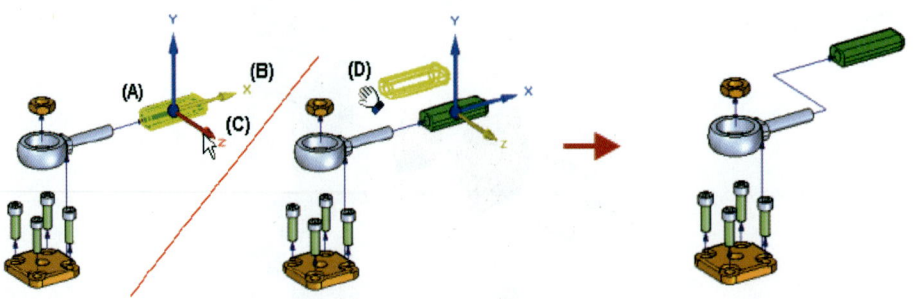

5. 제거(Remove)

- 홈 탭 ⇒ 수정 그룹 ⇒ 제거
- Home Tap ⇒ Modify Group ⇒ Remove

분해도에서 선택한 파트를 숨기고 분해되지 않은 어셈블리 위치로 되돌립니다.

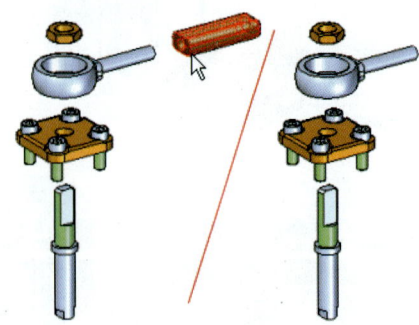

Shift 키를 누른 채로 제거하려는 파트를 선택하여 한 작업에서 여러 개의 파트를 제거할 수 있습니다.

6. 축소(Collapse)

- 홈 탭 ⇒ 수정 그룹 ⇒ 축소
- Home Tap ⇒ Modify Group ⇒ Collapse

부모 파트를 기준으로 원래 어셈블리 위치로 분해 파트를 되돌립니다.

chapter 05 Assembly Modeling(조립품)

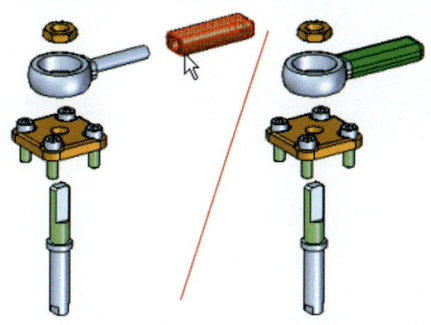

파트를 축소하면 파트의 흐름선이 삭제됩니다.

7. 조립(Unexplode)

➠ 홈 탭 ⇒ 수정 그룹 ⇒ 조립
➠ Home Tap ⇒ Modify Group ⇒ Unexplode

분해도 디스플레이를 조립된 디스플레이로 되돌립니다.

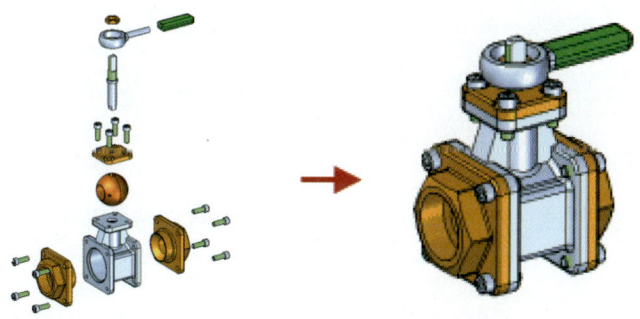

※ 뷰를 조립하기 전에 작업을 저장하려면 구성 표시 명령을 사용하여 분해 구성을 저장합니다. 구성 표시 명령을 저장하지 않으면 현재까지 작업한 분해 작업은 모두 손실됩니다.

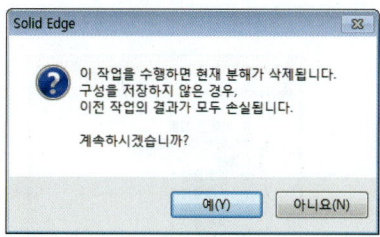

조립 명령 경고 메시지

455

8. 바인딩(Bind)

➡ 홈 탭 ⇒ 수정 그룹 ⇒ 바인딩
➡ Home Tap ⇒ Modify Group ⇒ Bind

자동 분해 또는 분해 명령을 사용할 때 하나의 단위로 분해되도록 어셈블리의 파트를 그룹화 합니다. 하위 어셈블리를 바인딩하려면 먼저 PathFinder를 사용하여 하위 어셈블리를 선택해야 합니다.
PathFinder의 하위 어셈블리 항목 옆에 하위 어셈블리가 바인딩 됨을 나타내는 심볼이 추가됩니다.

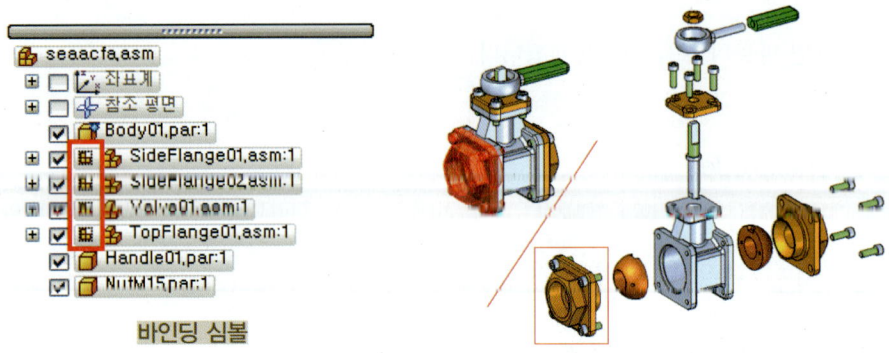

바인딩 심볼

9. 바인딩 취소(Unbind)

➡ 홈 탭 ⇒ 수정 그룹 ⇒ 바인딩 취소
➡ Home Tap ⇒ Modify Group ⇒ Unbind

하위 어셈블리 바인딩 명령을 사용하여 그룹화되어 있는 하위 어셈블리의 그룹화를 취소합니다.

10. 제거(Drop)

➡ 홈 탭 ⇒ 흐름선 그룹 ⇒ 제거
➡ Home Tap ⇒ Flow Lines Group ⇒ Drop

모든 분해 이벤트를 놓아서 컴포넌트 작업 및 주석 흐름선을 이동합니다.

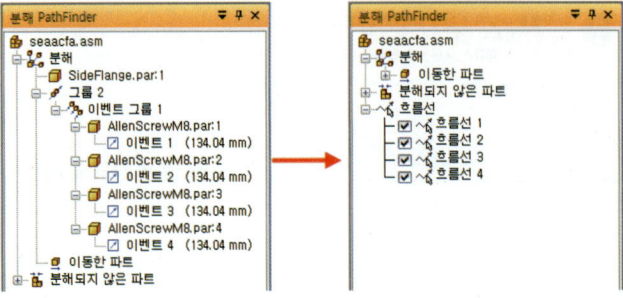

chapter 05 Assembly Modeling(조립품)

11. 그리기(Draw)

➡ 홈 탭 ⇒ 흐름선 그룹 ⇒ 그리기
➡ Home Tap ⇒ Flow Lines Group ⇒ Draw

선택한 두 파트 사이에 흐름선을 그립니다.

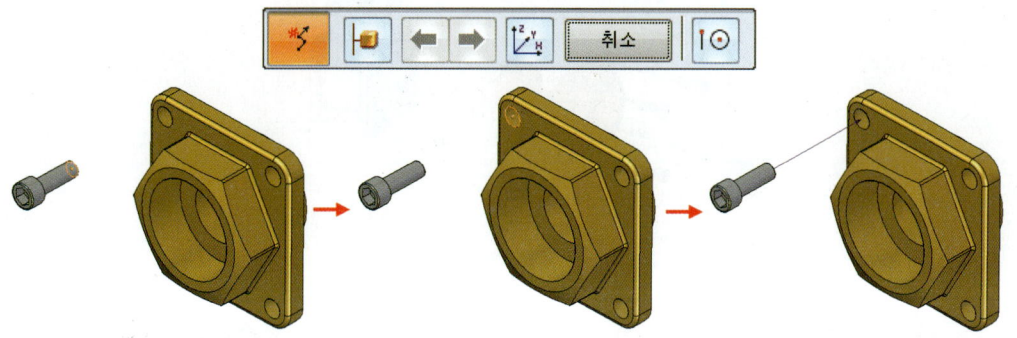

12. 수정(Modify)

➡ 홈 탭 ⇒ 흐름선 그룹 ⇒ 수정
➡ Home Tap ⇒ Flow Lines Group ⇒ Modify

분해된 두 파트 간의 플로라인을 편집합니다. 플로라인에 다음과 같은 유형의 변화를 줄 수 있습니다
- 플로라인의 양끝 중 하나의 끝점 위치를 편집하여 플로라인의 길이를 변경할 수 있습니다.
- 플로라인의 조글 세그먼트의 위치를 변경할 수 있습니다.
- 전체 플로라인의 위치를 변경할 수 있습니다.

- **플로라인 길이 변경**

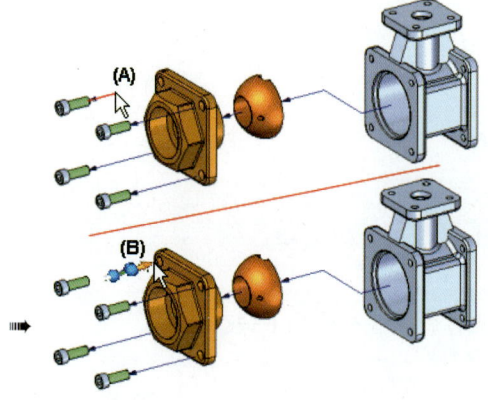

457

- 조그 세그먼트 위치 변경

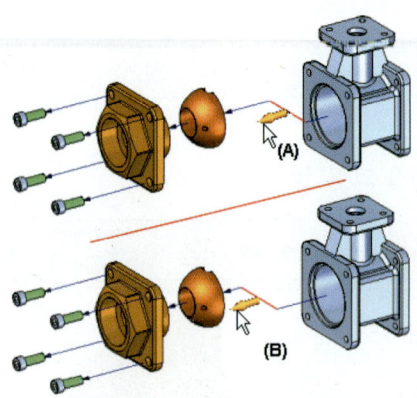

- 흐름선 핸들

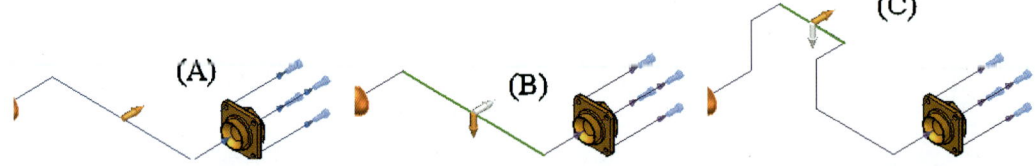

- 플로라인 위치 변경

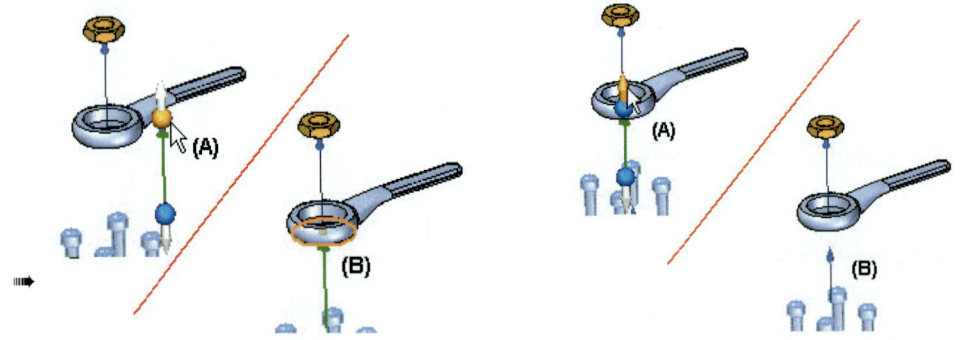

13. 흐름선(Flow Lines)

> ⇒ 홈 탭 ⇒ 흐름선 그룹 ⇒ 흐름선
> ⇒ Home Tap ⇒ Flow Lines Group ⇒ Flow Lines

분해된 파트 사이의 모든 흐름선을 표시하거나 숨깁니다.

chapter 05 Assembly Modeling(조립품)

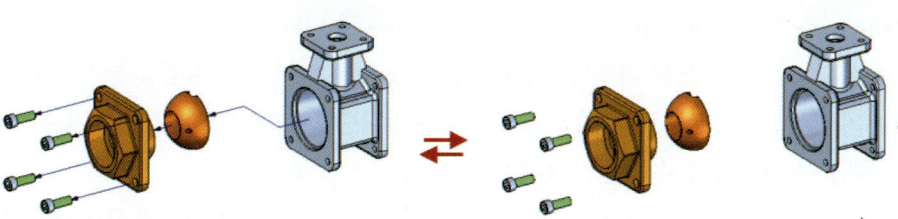

14. 흐름선 종료자(Flow Line Terminators)

➡ 홈 탭 ⇒ 흐름선 그룹 ⇒ 흐름선 종료자
➡ Home Tap ⇒ Flow Lines Group ⇒ Flow Line Terminators

분해된 파트 사이의 흐름선에서 종료자를 표시하거나 숨깁니다.

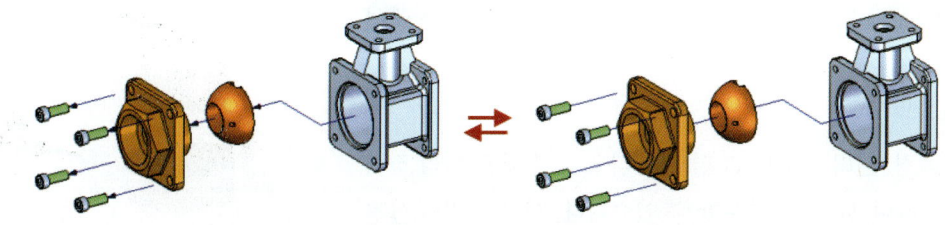

※ 이 명령은 흐름선 명령을 설정한 경우에만 사용할 수 있습니다.

15. 분해 PathFinder(Explode PathFinder) 탭

분해된 어셈블리를 보고 편집하는 다른 방법을 제공합니다. 분해 PathFinder 탭에는 현재 분해도 구성에 대한 구조가 계층 목록으로 표시됩니다. 분해 PathFinder 탭을 사용하면 분해도를 구성하는 컴포넌트를 작업할 수 있습니다.

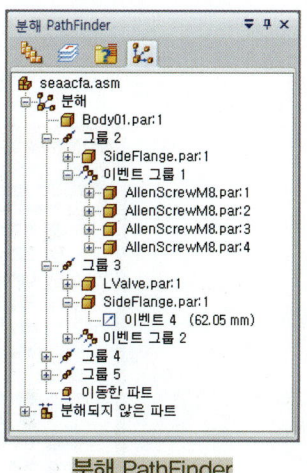

분해 PathFinder   분핸 PathFinder 심볼

🟧	파트
🟧	어셈블리
✏	그룹
🎯	이벤트 그룹
↗	선형 이벤트
↗	회전 이벤트
🔧	이동한 파트
🔧	분해되지 않은 파트

459

분해 PathFinder 탭에서 수행할 수 있는 작업은 아래와 같습니다.
- 명령 모음을 사용하여 분해 이벤트를 선택하고 옵셋 또는 회전 값을 편집할 수 있습니다.
- 바로 가기 메뉴의 명령을 사용하여 파트를 표시하거나 숨기고, 파트를 축소하고, 흐름선을 표시하거나 숨기는 등의 작업을 수행할 수 있습니다.
- 분해 그룹 및 이벤트 그룹에서 파트를 추가하고 제거할 수 있습니다. 이렇게 하면 애니메이션으로 작업할 때 유용합니다

※ 모든 분해 작업이 끝나면 디스플레이 구성 명령을 이용하여 분해 작업을 저장해야 합니다.

8.2 랜더링(Render)

Solid Edge의 고급 렌더링 기능을 사용하면 고객 프리젠테이션/마케팅 및 영업 전시에 사용되는 이미지의 품질을 향상시킬 수 있습니다.

재료, 배경, 렌더링 모드, 조명 스튜디오 등과 같은 미리 정의된 엔티티 라이브러리를 사용할 수 있습니다. 사용자 정의 설정으로 라이브러리를 사용자 정의할 수도 있습니다.

장면 렌더링 및 영역 렌더링 버튼을 클릭하면 고급 렌더링이 자동으로 활성화됩니다. 이러한 명령을 클릭하면 PathFinder에 두 개의 새로운 탭이 자동으로 추가됩니다.

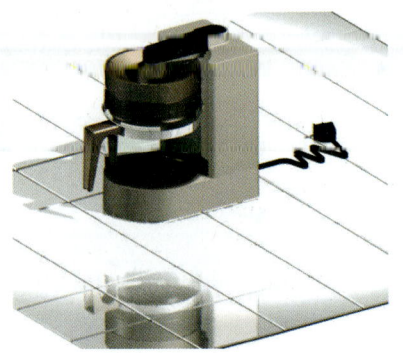

- 세션 엔티티 탭은 활성화된 어셈블리의 이름과 어셈블리에 적용된 엔티티가 표시된 트리 구조를 함께 표시합니다. 엔티티를 마우스 오른쪽 버튼으로 클릭하고 바로 가기 메뉴를 표시하여 다음을 수행할 수 있습니다.
  ▶ 새 엔티티를 만들 수 있는 기반으로 엔티티 등록 정보를 편집합니다.
  ▶ 모델에 적용한 재료를 분리(제거)합니다.
  ▶ 엔티티를 잘라내고 복사하여 붙여 넣습니다.
  ▶ 만든 엔티티의 이름을 변경합니다.

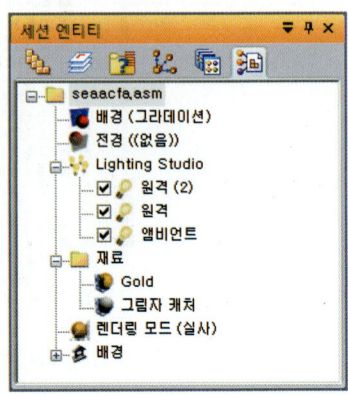

chapter 05 Assembly Modeling(조립품)

-  미리 정의된 아카이브 탭은 배경, 전경 및 재료와 같이 미리 정의된 엔티티가 포함된 폴더의 목록을 표시합니다. 엔티티를 마우스 오른쪽 버튼으로 클릭하고 바로 가기 메뉴를 표시하여 다음을 수행할 수 있습니다.
  - ▶ 새 보관 폴더 또는 고급 렌더링 엔티티를 만듭니다.
  - ▶ 엔티티를 모델에 적용합니다.
  - ▶ 엔티티를 잘라내고 복사하여 붙여 넣습니다.
  - ▶ 만든 엔티티의 이름을 변경합니다.
  - ▶ 사전 정의된 보관소 페이지의 도구 모음 에 사용자 정의된 보관 폴더에서 사용자 정의된 엔티티의 만들기, 저장, 닫기 및 가져오기에 사용되는 명령이 포함되어 있습니다.

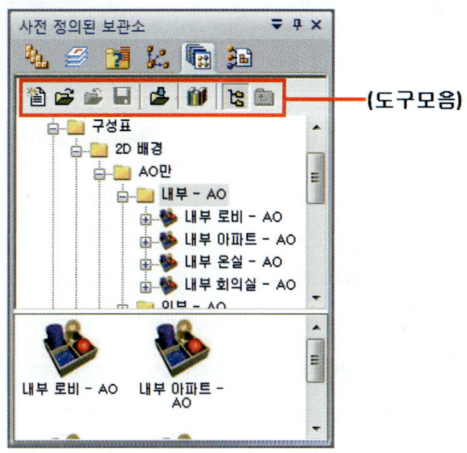

1. 장면 렌더링(Render Scene)

➡ 홈 탭 ⇒ 렌더링 그룹 ⇒ 장면
➡ Home Tap ⇒ Render Group ⇒ Render Scene

전체 화면을 렌더링 합니다.

461

2.  영역 렌더링(Render Area)

> ➡ 홈 탭 ⇒ 렌더링 그룹 ⇒ 영역 렌더링
> ➡ Home Tap ⇒ Render Group ⇒ Render Area

펜스 영역을 렌더링 합니다.

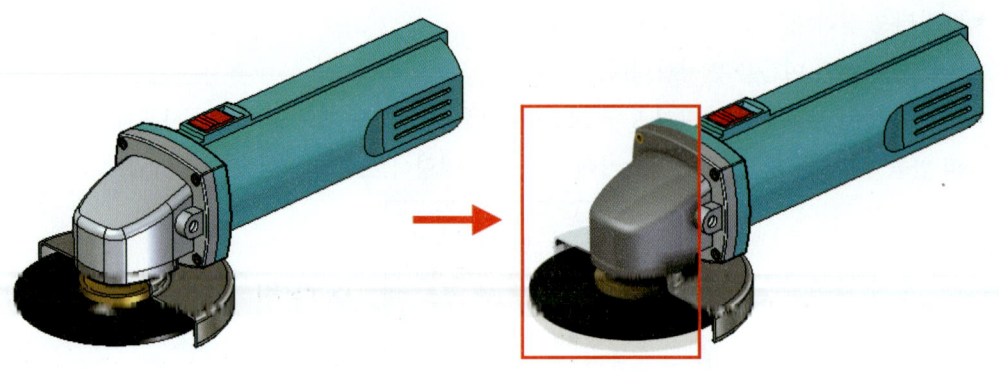

3. 렌더링 설정(Render Setup)

> ➡ 홈 탭 ⇒ 렌더링 그룹 ⇒ 렌더링 설정
> ➡ Home Tap ⇒ Render Group ⇒ Render Setup

장면을 렌더링하는 방식을 제어하는 옵션을 표시합니다. 렌더링 설정의 어떤 변경 사항이 장면 렌더링 명령을 자동으로 시작할지 제어할 수 있습니다.

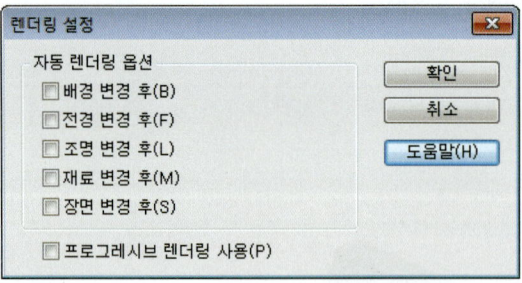

8.3 에니메이션(Animation)

Solid Edge에서는 어셈블리를 쉽게 애니메이션으로 만들어 표현할 수 있습니다. 어셈블리 애니메이션은 기계 장치의 모션 연구에 유용하며, 파트가 어떻게 하나의 완성된 어셈블리로 조립되는지를 생생

chapter 05 Assembly Modeling(조립품)

하게 보여주어 판매자 또는 고객 프리젠테이션에 유용합니다.

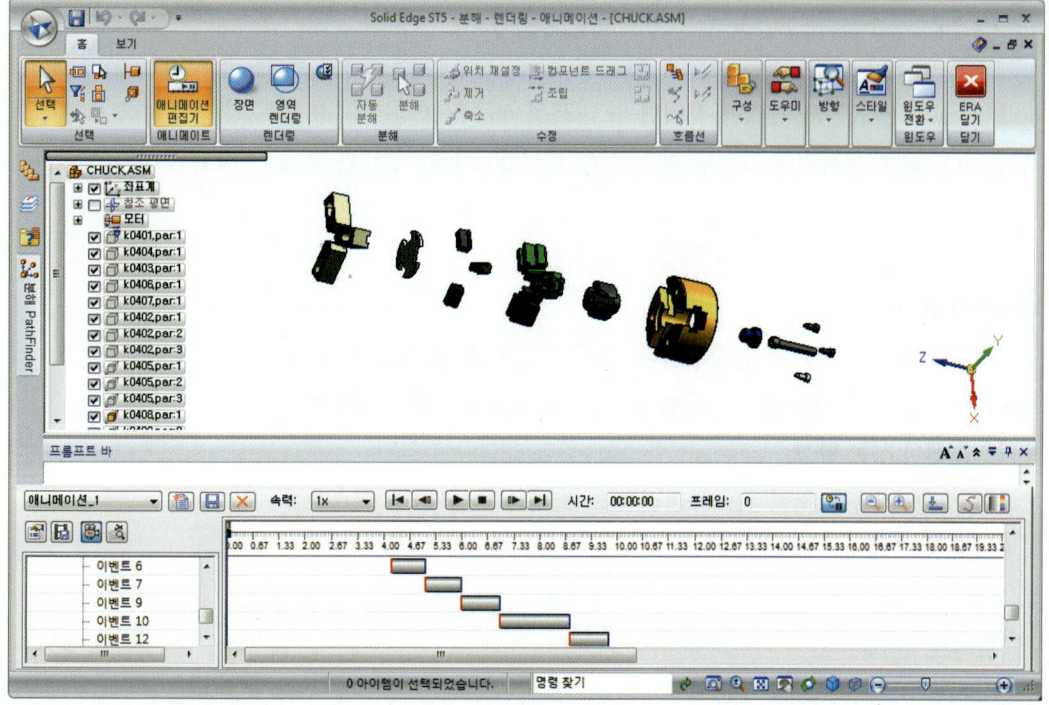

다음과 같은 애니메이션 이벤트의 유형을 정의할 수 있습니다.
- 카메라
- 모터
- 분해
- 모양
- 모션 경로

애니메이션 편집기 도구의 컨트롤을 사용하면 그래픽 윈도우에서 애니메이션을 재생, 정지, 일시 중지 및 되감기할 수 있습니다.

애니메이션 편집기 도구의 동영상으로 저장 버튼을 사용하여 어셈블리 애니메이션을 AVI 형식으로 저장할 수도 있습니다.

09 효율적 대규모 어셈블리 관리

Solid Edge에서 큰 어셈블리를 작업할 때 대화형 성능을 향상시킬 수 있는 방법에 여러 가지가 기능이 있습니다. 큰 어셈블리를 작업할 때 성능을 개선하기 위해 수행할 수 있는 작업에 대해 설명하겠습니다.

- **메모리 관리**
  - ▶ 실제 메모리의 필요량을 줄입니다.(사용 중인 응용 프로그램 닫기)
  - ▶ 컴퓨터에 실제 메모리를 추가로 설치합니다.(RAM 추가 증설)
- **디스플레이 성능 향상**
  - ▶ OpenGL 가속을 지원하는 그래픽 카드 설치
  - ▶ 대용량 그래픽 카드 메모리

1. 컴포넌트 관리

- **컴포넌트 숨기기** : 현재 작업 중인 영역의 가시성을 높이기 위해서 파트와 하위 어셈블리를 숨길 수 있습니다. 컴포넌트를 숨기면 실제 메모리 필요량도 감소되므로 성능이 향상됩니다.
- **컴포넌트 언로드** : 당장 필요치 않은 파트 및 하위 어셈블리를 숨긴 후에는 도구 메뉴의 숨겨진 파트 언로드 명령을 사용하여 실제 메모리에서 이를 언로드할 수 있습니다.(어셈블리 환경 ⇒ 홈 탭 〉 구성 그룹 〉 숨겨진 파트 로드 취소 명령어)

- **컴포넌트 비활성화** : 파트 및 하위 어셈블리를 숨기지 않고 비활성화 명령을 사용하여 컴포넌트를 비활성화하면 해당 컴포넌트는 표시된 상태로 있지만 실제 메모리를 더 적게 사용합니다.

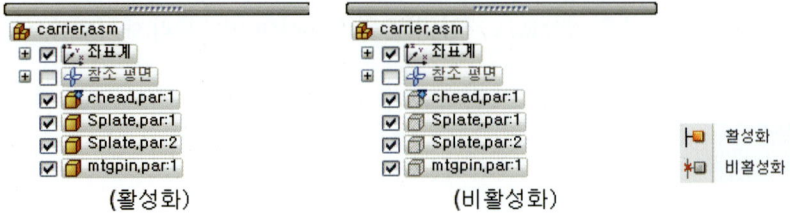

2. 어셈블리 옵션 다이얼로그

어셈블리 옵션 다이얼로그의 옵션을 사용하여 현재 어셈블리의 성능을 향상시킬 수 있습니다. (응용 프로그램 버튼 〉 Solid Edge 옵션 〉 어셈블리 탭)

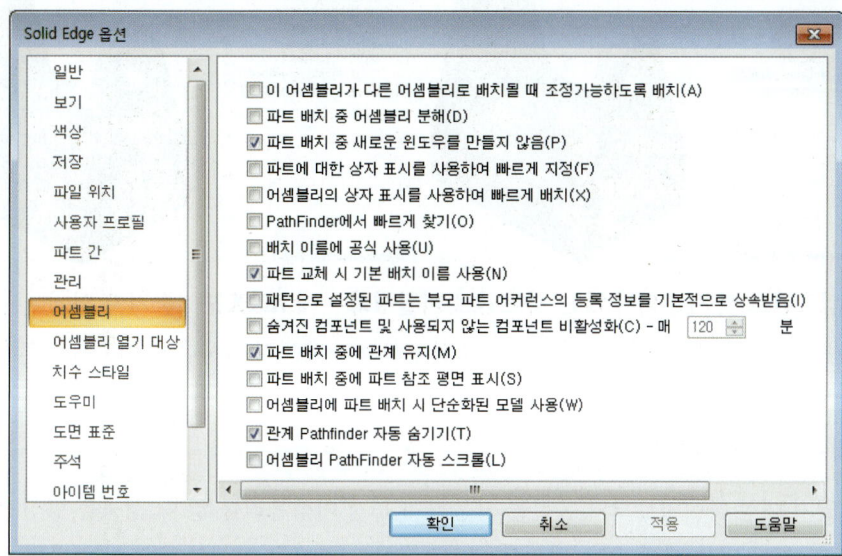

● **파트에 대한 상자 표시를 사용하여 빠르게 지정** : 파트 지오메트리의 그래픽 표시 요소(B) 대신 사각형 범위 상자(A)를 사용하여 파트를 표시합니다.

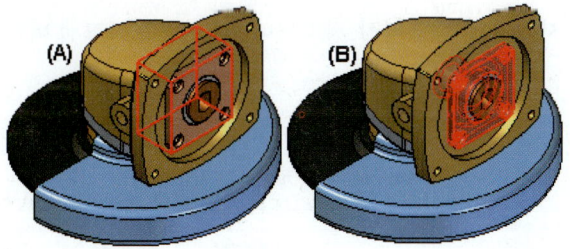

● **어셈블리의 상자 표시를 사용하여 빠르게 지정** : 어셈블리 지오메트리의 그래픽 표시 요소(B) 대신 사각형 범위 상자(A)를 사용하여 파트를 표시합니다.

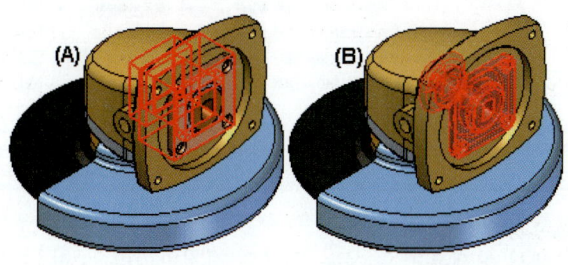

- **PathFinder에서 빠르게 찾기** : PathFinder에서 컴포넌트 위에 커서를 놓은 경우 이 컴포넌트가 그래픽 창에서 강조 표시되지 않도록 지정합니다.

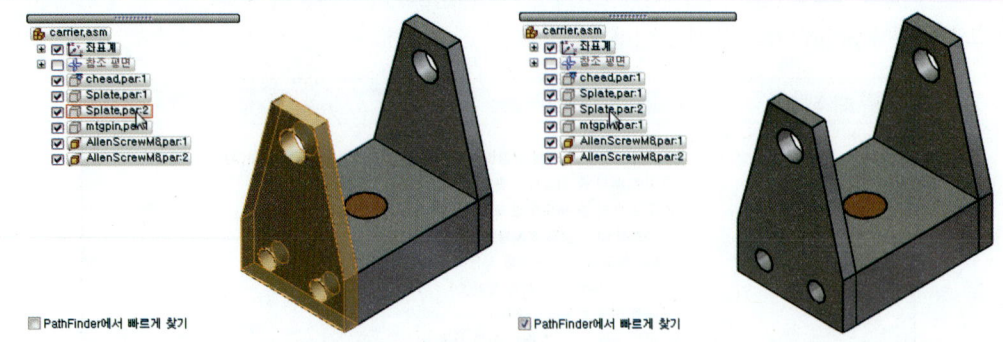

- **숨겨진 컴포넌트 및 사용되지 않는 컴포넌트 비활성화 - 매 XXX분** : 숨겨져 있거나 할당된 시간 동안 사용되지 않는 컴포넌트를 자동으로 비활성화하여 메모리 사용을 줄이도록 지정합니다.

3. 어셈블리 열 때 성능 향상

어셈블리 열기 대상 다이얼로그의 옵션을 사용하여 특정 어셈블리를 열 때 성능을 향상시킬 수 있습니다. 어셈블리 열기 대상 탭에서 고유한 컴포넌트 수를 기반으로 어셈블리를 여는 방법을 선택할 수 있는 조건을 정의합니다.

고유한 컴포넌트 수에 따라 어셈블리 크기를 결정하는 조건을 정의할 수 있습니다. 더 적은 양을 입력하면 소형 어셈블리가 정의됩니다. 더 많은 양을 입력하면 대형 어셈블리가 정의됩니다. 중간 어셈블리는 작은 값과 큰 값 사이의 범위에 따라 정의됩니다.(응용 프로그램 버튼〉Solid Edge 옵션〉어셈블리 열기 대상 탭)

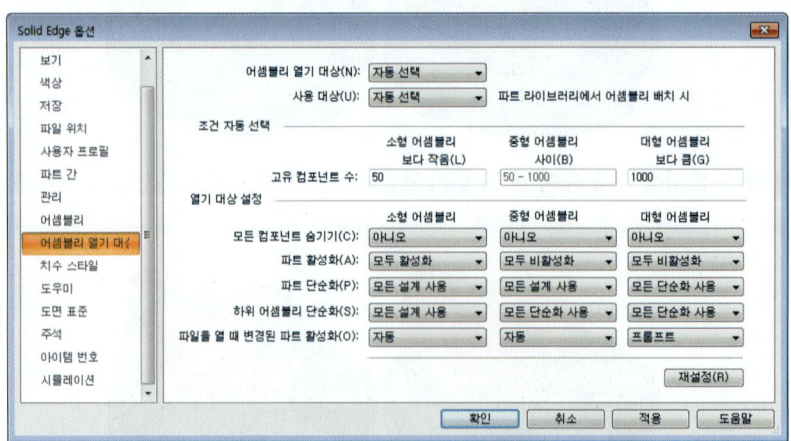

파일 열기 다이얼로그에서 어셈블리를 여는 옵션을 결정합니다. Solid Edge 옵션 다이얼로그의 어셈블리 열기 대상 탭에 기본 설정이 정의되어 있습니다.

chapter 05 Assembly Modeling(조립품)

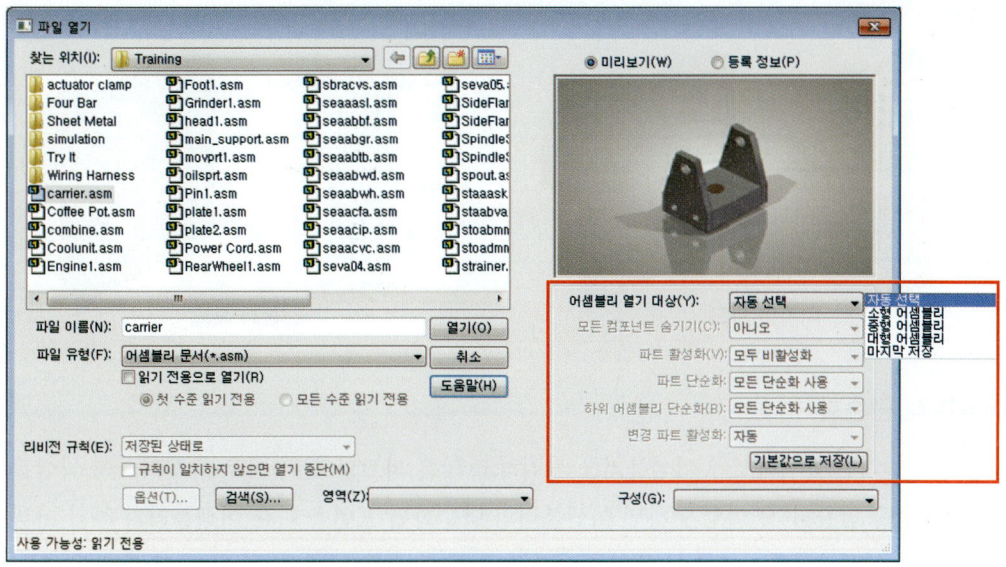

4. 파트 단순화

어셈블리로 작업하는 경우 복잡한 파트의 단순화된 버전을 사용하여 작업하는 것이 좋습니다. 예를 들어, 여러 개의 라운딩, 모따기 및 구멍을 포함하고 있는 파트는 이러한 형상들이 제거된 파트보다 더 느리게 처리됩니다.

모델 단순화 환경에 있는 명령들을 사용하면 파트의 복잡성을 줄여 해당 파트를 어셈블리에서 사용할 때 보다 신속하게 처리할 수 있습니다. 단순화의 궁극적인 목표는 파트를 구성하는 전체 곡면의 수를 줄이는 것입니다.(파트 환경 ⇒ 도구 탭 〉 모델 그룹 〉 단순화 명령어)

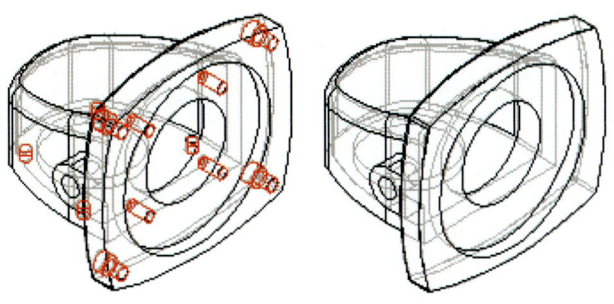

모델 단순화 환경에서 생성한 형상은 파트 문서에서 PathFinder 탭의 단순화 섹션에 추가됩니다. 생성 중인 단순화된 형상을 PathFinder의 바로 가기 메뉴에 있는 명령을 사용하여 조작할 수도 있습니다.

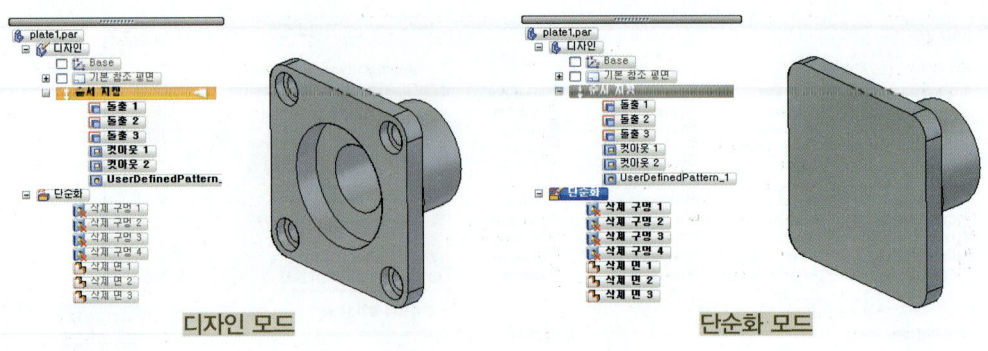

5. 어셈블리 단순화

면의 외부 영역만 표시하도록 어셈블리를 처리하고 작은 파트와 같은 파트를 제외하여 어셈블리의 단순화된 표현을 만듭니다. 이렇게 하면 어셈블리의 단순화된 표현을 다른 어셈블리의 하위 어셈블리로 사용하거나 어셈블리의 단순화된 표현을 사용하여 큰 어셈블리의 도면을 만들 때 내외형 성능이 향상됩니다.(어셈블리 환경 ⇒ 도구 탭 〉모델 그룹 〉단순화 명령어)

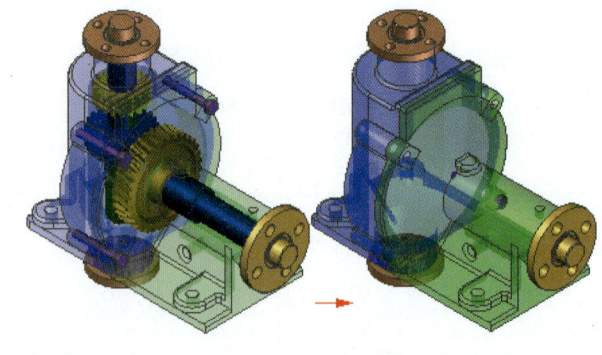

chapter 06

Drafting(도면작성)

01 도면 시작
02 도면 시트 구성
03 도면 뷰 생성
04 도면 뷰 조작
05 도면 뷰 다듬기
06 중심선 작성하기
07 치수 작성하기
08 주석 작성하기
09 여러 종류의 테이블 작성하기

Solid Edge ST5

01 도면 시작

도면 생성은 파트 또는 어셈블리에 대한 설계를 정식으로 문서화하는 프로세스입니다. Solid Edge에서는 도면 생성 단계에서 설계를 쉽게 문서화할 수 있는 다양한 도구를 제공합니다. 파트나 어셈블리가 변경될 때 빠르게 업데이트할 수 있도록 3D 파트 및 어셈블리의 연관 도면 뷰를 생성할 수 있습니다. 또한, 처음부터 그린 2D 요소로 구성된 도면 뷰를 생성할 수 있으며, 이러한 도면 뷰는 파트 또는 어셈블리 문서를 변경하지 않고도 빠르게 변경할 수 있습니다.

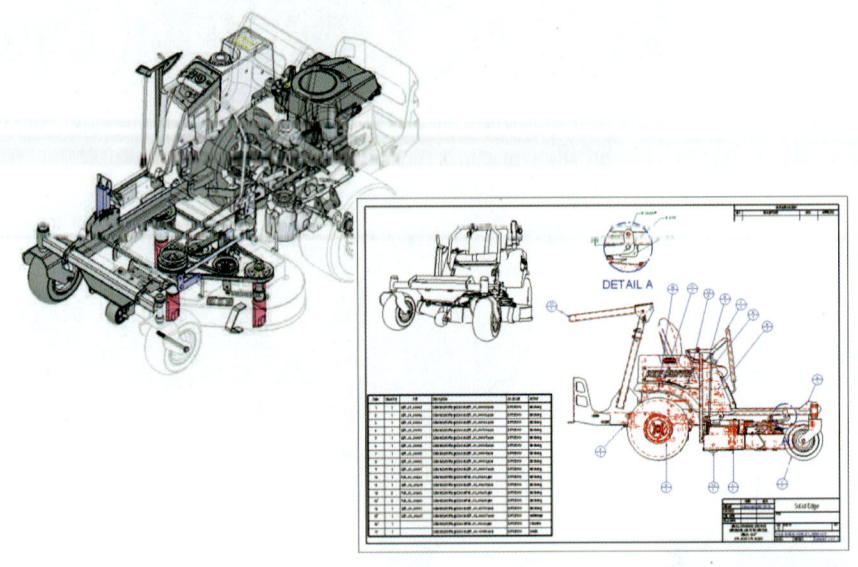

1.1 도면(Draft) 개요

Solid Edge에서는 3D 파트 또는 어셈블리 모델을 사용하여 도면을 작성하기 위한 드래프트 환경을 제공합니다. 도면은 3D 모델과 링크되어 있으므로 모델의 변경 사항이 도면에 반영됩니다. 드래프트 환경에서 다양한 뷰, 단면, 상세 정보, 치수, 노트 및 주석을 표시하는 도면을 생성할 수 있습니다. 형상 제어 프레임, 데이텀 프레임, 용접 심볼 및 곡면 질감 심볼을 도면에 추가할 수도 있습니다. 도면의 치수와 주석이 회사의 표준 또는 국제 표준을 따르도록 스타일 및 템플릿으로 설정하여 관리할 수 있습니다.

chapter 06 Drafting(도면작성)

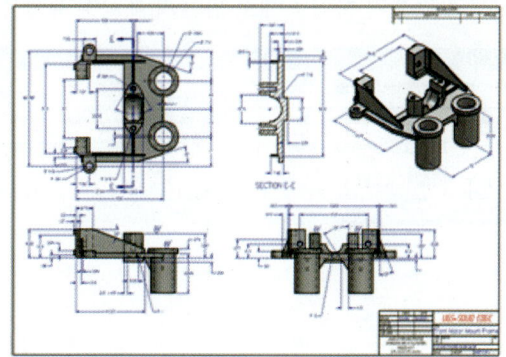

1.2 도면(Draft) 시작하기

Solid Edge 드래프트는 다음과 같은 여러가지 방법을 이용하여 시작할 수 있습니다.

• Solid Edge 시작 화면에서 생성 그룹에 있는 ISO 드래프트를 클릭합니다.

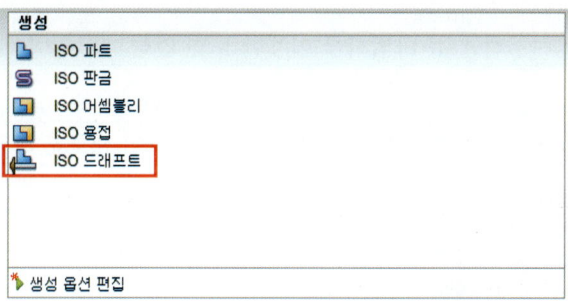

• 응용 프로그램 버튼 > 새로 만들기 > ISO 드래프트를 클릭합니다.

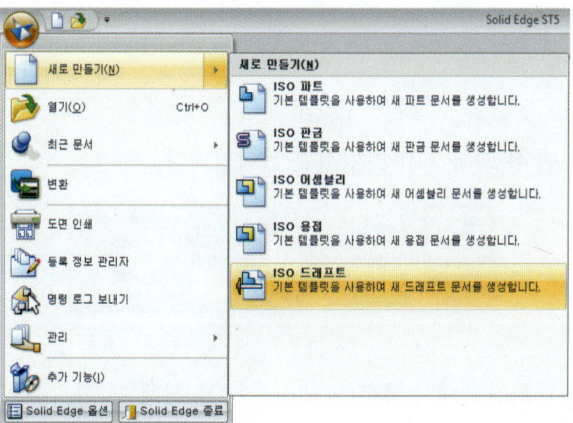

471

- 응용 프로그램 버튼 > 새로 만들기 클릭 > 새로 만들기 대화상자에서 ISO 드래프트를 클릭합니다.

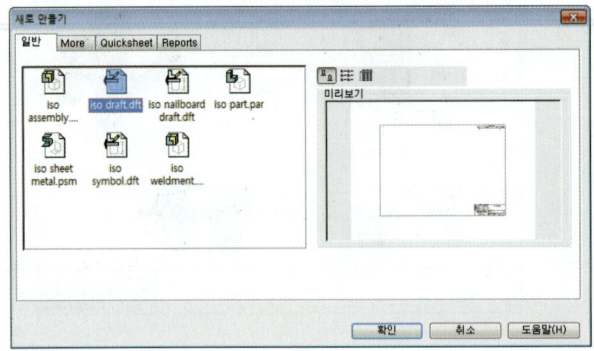

1.3 3D 모델을 도면으로 불러오기

Solid Edge는 몇 가지 형태를 사용하여 3D 모델을 도면으로 만들 수 있습니다. 예를 들어 3D 모델링 환경에서 바로 도면을 만들 수 있으며 가장 많이 사용하는 방법으로, 도면 환경에서 뷰 마법사를 이용하여 만들 수도 있습니다.

기본 적으로 가장 많이 사용하는 뷰 마법사를 이용한 도면 만들기를 알아보겠습니다.

step1 Solid Edge 시작화면에서 ISO 드래프트를 클릭하여 새로운 드래프트를 만듭니다.

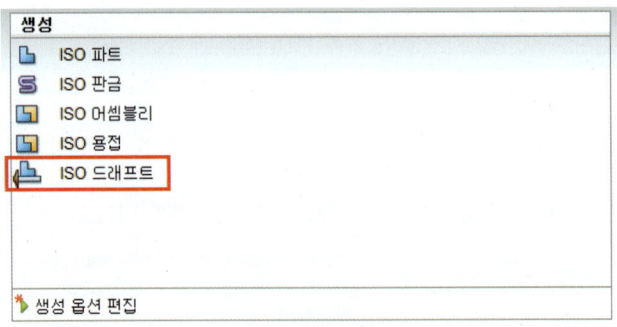

step2 홈 탭 > 도면 뷰 그룹 > 뷰 마법사를 선택합니다.

step3 모델 선택 대화상자에서 파트(anchor.par)를 선택 후 열기 버튼을 클릭합니다.

chapter 06 Drafting(도면작성)

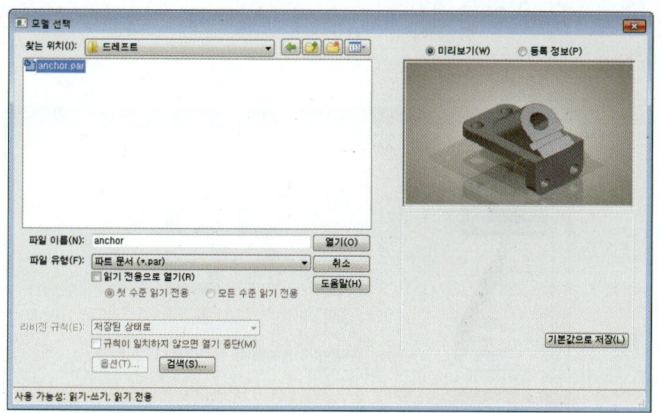

- step4 도면 뷰 생성 마법사의 첫 번째 창에서 옵션을 그림과 같이 설정하고 다음 버튼을 클릭합니다.

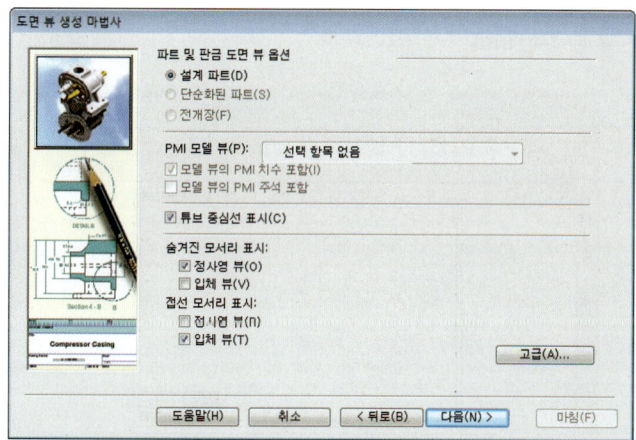

- step5 도면 뷰 방향 창에서 아래 그림과 같이 Front을 선택 후 다음버튼을 클릭합니다.

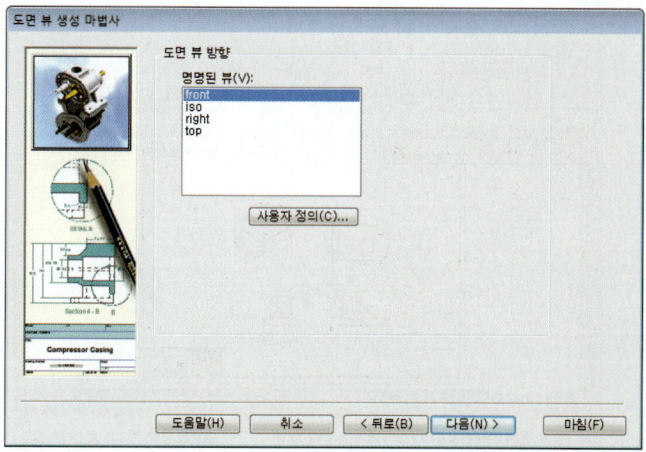

473

- step6 도면 뷰 레이아웃 창에서 평면도, 우측면도 및 등각뷰을 선택한 다음 마침 버튼을 클릭합니다.

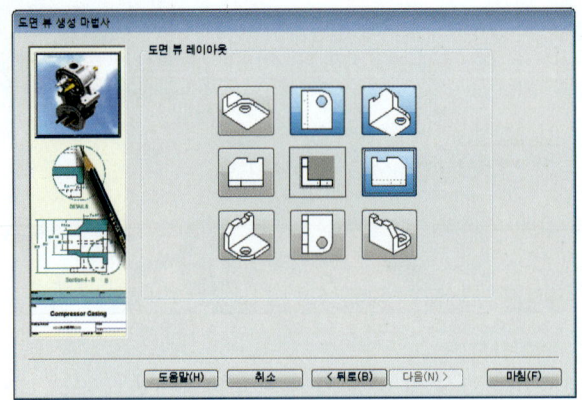

- step7 아래 그림과 같이 뷰를 배치하기 위한 형상 보조선이 보입니다. 원하는 위치를 선택 후 마우스를 클릭합니다.

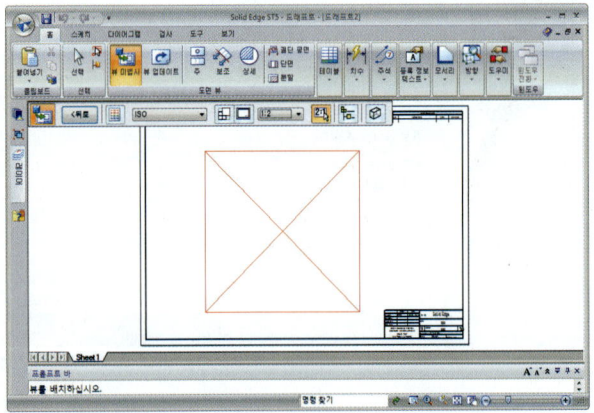

- step8 선택한 파트의 도면이 생성되는 것을 확인합니다.

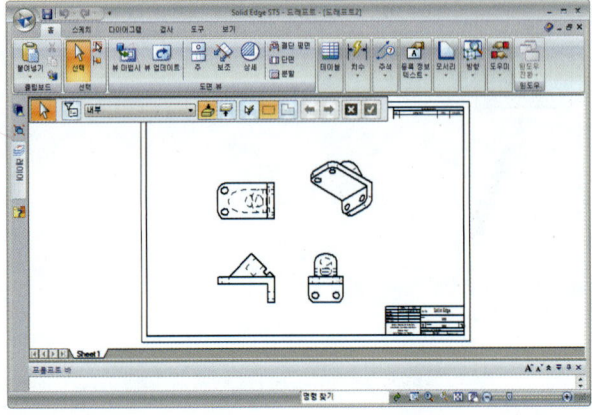

chapter 06 Drafting(도면작성)

> **Tip**
>
> **투영 각도 설정하기**
>
> Solid Edge를 처음 설치하면 일각법이 기본 값으로 설정 되어 있습니다. 삼각법을 사용하기 위해서 Solid Edge 옵션에 들어가서 삼각법으로 변경해주어야 합니다. 투영 각도 변경 전에 배치된 도면 뷰는 투영 각도를 변경해도 변경되지 않습니다. 먼저 투영 각도를 변경 후에 도면 뷰를 배치해야 합니다.(응용 프로그램 버튼 > Solid Edge 옵션 > 도면 표준 탭)
>
>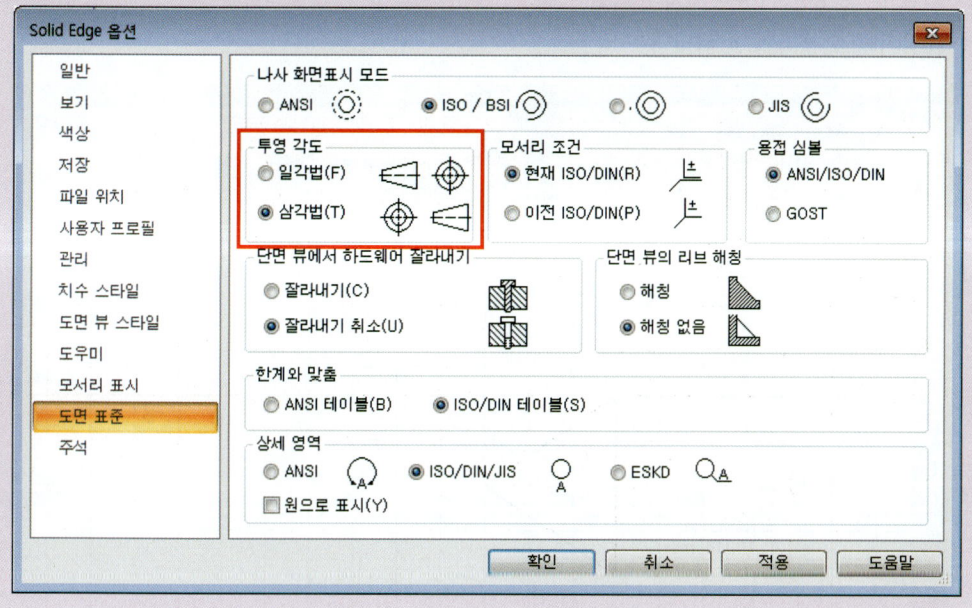

02 도면 시트 구성

Solid Edge 도면 문서에는 세 가지 유형의 시트가 있습니다.
- 2D 모델 시트 : 2D 모델 공간에서만 사용되는 특수한 시트
- 작업 시트 : 3D 모델의 파트 뷰를 배치하고 모든 도면 뷰 컨스트럭션을 수행하는 시트
- 배경 시트 : 작업 시트의 도면 테두리 및 표제란 등을 설정하고 배경으로 사용하는 시트

위와 같이 Solid Edge에서는 특성이 다른 시트를 별도의 배치하여 사용자가 도면 제작과 관리를 쉽게 할 수 있습니다.

2.1 2D 모델 시트(2D Model Sheet)

➠ 보기 탭 ⇒ 시트 뷰 그룹 ⇒ 2D 모델
➠ View Tap ⇒ Sheet Views Group ⇒ 2D Model Sheet

2D 모델 시트 명령을 선택하면 "2D 모델"이라는 레이블이 붙은 도면 시트가 활성 문서에 삽입됩니다. 2D 모델 뷰 명령을 사용하여 2D 모델 뷰를 작성할 시트에 지오메트리를 배치합니다. AutoCAD와 동일한 환경이라고 생각하면 됩니다.

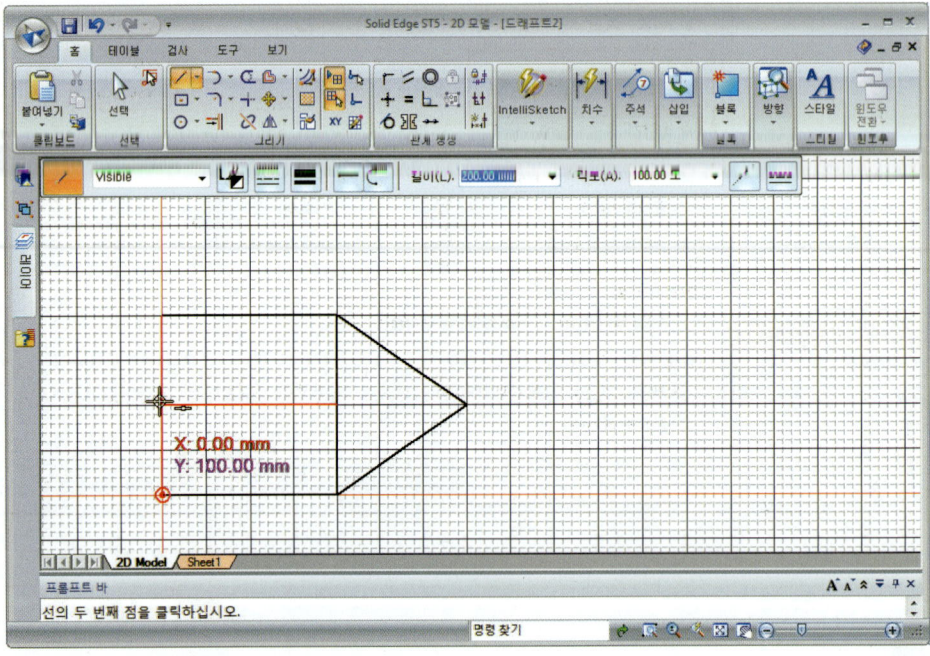

2.2 작업 시트(Working Sheet)

➠ 보기 탭 ⇒ 시트 뷰 그룹 ⇒ 작업 시트
➠ View Tap ⇒ Sheet Views Group ⇒ Working Sheet

작업 시트란 디자인 데이터와 문서 데이터를 생성하는 시트입니다. 배율을 문서와 디자인 데이터에 적용하고 배경 시트를 작업 시트에 첨부할 수 있습니다. 3D 모델의 2D 도면 뷰, 치수 및 주석 등 모든 작업을 작업 시트에서 진행합니다.

chapter 06 Drafting(도면작성)

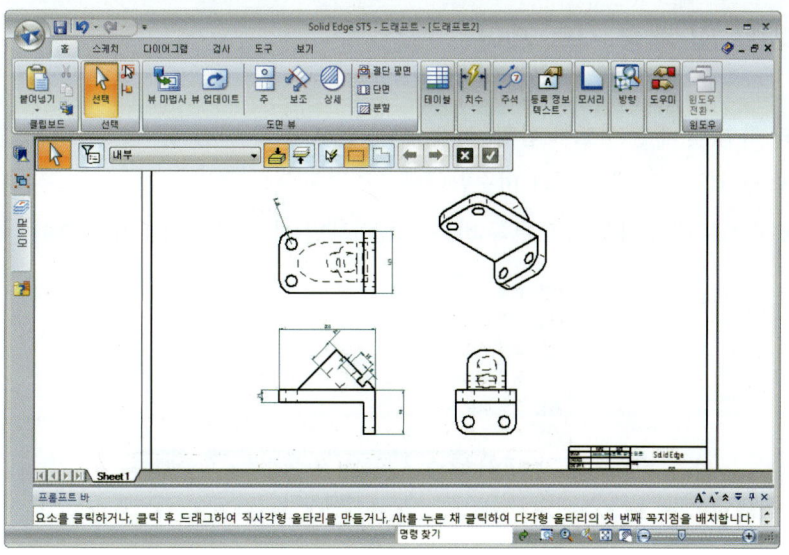

2.3 배경 시트(Background Sheet)

➡ 보기 탭 ⇒ 시트 뷰 그룹 ⇒ 배경 시트
➡ View Tap ⇒ Sheet Views Group ⇒ Background Sheet

배경 시트는 테두리, 제목 블록, 로고 또는 래스터 배경 그림(워터마크) 등과 같이 둘 이상의 드로잉에 표시하고자 하는 그래픽에 사용됩니다. 배경 시트는 배경 시트가 첨부되어 있는 어떤 작업 시트와도 함께 표시할 수 있습니다.

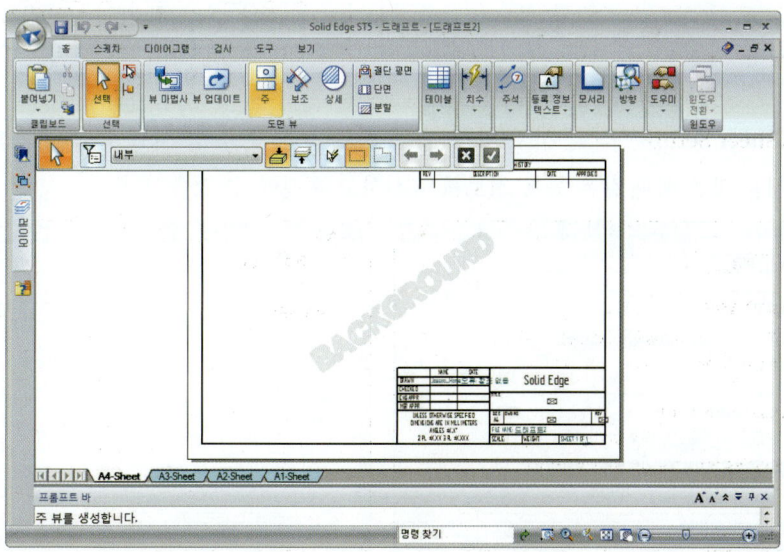

477

2.4 작업 시트 및 배경 시트 제어

Solid Edge의 작업 및 배경 시트를 삽입, 삭제, 순서 변경, 이름 변경 및 시트 설정을 할 수 있습니다. 사용 방식은 마이크로소프트의 엑셀과 비슷합니다.

작업 또는 배경 시트에서 마우스 오른쪽 버튼을 클릭하면 시트 제어 바로가기 창이 나타납니다.

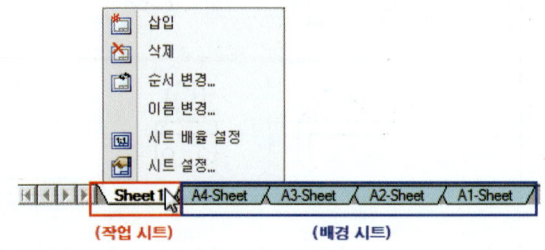

- **삽입(Insert)** : 작업 시트 또는 배경 시트를 추가합니다.
- **삭제(Delete)** : 작업 시트 또는 배경 시트를 삭제합니다.
- **순서 변경(Reorder)** : 작업 시트 또는 배경 시트 순서를 변경합니다.
- **이름 변경(Renamae)** : 작업 시트 또는 배경 시트 이름을 변경합니다.
- **시트 배율 설정 (Set Sheet Scale)** : 새 작업 시트의 배율을 설정합니다.

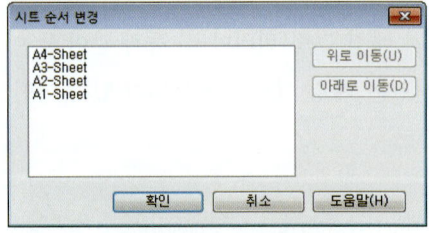

시트 순서 변경 대화상자

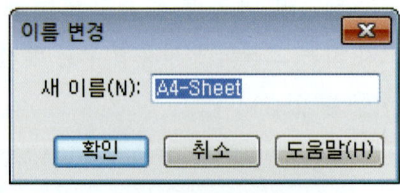

이름 변경 대화상자

- **시트 설정(Sheet Setup)** : 작업 시트 이름, 작업 시트 크기 및 작업 시트 여백 등록정보와 같은 이름, 크기, 배율 및 여백과 같은 등록 정보를 표시하고 수정할 수 있습니다.

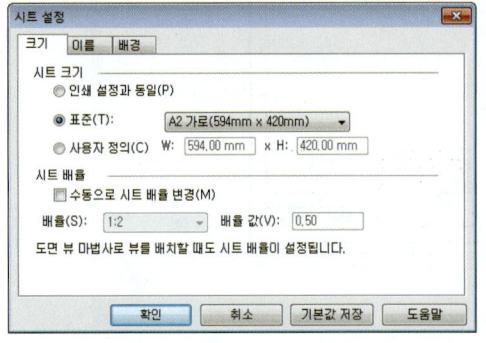

chapter 06 Drafting(도면작성)

03 도면 뷰 생성

Solid Edge에서 2D 파트 뷰, 2D 뷰, 사전 정의된 3D 모델 뷰 등 여러 유형의 도면 뷰를 사용하여 도면을 만들 수 있습니다. 도면에는 파트 또는 어셈블리의 크기, 파트 또는 어셈블리를 생성하는 데 사용된 재료 및 기타 정보를 설명하는 치수와 주석이 포함되어 있습니다. 또한 하나의 시트에 많은 수의 도면 뷰를 배치할 수 있으며 바로 가기 메뉴의 편집 메뉴에서 등록 정보 명령을 사용하여 선택한 도면 뷰의 특징을 수정할 수도 있습니다.

3.1 뷰 마법사(View Wizard)

- 홈 탭 ⇒ 도면 뷰 그룹 ⇒ 뷰 마법사
- Home Tap ⇒ Drawing Views Group ⇒ View Wizard

선택한 3D 어셈블리 또는 파트 모델에 대해 드래프트 문서에서 기본 파트 뷰를 생성합니다. 3D 어셈블리 또는 파트 모델은 드래프트 문서에 연결되므로 어셈블리 또는 파트가 변경되면 파트 뷰를 쉽게 업데이트할 수 있습니다.

마법사의 각 페이지 옵션은 아래와 같습니다.

- **모델 선택(Select Model)** : 도면을 생성할 파트 또는 어셈블리 모델을 선택합니다.

- **도면 뷰 옵션(Drawing View Options)** : 생성할 도면 옵션을 설정합니다.

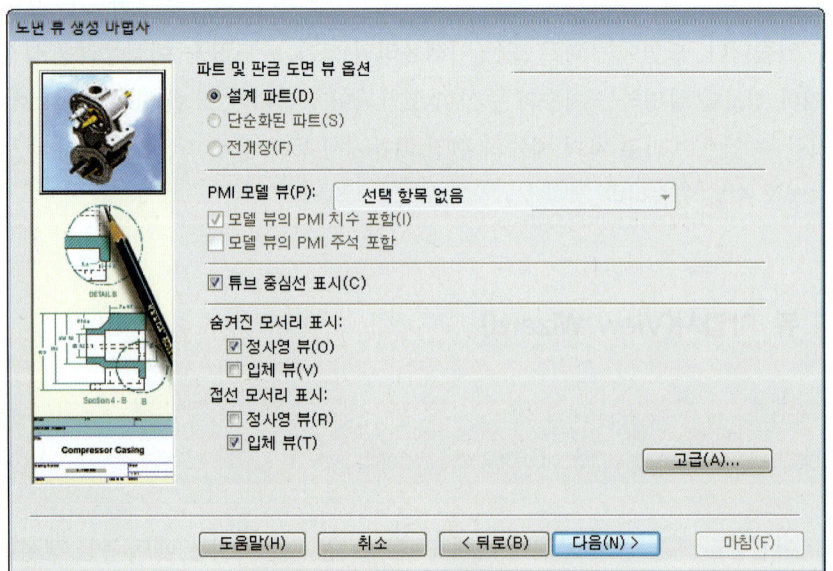

도면 뷰 생성 마법사(파트 및 판금)

▶ 설계된 파트(Designed part) : 설계한 대로 파트의 도면 뷰를 생성하도록 지정합니다.

▶ 단순화된 파트(Simplified part) : 파트의 단순화된 버전으로 도면 뷰를 생성하도록 지정합니다. 단순화된 모델이 없는 경우 이 옵션은 비활성화 됩니다.

▶ 전개장(Flat pattern) : 전개된 판금 파트의 도면 뷰를 생성하도록 지정합니다. 이 옵션은 전개된 모델도 포함되어 있는 판금 파일에 대해서만 사용할 수 있습니다.

▶ PMI 모델 뷰(PMI model view) : 파트 또는 판금 모델의 경우 도면 뷰를 생성하는 데 사용할 수

있는 사용 가능한 PMI 모델 뷰의 이름을 나열합니다.
- 모델 뷰의 PMI 치수 포함(Include PMI dimensions from model views) : PMI 모델 뷰 목록(파트/판금 모델의 경우) 또는 구성 및 PMI 모델 뷰 목록(어셈블리 모델의 경우)에서 선택한 모델 뷰와 연관된 PMI 치수를 검색하도록 이 옵션을 설정합니다.
- 모델 뷰의 PMI 주석 포함(Include PMI annotations from model views) : PMI 모델 뷰 목록(파트/판금 모델의 경우) 또는 구성 및 PMI 모델 뷰 목록(어셈블리 모델의 경우)에서 선택한 모델 뷰와 연관된 PMI 주석을 검색하도록 이 옵션을 설정합니다.
- 튜브 중심선 표시(Show tube centerlines) : 도면 뷰에 튜브 중심선을 표시합니다. 이 옵션은 판금 및 용접 파일에는 사용할 수 없습니다.
- 숨겨진 모서리 표시(Show hidden edges in) : 정사영(正射影) 뷰 또는 입체 뷰에 숨겨진 모서리 표시를 제어합니다.
- 접선 모서리 표시(Show tangent edges in) : 정사영(正射影) 뷰 또는 입체 뷰에 접선 모서리 표시를 제어합니다.

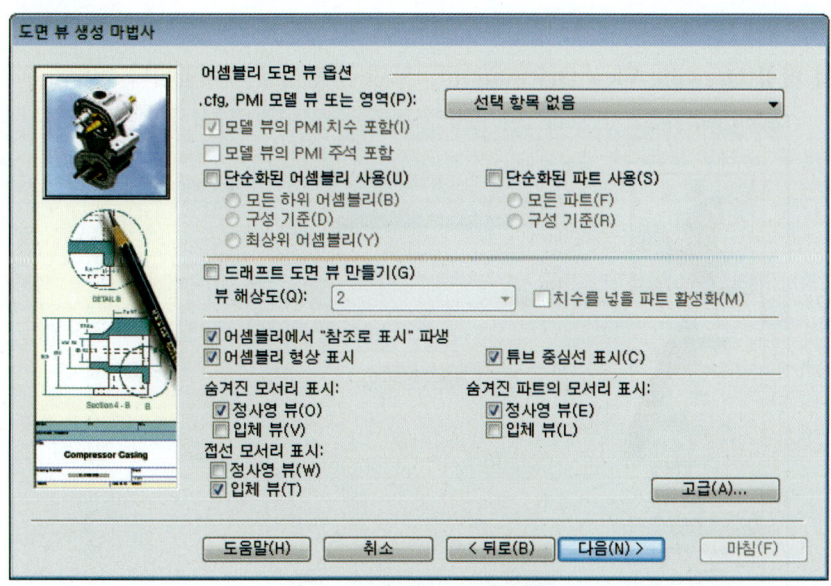

도면 뷰 생성 마법사(어셈블리)

- .cfg, PMI 모델 뷰 또는 영역(.cfg, PMI model view, or Zone) : 어셈블리 모델에 대해 도면 뷰를 생성하는 데 사용할 수 있는 사용 가능한 표시 구성, 3D PMI 모델 뷰 및 구역의 이름을 나열합니다.

　　　　　　　　- 표시 구성을 나타냅니다.
　　　　　　　　- 3D PMI 모델 뷰를 나타냅니다.
　　　　　　　　- 구역을 나타냅니다.

- 단순화된 어셈블리 사용(Use simplified assemblies) : 단순화된 어셈블리 표현을 사용하여 어셈

블리의 도면 뷰를 생성하도록 지정합니다.
- ▶ 단순화된 파트 사용(Use simplified parts) : 단순화된 모델을 사용하여 어셈블리의 도면 뷰를 생성하도록 지정합니다.
- ▶ 드래프트 도면 뷰 만들기(Create draft quality drawing views) : 어셈블리의 드래프트 품질 도면 뷰를 신속하게 생성합니다.
- ▶ 뷰 품질(View quality) : 드래프트 품질 도면 뷰를 생성하거나 업데이트할 때 품질 또는 해상도를 지정합니다. 최대값인 3으로 설정하면 화면 표시가 가장 정확해집니다.
- ▶ 어셈블리에서 "참조로 표시" 파생(Derive "Display as Reference" from assembly) : 어셈블리 문서에 정의된 어커런스 등록 정보가 어커런스가 참조 파트로 표시되는지 여부를 결정하도록 지정합니다.
- ▶ 어셈블리 형상 표시(Show assembly features) : 어셈블리 환경에서 생성된 어셈블리 형상을 도면 뷰에 표시할지 여부를 지정합니다.
- ▶ 숨겨진 파트의 모서리 표시(Show edges of hidden parts in) : 정사영(正射影) 뷰 또는 입체 뷰에 숨겨진 파트의 모서리 표시를 제어합니다.

- ● 도면 뷰 방향(Drawing View Orientation) : 도면 뷰 방향을 제어합니다.

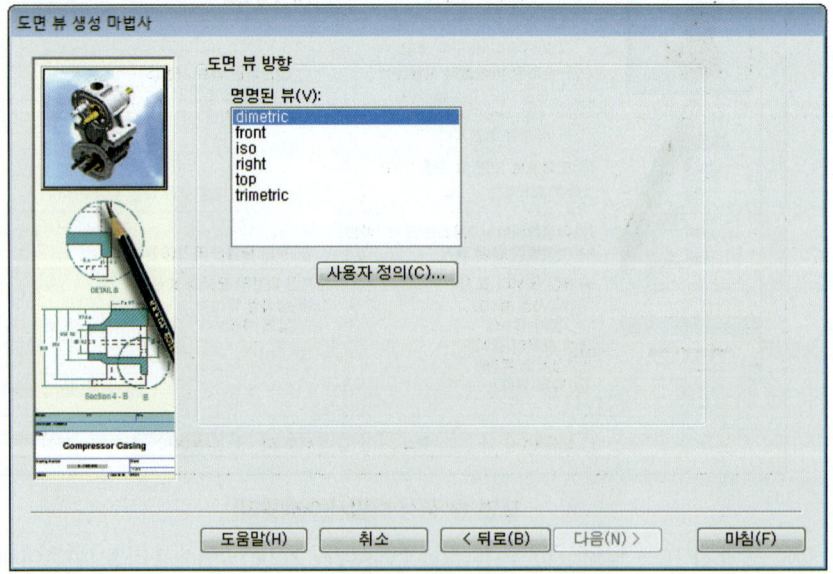

- ▶ 명명된 뷰(Named Views) : 초기 도면 뷰의 배치 선택을 나열합니다. 파트, 판금 및 어셈블리 환경에서 사용자 정의된 명명된 뷰의 리스트가 표시됩니다.
- ▶ 사용자 정의(Custom) : 사용자 정의 방향 대화 상자를 표시합니다.

chapter 06 Drafting(도면작성)

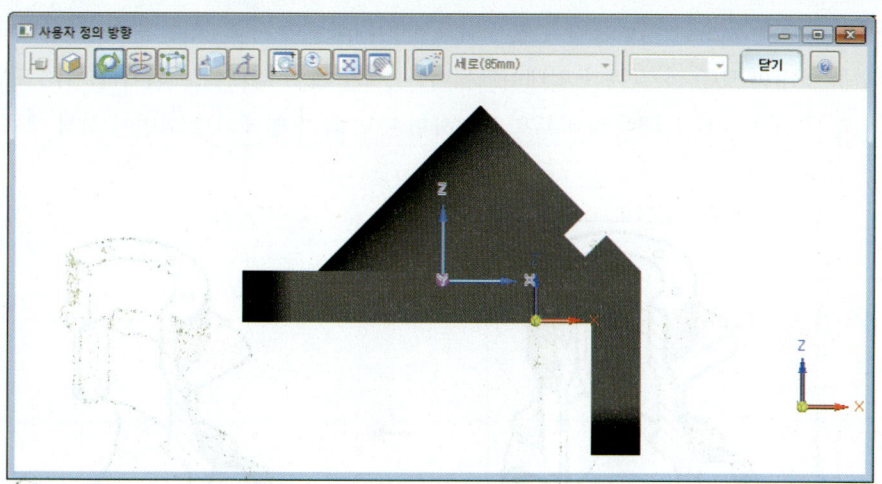

사용자 정의 방향 다이얼로그

▶ 사용자 정의 방향 대화상자(Custom Orientation dialog box) : 도면 뷰를 생성하기 전에 이 창의 뷰 조작 옵션을 사용하여 3D 파트의 방향을 다시 지정할 수 있습니다. 뷰 제어 명령은 Solid Edge View 제어와 동일합니다.

● 드로잉 뷰 레이아웃(Drawing View Layout) : 도면 뷰 레이아웃 옵션을 사용하여 선택된 기본 뷰를 바탕으로 추가 정사영 뷰를 선택할 수 있습니다.

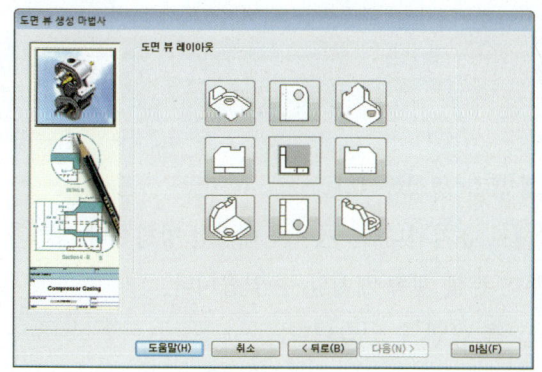
일각법 투영

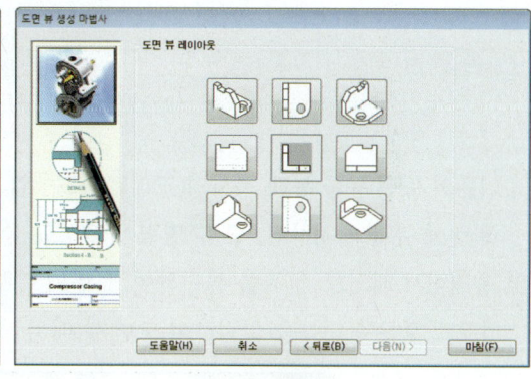
삼각법 투영

뷰 방향을 나타내는 하나 이상의 버튼을 클릭하여 첫 번째 뷰와 함께 도면 시트에 배치할 추가 뷰를 선택할 수 있습니다.

3.2 뷰 업데이트(Update Views)

➠ 홈 탭 ⇒ 도면 뷰 그룹 ⇒ 뷰 업데이트
➠ Home Tap ⇒ Drawing Views Group ⇒ Update View

도면에 표시된 파트 또는 어셈블리의 현재 상태에 일치하도록 파트 뷰를 업데이트합니다. 이 명령을 선택하면 문서 내의 모든 파트 뷰가 업데이트됩니다. 예를 들어 업데이트 되기 전에는 도면 뷰에 회색 테두리가 표시됩니다. 뷰 업데이트 버튼을 클릭하면 도면 뷰가 업데이트 되면서 회색 테두리가 사라집니다.

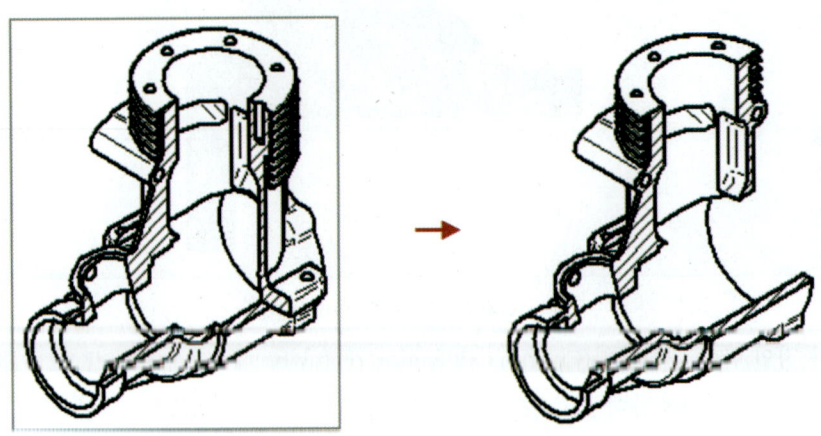

3.3 주 뷰(Principal View)

➡ 홈 탭 ⇒ 도면 뷰 그룹 ⇒ 주 뷰
➡ Home Tap ⇒ Drawing Views Group ⇒ Principal

기존의 도면 뷰를 통해 정사영(正射影) 또는 입체 뷰를 생성합니다.

첫 번째 뷰를 배치하면, 주 뷰 명령이 활성화 상태로 유지됩니다. 커서를 대각선 방향이나 상하좌우로 움직이서 배치할 각 뷰를 클릭하여 첫 번째 뷰부터 뷰를 계속 배치할 수 있습니다.

마우스 오른쪽 버튼을 클릭하여 도면 뷰 배치 모드를 끝낼 수 있습니다.

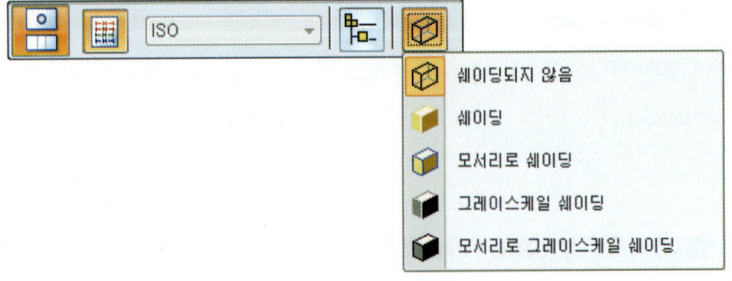

- **도면 뷰 스타일 매핑(Drawing View Style Mapping)** : 도면 뷰에서 미리 정의된 스타일을 사용하도록 지정합니다.

chapter 06 Drafting(도면작성)

- ▾ **도면 뷰 스타일(Drawing View Style)** : 도면 뷰의 스타일을 선택하거나 스타일을 예시로 기록합니다. 도면 뷰 스타일 매핑이 활성화된 경우에는 사용할 수 없습니다.

- **모델 화면표시 설정(Model Display Settings)** : 디스플레이 설정을 지정할 수 있도록 도면 뷰 등록 정보 다이얼로그를 엽니다.

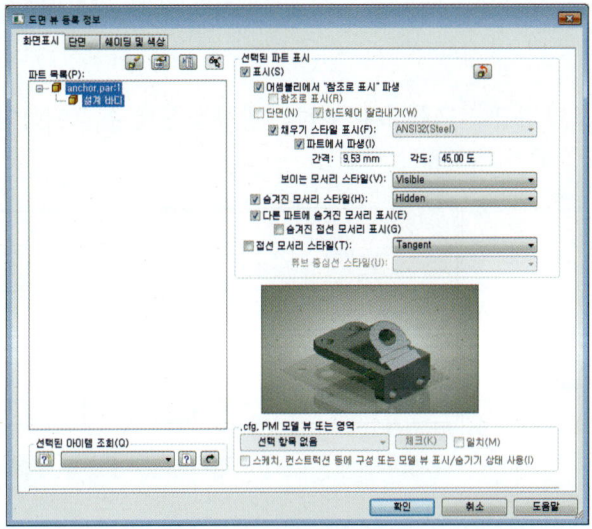

- **쉐이딩 옵션(Shading Options)** : 도면 뷰의 색상 또는 회색조, 음영처리 및 모서리 표시 여부를 지정합니다.

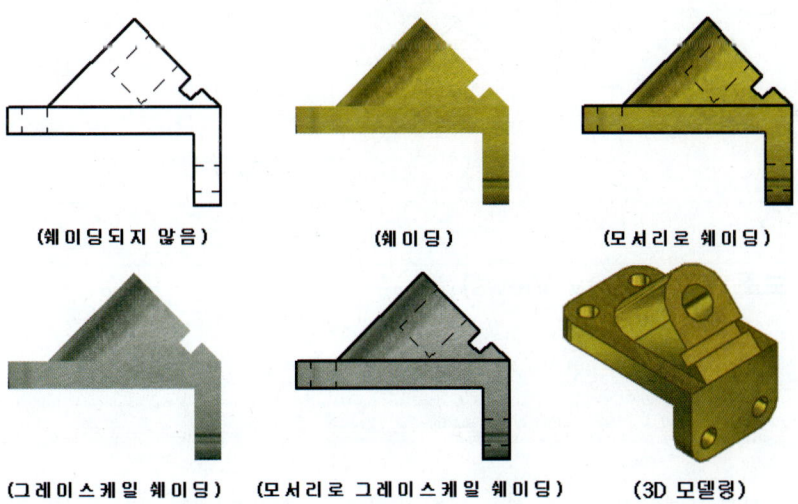

(쉐이딩되지 않음) (쉐이딩) (모서리로 쉐이딩)

(그레이스케일 쉐이딩) (모서리로 그레이스케일 쉐이딩) (3D 모델링)

485

주 뷰 사용 방법

- **step1** anchor.dft 파일을 오픈합니다.

- **step2** 홈 탭 〉 도면 뷰 그룹 〉 주 뷰 명령어를 선택합니다.

- **step3** 기존의 도면 뷰을 선택합니다. 원하는 방향을 선택 후 클릭하면 새로운 주 뷰가 생성됩니다.

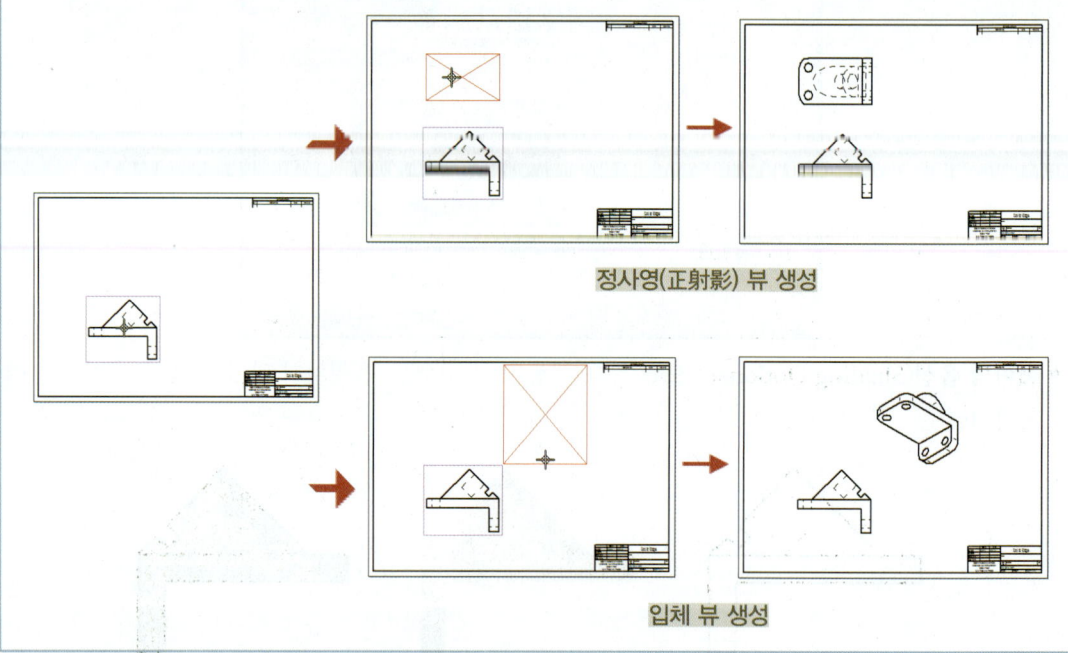

정사영(正射影) 뷰 생성

입체 뷰 생성

3.4 보조 뷰(Auxiliary Views)

➡ 홈 탭 ⇒ 도면 뷰 그룹 ⇒ 보조 뷰
➡ Home Tap ⇒ Drawing Views Group ⇒ Auxiliary

보조 뷰는 주 뷰로 표현하기 어려운 뷰를 표현 합니다. 보조 뷰를 어떤 방향에서도 치수를 측정할 수 없는 지오메트리를 표시할 수 있습니다.

예를 들어 아래 그림과 같이 새 파트 뷰(A)를 생성하여 기존 파트 뷰의 뷰 평면 선(B)을 기준으로 90도 회전한 파트를 표시합니다.

chapter 06 Drafting(도면작성)

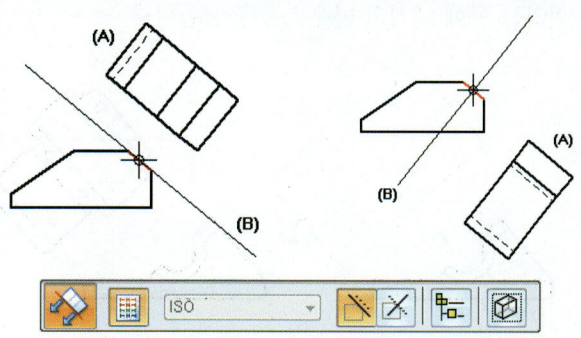

- 평행(Parallel) : 뷰 평면 선이 선택한 지오메트리 요소와 평행이 되도록 지정합니다.
- 수직(Perpendicular) : 뷰 평면 선이 선택한 지오메트리 요소와 수직이 되도록 지정합니다.

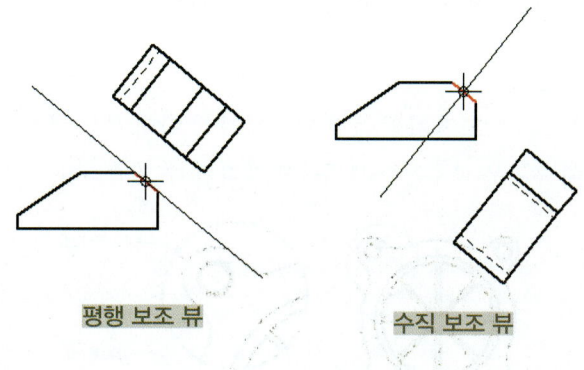

평행 보조 뷰   수직 보조 뷰

보조 뷰 사용 방법

step1 anchor.dft 파일을 오픈합니다.

step2 홈 탭 > 도면 뷰 그룹 > 보조 뷰 명령어를 선택합니다.

step3 그림과 같이 모서리에 뷰 커서를 이동한 다음 마우스를 클릭합니다.

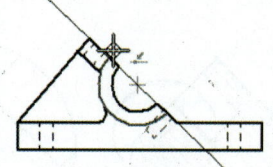

487

step4 보조 뷰를 원하는 곳에 배치하고 마우스를 클릭합니다.

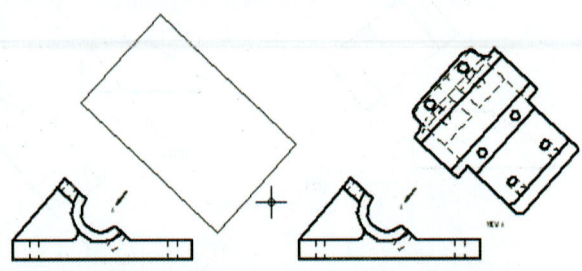

3.5 상세 뷰(Detail View)

➡ 홈 탭 ⇒ 도면 뷰 그룹 ⇒ 상세
➡ Home Tap ⇒ Drawing Views Group ⇒ Detail

상세 뷰 명령을 사용하여 기존 도면 뷰의 특정 영역에 대한 확대 뷰를 생성할 수 있습니다. 상세 뷰는 도면 뷰 내의 특정 영역에 초점을 맞추는 돋보기라고 생각할 수 있습니다.

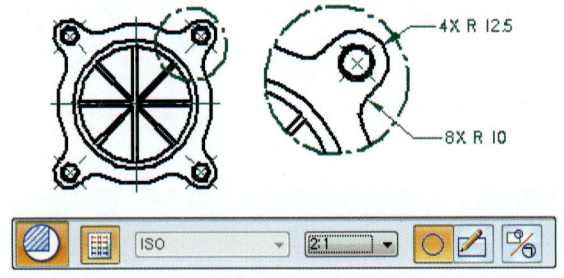

- **배율(Scale)** : 상세 뷰의 배율을 정의합니다. 배율은 원본 도면 뷰가 아니라 도면 시트를 기준으로 계산됩니다. 예를 들어, 원본 도면 뷰의 배율이 2:1인데 상세 뷰 배율을 2:1로 설정하면 상세 뷰는 2:1입니다(4:1이 아님)

- **원형 상세 뷰(Circular Detail View)** : 원원형 상세 영역을 사용하여 상세 뷰를 정의하도록 지정합니다.

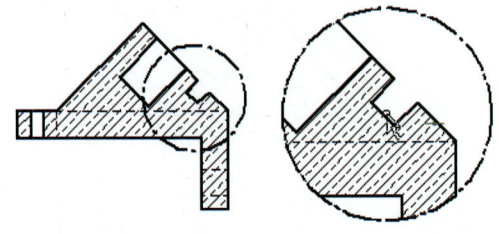

- **프로파일 정의(Define Profile)** : 그린 프로파일을 사용하여 상세 뷰를 정의하도록 지정합니다. 프로파일은 닫힌 형상이어야 합니다.

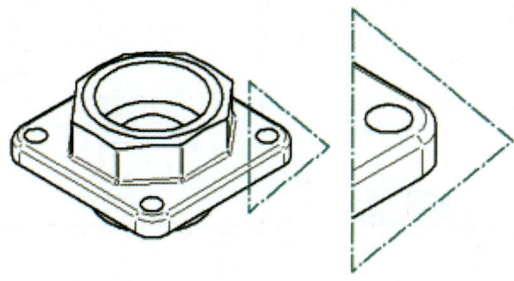

- **독립 상세 뷰(Independent Detail View)** : 생성되는 것이 종속 상세 뷰 인지 독립상세 뷰인지 여부를 지정합니다.
- **종속 상세 뷰(Dependent Detail View)** : 종속 상세 뷰는 원본 도면 뷰와 연관됩니다. 원본 도면 뷰에서 상세 영역에 있는 지오메트리를 변경하거나 상세 영역의 크기 또는 위치를 변경하면 상세 뷰가 자동으로 업데이트됩니다.
- **독립 상세 뷰(Independent Detail View)** : 독립 상세 뷰는 원본 도면 뷰를 업데이트할 때 업데이트되지 않으며, 독립 상세 뷰를 변경해도 원본 뷰에는 영향을 주지 않습니다.

상세 뷰 사용 방법

step1 anchor.dft 파일을 오픈합니다.

step2 홈 탭 〉 도면 뷰 그룹 〉 상세 뷰 명령어를 선택합니다.

step3 상세 뷰 표현을 원하는 곳에 마우스 커서를 이동한 다음 클릭합니다. 상세 뷰 보조선 반경을 정의한 다음 마우스를 클릭합니다.

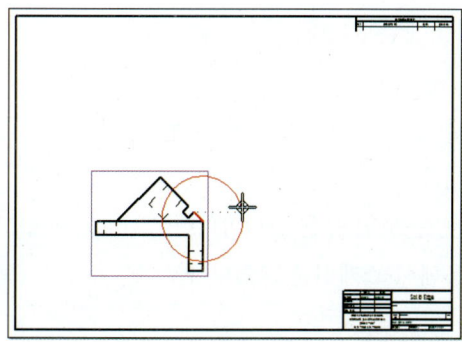

> step4 상세 뷰를 배치 할 위치로 커서를 이동한 다음 클릭합니다.

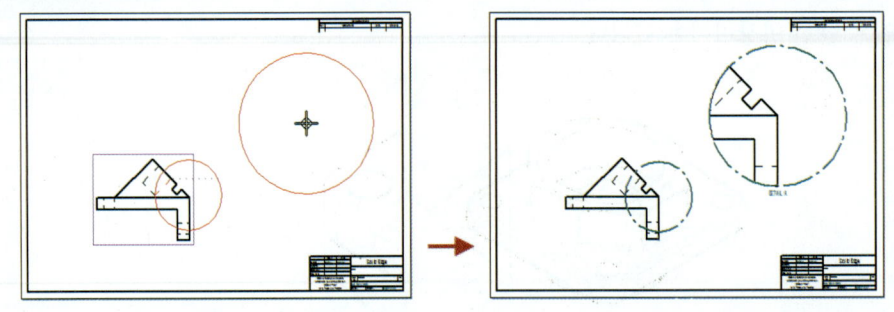

3.6 절단 평면(Cutting Plane)

➡ 홈 탭 ⇒ 도면 뷰 그룹 ⇒ 절단 평면
➡ Home Tap ⇒ Drawing Views Group ⇒ Cutting Plane

절단 평면 선은 단면 뷰를 만드는 데 사용됩니다. 절단 평면 당 하나의 단면만 만들 수 있습니다.

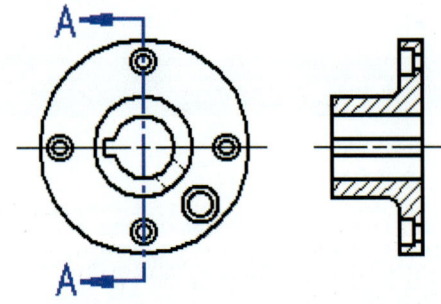

절단 평면 사용 방법

> step1 clamp1.dft 파일을 오픈합니다.

> step2 홈 탭 〉 도면 뷰 〉 절단 평면 명령어를 선택합니다.

> step3 절단 평면을 적용 할 도면 뷰를 선택합니다. 그리고 아래 그림과 같이 그리기 그룹에 있는 명령어를 이용해서 스케치를 그립니다.

chapter 06 Drafting(도면작성)

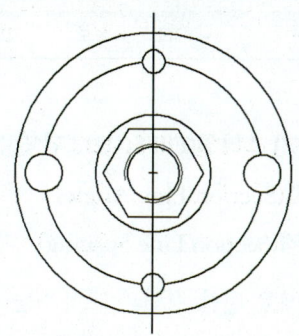

→ step4 스케치가 완료되면 절단 평면 닫기 버튼을 클릭합니다.

→ step5 원하는 절단 평면 방향으로 커서를 이동 후 클릭하면 절단 평면이 생성됩니다.

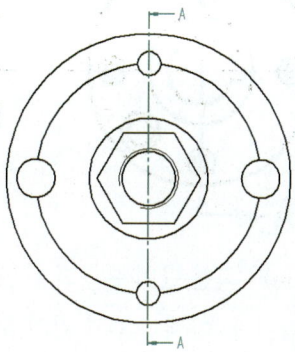

3.7 단면 뷰(Section Views)

➡ 홈 탭 ⇒ 도면 뷰 그룹 ⇒ 단면
➡ Home Tap ⇒ Drawing Views Group ⇒ Section

선택한 절단 평면을 이용하여 파트 또는 어셈블리 모델의 단면 뷰를 만듭니다.

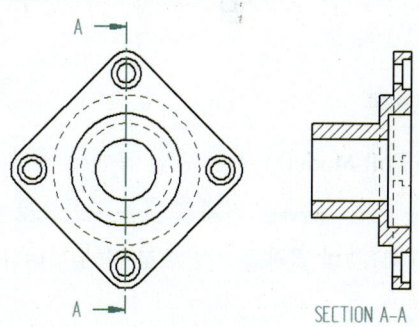

491

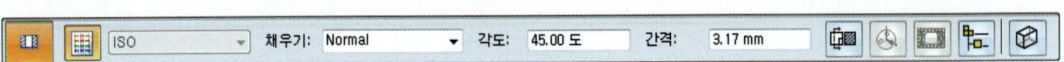

- 채우기: Normal **채우기 스타일(Fill Style)** : 단면 뷰 및 뷰 평면 선의 스타일을 선택합니다.
- 각도: 45.00 도 **단면 선 각도(Section Line Angle)** : 채우기 패턴의 각도를 설정합니다.
- 간격: 3.17 mm **단면 선 간격(Section Line Spacing)** : 채우기에서 패턴 선의 간격을 조정합니다.
- **단면만(Section Only)** : 실제로 절단 평면과 교차하는 지오메트리만 표시합니다. 단면만 옵션은 복잡한 파트 또는 어셈블리의 단면 뷰를 만들 때 유용하며 절단 평면 선 밖에 놓여 있는 지오메트리가 표시되지 않도록합니다.

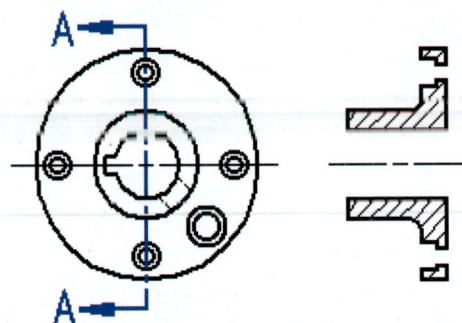

- **회전 단면(Revolved Section)** : 회전 단면 유형의 단면 뷰를 만들려면 두 개 이상의 선으로 이루어진 절단 평면을 선택해야 합니다. 아래 그림과 같이 두 개의 선으로 이루어진 절단 평면을 선택하면 단순 단면 뷰와 회전 단면 뷰의 차이를 볼 수 있습니다.

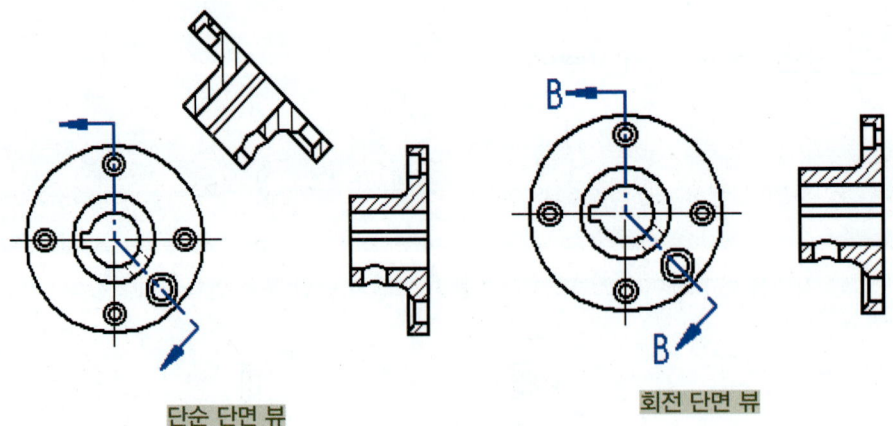

단순 단면 뷰   회전 단면 뷰

- **전체 단면 모델(Section Full Model)** : 기존 단면 뷰에서 단면 뷰를 만들 때만 사용할 수 있습니다. 이 옵션을 설정하면 새 단면 뷰(A)는 전체 모델을 기반으로 하게 됩니다. 이 옵션을 해제할 경우 새 단면 뷰는 이전 단면 뷰(B)의 결과를 기반으로 하게 됩니다.

chapter 06 Drafting(도면작성)

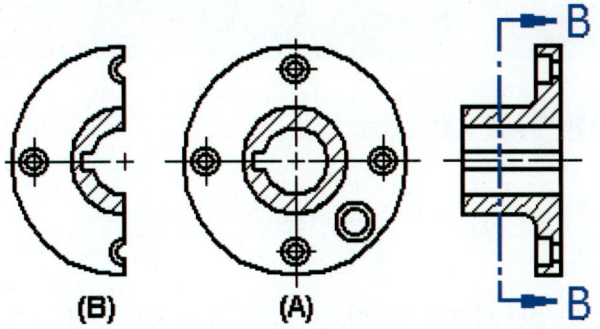

단면 사용 방법

step1 Body01.dft 파일을 오픈합니다.

step2 홈 탭 > 도면 뷰 그룹 > 단면 명령어를 선택합니다.

step3 생성 되어있는 절단 평면을 선택합니다.

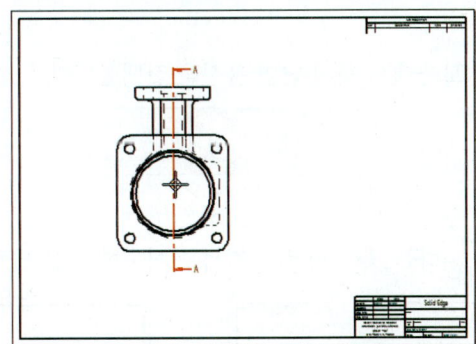

step4 단면 표현을 원하는 곳에 마우스 커서를 이동한 다음 클릭합니다.

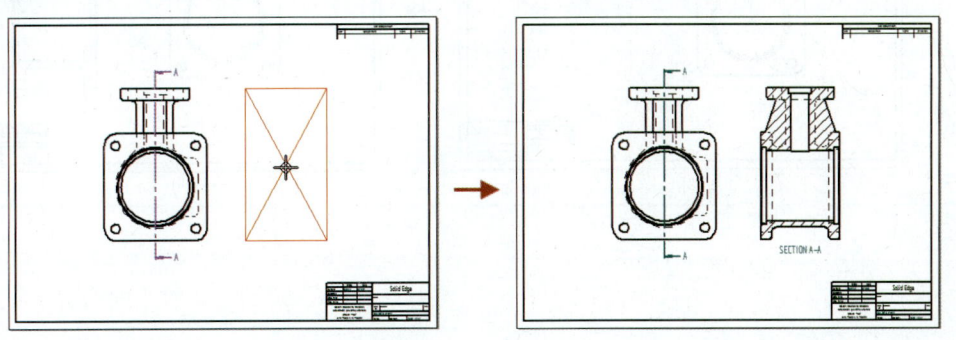

493

회전 단면 사용 방법

step1 Body02.dft 파일을 오픈합니다.

step2 홈 탭 〉 도면 뷰 그룹 〉 단면 명령어를 선택합니다.

step3 기존에 만든 절단 평면을 선택합니다. 그리고 두 개의 절단 평면 선 중에서 기준이 될 선을 선택합니다.

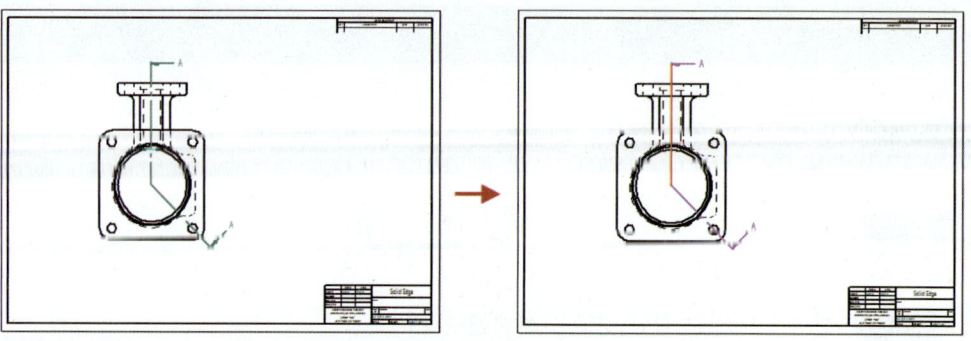

step4 단면 명령어 모음에서 회전 단면 옵션을 선택합니다.

step5 단면 표현을 원하는 곳에 마우스 커서를 이동한 다음 클릭합니다.

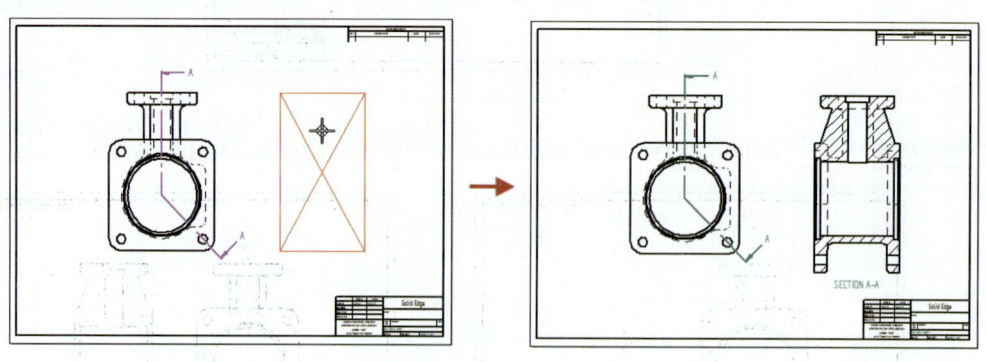

chapter 06 Drafting(도면작성)

3.8 분할 단면(Broken-Out)

> ➡ 홈 탭 ⇒ 도면 뷰 그룹 ⇒ 분할
> ➡ Home Tap ⇒ Drawing Views Group ⇒ Broken-Out

분할할 파트 뷰의 영역을 정의하여 파트의 내부 형상을 표시합니다.

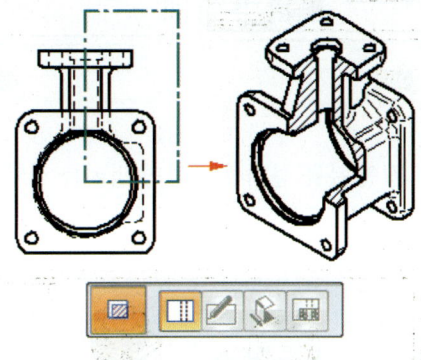

- **소스 뷰 선택 단계(Select Source View Step)** : 프로파일을 그려 놓을 드로잉 뷰를 지정합니다. 분할 섹션 뷰로 분할 뷰, 상세 뷰, 섹션 뷰 등은 사용할 수 없습니다.
- **프로파일 단계(Profile Step)** : 분할 섹션의 프로파일을 정의합니다. 프로파일은 닫힌 것이어야 하고 선, 원호 및 B 스플라인 곡선 등과 같은 모든 2D 요소로 구성될 수 있습니다.
- **깊이 단계(Depth Step)** : 분할 섹션의 범위 깊이를 지정합니다.
- **대상 뷰 선택 단계(Select Target View Step)** : 분할 섹션을 적용할 드로잉 뷰를 지정합니다.

분할 단면 사용 방법

step1 crankcase.dft 파일을 오픈합니다.

step2 홈 탭 > 도면 뷰 그룹 > 분할 명령어를 선택합니다.

step3 도면 시트에서 소스 뷰를 사용할 주 뷰를 클릭합니다. 분할하려는 영역을 정의하는 닫힌 프로파일을 그린 후 분할 단면 닫기 버튼을 클릭합니다.

495

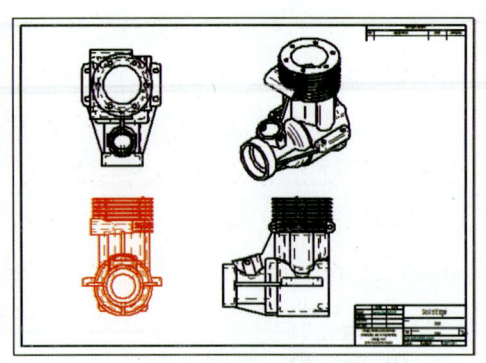 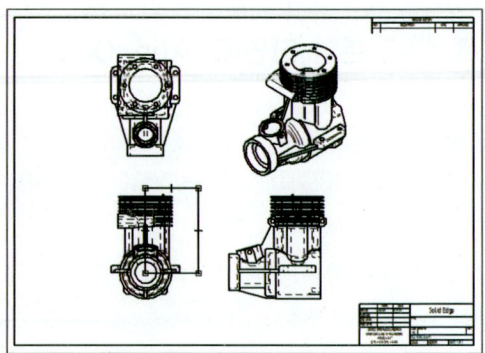

| 소스 뷰 선택 | 분할 영역 스케치 |

step4 아래 그림과 같이 평면 뷰를 선택하여 단면 범위를 정의합니다.

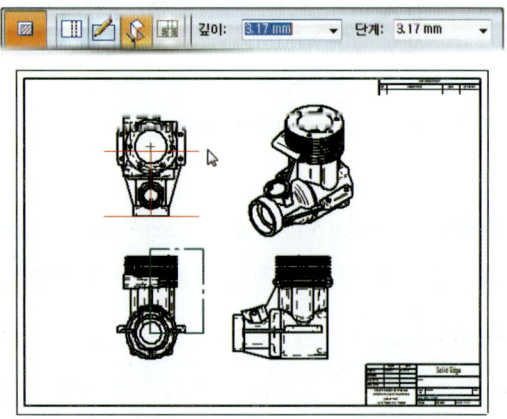

step5 분할하려는 드로잉 뷰를 선택합니다. 프로파일이 그려진 드로잉 뷰를 선택하거나 또는 다른 드로잉 뷰를 선택하면 분할 단면이 적용됩니다.

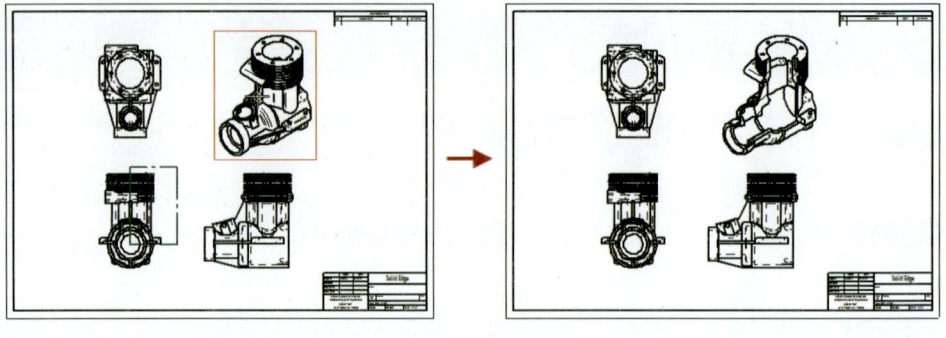

chapter 06 Drafting(도면작성)

분할 단면 수정 방법

step1 분할 단면이 적용된 뷰를 선택 〉 마우스 오른쪽 버튼 클릭 〉 바로가기 메뉴 등록 정보 선택(분할 단면 명령어 모음에서 등록 정보 선택 가능)

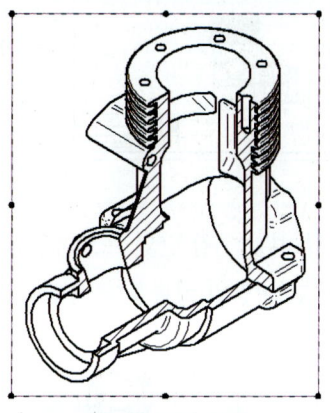

분할 단면 적용된 뷰   바로가기 대화상자

step2 등록 정보 대화상자 〉 일반 탭 〉 분할된 단면 뷰 프로파일 표시를 선택 후 확인 버튼을 클릭합니다.

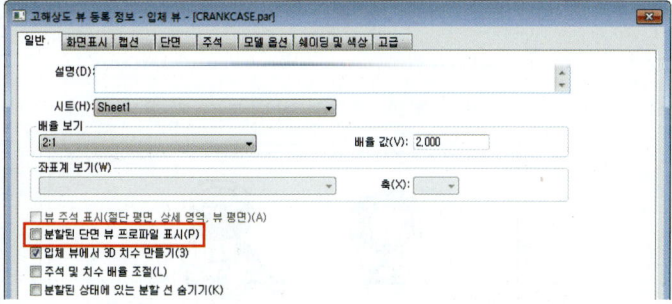

step3 분할하려는 영역을 정의한 뷰에 분할하려는 영역 프로파일이 표시됩니다.

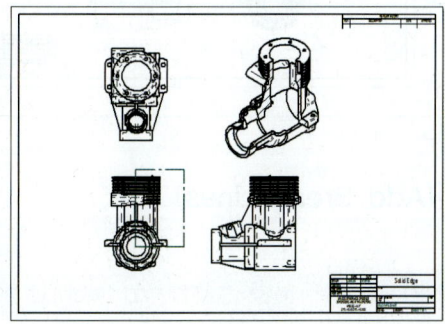

step4 표시된 프로파일을 선택합니다. 그러면 명령어 모음이 표시됩니다.

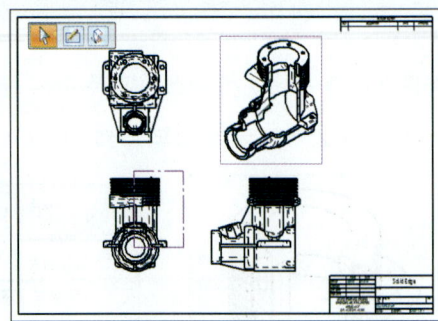

step5 명령어 모음 프로파일 수정을 선택합니다. 분할 단면 프로파일단계로 들어가서 아래 그림과 같이 프로파일을 수정 후 분할 단면 닫기 버튼을 클릭합니다.

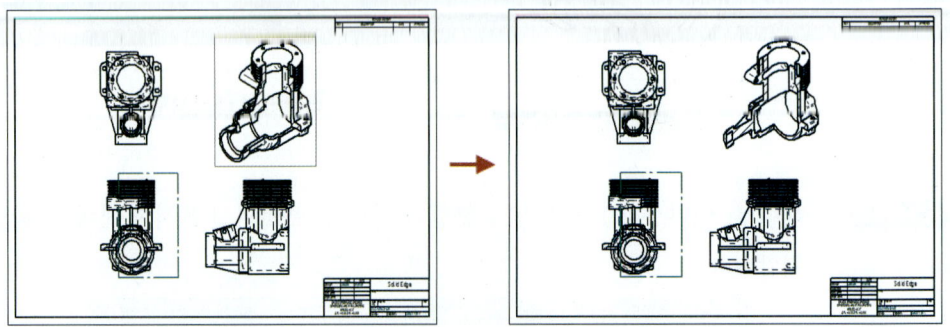

step6 깊이 수정도 프로파일 수정과 동일한 방법으로 진행 합니다.

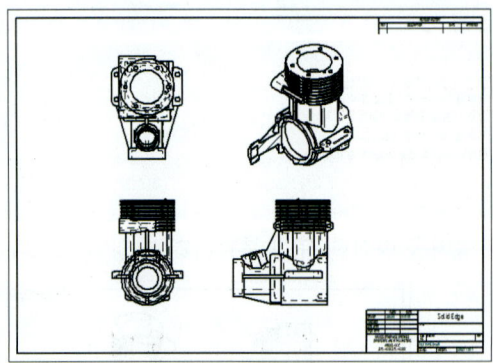

3.9 분할 선 추가(Add Break Lines)

➡ 도면 뷰 선택 ⇒ 마우스 오른쪽 버튼 ⇒ 분할 선 추가(Add Break Lines)

chapter 06 Drafting(도면작성)

도면 뷰에서 분할 선 추가 영역을 정의합니다. 이를 통해 길고 가느다란 파트의 분할 뷰를 만들 수 있기 때문에 해당 파트를 보다 큰 배율로 표시할 수 있습니다. 또한 파트를 같은 뷰에서 가로 및 세로로 분할할 수 있습니다.

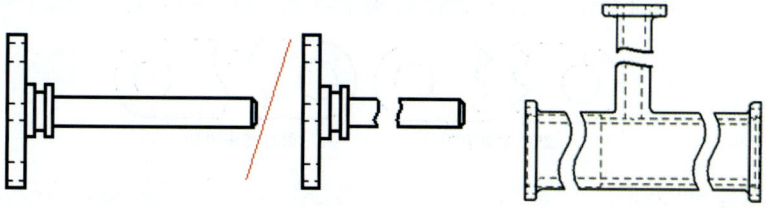

분할 선 추가 명령은 다음과 같이 5가지 유형의 분할 선을 지정할 수 있습니다.

분할 선 유형	적용된 모양	분할 선 유형	적용된 모양
직선 분할		짧은 분할 - 곡선	
원통형 분할		긴 분할	
짧은 분할 - 선형			

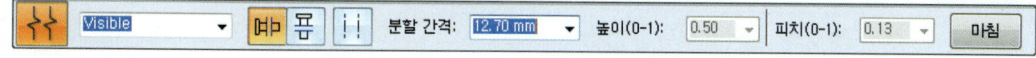

- **스타일**(Style) : 분할 뷰 선의 스타일을 설정합니다
- **수직 분할**(Vertical Break) : 도면 뷰가 수직으로 분할되도록 지정합니다.
- **수평 분할**(Horizontal Break) : 도면 뷰가 수평으로 분할되도록 지정합니다.
- **분할 선 유형**(Break Line Type) : 분할 선 유형을 지정합니다.
- **분할 간격**(Break Gap) : 분할 상태에서 뷰가 표시될 때 한 쌍의 분할선 사이의 분할 간격을 설정합니다.

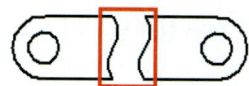

- **높이**(Height) : 짧은 분할 선 또는 긴 분할 선 옵션을 선택했을 경우 지그재그의 높이를 지정합니다(거리 값 0~1).

499

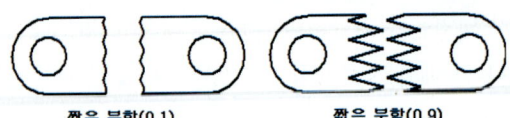

- 피치(0-1): 0.13 **피치(Pitch)** : 짧은 분할 선 옵션의 지그재그 피치 값을 지정합니다.

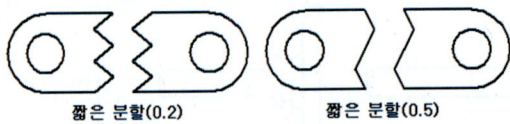

- 심볼: 2 **심볼(Symbols)** : 긴 분할 선 옵션을 설정했을 경우 표시되는 심볼의 수를 설정합니다.

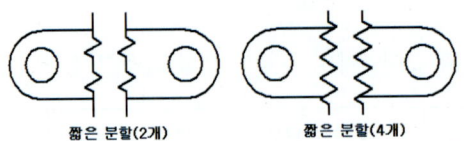

분할 선 추가 사용 방법

step1 crank_shaft.dft 파일을 오픈합니다.

step2 도면 뷰를 선택 후 마우스 오른쪽 버튼을 클릭합니다. 바로 가기 대화 상자에서 분할 선 추가 명령을 클릭합니다.

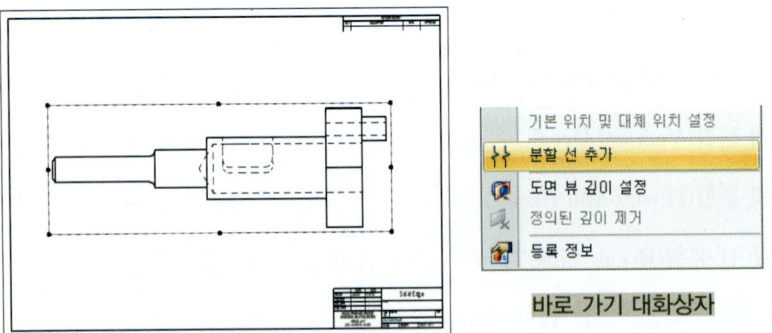

step3 명령어 모음에서 수직 분할을 설정합니다. 그리고 분할 선 유형을 직선 분할을 선택합니다.

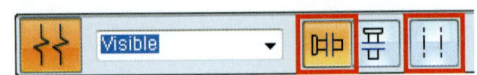

chapter 06 Drafting(도면작성)

- step4 아래 그림과 같이 (A) 시작 위치를 클릭한 다음 커서를 움직여 표시되지 않게 하려는 도면 뷰의 해당 부분의 (B) 끝 위치를 클릭합니다.

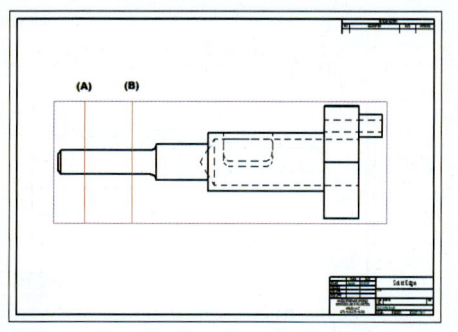 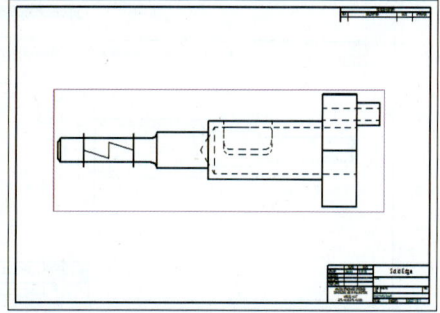

- step5 분할 영역을 정의를 마친 후 명령어 모음에서 마침 버튼을 클릭합니다.

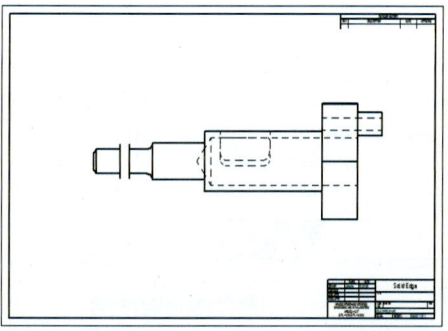

분할 선 추가 수정 사용 방법

- step1 분할 선 추가된 도면 뷰를 선택합니다. 명령어 모음에서 분할 뷰 표시를 선택합니다.

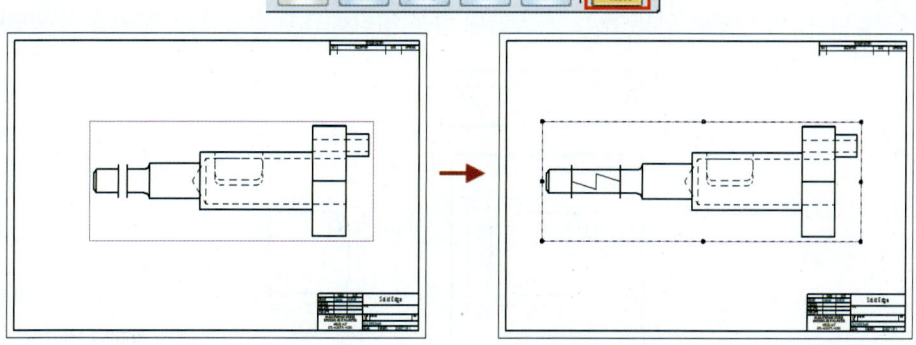

501

step2 기존 생성한 분할 선을 선택 후 분할 선 명령어 모음을 이용하여 수정할 수 있습니다. 또한 기존 분한 선를 선택 후 드래그 하면 분할 선 추가 영역을 변경 할 수 있습니다.

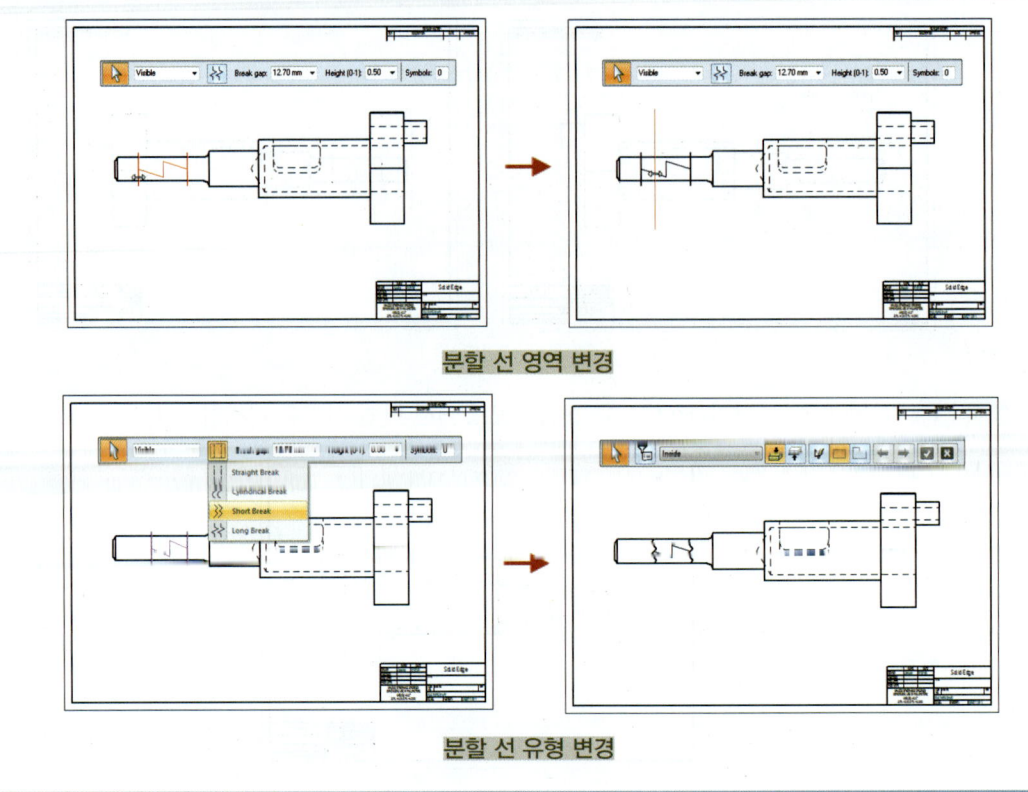

3.10 도면 뷰 깊이 설정(Set Drawing View Depth)

➡ 도면 뷰 선택 ⇒ 마우스 오른쪽 버튼 ⇒ 도면 뷰 깊이 설정(Set Drawing View Depth)

도면 뷰 표시 깊이를 정의하고 해당 위치에 뒷면 클리핑 평면을 적용하여 뒤에 있는 모든 지오메트리를 제거합니다. 이 명령은 단면 뷰와 분할 단면 뷰를 정리하고 단순화하는 데 종종 사용됩니다.

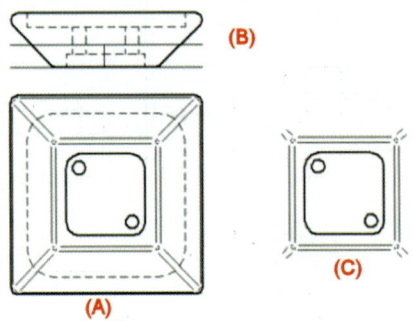

chapter 06 Drafting(도면작성)

(A) : 해시 선은 원본 도면 뷰 표시에 뒷면 클리핑 평면이 적용되는 위치를 보여 줍니다.

(B) : 직교 뷰는 후면 클리핑 평면의 위치와 디스플레이 깊이를 정의하는 데 사용되는 동적 선 도구를 보여 줍니다.

(C) : 어떻게 평면 앞의 도면 뷰 지오메트리가 트리밍되고, 평면 뒤의 지오메트리가 제거되었는지를 보여 줍니다.

※ 도면 뷰 깊이 설정은 별도의 명령 아이콘이 없습니다. 분할 선 추가와 동일하게 도면 뷰를 선택 후 바로가기 대화상자에서 도면 뷰 깊이 설정을 선택해야 합니다.

04 도면 뷰 조작

도면 뷰를 배치한 후 조작하여 정보가 원하는 방식으로 표시되는지 확인할 수 있습니다. 도면을 잠궈 실수로 조작되는 것을 방지할 수 있습니다.

4.1 도면 뷰 배율 조정

도면 뷰를 선택한 후 등록 정보 옵션 또는 명령어 모음을 사용하여 도면 뷰의 배율을 조정할 수 있습니다.

파트 뷰에는 해당 뷰를 생성하는 데 사용된 파트 뷰와 동일한 배율이 사용됩니다. 정렬된 파트 뷰의 배율을 조정하면 해당 뷰에 정렬된 모든 파트 뷰의 배율이 함께 조정됩니다.

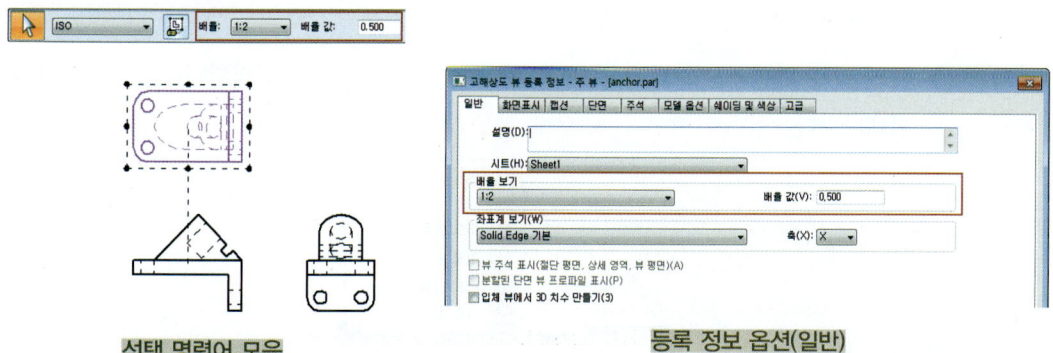

선택 명령어 모음   등록 정보 옵션(일반)

4.2 뷰 위치 복사 및 이동

도면 시트에서 뷰 위치를 조작하여 보기 좋게 구성할 수 있습니다.
- Ctrl + 끌기를 통해 도면 시트 어디로나 도면 뷰를 복사할 수 있습니다.
- 다중 시트 도면에서는 도면 뷰 등록 정보 대화 상자(일반 탭)에서 도면 뷰에 할당된 시트 번호를 변경하여 도면 뷰를 다른 시트로 이동할 수 있습니다.

다중 시트 도면에서 도면 뷰 이동하는 방법

step1 anchor_2.dft파일을 오픈합니다.

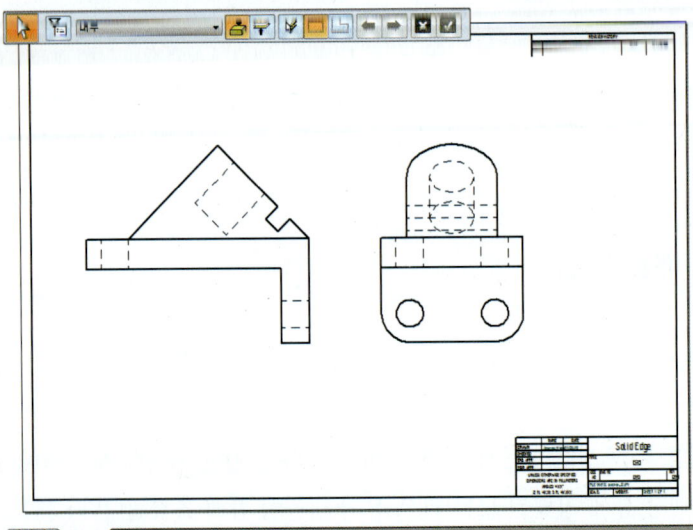

step2 도면 좌측 하단에 Sheet1을 선택 후 마우스 오른쪽 버튼을 클릭합니다. 그리고 삽입을 선택합니다.

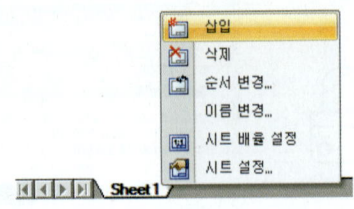

step3 추가된 시트를 확인합니다.

chapter 06 Drafting(도면작성)

- step4 우측면도을 선택합니다. 그리고 선택 명령 모음에서 등록 정보를 명령 아이콘을 선택합니다.

- step5 시트 영역에서 시트1로 선택합니다. 그리고 확인 버튼을 클릭합니다.

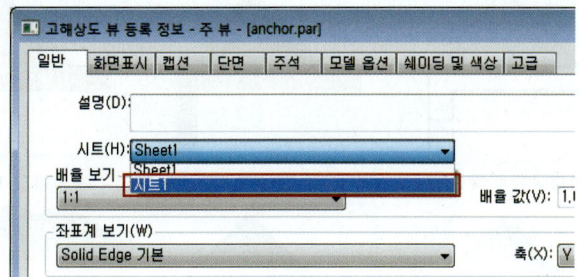

- step6 시트1을 선택하여 뷰 시트 이동을 확인합니다.

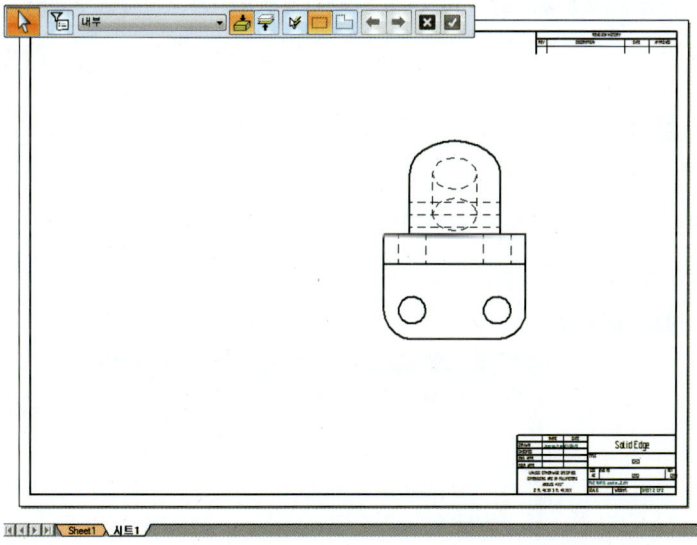

4.3 도면 뷰 쉐이딩

도면 뷰 선택 명령 모음에 있는 명령 버튼을 사용하여 기본 쉐이딩(색상 또는 회색조, 모서리 표시)을 제어할 수도 있습니다.

505

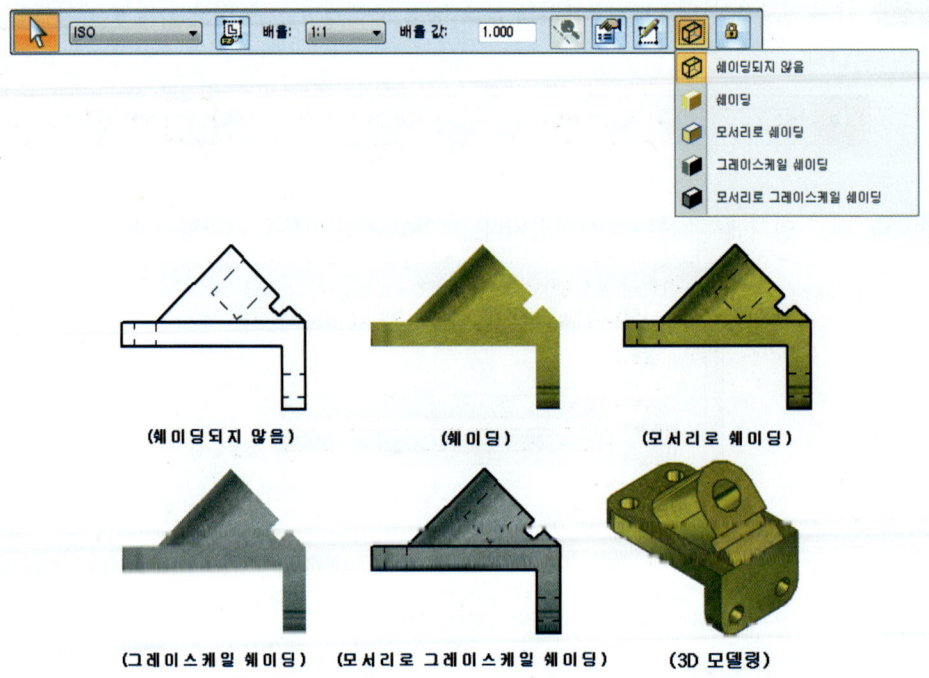

4.4 도면 뷰 잠금

도면 뷰가 실수로 이동되는 것을 방지하기 위해 다음과 같이 두 가지 방법을 적용하여 도면 뷰 위치 잠금 옵션을 사용할 수 있습니다.

- 도면 뷰 등록 정보 대화 상자

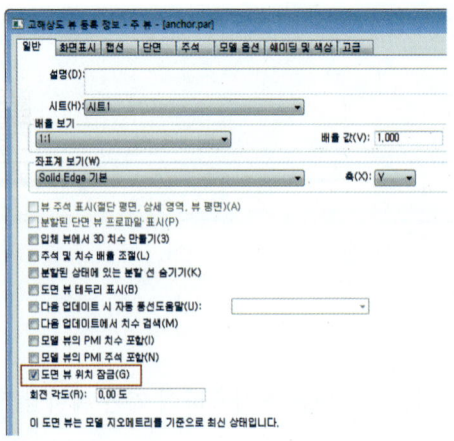

- 도면 뷰 선택 명령 모음의 잠금 버튼

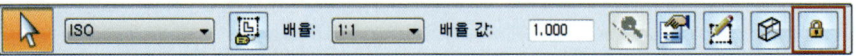

강조 표시되었을 때 도면 뷰 테두리 안에 잠금 심볼이 나타나 잠긴 도면 뷰임을 표시합니다.

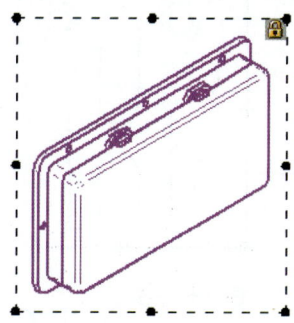

4.5 도면 뷰 크로핑

도면 뷰를 잘라 도면 뷰의 파트만 표시할 수 있습니다. 뷰를 잘라도 도면 뷰의 배율은 변경되지 않습니다. 대신, 도면 시트에 표시되는 뷰의 부분이 제한됩니다.

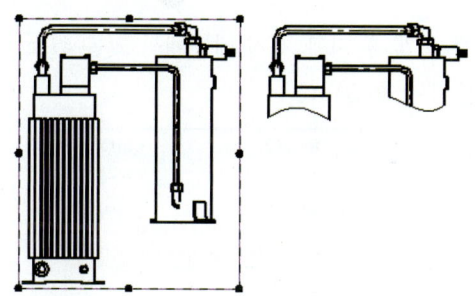

- **사각형 크로핑** : 원래 크로핑 경계의 크기를 조정하여 도면 뷰를 크로핑하려면, 먼저 크로핑 경계를 선택하여 그 테두리를 표시합니다. 그런 다음 표시하려는 지오메트리만(2) 보일 때까지 테두리의 핸들 중 하나(1)를 끕니다.

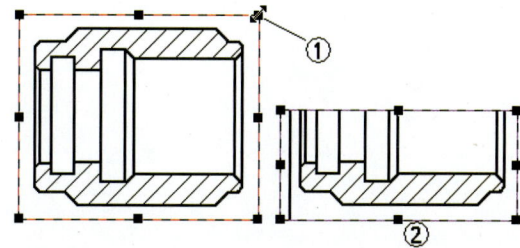

- **사용자 정의 크로핑 경계** : 선택 명령 모음의 도면 뷰 경계 수정 버튼을 클릭하면 도면 뷰가 특정한 크로핑 윈도우에 표시됩니다. 2D 그리기 도구를 사용하여 뷰 크로핑 테두리를 다시 그릴 수 있습니다.

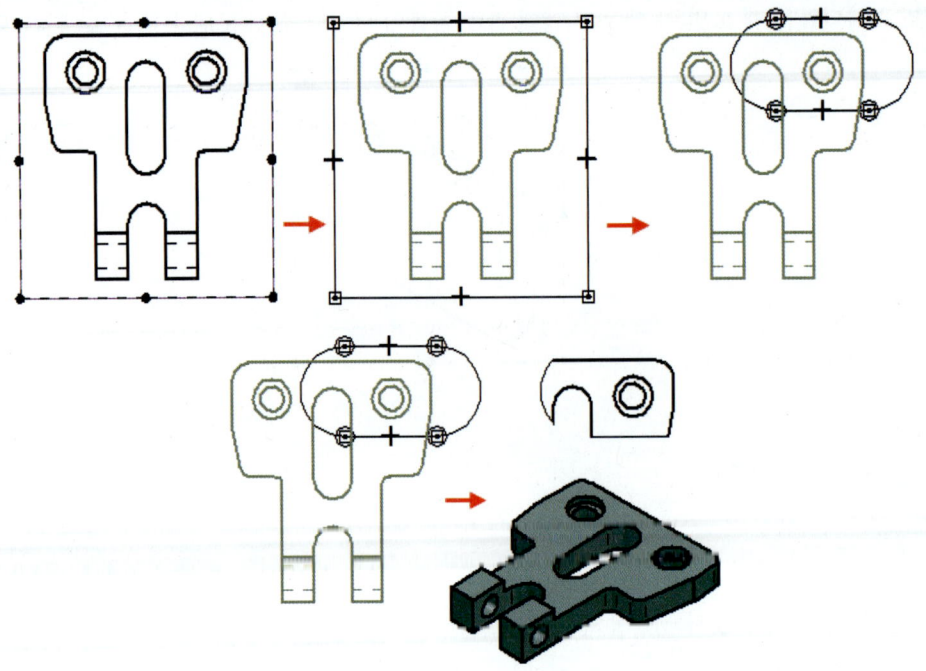

크로핑이 적용된 도면 뷰를 선택 후 바로 가기 메뉴에서 크롭 취소 명령을 사용하여 잘라낸 도면 뷰를 원래의 모양으로 되돌릴 수 있습니다.

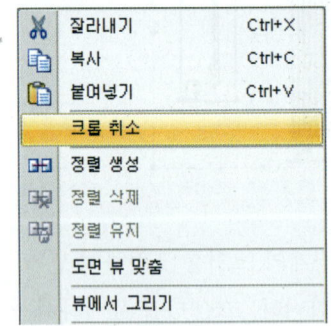

chapter 06 Drafting(도면작성)

05 도면 뷰 다듬기

5.1 모서리 속성 변경하기

1. 모서리 숨기기(Hide Edges)

➡ 홈 탭 ⇒ 모서리 그룹 ⇒ 모서리 숨기기
➡ Home Tap ⇒ Edges Group ⇒ Hide Edge

파트 뷰에서 표시하고 싶지 않은 모서리를 개별적으로 숨깁니다.

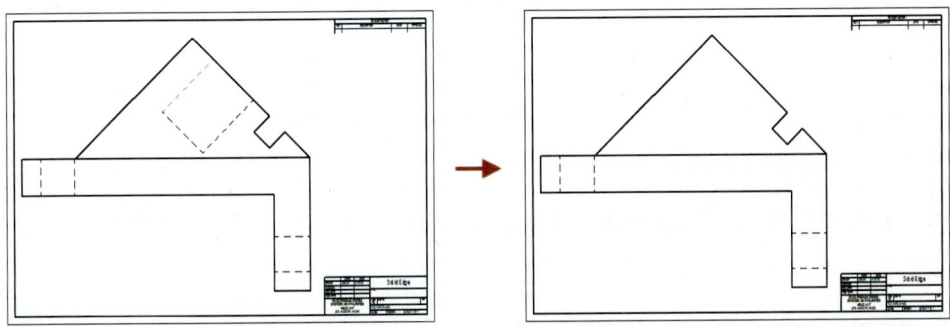

2. 모서리 표시(Show Edges)

➡ 홈 탭 ⇒ 모서리 그룹 ⇒ 모서리 표시
➡ Home Tap ⇒ Edges Group ⇒ Show Edge

모서리 숨기기 명령을 사용하여 숨긴 모서리를 표시합니다. 모서리를 선택하고 디스플레이를 켤 수 있습니다.

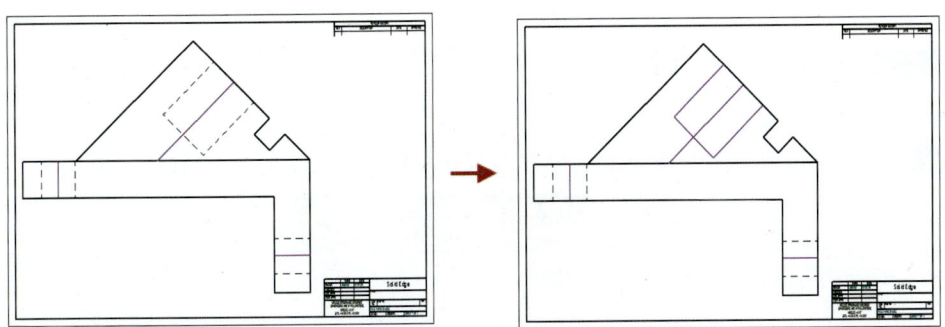

3. 모서리 페인터(Edge Painter)

➡ 홈 탭 ⇒ 모서리 그룹 ⇒ 모서리 페인터
➡ Home Tap ⇒ Edges Group ⇒ Edge Painter

도면 뷰에서 요소 또는 요소 세그먼트를 보이는 모서리, 숨겨진 모서리 또는 접선 모서리 옵션으로 변경합니다.

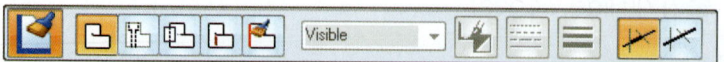

- 보임으로 변경(Change to Visible) : 모서리 옵션을 보임으로 설정합니다.
- 자체 숨겨짐으로 변경(Change to Self-Hidden) : 모서리 옵션을 숨김으로 설정합니다.
- 어셈블리 숨겨짐으로 변경(Change to Assembly-Hidden) : 모서리 옵션을 어셈블리 숨김으로 설정합니다. 이 옵션은 연결된 모델이 어셈블리인 경우에만 사용할 수 있습니다.
- 접선으로 변경(Change to Tangent) : 모서리 옵션을 접선으로 설정합니다.
- 사용자 정의 모서리(User-Defined Edges) : 모서리 선 스타일, 색상, 유형 및 굵기를 사용자 정의할 수 있습니다.
- 세그먼트(Change Segment) : 활성 모서리 옵션을 요소 세그먼트에 적용하도록 지정합니다. 세그먼트는 선택한 요소와 교차하는 그래픽에 의해 정의됩니다.
- 전체(Change Entire) : 활성 모서리 옵션을 전체 요소에 적용하도록 지정합니다.

모서리 페인터 사용 방법

step1 anchor.dft 파일을 오픈합니다.

step2 홈 탭 > 모서리 그룹 > 모서리 페인터 명령을 선택합니다.

step3 모서리 페인터 명령 모음에서 모서리 페인터 보임으로 선택합니다.

chapter 06 Drafting(도면작성)

> step4   아래 그림과 같이 변경 할 모서리를 선택합니다. 개별 선택 또는 드래그 하여 선택할 수 있습니다.

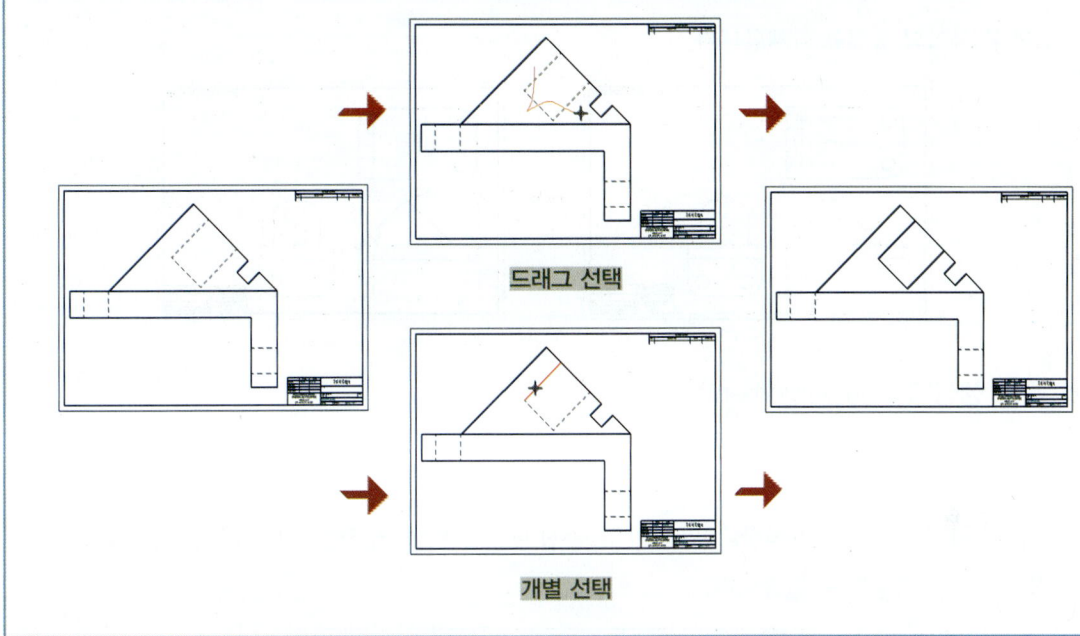

5.2 도면 뷰 정렬

도면 뷰를 정렬하면 원본 도면 뷰 또는 도면 뷰로부터 파생된 뷰를 이동하거나 배율을 조정하는 경우, 관련된 모든 뷰의 위치가 조작되는 뷰와의 수평/수직 또는 직교/평행 관계를 유지하도록 조정됩니다. 뷰 정렬 관계는 파선으로 표시됩니다.

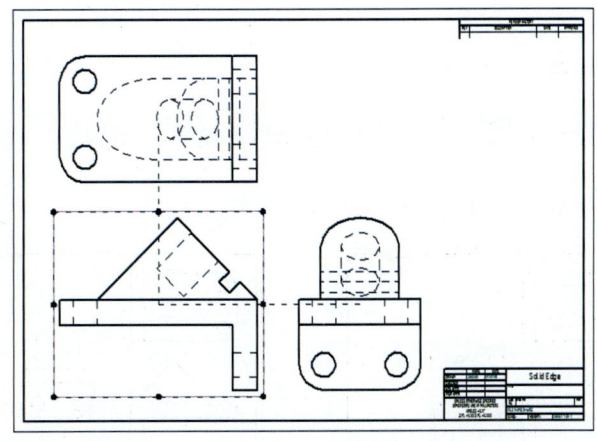

도면 뷰 정렬은 정사영(正射影) 뷰만 적용됩니다.

511

1. 정렬 삭제(Delete Alignment)

➡ 도면 뷰 선택 ⇒ 마우스 오른쪽 버튼 ⇒ 정렬 삭제(Delete Alignment)

도면 뷰 사이의 정렬을 삭제합니다.

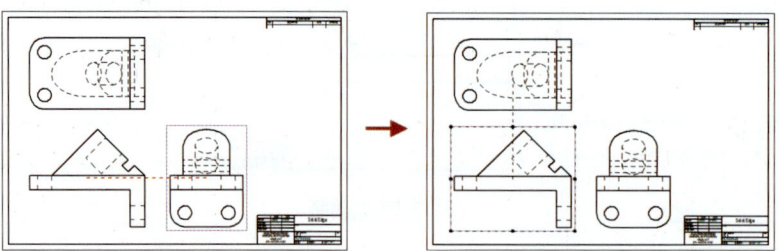

2. 정렬 생성(Create Alignment)

➡ 도면 뷰 선택 ⇒ 마우스 오른쪽 버튼 ⇒ 정렬 생성(Create Alignment)

도면 뷰 사이의 정렬을 작성합니다. 도면 뷰 중심 또는 선택한 키포인트에 따라 수평, 수직, 평행 또는 직교 정렬을 지정할 수 있습니다.

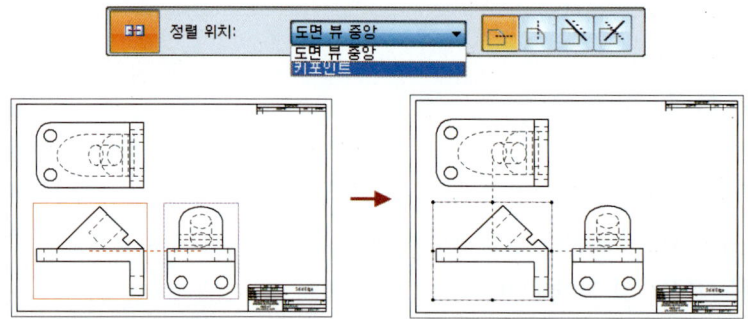

3. 정렬 유지(Maintain Alignment)

➡ 도면 뷰 선택 ⇒ 마우스 오른쪽 버튼 ⇒ 정렬 유지(Maintain Alignment)

선택한 도면 뷰의 정렬 관계를 켜거나 끕니다.

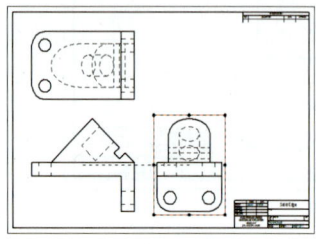

정렬 활성화

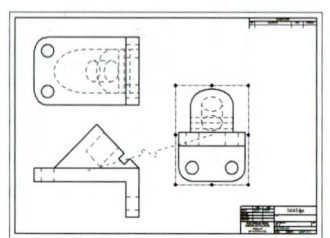

정렬 비활성화

chapter 06 Drafting(도면작성)

5.3 드래프트 환경에서 3D 도면 뷰 수정하기

1. 뷰에서 그리기(Draw in View)

➡ 도면 뷰 선택 ⇒ 마우스 오른쪽 버튼 ⇒ 뷰에서 그리기(Draw in View)

3D 데이터를 가지고 도면 뷰를 생성하면 서로 링크가 되어 있습니다. 설계자가 도면 뷰를 수정하기 위해서는 3D 데이터를 열어 모델링을 변경해야 2D 도면 뷰도 변경됩니다. 그러나 설계자 의도에 따라 3D 데이터 변경 없이 2D 도면 뷰에서 수정이 필요할 수도 있습니다.

Solid Edge의 뷰에서 그리기(Draw in View) 명령을 이용하면 쉽게 2D 도면 뷰을 수정할 수 있습니다. 뷰에서 그리기 윈도우가 열리면 그래픽을 추가할 수도 있고 메인 메뉴에서 이미지 삽입 명령을 사용하여 외부 이미지나 그림을 추가할 수도 있습니다.

이 명령을 사용하여 파트 뷰에 그래픽을 추가한 경우 나중에 도면 뷰 배율을 변경하면 추가한 그래픽의 배율도 함께 조정됩니다. 도면 뷰를 이동하면 추가한 그래픽도 함께 이동합니다.

뷰에서 그리기 사용 방법

step1 anchor_2.dft 파일을 오픈합니다.

step2 도면 뷰를 선택 후 마우스 오른쪽 버튼을 클릭하여 바로가기 대화상자에서 뷰에서 그리기를 선택합니다.

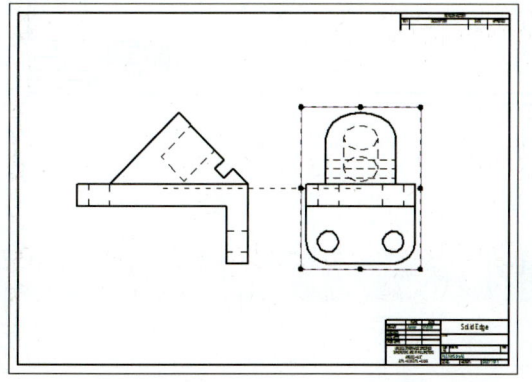
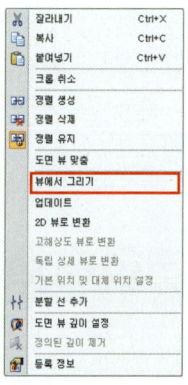

513

step3 도면 뷰 편집 창에서 아래 그림과 동일하게 수정합니다. 수정이 완료되면 뷰에서 그리기 닫기 버튼을 클릭하여 창에서 나옵니다.

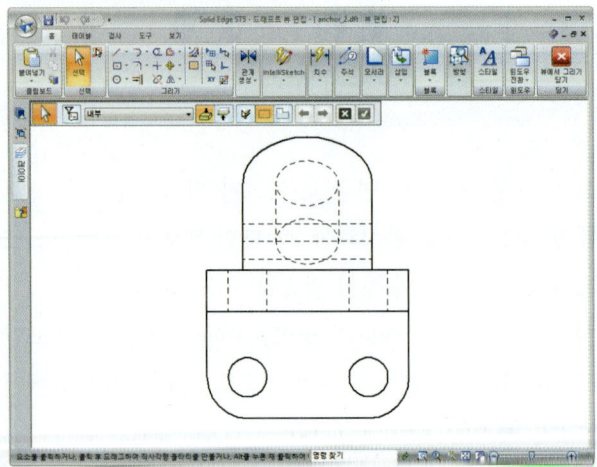

step4 선택한 도면 뷰가 변경된 것을 확인 할 수 있습니다.

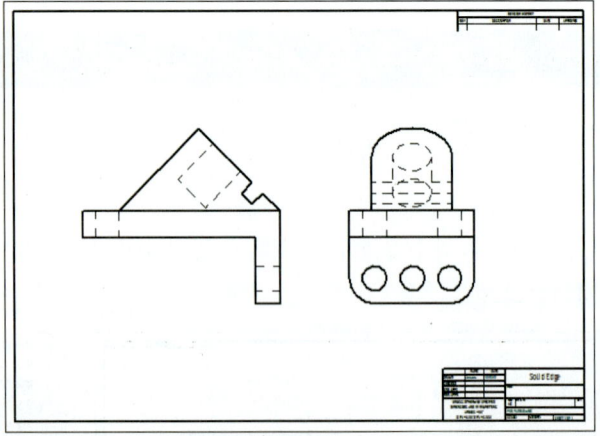

06 중심선 작성하기

6.1 자동 중심선(Automatic Center Lines)

➡ 홈 탭 ⇒ 주석 그룹 ⇒ 자동 중심선
➡ Home Tap ⇒ Annotation Group ⇒ Automatic Center Lines

chapter 06 Drafting(도면작성)

연관 도면 뷰에 중심선과 중심 마크를 자동으로 추가하거나 제거합니다. 중심선 또는 중심 마크를 지정하고 유형 및 크기별로 중심선과 중심 마크를 배치할 요소를 필터링할 수 있습니다.

- 치수 스타일 매핑(Dimension Style Mapping) : 미리 정의된 스타일을 사용하도록 지정합니다.
- 치수 스타일(Dimension Style) : 스타일을 설정합니다.
- 중심선 및 중심 마크 옵션(Center Line and Center Mark Options) : 중심선 및 중심 마크 옵션 대화 상자를 표시합니다.

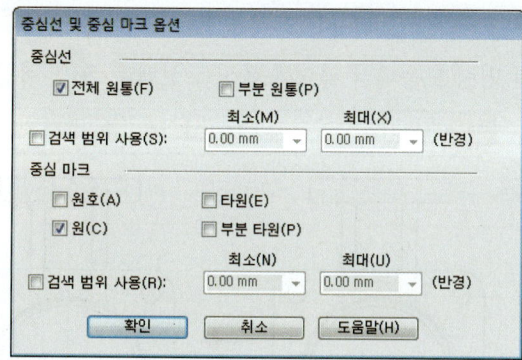

도면 뷰에서 자동 중심선 및 중심 마크를 추가하거나 제거할 요소 옵션을 지정합니다.

- 중심선(Center Lines) : 도면 뷰에 중심선을 추가하거나 제거할지 여부를 지정합니다.
- 중심 마크(Center Marks) : 도면 뷰에 중심 마크를 추가하거나 제거할지 여부를 지정합니다.
- 중심 마크 투영 선(Center Mark Projection Lines) : 중심 마크에 중심 마크 투영선을 추가할지 여부를 지정합니다.
- 중심 마크 연결(Connect Center Marks) : 중심 마크가 동일한 X축 또는 Y축에 배치될 때 선과 연결할지 여부를 지정합니다.

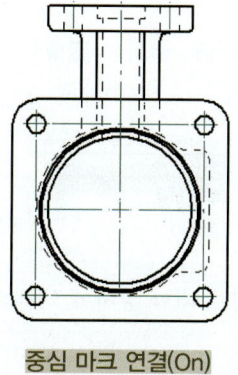
중심 마크 연결(On)

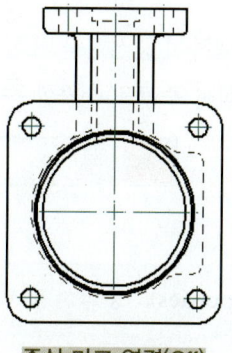
중심 마크 연결(Off)

515

- **선 및 마크 추가(Add Lines and Marks)** : 지정한 명령 모음 설정에 따라 도면 뷰에 중심선과 중심 마크를 추가하도록 지정합니다.
- **선 및 마크 제거(Remove Lines and Marks)** : 지정한 명령 모음 설정에 따라 도면 뷰에서 자동으로 생성된 중심선과 중심 마크를 제거하도록 지정합니다.

자동 중심선 사용 방법

step1 홈 탭 〉 주석 그룹 〉 자동 중심선을 선택합니다.

step2 자동 중심선 명령 모음에서 필요한 옵션을 선택 후 도면 뷰를 선택합니다.

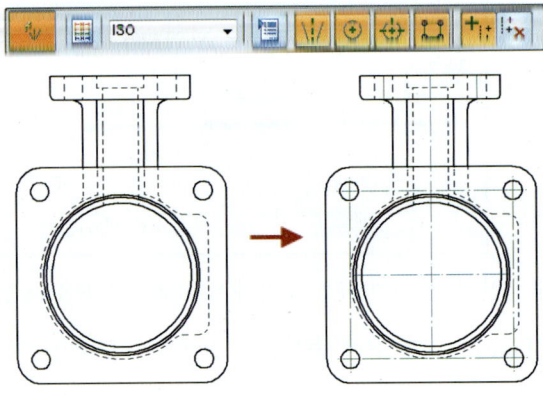

6.2 중심선(Center Line)

➠ 홈 탭 ⇒ 주석 그룹 ⇒ 중심선
➠ Home Tap ⇒ Annotation Group ⇒ Center Line

선 또는 포인트를 선택하여 중심선을 표현할 수 있습니다. 중심선 명령을 사용하여 곡선 슬롯과 같은 곡선 오브젝트에 중심선 주석을 추가할 수는 없습니다.

- **등록 정보(Properties)** : 중심선 및 마크 등록 정보 대화 상자에 액세스합니다.

chapter 06 Drafting(도면작성)

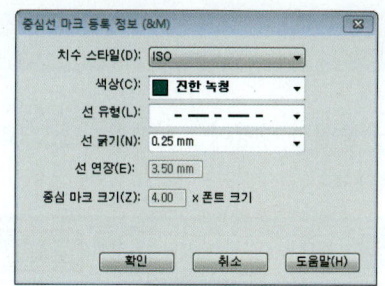

- `두 점 이용` ▼ **방향(Orientation)** : 중심선의 방향을 설정합니다. 두 선의 중간이나 두 점의 중간에 중심선을 배치할 수 있습니다.

  ▶ 두 점 이용(By 2 Point) : 두 개의 점을 이용하여 중심선을 생성합니다.
  ▶ 두 선 이용(By 2 Lines) : 두 개의 선을 이용하여 중심선을 생성합니다.

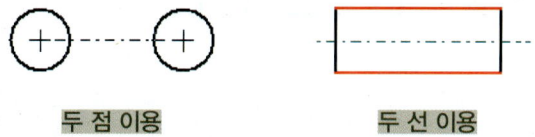

두 점 이용   두 선 이용

두 선 이용 중심선 사용 방법

step1 홈 탭 〉 주석 그룹 〉 중심선 명령어를 선택합니다. 그리고 명령 모음에서 선택 옵션을 두 선 이용으로 선택합니다.

step2 첫 번째 선을 클릭(A)한 다음 두 번째 선을 클릭합니다(B). 중심선이 두 선의 중간에 표시됩니다(C).

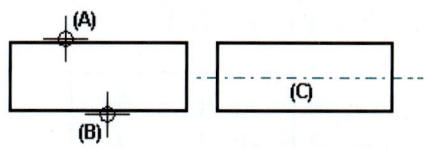

517

두 점 이용 중심선 사용 방법

- step1 홈 탭 > 주석 그룹 > 중심선 명령어를 선택합니다. 그리고 명령 모음에서 선택 옵션을 두 점 이용으로 선택합니다.

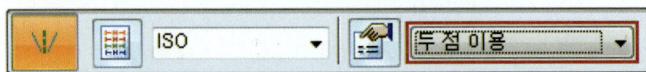

- step2 요소의 두 키포인트 사이. 두 점(A, B)을 클릭한 다음, 위치를 클릭하여 중심선(C)을 배치합니다.

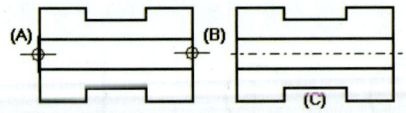

6.3 중심 마크(Center Mark)

➡ 홈 탭 ⇒ 주석 그룹 ⇒ 중심선
➡ Home Tap ⇒ Annotation Group ⇒ Center Mark

원 가운데에 중심 마크를 표현할 수 있습니다.

- 원 또는 원호 같이 곡선으로 구성된 요소의 중심

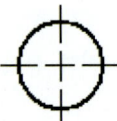

- 배치한 점에 연관하여 빈 공간에 중심 마크 표시

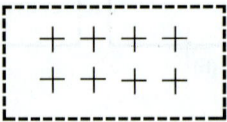

- 원호 또는 선의 중간점 또는 끝점에

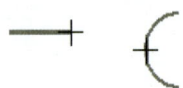

chapter 06 Drafting(도면작성)

-  **치수 축(Dimension Axis)** : 중심 마크에 대한 치수 축을 설정할 수 있습니다.
- [수평/수직 ▼] **방향(Orientation)** : 중심 마크의 방향을 설정합니다. 중심 마크의 방향을 수평/수직으로 설정하여 활성 치수 축에 정렬하거나 두 점을 기준으로 정의할 수 있습니다.
- **키포인트 첨부(Keypoint Attachment)** : 원호 및 선의 중간점과 끝점을 포함하여 모든 요소 키포인트 및 점 관계를 선택할 수 있습니다. 이 옵션을 비활성화한 경우 원호 및 원의 중심점만 선택할 수 있습니다.
- **투영 선(Projection Lines)** : 중심 마크에 투영 선을 표시합니다.

중심 마크 사용 방법

step1 홈 탭 〉 주석 그룹 〉 중심 마크 명령어를 선택합니다.

step2 중심 마크 명령 모음에서 사용할 설정을 선택한 다음 하나 이상의 요소를 클릭하여 중심 마크를 배치합니다.
- 단일 곡선 요소에 중심 마크를 배치하려면 요소를 클릭합니다(A). 중심 마크가 요소의 중심점에 나타납니다(B).
- 곡선 요소 그룹에 중심 마크를 배치하려면 마우스 왼쪽 버튼을 누른 상태로 사각형 펜스를 요소 주위로 끕니다(C).
- 곡선에 중심 마크 배치(D) - 방향 목록에서 두 점 이용 옵션을 선택합니다. (1)에 대한 중심선의 끝을 클릭하여 중심선을 지정합니다. 위치 점을 지정하려면 원호를 배치하고 키보드의 C 키를 눌러 중심점(2)을 선택합니다.

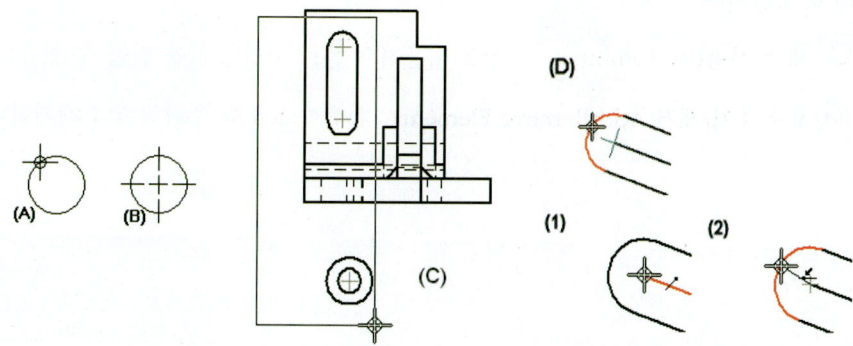

- 빈 공간에 중심 마크를 배치하려면 점 명령을 사용하여 점을 생성한 다음, 해당 점을 찾아 중심 마크를 배치합니다(E).
- 원호 및 선의 중간점 및 끝점과 같이 IntelliSketch에 사용되는 키포인트와 연관된 중심 마크를 배치하려면 명령 모음에서 키포인트 첨부 옵션을 클릭한 다음 마크를 추가할 위치에 있는 요소를 클릭합니다(F).
- 기본적으로 중심 마크는 요소에 수평 또는 수직입니다. (G)와 같이 중심 마크를 비스듬히 배치하려면 방향 목록에서 치수 축 사용을 선택한 다음 명령 모음에서 치수 축 옵션을 클릭합니다. 선형 요소를 클릭하여 중심 마크의 원하는 방향 각도를 식별한 다음 마크를 추가할 요소를 클릭합니다.

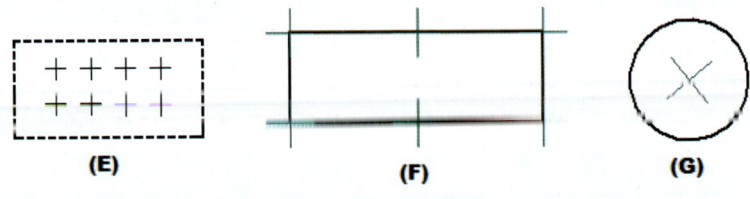

(E)   (F)   (G)

6.4 볼트 구멍형 원(Bolt Hole Circle)

➠ 홈 탭 ⇒ 주석 그룹 ⇒ 볼트 구멍형 원
➠ Home Tap ⇒ Annotation Group ⇒ Bolt Hole Circle

반경 중심 마크가 되어 있는 일련의 원호로 구성된 볼트 구멍형 원 주석을 배치합니다.

- 중심점과 반경 사용(By Center and Radius) : 중심점과 반경을 사용하여 볼트 구멍형 원을 만들 수 있습니다.
- 세 점 사용(By 3 Points) : 세 점을 사용하여 볼트 구멍형 원을 만들 수 있습니다.
- 요소 추가/제거(Add/Remove Element) : 선택한 요소를 추가하거나 제거합니다.

chapter 06 Drafting(도면작성)

볼트 구멍형 원 사용 방법

- **step1** 홈 탭 〉 주석 그룹 〉 볼트 구멍형 원 명령어를 선택합니다.

- **step2** 볼트 구멍형 원 명령 모음에서 중심점과 반경을 선택합니다.

- **step3** 도면 뷰의 중심 점(A)을 선택 후 반경 점(B)을 선택하면 볼트 구멍형 원 중심선이 생성됩니다.

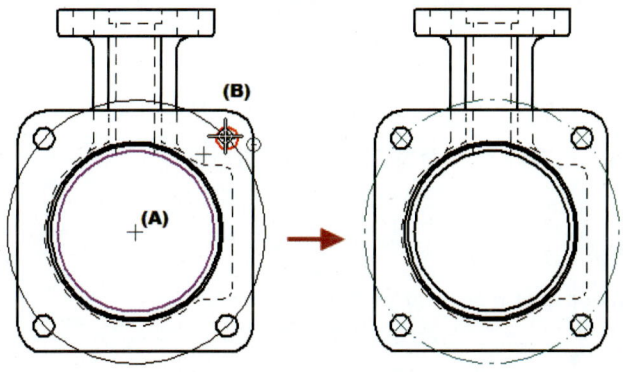

07 치수 작성하기

7.1 스마트 치수(Smart Dimension)

➡ 홈 탭 ⇒ 치수 그룹 ⇒ Smart Dimension
➡ Home Tap ⇒ Dimension Group ⇒ Smart Dimension

단일 요소의 치수나 두 개의 요소 사이 또는 같은 모델의 다른 도면 뷰에 있는 요소 사이의 치수를 배치합니다.

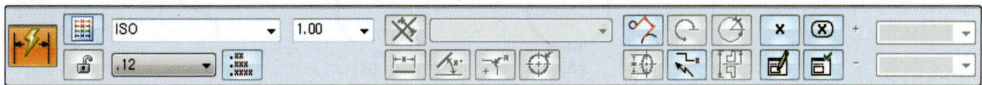

521

- **치수 스타일 매핑(Dimension Style Mapping)** : 미리 정의된 스타일을 사용하도록 지정합니다.
- **치수 스타일(Dimension Style)** : 스타일을 설정합니다.
- **반올림(Round-Off)** : 값에 대한 반올림을 설정합니다.
- **고급 반올림(Advanced Round-Off)** : 하나의 위치에서 모든 반올림 옵션을 지정할 수 있도록 반올림 다이얼로그를 표시합니다.

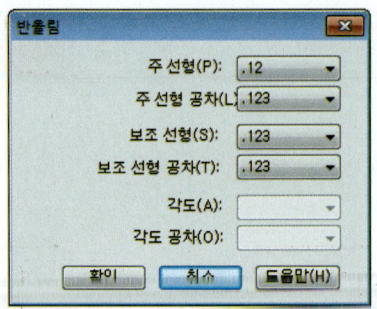

- **텍스트 배율(Text Scale)** : 현재 텍스트 높이에 배율 값을 적용합니다. 기본값은 1.0입니다.
- **길이(Length)** : 아래와 같이 선형 치수를 배치합니다.
    - 선의 길이(A)
    - 원호의 원호 길이(B)
    - 선의 끝 점 사이의 수평 또는 수직 거리(C)

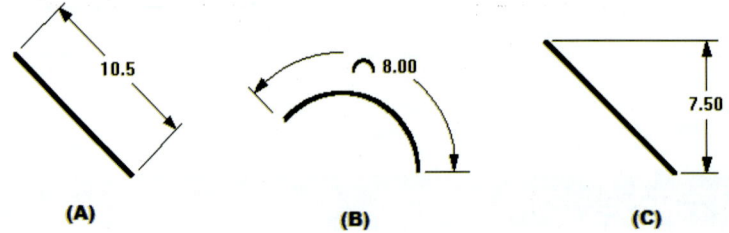

- **각도(Angle)** : 아래와 같이 각도 치수를 배치합니다.
    - 선의 각도(A)
    - 원호의 스웹 각도(B)

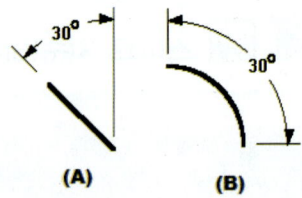

- **반경(Radius)** : 아래와 같이 방사형 치수를 배치합니다.
    - 원호(A)
    - 원(B)
    - 곡선(C)
    - 타원(D)

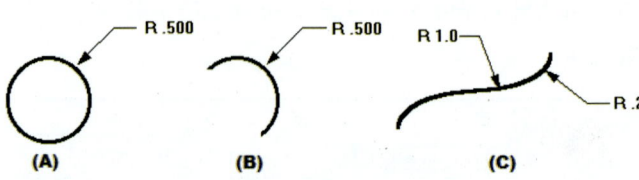

chapter 06 Drafting(도면작성)

- 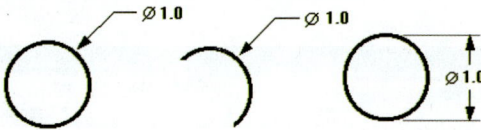 직경(Diameter) : 아래와 같이 직경 치수를 배치합니다.

- 접선(Tangent) : 선택한 점에서 가장 가까운 요소 위의 접점이 사용됩니다.

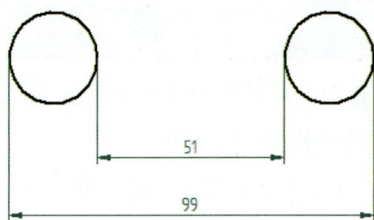

- 조그(Jog) : 반경 치수의 투영 선을 옵셋하거나 좌표 치수에서 모든 조그를 추가 또는 제거합니다.

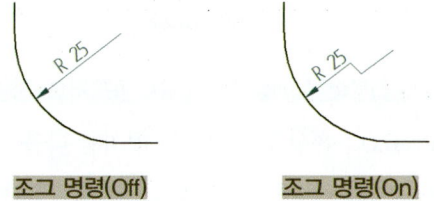

- 주/보조(Major/Minor) : 주 각도와 보조 각도가 설정되어 있을 때만 표시합니다. 이 옵션이 해제되어 있으면 각도 치수에 대한 네 개의 배치 옵션(사분면) 중에 선택할 수 있습니다.

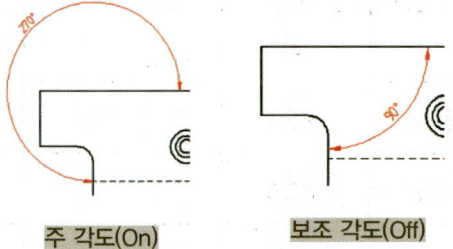

이 옵션을 선택 취소하면 4개의 배치 옵션 (사분면의) 각도 치수를 선택할 수 있습니다.

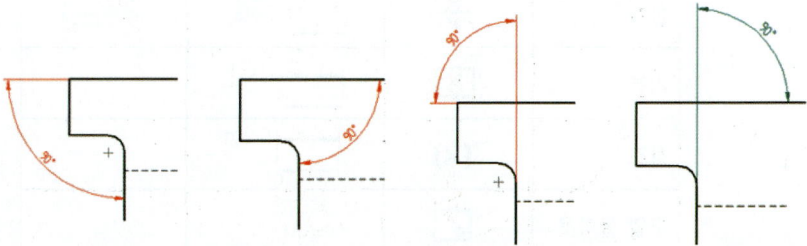

- 검사(Inspection) : 치수 텍스트 주변에 검사 풍선을 추가합니다.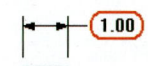

523

- ☑ **접두어(Prefix)** : 접두어, 접미어, 수퍼픽스, 서브픽스 정보를 지정하기 위한 치수 접두어 대화 상자를 엽니다.

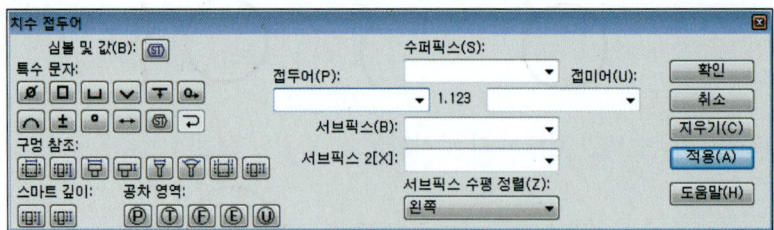

치수 접두어 대화상자의 옵션을 사용하면 배치하거나 편집하고 있는 치수 값에 접두어, 접미어, 수퍼픽스 및 서브픽스 텍스트를 추가할 수 있습니다.

아래 그림은 여러 유형의 치수 텍스트를 식별하고 각각의 상대적 위치를 보여 줍니다.

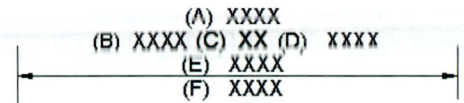

(A) 수퍼픽스, (B) 접두어, (C) 값, (D) 접미사, (E) 서브픽스, (F) 서브픽스 2

- ☑ **접두어 사용(Enable Prefix)** : 옵션을 설정하면 배치할 다음 치수 또는 편집하고 있는 치수에 대해 치수 접두어 다이얼로그에서 지정한 치수 텍스트를 표시합니다.

- ⊠ **공차 유형(Tolerance group)** : 공차 유형을 지정합니다.

치수 유형	심볼	표기 방식	기타
공칭	x	⊢50	
단위 공차	x±1	⊢50 +0.5 / -0.2	+ 0.01 m / − 0.02 m
알파 공차	x±a	⊢50 A/B	
클래스	h7	⊢50 H7	
한계	⋚	⊢50.5 / 49.8	+ 0.01 m / − 0.02 m
기본	⊠	⊢[50]	
참조	[x]	⊢(50)	
구멍 콜아웃	⊘	⊘10x1 THRU	
공백	x	⊢	

구멍과 축 간의 적절한 맞춤에 대한 공차 명세가 파트의 설계와 제조에 있어 일반적이고 중요하기 때문에, 국제 표준 바디에 구멍 및 축의 한계와 맞춤을 위한 공차의 규칙 기반 시스템이 설정되어 있습니다.

구멍과 축이라는 용어는 또한 슬롯의 너비, 키의 두께 등과 같은 파트의 두 평행 면 사이의 공간을 나타내는 데 쓰일 수 있습니다. 거리 치수만 표준을 준수합니다. 표준은 각도 치수에는 적용되지 않습니다.

Solid Edge에서 치수 명령 모음을 사용하여 유형이 클래스로 설정된 치수에 대해 한계 및 맞춤을 자동으로 정의하는 데 사용할 수 있는 ASCII 텍스트 파일을 제공합니다.

아래 그림은 치수 유형을 클래스에 설정할 때 치수에 대한 한계 및 맞춤을 표시하는 여러 방법을 보여주고 있습니다.

클래스 유형	표시 방식	클래스 유형	표시 방식
맞춤	⌀ 60 H7	구멍/축만 맞춤	⌀ 60 H7/f6
맞춤-공차만	⌀ 60 +0.030/0	구멍/축만 맞춤-공차만	⌀ 60 (+0.030/0 / -0.030/-0.049)
맞춤-공차 있음	⌀ 60 H7 (+0.030/0)	구멍/축만 맞춤-공차 있음	⌀ 60 H7/f6 (-0.030/-0.049)
맞춤-한계 있음	⌀ 60 H7 (60.030/60.000)	사용자 정의	⌀ 60 Q1 (abc/xyz)

- **키보드 옵션 사용** : 치수를 기입하기 위해 클릭하기 전에 다음 키를 사용할 수 있으며, 이러한 키는 생성되는 치수에 영향을 미칩니다.

수행 가능 작업	단축키 사용
선형 치수와 각도 치수 간에 변경합니다.	A
PMI의 경우 순서에 따라 치수 방향을 이전 치수 평면으로 다시 변경합니다.	B
반경 치수와 직경 치수 간에 변경합니다.	D
PMI의 경우 교차점을 선택합니다.	I
PMI의 경우 순서에 따라 치수 방향을 다음 치수 평면으로 변경합니다.	N
요소(A) 간의 수평 또는 수직 거리 입니다. 최소 거리(B)입니다.	Shift
방사형 또는 직경 치수의 경우 치수에 투영선 연장이 추가됩니다.	Alt
자동 찾기가 꺼지고 다른 요소를 선택하여 치수를 지정할 수 있습니다.	Q

- **요소 선택** : Smart Dimension을 사용하여 다음과 같은 단일 요소에 치수를 배치할 수 있습니다.

• 선의 길이 및 각도

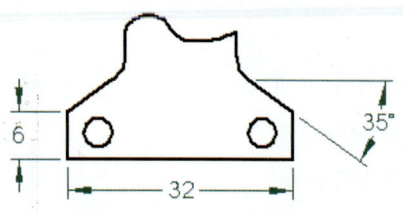

• 원의 반경 및 직경

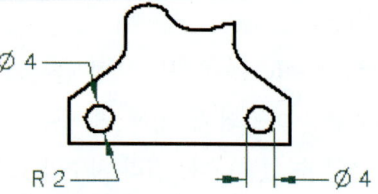

• 원호의 길이, 각도, 반경 및 직경

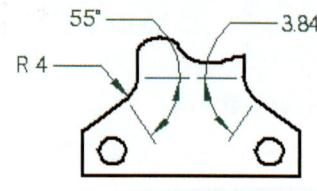

• 타원 또는 곡선의 반경

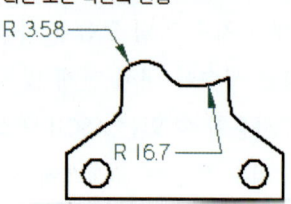

• 두 선형 요소 사이

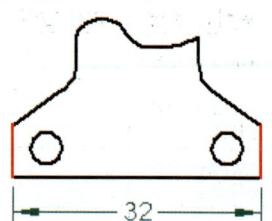

• 두 변형 요소 사이

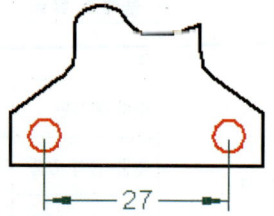

- **조그 추가** : Alt + 클릭을 사용하여 스마트 치수 명령으로 생성된 선형, 직경 및 치수 간 거리의 수평 또는 수직 치수 투영 선에 하나 이상의 조그를 추가할 수 있습니다.

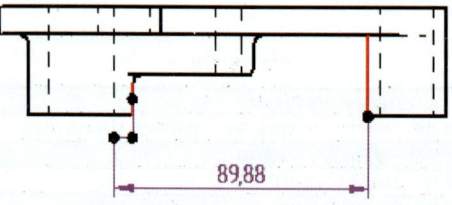

Alt 키를 누른 채로 조그 키포인트를 클릭하여 기존 치수에서 조그를 제거하고, 명령 모음의 조그 버튼을 사용하여 선택한 치수 선 또는 투영 선에서 모든 조그를 제거할 수 있습니다.

조그로 생성된 단면이나 핸들 점을 끌어 조그 선의 길이와 방향을 변경할 수 있습니다.

- **치수선 이동** : 치수선(A)을 클릭하고 치수(B)를 치수가 지정된 요소 가까이나 멀리 끌 수 있습니다.

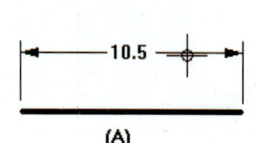
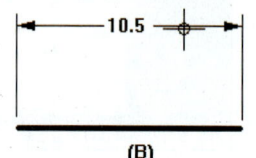

● **핸들을 이용한 치수선 길이 조정** : 치수선 핸들(A)을 클릭한 다음 끌어 치수선의 한 쪽을 늘이거나 줄입니다(B). 다른 쪽 끝의 핸들을 사용하여 치수선 치수 값의 다른 쪽을 조정합니다.

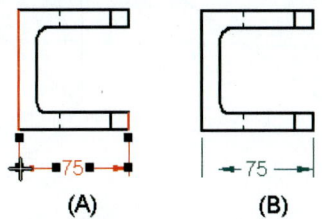

● **치수 텍스트 이동** : 치수 텍스트(A)를 클릭하고 치수를 다음 중 하나의 위치로 끌어갑니다.
  ▶ 치수선을 따라(B)
  ▶ 치수선 외부에(C)
  ▶ 투영 선 외부에(D)

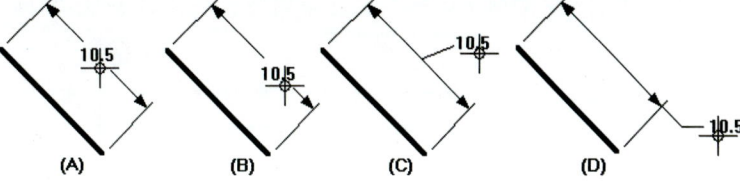

● **종료자 이동** : 종료자(A)를 클릭하여 끕니다.(B)

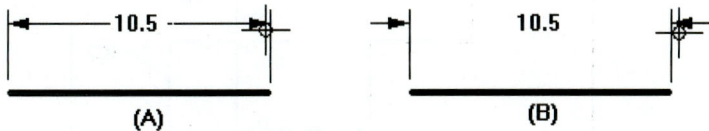

● **투영 선 이동** : 투영 선(A)을 클릭하여 끕니다(B).

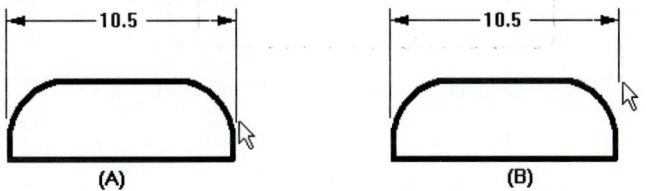

● **치수선을 동일 선상 및 동심으로 이동** : 다른 치수로 정렬되도록 기존 치수를 끌 수 있습니다. 지시 선 치수(A)를 끌 때 다른 치수를 배치하여 도트 정렬 표시기(B)를 표시할 수 있습니다. 마우스 버튼을 놓으면 첫 번째 치수가 두 번째 치수에 동일 직선상으로 정렬됩니다.

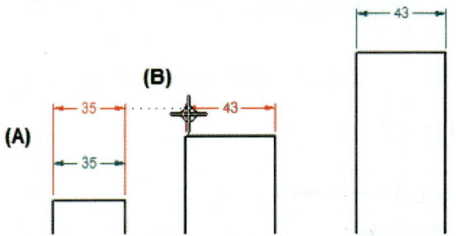

● **교차점에 구동 치수 배치** : 두 요소의 교차점에 구동 치수를 배치해야 하는 경우도 있습니다. 이 작업은 점 명령으로 만든 프로파일 점에 치수를 지정하여 수행할 수 있습니다.

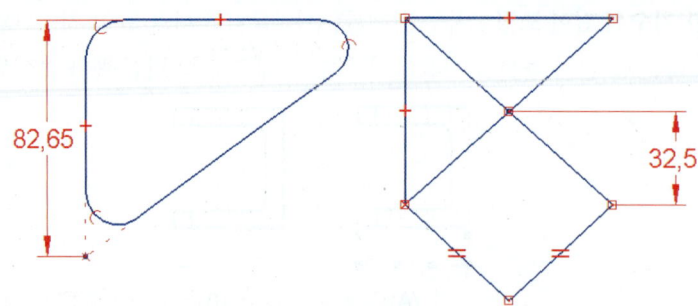

- **치수 투영 선에 분할 추가** : 치수 투영 선이 다른 치수와 교차하는 위치에 항상 분할 또는 간격을 생성합니다.(치수 선택 〉 마우스 오른쪽 버튼 〉 투영 선 분할 추가)

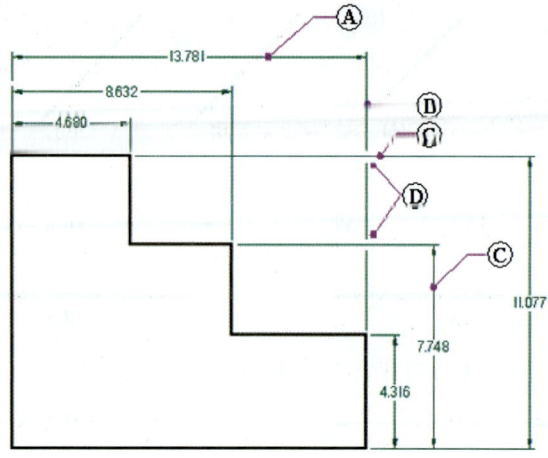

선택한 치수(A) / 투영 선-분할됨(B) / 교차하는 치수-분할되지 않음(C) / 분할 간격(D)

7.2 요소간 거리(Distance Between)

➠ 홈 탭 ⇒ 치수 그룹 ⇒ 요소간 거리
➠ Home Tap ⇒ Dimension Group ⇒ Distance Between

요소 또는 키포인트 간의 거리를 측정하는 선형 치수를 배치합니다. 스택(A) 또는 체인 치수 그룹(B)에 선형 치수를 배치할 수 있습니다.

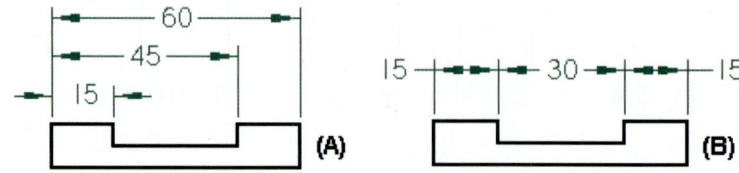

chapter 06 Drafting(도면작성)

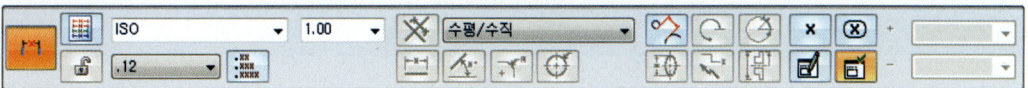

- 방향(Orientation) : 요소간 거리 및 좌표 치수 명령에 의해 배치되는 치수의 방향을 설정합니다.
  - ▶ 수직/수평(Horizontal/Vertical) : 배치하는 치수가 도면 시트 또는 참조 평면의 수평 모서리에 평행하거나 직교합니다.
  - ▶ 2점 이용(By 2 Points) : 배치되는 치수가 치수를 지정할 두 점 사이의 이론적 선에 평행하거나 직교합니다.
  - ▶ 치수 축 이용(Use Dimension) : 배치하는 치수가 치수 축 버튼을 사용하여 치수 축을 설정한 요소에 평행하거나 직교합니다. 기본 수평 축 및 수직 축이 치수를 지정할 지오메트리에 적합하지 않은 경우에 이 옵션을 사용할 수 있습니다.

7.3 요소간 각도(Angular Between)

➡ 홈 탭 ⇒ 치수 그룹 ⇒ 요소간 각도
➡ Home Tap ⇒ Dimension Group ⇒ Angular Coordinate Dimension

요소 간에 또는 키포인트 간에 각도를 측정하는 치수를 배치합니다. 요소 또는 키포인트를 선택하면 치수가 4분원 중 하나에 배치됩니다. 커서를 이동하면 치수가 다른 4분원으로 동적으로 변경됩니다. 스택(A) 또는 체인 치수 그룹(B)에 각도 치수를 배치할 수 있습니다.

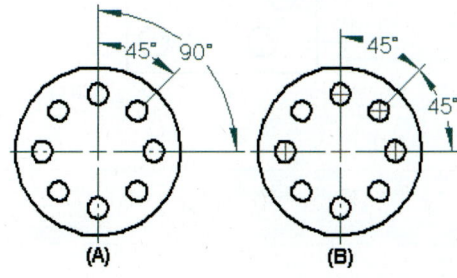

드래프트 환경에서 각도 명령을 사용하여 치수를 중심 마크 선 또는 중심 마크 중심점에 배치할 수 있습니다. 또한 각도 치수를 기존 치수 그룹에 추가할 수 있습니다.

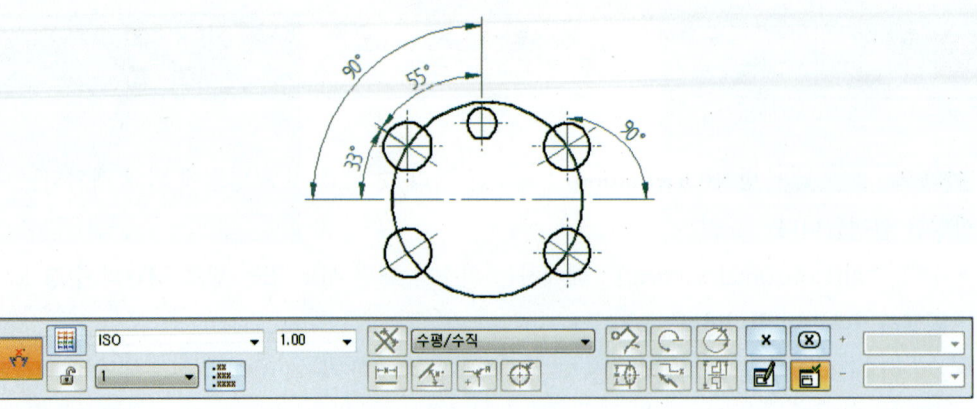

7.4 좌표 치수(Coordinate Dimension)

> ➡ 홈 탭 ⇒ 치수 그룹 ⇒ 좌표 치수
> ➡ Home Tap ⇒ Dimension Group → Angular Coordinate Dimension

공통 원점에서 하나 이상의 키포인트 또는 요소까지의 거리를 측정하는 치수를 배치합니다. 공통 원점 또는 영점을 기준으로 하여 요소의 치수를 지정하려면 좌표 치수를 사용해야 합니다. 원점의 양 측면에 임의의 순서로 좌표 치수를 배치할 수 있습니다.

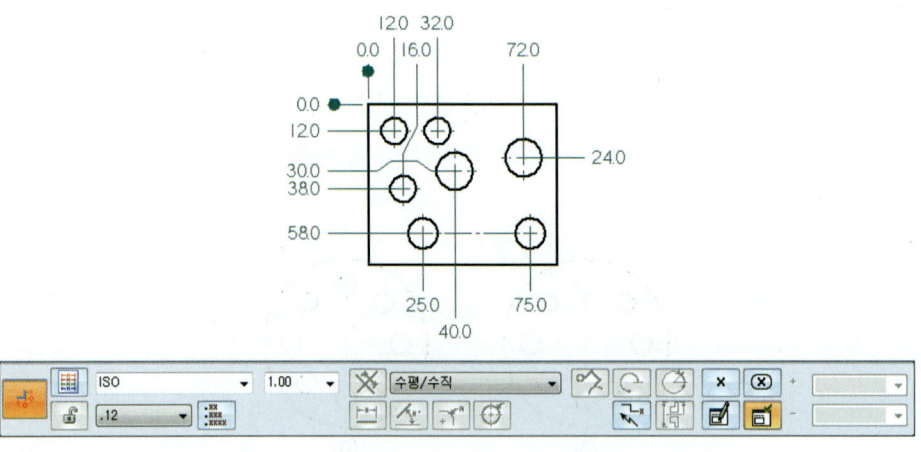

드래프트 환경에서 Alt 키를 누른 상태로 좌표 치수를 배치하는 동안 치수에 하나 이상의 조그를 추가할 수 있습니다. 또한 선택 도구를 사용하여 Alt 키를 누른 상태로 기존 좌표 치수에 조그를 추가하거나 제거할 수 있습니다. 명령 모음의 조그 버튼을 사용하여 기존 좌표 치수의 모든 조그를 제거할 수 있습니다.

chapter 06 Drafting(도면작성)

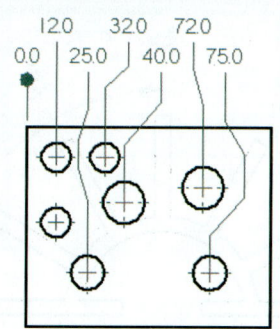

좌표 치수 사용 방법

- **step1** 홈 탭 〉 치수 그룹 〉 좌표 치수 명령어를 선택합니다.
- **step2** 치수 원점이 될 요소를 클릭합니다.(A)
- **step3** 클릭하여 공통 원점을 배치합니다.(B)
- **step4** 측정할 요소를 클릭합니다.(C)
- **step5** 클릭하여 치수를 배치합니다.(D)

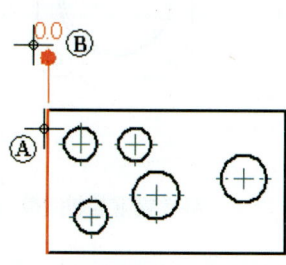 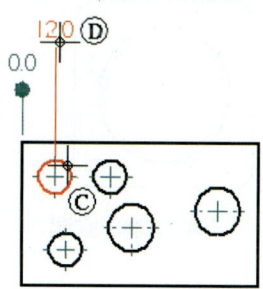

7.5 각도 좌표 치수(Angular Coordinate Dimension)

➡ 홈 탭 ⇒ 치수 그룹 ⇒ 각도 좌표 치수
➡ Home Tap ⇒ Dimension Group ⇒ Angular Coordinate Dimension

중심점, 축 및 측정 점 사이의 각도를 측정하는 치수를 배치합니다. 계산된 값은 축과 측정점에서 중심점까지의 선 사이의 각도입니다. 그룹의 모든 치수가 동일한 중심점과 축을 사용합니다.

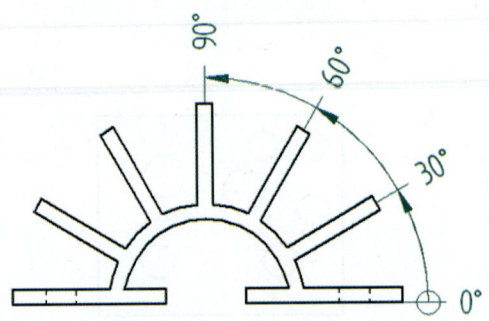

또한 좌표 치수와 동일하게 Alt 기능을 사용할 수 있습니다.

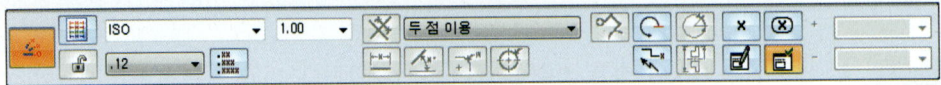

- 　시계 반대 방향(Counterclockwise) : 원점으로부터 시계 방향 및 시계 반대 방향 측정 사이에서 치수를 변경합니다.

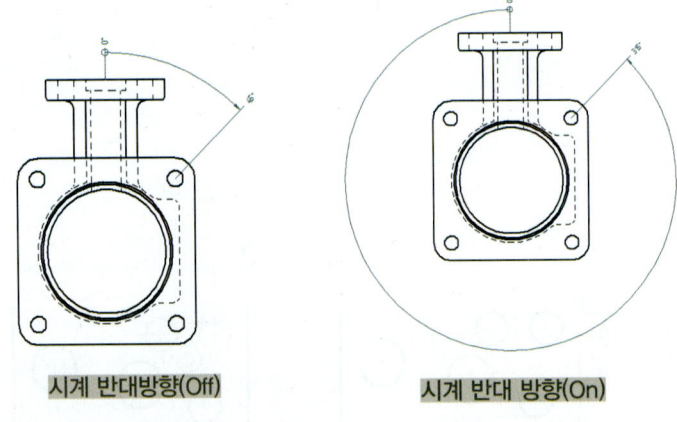

7.6 대칭 직경(Symmetric Diameter)

■➡ 홈 탭 ➡ 치수 그룹 ➡ 대칭 직경
■➡ Home Tap ➡ Dimension Group ➡ Symmetric Diameter

중심선과 다른 요소 또는 키 포인트 간의 거리를 측정하는 치수를 배치하고, 거리에 2를 곱한 다음 직경으로 값을 표시합니다. 이 명령에서 중심선 축을 원점으로 사용해야 합니다. 뷰에 중심선이 없으면 명령을 사용하기 전에 중심선을 생성해야 합니다.

chapter 06 Drafting(도면작성)

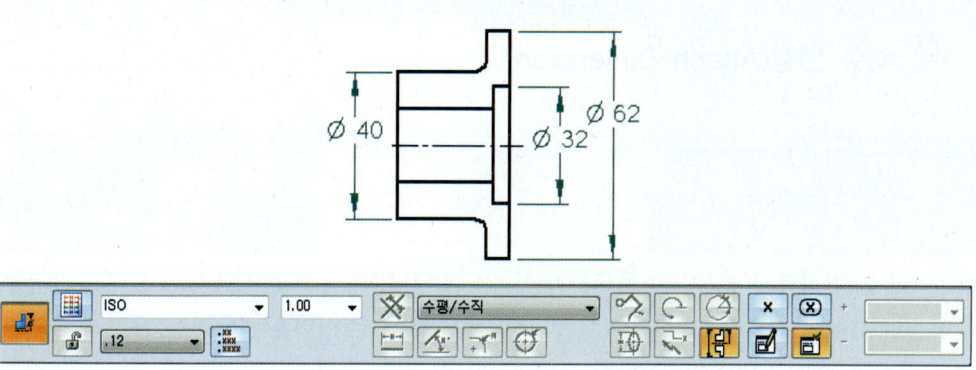

- 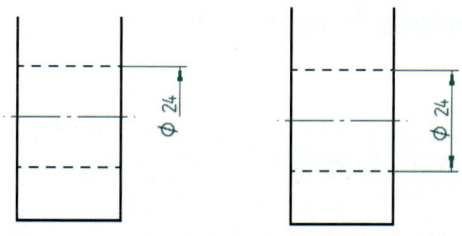 반/전체(Half/Full) : 대칭 직경의 반과 전체 사이에서 변경합니다.

7.7 모따기 치수(Chamfer Dimension)

➡ 홈 탭 ⇒ 치수 그룹 ⇒ 모따기 치수
➡ Home Tap ⇒ Dimension Group ⇒ Chamfer Dimension

모따기에 치수를 배치합니다. 모따기 치수의 첫 번째 값은 투영 선 길이입니다. 모따기 치수의 두 번째 값은 두 번째 선과 첫 번째 선에 대한 수평 축 사이의 각도입니다.

- 방향(Orientation) : 모따기 치수의 표시 방향을 설정합니다.
  (A) 축을 따라(Along Axis)
  (B) 직교 콜아웃(Callout Perpendicular)
  (C) 평행 콜아웃(Callout Parallel)

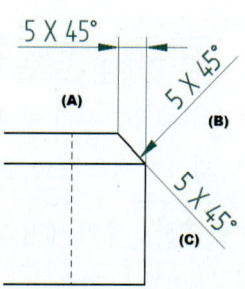

533

7.8 치수 연결(Attach Dimension)

- 홈 탭 ⇒ 치수 그룹 ⇒ 치수 연결
- Home Tap ⇒ Dimension Group ⇒ Attach Dimension

분리된 치수를 연결하거나 치수의 부모를 다시 정의합니다. 이 명령을 사용하여 분리된 치수를 복구하거나 동일한 유형의 새치수로 바꿀 수 있습니다. 예를 들어, 이명령을 사용하여 원호의 치수를 선이 아닌 다른 원호의 새 치수로 바꿀 수 있습니다.

7.9 치수 검색(Retrieve Dimensions)

- 홈 탭 ⇒ 치수 그룹 ⇒ 치수 검색
- Home Tap ⇒ Dimension Group ⇒ Retrieve Dimensions

치수 검색 명령은 3D 모델에서 PMI 치수와 주석을 복사하여 직각 및 단면 도면 뷰로 복사합니다.
- 파트, 판금 및 최상위 어셈블리의 3D PMI 치수 및 주석.
- 모델의 2D 스케치 치수 및 주석.
- 정렬식 환경에서 생성된 형상의 형상 범위 치수. 프로파일을 돌출 또는 회전하여 3D 형상을 생성할 때 자동으로 생성됩니다.

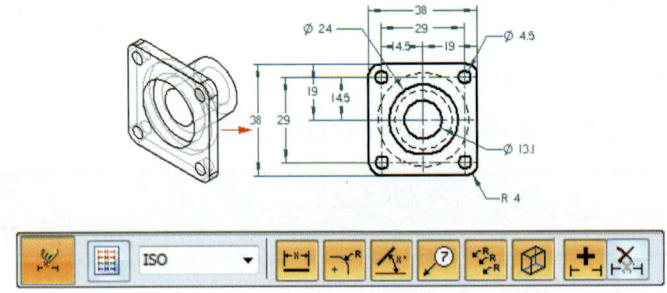

- 등록정보 그룹(Properties group) : 등록 정보 그룹에서 선택한 유형이 추가/제거 그룹의 현재 설정을 기반으로 추가되거나 제거됩니다.(선형, 방사형, 각도, 주석, 중복된 방사형 치수 검색, 은선 추가)
- 추가/제거 그룹(Add/Remove group) : 치수와 주석을 검색하거나 검색한 치수와 주석을 제거할 수 있습니다

chapter 06 Drafting(도면작성)

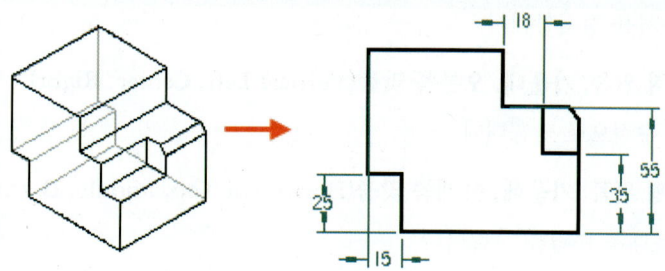

7.10 속성 복사기(Prefix Copier)

➡ 홈 탭 ⇒ 치수 그룹 ⇒ 속성 복사기
➡ Home Tap ⇒ Dimension Group ⇒ Prefix Copier

속성 복사 명령을 사용하여 다음을 수행할 수 있습니다.
- 접두어, 접미어, 수퍼픽스, 서브픽스 문자열, 치수 표시 유형 또는 공차 문자열을 한 치수에서 다른 치수로 복사합니다.
- 치수 또는 주석과 연결된 등록 정보를 다른 치수 또는 주석에 복사합니다.

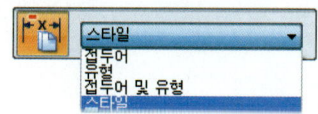

7.11 텍스트 줄 맞춤(Line Up Text)

➡ 홈 탭 ⇒ 치수 그룹 ⇒ 텍스트 줄 맞춤
➡ Home Tap ⇒ Dimension Group ⇒ Line Up Text

기본 텍스트 요소와 텍스트 요소를 맞춥니다. 텍스트의 정렬 및 맞춤을 지정할 수 있으며, 이는 범위 상자 또는 지시선 구분 점의 정렬에 따라 결정됩니다.

텍스트 줄 맞춤 명령을 사용하여 풍선, 콜아웃, 데이텀 프레임, 모서리 조건 심볼, 형상 프레임, 곡면 질감 심볼, 텍스트 상자 및 용접 심볼과 같은 선형 치수 텍스트와 주석을 정렬할 수 있습니다.

- 기본 요소 선택(Select Base Element) : 다른 텍스트 요소를 정렬하는 데 기준으로 사용할 선

535

형 치수 또는 주석을 정의합니다.

- 🔲 🔳 🔲 **수직 왼쪽, 가운데, 오른쪽 맞춤(Vertical Left, Center, Right)** : 텍스트 요소의 왼쪽, 가운데, 오른쪽 수직으로 맞춥니다.
- 🔲 🔳 🔲 **수평 위쪽, 가운데, 아래쪽 맞춤(Horizontal Top, Middle, Bottpm)** : 텍스트 요소의 위쪽, 가운데, 아래쪽 수평을 맞춥니다.
- | **수직 분할 점(Vertical Break Point)** : 선택한 요소의 지시선 분할 점을 세로로 정렬합니다.
- — **수평 분할 점(Horizontal Break Point)** : 선택한 요소의 지시선 분할 점을 가로로 정렬합니다.
- 옵셋 정렬: `0.00 mm` **옵셋 정렬(Align Offset)** : 텍스트 요소를 정렬하는 데 기준으로 사용할 옵셋 거리를 정의합니다.

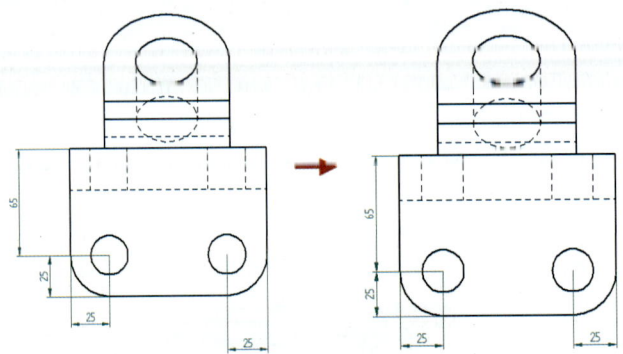

08 주석 작성하기

8.1 📎 콜아웃(Callout)

➡ 홈 탭 ⇒ 주석 그룹 ⇒ 콜아웃
➡ Home Tap ⇒ Annotation Group ⇒ Callout

콜아웃 등록 정보 다이얼로그를 사용하면 콜아웃 텍스트와 특수 문자(직경 및 깊이 심볼 등)를 추가할 수 있습니다. 3D 모델에서 Hole(구멍) 명령으로 작업된 치수를 자동으로 기입할 수 있습니다.

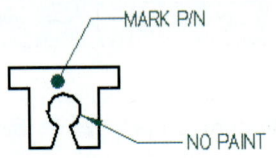

chapter 06 Drafting(도면작성)

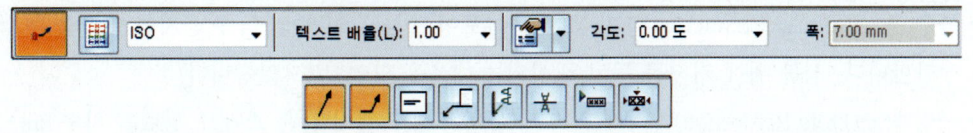

- 치수 스타일 매핑(Dimension Style Mapping) : 미리 정의된 스타일을 사용하도록 지정합니다.
- 치수 스타일(Dimension Style) : 사용 가능한 스타일을 나열한 다음 적용합니다.
- 텍스트 배율(Text Scale) : 현재 텍스트 높이에 배율 값을 적용합니다. 기본 값은 1.0입니다.
- 등록 정보(Properties) : 콜아웃 등록 정보 대화상자에 액세스합니다.
- 저장된 설정(Saved Settings) : 콜아웃 등록 정보 대화 상자에서 생성 및 저장한 콜아웃 형식을 나열 및 적용합니다.

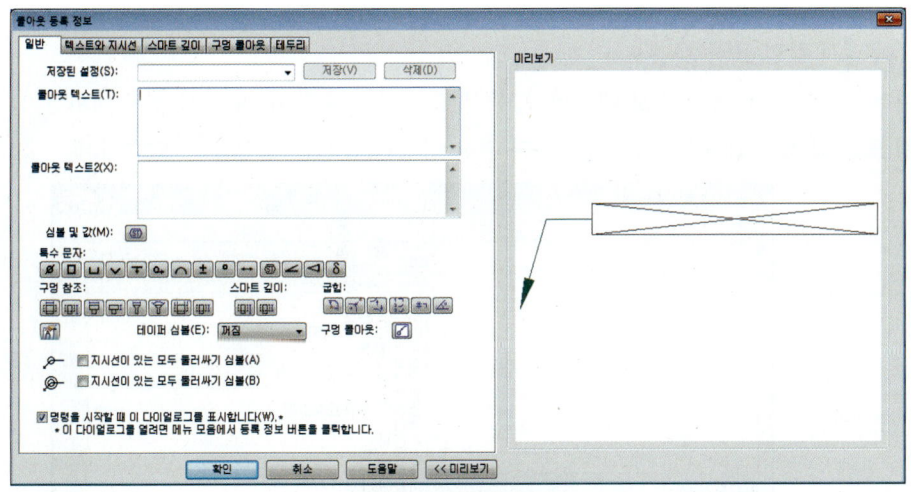

콜아웃 등록 정보(일반)

▶ 저장된 설정(Saved Settings) : 저장된 콜아웃 설정 목록을 표시합니다.
▶ 콜아웃 텍스트(Callout Text) : 이 상자에 기본 콜아웃 텍스트를 입력합니다. 정보에는 등록 정보 텍스트나 특수 문자를 입력하거나 복사하여 붙여 넣을 수 있습니다.
▶ 콜아웃 텍스트 2(Callout Text 2) : 이 상자에 보조 콜아웃 텍스트를 입력합니다. 보조 텍스트는 기본 콜아웃 텍스트 아래에 표시됩니다. 기본 콜아웃 텍스트가 콜아웃 선 위에 있는 경우 보조 텍스트는 선 아래에 표시됩니다.

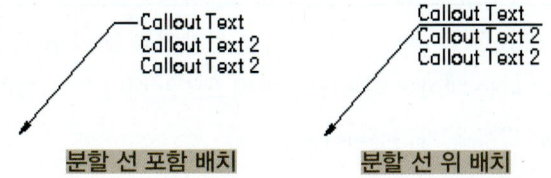

분할 선 포함 배치   분할 선 위 배치

▶ 특수 문자(Special Characters) : 반경, 카운터보어 또는 깊이 등의 특수 문자를 콜아웃 텍스트에 추가합니다. 심볼 위에 커서를 두고 표시되는 내용을 확인할 수 있습니다.

▶ 구멍 참조(Hole Reference) : 스레드 크기 또는 스레드 깊이 같은 스레드 정보를 치수 또는 콜아웃 텍스트에 추가합니다. 스레드 정보는 이를 통해 참조되는 파트 형상에 연관되며 형상의 스레드 특징이 수정되는 경우 같이 업데이트됩니다. 스레드 크기, 스레드 깊이 및 스마트 스레드 깊이는 직선 및 테이퍼 스레드에 모두 사용됩니다.

▶ 스마트 깊이(Smart Depth) : 치수 스타일 수정 대화 상자의 스마트 깊이 탭에서 구멍 깊이 데이터를 참조합니다.

▶ 굽힘(Bend) : 전개된 판금 뷰에 대한 굽힘 정보를 참조합니다.

▶ 등록정보 텍스트(Property Text) : 파일 또는 모델 관련 데이터를 검색하고 해당 파일 또는 데이터를 치수 및 주석, 파트 목록과 도면 테이블에 표시합니다. 등록 정보 텍스트 선택 대화상자에서는 검색할 정보 유형 및 참조할 원본 파일을 지정합니다. 등록정보 텍스트 문자열이 하이디며 등록 정보 값이 표시됩니다.

이 버튼은 콜아웃 등록 정보 대화상자, 풍선 명령 모음, 파트 목록 등록 성보 대화상자의 풍선 명령 모음 및 블록 레이블 등록 정보 등과 같은 다양한 옵션을 설정할 수 있습니다.

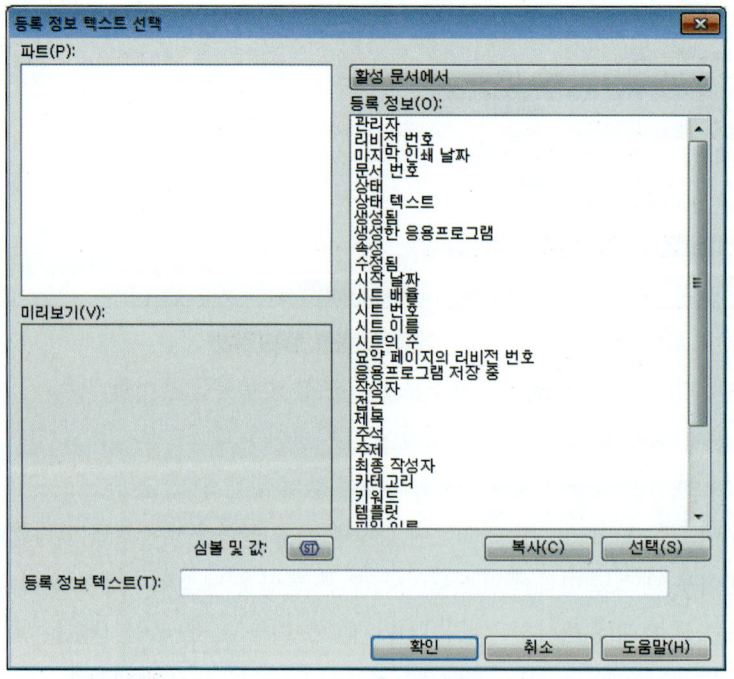

▶ 테이퍼 심볼(Taper Symbol) : 테이퍼 심볼 특수 문자에 대해 이 옵션을 오른쪽 또는 왼쪽으로 설정하면 분할 선의 길이는 테이퍼 심볼 길이에 텍스트 높이의 두 배를 더한 값이 됩니다. 또한 테이퍼 심볼은 지정한 방향을 가리킵니다.

chapter 06 Drafting(도면작성)

- 구멍 콜아웃(Hole Callout) : 콜아웃 등록 정보 대화 상자의 구멍 콜아웃 탭 또는 치수 스타일 수정 대화 상자의 구멍 콜아웃 탭에 있는 구멍 콜아웃 데이터를 참조합니다.
- 심볼 및 값 선택(Select Symbols and Values) : 주석 심볼과 모델 파생 값을 선택하고, 미리 보고, 등록 정보 텍스트 코드를 직접 입력하지 않고도 직접 주석이나 치수에 삽입할 수 있습니다.

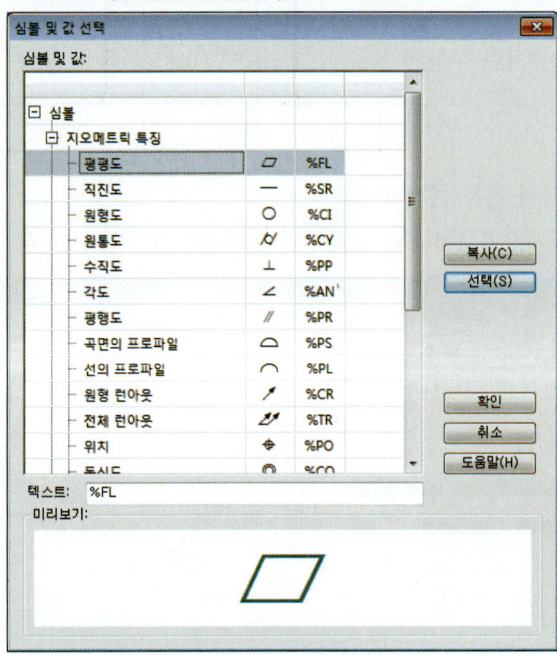

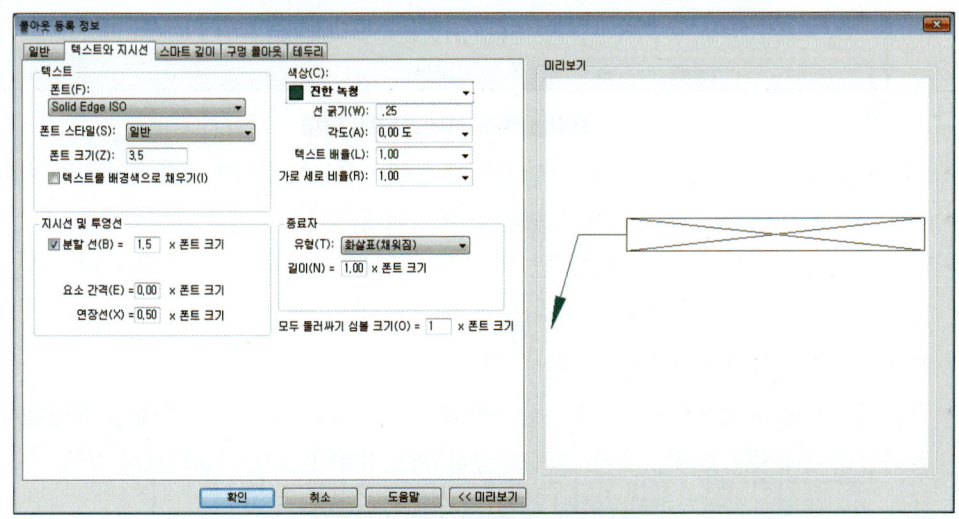

콜아웃 등록 정보(텍스트와 지시선)

- 텍스트(Text) : 주석에서 텍스트가 표현되는 방식을 지정합니다.
- 지시선 및 투영 선(Leader & Projection Line) : 지시선 또는 투영 선을 표시하는 방법을 지정합니다. 요소 간격 및 확장 설정은 다음 그림과 같이 주석이 첨부되는 주석 요소의 모서리를 벗어

539

날 경우에 적용됩니다.

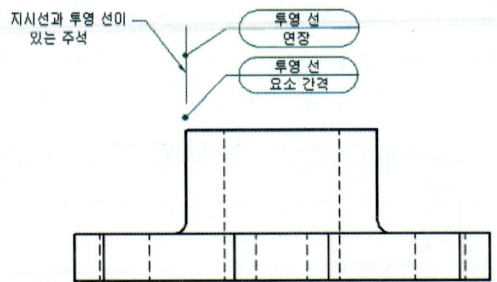

- 색상(Color) : 주석의 색을 설정합니다.
- 종료자(Terminator) : 지시선에서 종료자가 표시되는 방식을 지정합니다.

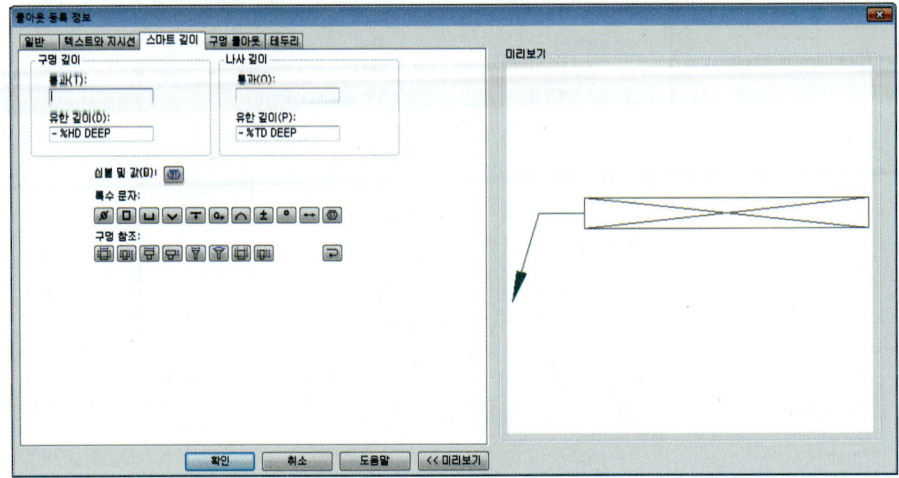

콜아웃 등록 정보(스마트 깊이)

- 구멍 깊이(Hole Depth) : 구멍 또는 나사 깊이에 통해 진행되는 깊이에 대한 콜아웃을 지정합니다.
- 스레드 깊이(Through Depth) : 구멍 또는 나사 깊이에 콜아웃 유형을 지정합니다.
- 특수 문자(Special Characters) : 텍스트 상자에 대한 기계 폰트 문자를 지정합니다. 사용 가능한 특수 문자에는 직경, 정사각형, 카운터보어, 카운터싱크, 깊이, 초기 길이, 원호 길이, 더하기/빼기, 도, 사이 및 통계 공차가 있습니다.
- 구멍 참조(Hole Reference) : 텍스트 상자에 대한 구멍 및 스레드 참조 속성을 지정합니다. 사용 가능한 속성에는 스레드 크기, 스레드 깊이, 카운터보어 크기, 카운터보어 깊이, 카운터싱크 크기, 카운터싱크 각도, 구멍 크기 및 구멍 깊이가 있습니다.
- 심볼 및 값(Symbols and Values) : 등록 정보 텍스트 코드를 직접 입력하지 않고도 적합한 심볼 및 모델 파생 값을 생성할 수 있는 심볼 및 값 선택 대화 상자를 엽니다. 선택할 수 있는 심볼 유형의 예에는 ±(더하기/빼기), °(도) 및 ⌀(직경) 등이 있습니다. 모델 파생 값의 예에는 구멍 참조, 굽힘 데이터 및 용접 비드 등이 있습니다.

chapter 06 Drafting(도면작성)

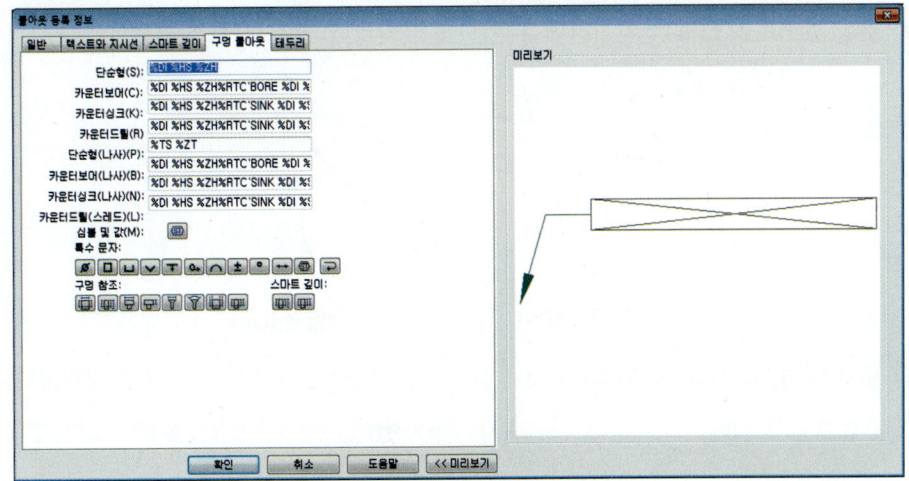

콜아웃 등록 정보(구멍 콜아웃)

▶ 단순형, 카운드 보어, 카운트 싱크 등 구멍 콜아웃 스타일을 지정할 수 있습니다.

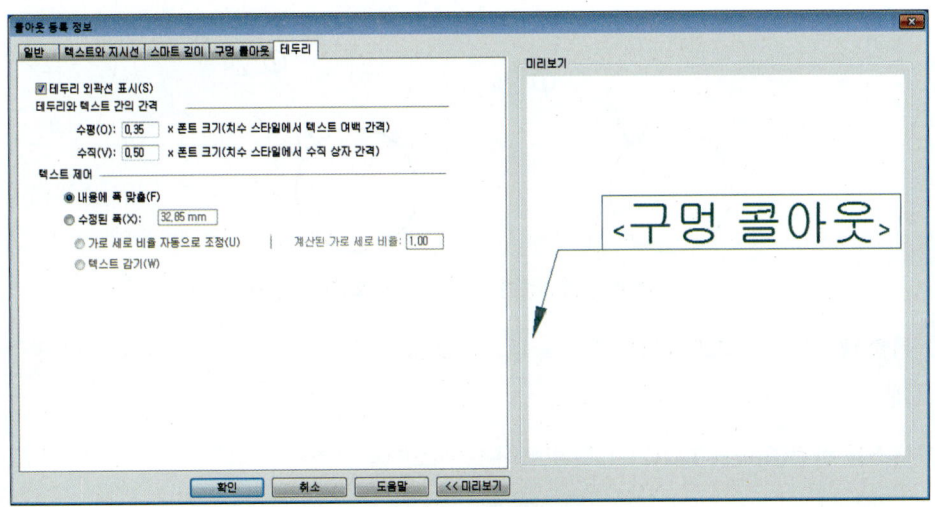

콜아웃 등록 정보(테두리)

▶ 테두리 윤곽선 표시, 테두리 와 텍스트 간 간격 및 텍스트 제어을 할 수 있습니다.

- 각도: 0.00 도 ▼ **각도(Angle)** : 콜아웃의 방향 및 각도를 지정합니다.

- / **지시선(Leader)** : 지시선을 표시합니다.

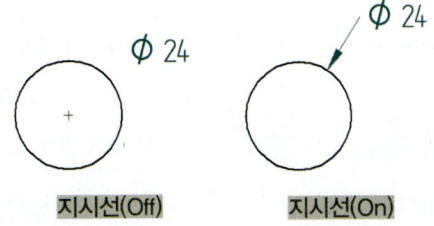

541

- 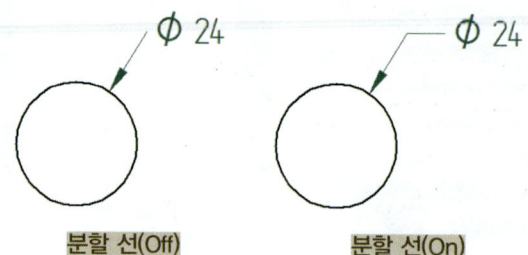 **분할 선(Break Line)** : 지시선에 분할 선을 배치합니다.

- 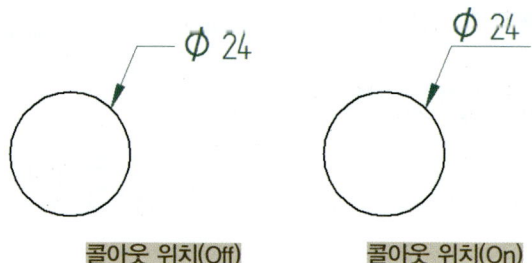 **수평 정렬(Horizontal Alignment)** : 콜아웃을 오른쪽, 왼쪽 또는 가운데 정렬합니다.

- 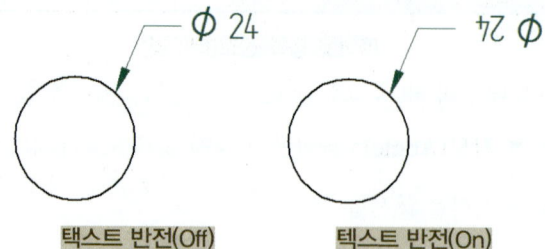 **위치(Position)** : 콜아웃을 분할 선의 비탁에 배치하거나 분할 선에 포함시킵니다.

- **평행 텍스트(Parallel Text)** : 콜아웃 텍스트를 연결되어 있는 지오메트리 또는 다른 주석에 평행하게 설정합니다.

- **텍스트 반전(Invert Text)** : 선택한 콜아웃 텍스트를 반전시킵니다

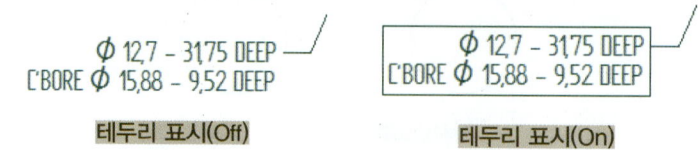

- **테두리 표시(Show Border)** : 콜아웃 텍스트 주변에 테두리를 표시합니다.

- 텍스트 제어(Text Control) : 콜아웃 텍스트 상자 안에서 콜아웃 텍스트 크기가 관리되는 방법을 지정합니다.

▶ 내용에 맞춤 : 콜아웃 상자 너비를 내용에 맞춰 자동 조정합니다.

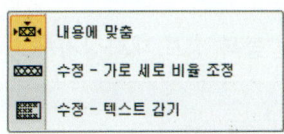

▶ 가로 세로 비율 조정 : 가로 세로 비율을 자동으로 조정하여 콜아웃의 너비가 너비 상자에서 지정한 것과 정확히 같은 값으로 유지됩니다.

▶ 텍스트 감기 : 지정한 줄 너비를 초과하는 텍스트를 자동으로 줄 바꿈합니다.

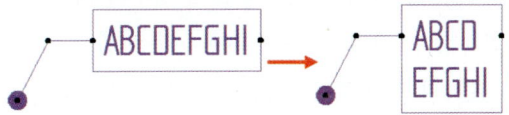

8.2 풍선(Balloon)

➡ 홈 탭 ⇒ 주석 그룹 ⇒ 풍선
➡ Home Tap ⇒ Annotation Group ⇒ Ballon

개별 풍선 주석을 배치합니다. 풍선 주석의 텍스트를 사용하면 빈 공간에서 요소 또는 점을 참조할 수 있습니다. 개별 풍선 등록 정보를 수정하여 풍선의 크기와 모양, 텍스트 표현 및 지시선 표시를 제어할 수 있습니다.

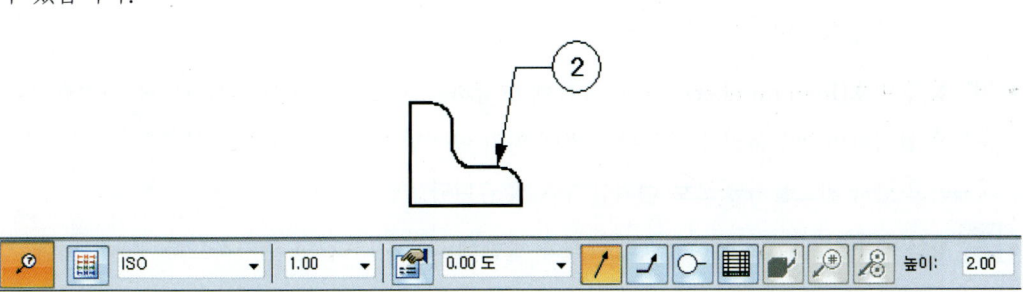

- 등록 정보(Properties) : 풍선 등록 정보 대화상자에 액세스합니다.

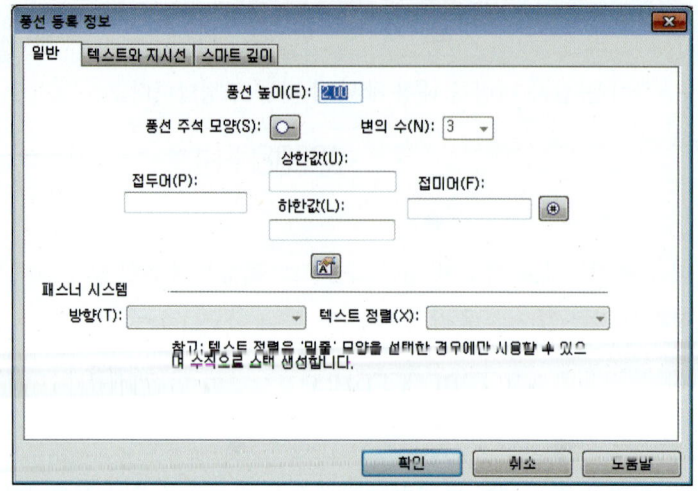

▶ 일반 탭 : 풍선의 높이, 모양, 번호, 하단 텍스트, 접두사 텍스트, 접미사 텍스트 및 등록정보 텍스트를 설정할 수 있습니다. 그리고 파트 목록 수량을 풍선 텍스트에 추출할 수 있으며, 패스너 시스템 컴포넌트가 표시된 풍선 주석 처리 도면 뷰에 사용할 수 있습니다.

- Shape(모양) : 사용 가능한 모양의 목록에서 원하는 풍선 모양을 지정합니다.

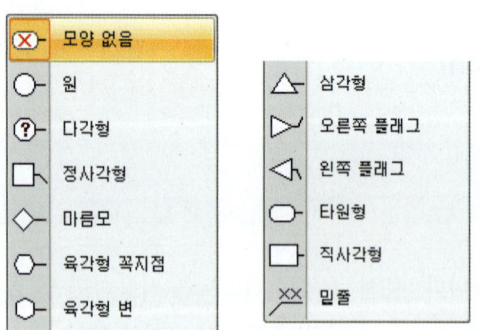

- 파트 목록 링크(Link to Parts List) : 항목 번호 및 항목 개수에 대한 풍선을 파트 목록과 링크할지 여부를 설정합니다.

- 항목 번호(Item number) : 파트 목록에 해당하는 아이템 번호를 표시하도록 지정합니다. 이 옵션을 설정하면 어셈블리가 구성된 방법에 따라 아이템 번호가 자동으로 할당됩니다. 이 옵션을 해제하고 항목 번호를 수동으로 정의할 수도 있습니다.

- 항목 개수(Item count) : 풍선의 아래쪽 절반에 파트 개수 값을 추가하도록 지정합니다.

chapter 06 Drafting(도면작성)

- 🔧 **패스너 시스템 스택 표시(Show Fastener System Stack)** : 도면 뷰에서 패스너 시스템 컴포넌트를 선택하고 파트 목록에 링크 옵션을 선택한 경우 패스너 시스템과 관련한 모든 풍선 주석을 가로 또는 세로 스택으로 표시합니다.

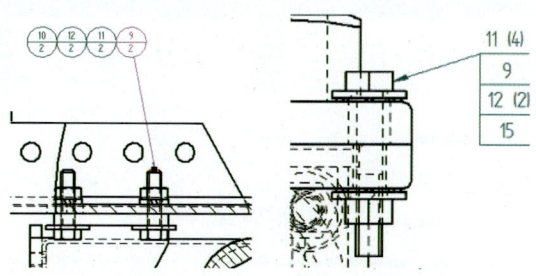

- 높이: 2.00 **높이(Height)** : 풍선의 높이를 지정합니다. 여기에는 치수 스타일에 정의된 텍스트 높이의 비율로 값을 입력합니다. 풍선의 실제 높이는 여기에 입력한 값에 치수 텍스트 높이를 곱한 결과가 됩니다.

- 상한값: 하한값: 접두어: 접미어: **접두어, 접미어, 텍스트, 하한값, 파트 목록 수량 및 등록 정보 텍스트** : 접두어, 접미어, 텍스트, 하한값 및 파트 목록 수량을 입력할 수 있으며 등록 정보 텍스트는 콜아웃과 동일한 기능입니다.

8.3 ∇ 곡면 질감 심볼(Surface Texture Symbol)

➡ 홈 탭 ⇒ 주석 그룹 ⇒ 곡면 질감 심볼
➡ Home Tap ⇒ Annotation Group ⇒ Surface Texture Symbol

보편적으로 사용되는 엔지니어링 도면 표준을 준수하는 곡면 질감 심볼을 배치합니다. 곡면 질감 심볼은 곡면 상의 매끄러움이나 거칠기를 나타냅니다. 배치하려는 곡면 질감 심볼의 종류를 제어하기 위한 옵션을 설정할 수 있습니다.

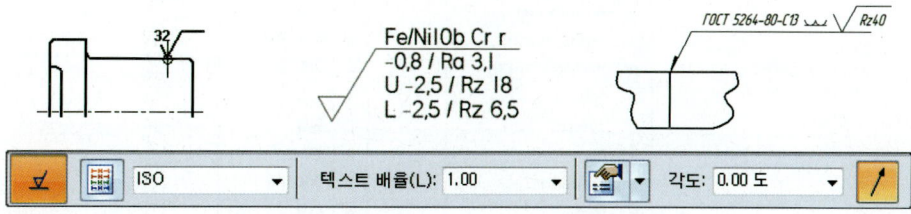

- **Properties(등록 정보)** : 등록 정보 대화상자에 액세스합니다. 저장된 설정을 적용하려면 화살표를 클릭하고 적용할 설정의 이름을 클릭합니다.

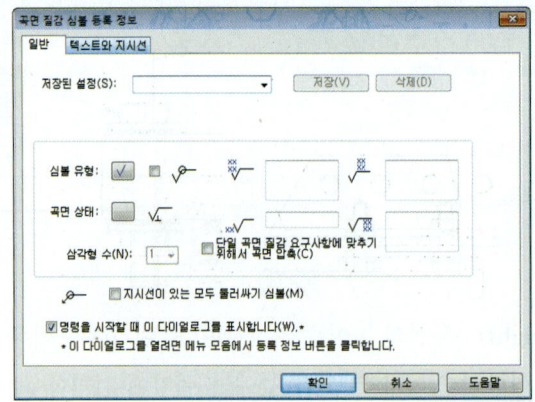

▶ 저장된 설정(Saved Settings) : 저장된 콘아웃 설정 목록을 표시합니다.
▶ 심볼 유형(Symbol Type) : 기본 곡면 질감 심볼 유형을 설정합니다.

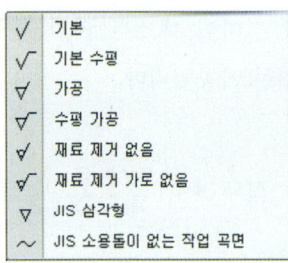

▶ 모두 둘러싸기 심볼(All Around Symbol) : 모두 둘러싸기 심볼이 표시되도록 지정합니다.
  (A) 지시선
  (B) 곡면 질감 심볼

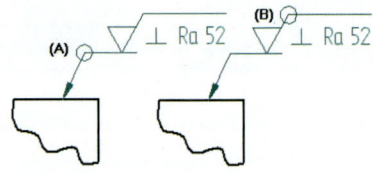

▶ 곡면 상태(Surface Lay) : 곡면 상태 유형을 설정합니다.

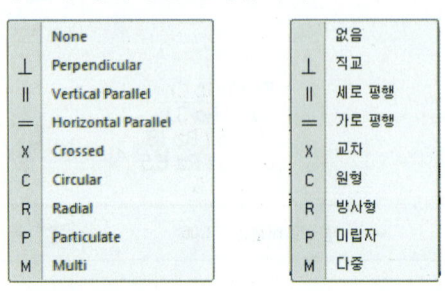

▶ 거칠기 값(Roughness Values) : 필요에 따라 정보를 추가합니다.
(A2) 최대 거칠기 값을 설정합니다.
(A1) 최소 거칠기 값을 설정합니다.

▶ 여유(Allowance) : 가공 여유 값을 설정합니다(B).

▶ 제조 방법(Manufacturing Method) : 수평선 위에 제조 또는 생산 방법 사양을 한 줄 이상 추가합니다(C1, C2 등).

▶ 곡면 질감 요구 사항(Surface Texture Requirements) : 심볼 수평선 위에 곡면 질감 요구 사항을 한 줄 이상 추가합니다(D1, D2 등).

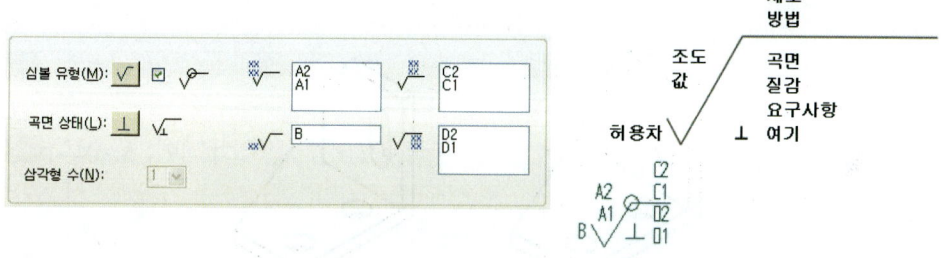

▶ 삼각형 수(Number of Triangles) : 배치할 삼각형의 수를 지정합니다. 이 옵션은 JIS 삼각형 심볼 유형이 선택된 경우에만 사용할 수 있습니다.

▶ 단일 곡면 질감 요구사항에 맞추기 위해서 곡면 압축(Compress Symbol for Single Surface Texture Requirement) : 한 줄의 텍스트를 입력할 때 심볼의 높이를 압축합니다.

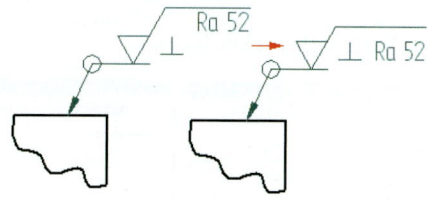

▶ 지시선을 사용한 모두 둘러싸기 심볼(All Around Symbol with Leader) : 설정할 때 곡면 질감 심볼 지시선(A)에 모두 둘러싸기 심볼을 표시합니다. 이 옵션의 선택을 취소하면 모두 둘러싸기 심볼이 곡면 질감 심볼(B)에 표시됩니다.

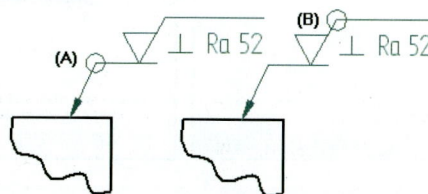

● 각도(Angle) : 곡면 질감 심볼의 방향 각도를 지정합니다.

- / **지시선(Leader)** : 지시선을 표시합니다.

8.4 용접 심볼(Weld Symbol)

➡ 홈 탭 ⇒ 주석 그룹 ⇒ 용접 심볼
➡ Home Tap ⇒ Annotation Group ⇒ Weld Symbol

표준 용접 심볼을 요소에 배치합니다. 배치할 용접 심볼의 종류를 제어하는 옵션을 설정할 수 있습니다.

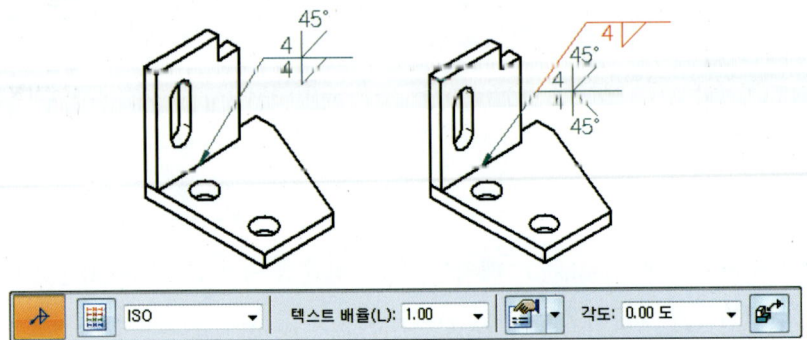

- **Properties(등록 정보)** : 등록 정보 대화상자에 액세스합니다. 저장된 설정을 적용하려면 화살표를 클릭하고 적용할 설정의 이름을 클릭합니다.

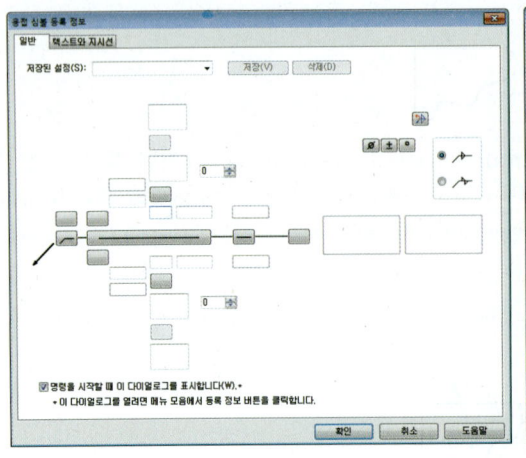 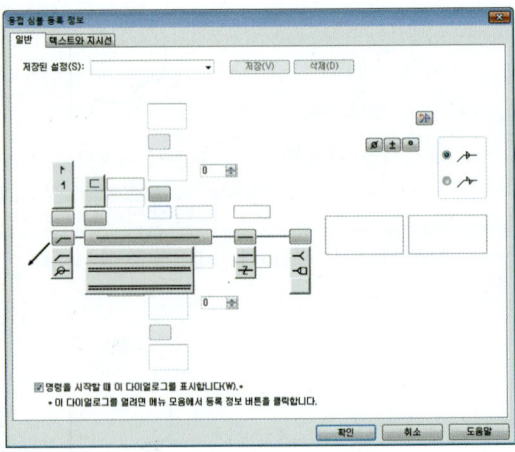

chapter 06 Drafting(도면작성)

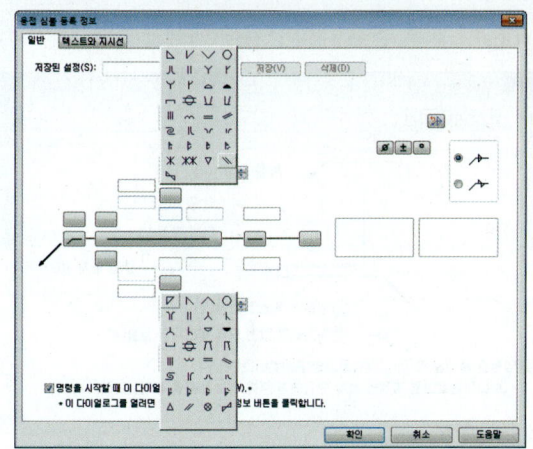

이 대화상자의 사용자 인터페이스는 활성 용접 심볼 표준에 따라 결정됩니다. Solid Edge 옵션 대화상자의 도면 표준 페이지에서 활성 용접 심볼 표준을 설정합니다. ANSI/ISO/DIN 또는 GOST 표준을 사용할 수 있습니다.

- 각도: 0.00 도   **각도(Angle)** : 용접 심볼의 방향 각도를 지정합니다.
- **지오메트리에 연결(Tie To Geometry)** : 어셈블리 문서에서 생성한 용접 심볼 레이블을 드래프트 문서로 추출할 수 있습니다.

8.5 모서리 조건(Edge Condition)

➡ 홈 탭 ⇒ 주석 그룹 ⇒ 모서리 조건
➡ Home Tap ⇒ Annotation Group ⇒ Edge Condition

모서리 조건 주석을 사용하여 재료가 유해한 처리 조건을 일으킬 수 있는 상황이나 정교한 맞춤을 위해 특수 가공이 필요한 상황 등에서 파트 모서리의 특수 마무리 지침을 지정할 수 있습니다. 일부 예에서는 번짐 제거, 시트 평평하게 하기, 칩 제거, 재료 얇게 만들기, 용접 슬래그 및 스패터 제거, 베어낸 모서리 사각화 여부 등을 보여 줍니다.

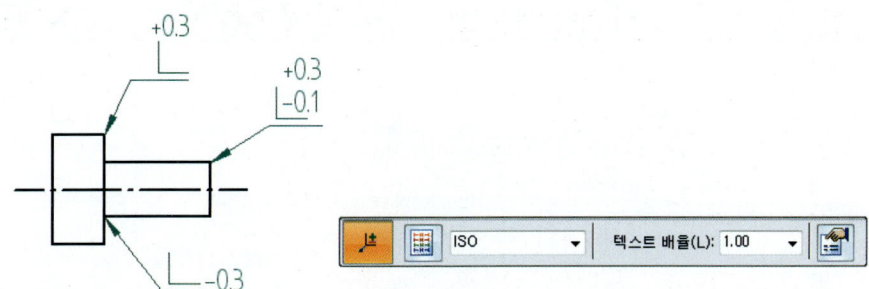

-  등록 정보(Properties) : 등록 정보 대화상자에 액세스합니다.

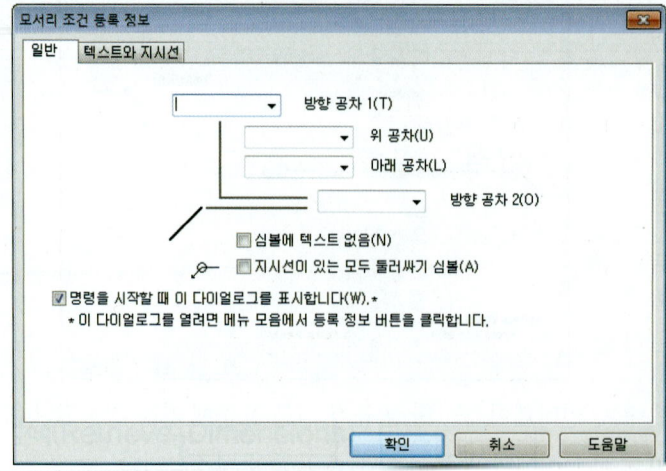

8.6 데이텀 프레임(Datum Frame)

➠ 홈 탭 ⇒ 주석 그룹 ⇒ 데이텀 프레임
➠ Home Tap ⇒ Annotation Group ⇒ Datum Frame

데이텀 프레임은 형상 프레임에서 참조하여 형상에 허용 가능한 공차를 전달합니다. 데이텀 프레임은 일반적으로 평면형 또는 원통형 면과 같이 동일한 면을 갖는 형상 위에 배치됩니다.(선, 원호, 원, 타원, 곡선, 빈 공간)

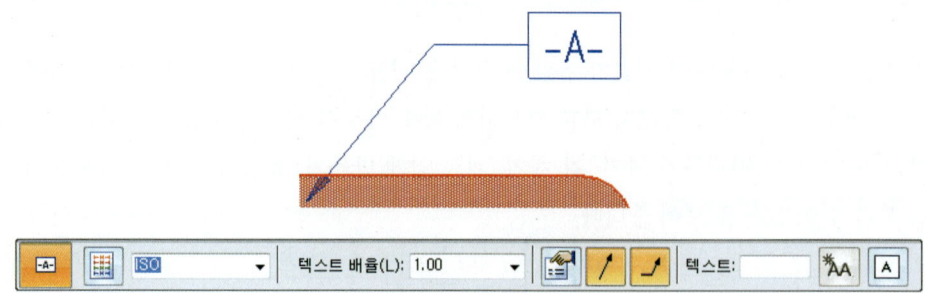

- 등록 정보(Properties) : 등록 정보 대화상자에 액세스합니다.

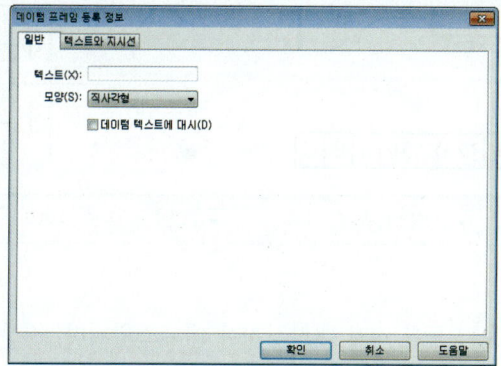

- 자동 명명(Auto Name) : 데이텀 프레임 레이블을 수동 또는 자동으로 생성할 수 있습니다. 도면에 여러 데이텀 프레임을 배치할 경우 자동으로 명명된 데이텀 프레임에서 레이블 이름을 일관되게 유지해야 합니다.

- 데이텀 프레임 모양(Datum Frame Shape) : 데이텀 프레임 형상이 직사각형인지 또는 원형인지 지정합니다.

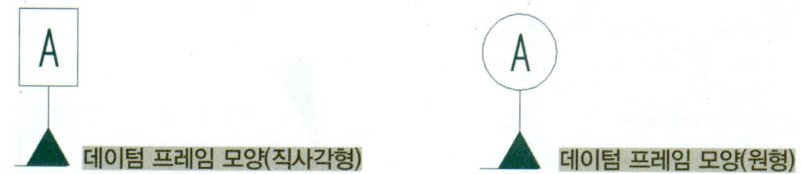

- 치수선에 맞게 주석 종료자 정렬 : 참조하는 치수선(2)에 맞게 데이텀 프레임의 종료자 또는 형상 프레임(1)을 끌 수 있습니다.

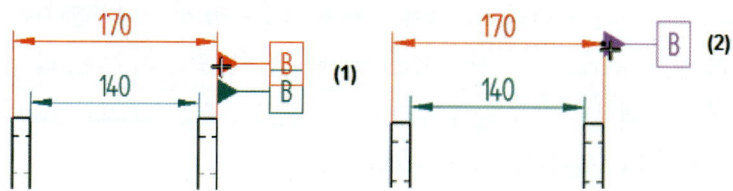

8.7 형상 프레임(Feature Control Frame)

➡ 홈 탭 ⇒ 주석 그룹 ⇒ 형상 프레임
➡ Home Tap ⇒ Annotation Group ⇒ Feature Control Frame

모델 요소에 형상 프레임을 배치합니다. 형상 프레임은 형상에 사용 가능한 공차의 통신에 대한 데이텀을 의미합니다(2D 와이어프레임 요소, 치수 텍스트, 치수 선, 투영 선, 빈 공간, 데이텀 프레임, 형상 프레임).

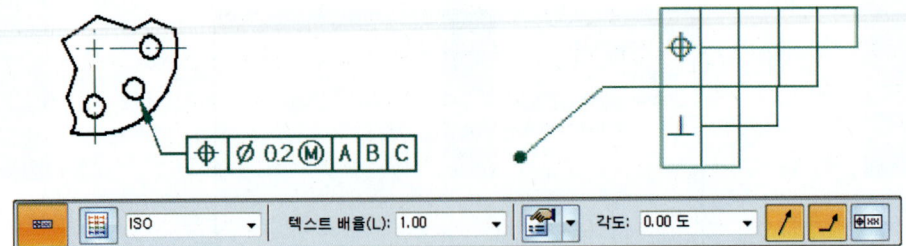

- 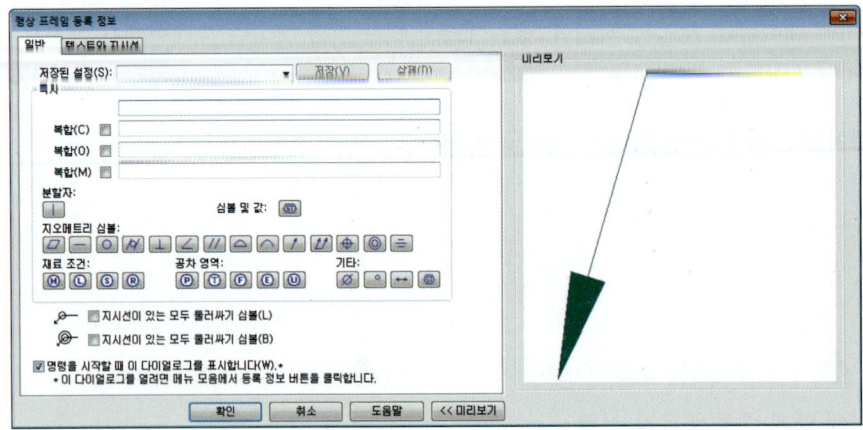 **Properties(등록 정보)** : 등록 정보 대화상자에 액세스합니다. 저장된 설정을 적용하려면 화살표를 클릭하고 적용할 설정의 이름을 클릭합니다.

▶ 저장된 설정(Saved Settings) : 목록에서 저장된 프레임을 선택하여 액세스할 수 있습니다.

▶ 분할자(Divider) : 형상 프레임 내의 개별 구획 사이에 분할 선을 배치합니다.

▶ 지오메트리 심볼(Geometric) : 형상 프레임에 배치할 수 있는 지오메트리 심볼을 표시합니다. (평평도, 직진도, 원형도, 원통도, 수직도, 각도, 평행도, 곡면의 프로파일, 선의 프로파일, 원형 런아웃, 전체 런아웃, 위치, 동심도 및 대칭)

▶ 재료 조건(Material Conditions) : 형상 프레임에 배치할 수 있는 재료 조건 심볼을 표시합니다.

▶ 공차 영역(Tolerance Zone) : 형상 프레임에 배치할 수 있는 공차 영역 심볼을 표시합니다.(투영, 접평면, 자유 상태, 영역 필수 조건 및 일정하지 않게 배치된 프로파일)

▶ 기타(Other) : 형상 프레임에 배치할 수 있는 다른 심볼을 표시합니다. 직경, 각도, 사이 및 통계적 공차에 대한 특수 심볼을 선택할 수 있습니다.(직경, 각도, 사이 및 통계적 공차)

▶ 복합(Composite) : 3개의 복합 확인란 중 하나를 선택하면 상자를 선택한 행과 그 위의 행 사이에 복합 프레임이 활성화됩니다.

chapter 06 Drafting(도면작성)

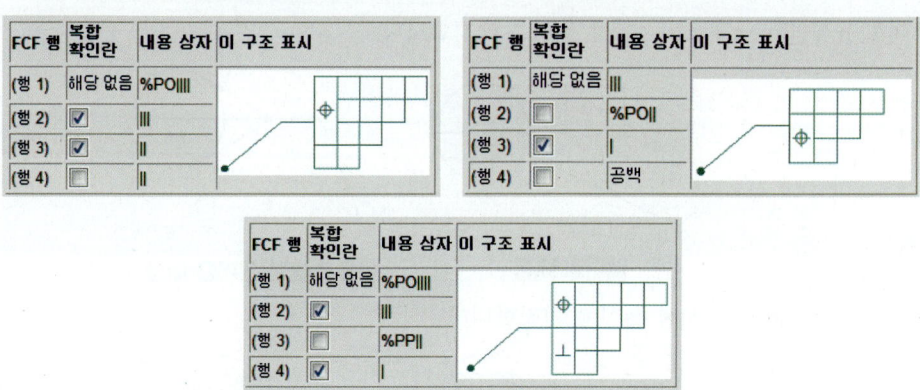

- 각도: 0.00 도 ▼ **각도(Angle)** : 형상 프레임의 방향 각도를 지정합니다.

8.8 데이텀 대상(Datum Target)

➡ 홈 탭 ⇒ 주석 그룹 ⇒ 기준 대상
➡ Home Tap ⇒ Annotation Group ⇒ Datum Target

모델 요소에 데이텀 타겟을 배치합니다(선, 원호, 원, 타원, 곡선, 데이텀 점 심볼, 빈 공간).

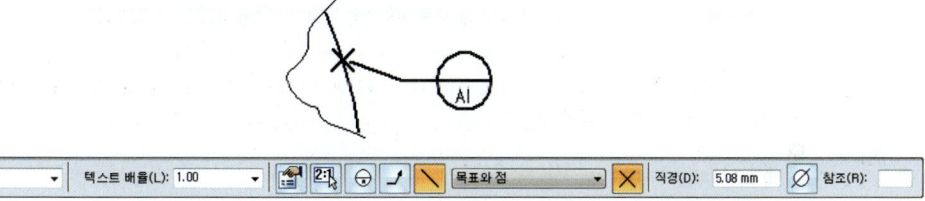

- **등록 정보(Properties)** : 등록 정보 대화상자에 액세스합니다.

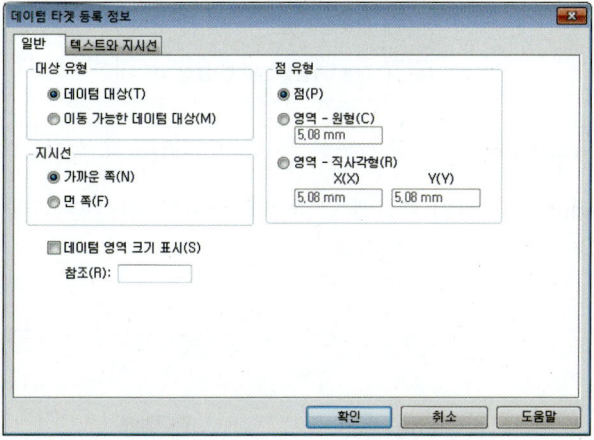

553

▶ 대상 유형(Target Type) : 대상 유형을 지정합니다.

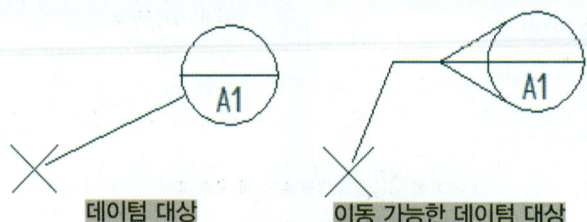

▶ 지시선(Leader) : 지시선 유형을 지정합니다.

▶ 데이텀 영역 크기 표시(Show datum area size) : 데이텀 영역 크기를 데이텀 대상 심볼로 표시할 지 여부를 지정합니다.

▶ 점 유형(Point Type) : 데이텀 대상 점 심볼과 크기를 지정합니다.

데이텀 대상 점 옵션	표시	크기
점	×	해당 없음
원형 영역	◯	상자를 사용하여 원형 영역의 직경을 지정할 수 있습니다.
직사각형 영역	▨	X 및 Y 상자를 사용하여 직사각형 영역의 크기를 지정할 수 있습니다.

- 도면 배율(Use Drawing View Scale) : 선택한 도면 뷰가 강조 표시되고 배치하는 추가 데이텀 대상에 대해 선택된 활성 배율이 유지됩니다.

- 데이텀 대상 유형(Datum Target Type) : 데이텀 대상 유형을 지정합니다.

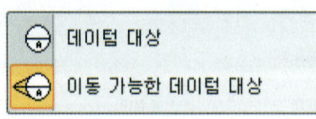

- 가까운 측면(Near Side) : 파트의 가까운 측면을 가리키도록 지시선에 연속 선을 표시합니다.

- 먼 측면(Far Side) : 지시선이 파트의 먼 측면을 가리키도록 지시선에 점선을 표시합니다.

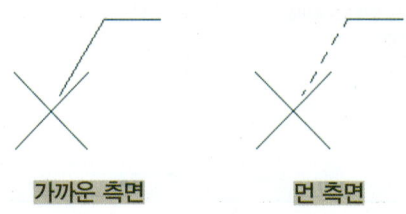

- 배치 옵션(Placement Options) : 데이텀 대상, 데이텀 점 또는 모두에 대한 배치 옵션을 설정합니다.
- ⊠ 데이텀 점 유형(Datum Point Type) : 데이텀 점 심볼 표시 유형을 선택합니다.

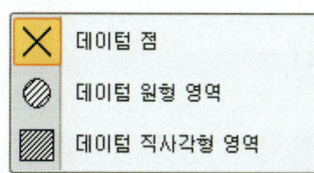

- 직경(D): 5.08 mm 직경(Diameter) : 데이텀 영역 심볼의 직경을 지정합니다.
- ⌀ 데이텀 영역 표시(Show Datum Area) : 데이텀 영역을 데이텀 대상 심볼로 표시할지 여부를 지정합니다.
- 참조(R): 참조(Reference) : 데이텀 형상 참조 문자와 데이텀 대상 번호를 지정합니다.

(A) 직경
(B) 참조

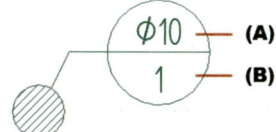

8.9 지시선(Leader)

➡ 홈 탭 ⇒ 주석 그룹 ⇒ 지시선
➡ Home Tap ⇒ Annotation Group ⇒ Leader

요소 또는 빈 공간에 지시선을 추가합니다. 지시선의 한 쪽 끝을 요소 또는 빈 공간에 첨부할 수 있습니다.

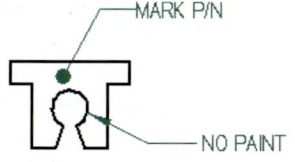 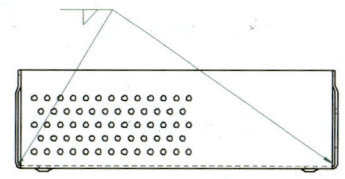

키보드에 있는 Alt 키를 이용하여 지시선에 꼭지점을 삽입할 수 있습니다. 또한 Alt 키를 눌러서 생성된 꼭지점을 다시 선택하면 삭제됩니다.

- ![icon] 등록 정보(Properties) : 등록 정보 대화상자에 액세스합니다.
- ![icon] 각도(Angle) : 지시선의 방향 각도를 지정합니다.

8.10 커넥터(Connector)

➡ 홈 탭 ⇒ 주석 그룹 ⇒ 커넥터
➡ Home Tap ⇒ Annotation Group ⇒ Connector

블록과 커넥터를 함께 사용하여 드래프트 환경에서 회로도 및 흐름도를 작성할 수 있습니다. 이 동적 커넥터 배치 모드에서 마우스 오른쪽 버튼을 클릭하거나, 선택 도구를 클릭하거나, Esc 키를 눌러 종료할 때까지 커넥터를 배치할 수 있습니다.

리본 명령 모음의 옵션을 사용하여 커넥터를 배치할 때 커넥터 모양을 편집하고, 커넥터 선 및 종료자 등록 정보를 편집하고, 커넥터의 방향을 변경할 수 있습니다.

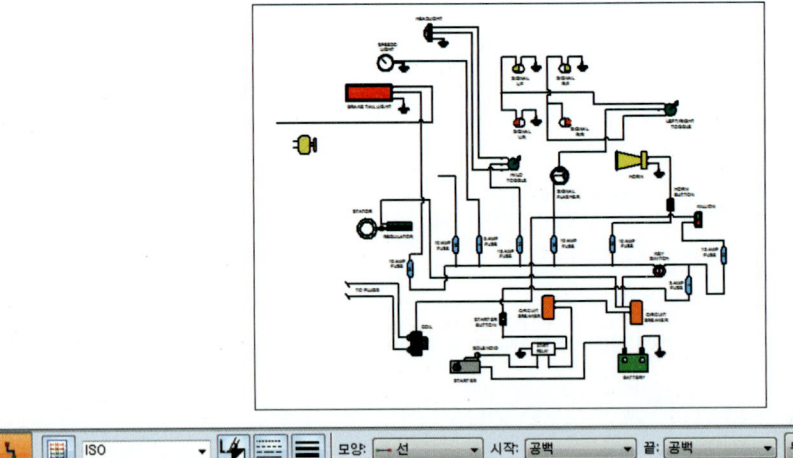

- 모양(Shape) : 목록에서 커넥터 모양을 선택하거나, S 키를 눌러 선택한 커넥터의 모양을 변경합니다.

모양	기본 방향	뒤집기 후
선	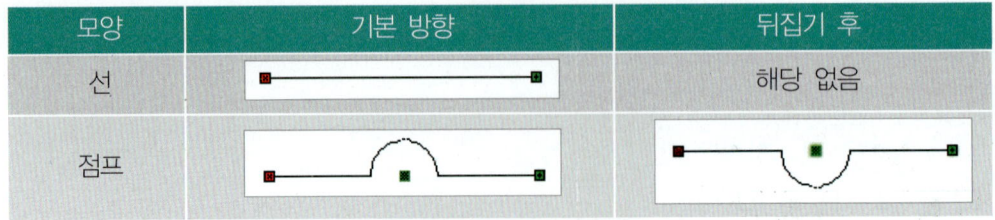	해당 없음
점프		

chapter 06 Drafting(도면작성)

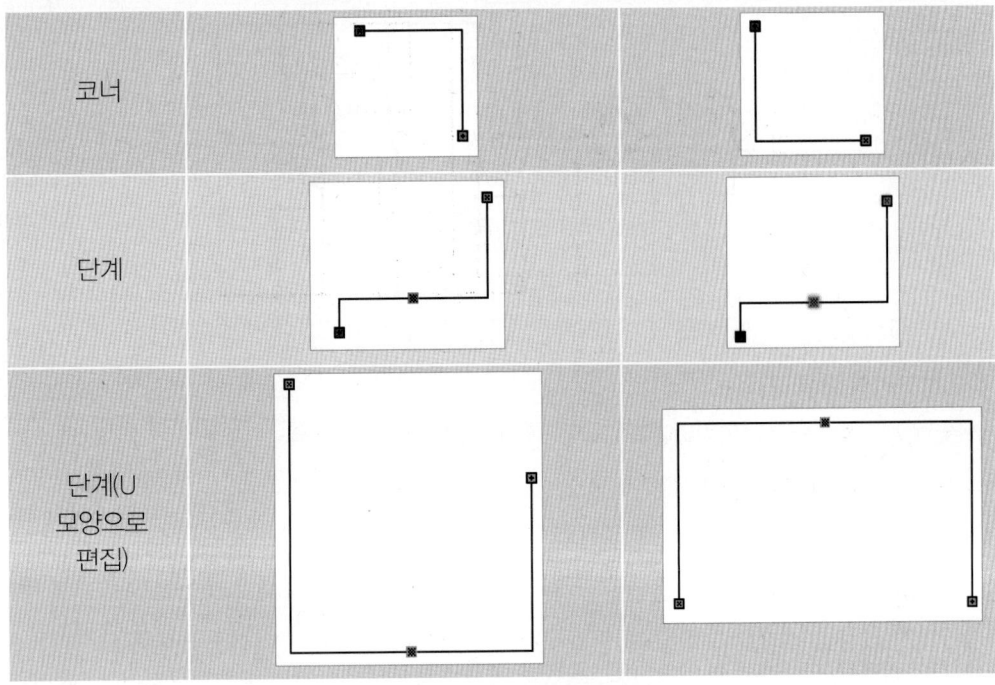

Solid Edge 지원 커넥터 모양

- 시작: 공백 ▼ 끝: 공백 ▼ **시작/끝 종료자(Start/End Terminator)** : 시작과 끝 종료자의 모양을 지정합니다.

- 뒤집기 **방향 뒤집기(Flip Orientation)** : 점프, 모서리 또는 단계 커넥터를 추가하거나 편집할 때 커넥터 모양의 방향을 변경합니다. 또는 F 키를 눌러 커넥터를 뒤집습니다.

- 점프 반경: 0.5 x 텍스트 높이 **점프 반경(Jump Radius)** : 점프 호 반경의 크기를 텍스트 높이의 배수로 설정합니다. 기본 값은 0.5입니다.

블록 사용

블록 및 커넥터 다이어그램 도구를 사용하면 전기, P&ID 및 다른 다이어그램을 쉽게 개발할 수 있습니다. Solid Edge에는 산업 표준 2D 블록의 라이브러리가 있으며 빠른 변환을 통해 모든 AutoCAD 블록에 액세스할 수 있습니다. 지능적인 커넥터가 블록의 키포인트에 빠르게 스냅되며, 쉽게 업데이트할 수 있는 연관 링크를 생성할 수 있습니다.

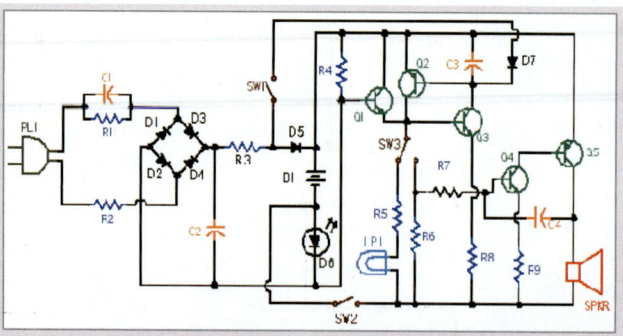

라이브러리의 블록 표시

블록 라이브러리를 표시하려면 라이브러리 윈도우의 라이브러리 탭에 있는 블록 표시 버튼 을 클릭합니다.

(A) 블록 라이브러리 파일 목록 : 지정된 폴더에 있는 모든 파일을 표시합니다. 블록 라이브러리 파일은 확장명이 .dwg, .dxf 및 .dft인 파일입니다.

(B) 블록 선택 창 : 활성 문서의 모든 블록을 이름별로 나열합니다. 또한 블록 라이브러리 파일 목록(위)에서 파일이름을 클릭하는 경우 외부 블록 파일에 포함된 개별 블록 이름을 표시합니다. 개별 블록을 배치하려면 이 위치에서 블록을 그래픽 윈도우로 끌어다 놓습니다.

(C) 블록 미리 보기 창 : 블록 선택 창에서 선택한 블록 이름의 그래픽 미리 보기를 표시합니다.

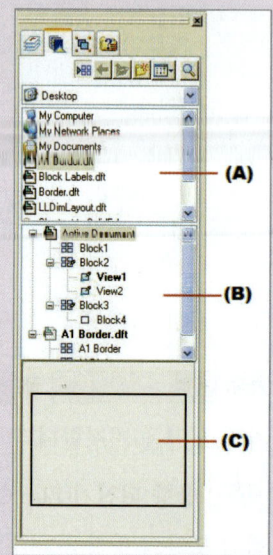

블록 그래픽 회전

블록을 문서로 끈 다음 클릭하여 배치하기 전에 다음 키를 사용하여 블록을 45도씩 증분하여 회전시킬 수 있습니다.

- A 키를 눌러 시계 반대 방향으로 회전합니다.
- S 키를 눌러 시계 방향으로 회전합니다.

8.11 텍스트(Text)

➡ 홈 탭 ⇒ 주석 그룹 ⇒ 텍스트
➡ Home Tap ⇒ Annotation Group ⇒ Text

도면에 텍스트 상자 또는 텍스트 문자열을 배치합니다.

chapter 06 Drafting(도면작성)

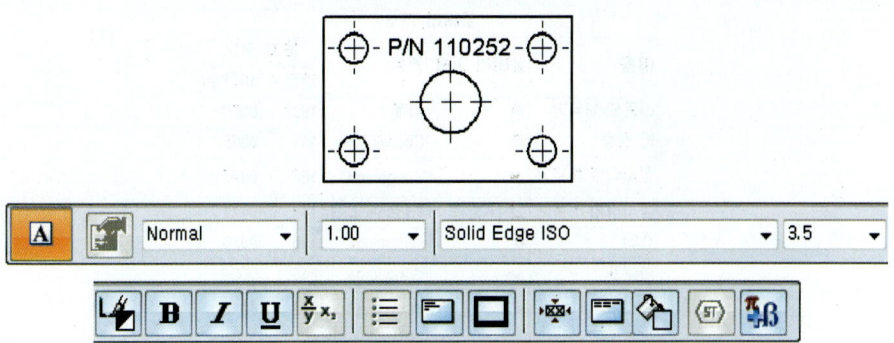

텍스트 명령 모음을 이용하여 스타일, 폰트, 폰트 크기, 텍스트 배율, 굵게, 기울임꼴, 수평 맞춤, 수직 맞춤, 테두리, 텍스트 색상, 기타, 높이, 굵기, 각도, 수평 텍스트 방향, 수직 텍스트 방향 및 채우기 색상을 제어할 수 있습니다.

- 스택(Stack) : 분수, 위첨자, 아래첨자 텍스트의 내용과 모양을 지정합니다.

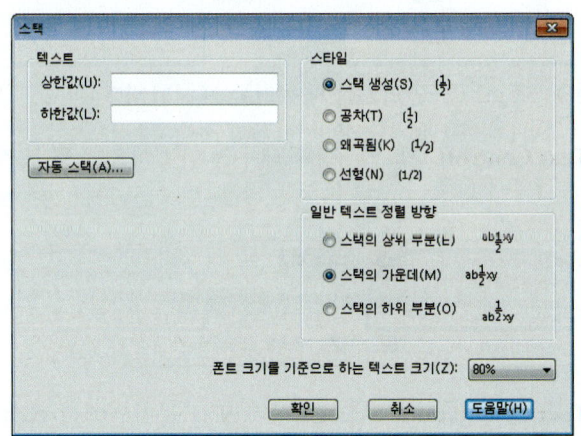

- 글머리 기호 및 번호 매기기(Bullets and Numbering) : 글머리 기호를 선택하면 다음 표에 나와 있는 글머리 기호 목록 중에서 선택할 수 있습니다. 번호 매기기를 선택할 때 일반 숫자, 로마 숫자 또는 라틴 알파벳을 선택할 수 있습니다.

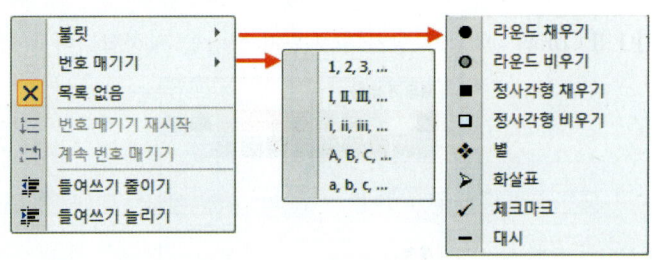

559

글머리 기호			문자 코드	
이름	글머리 기호	폰트	10진수	16진수
라운드 채우기	●	심볼	183	00B7
빈 원형	◎	Courier New	111	006F
정사각형 채우기	■	Wingdings	167	00A7
정사각형 비우기	□	Wingdings	113	0071
스타	❖	Wingdings	118	0076
화살표	➤	Wingdings	216	00D8
확인 표시	✓	Wingdings	252	00FC
대시	—	(일반 텍스트)	45	002D

- **맞춤(Justifications)** : 텍스트 상자의 왼쪽, 오른쪽, 위, 아래 및 가운데에 따라 텍스트를 수평 및 수직으로 정렬합니다. 총 9가지 텍스트 정렬 옵션을 사용할 수 있습니다.

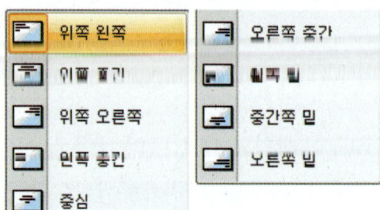

- **테두리(Border)** : 텍스트를 둘러싸는 테두리를 표시합니다.

- **텍스트 제어(Text Control)** : 텍스트 상자 테두리 안에서 텍스트 크기가 관리되는 방법을 지정합니다.

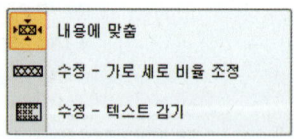

- **텍스트 방향(Text Orientation)** : 텍스트 상자 또는 문자열에서 텍스트 방향을 가로 또는 세로로 지정합니다.

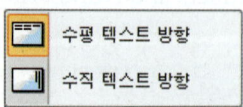

- **색상 채우기(Fill Color)** : 텍스트 상자의 채우기 색상을 지정합니다.

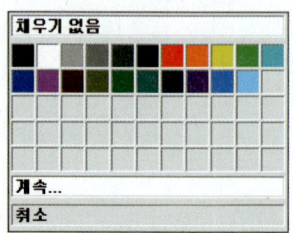

chapter 06 Drafting(도면작성)

- ⓢⓣ **심볼 선택(Select Symbols)** : 텍스트 상자 내 현 커서 위치에 삽입할 심볼을 선택하는 데 사용할 수 있는 심볼 및 값 선택 대화 상자를 엽니다. 선택할 수 있는 심볼 유형의 예에는 ±(더하기/빼기), °(도) 및 ⌀(직경) 등이 있습니다.

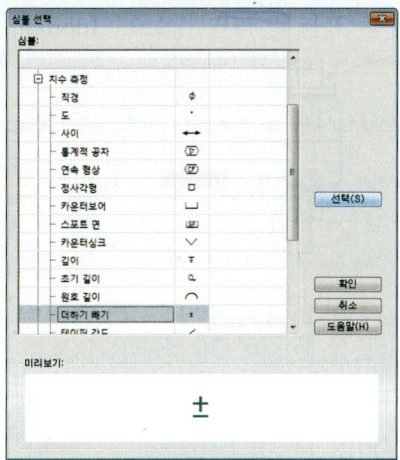

- **문자 삽입(Insert Character)** : 특수 Microsoft 폰트 문자를 선택하여 텍스트 상자에 삽입할 수 있는 문자 매핑 대화 상자를 엽니다. 특수 문자는 키보드에서 사용할 수 없는 문자입니다.

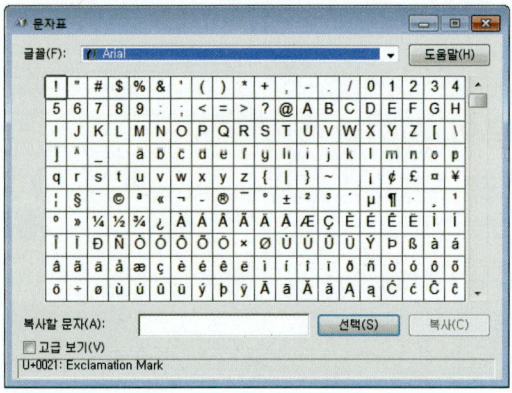

8.12 이미지(Image)

➠ 스케치 탭 ⇒ 삽입 그룹 ⇒ 이미지
➠ Sketching Tap ⇒ Insert Group ⇒ Image

문서에 이미지를 삽입합니다. 다음과 같은 파일 유형을 삽입할 수 있습니다.
- Windows 비트맵 이미지 파일(.bmp)
- JPEG 이미지 파일(.jpg)

561

- TIFF 이미지 파일(.tif)

JPEG 이미지 파일은 반드시 RGB 형식이어야 합니다. CMYK 형식은 지원되지 않습니다.

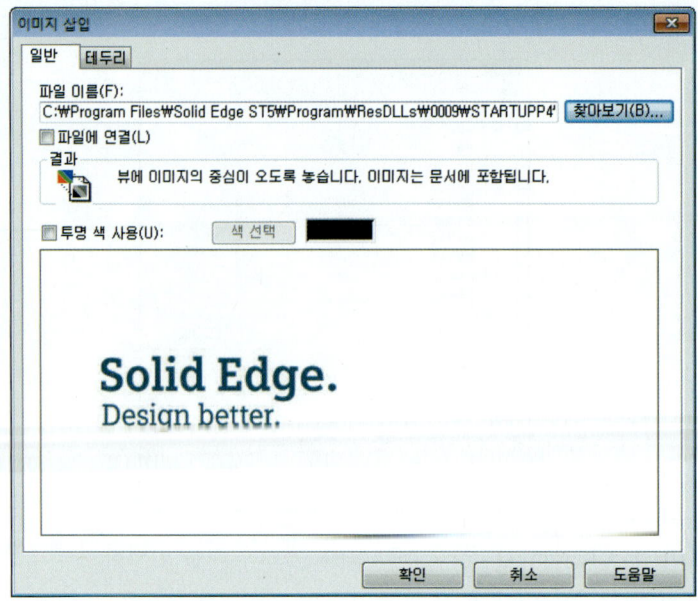

09 여러 종류의 테이블 작성하기

9.1 파트 목록(Part List)

➡ 홈 탭 ⇒ 테이블 그룹 ⇒ 파트 목록
➡ Home Tap ⇒ Tables Group ⇒ Part List

참조된 파트 또는 어셈블리 문서의 파일 등록 정보에서 정보를 검색하여 도면의 파트 목록에 표시합니다. 파트 목록 명령을 사용하여 풍선을 파트 뷰의 개별 파트에 자동으로 추가할 수도 있습니다. 또한 파이프 및 프레임 구성원의 경우 전체 길이 목록 또는 절단 길이 목록을 생성할 수 있습니다.

chapter 06 Drafting(도면작성)

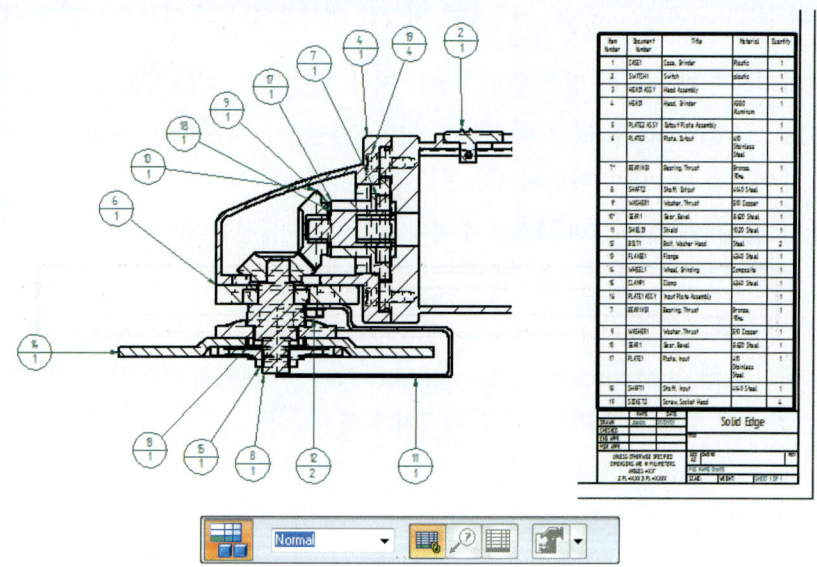

- Normal ▼ 테이블 스타일(Table Style) : 사용 가능한 테이블 스타일을 나열 및 적용합니다.
- 활성 파트에 연결(Link To Active) : 동일한 도면에 대해 여러 파트 목록을 생성하여 동일한 아이템 번호를 공유하려면 활성 파트에 연결 버튼을 설정합니다.
- 자동 풍선 주석(Auto-Balloon) : 도면 뷰의 파트에 풍선 주석을 추가합니다.
- 목록 배치(Place List) : 도면 시트에 파트 목록을 배치합니다. 이 옵션을 해제한 경우에도 파트 목록 명령을 사용하여 도면 뷰에 풍선 주석을 자동으로 추가할 수 있습니다.
- 저장된 설정(Saved Settings) : 사용자가 저장한 테이블 형식의 이름을 나열하고 적용합니다.
- 등록 정보(Properties) : 파트 목록 등록 정보 대화 상자를 표시합니다.
  ▶ 일반 : 테이블 및 파트 목록의 최대 크기를 설정합니다.

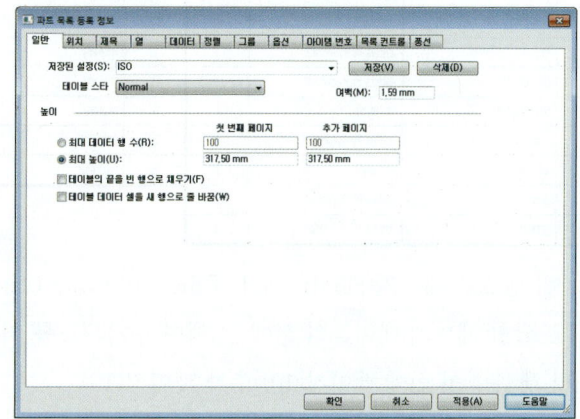

563

- 저장된 설정(Saved Settings) : 사용자가 저장한 테이블 형식의 이름을 나열합니다. 저장된 설정을 입력하면 파트 목록 명령 모음에 있는 저장된 설정 아이콘 리스트에 추가됩니다.
- 테이블 스타일(Table Style) : 선택한 테이블 스타일을 적용합니다. 테이블 스타일 변경은 홈 탭 〉 치수 그룹 〉 스타일 명령에서 변경할 수 있습니다.
- 여백(Margin) : 테이블 셀의 텍스트 주위에 여백(A)을 설정합니다.

- 최대 데이터 행 수(Maximum Number of Data Rows) : 테이블 페이지 당 최대 행수를 지정합니다. 최대 행 수가 초과되면 새로운 페이지가 생깁니다.
  (A) 최대 데이터 행 수 : 10줄
  (B) 추가 페이지

- 최대 높이(Maximum Height) : 최대 테이블 높이를 지정합니다. 테이블의 전체 높이가 이 값을 초과하면 테이블이 여러 테이블로 나뉩니다.
  (A) 최대 높이 : 100mm
  (B) 추가 페이지

- 테이블의 끝을 빈 행으로 채우기(Fill the end of the table with blank rows) : 선택하면 최대 테이블 높이에 도달할 때까지 테이블의 끝에 빈 행이 추가되도록 지정됩니다.
  (A) 최대 데이터 행 수 : 첫 번째 페이지(10) 추가 페이지(10)

(B) 추가 페이지
(C) 테이블 끝 빈 행

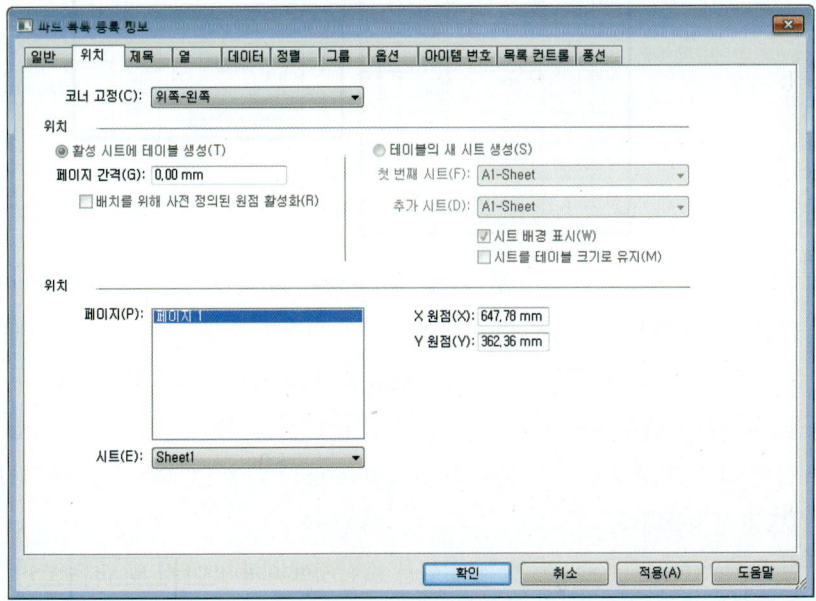

- 테이블 데이터 셀을 새 행으로 줄 바꿈(Wrap table data cells to new row) : 선택하면 랩 텍스트를 수용하도록 테이블에 새 행이 추가됩니다. 행 높이는 변경되지 않습니다.

▶ 위치 : 파트 목록 및 테이블에 대한 시트 배치 및 크기 조정 옵션을 설정합니다.

- 코너 고정(Anchor Corner) : 도면 시트에 테이블을 배치하는 고정점으로 테이블의 모서리를 지정합니다.

위쪽-왼쪽   위쪽-오른쪽

아래쪽-왼쪽   아래쪽-오른쪽

- 활성 시트에 테이블 생성(Create table on active sheet) : 다음 명세를 사용하여 현재 시트에 테이블을 배치합니다.

  • 페이지 간격(Page Gap) : 테이블이 여러 페이지로 분할되는 경우 개별 페이지 간의 거리(A)를 지정합니다.

  • 배치를 위해 사전 정의된 원점 활성화(Enable predefined origin for placement) : 사용자 정의 원점에 자유롭게 배치하는 대신 X 원점 및 Y 원점 상자에 지정한 시트의 테이블 원점에 테이블이 배치되도록 지정합니다(이 확인란을 선택한 경우 마우스를 사용하여 동적으로 테이블을 배치할 수 없습니다).

- 테이블의 새 시트 생성(Create new sheets for table) : 다음 명세를 사용하여 테이블에 포함할 새 시트를 생성합니다.

  • 첫 번째 시트(First sheet) : 첫 번째 테이블 페이지에 사용할 배경 및 시트 크기를 지정합니다.

  • 추가 시트(Additional sheet) : 추가 테이블 페이지에 사용할 배경 및 시트 크기를 지정합니다.

  • 시트 배경 표시(Show sheet backgrounds) : 테이블이 생성되는 테이블 시트에 배경 시트가

표시되도록 지정합니다.
- 시트를 테이블 크기로 유지(Maintain sheets with table size) : 테이블이 증가하면 새 시트가 생성되고 테이블이 감소하거나 삭제되면 사용되지 않는 시트도 삭제되도록 지정됩니다.

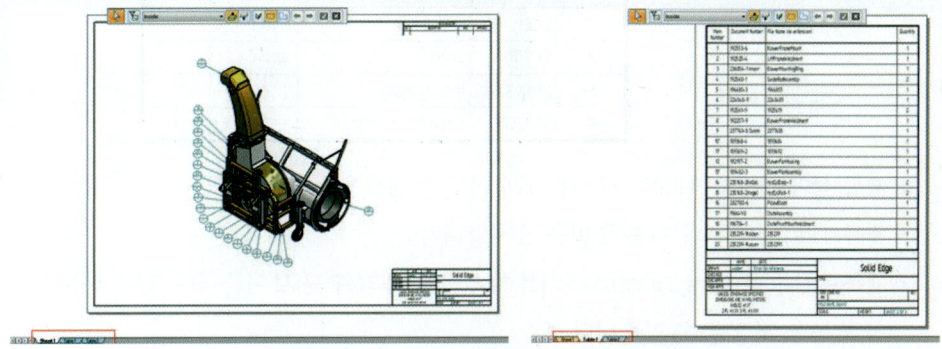

- 페이지(Page) : 테이블의 모든 페이지를 나열합니다. 이 옵션을 사용하여 도면 전체에서 테이블 페이지를 분할할 수 있습니다.
- 시트(Sheet) : 문서의 모든 도면 시트를 나열합니다. 이 옵션과 페이지 컨트롤을 사용하여 테이블 또는 파트 목록의 페이지를 다른 시트로 이동할 수 있습니다.
- X 원점(X origin) : 시트의 테이블 원점에 대한 X좌표를 지정합니다.
- Y 원점(Y origin) : 시트의 테이블 원점에 대한 Y좌표를 지정합니다.

▶ 제목 : 테이블 및 파트 목록의 제목 옵션을 설정합니다.

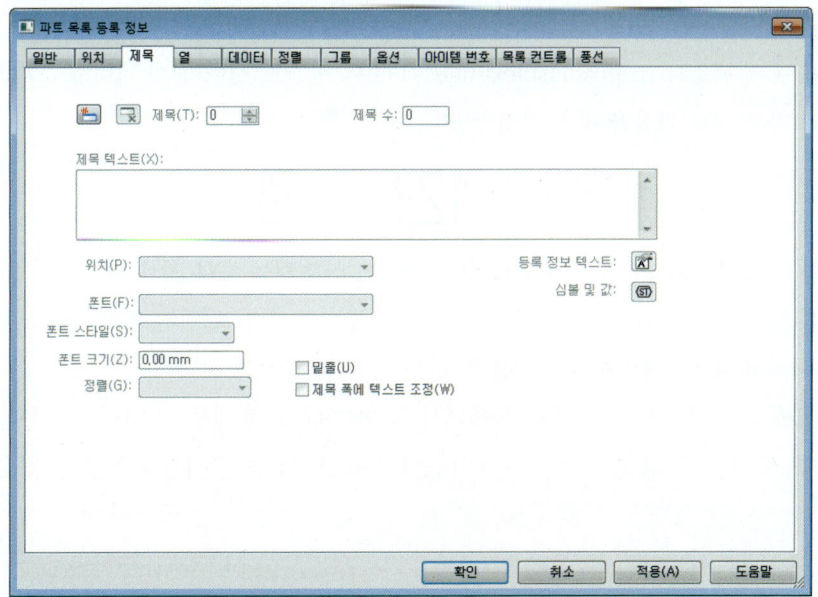

- 제목 추가(Add Title) : 테이블에 제목을 추가합니다.

(A) 제목 추가 : Grinder

(A)	Grinder			
Item Number	Document Number	Title	Material	Quantity
1	CASE1	Case, Grinder	Plastic	1
2	SWITCH1	Switch	plastic	1
3	HEAD1 ASSY	Head Assembly		1
4	SOCKET2	Screw, Socket Head		4

- 제목 삭제(Delete Title) : 테이블에서 선택한 제목을 삭제합니다.
- 제목(Title) : 제목의 연속 순번을 표시합니다.
- 제목 수(Number of Titles) : 테이블에 있는 제목의 수를 보여줍니다. 단일 테이블에 최대 50개의 제목을 저장할 수 있습니다.
- 제목 텍스트(Title Text) : 제목에 표시하려는 텍스트를 입력합니다.
- 위치(Position) : 테이블 내 제목의 위치를 지정합니다. 테이블 맨 위(머리글 위치), 맨 아래(바닥글 위치) 및 양 쪽 위치에 테이블을 배치할 수 있습니다.
- 폰트(Font) : 현재 선택된 테이블 제목에 적용할 폰트를 지정합니다.
- 폰트 스타일(Font style) : 현재 선택된 테이블 제목에 적용할 폰트 스타일을 지정합니다.
- 폰트 크기(Font size) : 현재 선택된 테이블 제목의 텍스트 크기를 지정합니다.
- 정렬(Alignment) : 현재 선택된 테이블 제목 텍스트의 수평 정렬을 조정합니다. 왼쪽, 중심 및 오른쪽 옵션이 있습니다.
- 밑줄(Underline) : 현재 선택된 테이블 제목 텍스트에 밑줄을 적용합니다.
- 제목 폭에 텍스트 조정(Adjust text title width) : 텍스트 길이가 셀 너비를 초과하면 제목 텍스트의 가로 세로 비율을 자동 조정합니다.

123   123

- 등록 정보 텍스트(Property text) : 다른 원본을 참조하는 등록 정보 텍스트를 삽입합니다.
- 심볼 및 값(Symbols and) : 등록 정보 텍스트 코드를 직접 입력하지 않고도 적합한 심볼 및 모델 파생 값을 생성할 수 있는 심볼 및 값 선택 대화 상자를 엽니다.
▶ 열 : 모델 파생 테이블 또는 파트 목록에서 각 열에 대한 열 내용 및 머리글 내용을 정의할 수 있습니다. 또한 각 열의 표시 형식과 테이블에 열이 표시되는 순서를 지정할 수 있습니다.

chapter 06 Drafting(도면작성)

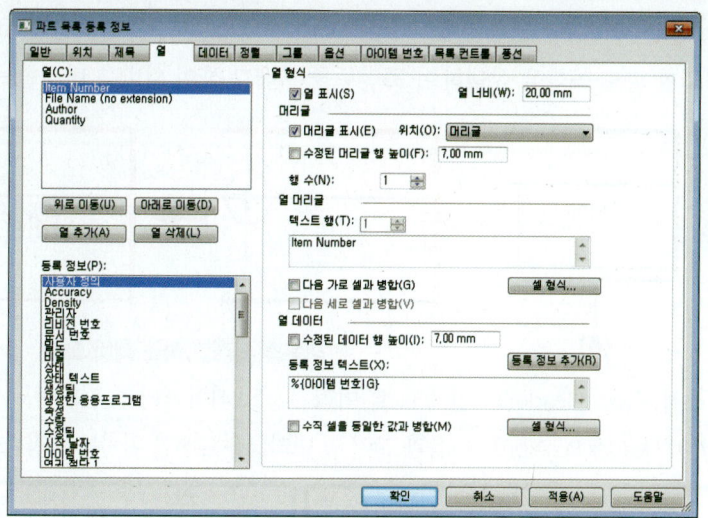

- 열(Columns) : 테이블에 현재 정의된 열을 나열합니다.
- 위로 이동(Move Up) : 선택한 열을 열 목록에서 한 위치 위로 이동합니다.
- 아래로 이동(Move Down) : 선택한 열을 열 목록에서 한 위치 아래로 이동합니다.

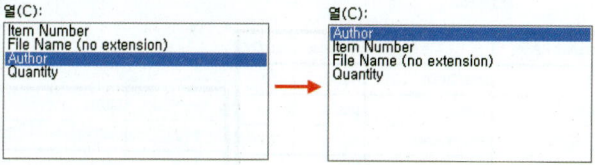

- 열 추가(Add Column) : 등록 정보 목록에서 선택한 등록 정보 유형을 열 목록에 추가합니다.
- 열 삭제(Delete Column) : 열 목록 또는 테이블에서 선택한 열을 제거합니다.

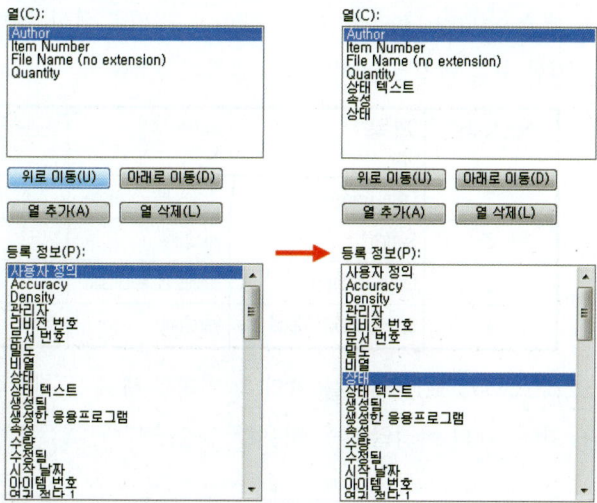

- 등록 정보(Properties) : 사용 가능한 모든 등록 정보 텍스트를 나열합니다.
- 열 표시(Show Column) : 선택한 열을 표시하거나 숨깁니다.

- 열 폭(Column Width) : 선택한 열의 너비(A)를 설정합니다. 기본값은 50mm 또는 1.969 인치 입니다. 또한 파트 목록을 선택하여 포인트를 드래그 하여 너비를 변경할 수도 있습니다.

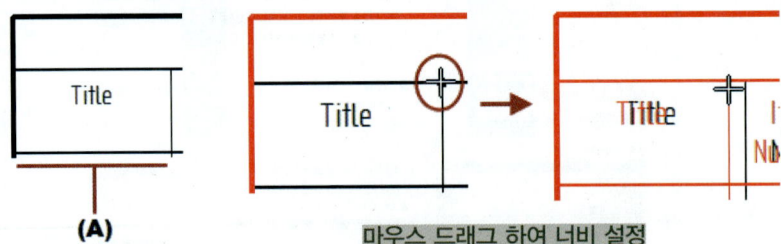

마우스 드래그 하여 너비 설정

- 머리글 표시(Show Header) : 열에서 열 머리글을 표시하거나 숨깁니다.
- 머리글 위치(Header Position) : 다음과 같이 열 머리글을 표시할 위치를 지정합니다.

Item Number	Document Number	Title	Material	Quantity
1*	CASE1	Case, Grinder	Plastic	1
2*	SWITCH1	Switch	plastic	1
3*	HEAD1 ASSY	Head Assembly		1
4*	SOCKET2	Screw, Socket Head		4

머리글

1*	CASE1	Case, Grinder	Plastic	1
2*	SWITCH1	Switch	plastic	1
3*	HEAD1 ASSY	Head Assembly		1
4*	SOCKET2	Screw, Socket Head		4
Item Number	Document Number	Title	Material	Quantity

바닥글

Item Number	Document Number	Title	Material	Quantity
1*	CASE1	Case, Grinder	Plastic	1
2*	SWITCH1	Switch	plastic	1
3*	HEAD1 ASSY	Head Assembly		1
4*	SOCKET2	Screw, Socket Head		4
Item Number	Document Number	Title	Material	Quantity

모두

1*	CASE1	Case, Grinder	Plastic	1
2*	SWITCH1	Switch	plastic	1
3*	HEAD1 ASSY	Head Assembly		1
4*	SOCKET2	Screw, Socket Head		4

어느 작업도 수행 안함

- 수정된 머리글 행 높이(Fixed header row height) : 머리글 행이 오른쪽 상자에 입력한 높이로 유지되도록 지정합니다. 텍스트 높이와는 무관합니다.(A)

Item Number	제목	Author	Quantity	(A)
1	Case, Grinder	James M. Robinson	1	
2	Switch	jmrobins	1	
3	Head Assembly	James M. Robinson	1	
4	Screw, Socket Head	jmrobins	4	

- 행 수(Number of rows) : 모든 테이블 열의 총 머리글 행 수를 지정합니다. 기본 머리글 행 수 는 1개입니다. 최대 5개의 머리글 행을 사용할 수 있습니다.(A : 행 수 3개)

Item Number	제목	Author	Quantity	
				(A)
1	Case, Grinder	James M. Robinson	1	
2	Switch	jmrobins	1	
3	Head Assembly	James M. Robinson	1	
4	Screw, Socket Head	jmrobins	4	

- 텍스트 행(Text row) : 텍스트 상자의 내용을 정의하고, 테이블 셀 형식 다이얼로그를 사용하여 셀 정렬을 변경하고, 여러 열에 걸친 머리글을 병합할 목적으로 작업 중인 머리글 행 번호를 식별합니다.

- 텍스트(Text) : 기본 머리글은 선택한 등록 정보와 동일합니다. 기본 머리글을 변경하려면 이 상자에 원하는 머리글을 입력합니다.

Item Number.	Title
1	Case, Grinder
2	Switch
3	Head Assembly
4	Screw, Socket Head

→

No.	타이틀
1	Case, Grinder
2	Switch
3	Head Assembly
4	Screw, Socket Head

- 다음 가로 셀과 병합(Merge with next horizontal cell) : 여러 열 간에 열 머리글을 가로로 병합합니다. 머리글 2개 이상을 하나로 병합하려면 이 옵션을 사용합니다.

No.	타이틀
넘버	
1	Case, Grinder
2	Switch
3	Head Assembly
4	Screw, Socket Head

→

No.	
넘버	
1	Case, Grinder
2	Switch
3	Head Assembly
4	Screw, Socket Head

- 다음 세로 셀과 병합(Merge with next vertical cell) : 여러 열 간에 열 머리글을 가로로 병합합니다. 머리글 2개 이상을 하나로 병합하려면 이 옵션을 사용합니다.

No.	타이틀
넘버	
1	Case, Grinder
2	Switch
3	Head Assembly
4	Screw, Socket Head

→

No.	타이틀
1	Case, Grinder
2	Switch
3	Head Assembly
4	Screw, Socket Head

- 열 머리글 셀 형식(Format Cells) : 현재 선택된 머리글 셀의 텍스트 정렬과 방향을 지정합니다.

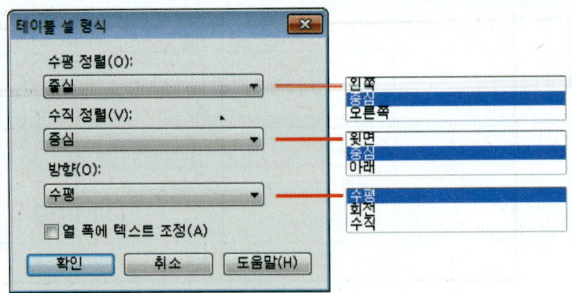

- 수정된 데이터 행 높이(Fixed data row height) : 열의 데이터 셀이 오른쪽의 상자에 지정한 높이로 유지되고 텍스트 높이가 변경될 때 그 높이가 변경되지 않도록 지정합니다.(A) 이 옵션은 현재 행뿐만 아니라 테이블의 모든 셀에 적용됩니다.

No.	타이틀
1	Case, Grinder
2	Switch
3	Head Assembly
4	Screw, Socket Head

- 등록 정보 추가(Add Property) : 등록 정보 텍스트 상자에 표시되는 등록 정보 텍스트 코드를 열 목록에 현재 선택되어 있는 열에 대한 내용 정의에 추가합니다.
- 등록 정보 텍스트(Property text) : 현재 선택한 열에서 등록 정보 텍스트 정의를 지정합니다.
- 수직 셀을 동일한 값과 병합(Merge vertical cells with same value) : 동일한 열에서 인접한 테이블 셀 2개 이상이 동일한 경우 두 셀을 수직으로 병합하여 한 값으로 표시합니다.

No.	타이틀	수량		No.	타이틀	수량
1	Case, Grinder	1		1	Case, Grinder	1
2	Switch	1	→	2	Switch	
3	Head Assembly	1		3	Head Assembly	
4	Screw, Socket Head	4		4	Screw, Socket Head	4

- 열 데이터 셀 형식(Format Cells) : 현재 선택된 머리글 셀의 텍스트 정렬과 방향을 지정합니다.

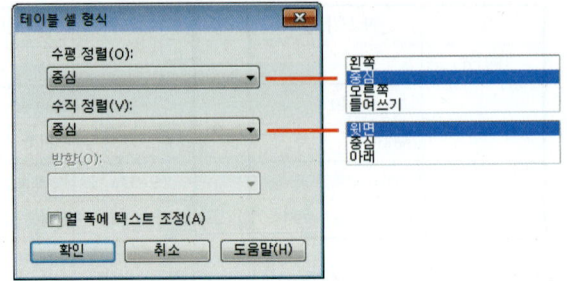

▶ 데이터 : 테이블 및 파트 목록에서 데이터의 형식 옵션을 설정합니다. 또한 바로 가기 명령을 사

용하여 이 탭의 데이터 셀을 편집할 수 있습니다.

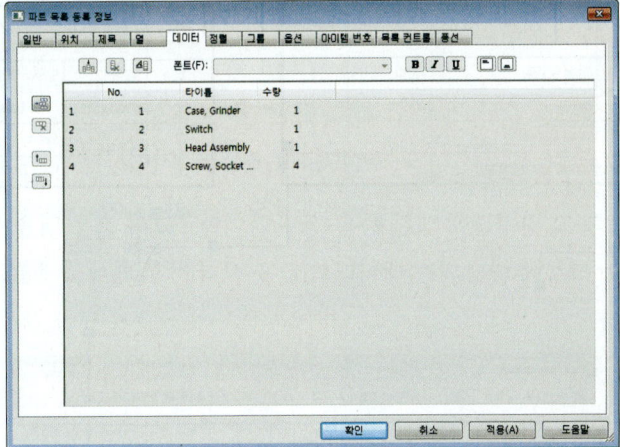

▶ 정렬 : 테이블 및 파트 목록에서 데이터를 정렬하는 데 필요한 옵션을 설정합니다.

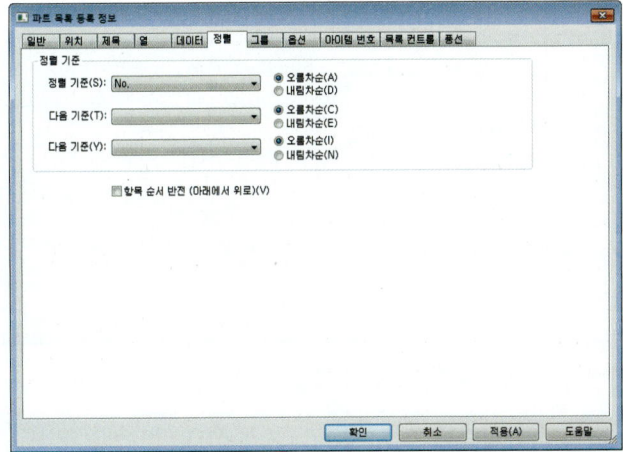

- 정렬 기준(Sort By) : 첫 번째 정렬 기준으로 사용할 열 머리글을 지정합니다.
- 다음 기준(Then By) : 다음 정렬 기준을 지정합니다.
- 오름차순(Ascending) : 데이터를 오름차순으로 정렬합니다. 예를 들어, A, B, C, D 등으로 정렬합니다.
- 내림차순(Descending) : 데이터를 내림차순으로 정렬합니다. 예를 들어, D, C, B, A 등으로 정렬합니다.

Item Number	Document Number	Title	Material	Quantity
1*	CASE1	Case, Grinder	Plastic	1
3*	HEAD1 ASSY	Head Assembly		1
4*	SOCKET2	Screw, Socket Head		4
2*	SWITCH1	Switch	plastic	1

→

Item Number	Document Number	Title	Material	Quantity
1*	CASE1	Case, Grinder	Plastic	1
2*	SWITCH1	Switch	plastic	1
3*	HEAD1 ASSY	Head Assembly		1
4*	SOCKET2	Screw, Socket Head		4

Item Number 기준 정렬

- 항목 순서 반전(Reverse Order of Entries) : 테이블의 아래쪽에서 위쪽으로 정보를 배열합니다.

Item Number	Document Number	Title	Material	Quantity
1*	CASE1	Case, Grinder	Plastic	1
2*	SWITCH1	Switch	plastic	1
3*	HEAD1 ASSY	Head Assembly		1
4*	SOCKET2	Screw, Socket Head		4

→

Item Number	Document Number	Title	Material	Quantity
4*	SOCKET2	Screw, Socket Head		4
3*	HEAD1 ASSY	Head Assembly		1
2*	SWITCH1	Switch	plastic	1
1*	CASE1	Case, Grinder	Plastic	1

▶ 그룹 : 파트 목록 및 테이블에 대한 등록 정보 다이얼로그의 그룹 탭을 사용하여 그룹화할 열 이름을 선택하고, 그룹에 할당되는 데이터의 값을 선택한 후 테이블에 표시할 그룹 머리글을 정의할 수 있습니다.

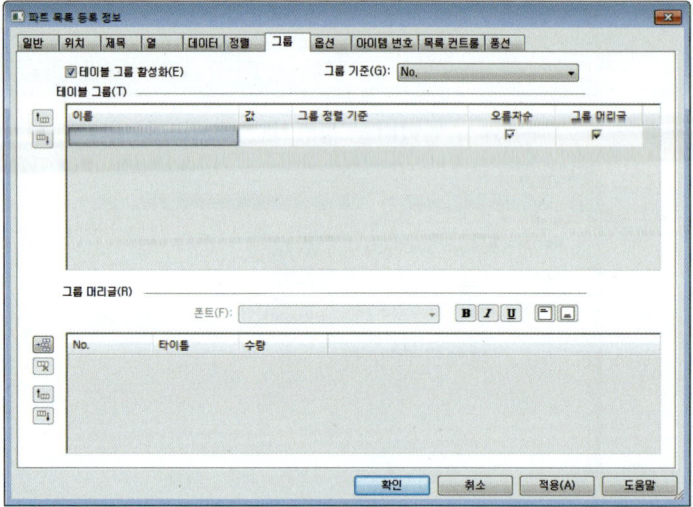

▶ 옵션 : 옵션 탭에서 생성할 파트 목록 유형을 지정할 수 있습니다.

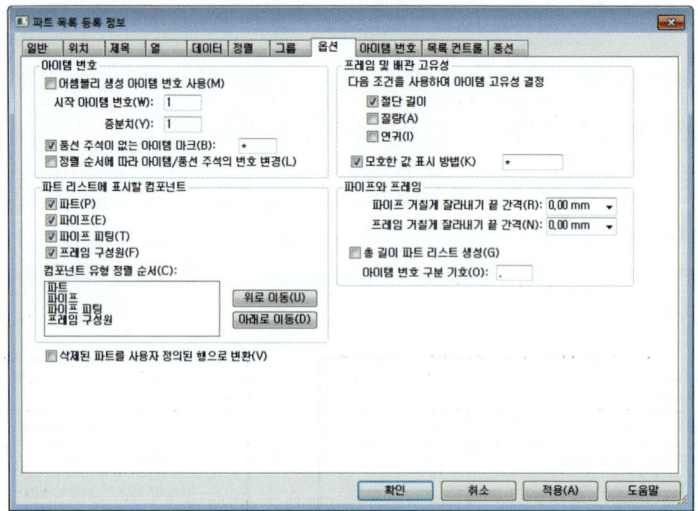

- 어셈블리 생성 아이템 번호 사용(Use assembly generated item numbers) : 파트 목록에 표시

된 아이템 번호가 어셈블리에서 파생되도록 지정합니다.
- 시작 아이템 번호(Start with item number) : 파트 목록에서 아이템 번호로 사용할 첫 번째 번호를 지정합니다.(A)
- 증분치(Increment by) : 아이템 번호 증가 값으로 양의 정수를 지정합니다.(B)

  (A) 시작 항목 번호 : 10
  (B) 증가량 : 5

- 풍선 주석이 없는 아이템 마크(Mark unballooned items) : 파트 목록에 연결된 풍선 주석이 없으므로 해당 파트에 풍선 주석이 추가되지 않았음을 나타내도록 이 파트 목록의 아이템 번호 뒤에 심볼을 추가합니다.

  (A) 아이템에 연결된 풍선 주석 있음
  (B) 아이템에 연결된 풍선 주석 없음

- 정렬 순서에 따라 아이템/풍선 주석의 번호 변경(Renumber items/balloons according to sort order) : 시작 번호와 증가 값을 사용하여 지정한 정렬 기준을 기반으로 파트 목록 항목과 풍선의 번호를 다시 지정합니다.

▶ 아이템 번호 : 파트 목록의 각 아이템과 관련된 아이템 번호를 편집하려면 아이템 번호 탭을 사용합니다.

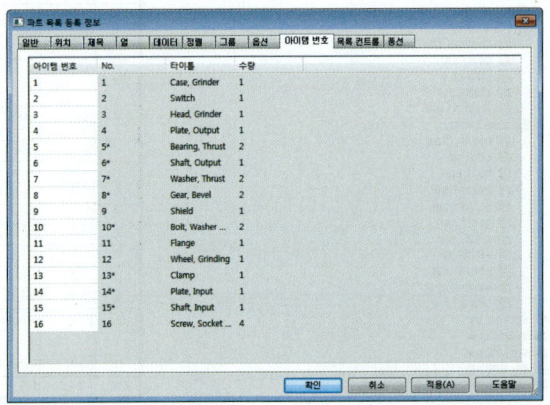

▶ 목록 컨트롤 : 어셈블리 도면에 파트 목록을 배치할 때 목록 컨트롤 탭을 사용하여 파트 목록의 파트 및 하위 어셈블리의 세부 수준을 지정할 수 있습니다.

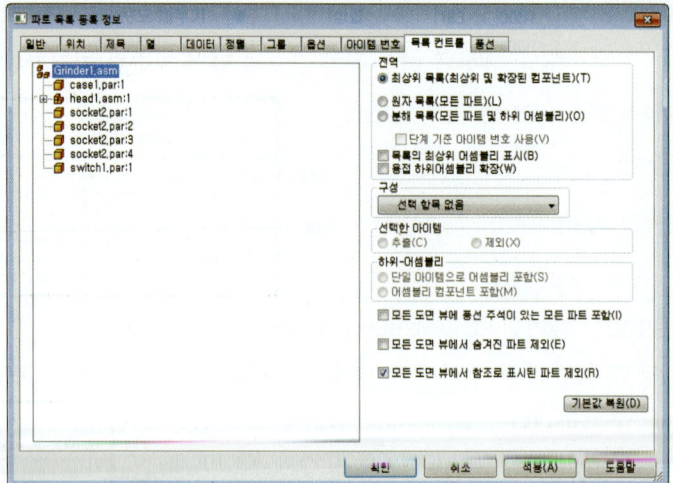

- 최상위 목록(Top-level list) : 파트 목록을 작성할 때 최상위 어셈블리만 검색하도록 지정합니다. 최상위 어셈블리에 하위 어셈블리가 포함되어 있는 경우 파트 목록에 각각의 하위 어셈블리가 나열되지만 하위 어셈블리의 파트는 나열되지 않습니다.

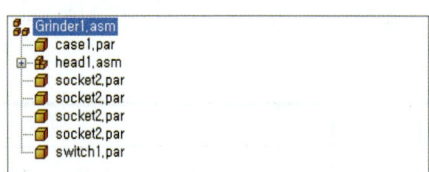

Item Number	Document Number	Title	Material	Quantity
1	CASE1	Case, Grinder	Plastic	1
2	SWITCH1	Switch	plastic	1
3	HEAD1 ASSY	Head Assembly		1
4	SOCKET2	Screw, Socket Head		4

- 원자 목록/모든 파트(Atomic list/All parts) : 파트 목록을 작성할 때 하위 어셈블리를 검색하도록 지정합니다. 최상위 어셈블리에 하위 어셈블리가 포함되어 있는 경우 하위 어셈블리의 파트가 파트 목록에 포함되지만 하위 어셈블리는 나열되지 않습니다.

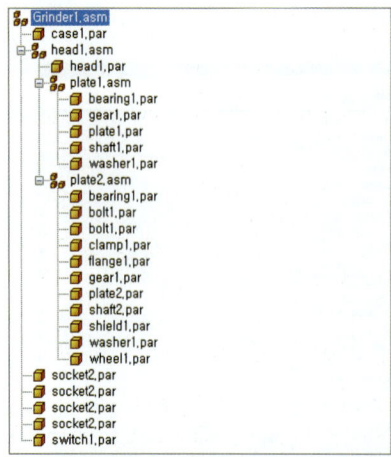

Item Number	Document Number	Title	Material	Quantity
1	CASE1	Case, Grinder	Plastic	1
2	SWITCH1	Switch	plastic	1
3	HEAD1	Head, Grinder	A360 Aluminum	1
4*	PLATE2	Plate, Output	410 Stainless Steel	1
5*	BEARING1	Bearing, Thrust	Bronze 90%	2
6*	SHAFT2	Shaft, Output	4140 Steel	1
7*	WASHER1	Washer, Thrust	510 Copper	2
8*	GEAR1	Gear, Bevel	8620 Steel	2
9*	SHIELD1	Shield	1020 Steel	1
10	BOLT1	Bolt, Washer Head	Steel	2
11	FLANGE1	Flange	4340 Steel	1
12	WHEEL1	Wheel, Grinding	Composite	1
13*	CLAMP1	Clamp	4340 Steel	1
14*	PLATE1	Plate, Input	410 Stainless Steel	1
15*	SHAFT1	Shaft, Input	4140 Steel	1
16	SOCKET2	Screw, Socket Head		4

- 분해 목록(Exploded list) : 분해 어셈블리 구조를 부품 목록에 표시됩니다. 모든 부품, 서브어 셈블리, 및 서브어셈블리 부품을 부품 목록에서 표시할 경우 이 옵션을 사용하십시오.

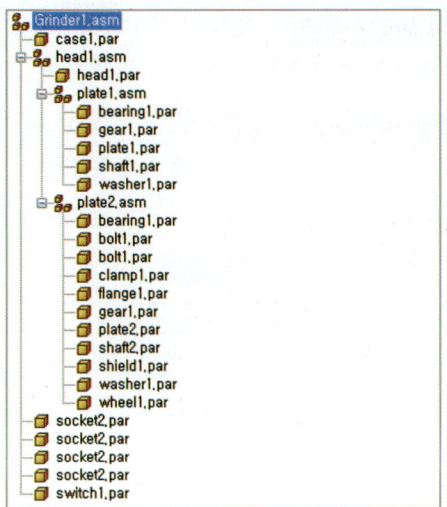

- 단위 기준 아이템 번호 사용(Use level based item numbers) : 어셈블리 구조내에서 소유권을 기준으로 항목 수준 기반 숫자 표시됩니다. 예를 들어 각 고유 서브어셈블리를 소유자, 그리고 부품과 서브어셈블리를 아래의 항목 번호는 해당 수준에 따라 1, 1.1, 1.2, 1.3, 2, 3 나타납니다.

- 목록의 최상위 어셈블리 표시(Show top assembly in list) : 최상위 어셈블리 이름을 부품 목록에 삽입합니다.

- 용접 하위어셈블리 확장(Expand weldment subassemblies) : 용접 어셈블리의 파트가 파트 목록에 포함됩니다.
- 구성(Configuration) : 파트 목록에 표시될 내용을 제어하는 어셈블리 화면표시 구성을 지정합니다. 사전 정의된 어셈블리 구성을 선택하면 파트 목록에서 하위 어셈블리가 처리되는 방식, 포함 및 제외할 항목, 표시하거나 숨길 항목에 대한 옵션을 설정할 수 있습니다.
- 선택 아이템(Selected item) : 파트 또는 어셈블리를 파트 목록에 포함할지 여부를 지정합니다. 심볼의 색상이 변경되어 해당 항목이 포함되었는지 또는 제외되었는지 여부를 나타냅니다.

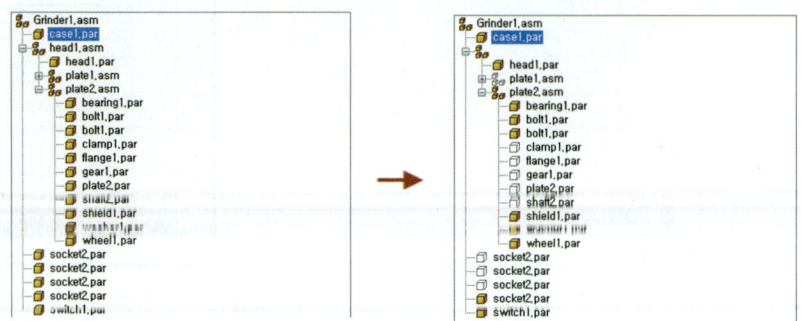

- 단일 아이템으로 어셈블리 포함(Include assembly as single item) : 선택한 하위 어셈블리가 파트 목록에서 하나의 항목으로 계산되도록 지정합니다.

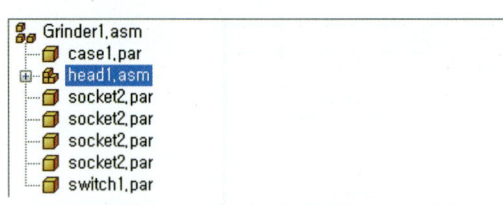

- 어셈블리 컴포넌트 포함(Include assembly components) : 선택한 하위 어셈블리의 개별 파트가 파트 목록에 아이템별로 포함되도록 지정합니다.

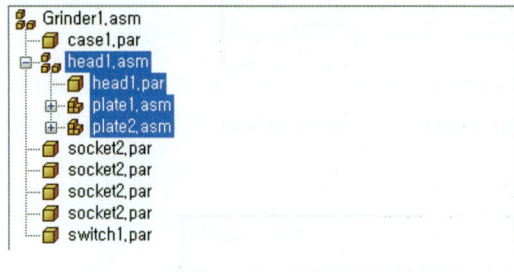

- 모든 도면 뷰에 풍선 주석이 있는 모든 파트 포함(Include all ballooned parts in all drawing views) : 파트 목록에 풍선이 포함된 모든 파트를 포함하도록 지정합니다.
- 모든 도면 뷰에 숨겨진 파트 제외(Exclude parts hidden in all drawing views) : 숨겨진 모든 파트가 파트 목록에서 제외되도록 지정합니다. 또한 도면 뷰 등록 정보 다이얼로그의 표시 페

chapter 06 Drafting(도면작성)

이지에 있는 표시 옵션의 선택을 취소하여 숨겨진 파트에 적용합니다.
- 모든 도면 뷰에서 참조로 표시된 파트 제외(Exclude parts marked as reference in all drawing views) : 모든 참조 파트가 파트 목록에서 제외되도록 지정합니다. 참조 파트는 도면 뷰 등록 정보 다이얼로그의 디스플레이 탭에서 참조로 표시된 파트입니다.
- 기본값 복원(Restore defaults) : 모든 설정을 기본 값으로 복원합니다.

▶ 풍선 : 파트 목록을 생성하는 경우에만 풍선 탭의 옵션을 사용할 수 있습니다. 파트 목록을 편집하는 경우에는 사용할 수 없습니다.

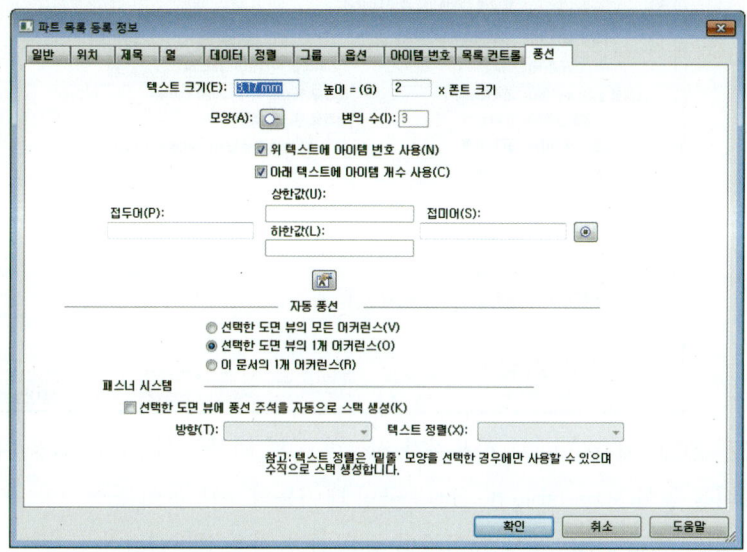

※ 파트 목록을 생성하는 경우에만 풍선 주석 페이지에서 옵션을 사용할 수 있습니다.

9.2 구멍 테이블(Hole Table)

➠ 홈 탭 ⇒ 테이블 그룹 ⇒ 구멍 테이블
➠ Home Tap ⇒ Tables Group ⇒ Hole Table

파트에서 선택한 구멍 세트에 대한 정보를 표시하는 구멍 테이블을 생성합니다.

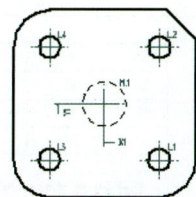

구멍 테이블			
Hole	X	Y	Size
L1	37.5	-37.5	Φ15
L2	37.5	37.5	Φ15
L3	-37.5	-37.5	Φ15
L4	-37.5	37.5	Φ15
M1	0	0	Φ30

579

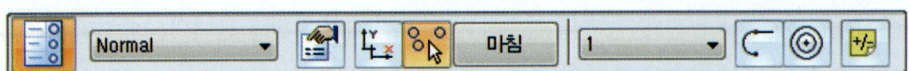

- Normal ▼ 텍스트 스타일(Text Style) : 구멍 테이블의 텍스트 스타일을 설정합니다.
- 구멍 테이블 등록 정보(Hole Table Properties) : 구멍 테이블 등록 정보 다이얼로그에는 기존 구멍 테이블의 모양을 편집할 수 있는 옵션이 있습니다.

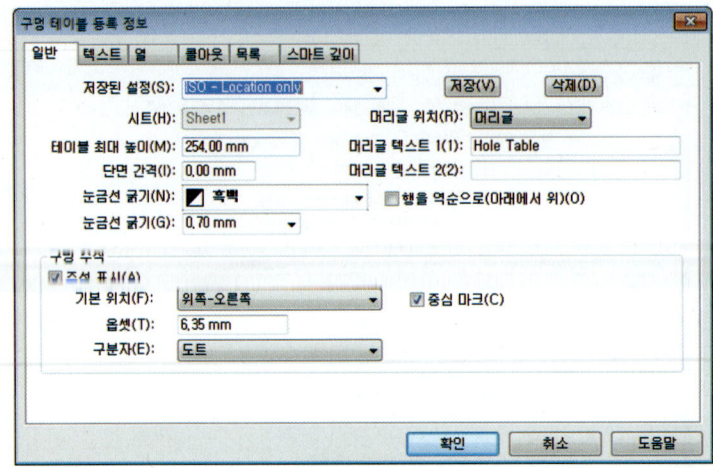

▶ 저장된 설정(Saved settings) : 사용자가 저장한 구멍 테이블 설정의 이름을 나열합니다

▶ 최대 테이블 높이(Max. table height) : 구멍 테이블의 최대 높이를 설정합니다.

▶ 단면 간격(Section gap) : 구멍 테이블의 섹션 간 간격을 설정합니다.

▶ 눈금선 색상(Grid Color) : 구멍 테이블의 눈금선 색상을 설정합니다.

▶ 눈금선 굵기(Grid Line) : 구멍 테이블의 눈금선 두께를 설정합니다.

▶ 머리글 위치(Header position) : 머리글의 위치를 테이블의 위쪽 또는 아래쪽으로 지정합니다.

머리글 위치 : 머리글   머리글 위치 : 바닥글

▶ 행을 역순으로(Reverse order of rows) : 구멍 항목을 구멍 테이블의 아래쪽에서 위쪽으로 정렬합니다.

☐ 행을 역순으로(아래에서 위)(O)   ☑ 행을 역순으로(아래에서 위)(O)

chapter 06 Drafting(도면작성)

- 시트(Sheet) : 여러 장의 시트를 만들어 작업하는 경우 다른 시트로 구멍 테이블을 이동합니다.
- 머리글 텍스트 1(Header text 1) : 테이블의 첫 번째 머리글에 대한 텍스트를 정의합니다.
- 머리글 텍스트 2(Header text 2) : 테이블의 두 번째 머리글이 있는 경우 이에 대한 텍스트를 정의합니다.
- 주석 표시(Show annotation) : 구멍 주석이 표시되도록 지정합니다.
- 기본 위치(Default position) : 구멍 주석의 기본 위치를 설정합니다.

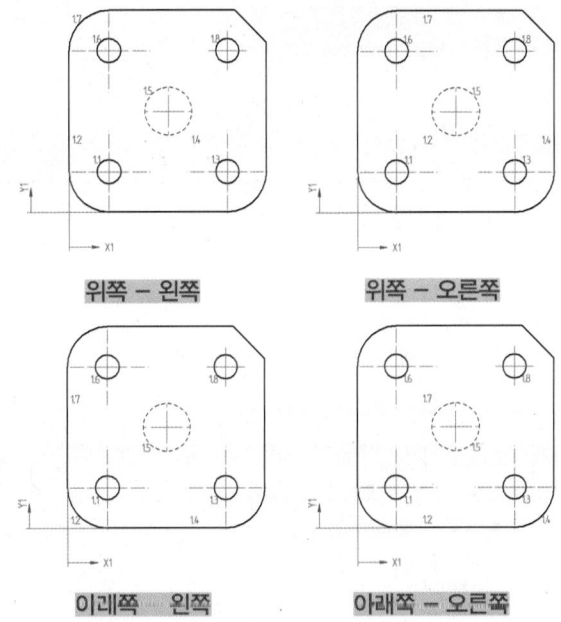

- 옵셋(Offset) : 기본 위치에 대한 주석의 옵셋 거리를 지정합니다.
- 구분자(Delimiter) : 구멍 주석에 대한 구분자를 지정합니다.

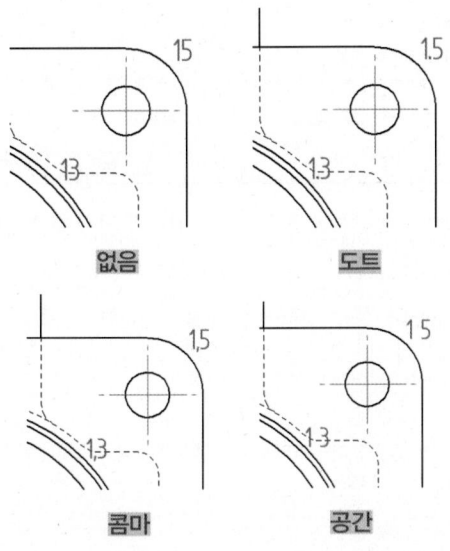

581

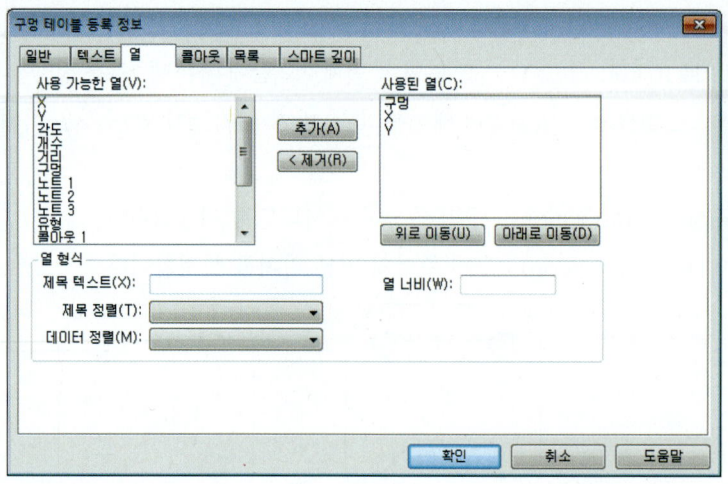

▶ 사용 가능한 열(Available) : 구멍 테이블에 표시할 수 있는 열 머리글을 나열합니다. 항목을 선택 후 추가버튼을 눌러 사용된 열에 추가하면 구멍 테이블에 표시됩니다.

▶ 사용된 열(Columns) : 구멍 테이블에 표시되는 열을 나열합니다. 제거 버튼을 누르면 선택된 열 머리글을 사용된 열 목록에서 제거합니다.

▶ 열 형식(Column Format) : 구멍 테이블에서 열이 표시되는 방식을 제어합니다.

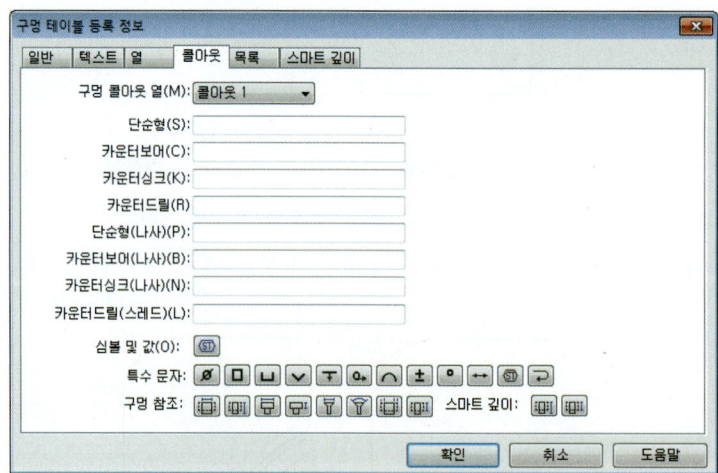

▶ 구멍 콜아웃 열(Hole callout) : 구멍 콜아웃 데이터에 사용할 수 있는 네 가지 열 중 하나를 지정합니다.

▶ 단순형, 카운터 보어, 카운터 싱크, 카운터 드릴, 스마트 깊이 및 구멍 참조의 값을 선택하고 입력할 수 있습니다.

chapter 06 Drafting(도면작성)

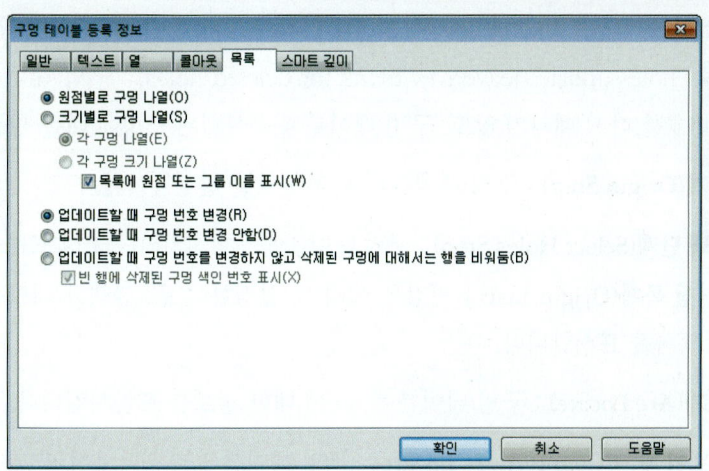

▶ 원점별로 구멍 나열(List holes by origin) : 원점을 기준으로 정렬합니다.
▶ 크기별로 구멍 나열(List holes by size) : 크기를 기준으로 정렬됩니다.
  - 각 구멍 나열 : 구멍 테이블에서 각 구멍에 대한 색인을 나열합니다.
  - 각 구멍 크기 나열 : 구멍 테이블에서 각 구멍에 대한 크기를 나열합니다.
  - 목록에 원점 또는 그룹 이름 표시(Show origine or group name in list) : 구멍 테이블에서 구멍 크기 원본 또는 그룹 이름을 표시합니다.

Hole Table				
Hole	X	Y	Size	Count
11	25	25	⌀15	1
12	25	25	⌀50	1
13	100	25	⌀15	1
14	100	25	⌀50	1
15	62.5	62.5	⌀30	1
16	25	100	⌀15	1
17	25	100	⌀50	1
18	100	100	⌀15	1

원점별로 구멍 나열

Hole Table				
Hole	X	Y	Size	Count
A 1	25	25	⌀15	1
A 2	100	25	⌀15	1
A 3	25	100	⌀15	1
A 4	100	100	⌀15	1
B 1	25	25	⌀50	1
B 2	100	25	⌀50	1
B 3	25	100	⌀50	1
C 1	62.5	62.5	⌀30	1

크기별로 구멍 나열+각 구멍 나열

Hole Table				
Hole	X	Y	Size	Count
A	25	25	⌀15	4
B	25	25	⌀50	3
C	62.5	62.5	⌀30	1

크기별로 구멍 나열+각 구멍 크기 나열

  - 업데이트할 때 구멍 번호 변경(Renumber holes on update) : 구멍 테이블을 업데이트할 때 구멍의 번호를 다시 매깁니다.
  - 업데이트할 때 구멍 번호 변경 안함(Do not renumber holes update) : 구멍 테이블을 업데이트할 때 구멍의 번호를 다시 매기지 않고, 구멍 테이블에서 삭제된 구멍에 대한 행을 빈 채로 둡니다.

- 업데이트할 때 구멍 번호를 변경하지 않고 삭제된 구멍에 대해서는 행을 비워둠(Do not renumber holes update, leave row blank for deleted holes) : 구멍 테이블을 업데이트할 때 구멍의 번호를 다시 매기지 않고, 구멍 테이블에서 삭제된 구멍에 대한 행을 빈 채로 둡니다.

- 원점 단계(Origin Step) : 구멍 테이블의 X, Y 원점을 설정합니다.
- 구멍 선택 단계(Select Holes Step) : 구멍 테이블에 포함시키려는 구멍 또는 원호를 지정합니다.
- 원점 목록(Origin List) : 원점을 여러 개 설정한 경우, 선택한 테이블에 사용되는 구멍 테이블 원점 목록을 표시합니다.
- 원호 찾기(Arc Locate) : 구멍 테이블에 Arc에 대한 정보를 포함시킵니다.
- 카운터보어 찾기(Counterbore Locate) : 구멍 테이블에 카운터보어 및 카운터싱크에 대한 정보를 포함시킵니다.
- 노트 및 공차(Notes and Tolerances) : 노트 및 공차 대화 상자에 액세스합니다.

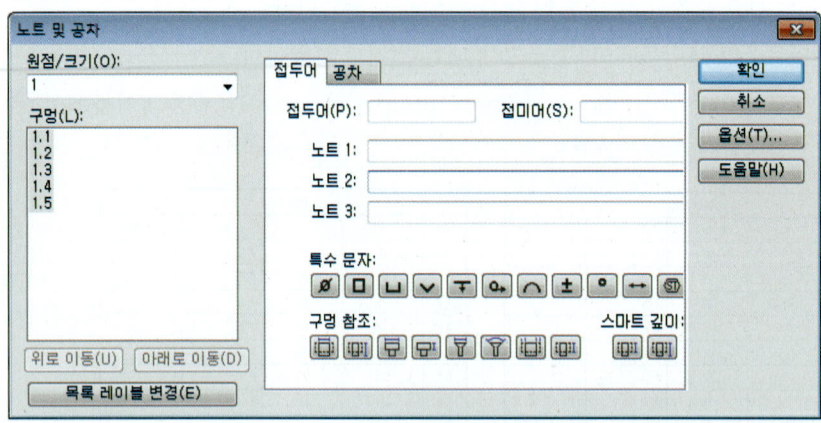

구멍 테이블 사용 방법

step1 seddbht.dft 파일을 오픈합니다.

step2 홈 탭 > 테이블 그룹 > 구멍 테이블 명령을 실행합니다.

step3 도면 뷰 하단 선과 우측 세로 선을 클릭하여 X 원점과 Y 원점을 설정합니다.

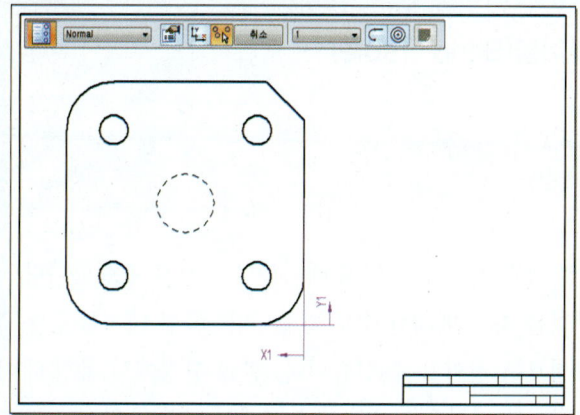

> step4   아래 그림과 같이 도면 뷰 전체 영역을 마우스로 영역을 드래그합니다.

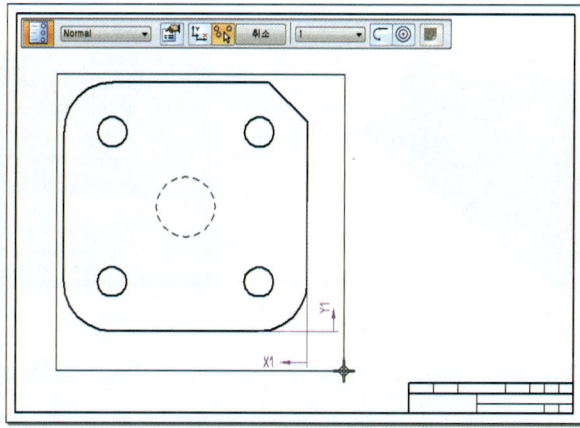

> step5   마침 명령어 또는 마우스 오른쪽 버튼을 클릭합니다.

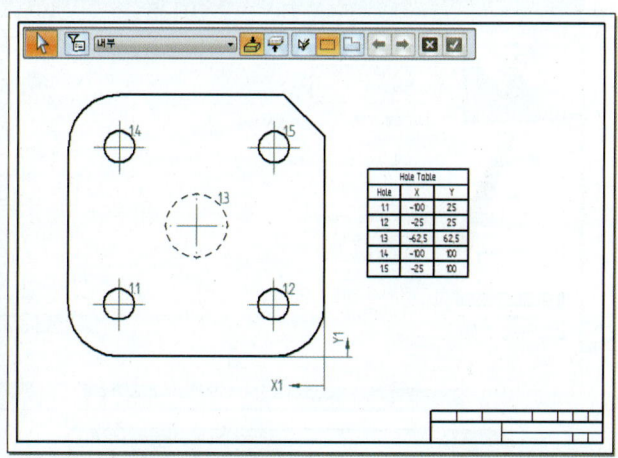

9.3 굽힘 테이블(Bend Table)

➡ 홈 탭 ⇒ 테이블 그룹 ⇒ 굽힘 테이블
➡ Home Tap ⇒ Tables Group ⇒ Bend Table

판금 환경에서 지정한 굽힘 순서를 도면에 테이블 형식으로 표현합니다. 굽힘 중심선이 있는 선 또는 풍선 콜아웃으로 주석을 자동 배치할 수도 있습니다. 굽힘 테이블 등록 정보 대화상자를 사용하여 굽힘 테이블에 표시할 정보를 정의할 수 있습니다. 판금 환경에서 굽힘 테이블을 변경한 경우 드래프트에서 굽힘 테이블 업데이트 명령을 사용하여 도면에서 해당 굽힘 테이블을 업데이트합니다.

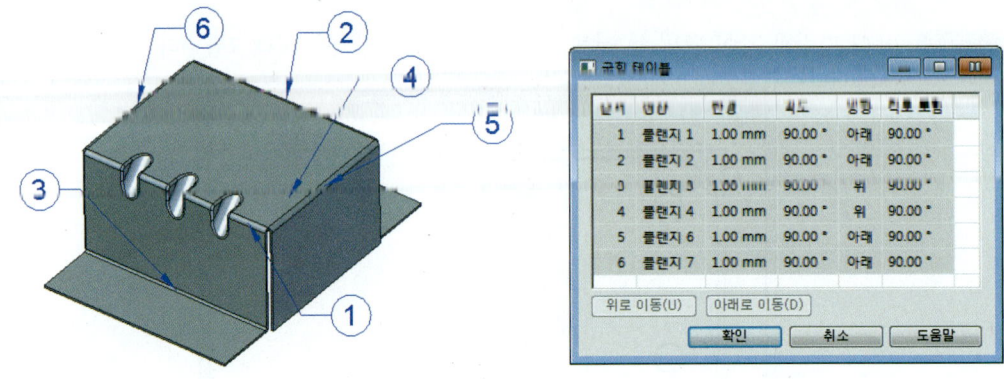

드래프트 환경에서 굽힘 테이블 명령을 사용하기 위해서는 전개된 판금 모델이 반드시 필요합니다. 도면 뷰 생성 마법사의 파트와 판금 도면 뷰 옵션에서 전개장 옵션을 선택하여 도면 뷰가 작성되어 있어야 합니다.

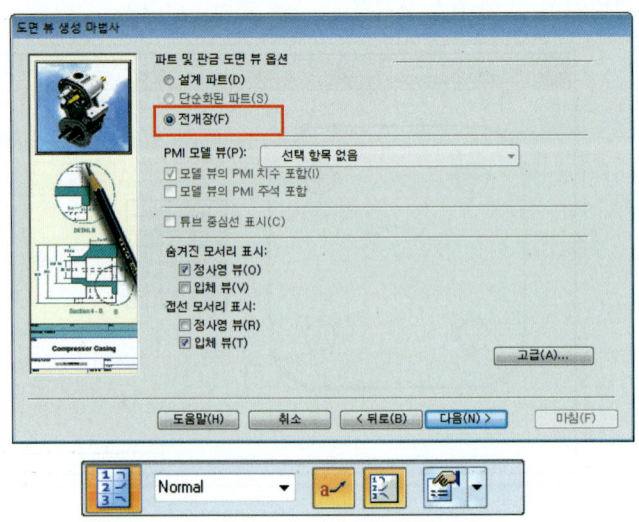

chapter 06 Drafting(도면작성)

- Normal ▼ **텍스트 스타일(Text Style)** : 굽힘 테이블의 텍스트 스타일을 설정합니다.
- **자동-콜아웃(Auto-Callout)** : 선택한 도면 뷰에 대해 굽힘 콜아웃을 자동으로 생성합니다.
- **테이블 배치(Place Table)** : 도면 시트에 굽힘 테이블을 배치합니다.
- **등록 정보(Properties)** : 굽힘 테이블 등록 정보 대화 상자를 표시합니다. 굽힘 테이블의 모양을 편집합니다.

굽힘 테이블 사용 방법

step1 Bend Table.dft 파일을 오픈합니다.

step2 홈 탭 > 테이블 그룹 > 굽힘 테이블 명령어를 선택합니다.

step3 전개 도면 뷰를 선택합니다.

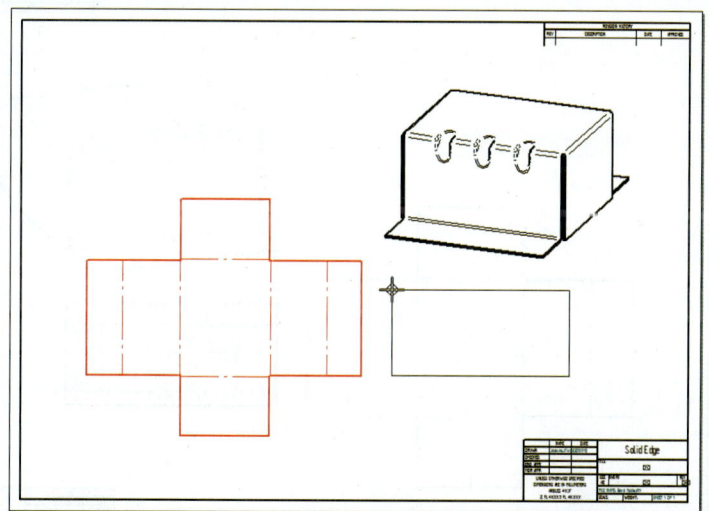

step4 굽힘 테이블 명령 모음에서 굽힘 테이블 등록 정보 버튼을 클릭하고 아래 그림과 같이 설정합니다.

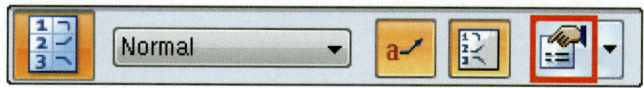

587

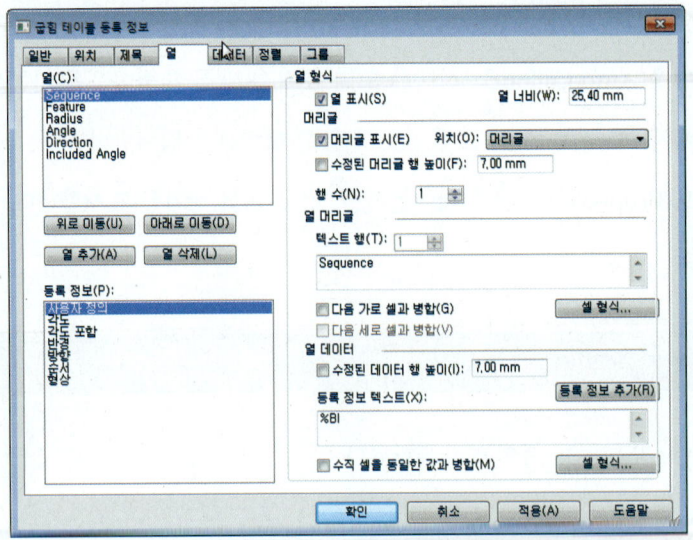

step5 도면 시트의 원하는 위치에 마우스 커서를 이동 후 클릭하여 배치합니다.

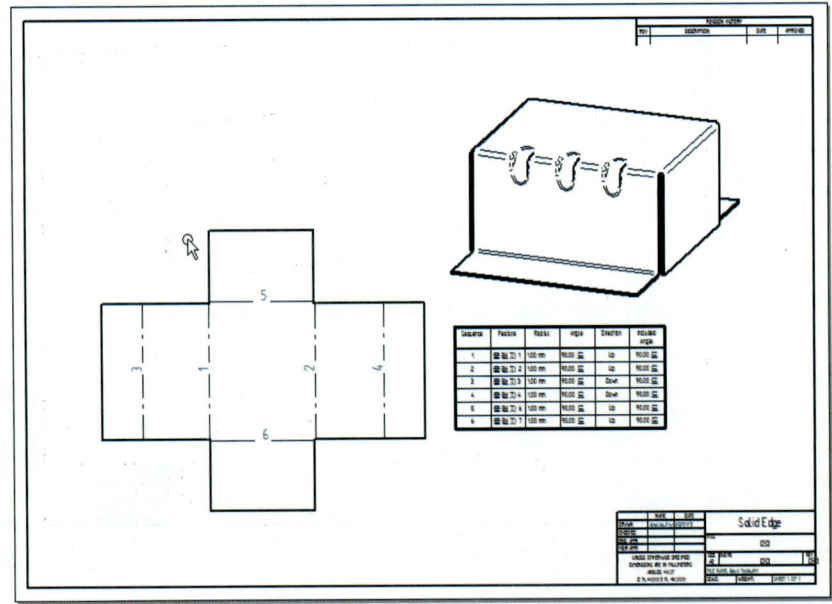

chapter 07

Surface Modeling
(곡면)

01 곡면 모델링 시작
02 곡선 작성과 편집
03 BlueDot 작성과 키포인트 곡선
04 곡면 생성 명령
05 곡면 수정 명령
06 간접 곡선 생성 명령

01 곡면 모델링 시작

핸드폰이나 마우스 등의 소비자 제품을 디자인할 경우는 미적인 요소가 보다 중요하므로, 곡면 모델링을 사용하면 좀 더 자유롭게 미적 요소와 기능을 결합할 수 있습니다.

곡면 모델링에서는 제어점을 사용하여 2D 및 3D 곡선을 정의하고 이 곡선들을 통해 여러 유형의 곡면을 정의합니다. Solid Edge는 각각의 점, 곡선 및 곡면이 자체적으로 생성 방식을 알 수 있도록 지능적인 방법으로 이 스타일을 확장합니다. 솔리드 모델링 형상과 마찬가지로 곡면을 만들 때 정의한 등록 정보는 나중에 편집할 수 있습니다.

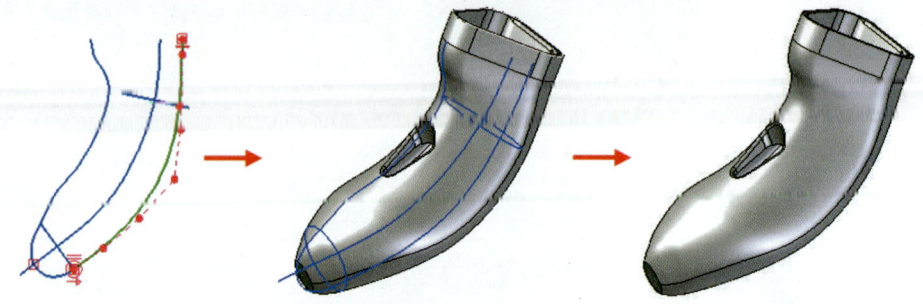

1.1 곡면 모델링 개요

곡면 컨스트럭션 형상에서 단면과 안내 곡선을 정의해야합니다. 분석 요소나 B-스플라인 곡선을 사용하여 단면과 가이드 곡선을 정의할 수 있습니다.

- **분석요소**
    - 2D 요소 : 선, 원호, 원, 타원, 포물선 또는 ㅆ·ㅇ곡선
    - 파생된 요소 : 원뿔과 평면의 교차 등
    - 3D 요소: 큐브, 구, 원기둥, 원뿔 또는 원환체
- **B-스플라인 요소**
    - B-스플라인 곡선과 같은 2D 요소
    - 두 개의 비평면형 곡면의 교차와 같은 파생된 요소
    - 3D B-스플라인 곡선이나 자유형 곡면과 같은 3D 요소

스플라인은 원래 목재, 얇은 금속으로 만든 도구로서 점들을 통과하는 곡선을 그리는 데 사용되었습니다.

1.2 곡면 모델링 장점

 파트의 특성에 따라 곡면 모델링 방식을 사용하는 것이 훨씬 이로운 경우가 있습니다. 회전된 형상을 사용하여 수도꼭지를 모델링하는 경우 모서리(A)의 모양은 교차하는 두 곡면에 의해 생성된 결과입니다. 모서리의 모양을 변경하려면 곡면을 편집해야 합니다. 때로는 미적인 면에서 곡면 모양이 원하는 대로 되지 않을 수도 있습니다.

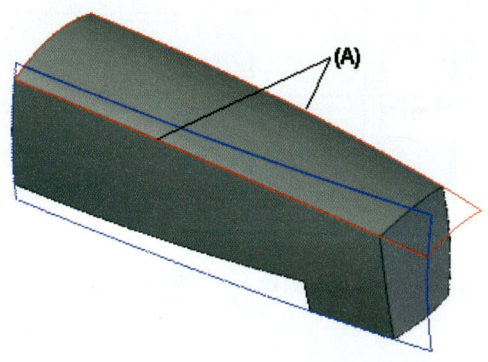

 곡면 모델링 방식과 더불어 특징 곡선을 사용함으로써 훨씬 더 많은 제어를 할 수 있습니다. 특징 곡선은 하드 모서리 또는 소프트 모서리가 될 수 있습니다. 하드 모서리는 실제 모델 모서리(A)인 반면에 소프트 모서리는 이론적이며 측면(C)에서 곡선 곡면(B)를 볼 때와 같이 뷰에 종속된 모서리입니다. 소프트 모서리를 실루엣 모서리라고도 합니다. 이 두 종류의 모서리는 흐름, 미적 요소 및 곡면의 선체적인 모양을 정의하는 데 있어 중요합니다.

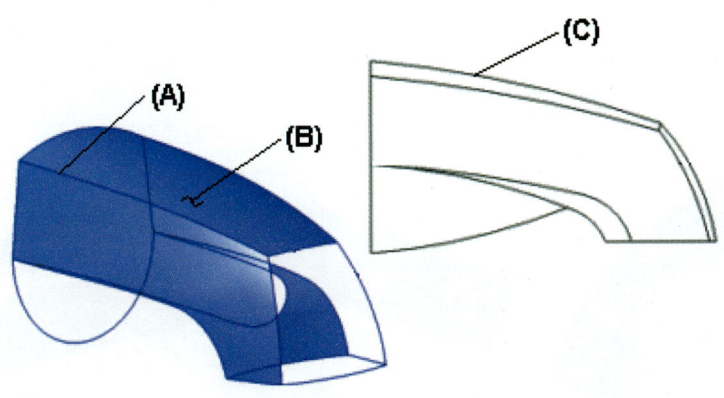

1.3 곡면 모델링 워크플로

곡면 모델링은 아래와 같은 순서로 진행합니다.

(1) 제어 도면 (윗면, 측면, 끝 뷰를 정의하는 2D 도면 뷰) 생성

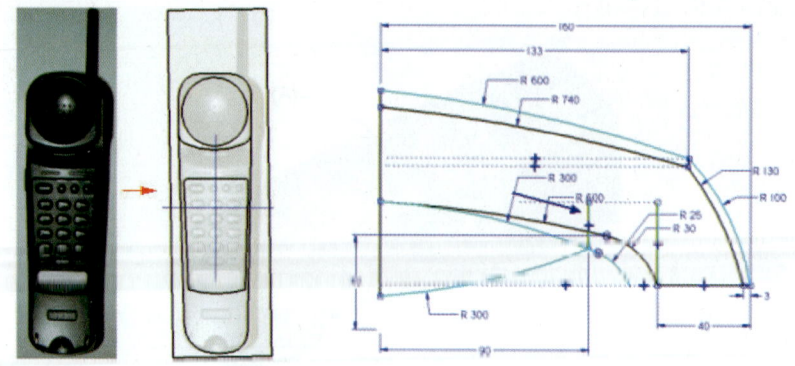

(2) 2D 지오메트리를 사용하여 3D 곡선 개발

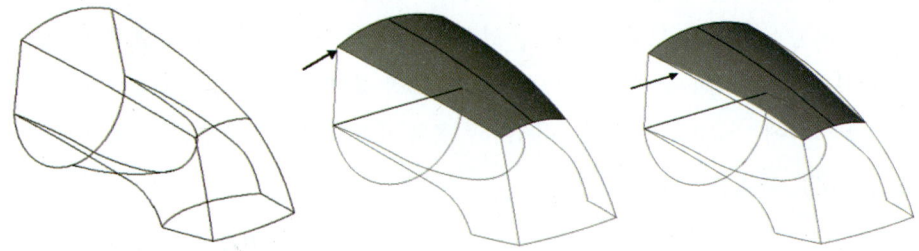

(3) 3D 곡선을 사용하여 곡면 개발

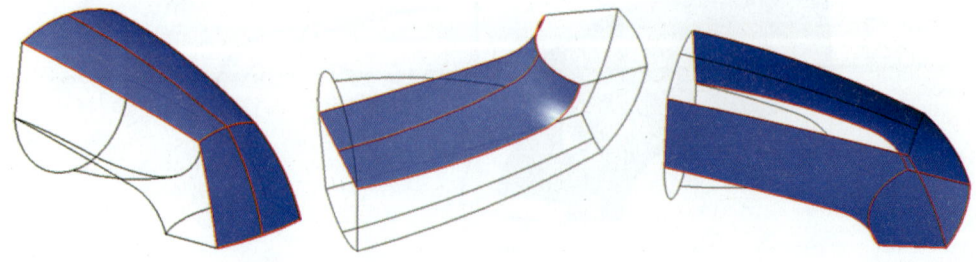

(4) 구멍, 보강 리브 및 라운드와 같은 솔리드 기반 형상 추가

(5) 곡률, 모서리 연속성을 분석하고 곡선, 곡면 접촉 상태 및 기타 모델 특징을 필요에 따라 수정

chapter 07 Surface Modeling(곡면)

1.4 점, 곡선 및 곡면 사용하기

점 및 곡선을 다음 방법으로 사용할 수 있습니다.

- 다른 형상을 생성하는 데 이용하려면 컨스트럭션 점 또는 곡선을 로프팅 및 스위핑 형상의 경로 또는 단면으로 사용할 수 있습니다.
- 참조 평면을 생성하는 데 이용하려면 컨스트럭션 곡선을 곡선에 수직인 평면명령의 입력으로 사용할 수 있습니다.
- 다른 형상의 범위를 정의하는 데 이용하려면 컨스트럭션 곡선의 키포인트를 사용하여 형상의 범위를 정의할 수 있습니다.

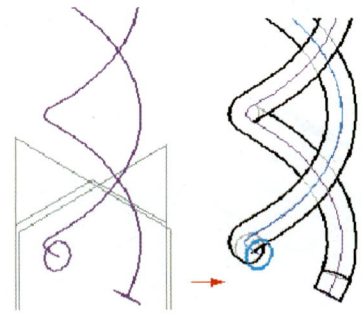

곡면 처리 명령은 복잡한 파트, 곡면 토폴로지를 더 쉽게 생성하도록 도와줍니다. 곡면을 다음 방법으로 사용 할 수 있습니다.

- 형상을 돌출할 때 투영 범위를 정의합니다.
- 기존 파트 면을 교체합니다.
- 파트를 여러 파트로 분할합니다.
- 서로 다른 곡면들을 스티칭하여 새 곡면 또는 솔리드를 생성합니다.
- 다른 CAD 시스템에서 가져온 모델을 복구합니다.

컨스트럭션 곡면은 주로 형상을 돌출할 때 투영 범위로 사용됩니다.

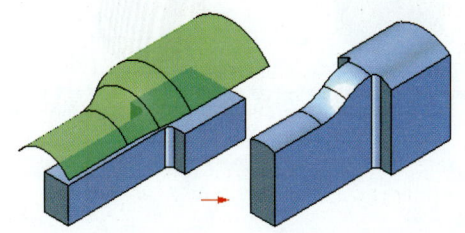

옵셋 곡면을 사용 해 새 곡면을 옵셋 할 수 있습니다.

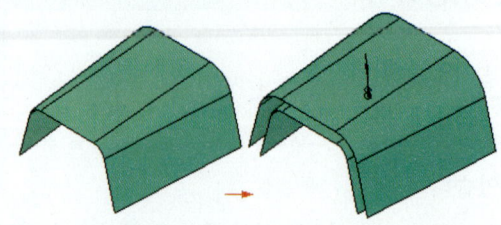

스티칭 곡면 명령을 사용하여 solid edge 곡면 및 다른 CAD 시스템에서 생성하여 solid edge로 가져온 곡면을 스티칭할 수 있습니다.

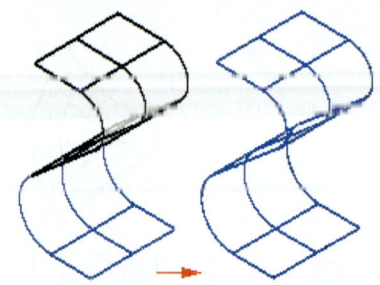

1.5 곡면 평가

곡면을 작업할 때 곡면의 곡률을 가시화하여 곡면 불연속성이나 굴곡이 있는지 여부를 결정하면 유용할 때가 있습니다. 얼룩말 줄무늬 명령을 사용하여 모델에 얼룩말 줄무늬를 표시할 수 있습니다.

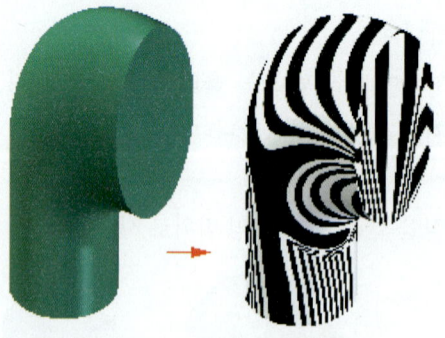

쉐이딩이나 보이는 모서리에 쉐이딩 설정 명령을 사용하여 얼룩말 줄무늬를 표시하도록 활성 창을 쉐이딩할 수도 있습니다.

chapter 07 Surface Modeling(곡면)

02 곡선 작성과 편집

2.1 곡선(Curve)

➡ (스케치 환경) 홈 탭 ⇒ 그리기 그룹 ⇒ 곡선
➡ Home Tap ⇒ Draw Group ⇒ Curve

점으로 부드러운 B-스플라인 곡선을 그립니다. 클릭하고 끌어서 자유 곡선을 그리거나 클릭하여 곡선 정의를 위한 편집 점을 생성할 수 있습니다.(편집 점을 클릭한 경우 곡선을 생성할 때 최소 3개의 점 정의)

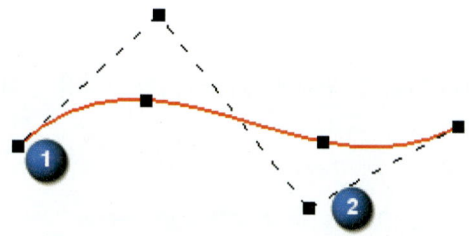

(1) : 편집 점 (2) : 곡선 제어 꼭지점

- 점 추가(Add Points) : 곡선에서 점을 추가 및 제거합니다.

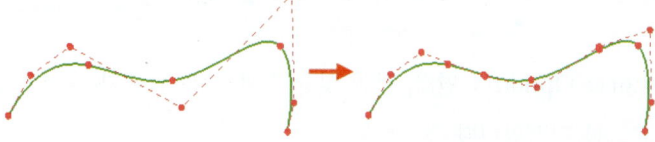

- 다각형 표시(Show Polygon) : 곡선에 대한 제어 다각형 표시를 제어합니다.

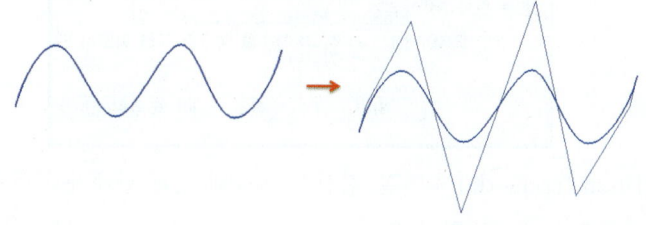

-  **곡률 조합 표시(Show Curvature Comb)** : 곡선에 대한 곡률 조합 표시를 제어합니다. (곡률 조합 옵션을 선택한 경우에만 사용 가능)

- **모양 편집(Shape Edit)** : 곡선의 점을 이동할 때 전체 곡선의 모양을 변화시킬 수 있습니다. (편집할 곡선을 선택한 경우에만 사용 가능)

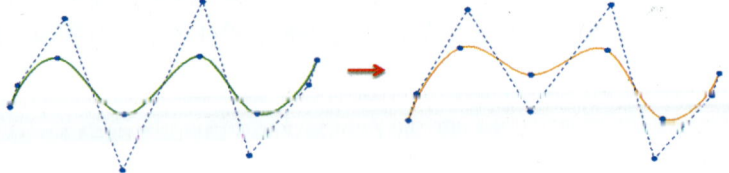

- **로컬 편집(Local Edit)** : 편집 점 주위에 있는 곡선의 모양을 변화시킵니다. (편집할 곡선을 선택한 경우에만 사용 가능)

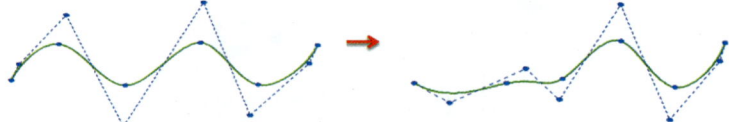

- **닫힌 곡선(Coles Curve)** : 곡선이 열렸거나 닫혔음을 지정합니다.

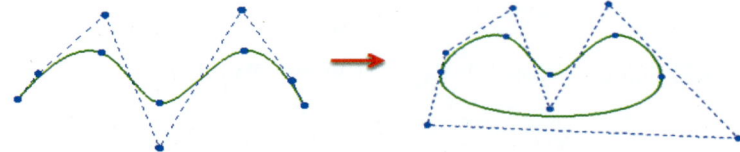

- **곡선 옵션(Curve Option)** : 연결, 접선 및 치수와 같은 관계가 곡선의 모양에 미치는 영향을 제어하는 관계 모드를 지정합니다.

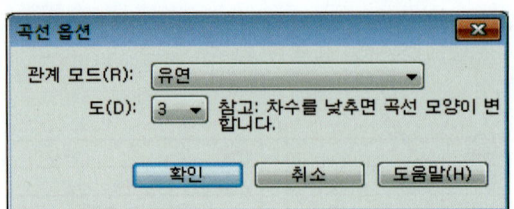

▶ **관계 모드(Relationship mode)** : 연결, 접선 및 치수와 같은 관계가 곡선의 모양에 미치는 영향을 제어하는 관계 모드를 지정합니다.

chapter 07 Surface Modeling(곡면)

- 강성(Rigid) : 외부 관계를 사용하여 곡선의 모양을 제어할 수 없습니다.

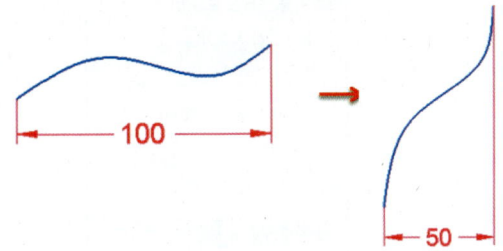

- 유연(Flexible) : 외부 관계를 사용하여 곡선의 모양을 제어할 수 있습니다.

- 도(Degree) : 곡선의 도 수를 지정합니다. (2와 10사이의 수 지정 가능)

2.2 곡률 그래프(Curvature Comb)

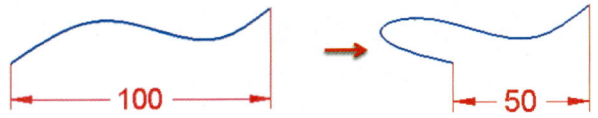

➡ 검사 탭 ⇒ 해석 그룹 ⇒ 곡률 그래프
➡ Inspect Tap ⇒ Analyze Group ⇒ Curvature Comb

곡률 조합을 표시할지 여부를 선택합니다.(곡률 조합을 표시하려면 이 옵션을 선택하고 곡률 조합 표시를 숨기려면 이 옵션을 해제합니다.)

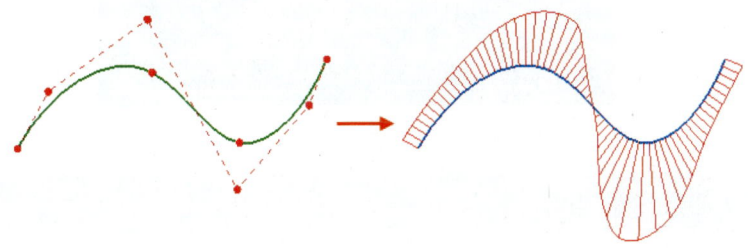

- 설정 곡률 조합 설정(Curvature Comb Seeting) : 2D, 3D 곡선에 대한 곡률 고선 표시를 제어할 수 있습니다.

597

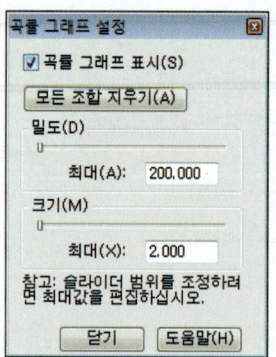

- 곡률 그래프 표시(Show curvature combs) : 곡률 조합을 표시할지 여부를 선택합니다.
- 모든 조합 지우기(Clear All Combs) : 현재 표시된 곡률 조합의 표시와 곡률 조합 정의를 숨깁니다.
- 밀도(Density) : 곡률 조합 표시에서 법선 곡선의 밀도를 조정합니다.

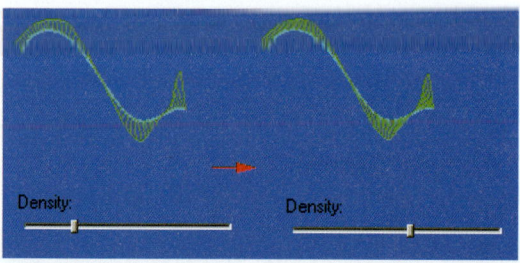

- 크기(Magritude) : 곡률 조합 표시의 배율을 조정합니다.

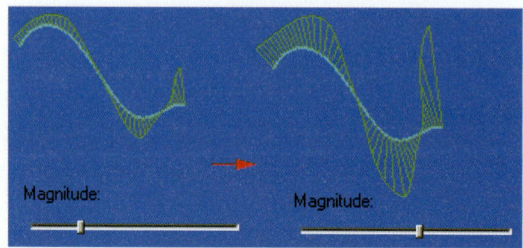

곡선 작성과 편집 사용 방법

- **step1** Solid Edge에서 surface lab 2-01.par을 오픈합니다.

- **step3** Pathfinder에서 Sketch A를 선택하고 프로파일 편집을 선택합니다.

- **step3** 홈 탭 > 선택 그룹 → 선택 명령을 클릭하고 PathFinder에서 Sketch A의 체크 박스를 클릭합니다.

chapter 07 Surface Modeling(곡면)

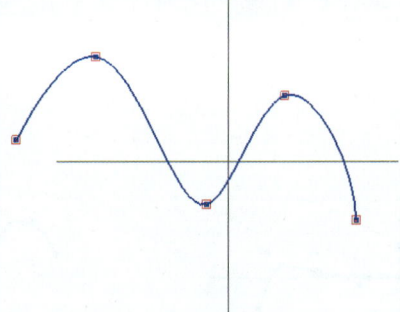

- step4 홈 탭 〉 그리기 그룹 〉 곡선 명령어를 선택합니다. Sketch A의 포인트 점을 이용하여 곡선을 생성한 후 명령어를 종료합니다.

- step5 곡선을 선택하고 명령 모음 창의 로컬 편집 버튼이 활성 상태인지 확인합니다.

- step6 곡선을 선택하고 편집 점 또는 제어 점를 마우스로 끌어 곡선을 수정하면서 형상의 변화를 관찰합니다.

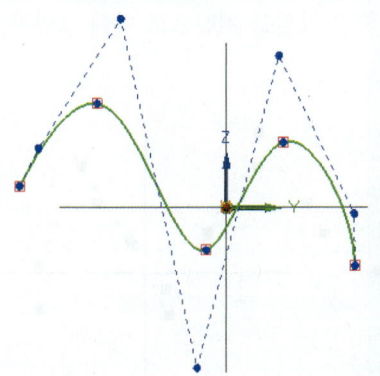 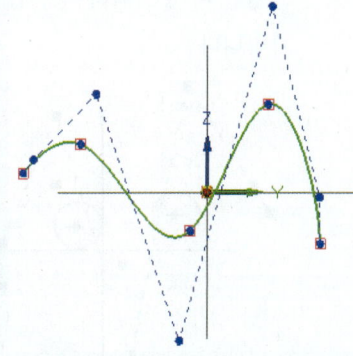

599

- **step7** 곡선을 선택하고 명령 모음 창에서 곡선 옵션버튼을 클릭합니다. 도를 3에서 5로 변경하고 확인 버튼을 클릭합니다.

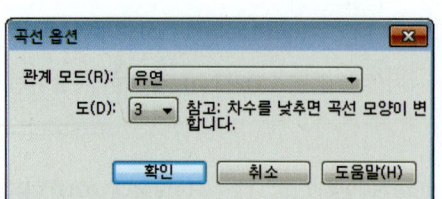
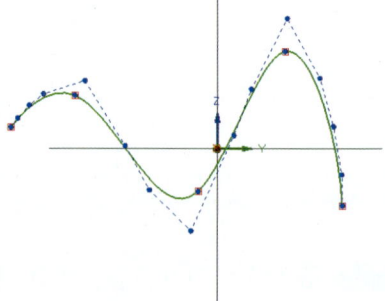

- **step8** 명령 모음 창의 로컬 편집 버튼과 모양 편집 버튼을 클릭하여 각 옵션에 다른 곡선형상의 변화를 확인합니다.

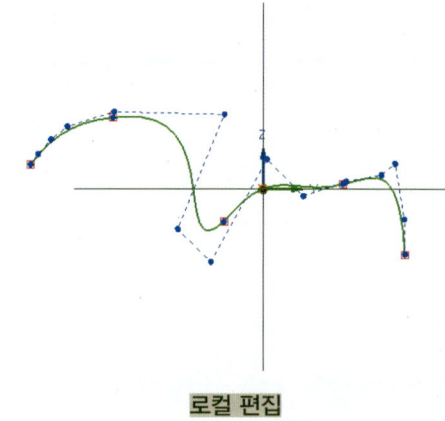
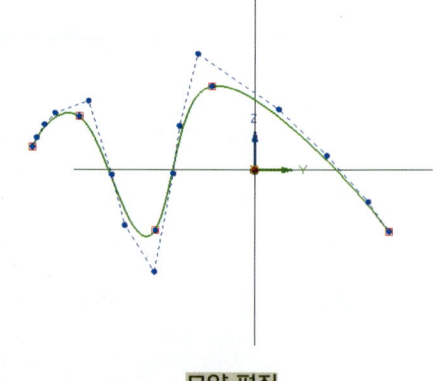

로컬 편집   모양 편집

- **step9** 명령 모음 창 에서 점 추가/제거 버튼을 클릭합니다. 점 추가/제거를 사용하는 경우, 사용자는 오직 1개의 점만 삽입 할 수 있고 다른 점을 배치하기 위해서는 점 추가/제거 명령을 다시 선택하여야 합니다. 편집 중인 곡선을 기반으로 아래 그림과 같이 점을 추가합니다.

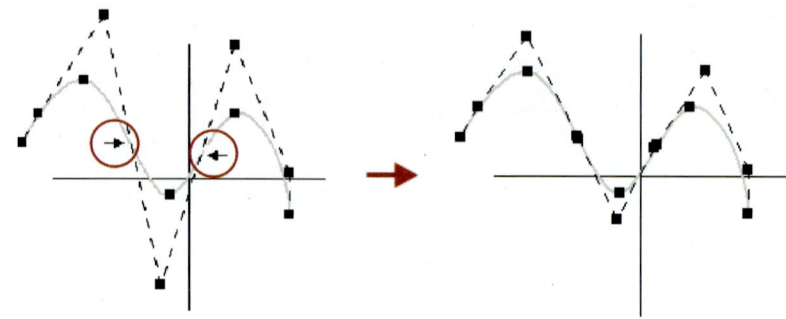

chapter 07 Surface Modeling(곡면)

> step10   곡선을 선택하고 명령 모음 창에서 곡률 그래프 표시  버튼을 클릭합니다.

> step11   검사 탭 〉 해석 그룹 〉 곡률 그래프 설정을 선택합니다. 곡률 그래프 설정 대화상자의 슬라이드를 이동시켜 곡률 그래프의 표시 상태를 확인합니다.

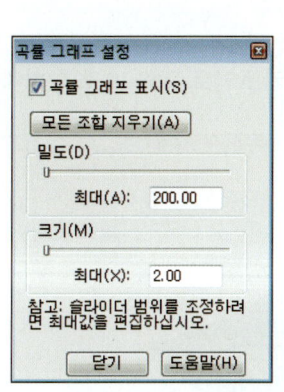
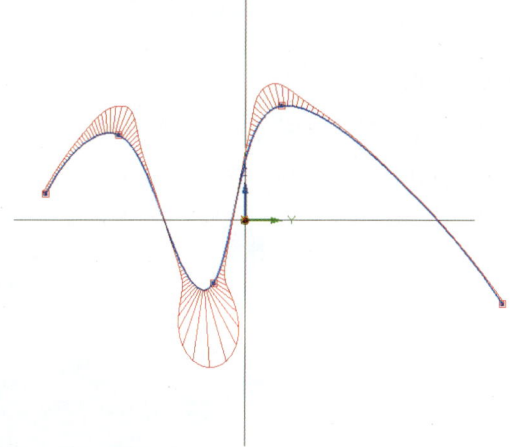

> step12   곡률 그래프 설정 대화상자의 곡률 그래프 표시를 해제하고 확인 버튼을 클릭합니다.

> step13   스케치 닫기를 클릭하여 스케치를 완료합니다.

03 BlueDot 작성과 키포인트 곡선

3.1 BlueDot

➡ 곡면 처리 탭 ⇒ 곡면 그룹 ⇒ BlueDot
➡ Surfacing Tap ⇒ Surfaces Group ⇒ BlueDot

두 곡선 또는 분석이 연결되는 제어 점이거나 하나의 곡선과 하나의 분석이 연결되는 제어점입니다. 따라서 곡선 간에 제어 점을 제공합니다.

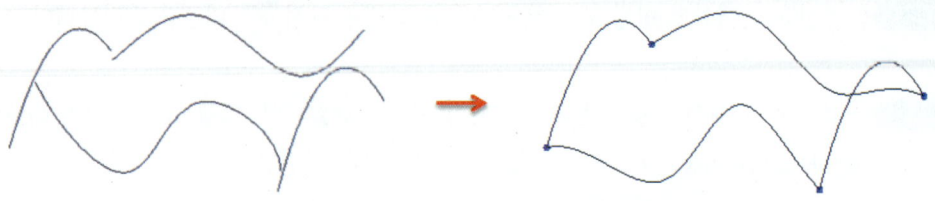

(1) BlueDot 생성

두 스케치 요소 사이에 제어 점(1)을 생성합니다. 요소들을 키포인트 또는 요소를 따라 있는 점에서 연결할 수 있습니다.

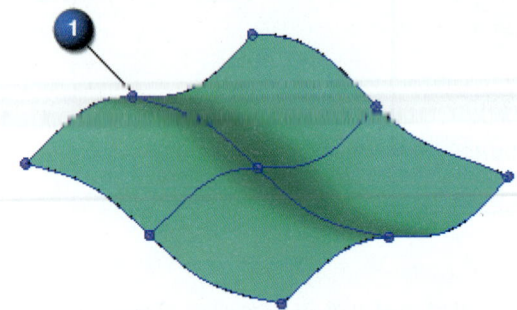

(2) BlueDot 편집

선택 도구를 사용하여 BlueDot(1)를 선택한 다음 선택 도구 명령 모음에서 동적 편집 버튼을 클릭합니다. BlueDot의 위치를 편집할 때에는 OrientXpres 도구(2)를 사용하여 이동을 특정 축이나 평면에 평행하도록 제한할 수 있습니다. 그런 다음 BlueDot를 새 위치(3)로 끌 수 있습니다. 와이어프레임 요소와 곡면도 업데이트됩니다.

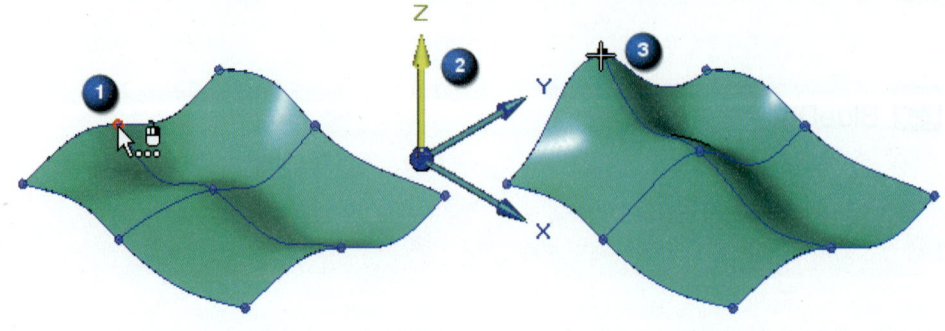

(3) OrientXpres 이동

X, Y, Z 축의 원점을 선택한 다음 OrientXpres를 새 위치로 끌어서 OrientXpres 도구 위치를 변경할

chapter 07 Surface Modeling(곡면)

수 있습니다.

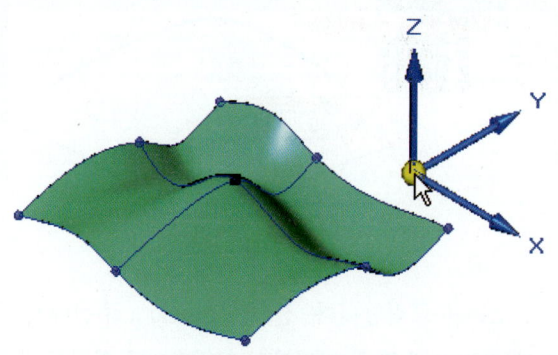

BlueDot 작성과 편집 사용 방법

step1 Solid Edge에서 BlueDot.par 을 오픈합니다.

step2 곡면 처리 탭 → 곡면 그룹 → BlueDot 명령을 클릭합니다.

step3 아래 그림과 같이 곡선의 끝 점을 아래 순서와 같이 연결합니다. 먼저 선택한 곡선의 끝 점이 나중에 선택한 끝 점으로 이동합니다. 연결 심볼을 확인합니다.

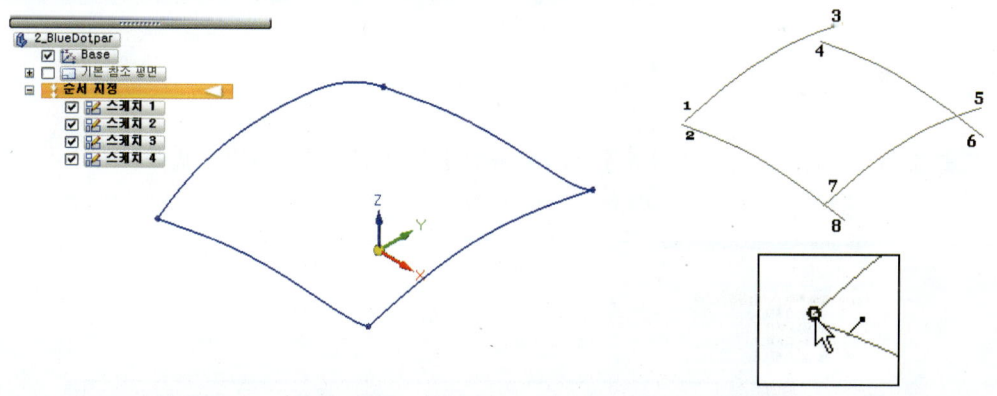

step4 홈 탭 > 선택 그룹 > 선택 명령을 클릭하고 그림과 같이 생성된 BlueDot을 선택하고 동적 편집 버튼을 클릭합니다. BlueDot 주변 영역을 마우스로 끌어 BlueDot을 선택하거나 QuickPick을 사용합니다.

603

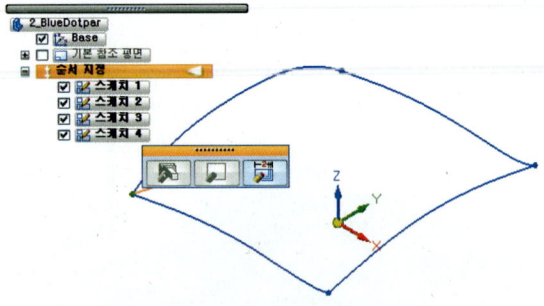

- step5　OrientXpres의 Z축을 클릭합니다. 선택한 BlueDot 주변에서 마우스를 클릭하여 드래그 하거나 Z 방향 입력창에 값을 입력하여 BlueDot의 위치를 수정할 수 있습니다. 연결된 곡선도 같이 변경됩니다. 현재 BlueDot은 로컬 편집옵션을 사용하여 편집했습니다.

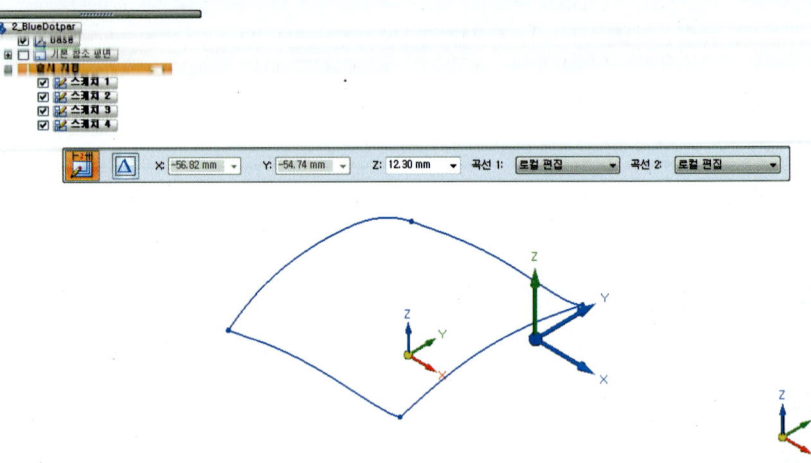

- step6　명령 모음 창에서 형상 편집으로 옵션을 설정하고 이전 과정을 반복하면서 곡선의 변경 합니다.

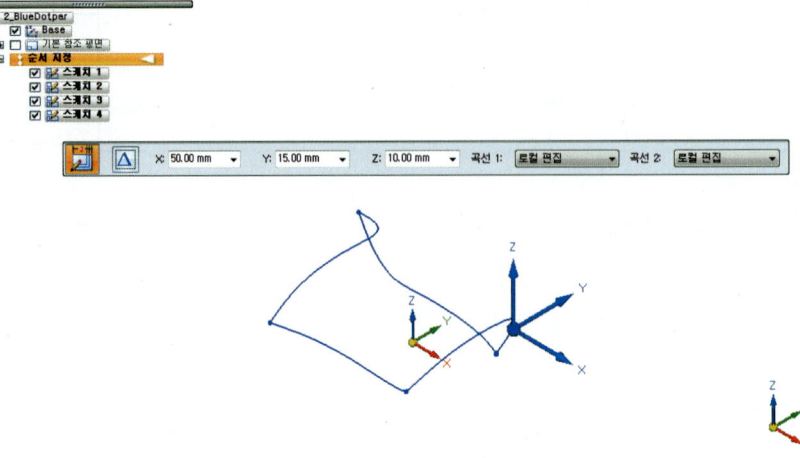

chapter 07 Surface Modeling(곡면)

- **step7** 다시 BlueDot을 선택하고 동적 편집 버튼을 클릭합니다.

  명령 모음 창에서 상대/절대 위치 △ 버튼을 클릭합니다.

- **step8** Z값 입력 창에 20을 입력하고 Enter 키를 누릅니다. 엔터키를 반복해서 누르면 선택된 BlueDot이 Z축 방향으로 20mm씩 반복해서 이동됩니다.

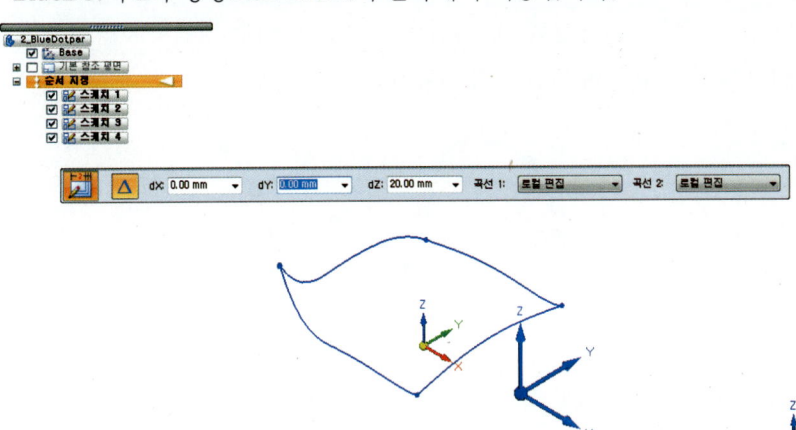

- **step9** Ctrl + Z 버튼을 클릭하여 실행 취소 합니다.

- **step10** OrientXpres의 원점을 클릭하고 드래그하면 위치를 변경할 수 있습니다.

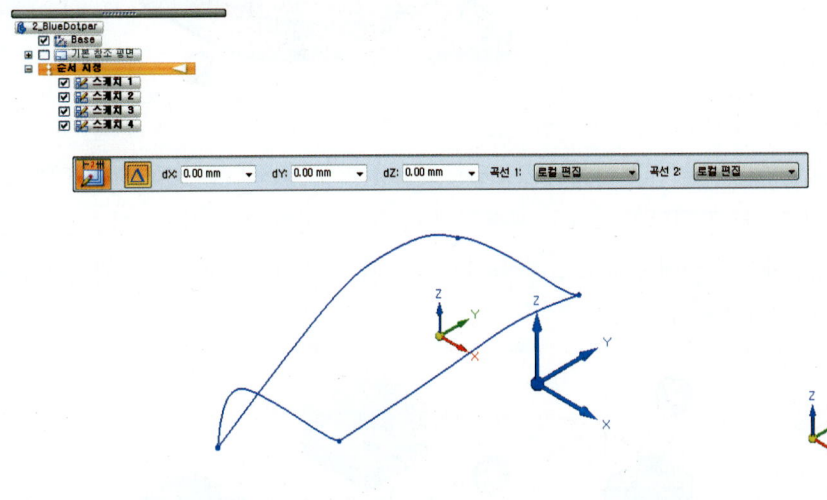

3.2 키포인트 곡선(Keypoint Curve)

➡ 곡면 처리 탭 ⇒ 곡선 그룹 ⇒ 키포인트
➡ Surfacing Tap ⇒ Curves Group ⇒ Keypoint Curve

세 개 이상의 점으로 된 집합을 통해 3D 곡선을 생성합니다.(점 명령으로 생성하는 점, 와이어프레임 요소, 모서리상의 키포인트, 빈 공간의 점 사용가능)

키포인트 명령을 사용하여 스위핑 형상(2)의 경로로 사용할 수 있는 브리지 곡선(1)을 생성할 수 있습니다.

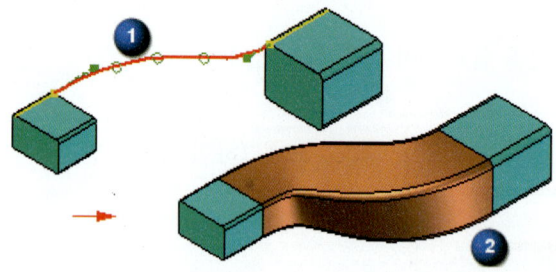

와이어프레임 요소 또는 모서리에서 키포인트를 곡선의 끝점(3)으로 선택한 경우 끝 조건 단계를 사용하여 선택한 와이어프레임 요소 또는 모서리에 접하는 곡선이 생성되는지 여부를 지정할 수 있습니다. 곡선이 끝점에서 요소에 접하도록 지정하는 경우에는 접선 벡터 핸들(4)을 새 위치로 끌어 접선 벡터의 크기를 수정할 수도 있습니다.

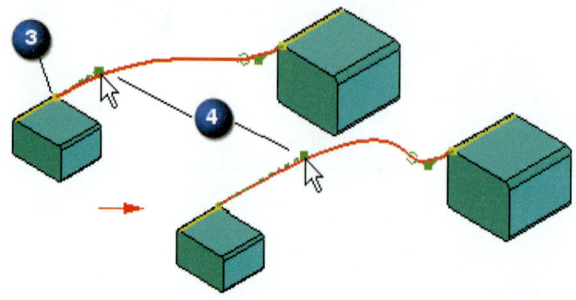

chapter 07 Surface Modeling(곡면)

- 점 선택(Select Point Step) : 곡선을 생성하는 데 사용되는 점을 정의합니다.
- 끝 조건 단계(End Condition Step) : 곡선의 끝 조건 및 곡선이 열리는지 또는 닫히는지를 지정합니다.
- 점 재정의 단계(Redefine Step) : 선택한 기존 점의 위치를 다시 정의할 수 있습니다.
- 키포인트 단계(Keypoints Step) : 선택할 수 있는 키포인트의 유형을 설정하여 형상 범위를 정의합니다.

키포인트 곡선 사용 방법

step1 Solid Edge에서 Keypoint Curve.par을 오픈합니다.

step2 곡면 처리 탭 → 곡선 그룹 → 키포인트 곡선 명령어를 사용하여 곡선을 생성합니다.
(바탕화면이 흰색일 경우 키포인트 곡선이 보이지 않을 수 있습니다.)

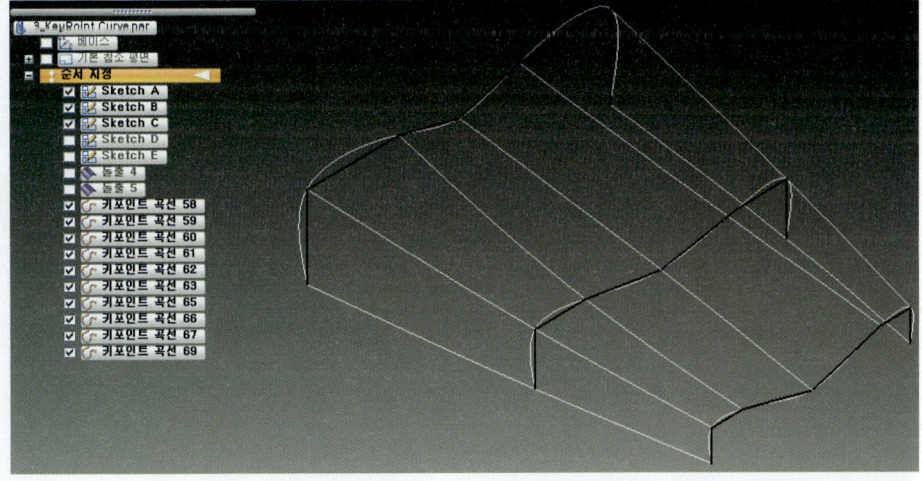

step3 그래픽 창에서 마우스 오른쪽 버튼을 눌러 모두 숨기기 〉 스케치를 클릭하면 아래와 같이 됩니다.

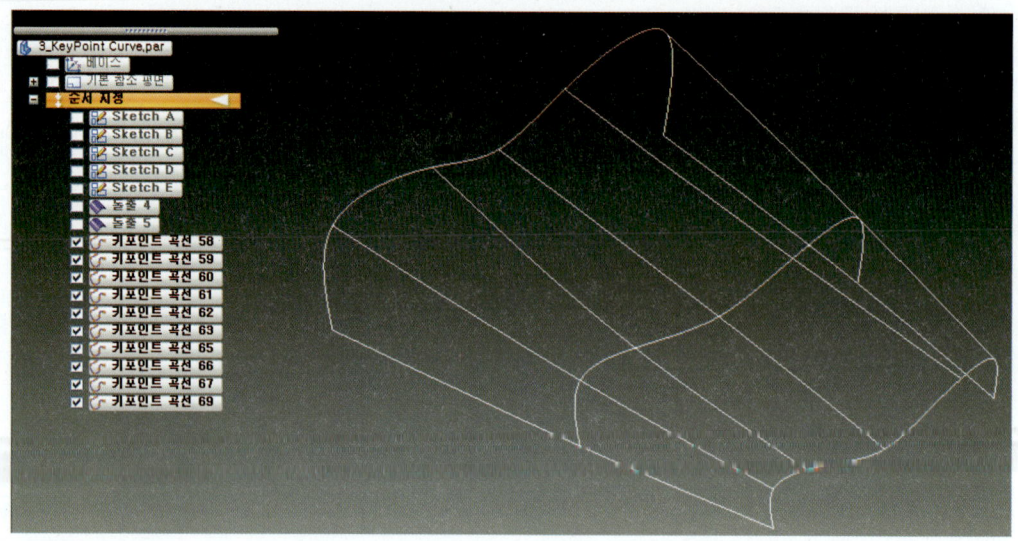

step4 곡면 처리 탭 〉 곡면 그룹 〉 BlueDot 명령을 클릭하고 아래 그림과 같이 키포인트 곡선의 끝점을 연결하여 총 21개의 BlueDot을 만듭니다.

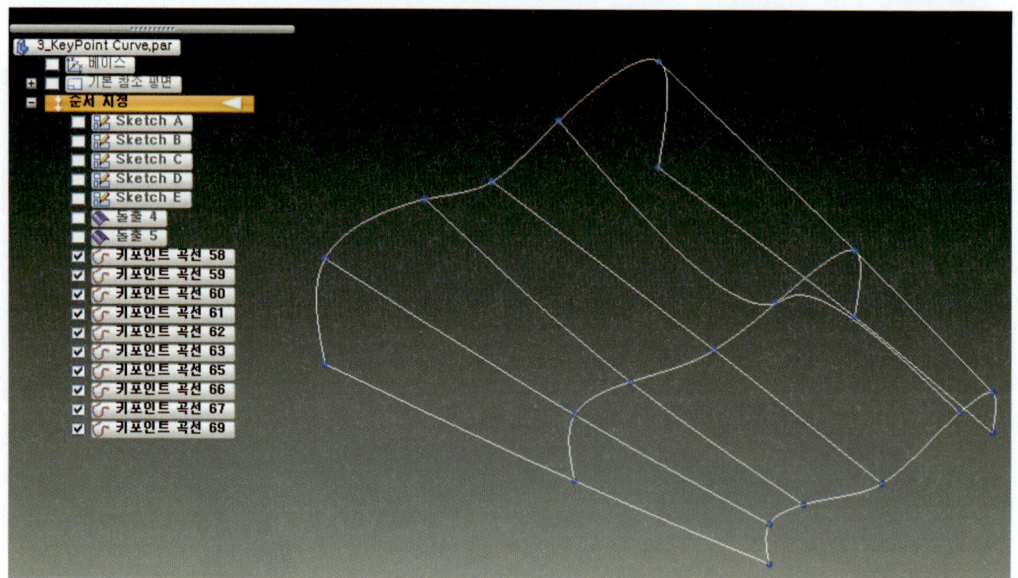

chapter 07 Surface Modeling(곡면)

> step5 아래 그림과 같이 BlueDot을 선택하고 동적 편집 버튼을 클릭합니다.

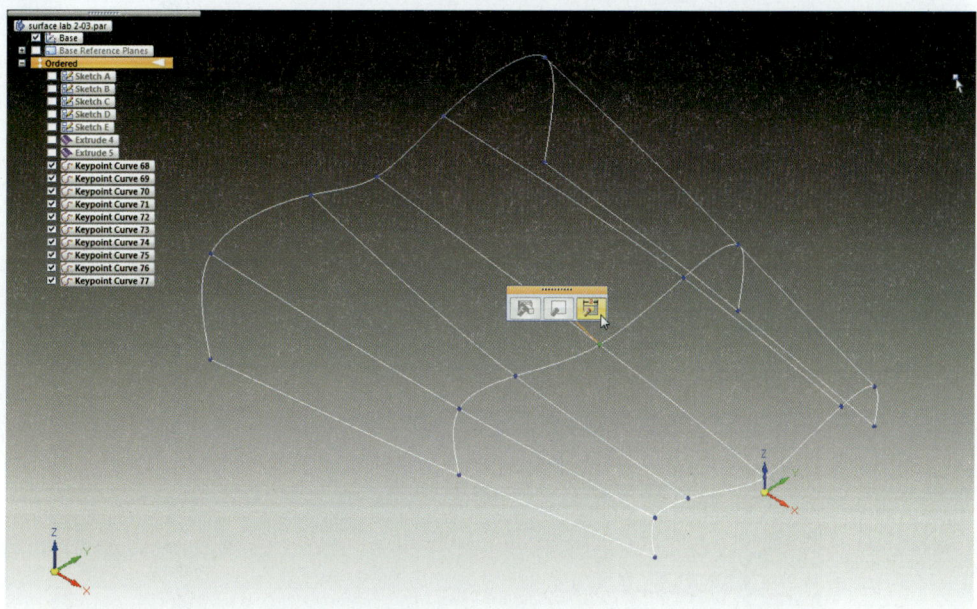

> step6 OrientXpres의 Z축을 클릭하고 BlueDot을 위로 드래그하면서 연결된 두 개의 키포인트 곡선이 변경되는 것을 확인합니다.

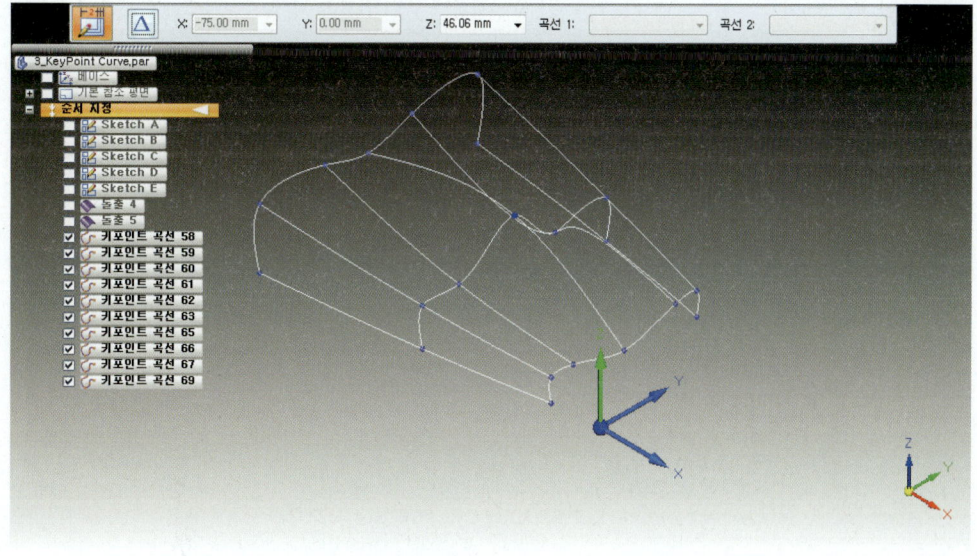

609

접선 벡터를 포함한 키포인트 곡선 사용 방법

- **step1** 그래픽 영역에서 마우스 오른쪽 버튼을 클릭하고 모두 숨기기 〉 Bluedots와 곡선을 선택합니다.

- **step2** 아래 그림과 같이 두 개의 곡면 체크 박스를 클릭하여 곡면을 표시합니다.

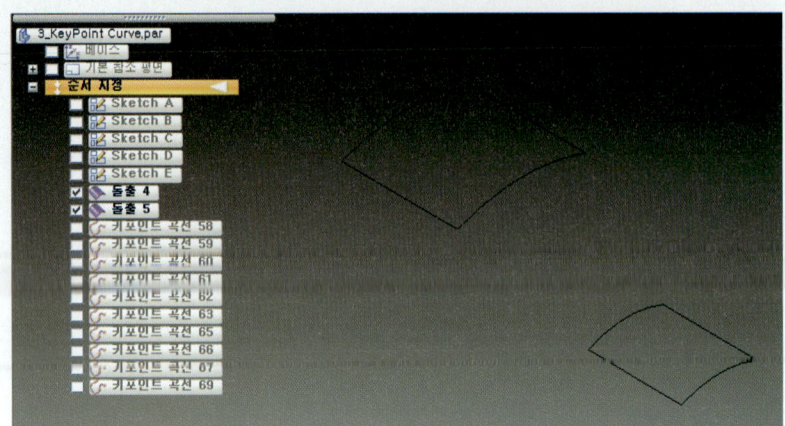

- **step3** 곡면 처리 탭 〉 곡선 그룹 〉 키포인트 곡선 명령을 클릭하고 두 곡면 사이의 모서리에 접하는 키포인트 곡선을 만든 후 수용 버튼을 선택합니다.

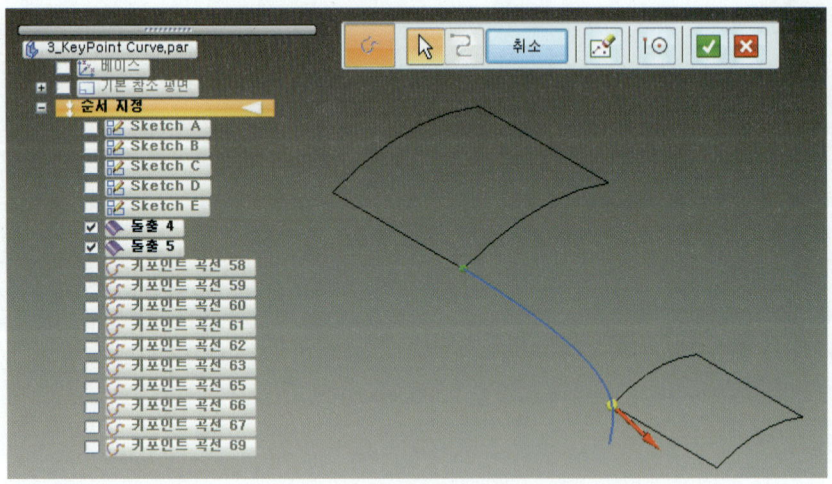

- **step4** Command Bar의 Accept(수용) 버튼을 클릭합니다.

- **step5** 키포인트 곡선을 선택하고 정의편집에 들어갑니다. 명령 모음 창에서 끝 조건 단계 버튼을 클릭합니다.

chapter 07 Surface Modeling(곡면)

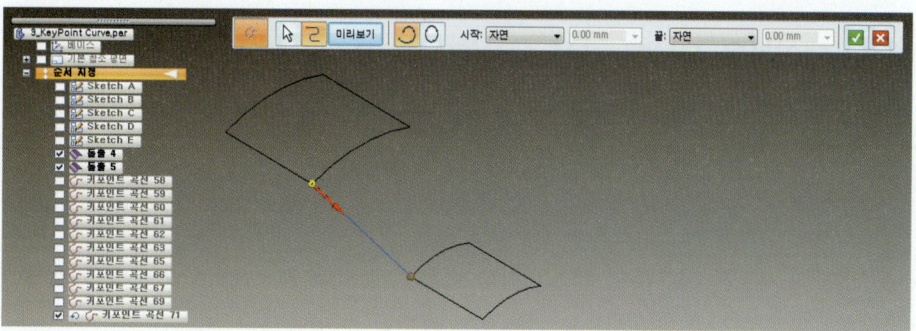

- step6 명령 모음 창에서 시작과 끝을 접선으로 변경합니다. 접선 벡터를 드래그하여 아래와 같이 편집합니다.

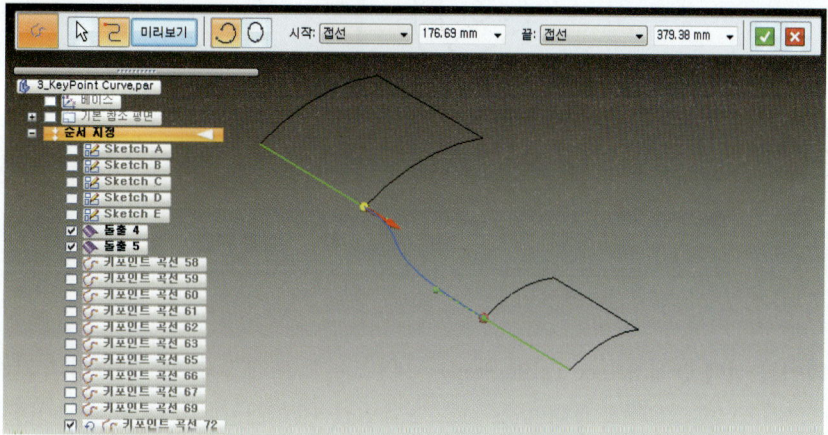

- step7 명령 모음 창의 미리보기와 마침 버튼을 차례대로 클릭합니다.

- step8 곡면의 반대 방향에도 그림과 같이 동일하게 키포인트 곡선을 만듭니다.

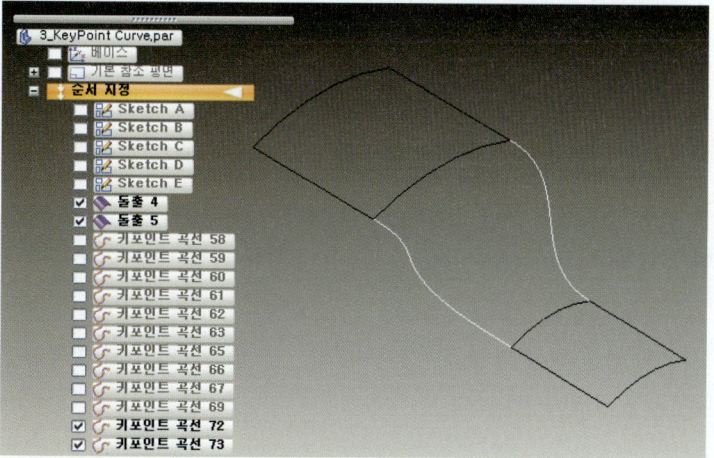

611

3.3  테이블을 사용해 곡선 생성(Curve By Table)

➡ 곡면 처리 탭 ⇒ 곡선 그룹 ⇒ 테이블을 사용해 곡선 생성
➡ Surfacing Tap ⇒ Curves Group ⇒ Curve By Table

Excel 스프레드시트를 사용하여 컨스트럭션 곡선을 정의합니다. Solid Edge 문서에 포함된 스프레드시트를 통해 공학 곡선을 효율적으로 가져오고 관리할 수 있습니다.

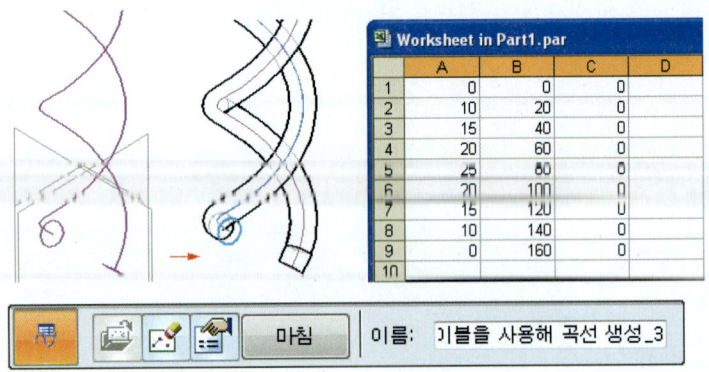

- 테이블 선택 단계(Select Table Step) : 새 Excel 스프레드시트를 만들거나 기존 Excel 스프레드시트를 지정하여 곡선을 생성할 수 있는 오브젝트 삽입 대화 상자를 표시합니다.

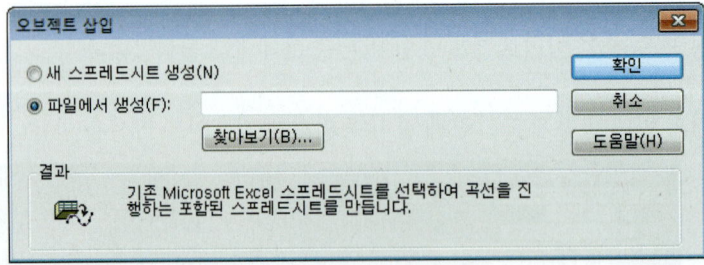

- 데이터 점 편집 단계(Edit data point step) : 곡선의 X,Y,Z좌표가 있는 포함된 Excel 스프레드시트를 엽니다.

- 매개 변수 단계(Parameters Step) : 테이블에 따른 곡선 매개 변수 대화 상자를 표시합니다.

※ 테이블을 사용해 곡선 생성 명령을 사용하여 곡선을 생성하거나 기존 곡선을 편집하는 경우 시스템에서 Excel을 실행해야 합니다.

chapter 07 Surface Modeling(곡면)

04 곡면 생성 명령

4.1 돌출 곡면(Extruded Surface)

➡ 곡면 처리 탭 ⇒ 곡면 그룹 ⇒ 돌출
➡ Surfacing Tap ⇒ Surfaces Group ⇒ Extruded Surface

직선을 따라 프로파일을 투영하여 컨스트럭션 곡면을 생성합니다.

- **끝 열기(Open Ends)** : 평면형 면이 형상의 끝에 추가되지 않도록 지정합니다.
- **끝 닫기(Close Ends)** : 평면형 면이 형상의 끝에 추가되어 닫힌 볼륨을 생성하도록 지정합니다.

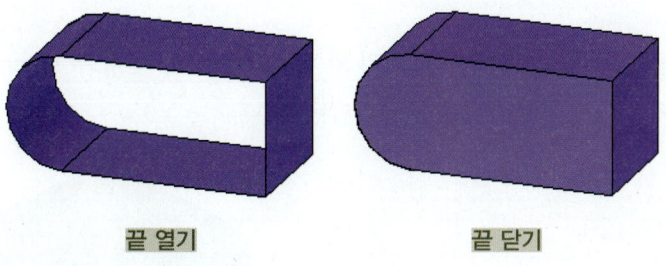

끝 열기 　　　　　 끝 닫기

돌출 곡면 사용 방법

- **step1** Solid Edge에서 Extruded Surface.par을 오픈합니다.

- **step2** PathFinder에서 Sketch A의 체크 박스를 클릭하여 표시합니다.

- **step3** 곡면 처리 탭 > 곡면 그룹 > 돌출 곡면을 선택합니다.

- **step4** 명령 모음 창에서 스케치로부터 선택 옵션을 설정합니다.

- **step6** 화면에 보이는 스케치를 선택하고 명령 모음 창에서 수용 버튼을 클릭합니다.

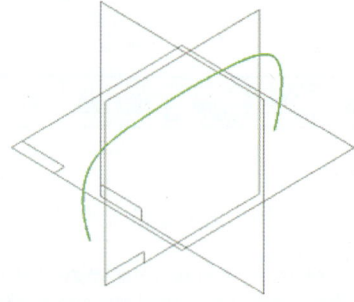

- **step7** 대칭 범위 버튼을 클릭하고 거리 입력상자에 150을 입력 후 Enter 키를 누릅니다. 그리고 마침 버튼을 눌러 형상을 표현합니다.

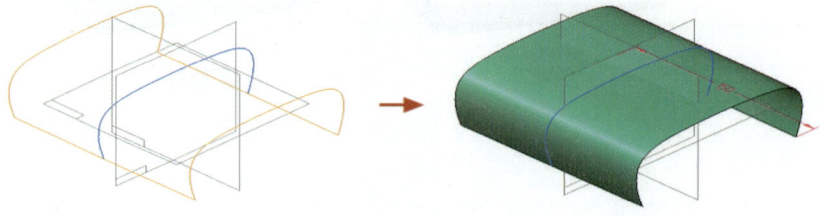

chapter 07 Surface Modeling(곡면)

4.2 회전 곡면(Revolved Surface)

➡ 곡면 처리 탭 ⇒ 곡면 그룹 ⇒ 회전 곡면
➡ Surfacing Tap ⇒ Surfaces Group ⇒ Revolved Surface

회전 축을 중심으로 프로파일을 회전하여 컨스트럭션 곡면을 생성합니다.

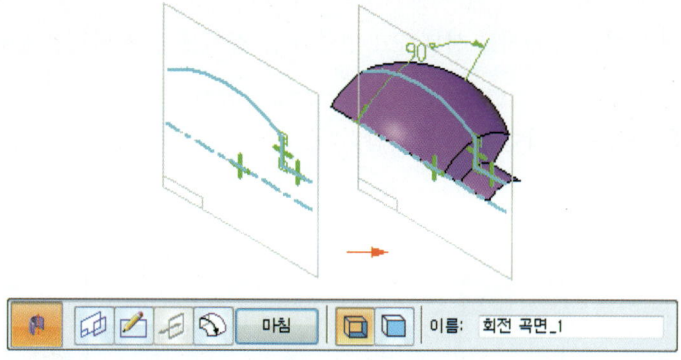

- 끝 열기(Open Ends) : 평면형 면이 형상의 끝에 추가되지 않도록 지정합니다.
- 끝 닫기(Close Ends) : 평면형 면이 형상의 끝에 추가되어 닫힌 볼륨을 생성하도록 지정합니다.

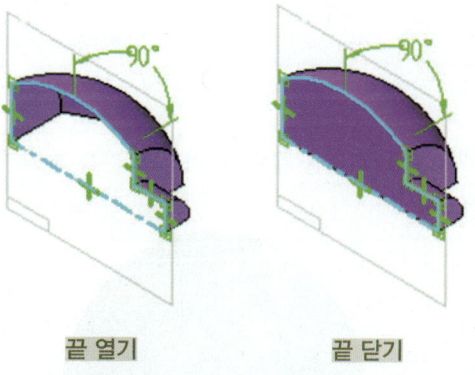

끝 열기   끝 닫기

회전 곡면 사용 방법

step1   Solid Edge에서 Revolved Surface.par을 오픈합니다.

step2   PathFinder에서 Sketch B의 체크 박스를 클릭하여 표시합니다.

- step3 곡면 처리 탭 > 곡면 그룹 > 회전 곡면을 선택합니다.

- step4 명령 모음 창에서 스케치로부터 선택 옵션을 설정합니다.

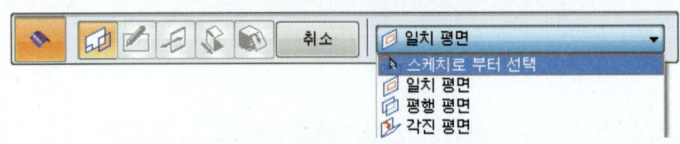

- step5 화면에 보이는 스케치를 선택하고 명령 모음 창에서 수용 버튼을 클릭합니다.

- step6 회전축으로 수직 방향 선을 클릭합니다.

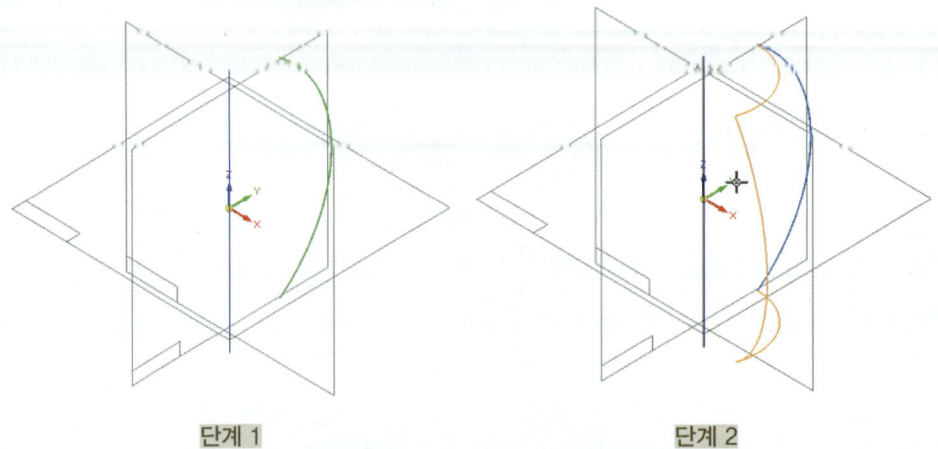

단계 1   단계 2

- step7 명령 모음 창에서 360° 회전을 클릭 후 마침 버튼을 눌러 형상을 표현합니다.

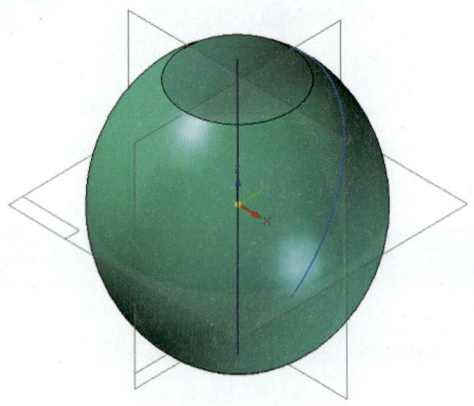

chapter 07 Surface Modeling(곡면)

4.3 스위핑 곡면(Swept Surface)

➡ 곡면 처리 탭 ⇒ 곡면 그룹 ⇒ 스위핑 곡면
➡ Surfacing Tap ⇒ Surfaces Group ⇒ Swept Surface

최대 3개 경로를 따라 하나 이상의 단면을 돌출하여 곡면을 만듭니다.(경로를 따라 어디에나 단면을 배치할 수 있습니다.)

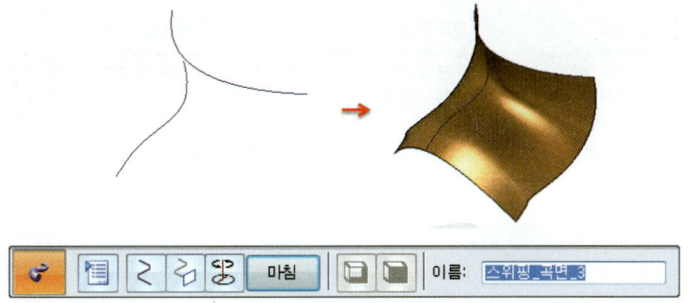

- **옵션(Option)** : 스위핑 옵션 다이얼로그를 표시합니다. (옵션은 Part환경의 스위핑 명령어와 동일합니다.)
- **경로 단계(Path Step)** : 단면을 스위핑하여 형상을 만들 경로를 정의합니다.(최대3개)
- **단면 단계 (Cross Section Step)** : 경로를 따라서 스위핑 하려는 단면 프로파일을 정의합니다.
- **축 단계 (Axis Step)** : 단면 프로파일에 대한 잠금 축을 정의합니다.

스위핑 곡면 사용 방법

step1 Solid Edge에서 Swept Surface.par을 오픈합니다. 아래 그림과 같이 스케치 A는 가이드 경로로, 스케치 1~3은 크로스섹션으로 사용합니다.

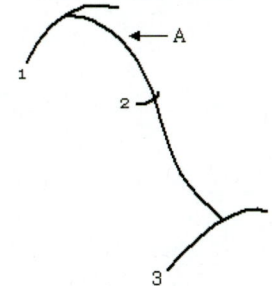

617

→ step2 곡면 처리 탭 > 곡면 그룹 → 스위핑 곡면 명령을 선택합니다.

→ step3 스위핑 옵션 대화상자가 나타납니다. 다중 경로 및 단면을 선택하고 확인 버튼을 클릭합니다.

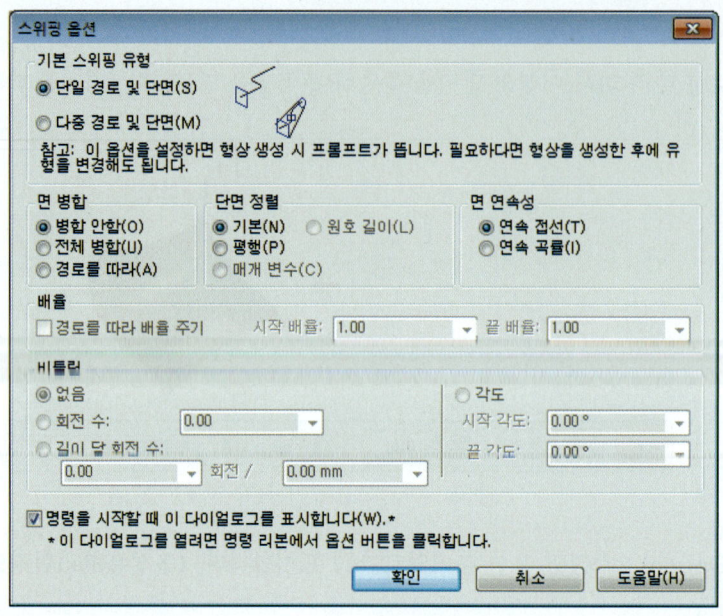

→ step4 경로 단계에서 보이는 것처럼 커브 A를 선택하고 명령 모음 창에서 수용 버튼을 클릭합니다. 다음버튼을 클릭하여 경로 단계를 마칩니다.

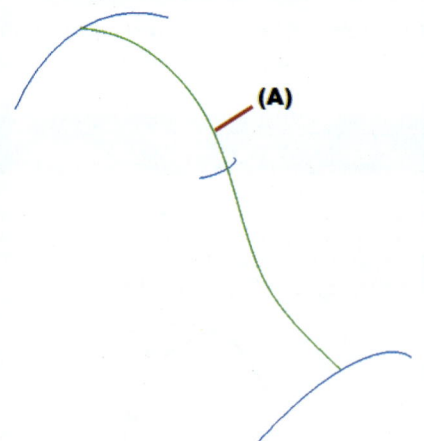

chapter 07 Surface Modeling(곡면)

- step5 아래 그림과 같은 순서로 스케치 포인트를 클릭하여 단면을 정의합니다. 스케치를 클릭할 때마다 수용 버튼을 클릭합니다.

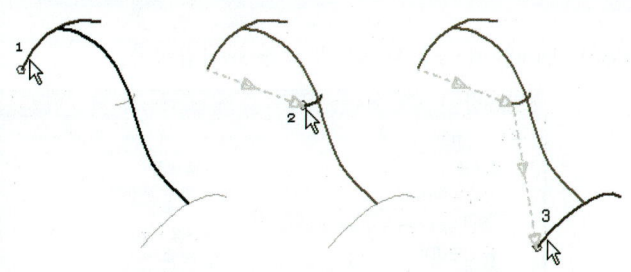

- step6 명령 모음 창의 미리보기, 마침 버튼을 차례대로 클릭하면 현상이 표현됩니다.

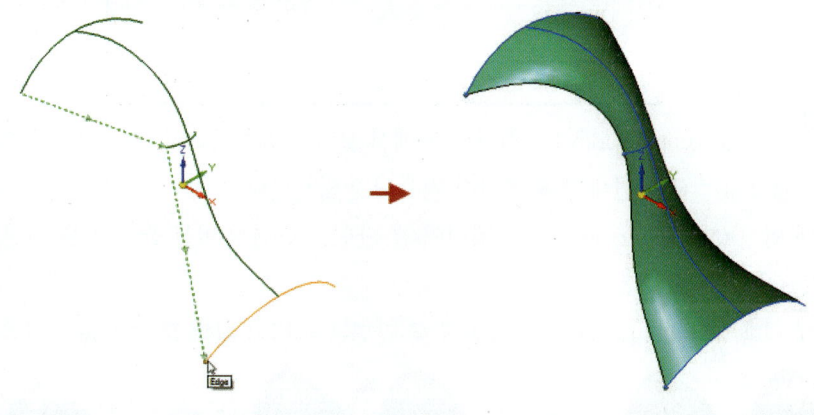

4.4 BlueSurf

➡ 곡면 처리 탭 ⇒ 곡면 그룹 ⇒ BlueSurf
➡ Surfacing Tap ⇒ Surfaces Group ⇒ BlueSurf

기존 스케치, 파트 가장자리를 사용하여 곡면을 만듭니다. 여러 편집 옵션을 제공하는 BlueSurf 명령을 사용하여 복잡한 곡면을 만들 수 있습니다.

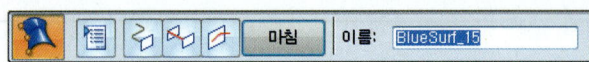

- 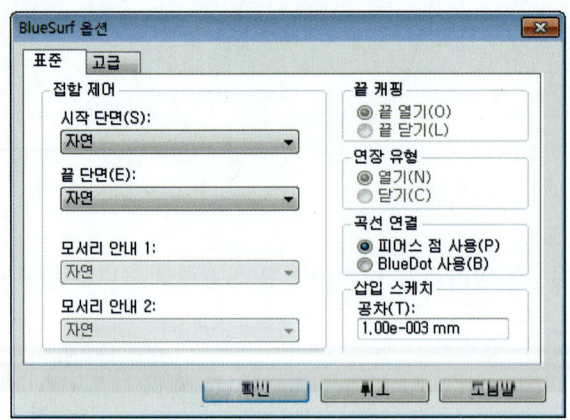 **옵션 (Option)** : BlueSurf 옵션 다이얼로그를 표시합니다.

▶ 접합 제어 (Tangency Control) : 형상의 끝에서 모양을 제어하고자 하는 옵션을 지정합니다

▶ 자연 (Natural) : 끝 단면에 구속 조건이 적용되지 않습니다.

▶ 단면에 법선 (Normal to section) : 평면인 끝 단면은 단면에 법선 끝 조건을 지원합니다. (그래픽 핸들(A)가 표시)

▶ 단면에 평행 (Parallel to Sectio) : 평면인 끝 단면은 단면에 평행 끝 조건을 지원합니다.

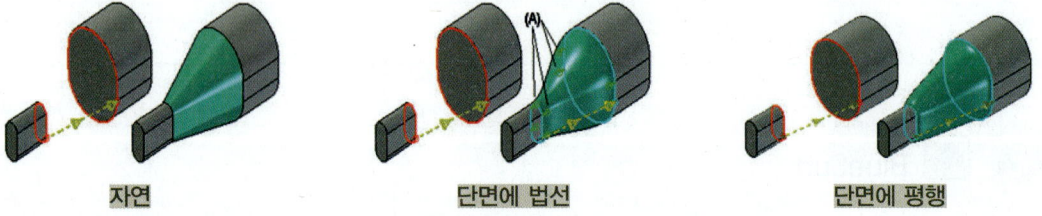

▶ 끝 캐핑 (End Capping) : 원하는 끝 캐핑 옵션을 지정합니다.
- 끝 열기 (Open ends) : 형상에 평면형 끝 캡을 추가하지 않도록 지정합니다.
- 끝 닫기 (Closed ends) : 형상에 평면형 끝 캡을 추가하여 닫힌 볼륨을 생성하도록 지정합니다.

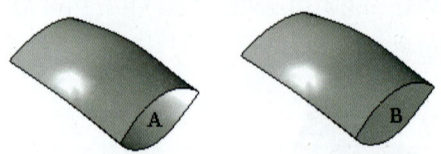

▶ 연장 유형 (Extent type) : 형상 자체가 닫히는지 여부를 제어합니다.
- 열기 (Open) : 형상이 첫 번째 단면으로 시작하고 마지막 단면으로 끝나도록 지정합니다.
- 닫힘 (Close) : 형상 자체가 닫히도록 지정합니다.

chapter 07 Surface Modeling(곡면)

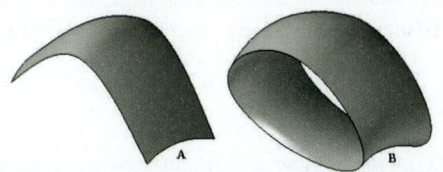

- 피어스 점 사용 (Use Pierce Point) : 연결 관계를 사용하여 교차하는 단면 및 안내 곡선을 연결하도록 지정합니다. (팬, 터빈 블레이드용곡면, 엔지니어링 데이터, 치수 구동저근을 유지해야 하는 엔지니어링 곡면 만들 때 사용)
- BlueDot 사용 (Use BlueDots) : Bluedot를 사용하여 교차하는 단면 및 안내 곡선을 연결하도록 지정합니다.(가전제품의 곡면과 같이 미적 곡면을 만들 때 사용)

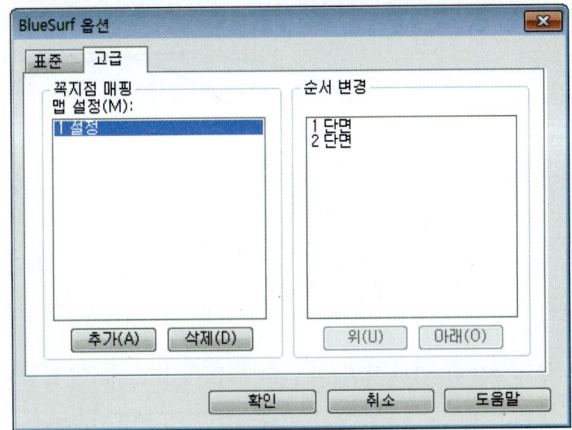

▶ 꼭지점 매핑 (Vertex Mapping) : 정점 매핑은 단면 정점 간의 흐름을 생성하는 기법으로, 한 단면의 정점이나 점을 다른 단면의 정점이나 점과 매핑할 수 있습니다. (곡면의 비틀림, 불연속성을 제어하거나 없애는데 유용)

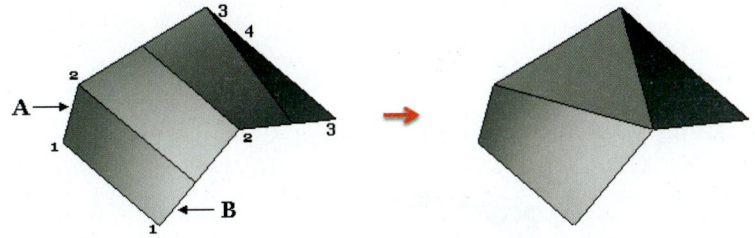

▶ 삽입 스케치 (Inserted-Sketch) : 삽입하는 스케치의 공차 값을 정의할 수 있습니다. (생성되는 곡선의 복잡도를 제어하는데 사용)

- **단면 단계 (Cross Section Step)** : 형상을 맞출 단면을 정의합니다.
- **가이드 곡선 단계 (Guide Cure Step)** : 형상을 진행할 안내 곡선을 정의합니다. 유효한 안내 곡선이 되려면 간 단면과 접해야 합니다.

- **스케치 삽입 단계 (Insert Sketch Step)** : 스케치를 새 단면 또는 안내 곡선으로 삽입할 수 있습니다.

BlueSurf 사용 방법 (안내 곡선 이용)

step1 Solid Edge에서 BlueSurf .par을 오픈합니다.

step2 곡면 처리 탭 > 곡면 그룹 > BlueSurf 명령을 클릭합니다.

step3 아래 그림과 같이 스케치의 좌측 상단 부분을 확대하고 Point를 선택합니다.

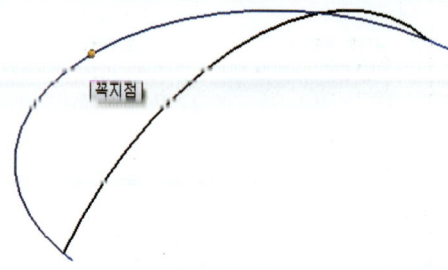

step4 그림과 같이 Arc를 선택하고 마우스 오른쪽 버튼을 클릭합니다.

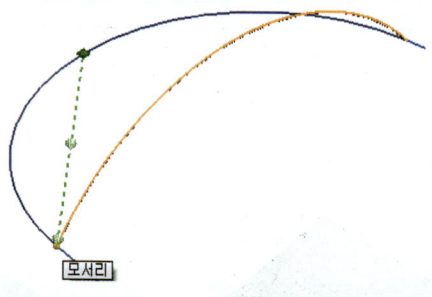

step5 두 번째 Arc를 선택하고 마우스 오른쪽 버튼을 클릭합니다.

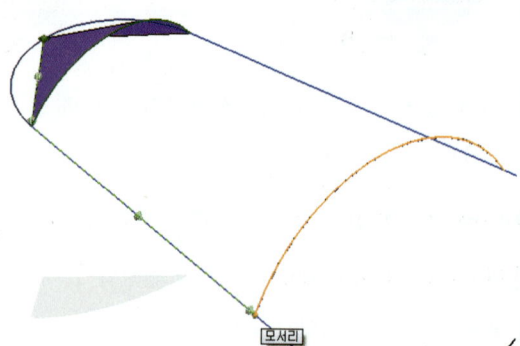

chapter 07 Surface Modeling(곡면)

• step6 명령 모음 창에서 미리보기 버튼을 클릭합니다.

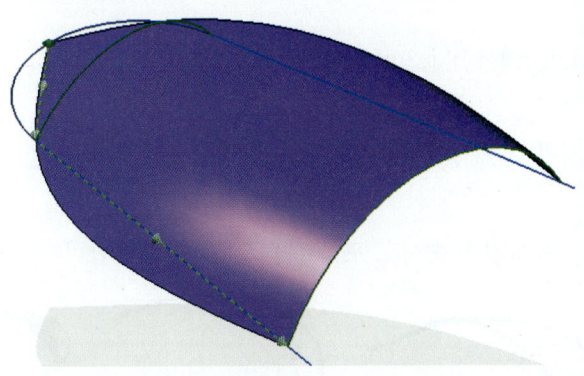

• step7 명령 모음 창에서 안내 곡선 단계  버튼을 누르고 선택을 단일로 설정합니다.

• step8 아래 그림과 같이 스케치 요소 1, 2를 선택하고 마우스 오른쪽 버튼을 클릭합니다.

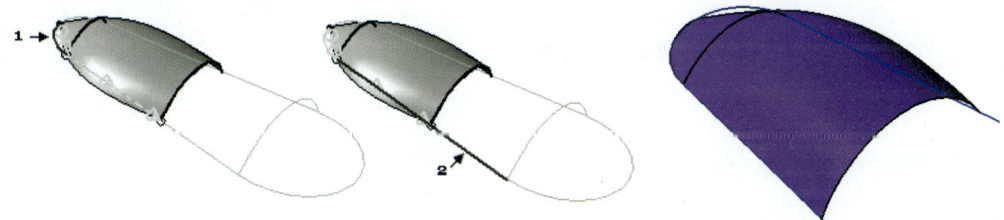

• step9 아래 그림과 같이 스케치 요소 3, 4를 선택하고 마우스 오른쪽 버튼을 클릭합니다.
명령 모음 창에서 미리보기와 마침을 누른 후 Pathfinder에서 스케치 표시를 모두 끕니다.

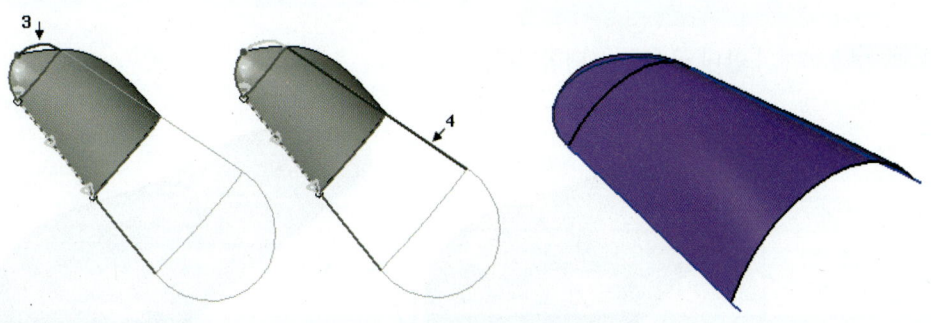

623

BlueSurf 사용 방법(두 개의 포인트, 크로스섹션, 두 개의 가이드커브를 이용)

step1 Solid Edge에서 BlueSurf.par을 오합니다.

step2 곡면 처리 탭 〉 곡면 그룹 〉 BlueSurf 명령을 클릭합니다.

step3 아래 그림과 같은 순서로 포인트와 스케치를 선택합니다.

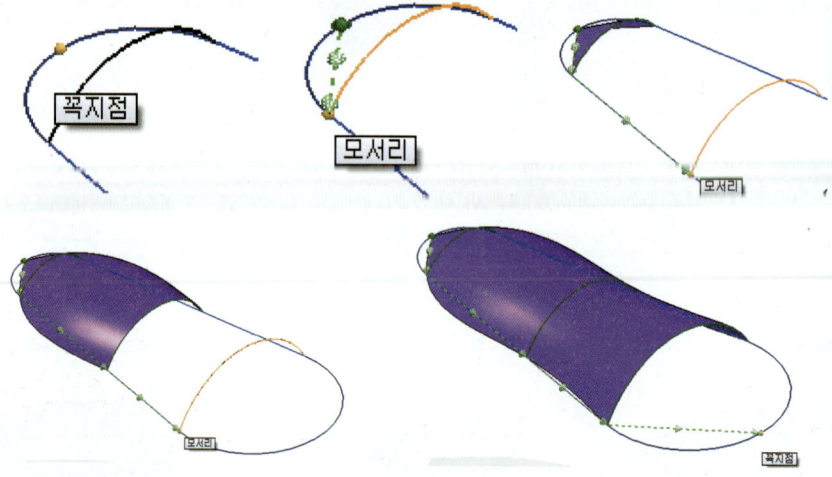

step4 작성된 BlueSurf를 선택하고 정의 편집 버튼을 클릭합니다.

step5 명령 모음 창의 안내 곡선 단계 버튼을 누르고 선택 옵션을 아래와 같이 설정합니다.

step6 3개의 안내 곡선을 선택합니다.

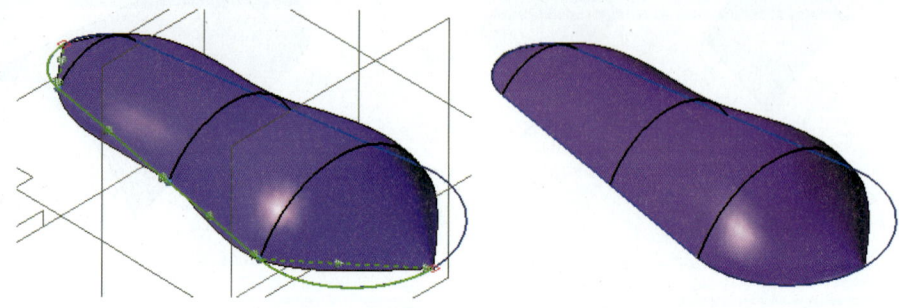

chapter 07 Surface Modeling(곡면)

→ **step7** 반대쪽도 3개의 안내 곡선을 이용하여 형상을 생성합니다.

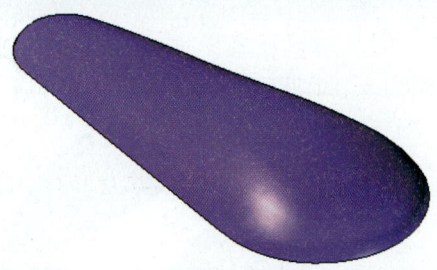

4.5 바운딩 곡면(Bounded Surface)

➡ 곡면 처리 탭 ⇒ 곡면 그룹 ⇒ 바운딩 곡면
➡ Surfacing Tap ⇒ Surfaces Group ⇒ Bounded Surface

사용자가 정의하는 경계 요소를 사용하여 컨스트럭션 곡면을 생성합니다.

- 곡선/모서리 세트가 닫힌 루프를 형성해야 합니다.
- 인접 면을 사용해 새 바운딩 곡면에서 접함을 제어할 수 있습니다.
- 모서리/곡선을 이용하기 위해 파생 곡선, 분할 곡선을 사용해야 할 수 있습니다.
- 키포인트 곡선 명령을 사용해 경계 곡선을 생성할 수 있습니다.

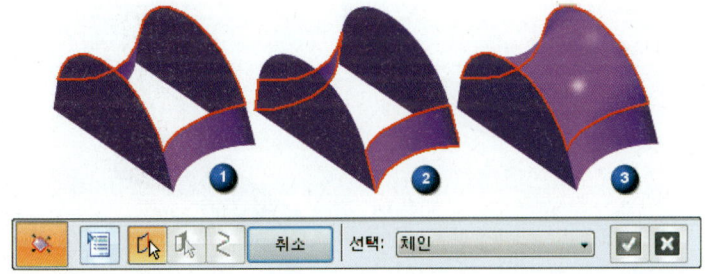

- **바운딩 된 곡면 옵션(Bounded Surface Opiton)** : 면 병합에 대한 옵션을 지정할 수 있습니다.

- **모서리 선택 단계(Select Edges Step)** : 새 곡면의 경계를 정의하는 모서리를 선택할 수 있습니다.

- **접선 면 선택 단계(Select Tangent face Step)** : 새 바운딩 곡면이 접하게 될 인접한 면을 지정할 수 있습니다.

- **가이드 곡선 단계(Guide Curve Step)** : 로프트에 대해 따르려는 가이드 곡선을 정의합니다.

바운딩 사용 방법

step1 7_Bounded Surface.par 파트를 오픈합니다.

step2 Pathfinder에서 스위핑 1, 미러 1, 스케치 9, 스케치 10, 을 제외한 나머지 스케치와 바운딩을 숨기기 표시 합니다.

step3 곡면 처리 탭 〉 곡면 그룹 〉 바운딩을 선택합니다.

step4 아래 그림과 같이 만들려는 곡면의 경계를 정의하는 네 개의 모서리를 선택한 다음 확인 버튼을 클릭합니다.

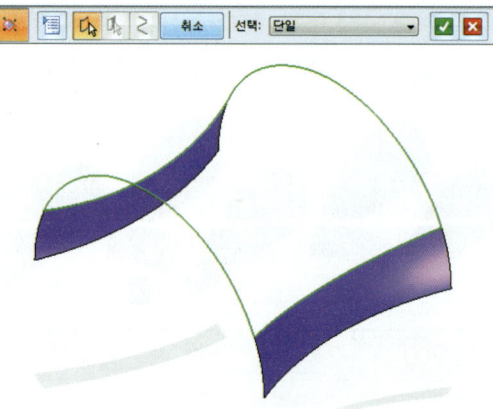

step5 바운딩 1, 바운딩 2, 을 모두 표시한 후 형상을 마칩니다.

chapter 07 Surface Modeling(곡면)

05 곡면 수정 명령

5.1 곡면 연장(Extruded Surface)

➡ 곡면 처리 탭 ⇒ 곡면 그룹 ⇒ 곡면 연장
➡ Surfacing Tap ⇒ Surfaces Group ⇒ Extruded Surface

선택한 하나 이상의 모서리를 따라 곡면을 확장합니다.

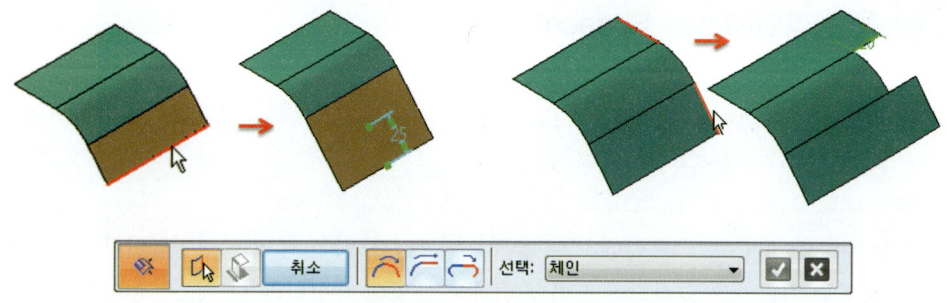

- **모서리 선택 단계 (Select Edge Step)** : 확장할 곡면의 모서리를 정의합니다. (하나 이상 선택 가능)
- **범위 단계 (Extent Step)** : 곡면을 확장할 거리를 정의합니다.
- **자연 확장 (Natural Extent)** : 확장된 곡면이 입력 면의 자연 곡률을 계승하도록 지정합니다.

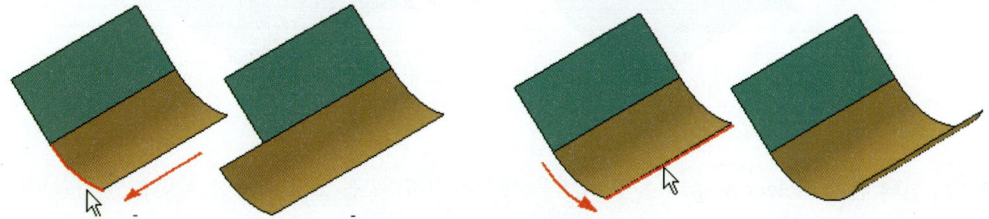

- **선형 범위 (Linear Extent)** : 곡면의 확장된 부분이 입력 면에 선형이거나 접하도록 지정합니다.

-  **반사 범위 (Reflective Extent)** : 곡면의 확장된 부분이 입력 곡면의 반사가 되도록 지정합니다.

- **선택 (Select)** : 확장할 모서리를 선택하는 방법을 설정합니다.
  - ▶ 가장자리 (Edge) : 입력 곡면의 가장자리를 선택할 수 있습니다.
  - ▶ 체인 (Chain) : 체인의 모서리 중 하나를 선택하여 모서리 집합을 선택할 수 있습니다.

5.2 옵셋 곡면(Offset Surface)

> ⇒ 곡면 처리 탭 ⇒ 곡면 그룹 ⇒ 옵셋
> ⇒ Surfacing Tap ⇒ Surfaces Group ⇒ Offset

모델 면, 참조 평면, 다른 컨스트럭션 면을 옵셋하여 컨스트럭션 곡면을 생성합니다. (새 곡면은 초기 곡면에서 지정된 거리만큼 옵셋되며 초기 곡면과 연관정을 가집니다.)

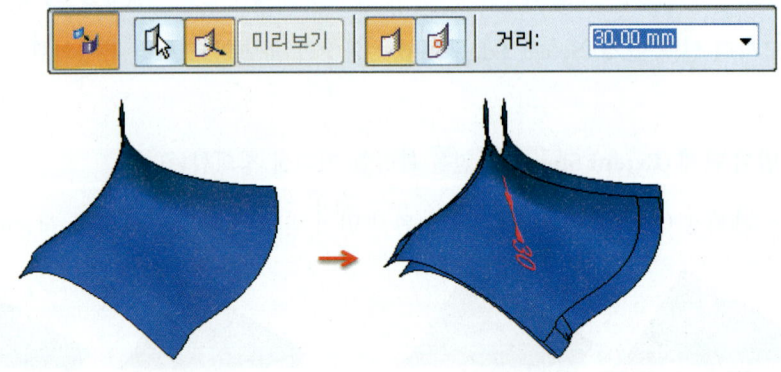

- **선택 단계 (Select Step)** : 옵셋 곡면을 생성하기 위해 옵셋해야 하는 곡면을 정의합니다.
- **옵셋 단계 (Offset Step)** : 옵셋해야 하는 곡면의 옵셋 거리와 측면을 정의합니다.
- **경계 제거 (Remove Boundaries)** : 곡면의 내부 경계를 제거합니다.
- **경계 표시 (Show Boundaries)** : 곡면의 내부 경계를 표시합니다.
- **거리 (Distance)** : 기본 요소에서 곡면까지의 거리를 설정합니다.

5.3 곡면 복사(Copy Surface)

➠ 곡면 처리 탭 ⇒ 곡면 그룹 ⇒ 복사
➠ Surfacing Tap ⇒ Surfaces Group ⇒ Copy

하나 이상의 입력면에서 파생된 컨스트럭션 곡면을 생성합니다. (선택하는 면은 서로 인접하지 않아도 됩니다.)

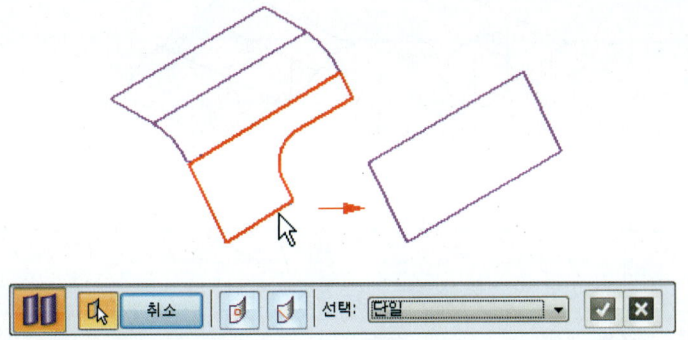

- 선택 단계 (Select Step) : 새 컨스트럭션 곡면을 정의하는 입력 면을 선택할 수 있습니다.
- 내부 경계 제거 (Remove Internal Boundaries) : 새 곡면의 내부 경계를 제거합니다.
- 외부 경계 제거 (Remove External Boundaries) : 새 곡면의 외부 경계를 제거합니다.
- 선택 (Select) : 복사하려는 곡면을 선택하는 방법을 설정합니다.
  ▸ 바디 (Body) : 곡면 바디 같은 전체 바디를 선택할 수 있습니다.
  ▸ 단일 (Single) : 개별 면을 선택할 수 있습니다.
  ▸ 체인 (Chain) : 접하면서 연속된 일련의 면을 선택할 수 있습니다.
  ▸ 형상 (Feature) : 형상을 선택함으로써 형상의 모든 면을 선택할 수 있습니다.

5.4 곡면 트리밍(Trim Surface)

➠ 곡면 처리 탭 ⇒ 곡면 그룹 ⇒ 트리밍
➠ Surfacing Tap ⇒ Surfaces Group ⇒ Trim

정의한 입력 요소를 따라 하나 이상의 곡면을 트리밍합니다.

1) 곡선을 사용하는 경우
- 트리밍하는 고면에 있어야 하며 곡선 투영 명령을 사용하여 먼저 곡선을 곡면에 투영합니다.
- 곡면 상에 완전하게 놓여 있지 않은 닫힌 곡선은 지원되지 않습니다.

2) 트리밍 요소로 곡선 또는 곡면을 사용하는 경우
- 곡선, 곡면 경계가 대상 곡면의 모서리로 연장되지 않는 경우 트리밍 경계 요소가 입력 요소에 접하여 선형으로 연장됩니다.

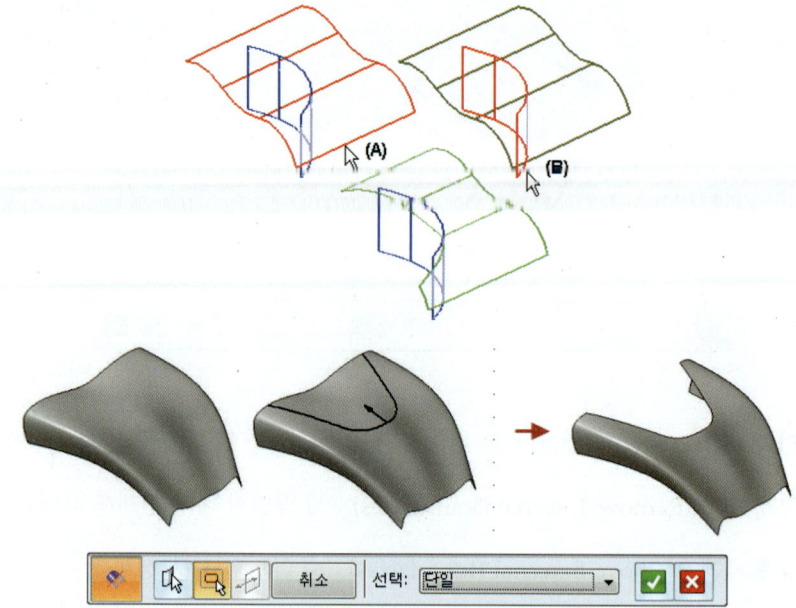

- 곡면 선택 단계 (Select Surface Step) : 트리밍할 곡면을 정의합니다.
- 곡선 선택 단계 (Select Trim Tools Step) : 트리밍 경계를 정의하는 요소를 지정합니다.
- 측면 단계 (Side Step) : 형상을 만들기 위해 재료를 제거할 곡선의 측면을 정의합니다.
- **선택 (Select)** : 트리밍 경계를 정의하는 요소를 선택하는 방법을 설정합니다.
    ▶ 단일 (Single) : 하나 이상의 개별 요소를 선택할 수 있습니다.
    ▶ 체인 (Chain) : 끝점으로 연결된 요소 세트를 선택할 수 있습니다.
    ▶ 바디 (Body) : 곡면 또는 솔리드 바디와 같은 바디를 선택할 수 있습니다.

5.5 스티칭 곡면(Stitched Surface)

➡ 곡면 처리 탭 ⇒ 곡면 그룹 ⇒ 스티칭
➡ Surfacing Tap ⇒ Surfaces Group ⇒ Stitched

인접한 여러 개의 곡면을 스티칭하여 하나 이상의 스티치 형상을 만듭니다.(곡면을 결합하는 데에 유용하게 사용됩니다.)

- **스티칭 옵션 (Stitch Option)** : 스티칭 곡면 옵션 대화 상자를 표시합니다.

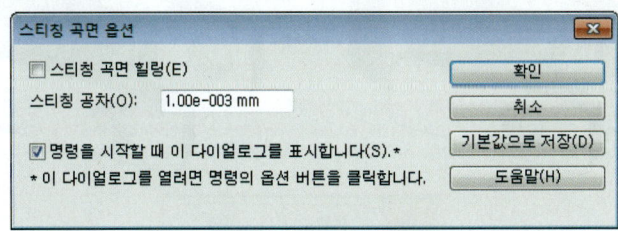

  ▶ 스티칭 곡면 힐링 (Heal stitched surfaces) : 스티칭하는 동안 곡면들 사이의 간격을 닫기 위한 옵션을 선택합니다.
  ▶ 스티칭 공차 (Stitch tolerance) : 곡면들 사이의 간격 공차를 설정합니다.

- **곡면 선택 단계 (Select Surface Step)** : 스티칭할 두 개 이상의 곡면을 선택합니다. 스티칭 곡면이 닫힌 볼륨을 형성하면 해당 솔리드 바디를 기본 형상으로 지정할 수 있습니다.

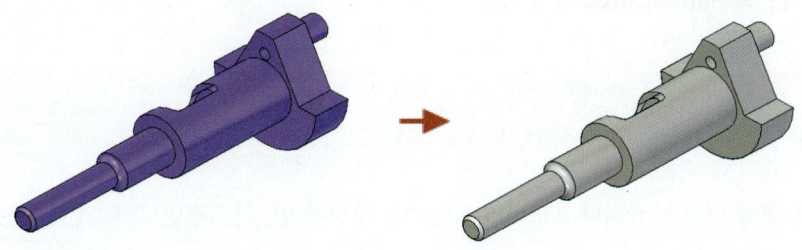

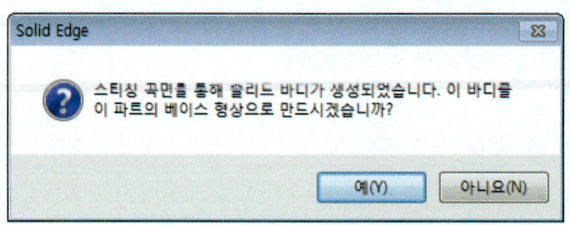

스티칭된 서피스를 솔리드로 변환 메시지

5.6 스티칭 안된 모서리 표시(Show Non-Stitched Edges)

➡ 곡면 처리 탭 ⇒ 곡면 그룹 ⇒ 스티칭 ⇒ 스티칭 안된 모서리 표시
➡ Surfacing Tap ⇒ Surfaces Group ⇒ Stitched ⇒ Show Non-Stitched Edges

인접한 곡면에 스티칭되지 않은 컨스트럭션 곡면의 가장자리를 일시적으로 강조 표시 합니다.(가져온 데이터를 작업하는 경우에 유용하게 사용됩니다.)

- **재설정 (Reset)** : 명령을 다시 시작합니다. (명령을 다시 시작하면 강조 표시된 비스티칭 가장자리 선택이 해제됩니다.)

5.7 면 교체(Replace Face)

➡ 곡면 처리 탭 ⇒ 곡면 그룹 ⇒ 면 교체
➡ Surfacing Tap ⇒ Surfaces Group ⇒ Replace Face

파트에서 선택한 면을 바꿉니다. (교체면은 컨스트럭션 곡면, 참조평면, 파트의 다른면이 될 수 있습니다.

chapter 07 Surface Modeling(곡면)

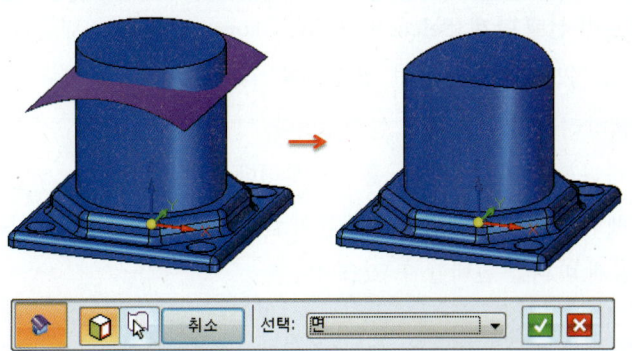

- **면 선택 단계** (Select Face Step) : 바꾸려는 면을 정의합니다.
- **대체 선택 단계** (Select Replacement Step) : 파트 면을 대체할 면, 곡면 또는 평면을 정의합니다.
- **선택** (Select) : 형상에 대한 면 선택 방법을 설정합니다.

5.8 면 분할(Split Face)

➡ 곡면 처리 탭 ⇒ 곡면 그룹 ⇒ 면 분할
➡ Surfacing Tap → Surfaces Group → Split Face

사용자가 정의한 요소를 사용하여 하나이상의 곡면을 분할합니다.(면을 분할하는 요소 : 곡선, 가장자리, 곡면, 참조 평면, 디자인 바디 선택 가능)

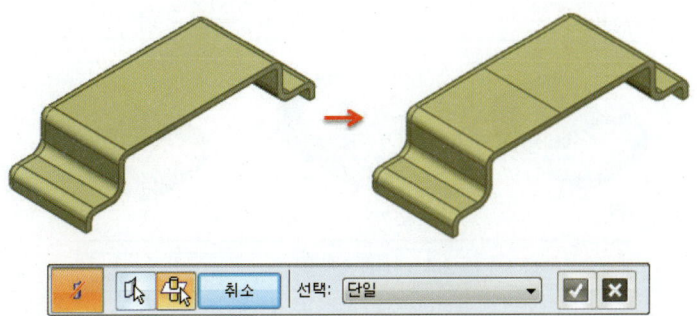

- **곡면 선택 단계** (Select Surface Step) : 분할하려는 요소를 정의합니다. (개별 면, 일련의 면, 디자인 바디선택가능)

633

- **분할 지오메트리 선택 단계** (Select Splitting Geometry Step) : 면을 분할하는 요소를 정의합니다. (스케치 요소, 곡선, 모서리, 곡면, 참조평면 선택 가능)
- **선택** (Select) : 선택하려는 요소 유형을 설정합니다.
  - ▶ 단일 (Single) : 하나 이상의 개별 요소를 선택합니다.
  - ▶ 체인 (Chain) : 체인에서 요소 하나를 선택하여 끝점으로 연결된 요소 세트를 선택합니다.
  - ▶ 바디 (Body) : 설계 바디를 선택할 수 있습니다.

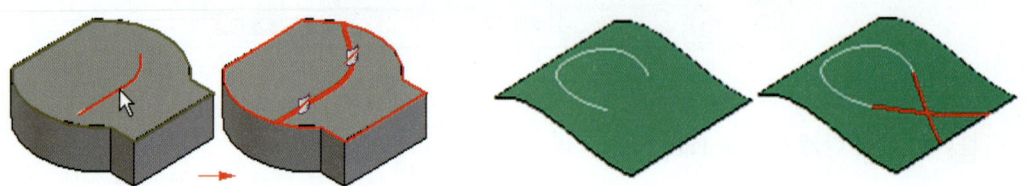

분할 위치를 정의하는 데에 사용하는 요소가 분할 중인 면의 경계까지 확장되지 않을 경우 선택된 분할곡선을 접선을 따라 확장합니다.

선택된 곡선들이 확장될 때 교차하는 경우 면 분할 형상을 이어지지 못하게 됩니다.

5.9 파팅 분할(Parting Split)

➡ 곡면 처리 탭 ⇒ 곡면 그룹 ⇒ 면 분할 ⇒ 파팅 분할
➡ Surfacing Tap ⇒ Surfaces Group ⇒ Split Face ⇒ Parting Split

파트의 실루엣 가장자리를 따라 면 집합을 분할하며, 몰드, 주조할 파트를 사용하여 작업할 때 유용하게 사용합니다.

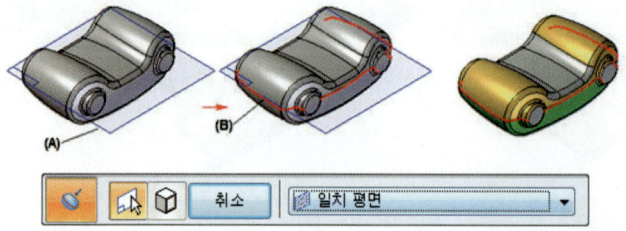

- **평면 선택 단계** (Select Plane Step) : 파팅 라인에 대한 법선 방향을 계산하는 데 사용되는 평면을 지정합니다.
- **면 선택 단계** (Select Faces Step) : 분할할 면을 지정합니다.

chapter 07 Surface Modeling(곡면)

분기 분할 형상으로 분할된 곡면에 녹색과 금색을 사용하고 있습니다. 회색으로 표시된 곡면은 분할되지 않습니다. (분기 선, 평면 형 면과 교차하지 않는 곡면은 분할되지 않습니다.)

5.10 파팅 곡면(Parting Surface)

➡ 곡면 처리 탭 ⇒ 곡면 그룹 ⇒ 면 분할 ⇒ 파팅 곡면
➡ Surfacing Tap ⇒ Surfaces Group ⇒ Split Face ⇒ Parting Surface

선택된 분기 곡선을 따라 분기 곡면을 만듭니다.

- **평면 선택 단계 (Select Plane Step)** : 파팅 곡면에 대한 법선 방향을 계산하는 데 사용되는 평면을 지정합니다.
- **경로 선택 단계 (Select Path Step)** : 파팅 곡면의 기반으로 사용할 곡선을 지정합니다.
- **범위 단계 (Extent Step)** : 파팅 곡면의 방향과 굵기를 지정합니다.
- **거리 (Distance)** : 형상의 거리, 굵기를 지정합니다.

5.11 모서리 옵셋(Offset Edge)

➡ 곡면 처리 탭 ⇒ 곡면 그룹 ⇒ 면 분할 ⇒ 모서리 옵셋
➡ Surfacing Tap ⇒ Surfaces Group ⇒ Split Face ⇒ Offset Edge

지정된 거리 및 방향으로 서피스 모서리를 옵셋합니다.

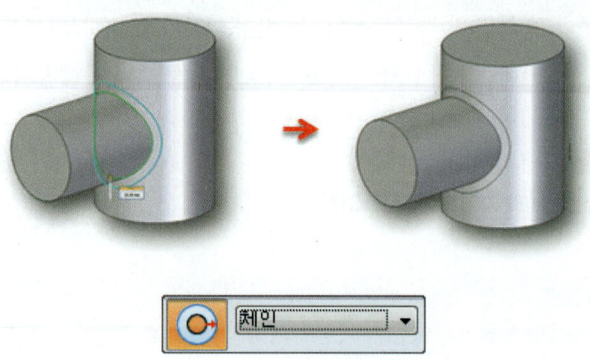

- **체인 (Chain)** : 모서리를 선택하면 하나의 연속된 모서리 체인을 선택합니다.
- **면 (Face)** : 선택한 면의 모든 내부 모서리 체인을 자동으로 선택합니다.
- **루프 (Loop)** : 면을 선택한 다음 루프를 선택하면 면의 개별 루프에 대한 모든 모서리를 자동으로 선택합니다.

5.12 파트 분할(Divide Part)

➡ 곡면 처리 탭 ⇒ 곡면 그룹 ⇒ 면 교체 ⇒ 파트 분할
➡ Surfacing Tap ⇒ Surfaces Group ⇒ Replace Face ⇒ Divide Part

한 파트를 여러 파트로 분할하고 새 파트를 개별 문서로 저장합니다.(성형 파트에 일반적으로 사용되는 이 명령은 파트 하나를 모델링한 다음 이를 개별 파트로 분할하는 경우에 유용합니다.)

- **절단 곡면 선택 (Select Cutting Surface)** : 절단 곡면으로 사용할 지오메트리를 지정합니다.
- **측면 단계 (Side Step)** : 새 파트 파일로 복사할 지오메트리의 측면을 정의합니다.

chapter 07 Surface Modeling(곡면)

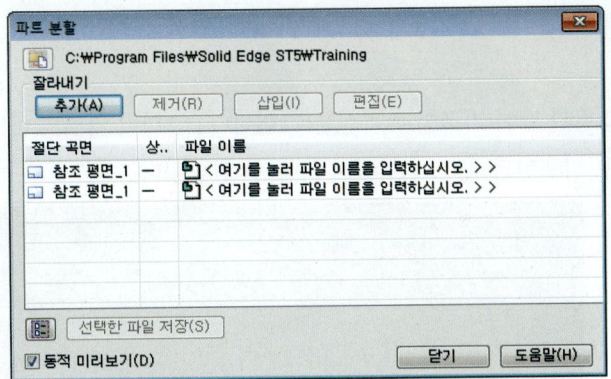

▶ 경로 설정 (Set Path) : 새 파일을 저장할 위치를 지정하는 데 사용할 수 있는 대화상자를 엽니다.

▶ 추가 (Add) : 다른 분할을 추가할 수 있도록 절단 곡면 선택 단계로 돌아갑니다.

▶ 절단 곡면 (Cutting Surface) : 파트를 분할하기 위한 절단 곡면으로 사용되는 형상의 이름을 표시합니다.

▶ 상태 (Status) : 파일 이름 열에 표시된 문서의 현재 상태를 표시합니다.

- 파일이 생성되지 않았습니다.
- 파일이 최신 상태입니다.
- 파일을 업데이트해야 합니다.
- ? 연결된 파일을 찾을 수 없습니다.
- ! 파일을 생성 또는 업데이트하는 동안 오류가 발생했습니다.

▶ 파일 이름 (Filename) : 파트의 경로와 파일 이름을 표시합니다.

곡면(Surface) 수정 명령 따라하기

step1 surface lab 4-01.par 파일을 오픈합니다.

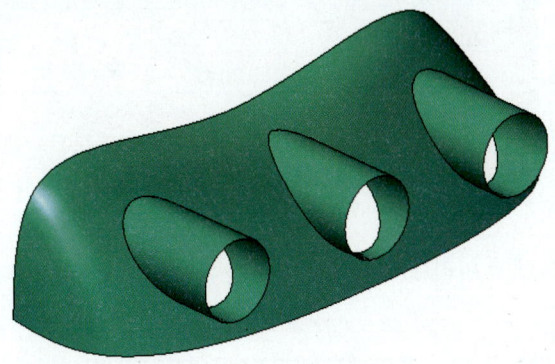

637

- step2 곡면 처리 탭 > 곡선 그룹 > 키포인트 곡선 명령을 클릭합니다.

- step3 아래 그림과 같이 키포인트 곡선를 그립니다. 그래픽 영역의 바탕을 흰색으로 설정해 놓은 경우 키포인트 곡선이 보이지 않을 수 있습니다.

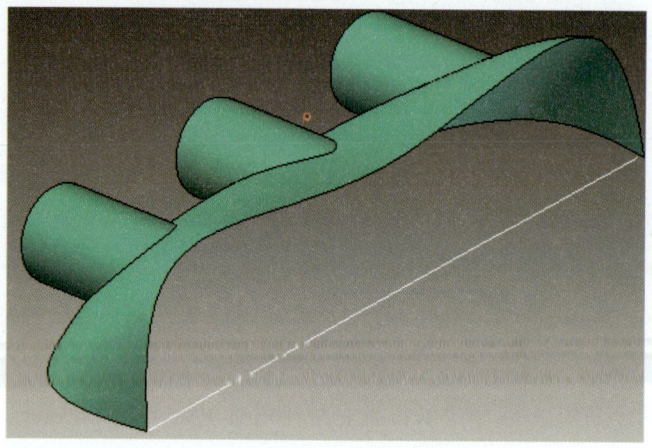

- step4 곡면 처리 탭 > 곡면 그룹 > 바운딩 곡면 명령을 클릭합니다.

- step5 선택 옵션을 단일로 변경 후 아래 그림과 같이 두 개의 모서리를 선택하고 수용 버튼을 클릭합니다.

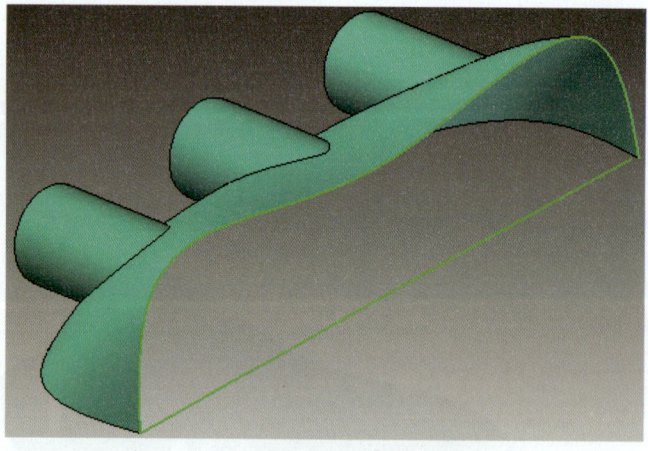

- step6 명령모음에서 미리보기와 마침 버튼을 차례대로 클릭합니다.

- step7 동일한 방식을 형상 하단에도 바운딩 곡면을 생성합니다.

chapter 07 Surface Modeling(곡면)

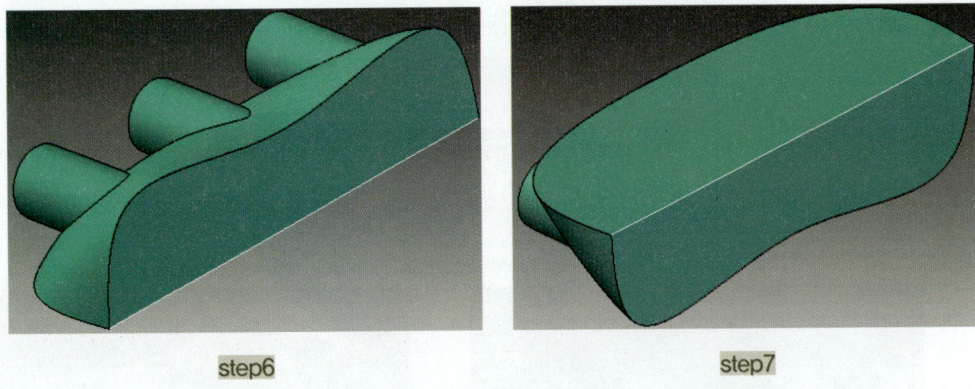

step6　　　　　　　　　　　　　　　　step7

▶ step8　3개의 원통도 동일한 방식으로 바운딩 시킵니다.

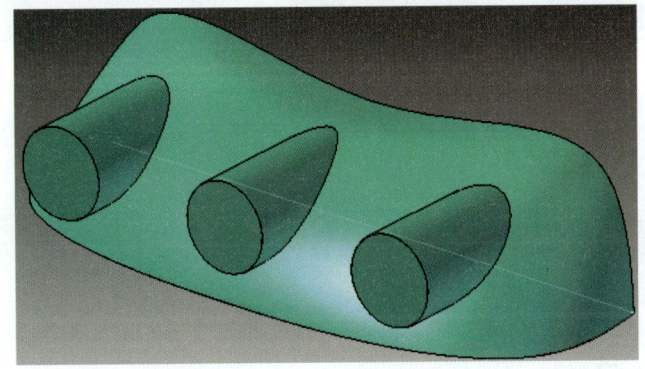

▶ step9　곡면 처리 탭 〉 곡면 그룹 〉 스티칭 곡면 명령을 클릭합니다.

▶ step10　스티칭 공차에 0.01을 입력하고 확인을 클릭합니다.

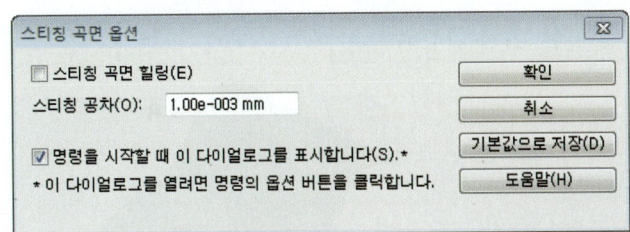

▶ step11　모든 곡면을 선택하고 명령모음에서 수용 버튼과 확인 버튼을 연속으로 클릭합니다.

639

▶ **step12** 예 버튼을 클릭하여 솔리드 바디로 변경합니다.

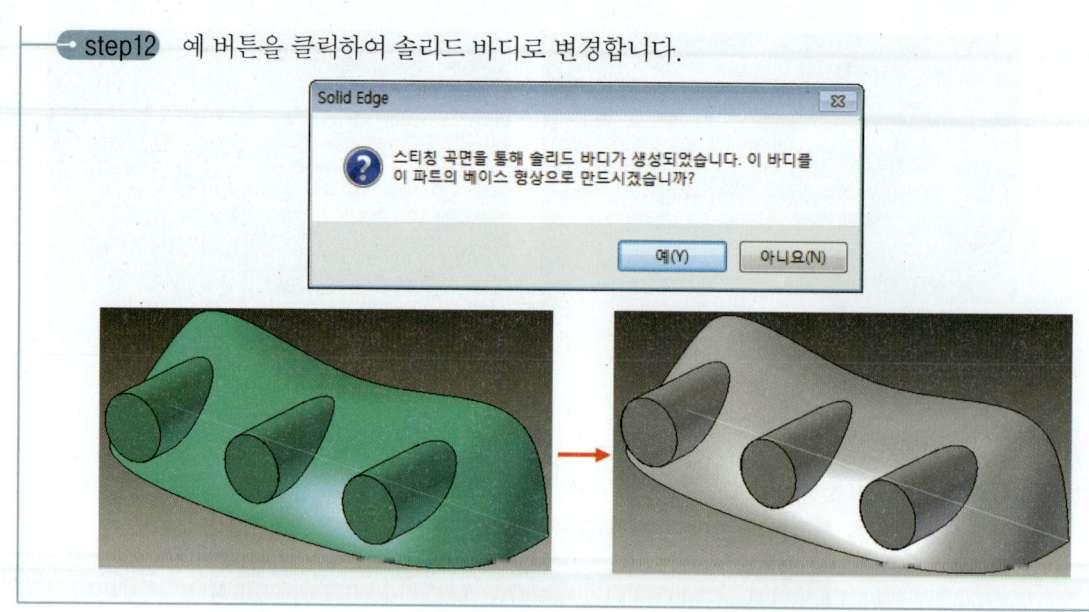

06 간접 곡선 생성 명령

6.1 투영 곡선(Project Curve)

➡ 곡면 처리 탭 ➡ 곡선 그룹 ➡ 투영 곡선
➡ Surfacing Tap ➡ Curves Group ➡ Project Curve

하나 이상의 곡선을 곡면, 곡면 집합에 투영합니다.(벡터, 곡면 법선을 따라 곡선을 투영할 수 있습니다.)

(A) 투영된 커브
(B) 투영 계체가 될 곡면

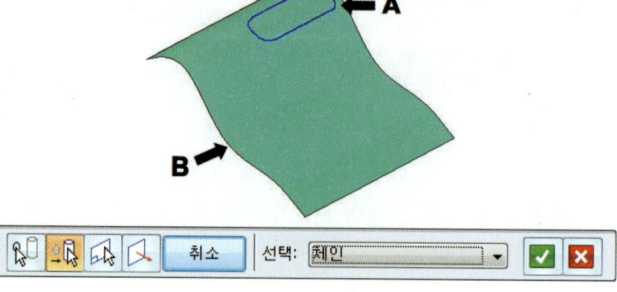

- 곡선 투영 옵션(Project Curve Options) : 투영 곡선 옵션을 표시합니다.

640

chapter 07 Surface Modeling(곡면)

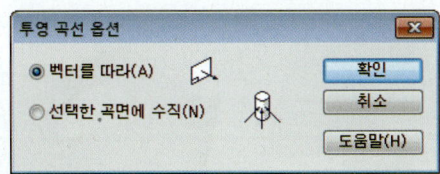

- ▶ 벡터를 따라(Along vector) : 곡선, 점이 정의한 벡터를 따·라 투영되도록 지정합니다.
- ▶ 선택한 곡면에 수직 (Normal to selected surface) : 곡선, 점이 곡면 법선을 따라 투영되도록 지정합니다.

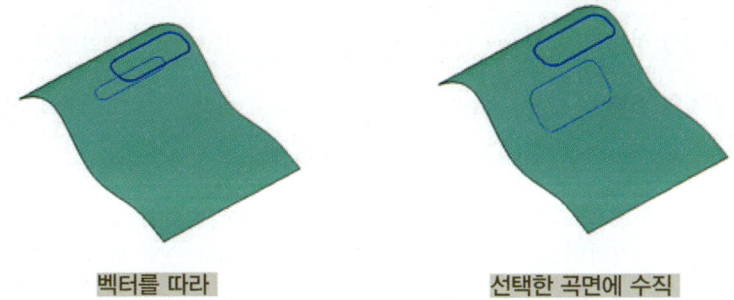

벡터를 따라   선택한 곡면에 수직

- **곡선 선택 단계 (Select Curve Step)** : 투영할 곡선, 점을 지정합니다.
- **곡면 선택 단계 (Select Surface Step)** : 곡선이 투영될 평면, 면을 정의합니다.
- **투영 평면 단계 (Projection Plane Step)** : 투영 방향을 결정할 법선이 있는 면을 정의합니다.
- **방향 단계 (Direction Step)** : 투영의 방향을 정의합니다.
- **선택 (Select)** : 투영할 곡선을 선택하는 방법을 설정합니다.
  - ▶ 단일 (Single) : 개별 곡선을 선택합니다.
  - ▶ 체인 (Chain) : 일련의 곡선을 선택합니다.
  - ▶ 점 (Point) : 점을 선택합니다.
  - ▶ 전체 스케치 (Entire Sketch) : 전체 스케치를 선택합니다.

6.2 교차 곡선(Intersection Curve)

➡ 곡면 처리 탭 ⇒ 곡선 그룹 ⇒ 교차 곡선
➡ Surfacing Tap ⇒ Curves Group ⇒ Intersection Curve

두 곡면 집합의 교차 지점에서 연관 곡선을 생성합니다.(곡면 집합으로 참조평면, 모델 면, 컨스트럭션 곡면을 조합하여 지정할 수 있습니다.)

641

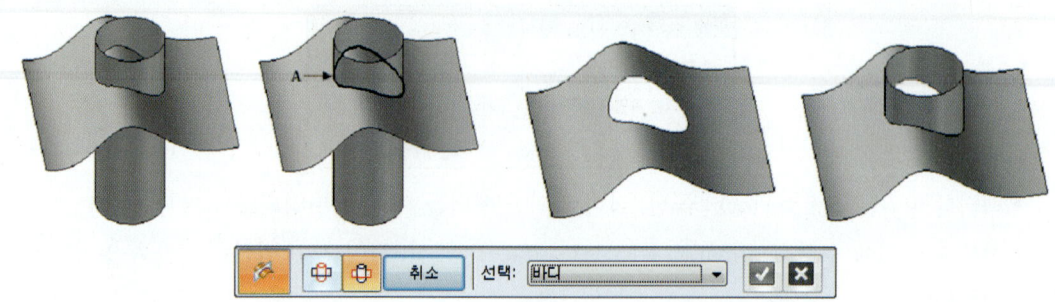

- **첫 번째 집합 선택** (Select Set 1) : 교차할 첫 번째 곡면 집합을 정의합니다.
- **두 번째 집합 선택** (Select Set 2) : 교차할 두 번째 곡면 집합을 정의합니다.
- **선택** (Select) : 교차할 곡면을 선택하는 방법을 설정합니다.
  ▶ 교차를 통하여 생성된 커브는 본래의 곡면에 연관되어 있습니다.
  ▶ 기존의 곡면를 수정하면 교차 곡선도 자동으로 수정됩니다.
  ▶ 교차 커브는 트리밍 작업을 수행함에 있어서나 새로운 면을 생성하는데 이용할 수 있습니다.

6.3 교차 곡선(Cross Curve)

➡ 곡면 처리 탭 ⇒ 곡선 그룹 ⇒ 교차 곡선
➡ Surfacing Tap ⇒ Curves Group ⇒ Cross Curve

두 곡선의 교차 지점에 3D 곡선을 생성합니다.
- 교차 곡선 명령과 같이 수행되지만 곡선을 생성하는 데 기존 곡면이 필요하지 않습니다.
- 입력해야 하는 내용은 두 개의 곡선/분석 이의 조합입니다.
- 교차 곡선은 두 입력 곡선, 분석에서 생성되는 돌출된 곡면과 함께 생성됩니다.

(1), (2)는 입력 곡선이고 (3), (4)는 이론적 돌출 곡면입니다. (5)는 커브 교차에 있는 결과입니다.

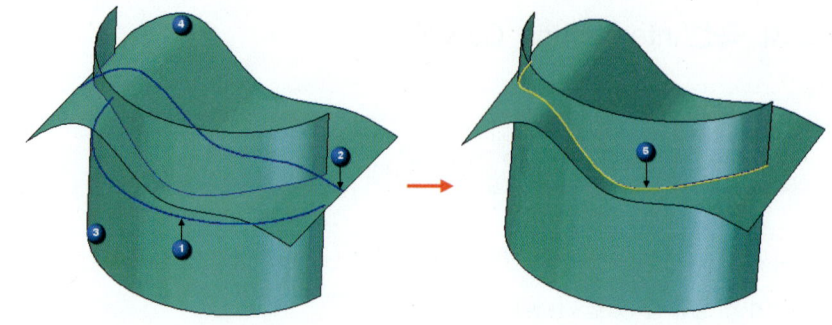

chapter 07 Surface Modeling(곡면)

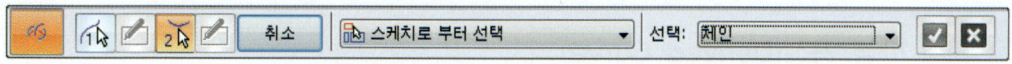

- **곡선 1단계 (Curve 1 Step)** : 교차할 첫 번째 곡선 집합을 정의합니다.
- **곡선 1 그리기 단계 (Draw Curve 1 Step)** : 기존 형상의 프로파일을 편집할 수 있습니다.
- **곡선 2 단계 (Curve 2 Step)** : 교차할 두 번째 곡면 집합을 정의합니다.
- **곡선 2 그리기 단계 (Draw Curve 2 Step)** : 기존 형상의 프로파일을 편집할 수 있습니다.
- **선택 (Select)** : 스케치 요소의 선택 방법을 설정합니다.

6.4 윤곽 곡선(Contour Curve)

➡ 곡면 처리 탭 ⇒ 곡선 그룹 ⇒ 윤곽 곡선
➡ Surfacing Tap ⇒ Surfaces Group ⇒ Contour Curve

곡면에 커브를 바로 그리는데 이용됩니다. (트리밍 작업을 위한 경계나 라운딩 작업을 위한 접선 경계를 적용하는데 이용할 수 있습니다.)

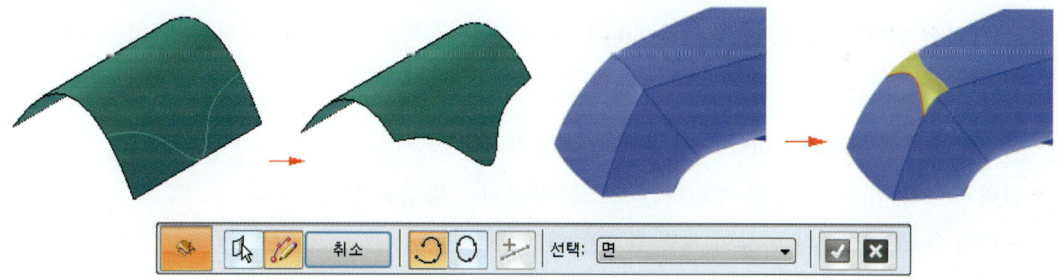

- **곡면 선택 단계 (Select Surface Step)** : 곡선을 그릴 곡면을 정의합니다.
- **점 그리기 단계 (Draw Point Step)** : 곡선을 진행할 점을 정의합니다.
- **열기 (Open)** : 열 곡선을 지정합니다.
- **닫기 (Close)** : 닫을 곡선을 지정합니다.
- **점 삽입 (Insert Point)** : 곡선에 점을 삽입합니다.

6.5 파생 곡선(Derived Curve)

⇒ 곡면 처리 탭 ⇒ 곡선 그룹 ⇒ 파생 곡선
⇒ Surfacing Tap ⇒ Surfaces Group ⇒ Derived Curve

하나 이상의 입력 곡선, 모서리에 파생된 새 곡선을 만듭니다. (여러 바디에서 파생된 단일 곡선을 만들 수 있습니다.)

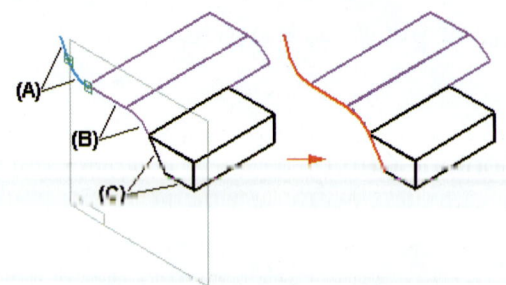

(A) : 스케치 (B) : 컨스트럭션 곡면의 가장자리 (C) : 솔리드의 가장자리

- **곡선 선택 단계 (Select Curve Step)** : 원하는 새 곡선을 정의하는 곡선, 모서리를 선택할 수 있습니다.
- **단일 곡선 (Single Curve)** : 출력 곡선이 단일 곡선이 되도록 지정합니다.
- **선택 (Select)** : 파생 곡선을 정의하는 요소를 선택하는 방법을 설정합니다.
  ▶ 단일 (Single) : 하나 이상의 개별 요소를 선택합니다.
  ▶ 체인 (Chain) : 체인에서 요소 하나를 선택하여 끝점으로 연결된 요소세트를 선택합니다.

6.6 곡선 분할(Split Curve)

⇒ 곡면 처리 탭 ⇒ 곡선 그룹 ⇒ 곡선 분할
⇒ Surfacing Tap ⇒ Surfaces Group ⇒ Split Curve

컨스트럭션 곡선을 분할합니다. (곡선을 분할하는 요소 : 키포인트, 곡선, 참조평면, 곡면)

chapter 07 Surface Modeling(곡면)

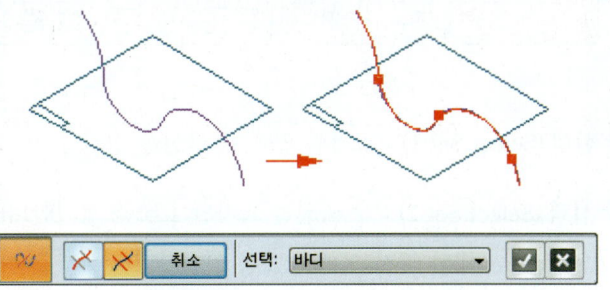

- **곡선 선택 단계** (Select Curve Step) : 분할하려는 컨스트럭션 곡선을 선택할 수 있습니다.
- **분할 요소 선택 단계** (Select Splitting Elements Step) : 분할하려는 곡선을 교차하는 요소를 선택할 수 있습니다.
- **선택** (Select) : 선택하려는 요소의 유형을 설정합니다.

모델의 가장자리는 분할할 수 없습니다.

6.7 교차 점(Intersection Point)

> 곡면 처리 탭 → 곡선 그룹 → 교차 점
> Surfacing Tap ⇒ Surfaces Group ⇒ Intersection Point

두 요소 집합의 교차 지점에서 연관 점을 생성합니다.

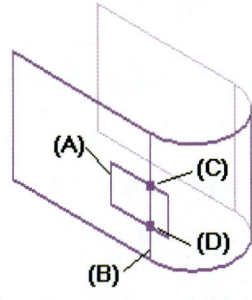

사각형 곡선 (A)와 컨스트럭션 곡면의 직선 가장자리 (B) 사이에 존재하는 교차점 (C)와 (D)를 찾을 수 있습니다.

645

- ❌ **첫 번째 집합 선택 (Select Set 1)** : 교차할 연속 주 곡선을 정의합니다.
- ❌ **두 번째 집합 선택 (Select Set 2)** : 주 곡선을 교차할 요소를 정의합니다.
- **선택 (Select)** : 교차할 곡선에 대한 곡선 선택 방법을 설정합니다.
  - ▶ 단일 (Single) : 개별 곡선을 선택합니다.
  - ▶ 체인 (Chain) : 일련의 곡선을 선택합니다.

6.8 스케치 감기(Wrap Sketch)

➡ 곡면 처리 탭 ⇒ 곡선 그룹 ⇒ 스케치 감기
➡ Surfacing Tap ⇒ Surfaces Group ⇒ Wrap Sketch

하나 이상의 곡면(B)에서 스케치 요소(A)를 감습니다. 개별 스케치 요소, 일련의 스케치 요소 또는 전체 스케치를 선택할 수 있습니다. 감긴 요소는 원본 스케치 요소에 연관됩니다.

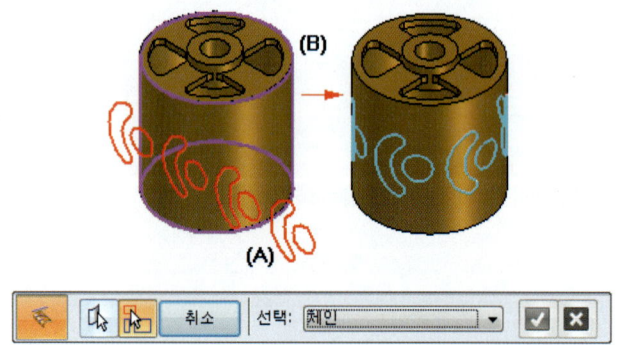

- **곡면 선택 단계 (Select Surface Step)** : 스케치를 감기할 곡면을 정의합니다. (여러 개의 곡면을 선택하는 경우 곡면 집합이 연결되어 있어야 합니다.)
- **스케치 선택 단계 (Select Sketch Step)** : 감기할 스케치 요소를 정의합니다. (개별 스케치 요소, 전체 스케치요소를 선택할 수 있습니다.)
- **선택 (Select)** : 선택하려는 요소 유형을 설정합니다.
  - ▶ 단일 (Single) : 하나 이상의 곡면을 선택합니다.

스케치 평면은 입력 곡면 중 하나에 접해야 합니다. 예를 들어, 원통(A) 또는 원뿔(B)에 대한 올바른 참조 평면 접촉은 그림과 같습니다.

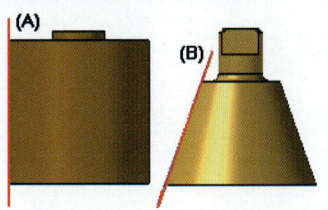

chapter 08

Synchronous Technology (동기식 기술)

01 동기식 기술 모델링
02 참조 평면
03 2D 스케치 그리기
04 솔리드 모델링 워크플로
05 솔리드 모델링 명령
06 솔리드 모델링 형상 다듬기
07 솔리드 모델링 특수 형상 다듬기
08 패턴
09 동기식 모델링 제어
10 동기식 판금

01 동기식 기술 모델링

지멘스 PLM 소프트웨어는 대화형 3D 솔리드 모델링의 혁신적인 도약으로 일컬어지는 동기식 기술 (Synchronous Technology)을 발표합니다. 이 새로운 기술은 파라메트릭 히스토리 기반 모델링을 넘어선 중요한 향상 기능을 제공하지만, 기존 기술과 함께 공존하며 시너지 효과를 발휘합니다. 동기식 기술은 제품 모델의 현재 지오메트리 상태를 실시간으로 검토하고 설계자가 전체 히스토리를 재생할 필요 없이 모델의 새로운 지오메트리 구성 및 편집을 평가하고 수행하기 위해 추가한 파라메트릭 및 지오메트리 구속 조건을 결합합니다.

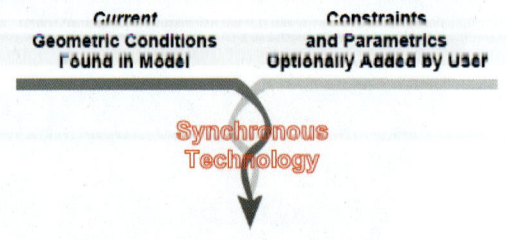

1.1 동기식 모델링 개요

동기화 기술이 이전에는 이력 기반 시스템과 명시적 모델러라는 두 가지 주요 모델링 시스템 유형이 있었습니다. 이력 기반 시스템은 순차적인 형상 트리를 사용하여 작업 순서를 저장합니다. 이러한 모델러는 고도로 자동화되어 있으며 치수를 기반으로 하지만 편집 유연성이 떨어지며 일부 계획을 사전에 수립해야합니다. 이러한 제한으로 인해 해당 모델러의 경우 임시 변경이 허용되지 않을 수 있으며 편집기에 비책 또는 형상 종속 관계를 알려야 합니다. 또한 편집 작업의 경우 변경 상항을 적용하려면 형상이 편집될 때마다 형상 트리에서 재계산 작업을 수행해야 하며 모델이 큰 경우 느려집니다.

명시적 모델링은 지오메트리와의 직접적인 상호작용 기능과 유연한 편집 기능을 제공하지만 제어력이 떨어지며 설계 규칙을 수립하여 변경 사항을 관리하는 능력이 부족합니다. 이러한 제한으로 인해 명시적 모델링은 사전에 계획이 수립된 "매개변수화된" 변경 사항을 통해 동일한 기본 설계에 대한 많은 변형을 빠르게 제공할 수 있는 공용 구성 요소의 재사용 자동화 작업에 많은 도움이 되지 못합니다.

chapter 08 Synchronous Technology(동기식 기술)

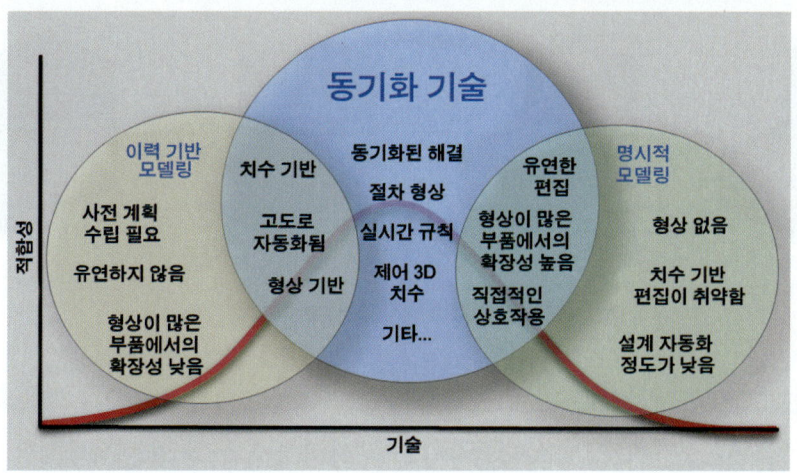

 동기화 기술은 명시적 모델링의 속도 및 유연성과 이력 기반 시스템의 제어력 및 매개변수화된 설계를 결합하여 3D 모델링에 대한 규칙을 재정의합니다. 이를 통해 사용자는 모델 지오메트리에서 직접 작업을 수행하여 설계를 작성하고, 보다 유동적으로 편집 작업을 수행할 수 있습니다.

1.2 동기식 모델링의 특징

1. 설계의 가속화

 동기식 사용자 인터페이스는 2D 스케치 기능을 3D 모델링 프로세스에 통합했으며, 이를 통해 스케치를 3D 솔리드 형상으로 생성할 수 있습니다. 사용자는 컷아웃(cut out) 또는 돌출(protruding) 형상을 밀거나(push) 당기는(pull) 방식으로 3D 모델상에서 스케치를 그릴 수 있습니다. 정확한 설계를 위해 2D 스케치에 적용된 치수가 3D 모델에 자동으로 입력되기 때문에 솔리드를 직접 수정할 수 있습니다.

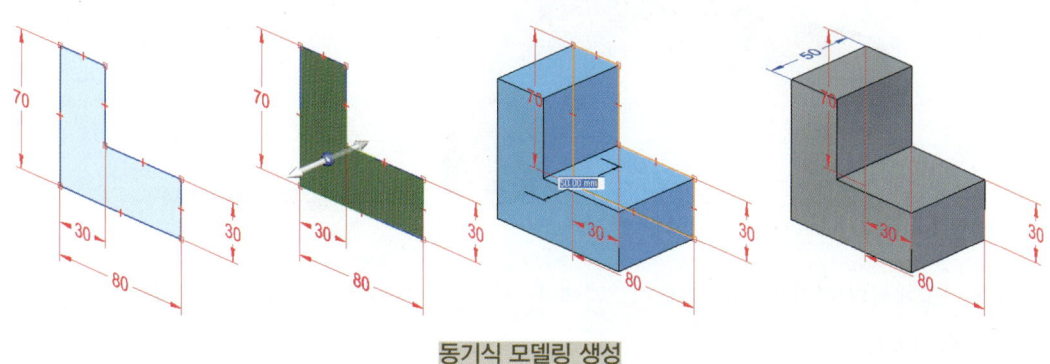

동기식 모델링 생성

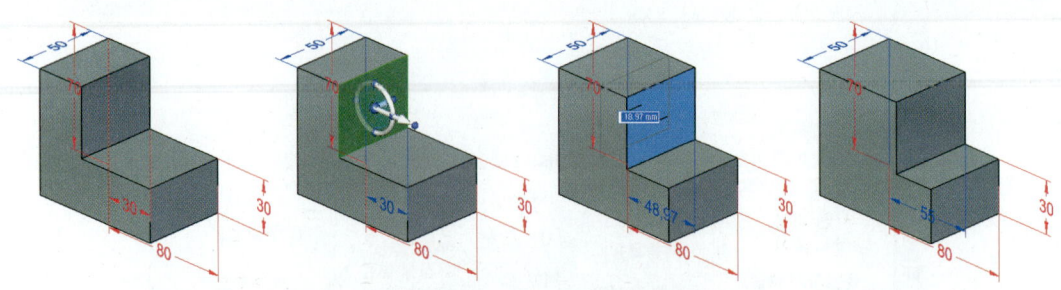

동기식 모델링 수정(Steering Wheel)

밀거나(push) 당기는(pull) 방식으로 3D 모델상에서 스케치를 그릴 수 있습니다. 정확한 설계를 위해 2D 스케치에 적용된 치수가 3D 모델에 자동으로 입력되기 때문에 솔리드를 직접 수정할 수 있습니다.

동기식 기술은 형상이 생성 순서에 종속되지 않는다는 고유한 개념을 포함하고 있기 때문에 향후 편집 수행 방식을 계획해야 하는 부담을 없애줍니다. 모델링 프로세스가 진행되는 동안 스케치에서 3D로 설계 의도가 전달되기 때문에 설계자는 변경 방법을 "사전 계획"할 필요가 없습니다.

2. 보다 신속한 변경 수행

동기식 기술의 형상들은 상호 독립적이기 때문에 변경을 훨씬 쉽고 신속하게 수행할 수 있습니다. 아래 그림과 같이 수직 지지대를 회전해야 하는 경우를 생각해 보겠습니다. 대부분의 경우, 사용자는 간단히 기둥을 수직으로 압출 성형하여 컷아웃된 내부를 제거합니다.(밝은 색부분의 이미지) 이 변경 작업의 경우, 미리 적절하게 계획을 하지 않으면 처음부터 새로 작업해야 할 수도 있습니다. 동기식 기술의 형상들은 생성 순서에 관계 없이 편집될 수 있습니다. 따라서, 설계자들은 압출 성형된 지오메트리를 한번 회전하기만 하면 됩니다.(어두운 색 부분의 이미지)

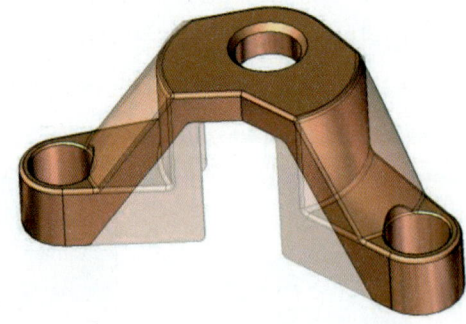

동기식 기술을 이용한 수정

동기식 기술에서의 편집은 관련 지오메트리에만 영향을 주기 때문에 모델 크기에 따라 편집 시간이 늘어나지 않습니다.

3. 임포트된 데이터의 보다 효과적인 재상용

동기식 기술은 마치 고유 형식으로 작성된 모델인 것처럼 임포트된 데이터에서도 많은 작업들을 수행할 수 있습니다.

모델의 편집 방식을 정의하는 구속 조건들은 변환 과정에서 종종 유실되지만, 동기식 기술의 경우 설계 의도를 모델 형상에서 가져오기 때문에 문제가 되지 않습니다.

동기식 기술은 3D 구동 치수를 직접 추가하고 자동화된 변경이 필요할 때 이들을 함께 연계시킬 수 있습니다.

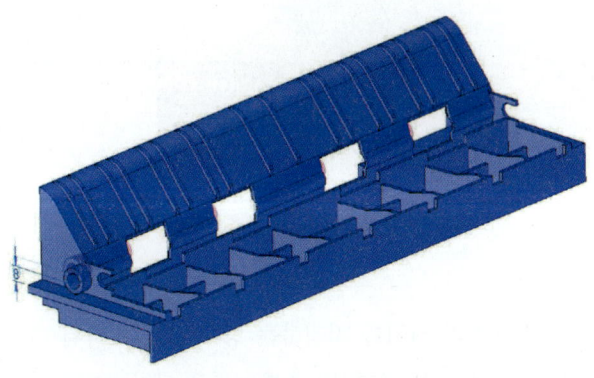

동기식 기술에서는 원본 형상이 필요하지 않기 때문에 보다 유연한 지오메트리 기반 라이브러리를 생성할 수 있습니다. 동기식 기술을 사용하면 임포트된 3D 파트를 새로운 용도에 맞게 개조할 수 있습니다.

다른 회사들과 협업을 많이 하는 회사들의 경우 이러한 향상된 기술을 이용하여 타 CAD에서 작성된 3D 모델을 Solid Edge에서 작성된 모델처럼 사용할 수 있게 되며, 이를 통해 극적인 설계 효율 향상을 이룰 수 있습니다.

02 참조 평면

2.1 스케치 평면 잠금

Solid Edge의 여러 명령은 3D 모델 공간에서 지오메트리 배치에 2D 평면을 사용합니다. 예를 들어 선, 원호 및 원과 같은 2D 스케치 요소를 그리는 경우 2D 요소는 모델의 평면 좌표계, 참조 평면 또는 평면에 있습니다. 이러한 2D 평면을 스케치 평면이라고 합니다.

1. 스케치 평면 자동 잠금

스케치 평면을 사용하는 명령을 시작한 다음 참조 평면 또는 평면 위에 커서를 놓으면 해당 평면 또는 면이 강조 표시되고(A) 해당 평면 위의 모서리(B)가 강조 표시되어 현재 스케치 평면의 x축을 나타냅니다. 또한 커서의 외부로 확장되는 정렬 선은 커서 아래의 평면에 대해 자체 정렬됩니다. 스케치 평면을 수동으로 잠그려는 경우 잠금 심볼(C)이 표시됩니다.

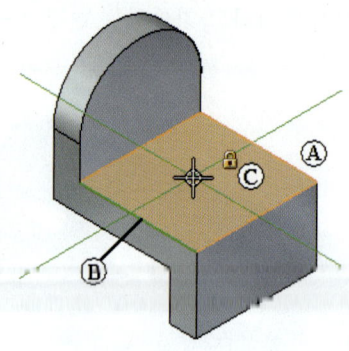

클릭하여 스케치 요소의 시작 점의 위치를 지정하는 경우 강조 표시된 평면 또는 면에 대해 스케치 평면이 자동으로 잠깁니다. 현재 스케치 평면의 X축과 Y축을 나타내도록 그리는 경우 정렬 선(A) (B)은 표시된 채로 남아 있습니다.

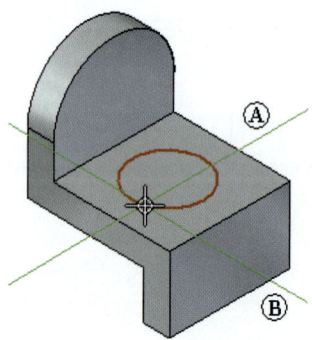

현재 명령을 다시 시작하거나 다른 명령을 시작할 때까지 스케치 평면은 잠금 상태로 유지됩니다. 모든 스케치 입력은 현재 스케치 평면에서 이루어 집니다.

스케치 평면을 잠그면 모델의 여러 면에서 신속하고 쉽게 그릴 수 있습니다. 예를 들어 첫 번째 원을 그린 후 마우스 오른쪽 버튼을 클릭하여 명령을 다시 시작한 다음 두 번째 면에 원을 그리고 다시 마우스 오른쪽 버튼을 클릭합니다. 그런 다음 세 번째 면에 원을 그립니다.

chapter 08 Synchronous Technology(동기식 기술)

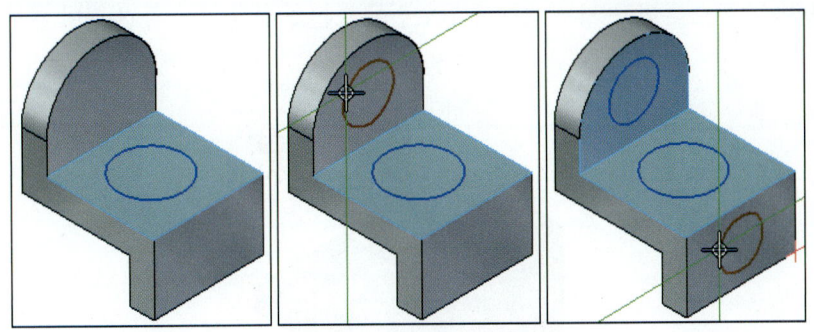

2. 스케치 평면 자동 잠금

스케치 평면을 수동으로 잠글 수 있습니다. 이 방법은 스케치 지오메트리가 복잡하거나 스케치 지오메트리가 그리려는 평면 또는 참조 평면의 바깥쪽 모서리 너머로 연장되는 경우 유용합니다.

수동 스케치 평면 잠금을 실행할 수 있는 명령을 사용 중인 경우 평면 또는 참조 평면 위에 커서를 놓으면 잠금 심볼이 커서(A) 주변에 표시됩니다. 이 심볼을 클릭하여 평면을 수동으로 잠글 수 있습니다. 또한 F3 키를 눌러 스케치 평면을 수동으로 잠그고 잠금을 해제할 수 있습니다.

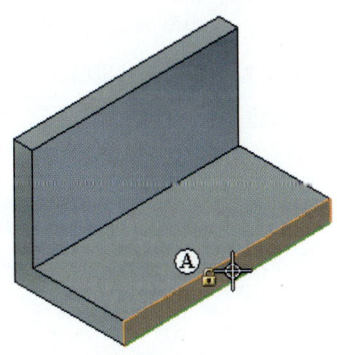

수동으로 평면의 잠금을 해제할 때까지 커서의 위치에 관계없이 스케치 평면은 잠금 상태로 유지됩니다. 이렇게 되면 평면의 바깥쪽 모서리 너머로 쉽게 그릴 수 있습니다.

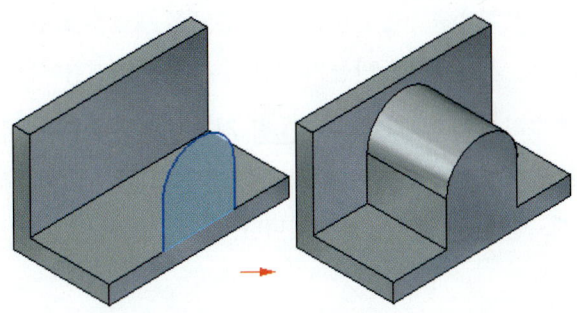

655

스케치 평면을 수동으로 잠근 경우 그래픽 윈도우의 오른쪽 위 코너에 잠긴 평면 표시기 심볼(A)이 표시됩니다.

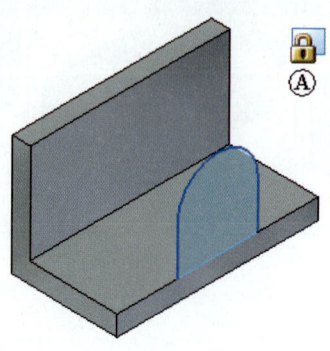

스케치 평면의 잠금을 해제하려는 경우 그래픽 윈도우에서 잠긴 평면 표시기 심볼을 클릭하여 평면의 심금을 해제하거나 F3 키를 누릅니다.

3. 평면 잠금 및 PathFinder

스케치 평면을 자동 또는 수동으로 잠갔는지 여부에 관계없이 PathFinder에서는 잠긴 스케치에 인접하여 잠긴 평면 표시기(A)가 표시됩니다.

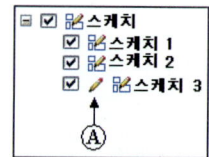

모델에 기존 스케치가 있는 경우 스케치 항목 위에 커서를 놓으면 PathFinder 바로 가기 메뉴에서 스케치 평면 잠금 명령을 사용하여 스케치 평면을 잠그거나 잠금을 해제할 수 있습니다.

2.2 스케치 평면 생성

동기식 환경에서 새 참조 평면을 만드는 방식은 순서 지정 모델링에서 만드는 방식과 차이가 있습니다. 동기식 모델링에서는 조종 휠(Steering Wheel)을 이용하여 새로운 참조 평면을 제어합니다.

또한 동기식 모델링에서 새 참조 평면을 만들기 위해서 사용하는 명령어는 순서 지정 모델링과 다르게 일치 평면 📄, 곡선에 수직 📄, 세 점에 의한 📄, 접면 📄 등 4가지 명령만 이용합니다.

예를 들어 일치하는 새 참조 평면이 생성된 후 참조 평면을 새 위치로 이동하려고 할 때 조종 휠 (B)과 이동 QuickBar(C)가 새로운 참조 평면에 표시됩니다.

chapter 08 Synchronous Technology(동기식 기술)

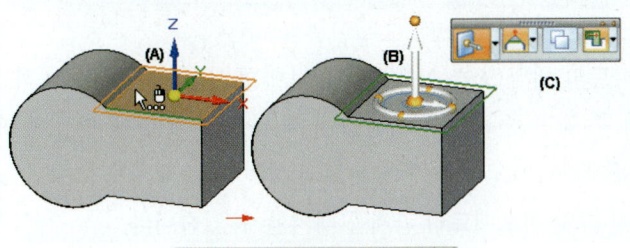

동기식 모델링 참조 평면 생성

참조 평면을 이동하여 기존 평면 또는 면과 평행하도록 옵셋을 설정할 수 있습니다.

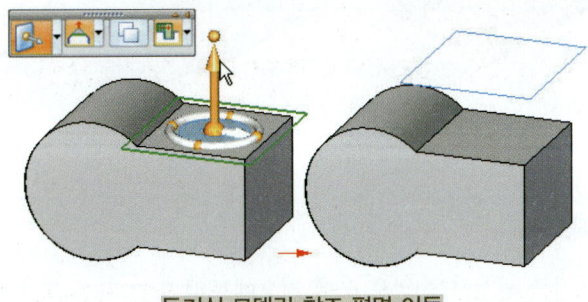

동기식 모델링 참조 평면 이동

03 2D 스케치 그리기

3.1 좌표계

동기식 방식의 경우, 좌표계는 형상, 파트 및 어셈블리에 좌표를 할당하는 데 사용되는 평면 및 축 세트입니다. 또한 좌표계와 연관된 주 평면에 스케치를 그릴 수도 있습니다. 동기식 파트를 만드는 경우 일반적으로 기본 좌표계의 주 평면을 사용하여 3D 공간에 2D 스케치를 그립니다.

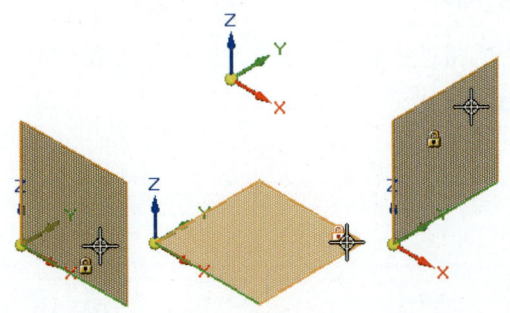

1. 기본 좌표계

기본 좌표계는 새 파트의 원점 또는 어셈블리 문서에 표시됩니다. 동기식 파트를 만드는 경우 일반적으로 기본 좌표계의 주 평면 중 하나를 사용하여 새 파트의 첫 번째 형상에 대한 2D 스케치를 그릴 수 있습니다. 기본 좌표계의 주 XY 평면에 새 파트의 첫 번째 스케치를 그릴 수 있습니다. 또한 좌표계의 주 축을 기준으로 치수 및 지오메트리 관계를 배치할 수 있습니다.

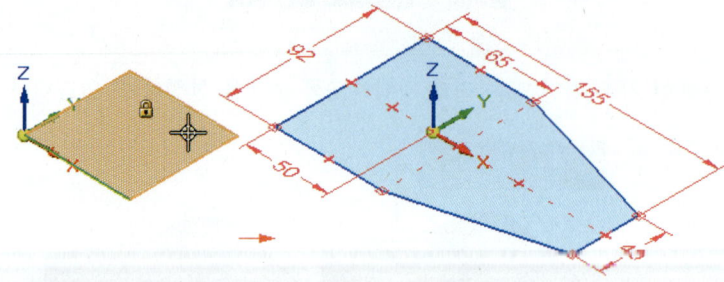

2. 사용자 정의 좌표계

사용자 정의 좌표계를 생성하는 경우 모델 지오메트리 또는 다른 좌표계를 기준으로 좌표계의 위치를 지정하거나 빈 공간에 좌표계의 위치를 지정할 수 있습니다.

사용자 정의 좌표계를 배치하는 경우 바로 가기 키를 사용하여 좌표계의 방향을 제어할 수 있습니다. 모델 면에 좌표계를 배치하는 경우 좌표계는 면의 선형 모서리를 기준으로 위치가 지정됩니다. 예를 들어 N 키를 사용하여 좌표계의 방향을 지정하도록 다른 모델 모서리를 선택할 수 있습니다. 좌표계를 배치하는 동안 사용 가능한 바로 가기 키가 PromptBar에 표시됩니다.

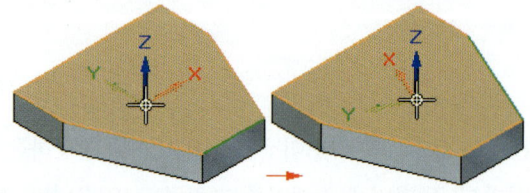

3. 스케치 평면 X축 방향 제어

스케치를 그릴 좌표계 평면, 평면형 면 또는 참조 평면을 강조 표시하면 기본 X축 방향이 자동으로 표시됩니다.(1)

658

chapter 08 Synchronous Technology(동기식 기술)

스케치 평면을 정의하는 동안 기본 X축이 강조 표시되면(1) 바로 가기 키를 사용하여 X축 방향을 변경할 수 있습니다. 예를 들어, N 키를 눌러 다음 선형 모서리를 선택하거나(2), B 키를 눌러 이전 선형 모서리를 선택할 수 있습니다.(3)

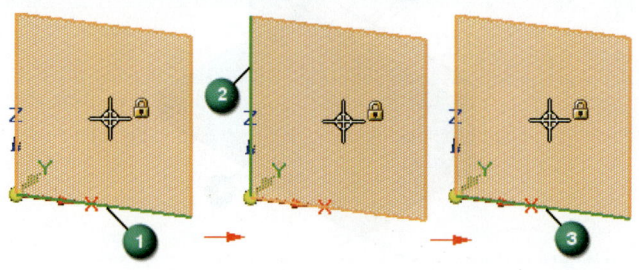

스케치 평면을 정의할 때 스케치 평면의 X축 방향을 정의하는 데 유효한 바로 가기 키가 PromptBar에 표시됩니다.

스케치의 X축 방향(1) (2)에 따라 치수에 대한 치수 텍스트 정렬이 제어되고, 수평 및 수직 관계에 대한 수평 축과 수직 축이 결정됩니다.

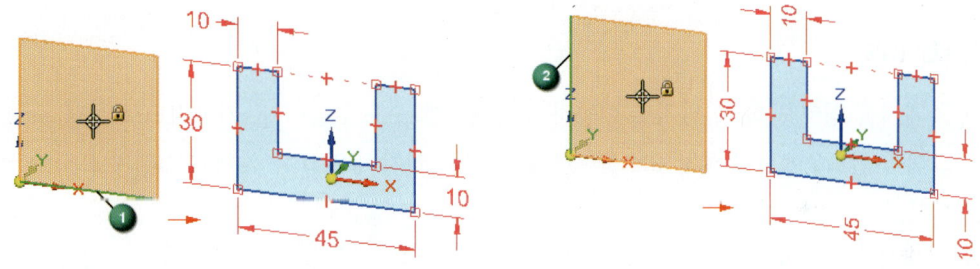

3.2 스케치 영역

파트 또는 판금 문서에서 닫힌 영역을 형성하는 2D 스케치 요소를 그릴 경우 닫힌 영역이 스케치 영역(1)으로 자동으로 표시됩니다. 또한 쉐이딩 뷰에서 작업하는 경우 닫힌 영역이 쉐이딩으로 표시됩니다.

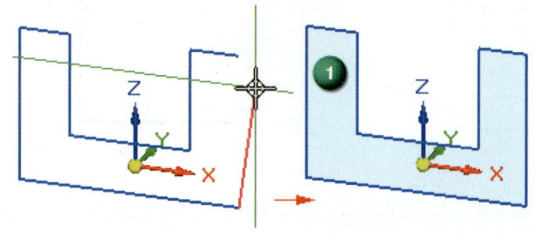

파트 또는 판금 문서에서 스케치 영역을 통해 선택 도구를 사용하여 형상을 구성할 수 있습니다. 스

케치 영역은 일련의 스케치 요소가 자체적으로 닫히거나(1) 스케치 요소와 하나 이상의 모델 모서리가 닫힌 영역을 형성하는 경우(2)에 자동으로 생성됩니다.

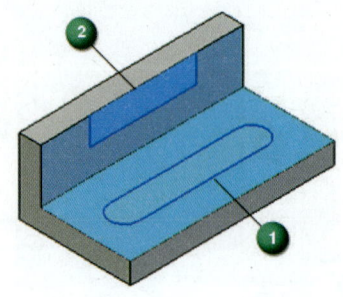

또한, 그릴 때 스케치 영역을 비활성화할 수 있습니다. PathFinder에서 스케치를 선택할 때 바로 가기 메뉴에 있는 영역 활성화 명령을 체크를 지우면 영역이 비활성화 됩니다.

3.3 스케치 편집

1. 스케치 이동

전체 스케치를 영역 안의 새 위치로 이동하거나 회전할 수도 있습니다. 기본적으로 선택 도구를 사용하여 그래픽 윈도우에서 스케치 요소를 선택할 경우 스케치 영역 또는 선택된 스케치 요소만 선택할 수 있습니다.

전체 스케치를 선택하려면 PathFinder에서 스케치 항목을 선택하거나 QuickPick를 사용하여 그래픽 윈도우에서 스케치를 선택할 수 있습니다.

그런 다음 조종 핸들을 사용하여 스케치를 영역 내의 새 위치로 이동하거나 회전시킬 수 있습니다.

chapter 08 Synchronous Technology(동기식 기술)

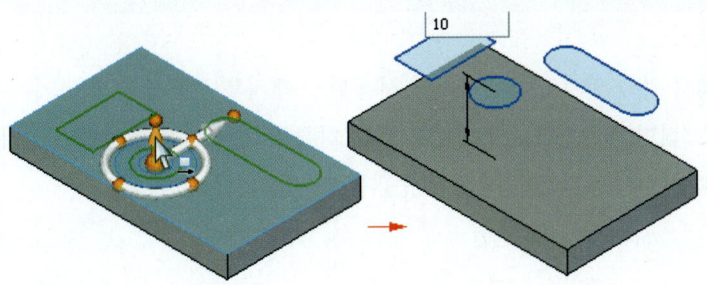

2. 스케치 결합

바로 가기 메뉴에서 동일평면상 스케치 병합 명령을 사용하여 스케치가 동기식 파트 또는 어셈블리의 다른 동일평면상 스케치와 결합되는지 여부를 제어합니다.

동기식 파트, 판금 및 어셈블리 문서에서 이 명령을 사용할 수는 있지만 어셈블리 스케치에서 작업하는 경우에는 병합 등록 정보가 가장 유용하며, 이는 전통적 파트 및 어셈블리를 동기식 문서로 변환하는 경우에도 사용됩니다.

PathFinder에서는 스케치가 결합 가능 스케치인지, 결합 불가능 스케치인지 또는 활성 스케치인지 여부를 나타내기 위해 고유한 심볼이 사용됩니다.

어셈블리에 레이아웃 스케치를 생성하는 경우 결합 불가능 스케치가 가장 유용합니다. 결합 불가능 스케치를 통해 동일평면상에 있는 여러 스케치를 그릴 수 있습니다. 이는 새 어셈블리에 대한 개별 파트 또는 하위 어셈블리를 표시하는 별도의 동일평면상 스케치를 생성하려는 경우 유용할 수 있습니다. 결합 불가능 스케치를 통해 스케치 요소의 세트를 쉽게 표시하거나 숨기거나 이동할 수 있습니다.

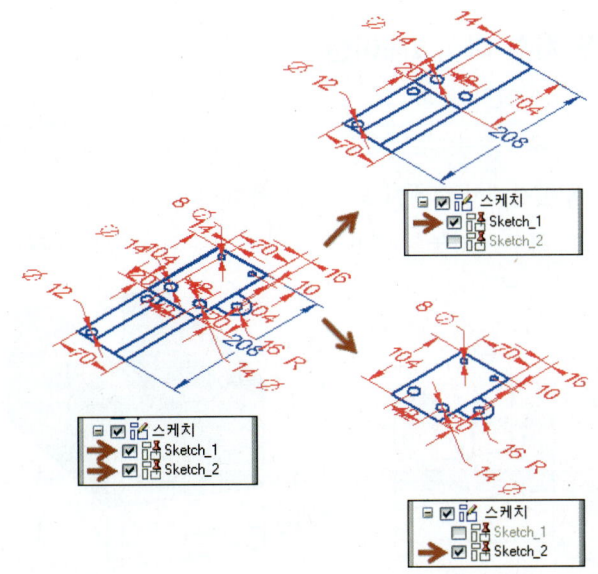

661

3. 스케치 복원

스케치를 모델에서 원래 위치로 복원하려면 사용된 스케치를 선택하고 바로 가기 메뉴에서 복원 명령을 사용합니다. 그러면 스케치를 사용하여 모델의 다른 위치에 다른 형상을 생성하려는 경우나 사용된 스케치를 설명하는 형상을 삭제한 경우에 유용할 수 있습니다.

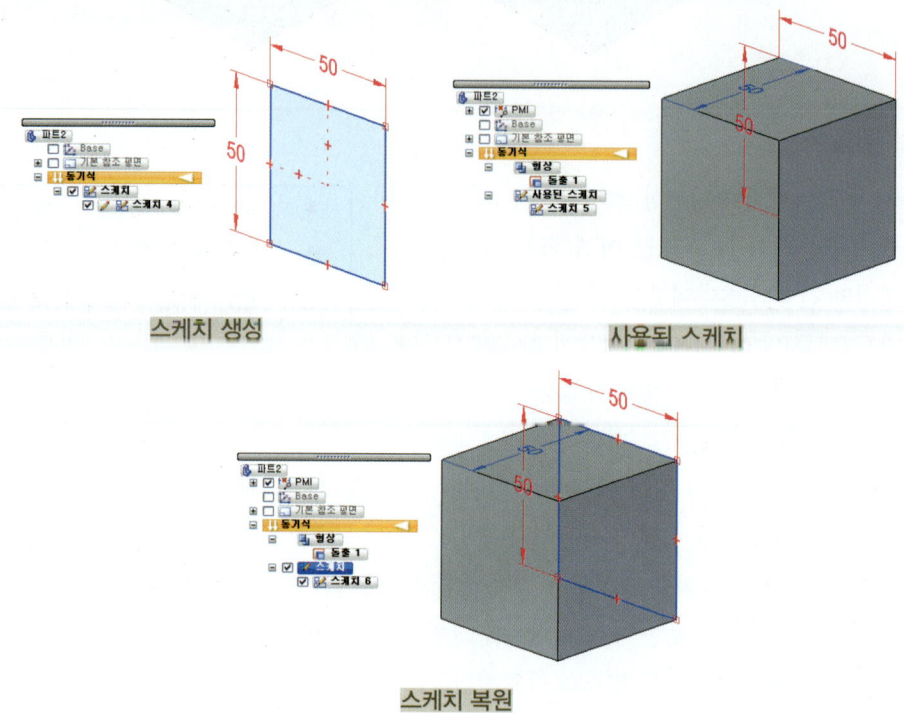

3.4 스케치 소비 및 치수 마이그레이션

동기식 파트 및 판금 환경에서는 솔리드 모델에 형상을 구성하기 위해 일반적으로 2D 스케치 지오메트리를 그립니다. 동기식 환경에서 스케치 요소를 사용하여 형상을 구성하는 경우 스케치 요소가 사용되고 스케치에 배치한 2D 치수는 가능할 때마다 솔리드 바디의 해당 모서리로 마이그레이션됩니다.

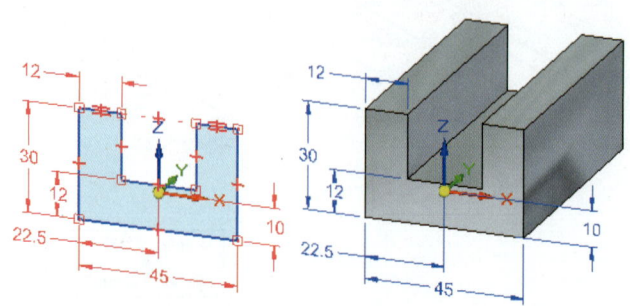

chapter 08 Synchronous Technology(동기식 기술)

PathFinder에 스케치가 선택되어 있으면 바로 가기 메뉴에서 지오메트리 및 치수 마이그레이션 명령을 사용하여 스케치 요소가 사용되고 치수가 마이그레이션되는지 여부를 제어합니다.

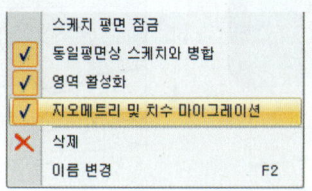

기본적으로 새 문서에 지오메트리 및 치수 마이그레이션 명령이 설정되어 있습니다. 스케치 요소 및 2D 치수를 사용하여 형상을 구성하는 경우 스케치 요소가 자동으로 사용되고 2D 치수가 자동으로 마이그레이션됩니다. 형상을 구성하면 2D 스케치 지오메트리가 PathFinder의 사용된 스케치 수집기로 이동되고 2D 치수가 3D PMI 모델 치수로 마이그레이션됩니다.

1. 부분적으로 마이그레이션된 스케치 및 치수

형상을 구성할 때 단일 스케치의 일부 스케치 요소만 사용되는 경우가 많습니다. 이러한 경우 선택된 스케치 요소 및 연관된 2D 치수만 사용되고 마이그레이션됩니다.

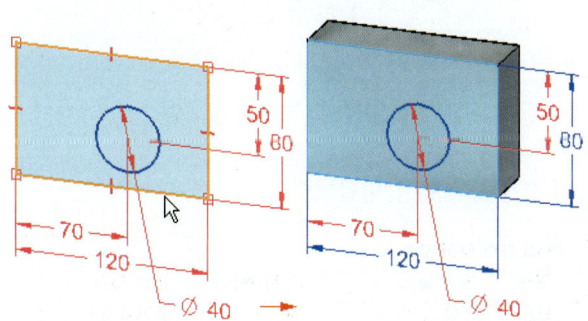

이러한 프로세스 중 치수 및 구속조건이 바디 모서리 및 남아 있는 스케치 지오메트리에 연결될 수 있습니다. 스케치에 스택 치수가 있는 경우 스택의 일부 치수를 개별적으로 마이그레이션할 수 있습니다. 좌표 치수와 같은 다른 치수는 이러한 치수가 연결된 모든 2D 지오메트리가 형상을 만드는 데 사용된 후 마이그레이션됩니다.

나머지 스케치 요소를 사용하여 계속해서 형상을 구성하면 스케치 요소가 사용되고 치수가 마이그레이션됩니다.

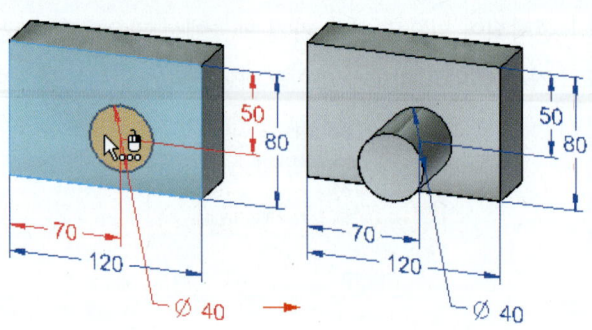

2. 3D PMI 치수 생상

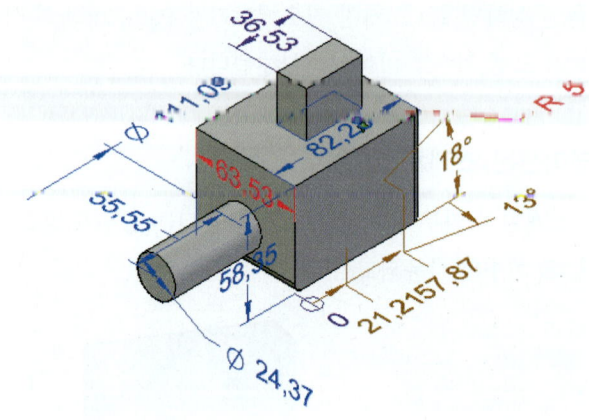

다음 표는 치수에 할당된 색상 코드를 설명합니다.

PMI 치수 색상 코드			
색상	조건 해석	동적 편집?	연결 대상
파랑	자유	예	동기식 요소
빨강	잠김, 치수 제약.	예	동기식 요소
자주색	다른 치수 또는 변수에 의해 변경됨	아니오.	정렬식 요소 또는 편집할 수 없는 PMI
갈색	사용할 수 없음	아니오	요소에 적절하게 연결되지 않음

3. 3D PMI 치수 편집 커서

선택 커서를 치수 위로 이동하면 해당 위치를 클릭할 경우 수행할 수 있는 작업의 유형이 표시됩니다.

chapter 08 Synchronous Technology(동기식 기술)

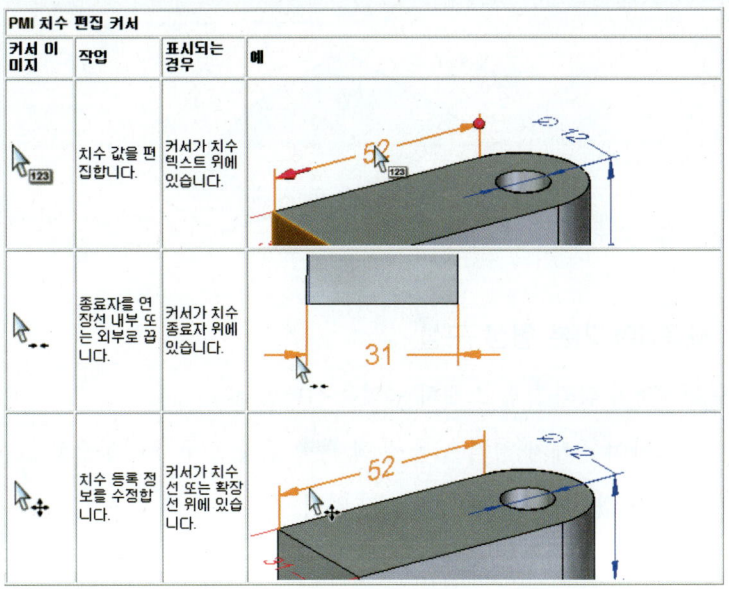

04 솔리드 모델링 워크플로

Solid Edge에서 동기식 파트를 만드는 기본 워크플로는 다음과 같습니다.
- 첫 번째 스케치 그리기
- 스케치를 사용하여 기본 형상 구성
- 추가 형상 구성
- 모델을 편집하여 파트 완료

1. 첫 번째 스케치 그리기

스케치를 그리면 형상을 만들기 전에 파트의 기본 크기 및 모양을 정의할 수 있습니다. 스케치는 선, 원호, 원 및 직사각형과 같은 2D 지오메트리 요소로 구성됩니다. 치수 및 지오메트리 관계를 사용하여 2D 요소의 크기, 모양 및 위치를 제어할 수 있습니다.

그리는 첫 번째 스케치는 반드시 닫혀 있어야 하며, 일반적으로 기준 좌표계(A)의 기본 평면 중 하나에 그려집니다.

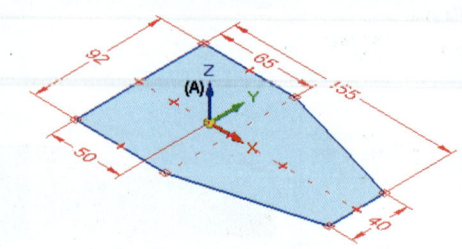

2. 스케치를 사용하여 기본 형상 구성

기본 형상을 구성하기 위해 그린 스케치 영역을 선택합니다.

선택 도구를 사용하여 스케치 영역(A)을 선택 ➡ 돌출 도구가 자동으로 표시(B) ➡ 동적 입력 상자(C)에서 형상 두께 값을 입력 ➡ Enter 키 입력

QuickBar(D)의 옵션을 사용하여 녹축 또는 회전 돌출을 선택할 수 있습니다.

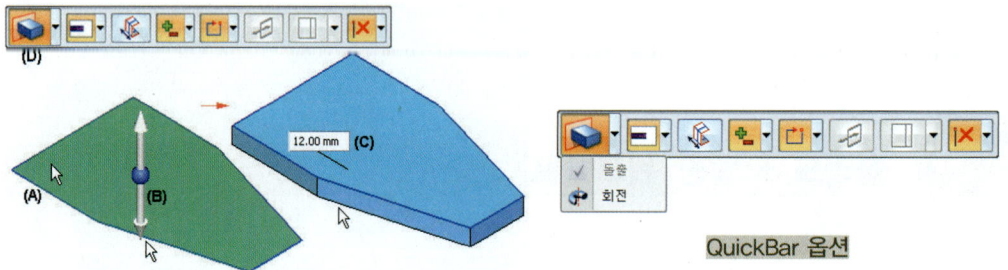

3. 추가 형상 구성

그려진 스케치를 기반으로 하거나, 모델의 기존 모서리를 수정하거나, 지정된 등록 정보 세트를 기반으로 할 수 있습니다. 추가 스케치를 그린 다음 선택 도구를 사용하여 카운터보어 또는 카운터싱크 구멍 형상을 정의하는 구멍 명령, 모서리를 라운딩하는 라운딩 명령 또는 재료를 추가하거나 제거할 수 있습니다.

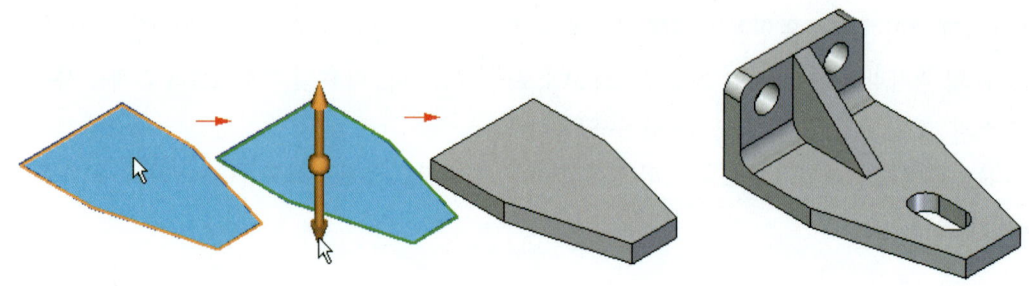

4. 모델 수정

모델 생성의 가장 중요한 부분은 모델을 쉽고 빠르게 수정하는 기능입니다.

- 3D 치수를 편집하여 모델의 크기 또는 모양을 변경

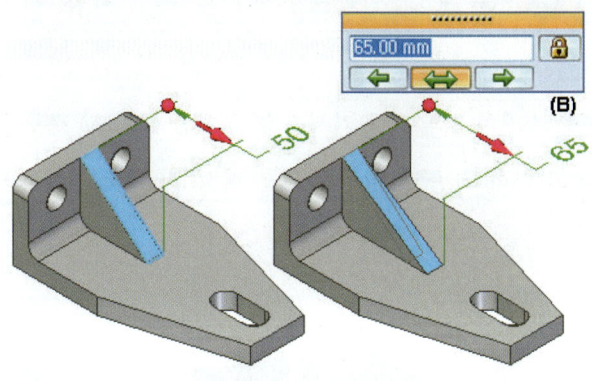

- 모델에서 면을 선택한 다음 조종 휠을 이용하여 모양을 변경

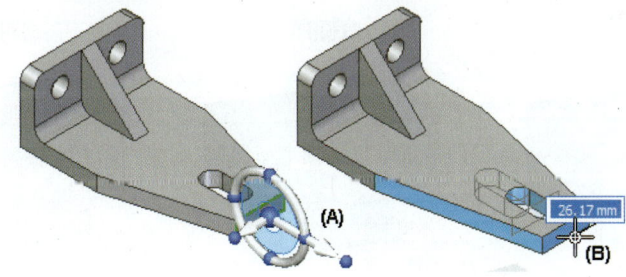

05 솔리드 모델링 명령

5.1 돌출(Extrude)

1. 기본 형상

선택 도구 또는 돌출 명령을 사용하여 돌출 형상을 구성할 수 있습니다.

1) 선택 도구

➡ 홈 탭 ⇒ 선택 그룹 ⇒ 선택
➡ Home Tap ⇒ Select Group ⇒ Select

선택 버튼 클릭 ➡ 스케치 영역 내에 커서를 놓은 다음 클릭(A) ➡ 돌출 핸들(B) 표시 ➡ 커서를 돌출 핸들 위에 놓고 클릭(C) ➡ 형상 범위를 지정(D) ➡ 형상을 양방향으로 확장하려면 QuickBar에서 대칭 버튼을 클릭(E) ➡ 형상 완료(F)

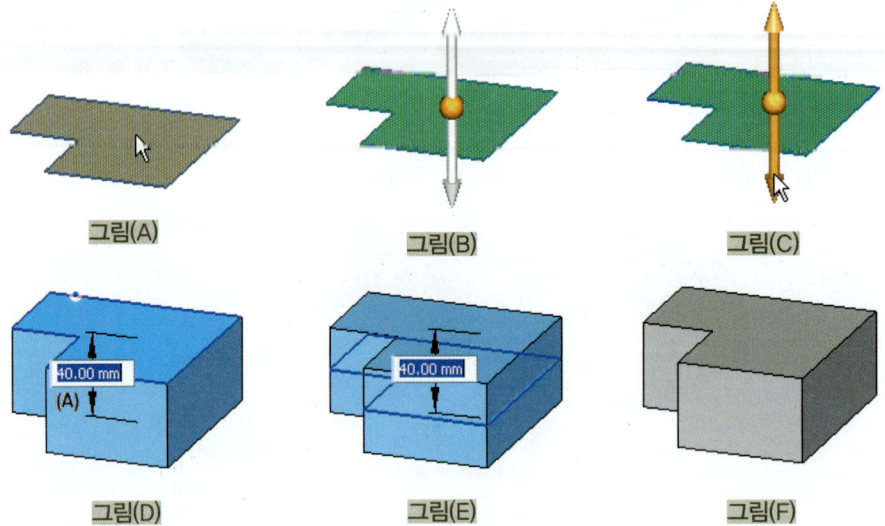

그림(A)　　　　　그림(B)　　　　　그림(C)

그림(D)　　　　　그림(E)　　　　　그림(F)

2) 돌출 명령어

➡ 홈 탭 ⇒ 솔리드 그룹 ⇒ 돌출
➡ Home Tap ⇒ Solids Group ⇒ Extrude

돌출 명령 버튼 클릭 ➡ 스케치 영역 내부에 커서를 놓고 클릭(A) ➡ 마우스 오른쪽 버튼 클릭 ➡ 형상 범위를 지정(B) ➡ 형상을 양방향으로 확장하려면 QuickBar에서 대칭 버튼 클릭(C) ➡ 형상 완료(D)

chapter 08 Synchronous Technology(동기식 기술)

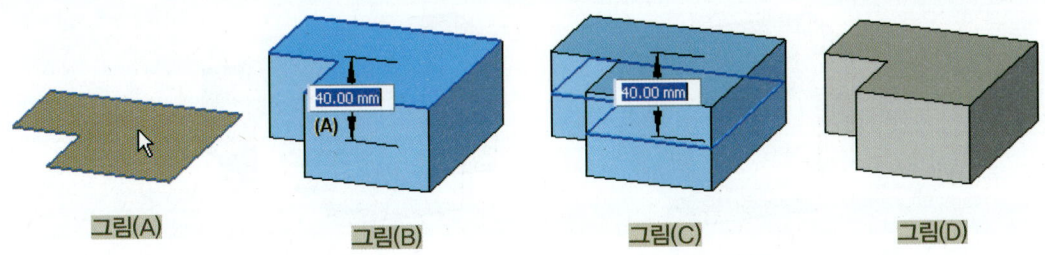

2. 이후의 형상

선택 도구 또는 돌출 명령을 사용하여 이후의 형상을 구성할 수 있습니다.

1) 선택 도구

선택 [아이콘] 명령 버튼 클릭 ➡ 스케치 영역 내에 커서를 놓은 다음 클릭(A) ➡ 돌출 핸들(B) 표시 ➡ 커서를 돌출 핸들 위에 놓고 클릭(C) ➡ 형상 범위를 지정 ➡ 모델 바디의 외부를 클릭하면 형상 추가(D), 모델 바디의 내부를 클릭하면 형상 제거(E) ➡ 형상 완료(F)

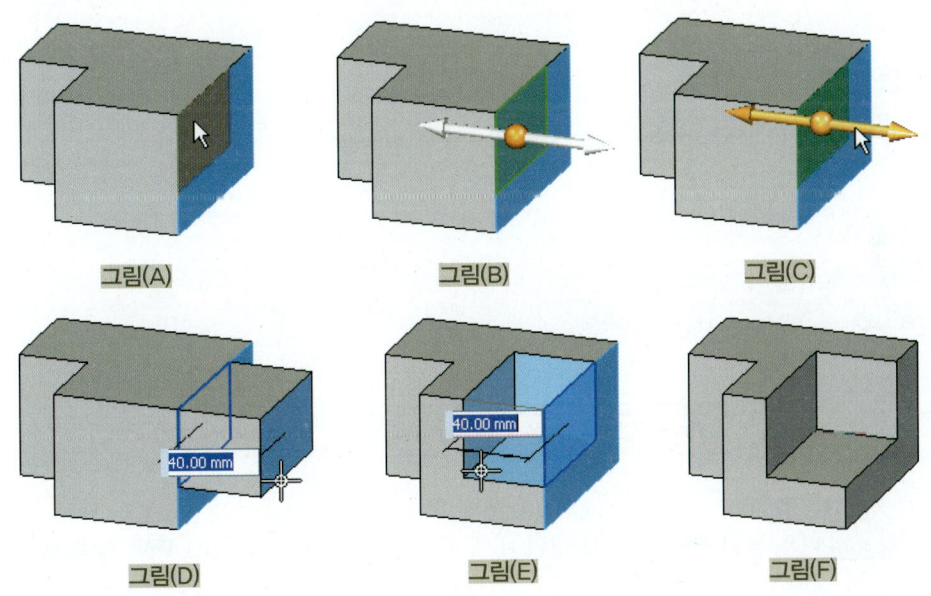

2) 돌출 명령어

돌출 [아이콘] 명령 버튼 클릭 ➡ 스케치 영역 내부에 커서를 놓고 클릭(A) ➡ 마우스 오른쪽 버튼 클릭 ➡ 형상 범위를 지정 ➡ 모델 바디의 외부를 클릭하면 형상 추가(B), 모델 바디의 내부를 클릭하면 형상 제거(C) ➡ 형상 완료(D)

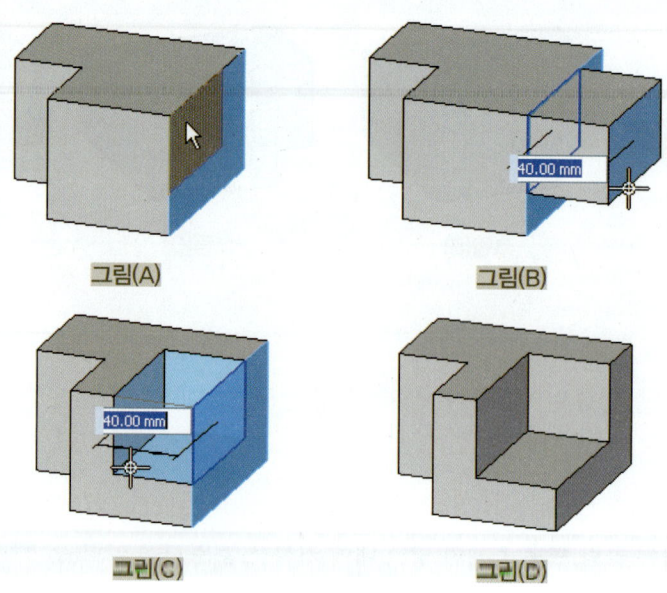

그림(A) 그림(B) 그림(C) 그림(D)

5.2 회전 돌출(Revolved Extrusion)

1. 기본 형상

선택 도구 또는 회전 돌출 명령을 사용하여 회전 돌출 형상을 구성할 수 있습니다.

1) 선택 도구

➡ 홈 탭 ⇒ 선택 그룹 ⇒ 선택
➡ Home Tap ⇒ Select Group ⇒ Select

선택 명령 버튼 클릭 ➡ 스케치 영역 내에 커서를 놓은 다음 클릭(A) ➡ 돌출 핸들(B) 표시 ➡ QuickBar에서 회전 돌출 옵션을 클릭 ➡ 회전 핸들의 원점 손잡이 위에 커서를 놓은 다음 클릭(C) ➡ 회전축으로 사용할 스케치 요소 또는 모델 모서리 위에 커서를 놓고 클릭(D) ➡ 핸들에서 원환체를 클릭(E) ➡ 커서를 이동하여 클릭하여 형상을 만듭니다.(F)

chapter 08 Synchronous Technology(동기식 기술)

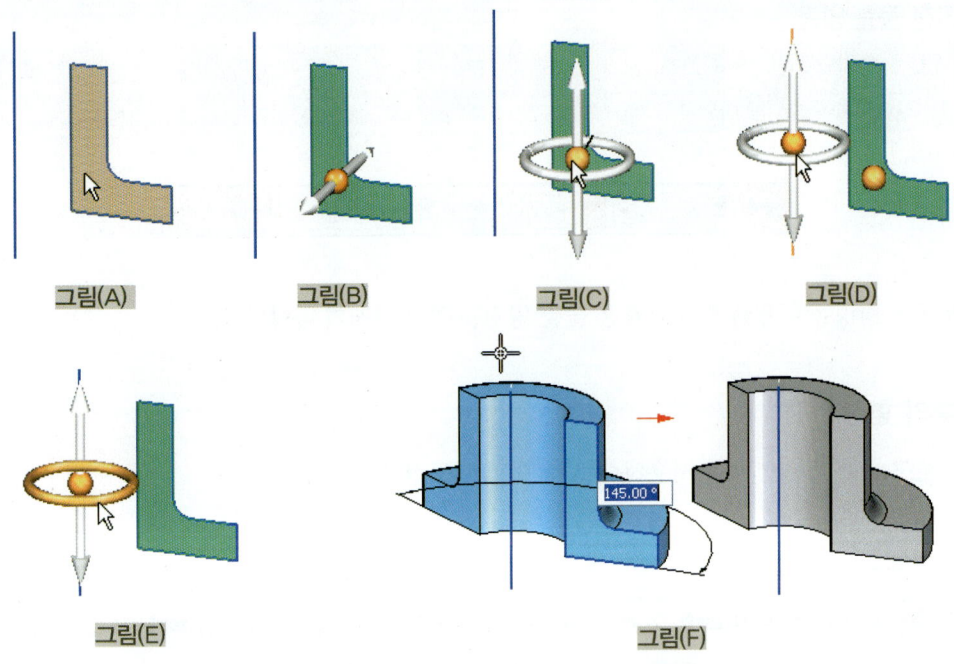

범위를 정밀하게 정의하려면 커서 옆의 동적 입력 제어 상자에 값을 입력한 다음 Enter 키를 누릅니다. 값이 360도보다 작은 경우 커서를 사용하여 형상을 구성할 스케치 측면을 정의합니다.

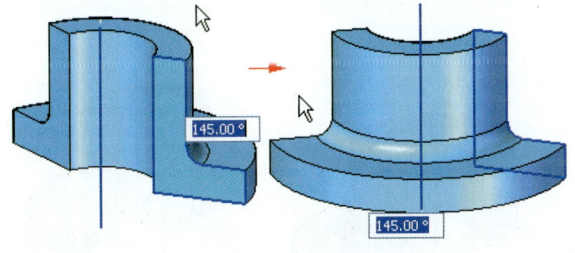

형상을 양방향으로 확장하려면 QuickBar에서 대칭 버튼을 클릭합니다. 범위 값이 양방향으로 균등하게 분할됩니다. Shift 키를 눌러 대칭과 비대칭 범위 사이를 전환할 수 있습니다.

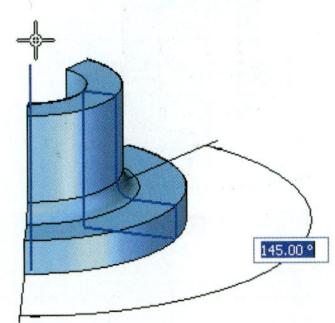

671

2) 회전 돌출 명령

➡ 홈 탭 ⇒ 솔리드 그룹 ⇒ 회전
➡ Home Tap ⇒ Solids Group ⇒ Revolve

회전 돌출 명령을 이용한 회전 돌출은 돌출 명령을 참고 하시기 바랍니다.

2. 이후의 형상

선택 도구 또는 돌출 명령을 사용하여 돌출 형상을 구성할 수 있습니다.

1) 선택 도구

선택 명령 버튼 클릭 ➡ 스케치 영역 내에 커서를 놓은 다음 클릭(A) ➡ 돌출 핸들(B) 표시 ➡ QuickBar에서 회전 돌출 옵션을 클릭 ➡ 회전 핸들의 원점 손잡이 위에 커서를 놓은 다음 클릭(C) ➡ 회전축으로 사용할 스케치 요소 또는 모델 모서리위에 커서를 놓고 클릭(D) ➡ 핸들에서 원환체를 클릭(E) ➡ 모델 바디의 외부를 클릭하면 형상이 추가(F), 모델 바디의 내부를 클릭하면 형상 제거(G)

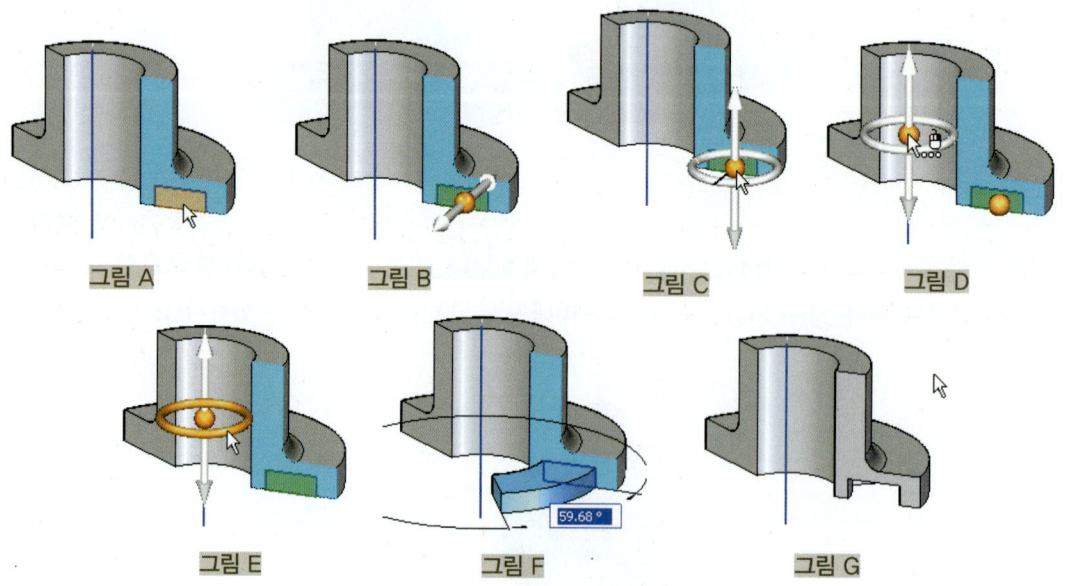

chapter 08 Synchronous Technology(동기식 기술)

2) 회전 돌출 명령

회전 돌출 명령을 이용한 회전 돌출은 돌출 명령을 참고 하시기 바랍니다.

06 솔리드 모델링 형상 다듬기

6.1 구멍(Hole)

➡ 홈 탭 ⇒ 솔리드 그룹 ⇒ 구멍
➡ Home Tap ⇒ Solids Group ⇒ Hole

 동기식 구멍 명령은 순차식 구멍 명령과 제작 방식은 약간의 차이가 있으나 순차식 구멍 명령과 동일하게 드릴, 스레드, 테이퍼, 카운터보어 및 카운터싱크 구멍을 만들 수 있습니다. 마우스 커서를 형상에 끌어 놓으면 구멍 형상이 동적으로 표현됩니다(A). 또한 동일한 형상을 여러 참조 오브젝트에 배치할 수 있으며(B), 명령의 한 인트턴스 내에서 생성된 모든 구멍은 동일한 속성을 공유합니다.

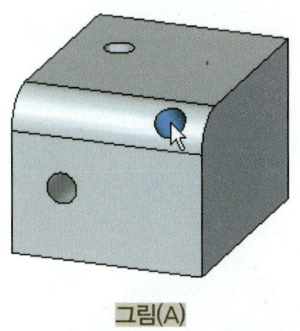
그림(A)

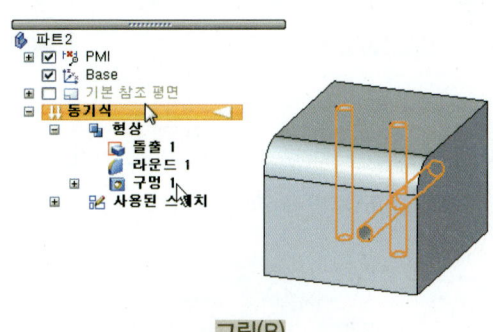
그림(B)

1) 동기식 구멍 평면 잠금

 구멍 형상을 배치하는 경우 평면 위에 커서를 잠시 올려 놓은 상태에서 F3 키 또는 잠금 아이콘🔒을 눌러 참조 평면을 잠글 수 있다. 평면을 잠금을 했을 경우에 구멍은 잠긴 평면을 기준으로 배치되기 때문에 단일 평면에 대해 여러 구멍을 배치하는 경우 유용하다.

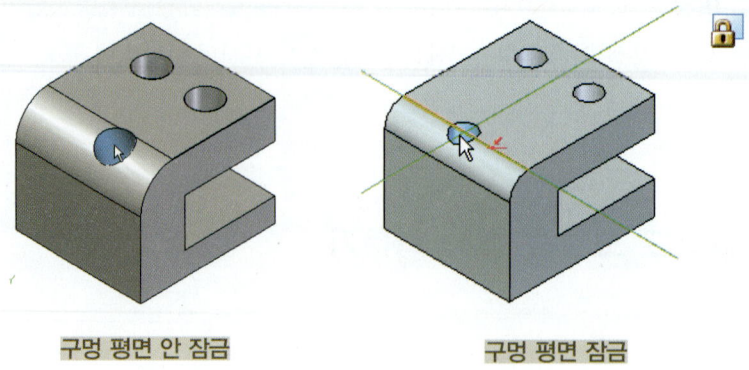

구멍 평면 안 잠금   구멍 평면 잠금

2) 잠금 평면 구멍 정밀 배치

구멍 배치 워크플로에서 평면을 잠그면 각 어커런스에 치수가 동적으로 배치될 수 있습니다. 모서리 위에 커서를 올려놓고 키보드 M, E, C 을 누르면 각 포인트가 선택됩니다.

- 원의 중심에서 모서리 중간점 치수 측정(M)
- 원의 중심에서 모서리 끝점 치수 측정(E)
- 원의 중심에서 원형 중심 점 치수 측정(C)

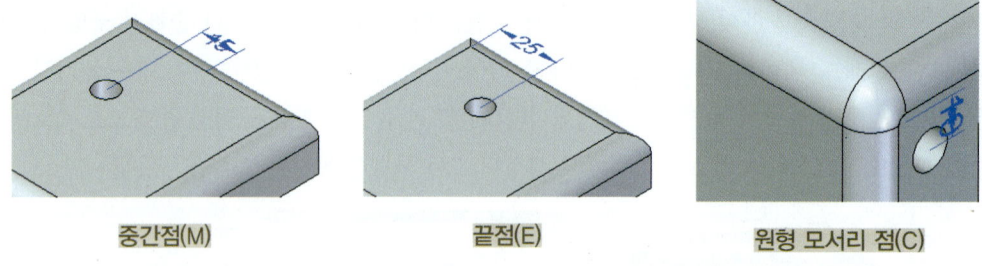

중간점(M)   끝점(E)   원형 모서리 점(C)

QuickBar에서 치수 축 회전 버튼 또는 키보드 T를 눌러 치수 축 방향을 다른 방향의 키포인트에서 치수를 재정의할 수 있습니다.

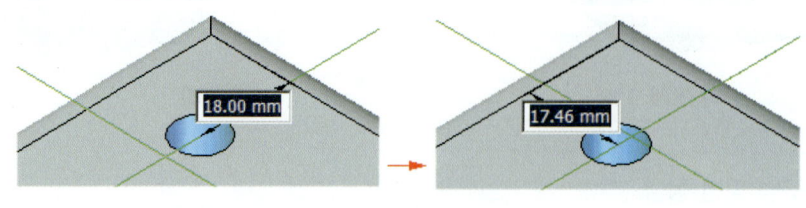

치수 축 회전

3) 원통에 구멍 배치

원통에 구멍을 배치하는 경우 원통 위로 커서를 이동할 때 F3을 누릅니다. 접평면 명령이 활성화됩

chapter 08 Synchronous Technology(동기식 기술)

니다. 동적으로 끌거나 각도 값 입력 후 Enter 키를 눌러 접평면을 배치할 수 있습니다. 접평면이 잠긴 후에는 구멍을 접선(C) 위로 끌면 구멍이 접선에 잠깁니다.

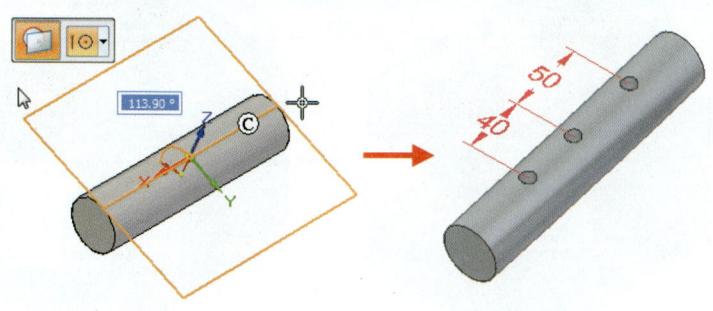

4) 작성된 구멍 편집

구멍을 배치하면 기존 구멍의 치수 값을 변경할 수 있도록 정의 편집 핸들이 생성 됩니다.

> **구멍 편집 사용 방법**

치수 값 변경할 구멍 치수 클릭(A) ➡ 새 값을 입력 후 Enter(B) ➡ 새 값으로 치수가 변경 됩니다(C)

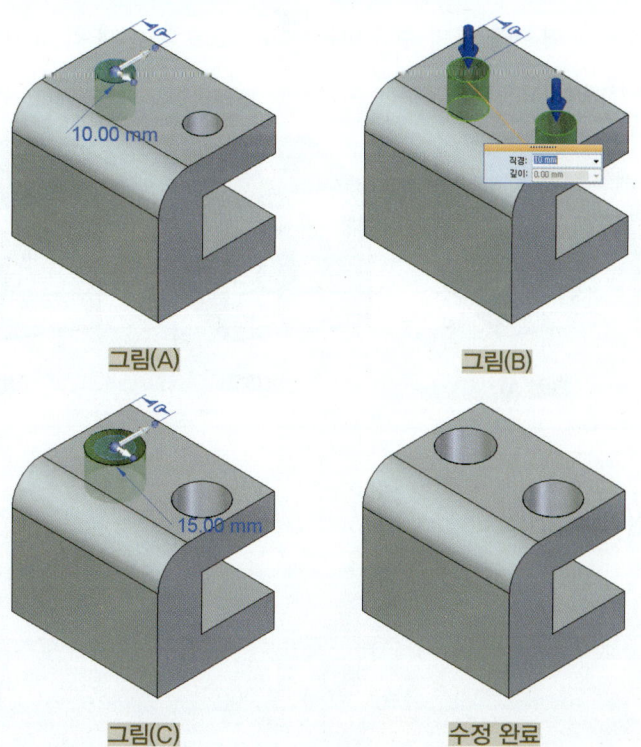

그림(A)   그림(B)

그림(C)   수정 완료

675

구멍 Type 변경 시 QuickBar의 옵션 [아이콘] 을 선택하여 변경합니다.

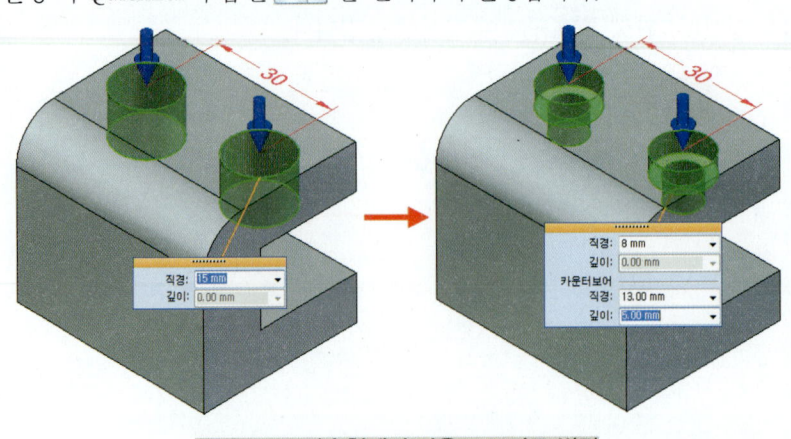

구멍 Type 단순형에서 카운트 보어로 변경

5) 작성된 구멍 추가

구멍을 배치한 다음 구멍의 또 다른 어커런스를 추가할 수 있습니다.

구멍 추가 사용 방법

구멍(A)의 치수를 클릭 ➡ 구멍 추가 버튼 [아이콘] 을 클릭 후 새 위치(B)로 커서 이동 ➡ 새 구멍 어커런스(C)를 배치합니다.

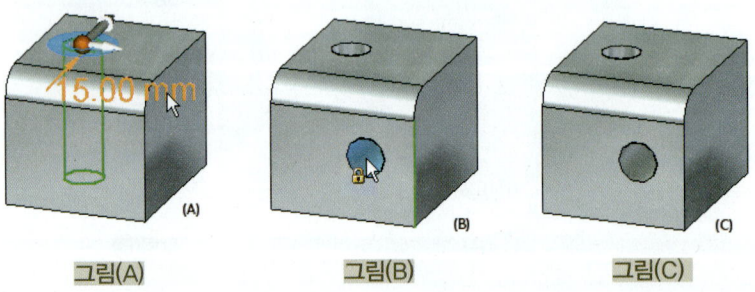

그림(A)　　　　　그림(B)　　　　　그림(C)

6.2 나사(Thread)

➡ 홈 탭 ⇒ 솔리드 그룹 ⇒ 구멍 ⇒ 나사

➡ Home Tap ⇒ Solids Group ⇒ Hole ⇒ Thread

chapter 08 Synchronous Technology(동기식 기술)

기존 원통형 면에 직선 스레드 참조 또는 테이퍼 스레드 참조를 추가합니다. 원통형 면은 부분 원통 또는 전체 원통이 될 수 있으며, 외부(1) 면 또는 내부(2) 면이 될 수 있습니다. 평면형, 원형 모서리는 스레드의 시작 지점을 정의하는 데 필요합니다.

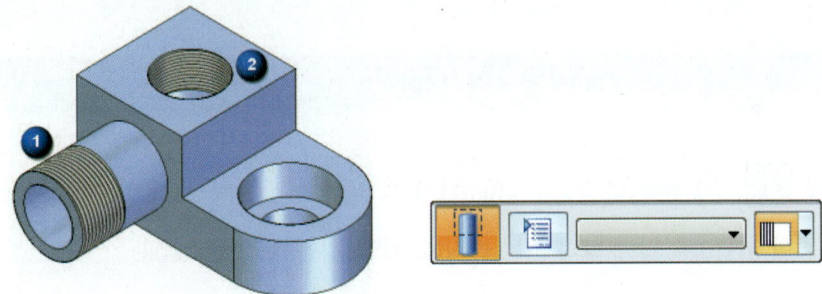

- **옵션(Option)** : 나사를 위한 직선 또는 테이퍼 원통을 지정할 수 있도록 나사 옵션 다이얼로그를 표시합니다.

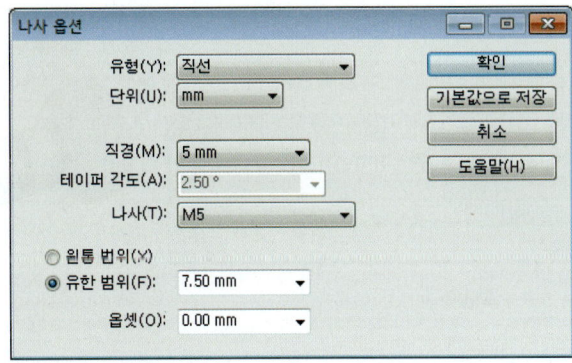

▶ 유형(Type) : 직선 또는 테이퍼 유형을 선택합니다.

▶ 단위(Unit) : 나사 단위를 지정합니다.

▶ 직경(Diameter) : 나사 직경을 지정합니다.

▶ 테이퍼 각도(Taper Angle) : 테이퍼 스레드의 테이퍼 각도를 지정합니다.

▶ 나사(Thread) : 나사 크기를 지정합니다.

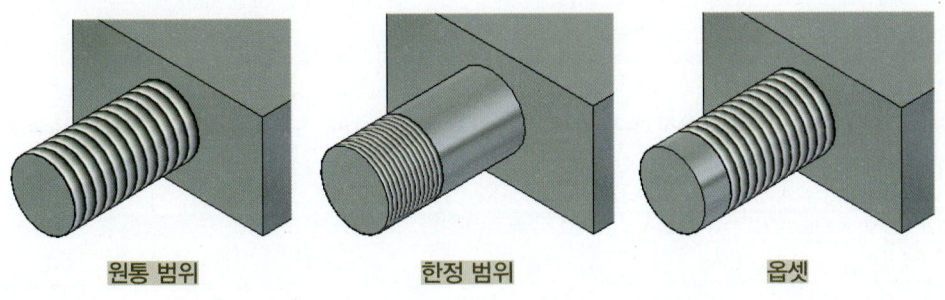

원통 범위   한정 범위   옵셋

677

- ![M5] ▼ **나사 크기(Thread Size)** : holes.txt 파일에 나열된 스레드에서 스레드 크기를 지정합니다.
- ![아이콘] ▼ **범위 유형(Extent Type)** : 유한 값 또는 원통 범위로 나사 크기를 연장합니다.

나사 크기에 맞게 원통 크기 조정 사용 방법

나사 명령 [아이콘] 선택 ➡ 나사 QuickBar 나사 Type 변경(A) ➡ 스레드가 적용될 원통 선택(B) ➡ 직경 변경 윈도우 창에 확인 버튼 클릭(C) ➡ 원통에 스레드 적용

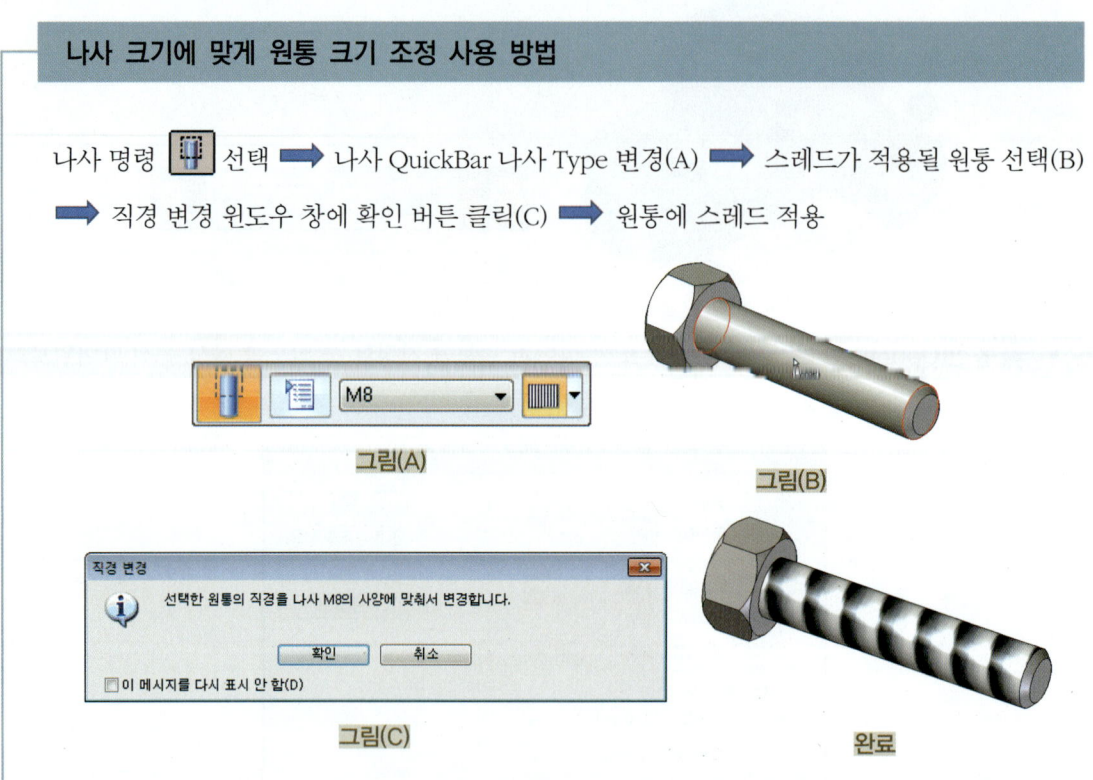

6.3 슬롯(Slot)

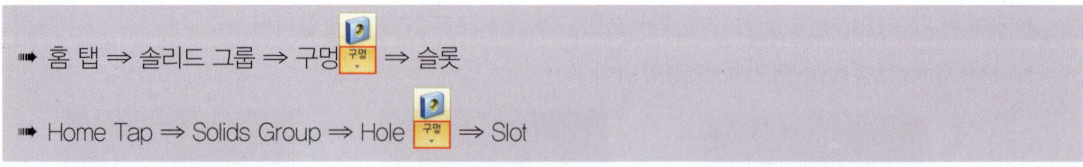

➡ 홈 탭 ⇒ 솔리드 그룹 ⇒ 구멍 ⇒ 슬롯

➡ Home Tap ⇒ Solids Group ⇒ Hole ⇒ Slot

동기식 모드에서 순서 지정식과 동일한 방법으로 연속 접선 스케치를 따라 슬롯 형상을 생성할 수 있습니다.

chapter 08 Synchronous Technology(동기식 기술)

슬롯 이동 사용 방법

선택 명령 선택 ➡ 이동할 슬롯을 선택합니다.(A) ➡ 표시되는 핸들 축을 클릭합니다.(B) ➡ 형상을 새 위치로 이동합니다.(C) ➡ 이동을 완료합니다.(D)

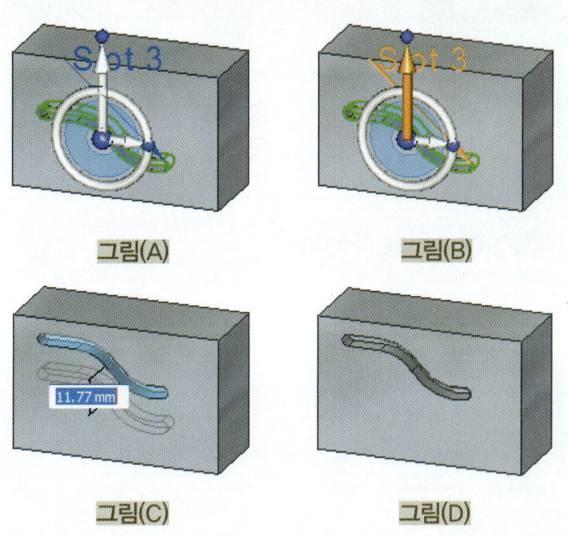

그림(A) 그림(B)

그림(C) 그림(D)

슬롯 프로파일 편집 사용 방법

선택 명령 선택 ➡ 편집할 슬롯을 선택합니다.(A) ➡ 편집 핸들을 클릭합니다.(B) ➡ 형상 프로파일 편집 핸들을 클릭합니다.(C) ➡ 기존 슬롯 프로파일을 변경합니다.(D) ➡ 변경이 끝나면 수용 버튼 을 클릭합니다.(E) ➡ 마우스 오른쪽 버튼을 클릭하여 편집내용을 저장합니다.(F)

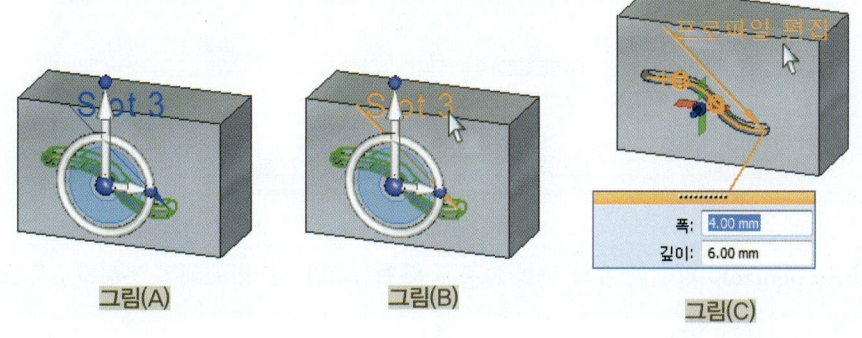

그림(A) 그림(B) 그림(C)

679

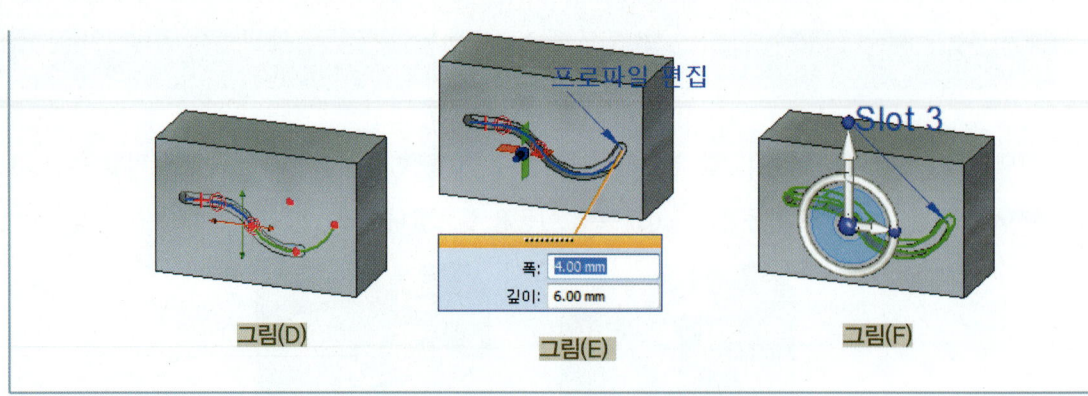

6.4  구멍 인식(Recognize Holes)

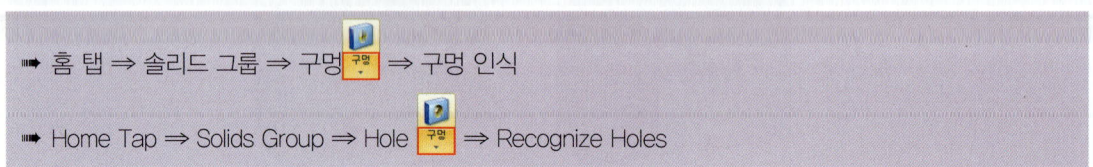

구멍 인식 명령은 모델에서 후보 구멍을 찾고 구멍 형상과 교체합니다. 다음 예에서 후보 1과 2는 원형 컷아웃이며, 하나의 단순 구멍과 두 개의 나사 구멍으로 교체됩니다.

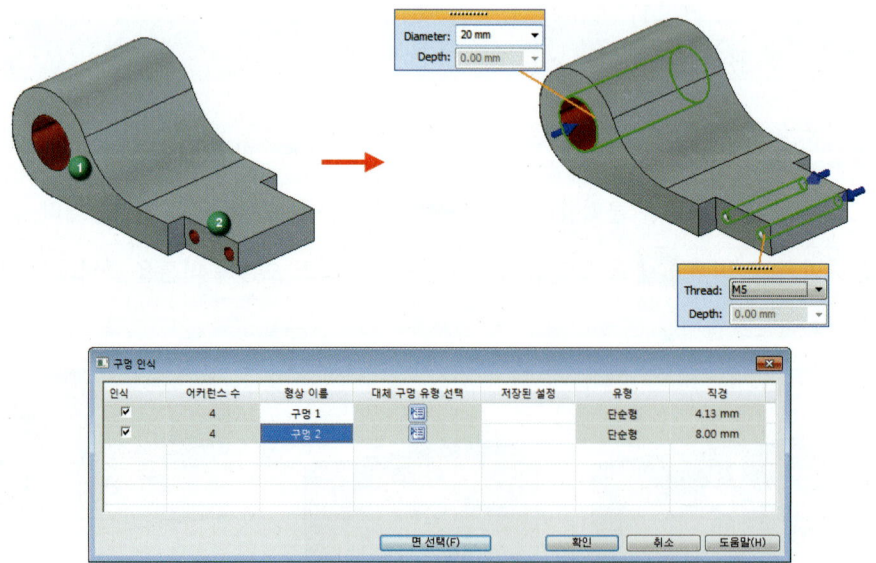

- **인식**(Recognize) : 발견한 유사 구멍 그룹을 나열합니다. 구멍 교체를 무시하도록 그룹의 검사를 해제할 수 있습니다.

chapter 08 Synchronous Technology(동기식 기술)

- **어커런스 수**(Occurrence Count) : 모델에서 인식된 유사한 구멍의 그룹에 있는 어커런스 수를 나열합니다.
- **형상 이름**(Feature Name) : 구멍의 그룹에 대한 형상 이름을 나열합니다. 시스템 생성 이름을 사용자 정의 이름으로 재정의할 수 있습니다.
- **대체 구멍 유형 선택**(Select Alternate Type) : 구멍 옵션 다이얼로그를 시작하여 대처 구멍 유형을 선택합니다.
- **저장된 설정**(Saved Settings) : 구멍 옵션 다이얼로그에서 저장된 설정을 선택하면 저장된 설정이 열에 표시됩니다.
- **유형**(Type) : 열에 구멍 유형을 표시합니다.
- **직경**(Diameter) : 그룹의 공칭 구멍 직경을 나열합니다.
- **면 선택**(Face Selection) : 선택한 면만 구멍 인식이 필요할 때 사용합니다.

구멍 인식 사용 방법

step1 Mirror.stp 파일을 동기식 파트에서 오픈합니다.

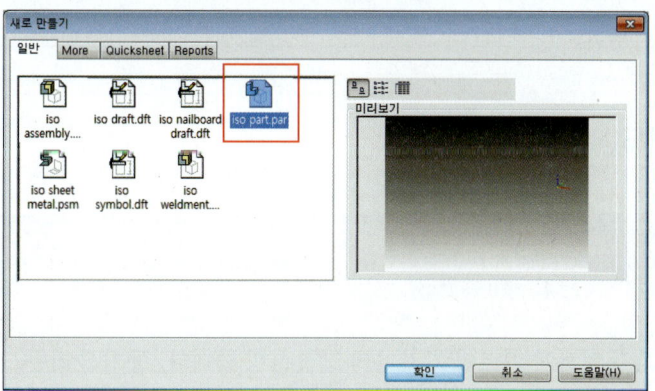

step2 홈 탭 〉 솔리드 그룹 〉 구멍 〉 구멍 인식 명령어를 선택합니다.

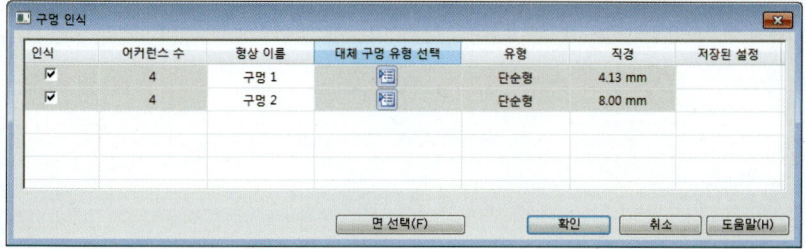

681

▶ step3 형상 이름 구멍 1의 대체 유형 선택 아이콘을 클릭 후 아래와 같이 설정합니다.

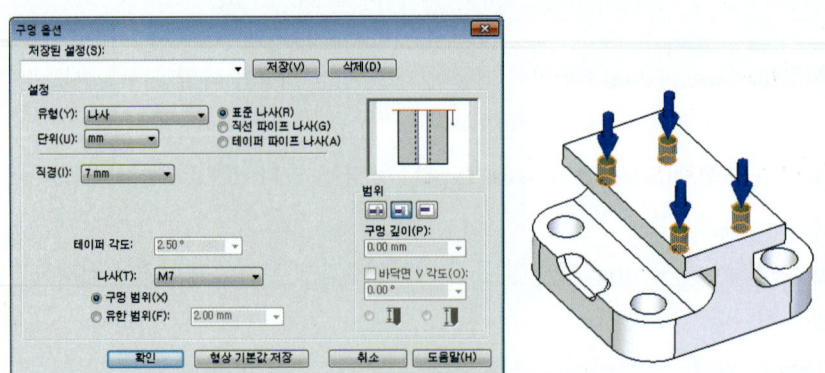

▶ step4 확인을 선택 후 변경된 형상을 확인합니다.

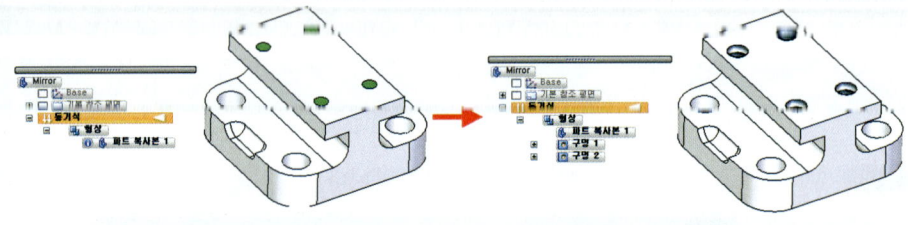

6.5 라운드(Round)

➡ 홈 탭 ⇒ 솔리드 그룹 ⇒ 라운딩
➡ Home Tap ⇒ Solids Group ⇒ Round

순서 지정 방식과 동일하게 파트의 가장자리를 라운딩 합니다. 동기식 라운드는 파트의 모서리에 상수 반경 라운드를 적용합니다.

chapter 08 Synchronous Technology(동기식 기술)

동기식 라운드 생성 & 수정사용 방법

라운드 명령 ![icon] 선택 ➡ 라운드가 필요한 가장자리 선택(A) 후 치수 입력 ➡ 형상에 라운드 적용(B) ➡ 수정이 필요한 라운드 선택 후 치수 클릭(C) ➡ 형상 수정

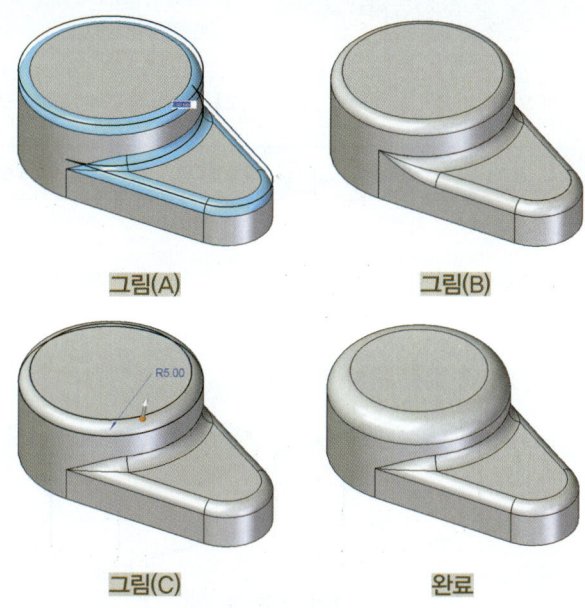

파트의 둥근 모서리 순서를 변경합니다.

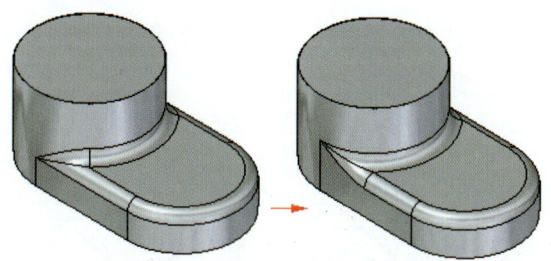

둘 이상의 상호 작용 블렌드 간의 블렌드 패치를 마우스 오른쪽 버튼으로 클릭하고 라운드 순서 변경을 선택합니다.(A) 라운드 순서 변경이 된 것을 확인합니다.(B)

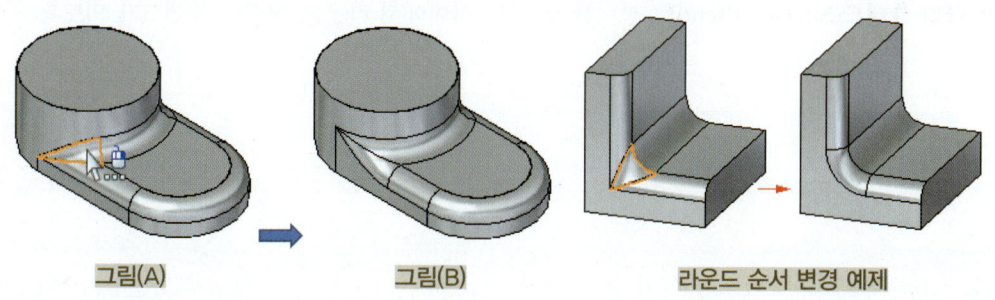

683

6.6 블렌드(Blend)

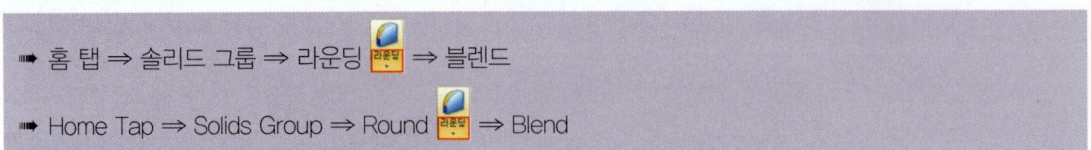

동기식 모델링 환경에서 가변 반경, 면 간 및 곡면 바디 간에 블렌드를 생성합니다.

- **가변 변경(Variable radius)** : 라운딩 가장자리가 가변 반경 값을 가지도록 지정합니다. 라운딩할 시 엣지를 선택후 생성된 키포인트를 선택하고 해당 위치에 내린 원이는 반경 값을 입력하며 생점 선택 단계에서 원하는 반경 값을 정의 합니다.

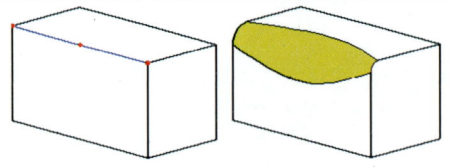

가변 변경 블렌드

- **블렌드(Blend)** : 선택한 두 곡면 사이에서 라운드를 블렌드가 되도록 지정합니다. 선택한 곡면 중 하나가 접선으로 연결된 곡면 체인 가운데 일부이면 블렌드는 곡면의 체인에 적용됩니다.(일정 반경, 일정 폭, 모따기, 베벨, 원뿔, 연속 곡률)

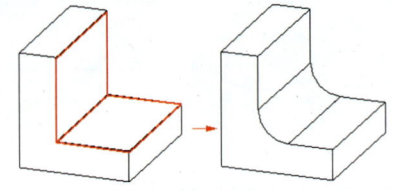

면 간의 블렌드

- **곡면 블렌드(Surface Blend)** : 선택한 두 곡면 사이에서 라운드 형식이 블렌드가 되도록 지정합니다.

chapter 08 Synchronous Technology(동기식 기술)

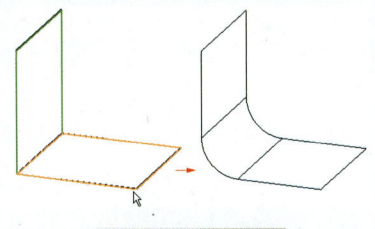

곡면 바디 간 블렌드

6.7 모따기 같은 셋백(Chamfer Equal Setbacks)

➡ 홈 탭 ⇒ 솔리드 그룹 ⇒ 라운딩 ⇒ 모따기 같은 셋백

➡ Home Tap ⇒ Solids Group ⇒ Round ⇒ Chamfer Equal Setbacks

동기식 환경에서 공통 모서리를 따라서 있는 두 면 사이에 모따기를 만듭니다.

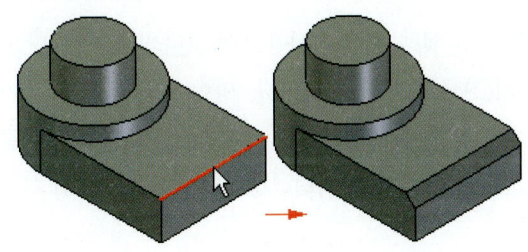

모따기가 실행된 면을 클릭 후 치수를 선택하면 모따기 크기를 변경할 수 있습니다.

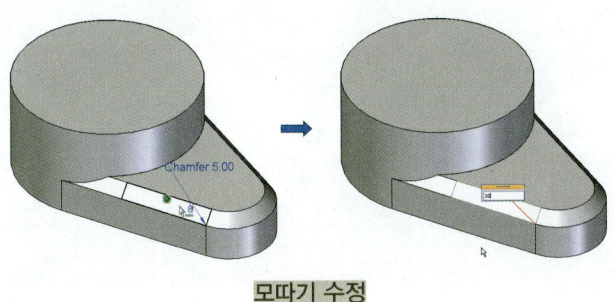

모따기 수정

6.8 모따기 다른 셋백(Chamfer Unequal Setbacks)

➡ 홈 탭 ⇒ 솔리드 그룹 ⇒ 라운딩 ⇒ 모따기 다른 셋백

685

➡ Home Tap ⇒ Solids Group ⇒ Round ⇒ Chamfer Unequal Setbacks

차등 셋백을 사용하여 파트의 선택한 모서리를 따라 모따기를 만듭니다.

동기식 환경의 차등 셋백은 순차식 환경과 사용 방식이 동일하다. 그러나 동기식 환경의 차등 셋백은 모따기 정의를 유지하지 않기 때문에 치수 수정이 불가능 합니다. 다른 치수를 입력하기 위해서는 기존 모따기 차등 셋백을 지운 후에 다시 모따기를 실행해야 합니다.

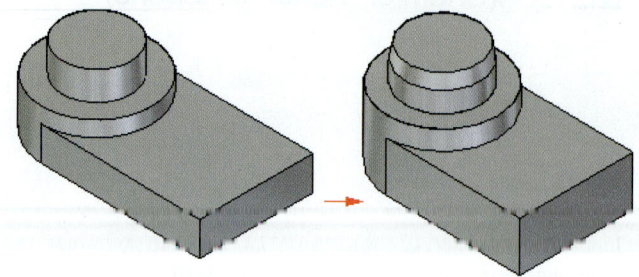

- **각도 및 셋백 모따기** : 각도 및 셋백 옵션을 사용하여 모따기 형상을 만드는 경우 면(1)을 먼저 선택한 다음 모따기 할 모서리(2)를 선택해야 합니다. 명령 모음의 셋백 상자 안에 사용자가 입력한 값이 선택된 면을 따라서 적용되고 선택된 모서리로부터 측정됩니다. 예를 들어, 5 밀리미터 셋백 및 60도 각도의 모따기는 아래와 같이 적용됩니다.(3)

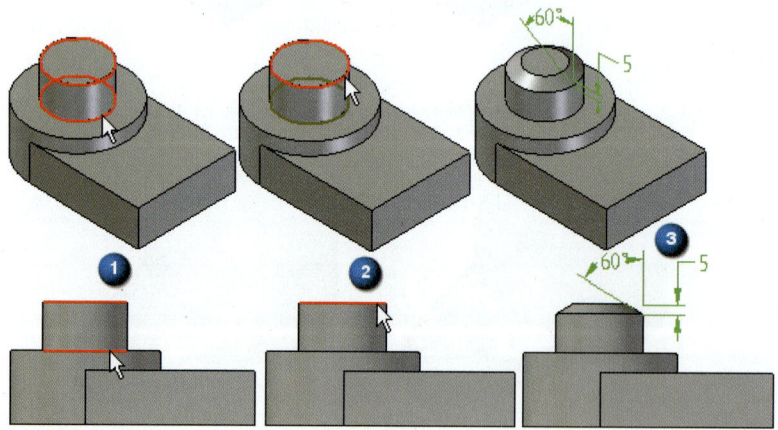

- **2 셋백 모따기** : 2 셋백 옵션을 사용하여 모따기를 만드는 경우에도 면을 먼저 선택해야 합니다. 셋백 1 상자에 입력한 값이 사용자가 선택한 면에 적용되며 셋백 2 상자에 입력한 값은 인접한 면에 적용됩니다.(셋백 1 : 5 / 셋백 2 : 12)

chapter 08 Synchronous Technology(동기식 기술)

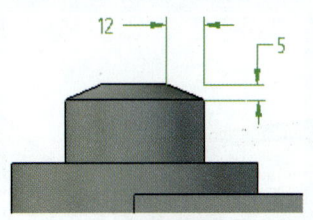

6.9 드래프트(Draft)

▶ 홈 탭 ⇒ 솔리드 그룹 ⇒ 드래프트
▶ Home Tap ⇒ Solids Group ⇒ Draft

순차적 방식과 동일하게 하나 이상의 파트 면에 드래프트 각도를 추가합니다. 옵션은 순차적 방식과 동일합니다.

드래프트 추가 사용 방법

드래프트 명령 선택 ➡ 드래프트 평면(A) 선택 ➡ 구배할 면(B) 선택 ➡ 구배각도 및 방향을 반영하도록 동적 업데이트 발생(C) ➡ 마우스 오른쪽 버튼 클리하여 구배 각도 모델에 적용(D)

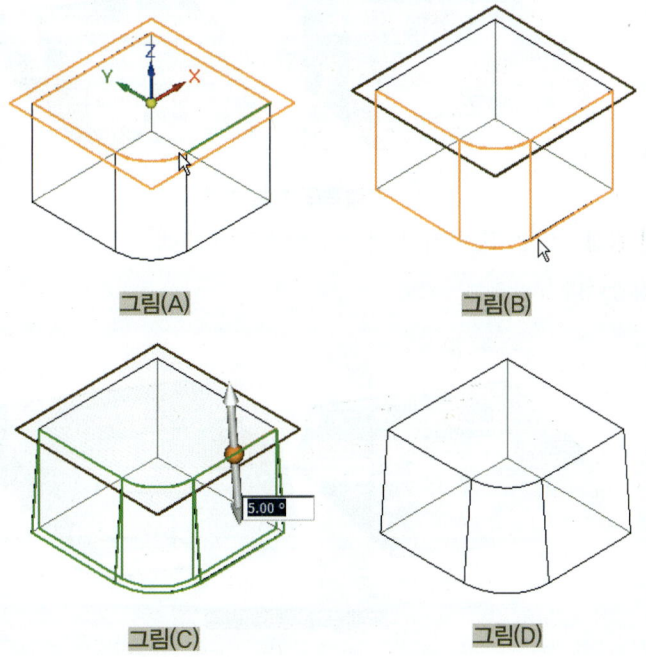

그림(A)   그림(B)

그림(C)   그림(D)

드래프트 형상 추가를 편집하는데 사용할 수 있는 다양한 편집 핸들이 있습니다.

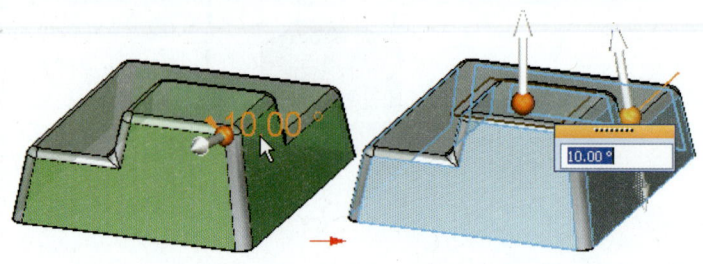

편집 핸들을 사용하여 다음과 같은 유형의 편집을 수행할 수 있습니다.

- **드래프트 각도 변경** : 장의 편집 핸들을 사용하여 드래프트 각도를 변경할 수 있습니다.

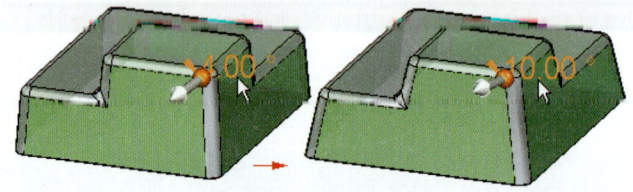

드래프트 각도 변경

- **드래프트 방향 변경** : 방향 뒤집기 핸들을 사용하여 드래프트 방향을 뒤집습니다.

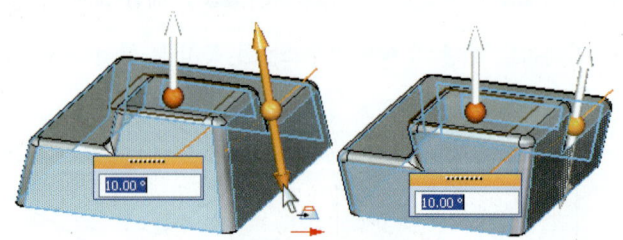

드래프트 방향 변경

- **드래프트 평면 변경** : 평면 위치 지정 핸들을 사용하여 드래프트 평면의 위치를 원래 위치로 평행하게 다시 지정합니다.

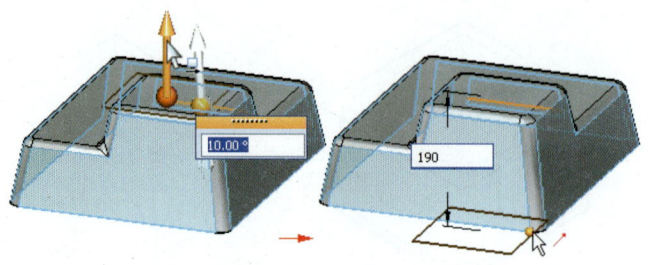

드래프트 평면 변경

chapter 08 Synchronous Technology(동기식 기술)

6.10 라이브 단면(Live Section)

➡ 홈 탭 ⇒ 단면 그룹 ⇒ 라이브 단면
➡ Home Tap ⇒ Section Group ⇒ Live Section

3D 파트를 통과하는 평면에 2D 단면을 생성합니다. 아래 그림과 같이 기본 좌표계에 있는 주 평면 중 하나를 라이브 단면의 평면으로 선택할 수 있습니다.

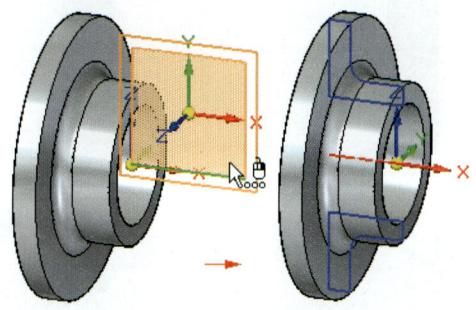

라이브 단면을 통해 회전 형상이 포함되어 있는 파트와 같은 특정 유형의 파트를 더욱 쉽게 시각화 하고 편집할 수 있습니다. 그런 다음 라이브 단면의 2D 요소를 편집하여 3D 모델 지오메트리를 수정할 수 있습니다.

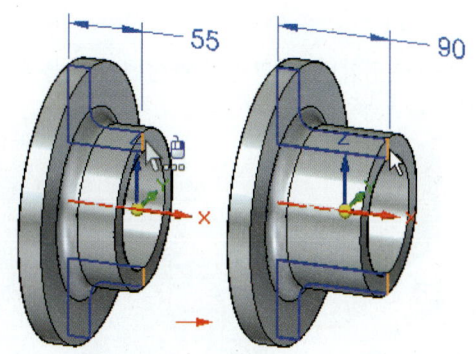

회전 돌출이나 회전 컷아웃을 생성할 때는 라이브 단면 생성 옵션(1)을 사용하여 형상 완료 시점에 라이브 단면을 생성합니다. 이 옵션은 기본적으로 설정되어 있습니다. 그리고 모든 스케치 치수는 라이브 단면으로 마이그레이션됩니다.

689

회전 돌출을 이용한 라이브 단면 생성 및 수정 사용 방법

- **step1** Live Section.par 파일을 오픈합니다.

- **step2** 스케치 영역을 선택합니다. 그리고 조종 휠의 파란색 점(원점 손잡이)를 클릭 후 조종 휠을 이동하여 X축에 정렬합니다.

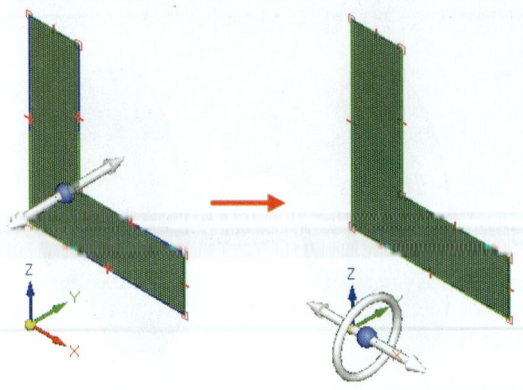

- **step3** 회전 돌출 QuickBar에서 연장 유형을 360도로 변경합니다.

- **step4** 조종 휠의 원환체를 클릭합니다. 그리고 완성된 형상을 확인합니다.

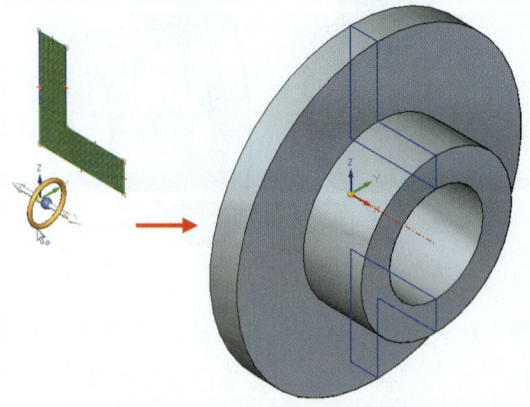

- **step5** 홈 탭 〉 치수 그룹 〉 SmartDimension 명령어를 선택합니다.

chapter 08 Synchronous Technology(동기식 기술)

step6 아래 그림과 같이 치수 변경할 라이브 스케치를 선택합니다. 그리고 치수를 입력합니다.

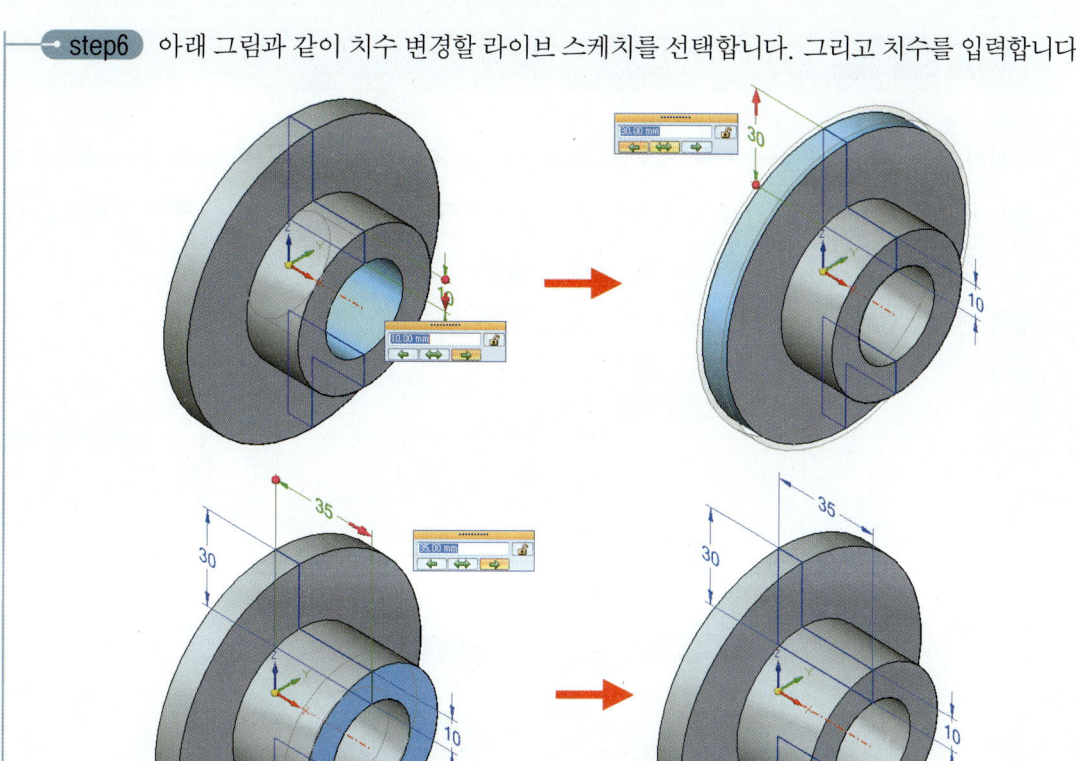

6.11 나선형 돌출(Helical Protrusion)

➡ 홈 탭 ⇒ 솔리드 그룹 ⇒ 나사선
➡ Home Tap ⇒ Solid Group ⇒ Helical Protrusion

동기식 나선형 돌출은 순차적 나선형 돌출과 사용 방식은 다르나 나사선 매개 변수를 정의는 동일하다. 동기식 나선형 돌출은 PathFinder에 스케치 명령이 있어서 작업이 가능합니다.

나선형 돌출 사용 방법

나선형 돌출 ![icon] 명령 선택 ➡ 영역(a)과 회전 축의 선(b)을 선택(A) ➡ 수용 또는 마우스 오른쪽 버튼 클릭 ➡ 나사선에 대한 필수 값 입력(B) ➡ 나사선 방향 지정(C) ➡ 수용 또는 마우스 오른쪽 버튼 클릭(D) ➡ 나사선 돌출 생성 완료(E)
방향 핸들을 클릭하면 나사선 방향이 반대로 변경됩니다.

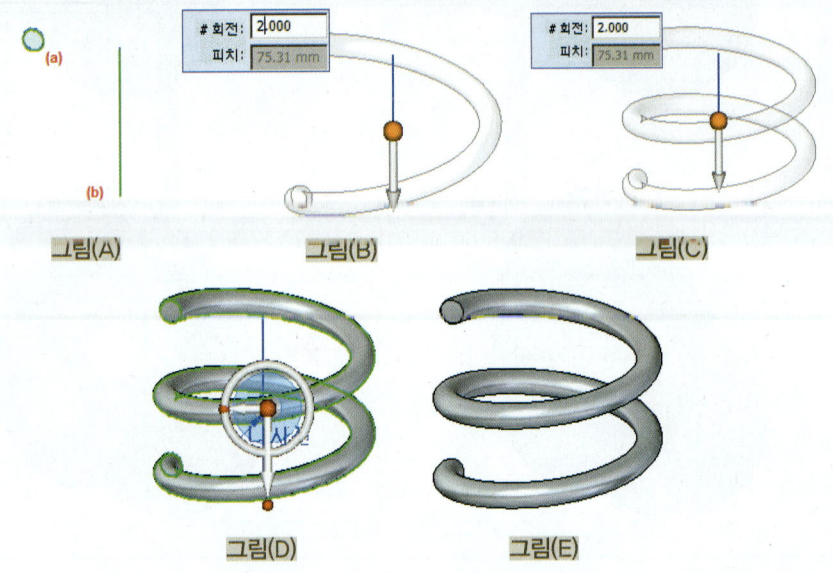

나선형 이동 사용 방법

나사선을 선택(A) ➡ 표시된 핸들 축 클릭(B) ➡ 나사선 위치 이동(C) ➡ 클릭하여 나사선을 배치

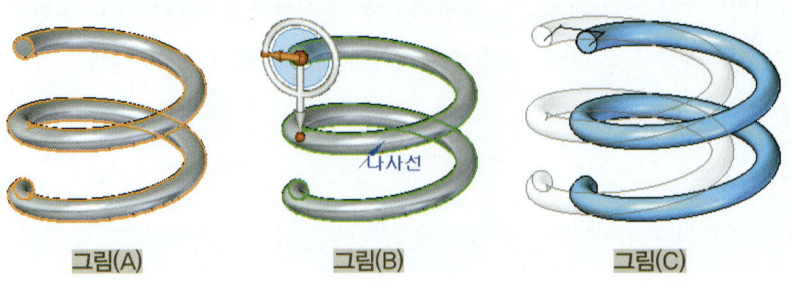

chapter 08 Synchronous Technology(동기식 기술)

나선형 형상 편집 사용 방법

나사선을 선택(A) ➡ 나사선 편집 핸들을 클릭(B) ➡ 방향 핸들을 클릭(C) ➡ 나사선 방향을 변경하려면 마우스 오른쪽 버튼 클릭(D) ➡ 형상 완성(E)

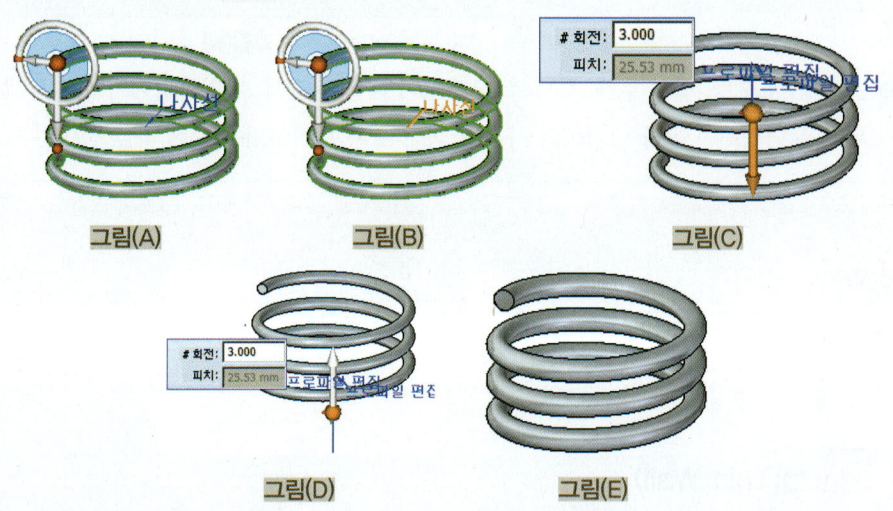

나선형 프로파일 편집 사용 방법

나사선을 선택(A) ➡ 나사선 편집 핸들 클릭(B) ➡ 프로파일 편집 핸들 클릭(C) ➡ 프로파일을 클릭(D) ➡ 프로파일의 직경을 변경(E) ➡ 수용 버튼을 클릭(F) ➡ 나사선 직경 변경 완료를 하려면 마우스 오른쪽 버튼 클릭(G) ➡ 형상 완료(H)

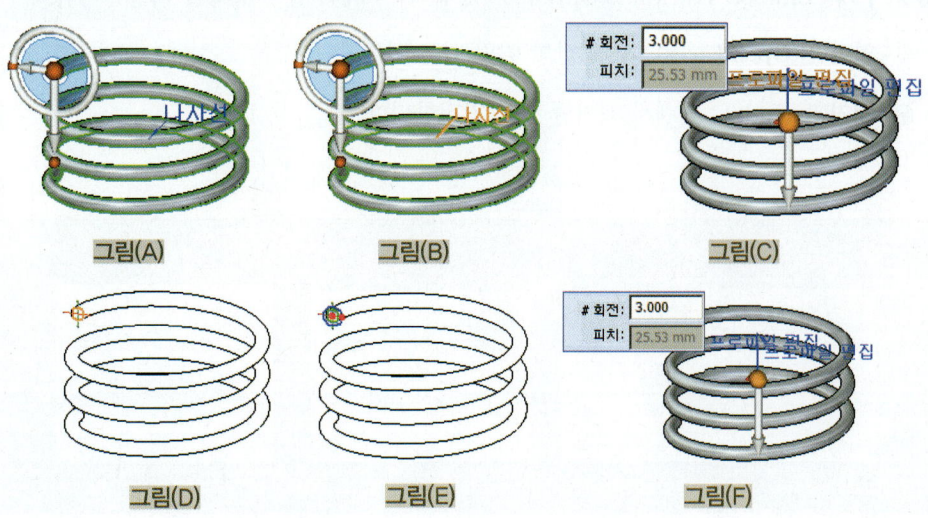

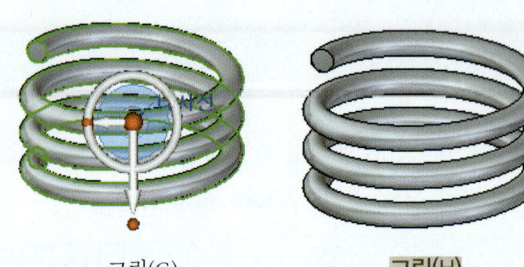

그림(G)　　　　　　　　그림(H)

※ 스위핑, 로프팅, 법선 추가, 두께 추가 명령어 내용은 순서 지정 환경에서 설명하겠습니다. 또한 컷아웃 명령어는 돌출 명령어와 사용 방식이 모두 동일하기 때문에 따로 설명하지 않겠습니다.

07 솔리드 모델링 특수 형상 다듬기

7.1  셸(Thin Wall)

➠ 홈 탭 ⇒ 솔리드 그룹 ⇒ 셸
➠ Home Tap ⇒ Solids Group ⇒ Thin Wall

- **공통 두께**(Common Thickness Options) : 공통 벽 두께의 옵셋 방향을 지정합니다.
- **열린 면**(Open Faces) : 셸 형상의 열릴 면을 지정합니다.
- **제거**(Exclude) : 셸에서 제거할 면을 지정합니다.

chapter 08 Synchronous Technology(동기식 기술)

셸 사용 방법

셸 명령 선택 ➡ 형상 중 열린 면을 선택(A) 면을 클릭하면 동적 업데이트(B) 표시 ➡ 공통 두께 입력(C) ➡ 화살표 클릭하여 셸 방향 선택(D) ➡ 완료(E)

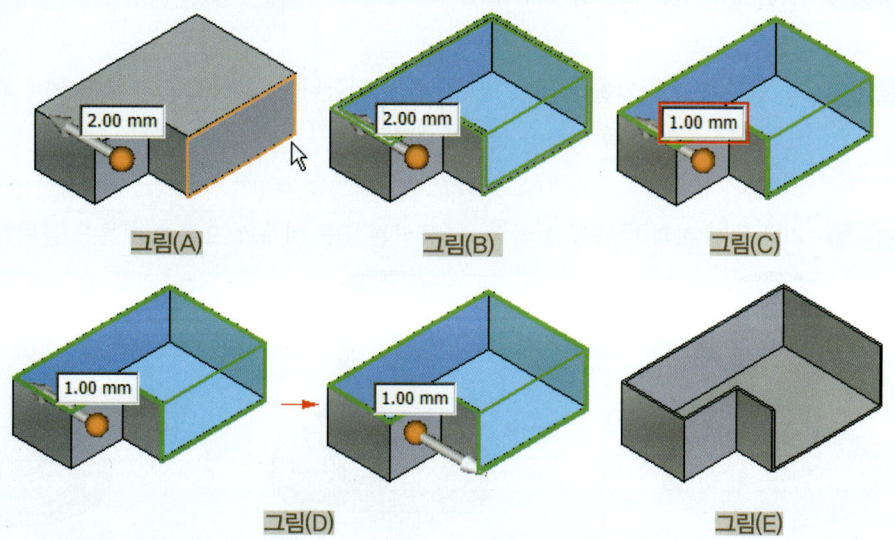

고유 두께 적용 시 고유 두께를 적용할 면을 클릭하고 고유 두께 값을 입력합니다.

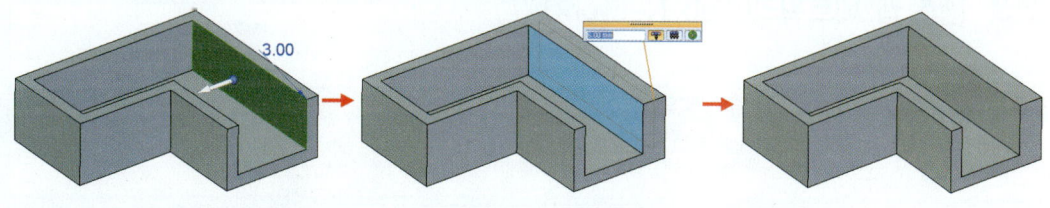

7.2 리브(Rib)

➡ 홈 탭 ⇒ 솔리드 그룹 ⇒ 리브
➡ Home Tap ⇒ Solids Group ⇒ Rib

동기식 환경 리브는 순서 지정 환경과 사용 방법이 동일합니다. 단 동기식 환경 리브는 Pathfinder에

695

스케치 명령이 있어야 리브를 사용할 수 있습니다.

리브 생성 사용 방법

step1 Rib.par 파일을 오픈합니다.

step2 홈 탭 > 솔리드 그룹 > 리브 명령어를 선택합니다. 그리고 스케치를 선택 후 수용 버튼 또는 마우스 오른쪽 버튼을 클릭합니다.

step3 리브 두께 값과 방향을 정의 후 수용 버튼 또는 마우스 오른쪽 버튼을 클릭합니다.

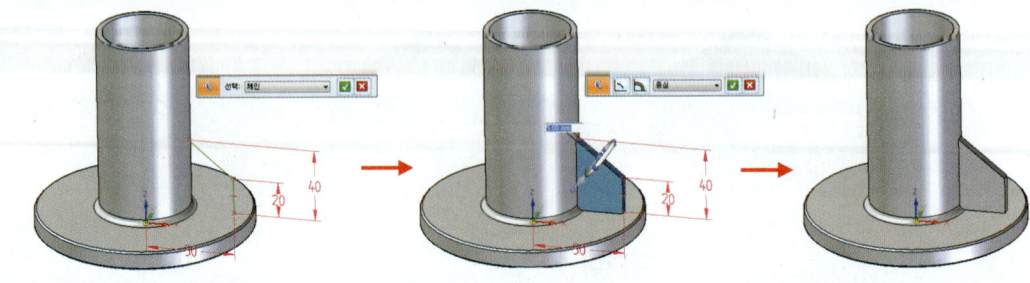

7.3 웹 네트워크(Web Network)

➡ 홈 탭 ⇒ 솔리드 그룹 ⇒ 웹 네트워크
➡ Home Tap ⇒ Solids Group ⇒ Web Network

동기식 환경 웹 네트워크는 순서 지정 환경과 사용 방법이 동일합니다. 단 동기식 환경 웹 네트워크는 Pathfinder에 스케치 명령이 있어야 리브를 사용할 수 있습니다.

chapter 08 Synchronous Technology(동기식 기술)

웹 네트워크 생성 및 수정 사용 방법

step1 Web_Network.par 파일을 오픈합니다.

step2 홈 탭 > 솔리드 그룹 > 웹 네트워크 명령어를 선택합니다. 그리고 스케치를 선택 후 수용 버튼 또는 마우스 오른쪽 버튼을 클릭합니다.

step3 웹 네트워크 두께 값과 방향을 정의 후 수용 버튼 또는 마우스 오른쪽 버튼을 클릭합니다.

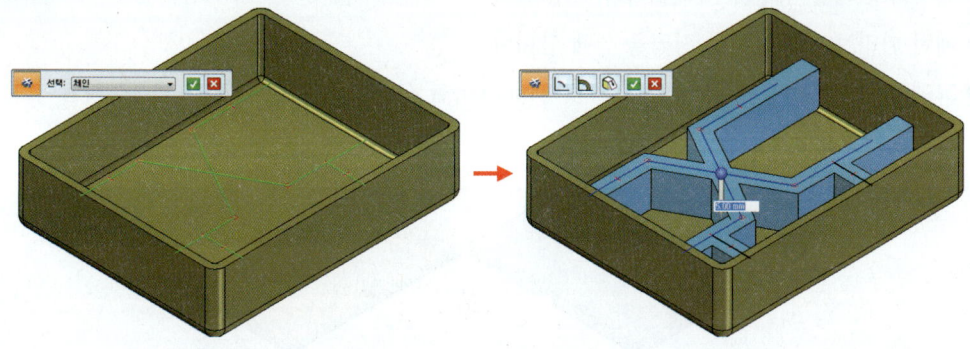

step4 홈 탭 > 치수 그룹 > 요소간 거리 명령어를 선택합니다. 요소가 명령 모음에서 키포인트를 옵션을 중간점으로 변경합니다.

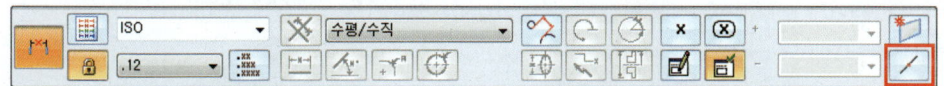

step5 아래 그림과 치수 기입하고 Enter키를 입력합니다.

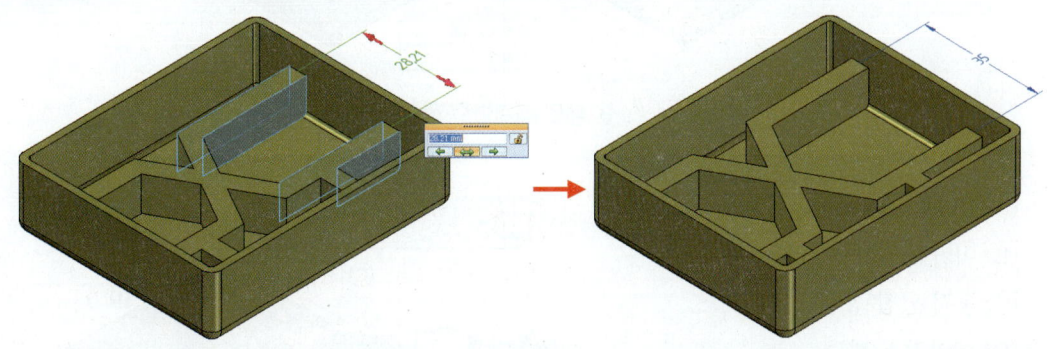

※ 립, 벤트 명령어 내용은 순서 지정 환경에서 설명하겠습니다.

08 패턴

8.1 직사각형 패턴(Rectangular Pattern)

다음 워크플로를 사용하여 직사각형 패턴을 만들 수 있습니다.

- 패턴을 설정할 요소를 선택합니다.
- 직사각형 패턴 명령을 시작합니다.
- 패턴 미리보기를 배치할 평면을 선택 합니다.
- 그래픽 윈도우에서 동적 입력 상자 및 QuickBar를 사용하여 패턴 매개변수를 정의합니다.

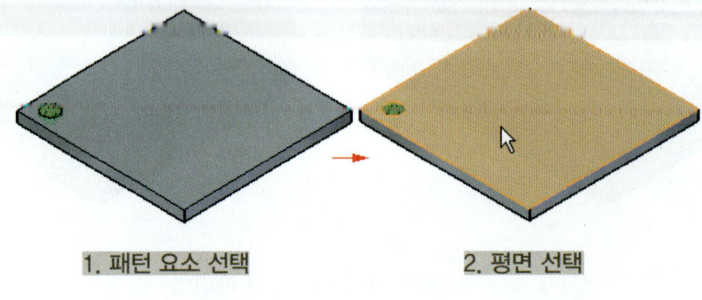

1. 패턴 요소 선택   2. 평면 선택

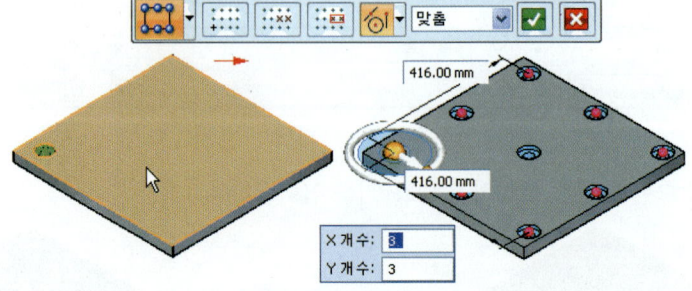

3. 패턴 매개변수 정의

(A) QuickBar
(B) 어커런스 개수 상자
(C) 동적 편집 상자
(D) 어커런스 핸들
(E) 방향 벡터 도구

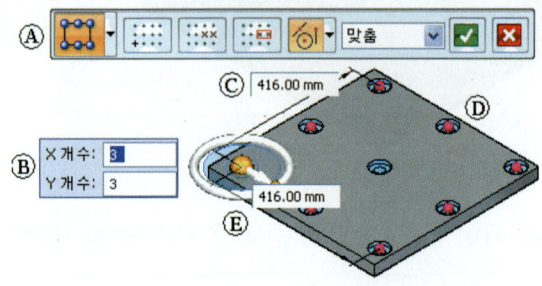

chapter 08 Synchronous Technology(동기식 기술)

➠ 홈 탭 ⇒ 패턴 그룹 ⇒ 직사각형
➠ Home Tap ⇒ Pattern Group ⇒ Rectangular

● 어커런스 개수 및 간격 정의 옵션
 ▶ 맞춤(Fit) : 맞춤 옵션을 사용하여 X 및 Y 방향의 어커런스 수와 패턴의 전체 높이 및 폭을 지정합니다. X 간격 및 Y 간격 값이 자동으로 계산됩니다.
 ▶ 고정(Fixed) : 고정 옵션을 사용하여 X 및 Y 방향의 어커런스 수와 X 및 Y 간격을 지정합니다. 폭 및 높이 값이 자동으로 계산됩니다.

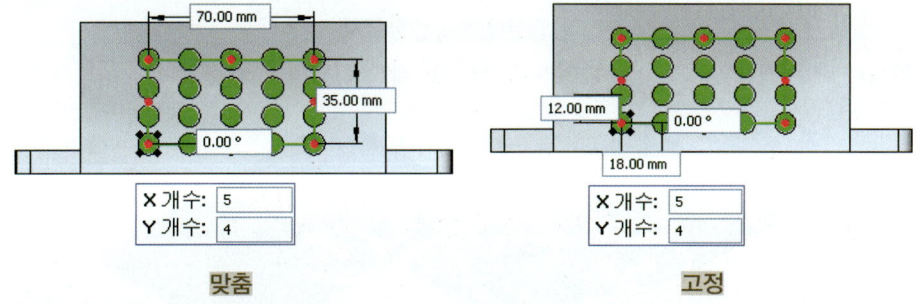

맞춤   고정

● 동적 편집 상자 및 어커런스 핸들 사용

동적 편집 상자를 사용하여 어커런스 개수 및 간격에 원하는 값을 정확하게 지정합니다.

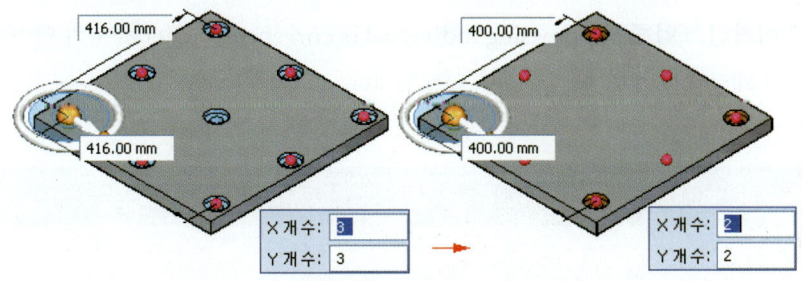

어커런스 개수 및 간격 지정

커서를 사용하여 어커런스 핸들을 끌어 패턴의 높이와 폭을 변경합니다.

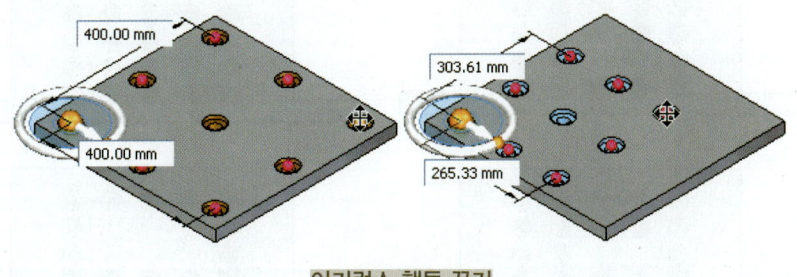

어커런스 핸들 끌기

- **원환체 도구 사용**

  원환체를 사용하여 패턴의 각도 방향을 조작합니다.

  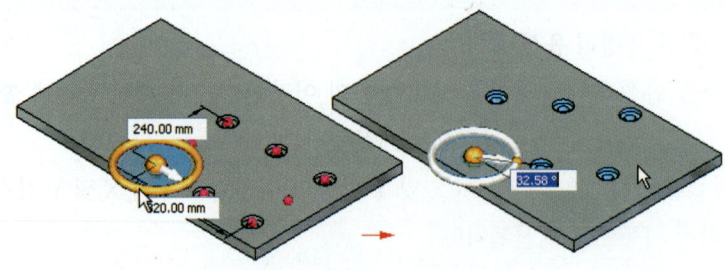

  원환체 각도 방향 조절

  원환체의 다른 키포인트를 이용하여 90도 증가된 각도로 방향을 변경합니다.

  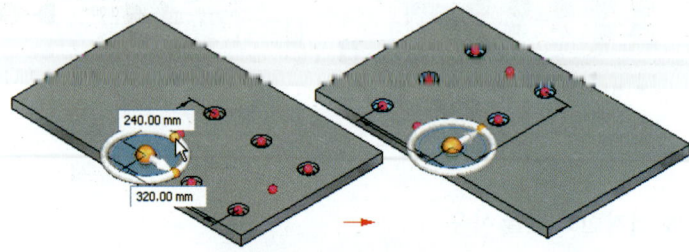

  키포인트를 이용한 각도 조절

- 개별 어커런스 억제(Suppressing individual occurrences) : QuickBar의 어커런스 억제 버튼을 사용하여 패턴에서 개별 어커런스를 억제합니다.

어커런스 억제 예제

A. 클릭하여 어커런스를 억제합니다.
B. 드래그하여 어커런스를 억제합니다.

어커런스 클릭   어커런스 드래그

chapter 08 Synchronous Technology(동기식 기술)

- 스케치 영역 또는 평면을 사용하여 어커런스 억제(Suppressing occurrences using a sketch region or plane) : 스케치 영역 또는 평면형 면을 사용하여 패턴 어커런스를 억제할 수 있습니다. 또한 방향 화살표를 클릭하여 억제 영역을 변경할 수 있습니다.

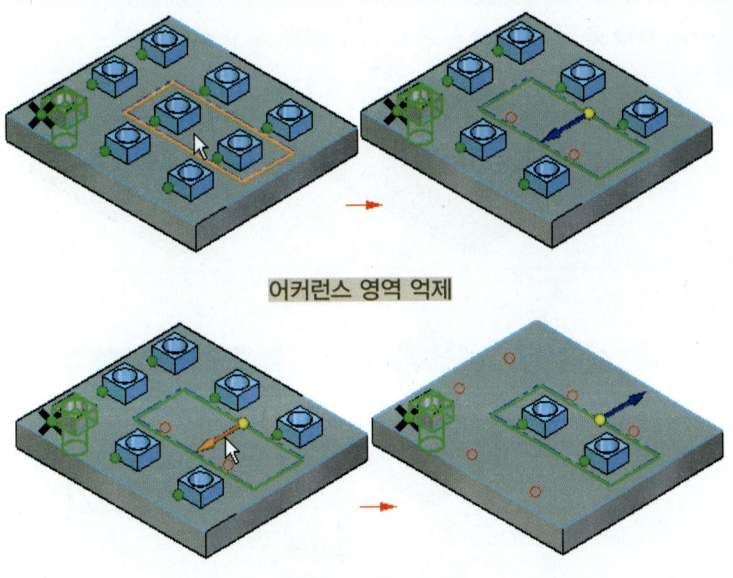

어커런스 영역 억제

영역 억제 방향 변경

- 패턴 매개변수 편집 : 먼저 PathFinder 또는 QuickPick를 사용해 패턴을 선택하여 기존 패턴의 매개변수를 편집합니다. 패턴을 선택하면 패턴 작업 핸들이 표시됩니다. 그런 다음 패턴 작업 핸들을 클릭하여 패턴을 생성할 때 표시되는 것과 같은 화면 도구 세트를 표시할 수 있습니다.

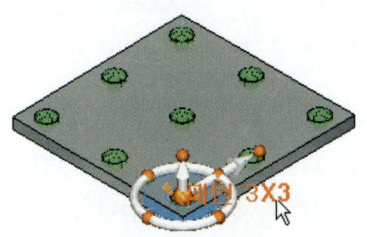

패턴 매개변수 편집

701

기존 패턴에 새 요소 추가 사용 방법

형상 추가(A) ➡ PathFinder에서 패턴 선택 후 QuickBar에서 패턴 추가 버튼 클릭 ➡ 추가 형상 선택(B) ➡ 추가 어커런스 위치 지정 ➡ 형상 완료(C)

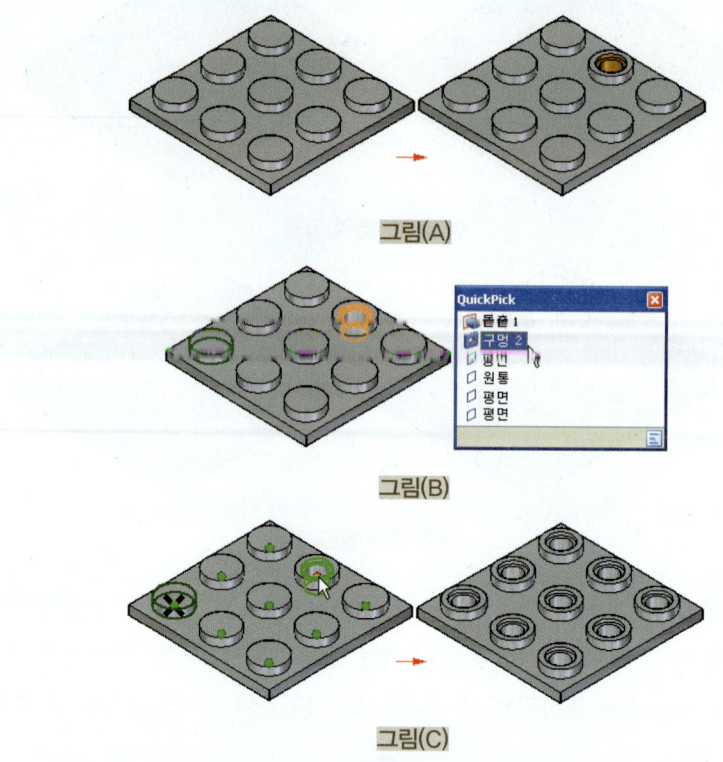

그림(A)

그림(B)

그림(C)

- **패턴 어커런스 삭제** : 삭제하려는 패턴 어커런스 위에 커서를 놓습니다. 줄임표 가 표시되면 마우스 왼쪽 버튼을 클릭하여 QuickPick을 표시합니다. 그런 다음, QuickPick을 사용하여 패턴 어커런스를 선택한 후 Delete키를 눌러 삭제할 수 있습니다. 삭제된 어커런스 복원하려면 억제된 어커런스를 다시 표시하기 위한 워크플로를 사용합니다.

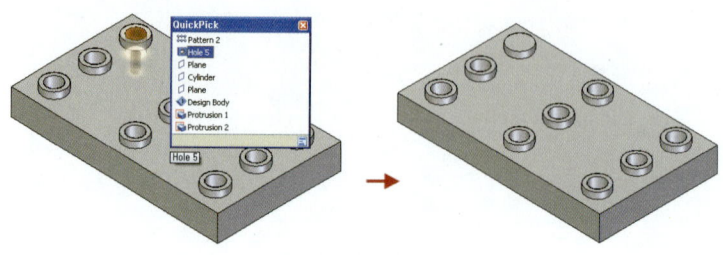

어커런스 삭제

chapter 08 Synchronous Technology(동기식 기술)

- **패턴 형상의 동기식 편집** : 패턴 형상은 핸들을 사용하여 면 이동과 같은 동기식 수정을 수행할 때 세트로 동작합니다. 아래 그림과 같이 패턴 어커런스 중 하나에서 면을 이동하면 다른 모든 패턴 어커런스에 있는 해당 면도 모두 이동됩니다.

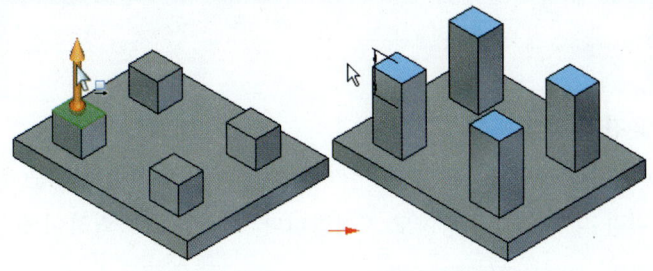

8.2 원형 패턴(Circular Pattern)

다음 워크플로를 사용하여 원형 패턴을 만들 수 있습니다.

- 패턴을 설정할 요소를 선택합니다.
- 원형 패턴 명령을 시작합니다.
- 패턴 미리보기를 배치할 평면을 선택합니다.
- 그래픽 윈도우에서 동적 입력 상자 및 QuickBar를 사용하여 패턴 매개변수를 정의합니다.

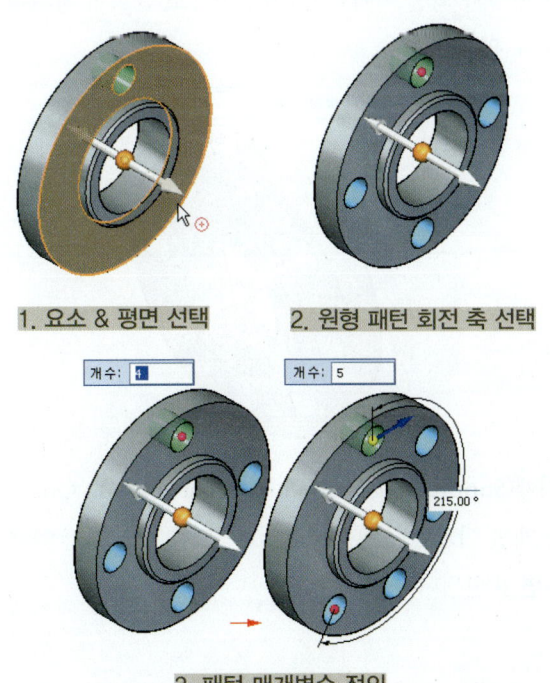

1. 요소 & 평면 선택   2. 원형 패턴 회전 축 선택

3. 패턴 매개변수 정의

➠ 홈 탭 ⇒ 패턴 그룹 ⇒ 원형
➠ Home Tap ⇒ Pattern Group ⇒ Circular

- **어커런스 개수 및 간격 정의 옵션**
  ▸ **맞춤(Fit)** : 전체 원형 패턴을 사용하여 어커런스 수를 지정합니다. 부분 원형 패턴을 지정할 경우 원호의 스위핑 각도와 패턴 방향도 지정합니다. 화살표를 클릭하여 방향을 지정합니다.

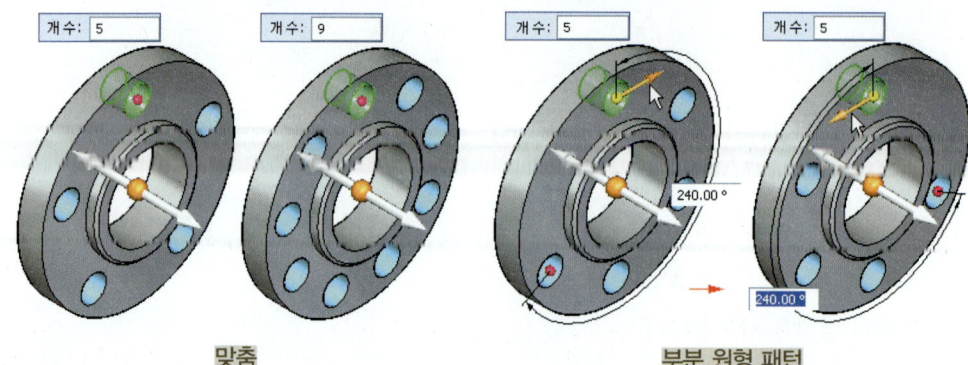

  ▸ **고정(Fixed)** : 전체 어커런스 수, 어커런스 간의 각도 간격 및 패턴 방향을 지정합니다. 고정 옵션을 사용하여 부모 형상과 최종 어커런스 사이의 각도 간격이 정의된 각도 간격보다 작은 전체 원형 패턴을 생성할 수 있습니다.

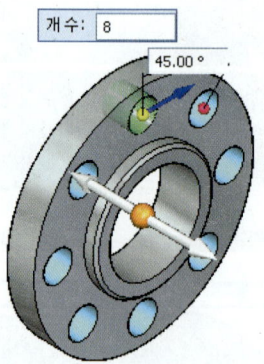

- **개별 어커런스 억제(Suppressing individual occurrences)** : QuickBar의 어커런스 억제 버튼을 사용하여 패턴에서 개별 어커런스를 억제합니다. 또한 어커런스 억제 버튼으로 억제된 패턴 어커런스를 다시 클릭하면 표현됩니다.

chapter 08 Synchronous Technology(동기식 기술)

> **어커런스 억제 예제**
>
> A. 클릭하여 어커런스를 억제합니다.
> B. 드래그하여 어커런스를 억제합니다.
>
>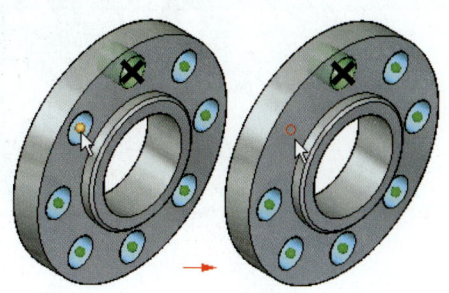
> 어커런스 클릭

-  스케치 영역 또는 평면을 사용하여 어커런스 억제(Suppressing occurrences using a sketch region or plane) : 스케치 영역 또는 평면형 면을 사용하여 패턴 어커런스를 억제할 수 있습니다. 또한 방향 화살표를 클릭하여 억제 영역을 변경할 수 있습니다.

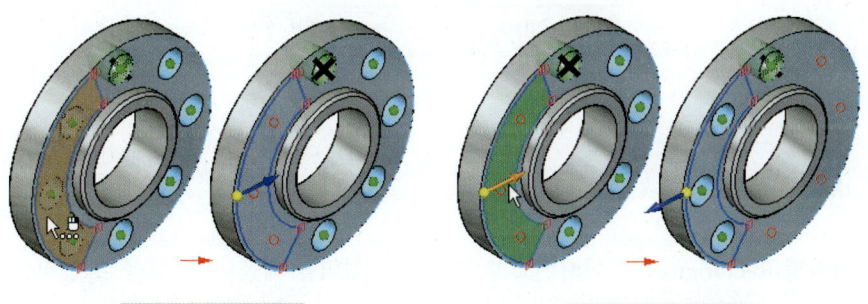

어커런스 영역 억제   영역 억제 방향 변경

- **패턴 매개변수 편집** : 먼저 PathFinder 또는 QuickPick를 사용해 패턴을 선택하여 기존 패턴의 매개변수를 편집합니다.

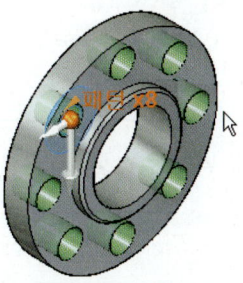
패턴 매개변수 편집

▶ 기존 패턴에 새 요소를 추가합니다.
▶ 기존 패턴을 편집하는 경우 QuickBar에서 패턴 추가 버튼을 사용하여 기존 패턴에 새 요소를 추가할 수 있습니다. 사용 방법은 직사각형 패턴과 동일합니다.

8.3 채우기 패턴(Fill Pattern)

정의된 영역을 완전히 채우는 선택한 형상의 패턴을 생성합니다. 채우기 패턴은 직사각형, 엇갈림형 또는 방사형이 있습니다.

➠ 홈 탭 ⇒ 패턴 그룹 ⇒ 채우기 패턴
➠ Home Tap ⇒ Pattern Group ⇒ Fill Pattern

- 직사각형(Rectangular) : 어커런스의 행과 열로 영역을 채웁니다. 행과 열 간격을 정의하는 두 가지 값을 입력할 수 있습니다. Tab키를 사용하여 간격 값 상자 간에 이동합니다.

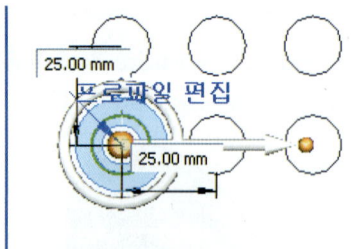

핸들 환원체를 클릭하여 패턴의 방향 벡터를 변경하고 각도 값을 입력합니다.

chapter 08 Synchronous Technology(동기식 기술)

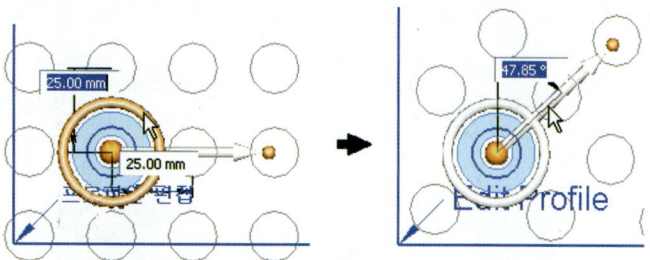

- 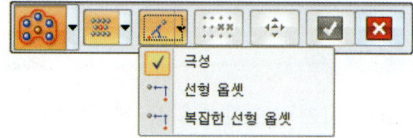 스태거(Stagger) : 엇갈린 행으로 영역을 채웁니다.

극성 및 선형 옵셋은 엇갈린 채우기 패턴을 제어할 수 있는 옵션입니다.

▶ 극성(Polar) : (A)는 첫 번째 행의 어커런스 간격입니다. (B)는 옵셋 행을 정의합니다. 간격은 행 간격 값의 반경과 함께 회전 각도에 따라 정의됩니다.

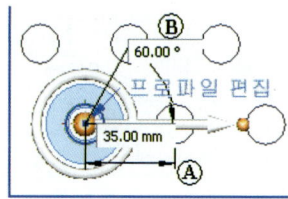

▶ 선형(Lincar) : (C)는 첫 번째 행의 위 및 아래에서 어커런스 옵셋 간격입니다. (D)는 행간의 간격을 정의합니다.

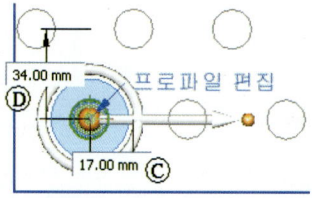

-  방사형(Radia) : 방사형 링으로 영역을 채웁니다.

대상 간격 및 인스턴스 수 옵셋은 방사형 채우기 패턴을 제어할 수 있는 옵션입니다.

▶ 인스턴스 수(Instance Count) : 링당 어커런스 개수 상자(A)와 어커런스의 방사형 간격 값 상자(B)를 제어합니다.

▶ 대상 간격(Target Spacing) : 어커런스 방사형 간격(C)과 링에서의 어커런스 간격(D)를 제어합

707

니다.

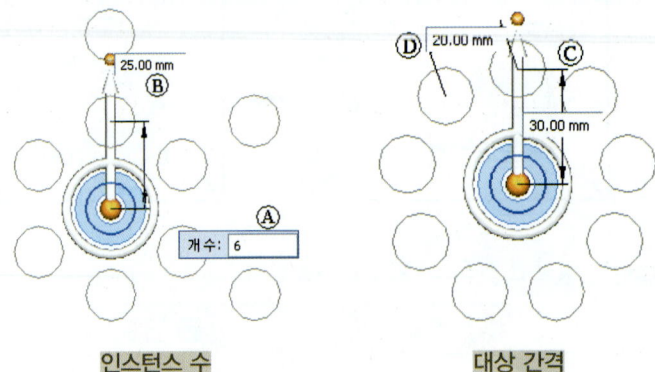

인스턴스 수 　　　　　　대상 간격

- 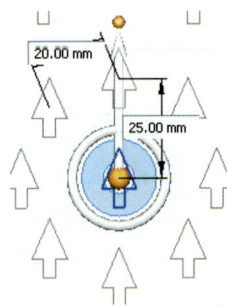 **중심 방향(Center Orient)** : 어커런스의 방향을 제어합니다. 중심 방향 옵션은 방사형 채우기에서만 사용할 수 있습니다. 이 옵션을 선택하면 원환체 안에 화살표가 표시됩니다. 이 화살표의 방향은 어커런스 쪽을 향합니다.

원환체를 선택하여 회전하면(A) 패턴 전체가 회전을 하며, 보조 축을 선택하여 회전하면 (B)형상이 그 자리에서 회전합니다.

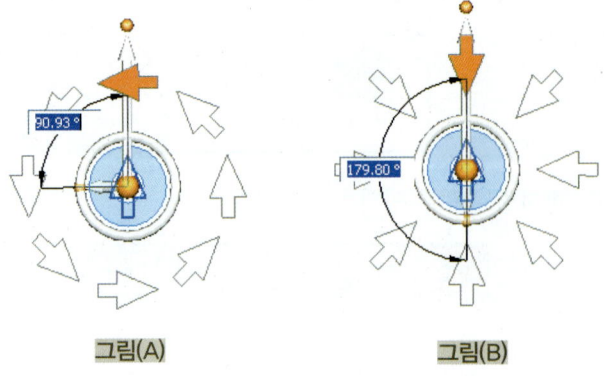

그림(A) 　　　　　　그림(B)

chapter 08 Synchronous Technology(동기식 기술)

어커런스 억제 사용 방법 :

채우기 패턴 QuickBar 억제 버튼 클릭(A) ➡ 억제할 어커런스를 클릭 억제된 어커런스 빨간색 원으로 표시됩니다.(B) ➡ 모든 어커런스를 억제 취소시 QuickBar에서 재설정 클릭(C)

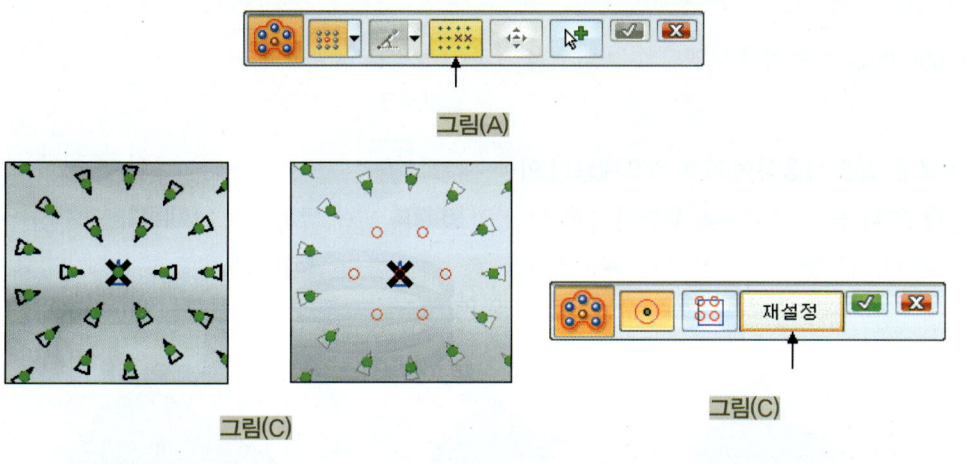

그림(A)

그림(C)   그림(C)

영역 경계가 겹치는 어커런스 억제 사용 방법 :

값 상자(A)에 옵션 값 입력 ➡ 음수(B)는 옵셋 값에 따라 영역 경계 내의 어커런스 억제 ➡ 양수(C) 옵션 값에 따라 영역 경계 외부에 어커런스 표시

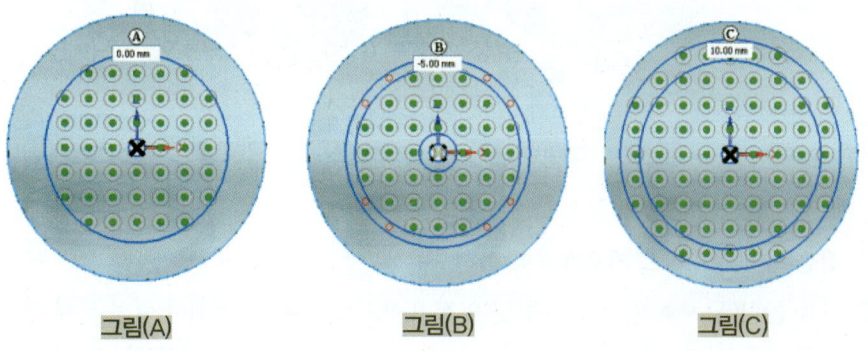

그림(A)   그림(B)   그림(C)

709

09 동기식 모델링 제어

9.1 동기식 모델 수정

Solid Edge는 동기식 모델의 수정을 위한 다양한 방법을 제공합니다.

- **조종 휠을 사용하여 파트 지오메트리 이동** : 선택 [ ] 버튼 클릭 ➡ 이동할 면 영역 내에 커서를 놓은 다음 클릭(A) ➡ 핸들의 주축 및 원점 표시와 면에 첨부된 모든 치수 표시(B) ➡ 주 축 위에 커서를 놓은 다음 클릭(C) ➡ 커서를 움직여 원하는 위치에 배치 후 클릭(D), 정확한 값을 동적 입력 제어 상자에 입력한 다음 Enter(E)

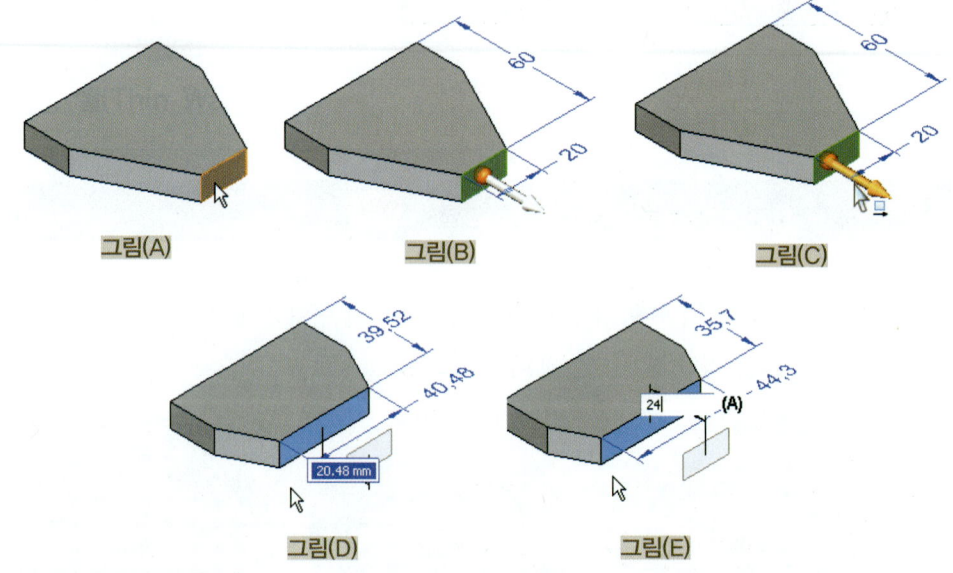

그림(A)　　　그림(B)　　　그림(C)

그림(D)　　　그림(E)

- **조종 휠을 사용하여 파트 지오메트리 회전** : 선택 [ ] 버튼 클릭 ➡ 회전할 면 영역 내에 커서를 놓은 다음 클릭(A) ➡ 핸들의 주축 및 원점이 표시(B) ➡ 핸들에서 원점 위에 커서를 놓은 다음 클릭(C)하면 조종 휠이 커서에 연결됨 ➡ 회전할 면의 회전축을 정의하는 선형 모델 모서리 위에 커서를 놓습니다.(D) ➡ 조종 휠에서 원환체 클릭(E) ➡ 회전 범위 지정(F)

chapter 08 Synchronous Technology(동기식 기술)

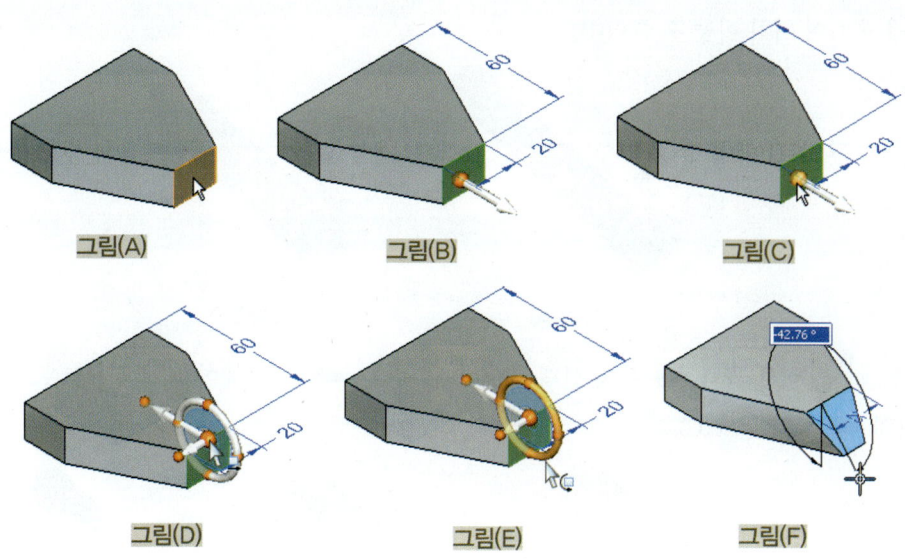

- 조종 휠과 편집 핸들을 사용하여 원추, 원통, 구 및 원환체를 수정합니다.
  - ▶ 원뿔 수정 : 원뿔의 각도를 수정할 수 있습니다.

    선택 버튼 클릭 ➡ 원뿔 선택 후 치수 클릭(A) ➡ 동적 제어 상자에 새로운 각도 값 입력 (B) ➡ 형상 완료(C)

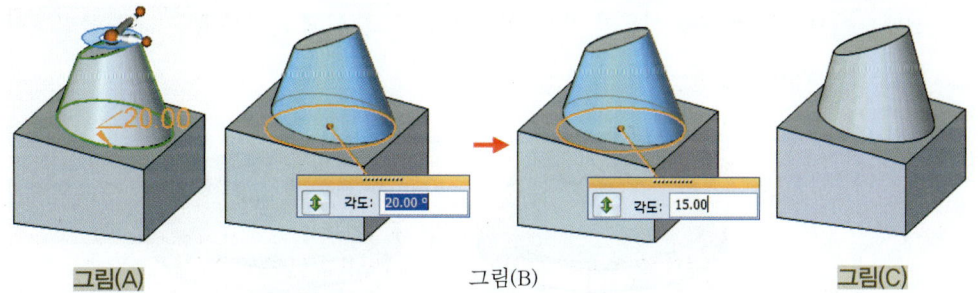

뒤집기 버튼을 클릭하여 원뿔 끝을 제어할 수 있습니다.

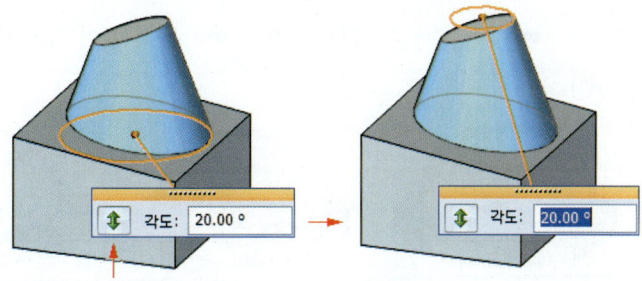

  - ▶ 원통 수정 : 원통 지름 및 길이를 수정할 수 있습니다.

    선택 버튼 클릭 ➡ 이동할 면 영역 선택 후 주 축 위에 커서를 놓은 다음 클릭(A) ➡ 커서

711

를 움직여 위치 이동 후 클릭(B)

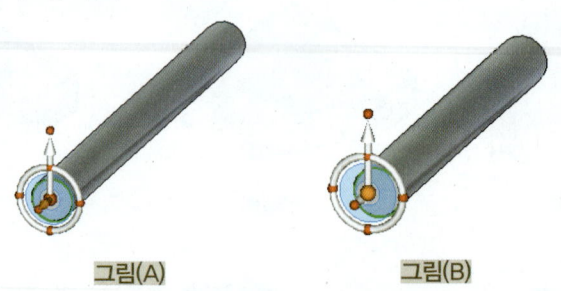

선택 버튼 클릭 ➡ 원통 선택 후 치수 클릭(A) ➡ 동적 제어 상자에 새로운 각도 값 입력 (B) ➡ 형상 완료(C)

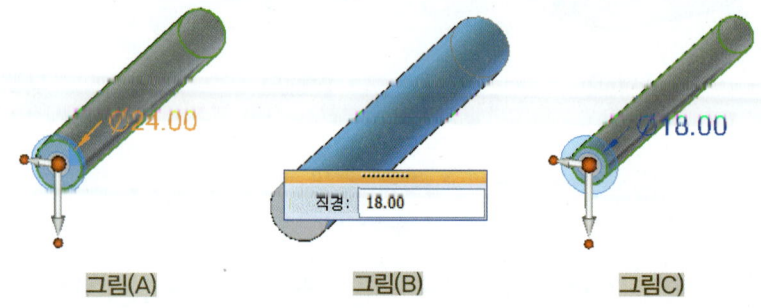

▶ 구체 수정 : 구체 지름 및 길이를 수정할 수 있습니다.

선택 버튼 클릭 ➡ 이동할 면 영역 선택 후 주 축 위에 커서를 놓은 다음 클릭(A) ➡ 커서를 움직여 위치 이동 후 클릭(B)

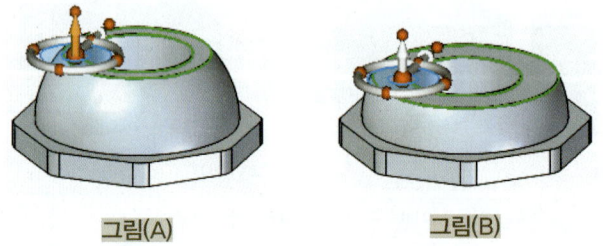

선택 버튼 클릭 ➡ 구 선택 후 치수 클릭(A) ➡ 동적 제어 상자에 새로운 각도 값 입력(B) ➡ 형상 완료(C)

▶ 원환체 수정 : 원환체 이동 및 지름을 수정할 수 있습니다.

chapter 08 Synchronous Technology(동기식 기술)

선택 버튼 클릭 ➡ 이동할 원환체 선택 후 이동할 방향의 축 클릭(A) ➡ 커서를 움직여 위치 이동 후 클릭(B)

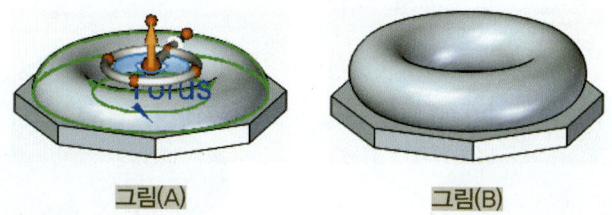

그림(A)   그림(B)

선택 버튼 클릭 ➡ 원환체 선택 후 글자 선택(A) ➡ 동적 제어 상자에 새로운 각도 값 입력(B) ➡ 형상 완료(C)

그림(A)   그림(B)   그림(C)

- **모델 치수를 사용하여 파트 지오메트리 수정**

  ▶ 모델 크기 변경 : 모델 모서리에 연결된 치수를 편집하여 동기식 모델을 수정할 수 있습니다. 60mm치수(A)의 치수 텍스트를 선택하면 치수 값 편집 핸들이 됩니다(B, C). 치수 값 편집 핸들 사용 방법은 아래에서 자세히 다룹니다.

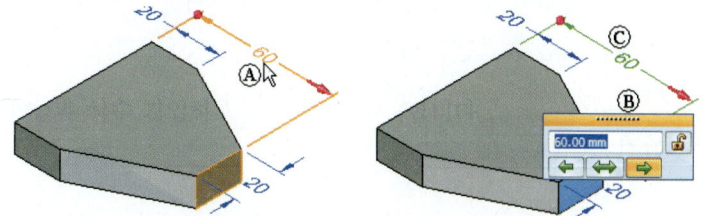

  ▶ 변경되는 치수 제어 : 치수 값 편집 대화상자에서 잠금 버튼(A)을 사용하면 다른 모델 치수를 편집할 때 치수 및 이러한 치수가 제어하는 모델 지오메트리가 변경되지 않습니다.

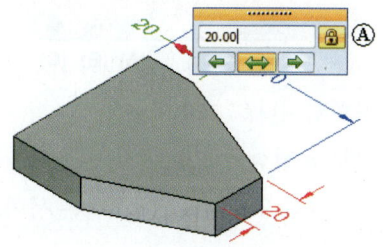

60mm 치수를 편집하기 전에 20mm 치수를 둘 다 잠글 수 있습니다(A). 그 다음 60mm 치수를 70mm로 편집하더라도 20mm 치수는 변경되지 않습니다(B).

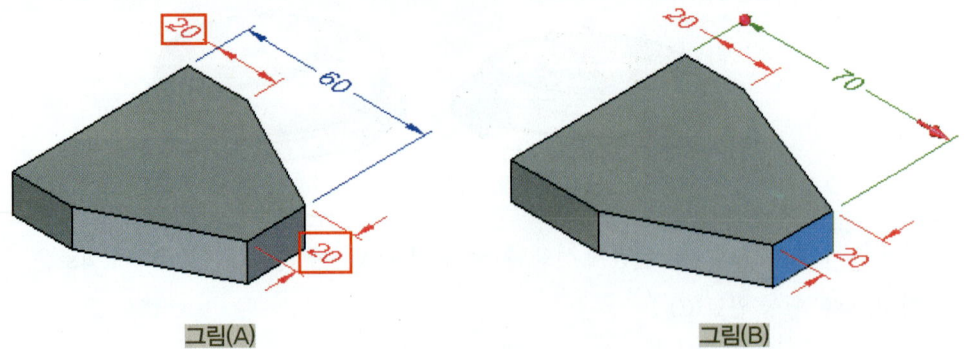

▶ 치수 방향 제어 : 변경하고 싶은 3D 치수를 선택하고 치수 변경 대화상자에서 (A) 또는 (B)를 선택하여 치수의 방향을 제어할 수 있습니다. 또한 대칭 치수 편경 시(C)를 선택합니다.

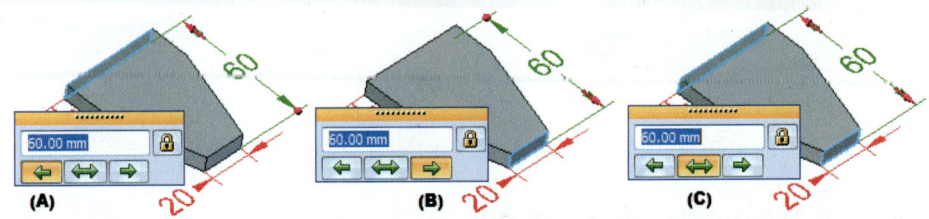

● **단일 값 기반 형상 변경**

단일 값을 기반으로 하는 동기식 형상을 편집할 때는 형상의 모든 면, 형상에서 선택된 면 또는 선택한 형상 면과 유사한 모델의 모든 면을 편집할 수 있습니다.

단일 값 기반 형상에는 다음과 같은 항목이 있습니다.

▶ 라운딩

▶ 동일 옵셋 모따기

▶ 기울기

▶ 얇은 벽

▶ 분할 코너(판금)

- 옵션(A) : 선택한 면만 포함합니다.
- 옵션(B) : 모든 형상 면 - 부모 형상의 모든 유사 면을 포함합니다.(기본 설정)
- 옵션(C) : 선택 관리자 - 모델의 모든 유사 형상(같은 사이즈)을 포함합니다.

chapter 08 Synchronous Technology(동기식 기술)

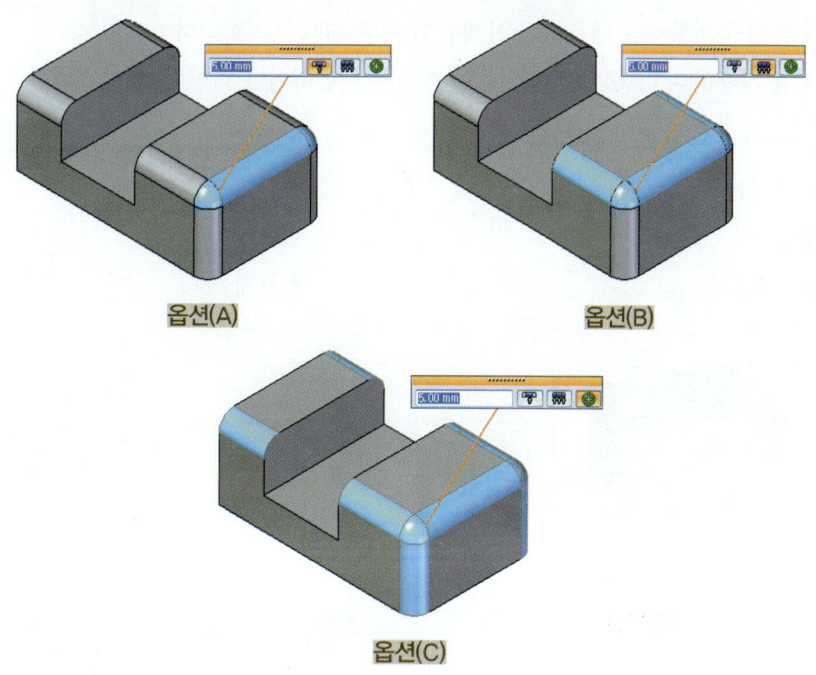

9.2 조종 휠(Steering Wheel)

조종 휠 및 2D 조종 휠 핸들을 사용하여 대부분 유형의 모델 지오메트리를 이동하거나 회전할 수 있습니다. 조종 휠 및 2D 조종 휠은 동기식 모델을 수정할 수 있는 기본 방법입니다.

선택 도구를 사용하여 이동하거나 회전할 수 있는 모델 지오메트리(A)를 선택하면 이동 QuickBar(C)와 함께 조종 휠 또는 2D 조종 휠(B)이 표시됩니다.

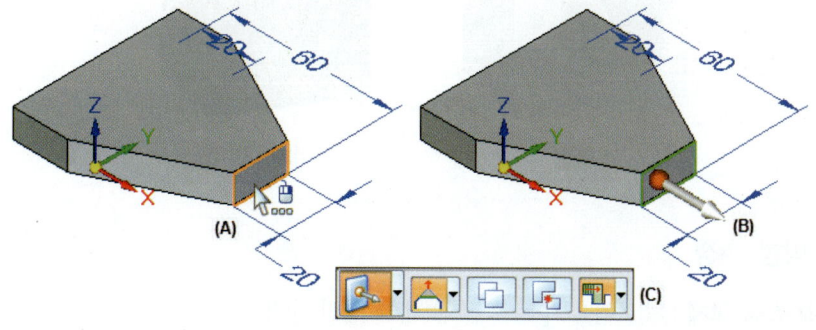

1. 조종 휠 개요

핸들은 선택한 2D 및 3D 지오메트리를 이동하거나 회전하는 데 사용할 수 있는 그래픽 도구 또는 핸들입니다. 조종 휠을 사용하여 면, 형상, 참조 평면 및 스케치를 이동 및 회전할 수 있습니다. 선택 도

715

구를 사용하여 수정할 지오메트리를 선택하여 조종 휠을 표시합니다.

조종 휠을 사용하여 다음과 같은 유형의 요소를 이동하거나 회전할 수 있습니다.

- 참조 평면(기본 참조 평면 제외)
- 좌표계(기본 좌표계 제외)
- 스케치
- 스케치 요소
- 곡선
- 면
- 형상
- 설계 바디

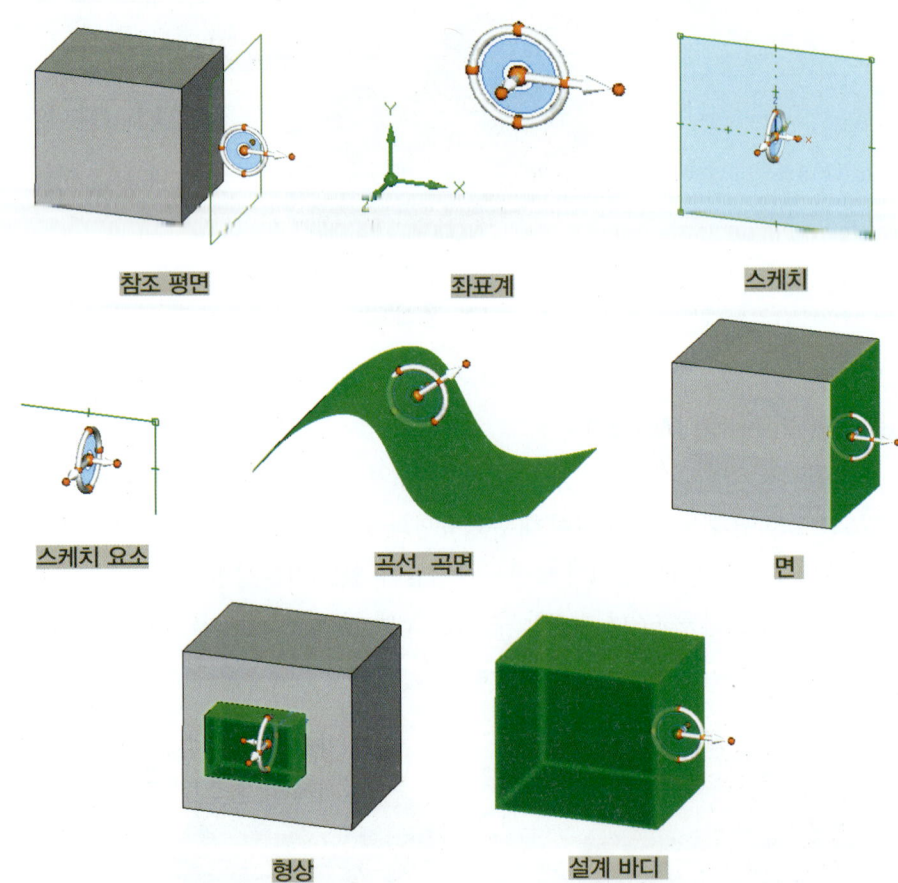

2. 조종 휠 방향 수정

- **기본 및 보조 축 교체** : Shift키를 누르고 조종 핸들 평면 클릭

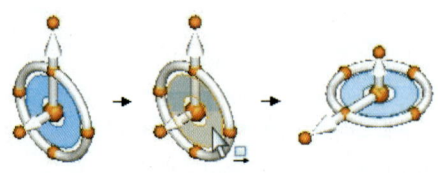

chapter 08 Synchronous Technology(동기식 기술)

- **기본 축의 방향을 90°씩 변경** : 조종 휠 원환체에서 기본 방위를 클릭합니다.

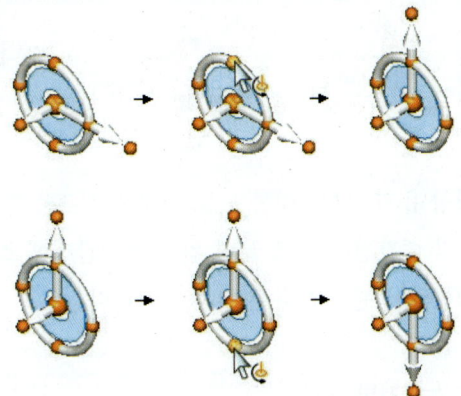

- **사용자 정의 각도에서 기본 축의 방향 변경** : Shift + 기본 축 노브를 클릭합니다. 그리고 커서를 이동하여 정의하거나 동적 편집 상자에 각도 값을 입력 후 Tap키를 누릅니다.

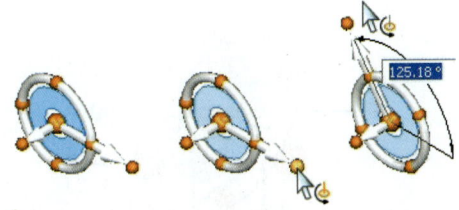

- **지오메트리 키포인트를 사용하여 기본 축의 방향 변경** : 기본 축 노브를 클릭 후 대상 키포인트 선택합니다.

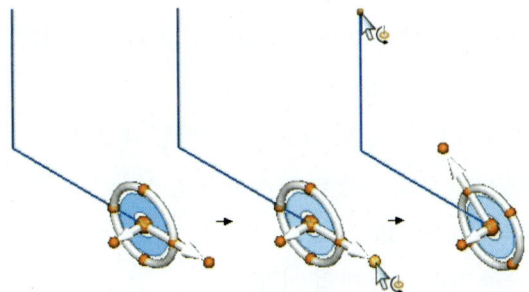

- **보조 축의 방향 변경** : 보조 축 노브를 클릭 후 커서를 움직이면 보조 축이 각 방향으로 90° 간격으로 자동 고정됩니다.

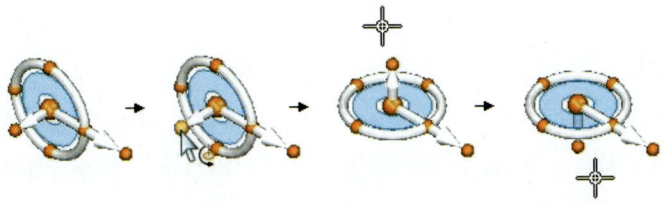

- **사용자 정의 각도에서 보조 축 방향 변경** : Shift + 보조 축 노브를 클릭합니다. 그리고 커서를 이동

717

하여 정의하거나 동적 편집 상자에 각도 값을 입력 후 Tap키를 누릅니다.

- **다른 위치에서 조종 휠 방향 유지** : Shift 키를 누른 상태에서 조종 휠 원점을 새 위치로 끌어 놓습니다. 조종 휠 원점을 모서리 중간점 근처로 끌면 원점이 중간점에 스냅됩니다. 클릭해서 중간점에 조종 휠을 배치하거나 계속해서 원점을 다른 위치로 끕니다.

3. 조종 휠 컴포넌트 및 기능 기본 사항

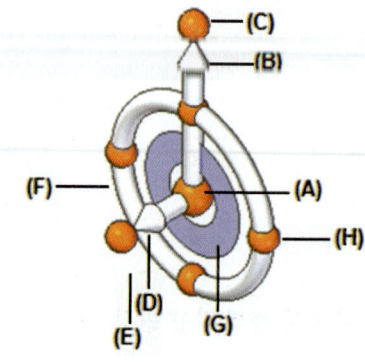

(A) 원점 손잡이(Origin Knob) : 새 위치 또는 방향으로 조종 휠 재배치

(B) 주 축(Primary Axis) : 주 축을 따라 이동 작업 시작

(C) 주 베어링 손잡이(Primary Bearing Knob) : 주 축 방향 재설정

(D) 보조 축(Secondary Axis) : 보조 축을 따라 이동 작업 시작

(E) 보조 베어링 손잡이(Secondary Bearing Knob) : 보조 축 방향 재설정

(F) 원환체(Torus) : 주 축을 따라 회전 작업 시작

(G) 도구 평면(Tool Plane) : 도구 평면 내에서 이동 작업 시작

(H) 원환체 손잡이(Torus Knob) : 보조 축을 기준으로 주 축을 90도 증가된 방향으로 변경합니다(4개).

4. 조종 휠 기능 표

다음 그림과 표에서는 조종 휠의 각 컴포넌트에 대한 컴포넌트 이름과 모든 기능을 나열합니다. 다음과 같은 마우스 왼쪽 버튼(LMB)을 사용하여 조종 휠로 선택된 요소를 조작할 수 있습니다.

- LMB 클릭

- LMB 끌기
- LMB + Shift 클릭
- LMB + Shift 끌기
- LMB + Ctrl 클릭
- LMB + Ctrl 끌기

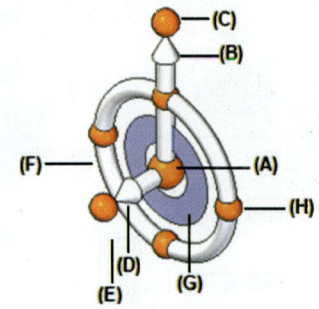

동작	원점(A)	주 축(B)	주 베어링(C)	보조 축(D)	보조 베어링(E)	원환체(F)	도구 평면(G)	원환체 베어링(H)
LMB 클릭	위치 핸들(점, 모서리, 면)	이동 시작 명령(주 축을 따라)	점에 의한 주 축 정렬(보조 축에서 스냅)	이동 시작 명령(보조 축을 따라)	주 축을 기준으로 점에 따라 보조 축 정렬	회전 시작 명령(보조 축 기준)	이동 시작 명령(평면 내)	주 축 정렬
LMB 끌기	위치 핸들(점, 모서리, 면)	이동 시작 명령(주 축을 따라)	점에 의한 주 축 정렬(보조 축에서 스냅)	이동 시작 명령(보조 축을 따라)	주 축을 기준으로 점에 따라 보조 축 정렬	회전 시작 명령(보조 축 기준)	이동 시작 명령(평면 내)	선택한 요소 회전
LMB + Shift 클릭	위치 핸들(위치 지정에만 해당)	주 축을 따라 이동 핸들	보조 축에 대한 회전 핸들	보조 축에 따라 이동 핸들	주 축에 대한 회전 핸들	보조 축에 대한 회전 핸들	평면 내 이동 핸들	주 축 정렬
LMB + Shift 끌기	위치 핸들(위치 지정에만 해당)	배치된 참조 축에 대한 정렬 핸들(예: 원통형 면 축)	보조 축에 대한 회전 핸들	배치된 참조 축에 대한 정렬 핸들(예: 원통형 면 축)	주 축에 대한 회전 핸들	보조 축에 대한 회전 핸들	평면 내 이동 핸들	주 축 정렬
LMB + Ctrl 클릭	위치 핸들(점, 모서리, 면)	이동/복사 시작 명령(주 축을 따라)	주 축 및 보조 축에 법선인 축에 대한 회전 핸들	이동 시작 명령(보조 축을 따라)	주 축 및 보조 축에 법선인 축에 대한 회전 핸들	회전/복사 시작 명령(보조 축 기준)	이동/복사 시작 명령(평면 내)	주 축 정렬
LMB + Ctrl 끌기	위치 핸들(점, 모서리, 면)	이동/복사 시작 명령(주 축을 따라)	주 축 및 보조 축에 법선인 축에 대한 회전 핸들	이동/복사 시작 명령(보조 축을 따라)	주 축 및 보조 축에 법선인 축에 대한 회전 핸들	회전/복사 시작 명령(보조 축 기준)	이동/복사 시작 명령(평면 내)	주 축 정렬

5. 2D 조종 휠 개요

2D 조종 휠은 선택한 모델 지오메트리를 조작하는 데 사용할 수 있는 그래픽 도구 또는 핸들입니다. 판금 모델에서 원통형 면, 패턴, 구멍 및 딤플과 같은 절차 형상, 평면형 두께 면을 선택하면 2D 조종 휠이 표시됩니다.

조종 휠을 사용하여 다음과 같은 유형의 요소를 이동하거나 회전할 수 있습니다.
- 원통형 면
- 구멍
- 패턴
- 판금 두께 면
- 딤플 및 드로운 컷아웃과 같은 절차 형상

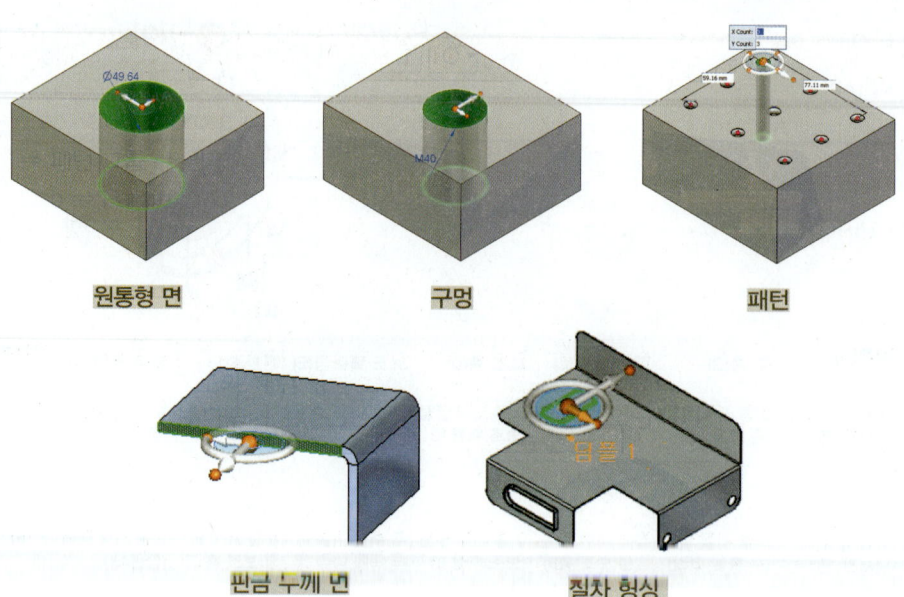

2D 조종 휠 핸들은 선택 세트의 요소에 따라 다르게 표시될 수 있습니다. 이러한 표시 변화를 프로그레시브 노출이라고 합니다. 즉, 많은 모델링 시나리오에서 요소를 선택할 때 일부 2D 조종 휠 컴포넌트만 표시됩니다.

판금 파트에서 평면형 두께 면을 클릭하면 2D 조종 휠에 원점 손잡이(A) 및 주 축(B)만 표시됩니다. 원점 손잡이(A)를 클릭하면 조종 휠 컴포넌트가 모두 표시되고 조종 휠을 마음대로 움직일 수 있도록 원점에 커서가 연결됩니다.

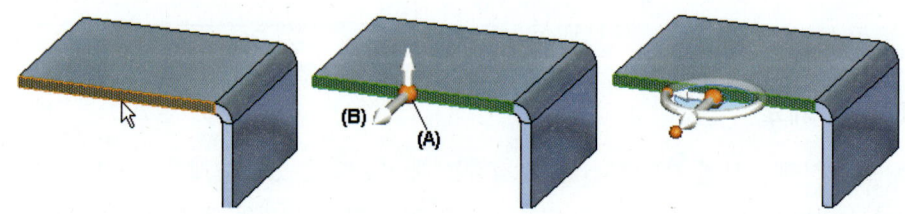

6. 2D 조종 휠 핸들 컴포넌트 및 기능 기본 사항

(A) 원점 손잡이(Origin knob) : 2D 조종 휠의 위치를 다른 위치로 재설정
(B) 주 축(Primary Axis) : 주 축을 따라 이동 작업을 시작
(C) 주 베어링 손잡이(Primary Bearing Knob) : 주 축 회전
(D) 보조 축(Secondary Axis) : 보조 축을 따라 이동 작업 시작

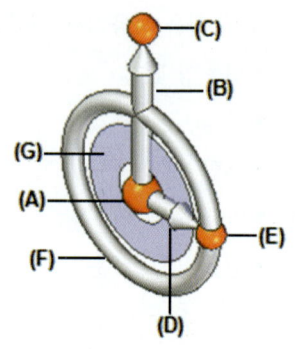

(E) 보조 베어링 손잡이(Secondary Bearing Knob) : 보조 축 방향 재설정

(F) 원환체(Torus) : 원점을 기준으로 회전 작업 시작

(G) 도구 평면(Tool Plane) : 도구 평면 내에서 이동 작업 시작

7. 2D 조종 휠 기능 표

- LMB 클릭
- LMB 끌기
- LMB + Shift 클릭
- LMB + Shift 끌기
- LMB + Ctrl 클릭
- LMB + Ctrl 끌기

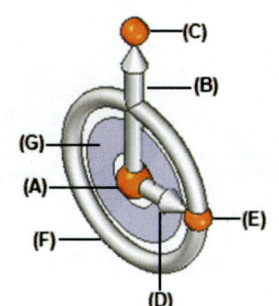

동작	원점(A)	주 축(B)	주 베어링(C)	보조 축(D)	보조 베어링(E)	원환체(F)	도구 평면(G)
LMB 클릭	위치 핸들(점, 모서리, 면)	이동 시작 명령 (주 축을 따라)	점에 의한 주 축 정렬(보조 축에서 스냅)	이동 시작 명령 (보조 축을 따라)	주 축을 기준으로 점에 따라 보조 축 정렬	회전 시작 명령 (보조 축 기준)	이동 시작 명령 (평면 내)
LMB 끌기	위치 핸들(점, 모서리, 면)	이동 시작 명령 (주 축을 따라)	점에 의한 주 축 정렬(보조 축에서 스냅)	이동 시작 명령 (보조 축을 따라)	주 축을 기준으로 점에 따라 보조 축 정렬	회전 시작 명령 (보조 축 기준)	이동 시작 명령 (평면 내)
LMB + Shift 클릭	위치 핸들(위치 지정에만 해당)	주 축을 따라 이동 핸들	보조 축에 대한 회전 핸들	보조 축을 따라 이동 핸들	주 축에 대한 회전 핸들	보조 축에 대한 회전 핸들	평면 내 이동 핸들
LMB + Shift 끌기	위치 핸들(위치 지정에만 해당)	배치된 참조 축에 대한 정렬 핸들 (예: 원통형 면 축)	보조 축에 대한 회전 핸들	배치된 참조 축에 대한 정렬 핸들 (예: 원통형 면 축)	주 축에 대한 회전 핸들	보조 축에 대한 회전 핸들	평면 내 이동 핸들
LMB + Ctrl 클릭	위치 핸들(점, 모서리, 면)	이동/복사 시작 명령(주 축을 따라)	주 축 및 보조 축에 법선인 축에 대한 회전 핸들	이동 시작 명령 (보조 축을 따라)	주 축 및 보조 축에 법선인 축에 대한 회전 핸들	회전/복사 시작 명령(주 축 기준)	이동/복사 시작 명령(평면 내)
LMB + Ctrl 끌기	위치 핸들(점, 모서리, 면)	이동/복사 시작 명령(주 축을 따라)	주 축 및 보조 축에 법선인 축에 대한 회전 핸들	이동/복사 시작 명령(보조 축을 따라)	주 축 및 보조 축에 법선인 축에 대한 회전 핸들	회전/복사 시작 명령(보조 축 기준)	이동/복사 시작 명령(평면 내)

8. 조종 휠 이동 개요

조종 휠에서 주 축(A), 보조 축(B) 및 도구 평면(C)을 사용하여 모델 지오메트리를 이동할 수 있습니다.

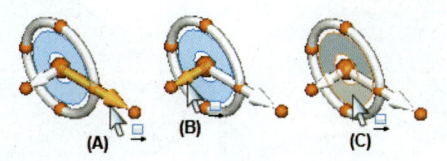

- **주 축을 사용하여 지오메트리 이동** : 주 축은 주로 단일 평면형 면 또는 참조 평면과 같은 평면형 지오메트리를 이동하는 데 사용됩니다. 평면형 면을 선택하면 해당 주 축만 표시된 상태로 조종 휠이 표시됩니다(A). 주 축의 방향은 선택한 면에 수직입니다. 주 축 화살표(A)를 클릭하여 주 축을 따라 선택한 면(B)을 이동할 수 있습니다. 인접 면은 자신의 위치를 자동으로 업데이트하고 이동 작업의 영향을 받는 잠금 해제된 치수도 업데이트됩니다.

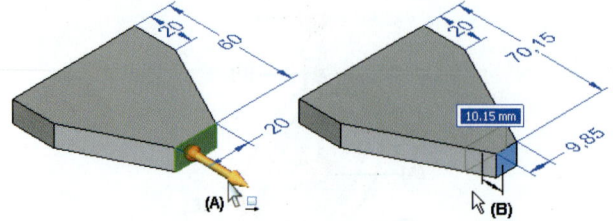

- **보조 축을 사용하여 지오메트리 이동** : 요소 세트를 선택하면 보조 축을 포함하여 전체 핸들이 표시됩니다. 보조 축 위에 커서를 놓고 클릭한 다음 커서를 이동하거나 값을 입력하여 선택된 항목을 이동합니다.

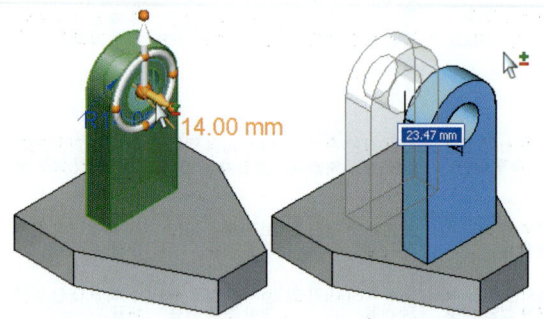

- **도구 평면을 사용하여 지오메트리 이동** : 핸들의 도구 평면은 평면을 기준으로 지오메트리를 자유롭게 이동하는 데 유용합니다. 이 예에서는 돌출 형상, 라운딩 및 구멍을 선택했습니다. 원점을 끌면 왼쪽 그림에 표시된 평면형 면으로 핸들의 위치가 다시 설정된 다음 보조 축의 방향이 위쪽을 향하도록 설정됩니다. 그러면 도구 평면이 평면형 면과 같은 평면에 놓이게 됩니다.

핸들의 도구 평면이 선택되고 오른쪽 그림에 표시된 것처럼 선택한 요소가 하나의 작업으로 모두 이동됩니다.

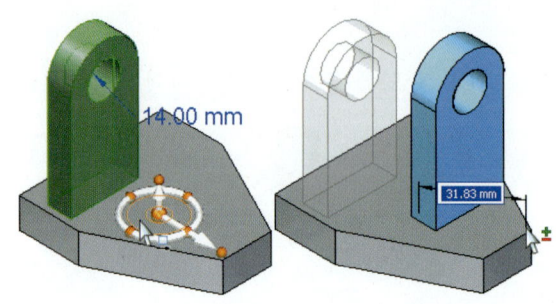

원환체 사용 방법

구멍(A) 원통형 면 선택 ➡ 2D 조종 휠(B)에서 원점 손잡이를 클릭 ➡ 핸들은 원통형면(C)의 중심에 정렬되도록 스냅 후 클릭 ➡ 원환체(D)를 클릭하고 필수 각도 거리(E) 선택 항목을 회전

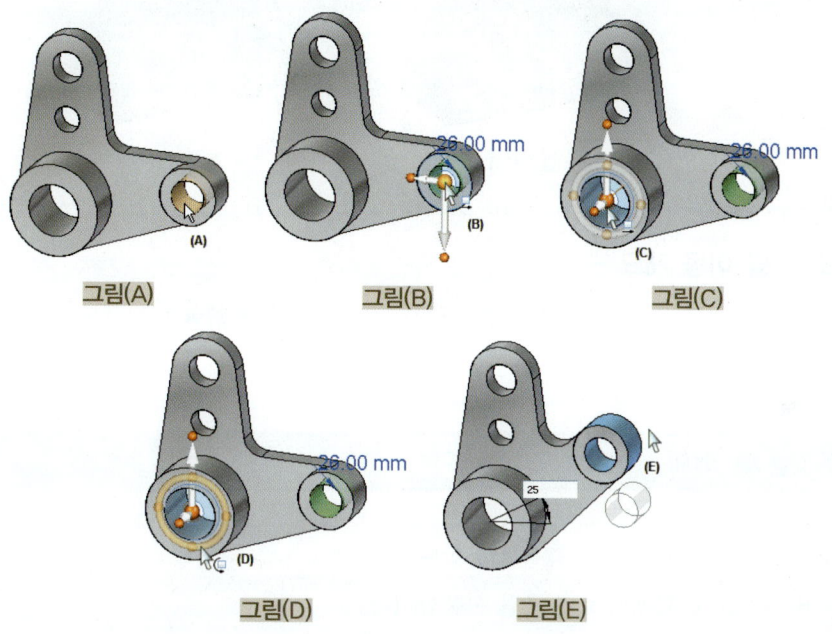

회전 핸들 사용 방법

회전 축 스케치(A)를 그린 후 돌출 형상, 라운딩 및 구멍 선택 ➡ 핸들의 원점 손잡이(B)를 끌어 선 위에서 핸들의 위치를 다시 지정 ➡ 원환체를 클릭하고 커서를 이동(C) ➡ 동적 입력 상자에 회전 각도 입력(D)

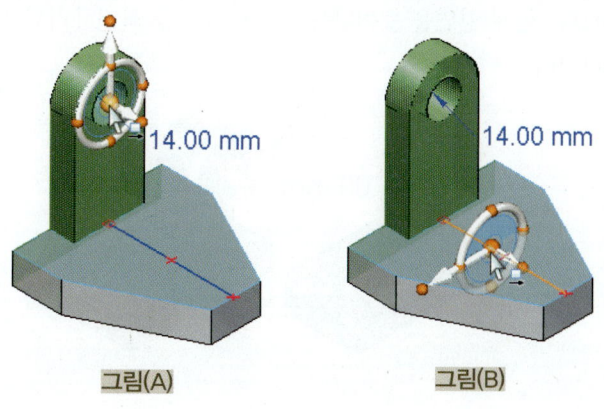

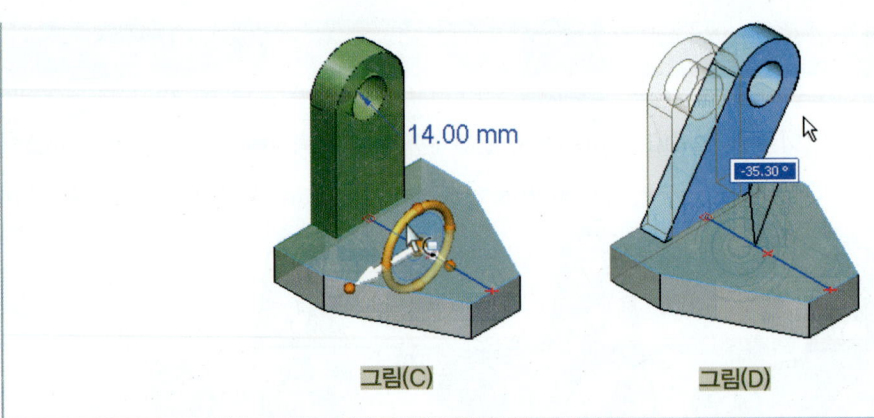

9. 2D 조종 휠 이동 개요

2D 조종 휠에서 주 축, 보조 축 및 도구 평면을 사용하여 조종 휠과 동일한 방식으로 모델 지오메트리를 이동합니다.

2D 조종 휠 예제

예제 A : 2D 조종 휠에서 주 축을 사용합니다.
예제 B : 2D 조종 휠에서 보조 축을 사용합니다.

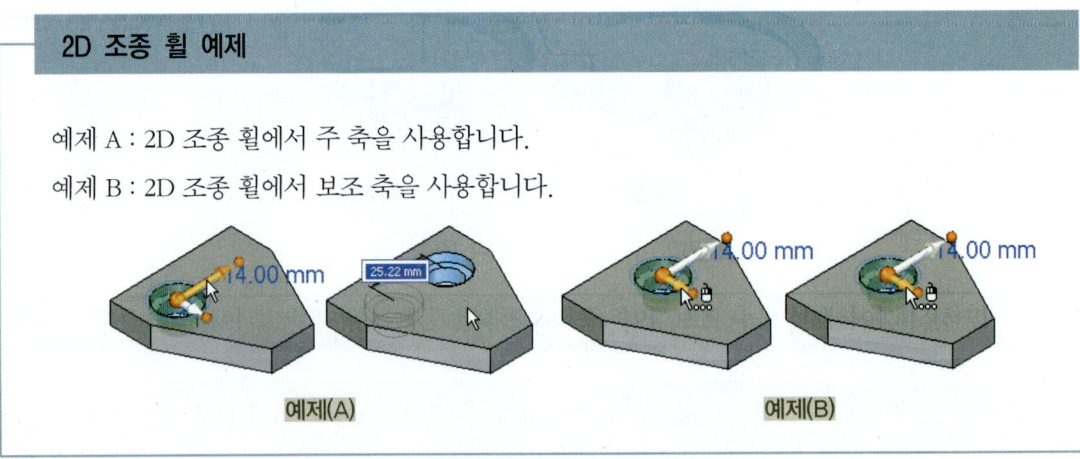

2D 조종 휠과 조종 휠의 주요 차이점은 2D 조종 휠을 사용하면 현재 평면을 벗어난 지오메트리를 회전할 수 없다는 것입니다. 현재 평면을 벗어나는 지오메트리를 회전하려면 2D 조종 휠의 원점을 클릭하여 조종 휠을 표시합니다.

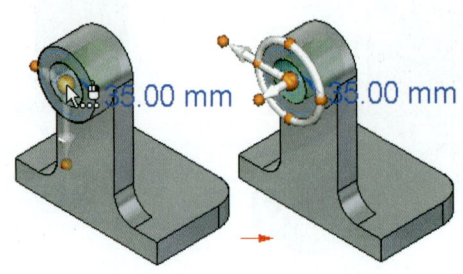

chapter 08 Synchronous Technology(동기식 기술)

9.3 QuickBar 개요

QuickBar라는 컨텍스트 모델 편집 도구는 현재 선택한 항목을 기반으로 작업을 가능하도록 만들어 생산성을 향상시킵니다. QuickBar는 항상 기본 명령을 표시하고 선택한 지오메트리에서 수행하려는 다른 작업에 대한 액세스도 제공합니다.

QuickBar에 표시되는 옵션은 명령에 따라 달라집니다.

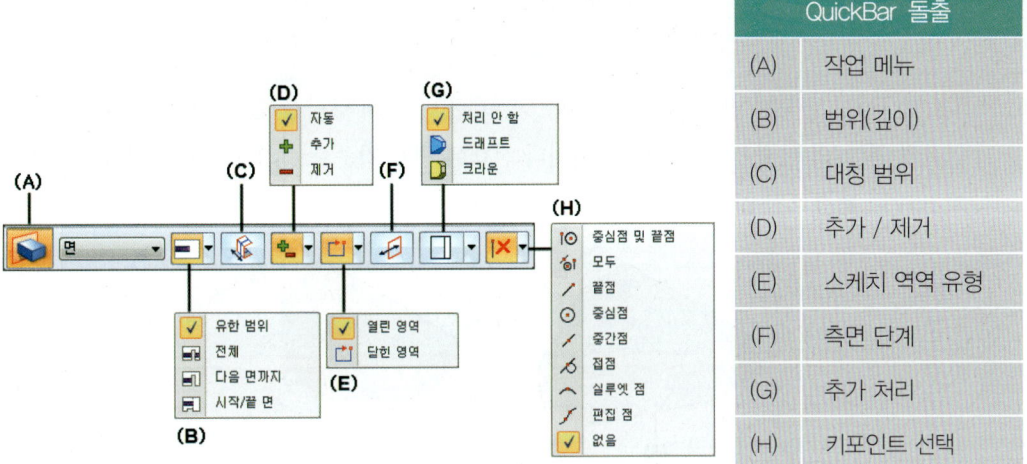

1. QuickBar 메뉴

스케치 영역, 면 또는 다른 그래픽 요소를 선택하면 QuickBar가 그래픽 윈도우에 표시됩니다. 구멍, 라운딩, 셀과 같은 특정 명령을 선택해도 QuickBar가 표시됩니다.

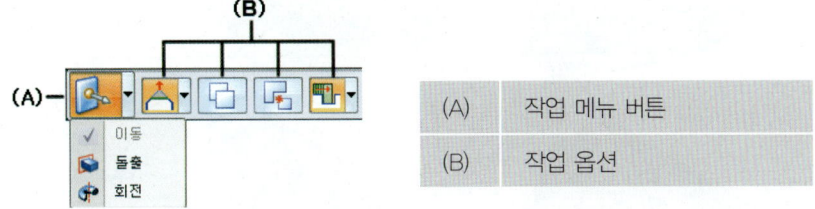

2. QuickBar 이동

- **연결된 면** : 선택 항목에 연결된 면이 수정 도중 적용하는 방식을 지정할 수 있습니다.

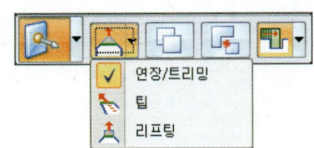

▶ 🔺 연장/트리밍(Extend/Trim) : 인접 면을 트리밍하고 연장하여 모델을 수정합니다. 필요에 따라 인접 면(A)이 확장되거나 잘리더라도 원래 방향은 유지 됩니다. 선택한 면의 크기는 변경됩니다.

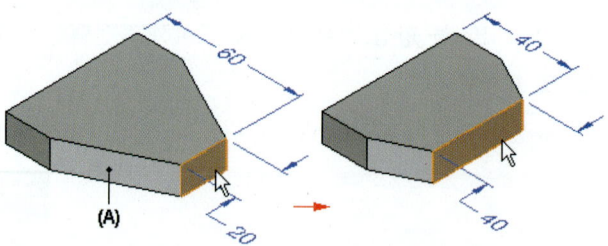

▶ 📐 팁(Tip) : 연결된 면을 트리밍하거나 연장하거나 현재 방향을 변경하여 모델을 수정합니다. 연결된 면(A)의 현재 방향이 기울어지거나 선택된 면을 기준으로 각도가 변경됩니다. 선택한 면의 크기는 변경되지 않습니다.

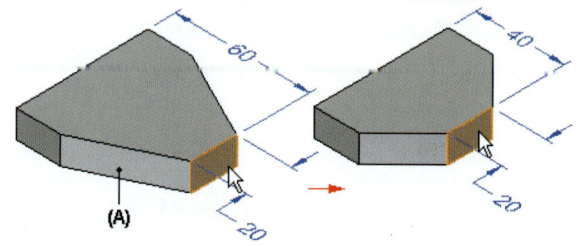

▶ 🔺 리프트(Lift) : 선택 세트를 리프팅하고 모델에 면을 추가하거나 제거할 수 있습니다. 선택한 면 및 인접한 면은 변경되지 않습니다.

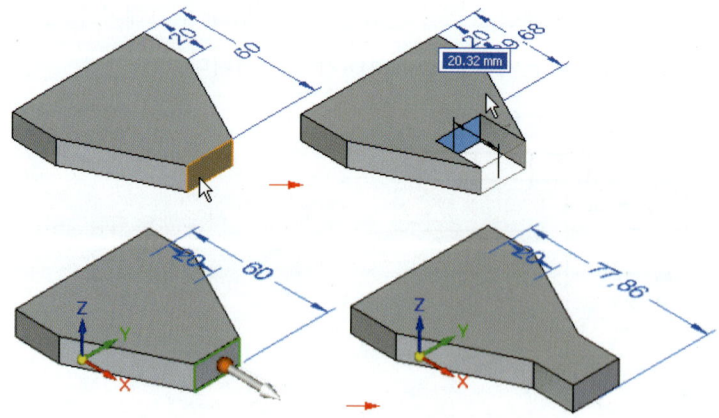

● 복사 : 이동 작업 중 선택한 면을 복사 하도록 지정합니다.

chapter 08 Synchronous Technology(동기식 기술)

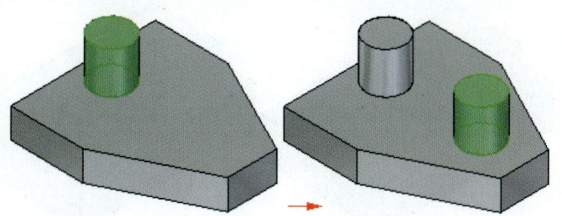

● **면 분리** : 이동 작업 중 모델에서 선택한 면을 분리하도록 지정합니다. 분리된 면은 컨스트럭션 색상으로 표시됩니다.

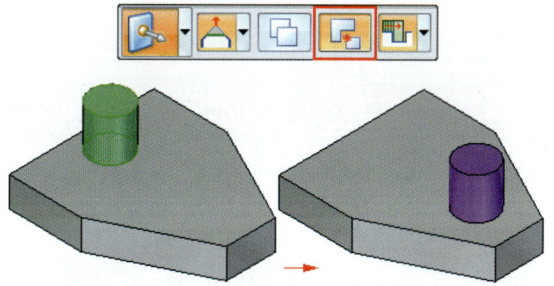

● **우선순위** : 수정하는 동안 선택 세트의 면이 우선할지 또는 선택하지 않은 면이 우선할지 여부를 지정합니다. 우선 순위가 있는 면은 동기식 작업에서 마지막으로 재생성되므로 보통 결과 모델에서 유지됩니다.

▶ 집합 우선순위 선택(Select Set Priority) : 선택한 이동하는 면의 우선 순위를 이동하지 않는 면보다 높게 지정합니다. 이 옵션을 설정하고 이동하는 면에 인접한 면을 연장하면 이동하지 않는 면이 트리밍됩니다.

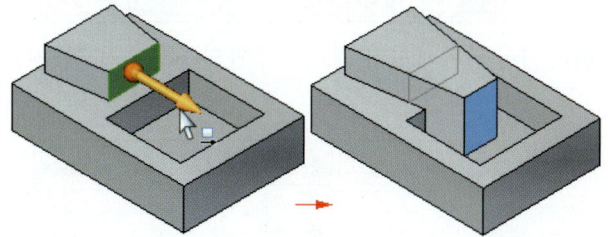

▶ 모델 우선순위(Model Priority) : 이동하지 않는 면의 우선 순위를 선택한 이동하는 면보다 높게 지정합니다. 이 옵션을 설정하면 이동하지 않는 면의 우선 순위가 높으므로 이동하는 면이 컷아웃과 일치할 때까지만 이동할 수 있습니다.

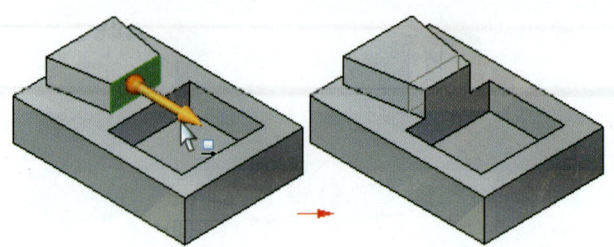

3. QuickBar 돌출

- **연장 유형(Extent Type)** : 형상을 만들기 위한 형상 깊이 또는 스케치의 돌출 길이를 정의합니다.

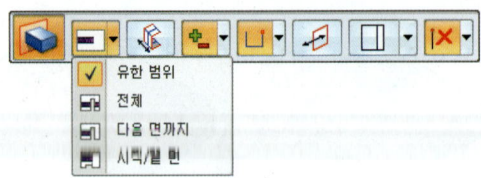

▶ 유한 범위 : 스케치가 스케치 평면의 어느 한 면에 또는 양 면에 대칭적으로 한정된 거리만큼 돌출되도록 형상 범위를 설정합니다.

▶ 전체 : 스케치가 스케치 평면에서 시작하여 파트의 모든 면에서 돌출하도록 형상 범위를 설정합니다.

▶ 다음 면까지 : 선택된 측면의 파트와 교차하는 그 다음 번 닫힌 교차까지만 통과하여 스케치가 돌출되도록 형상 범위를 설정합니다.

▶ 시작/끝 : 지정된 면이나 참조 평면에서 다른 지정된 면이나 참조 평면까지 스케치가 돌출되도록 형상 범위를 설정합니다.

- **대칭(Symmetric)** : 형상 범위가 스케치 면에 대해 대칭적으로 적용되도록 지정합니다.

- **추가/절삭(Add/Cut)** : 커서 위치에 따라 재료가 추가되는지 제거되는지를 결정할 여부를 지정합니다.

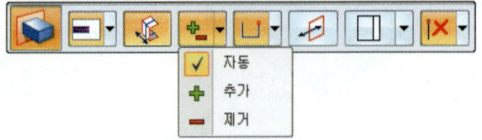

▶ 자동 : 기본 형상을 구성하는 경우에는 항상 재료가 추가되어 솔리드 바디가 형성됩니다. 추가 형상을 구성하는 경우에는 커서 위치를 사용하여 재료가 추가되는지 제거되는지 여부를 동적으로 정의할 수 있습니다.

▶ 추가 : 모델에 재료를 추가하도록 지정합니다.

chapter 08 Synchronous Technology(동기식 기술)

▶ 절삭 : 모델에서 재료를 절삭하도록 지정합니다.

- **열린/닫힌 스케치(Open/Close Sketch)** : 열린 스케치가 하나 이상의 모델 모서리에 첨부될 때 인접한 모델 모서리가 스케치 영역의 파트로 간주되는지 여부를 지정합니다.

▶ 열림 : 인접한 모델 모서리를 무시합니다.
▶ 닫힘 : 인접한 모델 모서리를 포함합니다.

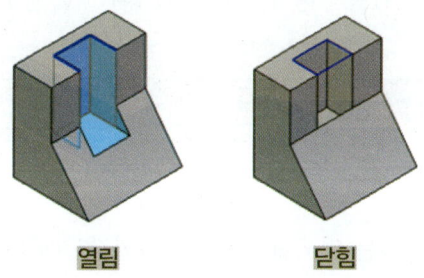

- **측면 단계** : 형상을 만들기 위해 재료를 추가하거나 제거할 프로파일의 측면을 정의합니다. 프로파일이 닫혀 있는 경우 측면 단계는 필요하지 않습니다.

- **처리(Treatments)** : 형상에 대한 드래프트 또는 크라운을 정의하도록 지정합니다.

- **키포인트(Keypoints)** : 형상 범위를 정의하기 위해 선택할 수 있는 키포인트의 유형을 설정합니다.

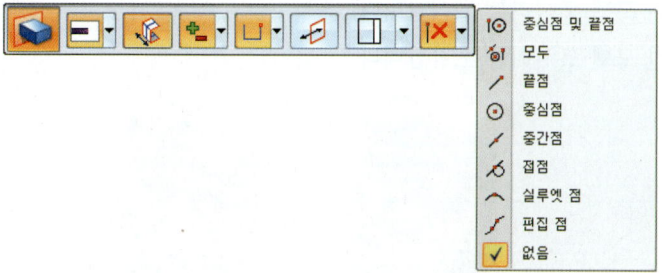

4. QuickBar 회전

- **연장 유형(Extent Type)** : 스케치 요소를 유한 각도만큼 또는 360도만큼 회전할지 여부를 지정합니다.

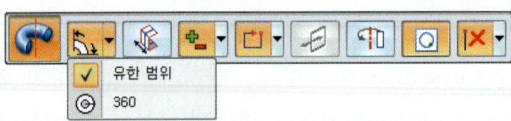

- ▶ 유한 범위(Finite Extent) : 스케치 영역이 유한 범위만큼 회전하도록 형상 범위를 설정합니다.
- ▶ 360 : 회전축을 중심으로 360도 스케치 영역이 회전하도록 형상 범위를 설정합니다
- **대칭(Symmetric)** : 형상 범위가 스케치 면에 대해 대칭적으로 적용되도록 지정합니다.

- **추가/제거(Add/Cut)** : 커서 위치에 따라 재료가 추가되는지 제거되는지를 결정할지 여부를 지정합니다.

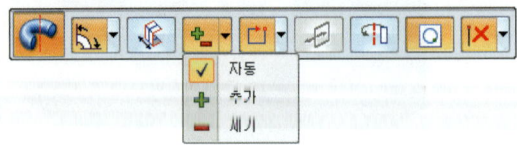

- ▶ 자동 : 기본 형상을 구성하는 경우에는 항상 재료가 추가되어 솔리드 바디가 형성됩니다. 추가 형상을 구성하는 경우에는 커서 위치를 사용하여 재료가 추가되는지 제거되는지 여부를 동적으로 정의할 수 있습니다.
- ▶ 추가 : 모델에 재료를 추가하도록 지정합니다.
- ▶ 절삭 : 모델에서 재료를 절삭하도록 지정합니다.
- **열린/닫힌 스케치(Open/Close Sketch)** : 열린 스케치가 하나 이상의 모델 모서리에 첨부될 때 인접한 모델 모서리가 스케치 영역의 파트로 간주되는지 여부를 지정합니다.

- ▶ 열림 : 인접한 모델 모서리를 무시합니다.
- ▶ 닫힘 : 인접한 모델 모서리를 포함합니다.

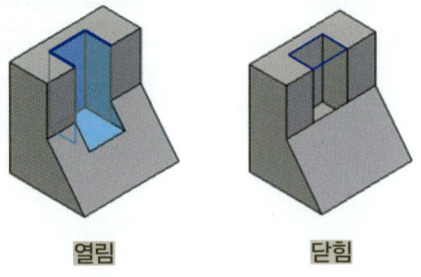

- **축(Axis)** : 회전 축으로 사용할 스케치 요소를 지정합니다. 이 옵션은 회전 돌출 명령을 사용하여 회전 형상을 구성하는 경우에 사용할 수 있습니다.

chapter 08 Synchronous Technology(동기식 기술)

- **라이브 단면 생성** : 완료 시 회전된 형상의 라이브 단면을 생성합니다. 기본 설정은 켜져 있습니다.

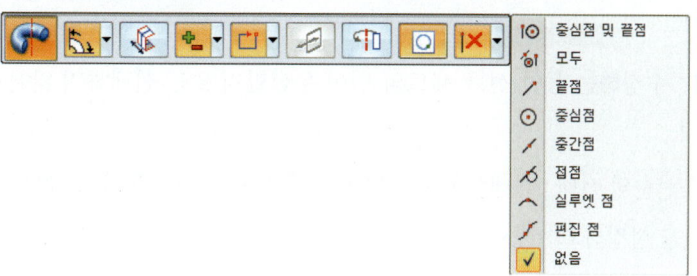

- **키포인트(Keypoints)** : 형상 범위를 정의하기 위해 선택할 수 있는 키포인트의 유형을 설정합니다.

9.4 면 관계 생성

동기식 형상 모델링 시 면 편집 중 모델 또는 어셈블리의 해석 동작을 제어할 수 있습니다. 면 간의 관계를 통해 제어할 수 있습니다. 면 관계는 바디 형상의 면을 생성하는 데 사용된 스케치 요소에서 상속됩니다.

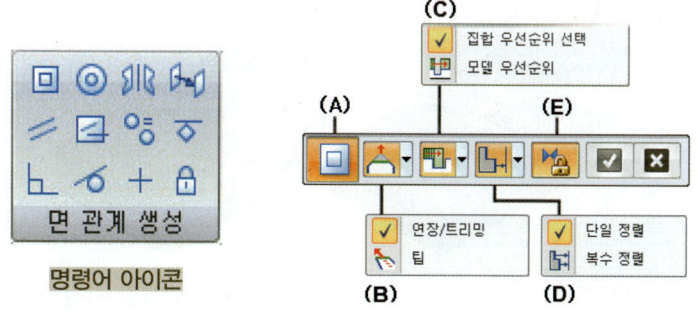

- **(A) 면 관계 생성 종류**
- **(B) 연결된 면** : 선택 항목에 연결된 면이 수정 도중 적응하는 방식을 지정합니다.
  - ▶ 연장/트리밍 : 인접 면을 트리밍하고 연장하여 모델을 수정합니다.
  - ▶ 팁 : 연결된 면을 트리밍하거나 연장하거나 현재 방향을 변경하여 모델을 수정합니다.

731

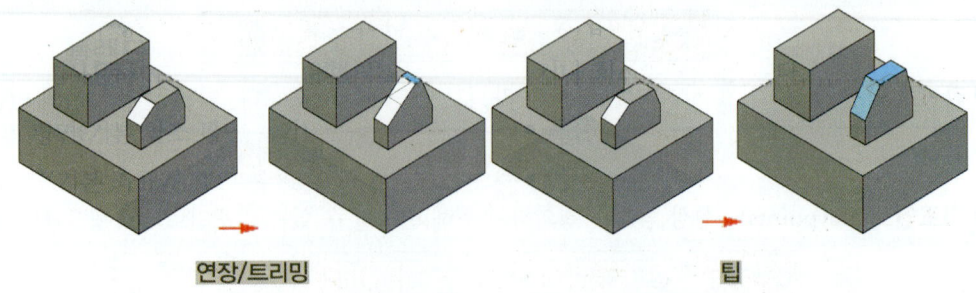

연장/트리밍   팁

- **(C) 우선순위** : 수정하는 동안 선택 세트의 면이 우선할지 또는 선택하지 않은 면이 우선할지 여부를 지정합니다.

  ▶ 집합 우선순위 선택 : 선택한 이동하는 면의 우선 순위를 이동하지 않는 면보다 높게 지정합니다. 이 옵션을 설정하고 이동하는 면에 인접한 면을 연장하면 이동하지 않는 면이 트리밍됩니다.

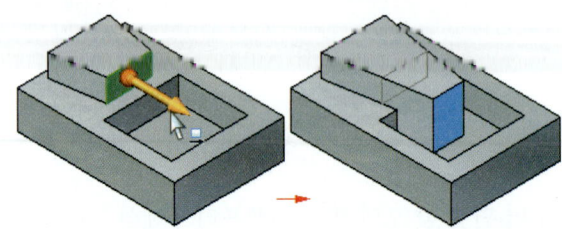

  ▶ 모델 우선순위 : 이동하지 않는 면의 우선 순위를 선택한 이동하는 면보다 높게 지정합니다. 이 옵션을 설정하면 이동하지 않는 면의 우선 순위가 높으므로 이동하는 면이 컷아웃과 일치할 때까지만 이동할 수 있습니다.

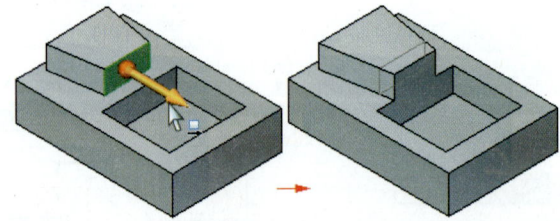

- **(D) 단일/모두** : 선택 항목에 연결된 면이 수정 도중 적응하는 방식을 지정합니다.

  ▶ 단일 : 연결 작업으로 인해 시드 요소(A)와 선택 세트에 남아 있는 요소간의 기존 공간 관계가 변경되지 않도록 지정합니다. 단일 옵션이 설정되어 있으면 대상 요소(B)에 대해 지정한 관계를 유지하도록 시드 요소(A)만 이동됩니다.

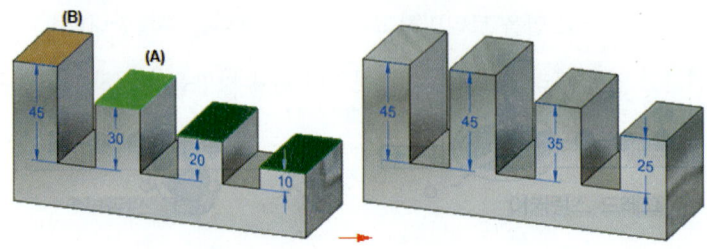

▶ 모두 : 연결 작업으로 인해 시드 요소(A)와 선택 세트에 남아 있는 요소간의 공간 관계가 변경되도록 지정합니다. 다중 옵션이 설정되면 대상 요소(B)에 대해 지정한 관계를 유지하기 위해 세트 내의 모든 요소가 이동됩니다.

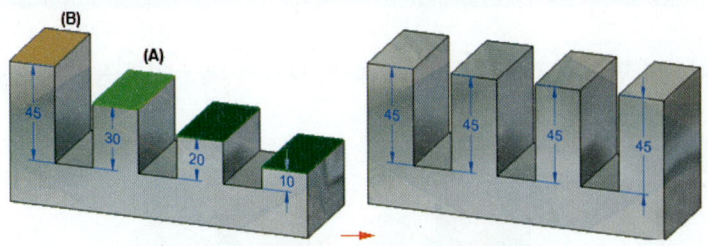

- **(E) 영구(지속)** : 모델이 수정된 경우 관계가 유지되도록 지정합니다. 지속 옵션이 설정된 경우 관계가 적용되고 PathFinder의 관계 목록에 관계 항목이 추가됩니다. 나중에 면의 위치를 개별적으로 수정하기 위해 PathFinder에서 관계 항목을 삭제할 수 있습니다.

1. 동일평면상

➡ 홈 탭 ⇒ 면 관계 생성 그룹 ⇒ 동일평면상
➡ Home Tap ⇒ Face Relate Group ⇒ Coplanar

선택된 하나 이상의 면의 위치와 방향을 수정하여 파트의 대상 면과 동일평면상으로 연결합니다. 시드 면(A)과 대상 면(B)이 동일평면이 되게 합니다.

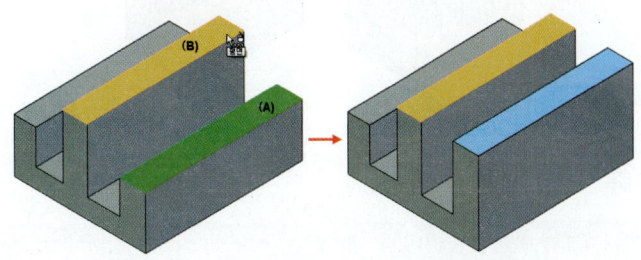

2. 동심

➡ 홈 탭 ⇒ 면 관계 생성 그룹 ⇒ 동심
➡ Home Tap ⇒ Face Relate Group ⇒ Concentric

선택된 하나 이상의 면의 위치와 방향을 수정하여 파트의 대상 면과 동심으로 연결합니다. 시드 면(A)과 대상 면(B)이 동일평면이 되게 합니다.

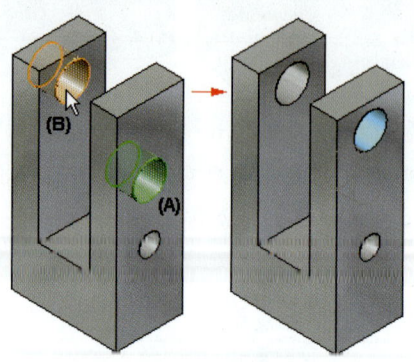

3. 평행

➡ 홈 탭 ⇒ 면 관계 생성 그룹 ⇒ 평행
➡ Home Tap ⇒ Face Relate Group ⇒ Parallel

선택된 하나 이상의 면의 위치와 방향을 수정하여 파트의 대상 면과 평행 관계가 되게 합니다. 시드 면(A)과 대상 면(B)이 동일평면이 되게 합니다.

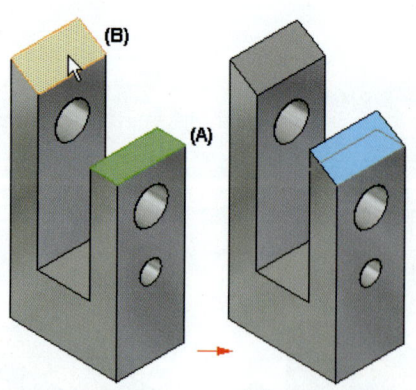

4. 동일평면상 축

➡ 홈 탭 ⇒ 면 관계 생성 그룹 ⇒ 동일평면상의 축

chapter 08 Synchronous Technology(동기식 기술)

➡ Home Tap ⇒ Face Relate Group ⇒ Coplanar Axis

선택한 요소를 정의한 이론상 평면에 따라 정렬합니다. 이 관계는 구멍, 원통 및 원뿔과 같은 여러 원통형 요소가 선택 세트에 있는 경우 사용할 수 있습니다.

동일편면상 축 사용 방법 1

구멍의 중심점(B)과 같은 선택 세트에 없는 다른 요소의 점 및 시드 요소(A)의 축을 기준으로 평면을 정의할 수 있습니다. 이러한 방법을 사용하여 시드 요소의 축 및 정의한 점을 통과하는 이론상 평면(C)을 사용하여 오른쪽에 표시된 것처럼 선택 세트의 요소를 정렬할 수 있습니다.

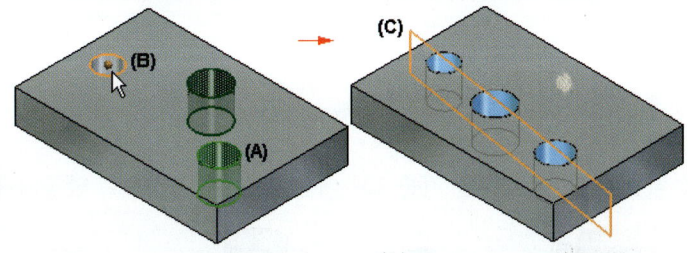

동일편면상 축 사용 방법 2

평면형 면 또는 참조 평면(A)을 선택하여 평면을 정의할 수 있습니다. 이 방법을 통해 선택한 평면에 평행하고 시드 요소(C)의 축을 통과하는 이론상 평면(B)을 사용하여 선택 세트에서 요소를 정렬합니다.

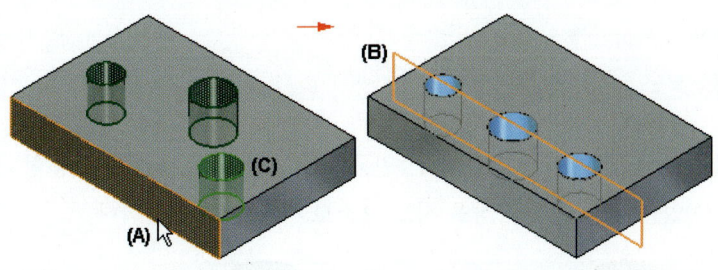

5. 접선

➡ 홈 탭 ⇒ 면 관계 생성 그룹 ⇒ 접선
➡ Home Tap ⇒ Face Relate Group ⇒ Tangent

대상 면과 접선을 이루도록 시드 면을 배치합니다. 면(A)와 면(B)이 접선이 되게 합니다.

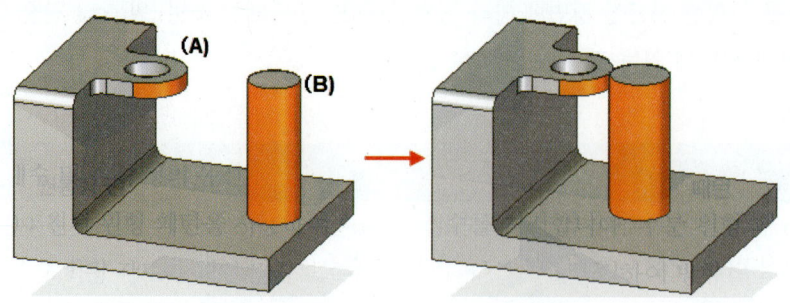

6. 대칭

➡ 홈 탭 ⇒ 면 관계 생성 그룹 ⇒ 대칭
➡ Home Tap ⇒ Face Relate Group ⇒ Symmetry

시드 면(A)을 선택한 대칭 평면(C)을 기준으로 대상 면(B)과 대칭으로 만듭니다.

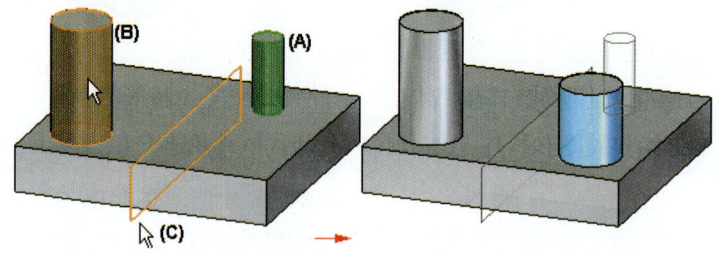

7. 동일 반경

➡ 홈 탭 ⇒ 면 관계 생성 그룹 ⇒ 동일 반경
➡ Home Tap ⇒ Face Relate Group ⇒ Equal Radius

시드 면 반경을 대상 면 반경에 맞춥니다. 원통형 시드면(A)의 반경을 원통형 대상 면(B)의 반경과 동일하게 만들 수 있습니다. 절차 형상을 시드 요소로 사용할 수 없습니다.

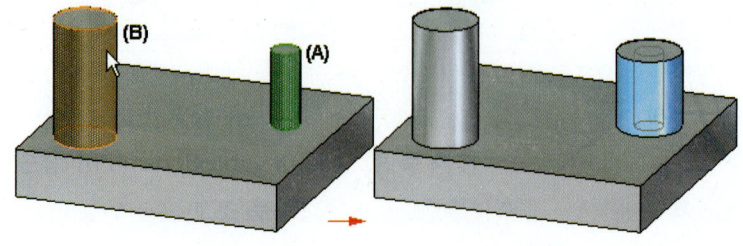

chapter 08 Synchronous Technology(동기식 기술)

8. ⊞ 수평/수직

➠ 홈 탭 ⇒ 면 관계 생성 그룹 ⇒ 수평/수직
➠ Home Tap ⇒ Face Relate Group ⇒ Horizontal/Vertical

선택한 평면형 면을 가장 유사한 기준 참조 평면에 평행하게 만듭니다. 참조 평면에 상대적으로 두 키포인트 사이에 수평/수직 구속 조건을 적용할 수도 있습니다.

- **평면** : 수평/수직 명령을 사용하여 선택한 평면상의 면(A)이 가장 유사한 기준 참조 평면(B)과 평행하게 합니다.

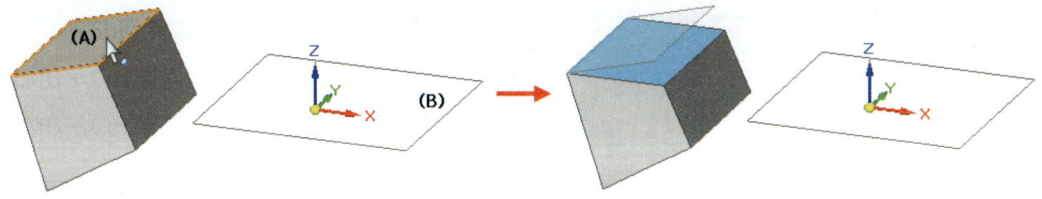

- **키포인트** : 참조 평면에 상대적으로 두 키포인트 (A), (B) 사이에 수평/수직 구속 조건을 적용할 수도 있습니다.

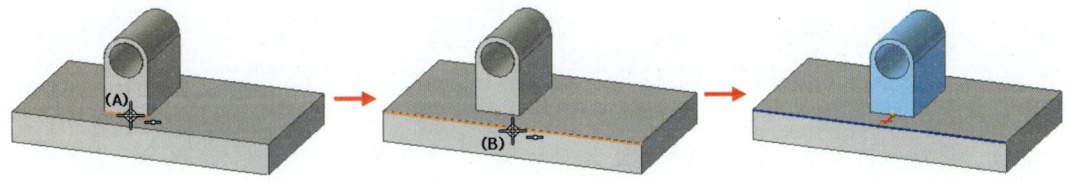

9. ⌐ 수직

➠ 홈 탭 ⇒ 면 관계 생성 그룹 ⇒ 수직
➠ Home Tap ⇒ Face Relate Group ⇒ Perpendicular

대상 면(B)과 수직을 이루도록 시드 면(A)을 배치합니다.

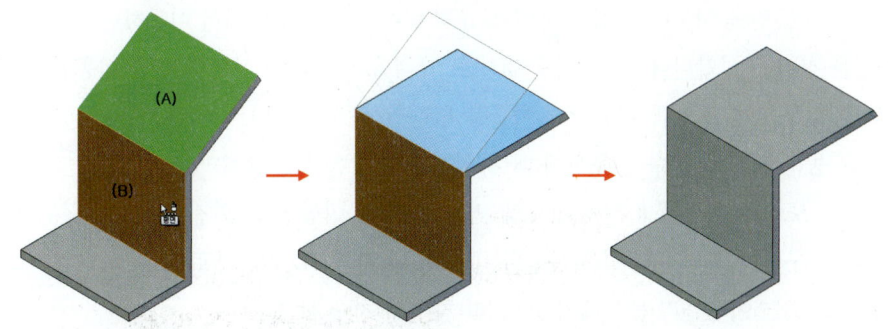

10. 옵셋

➠ 홈 탭 ⇒ 면 관계 생성 그룹 ⇒ 옵셋
➠ Home Tap ⇒ Face Relate Group ⇒ Offset

선택한 면이 대상 면과 평행이 되게 하고 사용자 정의 옵셋 거리를 적용합니다. 시드 및 대상 면에는 반대 방향 면 법선이 있습니다. 면 법선이 같은 방향인 경우 오류 메시지가 표시됩니다.

11. 고정

➠ 홈 탭 ⇒ 면 관계 생성 그룹 ⇒ 고정
➠ Home Tap ⇒ Face Relate Group ⇒ Ground

모델 공간에서 시드 면을 고정시킵니다. 고정된 면은 공간의 현재 위치 밖으로 이동하거나 회전할 수 없지만 크기는 조정할 수 있습니다.

12. 강성

➠ 홈 탭 ⇒ 면 관계 생성 그룹 ⇒ 강성
➠ Home Tap ⇒ Face Relate Group ⇒ Rigid

선택 세트의 모든 면을 서로에 대해 고정합니다. 두 면 간에 고정 관계가 적용되면 두 면 중 하나가 이동하거나 회전해도 두 면의 공간 방향이 동일하게 유지됩니다.

9.5 라이브 규칙(Live Rule)개요

라이브 규칙 옵션을 사용하여 현재 선택 세트의 면과 나머지 모델 간에 추정된 지오메트리 관계를 찾아 표시합니다. 이 정보를 사용하여 동기식 수정이 수행되는 방식을 제어할 수 있습니다.

예를 들어 평면형 면을 이동하는 경우 라이브 규칙을 사용하여 모델에서 이동하는 면과 같은 평면에 있는 모든 면을 찾아 표시합니다. 그런 다음 라이브 규칙을 사용하여 선택한 면을 이동할 때 이러한 동일평면상 면의 일부 또는 전체를 이동할지 여부를 지정할 수 있습니다.

다음과 같은 동기식 모델링 수정 유형에 대해 실시간 규칙을 사용할 수 있습니다.
- 동기식 파트 또는 어셈블리 문서에서 모델 면 또는 형상 이동 또는 회전
- 동기식 파트 문서에서 연결 명령을 사용하여 모델 면 간의 3D 지오메트리 관계 정의
- 동기식 파트 또는 어셈블리 문서에서 3D PMI 치수의 치수 값 편집
- 변수 테이블을 사용하여 잠긴 3D PMI 치수의 치수 값 편집

chapter 08 Synchronous Technology(동기식 기술)

1. 라이브 규칙 옵션

면을 이동하거나 3D 관계를 정의하거나 치수를 편집하면 라이브 규칙이 자동으로 표시됩니다. 라이브 규칙의 활성 옵션은 모델의 나머지 부분이 수행 중인 편집에 반작용하는 방식을 결정합니다.

예를 들어 조종 휠(A)을 사용하여 평면형 면 하나를 이동하는 경우 라이브 규칙을 사용하여 선택 세트에는 없지만 같은 평면에 있는 다른 면이 이동 작업 중 동일 평면으로 유지될지 여부를 지정할 수 있습니다.

이 예제에서 라이브 규칙의 동일평면상 옵션 이 설정되어 있으면 선택된 면이 이동할 때 같은 면에 있지만 선택 취소된 면이 동일평면상(B)으로 유지됩니다. 라이브 규칙에서 동일평면상 옵션의 선택을 취소하면 선택된 면이 이동할 때 선택되지 않은 동일평면상의 면이 고정 상태로 유지(C)됩니다.

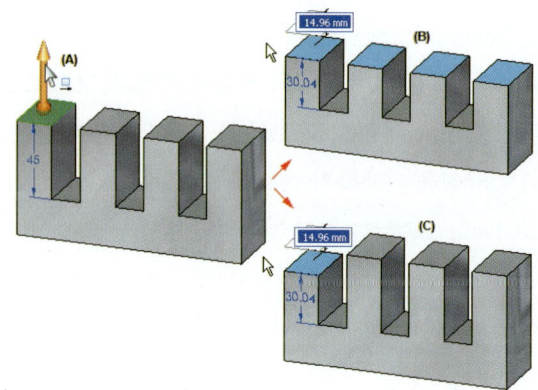

2. 라이브 규칙의 관계 감지 표시기

- **감지 및 활성** : 라이브 규칙이 라이브 규칙에서 활성 설정(1)과 일치하는 모델 지오메트리를 감지하면 라이브 규칙의 설정 표시가 녹색(2)으로 나타납니다.

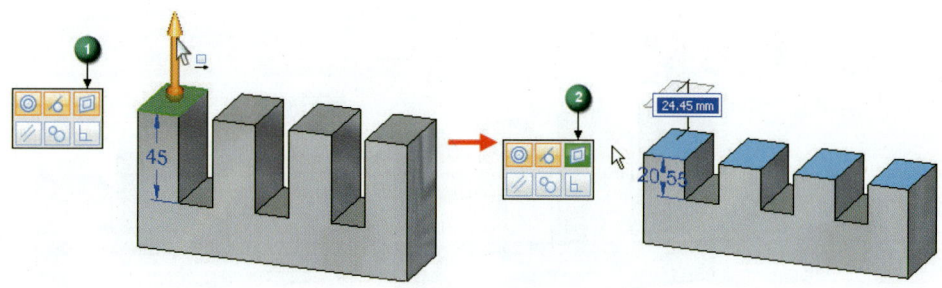

- **감지 및 비활성** : 라이브 규칙이 라이브 규칙에서 비활성 설정(1)과 일치하는 모델 지오메트리를 감지하면 라이브 규칙의 설정 표시가 적색(2)으로 나타납니다.

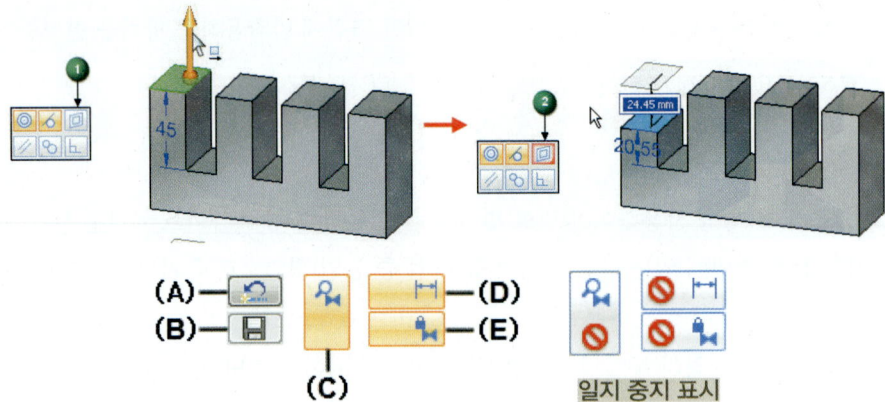

▶ (A) 복원(Restore) : 기본값 복원 버튼을 클릭하여 라이브 규칙 옵션의 기본값을 복원할 수 있습니다.(단축키 : R)

▶ (B) 관계 저장(Save Relationships) : 현재 사용하는 라이브 규칙을 저장합니다. 저장하지 않을 경우에 Solid Edge를 종료하면 라이브 규칙 설정이 기본 설정으로 돌아갑니다.(단축키 : F)

▶ (C) 라이브 규칙 일시 중지(Suspend Live Rules) : 라이브 규칙 일시 중지 옵션을 설정하여 현재 편집 작업에서 라이브 규칙을 사용하지 않도록 설정할 수 있습니다.(단축키 : U)

▶ (D) 치수 해제(Relax Dimensions) : 편집하는 동안 잠긴 치수를 해제합니다.(단축키 : J)

▶ (E) 영구 관계 해제(Relax Persistent Relationships) : 동기식 편집을 수행하는 동안 면 관계 생성에서 입력한 지속적 관계를 해제합니다.(단축키 : N)

3. 라이브 규칙 관계 유지

설정한 옵션에 대한 나머지 모델과 선택 세트의 요소 사이의 현재 관계를 유지합니다. 예를 들어 조종 휠(A)을 사용하여 평면형 면을 이동할 때 동일평면상 옵션이 설정되어 있으면 선택한 면과 동일평면상(B)에 있는 선택되지 않은 모든 면이 함께 이동합니다.

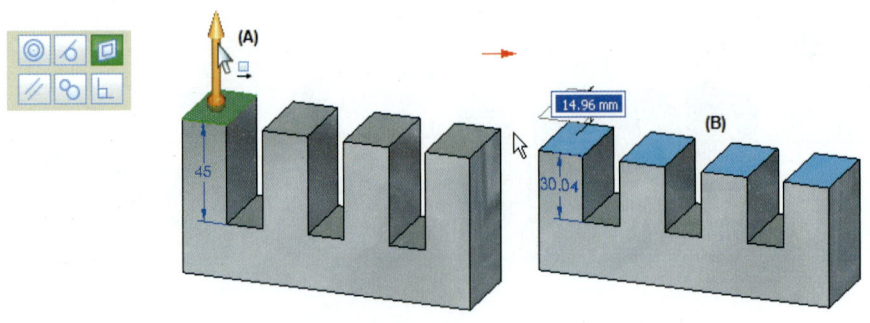

chapter 08 Synchronous Technology(동기식 기술)

- ⊚ **동심** : 선택 세트와 나머지 모델 사이의 동심도를 유지하도록 지정합니다(단축키 C).
- **접선 모서리** : 선택 세트와 나머지 모델 사이의 모서리 접촉을 유지하도록 지정합니다(단축키 T).
- **평행** : 선택 세트와 나머지 모델 사이의 평행도를 유지하도록 지정합니다(단축키 L).
- **동일평면상 면** : 선택 세트와 나머지 모델 사이의 동일평면도를 유지하도록 지정합니다(단축키 P).
- **접촉** : 선택 세트와 나머지 모델 사이의 접촉을 유지하도록 지정합니다(단축키 G).
- **직교** : 선택 세트와 나머지 모델 사이의 수직도를 유지하도록 지정합니다(단축키 D).
- **기본 평면의 대칭 유지** : 기본 참조 평면에 따라 선택 세트와 나머지 모델 사이에 대칭을 유지하도록 지정합니다(단축키 S).
- **XY 평면** : 기본 XY 평면에 대해 대칭을 유지하도록 지정합니다(단축키 X).
- **YZ 평면** : 기본 YZ 평면에 대해 대칭을 유지하도록 지정합니다(단축키 Y).
- **ZX 평면** : 기본 ZX 평면에 대해 대칭을 유지하도록 지정합니다(단축키 Z).
- **로컬 대칭** : 사용자 정의 대칭 평면에 대해 대칭을 유지하도록 지정합니다. 이 버튼을 클릭하면 수정 사항에 대해 대칭을 유지할 좌표계 평면 또는 참조 평면을 선택할 수 있습니다(단축키 Ctrl+Y).
- **동일평면상 축** : 지정한 축에 따라 선택 세트와 나머지 모델 사이에 동일평면상 축 정렬을 유지하도록 지정합니다. 이 옵션은 축이 이론상 공통 평면을 따라 정렬된 원통형 면의 정렬을 유지할 때 유용 합니다(단축키 A).

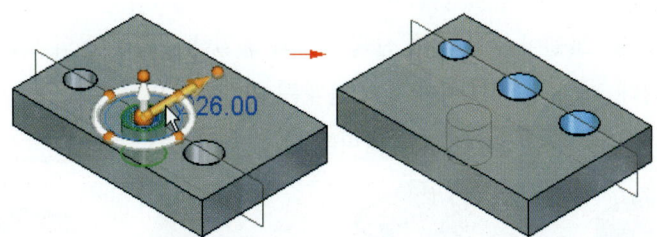

이 옵션은 판금 모델의 딤플과 같이 형상 원점이 포함되어 있는 절차 형상, 구멍, 원뿔 및 원통과 같이 축이 있는 형상이나 면에만 사용할 수 있습니다.

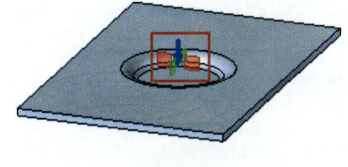

형상 원점

- **X축** : 전역 X 축을 따라 축 정렬을 유지하도록 지정합니다(단축키 Q).

- Y축 : 전역 Y 축을 따라 축 정렬을 유지하도록 지정합니다(단축키 W).
- Z축 : 전역 Z 축을 따라 축 정렬을 유지하도록 지정합니다(단축키 E).
- 사용자 정의 축 : 축 정렬을 유지할 사용자 정의 축 평면을 정의하거나 지우도록 지정합니다. 이 버튼을 클릭하면 다른 면 또는 형상(A)을 선택하여 선택된 요소(B)와 관련 요소를 정렬된 상태로 유지할(C) 축 평면을 정의할 수 있습니다(단축키 Ctrl+A).

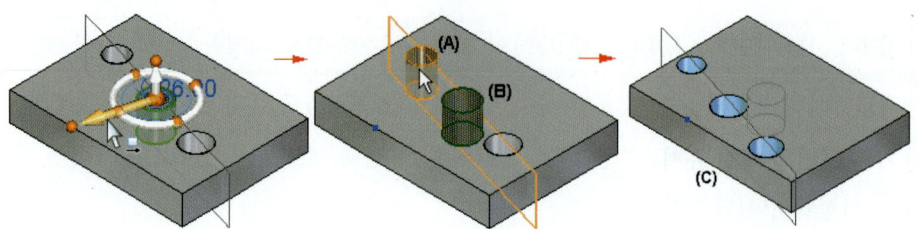

- 참조 평면 : 참조 평면에 대한 규칙 지원이 설정됩니다.(단축키 Ctrl+Shift+Q)
- 스케치 평면 : 스케치 평면에 대한 규칙 지원이 설정됩니다.(단축키 Ctrl+Shift+W)
- 좌표계 : 좌표계의 주 평면에 대한 규칙 지원이 설정됩니다.(단축키 Ctrl+Shift+E)
- 기본 참조 평면 잠금 : 기본 참조 평면과 동일한 평면에 있는 베이스 평면을 잠급니다.(단축키 B)
- 가능하면 동일 반경 유지 : 모델이 수정될 때 가능한 한 현재 반경 값을 유지하도록 지정합니다. 이 옵션의 선택을 취소하면 작업을 완료하는 데 필요한 경우 반경 값이 변경될 수 있습니다(단축키 M).
- 가능하면 기본 평면에 직각 유지 : 모델이 수정될 때 가능한 한 평면형 면이 기준 참조 평면에 직각을 유지하도록 지정합니다. 이 옵션의 선택을 취소하면 작업을 완료하는 데 필요한 경우 평면형 면이 기울어질 수 있습니다(단축키 O).
- 두께 체인 유지 : 모델이 수정될 때 선택 세트와 동일한 두께 체인의 모든 면이 그룹으로 수정되도록 지정합니다. 이 옵션을 지우면 활성 관계를 만족하는 다른 두께 체인의 면 및 선택 세트의 면만 수정됩니다. 판금 환경에서만 적용 됩니다(단축키 H).

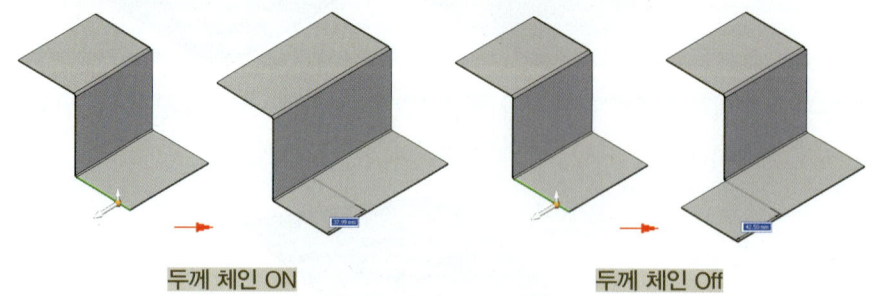

두께 체인 ON   두께 체인 Off

9.6 솔루션 관리자(Solution Manger)개요

동기식 모델에서는 편집하는 동안 모델 동작을 제어하기 위해 면 관계를 사용합니다. 이러한 면 관계에는 "찾음", "지속됨", "PMI"등을 포함하고 있습니다. 그러나 과도하게 구속된 조건으로 인해 동기식 편집이 실패할 수 있습니다. 또한 동기식 편집에는 성공하지만 예기치 못한 결과 또는 원하지 않는 결과가 생성될 수 있습니다. 솔루션 관리자에서 동기식 편집의 솔루션에 포함되는 면에 대한 상세 정보와 작업을 제공합니다. 솔루션 관리자는 현재 해석과 관련된 모든 관계의 제어를 제공하기 위해 모델과 그래픽으로 상호 작용하는 도구입니다.

솔루션 관리자는 동기식 이동 또는 편집 작업을 수행하는 중에 선택할 수 있는 단계입니다.
다음과 같이 솔루션 관리자를 사용할 수 있습니다.
- 솔루션에 역할이 표시되도록 관련 면의 색상이 변경됩니다.
- 면을 클릭하여 관계 간에 전환합니다.
- 면에 대한 모든 관계에 액세스하려면 면을 마우스 오른쪽 버튼으로 클릭합니다.
- 잠긴 치수를 클릭하여 구속조건을 완화합니다. 편집한 후 치수가 잠긴 상태로 되돌려집니다.

1. 솔루션 관리자 옵션

솔루션 관리자 옵션은 라이브 규칙 패널에 있습니다. 동기식 편집을 수행하는 동안 솔루션 관리자 버튼(1)이 비활성에서 활성(2)으로 변경됩니다. 기본적으로 자동 솔루션 관리 버튼(3)이 꺼져 있습니다.

자동 솔루션 관리자가 켜져 있으면 동기식 편집에서 솔루션 관리자가 자동으로 시작됩니다. 자동 솔루션 관리자(3)가 꺼져 있으면 솔루션 관리자를 수동으로 시작해야 합니다.

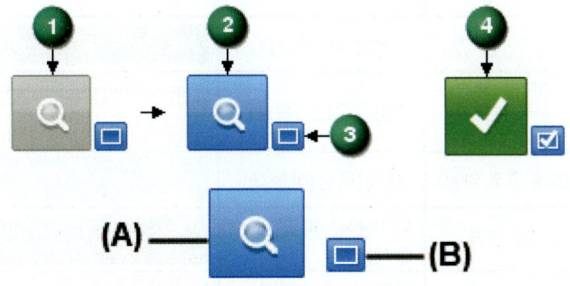

- **(A) 솔루션 관리자(Solution Manager)** : 편집과 관련된 관계의 그래픽 상호 작용을 허용합니다.(단축키 : V)
- **(B) 자동 솔루션 관리자(Auto-Solution Manager)** : 솔루션 관리자를 자동으로 실행합니다.

2. 솔루션 관리자 모델 표시

솔루션 관리자 모드에서 솔루션에 속하는 모델 면의 색상이 변경됩니다.

- 성공적인 솔루션 상태에서의 면 색상

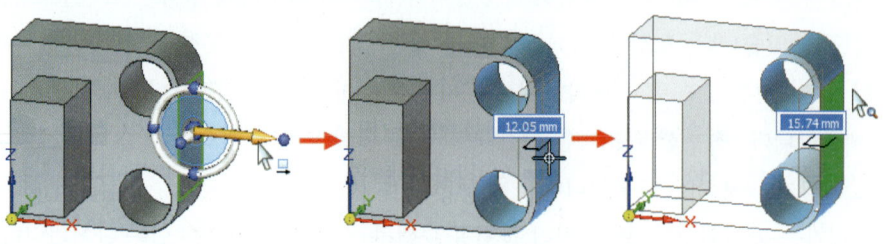

- 실패한 솔루션 상태에서의 면 색상

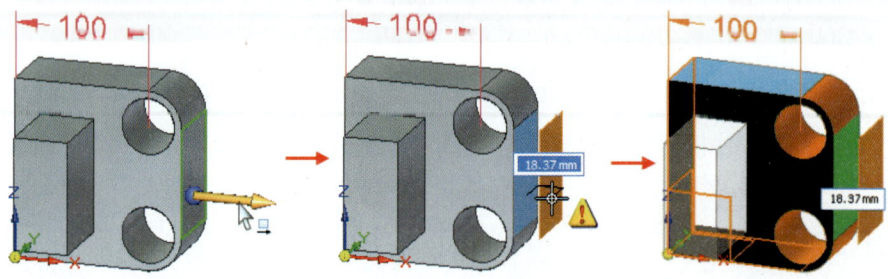

- 솔루션 관리자 면 색상 표

면 유형	색상	색상 표시	참고
나머지 모델 - ROM	투명		
선택 설정	녹색(선택 색상)		
실패한 선택 세트 배치 - 이러한 면은 성공적으로 해석된 경우 선택 세트가 되는 위치입니다	주황색(강조 색상)		
완화된 관계 없이 해석(오류 경로 아님)	"해석"파랑(하늘색)		
몇 가지 관계가 제공된 상태로 해석	½ "해석" 파랑(하늘색)		
실패한 경로 케이스	주황색("과도하게 구속됨" 색상)		
고정 절차 형상(리브, 웹, 패턴 등)	보라색("구동" 색상)		
고정 면	검정		다른 색상을 재정의합니다.
격리된 면	빨간색(핸들 색상)		검정색 이외의 색상을 재정의합니다.

3. 솔루션 관리자에서 면 관계 관리

솔루션 관리자 모드에서 솔루션과 관련된 면만 색상으로 표시됩니다. 관련되지 않은 면은 투명으로 표시됩니다. 색상이 지정된 면을 **마우스 오른쪽 버튼**으로 클릭하면 면에 대한 모든 관계가 나열되는 관계 팔레트가 표시됩니다.

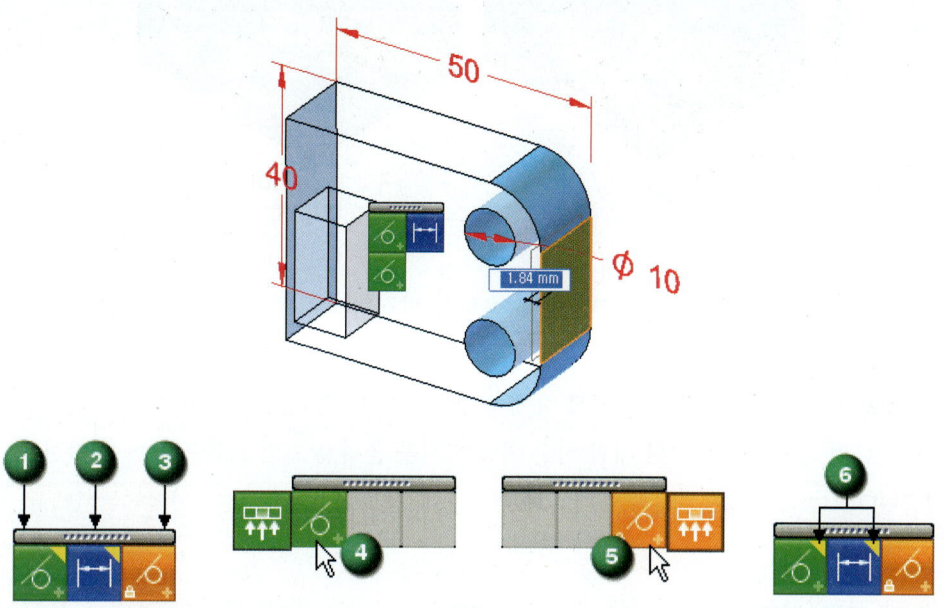

(1) 찾은 관계 : 라이브 규칙에 설정되어 있는 관계
(2) 치수 구속조건
(3) 지속적 관계(면 관계 생성)
(4), (5) 팔레트에 마우스로 관계를 가리키면 플라이아웃 옵션이 표시됩니다.
(6) 노란색 삼각형은 관계가 실패한 솔루션에 적용됨을 나타냅니다.

4. 동기식 편집 중에 치수 변경 사항 검사

솔루션 관리자 모드에 있는 동안 동기식 편집에 의해 영향을 받는 치수 값을 검사할 수 있습니다.
- 오른쪽 아래에 표시된 대로 변경되지 않은 치수가 자동으로 숨겨집니다.
- 변경된 치수가(C) 자동으로 표시(숨겨져 있는 경우)되고 그래픽 윈도우의 오른쪽 상단에 변경된 치수 표시기 심볼(A)이 표시됩니다.
- 분리된 치수가(D) 자동으로 표시(숨겨져 있는 경우)되고 그래픽 윈도우의 오른쪽 상단에 분리된 치수 표시기 심볼(B)이 표시됩니다.

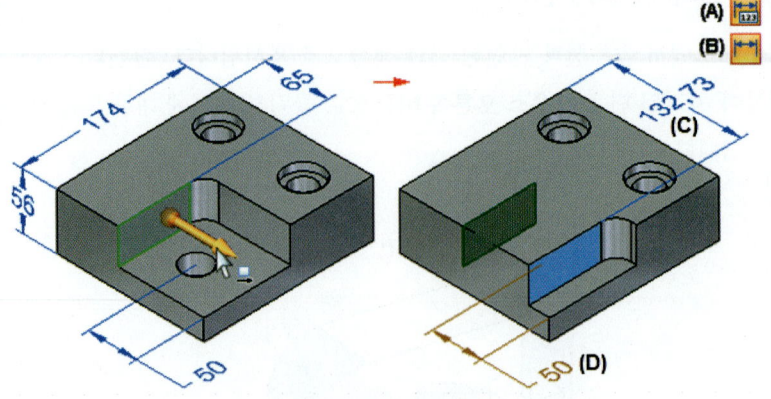

맞춤, 회전 및 확대/축소와 같은 뷰 명령을 사용하여 변경되는 모델의 면 및 치수를 더욱 잘 관찰할 수 있습니다.

표시기 심볼(A, B)을 클릭하여 프롬프트 바에 변경된 치수 및 분리된 치수의 총 개수 값을 표시할 수 있습니다. 또한 변경되거나 분리된 개별 치수 위에 커서를 올려 놓으면 프롬프트 바에 이전 값을 표시할 수 있습니다.

9.7 선택 관리자(Selection Manager)개요

동기식 파트 또는 어셈블리 문서에서 하나 이상의 요소 및 파트를 선택 시 선택 관리자 메뉴를 사용할 수 있습니다. **Shift + 스페이스바**를 함께 눌러 선택 관리자 모드를 시작하거나, 홈 탭 〉 선택 그룹 〉 선택 목록 〉 선택 관리자 모드를 선택할 수 있습니다.

선택 관리자 모드에서는 파트 또는 판금 문서의 및 어셈블리 문서의 로 커서가 바뀝니다.

➡ 홈 탭 ⇒ 선택 그룹 ⇒ 선택 ⇒ 선택 관리자 모드
➡ Home Tap ⇒ Select Group ⇒ Selcet ⇒ Selection manager mode

chapter 08 Synchronous Technology(동기식 기술)

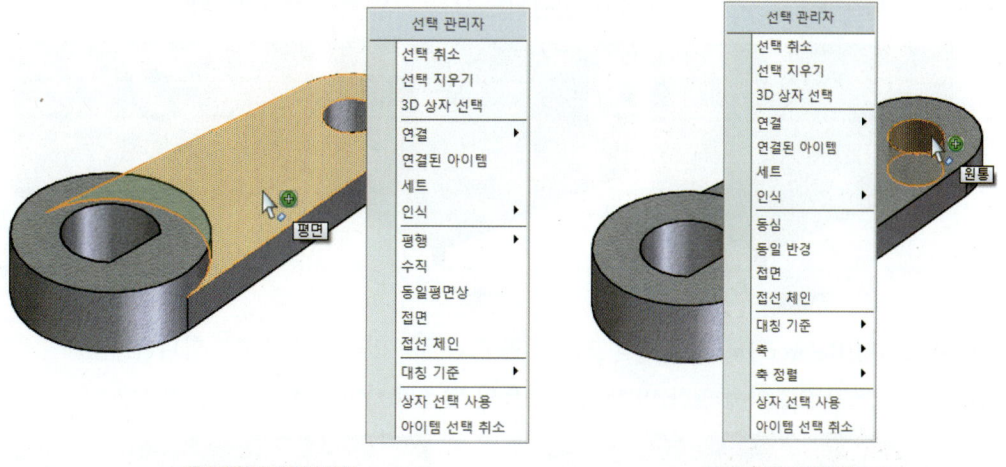

- **선택 취소**(Deselect) : 요소의 선택이 취소됩니다.
- **선택 지우기**(Clear Selection) : 모든 요소의 선택이 취소됩니다.
- **3D 상자 선택**(3D Box Select) : 3D 상자를 이용하여 요소를 선택합니다.

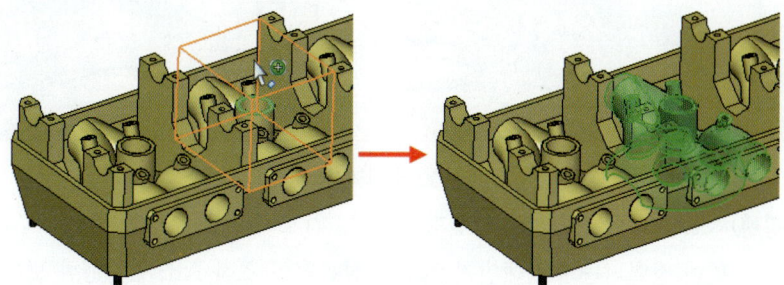

- **연결**(Connected) : 초점 요소에 연결된 면을 추가합니다.
  ▶ 연결됨(Connected) : 초점 요소에 연결되는 모든 면을 추가합니다.
  ▶ 내부면(Interior Faces) : 초점 요소에 연결되는 모든 내부 면을 추가합니다.

▶ 외부면(Exterior Faces) : 초점 요소에 연결되는 모든 외부 면을 추가합니다.

연결됨   내부   외부면

● **연결된 아이템**(Related Items) : 초점 요소에 영구 관계가 있는 요소를 추가합니다.
● **세트**(Sets) : 초점 요소와 동일한 면 세트의 파트인 면을 추가합니다.

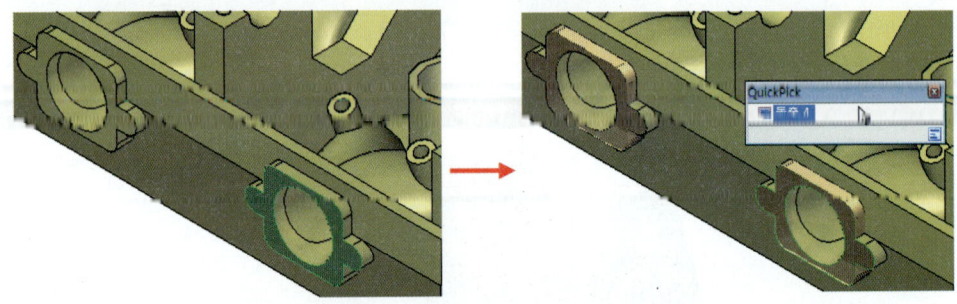

● **인식**(Recognize) : 초점 요소와 동일한 형상의 파트인 모든 면을 추가합니다.
  ▶ 형상(Feature) : 초점 요소와 동일한 형상의 파트인 모든 면을 추가합니다.
  ▶ 리브/보스(Rib/Boss) : 초점 요소와 동일한 리브/보스의 파트인 모든 면을 추가합니다.
  ▶ 컷아웃(Cutout) : 초점 요소와 동일한 컷아웃의 파트인 모든 면을 추가합니다.

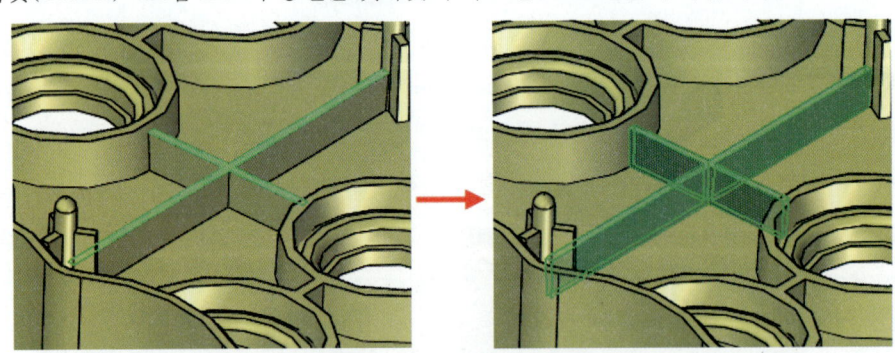

인식(리브/보스)

● **Parallel**(평행) : 초점 요소에 평행한 평면형 면 또는 참조 평면을 추가합니다.
  ▶ 면(Faces) : 면이 정렬되는지 반대인지 여부에 상관없이 초점 요소에 평행한 모든 평면을 추가합니다.
  ▶ 정렬(Aligned) : 평행하고 초점 요소와 동일한 방향인 모든 평면을 추가합니다.
  ▶ 반대(Opposing) : 평행하고 초점 요소와 반대 방향인 모든 평면을 추가합니다.

chapter 08 Synchronous Technology(동기식 기술)

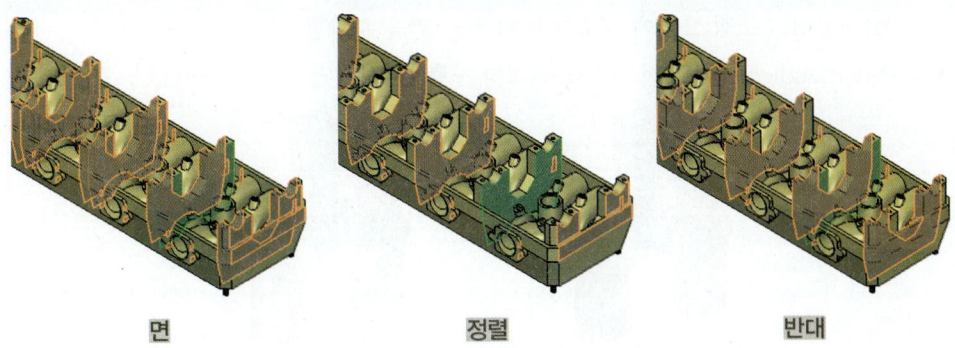

면   정렬   반대

- **수직(Perpendicular)** : 초점 요소에 수직인 모든 평면을 추가합니다. 이 옵션은 상자 선택 사용 옵션을 지원합니다.
- **동일평면상(Coplanar)** : 초점 요소와 동일평면상에 있는 모든 평면을 추가합니다. 이 옵션은 상자 선택 사용 옵션을 지원합니다.
- **동심(Coplanar)** : 초점 요소에 동심인 모든 면을 추가합니다. 이 옵션은 원통, 원뿔 및 원환체의 일부 또는 전체인 면에서만 사용할 수 있습니다. 이 옵션은 상자 선택 사용 옵션을 지원합니다.
- **동일 반경(Equal Radius)** : 초점 면과 반경이 같은 면을 선택 세트에 추가합니다.

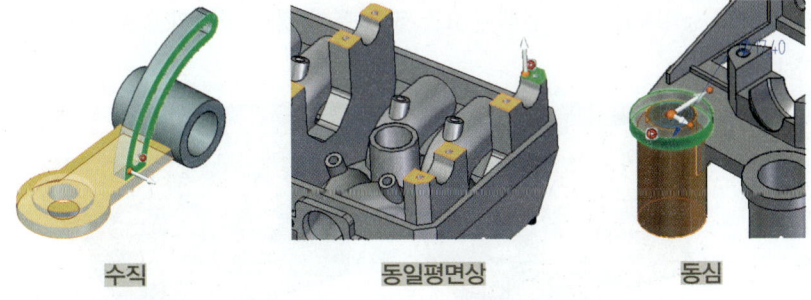

수직   동일평면상   동심

- **접면(Tangent Faces)** : 초점 요소에 접하는 면을 추가합니다.
- **접선 체인(Tangent Chain)** : 초점 요소와 동일한 블렌드 체인의 파트이거나 동일한 블렌드 체인에 접하는 면을 추가합니다.
- **대칭(Symmetric About)** : 지정된 동일한 참조 평면 유형에 대해 초점 요소와 대칭인 면을 추가합니다. 플라이아웃 옵션을 사용하여 대칭 평면으로 사용할 참조 평면의 유형을 지정할 수 있습니다.
  - ▶ 기준 XY 평면(Base XY Plane) : 기준 XY 평면에 대해 초점 요소와 대칭인 면을 추가합니다.
  - ▶ 기준 XZ 평면(Base XZ Plane) : 기준 XZ 평면에 대해 초점 요소와 대칭인 면을 추가합니다.
  - ▶ 기준 YZ 평면(Base YZ Plane) : 기준 YZ 평면에 대해 초점 요소와 대칭인 면을 추가합니다.
  - ▶ 로컬 평면(Local Plane) : 선택한 참조 평면 유형에 대해 초점 요소와 대칭인 면을 추가합니다.
- **축(Axis)** : 초점 요소에 평행하거나 직교하는 축이 있는 면을 추가합니다. 이 옵션은 원통, 원뿔 및 원환체의 일부 또는 전체인 면에서만 사용할 수 있습니다. 플라이아웃을 사용하여 축이 평행해야 하는지 직교해야 하는지 여부를 지정할 수 있습니다.

- 평행(Parallel) : 초점 요소에 평행한 축이 있는 면을 추가합니다.
- 수직(Perpendicular) : 초점 요소에 직교하는 축이 있는 면을 추가합니다.

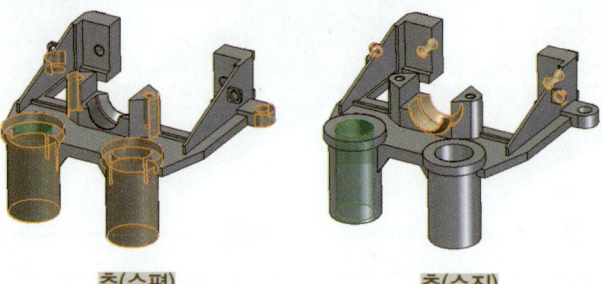

축(수평)　　　　　축(수직)

- **축 정렬(Axis Aligned)** : 지정한 축을 따라 선택된 요소의 축과 정렬된 동일 평면상의 원통형 축이 있는 면을 추가합니다. 이 옵션은 부분 및 전체 원통, 원뿔 및 원환체인 면에서만 사용할 수 있습니다. 이 옵션은 상자 선택 사용 옵션을 지원합니다.
  - X축 방향(Along X) : 선택된 요소 및 기준 X 평면의 축과 동일 평면상에 있는 면을 추가합니다.
  - Y축 방향(Along Y) : 선택된 요소 및 기준 Y 평면의 축과 동일 평면상에 있는 면을 추가합니다.
  - Z축 방향(Along Z) : 선택된 요소 및 기준 Z 평면의 축과 동일 평면상에 있는 면을 추가합니다.
  - 사용자 정의(User-Defined) : 선택된 요소 및 사용자 정의 평면의 축과 동일 평면상에 있는 면을 추가합니다.

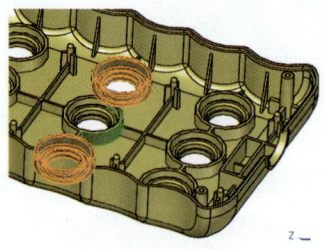 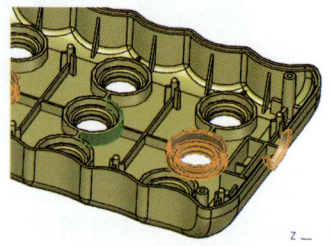

축 정렬(X축 방향)　　　　　축 정렬(Z축 방향)

- **상자 선택 사용(Use Box Selection)** : 그래픽 창에서 3D 상자를 정의하여 선택 세트에서 요소를 추가하거나 제거하도록 지정합니다. 상자 선택을 사용하는 경우 3D 상자의 내부에 있거나 3D 상자와 겹치는 요소가 선택에 포함됩니다. 이 옵션은 특정 메뉴 옵션에서만 사용할 수 있습니다.

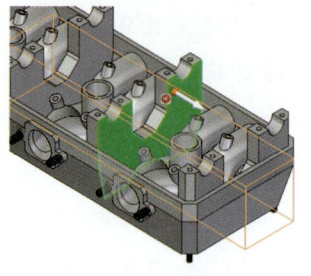 

상자 선택 사용　　　　　상자 선택 미사용

- **아이템 선택 취소(Deselect Items)** : 이 옵션을 설정하면 초점 요소 기준과 일치하는 요소의 선택이 취소됩니다.
- **동일한 파트(Identical Parts)** : 선택한 파트와 동일한 모든 파트를 선택합니다. 이 옵션은 어셈블리 문서에서 작업할 때만 사용할 수 있습니다.
- **동일한 하위 어셈블리에서 선택(Select in Identical Subassemblies)** : 선택한 파트와 같은 하위 어셈블리에 있는 모든 파트를 선택합니다. 이 옵션은 어셈블리 문서에서 작업할 때만 사용할 수 있습니다.
- **하위 어셈블리 선택(Select Subassembly)** : 선택한 파트가 속한 하위 어셈블리를 선택합니다. 이 옵션은 어셈블리 문서에서 작업할 때만 사용할 수 있습니다.

9.8 형상 세트 분리 및 분할

모델 설계가 발전함에 따라 형상 세트의 부분인 형상을 개별적으로 편집해야 할 수 있습니다. 예를 들어 처음부터 직경, 깊이 등과 같은 형상 매개변수가 동일한 구멍 세트에서 한 구멍의 직경을 수정해야 할 수 있습니다. 분리 및 분할 명령을 사용하여 큰 세트의 일부인 하나 이상의 형상을 격리할 수 있습니다. 동기식 모델에서 구멍, 직사각형 패턴, 원형 패턴 및 곡선을 따른 패턴 명령은 형상 세트를 생성할 수 있습니다.

1. 형상 세트

하나의 형상 작업으로 여러 구멍을 만드는 경우 세트 항목 아래 중첩된 세트의 개별 인스턴스와 함께 이러한 구멍이 하나의 세트로 PathFinder에 표시됩니다. PathFinder에서 형상 세트 항목을 강조 표시하거나 선택한 경우 전체 형상 세트가 강조 표시되거나 선택됩니다.

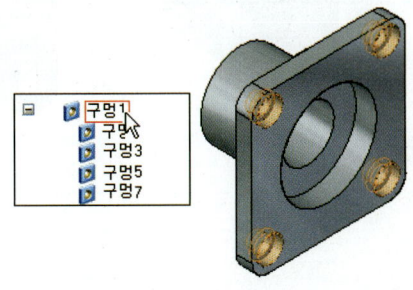

세트 내에서 형상 인스턴스 중 하나를 강조 표시하거나 선택한 경우 형상 인스턴스가 강조 표시되거나 선택됩니다. 세트의 일부이기 때문에 세트에 있는 구멍 중 하나의 매개변수를 편집하면 세트의 모든 구성원이 수정됩니다.

2. 형상 세트 분리

분리 명령을 사용하여 구멍의 매개변수를 개별적으로 편집하도록 구멍의 큰 세트에서 하나 이상의 구멍을 격리할 수 있습니다. 분리 명령은 구멍 형상의 기본 정보를 손상시키지 않습니다.

형상 세트 분리 사용 방법

분리 할 구멍 형상 세트 마우스 오른쪽 버튼 클릭 후 분리 선택(A) ➡ PathFinder 또는 그래픽 윈도우에서 분리된 형상 선택(B) ➡ 옵션에서 M5로 변경합니다. ➡ 수정 완료(C)

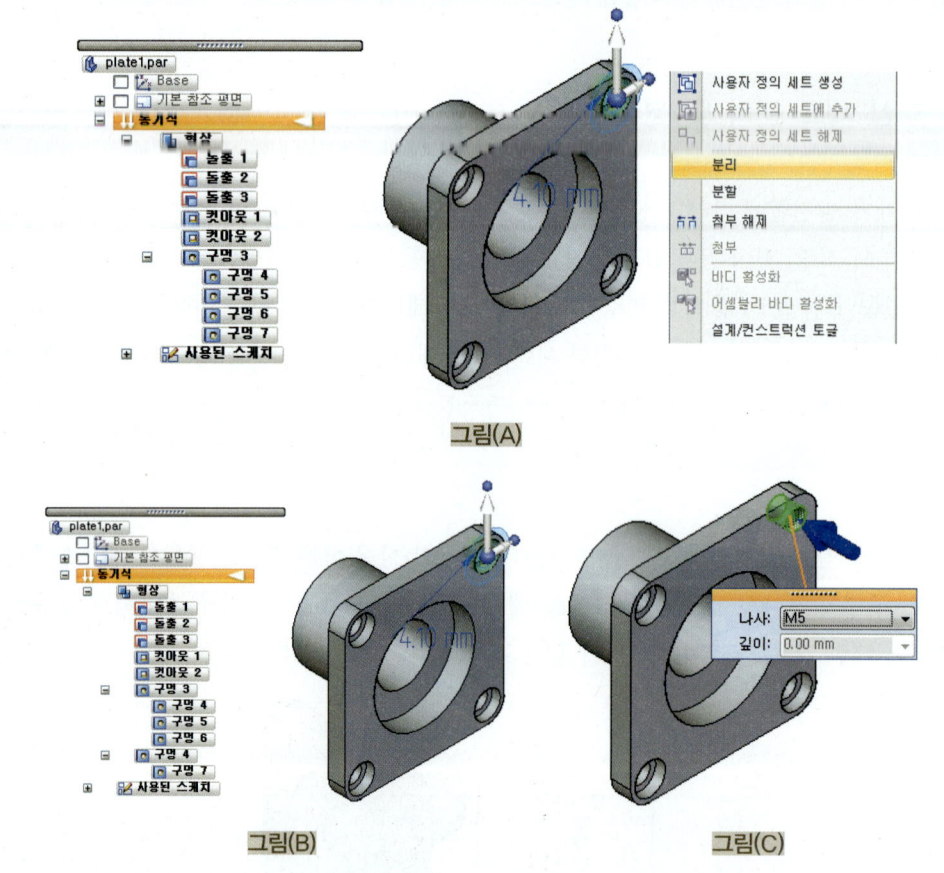

그림(A)

그림(B)   그림(C)

3. 형상 세트 분할

개별 패턴 인스턴스 및 구멍 인스턴스에 모두 분할 명령을 사용할 수 있습니다. 패턴 구성원이 구성 세트에서와 다르게 PathFinder에 표시됩니다. 패턴의 개별 인스턴스를 선택하려면 QuickPick을 사용해야 합니다. 분할 명령을 사용하는 경우 구멍의 기본 정보가 손실됩니다. 선택 항목이 면 세트로 변환되고 PathFinder에 면 세트 항목이 추가됩니다.

chapter 08 Synchronous Technology(동기식 기술)

형상 세트 분할 사용 방법

분할 할 구멍 형상 세트에 마우스 커서를 대고 기다린 후 QuickPick으로 선택(A) ➡ 마우스 오른쪽 버튼 클릭 후 분할선택(B) ➡ 분할 된 형상 선택(C) ➡ 형상 이동(D)

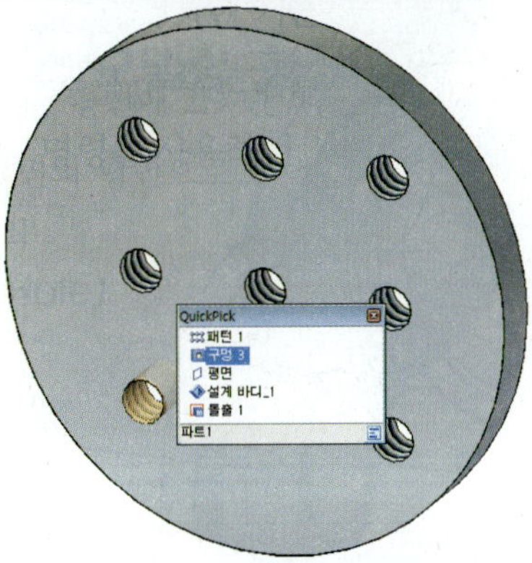

그림(A) 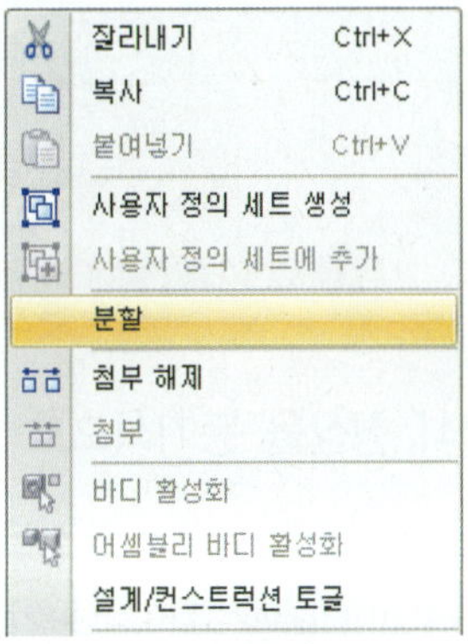 그림(B)

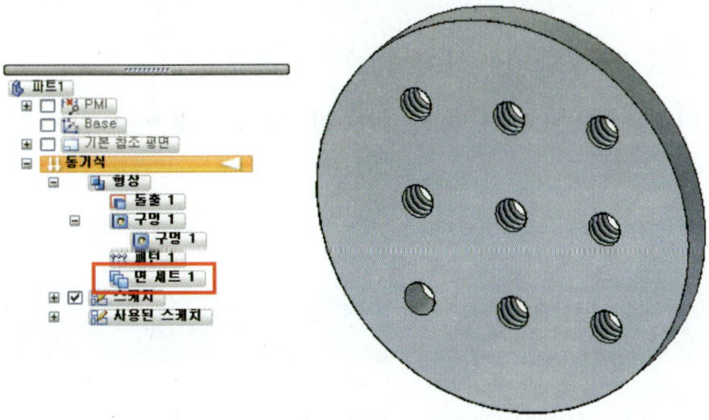

그림(C) 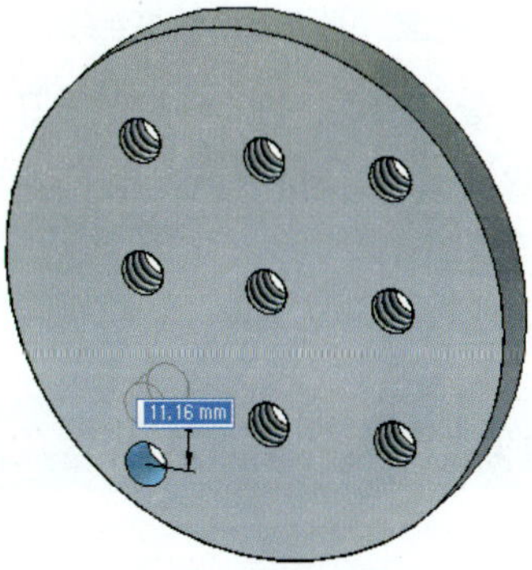 그림(D)

9.9 동기식 또는 순서 지정식 전환

1. 환경 간 이동

PathFinder 또는 그래픽 윈도우를 마우스 오른쪽 버튼으로 클릭하여 바로 가기 메뉴를 활성화한 다음 활성 상태인 환경에 따라 동기식으로 전환 또는 정렬식으로 전환을 선택합니다.

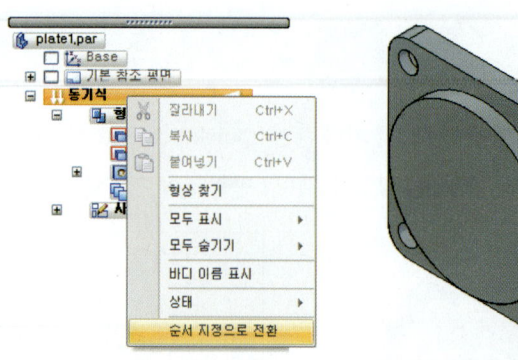

환경 간 이동(PathFinder)　　　환경 간 이동(그래픽 윈도우)

2. 순서 지정식 형상을 동기식으로 이동

파트 또는 판금 모델링 파일 안에서 정렬식 형상을 동기식 형상으로 변환할 수 있습니다. 변환은 순서 지정 형상을 PathFinder 트리의 동기식 부분으로 옮겨 수행됩니다. 그러면 형상 지오메트리가 동기식 바디에 사용되어 동기식 편집이 가능해집니다.

동기식으로 이동 워크플로는 해당 파일이 정렬식 환경에 있는 경우에만 사용할 수 있습니다. 동기식으로 이동 명령을 사용하여 한 개 또는 여러 개의 형상을 변환할 수 있습니다.

정렬식 변환은 한 방향으로만 수행됩니다. 즉, **동기식 형상을 순서 지정 형상으로 변환할 수 없습니다.**

순서 지정식 형상을 동기식으로 이동 사용 방법

순서 지정식 환경 파트에서 동기식으로 이동 할 형상을 선택합니다.(A) ➡ 마우스 오른쪽 버튼을 클릭 후 바로가기 메뉴에서 동기식으로 이동을 선택합니다.(B) ➡ 변경된 형상을 확인합니다.(C)

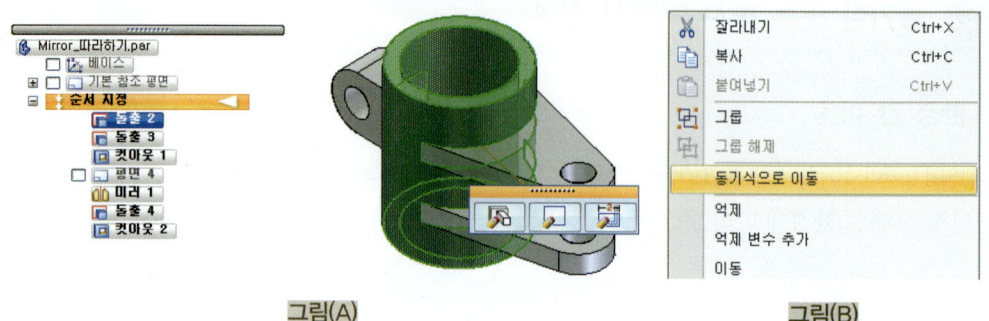

그림(A)　　　　　　　　　　　　　　　　　그림(B)

chapter 08 Synchronous Technology(동기식 기술)

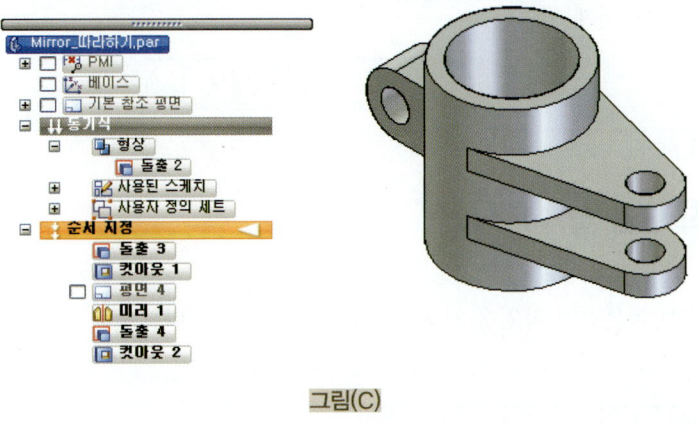

그림(C)

10 동기식 판금

10.1 판금의 조종 휠 동작

두께 면을 선택하면 Solid Edge에서 판금 응용프로그램에 고유한 핸들을 표시합니다. 플랜지 시작 핸들을 선택하여 플랜지를 만들 수 있습니다. 레이어 면에 평행한 주 축을 사용하여 판 크기를 조작할 수 있습니다.

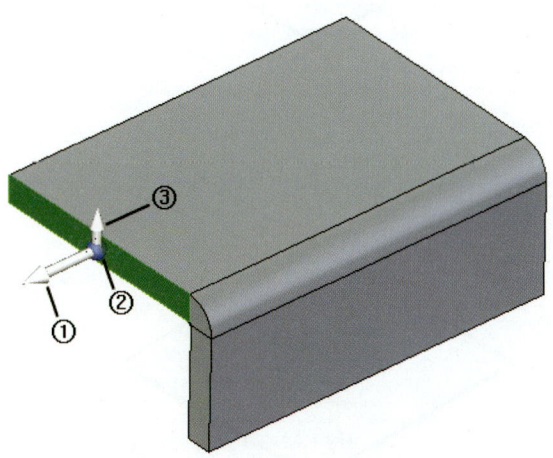

① 주 축: 두께 면을 이동하거나 회전시키는 데 사용됩니다.
② 원점
③ 플랜지 시작 핸들: 명령 모음에서 플랜지 생성 옵션을 엽니다. 핸들 원점을 이동하면 모든 핸들 기

능에 액세스 가능하게 됩니다.

10.2 동기식 판금 설계

동기식 판금에서 기본적인 작업을 시작하는 방법은 보여줍니다.

- Solid Edge ST5을 시작합니다.
- ISO 판금을 클릭합니다.
- 응용프로그램 버튼 〉 등록 정보 〉 재료 테이블을 클릭합니다.
- 게이지 탭 〉 재료 두께 8mm로 설정 〉 보텔에 적용를 클릭합니다.
- 홈 탭 〉 그리그 그룹 〉 중심으로 직사각형 생성 명령을 클릭합니다.
- X-Y 평면에 50mm의 정사각형을 그립니다.

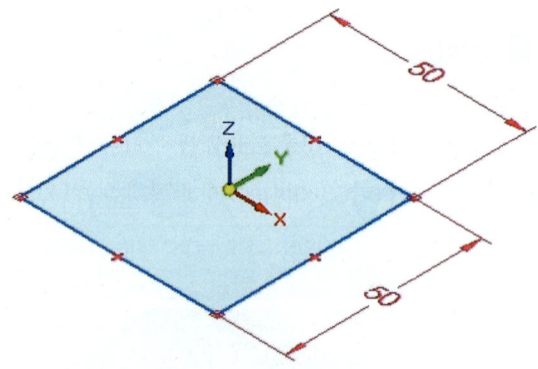

- 그림에 표시된 영역을 선택합니다.

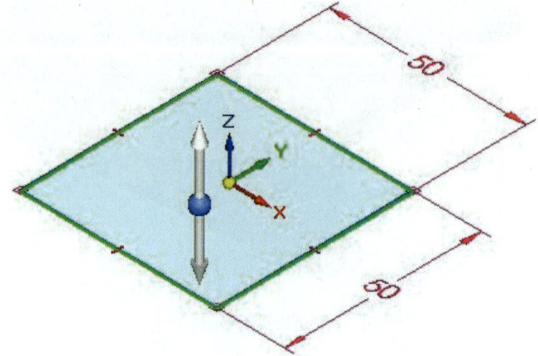

- 아래 방향을 가리키는 수직 핸들을 선택하여 탭 생성 〉 수용버튼을 클릭합니다.

chapter 08 Synchronous Technology(동기식 기술)

- 아래그림과 같이 두 개의 두께 면을 선택합니다.

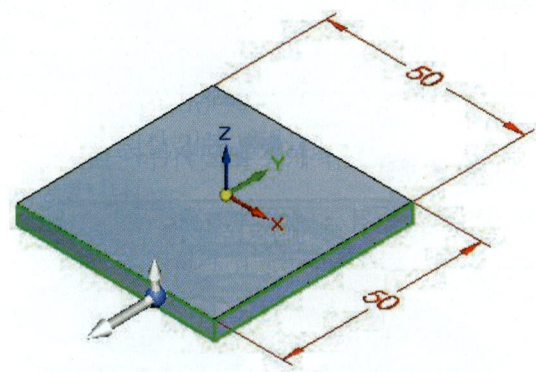

- 플랜지 시작 핸들 선택합니다.

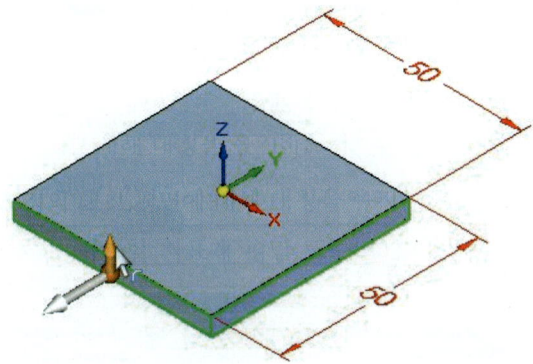

- 새 플랜지의 거리로 50mm를 입력합니다.

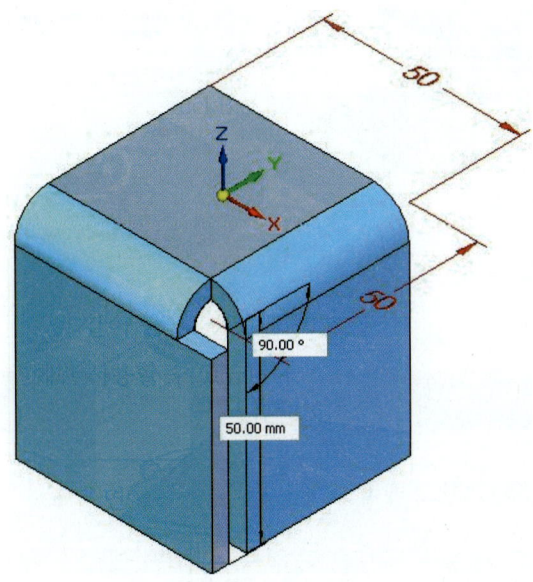

10.3 동기식 판금 모델링 명령

1. 🔲 탭(Tab)

동기식 판금은 따로 탭 명령이 존재하지 않습니다. 먼저 스케치를 그린 후 영역을 선택하면 핸들을 이용하여 바로 판금 모델의 기본 형상인 탭을 만들 수 있습니다.

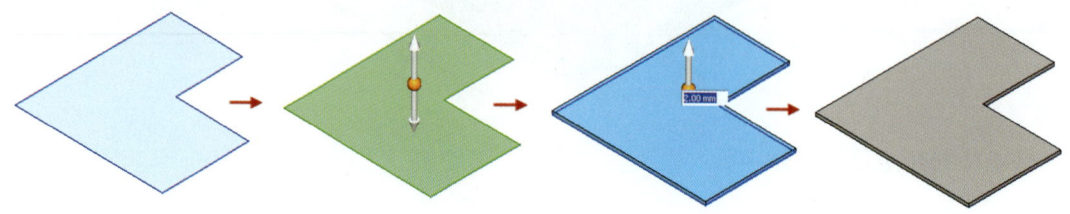

또한 동기식 판금에서는 탭 제작시 명령 모음에 물성치 및 게이지를 입력할 수 있는 재료 테이블 버튼이 있습니다.

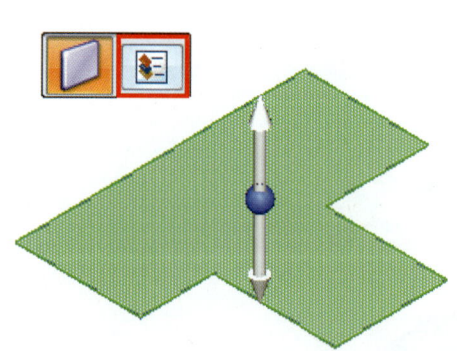
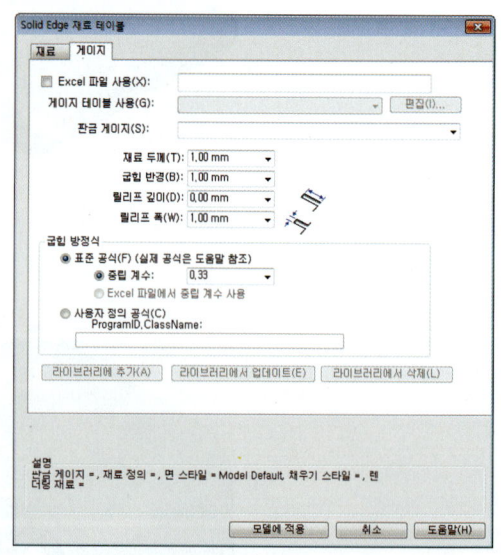

탭 사용 방법

- **step1** 참조 평면을 잠그고 스케치를 작성합니다.

- **step2** 스케치 영역을 선택하고 돌출 핸들을 클릭합니다.

chapter 08 Synchronous Technology(동기식 기술)

- **step3** 재료 두께를 입력하고 돌출 방향을 정의합니다. 핸들을 방향에 따라 생성될 탭의 방향이 변경됩니다.

- **step4** 마우스 오른쪽 버튼을 클릭하여 명령을 종료합니다.

- **step5** 추가 형상을 스케치합니다. 추가 형상을 만들 경우 스케치를 열어 두어도 됩니다.

- **step6** 돌출 핸들을 선택하면 다음 형상이 자동으로 추가됩니다.

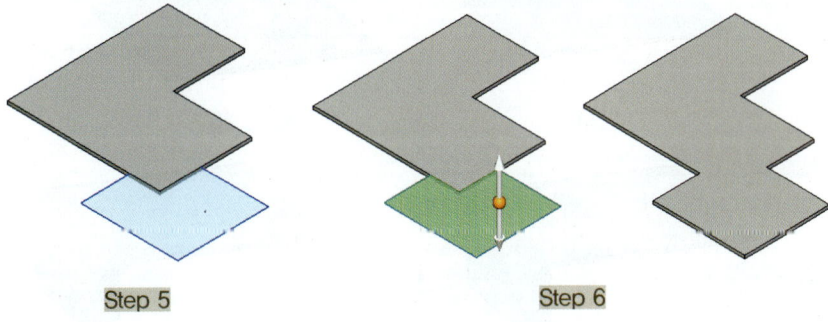

- **step7** 탭의 측면을 선택합니다.

- **step8** 핸들을 끌어 탭의 크기를 변경합니다.

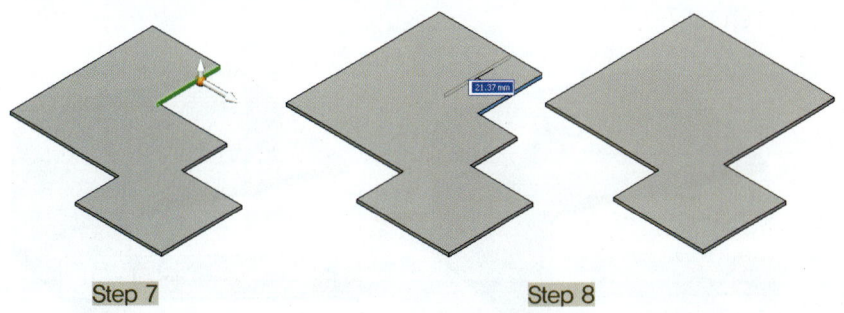

759

2. 플랜지(Flange)

동기식 판금은 따로 플랜지 명령이 존재하지 않습니다. 선형 두께 모서리를 선택하여 플랜지 시작 핸들을 표시하면 플랜지를 구성할 수 있습니다. 플랜지 시작 핸들을 사용하여 플랜지를 만들 수 있습니다. 플랜지 시작 핸들을 자체적으로(A) 또는 2D 조종 휠에서 주축(B)과 연계하여 표시할 수 있습니다.

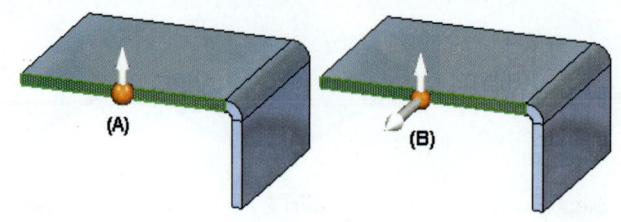

플랜지 시작 핸들을 클릭한 다음 플랜지 거리를 지정한 후 클릭하여 플랜지를 배치하여 플랜지를 만들어 형상을 표시할 수 있습니다.

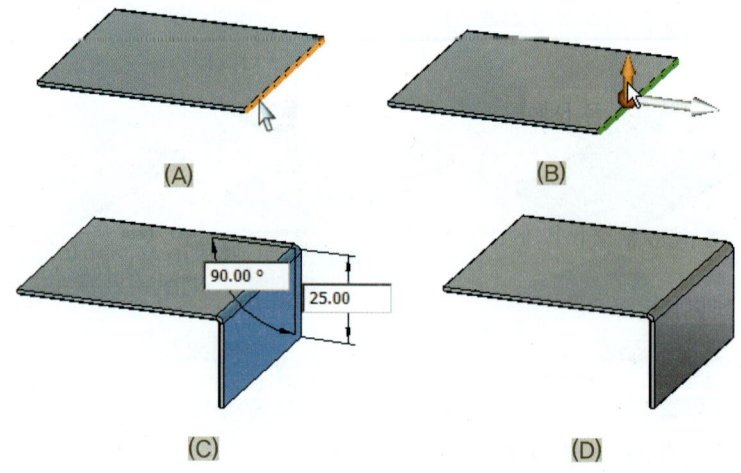

또한 평면형 두께 면을 선택한 경우 명령 모음에서 플랜지 명령을 클릭하면 2D 조종 휠 없이 플랜지 시작 핸들이 표시됩니다.

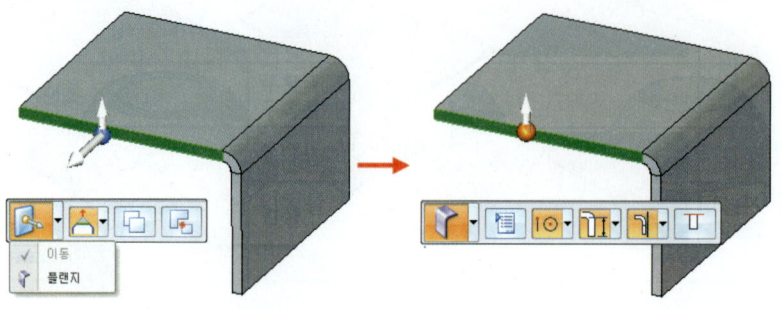

플랜지 사용 방법

- **step1** 사각형 탭 형상을 만든 후 모델의 정면 모서리를 선택합니다.

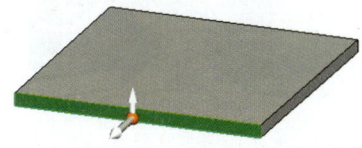

- **step2** 조종 휠을 선택 후 커서를 움직여 플랜지 방향을 설정한 다음 마우스를 클릭 합니다.

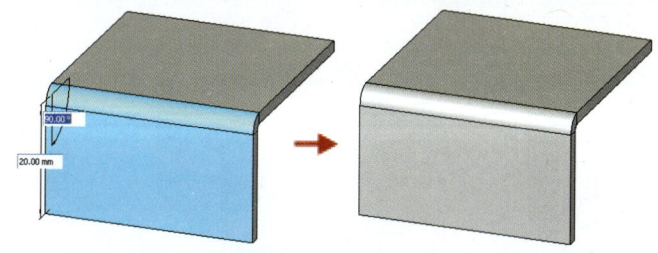

- **step3** 형상의 좌측 모서리를 선택 후 명령 모음에서 플랜지 명령을 클릭하여 플랜지 시작 핸들로 변경합니다.

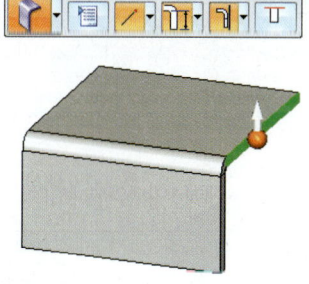

- **step4** 명령 모음에서 부분 플랜지 옵션을 선택 후 플랜지를 생성합니다.

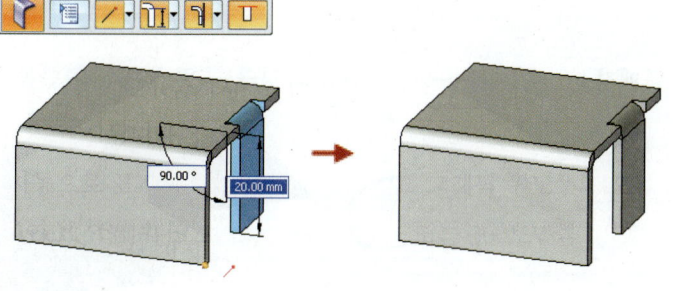

step5 PathFinder에서 생성된 플랜지를 선택 후 핸들의 원점 손잡이를 선택합니다.

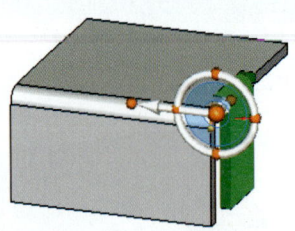

step6 핸들을 이동하여 끝점에 놓은 다음 클릭합니다. 그 후 주 축을 선택하여 플랜지를 이동합니다.

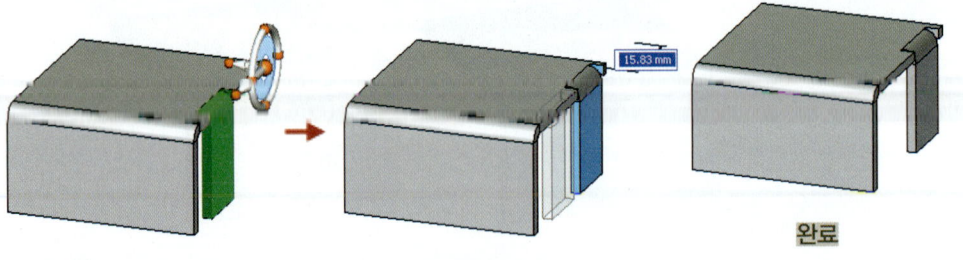

3. 윤곽 플랜지(Contour Flange)

➠ 홈 탭 ⇒ 판금 그룹 ⇒ 윤곽 플랜지
➠ Home Tap ⇒ Sheet Metal Group ⇒ Contour Flange

선형 모서리를 따라 프로파일을 돌출시켜 윤곽 플랜지를 만듭니다.

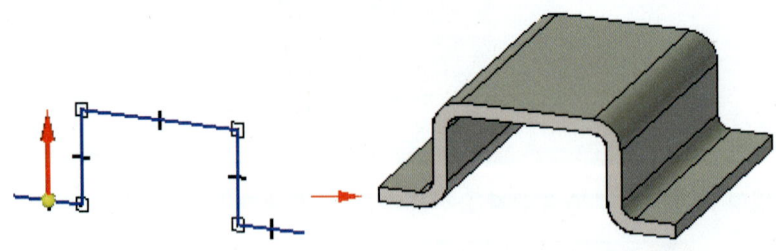

● **단순형 윤곽 플랜지** : 스케치를 사용하여 판금 파일의 첫 번째 형상을 만들 때 생성됩니다.

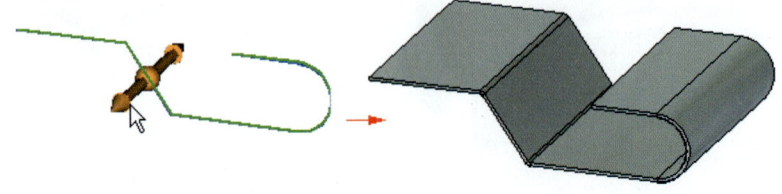

chapter 08 Synchronous Technology(동기식 기술)

동기식 환경에서 단순형 윤곽 플랜지를 생성하면 이 플랜지에는 서로 아무런 관계도 없는 탭 및 굽힘 세트가 포함됩니다. 단순형 윤곽 플랜지는 PathFinder에서 탭 및 플랜지 컬렉션으로 표현됩니다.

- **체인형 윤곽 플랜지** : 스케치를 사용하여 기존 탭이나 플랜지에 윤곽 플랜지를 추가할 때 생성됩니다. 스케치는 스케치가 연결된 두께 면에 직교해야 합니다.

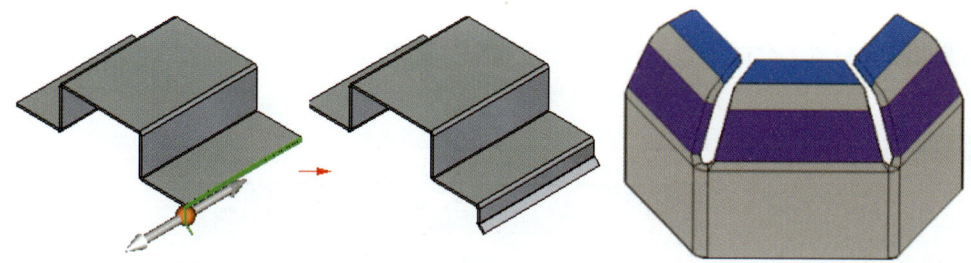

윤곽 플랜지를 구성하는 요소는 굽힘 각도, 굽힘 반경 및 플랜지 간 방향이 항상 유지되도록 연관됩니다.

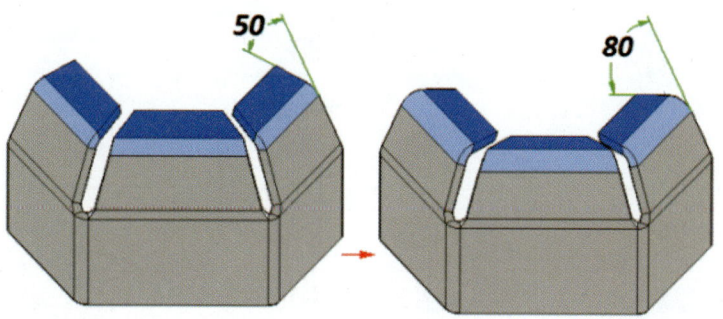

윤곽 플랜지 사용 방법

step1 스케치 평면을 잠그고 프로파일에 형상 구속 조건과 치수를 부여합니다.

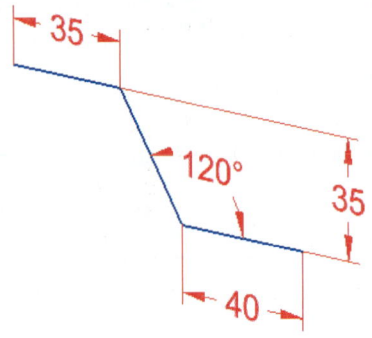

step2 홈 탭 > 판금 그룹 > 윤곽 플랜지를 클릭합니다.

step3 스케치를 선택합니다.

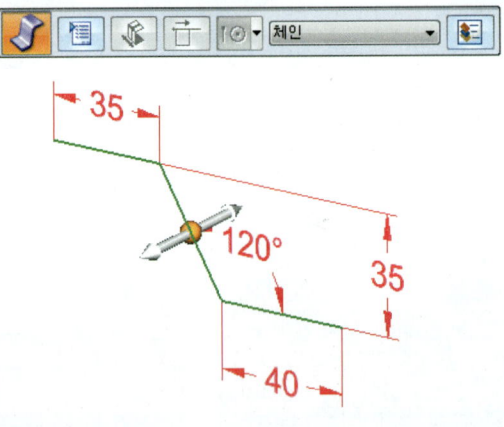

step4 핸들을 클릭하고 두께와 범위를 선택 후 마우스 오른쪽 버튼을 클릭합니다.

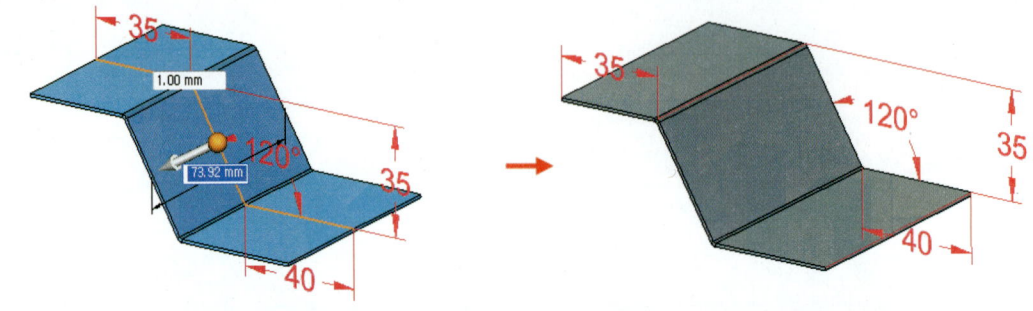

chapter 08 Synchronous Technology(동기식 기술)

4. 헴(Hem)

➡ 홈 탭 ⇒ 판금 그룹 ⇒ 윤곽 플랜지 ⇒ Hem

➡ Home Tap ⇒ Sheet Metal Group ⇒ Contour Flange ⇒ Hem

재료가 뒤로 접히는 헴을 만듭니다.

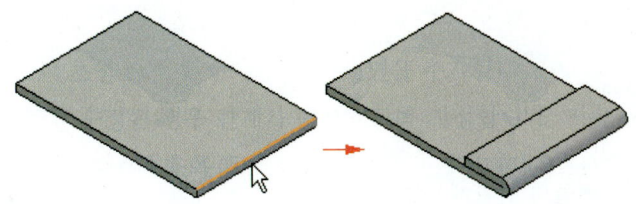

헴 사용 방법

step1 홈 탭 > 판금 그룹 > 윤곽 플랜지 > 헴을 선택합니다.

step2 모서리를 클릭하면 Hem(헴)이 작성됩니다.

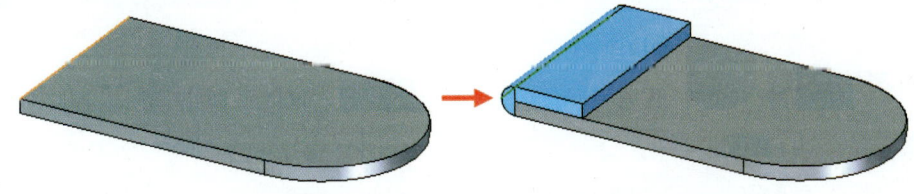

※ 헴 명령을 실행 전에 탭 또는 플랜지 명령을 이용해 기본 형상을 만듭니다.

헴 형상 이동, 회전 및 편집 사용 방법

▶ 형상 이동

step1 헴을 선택합니다.

step2 표시되는 핸들의 보조 축을 클릭합니다.

- step3 커서를 움직여서 면을 원하는 위치에 배치한 다음 클릭합니다.

➤ 형상 회전

- step1 헴을 선택합니다.

- step2 표시되는 핸들의 원환체를 클릭합니다.

- step3 커서를 움직여서 면을 원하는 위치에 배치한 다음 클릭합니다.

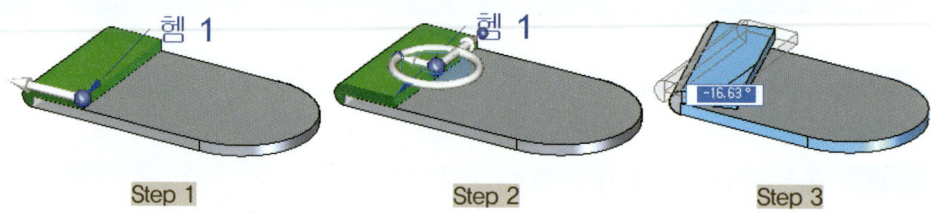

➤ 형상 편집

- step1 헴을 선택합니다.

- step2 편집 핸들 글자(헴)를 클릭합니다.

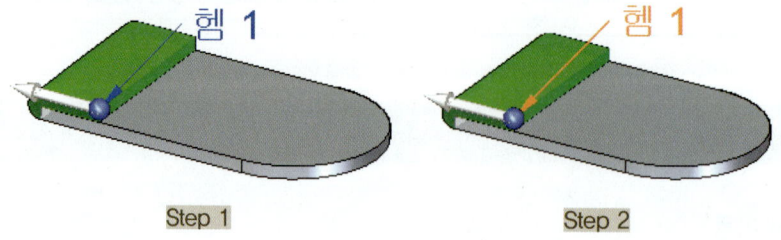

- step3 헴 명령 모음 및 헴 옵션 다이얼로그를 사용하여 헴을 변경합니다.

chapter 08 Synchronous Technology(동기식 기술)

- **step4** 클릭하여 편집 내용을 저장합니다.

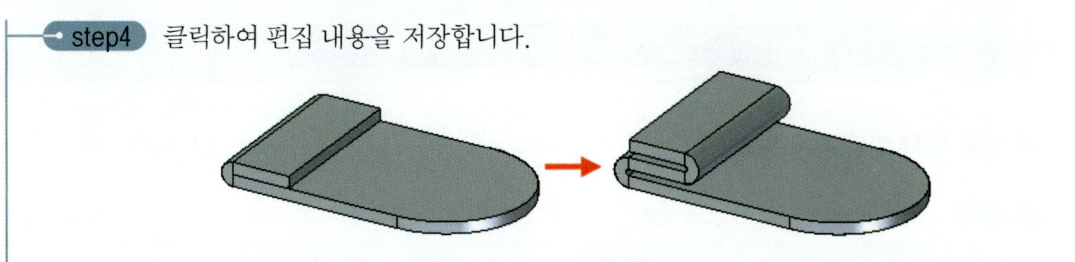

5. 딤플(Dimple)

- 홈 탭 ⇒ 판금 그룹 ⇒ 딤플
- Home Tap ⇒ Sheet Metal Group ⇒ Dimple

열린 또는 닫힌 프로파일을 사용하여 딤플 형상을 작성합니다.

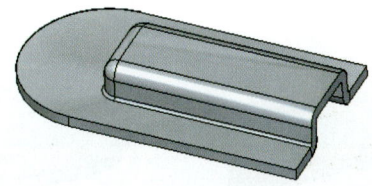

딤플 사용 방법

- **step1** 홈 탭 〉 판금 그룹 〉 딤플을 선택합니다.

- **step2** 영역을 선택하고 범위 값을 입력합니다. 생성 방향을 바꾸려면 핸들을 클릭합니다.

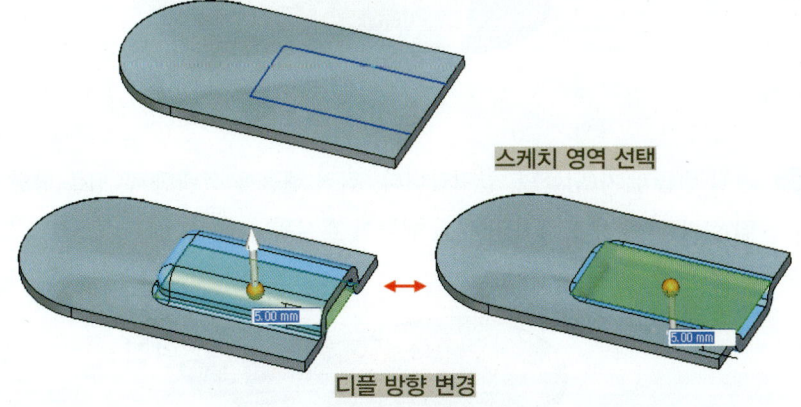

※ 딤플 명령을 작성하기 위해서는 반드시 탭 또는 플랜지 면에 스케치가 존재해야합니다.

767

딤플 형상 이동, 형상 편집 및 프로파일 편집 사용 방법

➤ 딤플 형상 이동 사용 방법

step1 PathFinder 또는 형상에서 딤플을 선택합니다.

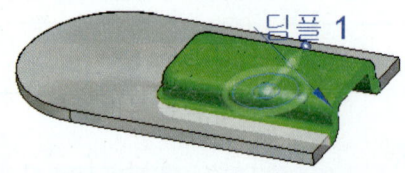

step2 표시되는 핸들의 주 축을 클릭합니다.

step3 딤플을 새 위치로 끕니다.

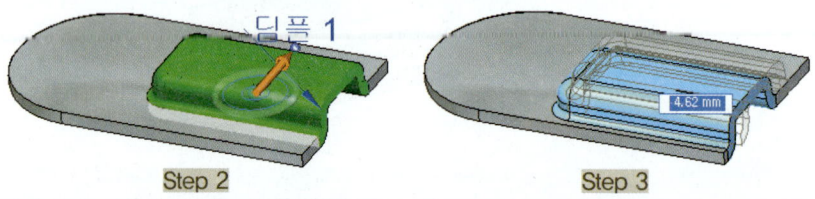

➤ 딤플 형상 편집 사용 방법

step1 PathFinder 또는 형상에서 딤플을 선택합니다.

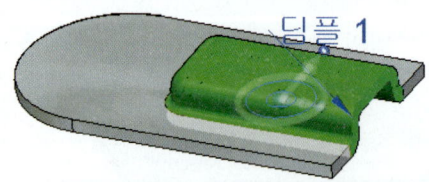

step2 편집 핸들 글자(딤플)를 클릭합니다. 편집 핸들을 선택한 후 딤플 방향 화살표, 동적 편집 상자 및 형상 프로파일 편집 핸들이 표시됩니다.

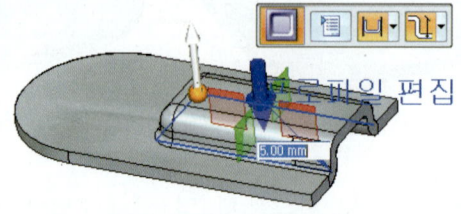

chapter 08 Synchronous Technology(동기식 기술)

- step3 딤플 범위 값을 입력합니다.

- step4 핸들을 클릭하여 딤플의 방향을 변경합니다.

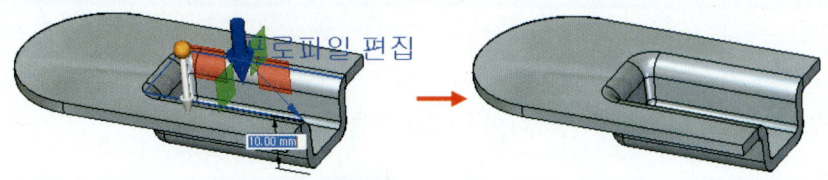

➤ **딤플 프로파일 편집 사용 방법**

- step1 PathFinder 또는 형상에서 딤플을 선택합니다.

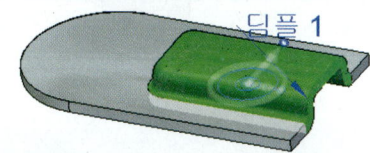

- step2 편집 핸들 글자(딤플)를 클릭합니다.

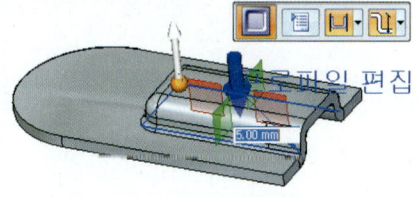

- step3 프로파일 편집 핸들을 클릭합니다.

- step4 기존 프로파일을 변경합니다.

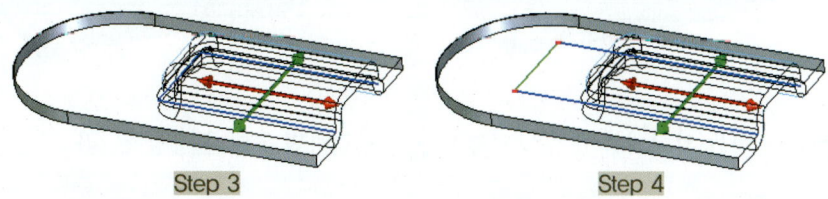

- step5 수용 ✔ 버튼을 클릭합니다.

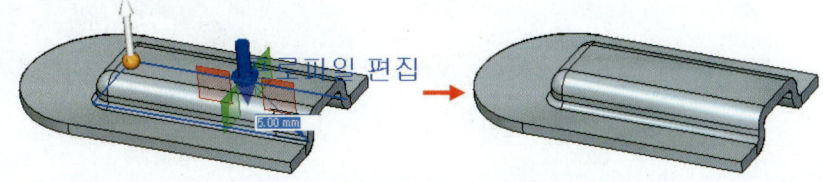

769

6. 루버(Louver)

➡ 홈 탭 ⇒ 판금 그룹 ⇒ 딤플 ⇒ 루버
➡ Home Tap ⇒ Sheet Metal Group ⇒ Dimple ⇒ Louver

피침형 또는 각지지 않은 끝을 사용하여 루버를 만듭니다.

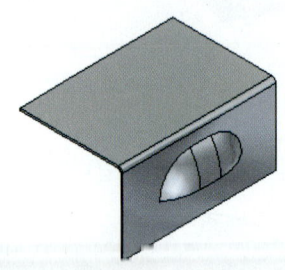

루버 사용 방법

- **step1** 홈 탭 > 판금 그룹 > 딤플 > 루버 명령어를 선택합니다.

- **step2** 탭 또는 플랜지의 면 위로 마우스를 이동한 후 키보드의 N 또는 B 키를 눌러 루버를 90도씩 회전시켜 정렬합니다. 루버의 방향을 정렬한 후 아이콘을 클릭하거나 F3 키를 눌러 평면을 잠급니다.

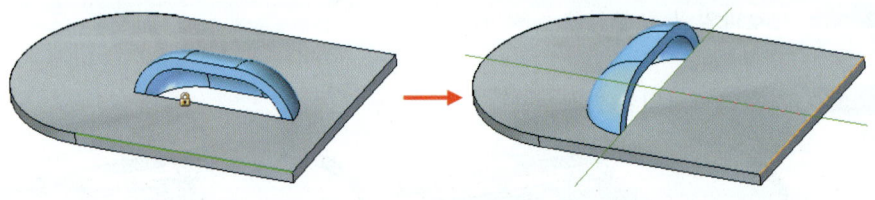

- **step3** 원하는 위치에서 마우스 왼쪽 버튼을 클릭하면 루버가 생성됩니다.

- **step4** PathFinder 또는 형상에서 루버를 선택합니다.

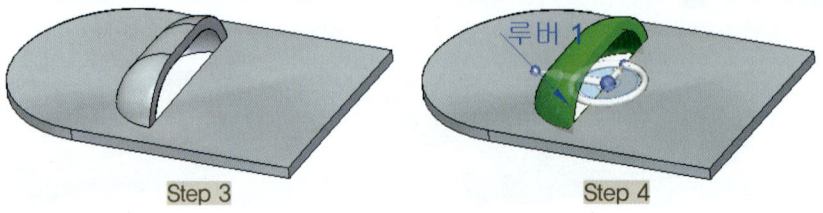

Step 3   Step 4

chapter 08 Synchronous Technology(동기식 기술)

- step5 편집 핸들 글자(딤플)를 클릭합니다.

- step6 루버의 길이, 깊이, 높이를 수정합니다. 루버 크기를 입력하고 엔터키를 누릅니다.

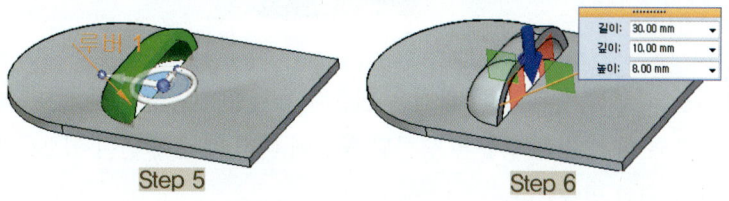

- step7 형상을 완성합니다.

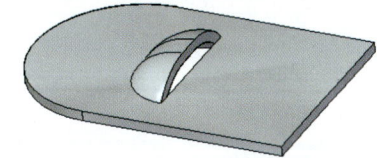

※ 루버 형상 이동, 형상 편집 및 프로파일 편집 사용 방법은 딤플과 동일합니다. 딤플 명령을 참조하시기 바랍니다.

7. 드로운 컷아웃(Drawn Cutout)

➡ 홈 탭 ⇒ 판금 그룹 ⇒ 딤플 ⇒ 드로운 컷아웃

➡ Home Tap ⇒ Sheet Metal Group ⇒ Dimple ⇒ Drawn Cutout

동기식 환경에서 드로운 컷아웃에 유효한 영역은 다음과 같습니다.

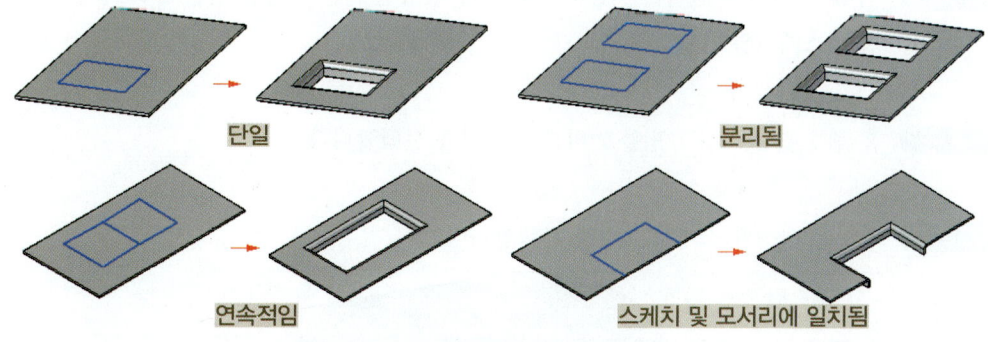

중첩되어 연속됨

※ 드로운 컷아웃의 생성, 수정 등의 방식은 딤플과 동일합니다. 자세한 설명은 딤플을 참조하시기 바랍니다. 딤플과 다른 점은 딤플은 생성된 형상에 바닥 부분에 면이 있으나 드로운 컷아웃은 바닥 부분이 관통되어 있습니다.

8. 비드(Bead)

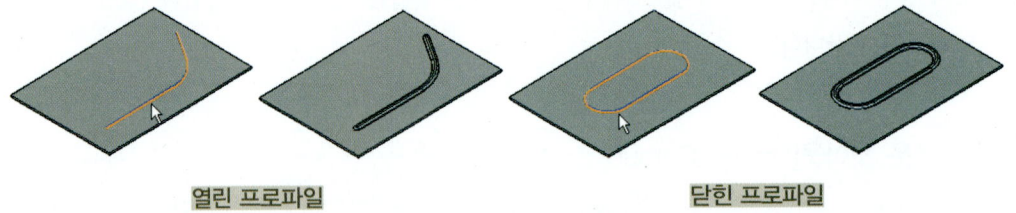

판금 부품 보강을 위한 형상으로 닫히거나 열린 프로파일을 사용하여 비드를 만들 수 있습니다.

열린 프로파일   닫힌 프로파일

비드 사용 방법

step1 탭 또는 윤곽 플랜지를 이용하여 비드가 생성될 기본 형상을 만들고 그 형상에 비드 형상의 스케치를 그립니다.

step2 홈 탭 > 판금 그룹 > 딤플 > 비드 명령어를 선택합니다.

step3 비드를 생성할 스케치 요소를 선택합니다.

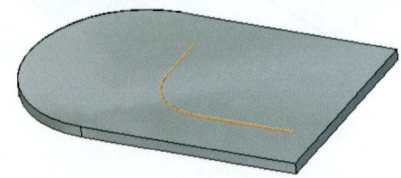

chapter 08 Synchronous Technology(동기식 기술)

- step4 비드 명령 모음에서 옵션 버튼을 클릭 후 비드 매개변수를 설정한 다음 확인을 클릭합니다.

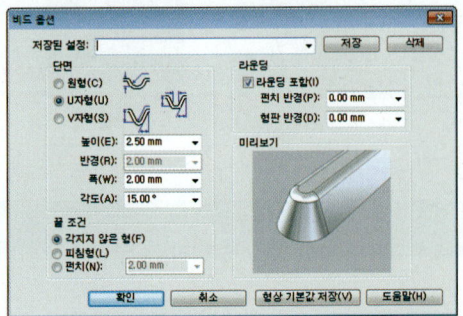

- step5 방향 화살표를 클릭하여 Bead(비드)의 방향을 변경합니다.(선택 사항)

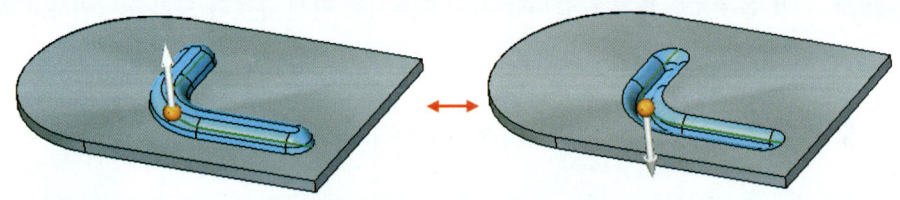

- step6 마우스 오른쪽 버튼을 클릭하여 비드를 생성합니다.

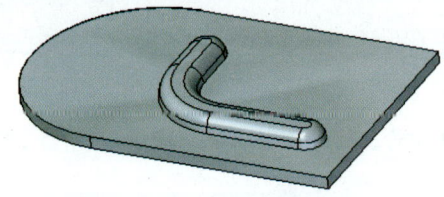

※ 비드 형상 이동, 형상 편집 및 프로파일 편집 사용 방법은 딤플과 동일합니다. 딤플 명령을 참조하시기 바랍니다.

9. 거셋(Gusset)

➡ 홈 탭 ⇒ 판금 그룹 ⇒ 딤플 ⇒ 거셋

➡ Home Tap ⇒ Sheet Metal Group ⇒ Dimple ⇒ Gusset

굽힘에 딱딱한 거셋을 만들어 판금 파트를 강화합니다.

773

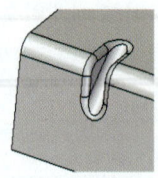 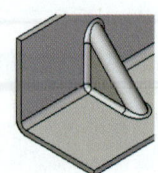

거셋 사용 방법

step1 홈 탭 〉 판금 그룹 〉 딤플 〉 거셋 명령어를 선택합니다.

step2 거셋 옵셋 버튼을 클릭합니다. 적용시킬 거셋 유형과 크기를 정의하고 거셋을 적용할 절곡부를 클릭합니다.

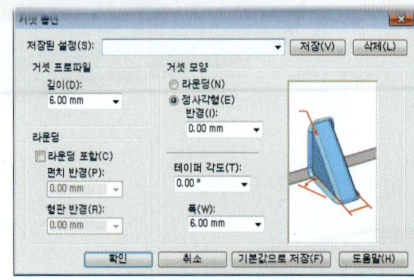 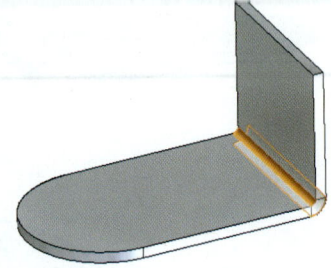

step3 명령 모음에서 맞춤으로 변경합니다. 그리고 개수를 2개로 선택 후 형상을 완성합니다.

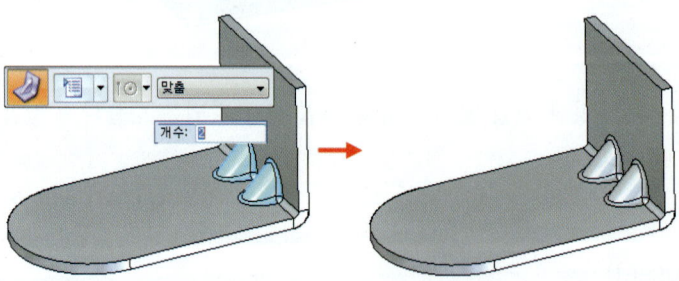

chapter 09

AutoCAD 파일 및 외부 데이터 사용

01 AutoCAD 파일 불러오기 및 저장하기
02 AutoCAD 파일 3D로 만들기
03 외부 데이터 사용하기

Solid Edge ST5

01 AutoCAD 파일 불러오기 및 저장하기

2D에서 3D로 설계 환경을 변경하는 경우와 공동으로 제품을 개발하는 협력 업체에서 2D 프로그램을 사용하는 경우, Solid Edge의 단일 환경에서 제품을 개발하기 위하여 기존 데이터나 입수된 데이터 등 많은 양의 2D 데이터를 Solid Edge 데이터로 변환하여 관리해야 하는 경우가 발생합니다. 이번 장에서는 AutoCAD 파일(*.dwg 또는 *.dxf)을 Solid Edge에서 불어와서 저장하는 방법에 대해서 알아보겠습니다.

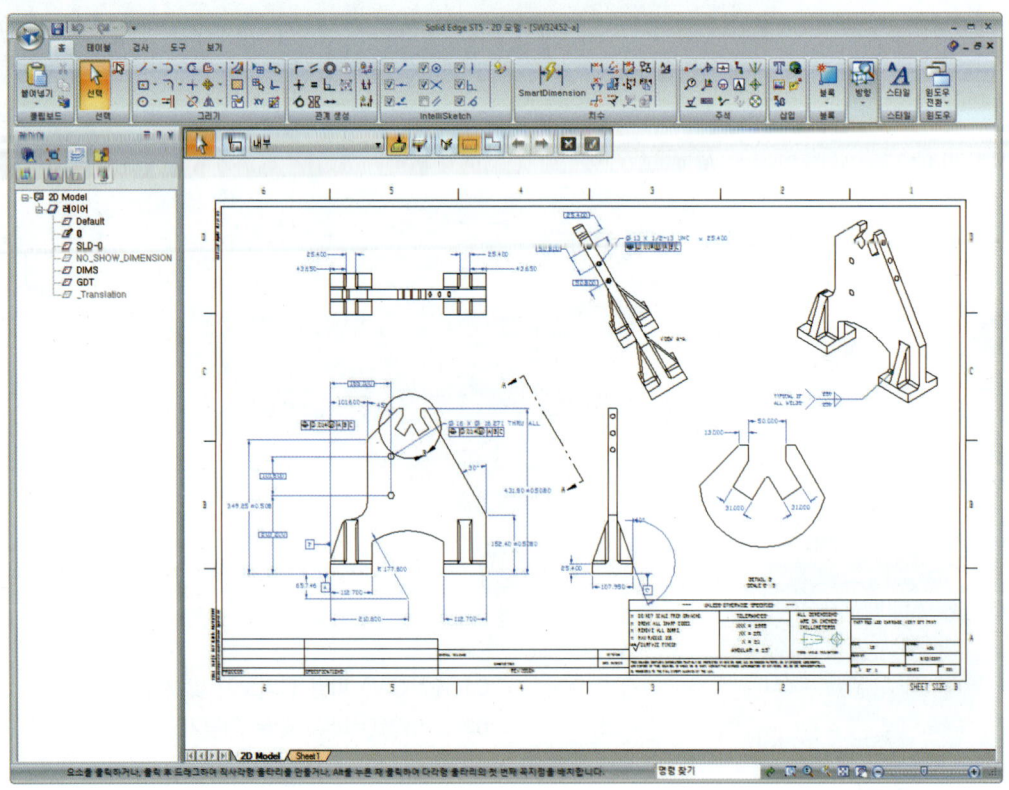

AutoCAD 파일을 Solid Edge로 가져올 때 AutoCAD 파일에 있는 모든 레이어 이름에 대해서 각각 레이어가 생성됩니다. Solid Edge 파일에서 지정된 이름은 AutoCAD에서 사용한 이름과 동일합니다. 변환된 모든 그래픽 요소는 Solid Edge에서 대응하는 레이어에 저장됩니다. Solid Edge 파일을 AutoCAD로 내보낼 때 동일한 과정이 사용됩니다.

AutoCAD 및 Solid Edge 간의 폰트 매핑은 매우 중요합니다. 대부분의 경우 AutoCAD 변환 마법사에서 사용하는 기본 설정을 이용하면 문제가 없습니다. 그러나 특수 폰트를 사용하려면 마법사를 이용하여 특수 폰트를 추가해야 합니다.

chapter 09 AutoCAD 파일 및 외부 데이터 사용

AutoCAD 파일 불러오기 및 저장하기 사용 방법

step1 Solid Edge 시작화면에서 기존 문서 열기를 클릭합니다.

step2 파일 유형을 AutoCAD 문서(*.dwg)로 설정합니다.

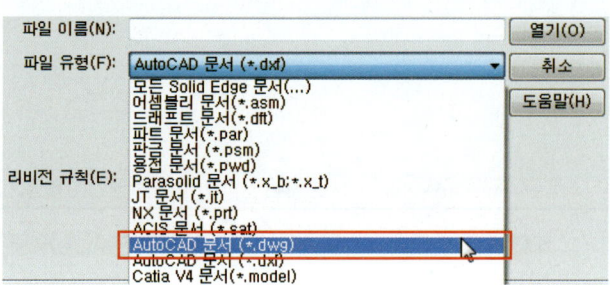

step3 AutoCAD_Hub.dwg 파일을 선택 후 옵션 버튼을 클릭합니다.

step4 AutoCAD - Solid Edge 변환 마법사 대화상자가 나타납니다. 변환 마법사에 따라서 설정합니다.

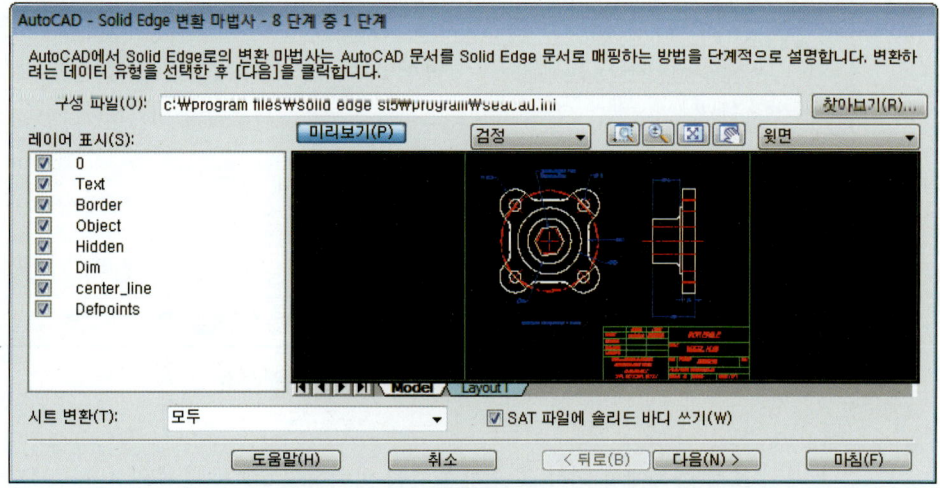

8 단계 중 1 단계 : 구성파일 설정, 레이어 표시, 미리보기

▶ 미리보기를 눌러 AutoCAD 파일일 확인 후 레이어 표시 목록에서 Border 레이어를 끕니다. 다음 버튼을 클릭합니다.

777

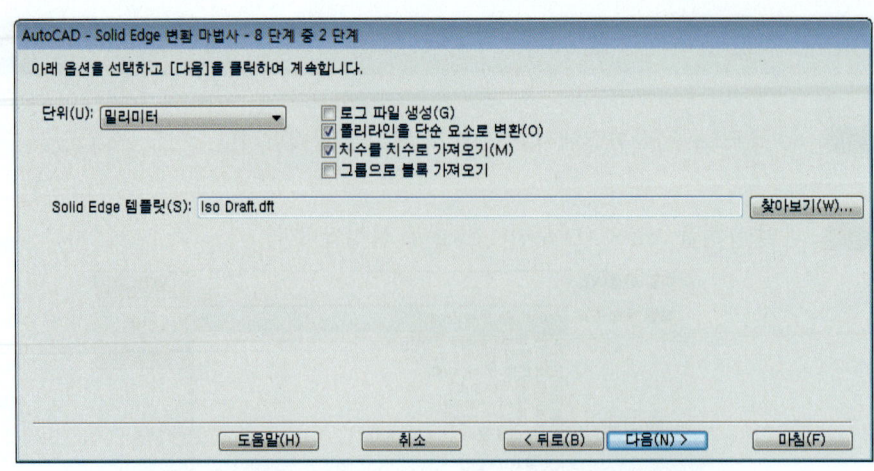

8 단계 중 2 단계 : 단위 설정, 치수 및 블록 제어, 템플릿 설정

▶ 단위 복복을 밀리미터로 설정하고 다음 버튼을 클릭합니다.

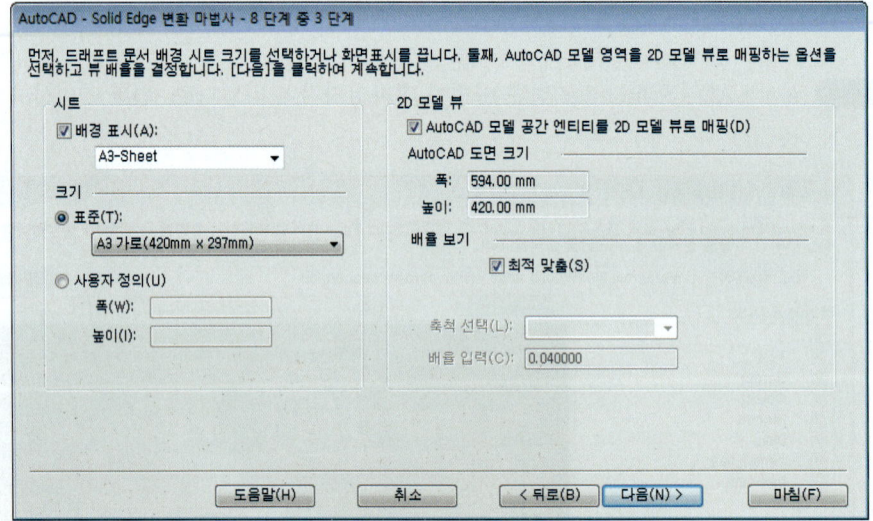

8 단계 중 3 단계 : 시트 설정 및 배율 설정

▶ 배경 표기 목록에서 회사 표준 템플릿을 선택하고 2D 모델 뷰의 AutoCAD 모델 공간 엔티티를 2D 모델 뷰로 매핑을 선택합니다. Solid Edge에서는 설정해 놓은 뷰 배율 옵션에 따라 자동으로 2D 뷰의 크기가 조정됩니다. 그림과 같이 옵션을 설정하고 다음 버튼을 클릭합니다.

chapter 09 AutoCAD 파일 및 외부 데이터 사용

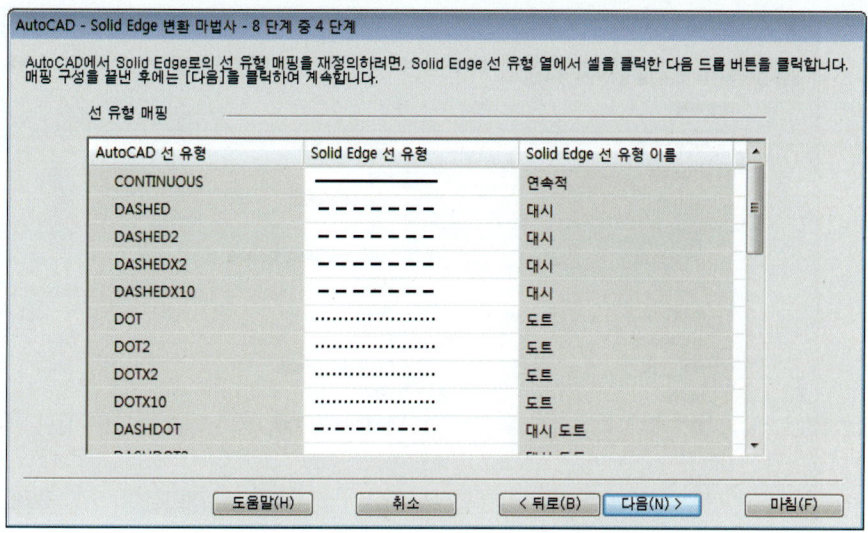

8 단계 중 4 단계 : AutoCAD 와 Solid Edge 선 유형 매핑

▶ AutoCAD 선 유형 과 Solid Edge 선 유형을 설정하는 단계로 기본 설정 값으로 사용합니다. 다음 버튼을 클릭합니다.

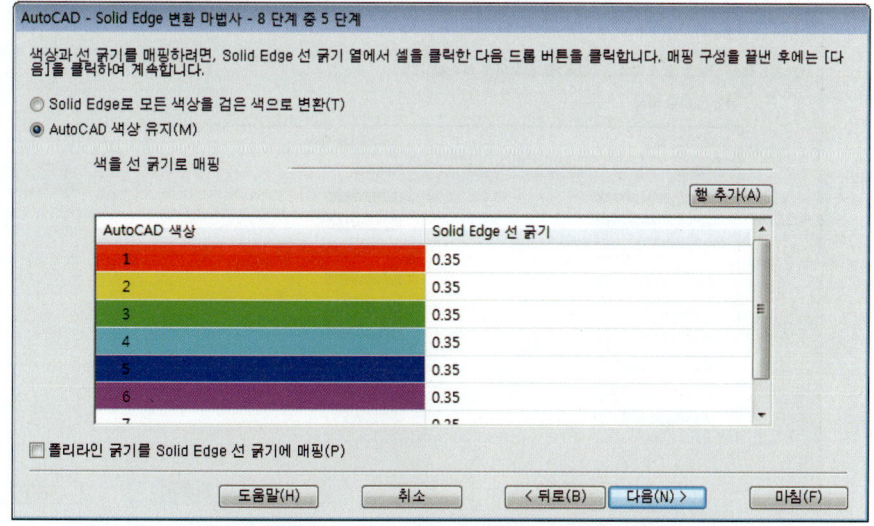

8 단계 중 5 단계 : AutoCAD 와 Solid Edge 선 색상 매핑

▶ AutoCAD 선 색상과 Solid Edge 선 색상을 설정하는 단계로 기본 설정 값으로 사용합니다. 다음 버튼을 클릭합니다.

779

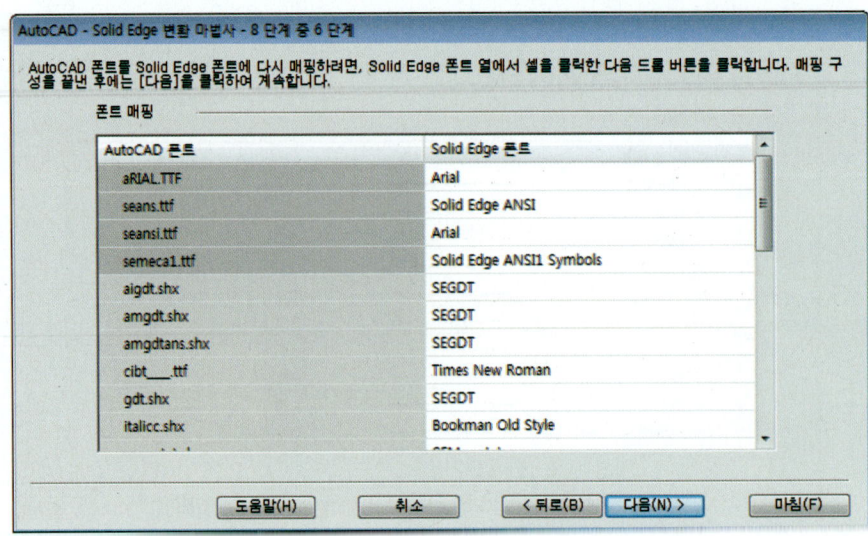

8 단계 중 6 단계 : AutoCAD 와 Solid Edge 폰트 매핑

▶ AutoCAD 폰트와 Solid Edge 폰트를 설정하는 단계로 기본 설정 값으로 사용합니다. 다음 버튼을 클릭합니다.

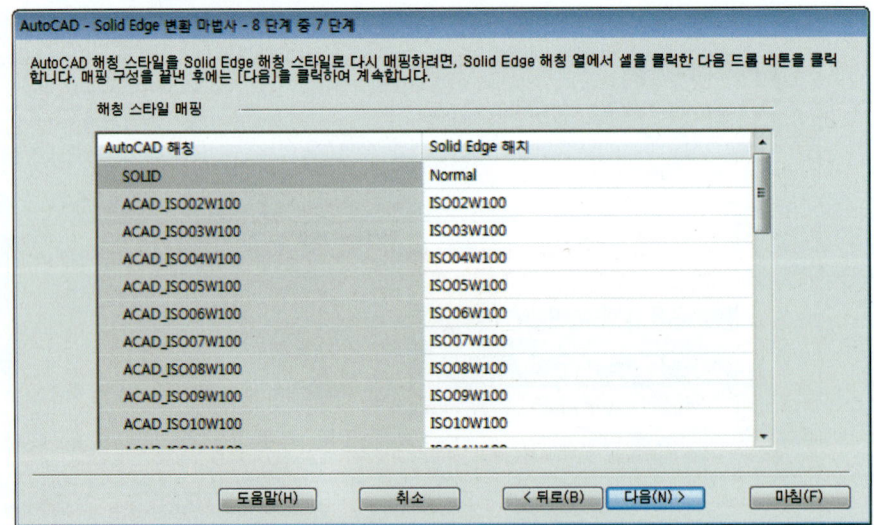

8 단계 중 7 단계 : AutoCAD 와 Solid Edge 매핑

▶ AutoCAD 해칭과 Solid Edge 해칭을 설정하는 단계로 기본 설정 값으로 사용합니다. 다음 버튼을 클릭합니다.

chapter 09 AutoCAD 파일 및 외부 데이터 사용

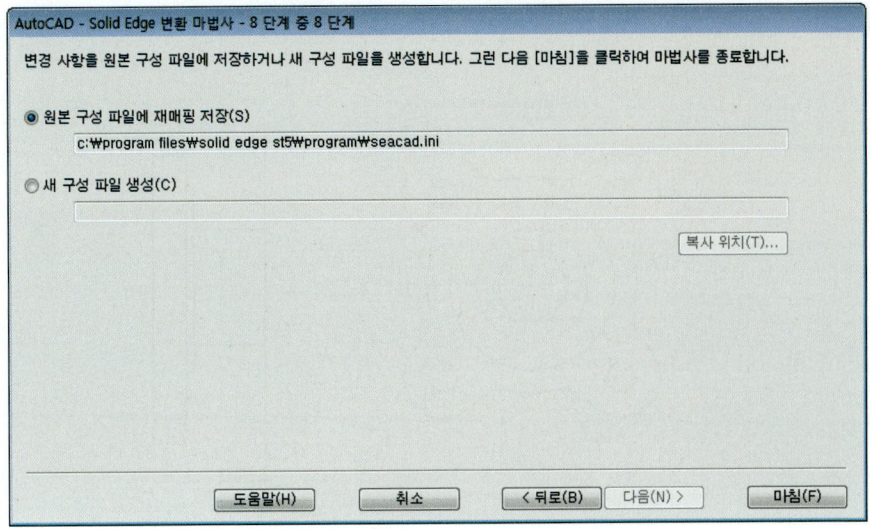

8 단계 중 8 단계 : 매핑된 구성파일 저장

▶ 변경된 내용을 구성 파일에 저장합니다. Solid Edge는 원본 구성 파일은 읽기 전용으로 되었기 때문에 원본 파일에는 저장할 수 없습니다. 변경 내용을 새 구성 파일에 저장하기 위하여 새 구성 파일 생성 옵션을 선택하고 복사 위치 버튼을 클릭합니다. 다른 이름으로 저장 대화 상자에서 새 구성 파일의 폴더 및 파일 이름을 정의하고 저장을 클릭합니다.

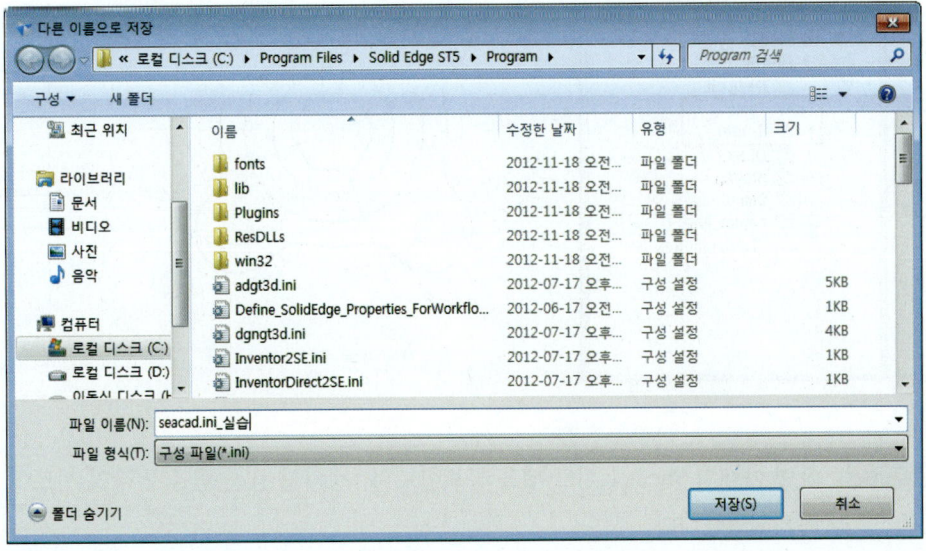

▶ AutoCAD - Solid Edge 변환 마법사 대화상자에서 마침 버튼을 클릭합니다.

step5 Step 2에서처럼 다시 AutoCAD_Hub.dwg 파일을 선택 후 열기 버튼을 클릭합니다.

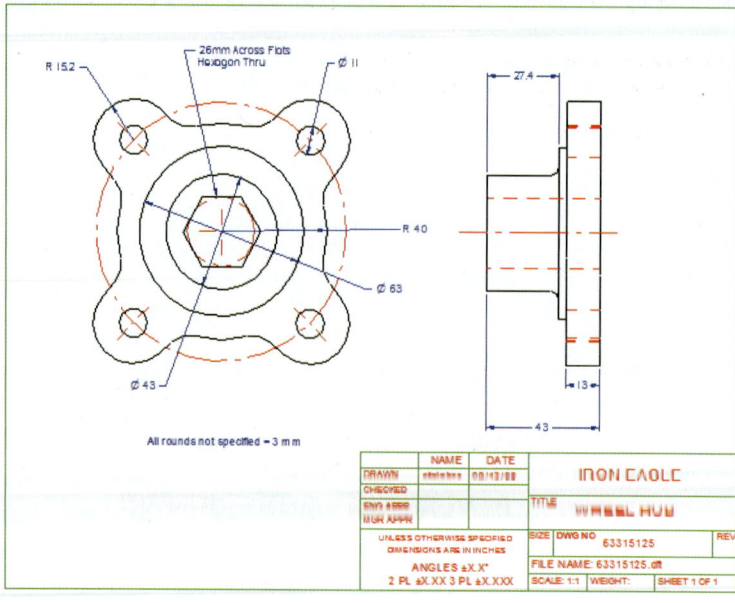

step6 레이어 탭에서 Text, Border 레이어를 선택 후 레이어 숨기기 버튼을 클릭합니다.

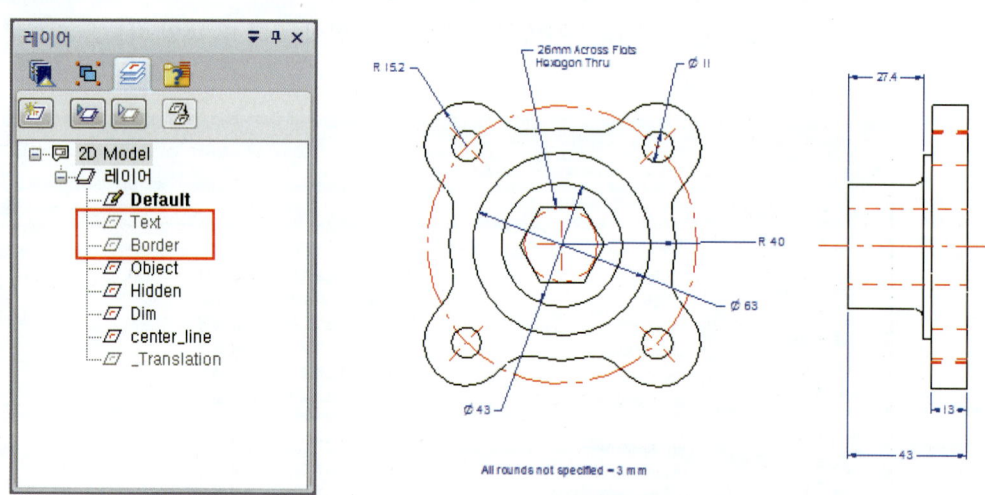

step7 화면 아래의 Sheet 1 시트 탭을 클릭합니다. 정의한 표준 템플릿 작업 시트에 도면 뷰가 배치되었습니다.

chapter 09 AutoCAD 파일 및 외부 데이터 사용

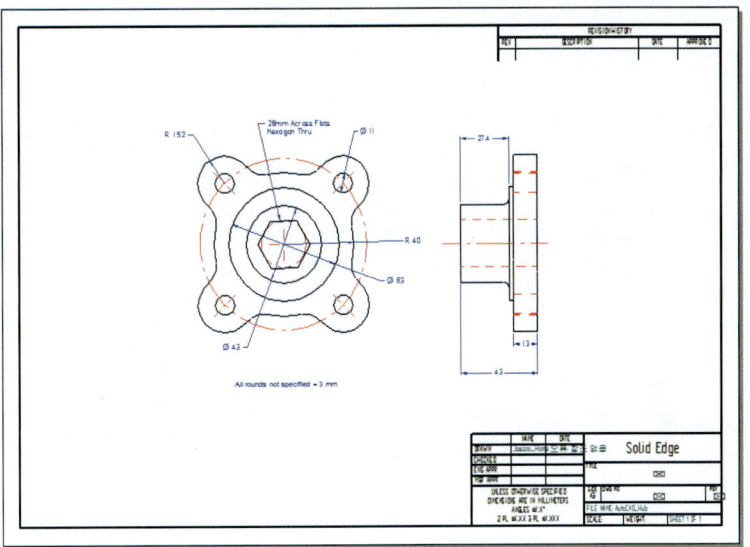

step8 저장 버튼을 클릭합니다. 기본 적으로 AutoCAD 파일과 동일한 위치에 저장됩니다. 사용자가 저장 위치를 지정할 수 있습니다.

02 AutoCAD 파일 3D로 만들기

드래프트 문서에 있는 2D 도면 지오메트리의 파트, 판금 또는 어셈블리 문서에서 스케치를 생성하도록 3D 생성 명령을 사용할 수 있습니다. 이 옵션은 3D 모델이 필요한 레거시 2D 도면이 있는 경우 유용합니다.

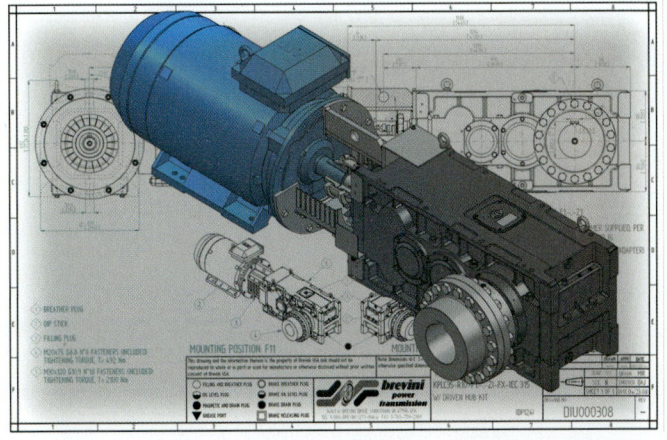

step1 Solid Edge에서 열기 버튼을 클릭하여 Create 3D.dwg 파일을 선택합니다.

step2 보기 탭 > 맞춤 명령을 클릭합니다.

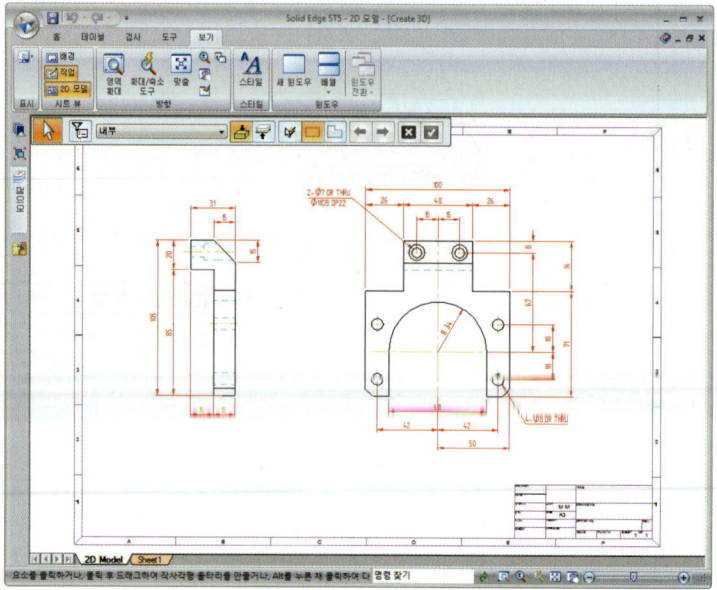

step3 레이어 창에서 DIM, CENTERLINES의 레이어를 숨기기 합니다.

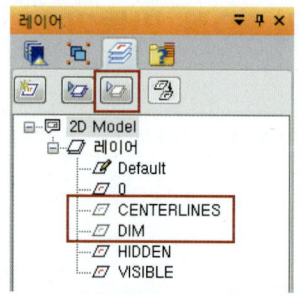

step4 도구 탭 > 도우미 그룹 > 3D 생성 명령을 클릭합니다.

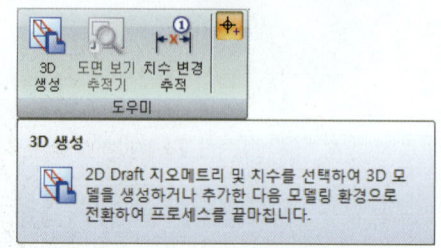

chapter 09 AutoCAD 파일 및 외부 데이터 사용

step5 3D 생성 대화상자의 파일 목록에서 iso part.par을 선택합니다. 새 파일에 추가 옵션을 선택합니다.

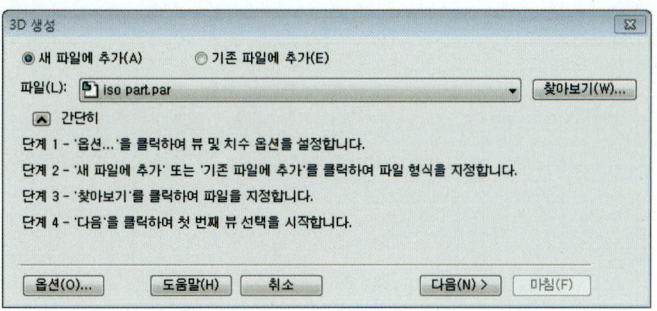

step6 3D 생성 대화상자의 다음 버튼을 클릭합니다.

step7 배율 목록에서 3D 환경으로 스케치를 가지고 갈 때 적용할 배율을 1.00로 정의합니다.

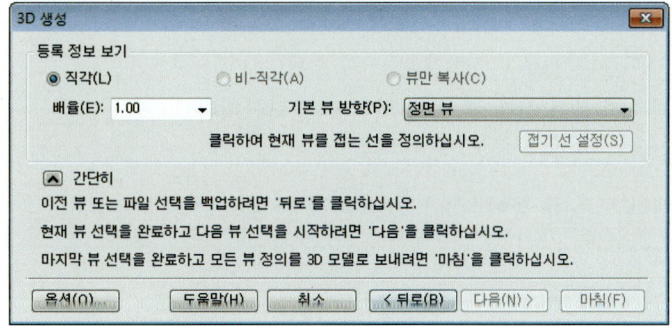

step8 도면 뷰를 순서대로 드래그하여 선택합니다.

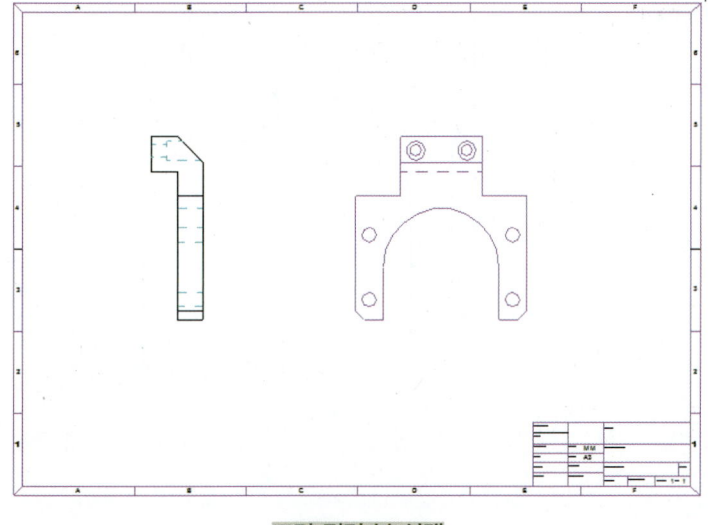

도면 정면 뷰 선택

785

▶ 정면 뷰 선택 후 다음 버튼을 클릭합니다.

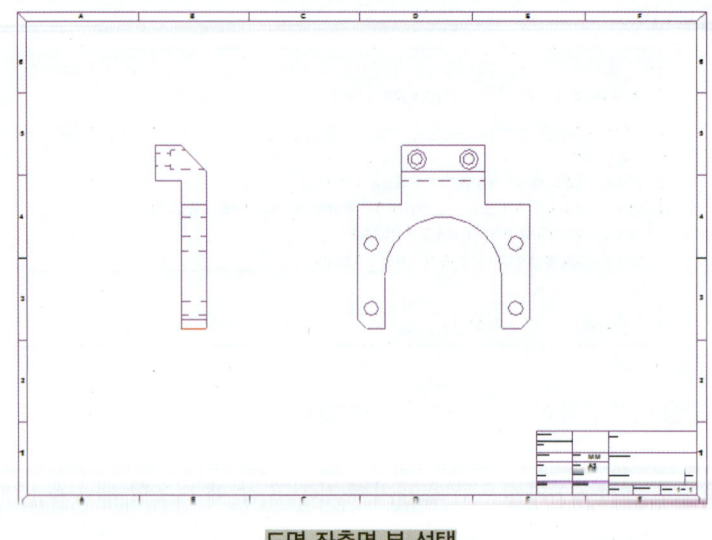

도면 좌측면 뷰 선택

▶ 좌측면 뷰를 선택 후 마침 버튼을 클릭합니다.

step9 선택한 모든 뷰 들이 Solid Edge 파트 환경으로 복사됩니다.

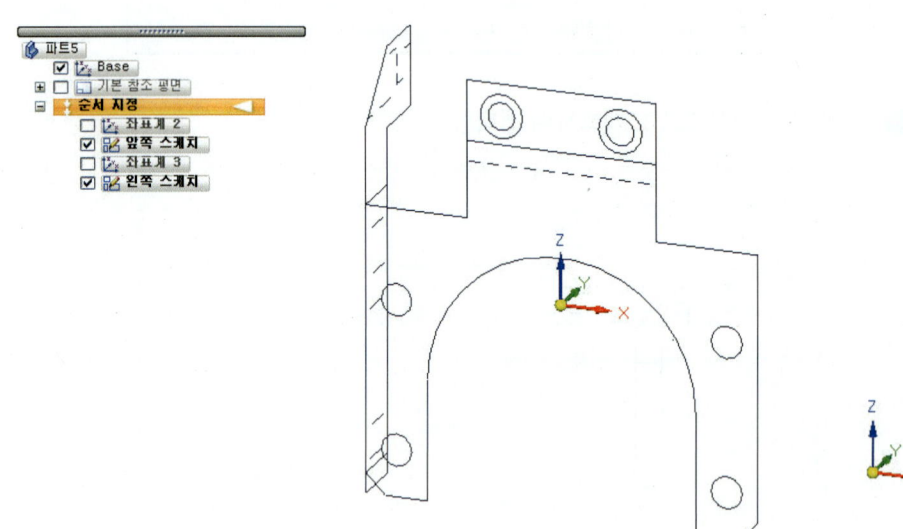

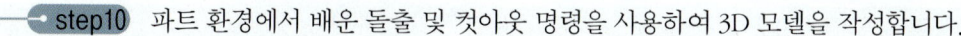

step10 파트 환경에서 배운 돌출 및 컷아웃 명령을 사용하여 3D 모델을 작성합니다.

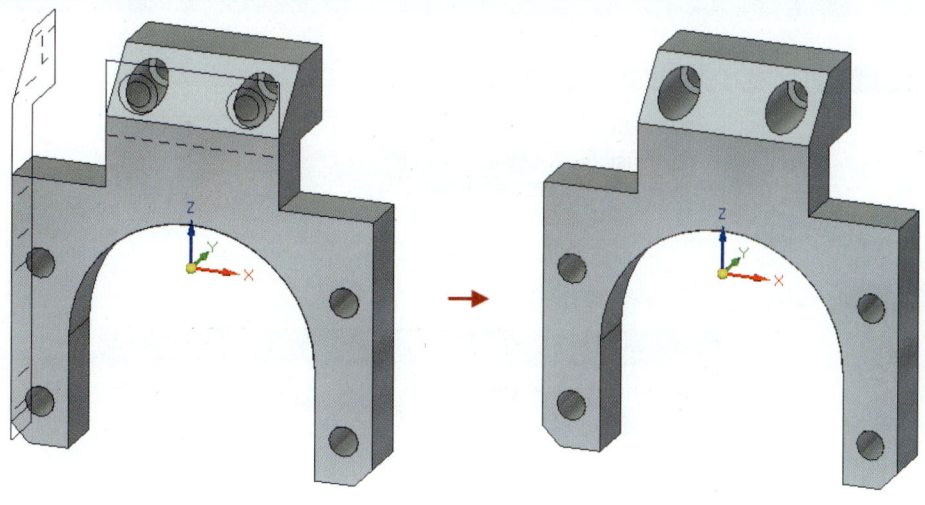

03 외부 데이터 사용하기

Solid Edge에서는 다른 소프트웨어 및 시스템을 통해 생성된 데이터를 사용하여 작업할 수 있습니다. 이러한 외부 데이터를 사용하여 작업하는 데는 여러 가지 방법이 있습니다. 다음과 같은 작업을 수행할 수 있습니다. 변환된 데이터의 유실을 최소화하려면 Parasolid 포맷으로 변환된 파일을 받아서 작업하는 것도 좋은 방법입니다.

- Solid Edge 열기 명령을 사용하여 Parasolid 및 기타 문서 형식을 Solid Edge 형식으로 직접 변환합니다.
- 파드 복사 명령을 사용하여 곡면 및 와이어프레임 같은 솔리드 이외의 데이터를 Solid Edge로 가져옵니다.
- 다른 이름으로 저장 명령을 사용하여 Solid Edge 문서를 Parasolid 및 IGES 데이터 형식 같은 다른 문서 형식으로 변환합니다.

다른 CAD 시스템에서 생성된 파트를 Solid Edge 어셈블리에 배치하려면 먼저 이를 Solid Edge 파트로 변환해야 합니다.

Parasolid 파일 변환 사용 방법(외부 파일 받기)

step1 파일 열기 다이얼로그의 파일 유형을 Parasolid documents(*.x_b, *.x_t)로 설정합니다.

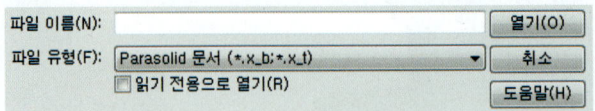

step2 Valve.x_t 파일을 선택합니다.

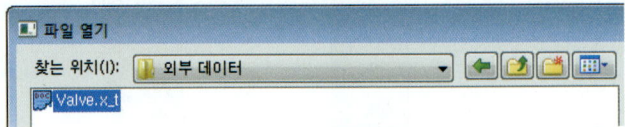

step3 파일 열기 다이얼로그의 옵션을 클릭합니다.

step4 Parasolid(X_T)에 대한 가져오기 옵션 대화상자를 그림과 같이 설정하고 확인을 클릭합니다.

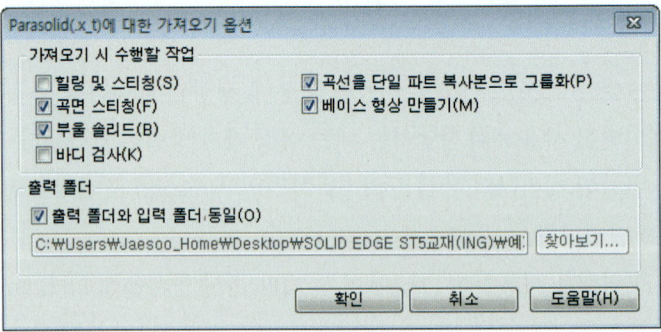

- 힐링 및 스티칭(Heal and stitch) : 자유 곡면을 힐링 및 스티칭하여 솔리드 바디를 생성합니다.
- 곡면 스티칭(Stitch surfaces) : 모든 곡면 및 시트 바디를 공차 1.0e-5(미터)까지 스티칭합니다. 곡면을 가져올 때 스티칭하지 않고 파일을 가져온 다음 스티칭할 부분을 계산하여 스티칭하는 것이 유용할 수도 있으므로 변환된 결과가 불만족스러울 경우 이 옵션을 끄고 다시 변환을 시도합니다.
- 부울 솔리드(Boolean solids) : 분리된 솔리드가 형성되도록 모든 솔리드 바디를 연산한 다음 PathFinder에 파트 복사본으로 삽입하도록 지정합니다. 이 옵션을 해제하면 모든 솔리드 바디는 경로탐색기에 개별 파트 복사본으로 추가됩니다.

- ▶ 바디 검사(Body check) : 파일에서 전체 바디 검사를 수행하도록 지정합니다.
- ▶ 곡선을 단일 파트 복사본으로 그룹화(Group curves in a single Part Copy) : 모든 곡선 데이터를 단일 파트 복사본으로 결합합니다. 필요 없는 곡선을 확인한 다음 파일을 가져오기 전에 이를 숨기거나 삭제하는 것이 유용할 수도 있습니다.
- ▶ 베이스 형상 만들기(Make base feature) : 가져온 솔리드 바디를 Solid Edge 모델의 기본 형상으로 만듭니다.
  - 동기식 환경에 있는 경우
    1. 형상을 추가할 바디를 선택합니다.
    2. 마우스 오른쪽 버튼을 클릭하고 설계/컨스트럭션 바디 토글을 선택합니다.
    3. 마우스 오른쪽 버튼을 클릭하고 바디 활성화를 선택합니다.
  - 순서 지정식 환경에 있는 경우
    1. 형상을 추가할 바디를 선택합니다.
    2. 마우스 오른쪽 버튼을 클릭하고 베이스 형상 만들기를 선택합니다.
- ▶ 출력 폴더와 입력 폴더 같음(Output folder is the same as input folder) : 가져오는 문서의 출력 폴더를 입력 폴더와 같도록 지정합니다. 이 옵션을 선택한 다음 어셈블리를 가져오면 어셈블리와 어셈블리의 개별 파트가 같은 폴더에 저장됩니다.

step5 Step 2에서처럼 다시 Valve.x_t 파일을 선택 후 열기을 클릭합니다.

step6 파일 변환에 사용될 템플릿을 정의합니다. iso assembly 템플릿을 선택하고 확인을 클릭합니다. 변화 하려고 하는 파일이 파트일 경우에는 iso part.par을 선택해야 합니다.

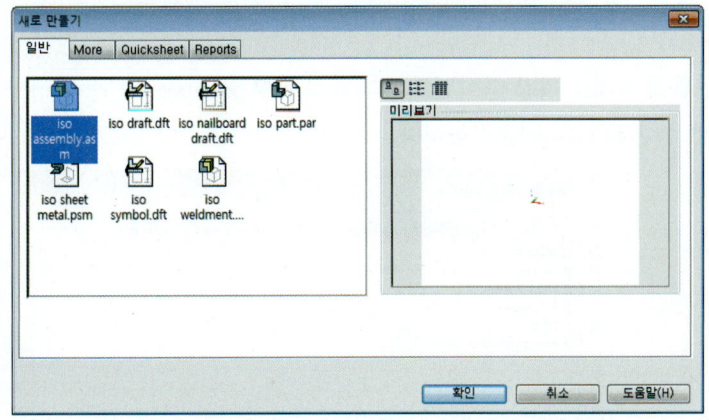

- step7 변환된 파일이 Solid Edge 그래픽 영역에 표시됩니다.

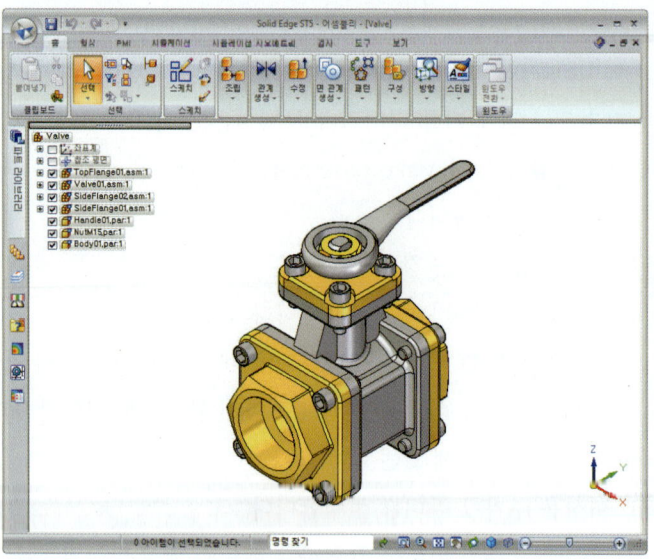

- step8 변환이 완료되면 꼭 저장 버튼을 클릭해야 합니다.

Parasolid 파일 변환 사용 방법(외부 파일로 내보내기)

- step1 응용프로그램 버튼 > 다른 이름으로 저장 > 변환된 상태로 저장 버튼을 클릭합니다.

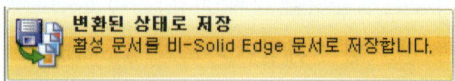

- step2 변환된 상태로 저장 다이얼로그의 파일 유형을 Parasolid documents(*.x_b, *.x_t)로 설정 후 옵션 버튼을 클릭합니다.

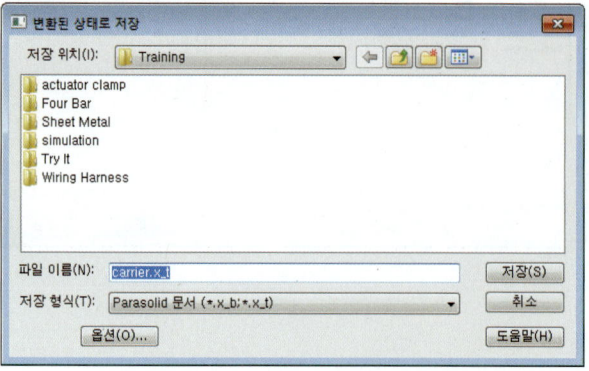

chapter 09 AutoCAD 파일 및 외부 데이터 사용

- **step3** Parasolid(,x_t)에 대한 내보내기 옵션 창에서 아래 그림과 같이 옵션을 선택합니다. 옵션 선택이 끝나면 확인 버튼을 클릭합니다.

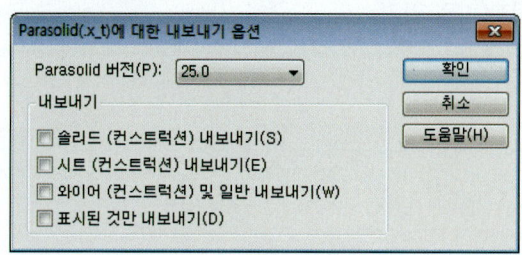

▶ Parasolid 버전(Parasolid Version) : 파일을 내보낼 Parasolid의 버전을 표시합니다.

▶ 솔리드 내보내기(Export Solids) : 기존 컨스트럭션 지오메트리를 솔리드 바디로 내보내도록 지정합니다.

▶ 시트 내보내기(Export Sheets) : 기존 컨스트럭션 지오메트리를 시트 바디로 내보내도록 지정합니다.

▶ 와이어 내보내기(Export Wires) : 기존 컨스트럭션 지오메트리를 와이어 바디로 내보내도록 지정합니다.

▶ 표시된 것만 내보내기(Export Displayed Only) : 파트 또는 어셈블리에서 보이는 컨스트럭션 지오메트리와 활성 모델만 내보내도록 지정합니다.

※ Solid Edge는 다른 소프트웨어 보다 높은 버전의 Parasolid 커널을 사용하고 있습니다. 그러기 때문에 Parasolid로 내보내기 위해서는 버전을 낮춰서 내보내야 하는 경우도 있습니다.

- **step4** 변환된 상태로 저장 다이얼로그의 창에서 파일 저장 경로를 선택하고 저장 버튼을 클릭합니다.

> **Tip**
>
> **Solid Edge 지원 확장자(파일 열기)**
> AutoCAD Document (*.dwg)
> AutoCAD Document (*.dxf)
> NX Document (*.pat)
> Pro/E Part Document (*.pat.*)
> Pro/E Assembly Document (*.asm.*)
> Catia V4 Document (*.model)
> Catia V5 Part Document (*.catpart)
> Catia V5 Assembly Document (*.catproduct)
> Solid Works Part Document (*.sldprt)
> Solid Works Assembly Document (*.sldasm)
> JT Document (*.jt)
> SDRC Package Document (*.xpk, *plmxpl)
> MicroStation Document (*.dgn)
> IGES Document (*.iges, *.igs)
> MicroStation Document (*.dgn)
> STEP Document (*.step, *.stp)
> Parasolid Document (*.x_b, *.x_t)
> ACIS Document (*.sat)
> STL Document (*.stl)
> XML Document (*.plmxml)
>
> **Solid Edge 지원 확장자(파일 내보내기)**
> Adobe Acrobat Document (*.pdf)
> 3D Adobe Acrobat c (*.pdf)
> Universal 3D (*.u3d)
> iPad universal (*.sev)
> KeyShot(*.bip)

chapter 10

Solid Edge Options

01 응용프로그램 버튼
02 파트 환경
03 판금 환경
04 어셈블리 환경
05 도면 환경
06 도면 치수 스타일 설정

01 응용프로그램 버튼

1. 새로 만들기(N) ▶ **새로 만들기(New)**

Solid Edge의 새 문서를 생성합니다.

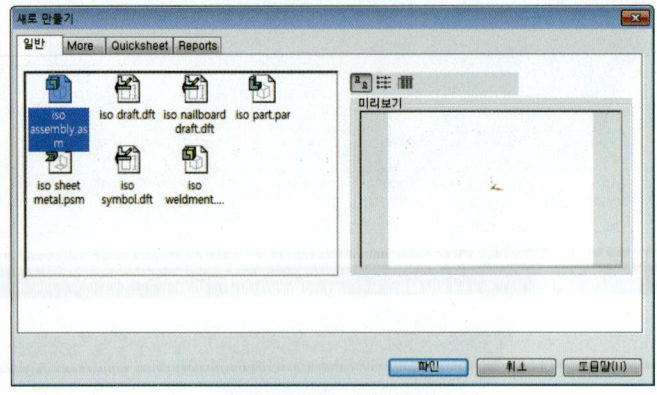

새로 만들기 다이얼로그

- **일반(General)** : 기본 폴더입니다. 일반적으로 이 폴더에는 소프트웨어와 함께 제공되어 가장 빈번하게 사용되는 템플릿이 들어 있습니다.
- **More** : More 폴더에는 다른 표준을 지원하는 추가로 제공된 템플릿이 들어 있습니다.
- **Quicksheet** : Quicksheet 폴더에는 소프트웨어와 함께 제공되는 Quicksheet 템플릿이들어 있습니다.
- **보고서(Reports)** : 보고서 폴더는 다른 유형의 문서에 대한 사용자 정의 템플릿을 저장하는 데 사용할 수 있습니다.

chapter 10 Solid Edge Options

마우스 커서를 화살표 쪽으로 이동하면 원하는 템플릿을 새로 만들기 대화상자 없이 빠르게 선택할 수 있습니다.

2. 열기(Open)

열기 명령을 사용하여 기존 문서를 엽니다. Solid Edge에서는 마지막으로 작업한 문서를 계속 추적하여 이를 빠르게 열 수 있습니다.

열기 다이얼로그

- **검색(Search)** : 검색 다이얼로그를 표시하여 열고자 하는 문서의 고급 검색 기준을 정의할 수 있습니다.
- **영역(Zone)** : 정의된 영역이 있는 어셈블리 문서(.ASM)를 열 때 사용할 수 있습니다. 영역은 영역 볼륨 내부에 있는 파트의 표시/숨기기 상태를 저장합니다.
- **구성(Configuration)** : 연결된 구성 파일이 있는 어셈블리 문서(.ASM)를 열 때 사용할 수 있습니다. 디스플레이 구성에는 어셈블리에 포함된 파트의 표시/숨기기 상태가 저장되어 있습니다. 파트가 숨겨져 있으면 어셈블리가 더 빨리 열립니다.

3. 최근 문서

최근에 작업한 문서 중 하나를 엽니다. 파일 이름과 해당 경로가 목록에 표시됩니다. 파일을 미리 보려면 커서를 해당 파일 이름 위에서 멈춥니다.

4.  저장(Save)

활성 문서를 현재 정의된 이름, 폴더 및 형식으로 저장합니다. 문서를 처음 저장하는 경우에는 이름을 생하고 문서를 저장될 폴더와 형식을 지정할 수 있는 다른 이름으로 저장 대화 상자가 표시됩니다.

마우스 커서를 화살표 쪽으로 이동하면 모두 저장 버튼을 클릭 할 수 있습니다. 모두 저장은 Solid Edge에 열려 있는 모든 문서를 저장합니다.

5. 다른 이름으로 저장(Save As)

활성 문서를 새 이름, 폴더 및 형식으로 저장합니다. 어셈블리에 연결된 파트에 대해 다른 이름으로 저장 명령을 사용하면 다른 이름으로 저장된 파트 복사본은 어셈블리에 연결되지 않습니다.

마우스 커서를 화살표 쪽으로 이동하면 이미지로 저장, 다른 이름으로 복사본 저장, 모델을 다른 이름으로 저장, 변환된 상태로 저장 및 태블릿용으로 저장 버튼을 클릭할 수 있습니다.

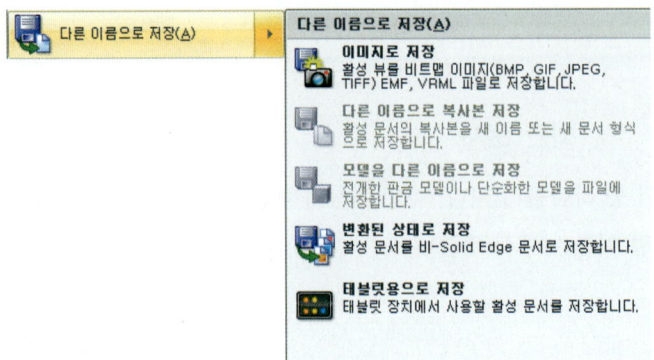

chapter 10 Solid Edge Options

- 이미지로 저장(Save As Image) : 활성 창에 표시된 이미지를 새로운 이름, 폴더 및 형식으로 저장합니다. ERA(분해-렌더링-애니메이션) 응용 프로그램에서 작업할 때 이미지를 저장하는 경우 저장되는 이미지가 렌더링된 이미지인지 활성 뷰 스타일 이미지인지 여부를 제어할 수 있습니다. 또한 이미지 크기와 해상도 설정도 가능합니다.

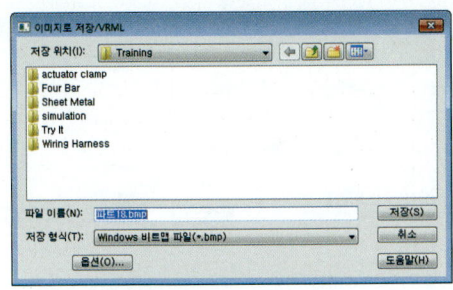
이미지로 저장 다이얼로그

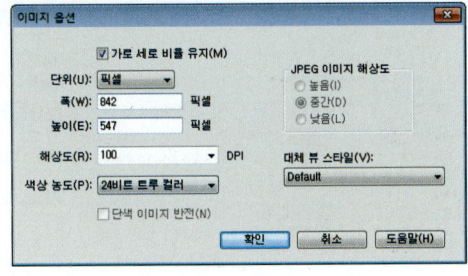
이미지 옵션 다이얼로그

- 다른 이름으로 복사본 저장(Save Copy As) : 새 이름, 폴더 또는 형식으로 활성 문서의 복사본을 저장합니다. 이 명령은 어셈블리의 문서에서 파트 모델을 편집할 때 또는 도면에서 문서를 열 때 사용할 수 있습니다.

- 모델을 다른 이름으로 저장(Save Selected Model) : 선택한 파트를 새로 지정한 이름, 폴더 및 형식으로 저장합니다. 이는 파트가 어셈블리 형상을 포함하는 경우에 유용합니다. 새 문서는 부모 문서에 연관됩니다. 새 문서와 부모 문서 사이의 연관 링크를 분리하려면 새 문서를 열고 파트 복사 형상을 편집한 다음 파트 복사 매개 변수 다이얼로그에서 파일에 연결 옵션을 해제합니다.

- 변환된 상태로 저장(Save As Translated) : 지정한 새 이름, 폴더 및 형식으로 활성 문서를 Solid Edge가 아닌 문서로 저장합니다.

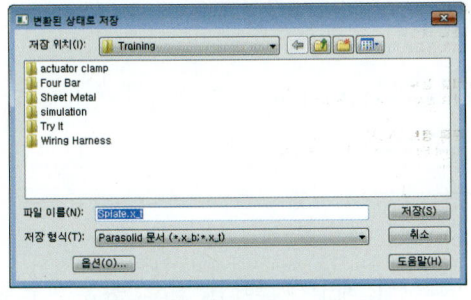
변환된 상태로 저장 다이얼로그

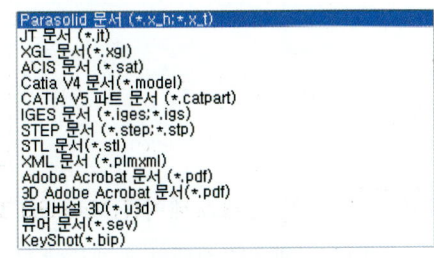
변환 가능한 문서

- 태블릿용으로 저장(Save for Tablet) : Solid Edge 파트, 판금 및 어셈블리 모델을 경량 iPad뷰어 파일 형식(.sev 확장명 사용)으로 저장할 수 있습니다.

6. 🖨️ 인쇄(P)　　　　Ctrl+P　　인쇄(Print)

활성 문서의 복사본을 지정된 플로터, 프린터 또는 파일로 보냅니다. 인쇄 영역, 범위, 매수 및 다른 인쇄 특성을 정의하는 옵션을 사용할 수 있습니다.(Draft 환경에서만 사용 가능)

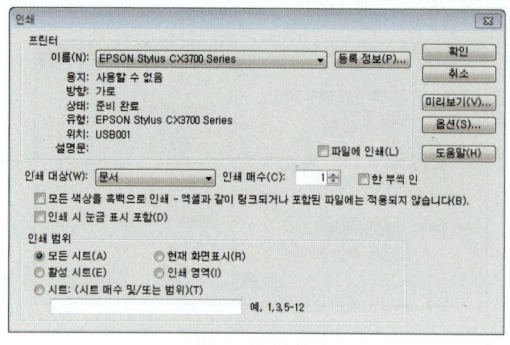
인쇄 다이얼로그

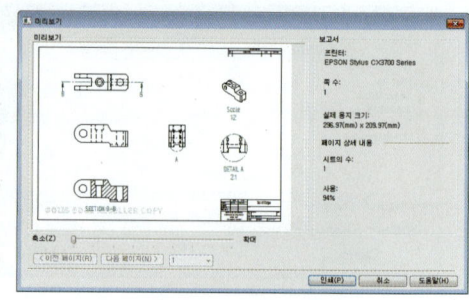
인쇄 미리보기 다이얼로그

7. 📁 동기식 판금으로 변환　동기식 판금으로 변환(Transform to Synchronous Sheet Metal)

이력과 무관한 형상 기반 모델링 환경에서 판금 모델을 생성하고 편집할 수 있습니다.

8. 📁 등록 정보　▶　등록정보(Properties)

선택한 요소 또는 오브젝트의 등록 정보를 편집합니다. 이 명령을 사용하면 현재 작업 중인 환경에 따라 각기 다른 등록 정보 대화상자가 열립니다.

마우스 커서를 ▶ 화살표 쪽으로 이동하면 재료 테이블, 파일 등록 정보 및 등록 정보 관리자 버튼을 클릭할 수 있습니다.

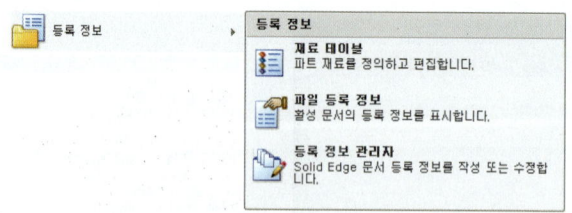

- 📋 재료 테이블
  파트 재료를 정의하고 편집합니다. **재료 테이블(Material Table)** : 파트에 대한 재료 및 기계 등록 정보를 정의합니다. 목록에서 재료를 선택하면 재료에 대한 면 스타일, 채우기 스타일, 밀도, 팽창 계수 등과 같은 재료 및 기계 등록 정보가 할당됩니다.

chapter 10 Solid Edge Options

- **파일 등록 정보**
  활성 문서의 등록 정보를 표시합니다. **파일 등록 정보(File Properties)** : 현재 문서에 대한 일반 정보를 표시합니다. 문서 요약, 통계, 연결된 프로젝트, 상태, 단위, 심볼 등록 정보 등과 같은 문서 정보를 검토하고 편집할 수 있습니다. 문서의 내용을 미리 볼 수도 있습니다.

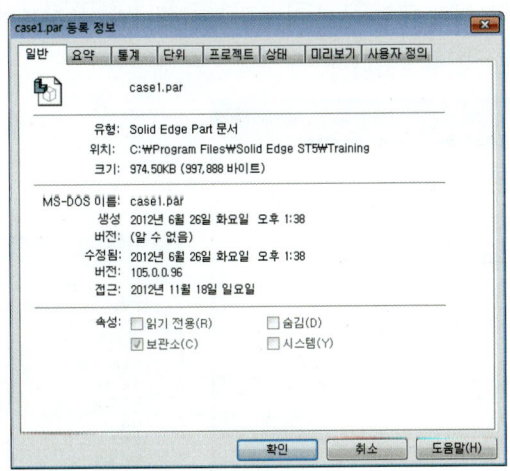

일반 탭

- **일반(General)** : 현재 문서에 대한 일반 정보를 표시합니다.

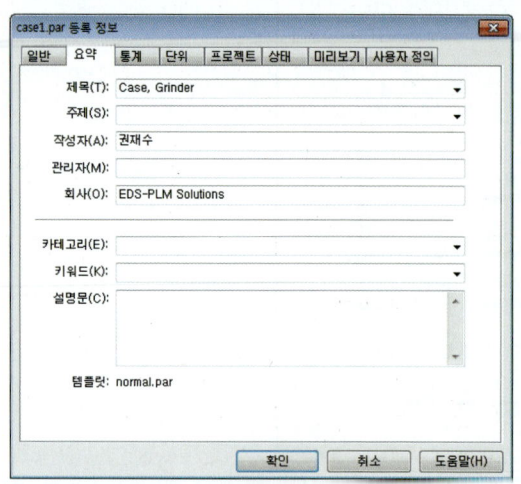
요약 탭

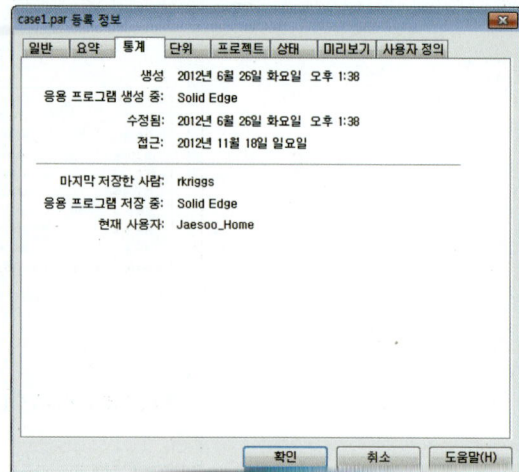
통계 탭

- **요약(Summary)** : 현재 문서에 대한 제목과 만든 이, 키워드 및 설명을 표시합니다. 문서를 생성, 저장 또는 인쇄할 때 만든 이 및 템플릿 정보가 자동으로 생성됩니다.
- **통계(Statistics)** : 현재 문서에 대한 상세 정보를 표시합니다. 문서를 생성, 저장 또는 인쇄할 때 이러한 등록 정보가 자동으로 생성됩니다.

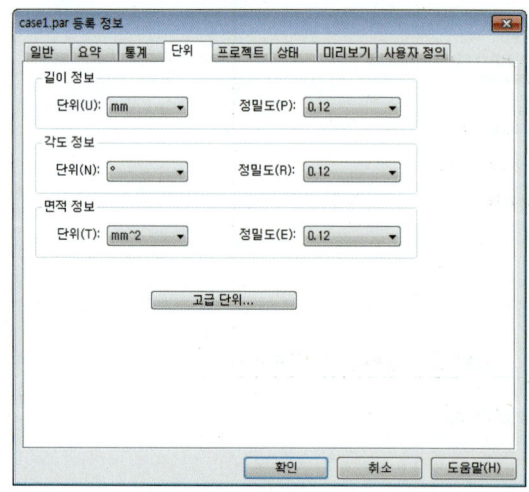
단위 탭

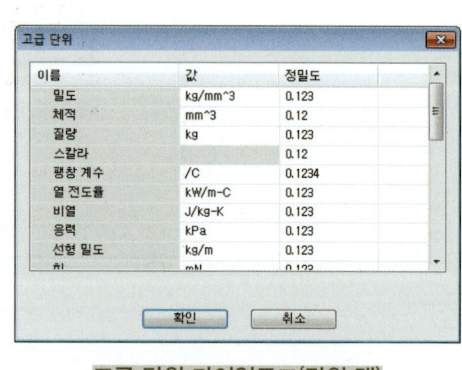
고급 단위 다이얼로그(단위 탭)

- **단위(Units)** : Solid Edge 문서에서의 길이, 영역 또는 각도 값에 대한 측정 단위 및 정밀도 리드아웃을 설정합니다. 단위 탭에서 설정한 옵션은 물리적 특성 및 영역 등록정보 계산, 요소의 길이 측정 등에 사용됩니다.

chapter 10 Solid Edge Options

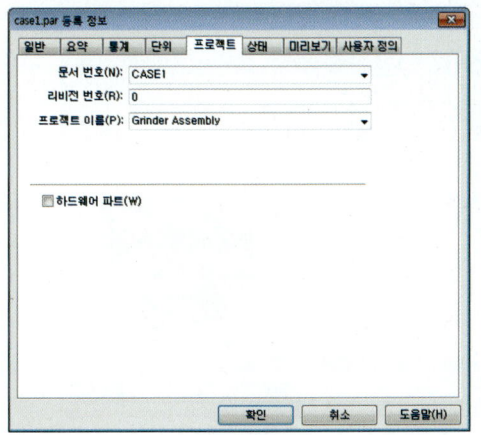

프로젝트 탭

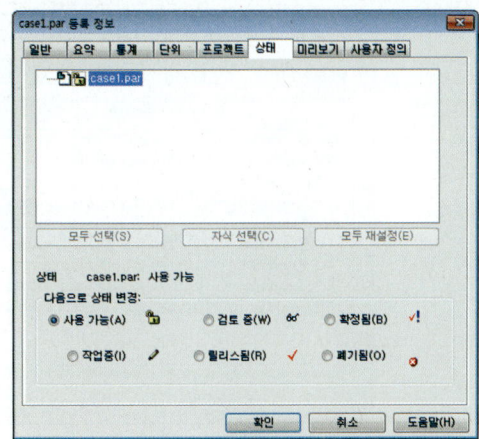

상태 탭

- **프로젝트(Project)** : 문서에 연관된 프로젝트 정보를 표시합니다.
- **상태(Status)** : 문서의 상태를 통해 해당 라이프 사이클에서의 위치를 확인할 수 있습니다. 활성 문서에 다른 문서가 포함되어 있는 경우 문서의 상태가 변경되면 다른 문서에도 영향을 미칩니다. 문서 트리는 최상위 문서 및 하위 문서로 이루어져 있습니다. 최상위 문서의 일부인 문서를 하위 문서라고 합니다. 최상위 문서를 릴리스하거나 베이스라인하면 모든 하위 문서도 이에 따라 상태가 변경됩니다.

미리보기 탭

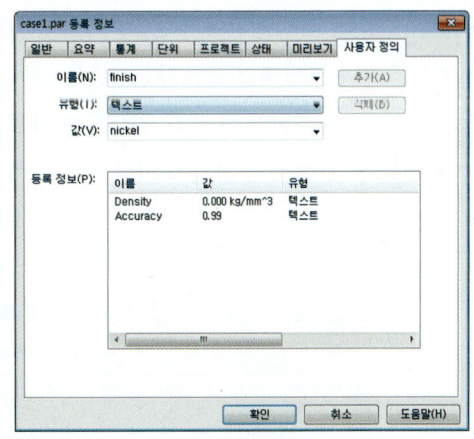

사용자 정의 탭

- **미리보기(Preview)** : 문서를 열기 전에 해당 내용을 표시하기 위한 문서의 미리 보기 이미지를 생성합니다. 파일을 열거나 삽입할 때 사용되는 대화 상자에서 문서를 미리볼 수 있습니다.
- **사용자 정의(Custom)** : 문서의 사용자 정의 등록 정보를 정의합니다.
- **등록 정보 관리자(Properties Manager)** : 하나 이상의 Solid Edge 문서에 대해 새 등록 정보를 생성하거나 기존 등록 정보를 수정할 수 있습니다. 등록 정보 관리자를 사용하여 활성 문서, 정의한 문서 그룹 또는 어셈블리나 어셈블리 도면에 사용되는 모든 문서에 대한

801

등록 정보를 편집할 수 있습니다.

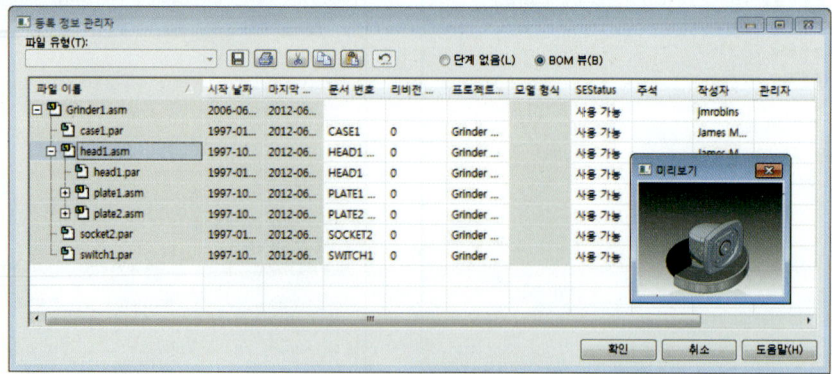

등록 정보 관리자 다이얼로그

- **어커런스 등록 정보**
  선택된 아이템의 등록 정보를 편집합니다. 어커런스 등록 정보(Occurrence Properties) : 어셈블리에 있는 하나 이상의 파트 또는 하위 어셈블리의 특성을 지정합니다.(어셈블리 환경에서만 사용 가능)
  - ▶ 파트 또는 하위 어셈블리의 배치 이름
  - ▶ 파트를 선택할 수 있는지 또는 선택할 수 없는지 여부
  - ▶ 파트의 수량
  - ▶ 고정된 파트 또는 어셈블리 관계가 없는 파트의 x, y 및 z 위치
  - ▶ 상위 수준의 어셈블리에서 파트가 표시되는지 여부
  - ▶ 어셈블리의 도면에서 파트가 표시되는지 여부
  - ▶ 도면 또는 파트 목록에서 파트가 참조 파트로 간주되는지 여부
  - ▶ BOM 같은 보고서에 파트가 사용되는지 여부
  - ▶ 어셈블리의 질량 등록 정보 계산에 파트가 사용되는지 여부
  - ▶ 파트가 간섭 해석 계산에서 사용되는지 여부

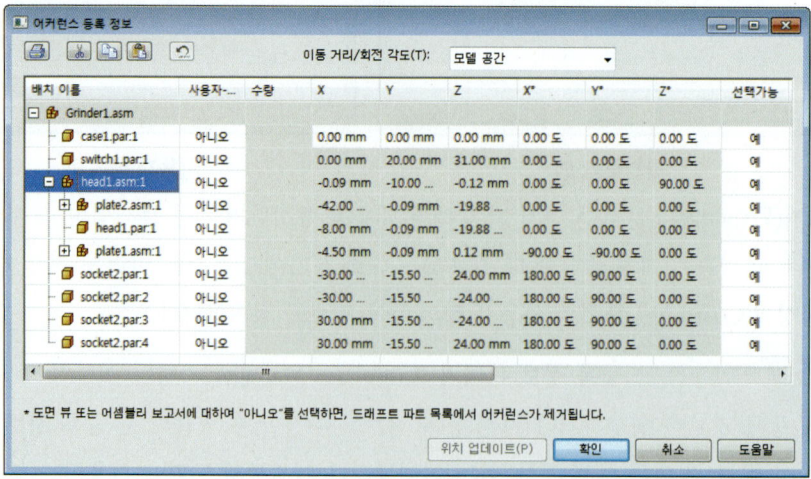

9. 변환(Convert)

순서 지정식 문서를 동기식 문서로 변환합니다. 여러 파일을 동시에 처리할 수 있습니다.

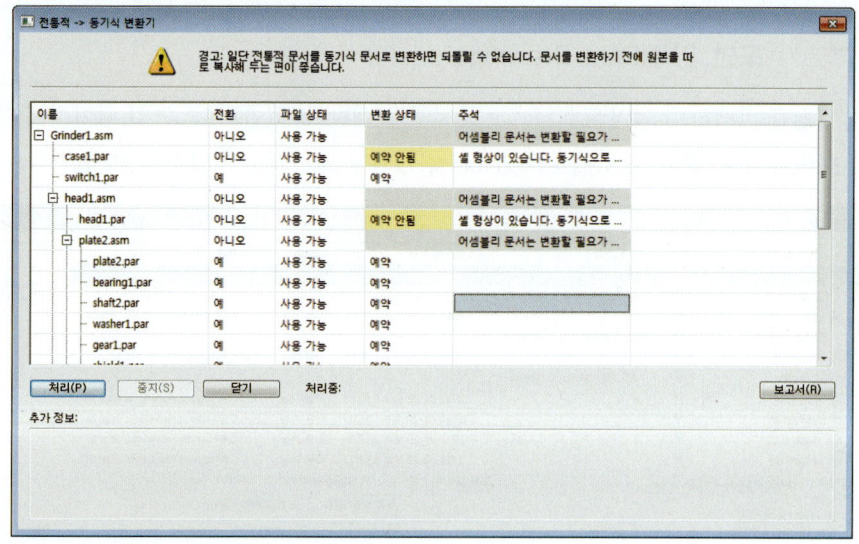

- **목록(List)** : 문서 이름, 변환하기 위해 선택한 문서, 문서 상태, 변환 상태 및 변환 중인 문서에 관한 설명을 포함하여 변환 프로세스에 관한 정보를 표시합니다.
- **전환(Convert)** : 문서를 전환할지 여부를 제어합니다.

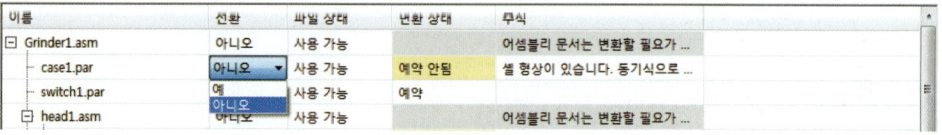

- **파일 상태(File Status)** : 문서의 상태를 표시합니다. 파일에 대한 쓰기 권한이 있어야 파일을 변환할 수 있습니다.
- **변환 상태(Conversion Status)** : 개별 문서의 변환 상태를 표시합니다. 변환 과정에서 세 가지 변환 상태 값을 변경 및 업데이트합니다.
  - ▶ 예약 : 문서가 변환 예정 목록에 있습니다.
  - ▶ 완료 : 모든 변환이 완료되었습니다.
  - ▶ 예약할 수 없음 : 문서가 변환되지 않고 저장되지 않았습니다.
- **주석(Comments)** : 개별 문서에 관한 정보를 표시합니다.
- **처리(Process)** : 문서가 변환되면 디스크에 저장됩니다.
- **중지(Stop)** : 클릭하면 현재 문서가 처리된 후 처리가 중단됩니다.
- **닫기(Close)** : 대화 상자를 닫습니다. 이 버튼은 문서 처리가 진행되는 동안 사용할 수 없습니다.

- **보고서(Report)** : 변환에 관한 정보를 .txt 파일에 저장할 수 있는 다른 이름으로 저장 다이얼로그를 표시합니다.

10. 도면 인쇄(Print Drawings)

도면 인쇄 명령을 선택하여 여러 Solid Edge 문서를 인쇄할 수 있습니다. 단일 페이지에 다른 크기로 구성된 복합 도면을 출력 할 수도 있습니다.(Draft 환경과 Solid Edge 시작화면 에서만 사용 가능)

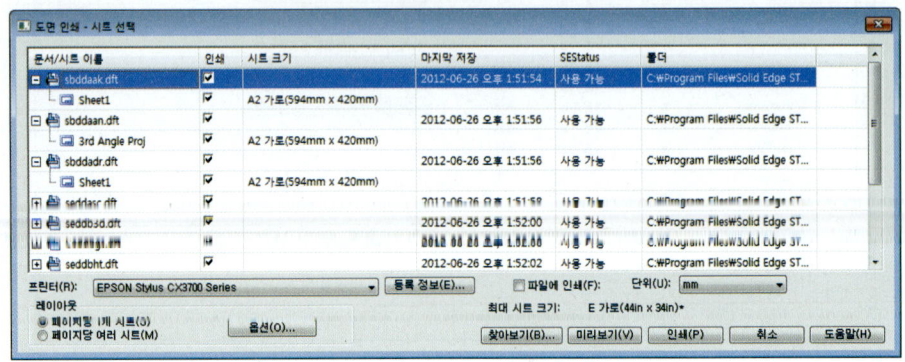

11. 추가 기능(Add-Ins)

특정 워크플로에서 Solid Edge의 기능을 확장하기 위한 프로그램을 로드하고 로드를 취소하는 추가 기능 관리자에 액세스합니다.

12. 매크로 실행(Run Macro)

매크로를 실행하는 버튼입니다.

13. 닫기(Close)

활성 문서를 닫습니다.

마우스 커서를 화살표 쪽으로 이동하면 모두 닫기, 원래 상태 및 닫고 돌아가기 버튼을 클릭 할 수 있습니다.

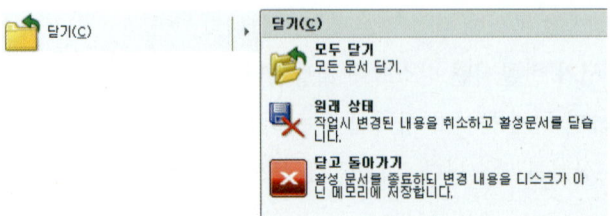

chapter 10 Solid Edge Options

- 모두 닫기(Close All) : 열린 문서를 모두 닫습니다.

- 원래 상태(Revert) : 파트 문서를 닫고 파트 문서에 대한 모든 변경 내용을 저장하지 않고 어셈블리 문서로 돌아갑니다. 이 명령은 어셈블리의 문서에서 파트 모델을 편집할 때 사용할 수 있습니다.

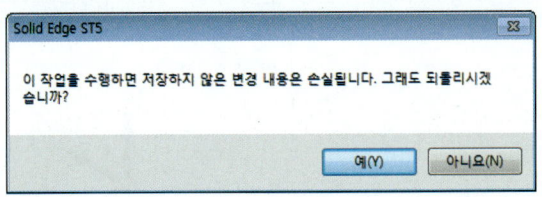

- 닫고 돌아가기(Close And Return) : 현재 문서를 닫고 변경 내용을 디스크에 저장하지 않은 채 메모리에 보관하고 이전 어셈블리로 돌아갑니다. 어셈블리 환경에서 나가기 전에는 문서 변경 내용을 저장하라는 메시지가 나타나지 않습니다.

02 파트 환경

1. Solid Edge 옵션(일반 탭)

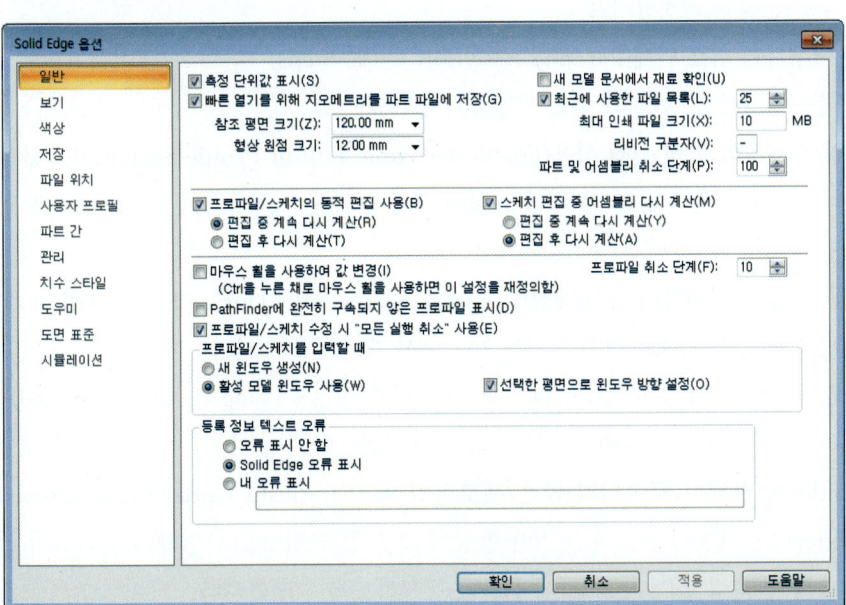

- 측정 단위값 표시(Show Units in Value Fields) : 값 상장에 측정 단위를 표시합니다.
- 빠르게 열기 위해 지오메트리를 파트 파일에 저장(Store Geometry In Part Files For Fast Open) : 문서를 보다 빨리 열 수 있도록 지오메트리 디스플레이 정보를 저장합니다.
- 참조 평면 크기(Reference Plane Size) : 기본 참조 평면의 크기를 지정합니다.
- 형상 원점 크기(Feature Origin Size) : 형상 원점의 크기를 지정합니다.

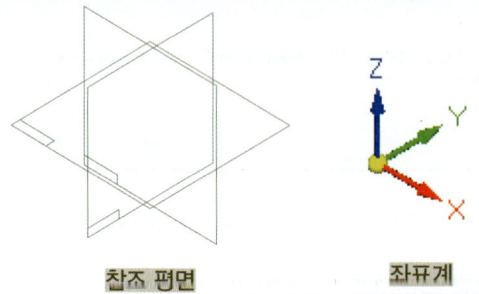

참조 평면   좌표계

- 새 모델 문서에서 재료 확인(Prompt for Material in New Model Documents) : 새 모델 문서를 생성할 때 문서에 대한 재료를 정의할 수 있는 재료 테이블 다이얼로그를 바로 표시합니다.
- 최근에 사용한 파일 목록(Recently Used Files List) : 최근 파일 영역에 최근 사용된 문서의 목록을 표시합니다.(최대 100개 목록 표시)
- 인쇄 파일 최대 크기(Maximum Print File Size) : 인쇄 파일의 최대 크기를 설정합니다. 설정할 수 있는 최대 크기는 160 MB입니다.
- 리비전 구분 기호(Revision Delimiter) : 리비전 번호와 문서 이름을 구분하기 위해 리비전 명령에 사용할 구분 문자를 지정합니다.
- 파트 및 어셈블리 취소 단계(Part and Assembly Undo Steps) : 파트 또는 어셈블리에서 실행 취소 목록에 사용할 수 있는 단계의 수를 지정합니다.(최대 500개)
- 프로파일/스케치의 동적 편집 사용(Enable Dynamic Edit of Profile/Sketches) : 선택 도구 명령 모음에서 동적 편집을 사용할 때 핸들을 끌어 치수를 다시 배치하거나 프로파일의 모양 또는 크기를 수정할 수 있습니다.
- 스케치를 편집 중 어셈블리 다시 계산(Recompute Assembly During Sketch Edits) : 어셈블리 스케치를 편집하는 동안 파트 위치를 자동으로 다시 계산하도록 지정합니다.
- 마우스 휠을 사용하여 값 변경(Enable Dimension Changes Using the Mouse Wheel) : 마우스 휠을 사용하여 구동 치수 값을 변경할 수 있는지 여부를 제어합니다.
- PathFinder에 완전히 구속되지 않은 프로파일 표시(Indicate Under Constrained Profiles in PathFinder) : 스케치나 프로파일 기반 형상에 그 모양과 위치를 완전하게 정의하기 위해 추가 관계가 필요한 경우 형상 PathFinder에 심볼을 표시하도록 지정합니다.

chapter 10 Solid Edge Options

- **프로파일/스케치 수정 시 모두 실행 취소 사용(Enable "Undo All" for Profile/Layout Modifications)** : 모두 실행 취소 명령을 활성화하거나 비활성화합니다.
- **프로파일 취소 단계(Profile Undo Steps)** : 프로파일 환경에서 실행 취소 목록에 사용할 수 있는 단계의 수를 지정합니다.(최대 20개)
- **새 윈도우 생성(Create a New Window)** : 프로파일 또는 스케치를 그릴 때 새 창을 만들도록 지정합니다.
- **활성 모델 윈도우 사용(Draw in the Active Model Window)** : 프로파일 또는 스케치를 그릴 때 기존 창을 사용하도록 지정합니다.
- **선택한 평면으로 윈도우의 방향 설정(Orient The Window to the Selected Plane)** : 창이 프로파일 평면에 평행하게 배치됩니다.
- **오류 표시 안 함(Do not show error)** : 오류 이벤트를 표시하지 않습니다.
- **Solid Edge 오류 표시(Show Solid Edge error)** : 표준 오류 메시지를 표시합니다.
- **내 오류 표시(Show my error)** : 속성 텍스트 및 사용자 지정 속성이 정의되지 않을 경우 표시할 오류 메시지를 지정합니다.

2. Solid Edge 옵션(보기 탭)

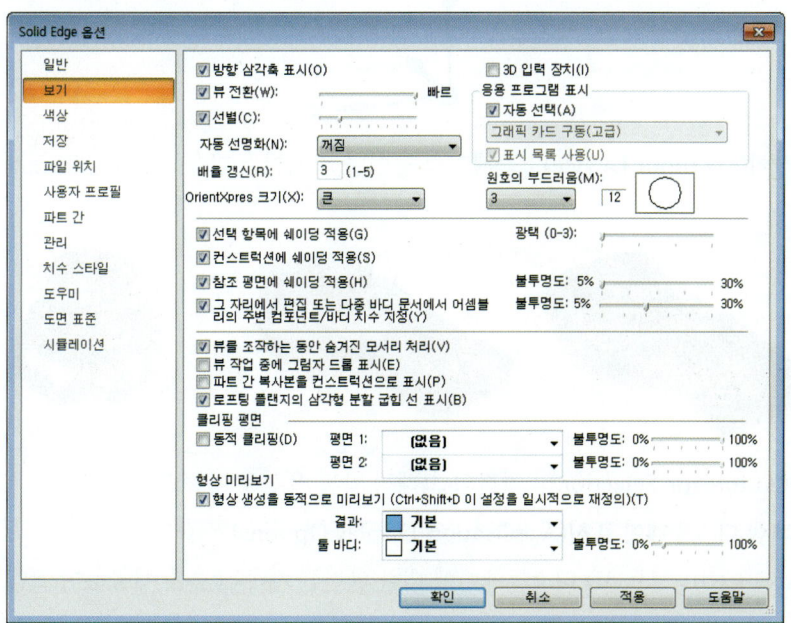

807

- **방향 삼각축 표시(Show Orientation Triad)** : 그래픽 윈도우의 왼쪽 아래 모서리에 방향 삼각축을 표시합니다.

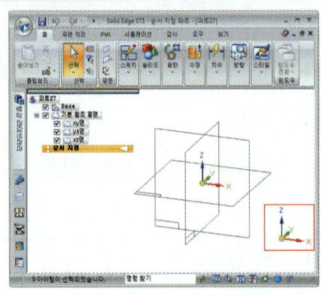 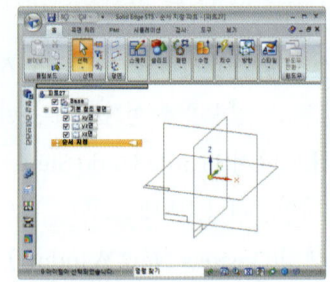

방향 삼각축 표시(켬)　　　　　방향 삼각축 표시(끔)

- **뷰 전환(View Transition)** : Solid Edge는 첫 번째와 두 번째 방향 사이에서 여러 개의 중간 프레임을 계산하여 모델에서 비행하는 시각적인 효과를 나타냅니다.
- **선별(Culling)** : 뷰 회전시 디스플레이의 부하를 줄이기 위하여 일정 부품 또는 형상을 숨겨줍니다.
- **자동 선명화(Auto-Sharpen)** : 호나 원을 정의하는 호/현 편차를 명시적으로 제어할 수 있습니다.
- **배율 새로 고침(Refresh Scale)** : 영역 확대, 확대/축소 및 맞춤을 비롯한 배율 명령의 속도와 정확도를 제어합니다.
- **OrientXpres 크기(OrientXpres Size)** : OrientXpres 도구의 크기를 정의합니다. OrientXpres 도구는 3D 공간에서 선, 원호 및 곡선을 그리고 bluedot의 위치를 편집하는 데 사용되는 대화형 설계 지원 도구입니다.

- **3D 입력 장치(3D Input Device)** : 스페이스 볼이나 스페이스 마우스 같은 3D 장치를 확인하도록 지정합니다.

- **자동 선택(Automatic Selection)** : 최적의 그래픽 카드 옵션을 자동으로 선택하도록 지정합니다.
- **응용프로그램 디스플레이 표시(Application Display Options)**
  - ▶ **고급(Advanced)** : 모든 3D 디스플레이에 대한 완전한 가속 성능을 제공하며 그래픽 오브젝트를

조작하거나 프로파일 및 스케치를 편집할 때 가능한 가장 부드러운 디스플레이를 제공합니다.
- ▶ 기본(Basic) : 모든 3D 디스플레이에 대한 완전한 가속 성능을 제공하며 광범위한 일반 및 고사양 그래픽 카드에 대해 안정적인 디스플레이를 제공합니다.
- ▶ Direct3D : 다른 그래픽 카드 구동 옵션 중 하나를 사용하여 일정한 디스플레이를 생성할 수 없는 Windows Vista 사용자를 위해 마련되었습니다.
- ▶ 배킹 스토어(Backing Store) : 그래픽 카드와 소프트웨어 생성 디스플레이가 함께 사용됩니다. 뷰를 조작하는 경우 Solid Edge에서는 모든 디스플레이 요청을 그래픽 가속기에 전달하여 가능한 가장 빠른 프레임 속도를 제공합니다.(게임용 또는 일반 소비자 수준의 그래픽 카드 같이 CAD 응용프로그램을 지원하기 위해 디자인되지 않은 그래픽 카드를 사용자)
- ▶ 소프트위어 구동(Software Driven) : 시스템 진단을 위해 제공되는 것이므로 일반적인 디스플레이를 위해서는 사용하지 말아야 합니다.

- **원호의 부드러움(Arc Smoothness)** : 원호를 표현하는 선의 최소 수를 지정합니다. 낮은 값을 사용하면 선의 수가 적어지고 원호가 거칠게 표시됩니다.

- **선택 항목에 쉐이딩 적용(Use Shading on Selection)** : 마우스 커서로 면과 형상을 선택할 때 해당 면과 형상을 쉐이딩할지 지정합니다.

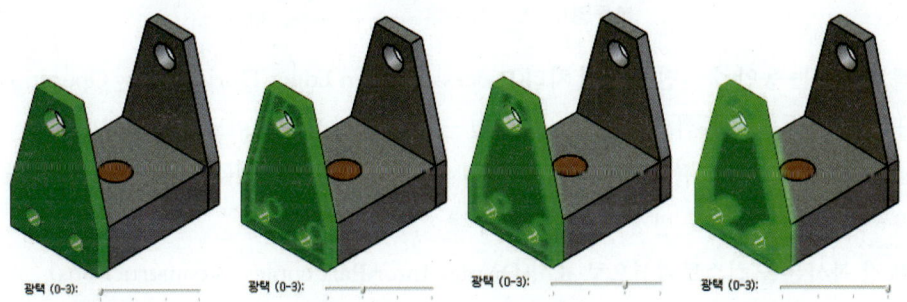

- **컨스트럭션에 쉐이딩 적용(Use Shading on Constructions)** : 윈도우를 쉐이딩할 때 컨스트럭션 곡면에도 쉐이딩을 적용하여 표시할지 지정합니다.

- **참조 평면에 쉐이딩 적용(Use Shading on Reference Planes)** : 윈도우를 쉐이딩할 때 참조 평면에도 쉐이딩을 적용하여 표시할지 지정합니다.

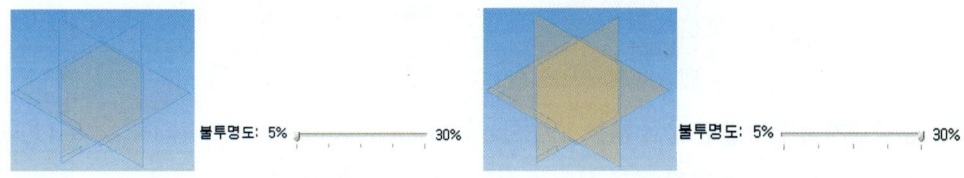

- 그 자리에서 편집 또는 다중 바디 문서에서 어셈블리의 주변 컴포넌트/바디 치수 지정

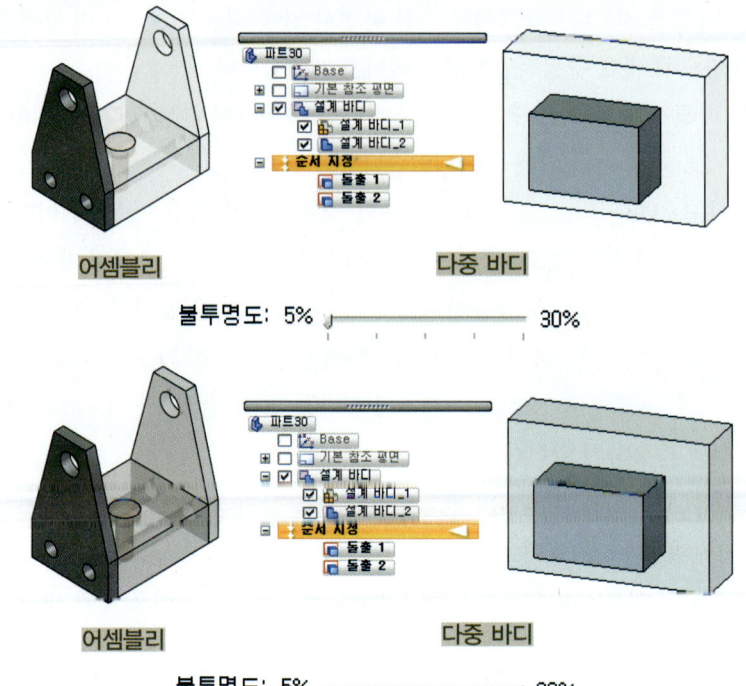

- 뷰를 조작하는 동안 숨겨진 모서리 처리(Process Hidden Edges During View Operations) : 뷰 조작 명령을 사용하여 동적으로 뷰를 변경하면 숨겨진 모서리가 보이도록 처리합니다.
- 뷰 작업 중에 그림자 드롭 표시(Display drop shadows during view operations) : 뷰 조작 명령을 사용하여 동적으로 뷰를 변경하면 그림자가 보이도록 처리합니다.
- 파트 간 복사본을 컨스트럭션으로 표시(Display Inter Part copies as constructions) : 파트의 파트 간 복사가 컨스트럭션 색상으로 어셈블리에 표시되도록 지정합니다.

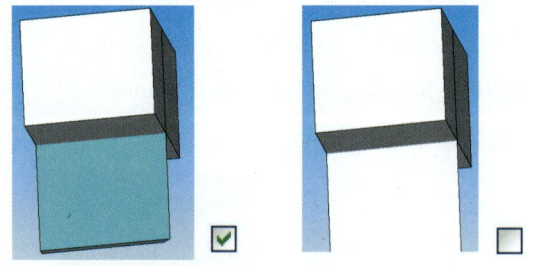

- 로프팅 플랜지의 삼각형 분할 굽힘 선 표시(Show Triangulation Bend Lines for Lofted Flanges) : 로프팅 플랜지의 삼각형 분할 굽힘 선을 표시할 것인지 지정합니다.
- 클리핑 평면(Clipping Planes) : 클리핑 평면의 디스플레이와 동작에 대한 옵션을 설정합니다. 클리핑 평면 설정 명령을 사용하여 파트나 어셈블리의 좁은 디스플레이 영역을 타스크를 완료하기

쉽게 정의할 수 있습니다.

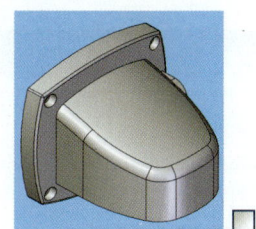
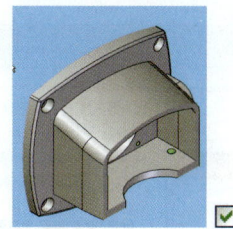

- **형상 생성을 동적으로 미리 보기**(Dynamically Preview Feature Creation) : 형상 생성의 연장 단계에서 형상이 동적으로 표시되도록 지정합니다.

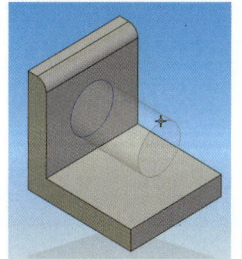
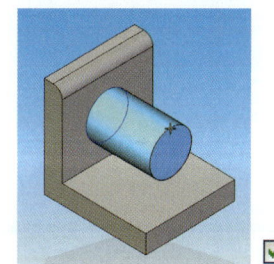

3. Solid Edge 옵션(색상 탭)

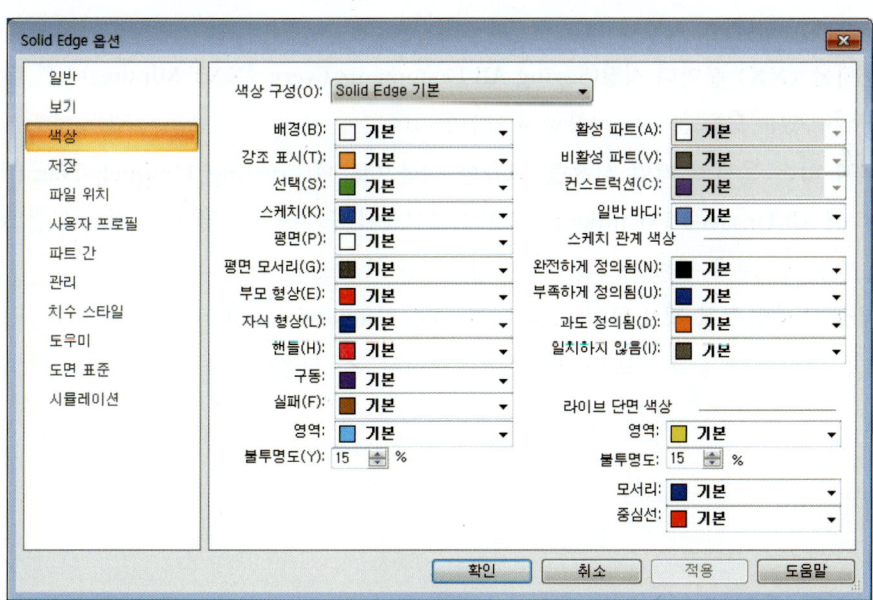

- **색상 구성**(Color Scheme) : 활성 문서의 전반적인 색상 구성을 제어합니다. 색상 구성은 이 페이지의 다른 모든 기본 색상 설정에 영향을 줍니다.

4. Solid Edge 옵션(저장 탭)

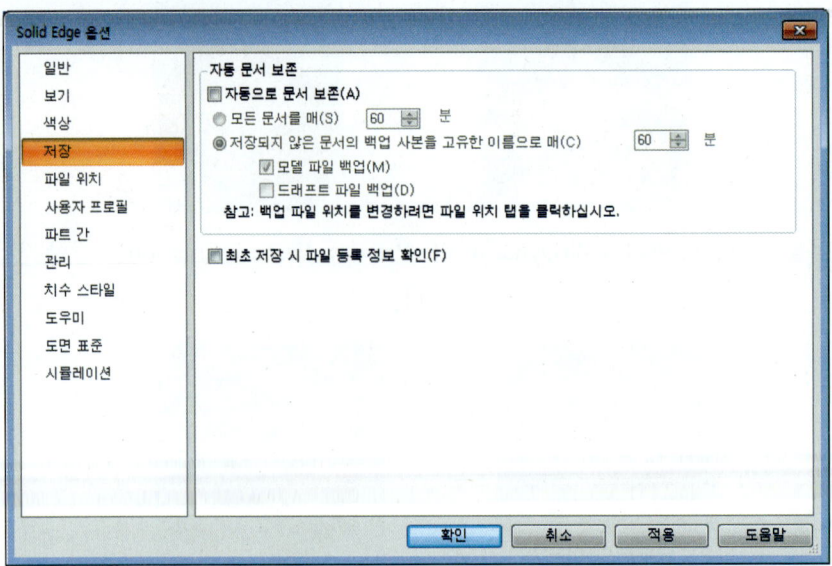

- **자동으로 문서 보존(Automatically Preserve Documents By)** : 특정 시간 간격으로 모든 열린 문서를 저장할 수도 있고, 현재 Solid Edge 세션에서 수정된 후 저장되지 않은 문서의 백업 복사본을 만들 수도 있습니다.
- **모든 문서를 〈XX〉 분마다 저장(Saving All Documents Every 〈XX〉 Minutes)** : 설정한 시간 간격마다 열려 있는 모든 문서를 저장할지 확인합니다.
- **저장되지 않은 문서의 백업 사본을 고유한 이름으로 매(Creating Uniquely-Named Backup Copies of All Unsaved Documents)** : 현재 세션에서 수정된 후 저장되지 않은 모든 Solid Edge 문서의 백업 복사본을 정해진 시간 간격마다 자동으로 생성합니다.
- **최초 저장 시 파일 등록 정보 확인(Prompt for File Properties on First Save)** : 파트 또는 판금 파일을 처음 저장할 때 등록 정보 다이얼로그가 표시되도록 지정합니다.

5. Solid Edge 옵션(파일 위치 탭)

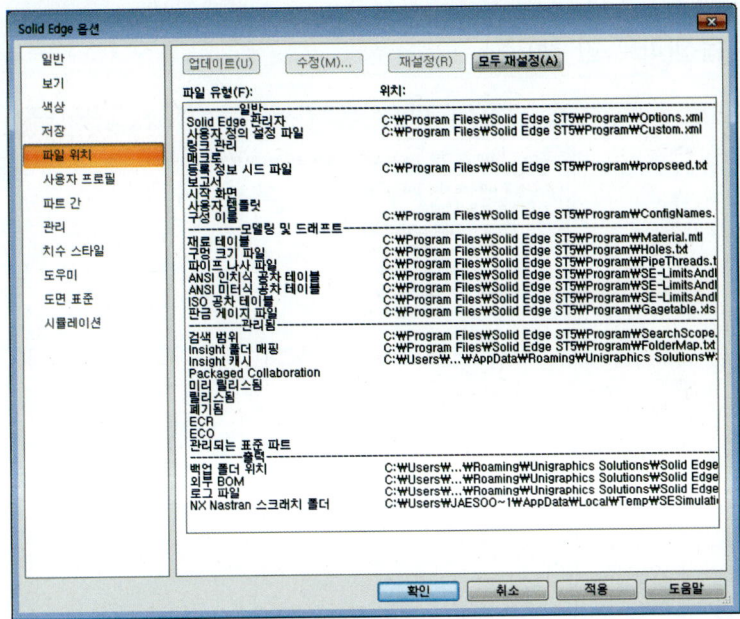

- Solid Edge에서 만들거나 사용한 문서, 템플릿 및 기타 오브젝트의 기본 위치를 지정합니다.

6. Solid Edge 옵션(사용자 프로필 탭)

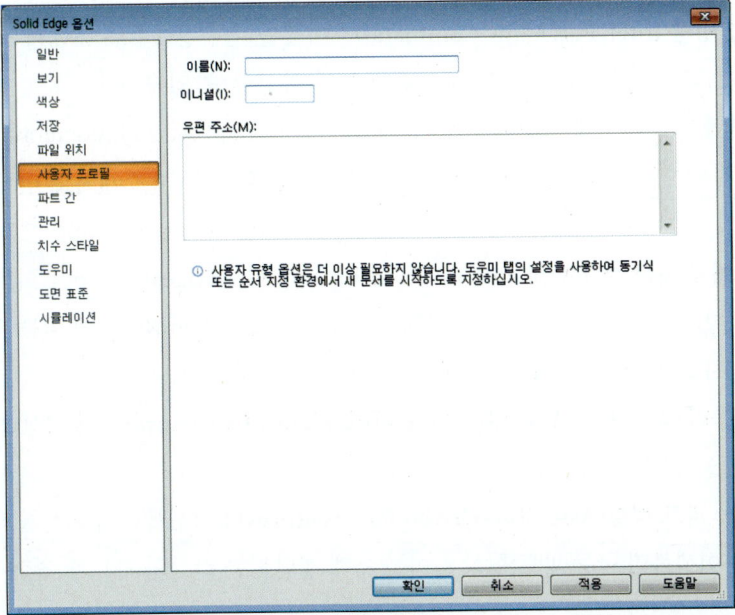

- 이름, 전자 메일 주소 및 주석 마크로 사용할 이니셜과 같은 사용자에 대한 정보를 지정합니다.

7. Solid Edge 옵션(파트 간 탭)

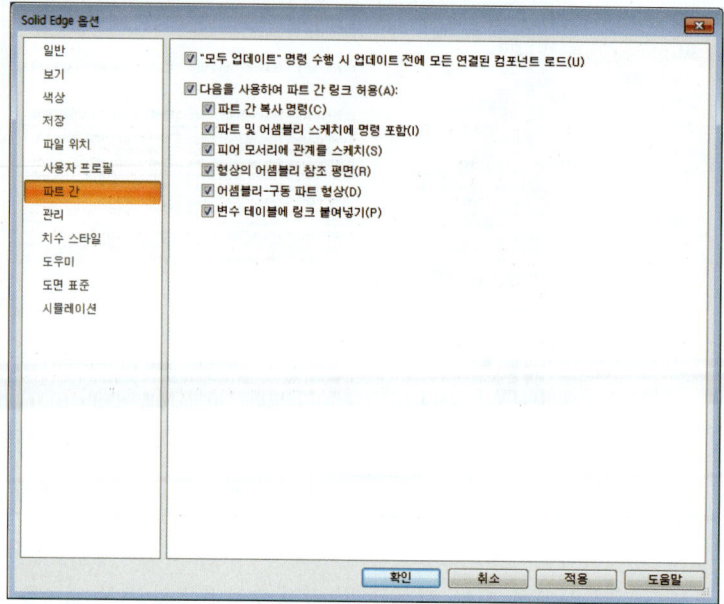

- **다음을 사용하여 파트 간 링크 허용(Allow Inter-Part Links Using)** : 파트 간 링크를 사용하도록 지정합니다.
- **파트 간 복사 명령(Inter-Part Copy Command)** : 어셈블리의 컨텍스트 내에서 작업할 때 한 파트 파일에서 다른 파트 파일로 곡면 지오메트리를 연관 복사할 수 있습니다.
- **파트 및 어셈블리 스케치에 명령 포함(Include Command in Part and Assembly Sketches)** : 포함 명령을 사용하여 어셈블리 파트의 가장자리를 현재 프로파일 또는 스케치로 연관 복사할 수 있습니다.
- **피어 모서리에 관계를 스케치(Sketch Relationships to Peer Edges)** : 도구 탭의 피어 가장자리 위치 옵션도 설정하는 경우 현재 프로파일 또는 스케치의 요소와 어셈블리에 있는 다른 파트의 가장자리 사이에 지오메트리 관계와 구동 치수를 적용할 수 있습니다.
- **형상의 어셈블리 참조 평면(Assembly Reference Planes In Feature)** : 새 형상을 만들 때 어셈블리 참조 평면을 사용합니다.
- **어셈블리 구동 파트 형상(Assembly-Driven Part Features)** : 어셈블리에 어셈블리 구동 파트 형상을 만듭니다. 어셈블리 구동 파트 형상은 이를 통해 절단되는 각각의 파트에 연관 형상을 추가합니다.

- **변수 테이블에 링크 붙여넣기(Paste Link to Variable Table)** : 다른 파트 및 어셈블리의 변수 테이블에 어셈블리 변수를 붙여넣을 수 있고 Excel 같은 스프레드시트 문서의 값을 디자인 변수에 연결할 수 있습니다.

8. Solid Edge 옵션(관리 탭)

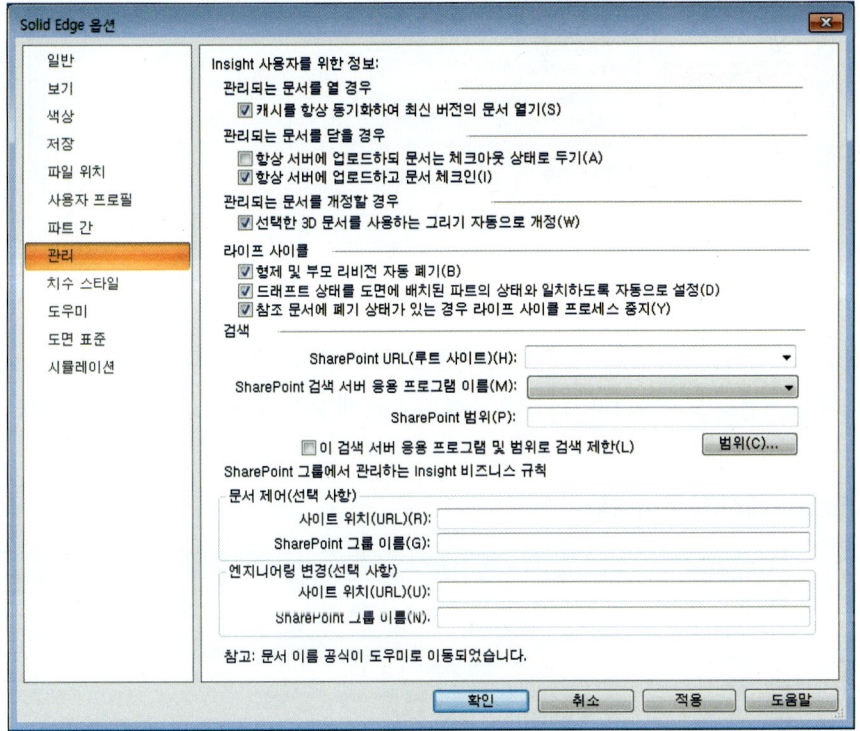

- 관리되는 문서를 열거나 닫는 방식을 지정합니다.

  관리 탭은 Insight 또는 Teamcenter와 연동하여 사용할 때 관련 있습니다.

9. Solid Edge 옵션(치수 스타일 탭)

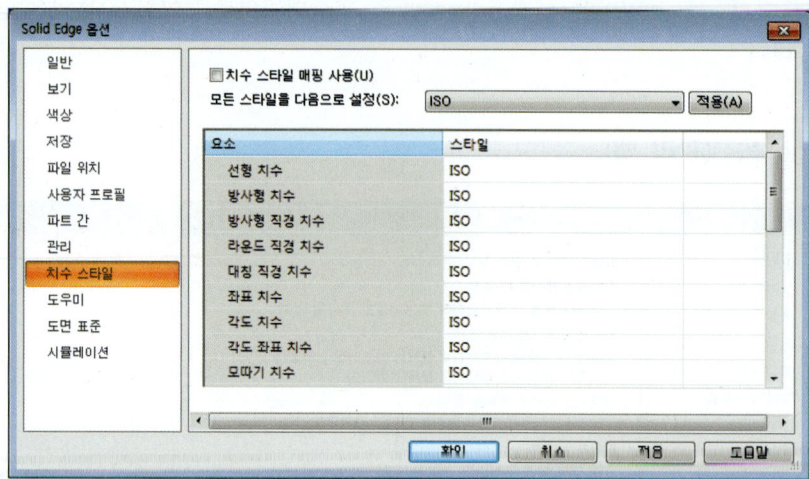

● 치수 스타일 탭에서는 치수, 주석, 커넥터, 심볼 및 도면 뷰의 기본 스타일을 설정하는 요소 및 스타일 간 매핑 테이블을 표시합니다. 나열된 스타일은 현재 문서와 템플릿 파일에서 파생됩니다.

10. Solid Edge 옵션(도우미 탭)

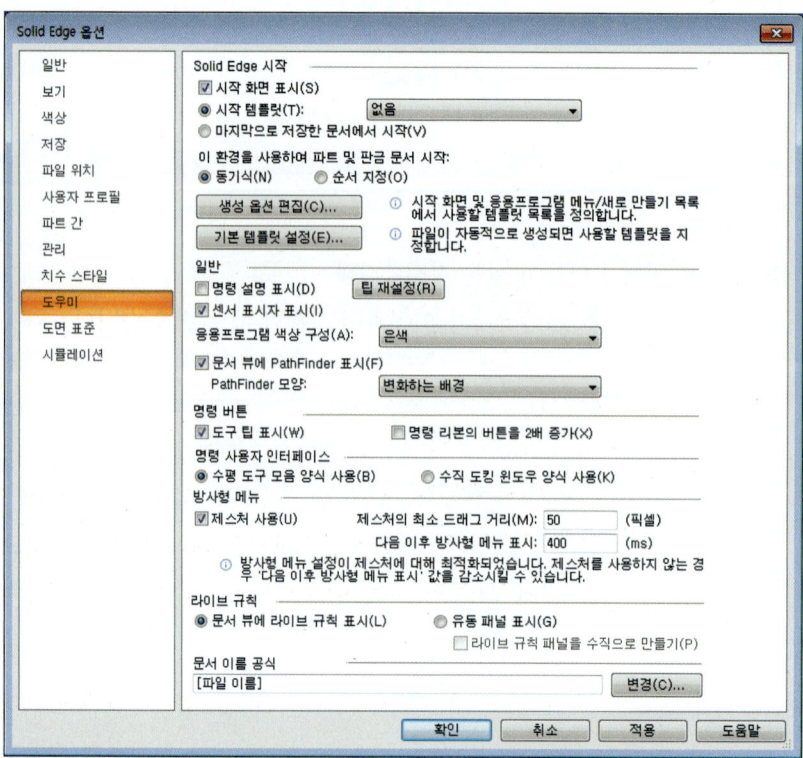

chapter 10 Solid Edge Options

- **시작 화면 표시(Show start-up screen)** : Solid Edge 시작 화면을 표시할지 여부를 지정합니다.

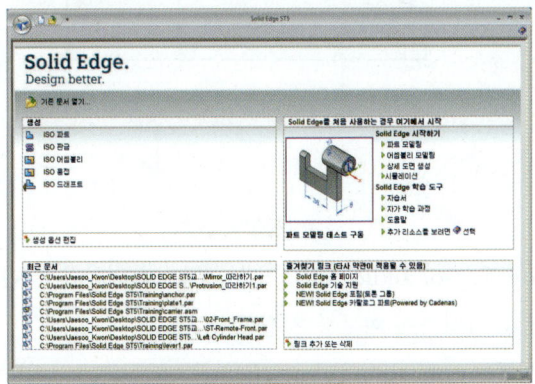

- **시작 템플릿 설정(Start using this template)** : Solid Edge 구동시 선택한 환경으로 Solid Edge가 시작합니다.

시작 템플릿 선택

- **마지막으로 저장한 문서에서 시작(Start With My Last Saved Document)** : 마지막으로 저장한 문서에서 Solid Edge를 시작하도록 지정합니다.

- **파드 및 판금 문서 실행시 순차식 방식 또는 동기식 방식을 선택(Start Part and Sheet Metal documents using this environment)** : 파트 및 판금 문서 실행시 순차식 방식 또는 동기식 방식을 선택하여 작업할 수 있습니다.

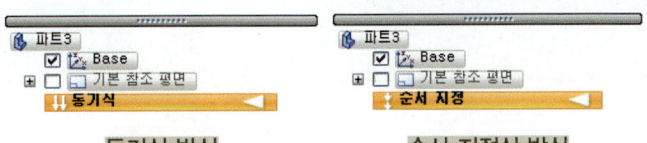

　　　동기식 방식　　　　　　순서 지정식 방식

- **생성 옵션 편집(Edit Creation Options)** : 파일을 만드는 데 사용되는 템플릿을 지정할 수 있도록 파일 작성 옵션 대화 상자가 표시됩니다.

- **기본 템플릿 설정(Set Default Templates)** : 기본 서식 파일 이름과 위치를 다른 문서 형식 지정할 수 있는 기본 템플릿 대화 상자를 표시합니다.

- **명령 설명 표시(Show Tool Tips)** : Solid Edge 인터페이스 위에 커서를 놓을 때 도구설명을 표시할지 여부를 지정합니다.

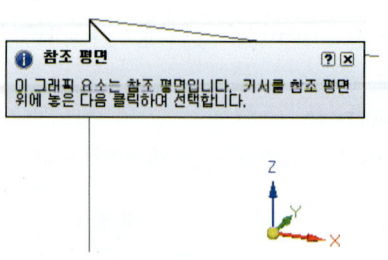

명령 설명 표시

- **센서 표시자 표시(Show Sensor Indicator)** : 센서 경고 및 위반 알림이 파트, 판금 및 어셈블리 문서의 그래픽 윈도우에 표시되는지 여부를 지정합니다.
- **응용 프로그램 색 구성표(Application color scheme)** : Solid Edge 윈도우 색상을 변경합니다.

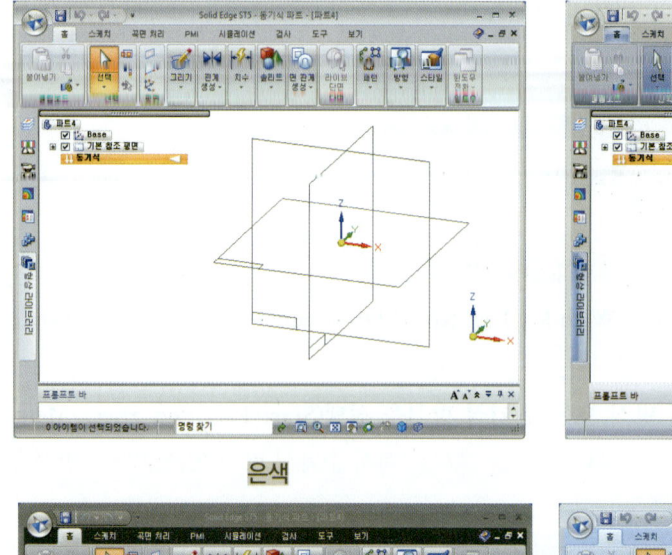

은색   청록

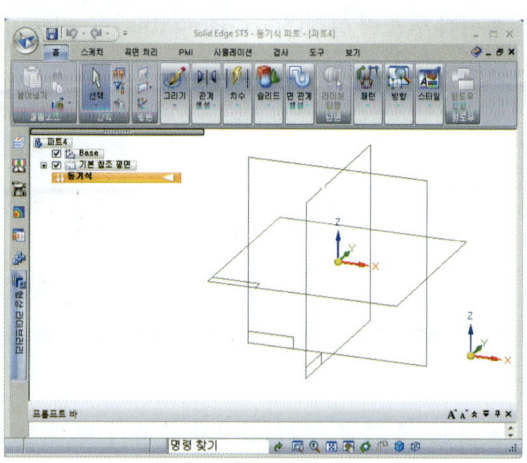

검정   파랑

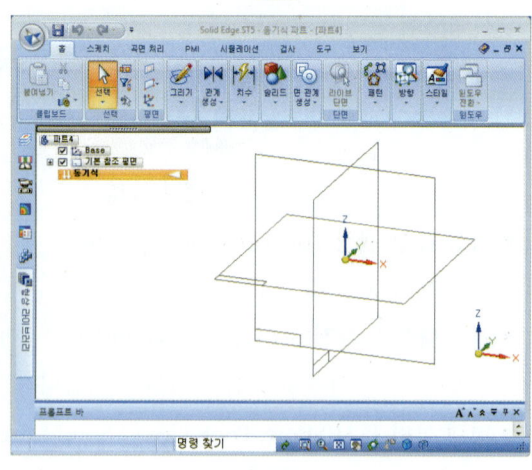

- **문서 뷰에서 PathFinder 표시(Show PathFinder in the document view)** : PathFinder의 위치와 스타일을 설정합니다.

chapter 10 Solid Edge Options

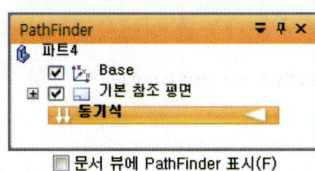 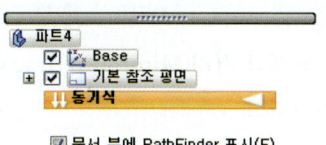

- **PathFinder 스타일(PathFinder appearance)** : PathFinder 스타일을 변경할 수 있습니다.(문서 뷰에 PathFinder 표시 명령이 활성화 되어 있어야합니다.)

변화하는 배경   흰색 배경의 텍스트

- **도구 팁 표시(Show Command Tips)** : Solid Edge 인터페이스 위에 커서를 놓을 때 도구 설명을 표시할지 여부를 지정합니다.

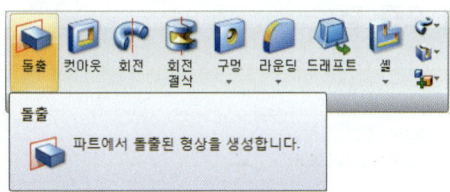

- **명령 리본의 버튼을 2배 증가(Increase all buttons on Command Ribbon by 2X)** : 모든 단축 명령어 버튼을 두 배 확대합니다.

- **명령 사용자 인터페이스(Command User Interface)** : 명령어 모음의 모양을 사용자 정의할 수 있습니다.

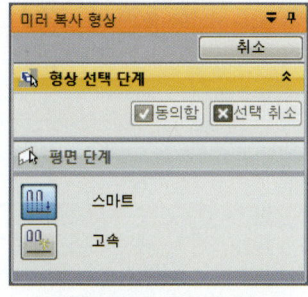 

수평 도구 모음 양식 사용   수직 도킹 윈도우 양식 사용

819

- **제스처 사용(Use gestures)** : 마우스 제스처로 방사형 메뉴를 실행할지 여부를 지정합니다.
- **제스처의 최소 드래그 거리(Minimum drag distance for gesture)** : 방사형 메뉴 드래그에 대한 최소 거리를 설정합니다.
- **방사형 메뉴 표시 시간(Show radial menu after)** : 방사형 메뉴 표시 기간을 설정합니다.
- **문서 뷰에 라이브 규칙 표시(Show Live Rules in the document view)** : 그래픽 윈도우 창과 라이브 규칙 메뉴를 결합합니다.

- **유동 패널 표시(Show as a floating panel)** : 이동 가능한 라이브 규칙메뉴로 표시합니다.

- **라이브 규칙 패널을 수직으로 만들기(Make Live Rules panel vertical)** : 라이브 규칙을 세로로 표시합니다.(유동 패널 표시를 체크 했을 경우에만 사용가능합니다.)

11. Solid Edge 옵션(도면 표준 탭)

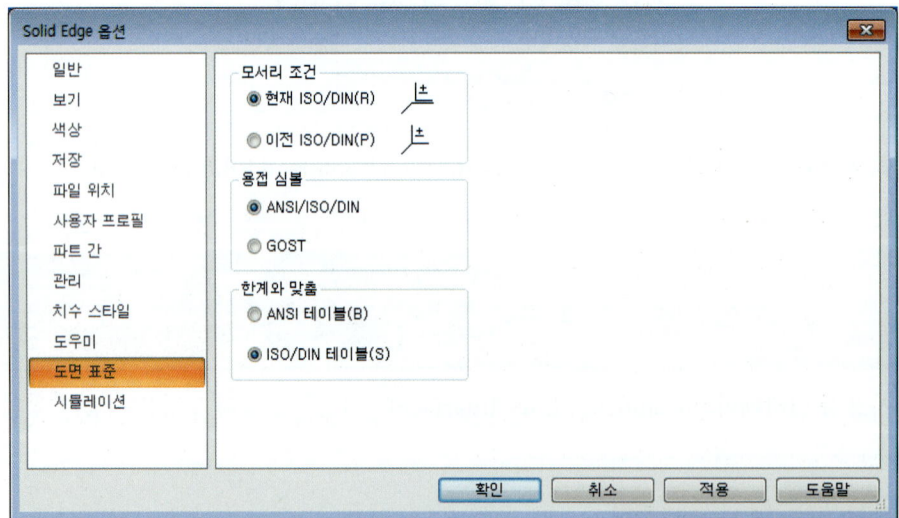

- 모서리 조건, 용접 심볼 및 한계와 맞춤 표준을 설정할 수 있습니다.

12. Solid Edge 옵션(시뮬레이션 탭)

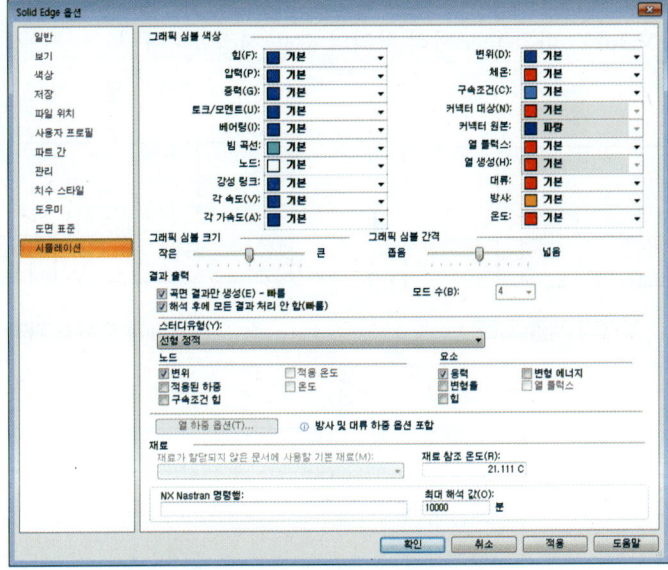

- Solid Edge Simulation을 사용하는 것처럼 해석 처리 및 검토에 필요한 기본 설정을 제어합니다.

03 판금 환경

1. Solid Edge 옵션(전개장 처리 탭)

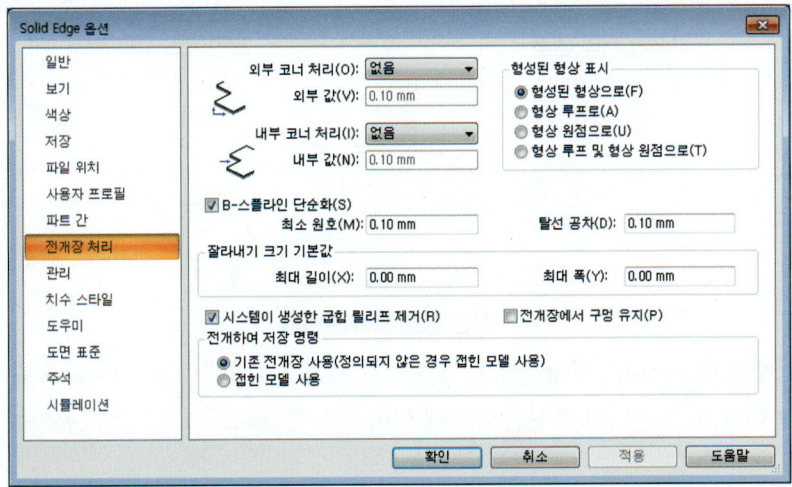

- **외부 코너 처리(Outside Corner Treatments)** : 바깥쪽 모서리에 처리를 적용합니다. (모서리 처리 없음, 모따기 모서리 처리, 접선 원호 모서리 처리)

- **외부 값(Outside Value)** : 바깥쪽 모서리 처리의 값을 지정합니다.

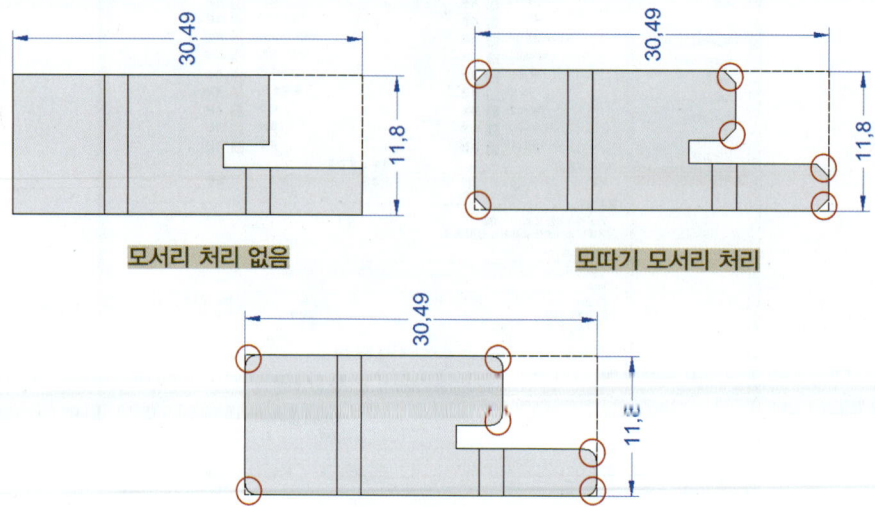

- **내부 코너 처리(Inside Corner Treatments)** : 안쪽 모서리에 처리를 적용합니다.(모서리 처리 없음, 모따기 모서리 처리, 접선 원호 모서리 처리)

- **내부 값(Inside Value)** : 안쪽 모서리 처리의 값을 지정합니다.

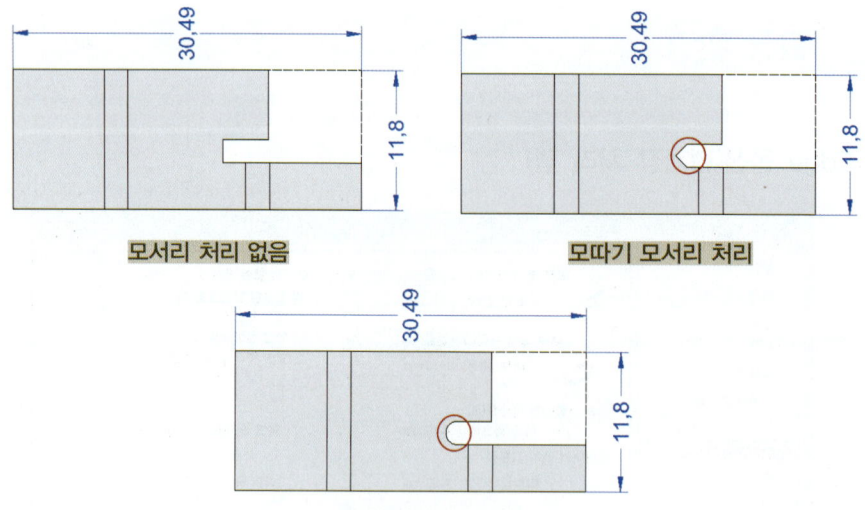

- **B 스플라인 단순화(Simplify B-splines)** : 형성된 파트의 B 스플라인 곡선이 선과 원호로 단순화되도록 지정합니다. B 스플라인 곡선은 굽힘에 컷아웃을 생성하고 스텐실폰트 문자를 사용할 때 생성됩니다.

- **최소 원호(Minimum Arc)** : B 스플라인 곡선을 통해 생성된 원호의 최소 값을 지정합니다.
- **탈선 공차(Deviational Tolerance)** : B 스플라인 곡선의 편차 공차를 지정합니다.

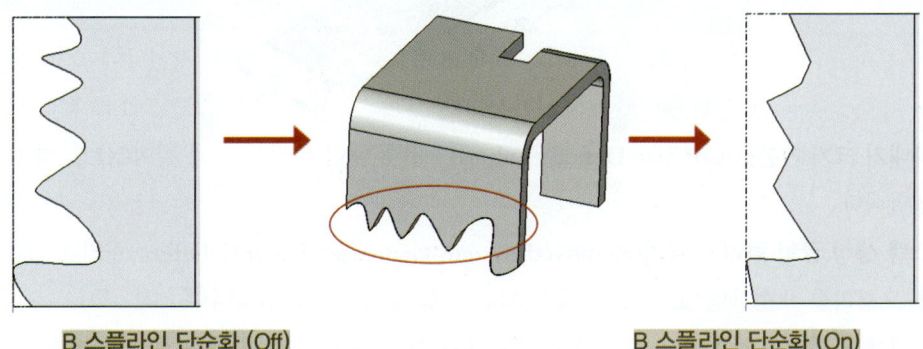

B 스플라인 단순화 (Off)   B 스플라인 단순화 (On)

▶ 형성된 형상 표시(Formed Feature Display)

① 형성된 형상으로(As Formed Feature) : 전개장에서 판금 형상을 형성된 형상으로 표시합니다.

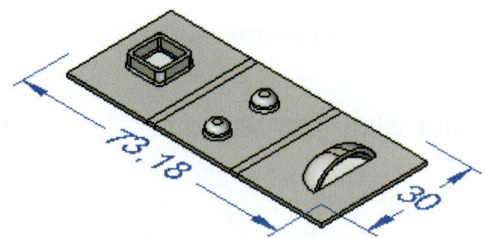

② 형상 루프로(As Feature Loops) : 전개장에서 판금 형상을 스케치로 표시합니다.

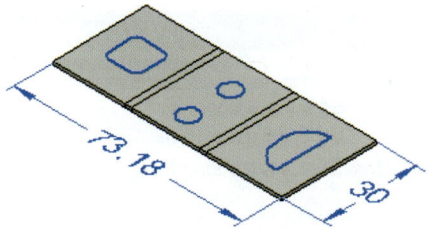

③ 형상 원점으로(As Feature Origin) : 전개장에서 판금 형상을 형상 원점으로 표시합니다.

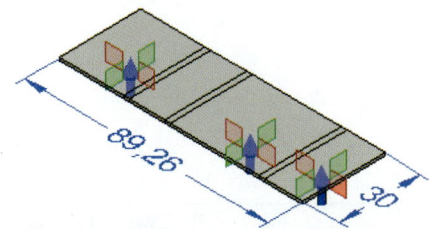

④ 형상 루프 및 형상 원점으로(As Feature Loops and Feature Origin) : 전개장에서 판금 형상을 형상 원점이 포함된 스케치로 표시합니다.

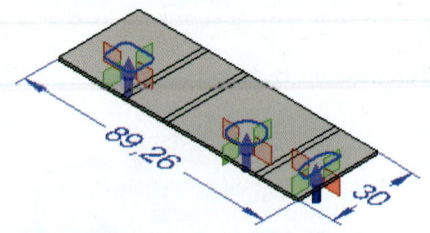

- **잘라내기 크기 기본값(Cut Size Default Values)** : 전개 패턴의 기본 최대 길이(X) 및 최대 폭(Y)을 지정합니다.
- **시스템 생성 굽힘 릴리프 제거(Removed System-Generated Bend Reliefs)** : 릴리프 없음을 통해 닫힌 모서리를 생성하면 3D 모델에 매우 작은 굽힘 릴리프가 생성됩니다.
- **전개장에서 구멍 유지(Maintain Holes in the Flat Pattern)** : 구멍이 직각이 아닌 표면이나 각도에 배치된 경우 전개되면 구멍이 타원이 됩니다. 이 옵션은 실제로 둥근 구멍이 있는 전개장을 생성합니다.
- **기존 전개장 사용(Use Existing Flat Pattern)** : 플랫 패턴 정의를 기존의 플랫 패턴을 기반으로 만듭니다. 플랫 패턴 환경에서 추가 또는 제거된 자료를 포함하여 저장합니다.
- **접힌 몰드 사용(Use Folded Mold)** : 플랫 패턴 정의를 접힌 몰드를 기반으로 만듭니다. 플랫 패턴 환경에서 추가 또는 제거된 자료를 포함하지 않고 저장합니다.

2. Solid Edge 옵션(주석 탭)

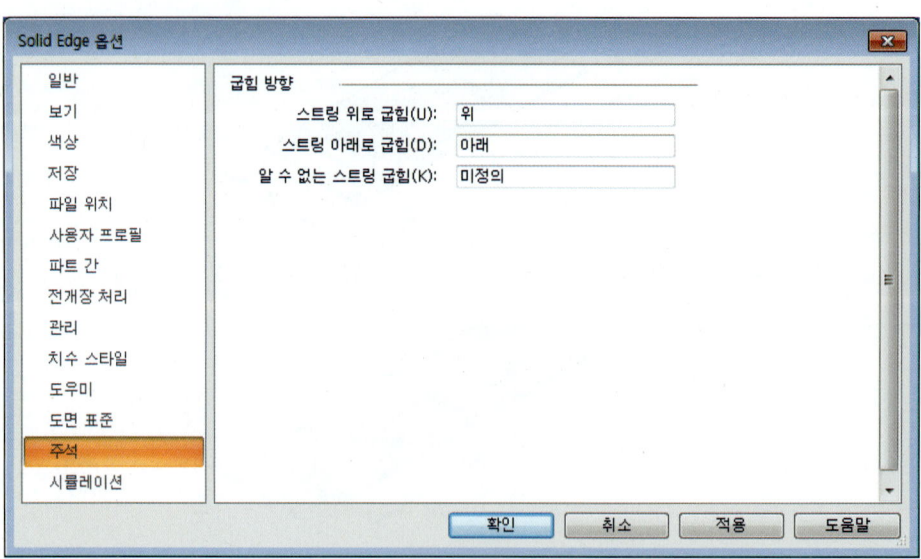

- 굽힘에 표시할 사용자 지정 문자열을 지정합니다.

chapter 10 Solid Edge Options

04 어셈블리 환경

1. Solid Edge 옵션(어셈블리 탭)

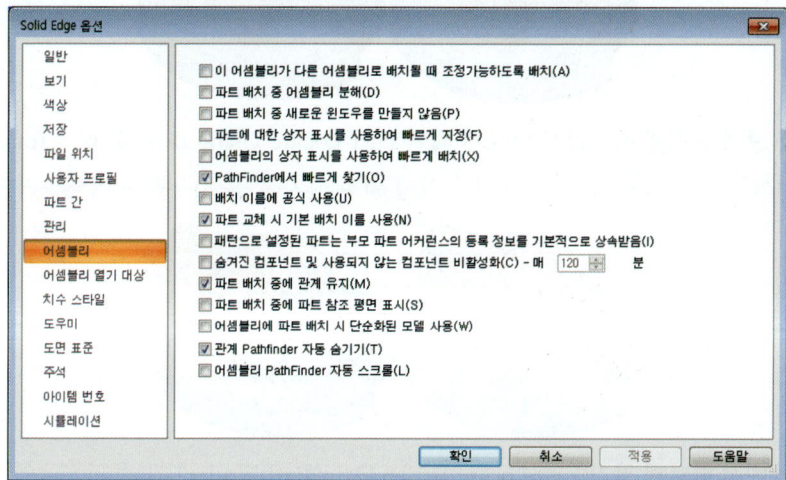

- **이 어셈블리를 다른 어셈블리에 배치할 때 조정 가능으로 배치**(Place as Adjustable When This Assembly is Placed into Another Assembly) : 하위 어셈블리 자체가 아닌 하위 어셈블리의 파트에 관계를 적용할 수 있도록 하위 어셈블리가 가변 어셈블리로 간주되도록 지정합니다.
- **파트 배치 중 어셈블리 분해**(Disperse This Assembly During Place Part) : 이 어셈블리를 다른 어셈블리의 하위 어셈블리로 배치할 때 자동으로 분해하도록 지정합니다.
- **파트를 배치할 때 새 윈도우 만들지 않음**(Do Not Create a New Window During Place Part) : 파트 배치 시 별도의 새 윈도우를 만들지 않습니다.

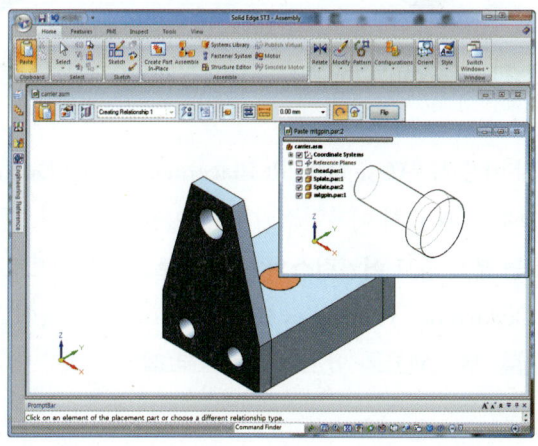

- **파트에 대한 상자 표시를 사용하여 빠르게 지정(Fast Locate Using Box Display for Parts)** : 지오메트리의 그래픽 표시 요소(B) 대신 사각형 범위 상자(A)를 사용하여 파트를 표시합니다.

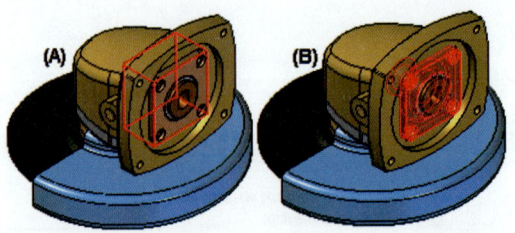

- **어셈블리의 상자 표시를 사용하여 빠르게 배치(Fast Locate Using Box Display for Assemblies)** : 지오메트리의 그래픽 표시 요소(B) 대신 사각형 범위 상자(A)를 사용하여 어셈블리를 표시합니다.

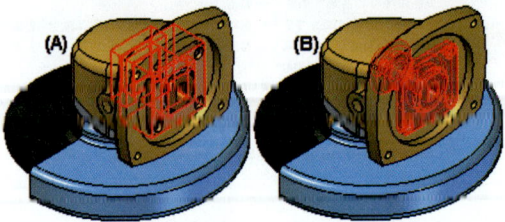

- **PathFinder에서 빠르게 찾기(Fast Locate When Over PathFinder)** : PathFinder에서 컴포넌트 위에 커서를 놓은 경우 이 컴포넌트가 그래픽 창에서 강조 표시되지 않도록 지정합니다.

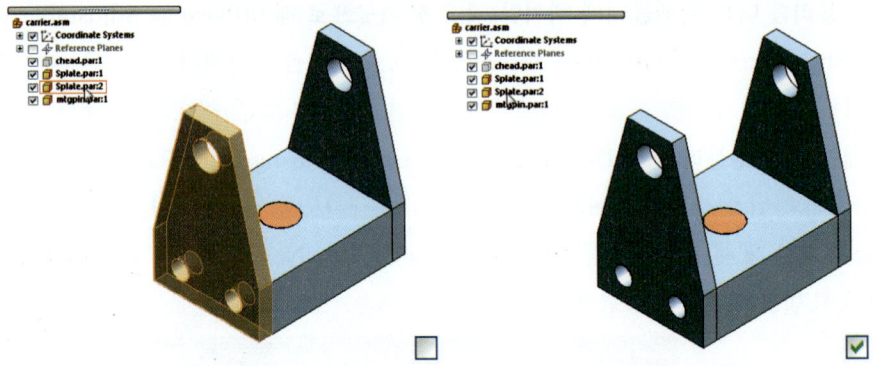

- **배치 이름에 공식 사용(Use Formula for Placement Name)** : 파일 이름 대신 문서 이름 공식이 사용되도록 지정합니다.
- **파트 교체 시 기본 배치 이름 사용(Use Default Placement Name During Replace Part)** : 파트 또는 하위 어셈블리를 교체할 때 교체 어커런스의 문서 이름을 사용하도록 지정합니다.
- **패턴으로 설정된 파트는 부모 파트 어커런스의 등록 정보를 기본적으로 상속받음(Patterned Parts Inherit Parent Part Occurrence Properties By Default)** : 예를 들어 도면 뷰에서 표시 어커런스 등록 정보를 예로 설정된 부모 파트가 있으면 패턴으로 설정된 파트도 동일한 어커런스 등록 정보 설정이 적용됩니다.

- **XXX분마다 숨겨진/사용되지 않는 컴포넌트 비활성화(Inactivate Hidden and Unused Components Every XXX Minutes)** : 숨겨져 있거나 할당된 시간 동안 사용되지 않는 컴포넌트를 자동으로 비활성화하여 메모리 사용을 줄이도록 지정합니다.
- **파트 배치 중에 관계 유지(Maintain relationships during Place Part)** : 옵션을 선택하지 않은 경우 파트를 배치한 후 고정 관계가 배치됩니다.
- **파트를 배치 중에 파트 참조 평면 표시(Show part reference planes during Place Part)** : 파트를 배치하는 동안 파트 참조 평면이 표시됩니다.
- **어셈블리에 파트 배치 시 단순화된 모델 사용(Use simplified models when placing parts in assembly)** : 파트에 단순화된 표현이 있으면 배치 시 단순화된 표현이 사용됩니다.
- **관계 PathFinder 자동 숨기기(Auto hide relationship pathfinder)** : 컴포넌트를 선택할 때까지 관계 PathFinder를 숨깁니다.
- **어셈블리 PartFinder 자동 스크롤(Auto scroll assembly pathfinder)** : 어셈블리 윈도우에서 컴포넌트를 선택할 때 어셈블리 PathFinder가 해당 컴포넌트로 스크롤되도록 지정합니다.

2. Solid Edge 옵션(아이템 번호 탭)

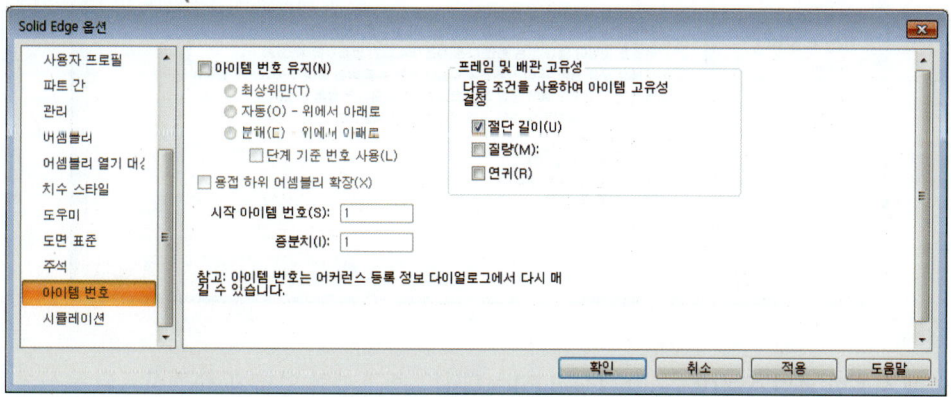

- **아이템 번호 유지(Maintain item numbers)** : 어셈블리의 항목 번호를 만듭니다.
- **최상위만(Top level only)** : 상위 수준 부품과 서브어셈블리를 대해서만 항목 번호를 만듭니다.
- **자동 - 위에서 아래로(Atomic - Top down)** : 어셈블리의 모든 수준의 항목 번호를 만듭니다.
- **분해 - 위에서 아래로(Exploded - Top down)** : 모든 부품, 서브어셈블리, 및 서브어셈블리 부품을 항목 번호를 만듭니다.
- **용접 하위 어셈블리 확장(Expand weldment subassemblies)** : 단일 항목 또는 서브어셈블리를 있는 용접물을 계산합니다.

- **시작 아이템 번호(Start with item number)** : 항목 번호의 첫 번째 번호를 지정합니다.
- **증가분(Increment by)** : 항목 번호 증가 값으로 지정합니다.
- **프레임 및 배관 고유성(Frame and Piping Uniqueness)** : 재료 보고서 및 어셈블리 도면의 파트 목록에 법안을 생성합니다.

05 도면 환경

1. Solid Edge 옵션(일반 탭)

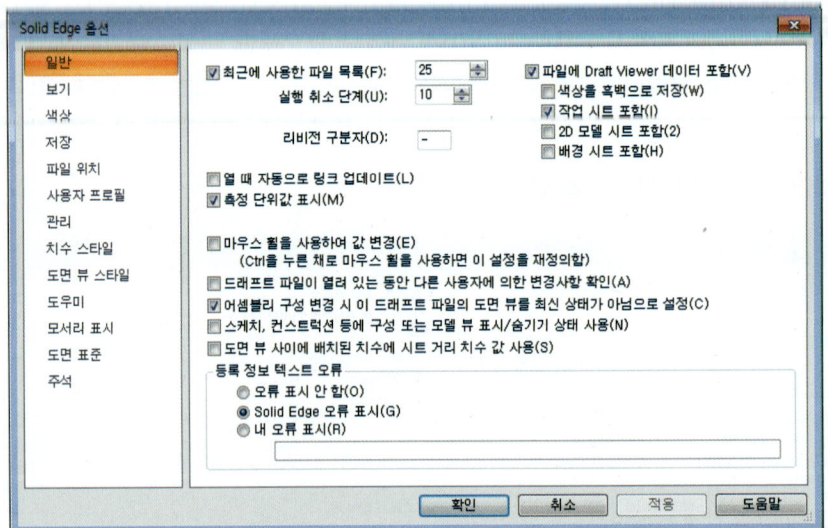

- **최근에 사용한 파일 목록(Recently Used Files List)** : 최근 파일 영역에 최근 사용된 문서의 목록을 표시합니다.(최대 100개 목록 표시)
- **실행 취소 단계(Undo steps)** : 실행 취소할 수 있는 작업의 수를 설정합니다.(최대 500개)
- **리비전 구분자(Revision delimiter)** : 리비전 번호와 문서 이름을 구분하기 위해 리비전 명령에 사용할 구분 문자를 지정합니다.
- **열 때 자동으로 연결 업데이트(Update links automatically at open)** : 드래프트 문서를 열 때 외부 데이터에 대한 링크를 자동으로 업데이트합니다.
- **측정 단위값 표시(Display unit of measurement labels)** : 값 상자에 측정 단위를 표시합니다.
- **파일에 Draft Viewer 데이터 포함(Include Draft Viewer data in file)** : 문서를 저장할 때 메타파

일 데이터의 포함 여부를 제어합니다.

- **색을 흑백으로 저장(Save colors as black and white)** : 뷰어 데이터를 검정(전경)과 흰색(배경)으로 저장할지 여부를 지정합니다.
- **작업 시트 포함(Include Working Sheets)** : 문서의 모든 작업 시트를 검토 초안 뷰어에서 사용할 수 있도록 지정합니다.
- **2D 모델 시트 포함(Include 2D Model Sheet)** : 2D 모델 시트를 검토 초안 뷰어에서사용할 수 있도록 지정합니다.
- **배경 시트 포함(Include Background Sheets)** : 배경 시트를 초안 뷰어에서 표시하는것을 지정합니다.
- **마우스 휠을 사용하여 치수 변경(Enable dimension changes using the mouse wheel)** : 마우스 휠을 사용하여 구동 치수 값을 변경할 수 있는지 여부를 제어합니다
- **드래프트 파일이 열려 있는 동안 다른 사용자에 의한 변경사항 확인(Check for model changes made by another user while draft file is open)** : Solid Edge에서 도면 뷰를 업데이트하기 전에 관련 모델 파일에서 드래프트 파일이 마지막 열린 이후 변경된 사항을 검사할지 여부를 지정할 수 있습니다.
- **어셈블리 구성 변경 시 이 드래프트 파일의 도면 뷰를 최신 상태가 아님으로 설정(Assembly configuration changes make drawing views out of date in this draft file)** : 드래프트 문서의 모든 어셈블리 뷰에 대한 디스플레이 구성 변경 사항을 자동으로 검사하도록 지정합니다.
- **스케치, 컨스트럭션 등에 구성 또는 모델 뷰 표시/숨기기 상태 사용(Use configuration or model view show/hide states for sketch, constructions, etc.)** : 선택하면 도면 뷰에 선택한 어셈블리 표시 구성에 있는 모델 오브젝트와 설계 요소가 모두 표시되도록 지정됩니다. 솔리드 설계 바디 외에도 곡면, 곡선, 중심선, 스케치, 좌표계 및 참조 평면을 표시할 수 있습니다.
- **도면 뷰 사이에 배치한 치수에 시트 거리 치수 값 사용(Enable sheet distance dimension values on dimensions placed between drawing views)** : 동일한 모델의 도면뷰 사이에 배치한 치수에 대해 파생된 치수 값을 사용하는 방법을 지정합니다.
- **오류 표시 안 함(Do not show error)** : 오류 이벤트를 표시하지 않습니다.
- **Solid Edge 오류 표시(Show Solid Edge error)** : 표준 오류 메시지를 표시합니다.
- **내 오류 표시(Show my error)** : 속성 텍스트 및 사용자 지정 속성이 정의되지 않을 경우 표시할 오류 메시지를 지정합니다.

2. Solid Edge 옵션(뷰 탭)

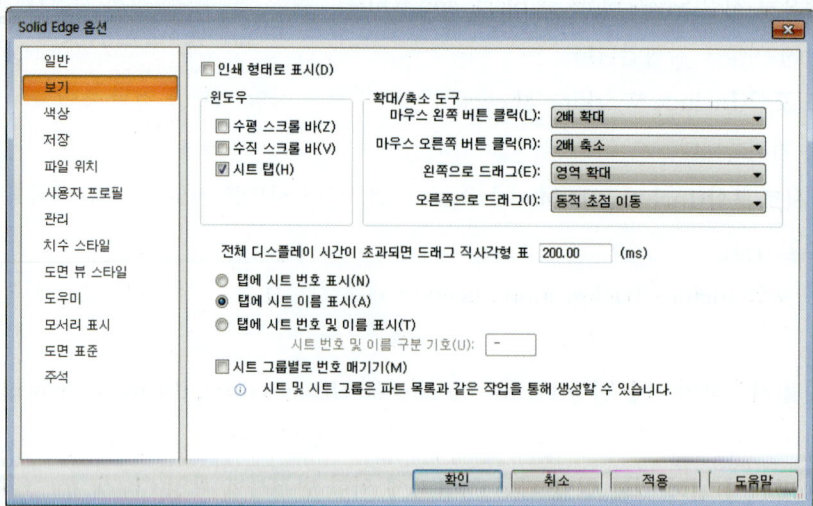

- **인쇄 모양으로 표시(Display As Printed)** : 문서를 용지(WYSIWYG) 또는 뷰를 기준으로 표시합니다.
- **윈도우(Window)** : 윈도우 디스플레이를 제어합니다.
- **확대/축소 도구(Zoom Tool)** : 확대/축소 도구가 실행 중일 때의 마우스 버튼 동작을 설정합니다.

3. Solid Edge 옵션(색상 탭)

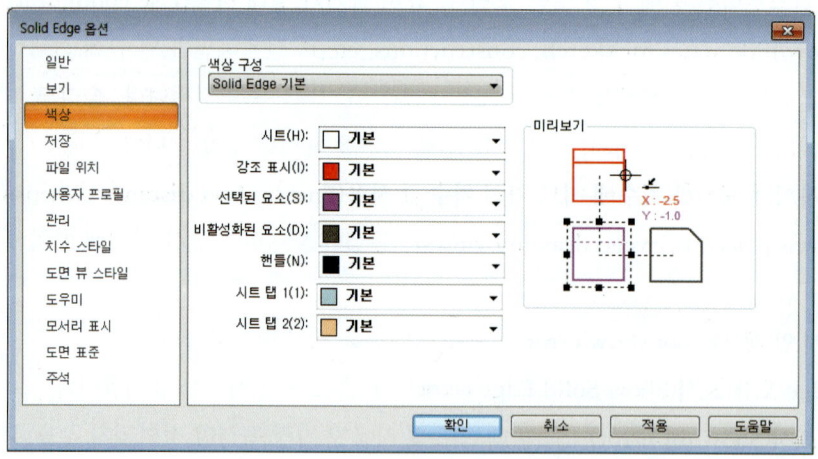

- **색상 구성(Color Scheme)** : 활성 문서의 전반적인 색상 구성을 제어합니다. AutoCAD 모델 색상 구성은 시트 색상을 검은색으로 설정하며, 기본 강조 표시, 선택한 요소, 비활성화된 요소 및 핸들 색상을 설정합니다. 그림에서 선은 검은색 바탕에 흰색으로 표시됩니다.

- 강조 표시, 선택된 요소, 비활성 요소, 핸들 및 미리 보기 색상을 지정할 수 있습니다.

4. Solid Edge 옵션(치수 스타일 탭)

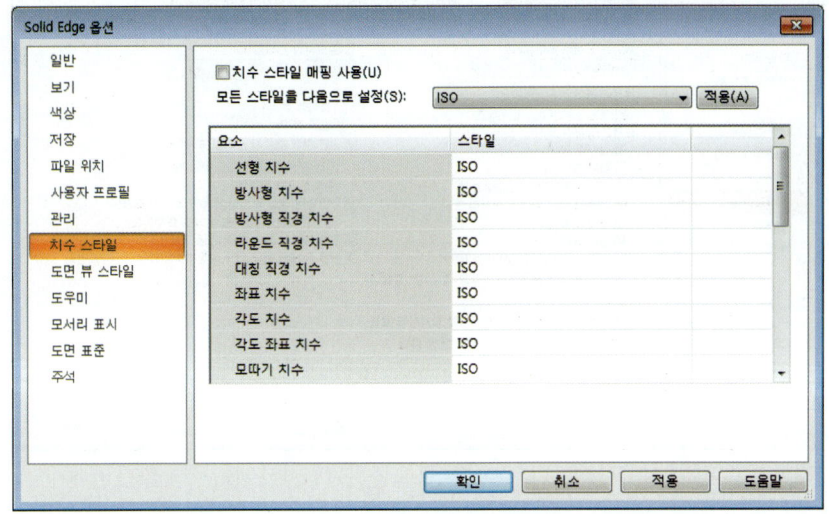

치수, 주석, 커넥터 및 심볼의 기본 스타일을 설정하는 요소 및 스타일 간 매핑 테이블을 표시합니다. 나열된 스타일은 현재 문서와 템플릿 파일에서 파생됩니다.

5. Solid Edge 옵션(도면 뷰 스타일 탭)

절단 평면, 보조 뷰 평면, 상세 영역과 같이 다양한 유형의 도면 뷰와 뷰 주석에 대한 요소-스타일 매핑 테이블을 표시합니다. 나열된 스타일은 현재 문서에서 파생된 것입니다.

6. Solid Edge 옵션(모서리 표시 탭)

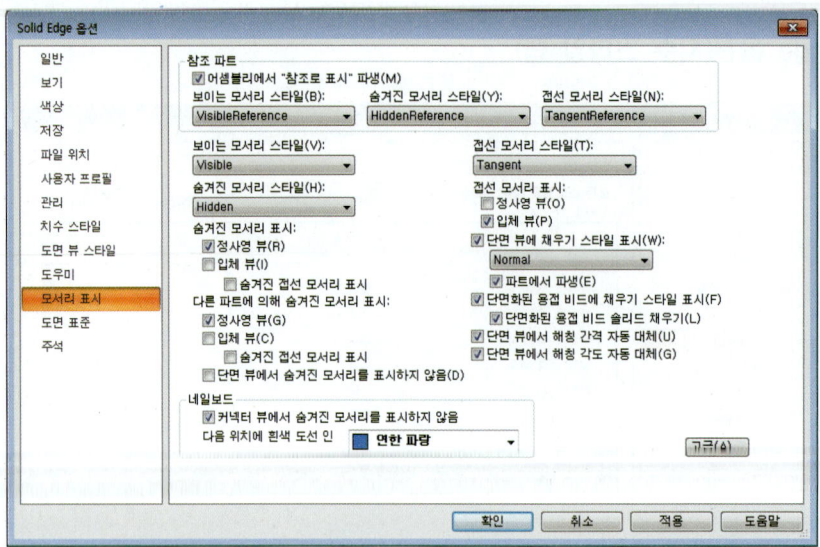

문서에서 파트 뷰에 대한 보이는 모서리, 숨겨진 모서리 및 접선 모서리의 스타일을 정의하고 적용합니다. 파트 또는 어셈블리의 새 도면을 생성할 때 이 페이지를 사용하여 파트 뷰에 모서리를 어떻게 표시할지 정의하고 이 방법을 적용할 수 있습니다. 드래프트 문서에서 참조하는 파트 또는 어셈블리 문서를 수정하는 경우 이 페이지를 사용하여 모서리 표시를 업데이트할 수 있습니다

7. Solid Edge 옵션(도면 표준 탭)

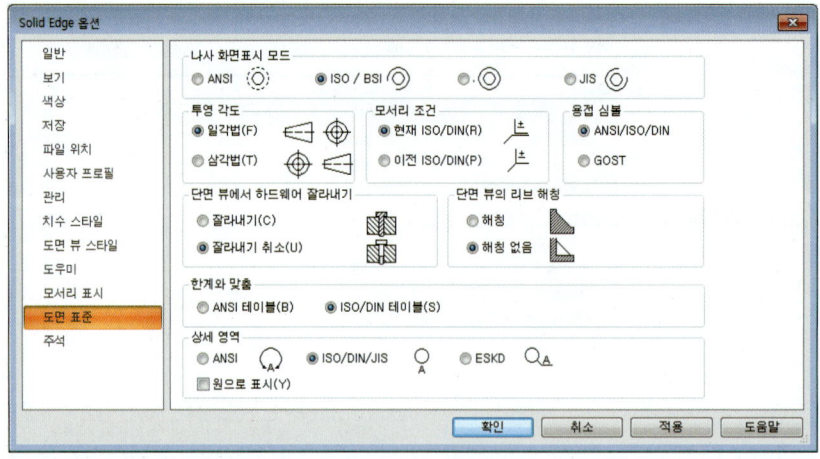

- **나사 화면표시 모드(Thread Display Mode)** : 스레드 형상을 표현하는 데 사용할 표준을 지정합니다.
- **투영 각도(Projection Angle)** : 투영 각도에 사용할 표준을 지정합니다.

- **모서리 조건(Edge Condition)** : 모서리 조건 심볼을 배치할 때 사용할 표준을 지정합니다.
- **용접 심볼(Weld Symbols)** : 용접 심볼을 배치하거나 용접 비드 등록 정보를 정의할 때 사용할 표준을 지정합니다.
- **단면 뷰에서 하드웨어 잘라내기(Cut Hardware In Section Views)** : 단면 뷰에서 절단선에 의해 교차되는 하드웨어 파트의 스타일을 설정합니다.
- **단면 뷰의 리브 해칭(Hatch Ribs in Section Views)** : 절단 리브가 단면 뷰에 표시되는 방식을 지정합니다. 이 옵션은 리브, 장착 보스(Mounting Boss), 망상(Web Network) 및 패턴 명령으로 생성된 리브형 형상에 적용됩니다.
- **한계와 맞춤(Limits and Fits)** : 클래스 맞춤 치수를 배치할 스타일을 설정합니다.
- **상세 영역(Detail Envelope)** : 원본 도면 뷰에 상세 영역이 표시되는 방법을 지정합니다.
- **원으로 표시(Display as Circle)** : 사용자 정의 프로파일을 그릴 때 상세 영역이 원으로 표시되도록 지정합니다.

8. Solid Edge 옵션(주석 탭)

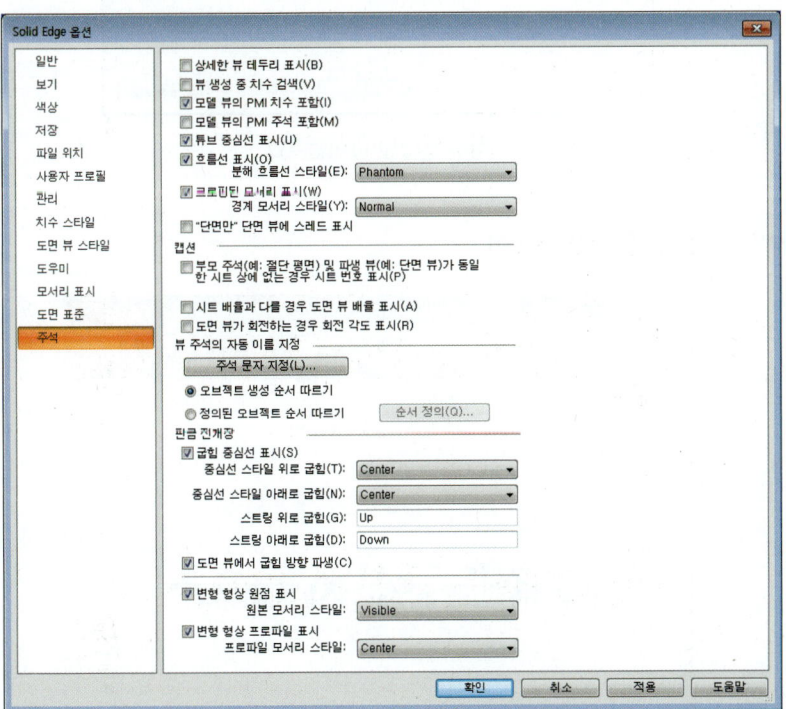

템플릿을 사용하여 도면 뷰를 생성할 경우 Solid Edge 옵션 다이얼로그에서 주석 페이지를 사용하여 주석 옵션을 지정할 수 있습니다.

06 도면 치수 스타일 설정

• **도면 치수 스타일 설정** : Solid Edge Draft 환경에서 홈 탭 〉 치수 그룹 〉 스타일 명령을 클릭합니다. 그리고 스타일 유형을 치수로 선택 후 수정 버튼을 클릭합니다.

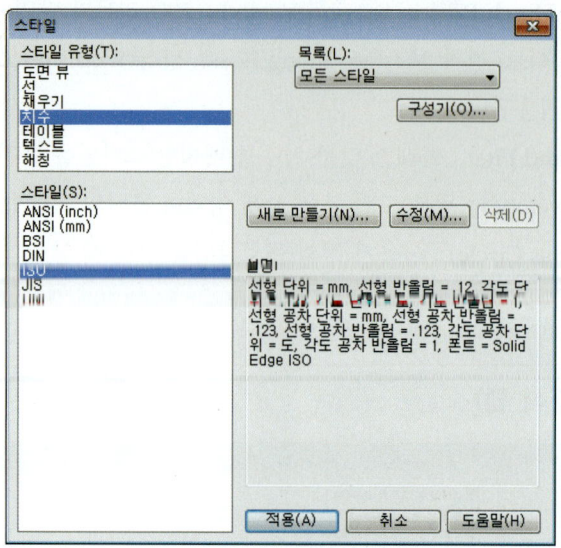

치수 스타일 다이얼로그

1. 치수 스타일 수정 이름 탭(Name)

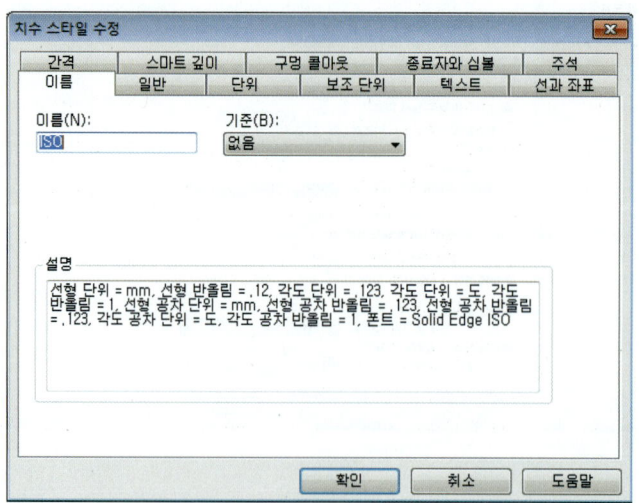

• **이름(Name)** : 스타일 이름을 지정합니다.

chapter 10 Solid Edge Options

- **기준(Based on)** : 현재 스타일이 기반으로 하는 스타일의 이름을 표시합니다.
- **설명(Description)** : 형식 옵션에 관한 설명을 표시합니다.

2. 치수 스타일 수정 일반 탭(General)

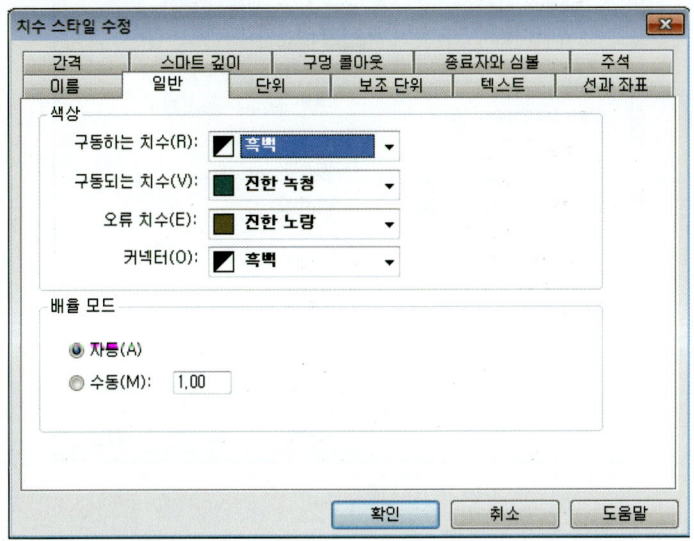

- **구동하는 치수(Driving Dimension)** : 구동 치수에 사용되는 색상을 설정합니다.
- **구동되는 치수(Driven Dimension)** : 피구동 치수에 사용되는 색상을 설정합니다.
- **오류 치수(Error Dimension)** : 오류 치수에 사용할 색상을 설정합니다. 오류 치수는 요소에 연결되지 않는 치수입니다.
- **커넥터(Connector)** : 흐름도 및 회로도에서 블록 및 다른 2D 요소와 오브젝트를 연결하는 데 사용되는 커넥터의 색을 설정합니다.
- **배율 모드(Scale Mode)** : 배율 모드를 자동 또는 수동으로 설정합니다.

3. 치수 스타일 수정 단위 탭(Units)

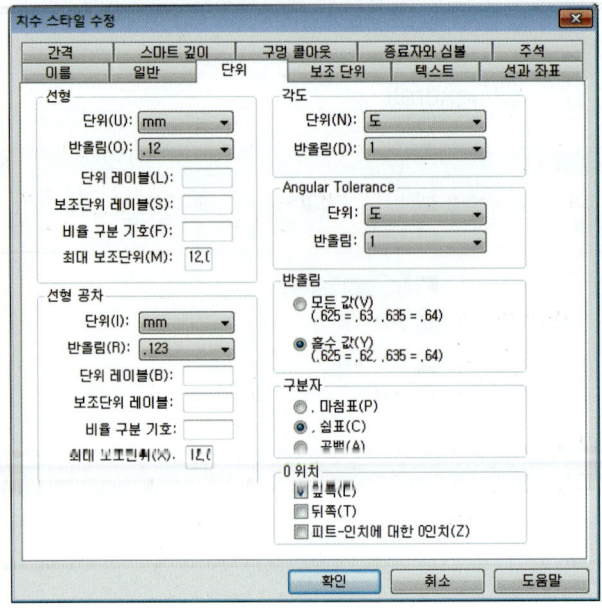

- **단위(Units)** : 치수 단위를 설정합니다.
- **반올림(Round-Off)** : 값에 대한 반올림을 설정합니다.

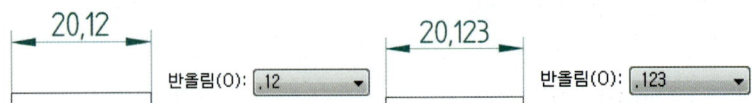

- **0 위치 앞쪽(Leading)** : 소수점 왼쪽에 숫자가 없으면 그 자리에 0을 넣습니다.

- **0 위치 뒤쪽(Trailing)** : 소수점 오른쪽에 0을 넣습니다. 채워넣을 0의 개수는 반올림에 대한 활성 설정에 따라 다릅니다.

- **0 위치 피트-인치에 대한 0인치(Zero Inches for ft-in)** : 단위가 피트 및 인치로 설정되었고 인치 값이 분수 반올림이 있는 0인 경우 0을 표시하도록 지정합니다. 예를 들어 거리가 12.25인치인 경우 이 치수는 1'-0 1/4"로 표시됩니다.

- **반올림(Round Up)** : 치수 값을 반올림하는 옵션을 설정합니다.
- **구분자(Delimiter)** : 기본 치수 단위의 소수점 구분자를 지정합니다.

$$50.00 \quad 50,00 \quad 50\ 00$$
점(Period) 　　 쉼표(Comma) 　　 공간(Space)

4. 치수 스타일 수정 보조 단위 탭(Secondary Units)

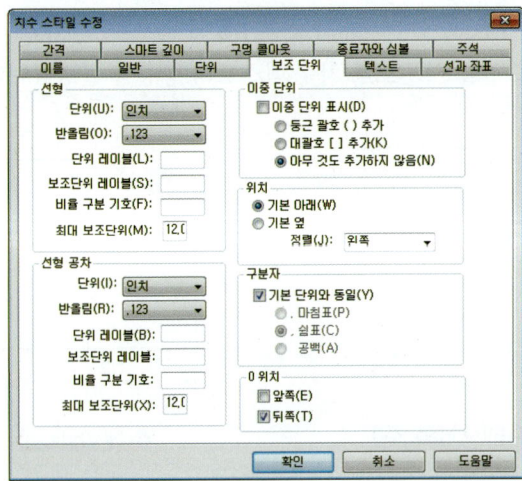

치수의 보조 단위를 설정합니다.

5. 치수 스타일 수정 텍스트 탭(Text)

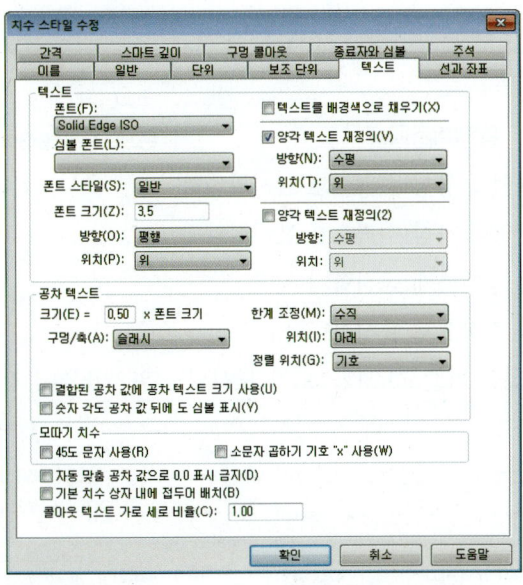

- **폰트(Font)** : 치수 텍스트의 폰트 형식을 설정합니다.
- **심볼(Symbol)** : 주석 및 치수에 사용되는 특수 문자의 원본이 되는 심볼 폰트를 설정합니다.
- **폰트 스타일(Font Style)** : 치수에서 사용할 텍스트의 폰트 스타일을 지정합니다.

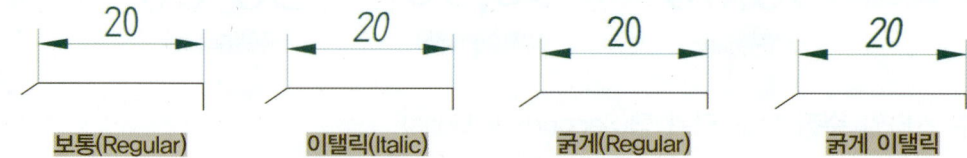

- **폰트 크기(Font Size)** : 치수의 텍스트 크기를 설정합니다.
- **방향(Orientation)** : 치수선을 기준으로 치수 텍스트의 방향을 설정합니다.

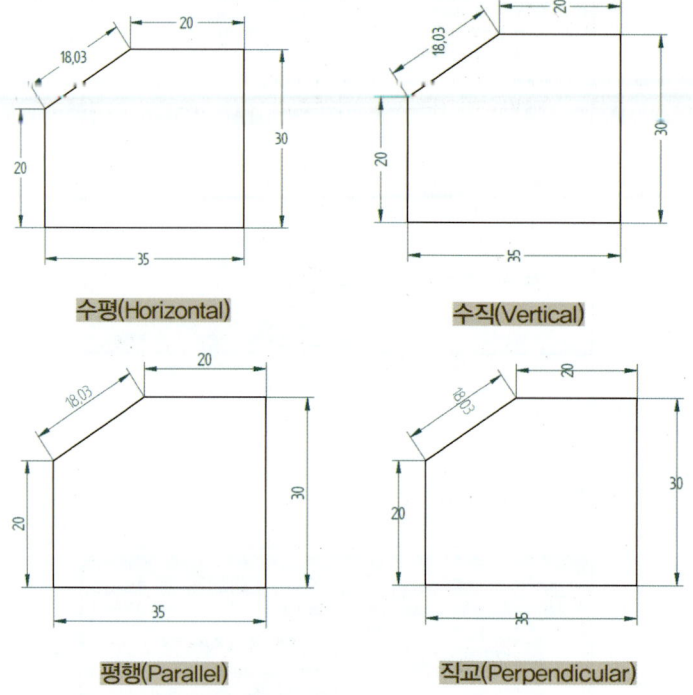

  ▶ 수평 : 치수선과 관계없이 항상 수평으로 표시합니다.
  ▶ 수직 : 치수선과 관계없이 항상 수직으로 표시합니다.
  ▶ 평행 : 치수선과 항상 평행하게 표시합니다.
  ▶ 직교 : 치수선과 항상 직각으로 표시합니다.

- **위치(Position)** : 기본 선을 기준으로 텍스트가 표시되는 위치를 설정합니다.(방향이 평행일 경우만 사용 가능합니다.)

- **텍스트를 배경색으로 채우기(Fill Text With Background Color)** : 텍스트를 현재 배경색으로 채웁니다.

- **양각 텍스트 재정의(Override Pulled Out Text)** : 아래의 방향 및 위치 설정의 재정의에 따라 양각이나 선형 또는 각도 치수선 바깥쪽에 있는 텍스트를 표시하도록 지정합니다.

- **공차 텍스트 사이즈(Tolerance Text Size)** : 공차 치수의 크기를 조절합니다.

크기(E) = 0.50 × 폰트 크기   크기(E) = 1.00 × 폰트 크기

- **구멍/축(Hole/Shaft)** : 공차를 포함하는 클래스 구멍/축 맞춤 치수에 대한 레이아웃 및 구분 기호를 지정합니다.

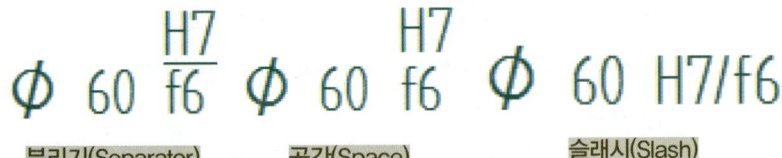

분리기(Separator)   공간(Space)   슬래시(Slash)

- **한계 배열(Limit Arrangement)** : 한계 치수의 텍스트 배열을 설정합니다.

20,1
19,8 한계 조정(M): 수직   19,8-20,1 한계 조정(M): 수평

- **위치(Position)** : 치수 텍스트에 대한 공차 위치를 지정합니다.

60 +0.030/-0.000   60 +0.030/-0.000   60 +0.030/-0.000
아래쪽(Bottom)   중간(Center)   위쪽(Top)

- **정렬(Align to)** : 위 공차 값과 아래 공차 값을 정렬하는 방법을 지정합니다. 공차 더하기 및 빼기 기호나 공차 소수점으로 정렬할 수 있습니다.

- **결합된 공차 값에 공차 텍스트 크기 사용(Use tolerance text size for combined tolerance values)**
 : 상한과 하한 공차 값이 동일한 경우 크기 상자에 입력된 공차 텍스트 크기를 사용하여 결합된 값이 표시되도록 지정합니다.

$$60 \pm 0.03$$

- **숫자 각도 공차 값 뒤에 도 심볼 표시(Display degree symbol after numeric angular tolerance)** : 단위가 도-분-초로 설정된 경우 각도 치수로 표시될 때 도 심볼(°)이 각도 공차 값에 자동으로 첨부되도록 지정합니다.

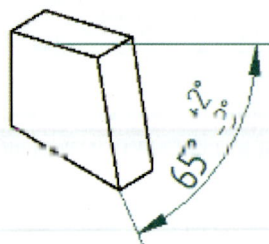

- **45도 문자 사용(Use 45 Degree Character)** : 평행 모따기 치수 및 수직 모따기 치수에 45도 문자 표시를 사용합니다.

- **소문자 곱하기 기호 "x" 사용(Use Lower Case Multiplication Symbol "x")** : 모따기 치수에 곱하기 심볼로 소문자 x를 지정합니다.

- **자동 맞춤 공차 값으로 0.0 표시 금지(Inhibit Display of 0.0 Values for Automatic Fit Tolerances)** : 0 공차 값이 클래스 맞춤 ASCII 텍스트 파일 중 하나에서 자동으로 파생된 클래스 맞춤 치수의 공차에 표시되지 않도록 지정합니다.

$$\varnothing\ 80\ {}^{\ 0}_{-0.030} \quad / \quad \varnothing\ 80\ {}_{-0.030}$$

- **기본 치수 상자 내에 접두사 배치(Place Prefix Inside Basic Dimension Box)** : 접두사 및 치수 값 텍스트 주위에 기본 치수 상자를 그립니다.

chapter 10 Solid Edge Options

- **콜아웃 텍스트 가로 세로 비율(Callout text aspect ration)** : 높이에 상대적으로 기본 콜아웃 텍스트 너비를 지정합니다. 가로 세로 비율을 늘이거나 줄이면 폰트 너비만 바뀌며 높이는 바뀌지 않습니다.

6. 치수 스타일 수정 선과 좌표 탭(Lines and Coordinate)

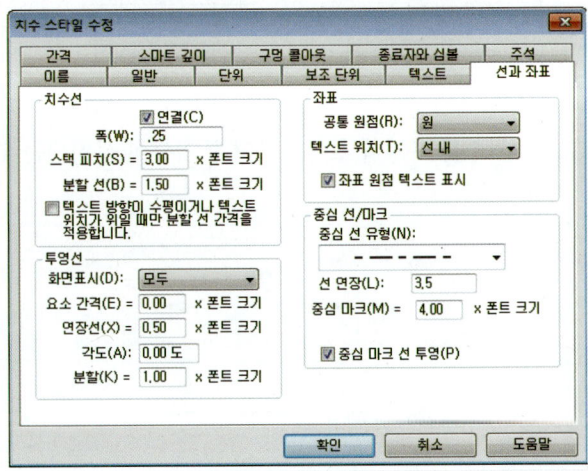

- **연결(Connect)** : 투영선 외부에 치수 텍스트와 종료자를 배치할 때 치수선을 두 종료자 사이에서 확장할지 여부를 제어합니다.

- **폭(Width)** : 치수선의 너비를 설정합니다.
- **스택 피치(Stack Pitch)** : 요소간 거리치수 기입 시 계단구조(스택)로 치수를 기입할 때 치수와 치수사이의 간격을 지정합니다.
- **분할 선(Break Line)** : 치수선이 치수 밖으로 확장되는 거리를 설정합니다.

841

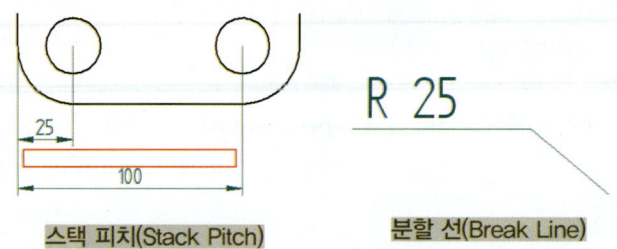

- **투영선 표시(Projection Line Display)** : 선형 치수에 대한 투영선의 표시를 제어합니다.

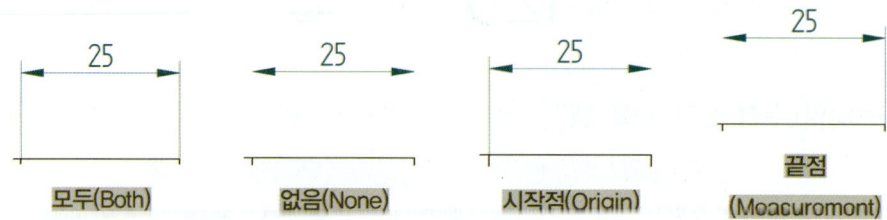

- **인장선(Extension)** : 치수선이 치수 밖으로 확장되는 거리를 설정합니다.(A)
- **요소 간격(Element Gap)** : 치수를 측정할 요소로부터 투영선이 설정되는 위치까지의 간격을 설정합니다.(B)

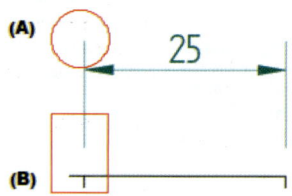

- **각도(Angle)** : 치수에서 투영선의 기울기 각도를 설정합니다.
- **분할(Break)** : 투영 선 분할 추가 명령으로 분할한 치수 투영선에 적용되는 분할 간격 거리를 지정합니다.

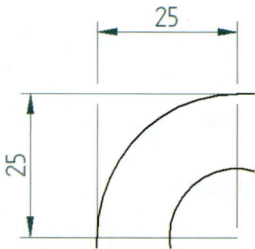

- **공통 원점(Common Origin)** : 좌표 치수의 공통 원점에 대한 심볼 유형을 설정합니다.

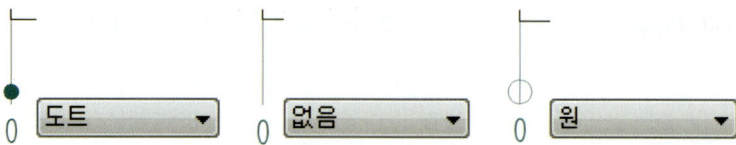

chapter 10 Solid Edge Options

- **텍스트 위치(Text Position)** : 좌표 치수의 텍스트 위치를 지정합니다.

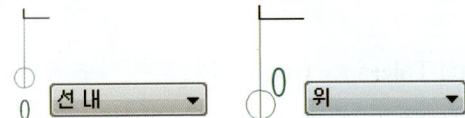

- **좌표 원점 텍스트 표시(Display Coordinate Origin Text)** : 좌표 치수 그룹의 원점에 0을 표시할지 여부를 지정합니다.
- **중심 선 유형(Center Line Type)** : 사용 가능한 중심 선 형식을 나열한 다음 적용합니다.
- **선 연장(Line Extension)** : 중심선의 범위를 지정합니다.
- **중심 마크(Center Mark Size)** : 중심 마크의 높이와 너비를 지정합니다.
- **중심 마트 선 투영(Project Center Line)** : 중심 마크에 투영선을 표시합니다.

7. 치수 스타일 수정 간격 탭(Spacing)

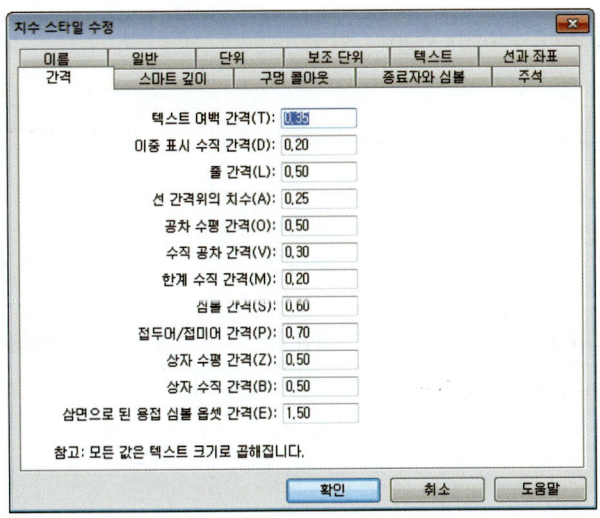

- **텍스트 여백 간격(Text Clearance Gap)** : 텍스트와 치수 선 사이의 간격을 설정합니다.(A)
- **이중 표시 수직 간격(Dual Display Vertical Gap)** : 이중 표시가 활성화되어 있을 때기본 단위와 보조 단위 사이의 간격을 설정합니다.(B)
- **줄 간격(Line Spacing)** : 텍스트 줄 사이의 수직 공간 크기를 나열하고 적용합니다.(C)

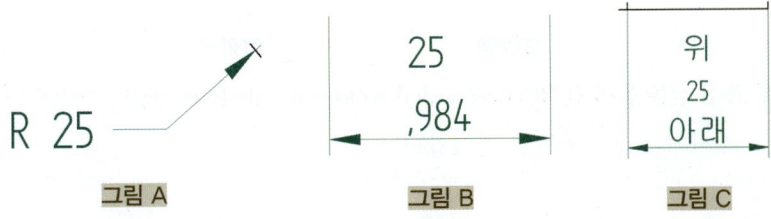

그림 A   그림 B   그림 C

- **선 간격위의 치수(Dimension Above Line Gap)** : 치수 텍스트와 치수 선 사이의 간격을 설정합니다.(A)
- **공차 수평 간격(Horizontal Tolerance Gap)** : 치수 값과 치수 공차 사이의 간격을 설정합니다.(B)
- **수직 공차 간격(Vertical Tolerance Gap)** : 치수 공차의 상한 값과 하한 값 사이의 간격을 설정합니다.(C)

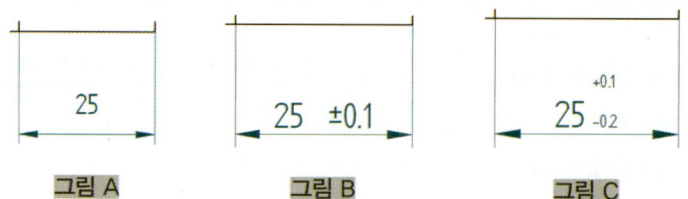

- **한계 수직 간격(Vertical Limits Gap)** : 한계 치수의 상한 값과 하한 값 사이의 간격을 설정합니다.(A)
- **심볼 간격(Symbol Gap)** : 심볼과 치수 텍스트 사이의 간격을 설정합니다.(B)
- **접두사/접미사 간격(Prefix/Suffix Gap)** : 접두사 또는 접미사와 치수 텍스트 사이의 간격을 설정합니다.(C)

- **상자 수평 간격(Horizontal Box Gap)** : 치수 텍스트와 치수 상자의 수평 가장자리 사이의 간격을 설정합니다.(A)
- **상자 수직 간격(Vertical Box Gap)** : 치수 텍스트와 치수 상자의 수직 가장자리 사이의 간격을 설정합니다.(B)

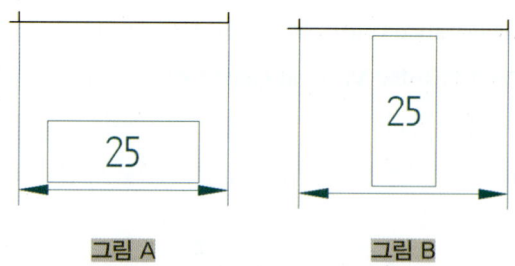

- **삼면으로 된 용접 심볼 옵셋 간격(Three-sided weld symbol offset gap)** : 삼면으로 된 용접 심볼의 기준과 참조 선 사이의 수직 옵셋을 조정합니다.

chapter 10 Solid Edge Options

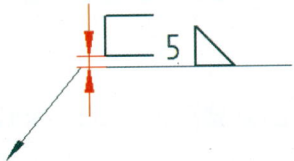

8. 치수 스타일 수정 스마트 깊이 탭(Smart Depth)

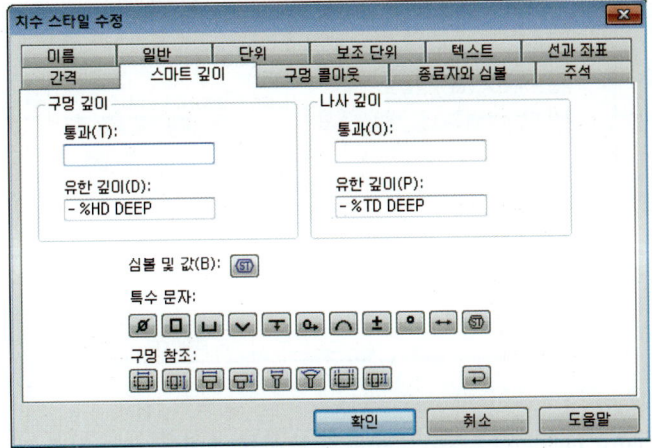

스마트 구멍 및 스레드에 대한 설정 값을 제어합니다.

9. 치수 스타일 수정 구멍 콜아웃 탭(Hole Callout)

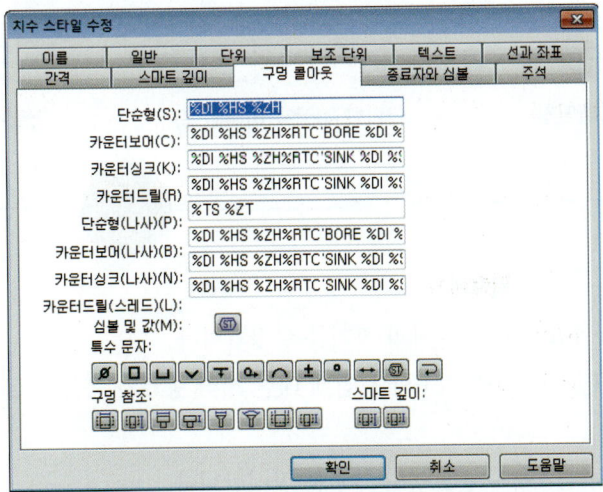

단순형, 카운터 보어, 카운터 싱크, 특수 문자, 스마트 구멍 깊이 및 스마트 스레드 깊이에 대한 설정

845

값을 제어합니다.

10. 치수 스타일 수정 종료자와 심볼 탭(Terminator and Symbol)

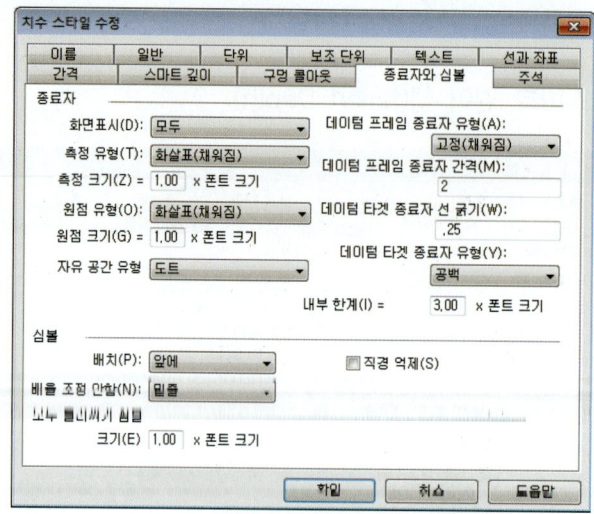

- **화면표시(Terminator Display)** : 치수의 종료자 표시를 제어합니다. 선과 좌표를 참조 하세요.
- **측정 유형(Measure Type)** : 선형 치수의 끝 종료자 유형을 설정합니다.

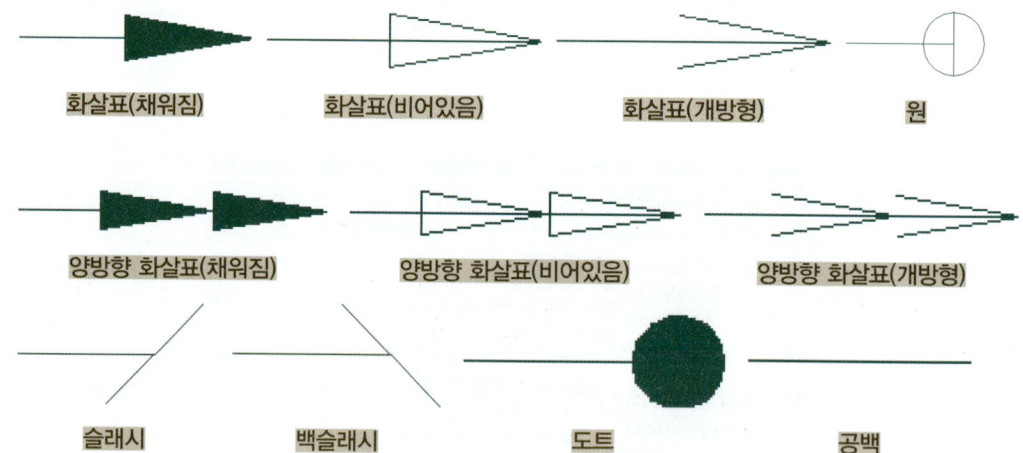

- **측정 크기(Measure Size)** : 끝 종료자의 크기를 설정합니다.
- **원점 유형(Origin Type)** : 선형 치수의 원점에 대한 시작 종료자 유형을 설정합니다. 자세한 측정 유형을 참조하세요.
- **원점 크기(Origin Size)** : 시작 종료자의 크기를 설정합니다.
- **자유 공간 유형(Free Space Type)** : 남은 공간에 배치되는 종료자의 주석에 대한 종료자 유형을 설정합니다.

- **데이텀 형식(Datum Type)** : 데이텀 프레임의 종료자 형식을 설정합니다.

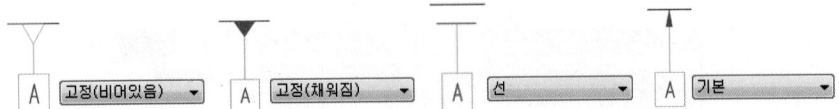

- **데이텀 프레임 종료자 간격(Datum Terminator Gap)** : 데이텀 프레임의 종료자 간격을 설정합니다.

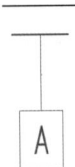

- **데이텀 타겟 종료자 선 굵기(Datum frame terminator line width)** : 데이텀 프레임 종료자 유형이 선으로 설정된 경우 종료자 굵기를 지정합니다.
- **데이텀 타겟 종료자 유형(Datum target terminator type)** : 데이텀 타겟에 대한 종료자 유형을 설정합니다.
- **내부 한계(Inside Limit)** : 종료자의 내부 한계를 설정합니다.
- **심볼 배치(Symbol Placement)** : 원호의 직경 및 반경 치수와 선형 치수에 대한 심볼의 배치 위치를 설정합니다.

- **직경 억제(Suppress Diameter)** : 직경 치수에서 직경 심볼을 억제합니다.
- **배율 조정 안함(Not To Scale)** : 재 정의된 값을 사용하여 구동 치수에 밑줄 또는 지그재그를 표시하거나 표시기를 나타내지 않습니다.

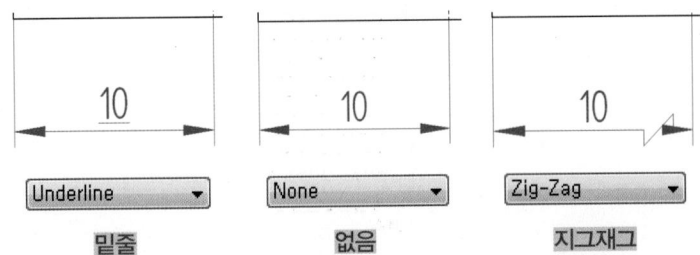

- **모두 둘러싸기 심볼(All Around Symbol Size)** : 모두 둘러싸기 심볼의 크기가 텍스트 크기의 곱이 되도록 지정합니다.

11. 치수 스타일 수정 주석 탭(Annotation)

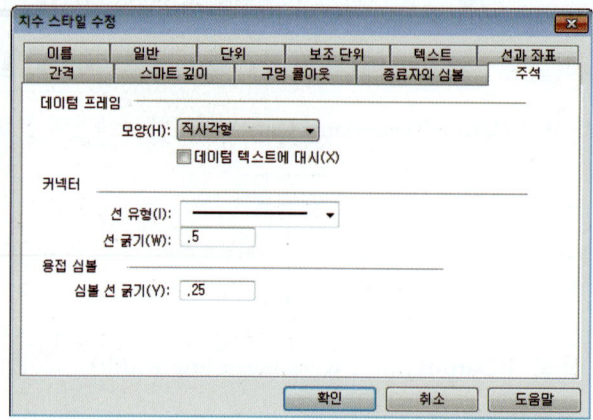

- **데이텀 프레임 모양(Datum Frame Shape)** : 데이텀 프레임의 모양을 사각형 또는 원형으로 지정합니다.

- **데이텀 텍스트에 대시(Dashes On Datum Text)** : 데이텀 프레임에 대시를 표시합니다.

- **커넥터 선 유형(Connector Line type)** : 커넥터의 선 유형을 설정합니다.

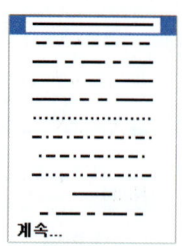

- **커넥터 선 굵기(Connector Line width)** : 커넥터의 선 굵기를 설정합니다.
- **용접 심볼 선 굵기(Weld Symbol Line width)** : 용접 심볼에 사용되는 선 굵기를 지정합니다.

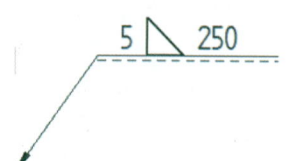

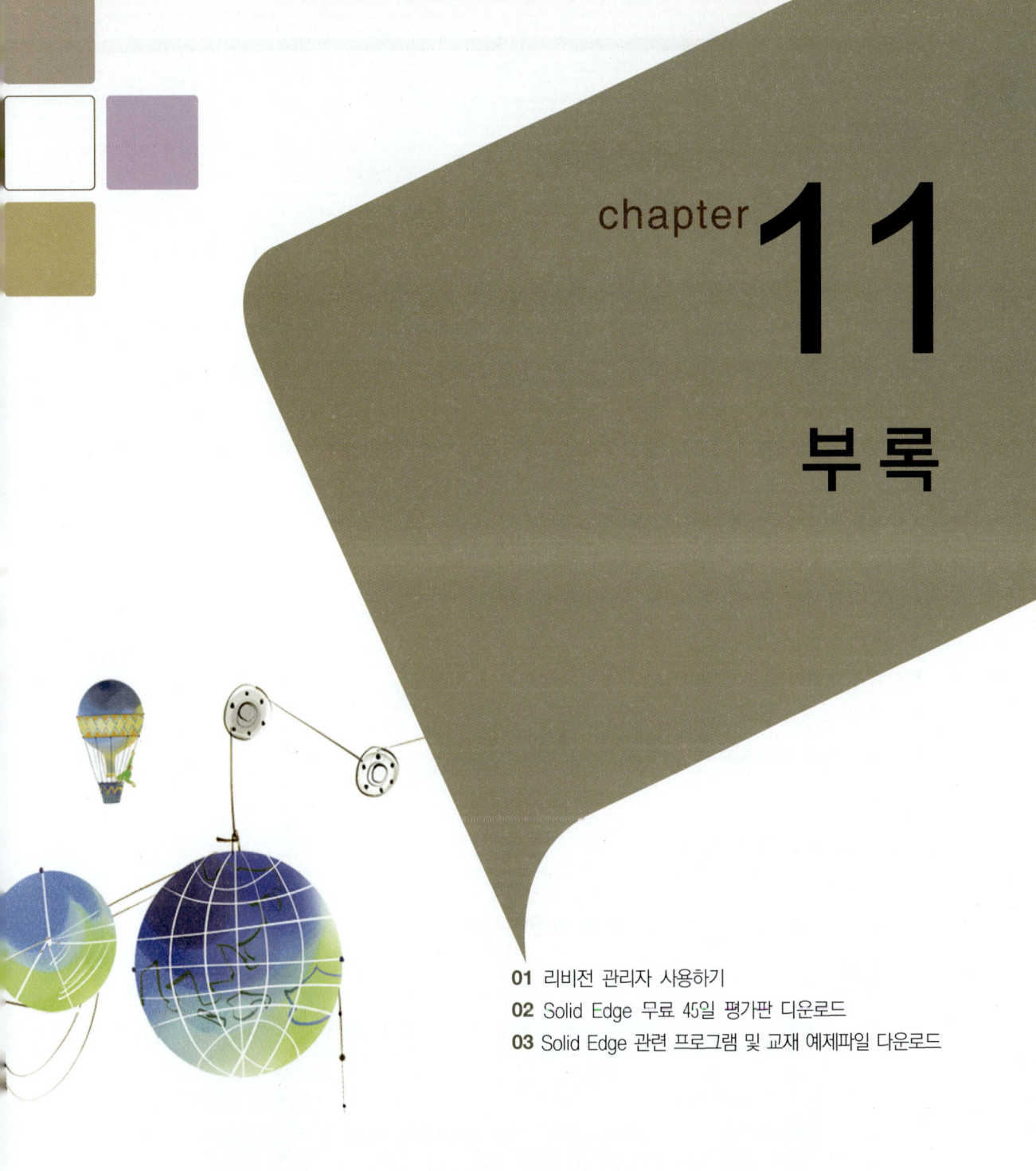

chapter 11

부록

01 리비전 관리자 사용하기
02 Solid Edge 무료 45일 평가판 디운로드
03 Solid Edge 관련 프로그램 및 교재 예제파일 다운로드

01 리비전 관리자 사용하기

문서 관리는 기업 및 업계가 겪고 있는 복잡한 문제입니다. 더 많은 정보가 문서 간에 공유되고 재사용되면서 문서의 수정과 문서가 포함하는 링크의 추적이 점차 어려워지고 있습니다.

Solid Edge는 리비전 관리자를 이용하여 어려운 문서 관리를 보다 더 쉽게 관리할 수 있습니다. 원래 버전을 유지하면서 기존 문서의 새 수정을 작성하는 것은 모든 문서 라이프 사이클의 일부분입니다. 수정할 문서를 선택하면 리비전 관리자는 수정해야 하거나 수정할 필요가 없을 수 있는 관련 문서의 계층 구조를 표시합니다.

Revision Manager(리비전 관리자)로 할 수 있는 작업은 다음과 같습니다.

- 지정한 위치로 수정하기 위해 선택한 문서를 복사한 후 이름을 바꿉니다.
- 새생된 수정본 및 문서 구성원을 업데이트합니다.
- 문서 계층에서 참조를 업데이트 또는 유지합니다.
- 문서 크기를 표시합니다.
- 인쇄할 데이터 행을 클립보드로 복사합니다.
- 이전 조회 경로를 저장합니다.
- 문서를 미리 봅니다.

1.1 리비전 관리자 시작

1. 뷰 및 마크업(View and Markup)을 이용한 실행

시작 〉 모든 프로그램 〉 Solid Edge ST5 → 뷰 및 마크업

열기 버튼을 클릭하여 관리가 필요한 파일을 선택합니다.

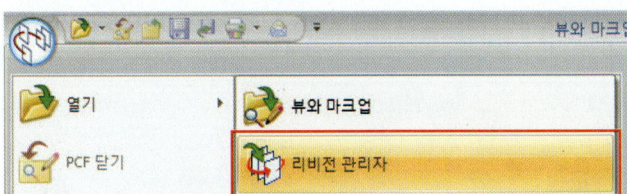 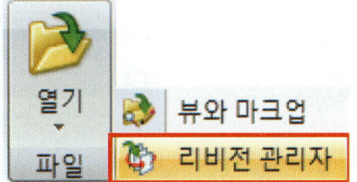

2. 윈도우 탐색기에서 파일 선택

윈도우 탐색기에서 관리가 필요한 파일을 선택 후 마우스 오른쪽 버튼을 클릭하여 바로가기 메뉴에서 리비전 관리자를 선택합니다.

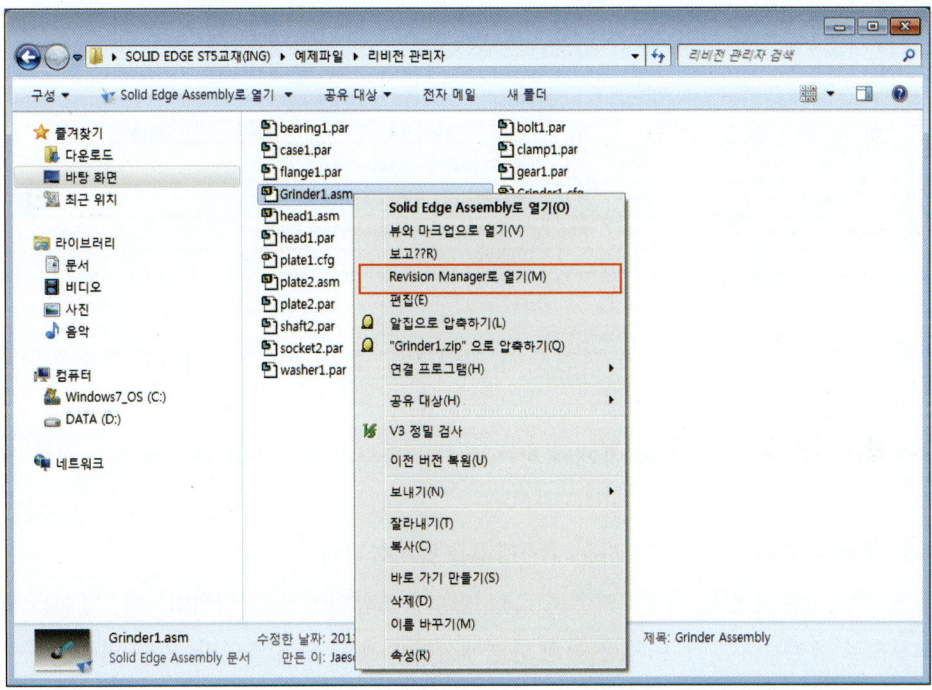

1.2 리비전 관리자 화면 구성

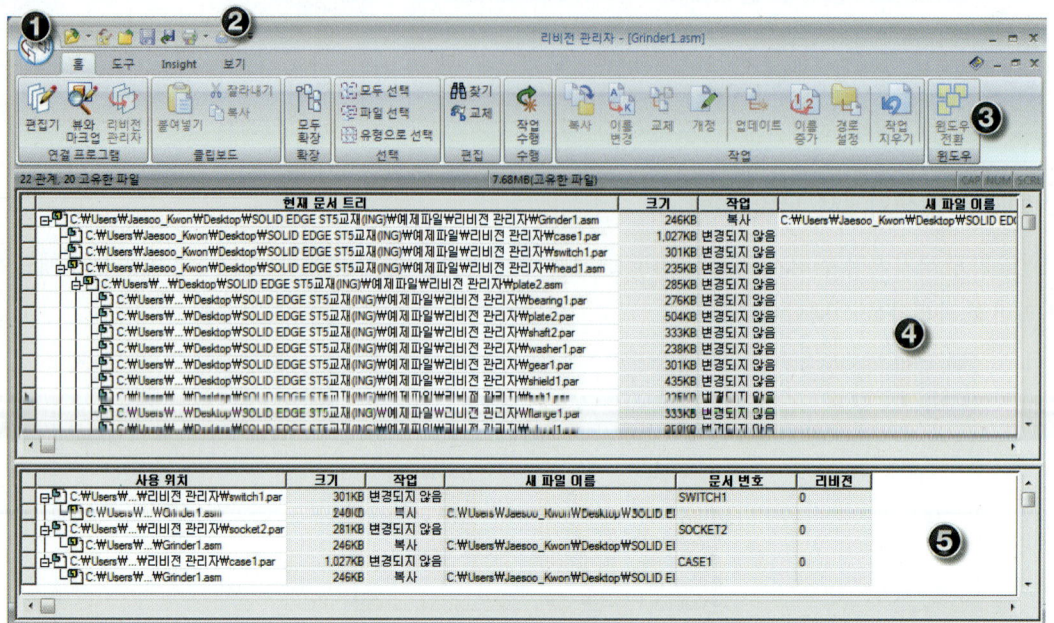

❶ **응용프로그램 버튼** : 문서 열기, 파일 닫기, 작업 저장, 등록 정보 기능에 접근할 수 있는 응용프로그램 메뉴를 표시합니다.

응용프로그램 메뉴의 오른쪽 아래에 있는 옵션을 클릭하면 리비전 관리자 옵션 대화 상자를 열 수 있습니다.

❷ **빠른 액세스 도구 모음** : 자주 사용되는 명령을 표시합니다.

❸ **탭에 명령 그룹이 있는 리본** : 리본은 모든 명령이 포함되어 있는 영역입니다. 명령은 탭에 기능 그룹으로 구성됩니다. 일부 탭은 특정 환경에서만 사용할 수 있습니다. 일부 명령 버튼에는 하위 메뉴와 팔레트를 표시하는 컨트롤이 포함되어 있습니다

❹ **상태표시 윈도우** : 리비전 관리자의 상태를 표시하는 윈도우입니다.

❺ **사용 위치 윈도우** : 파트 또는 어셈블리의 사용 위치를 나태내는 윈도우입니다.

- **작업 수행**(Perform Actions) : 작업 열에 지정된 작업을 수행합니다. 명령을 실행 후 작업 수행 버튼을 클릭해야 명령어가 실행됩니다.

- **작업 지우기**(Clear Action) : 실행한 명령을 취소합니다.

- ![모두 확장] **모두 확장(Expand All)** : 문서 관계 트리의 모든 레벨을 볼 수 있도록 문서 관계 트리를 확장합니다.

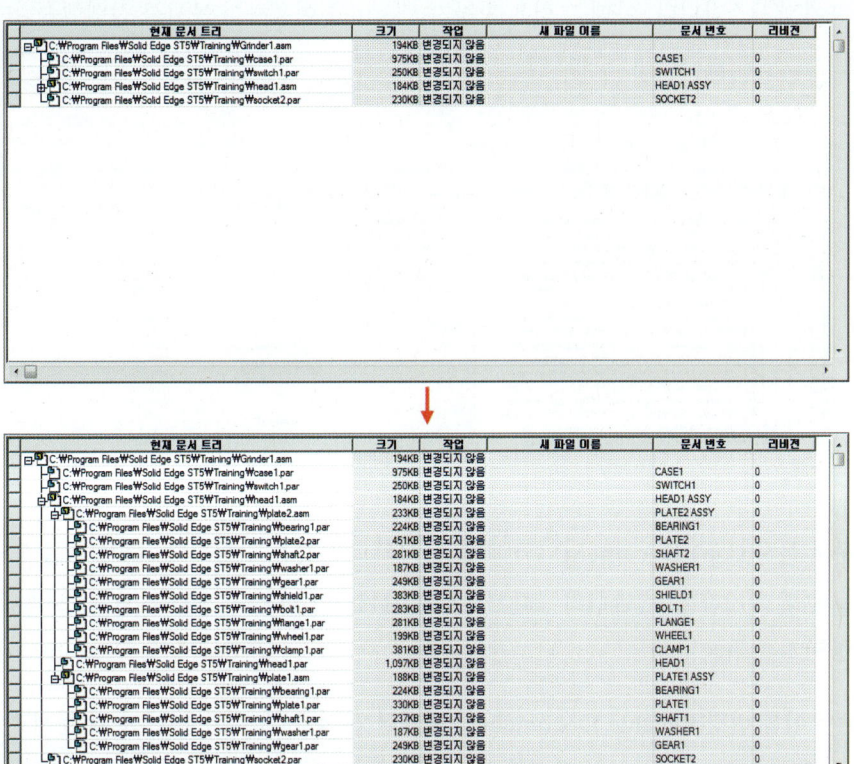

- ![모두 선택] **모두 선택(Select All)** : 모든 컴포넌트를 선택합니다.

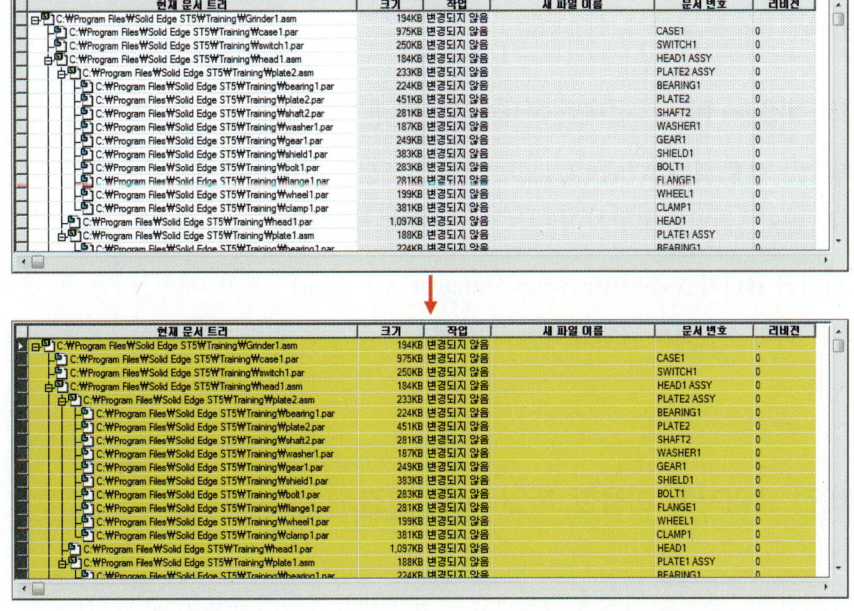

- **파일 선택** **파일 선택(Select Files)** : 선택 세트에서 파일을 추가 또는 제거할 수 있는 파일 선택 대화 상자에 액세스합니다. 아래 그림은 확장자(*.asm)을 이용하여 문서를 선택했습니다.

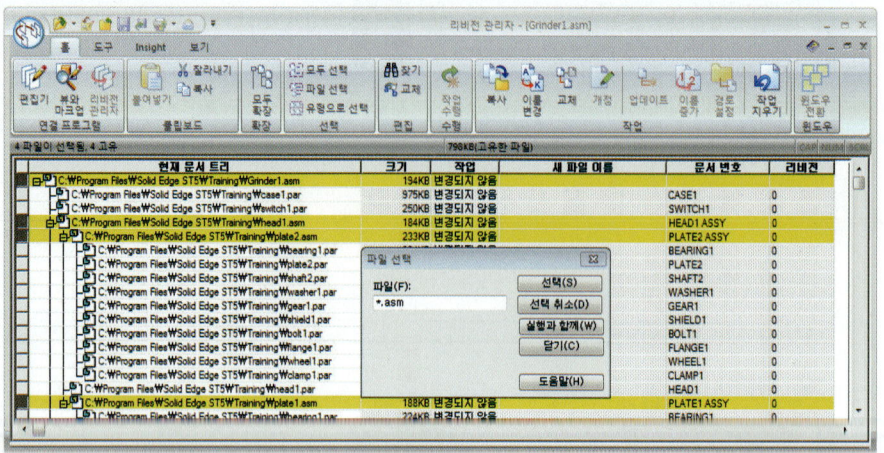

- **문서 복사(Copy Document)** : 선택한 문서의 복사본을 만듭니다. 문서 이름과 이 새 문서의 폴더를 모두 지정할 수 있습니다. 부모 문서가 쓰기 가능하거나 부모 문서 또한 복사되는 중이면 복사가 허용됩니다.

- **문서 이름 변경(Rename Document)** : 선택한 문서를 새 이름을 가진 새 문서로 이동합니다. 원본 문서는 삭제됩니다. 문서 상태와 상관없이 이름 바꾸기는 허용됩니다.

- **문서 교체(Replace Document)** : 선택한 문서를 다른 문서로 교체합니다. 부모 문서가 쓰기 가능할 경우 문서를 바꿀 수 있습니다.

- **경로 설정(Set Path)** : 선택한 문서의 경로를 설정합니다.

- **사용 위치(Where Used)** : 선택한 문서가 다른 문서에서 사용되는 위치를 찾습니다. 관리되는 라이브러리를 포함하여 네트워크의 임의의 위치에 있는 문서를 검색할 수 있습니다.

- **리비전 관리자 도우미(Revision Manager Assistant)** : 복사, 개정, 이동, 바꾸기, 검색 및 위치등 기본 리비전 관리자 작업을 수행하는 데 도움을 주는 리비전 관리자 도우미 대화상자에 액세스합니다.

1.3 리비전 관리자를 이용한 파일 이름 변경

리비전 관리자를 이용하여 파일명 변경하는 방법에 대해서 알아보겠습니다.

chapter 11 부록

step1 윈도우 탐색기에서 Grinder.asm파일을 선택 후 마우스 오른쪽 버튼을 클릭하여 바로가기 메뉴에서 리비전 관리자을 선택합니다.

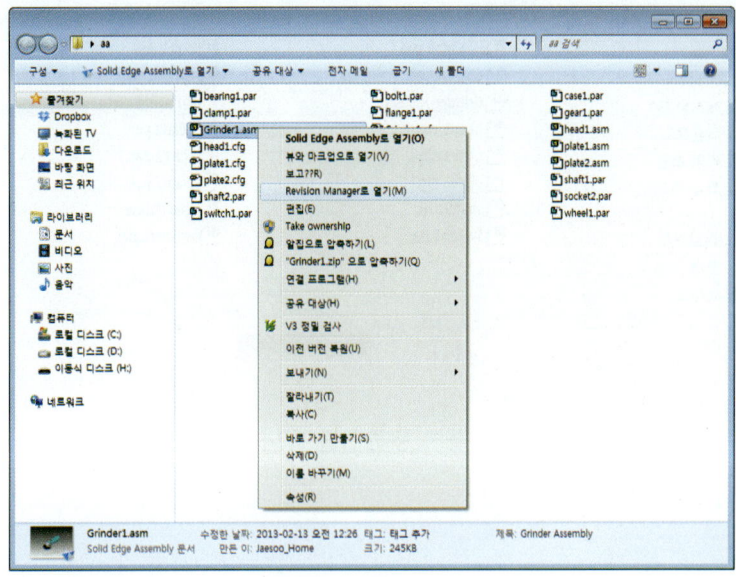

step2 최상위 파일 Grinder.asm을 선택합니다.

step3 홈 탭 > 작업 그룹 > 이름 변경 명령을 선택합니다. 새 파일 이름 탭을 선택하여 이름을 변경합니다.

작업	새 파일 이름	문서 번호	리비전
문서 이름 변경	Home\Desktop\aa\Grinder_R1.asm		
변경되지 않음		CASE1	0
변경되지 않음		SWITCH1	0
변경되지 않음		HEAD1 ASSY	0
변경되지 않음		SOCKET2	0

step4 홈 탭 > 수행 그룹 > 작업 수행 명령을 선택합니다. 그러면 리비전 관리자에서 변경된 것을 확인할 수 있으며 또한 윈도우 탐색기에서도 변경된 것을 볼 수 있습니다.

현재 문서 트리	크기	작업
C:\Users\Jaesoo_Home\Desktop\aa\Grinder_R1.asm	246KB	변경되지 않음
C:\Users\Jaesoo_Home\Desktop\aa\case1.par	1,027KB	변경되지 않음
C:\Users\Jaesoo_Home\Desktop\aa\switch1.par	301KB	변경되지 않음
C:\Users\Jaesoo_Home\Desktop\aa\head1.asm	235KB	변경되지 않음
C:\Users\Jaesoo_Home\Desktop\aa\socket2.par	281KB	변경되지 않음

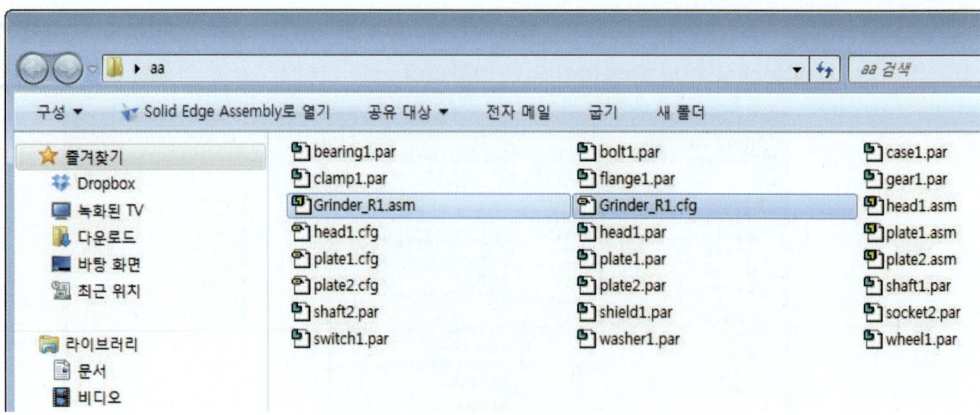

윈도우 탐색기

※ 파일명 변경은 꼭 리비전 관리자를 이용하여야 합니다. 윈도우 탐색기에서 바로 파일명 변경 시 파일 간 링크 문제가 발생합니다.

1.4 리비전 관리자를 이용한 파일 복사

리비전 관리자를 이용하여 파일 복사하는 방법에 대해서 알아보겠습니다.

→ step1 윈도우 탐색기에서 Grinder.asm파일을 선택 후 마우스 오른쪽 버튼을 클릭하여 바로가기 메뉴에서 리비전 관리자을 선택합니다.

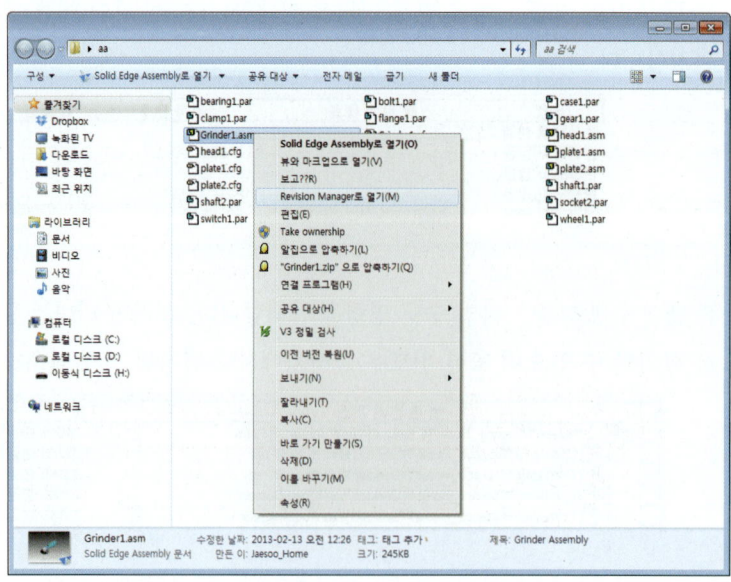

- step2 홈 탭 > 확장 그룹 > 모두 확장 명령을 선택합니다.

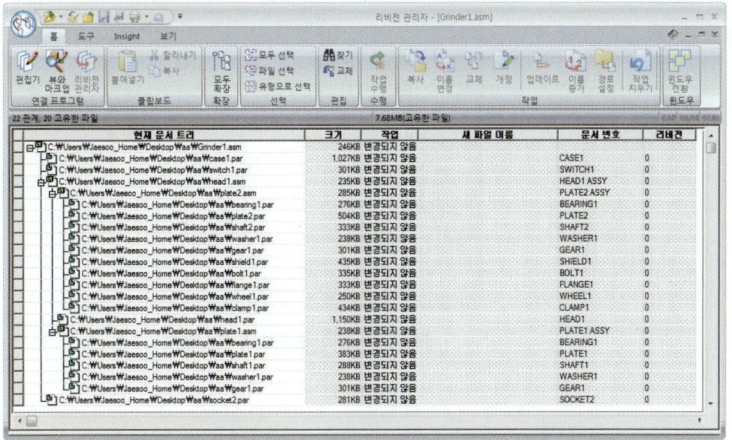

- step3 홈 탭 > 선택 그룹 > 모두 선택 명령을 선택합니다.

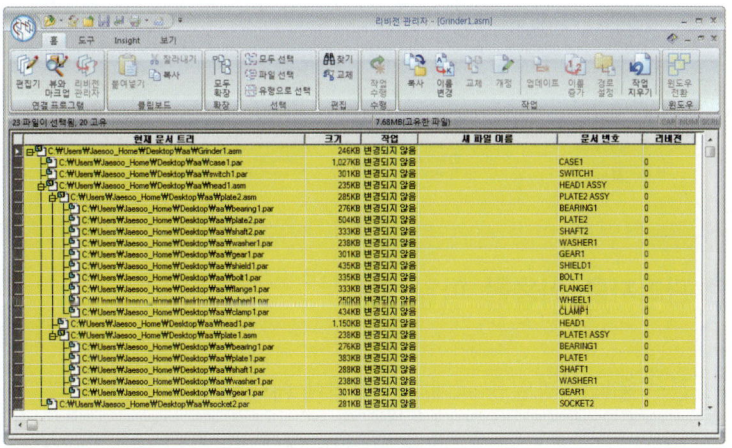

- step4 홈 탭 > 작업 그룹 > 복사 명령을 선택합니다.

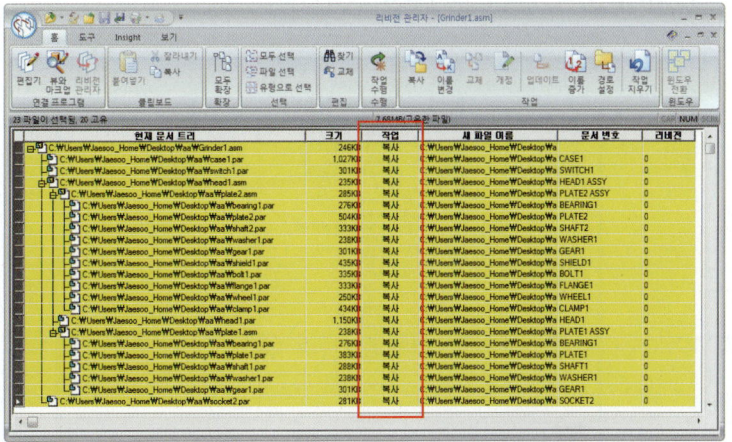

step5 홈 탭 〉 작업 그룹 〉 경로 설정 명령을 선택합니다.

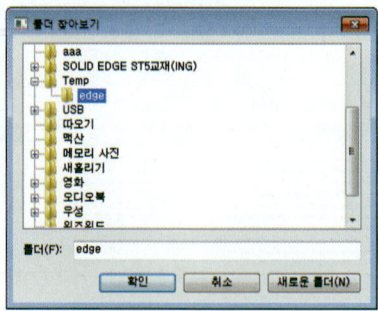

복사 할 폴더를 생성 후 선택

step6 홈 탭 〉 수행 그룹 〉 작업 수행 명령을 선택합니다. 윈도우 탐색기에서 새로 생성된 폴더에 선택한 파일이 복사된 걸 확인 할 수 있습니다.

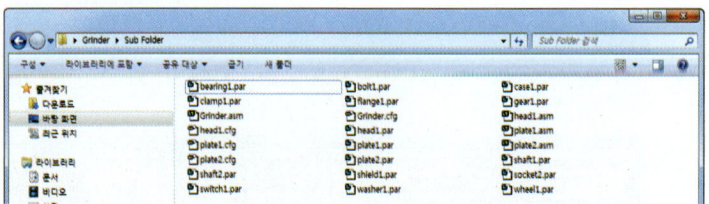

1.5 리비전 관리자를 이용한 파일 교체

리비전 관리자를 이용하여 파일을 교체하는 방법에 대해서 알아보겠습니다.

step1 윈도우 탐색기에서 Grinder.asm파일을 선택 후 마우스 오른쪽 버튼을 클릭하여 바로가기 메뉴에서 리비전 관리자을 선택합니다.

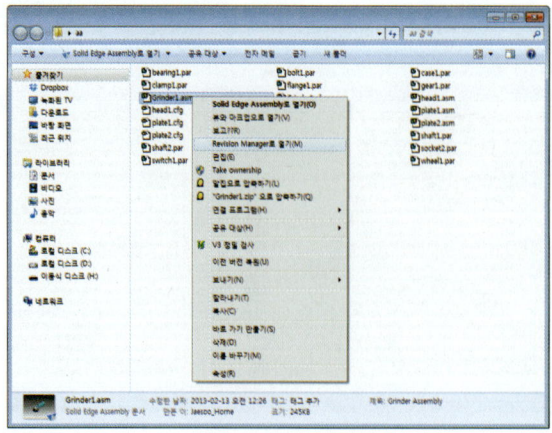

chapter 11 부록

step2 보기 탭 〉 표시 그룹 〉 미리보기 명령을 선택합니다. 명령어를 선택하면 미리보기 창이 켜집니다.

step3 Case1.par를 선택합니다.

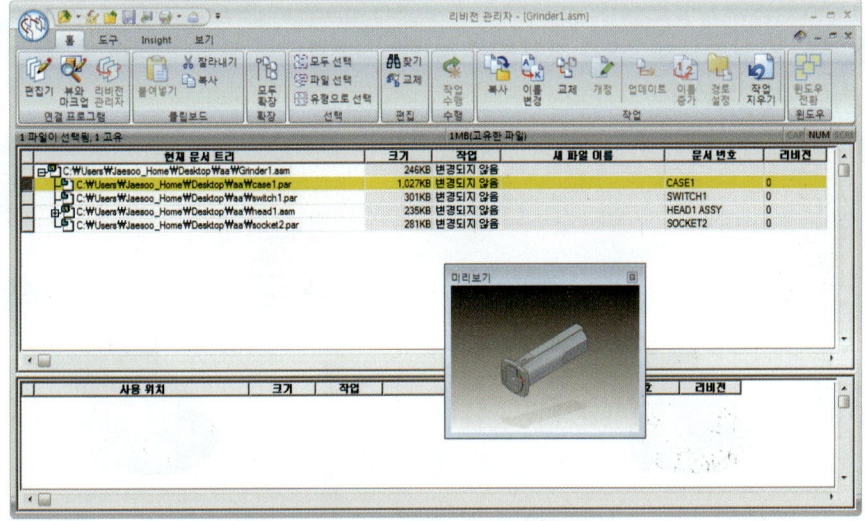

step4 홈 탭 〉 작업 그룹 〉 교체 명령을 선택합니다. 그리고 교체할 파트(case2.par)를 선택합니다.

859

step5 상태표시 윈도우에 작업 상태와 교체될 파트의 경로를 확인 할 수 있습니다.

step6 홈 탭 〉 수행 그룹 〉 작업 수행 명령을 선택합니다. Solid Edge를 실행시켜 변경 사항을 확인합니다.

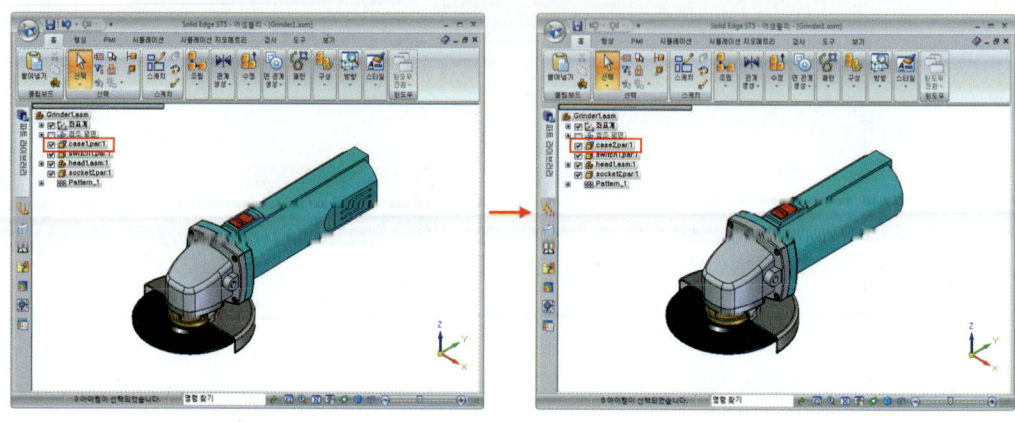

02 Solid Edge 무료 45일 평가판 다운로드

무료 다운로드를 통해 동기식 기술이 적용된 Solid Edge를 사용해 보고 설계를 얼마나 개선할 수 있는지 확인할 수 있습니다. 무료 버전에서는 파트 모델링, 어셈블리, 드래프팅, 시뮬레이션 및 추가 기능 응용 프로그램이 포함된 정식 버전의 Solid Edge를 사용할 수 있습니다. 저장 횟수, 부품 크기 또는 완전한 제품 설계를 만드는 데 제약을 주는 기타 요소에 대한 제한이 없습니다.

Solid Edge를 빠르고 쉽게 배울 수 있도록 중요한 "사용 방법" 팁 및 요령 그리고 온라인 교육 미디어에 대한 링크와 라이센스 파일을 메일로 받을 수 있습니다.

chapter 11 부록

step1 http://www.ismns.com 사이트를 접속합니다. 그리고 체험판 다운로드 링크를 선택합니다.

step2 연락처 정보를 모두 입력합니다. 꼭 영문으로 입력해야 합니다. 그리고 라이센스 파일이 메일로 발송되기 때문에 정확하게 작성해야 합니다.

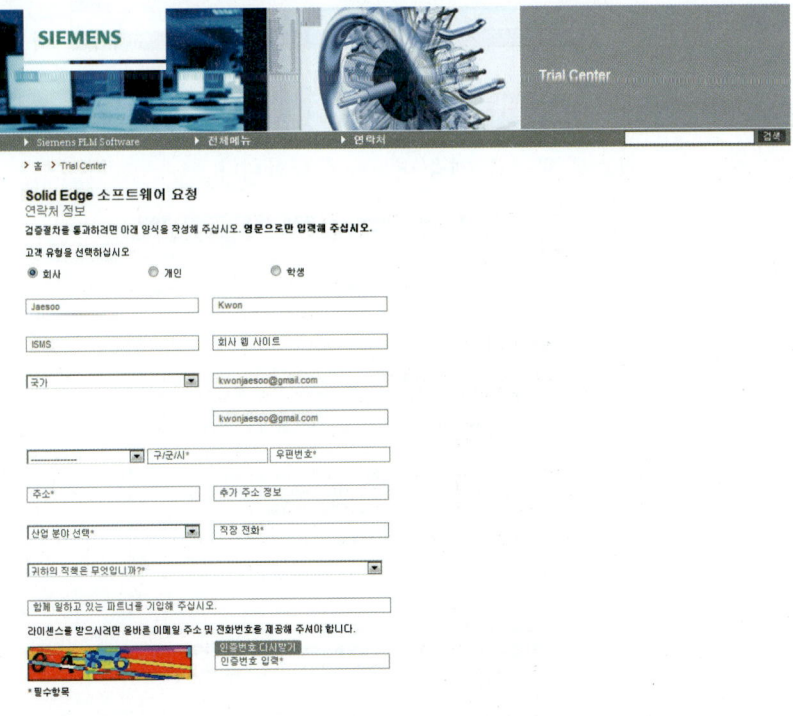

861

step3 회사 정보입력 시 아래 그림과 같이 상업용으로 선택하시기 바랍니다.

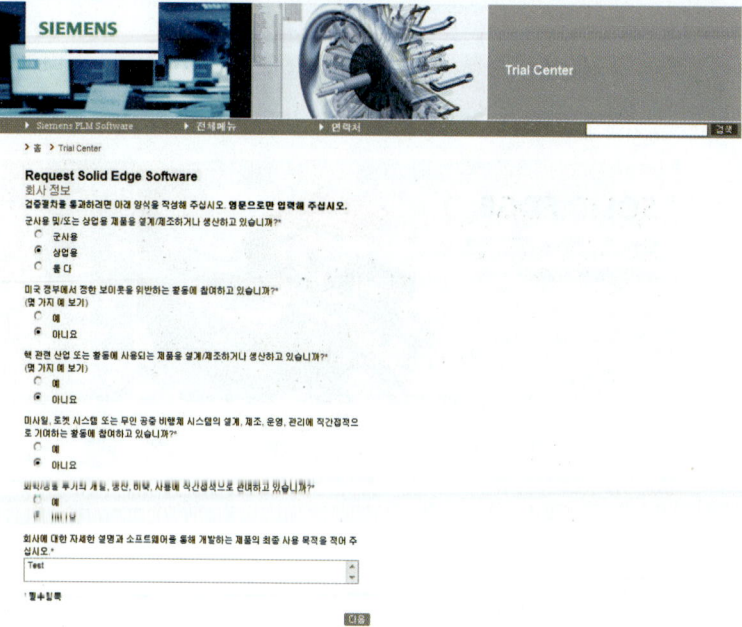

step4 주문 세부 정보 입력 시 영문 또는 한글을 선택할 수 있습니다.

step5 라이센스 계약 언어 선택을 한국어로 변경합니다. 그리고 내용을 읽은 후 아래 그림과 같이 체크 박스를 체크 후 제출 버튼을 클릭합니다.

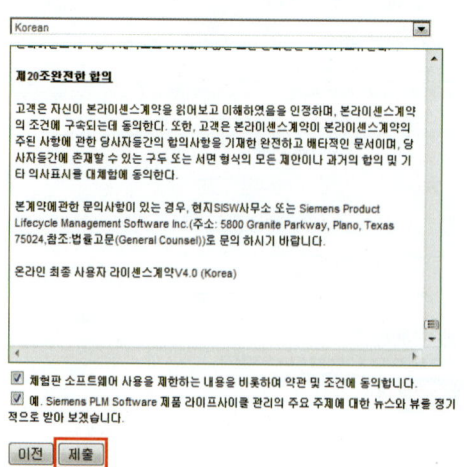

chapter 11 부록

step6　다운로드 방식을 선택합니다.(아래 그림은 HTTP Download 방식)

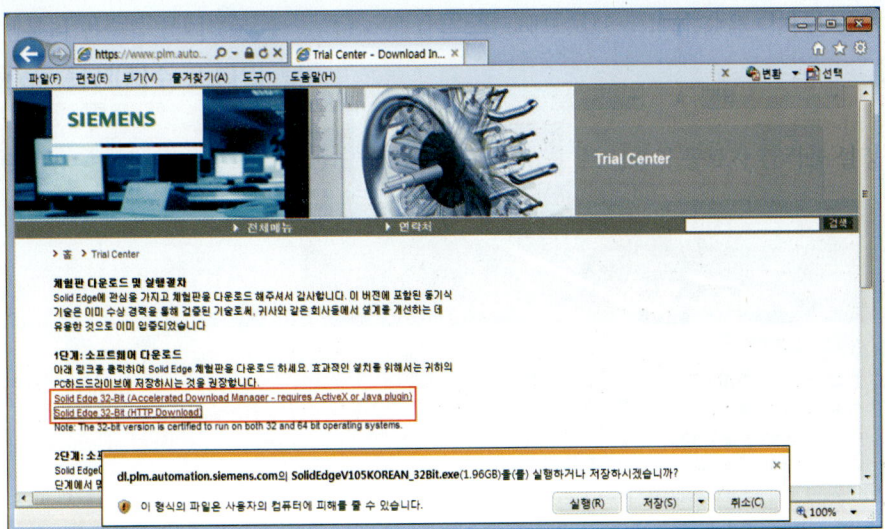

step7　프로그램을 다운로드 받습니다.

step8　활성화 코드를 확인합니다.(활성화 코드는 입력하신 e mail로도 발송됩니다.)

2단계: 소프트웨어와 라이선스 설치
Solid Edge다운로드 후, 파일을 더블 클릭하시면 자동으로 열리면서 설정화면이 나타납니다. 이 단계에서 몇 분 소요될 수 있습니다. 설정화면에서 첫 번째(Solid Edge)옵션을 선택하고 설치 마법사 메시지를 따르십시오.
Solid Edge 사용을 위해 Activate code를 입력하세요(이 코드는 e-mail로 발송되었습니다.)

2377488401670042

step9　Solid Edge설치 파일을 다운로드 후, 파일을 더블 클릭합니다. 그러면 압축해제 후 Solid Edge 설치 화면이 나타납니다.

863

step10 윈도우 시작 버튼 → 모든 프로그램 → Solid Edge ST5 → 라이센스(Licensing) → 라이센스 유틸리티(License Utility)을 클릭합니다.

step11 Solid Edge 라이센스 유틸리티 창에서 "활성화 코드 있음(I have an Activation code)"을 선택합니다. 그리고 활성화 코드에 코드를 입력합니다. 그리고 반드시 컴퓨터 설명(Machine Name)을 입력해야 합니다. 모든 정보를 입력 후 확인 버튼을 클릭합니다.(인터넷이 꼭 연결되어 있어야 합니다.)

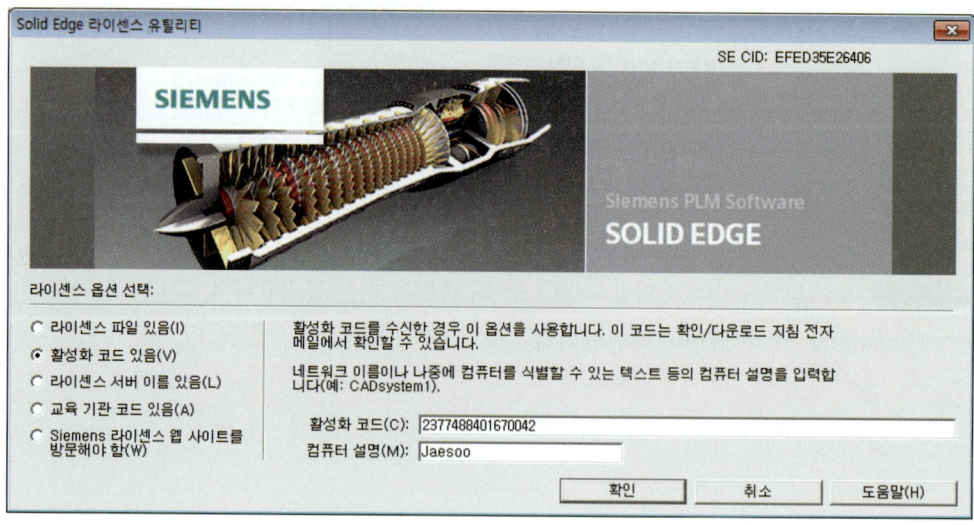

chapter 11 부록

step12 Solid Edge을 실행합니다.

※ 라이센스에 자세한 문의는 Solid Edge 한국 총판인 ㈜아이에스엠에스에 문의하시 바랍니다.
　(Tel : 02-542-5766)

03 Solid Edge 관련 프로그램 및 교재 예제파일 다운로드

Solid Edge 관련 프로그램과 이 책의 예제 파일을 각종 사이트에서 다운로드 가능합니다.

1. http://www.ismns.com(Solid Edge 한국 총판)

   ❶ Solid Edge 프로그램 ❷ Solid Edge 관련 프로그램
   ❸ Solid Edge 임시라이센스 신청 ❹ 교재 예제파일

2. http://www.plmworld.co.kr

   ❶ Solid Edge 교육신청   ❷ Solid Edge 관련 프로그램
   ❸ Solid Edge 임시라이센스 신청   ❹ 교재 예제파일

3. http://www.webhard.co.kr(아이디 : chungdambooks / 비밀번호 : cdb21c)

   ❶ 교재 예제파일

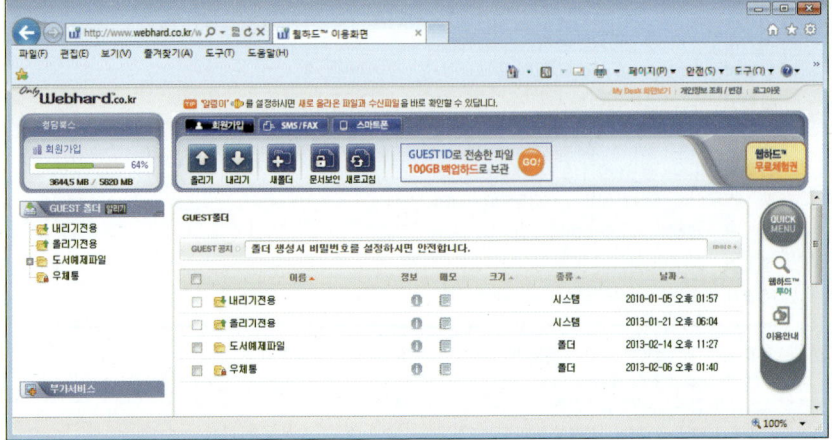

SOLID EDGE ST5

초판 1쇄 인쇄 2013년 4월 10일
초판 1쇄 발행 2013년 4월 15일

저 자	권재수, 심진희 공저
발행인	유미정
발행처	도서출판 청담북스
주 소	경기도 파주시 송학1길 35(야당동) 13동 1호 (우)413-200
전 화	050-5811-9111 / (031)943-0424
팩 스	050-5811-9112 / (031)600-0424
등 록	제406-2013-000022호
정 가	35,000원
ISBN	978-89-94636-34-4 93550

※ 이 책은 저작권법에 따라 보호를 받는 저작물이므로 무단 전재나 복제를 금지하며,
이 책 내용의 전부 또는 일부를 이용하려면 반드시 저작권자나 발행인의 서면동의를 받아야 합니다.

※ 잘못된 책은 구입하신 서점에서 바꾸어드립니다.

실업자 전액·재직자 80% 지원
교육생모집

무료교육 (내일배움카드제 : 금형원1551)
CAD CAM NX(UG) 금형설계/제작실무

NX(UG)를 이용한 전문가 교육과정
- 3차원 모델링(3D CAD)
- 사출금형설계(Mold Wizard)
- 프레스금형설계(PDW)
- 3축·4축·동시 5축 CAM(Manufacturing)

교보문고·YES24·인터파크·대형서점 NX교재 베스트셀러!

공학박사 김창만(기계공학전공)출판저서 저자 직강
- 김창만 교수의 定石 CAD/CAM/CAE(UG) NX8
- 김창만 교수의 定石 CAD/CAM(UG) NX6
- 定石 Unigraphics CAD/CAM NX4(중국수출)
- 따라하기 쉬운 Unigraphics NX3
- NX교재 저자 직강/전문교사의 수준 높은 강의
- 200여개의 수준 높은 NX동영상강좌 무료수강 혜택!

교육일정 및 시간

- 평일주간반 – 09:00~17:30(8시간/일, 월~금)
- 평일야간반 – 19:10~22:10(3시간/일, 월~금)
- 토요일야간반 – 16:00~22:00(6시간/일)
- 일토일주간반 – 09:00~17:30(8시간/일, 속성반)
- 일요일주간반 – 09:00~15:30(6시간/일)
- 일요일야간반 – 16:00~22:00(6시간/일)

훈련과정 안내

■ 고용노동부 환급과정	■ 노동부 수강지원금	■ 본인/회사 부담금	■ 특별지원
- 내일배움카드제(실업자)(금형원:1551)	- 100%, 1년 200만원까지	- 0%(본인 부담금 무)	- 매달 316,000원 지급
- 근로자 직무능력향상지원금(고용보험가입 재직자)	- 80%, 1년 100만원까지	- 20%(본인)	- 동영상 무료수강
- 내일배움카드제(재직자)	- 100% 수강료 전액지원	- 0%(본인 부담금 무)	- 동영상 무료수강
- 사업주지원(위탁)과정(고용보험가입 재직자)	- 100%(우선지원대상기업)	- 위탁계약서 참조(회사)	- 동영상 무료수강

개설교육과정
교육과정 소개(강의 – 공학박사 김창만, NX공인인증강사:박승권)

- NX(UG) 일반모델링(1단계) – NX를 처음접하는 과정
- NX(UG) 곡면모델링(2단계) – 곡선의 생성, 편집 및 면/곡면의 생성·옵션·편집 과정
- NX(UG) 고급(3단계) – 모델링 도면(Drafting)/모션/렌더링 등의 고급기능 과정
- NX(UG) Manufacturing(4단계) – Manufacturing(CAM)전체 내용의 마스터 과정
- NX(UG) 사출금형(Mold Wizard)(5단계) – 사출금형(Mold Wizard) 및 3D CAD 종합응용실습 과정
  판금설계(Sheet Metal Design), NX Synchronous Modeling 및
- NX(UG) 프레스금형(PDW)(5단계) – 3D CAD 종합응용실습 과정
  프레스금형(Progressive Die Wizard PDW)응용실습 과정
- NX(UG) 금형설계/제작실무(실업자285시간) – NX(UG) 일반모델링 + NX(UG) 곡면모델링 + NX(UG) 고급 + NX(UG) Manufacturing +
  금형원(훈련번호:1551)   NX(UG) 판금설계 + NX(UG) 프레스금형(PDW) + NX(UG) CAE 전체 마스터 과정
- Solid Edge 기본교육 – Solid Edge를 이용한 3D Modeling 과정

방학특강
NX(UG) 일반/곡면모델링/판금/사출금형

교육신청/무료동영상 수강
http://dwcaecam.co.kr

고용노동부 평가 A등급 SIEMENS 수원 NX(UG) 공인교육센터
교육문의/상담 031-251-4512

대원캐드캠디자인학원

경기도 수원시 팔달구(중부대로 11) 영동 43-3 은파빌딩 6층

서울/남문 **은파빌딩 6층**
중동사거리 — 수원천사거리 → 용인
신한은행 / 녹산문고
오산/수원역
하나은행